第四届中国油气田地面工程技术交流大会论文集

中国石油学会　编

中国石化出版社

图书在版编目(CIP)数据

第四届中国油气田地面工程技术交流大会论文集 / 中国石油学会编. —北京：中国石化出版社，2019. 11

ISBN 978-7-5114-5585-7

Ⅰ. ①第… Ⅱ. ①中… Ⅲ. ①油气田-地面工程-中国-文集 Ⅳ. ①TE4-53

中国版本图书馆 CIP 数据核字(2019)第 239222 号

中国石化出版社出版发行

地址:北京市东城区安定门外大街 58 号

邮编:100011　电话:(010)57512500

发行部电话:(010)57512575

http://www. sinopec-press. com

E-mail:press@ sinopec. com

北京艾普海德印刷有限公司印刷

全国各地新华书店经销

*

880×1230 毫米 16 开本 50. 00 印张 1465 千字

2019 年 11 月第 1 版　2019 年 11 月第 1 次印刷

定价:380. 00 元

前　言

为贯彻落实中央关于加大油气勘探开发力度，保障国家能源安全的指示精神，中国石油、中国石化、中国海油、延长石油等全面实施加快发展战略，以科技创新为驱动，推进油气开发生产优质高效加速发展。

油气田地面工程是油气开发的重要组成部分，是实现经济开发、体现开发效果和水平的重要途径，是控制投资、降低成本的重要源头，是提高开发效益的重要手段，也是安全生产、节能环保的主要载体。面对开发对象日益复杂、单井产量不断降低、安全环保要求提高、节能减排难度加大等一系列不利状况，地面工程建设管理者和广大工程技术人员积极跟踪国内外技术发展动态，聚焦生产需求、瞄准瓶颈技术，加大科技攻关力度。针对不同类型油气田开发需求和地面建设实际，集成创新形成了适合高含水油田、稠油油田、低产低渗油气田、三高气田、煤层气以及页岩气等一系列地面工程建设模式，形成了单井不加热集油及保障技术、软件量油技术、高温密闭脱水技术、聚合物驱地面技术、伴生气回收技术、天然气井下节流技术、多相混输技术、轻烃深度回收技术、高压含硫湿气输送及处理技术、天然气压力泄放系统优化技术、缓蚀剂应用和腐蚀监测检测技术、高效注水及短流程高效污水处理技术、一体化集成建站技术、完整性管理等一批关键技术，推广了多相流量计、一体化集成装置、双金属复合管、非金属管道等一批新设备、新材料的应用，通过“关、停、并、转、减”对现有流程进行优化再造和管理重组，从而有效地控制了地面建设投资和运行成本。如：形成的“总体布局优化、软件计量、单管串接、不加热集油、常温脱水和高效污水处理”为核心的高含水老油田地面技术，解决了大庆等东部老油田进入开发后期，已建地面系统工艺不适应、运行维护成本高、安全环保隐患大等问题；以“丛式井单管不加热、串接集油、软件量油、自动投球清蜡、密闭混输、稳流配水”等为核心的低产低渗透油田低成本地面工艺技术，确保了以长庆油田为代表的低产低渗油田的经济有效开发；以“双高”管道筛查、检测及修复为抓手的油气田管道完整性管理技术有效降低了管道失效率，提升了管道本质安全。

近年来，国内石油企业大力推行标准化设计，地面系统以标准化设计为主线，以降低建设投资和运行成本为目标，以一体化集成装置和信息化技术为抓手，统筹新区地面建设和老区地面系统改造，统筹技术创新和管理创新，大幅压减了站场层级和现场员工总量，大幅提高了本质安全和节能降耗水平，使单位产能地面投资克服资源劣质化影响，基本保持稳定，油气操作成本得到有效控制，生产运行指标明显得到改善，建设质量持续提高，保证了地面工程高水平创新发展。

目前，我国已成为世界上最大的能源生产国和消费国，能源安全是关系国家经济社会发展的全局性、战略性问题，对国家繁荣发展、人民生活改善、社会长治久安至关重要。加大油气资源勘探开发力度，保障我国能源安全是石油人不可推卸的责任。

今后一个时期，油气田开发面临着资源品位低、原油价格低、完全成本高三重矛盾叠加的严峻考验。一方面，陆上已开发油田整体处于开发后期，一大批老油田进入了双高双低阶段，普遍存在井口产量低、含水高、能耗大、管道及设备腐蚀老化、系统负荷率不均衡等问题，造成运行及维护成本逐年升高；新开发油气田多为“三低”油田、稠油和超稠油油田、非常规油气田，开发难度大，建设投资高，成本控制压力越大，产量规模与经济效益的矛盾日益突出。另一方面，自 2015 年以来由于受地缘政治和油气供求关系的变化，油气市场发生剧烈变化，国际油价持续低迷，现阶段走势仍不明朗。同时，国家法规和相关标准规范在安全环保方面提出了更高要求，安全环保投入加大，土地、人工费用居高不下，导致利润空间不断缩小甚至发生亏损。为实现国内原油稳产，天然气上产，保障国家能源安全，地面工程必须紧紧围绕降本增效、节能减排、安全环保开展科技创新，加大低成本、节能、安全和优化管理技术的研发与成果转化应用，满足新形势下的油气田经济有效开发的需要。

2019 年 10 月，中国石油学会组织召开“第四届中国油气田地面工程技术交流大会暨数字化油气田技术论坛”，旨在总结近年来油气田地面工程领域新进展，推广分享地面工程与数字化油气田建设理论与技术新成果，深度研讨新形势下带来的技术复杂、难度大、成本上升的新挑战，广泛交流油气田建设各领域解决方案和成功案例，助力油气企业开发生产部署，满足油气开发生产技术需要，促进油气田重点工程建设和数字化智能化，进一步提升我国油气田地面工程技术水平。

本次会议共收到投稿论文 320 余篇，我们精选了 150 篇论文汇集成册，内容涉及陆上和海上油气田、非常规油气田等领域的油气集输与处理技术、数字化智能化油气田技术、油气田动设备设计技术、油气田地面工程施工建造技术、地面集输管材及腐蚀控制技术、管道安全性评价及风险控制、油气田水处理技术等诸多内容，较为全面反映了目前我国油气开发地面工程系统的技术水平，具有较高的学术价值和借鉴意义。

在中国石油、中国石化、中国海油、延长石油等单位的支持和协助下，油气田地面工程技术交流大会已成功举办了三届，对促进地面工程建设和管理从业人员的技术交流发挥了重要作用，得到了大家的认可。相信通过本次会议进一步总结经验，交流成果，必将促进我国油气田地面工程技术和管理水平的不断提升，为油气田开发生产高质量发展起到积极的推进作用。

目　录

水处理与 HSE

油气集输及完整性

数字化油田

元坝高含硫气田水资源化利用技术

刘 言 青 鹏 朱 国 何 海

(中国石化西南油气分公司)

摘 要 元坝气田是我国最大生物礁酸性气田，具有超深、高温、高含硫、高压、气水关系复杂等特点。针对元坝气田水处理面临着高含硫气田水途经生态敏感区和高后果区，存在气田水泄漏 H_2S 逸散危及沿线百姓生命安全的重大风险；传统除硫工艺存在药剂用量大、含硫污泥多、尾气排放超标等经济和环保问题；净化厂工业回用水质标准高，产出水深度处理工艺复杂，国内外尚无成功先例等难题。自主创新形成系列技术，通过调整气田水 pH 值实现安全固硫输送技术，创新性地采用“负压气提+密闭闪蒸+高效生物除硫”组合工艺除硫，并通过“同步除硬除锶+提馏法除氨氮+低温多效蒸发+高级氧化+双膜”技术实现气田水的资源化利用。建成了全球首座高含硫气田水资源化利用站，实现了高含硫气田水零排放，节约大量用水、燃料气，保证了元坝气田高产稳产，为其他高含硫气田水处理提供了典范。

关键词 元坝气田；高含硫；安全输送；高效除硫；资源化利用

1 背景

元坝气田是我国第二大酸性气田，2014 年底投产，截至 2019 年 3 月，累计产气突破 $130\times10^8m^3$。作为“川气东送”重要气源，保障了中石化持续为长江经济带发展输送优质清洁能源[1]。元坝气田是目前世界上气藏埋藏最深、开发风险最大、建设难度最高的已开发酸性大气田，具有超深、高温、高压、高含硫（“一超、三高”）的特点[2]。元坝气田长兴组复杂生物礁气藏多具底水特征，具有高硫化物、高矿化度、成分组成复杂等特点。自投产以来，已有 10 多口井产出地层水，日产水近 $500m^3$。元坝气田处于长江上游生态保护区和嘉陵江集中饮用水源保护区，安全环保要求高，气田开发项目环评要求产出水必须实现零排放。因此，为保障元坝气田持续高产、稳产，对气田水进行及时有效地处理与资源化利用具有重要意义。

元坝气田水处理与资源化利用面临三大技术难题。一是元坝气田长兴组生物礁呈条带状分布[2]，井站分散，高含硫气田水输送管道长，途经生态敏感区和高后果区，存在气田水泄漏 H_2S 逸散危及沿线百姓生命安全的重大风险，必须攻克高含硫气田水安全输送技术难题。二是元坝气田水硫化物含量高，传统除硫工艺存在药剂用量大、含硫污泥多、尾气排放超标等经济和环保问题[3]，必须攻克高含硫气田水绿色高效除硫技术难题。三是元坝气田产出水具有“四高一低一复杂”的特征，即高含硫、高含盐、高有机物、高氨氮、BOD_5/COD 低[4]，且成分复杂，含残酸，含缓蚀剂、甲醇等多种化学药剂[5]，净化厂工业回用水质标准高，产出水深度处理工艺复杂，国内外尚无成功先例，必须攻克高含硫气田水资源化利用关键技术难题。

针对以上难题，开展了技术攻关研究，形成了高含硫气田水安全输送、高效除硫、资源化利用等系列技术，为高含硫气田进行绿色高效开发提供了成功范例。

2 技术攻关

2.1 高含硫气田水安全固硫输送技术

目前有关高含硫气田水安全输送技术的问题，国内外报道甚少。毕新忠等[6]介绍了水合物防治技术、污水收集及处理技术等，以此来提高高含硫气田集输系统安全性的技术；Li 等[7]研究了在细菌腐蚀条件下高酸性气体井防腐管材的选择。他们都偏重于通过防止腐蚀来实现含硫污水的安全输送，缺少通过相关技术来实现安全固硫的输送。

针对元坝高含硫气田采出水具有“三高”特性（高硫化物、高矿化度、高腐蚀性）[3]，泄漏安全环保影响较重等方面存在的难点，通过控制气田采出水中硫化物的存在形态，采取“单井站-集气站混输、集气站-集气总站分输”的联合集输工艺，分别采取了气田水源头固硫稳质技术和末端释硫回收技术，有效缓解了气液混输造成的集输管线积液腐蚀及段塞流造成的输送能耗大等问题，实现高含硫气田采出水安全、平稳、长效输送。与汽车拉运相比，成本降低 40%，保障了气田稳定生产。

（1）气田水源头固硫稳质技术

为了实现源头固硫稳质技术，元坝气田建立了碱液吸收法固硫技术。该技术的原理是通过加入固硫剂，使得气田水的 pH>9，将溶于水中大量的剧毒 H_2S 转化为稳定性强的、无毒的 S^{2-}，使 H_2S 含量<50ppm，有效控制了气田水中 H_2S 含量。表 1 是气井产出水加碱处理前后效果对比表。由表可知，处理前后气田水中硫化氢含量均小于 50ppm，达到了国家标准《硫化氢职业危害防护导则》（GBZ/T 259—2014）给出的硫化氢对人体生理作用浓度值数据 1~2h 的暴露时间浓度要求，实现高含硫气田采出水安全、长效输送（表 1）。

表 1　气井产出水加碱处理前后效果对比表

井场	原水硫化氢/ppm	固硫后硫化氢/ppm
YB272H	1789. 2	17. 13
YB103H	1850	14. 97
YB28	1183. 35	18. 84
YB204-2	1335. 48	38. 53
YB273-1	1467. 82	13. 36
YB102-3	1958. 15	23. 3

但是由于加入固硫剂使 pH 升高，产生了絮凝物沉降堵塞集输管道的难题，为此元坝气田又研制了一套絮凝物快速沉降去除装置，絮凝物的沉降时间缩短了 16 倍以上，絮凝物的去除率达 90%，实现了元坝高含硫气田水长期稳质输送。图 1 为元坝气田水源头固硫稳质技术工艺原理图。

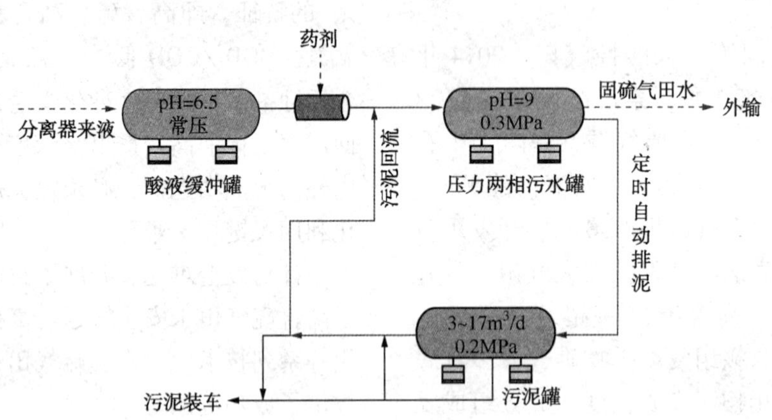

图 1　坝气田水源头固硫稳质技术工艺原理图

（2）气田水末端释硫回收技术

针对气田水中硫化物脱除问题，采用管输末端释硫回收方法，通过加入释硫剂，控制 pH<5，将硫化物 S^{2-} 还原成 H_2S，再进行负压气提回收，确保了后续气提脱硫率不低于 99%（图 2）。

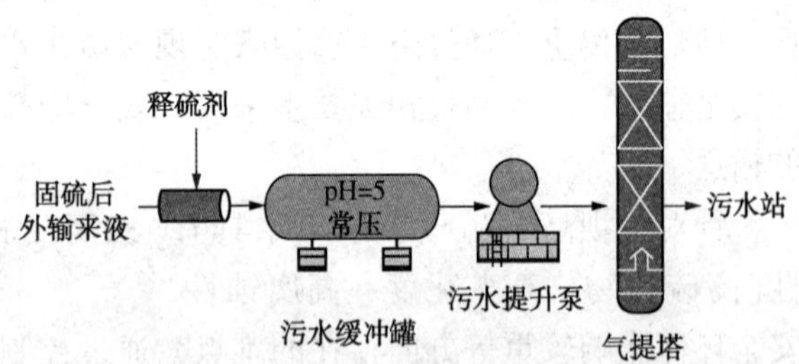

图 2　固硫后气田水末端释硫工艺流程图

2.2　高含硫气田水绿色高效除硫技术

针对含硫废水的处理已有不少研究报道。郭学峰等人[8]公开发明了一种“气浮+脱硫混凝+絮凝沉淀+过滤+杀菌+缓蚀阻垢”处理含硫废液的技术，处理后的净化水可达到回注要求。张新妙等人[9]也公开了一种“负压脱硫+化学脱硫”的油气田高含硫废水的深度脱硫方法，可有效去除废水中的硫化物。唐晓东等人[10]研究了混凝-脱硫复合处理、化学氧化除氨氮以及低温多效蒸馏工艺处理气田水的适应性和有效性，结果表明上述组合工艺能够对含硫气田水进行高效处理。但是他们均采用沉淀法去除水中的硫化物，这将会带来含硫污泥的二次污染及后续污泥处理处置问题。赵德银等人[11]开展了凝液碱洗废水生物处理技术研究，优选出高效硫杆菌，并通过实验得出硫杆菌的最佳活性条件，实验表明硫化物去除率达到 99. 5%以上；张海林等人[12]构建了汽提-

氧化-沉淀三级除硫工艺技术，实验表明，可将含硫污水中的硫除至1mg/L以下。但是他们仅开展了小试实验，均没有进行规模化应用的效果评价。因此，传统除硫剂除硫不仅存在除硫成本高，含硫污泥产量大，而且汽提后的硫化物含量高，增大了后续的处理费用。

元坝气田自主创新高含硫气田水绿色高效除硫、含硫尾气回收、含硫污泥干化减量集成技术，实现了含硫污泥减量和含硫尾气减排。与常规脱硫方法相比，含硫污泥减量30%以上，含硫尾气全部回收利用，减少SO_2排放量824t/a。

（1）气田水绿色高效除硫技术

为了降低污水处理成本，减少危废产生量，基于亨利定律原理，元坝气田研制出了低气耗、高效率的负压气提脱硫装置，采取负压气提+密闭闪蒸除硫技术，运行压力-0.02～0MPa，与传统工艺装置，吨水耗气量降低50%以上，出水硫化物稳定控制在≤50mg/L，除硫率由50%～60%提高到99%，吨水污泥量减少60%。再利用N411型反硝化地芽孢杆菌，将负压汽提后产生的低含硫气田水进行精脱硫，使硫化物能够降至“未检出”，达到回注水或资源化利用处理进水水质要求，相比化学除硫，药剂费降低20%，污泥减量30%。

（2）含硫尾气回收减排技术

同时研制了多级小排量抗硫隔膜增压回收成套装置，将含硫化氢尾气进行全密闭收集，通过增压进入酸气管线，输送到净化厂处理成商品天然气，实现了尾气的资源化利用。最终形成了“负压气提+密闭闪蒸+高效生物除硫+气液分离-尾气利用”绿色高效安全除硫成套技术。

（3）含硫污泥干化减量技术

针对除硫过程中产生的含硫污泥，元坝气田自主研发了一种小分子阻燃醇类复合药剂，开展了隔膜二次增压脱水，形成了“破乳、多级分段压榨一体化”干化技术，解决了含硫污泥处理难题，污泥含水率降至40%～50%，危废减量500t/a。

2.3 高含硫气田水资源化利用深度处理技术

针对元坝气田高含硫气田采出水COD值高，钙镁离子含量高，组分复杂且可生化性差的特性，研发了具有中国石化自主知识产权的高含硫气田水资源化利用工艺包，采用“同步除硬除锶高效预处理+提馏法除氨氮+低温多效蒸发+高级氧化+双膜”处理工艺。在净化厂内建成了全球首座高含硫气田水资源化利用站，年处理能力达$20\times10^4m^3$，年利用净化厂余热蒸汽10×10^4t，减少新鲜水用量$17\times10^4m^3$，年生产优级工业盐3000t，实现了含硫气田水全回用和零排放。

（1）脱硫水同步除硬除锶技术

同步除硬除锶高效预处理工艺主要对脱硫水中易成垢、难清除离子Ca^{2+}、Mg^{2+}、Sr^{2+}等进行去除，处理后出水$Ca^{2+}\leqslant15mg/L$、$Mg^{2+}\leqslant15mg/L$、$Sr^{2+}\leqslant15mg/L$、悬浮物≤20mg/L。研发的脱硫水同步除硬除锶装置实现了一步式短流程处理，处理时间缩短约50%，节省占地面积达60%、节省工程投资40%，能耗降低10%，除硬率>99.5%。

（2）高效热法脱氨氮技术

采用提馏塔原理用纯物理方法对氨氮进行去除，针对气田采出水硬度高的特点，为延长提馏塔的运行时间，采用了斜孔塔板替代传统的筛孔塔板，增大了开孔率，提高了塔孔气速，有效的防止了塔板因结垢问题造成的处理量降低。提馏塔进水氨氮≤200mg/L，出水氨氮≤10mg/L，氨氮脱除率>90%，提馏液控制在0.6%以内，实现了热法脱氨氮在国内外首次工业化应用。研制的斜孔式耐垢塔板，清垢周期由15天延长至90天，年提高系统运行时效1000小时以上，年节约清洗成本60余万元。

（3）低温多效蒸发除COD技术

提馏塔出水进入后续的低温多效蒸发系统，低温多效蒸发系统采用三效蒸发，利用各效间温度不同（Ⅰ效96℃、Ⅱ效76℃、Ⅲ效56℃），对不同沸点的COD进行分段去除。同时设置COD母液与盐浆分离装置，保证最终产盐品质。该系统进水COD≥3000mg/L，出水COD≤1000mg/L，$Cl^-\leqslant200mg/L$。

（4）芬顿氧化+双膜深度处理技术

低温多效蒸发系统出水进入高级氧化装置，高级氧化采用了芬顿高级氧化。通过高级氧化处理后，出水COD一般控制在≤100mg/L、挥发酚≤0.5mg/L。高级氧化出水进入后续的双膜系统，即无极碳膜+反渗透膜。如表2可知，通过双膜系统处理后，处理出水均达到《炼化企业节水减排考核指标与回用水质控制指标》QSH/0104—2007中循环冷却水补充用水15项水质指标要求，其中COD≤50mg/L，挥发酚≤0.5mg/L，BOD≤10mg/L（表2）。

表 2　蒸馏站出水水质检测表

Q/SH 0104—2007《炼化企业节水减排考核指标与回用水质控制指标》	设计值	蒸馏站产品水（四川省城市供排水水质监测网绵阳监测站）
pH 值	6.0~9.0	6.96
氨氮/$mg \cdot L^{-1}$	≤10.0	0.9
COD_{cr}/$mg \cdot L^{-1}$	≤60.0	13.9
悬浮物/$mg \cdot L^{-1}$	≤30.0	<0.4
浊度/NTU	≤10.0	1.2
硫化物/$mg \cdot L^{-1}$	≤0.1	<0.02
含油量/$mg \cdot L^{-1}$	≤2.0	0.28
氯离子/$mg \cdot L^{-1}$	≤200.0	6.4
硫酸根离子/$mg \cdot L^{-1}$	≤300.0	5.6
总铁/$mg \cdot L^{-1}$	≤0.5	<0.05
电导率/$\mu S \cdot cm^{-1}$	≤1200	96
水温/℃	≤30	29
总碱（以 $CaCO_3$ 计）/$mg \cdot L^{-1}$	50.0~300.0	5.5
挥发酚/$mg \cdot L^{-1}$	≤0.5	<0.002
BOD_5/$mg \cdot L^{-1}$	≤10	4.4

3　国内外同类技术比较

通过科技查新，元坝气田自主创新的高含硫气田水安全固硫输送技术、高含硫气田水“负压气提+密闭闪蒸+高效生物除硫”组合工艺绿色脱硫技术、高含硫气田水“同步除硬除锶+提馏除氨氮+低温多效蒸发+高级氧化+双膜”资源化利用技术，在国内外尚未见相同或类似的研究报道。

表 3 为国内外同类技术比较，由表 3 可知，在气田水安全输送方面，同类气田管输水中硫化氢含量均大于 2000ppm，加大了运输途中硫化氢泄漏造成伤亡的风险；气提出水硫化物含量大于 400ppm 会加大后续的处理费用，气体的尾气采用焚烧处理会对大气环境造成不良影响；关于气田水的深度处理与资源化利用，同类油田对气田水进行深度处理后，都采用回注的方式。对比可知，本项目的各指标均优于国内外相关技术。

表 3　国内外同类技术比较

主要技术创新	对比内容		国内外同类气田技术水平	本成果技术指标及水平
高含硫气田水固硫安全输送技术	管输水中硫化氢含量		>2000ppm[13]	<50ppm
高含硫气田水绿色高效除硫技术	气提出水含硫量		≥400ppm[14]	<50ppm
	气提尾气处理		焚烧处理[15,16]	资源化回用、零排放
高含硫气田水资源化深度处理技术	脱硫水同步软化防垢技术	工序环节	多级（≥3）软化沉降流程[17]	一级同步快速软化，处理时间缩短 50%
	深度处理关键指标	Cl^- 处理	≤200mg/L[18]	<10mg/L
		COD	≤50mg/L[18]	<15mg/L
		挥发酚	≤0.5mg/L[18]	<0.002mg/L
	气田水处理	处置方式	处理后回注[14,19]	资源化及零排放

4　结论

（1）通过“单井站-集气站混输、集气站-集气总站分输”的联合集输工艺，采用气田水源头固硫稳质技术和末端释硫回收技术，有效缓解了气液混输造成的集输管线积液腐蚀及段塞流造成的输送能耗大等问题，实现高含硫气田采出水安全、平稳、长效输送。

（2）自主创新高含硫气田水“负压气提+密闭闪蒸+高效生物除硫”工艺绿色高效除硫，并通过含硫尾气回收、含硫污泥干化减量集成技术，实现了含硫污泥减量和含硫尾气减排。

（3）通过“同步除硬除锶+提馏法除氨氮+低温多效蒸发+高级氧化+双膜”组合工艺，对气田水进行深度处理，出水水质达到《炼化企业节水减排考核指标与回用水质控制指标》中循环冷却水补充用水关键水质指标要求。

（4）元坝气田在行业内先行先试，率先探索出资源化回用道路，形成一系列气田水资源化利用技术，通过这些工艺得到的指标均优于国内外相关技术，实现了高含硫气田水全回用和零排放。

参　考　文　献

[1] 郭新江．元坝超深高含硫生物礁大气田安全有效开

发技术[J]. 中外能源, 2015, 20(11): 41-52.
[2] 刘言. 元坝超深高含硫气田开发关键技术[J]. 特种油气藏, 2015, 22(04): 94-97+155-156.
[3] 宋玲, 程志强, 蓝艳, 曾力, 陈伟. 元坝气田采出水除硫工艺技术应用实践[J]. 工业用水与废水, 2018, 49(04): 43-46.
[4] 翟斌, 李华, 陈晓春, 袁世平. 气田采出水处理设备及管线的腐蚀与防护[J]. 石油化工应用, 2014, 33(08): 116-119.
[5] 姚华弟, 何琳婧, 何海. 高含硫气井残酸液处理技术研究[J]. 工业用水与废水, 2015, 46(6): 32-36.
[6] 毕新忠, 赵华, 张军. 高含硫气田集输系统安全控制技术研究[J]. 林业劳动安全, 2015, 28(1): 21-25+17.
[7] Li LF, Xiong J. Research on tubing material selection for preventing corrosion in high sour gas well under existence of bacteria corrosion [J]. BioTechnology: An Indian Journal, 2013, 8(9): 1258-1262.
[8] 郭学峰, 王和琴, 赵广胜. 高含硫油气田含硫废液的达标处理回注方法: 中国, CN102863097A[P]. 2013-01-09.
[9] 张新妙, 栾金义, 彭海珠, 万国晖. 一种油气田高含硫废水的深度脱硫方法: 中国, CN106256778A[P]. 2016-12-28.
[10] 唐晓东, 张小川. 含硫气田水的综合治理技术[J]. 工业水处理, 1999, 19(4): 5-7.
[11] 赵德银, 赵毅, 张菁, 钟荣强. 高含 H_2S 凝液碱洗废水生物脱硫技术实验[J]. 油气田地面工程, 2016, 35(10): 26-28.
[12] 张海林, 向敏, 杨毅. 含硫气田污水三级除硫技术研究[J]. 广州化工, 2015, 43(21): 174-175, 234.
[13] 于海松. 高含 H_2S 天然气工艺管线带压改造项目安全技术措施及应急管理的应用[J]. 化工管理, 2018, 14(5): 140-141.
[14] 范伟, 高继峰, 刘畅. 高含硫气田含硫污水三级除硫技术优化[J]. 加工处理, 2017, 36(7): 55-57.
[15] 吕岳琴, 丁湘, 王以朗. 高含硫天然气硫磺回收及尾气处理工艺技术[J]. 天然气工业, 2003, 23(3): 95-97.
[16] 胡海光. 高含硫气田尾气二氧化硫超标原因分析及应对措施[J]. 硫酸工业, 2017, 5(5): 19-20.
[17] 张磊, 黄文升, 王伟, 杨燕平, 王光卿, 李敬等. 一种用于高含硫气田采出水资源化回用处理的工艺方法: 中国, CN109019949A[P]. 2018-12-18.
[18] Q/SH 0104—2007, 炼化企业节水减排考核指标与回用水质控制指标[S].
[19] 栾金义, 章晨林, 张新妙, 彭海珠, 侯秀华. 一种油气田高含硫废水的减注达标外排方法: 中国, CN107417014A[P]. 2017-12-01.

天然气脱汞技术研究与应用

王天祥　孙凤枝　赵建彬　王玉柱　赵志勇　张　波

（中国石油塔里木油田公司）

摘　要　我国西部某气田原料气中汞含量300000~1700000ng/m^3，远高于中国石油对管输商品天然气的汞含量要求，因此开展天然气脱汞技术研究是非常必要的。通过分析论证国内外现有脱汞工艺、对比湿气脱汞与干气脱汞的优缺点，该气田创新形成了“低温分离+干气吸附脱汞”的组合工艺，确保了外输商品气汞含量不高于28000ng/m^3。低温分离+干气吸附脱汞工艺在保障外输天然气汞含量满足商品气质量要求的同时，与湿气脱汞工艺相比大幅度节约运行成本，现场应用成效显著。

关键词　天然气；脱汞工艺；湿气脱汞；干气脱汞

1　天然气脱汞的必要性

1.1　天然气中含汞情况概述

天然气的汞含量是指井口原始气的汞含量。早在20世纪80年代中期，苏联学者就提出石油、天然气中含汞是十分普遍的现象。通常认为，天然气中的汞主要来源于气源岩，汞以挥发组分的形式随天然气一起聚集在天然气藏中[1]。天然气开采过程中，汞大多以单质汞及有机汞化物的形式存在。据统计不同油气田生产的天然气中的汞含量变化范围很大，国外一些地区天然气中汞含量见表1，部分国内油气田汞含量见表2。

表1　国外天然气中汞含量统计表

地　区	汞浓度/(ng/m^3)	国外气田名称	汞浓度/(ng/m^3)
欧洲	100000~150000	德国北部气田	700000~4400000
北欧	10~180000	德国南部气田	100~300
东欧	1000000~2000000	波兰维尔科波尔斯气田	10000~900000
东亚	58000~193000	荷兰 Rotliegend 气田	300000~500000
南美	69000~119000	荷兰 Groningen 气田	180000~200000
北美	5~40000	阿尔及利亚气田	50000~80000
中东	<50000	印度尼西亚 Arun 气田	250000~300000
远东	50000~300000	马来西亚气田	1000~200000
非洲	80000~100000	阿曼 Saih Nihayda 和 Saih Rawl	60000
北非	50000~80000	古巴 Trinidad 气田	12000
泰国湾	100000~400000	尼日尔 Delta 气田	10000

表2　国内部分油气田汞含量统计表

地　区	辽河盆地西部凹陷[1]	海南福山油田	四川盆地[2]
天然气汞含量/(ng/m^3)	41000~1930000	20000~100000	100~35000

1.2　汞的危害性

汞是常温下唯一呈液态的金属，其具有高挥发性、高毒性，在油气处理装置中汞易冷凝、吸附、聚集在管线和设备上，在一定条件下能够腐蚀Al、Cu、Cr、Ni等材质。天然气在燃烧和加工过程中，汞会释放到空气中。因此，油气燃烧被认为是空气中人类造成汞释放的主要来源，而空气中汞又通过各种途径转为各种形式的汞化合物进入土壤、水以及动植物体等[1]，从而对环境造成污染、对人类健康和饮用食品等也可能构成不良影响。由于汞的吸附作用，在油气输送、加工等过程中，由于汞的腐蚀性甚至会造成破坏性事故[1]。

早在1973年，阿尔及利亚的 Skikda 液化天然气工厂的铝制换热器以及荷兰的 Groninger 油田集气装置因汞腐蚀引发了灾难性故障；1991年美国 Anschutz Ranch East LNG 厂铝制冷箱管道发生汞齐脆化腐蚀；2004年澳大利亚 Moomba 天然气处理厂因铝制换热器发生汞齐脆化腐蚀造成火灾；2011年澳大利亚某天然气凝液回收工厂因进气总管焊缝发生汞腐蚀导致爆炸。随着含汞气田的开发，国内也开始出现由汞引起的腐蚀事故案例。2006年海南海然高新能源有限公司 LNG 厂发生汞腐蚀事故，引起预处理系统铝合金管段发生天然气泄漏，其原料气汞含量为 $100000ng/m^3$[3]；2009年中国石化雅克拉集气处理站的主冷箱出现汞腐蚀裂纹，其原料气汞含量为 $31000ng/m^3$[3]。

1.3 天然气脱汞工艺研究必要性

世界各国天然气质量标准钧未对商品天然气中汞的含量做出明确规定，但是部分国外天然气公司与用户之间达成天然气供应合同协议约定天然气中的汞含量。德国和荷兰相关机构的研究表明天然气中的汞含量低于 $30000ng/m^3$ 时，对操作人员的健康、设备的安全及环境均不会造成危害。因此，从环境保护、安全、健康等方面考虑，中国石油规定管输商品天然气中汞含量应小于 $28000ng/m^3$。

我国西部某油气田为常温高压湿气气藏，具有单井产量高、井口压力高、天然气处理规模大的特点，经过近5年的运行，检测分析气样约90个，对该气田各单井及处理装置各个环节含汞情况取得了较为全面的认识，分析结果显示该气田原料气汞含量 $300000 \sim 1700000ng/m^3$ 左右，远高于外输中国石油对管输商品天然气的汞含量要求，因此开展天然气脱汞研究是非常有必要的。

2 含汞天然气处理工艺

天然气脱汞的方法主要有化学吸附、低温分离、溶液吸收、阴离子树脂和膜分离等。

2.1 化学吸附脱汞工艺

化学吸附工艺通常采用装有脱汞吸附剂的固定床对含汞气相进行脱汞，可分为不可再生汞脱汞和可再生脱汞工艺。

(1) 不可再生脱汞工艺：指使用不可再生脱汞剂进行天然气脱汞，含汞天然气连续通过脱汞塔实现脱汞，当脱汞塔压降突然显著增大或者检测到产品气汞浓度超标时，更换脱汞剂，该工艺不需要再生设备及其配套工艺，操作简单。但这种工艺可能造成废弃的吸附剂内富集汞、烃类及其他有害物质，增大了其处置成本(图1)。

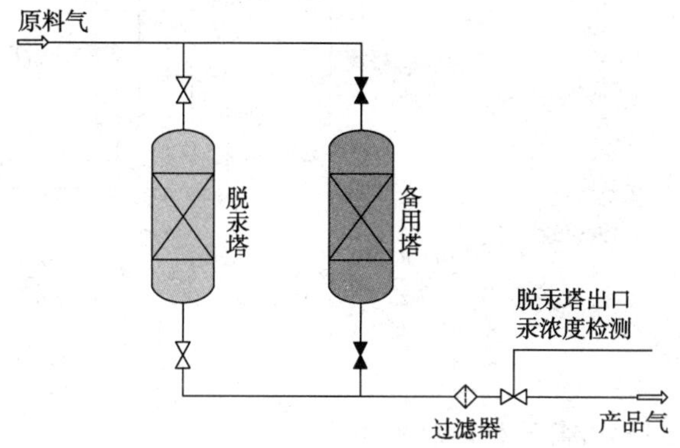

图1 不可再生脱汞工艺双塔工艺流程

(2) 可再生脱汞工艺：指脱汞吸附剂可通过加热等方式再生，与天然气处理过程可再生的分子筛脱水工艺原理相似。目前可再生的脱汞剂主要包括载银活性炭和载银分子筛。载银活性炭承载银含量一般仅为5%左右，可将天然气中汞浓度降到 $10ng/m^3$ 左右，但载银活性炭造价高；载银分子筛脱汞与分子筛脱水工艺流程基本相同，脱水脱汞塔中，依据原料气的含水和含汞量，使用载银分子筛部分替代塔底部的普通分子筛，可以同时脱水脱汞，进料气可以是干气也可以是湿气，脱汞深度能达到 $10ng/m^3$，但载银分子筛价格高于不可再生脱汞剂，且涉及再生气脱汞、再生能耗高等问题，目前还没有普遍应用。

2.2 低温分离脱汞工艺

通过注醇防止水合物并经过 J-T 阀节流降温，在低温分离器中实现净化气和含汞醇烃混合液分离。汞富集在富醇液体中，可以通过富醇再生得到汞浓度极低的贫醇液。该工艺对原料的脱汞效率可达90%以上，商品天然气中汞浓度值可低于 $10000ng/m^3$，但原料气中的汞将在凝析油、生产污水、闪蒸气等设备、管线中聚集，造成二次污染(图2)。

2.3 溶液吸收脱汞工艺

将汞离子化后与复合剂作用生成易溶性汞复合物，将宜溶性汞复合物溶于溶剂，从而完成整个脱汞过程。该工艺脱汞深度远远小于 $250ng/m^3$，能够处理汞浓度为 $10 \sim 100000ng/m^3$ 的天然气，但该工艺仅仅在化工领域得到工业应用，在天然气工业还没有应用的实例。

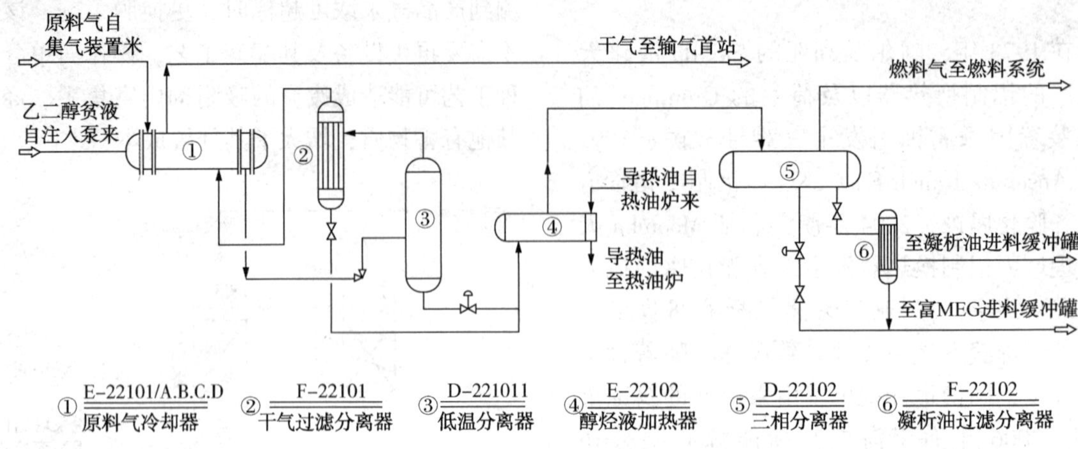

图 2　低温分离脱汞工艺流程

2.4　阴离子树脂脱汞工艺

将天然气与含有颗粒状或球状的特种树脂床层相接触而将汞脱除，脱汞深度可以达到 250 ng/m³，但该工艺天然气处理量有限(气体的体积流量需控制在 1 小时通过 1 体积树脂的气流体积为 10～200 体积)，不能用于大规模天然气脱汞处理。

2.5　膜脱汞工艺技术

吸附溶液通过薄膜中空纤维的管腔流动，薄膜两边的单质汞浓度趋于平衡，通过吸附溶液氧化汞，使薄膜两边的单质汞浓度存在差异，单质汞就不断的通过薄膜孔隙进入溶液中，达到脱除汞的目的。膜脱汞适用于低含汞天然气，过程温度一般控制在 30℃，过程压力不能太高，且原料天然气不能有液态物质存在，膜脱汞工艺的脱汞深度仅为 1000ng/m³。

综合分析以上 5 种脱汞工艺，表 3 对各工艺的优缺点进行概括总结，考虑工业化应用效果，可选的脱汞工艺为化学吸附和低温分离两种。

表 3　各脱汞工艺优缺点对比表

脱汞工艺	化学吸附	低温分离	溶液吸收	阴离子树脂	膜脱汞
优点	脱汞后后续设备汞含量较低	(1) 与天然气处理工艺结合脱汞，不增加单独吸附设备；(2) 可回收汞；(3) 投资低。	(1) 脱汞深度远远小于 250ng/m³；(2) 处理范围广，能够处理汞浓度为 10－100000ng/m³ 的天然气。	脱汞深度可达 250ng/m³。	脱汞深度可达 1000g/m³。
缺点	(1) 吸附剂不可再生，采购及废弃成本较高；(2) 吸附塔前需要增加高效设备，设备制造难度大，投资高；(3) 进料天然气中游离水含量要求 <20ppm；(4) 更换需停产。	(1) 原料气中汞含量高时，产品气的汞含量不合格；(2) 装置中含汞相对高的设备较多。	(1) 天然气行业还没有应用实例；(2) 吸收溶液腐蚀性强，饱和吸收后容量较低。	(1) 天然气处理量较小，不能用于大规模天然气脱汞处理；(2) 工艺处于试验阶段；(3) 成本较高。	(1) 未用于大规模天然气脱汞处理；(2) 不能有液态物质存在，操作压力不能太高；(3) 成本较高

3　含汞天然气脱汞方案对比

根据原料气的气质组成、原料气的汞含量以及天然气处理工艺的不同，天然气脱汞工艺分为湿气和干气脱汞两种方案。

3.1　湿气脱汞方案(前置脱汞)

将脱汞单元设置于脱水脱烃单元之前(可在单井、集气站或处理站)，原料气经过初步分离和过滤，除去大部分游离水和液烃后，进入脱汞装置进行脱汞处理，随后进入脱水脱烃单元，处理后的天然气进入下游处理单元。湿气脱汞有利于减少进入后续天然气处理设施的含汞量，但油、水、闪蒸气等系统仍会受到汞的二次污染，该工艺目前有较多应用(图 3)。

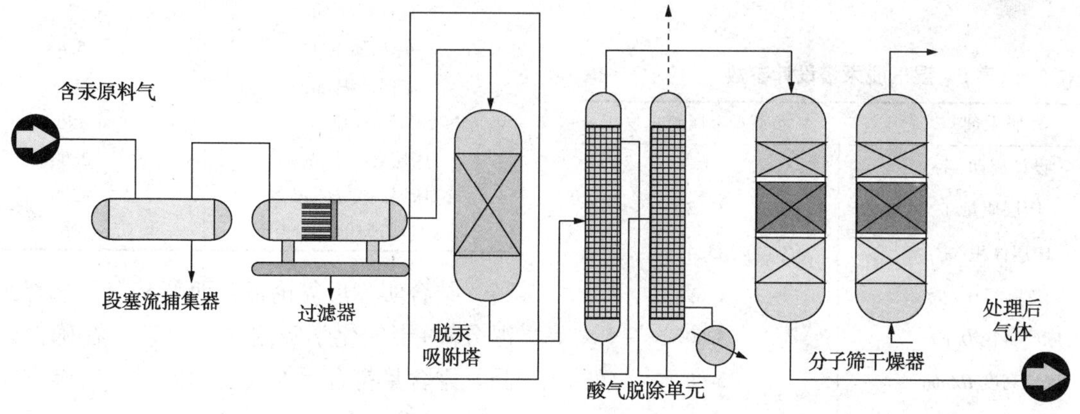

图 3　湿气脱汞工艺流程图

3.2　干气脱汞方案(后置脱汞)

将脱汞单元设置在脱水脱烃单元之后，原料气初步分离和过滤后，先经过脱水脱烃单元，干燥后的天然气进入脱汞单元脱汞。一般低含汞气田推荐采用该方案进行处理。该方案会造成污水、凝析油、尾气等物流中汞含量超标，二次污染问题严重(图 4)。

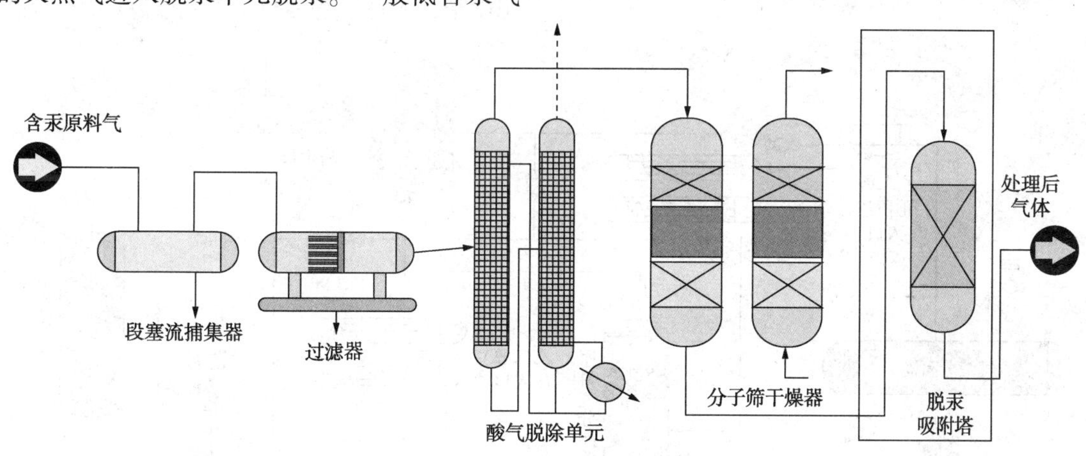

图 4　干气脱汞工艺流程图

3.3　方案对比

湿气脱汞可根据需求将脱汞单元设置在处理站内或处理站外，干气脱汞通常设置在处理站内，表 4 对两种方案进行优缺点对比。

表 4　湿气脱汞与干气脱汞对比

序号	脱汞方式	脱汞位置	优点	缺点	应用实例
1	湿气(前置)	处理站脱水脱烃前	减少进入处理站的汞含量和降低对处理站生产装置的污染	(1) 没有工艺能进行油气水同步脱汞，也需考虑分开脱除；(2) 投资及成本高	有
2	干气(后置)	处理站脱水脱烃后	(1) 脱水脱烃同时脱除部分汞；(2) 投资较低；(3) 油气水分开脱除	(1) 高含汞的设备相对较多；(2) 投资及成本相对较高	西部某气田有脱汞实例

4　干气脱汞工艺选择及应用

4.1　工艺选择

目前，西部某气田天然气处理采用低温分离工艺控制烃水露点，原料气中汞含量约 1000000ng/m^3，单套装置处理能力 500×10^{4}m^3/d，按照外输商品气汞含量不高于 28000ng/m^3 的要求，对湿气脱汞及干气脱汞工艺进行比选论证。

(1) 湿气脱汞设计参数见表5，吸附剂选用负载型金属硫化物，需每年更换脱汞剂，成本非常高。

表5　湿气脱汞塔设计参数

脱汞剂	负载型金属硫化物
设计周期/年	1
床层质量/t	35.2
床层体积/m^3	43.4
高径比	1.69
床层直径 D/mm	3200
床层高度 H/mm	5400
脱汞剂年消耗费用/万元	1056

(2) 干气脱汞设计参数见表6，与低温分离工艺配套使用，吸附塔置于低温分离单元下游，吸附剂寿命为3年，操作成本较湿气脱汞显著降低。

表6　干气脱汞吸附塔设计参数

脱汞剂	载硫活性炭
设计周期/年	3
床层质量/t	15.48
床层体积/m^3	25.8
高径比	1.5
床层直径 D/mm	2800
床层高度 H/mm	4200
脱汞剂年消耗费用/万元	26

结合实际反复论证，西部某气田选择采用低温分离+干气化学吸附脱汞工艺，在确保外输产品气汞含量符合标准要求的同时节约操作成本。

4.2　应用效果

该气田采用的干气脱汞方案充分利用了低温分离工艺脱汞(见图5)，干气中汞含量大大减少，与湿气脱汞工艺相比，延长汞吸附剂的使用寿命3倍，节约运行成本约1100万元/年，自2015年投用以来，累计节约运行成本约5300万元。

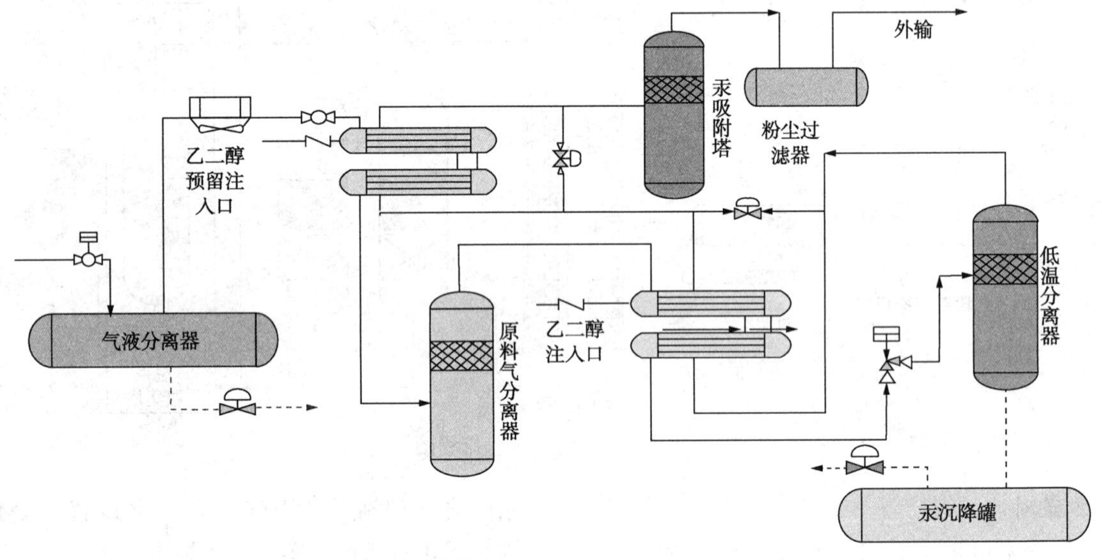

图5　西部某气田低温分离+干气化学吸附脱汞工艺流程图

5　结论

(1) 汞具有高挥发性、高毒性和腐蚀性，天然气中汞聚集在管道和设备中易引发汞腐蚀事故，从环境保护、安全、健康等方面考虑，脱除天然气中的汞是非常有必要的。

(2) 脱汞工艺的选择需结合原料气中汞含量、天然气处理量、脱汞工艺工业应用效果等进行综合经济技术比选。经实践应用，西部某气田干气脱汞工艺能够满足天然气外输汞含量要求，且运行成本较低。

(3) 湿气脱汞与干气脱汞均存在油、水等系统汞的二次污染问题，对于二次污染汞超标的单元，需开展专题研究，选择适用的脱汞工艺全面解决汞超标难题。

参　考　文　献

[1] 张子枢．我国天然气中的汞[J]．石油知识，1991，(5)：8-9.

[2] 夏静森，王遇冬，王立超．海南福山油田天然气脱汞技术[J]．天然气工业，2007，27(7)：127-130.

SAGD 循环预热阶段采出液处理中试试验研究

李 予

（中国石油新疆油田公司）

摘 要 SAGD 循环预热阶段采出液具有温度高、携汽量大、携砂量大、油水乳化严重、乳化类型复杂等特点。采出液先后进入常规稠油处理系统和 SAGD 高温密闭处理系统均不能满足处理要求，对处理站造成很大的冲击。SAGD 循环预热阶段采出液处理已成为制约 SAGD 开发大规模工业化的关键因素，因此本文通过大量的室内试验的基础上，依托 $1000m^3$ SAGD 循环预热采出液试验站完成中试试验，处理后采出原油进稠油联合站老化油罐处理，处理后采出水去常规处理系统处理，初步形成 SAGD 循环预热阶段采出液处理工艺，即前端分汽降温，两段加复合净水剂除去大部分含油、悬浮物，后端再进行采出原油处理以及采出水深度处理。

关键词 SAGD 循环预热阶段采出液；处理工艺；中试试验

1 前言

SAGD 开发循环预热阶段采出液是 SAGD 采油井在正式采油前进行蒸汽预热地层、对目的油层进行循环加热的过程中产生的油水混合液。新疆超稠油油藏埋深浅（200～350m），采用双水平井组合开发，预热阶段采用循环预热的方式。由于油藏埋深和开发方式的差异，其采出液温度高，携汽量大，含砂量大、含油量小、乳化严重、乳化类型复杂等特点。

新疆风城油田 2008～2009 年，在重 32、重 37 两个井区开展 SAGD 先导试验，开发初期循环预热阶段均采用单罐拉油的生产方式，采出液含油量较低（1%～3%），泥质成分较多（1%～10%），回收主要依托第三方，以外排蒸发后回收油泥的方式进行处理。由于试验区规模较小，且该阶段持续时间不长，生产过程中没有充分认识到 SAGD 循环预热液处理难度。随着 2012 年进入 SAGD 大规模工业化开发阶段，SAGD 循环预热阶段采出液处理的难度凸显出来，现有的采出液处理工艺已经不能满足循环预热阶段采出液油水分离的要求。

2 采出液物性分析

2.1 采出液物性

采出液基本物性参数详见表 1。

表 1 SAGD 循环预热阶段采出液基本物性一览表

序号	检测类型		原油物性分析
1	含油/（mg/L）		11415～230000
2	悬浮物		2100～18000
3	胶质/%		22.75
4	沥青质/%		1.89
5	含砂量/（W/W%）		0.23～1.5
6	密度/（g/cm^3）	20℃	0.9720
7	黏度/mPa·s	50℃	67840

从表 1 可以看出，SAGD 循环预热阶段采出液为微碱性，原油中胶质含量大于 20%，50℃原油黏度在 67800mPa·s 左右，和常规采出液物性相比，悬浮物含量和原油黏度略高。

2.2 携砂情况分析

与吞吐开发区采出液含砂情况相比，SAGD 循环预热阶段采出液含砂量大，含砂粒径小。平均含砂量超过 0.2%，最高可达 1.5%。含砂粒径分布详表 2。

表 2 含砂粒径分析

样 品	$D(0.1)$/μm	$D(0.5)$/μm	$D(0.9)$/μm	体积平均粒径 $D(4,3)$/μm
小型除砂装置入口	0.729	1.600	4.089	2.306
小型除砂装置液出口	0.834	1.658	3.091	1.840
小型除砂装置砂出口	0.731	1.773	3.838	2.072
小型除砂装置入口	0.771	1.532	2.856	1.700
小型除砂装置液出口	0.707	6.015	18.541	7.945
小型除砂装置砂出口	0.724	6.172	14.588	6.821

从表2中看以看出采出液含砂粒径主要分布在≤20μm的区间，≤20μm的砂样占90%。

2.3 携汽情况分析

SAGD循环预热阶段采出液携汽量大(30%~60%，最高可达80%)。温度高(160℃~180℃，最高可达到220℃)。采用TWBS软件对不同注汽压力下返回蒸汽干度进行模拟，具体结果详见表3。

表3 注汽模拟计算

注汽压力/kPa	返回压力/kPa	注汽量/m^3	注入干度/%	返回干度/%
4000	2000	60	95	40
4500	2000	65	95	46
5000	2000	75	95	50
6000	2000	90	95	53

3 采出液处理中试试验

为了研究SAGD循环预热采出液高效环保的处理工艺，在前期室内及现场沉降池试验的基础上，新建规模为1000m^3SAGD循环预热采出液处理试验站，进一步验证了"复合净水剂+助凝剂"两点加药混凝沉降工艺，开展了采出原油脱水试验。

3.1 试验站工艺流程

前端分汽降温，后端采用复合净水剂+混凝沉降工艺，流程简述：SAGD循环预热阶段高温采出液(180℃，携汽30%~60%)经过蒸汽分离器和闪蒸分离塔两级分离后，分离出蒸汽可作辅助热源，过剩蒸汽去汽水换热器区或空冷器换热区；经过两级分离出的液相换热后(90℃)在加净水剂后，进入一段除油沉降罐进行油水分离，分离出的油相(含水15%~30%)进入已建稠油联合站原油处理系统或去已建老化油沉降脱水罐进行脱水处理，分离出的水相加入净水剂和助凝剂后进入二段除油沉降罐，分离出的油去已建老化油沉降脱水罐进行脱水处理，采出水去已建稠油联合站调储罐。SAGD循环预热阶段采出液处理工艺流程图详见图1。

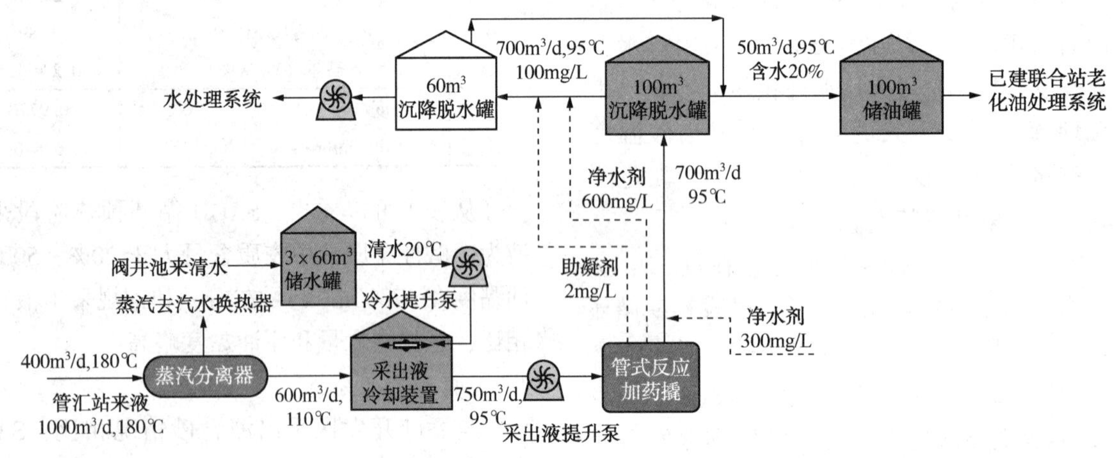

图1 SAGD循环预热阶段采出液处理工艺流图

3.2 两点加药混凝沉降试验

在室内试验的基础上，SAGD循环预热采出液中试试验采用两点加药的方式，即一段沉降脱水罐前加复合净水剂后取出大部分含油，二段沉降脱水罐加少量净水剂、助凝剂。考察两点加药对采出水处理效果及浮油回收的影响，工业化试验产出原油进行的脱水试验结果见表4。

表4 两点加药工业化试验6月份运行结果

日期	处理量/(m^3/d)	加药量		来液水质		出水水质		产油情况	
		净水剂/(mg/L)	助凝剂/(mg/L)	含油/(mg/L)	悬浮物/(mg/L)	含油/(mg/L)	悬浮物/(mg/L)	毛油量/m^3	含水/%
6月22日	624	1415	3.1	340508	13148	76	67	220	35.8
6月23日	775	1218	3.3	330499	11054	76	60	220	36.5
6月24日	848	1120	3.2	348211	12784	84	61	240	37

续表

日期	处理量/(m^3/d)	加药量		来液水质		出水水质		产油情况	
		净水剂/(mg/L)	助凝剂/(mg/L)	含油/(mg/L)	悬浮物/(mg/L)	含油/(mg/L)	悬浮物/(mg/L)	毛油量/m^3	含水/%
6月25日	586	1218	3.1	330145	12579	68	55	220	35.5
6月26日	1215	1310	3.2	314550	13450	70	60	260	37.5
6月27日	678	1350	3.2	307415	10361	85	60	220	35.5
6月28日	768	1330	3.1	324514	11018	75	57.5	200	35
6月29日	670	1270	3.3	315472	8924	60	55	200	36.5
6月30日	821	1250	3.2	308745	10654	65	72.5	220	38
7月1日	654	1340	3.2	263154	9100	80	65	240	38.4
7月2日	116	1137	2.8	254125	10500	75	60	60	34.5
7月4日	588	1224	3.2	238659	8466	71	60	180	35.5
7月5日	386	1430	3	230746	9550	32	35	160	36
7月6日	504	1500	3	215684	9600	58	45	80	33.5
7月7日	589	1360	3.2	245670	10450	70	42	200	37
7月8日	512	1460	3.3	183278	8875	55	36	160	32.5
7月9日	489	1430	3.3	194125	9320	72	45	200	36
7月10日	456	1260	3.2	154790	9800	57	35	100	30.5
7月11日	575	1200	3.3	194560	8845	75	45	200	35.5
7月12日	633	1390	3.2	176600	8975	73	42	220	37.5
7月13日	689	1250	3.3	154210	7780	65	35	240	37.5
7月17日	339	1375	3.0	181500	8200	74	52	50	37.8
平均	521	1253	3.1	192339	9845	84	65	135	35.4

从上述试验数据可以得出如下结论：

（1）净水剂实行两段加药后出水含油、悬浮物均稳定在200mg/L以内，对循环预热采出液最终处理效果没有影响，在1段净水剂：2段净水剂加药量=1：2时，出水水质和单点加药运行相比没有影响，效果还稍好于原单点投加净水剂加药方式的处理效果；

（2）两段加药产油率约为单点投加净水剂加药方式的80%左右，且含水稍低于单点投加净水剂加药方式。

3.3 采出原油脱水试验

考察了不同加药方式对后续采出原油脱水难度的影响，对单点加药处理后原油和两点加药处理后原油采用不同常规破乳剂和老化油破乳剂进行原油脱水试验，试验结果见表5。

表5 原油脱水工业化试验结果

序号	名称	破乳剂	加药量/(mg/L)	单点加净水剂条件下不同沉降时间含水/%		两点加净水剂条件下不同沉降时间含水/%	
				24h	48h	24h	48h
1	浮油	/	/	26.4	25.4	25.4	19.4
2	浮油	F100	400	30.9	21.5	21.5	14.7
3	浮油	WY	3000	23.5	15.4	15.4	6.7
4	浮油+20%柴油	/	/	15.7	14.5	14.5	9.7
5	浮油+20%柴油	F100	400	15.4	12.5	12.5	6.9
6	浮油+20%柴油	WY	3000	4.98	3.54	3.54	1.8

从上述试验数据可以得出如下结论：

（1）两点加药浮油不掺柴油使用常规破乳剂(F100)、污油破乳剂(WY)脱水效果均好于单点加药浮油不掺柴油的脱水效果，其中使用常规破乳剂进行脱水评价时48小时原油含水较单点加药原油含水低50%、污油破乳剂脱水评价时较单点加药原油含水低75%；

（2）掺柴油后可大幅降低脱水时间，两点加药脱水效果均好于单点加药，原油含水降低率也达到50%左右。

4 结论

（1）采用复合净水剂+混凝沉降分离的工艺处理SAGD循环预热采出液可行，能够达到处理目的，同时浮油可以回收。

（2）复合净水剂加入方式宜采用两点加药，在不影响出水水质的情况下。能够有效降低循环预热采出液浮油的处理难度、减少沉降时间，提高脱水效果约50%以上。

（3）处理后原油可去稠油联合站已建老化油处理系统进行热化学沉降处理，掺柴可以有效地降低原油脱水难度。

综上所述，可以初步确定SAGD循环预热采出液处理思路：统筹考虑采出原油处理难度，前端分汽换热，两段加复合净水剂除去大部分含油、悬浮物，后端再进行采出原油处理以及采出水深度处理。

超润湿表面技术在油气田地面工程中的应用探讨

李　昂[1,2]　宫　敬[1]　王　玮[1]　吴海浩[1]　李　庆[2]　王　坤[2]　冯耀荣[1]

(1. 中国石油大学(北京)；2. 中国石油天然气股份有限公司规划总院)

摘　要　由于具有特殊的润湿性能，超润湿表面有广泛的工程应用。本文基于表面润湿性以及水下黏附功的基本理论，阐释了壁面润湿性对油滴黏附强度的影响机制，分析了空气中或水下油滴在几类典型表面的黏附特性。重点介绍了空气中超亲水、超疏油表面在防蜡、抗腐蚀、油水分离以及含油污水处理等方面的应用。其中，网状金属在进行特定步骤的超亲水化处理后，具有极高的油水分离效率，并且可实现多次的重复使用。空气中超亲水表面在水环境中往往处于超疏油状态，对于中高含水原油，经过超亲水处理的碳钢表面能够实现优良的防蜡效果，可以大幅度减少蜡在壁面的黏附；在沉积一层植酸-金属络合物薄膜后，表面的抗腐蚀性还会得到提升。超疏油表面在水下对油滴有较强的吸引力，而在空气中则有很强的自清洁能力，可应用于水中油污的处理之中。最后，对超润湿表面在油气田地面工程中的应用前景进行了展望。

关键词　高含水；壁面润湿性；黏附功；防蜡；抗腐蚀；油水分离；污水处理

石油作为人类社会最为重要的能源供给之一，与日常生活和工业生产有着紧密的联系。中国作为最大的发展中国家，对石油有着巨大的需求，稳定、充足的石油供应能够为国民经济的平稳健康发展保驾护航。根据中国石油集团经济技术研究院发布的《2018 年国内外油气行业发展报告》，我国的石油进口量达到了 4.4 亿吨，对外依存度已经接近 70%。因此，加大国内油气田的勘探开发力度，提升油气产量，对保障国家的能源安全有着重要的意义。

然而，随着水驱油技术的应用，国内大多数油田已经进入高含水时期，采出液总量以及采出液含水率不断升高[1-3]，为后续的集油、脱水以及水处理等地面工程带来的新的挑战。例如，由于我国的原油普遍具有高含蜡、高凝点、高黏度的特点，在高含水时期，随着常温不加热集输技术的推广应用，在较低温度下析出的大量蜡晶会导致凝油的形成，在集油过程中会黏附在管壁，造成流动通道减小、井口回压升高甚至堵管等流动安全问题[4,5]。在输送流体中腐蚀性介质时，往往还会带来管道腐蚀问题，严重威胁管道安全运行[6]。同时，开采出的油水混合液量急剧上升，对油水分离设备提出了更高的要求，需要在处理大流量的采出液同时保持较高的油水分离效率。此外，为了提高采收率，油田开采中往往采用复合驱模式；已有研究表明，一些复合驱油药剂的存在会降低油水界面张力，从而促进油水的乳化以及水包油乳状液的稳定，导致脱出水中的含油率升高，为后续的污水处理带来了负面影响[7]。因此，面向高含水时期出现的一系列新的工程问题，迫切的需要引入新的思路、新的方法来为保障油气的安全高效开采。

大自然是最好的老师，学者们通过对自然界中各类现象的认知和学习，推动了科学与技术的进步和发展。受自然界中荷叶表面、漂浮在水上的水黾以及防污鱼鳞的启发，超润湿表面开始进入了研究人员的视野。一般而言，若油或水在某个表面的静态接触角达到小于 5°或者大于 150°，则称该表面达到了超浸润状态[8]；超浸润表面可以通过构筑物理粗糙结构、改变化学组成来实现。由于这种特殊的润湿状态，超浸润表面有着非常广泛的工程应用，例如超疏水表面可用于防冰雪、防起雾、抗腐蚀、抗腐蚀等[9,10]，超疏油表面可应用于自清洁、防生物淤积、手机及太阳镜、流动减阻等方面[11]，水下超疏油表面则在海洋油污治理、海洋和船舶设备、海底管道防油污处理等方面有良好的应用前景[12]。

综上所述，随着超润湿表面技术的成为科学研究的热点之一，镀膜工艺在不断优化、成熟，镀膜材料的选取以及涂层的稳定性在持续地进步；面对高含水时期油气田安全高效开采所面临的挑战，可以尝试将超浸润表面技术应用在油气田地面工程中；另一方面，油气田复杂多变的现场工况又可以进一步促进超浸润表面技术的发展。本文首先基于固体表面能及黏附功理论，阐明壁面润湿性对油滴黏附特性的影响，揭示超润湿表面之间的内在联系。然后，在众多超润湿表面技术中，详细介绍了在防蜡、抗腐蚀、油水分离以及水下油污处理等方面的研究进展。最后，对超润湿表面技术在油气田地面工程中的应用前景进行了展望。

1　理论基础

液滴在固体表面以一定形态与之接触，润湿性的强弱可以用接触角 θ 表示。

图1中从左到右为接触角从大到小的示意图，可以看出随着接触角的减小，液滴的润湿性由弱变强，液滴逐渐从超疏液状态($\theta \geqslant 150°$)转变为超亲液状态($\theta \leqslant 5°$)。一般来说，固体的表面能越高，临界表面张力越大，液滴越容易在表面润湿，接触角也越小[13]。对于液滴而言，其表面张力越小，越容易在固体表面铺展，接触角越小。例如荷叶表面在空气中可以达到超疏水状态[14](如图2所示)，而对于一些低表面张力的油滴，极易在固体表面铺展，所以即使在超疏水荷叶表面仍呈现出超亲油特性，而超疏油表面却仍能保持超疏水状态[15]，如图3所示。因此，在自然界中很少有天然的空气中的超疏油表面，超疏油表面的构造条件也比超疏水表面更为严格。

空气中的超亲水表面在水环境中会呈现超疏油性[16,17]，而空气中的超疏油表面在水环境中则表现出超亲油性[18]。这类油滴在空气中和水下展现出不同润湿状态的现象可以用黏附功理论来解释。液滴在固体表面的黏附能力可以用黏附功表示，黏附功的物理意义可以理解为将相互接触的两相分离至无限远处所做的功的大小。当液滴与固体表面接触后，黏附功越大代表液滴在固体表面的润湿程度更大，越不容易脱离表面；黏附功越小则反映出液滴在表面的润湿程度越小，越容易脱离表面。

油滴在水环境下的黏附功则可以称之为水下黏附功，计算公式如下[19]：

$$W_{ows}=\gamma_{sw}+\gamma_{ow}-\gamma_{so}$$

其中 W_{ows} 为水下油滴在固体表面的黏附功，γ_{sw}、γ_{ow}、γ_{so} 分别为固体表面与水、油水、固体表面与油滴的界面张力。公式中的“油滴”也可以是其他各种与水互不相溶的材料。根据文献[20]提供的计算方法，可以计算出水环境中不同表面张力的油滴在以下几类表面的水下黏附功大小，结果如图4所示，A～E分别代表超亲水表面、亲水亲油表面、疏水亲油表面、疏水疏油表面以及超双疏表面。可以看出在水环境中，油滴最不容易黏附在超亲水表面，最容易黏附在疏水亲油表面以及超双疏表面。水下黏附功的计算结果性，厘清了超亲水与水下超疏油、超双疏与水下超亲油两组超润湿表面之间的内在关系。

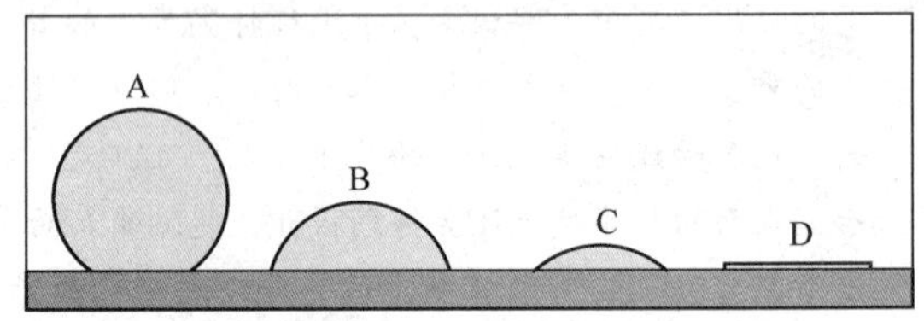

图1　液滴在固体表面润湿性强弱示意图

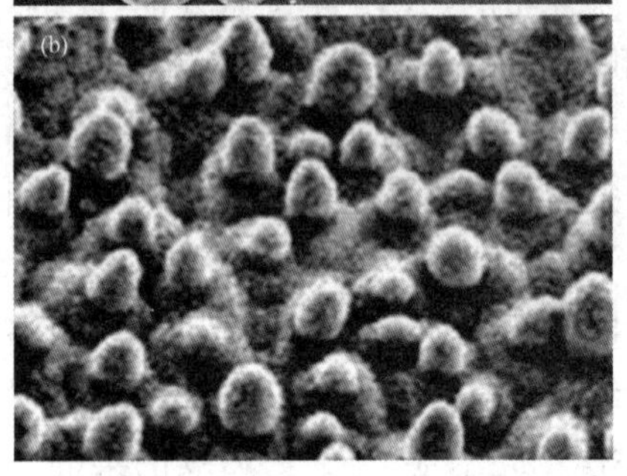

图2　荷叶表面疏水图像与SEM图像[14]

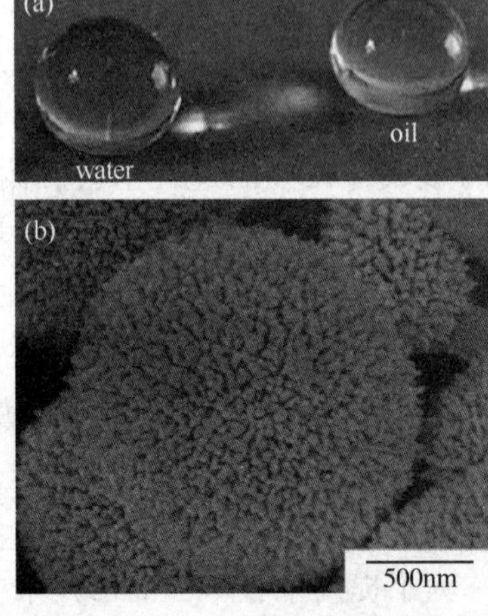

图3　某超疏水且超疏油表面与SEM图像[15]

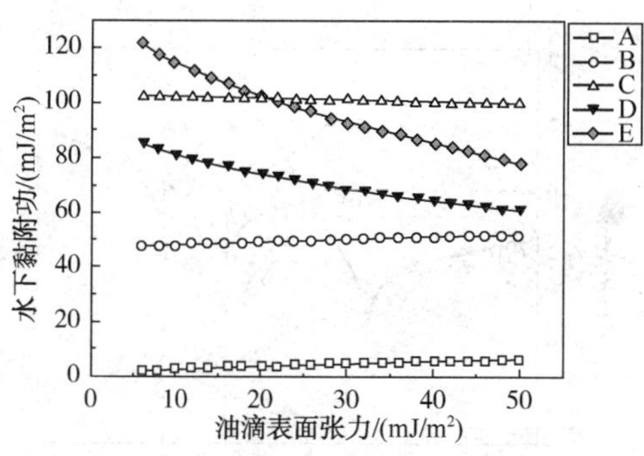

图 4　油滴在不同表面的水下黏附功

2　典型超浸润表面

2.1　防蜡

Yuzhen Guo 等[21]使用了冷指装置评价了镀膜和化学处理后表面的防蜡效果。表面处理步骤分为两步，第一步对磨光、去油、擦亮后的碳钢表面进行镀锌，镀锌溶液含 1～2mol/L $ZnSO_4 \cdot 7H_2O$，0.04～0.05mol/L $Al_2(SO_4)3 \cdot 18H_2O$，0.08-0.1mol/L $KAl(SO_4)_2 \cdot 12H_2O$，0.02mol/L 表面活性剂，镀锌条件为 $2A/dm^2$（保持 50min），完成此步镀膜工作后的表面简称为表面 A；将表面 A 迅速浸没到化学处理溶液中 10～30s（室温下），处理溶液含 0.03～0.05mol/L $Na_2SiO_3 \cdot 9H_2O$，0.3～0.4mol/L oxidizing agent，0.3～0.4mol/L HNO_3 and 0.1～0.2mol/L H_2SO_4，处理后形成的表面简称为表面 B。图 5 为使用 SEM 和 EDS 观察两种表面的结果示意图，表面 A 中的凸起呈薄片状，元素组成仅有 Zn 元素；表面 B 中凸起呈颗粒状，组成除了 Zn 元素还有 O 元素以及少量 Si 元素。

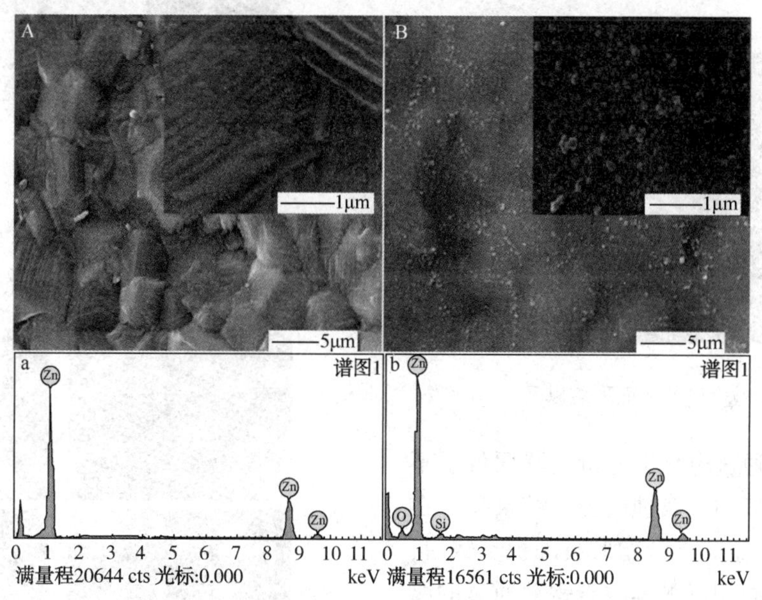

图 5　表面镀膜和化学处理后碳钢表面 SEM 和 EDS 分析结果[21]

镀膜和化学处理完成后使用两种表面分别进行冷指实验，采用的油样为含水率 57%的大庆原油，含蜡量为 25wt.%。一段时间后再从油中取出，得到表面黏附的状况如图 6 所示。可以看出只镀 Zn 的碳钢表面有很多油污黏附而经过后续化学浸泡处理后的表面则基本没有油污黏附。对表面 A 和表面 B 进行油和水的接触角测量、计算，得出表面 A 在空气环境和水环境下均亲油疏水；表面 B 在空气环境下亲油亲水，而在水环境下则亲水疏油，而且是超疏油。可以看出，水下超疏油表面能够很好的抑制含蜡原油在表面的黏附，使析出的蜡晶可以随管流流动，降低堵管的风险。

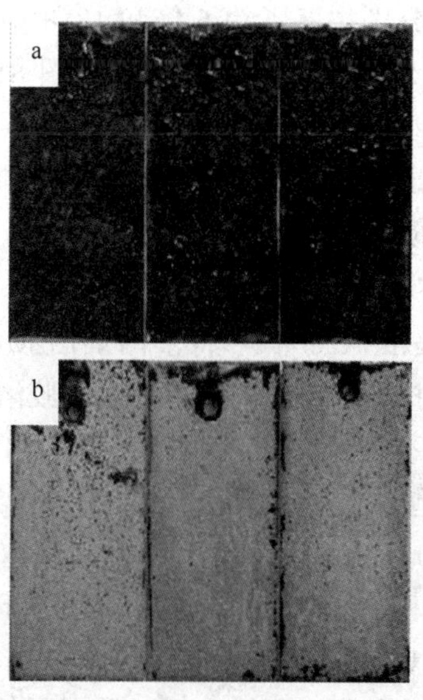

图 6　表面 A(左)与表面 B(右)冷指实验结果[21]

2.2 抑制腐蚀

植酸是一种无毒且经济的环保材料，其与金属离子螯合反应后在固体表面生成的薄膜具有很强的亲水性以及优良的抗腐蚀特性[22,23]。Weitao Liang 等[24]在测试了植酸与金属铁离子反应生成的络合物薄膜在防蜡能力的基础上进一步评价了该薄膜的延缓腐蚀能力。具体实施方式如下：

首先仍在碳钢表面电镀一层锌，电镀液组成以及实验条件相同，第二步时则选用了植酸来代替有腐蚀性的酸，通过控制溶液的 pH 值来达到不同的表面润湿状态，最终得出实现水下超疏油的最佳制备方案。结果发现，在 pH 值为 4 时表面形成了最为明显的粗糙结构，与之对应的空气中亲水性以及水下疏油性也最强，如图 7 所示。

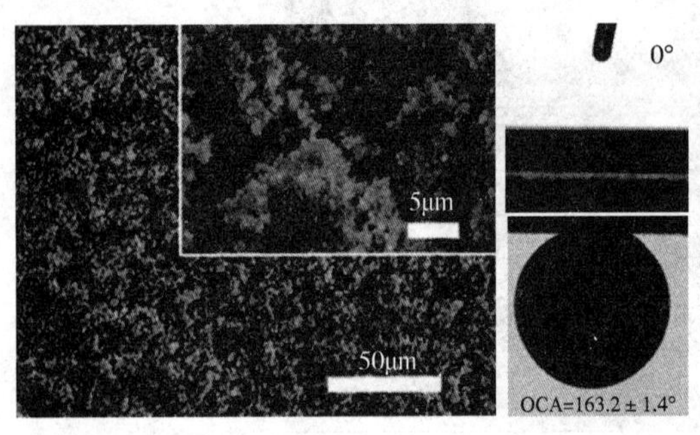

图 7　反应液 PH 为 4 时生成的表面形貌以及润湿性[24]

在此基础上，通过电化学分析仪器评价了不同表面对氯化钠溶液的抗腐蚀能力，结果显示在经历镀锌以及植酸-金属络合物薄膜沉积步骤后，相比于原始碳钢表面和仅镀锌的碳钢，通过的腐蚀电流绝对值分别下降了约 91.4% 和 79.5%，阻抗绝对值分别提高了约 6 倍和 18.8 倍，各表面的极化曲线以及腐蚀后的照片如图 8 所示。综上，可以看出植酸-金属络合物薄膜不仅可以使表面展现出良好的亲水性以及水下疏油性，还具有良好的防腐蚀能力。

2.3 油水分离

Zhongxin Xue 等[25]将聚丙烯酰胺（PAM）以及交联剂按照一定比例配置成水凝胶溶液，把一定尺寸的不锈钢铁网（小网格直径在 34 到 380μm 之间）浸泡在水凝胶溶液中，在外界聚合灯照射下反应 90～120min 后将不锈钢铁网取出，可以在表面沉积一层稳固的超亲水薄膜，不同尺度下表面的微观形貌、各类油滴在表面的水下接触角以及黏附力如图 9 所示，可以看出制备出的不锈

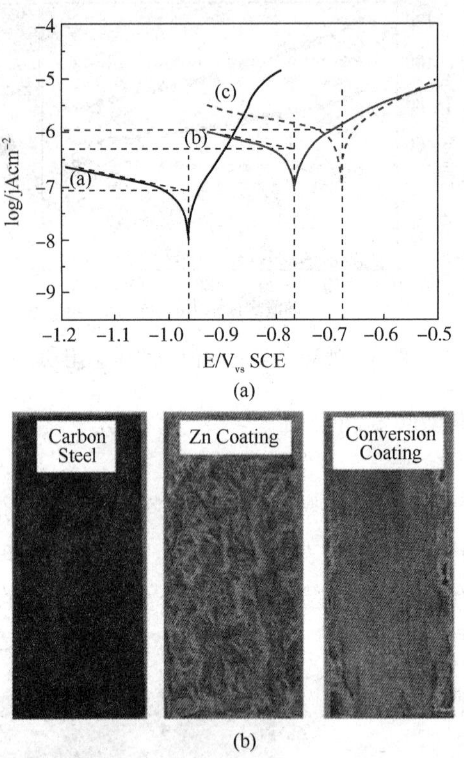

图 8　盐溶液腐蚀时极化曲线以及腐蚀后表面照片[24]

钢网膜对于多种类型的油样均能保持水下超疏油状态，油滴在表面有着极低的黏附力。

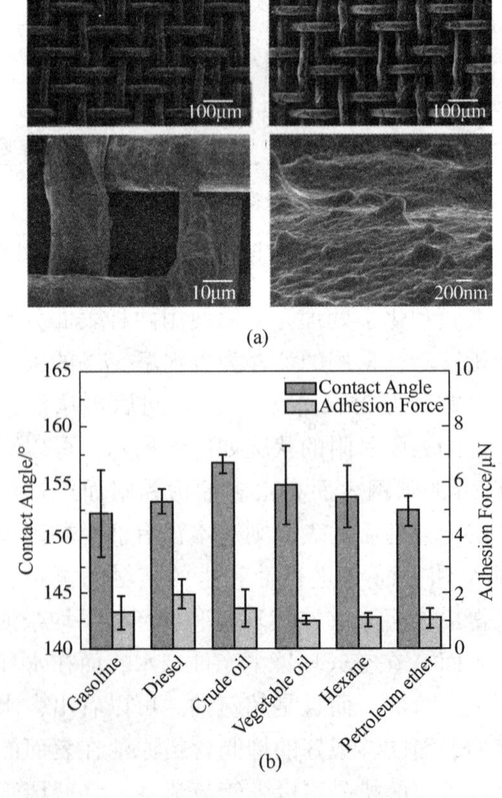

图 9　（a）不同分辨率下水凝胶沉积后的表面形貌，（b）不同油滴在制备表面的水下接触角及黏附力[25]

在水凝胶-不锈钢铁网制备完成后，用于油水分离中，所选用的油样为30%含水率的原油。往用水凝胶-不锈钢铁网隔开的两个容器中倾倒原油，可以发现原油中的水可以轻易的通过该铁网，而剩余的原油则被排斥在铁网上方无法穿透，如图10所示。经计算，处理后的铁网有着极高的油水分离效率，且在多次重复使用之后仍能够保持良好的分离性能。

2.4 含油污水处理

Meihua Jin等[18]选取了全氟癸基三氯硅烷作为原材料，通过水解以及缩聚作用在玻璃表面构筑了低表面能的多空粗糙结构，形成了空气中超双疏、水下超亲油表面，如图11所示。可以看出，虽然超双疏表面在空气中对油滴有着较弱的吸引力，但到了水环境中则变成了超亲油状态，这种润湿反转状态与前文中水下黏附功的预测结果保持一致。

图12为将制备所得表面应用在含油污水的处理过程示意图。从图中可以看出，由于制备出的超双疏表面在水下有着极强的亲油性，水中的油污极易被吸附；而当将该表面拿到空气环境中时，由于在空气中处于超疏油状态，之前吸附的油污可以非常容易地从表面脱落，此时又能够重新地伸进含油污水中进行油污去除，重复利用性强；相比于传统除油污所用的亲油表面，当油污吸附在这类表面后则很难去除，重复利用性差。因此，这类超双疏表面在油污去除效率、重复利用性上有着明显的优势。

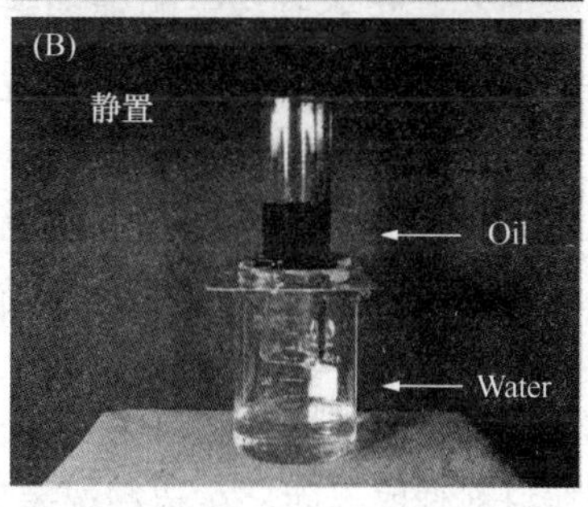

图10 超亲水不锈钢铁网高效油水分离示意图[25]

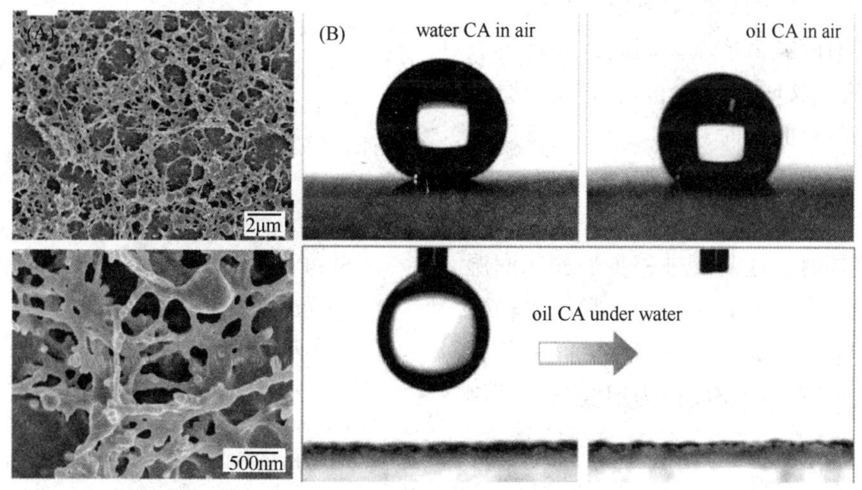

图11 超双疏表面形貌以及油滴在空气中、水下润湿性反转示意图[18]

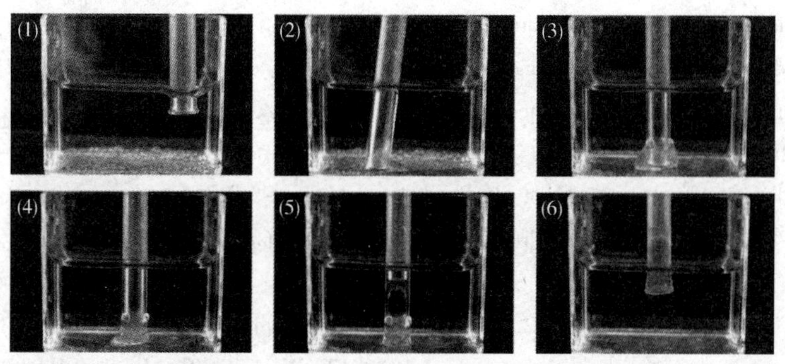

图12 超双疏表面处理含油污水示意图[18]

3 结论及建议

旨在引入新的思路解决高含水时期油气田地面工程中遇到的一些问题，本文详细介绍了近年来几类超润湿表面技术的研究进展。超亲水/水下超疏油表面在防蜡防黏附、抗腐蚀以及油水分离等方面有良好的应用前景，而超疏油/超双疏表面则在含油污水处理上展示了出色的性能。面向油气田地面工程中复杂的工况，可以针对不同的流程采用不同类型的超润湿表面技术。最后，为超润湿表面技术在油气田地面工程中的应用提出三点建议：

（1）在制备工艺方面，目前大多数已发表的文献是在实验室条件下进行的研究，表面制备的程序较为繁琐，有些需要特定的辅助镀膜设备，成膜成本高，导致了无法在现场中大规模应用。考虑到固体颗粒、机械杂质对管道内壁的冲刷作用，镀膜还需要保持较好的稳定性才能在较长周期内起作用。面对这种状况，需要针对在油气田实际的应用条件，进一步简化制备工艺，开发新型表面固化手段，为大规模应用作铺垫。

（2）在材料选取方面，在超润湿表面制备过程中，往往为了达到目标的润湿状态而忽视了原材料对人体、环境造成的负面影响，并且暂时未考虑大规模制备时的经济成本。因此，在现场表面镀膜时应考虑选取环保且廉价易获得的原材料，在保证制备效果的同时对环境的影响降到最低，并尽量地节省成膜的经济成本。

（3）在理论研究方面，开展制备工艺和材料选取方面的研究同时，还需要进一步加深超润湿表面相关的理论研究，尤其是油滴、颗粒等输送介质在不同体相环境下与超润湿壁面之间的相互作用过程，将表面理论的发展作为超润湿表面制备的重要支撑。

参 考 文 献

[1] Deng S, Yu G, Jiang Z, et al. Destabilization of oil droplets in produced water from ASP flooding. Colloids and Surfaces A (Physicochemical and Engineering Aspects), 2005, 252(2-3): 113-119.

[2] Deng S, Bai R, Chen J P, et al. Effects of alkaline/surfactant/polymer on stability of oil droplets in produced water from ASP flooding. Colloids & Surfaces A Physicochemical & Engineering Aspects, 2002, 211(2): 275-284.

[3] Wang Z, Pang R, Le X, et al. Survey on injection-production status and optimized surface process of ASP flooding in industrial pilot area. Journal of Petroleum Science and Engineering, 2013, 111: 178-183.

[4] Zheng H, Huang Q, Wang C. Wall sticking of high water-cut crude oil transported at temperatures below the gel point. Journal of Geophysics and Engineering, 2015, 12(6): 1008-1014.

[5] 檀为建，崔艳丽，李娇，等. 西柳站高含水油井常温集输温度界限试验研究[J]. 油气田地面工程，2018(6).

[6] Fu A Q, Feng Y R, Cai R, et al. Downhole corrosion behavior of NiW coated carbon steel in spent acid & formation water and its application in full-scale tubing [J]. Engineering Failure Analysis, 2016, 66: 566-576.

[7] Deng S, Bai R, Chen J P, et al. Produced water from polymer flooding process in crude oil extraction: characterization and treatment by a novel crossflow oil-water separator. Separation & Purification Technology, 2002, 29(3): 207-216.

[8] 罗华丽，何婵，周树学，等. 水下超疏油涂层的研究现状与评述[J]. 涂料工业，2016，46(9)：80-87.

[9] KENNETH K. S. LAU,, †, JOSé BICO, ‡, KENNETH B. K. TEO, §, ET AL. SUPERHYDROPHOBIC CARBON NANOTUBE FORESTS [J]. NANO LETTERS, 2003, 3(12): 1701-1705.

[10] 江雷. 从自然到仿生的超疏水纳米界面材料[J]. 科技导报，23(0502).

[11] TUTEJA A, CHOI W, MA M, ET AL. DESIGNING SUPEROLEOPHOBIC SURFACES [J]. SCIENCE, 2007, 318(5856): 1618-1622.

[12] 薛众鑫，江雷. 仿生水下超疏油表面[J]. 高分子学报，2012(10)：1091-1101.

[13] Zisman W A. Influence of constitution on adhesion [J]. Industrial & Engineering Chemistry[J]. 1963, 55(10): 18-38.

[14] 屈孟男，马利利，何金梅，等. 特异润湿型油水分离材料的研究进展[J]. 材料导报，2017，31(19)：152-161.

[15] 郗金明. 超疏水、超双疏材料的制备与研究[D]. 中国科学院研究生院(国家纳米科学中心)，2008.

[16] Zhou C, Cheng J, Hou K, et al. Superhydrophilic and underwater superoleophobic titania nanowires surface for oil repellency and oil/water separation [J]. Chemical Engineering Journal, 2016, 301: 249-256.

[17] Wang Z, Zhu L, Liu H, et al. A conversion coating

on carbon steel with good anti - wax performance in crude oil[J]. Journal of Petroleum Science and Engineering, 2013, 112: 266-272.

[18] Jin M, Wang J, Yao X, et al. Underwater Oil Capture by a Three - Dimensional Network Architectured Organosilane Surface[J]. Advanced Materials, 2011, 23(25): 2861-2864.

[19] FREUD B B, HARKINS W D. THE SHAPES OF DROPS AND THE DETERMINATION OF SURFACE TENSION [J]. J. PHYS. CHEM, 1929, 33 (7): 404-407.

[20] Clint J H, Wicks A C. Adhesion under water: surface energy considerations[J]. International journal of adhesion and adhesives, 2001, 21(4): 267-273.

[21] Guo Y, Li W, Zhu L, et al. An excellent non-wax-stick coating prepared by chemical conversion treatment [J]. Materials Letters, 2012, 72: 125-127.

[22] Pan F, Yang X, Zhang D. Chemical nature of phytic acid conversion coating on AZ61 magnesium alloy [J]. Applied Surface Science, 2009, 255 (20): 8363-8371.

[23] Shi H, Han E H, Liu F, et al. Protection of 2024-T3 aluminium alloy by corrosion resistant phytic acid conversion coating. Applied Surface Science, 2013, 280: 325-331.

[24] Liang W, Zhu L, Xu C, et al. Ecologically friendly conversion coatings with special wetting behaviors for wax prevention [J]. RSC Adv. 2016, 6 (31): 26045-26054.

[25] Xue Z, Wang S, Lin L, et al. A Novel Superhydrophilic and Underwater Superoleophobic Hydrogel-Coated Mesh for Oil/Water Separation [J]. Advanced Materials, 2011, 23(37): 4270-4273.

两种旋流气浮装置试验研究

朱梦影[1]　程　涛[2]　孔　冰[1]　郭奕杉[2]　郝　铭[1]

（1. 中海石油（中国）有限公司天津分公司渤海石油研究院；2. 中海石油（中国）有限公司蓬勃作业公司）

摘　要　某油田为了紧凑高效解决油田污水处理难题，对 A 厂家 CFU 和 B 厂家 CFU 样机进行试验对比分析。A 厂家 CFU 和 B 厂家 CFU 原理类似，均是基于低强度旋流和气浮，A 厂家 CFU 内部设计相对简单。油田根据生产水处理流程特点，选择水离心机上游和注水增压泵下游进行试验。这两次 CFU 测试结果表明，该油田生产水质量变化很大，通过离心机、注水增压泵等设备剪切作用后，会增加水中含油的稳定性，增大水中含油处理难度，CFU 设置在上游处理效果优于下游；该油田生产水处理的主要问题是小颗粒油滴为主的水包油乳化液和含油固体悬浮物较多，全尺寸设计时需要添加反相破乳剂和适当增加停留时间。

关键词　旋流气浮；低强度旋流分离；油田污水处理；海上油田

油田含油污水具有含油量高、温度高、含盐量大等特点，而且开采过程中为增加产量而大量注入的各种药剂，也会增加污水处理的难度[1]。对于海上平台而言，由于空间、承重等原因，陆地油田所采用成熟的污水处理技术无法直接在海上平台应用，目前常用的斜板隔油器+气浮选+核桃壳滤器无法应对污水处理量增大的难题[2]。由于常规污水处理技术难以有较大突破，研究人员基于低强度旋流和气浮原理推出了紧凑型气浮装置（Compact Flotation Unit，简称 CFU），希望达到紧凑、高效处理油田含油污水的目的。

国外早在 20 世纪就开始旋流气浮装置（CFU，下同），以 A 厂家 CFU 最为成熟、应用最为广泛，国内研究多始于 2007 年之后，其中 B 厂家 CFU，北京石油化工学院 BIPTCFU 曾在渤海地区进行试验[3]。为了解决海上某油田面临的含油污水处理难题，对 A 厂家 CFU 和 B 厂家 CFU 试验机进行试验对比，研究污水处理难点，寻找合适的处理工艺。

1　旋流气浮装置介绍

1.1　A 厂家 CFU 工作原理

A 厂家 CFU 是一款内筒外旋式旋流气浮装置，如图 1 所示，罐内主要装置有中空整流桶、螺旋导片等组成。含油污水注入氮气和化学药剂之后，经混合器充分混合、入口管道加速后沿切向进入罐内，在螺旋导片作用下形成弱旋流，浮油等轻组分由于旋流和气浮作用沿整流桶外壁上升，在罐中心聚集后排出，水相经整流桶从罐底排出[4]（图 2）。

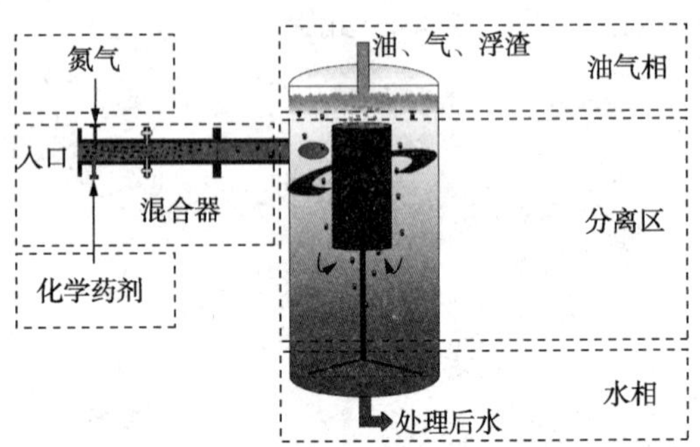

图 1　A 厂家 CFU 工作原理图

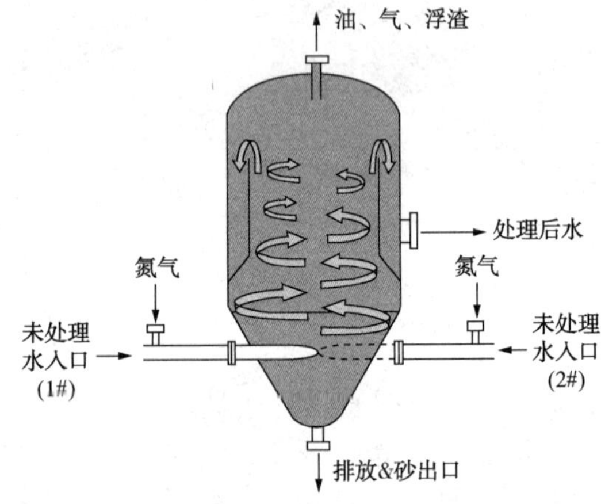

图 2　B 厂家 CFU 工作原理图

1.2　B 厂家 CFU 工作原理

B 厂家 CFU 由一款内筒内旋的旋流气浮装置，主要由圆柱-圆锥罐体、切向水入口、内筒等组成，含油污水从 CFU 底部的两个切向入口进入容器，产生旋流和离心力，在气浮和离心力作用下，密度较小的油聚集在中间，随着整体向上运动从容器顶部中间撇油短管被排出。当流体流至容器中上部时，水慢慢向外流动流向外环腔室，细小油滴和气泡进一步被分离，处理后的水通过向下排出容器[3]。

1.3　两种 CFU 比较

对两种 CFU 运行参数等进行比较，如表 1 所示。

表 1　两种 CFU 参数对比

比较项目	A 厂家 CFU	B 厂家 CFU
级数	2	1
容器数	2	1
化学药剂注入量	15~20ppm	N/A
氮气注入量	60L/h	20%~40%
处理量	$6m^3/h$	$3\sim6m^3/h$
撇油量	0.5~1.5%	1~3%
停留时间	30s	30s
材质	不锈钢	碳钢
尺寸	0.4(D)×1.2(H)×2(ea)	1.3(L)×1.0(W)×3(H)

2　CFU 现场试验

某油田进入高含水期，油田产水量逐年增加，含油污水的性质也发生了变化，固体悬浮物含量增多、乳化程度加重等导致污水处理难度加大，需要对现有的污水处理工艺进行改造和优化。该油田 FPSO 水处理流程如图 3 所示，来自各生产分离器和砂处理系统的含油污水进入闪蒸罐，经闪蒸罐脱气撇油处理之后通过双螺杆式水泵增压、滤器过滤掉较大颗粒物质之后进入碟片式水离心机进行处理，在离心机中除去油和悬浮物之后进入缓冲罐，经离心式注水泵增压后与海水混合进入下游平台。

不同厂家的 CFU 装置分别在 FPSO 上试验，试验点选择如图 3 所示，分别为生产水滤器下游（3.5bar，87℃）和注水增压泵下游（12bar，85℃），每 4 小时对入口和出口取样做水中含油化验，使用 Turner Designs（特纳）500D 便携式紫外荧光水中油测定仪，利用异己烷作为萃取物，每四小时对进口、出口取样化验。

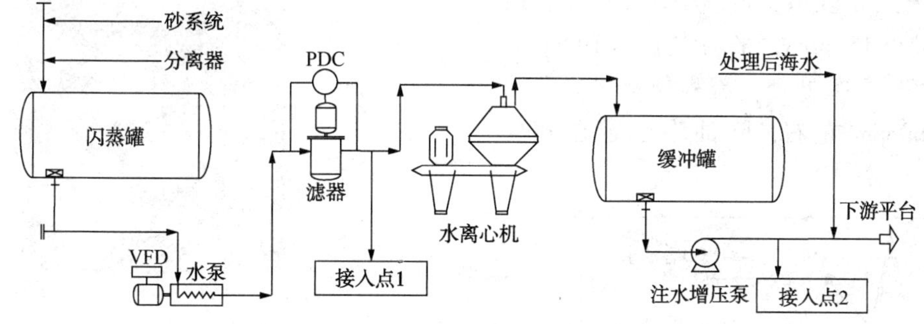

图 3　生产水系统示意图

3　试验结果

3.1　A 厂家 CFU 测试结果

A 厂家 CFU 为两级串联设置，两级装置结构相同，测试处理量保持在 $6m^3/h$，化学药剂注入量 15ppm，撇油口流量为 60L/h，氮气注入量为 60L/h。

在第一个接入点试验结果如图 4 所示，可以看出，CUF 入口污水含油较多，而且变化较大，测试期间最大含油率 3900ppm，最小含油率 410ppm。A 厂家 CFU 一级处理之后含油率降至 300ppm 左右，经过第二级处理，出口含油率能稳定在 25ppm 左右。A 厂家 CFU 除油率经过前期调整，能稳定在 98%左右。测试期间由于分离器冲砂，污水含油率增至 3900ppm，该 CFU 仍保持良好的处理效果，出口水中含油率稳定在 25ppm 左右。

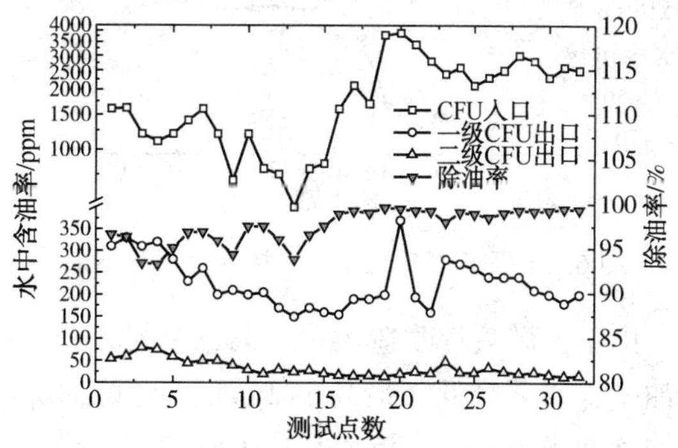

图 4　A 厂家 CFU 在第一个接入点试验结果

A 厂家 CFU 在第二个接入点试验结果如图 5 所示，经过水离心机处理，水中含油相对稳定，最大含量 460ppm，最小含量 380ppm，平均含油量 427ppm；经过两级 CFU 处理，优化化学药剂注入量后水中含油率最低可以处理到 90ppm，最大除油率 80%，平均除油率 67.2%，表现出较好的除油效果。

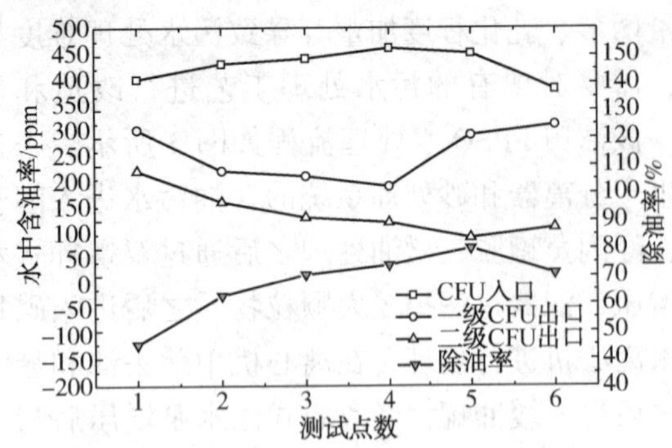

图 5　A 厂家 CFU 在第二个接入点试验结果

3.2　B 厂家 CFU 测试结果

该油田在 A 厂家 CFU 测试之后对闪蒸罐进行了改造，增强了其撇油功能，污水中无明显浮油，改造之后对 B 厂家 CFU 性能进行测试。测试处理量保持在 $6m^3/h$，无化学药剂注入，撇油口流量为 120L/h，氮气注入量为 $1.2m^3/h$。

第一个点测试结果如图 6 所示，入口含油率由于上游流程进行了改造，含油率比较稳定，最大 317ppm，最小 157ppm，平均含油率 197ppm，经过 B 厂家 CFU 一级处理，流程稳定之后含油率能稳定在 60ppm 左右，除油率稳定在 60% 左右。

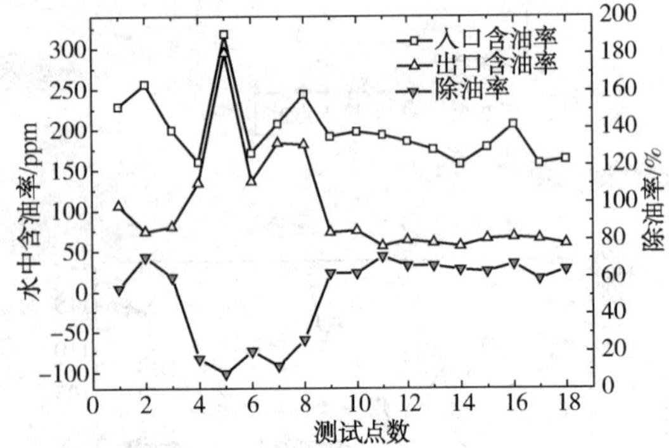

图 6　B 厂家 CFU 在第一个接入点试验结果

由于上游流程改造优化，第二个接入口水中含油率也显著降低，最高 112ppm，最低 34ppm，平均含油率 60ppm。与 A 厂家 CFU 表现类似，B 厂家 CFU 在该点表现不如第一个接入点，最低除油率 6%，最高除油率 43%，平均除油率 21%（图 7）。

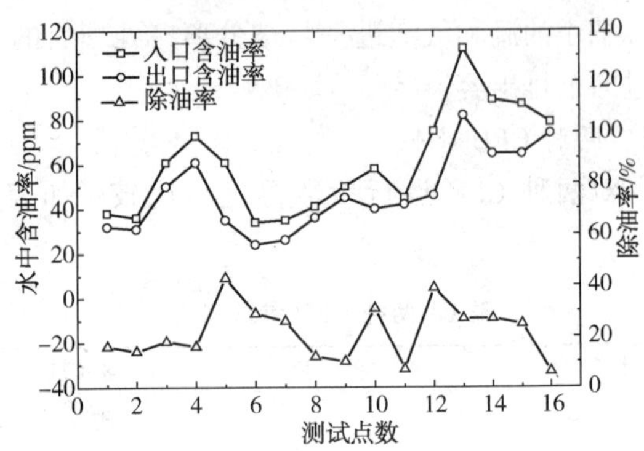

图 7　B 厂家 CFU 在第二个接入点试验结果

4　结果分析

4.1　水包油乳化液

通过两组试验可知，油田采出水中没有严重的水包油乳化液问题，B 厂家 CFU 在不添加化学药剂的基础上，在第一个接入点通过一级处理水中含油率能稳定在 60ppm 左右。B 厂家 CFU 处理前后照片如图 8(b) 所示，生产水闪蒸罐改造之后，CFU 入口水中的油悬浮物由非常细小的液滴组成，这些油滴无法自主漂浮液面从而被撇除，CFU 出口水质接近于无色，表面该悬浮液中的游离油滴大多数被 CFU 去除了。

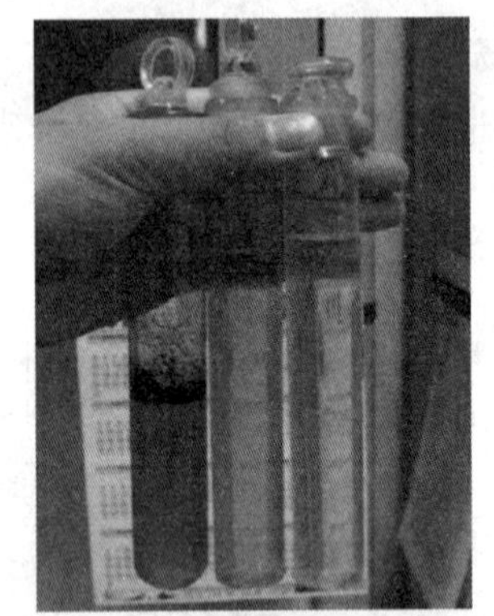

(a)A厂家CFU(入口2500ppm,出口25ppm)

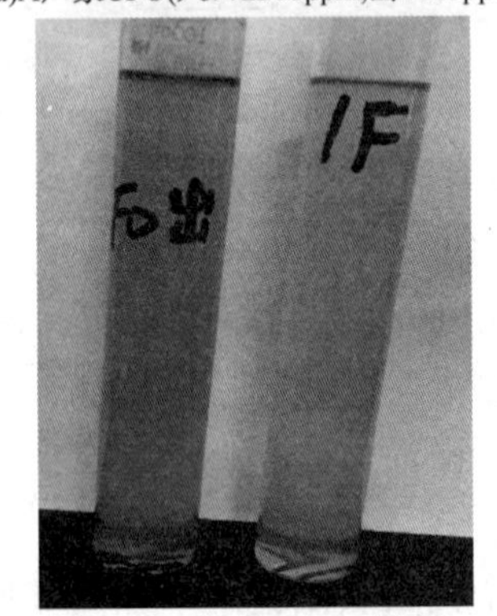

(b)B厂家CFU(入口250ppm,出口60ppm)

图 8　两种 CFU 在第一个点测试效果图

4.2　反相破乳剂注入

通过试验证明，注入反相乳化剂可以明显去除水中的乳化油。反相破乳剂是带有小电荷的极性化合物，其目的是中和油滴的电荷并促进聚结[5]。生产过程中由于各种药剂和阀门节流等共同作用形成稳定的小液滴乳化液，小液滴比大液滴更具极性，因此增加了水处理难度，由于小液滴存在，通过 CFU 或者离心机处理，残余油浓度保持在一定的位置。

图 8 为两种 CFU 在第一个点的测试效果图，两种装置原理类似，A 厂家 CFU 添加反相破乳剂，第二级可以将 300ppm 含油率的水降至 25ppm 左右，B 厂家 CFU 未添加反相破乳剂，只能将含油率从 250ppm 降至 60ppm，无法处理溶解于水中的水包油乳状液。

4.3 高剪切影响

A 厂家 CFU 和 B 厂家 CFU 第一个和第二个试验点试验数据可以看出，虽然第二个接入点入口含油率更低，变化范围更小，但两种 CFU 除油率均明显下降，A 厂家 CFU 除油率由 98%降至 67.2%，B 厂家 CFU 除油率由 60%降至 21%。这是由于水离心机和生产水注水增压泵的剪切作用，第二点接入点乳化油液滴变得更细、更不容易聚结，从而难与水相分离。

4.4 含油固体

细颗粒作用于油/水界面，阻碍油滴的沉降，由于砂粒、粉砂、黏土以及水垢等细小固体的存在，油性物质覆盖在固体颗粒表面，从而使乳化油更加稳定，更加难以处理[6]。在第一个接入点，CFU 遇到的主要问题是含油固体的存在，A 厂家 CFU 第 20 个测试点时，由于分离器冲砂，进口污水中含油固体增多，导致一级出口含油率明显增多，通过二级处理之后含油率基本符合要求。B 厂家 CFU 测试期间也遇到类似问题，该 CFU 第 5 个测试点入口含油固体增多，导致 CFU 除油率只有 8%。

在样品中观察到的大部分固体呈不规则形状，经过溶剂萃取之后，溶剂相包含大量颜色较深重烃化合物，这表明固体中不仅包含沙子，还有重烃相某些组分的结垢或沉淀物质。为含油固体的漂浮提供足够的停留时间可以增强含有固体的去除效果，降低通过容器的流速可使含油固体有足够的停留时间被去除，大部分悬浮的含油固体被进入油相，通过撇油口从容器中排出。

5 结论

（1）通过观察这两次 CFU 测试，可以看出该油田生产水质量变化很大，并且 CFU 在生产水滤器下游的表现优于其在生产水注水增压泵下游的表现。两个测试点试验表明：通过离心机、注水增压泵的混合作用，生产水中的乳化液在第二个测试点变成稳定的乳化液，只是通过调节化学药剂和氮气的注入量，CFU 很难将其分离出来。所以全尺寸的 CFU 最好安装在生产水滤器下游，这样不仅有更好的 CFU 除油率，而且为水离心机提供有更好的水质保障。

（2）通过比较这些 CFU 的测试结果，A 厂家表现出最好的除油率和稳定性。冲砂作业是该油田的一项日常工作，冲砂期间，生产水中含油砂量快速增长，使水中含油率增长至 3000ppm，比平时条件高得多。

（3）通过比较这些 CFU 技术，两个厂家的原理是类似的，基于气液比重不同的机械分离、结合气浮和诱发性离心力这些原理作用在流体上，停留时间大概为 30s。A 厂家的 CFU 内部设计最简单，B 厂家的 CUF 有油水分离复杂的环空。A 厂家 CFU 有两个相同的一级容器，一个序列有两级，内部空间包括一个叶轮来引导水在一个可控的油气界面，气液界面通过排放管线保持稳定。

（4）通过试验表明，该油田生产水处理的主要问题是小颗粒油滴为主的水包油乳化液和含油固体悬浮物，全尺寸设计时需要添加反相破乳剂和增加停留时间。

参考文献

[1] 马强，程涛，朱梦影，等．旋流气浮一体化技术在油田污水处理中的应用[J]．石油化工应用，2018(5)：47-52.

[2] 马兆峰，许建军，邓常红，等．旋流气浮+双介质过滤技术应用于渤海油田污水处理[J]．工业水处理，2016，36(5)：87-89.

[3] 陈涛涛．含油污水处理用立式多级气旋浮装置的理论与实验研究[D]. 2015.

[4] 陈家庆，韩旭，梁存珍，等．海上油田含油污水旋流气浮一体化处理设备及其应用[J]．环境工程学报，2012，06(1)：87-93.

[5] Eftekhardadkhah M，Aanesen S V，Rabe K，et al. Oil Removal from Produced Water during Laboratory - and Pilot-Scale Gas Flotation：The Influence of Interfacial Adsorption and Induction Times [J]. Energy & Fuels，2015，29(11)：7734-7740.

[6] 祝威．固体颗粒对油田采出水性质的影响[J]．中国石油大学学报（自然科学版），2008，32(5)：126-131.

三元复合驱污水处理站沉降工艺适应性分析

刘美欧

（大庆油田有限责任公司）

摘　要　随着聚合物驱、高浓度聚驱及三元复合驱为代表的三次采油技术工业化应用的规模不断扩大，随之产生了大量的三元驱采出污水。采出液成分复杂、处理难度不断加大，污水处理工艺出现不适应；同时，特地渗透油田开发范围不断扩大，采出水回注水质提高，带来了更高的处理精度和难度。为了保证三元污水处理效果和平稳可靠运行，三元污水处理技术规模化应用了一些新工艺、新技术、新设备。目前三元污水站在设计上还没有建立完整的标准，尤其是沉降工艺。在三元复合驱投产前期，三元污水站设计时沉降段使用了序批流程，配套应用了曝气、气浮、浮动收油、固定收油等多种工艺，各种技术及设备在实际应用中发现存在不适应性，本文通过对各种工艺技术的现场应用进行跟踪，对生产数据进行分析总结，对各项工艺技术进行适应性分析，评价和筛选出成熟的技术、工艺和设备，并为今后三元复合驱污水处理站设计提供参考依据。

关键词　三元污水；沉降罐；序批；气浮；曝气；浮动收油；固定收油

1　沉降工艺现状

自三元复合驱工业化推广以来，萨中开发区已建三元污水处理站 7 座，弱碱站 3 座，强碱站 4 座。总处理规模为 $13.3\times10^4m^3/d$（表 1）。

表 1　萨中开发区三元污水处理站现状

序号	站名	建设时间/年	工艺流程	区块	驱替介质	设计规模/($10^4m^3/d$)	实际处理量/($10^4m^3/d$)	负荷率/%	含聚浓度/(mg/L)
1	中 217 三元	2006	序批沉降（曝气）→高效油水分离→二级过滤	断东试验	强碱	0.4	0.35	87.5	335
2	中 106 三元	2012	序批/两级连续流沉降（曝气/气浮）→二级过滤	北一区断西西	强碱	1.4	1.2	85.7	563
3	中 417 三元	2015	序批/两级连续流沉降（曝气/气浮）→二级过滤	东区	强碱	2.7	1.2	44.4	866
4	中 514 三元	2015	序批/一级连续流沉降（预留曝气）→一级连续砂滤	南一区东部	强碱	2.6	2.0	76.9	274
5	中 312 三元	2013	序批/两级连续流沉降（曝气/气浮）→二级过滤	西区	弱碱	2.6	2.7	103.8	635
6	中 202 三元	2016	序批/一级连续流沉降（预留曝气）→一级连续砂滤	北一二排东	弱碱	1.9	0.9	47.4	922
7	中 611 三元	2018	序批/一级连续流沉降（曝气）→二级过滤	北一区断东西	弱碱	1.7	1.4	82.3	749
合计						13.3	9.75	73.3	

三元污水处理站沉降段工艺流程主要有两种：序批式沉降及连续流沉降，在设计时两种流程可实现相互切换。同时配套采用了曝气、气浮技术和浮动收油、固定收油两种收油方式。

1.1　序批式沉降

序批式沉降包括三个阶段，即进水阶段→静止沉降阶段→排水阶段。采用的沉降罐个数为 4 座（同一时间 1 座罐进水、1 座罐排水、2 座罐静止沉降)，来水首先满负荷进入4个沉降罐中的1个，与此同时，另外2座沉降罐静止沉降，剩下1个沉降罐排水；当第1个沉降罐进满水后开始进行静止沉降，与此同时，原先进行静止沉降的2座沉降罐其中1座已经沉降12h，开始排水，另外1座继续静止沉降，剩下的1个沉降罐已排空，开始进水，而后依次循环来实现序批式沉降。序批式静止曝气沉降的特点为每座沉降罐个体为间歇式运行，但整体为连续运行，即连续进水、连续排水，静置时间长，设备利用率较高。设计沉降时间为：进水6h、静沉12h、排水6h。

序批式沉降可以配套使用曝气技术，在静止沉降阶段可以由曝气设备按照一定曝气比进行半程曝气(图1)。

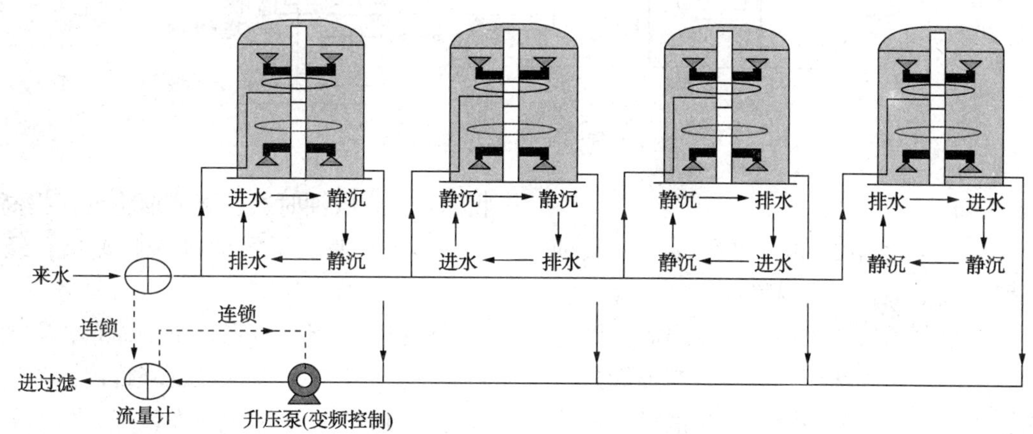

图1 序批式沉降流程示意图

1.2 连续流沉降

连续流沉降包括两种：一级连续流和二级连续流。一级连续流即4座沉降罐同时进水同时出水，设计沉降时间15h。二级连续流即来水先进两座一级沉降罐再进入二级沉降罐，设计沉降时间：一沉12h，二沉8h。连续沉降的运行特点是设备稳定，操作简单。

连续流沉降与序批沉降两种工艺在生产上可实现相互切换，根据采剂浓度、生产需要，污水处理站可以自主选择使用连续流或者序批工艺。同时连续流沉降可以配套使用气浮技术，由气浮设备按照一定的气液比进行气浮除油(图2)。

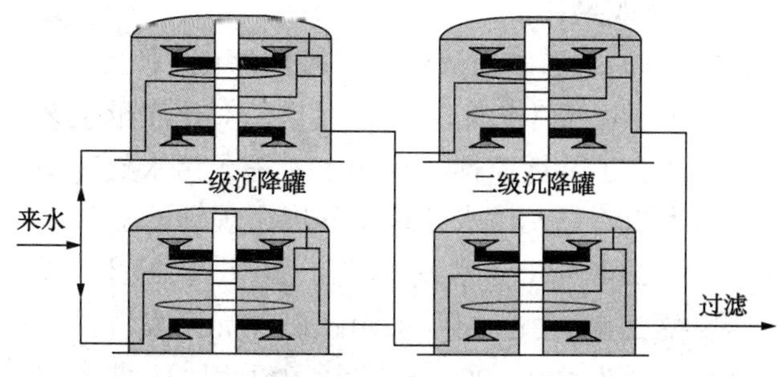

图2 二级连续流沉降流程示意图

1.3 曝气技术

曝气技术的原理是空气压缩后经曝气装置射入沉降罐，气泡的氧化作用去除硫化物，提高除油率。应用于三元污水处理站序批工艺。在序批工艺流程的静沉阶段可应用曝气提高污染物去除效率。大庆油田主要的曝气设备有两种：罗茨风机和离心风机。萨中开发区有5座三元污水处理站采用曝气技术：中106三元、中217三元、中312三元、中417三元和中611三元污水处理站(图3)。

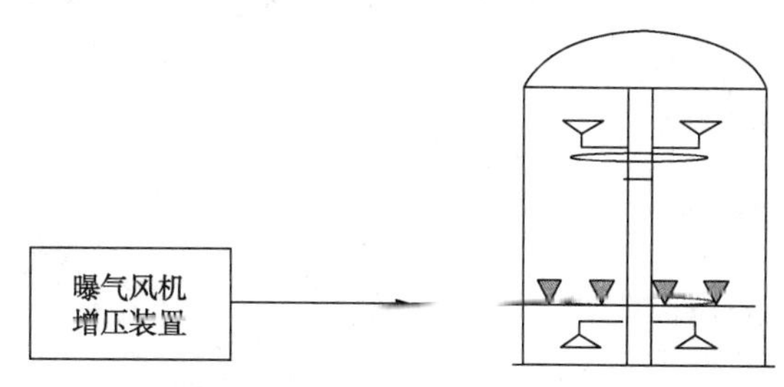

图3 曝气工艺原理图

1.4 气浮技术

气浮技术作为一种简单有效的物理方法，使气泡与油珠或小颗粒结合，减少其密度，使之更容易与采出水分离。主要原理是将污水与溶气水混合，使油珠与微气泡黏结，增加其浮升速度，从而去除分散油、乳化油。主要设备有溶气泵、管式反应器等，应用于三元污水处理站主要在运行连续流沉降时应用。萨中开发区有3座三元污水处理站采用曝气技术：中106三元、、中312三元和中417三元污水处理站(图4)。

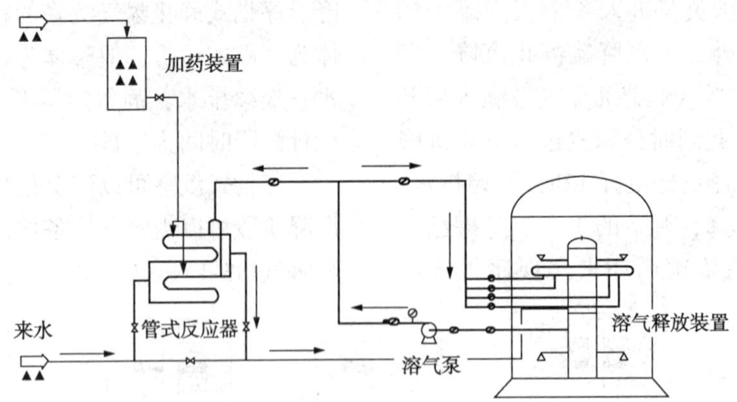

图 4　气浮沉降罐工艺原理图

1.5　浮动收油

该装置主要由回转结构，平衡浮子，收油口，收油臂，收油汇管，出油管等组成。浮动收油的工作原理是收油口通过回转机构与收油臂连接，收油臂另一端与收油汇管连接。当油罐进液或出油时，液位会上升或下降，浮在液面下的收油口也会上升或下降，由于收油口和收油臂连在一起，污油通过收油口流经收油臂到收油汇管，最终通过出油管线流出罐外，从而实现连续收油。

浮动收油的运行特点是不受液位限制，可连续收油。技术关键是收油口浸于油水界面中，随着液位的升降而升降，实现动态收油。萨中开发区 7 座三元污水处理站中，除试验站中 217 三元污水处理站外，其余 6 座站均安装了浮动收油装置(图 5)。

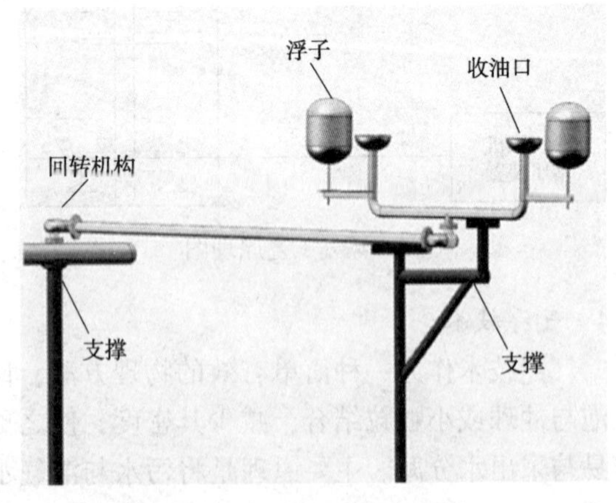

图 5　浮动收油结构示意图

1.6　固定收油

固定收油技术为传统工艺，为了在三元污水沉降罐运行连续流工艺时提高收油效果，安装了固定收油槽。主要结构是固定收油槽、调节堰、收油管。在收油时通过调节堰将液面提高到固定收油槽上，使上层污油进入收油槽，经收油管排出。

该技术的运行特点是结构简单，需调节液面高度。技术关键是要保证沉降罐内的油层达到或超过收油槽高度。萨中开发区三元污水处理站建设过程中，中 106 三元污水站建站较早，建设时只安装了浮动收油装置，其余 6 座站均安装了固定收油装置(图 6)。

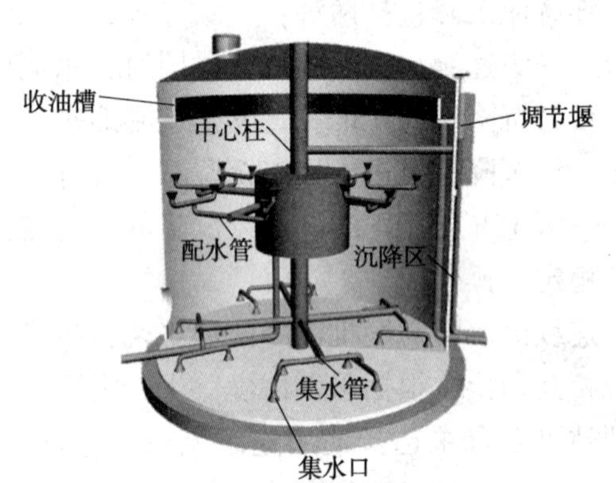

图 6　固定收油结构示意图

2　工艺效果评价

2.1　序批工艺与连续流工艺对比评价

为了评价序批工艺运行效果，对比序批工艺与连续流工艺适应性，在中 514 三元污水处理站和新中 202 三元污水处理站开展了现场试验。

中 514 三元污水站投产于 2016 年 2 月，设计规模 $2.6×10^4 m^3/d$，采用强碱三元开发，设计出水标准为“20、20、5”。该站采用“序批式沉降/一级连续流沉降+连续砂滤过滤”工艺。该站处于空白水驱时开展连续流与序批对比试验，结果见表 2。由试验结果可以看出，在含聚浓度低、未见表活剂和碱时，运行序批未见明显效果。

表 2　中 514 三元污水站试验数据表

日期/年月	处理工艺	来水/(mg/L)		滤前/(mg/L)		沉降段	
		含油	悬浮	含油	悬浮	含油去除率/%	悬浮去除率/%
20160314-0318	序批	46.5	23.14	21.68	26.46	53.4	-14.3
20160320-0324	连续流	57.98	25.38	10.14	14.52	82.5	42.8
序批与连续流差值				11.54	11.94	-29.1	-57.1

新中 202 三元污水站投产于 2016 年 9 月，设计规模 $1.9\times10^4m^3/d$，采用弱碱三元开发，设计出水标准为“20、20、5”。该站采用“序批式沉降/一级连续流沉降+连续砂滤过滤”工艺。该站处于三元主段塞时开展满负荷下的连续流与序批对比试验，结果见表 3、表 4。

表 3　满负荷连续流数据

日期	时间	含油量/(mg/L)		悬浮物含量/(mg/L)	
		来水	沉降后	来水	沉降后
7 月 29 日	10：00	394	357	91.4	46.4
	14：00	366	295	77.4	41.9
	18：00	505	379	80.7	58.6
	22：00	977	425	60.6	42.9
7 月 30 日	2：00	2809	359	78.8	51.5
	6：00	4180	674	94.1	65.5
	10：00	640	296	47.1	59.4
	14：00	2440	353	80.0	61.8
	18：00	1983	460	289	160
	22：00	2905	541	61.3	34.4
7 月 31 日	2：00	1448	927	53.3	22.6
	6：00	1424	814	55.6	45.8
	10：00	1344	600	72.2	52.9
	14：00	1953	920	129	71.9
	18：00	1131	911	97.0	33.3
	22：00	1001	903	88.2	56.7
8 月 1 日	2：00	935	890	76.9	24.2
	6：00	1018	820	41.2	32.1
	10：00	2724	548	90.3	48.2
	14：00	2114	526	66.7	45.2
	18：00	1758	671	51.5	44.4
	22：00	1668	754	75.0	60.0
8 月 2 日	2：00	1662	769	48.2	39.3
	6：00	1498	1018	50.0	47.1
平均值		1620	634	81.5	51.9
去除率		60.9%		36.3%	

表 4　满负荷序批数据

日期	时间	含油量/(mg/L)	悬浮物含量/(mg/L)
8 月 20 日	18：00	400.87	48.65
	22：00	366.78	58.62
8 月 21 日	2：00	420.70	44.44
	6：00	592.25	47.83
8 月 22 日	出口 11 米	38.71	27.27
	出口 10 米	117.03	29.03
	出口 9 米	124.66	10.81
	出口 8 米	158.66	35.29
	出口 7 米	178.89	35.90
	出口 6 米	167.67	41.67
	出口 5 米	187.39	30.30
	出口 4 米	75.02	24.14
平均去除率/%		70.60	41.20

该站聚合物浓度 1389mg/L，总碱度 4862mg/L，表活剂浓度 6.8mg/L。现有负荷率为 50%，为测试满负荷时连续流沉降效果，停运 2#4# 沉降罐，投运 1#3# 沉降罐；测试满负荷序批时，选择 1# 沉降罐，进行序批式沉降罐单罐满负荷试验，沉降 12h，其他三座沉降罐运行连续流沉降。对比发现，在见剂高峰期时，满负荷运行序批沉降罐效果优于连续流。

2.2　浮动收油适应性分析

在中 514 三元污水站开展浮动收油现场试验，收油泵排量 $24m^3/h$，排油时间为 2-4h。对试验数据记录如表 5，表 6 所示。

通过试验发现，4# 沉降罐第一次排油 1h 内回收液含油量高达 20%，4h 后趋于平稳。4# 沉降罐第三次排油 1h 之内回收液含油较高，1h 以后含油平稳。分析原因是，该罐在试验之前持续运行固定收油，沉降罐中心区域有“死油区”。在第 1 次启动浮动收油系统时，将淤积的污油回收，因此造成回收液中含油量高达 20% 以上。

表5　4#沉降罐第一次排油数据　　mg/L

排油时间	开始	0.5h	1h	2h	3h	4h
回收液含油	346	27.8×10^4	18.2×10^4	3.47×10^4	2389	253

表6　4#沉降罐第三次排油数据　　mg/L

排油时间	开始	0.5h	1h	1.5h	2h
回收液含油	215	445	167	150	80.4

对比固定收油与浮动收油装置的优缺点，固定收油的优点是：结构简单，管理方便成本低。缺点是：（1）气温低时污油形成油盖，收油效果差；（2）中心存在死油区；（3）调节堰需有人爬到罐顶。浮动收油优点是：（1）实现不同液位的连续收油；（2）回收污油含水较低。缺点是：（1）成本高；（2）结构复杂，管理及维护难度大（表7）。

表7　浮动收油装置存在问题统计

序号	站名	存在问题	解决对策
1	中106三元污水站	1. 由于曝气冲击，造成二级2#沉降罐浮子翻转； 2. 比重设计存在偏差，收油盘位于油水界面以下，污水被回收； 3. 由于浮子比重和摇臂制造误差，6套收油盘未在同一平面	1. 经调试、整改，浮动收油装置正常运行； 2. 增加固定收油槽，利用两套流程提高原油去除率
2	中312三元污水站	由于曝气冲击，造成4座沉降罐浮子掉落	已完成施工图设计，预计2019年施工维修
3	中417三元污水站	二级1#2#沉降罐浮子掉落	1. 二级2#沉降罐已维修完毕； 2. 二级1#沉降罐近期进行维修

因此，我们得到认识，浮动收油的效果好，但在前期设计时需提高精度，同时要加强施工监督及后期维护。

2.3　曝气工艺适应性分析

通过现场试验，对曝气工艺适应性进行分析。在中106强碱三元见剂高峰时，开展曝气除油试验，选取3#沉降罐做"序批式自然沉降"，4#沉降罐做"序批式半程曝气"。记录试验数据如表8所示。

表8　自然沉降与曝气沉降工艺对比

组别	对比工艺	运行方案及时间						来水/(mg/L)		出水/(mg/L)		去除率/%	
		进水/h	中间段			排水/h	气液比	含油	悬浮	含油	悬浮	含油	悬浮
			曝气/h	沉降/h	总时长								
第一组	自然沉降	9	—	13	13	7.5	—	174	101	62	49.5	64.4	51
	半程曝气	7.5	6.5	6.5	13	9	10:1	250	106	36.7	58	85.3	45.3
第二组	自然沉降	7	—	16	16	6.5	—	186	77.8	41.2	31	77.8	60.2
	半程曝气	7.5	8	6.5	14.5	8	12:1	174	83.1	33.6	43.3	80.7	47.9
第三组	自然沉降	6	—	19	19	7	—	207	81.4	50.8	32.2	75.5	60.4
	半程曝气	7	4	15.5	19.5	7.5	7:1	189	86.9	41.4	41.2	78.1	52.6

检测曝气后污水及悬浮物发现：（1）硅离子含量明显降低，但悬浮物中硅类物质大量生成；（2）聚合物含量明显降低，但悬浮物含有大片粘稠状物质，分析成分判断为聚合物；（3）硫化物含量明显降低，但悬浮物中单质硫含量增加（硫化物通过氧化作用被氧化成单质硫从水中析出）。

通过试验数据可以看出，在三组试验中采用曝气工艺，提高了含油去除率，但悬浮率无改善。因此得出结论：采用曝气沉降工艺可促进水中污油聚并，降低水相中含油量；在强碱三元应用曝气工艺，去除悬浮固体无效果。

三元建设初期应用曝气工艺，设备选用罗茨风机，在运行中发现诸多缺点：(1) 运行时振动大；(2) 运行时噪音大；(3) 散发的热量大；(4) 需要水冷，需同步建设冷却水罐、冷却水泵等装置，投入大，维护难度大。后期建站时只预留位置未建设备，目前在中 611 弱碱三元污水站应用离心风机。因此建议强碱三元可取消曝气工艺，弱碱三元跟踪离心风机应用效果(表 9)。

表 9　三元污水站曝气工艺建设现状

序号	站名	建设时间/年	区块	驱替介质	曝气工艺	曝气设备
1	中 106 三元	2012	北一区断西西块	强碱	已建	罗茨风机
2	中 312 三元	2013	西区	弱碱	已建	罗茨风机
3	中 417 三元	2015	东区	强碱	已建	罗茨风机
4	中 514 三元	2015	南一区东部	强碱	二期预留	—
5	中 202 三元	2016	北一二排东	弱碱	二期预留	—
6	中 611 三元	2018	北一区断东西块	弱碱	已建	离心风机

2.4　气浮工艺适应性分析

通过现场试验，对气浮工艺适应性进行分析。中 106 三元污水站在不同原水特性下分别开展连续流-气浮沉降工艺现场试验，记录数据如表 10 所示。

表 10　序批沉降与连续流气浮工艺效果对比

工艺条件	聚合物/(mg/L)	表活剂/(mg/L)	总碱度/(mg/L)	黏度/mpa·s	含油量/(mg/L)		悬浮固体/(mg/L)		去除率/%	
					原水	沉降出水	原水	沉降出水	含油	含悬
原水特性	1052	108	8756	3.36						
序批式沉降					144	86.3	91.1	56.7	40.1	37.8
连续流沉降+气浮					133	65.9	36.9	29.9	50.1	19.0
原水特性	1246	119	8084	3.78						
序批式沉降					194	65.4	51.5	34.0	66.3	34.0
连续流沉降+气浮					170	79.4	47.9	47.2	53.3	1.5

在两次不同原水特性下，气浮的含油去除率不稳定，含悬去除率较差。因此得知，三元污水站应用气浮工艺效果不好，萨中开发区新建三元污水处理站站已取消气浮工艺。

3　试验结论及下步建议

(1) 在不同区块、不同开发阶段，序批沉降和连续流沉降效果不同，总体上来说，未见表活剂时采用连续流沉降，见表活剂后采用序批沉降效果更好。

(2) 浮动收油的效果好，但在前期设计时需提高精度，同时要加强施工监督及后期维护。

(3) 采用曝气沉降工艺可促进水中污油聚并，降低水相中含油量；但在强碱三元应用曝气工艺，去除悬浮固体无效果。因此建议强碱三元可取消曝气工艺，弱碱三元跟踪离心风机应用效果。

(4) 三元污水站应用气浮工艺效果不好，建议取消气浮工艺。

目前，三元污水处理站的工艺及设备还需进一步完善，跟踪效果，对于三元污水处理技术下一步有以下建议：

(1) 跟踪离心风机曝气运行效果

多级离心风机具有以下特点：① 低转速、可靠性高，使用寿命长；② 成本低，采用全风冷式设计，无需润滑系统及水冷系统；③ 噪音低于罗茨风机。可开展离心风机曝气试验，优化曝气时间、气液比等参数，同时跟踪离心风机运行效果。

(2) 加强浮动收油装置维修维护

现场应用过程中发现浮动收油装置易损坏，建议择优选择厂家，定期进行检查，加强维修维护。

参 考 文 献

[1] 梁文义．大庆油田采出水回注处理工艺技术的创新及应用[J]．水处理技术，2008，34(6)：62-65.

[2] 陈建东．油田水处理存在的主要问题与发展方向[J]．内江科技，2008，29(11)：52.

[3] 陈宇，霍然．污水处理工艺及其改进方法初探[J]．企业技术开发，2010，29(4)：54-55.

油田采出水处理新技术和新设备应用研究

朱景义[1] 谢卫红[1] 汤 林[2] 张维智[2] 李 冰[1]

(1. 中国石油规划总院；2. 中国石油勘探与生产分公司)

摘 要 本文分析了十二五以来中石油各油田工程应用的采出水处理新技术和新设备，对新技术和新设备的应用情况进行了介绍，分析和总结了主要特点及应用效果，给出了主要运行参数、建设投资和运行费用，提出了适用条件，并说明了存在的问题，以此希望进一步推动采出水处理新技术和新设备的应用，实现油田采出水处理系统提质增效。

关键词 油田采出水；高效过滤器；流砂过滤器；中空纤维膜；水质；提质增效

目前油田采出水处理系统总体运行平稳，中石油各油田综合水质达标率95%以上。然而采出水处理系统也存在一些问题，如流程过长、药剂投加量大、占地大以及泥量多等[1]，造成建设投资和运行成本较高，给油田开发和生产带来了许多困难。近年来为建设绿色油田，各油田探索并工程应用了多项采出水处理新技术和新设备，这些技术和设备在缩短流程、降低费用、减少泥量等方面具有特点和优势，对油田水系统提质增效起到了积极推动作用。

1 主要类型及应用情况

十二五以来中石油各油田工程应用的采出水处理新技术和新设备主要有高效过滤器、SSF悬浮污泥技术、流砂过滤器、硅藻土过滤器、生物处理技术、中空纤维膜、金属膜和陶瓷膜等8项。

从数量上来看，应用采出水处理新技术和新设备的站场有90多座，占比14%，其中高效过滤器、生物处理技术、SSF悬浮污泥和中空纤维膜应用相对较多。从设计规模和实际处理水量来看，新技术和新设备的应用占比均在6%左右，相对比例略低。

2 主要特点及应用效果

2.1 高效过滤器

油田采出水处理通常需要投加絮凝剂、助凝剂等大量化学药剂，吨水药剂费在0.2～1.8元/m^{3}不等，既增加了运行费用，又产生了大量污泥，带来了一系列环保问题。近年来一些油田开始探索通过强化纯物理处理过程，以减少药剂用量和泥量，甚至在来水条件较好水驱稀油区块实现了不加药处理，取得了较好的效果。

各油田强化纯物理处理、减少药剂用量的核心工艺是自然沉降+高效过滤，流程上设置自然沉降罐和高效过滤器(通常设一级，少量站场设二级)。自然沉降罐水力停留时间(HRT)一般为4h～8h，较常规水驱采出水处理略有增加。高效过滤器目前为专利新型设备，由相关厂家供货，一般合成了微浮选、聚结和过滤等功能。通过设置进水管道溶气、罐顶回流排污、滤料体外搓洗和填充聚集材料等手段，减轻了滤料污染，强化了滤料清洗，提高了过滤效率。目前高效过滤器已在20多座站场应用，日处理水量超过6×10^{4}m^3/d，出水水质达到了相应的注水要求，处理效果明显好于常规过滤器，部分区块实现了不加药处理。

现阶段高效过滤器进水水质应控制含油和悬浮物均≤100mg/L；由于破乳能力不足，乳化油含量宜≤20mg/L。出水水质可达含油和悬浮物均<10mg/L。高效过滤器一般橇装化布置，占地较少，滤料清洗效果好，反冲洗周期一般为48～72h。运行费用主要是电费，约0.1～0.2元/m^3。

高效过滤器适用于水驱稀油采出水处理，处理效果优于常规过滤器。存在的主要问题是目前受专利保护设备费用较高，此外易受负荷冲击、影响出水水质。

2.2 SSF悬浮污泥技术

SSF悬浮污泥(Suspended Sludge Filtration)过滤是在具有特殊结构的上流式净化装置内进行的。通过加入药剂在装置内形成平衡稳定的悬浮污泥层，进水由下向上穿过污泥层时油和悬浮物在碰撞、吸附和网捕等共同作用下被拦截去除，实现采出水净化。

SSF悬浮污泥水处理的主要流程是前端设缓冲罐，出水经泵提升进入SSF悬浮污泥净化器，出水可直接外输注水或进行深度处理。处理过程一般需要投加净水剂（通常为膨润土）、絮凝剂（通常为聚合铝盐）和助凝剂（聚丙烯酰胺）三种药剂，理论加药量分别为60mg/L、30mg/L和0.8mg/L。

SSF悬浮污泥技术主要用于水驱采出水处理，净化器进水含油≤100mg/L，悬浮物无限制；出水含油和悬浮物在1~10mg/L。水力停留时间（HRT）一般为1h，排泥周期为24~48h。运行费用主要是药剂费，约0.60~1.30元/m^3，电耗约0.20元/m^3。此外由于排泥量大，污泥处理费也较高。

SSF悬浮污泥处理效果相当于混凝沉降和一级过滤，处理精度较高，占地小，流程短。但药剂投加种类多、剂量大，导致泥量大，吨水成本较高。此外悬浮污泥层易受水量瞬时变化冲击。在药剂效果良好、加药量可接受的情况下，SSF悬浮污泥适用于来水水质变化小、水量稳定的水驱采出水的除油和过滤处理。

2.3　流砂过滤器

流砂过滤器（Sand Flow Filter System），是移动床向上流连续过滤的简称。水从底部进入，向上流动并与砂质滤料接触，水中悬浮物质被截留，净化水从顶部出水堰排出。在过滤的同时，砂质滤料被气提至设备顶部的洗砂装置进行气水清洗，截留的杂质被洗脱，洗净后的砂由重力自上而下补充到过滤器中，完成整个洗砂过程。

流砂过滤器可作为一级过滤设备用于水驱和聚驱采出水，主要用于去除悬浮物，处理效果优于常规双滤料过滤器。建议常规水驱进水含油和悬浮物均≤100mg/L，出水含油和悬浮物可达到≤10mg/L。流砂过滤器设备造价与常规滤罐相当，不设反冲洗系统，总体投资低于常规过滤。运行费用主要是电费，比常规滤罐过滤电耗略低。

流砂过滤器连续进出水，无需停机反冲，处理效果好，占地面积小，可作为末端过滤设备用于聚驱水处理或要求出水水质含油和悬浮物≤10mg/L的水驱采出水处理。

2.4　硅藻土过滤器

硅藻土过滤器是以粒径10~30μm的硅藻精土为主要介质，利用预涂膜截留去除水中悬浮颗粒、胶体等杂质的过滤设备。当水流通过涂膜层的水头损失达到某预定极限值时，停止过滤，进行脱膜，然后再重新开始新一周期涂膜及过滤。

硅藻土过滤器进口压力一般为0.30~0.35MPa，推荐滤速≤3m/h，预涂膜量0.8kg/m^2，通常24h反冲洗涂膜一次。进水需严格预处理，建议进水含油≤5mg/L，悬浮物≤10mg/L。出水水质含油≤2mg/L，悬浮物≤3mg/L，粒径中值≤2μm。运行费用主要是电费和硅藻土费用，电费约0.1~0.2元/m^3，硅藻土费用约0.05元/m^3。

硅藻土过滤器有效过滤面积大，占地小，出水水质优于常规精细过滤，基本达到"6mg/L、2mg/L、1.5μm"标准，可直接作为水驱低渗透区块的末端过滤设备使用。存在的主要问题是滤布易堵塞腐烂，需3个月清洗一次，每12个月更换一次；此外产生一定量的硅藻土，需人力清除，而且要有堆放场地。

2.5　生物处理技术

油田采出水生物处理主要是指针对油田采出水的特点，通过投加特种微生物菌群、提供适宜的生长环境，使特种微生物形成优势菌群，实现对采出水中各种有机物质的生物降解去除。

目前生物处理技术已在多个油田应用，应用类型主要分为两类：一类是作为"5mg/L、1mg/L、1μm"水质的预处理工艺与中空纤维膜组合使用，强化除油，降低进膜油量，延长清洗周期、提高出水水质；另一类是常规油田采出水处理，生物处理是处理单元之一，用于除油和悬浮物，可用于水驱也可用于聚驱，后续通常设置常规过滤器。

生物处理要求运行温度10~45℃，溶解氧≥2mg/L，水力停留时间（HRT）6h~10h。投加的微生物菌群生物活性一般大于$10^{11\sim14}$个/g，启动时间一般为7~10d。进水水质pH=6~9，含油20mg/L~300mg/L，悬浮物50mg/L~300mg/L，硫化物≤50mg/L，含聚浓度≤500mg/L，矿化度≤150000mg/L。出水含油可低至5mg/L以下，悬浮物≤50mg/L。生物处理单方处理能力投资约0.4万元/m^3~0.8万元/m^3，运行成本主要是电费和菌种费用，总运行费用约0.7~1.2元/m^3，以电费为主。

与其他膜前预处理工艺相比，生物处理流程短、效率高、除油彻底，含油量可降至5mg/L以下，抗冲击负荷能力强，可有效控制膜污染问题。因此生物处理可作为低渗透、特低渗透区块的膜前预处理工艺。

生物处理用于常规水驱、聚驱采出水处理，存在造价高、流程长、系统充氧腐蚀严重、运行成本较高等一系列问题，建议慎重采用。

2.6 中空纤维膜

中空纤维膜是超滤膜(UF)的一种，是目前油田采出水处理中应用最多的膜过滤器。中空纤维膜外径0.5~2.0mm，内径0.3~1.4mm，水在中空纤维外侧或内腔加压流动，分别构成外压式或内压式过滤。常用的膜材料有聚砜、聚醚砜(PES)、聚偏氟乙烯(PVDF)、聚乙烯和醋酸纤维素等。

中空纤维膜进水温度范围5~40℃，pH范围2~10，跨膜压差0.05~0.15MPa。进水应严格预处理，含油控制在5mg/L以下，对悬浮物无特殊要求，一般低于20mg/L。中空纤维膜无法处理含聚水，应严格限制。出水水质可稳定达到“5mg/L、1mg/L、1μm”标准。中空纤维膜组件单方处理能力投资在0.15~0.25万元/m^3。运行费用主要是电费、清洗费及换膜费用，总费用约0.8~2元/m^3。

中空纤维膜出水水质稳定，适用于水驱低渗透区块必须满足“5mg/L、1mg/L、1μm”标准的采出水处理末端过滤。目前存在投资和运行费用高、预处理要求高和占地面积大等问题。

2.7 金属膜

金属膜过滤器采用多孔高级不锈钢薄壁空心滤芯，材质以钛或不锈钢为主，制成空隙1μm~100μm的过滤设备，过滤形式为错流过滤，具有滤芯强度大、耐压性好、渗透性强、耐腐蚀性好、耐高温和不需化学再生等优点。

金属膜过滤器单台处理能力300~5000m^3/d，膜组运行压力<0.45MPa。对进水含油、悬浮固体要求较高，前段必须经过常规精细过滤，含油控制在10mg/L以下，悬浮物宜低于20mg/L。出水水质基本达到“6mg/L、2mg/L、1.5μm”标准。金属膜过滤器设备单方处理能力投资约800元/m^3，运行费用约0.20元/m^3~0.30元/m^3。

金属膜过滤器结构稳定、耐腐蚀性好，适用于水驱低渗透区块采出水处理的末端过滤。对进水水质要求较高，运行电耗稍高。

2.8 陶瓷膜

陶瓷膜是以孔隙率30%~65%、孔径1~20μm的陶瓷为载体经多次高温烧结而成的一种不对称分离膜，呈管状及多通道状，管壁密布微孔，其主要成分为高纯氧化铝，俗称刚玉。陶瓷膜过滤是基于多孔陶瓷介质的筛分效应而进行的物质分离技术，是近几年采出水处理的研究热点，但目前大规模应用实例较少。

陶瓷膜采用错流过滤，错流比较高，部分在10以上，跨膜压差一般≤0.6MPa，综合产水率60%~70%。进水含油和悬浮物宜≤20mg/L，总矿化度宜≤10000mg/L，出水水质基本能够达到“5mg/L、1mg/L、1μm”标准，但受膜组孔径分布影响较大。膜组需定期反冲洗，反冲洗周期一般为60min，长期运行后还需碱洗、酸洗、综合药剂清洗以及热洗等。运行费用主要是电费和药剂费，电费约1.2~1.7元/m^3，总费用约3.0元/m^3。

陶瓷膜具有机械强度高、稳定性好、耐酸碱、使用寿命长等特点，出水水质较好，适用于水驱低渗透区块必须满足“5mg/L、1mg/L、1μm”标准的采出水处理末端过滤。但陶瓷膜也存在产水率较低、运行费用高以及现阶段大规模应用经验较少等问题。

3 结语

现阶段，在常规水驱稀油采出水处理可逐渐推广高效过滤器和流砂过滤器等新设备，在低渗透、特低渗透区块应进一步总结中空纤维膜的运行经验，并继续开展陶瓷膜过滤试验研究。按照油田提质增效的总要求，探索和应用采出水处理新技术和新设备，对降低单方建设投资和处理费用、提高系统处理效率，具有重要意义。

参考文献

[1] 汤林，张维智，王忠祥，等．油田采出水处理及地面注水技术[M]. 北京：石油工业出版社，2017.

石油降解菌的复配及降解效果分析

李小康[1]　鱼　涛[1]　李　红[1]　贺融融[1]　屈撑囤[1,2]

（1. 西安石油大学陕西省油气田环境污染控制技术与储层保护重点实验室；
2. 石油石化污染物控制与处理国家重点实验室）

摘　要　为了高效修复陕北定边油田附近的原油污染土壤，从当地含油污染土壤中筛选了5株原油降解菌，用科学的方法探究和建立高效的混合菌修复体系。通过生理生化实验及16SrDNA序列分析鉴定五株菌为：D-1纤维单胞菌，D-3黏质沙雷氏菌，C-2无色杆菌，D-5不动杆菌，A-3铜绿假单胞菌。通过测定菌株在LB培养基和石油培养基中生长状态、GC-MS分析菌株降解石油的残留组分，筛选出D-5、C-2、A-3进行复配，通过正交试验方法和SPSS主体效应检验法分析，发现各菌株对原油降解的影响效果是：D-5>A-3>C-2，菌株复配最佳加量比为：D-5：C-2：A-3=5：1：5。选用表面活性剂Tween80刺激微生物进一步提高降解效率。探究混合菌在最佳环境下的降解效率，发现在温度35℃，pH为7.5，摇床转速为$180r\cdot min^{-1}$，菌液加量为6%，Tween80含量为5CMC时，复配菌群对原油的降解效果可以达到87.12%。

关键词　石油降解菌；鉴定；复配；表面活性剂；降解率

石油烃化合物作为不同行业的主要能源和材料，由于用途较广，使用量大，导致石油类物质每年大量流入土壤和水体中，对生态环境产生负面影响[1,2]。石油物质引起污染的途径很多，主要包括石油大规模生产，运输，炼制，航运活动，意外溢油等[3]。若不及时治理，这些污染会随着时间继续向周围环境扩散，在新的环境中不断积累达到较高的污染水平，给环境中的生命构成直接或间接的健康危害[4,5]。石油污染物也被列为污染广泛的有毒化合物[6]。近年来，国家对控制石油污染物的关注已成为环境保护的重要问题[7]。因此，以环保和健康为宗旨清洁这些石油污染是必要的，也被广大学者作为重要研究对象，并研究总结出一系列治理污染的技术[8]。相比于物理和化学的修复方法，生物处理是一种费用低，操作简单、环境友好的处理方法[9,10]，不会对环境产生有害影响。但微生物修复普遍由于修复效率较低，严重阻碍了微生物修复技术的实际应用，同时，降解石油污染的过程复杂多样，不同菌株对原油的降解效果也各有差异，不同的环境条件和菌株间的相互作用也会影响原油的降解效果[11,12]，本文主要针对陕西定边油田附近石油污染的土壤的修复构建高效的混合菌群，用科学的方法进行探究，分析它们的降解能力和降解过程中菌剂的组合配比，找寻提高它们降解能力的方法，为后续工程实践提供理论基础。

1　实验部分

1.1　实验材料

含菌土壤的取样及预处理：挖掘陕西定边与靖边油田附近的原油污染土壤表层10～20cm的土壤，经自然风干，破碎研磨、混匀、过0.85mm筛后密封，用于降解菌的分离与富集。

营养原油培养基：$K_2HPO_4\cdot 3H_2O$　4.8g，$(NH_4)_2SO_4$　1g，KH_2PO_4　1.5g，MgSO4・$7H_2O$　0.2g，$Na_3C_6H_5O_7\cdot 2H_2O$　0.5g，酵母粉　0.1g，$CaCl_2\cdot 2H_2O$　0.002g，逐一加入超纯水中进行溶解，定容到1000mL，用$2mol\cdot L^{-1}$HCI或NaOH调节pH为7.0～7.2，制成营养培养基。取营养培养基100mL，定量加入原油（组分比例：饱和烃81.58%；芳香烃7.86%；胶质7.26%；沥青质1.06%。回收率：97.76%）0.2g，控制原油浓度为$2g\cdot L^{-1}$，将培养基置于121℃下高压灭菌25min。

LB培养基：蛋白胨10g，NaCl 10g，酵母浸粉5g，H_2O 1000mL。

DNP-9272A恒温培养箱（常州恒隆仪器有限公司）；LDZX-30KBS立式压力蒸汽灭菌器（上海申安医疗器械厂）；OIL-460红外分光测油仪（北京华夏科创仪器技术有限公司）；JYW-200A表面张力测定仪（承德金和仪器制造有限公司）；SPX-150 GH型隔水培养（北京科伟永兴仪器有限公司）。

1.2 实验方法

1.2.1 石油降解菌株的筛选与分离

取2.0g预处理后的含菌土样，加入到$2g \cdot L^{-1}$、100mL营养原油培养基中，在$150r \cdot min^{-1}$，30℃的恒温震荡培养箱培养24h，转移到另一个新鲜营养原油培养基中振荡富集培养7d，重复4次。使用稀释涂布平板法培养单个菌落，培养2到4天左右，挑取菌落特征明显的单一菌落进行编号保存。

1.2.2 生理生化特性鉴定及分子生物学鉴定

根据文献[13~14]提供的方法对已保存菌株进行一个生理生化和形貌的分析鉴定，得出一个大致的结果。对纯化的细菌进行16SrDNA的聚合酶链反应扩增，建立和表征不同种属的细菌种类。利用通用引物为模板对菌株进行16S rRNA基因的扩增，通用引物如下[15]：

27F：5′-AGAGTTTGATCCTGGCTCAG-3′；

1492 R：5′-TACCTTGTTACGACTT-3′

具体反应体系为：Template（基因组DNA 20～50ng/μL）0.5μL，10×Buffer（with Mg^{2+}）2.5μL，dNTP（各2.5mM）1μL，酶0.2μL，F（10uM）0.5μL，R（10uM）0.5μL，加双蒸H_2O至25μL，总反应体系共30.2uL. PCR扩增条件为：预变性94℃ 4min；30cycle 94℃ 45sec，55℃ 45sec，72℃1min；72℃延伸10min。将扩增产物进行测序并在NCBI进行比对分析，并构建系统发育树，如图1所示。

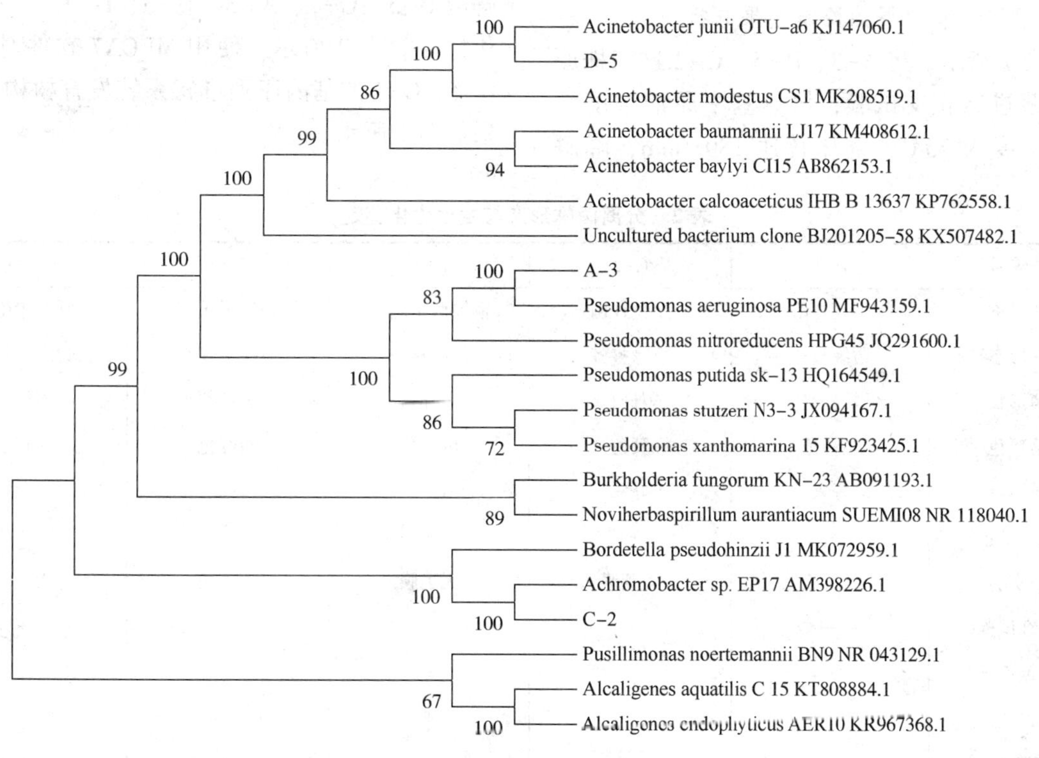

图1 菌株16SrDNA基因序列发育树

1.2.3 菌株的生长特性分析

取12支试管加入5毫升LB液体培养基，在121℃下灭菌30min，使用接种环接种筛选的石油降解菌（$OD_{600}=0.5$），并标注编号。放入恒温振荡培养箱中35℃、$180r \cdot min^{-1}$条件下培养，每6h取样1次，使用可见分光光度法测定吸光度值，并求出OD_{600}值[16]。使用原油培养基探究菌株以石油为碳源情况下的生长状况，由于培养基中原油在6h左右会被细菌乳化，故不能采用分光光度法测量细菌的OD_{600}值，选用平板涂布法[17]对不同时间下菌数量进行测定。

1.2.4 原油降解率的测定

在100mL原油培养基中加入0.2g原油，灭菌后继续加入3%接种量的纯化菌液（$OD_{600}=0.6$），并设置2个平行样和空白对照，在37℃、180r/min的恒温震荡培养箱中振荡培养7d后，使用四氯化碳萃取剩余的原油，使用红外测油仪测定所剩余的总石油烃的量。利用所测数据按照如下公式计算原油降解率。

$$v=1-c_1/c_2\times100\%$$

式中　v——原油降解率。

c_1——无菌对照样品中原油的总烃类含量，mg/L。

c_2——接菌样品中原油的总烃类含量，mg/L。

1.2.5　单菌降解残余烃类组成分析

将细菌降解 7 天后的原油培养基用 CH_2Cl_2 萃取，使用无水 Na_2SO_4 除去萃取液中残余水分后进行 GC-MS 分析。GC-MS 分析条件：色谱柱为 DB-5MS 毛细管柱 30m×0.25mm×0.25μm；进样口温度 250℃，载气为高纯度 He 气，流速 1mL/min；柱温 80℃，保持 5min，以 6℃/min 升温到 180℃，恒温 2min，再以 10℃/min 升至 300℃，保持 10min；分流比为 10：1。

1.2.6　复配菌株对原油降解效果分析

如表 1 所示，将 A-3、D-5、C-2 这三株原油降解菌进行正交试验，培养基中原油浓度为 2g/L，温度为 35℃，摇床转速 180r/min，降解时间为 7 天。通过正交试验和 SPSS 主体间效应分析，探究复合菌加量对原油降解率的影响，找到最佳复配比例。

表 1　正交实验因素水平表

水平	因素 A	因素 B	因素 C
	D-5	C-2	A-3
1	0.5%	0.5%	0.5%
2	1%	1%	1%
3	2.5%	2.5%	2.5%

2　结果与分析

2.1　菌株的分离与鉴定

菌株经过多次的转接、筛选、纯化后，分离出 5 株对原油降解作用明显且活性较高的石油降解菌 D-5、C-2、A-3、D-3、D-1，其生理生化特性如表 2 所示。使用 MEGA7 软件对 A-3、D-5、C-2 的基因序列进行系统发育树构建，结果如图 1 所示。

表 2　分离菌株形态与生理生化鉴定

菌株编号	D-5	C-2	A-3	D-3	D-1
菌株名称	不动杆菌	无色杆菌	铜绿假单胞菌	粘质沙雷氏菌属	纤维单胞菌
菌落形态	边缘整齐	边缘整齐	边缘整齐	边缘不规则	边缘不规则
单菌形状	短杆状	短杆状	短杆状	短杆状	直杆状
菌落颜色	黄白色	黄色	黑灰色	暗红色	淡黄色
需氧性兼性	好氧	好氧	好氧	好氧	兼性
革兰氏染色	—	—	—	—	+
荚膜实验	无荚膜	无荚膜	无荚膜	无荚膜	无荚膜
甲基红试验	—	—	—	—	+
葡萄糖产酸	+	+	+	+	+
葡萄糖产气	—	—	+	+(少量)	+
柠檬酸盐试验	+	—	+	+	—
产芽孢实验	—	—	—	—	—
吲哚实验	—	—	+	—	—
V.P 实验	—	—	+	+	—

注："+"阳性反应；"—"阴性反应。

2.2　菌株生长状况测定

由图 2 可见，分离的 5 株细菌生长状况各有差异，其中 A-3、C-2 的生长状况最好，对数期菌株增长较快，A-3 在 25h 左右达到稳定期；C-2 在 30h 左右达到稳定期；D-5 在 30h 左右也达到稳定期；E 为 A-3、C-2、D-5 在 1：1：1 的投加量下的混合菌生长曲线，由此可以看混合菌呈现 S 型增长趋势，细菌生长量也达到较高水平，Cornforth D M 等[19]研究表明，当混合菌生长曲线为 S 型增长，此时菌株之间将不存在拮抗作用，可以将三株细菌作为混合菌降解石油污染物。D-3、D-1 生长量较低，可能由于培养基本身不适合该细菌生长繁殖，导致其群数量增长缓慢。张东升等[20]实验得出细菌在不同培养基中的适应能力和生长状况各有不同，有些培养基还会抑制微生物自身生长代谢，降低微生物活性。使用原油培养基继续测定菌株生长曲线，如图 3 所示，混合菌群 E 在培养基中依然表现出较高的细菌生长量，D-5、A-3 的增长量也呈现较好的趋势，C-2 相比于 D-3、A-1 生长趋势较好。综合可得，这三株细菌无论是在独立还是混合条件下，在原油中都表现出很高的生物活性，可以用作治理石油污染的修复菌剂。

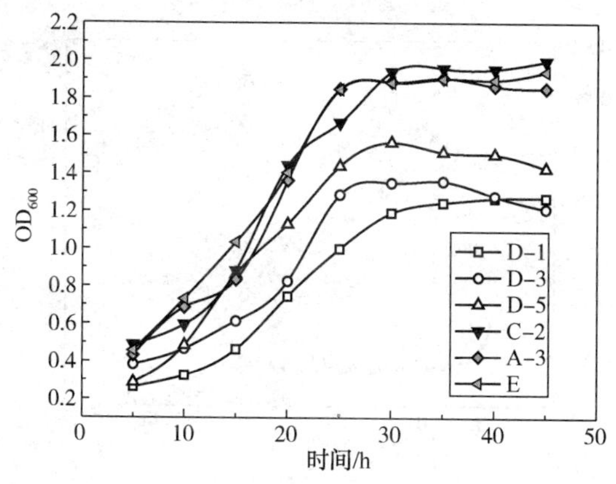

图 2 菌株生长曲线（LB 培养基）

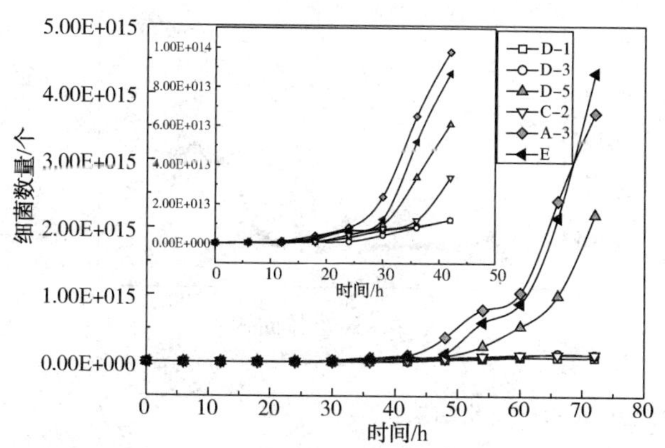

图 3 菌株生长曲线（原油培养基）

2.3 单菌降解率测定

由图 4 可见：D-5 和 A-3 的降解效率均达到 60%以上，无色杆菌降解率也达到 39.36%；粘质沙雷氏菌由于降解过程中会将水中分散的原油被聚集成为不溶于水和有机溶剂的团状物质，无法使用红外测油仪测定降解率，夹出水中团块物质，水中含油量几乎为 0。分析可能是细菌自身分泌的一些胞外物质对原油产生了聚集包覆作用[21]。将混合菌 E 以 1ml（OD_{600} = 0.6）的量加入石油营养培养基，7d 后降解率达到最高。可能是微生物之间的协同作用改善了原油的疏水性和乳化性，增强微生物对原油的利用效率[22]，具体情况有待进一步研究确定。结合图 3 可知，混合菌在相同培养环境下的生物量也比其他菌株略高，也反映出微生物对石油的利用率增强。

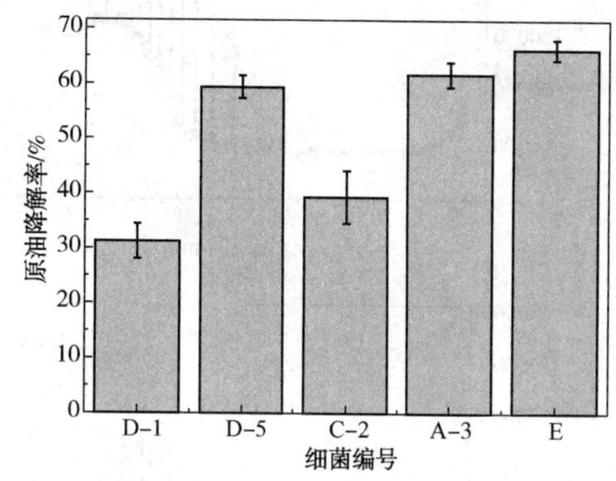

图 4 各菌株 7d 的石油降解效率

2.4 残烃 GC-MS 结果分析

单菌（OD_{600} = 0.6）加量为 3ml，混合菌 E（A-3 : C-2 : D-5 = 1 : 1 : 1）加量 3ml，在 2g/L 石油含量的无机盐培养基中反应 7 天后，萃取剩余油相，进行 GC-MS 分析，如图 5 所示。其中 A-3、D-5 和混合菌 E 可以高效的降解原油组分中的 C_{16}、C_{17}、C_{18}、C_{19}、C_{21}、C_{44} 等烃类，且都表现出较强的石油降解能力。D-1、C-2 降解石油组分的能力较低，不能将水中的石油组分完全去除掉。

2.5 菌株乳化能力测定和表面活性剂对降解率影响

筛选产表面活性剂菌株的方法较多，不同菌株分泌的表面活性剂种类不同，单一方法不能准确测定菌株分泌表面活性剂的能力[23-24]。表 3 为血平板乳化实验和菌株降解后培养液表面张力的测定结果。将五株菌接种到血平板上，在 20℃ 下，经过 2 天的恒温培养，只有 A-3、D-5 生成了大小不同的透明乳化圈，测其发酵液的表面张力，两者差异不大。可能是由于血平板培养基不能很好地促进 D-5 生成表面活性剂。其他三株均未产生透明的乳化圈，发酵液表面张力基本接近空白培养基的表面张力，因此菌种对培养基中原油的降解率低[25]。向培养基加入 4mL 浓度为 10g/L 的表面活性剂 Tween80，降解 7 天，单菌降解率如表 4 所示。结果表明，五株细菌原油降解率均有所提高。其中 C-2 的降解率提升最明显，达到 70.84%。

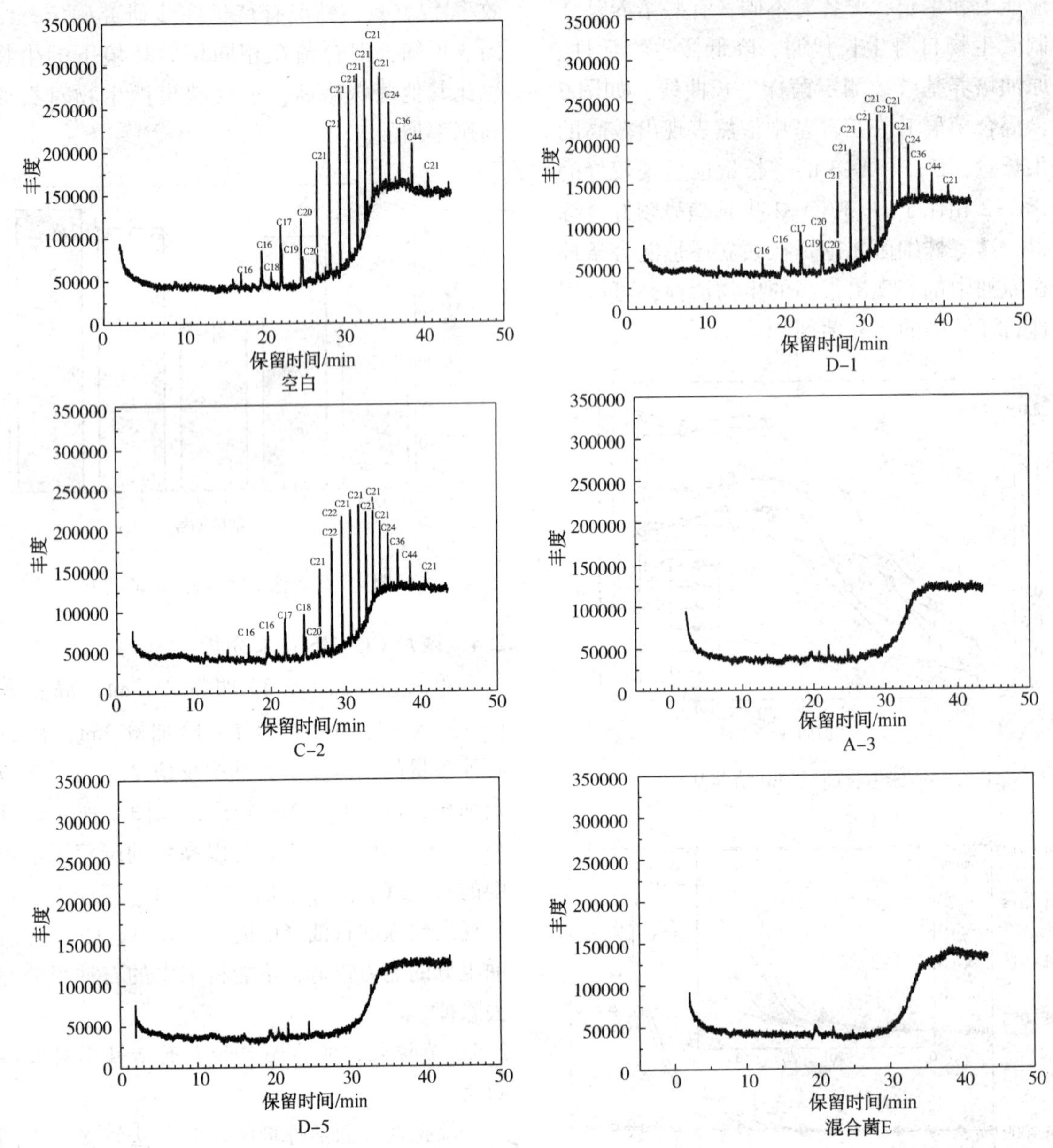

图 5　各菌株降解原油剩余组分 GC-MS 分析结果

表 3　各菌株分泌表面活性剂试验

菌名称	铜绿假单胞菌（A-3）	粘质沙雷氏菌属(D-3)	不动杆菌（D-5）	纤维单胞菌（D-1）	无色杆菌（C-2）
血平板透明圈直径/cm	2.85	0	1.55	0	0
表面张力/(mN/m)	37.63	60.28	36.06	61.04	61.26

注：空白培养基的表面张力：62.40mN/m。

表 4　各菌株在 Tween80 下的石油降解率

菌株编号	A-3	D-3	D-5	D-1	C-2
降解率/%	78.32	49.65	76.06	46.59	70.84

2.6　高效降解菌群的复配

不同菌株降解石油中各组分物质的效率和方式会存在差异，菌株之间也会相互影响，当菌株之间相容性较高或存在协同关系时，混合菌群能发挥最大的降解作用。研究表明，混合菌之间投加比例合适时，也会进一步提高细菌的降解效率[26~27]。由表 5 可知各菌株之间的最佳接种比例：D-5∶C-2∶A-3 为 5∶1∶5 时，石油降解效果最好。其中 D-5 和 A-3 各占总接种比的 5/11，C-2 占 1/11。结合表 6 主体间效应检验结果的 Sig 值(0.05<D-5<A-3<C-2，即 0.05<0.129<0.354<0.502)来看，三株菌都对原油降解率均不产生显著性影响，但混合菌群能有效的降解原油，说明各菌群对石油的降解都起到一定作用，其中 D-5 对石油污染物的降解效果影响最大，

其次是 A-3、C-2。通过实验发现如表 7 最佳环境下，菌群在原油培养基中的最佳降解率达到 74.18%。分析是由于最佳环境与原始培养环境差异不大，降解率也和正交试验最高降解率相近。

表 5 菌株复配正交试验与极差分析

试验编号	D-5	C-2	A-3	降解率/%
1	1	1	1	60.68
2	1	2	2	61.83
3	1	3	3	63.49
4	2	1	2	65.43
5	2	2	3	64.37
6	2	1	1	62.60
7	3	1	3	72.63
8	3	2	1	67.64
9	3	3	2	65.18
k1	1.860	1.987	1.909	
k2	1.924	1.938	1.924	
k3	2.054	1.912	2.005	
R	0.043	0.024	0.032	

表 6 SPSS 主体间效应的检验

因变量：降解率

源	Ⅲ型平方和	df	均方	F	Sig.	偏 Eta 方
校正模型	92.764[a]	6	15.461	3.198	0.257	0.906
截距	37882.134	1	37882.134	7835.060	0.000	1.000
D-5	65.552	2	32.776	6.779	0.129	0.871
C-2	9.604	2	4.802	0.993	0.502	0.498
A-3	17.608	2	8.804	1.821	0.354	0.646
误差	9.670	2	4.835			
总计	37984.568	9				
校正的总计	102.434	8				

a：$R^2=0.906$（调整 $R^2=0.622$）。

表 7 混合菌在最佳条件下降解率

培养条件	温度/℃	pH	摇床转速/(r/min)	菌液加量	降解率/%
最佳参数	35	7.5	180	6ml	74.18

2.7 菌群在最佳条件下降解率变化

通过以上探究发现，Tween80 对菌株降解率的提升有明显作用。为了进一步提高复配菌株的降解效率，在最佳培养条件下找到表面活性剂 Tween80 的最佳加量，最大限度促使微生物菌群的高效降解。表面活性剂的 CMC 值被认为是表面活性剂的关键性质之一。表面活性剂对原油有较强的乳化作用，合适的加量会提高微生物自身的活性，增强对原油的降解，过量的添加就会对微生物产生毒害作用[28]。研究表明[29~30]，投加的表面活性剂未达到 CMC 值之前，疏水性有机化合物的溶解性不能得到显著提升。通过“拉环法[31]”测得 Tween80 的 CMC 值为 30mg/L，此时的培养基表面张力趋于稳定。但是当培养基中 Tween80 浓度为 30mg/L（1CMC），降解 7 天后，微生物菌群降解效果低于未添加表面活性剂菌株的降解率，分析是由于 Tween80 未能很好地乳化原油，且对菌群产生轻微毒害作用。当 Tween80 浓度为 150mg/L（5CMC）时，降解率达到了 87.12%，能很好地应用于石油污染的修复。

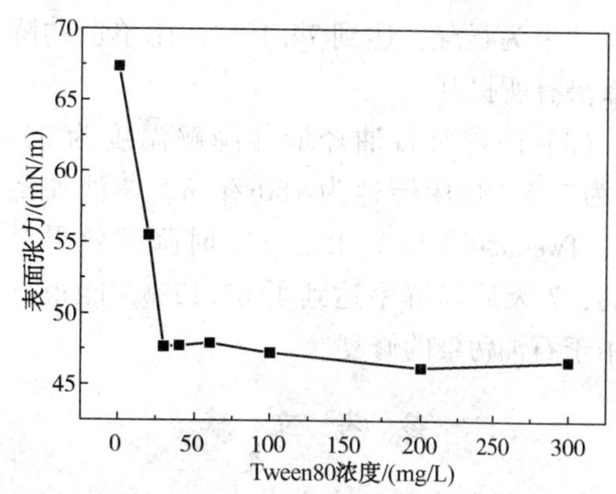

图 5 Tween80 在培养基中的 CMC 值测定

3 结论

本实验从陕北定边、靖边油田原油污染土壤中筛选到了 5 株原油降解菌，其中 D-5、C-2、

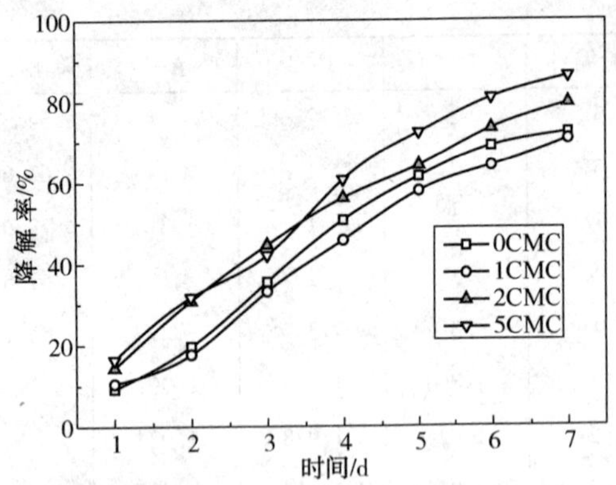

图 6　Tween80 对菌群降解效果影响

A-3 降解率分别为 61.46%、39.36%、62.42%，D-5、A-3 可降解原油中大分子烃类，降解作用明显，C-2 生物活性高，与菌株 A-3、D-5 有较好的相容性，在表面活性剂作用下降解效果显著，故将这三株菌进行复配，复配后的混合菌 E 在 LB 培养基中 45h 时 OD_{600} 值达到 1.94，在原油培养基中达到，4.3×10^{15}CFU/ml，比单菌数量有所提升。

（1）通过对几株细菌进行乳化活性的测定，发现只有铜绿假单胞菌和不动杆菌分泌表面活性剂，而且降解效果较好，其他几株菌均不分泌表面活性剂，但是投加表面活性剂 Tween80，各菌株降解率均有所提高，其中无色杆菌降解率提升幅度最大。

（2）利用正交试验设计和统计学方法得出各菌株对石油降解显著性影响，并分析 D-5、C-2、A-3 三株菌的最佳配比，得出菌剂加量比 D-5：C-2：A-3 为 5：1：5 时，菌群对原油的降解效果为最佳，达到 74.18%，比单菌的降解率效果有所提升。

（3）菌群对石油烃最佳降解温度为 35℃、pH 为 7.5、摇床转速为 180r/min、菌液加量为 6%、Tween80 浓度为 150mg/L 时降解效果是最好的，7 天后降解率达到了 87.12%，能很好地应用于石油污染的修复。

参 考 文 献

[1] Varjani S J, Upasani V N. Carbon spectrum utilization by an indigenous strain of Pseudomonas aeruginosa NCIM 5514: Production, characterization and surface active properties of biosurfactant[J]. Bioresource Technology, 2016, 221: 510-516.

[2] Li Y L, Peacock A D, White D C, et al. Spatial patterns of bacterial signature biomarkers in marine sediments of the Gulf of Mexico[J]. Chemical Geology, 2007, 238(3-4): 0-179.

[3] Arulazhagan, Vasudevan, Yeom I T. Biodegradation of polycyclic aromatic hydrocarbon by a halotolerant bacterial consortium isolated from marine environment [J]. International journal of Environmental Science and Technology, 2010, 7(4): 639-652.

[4] Sajna K V, Sukumaran R K, Gottumukkala L D, et al. Crude oil biodegradation aided by biosurfactants from Pseudozyma sp. NII 08165 or its culture broth [J]. Bioresource Technology, 2015, 191: 133-139.

[5] Freeman D J, Cattell F C R. Woodburning as a source of atmospheric polycyclic aromatic hydrocarbons [J]. Environmental Science & Technology, 1990, 24 (10): 1581-1585.

[6] Costa A S, RomO, B. R. Araújo, et al. Environmental strategies to remove volatile aromatic fractions (BTEX) from petroleum industry wastewater using biomass [J]. Bioresource Technology, 2012, 105 (none): 31-39.

[7] Mardan S, Gitipour S, Ali Abdoli M. Pollution control caused by high levels of petroleum hydrocarbons in contaminated soils[J]. Petroleum Science and Technology, 2018: 1-7.

[8] Bhattacharyya K G, Gupta S S. Adsorption of a few heavy metals on natural and modified kaolinite and montmorillonite: A review[J]. Advances in Colloid and Interface Science, 2008, 140(2): 114-131.

[9] 惠云芳，王鸿飞．石油污染土壤的生物修复研究进展[J]. 西北农业学报，2018，27(04)：451-458.

[10] 李援，王亭，王岽，等．石油烃污染土壤微生物修复促进技术[J]．化工环保，2018，38(03)：349-352.

[11] Gulliver D M, Lowry G V, Gregory K B, et al. CO2 concentration and pH alters subsurface microbial ecology at reservoir temperature and pressure[J]. RSC Advances, 2014, 4(34): 17443-17453.

[12] Meng L, Liu H, Bao M, et al. Microbial community structure shifts are associated with temperature, dispersants and nutrients in crude oil-contaminated seawaters [J]. Marine Pollution Bulletin, 2016, 111 (1): 203-212.

[13] 周德庆，徐德强．微生物学实验教程[M]．北京：高等教育出版社，2013：33-35.

[14] GOODFELLOW M, O' DONNELLAG. Handbook of new bacterial systematics [M]. London: Academic Press, 1993: 115-194.

[15] 刘春光，杨峰山，卢星忠，等．阿特拉津降解菌_的分离鉴定及土壤修复[J]．微生物学报，2010，50(12)：1642-1650.

[16] 黄兴如，张彩文，张瑞杰，等．多环芳烃降解菌的筛选、鉴定及降解特性[J]．微生物学通报，2016，43(05)：965-973.

[17] 杨茜．石油烃降解菌的筛选及石油污染土壤的生物修复机理研究[D]．西安建筑科技大学，2014.

[18] GOODFELLOW M，O'DONNELLAG. Handbook of new bacterial systematics [M]. London：Academic Press，1993：115-194.

[19] 章慧，郭楚玲，卢桂宁，等．具有产表面活性剂功能石油降解菌的筛选及其发酵条件优化[J]．农业环境科学学报，2013，32(11)：2185-2191.

[20] 赵姣，屈撑囤，鱼涛，等．高效原油降解菌的分离鉴定及降解特性分析[J]．油田化学，2017，34(03)：532-537

[21] 花莉，彭香玉，范洋，等．石油降解单菌株及混合菌降解产物分析[J]．陕西科技大学学报(自然科学版)，2014，32(05)：27-31+41.

[22] Cornforth D M，Sumpter D J T，Brown S P，et al. Synergy and Group Size in Microbial Cooperation [J]. The American Naturalist，2012，180(3)：296-305.

[23] 张东升，葛红生，石泽阳，等．培养基变化和接种不同生长期细菌对印度芽孢杆菌生长的影响[J]．大连海洋大学学报，2018，33(04)：487-491.

[24] 李鹏鹏．粘质沙雷氏菌 FS14 全基因组测序分析及其Ⅵ型分泌系统翻译后调控蛋白和免疫蛋白的晶体结构[D]．南京农业大学，2015.

[25] 许学峰，尤朝阳，张淑娟，等．混合菌降解柴油效能及协同机制研究[J]．环境科学与技术，2018，41(10)：47-55.

[26] Cai T，Wang X，Wen W，et al. Promotion effect of biosurfactant on heavy - oil biodegradation [J]. Petroleum Science & Technology，2017，35(16)：1692-1698.

[27] Santisi S，Cappello S，Catalfamo M，et al. Biodegradation of crude oil by individual bacterial strains and a mixed bacterial consortium[J]. Brazilian Journal of Microbiology，2015，46(2)：377-387.

[28] 谢丹平，尹华，彭辉，等．混合菌对石油的降解[J]．应用与环境生物学报，2004，10(02)：210-214.

[29] Zhong H，Yang X，Tan F，et al. Aggregate-based sub - CMC solubilization of n - alkanes by monorhamnolipid biosurfactant [J]. New Journal of Chemistry，2016，40(3)：2028-2035.

[30] Singleton D R，Adrion A C，Aitken M D. Surfactant-induced bacterial community changes correlated with increased polycyclic aromatic hydrocarbon degradation in contaminated soil[J]. Applied Microbiology and Biotechnology，2016，100(23)：10165-10177.

[31] 陈凤凤，顾文秀，郑秋容，等．液体表面张力"实验讨论[J]．广东化工，2011，38(06)：208-209.

调剖调驱对油水处理系统的影响与治理措施

郝建华　李国民　陈　钢

（中国石油冀东油田分公司）

摘　要　油水井聚合物调驱调剖技术是通过在油水井中注入含聚合物的水溶液，使黏度加大，减小孔隙介质对水的渗透率，降低水油流动比，增加水驱波及系数，从而提高区块原油采收率。该技术在改善高含水、高采出程度开发阶段的驱油状况及老油田的增产稳产中发挥了重要作用。目前使用的调驱调剖聚合物主要为部分水解聚丙烯酰胺(HPAM)，具有较强的亲水亲油性，在油、水界面处极易形成稳定的界面膜，使化学破乳脱水速率减慢，脱后污水含油增高，给地面原油脱水和污水处理带来了许多新问题。研究表明，原油采出液中聚合物含量骤增，使破乳剂用量成倍增加，常规地面脱水处理剂和污水处理剂不适合调驱调剖采出液，因此有必要研制与其相适宜的处理方法。

关键词　调剖调驱；破乳；原油脱水；污水处理

1　国内外研究现状

目前，我国许多有油田已陆续进入二次采油的后期开发，主要特点是高含水和特高含水，原油产量递减速度加快，经济效益下降。为了提高现有油田的采收率，三次采油技术的开发应用是势在必行。调驱调剖技术作为我国重要的三次采油技术，近年来，随着调驱调剖技术应用规模的扩大，注入时间的延长，油井采出液中聚合物含量逐步增高，形成稳定的乳状液，增加了采出液黏度和乳化油滴、悬浮颗粒的稳定性，使采出液水相携油和携带悬浮颗粒能力增强，大大加大油水的分离难度，使现有原油脱油脱水工艺的处理能力下降，处理效果明显变差。

由于国外油田在高含水阶段的后期就停止了开采，所以在聚合物对原油破乳和污水处理影响机理上开展的研究工作很少，仅仅在 90 年代，Midmere、Tsugita、Neuhausler 和 Tambe 等人对聚合物驱乳状液稳定性进行了研究，其他尚未有文献报道。

国内油田的情况与国外不同，许多高含水油田仍然在开采，特别是在 20 世纪 90 年代末，大庆、胜利等一大批油田都相继开展了一些大规模聚合物驱矿场实验，并在聚合物对原油破乳和污水处理的影响机理方面也开展了一些研究工作。

2　油田调剖调驱对油气水处理系统的影响机理

测定了原油中的 HPAM 浓度，通过测定加入处理剂前后油含量、乳化油粒径分布、HLB 值等因素来确定 HPAM 对油水分离的效果的影响，最终分析、研究调剖调驱对油气水处理系统的影响机理。

冀东油田各区块的原油和地层水共同贮存在同一封闭的地质构造中，原油和地层水被同时开采到地面，开采时间越长，原油中的含水越多。原油开采过程中，原油和水同时从地层中经油管流向地面，最终经管道输送到储油罐，在此过程中，原油和水流过喷油嘴、阀门、弯头、管道，经受剧烈的机械剪切而形成乳状液，如果使用抽油机开采，抽油机活塞对原油和水的剪切更加剧烈，因此，更易形成的乳状液。

在调剖调驱过程中，加入的聚合物具有较强的界面活性，可明显降低油水界面张力，使原油和水在油层内流动过程中形成乳状液。乳状液的形成可增加油水在孔隙介质中的流动阻力，扩大驱替液的波及剖面，提高原油的最终采收率。但由于此类乳状液往往比较稳定，给地面上油水分离带来困难。

油田调剖调驱对油气水处理系统的影响机理（即：HPAM 对原油破乳脱水的影响机理）有以下几方面：

（1）形成界面膜，破乳效果变差

由于 HPAM 有较强的亲水性基团，容易在 O/W 乳状液的外层（水相）吸附，而另一端的烃基在内相（油相）吸附，形成一层有保护作用的膜，使得破乳剂加入后，需要先对一部分吸附的 HPAM 进行取代，才能破乳，所以破乳效果变差。

(2) 形成了较均匀的乳化液滴，聚集困难

HPAM 注入地层后，经过了一系列变化，并和原油充分搅拌混合，形成了粒径较为均匀的乳化液，乳化液滴间的内部压力变弱，即使相互接触，也不易发生凝聚而形成大的液滴，造成破乳效果变差。

(3) 现行破乳剂对减少含聚原油的 HLB 值作用不明显

由于含 HPAM 的原油有较高的 HLB 值，即强亲水性，并且现行破乳剂加入后，体系的总体的 HLB 值改变不明显，这说明现行破乳剂不适宜用于 HPAM 浓度较高的原油，应研制新型破乳剂，使破乳后的原油 HLB 值减到 8 左右。

3 目前产出液处理方法

在油田采油过程中形成的乳状液，含水率在 90%以上，故一般形成 O/W 型乳状液。原油脱水的过程实际就是原油破乳的过程，冀东油田属 O/W 型乳化原油，它的破乳过程实际是热法、化学法和电法联合使用的。油田原油处理流程见图 1。

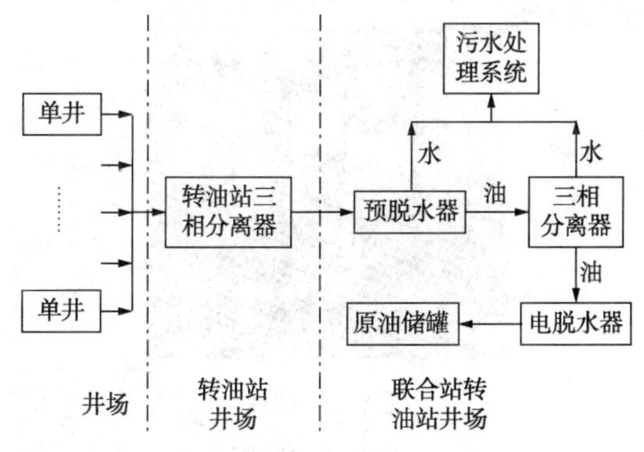

图 1　原油处理流程示意图

(1) 热法是用升高温度破坏 O/W 乳化原油的方法，由于升高温度可以减少乳化剂的吸附量，减少乳化剂的溶剂化程度，降低分散介质的黏度，因而有利于分散相即水相的聚并和分层。

(2) 化学法就是在采出液中加入破乳剂，破乳剂的破乳过程，一般分为四个阶段：

① 破乳剂加入原油乳化液后，让它分散在整个油相中，并能进入到被乳化的水珠上；

② 破乳剂渗入到被乳化水珠的保护层，并使保护层脆弱变皱破坏；

③ 保护层破坏后，被乳化的水珠互相接近并接触；

④ 水珠聚结，被乳化的水珠从连续相分离出来。

4 药剂的选用与效果

4.1 高效破乳剂的应用

4.1.1 现场应用情况

(1) 单井应用情况

选取含聚原油新井进行抗聚合物破乳剂现场应用试验，图 2 至图 4 给出了该井开井后运行情况和经井口加药处理后进入系统，集输系统运行情况。

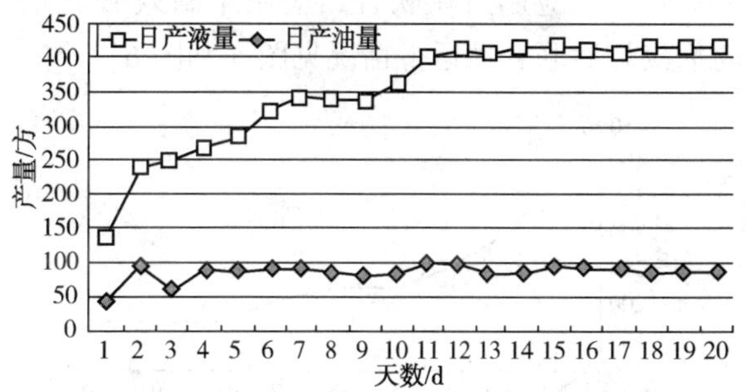

图 2　开井后运行情况

由图 2 可以得出，该井开井后产量较高，产液量在 7 天后达到 300 方/天以上，产油量约为 $100m^3/d$ 左右。

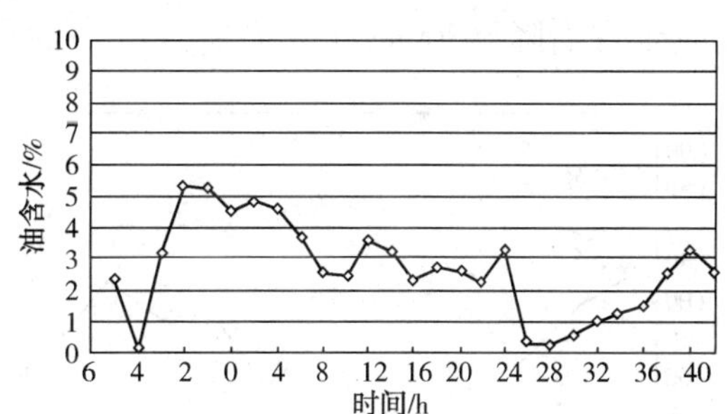

图 4-2　采出液经处理进系统后集输系统运行情况

由图 3 可以得出，含聚采出液经抗聚合物破乳剂处理进入集输系统后，系统油含水有小幅度上升，随后一直保持在正常范围内波动，说明含聚采出液经抗聚合物破乳剂处理后，基本消除了其对集输系统的影响。

(2) 转油站应用情况

单井应用后在转油站应用了高效破乳剂，药剂投加后转油站运行情况见图 4。

从图 4 可知，4 月现场开始添加药后，预脱水器处理后的水中含油大幅下降，从 750mg/L 降至 250mg/L 以下，此后污水含油一直保持在 300mg/L 以内，只在 9、10 月污水含油有所升高，这是由于现场产液量提高，而加药量较低产生的。

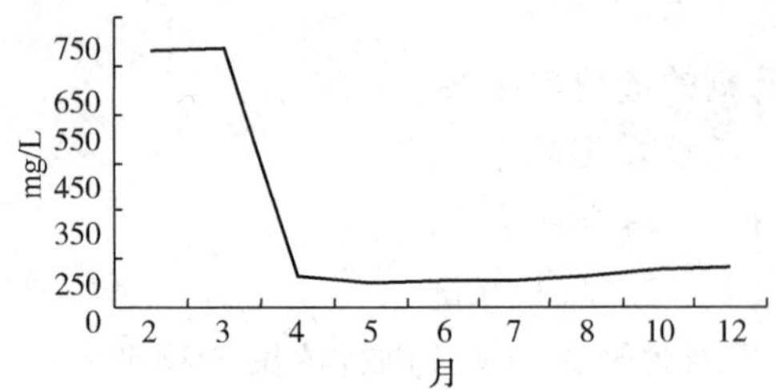

图 4　转油站加药处理后污水含油情况

(3) 联合站应用情况

转油站应用后在联合站应用了高效破乳剂，药剂投加后联合站运行情况见图 5 和图 6。

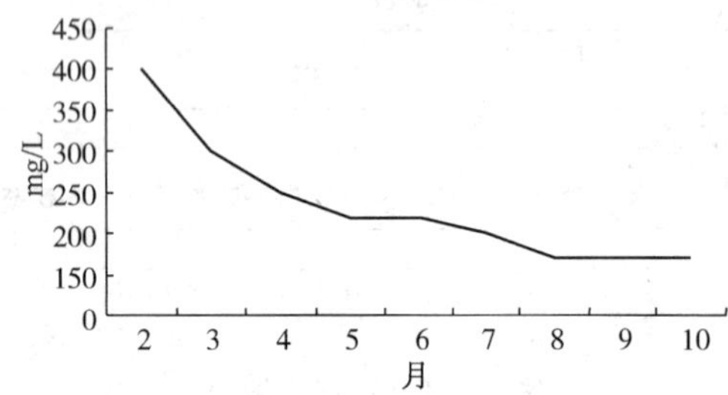

图 5　联合站污水含油情况

从图 5 的可知，从 4 月份在转油站开始加药后，联合站污水含油有了较为明显的下降，由 400mg/L 左右降至 200mg/L 左右。

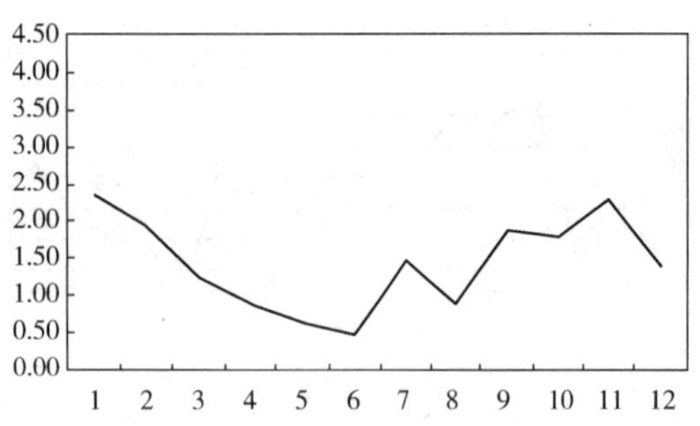

图 6　联合站三相原油含水情况

从图 6 可以看出，在联合站更换高效破乳剂后，三相原油出水开始呈下降趋势，后虽有所升高，但是一直在 2.0%以下，较为稳定。

4.1.2　应用效果总结

根据油田高含水阶段调剖调驱对油气水处理系统的影响机理和油田的实际生产工艺，主要作用于 W/O 型乳状液和 O/W 型乳状液的脱水；并综合现场工艺流程情况，采用分段加药方式能有效解决聚合物对集输系统的影响；通过室内实验和现场应用试验，验证不同药剂在消除聚合物对原油破乳脱水和污水水质影响方面的作用，应选择有针对性的药剂来满足现实中的生产。

4.2　污水处理剂的应用

4.2.1　应用情况

采用污水处理剂对 25 口含聚措施井的采出液进行室内实验(表 1~表 9，图 7~图 24)。

表 1

井号	药剂及加药量	实验前现象	实验后现象
1	JRJ-1(30)	白色	水色变清，发白
2	JRJ-1(40)	橙黄色，较深	水色变清， 底部有黄色残渣
3	JRJ-1(40)	黑浑	水色变清、 底部有黑色残渣
4	JRJ-1(30)	淡黄、稍浑	水色变清、淡黄

图 7　处理前

图 8　处理后

表 2

井号	药剂及加药量	实验前现象	实验后现象
5	JRJ-1(40)	灰浑	水色发黄
6	JRJ-1(40)	橙黄	无明显变化
7	JRJ-1(40)	含油高	油水分离，较大过渡带
8	JRJ-1(30)	黑浑	水色变清
9	JRJ-1(40)	黑浑	灰浑

图 9　处理前

图 10　处理后

表 3

井号	药剂及加药量	实验前现象	实验后现象
10	JRJ-1(40)	青灰色、浑浊	絮团上浮、水色稍变浅
11	JRJ-1(30)	含油高	无变化
12	JRJ-1(30)	含油高	无变化
13	JRJ-1(30)	橙黄	水清透，略带淡黄

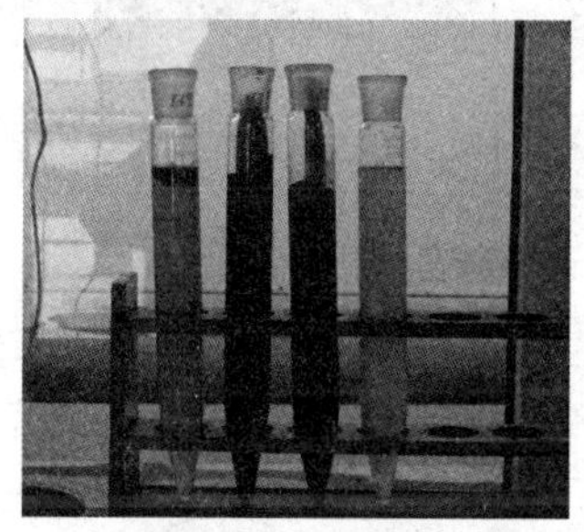

图 11　处理前

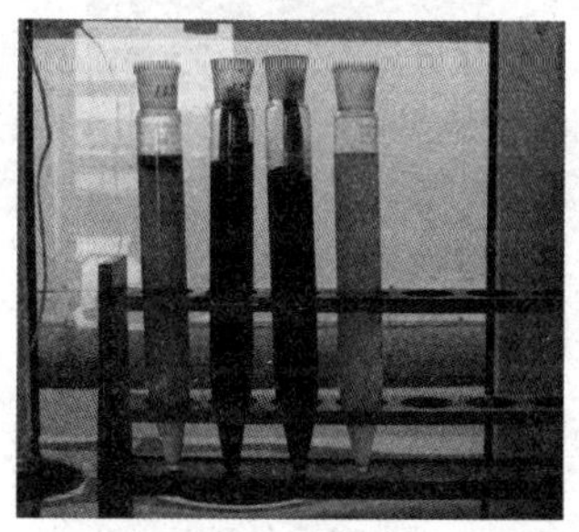

图 12　处理后

表 4

井号	药剂及加药量	实验前现象	实验后现象
14	JRJ-1(30)	灰黑、浑浊	水清透、污泥庄絮上浮或下沉
15	JRJ-1(40)	浅灰，有白色残渣	水色稍变清，残渣上浮

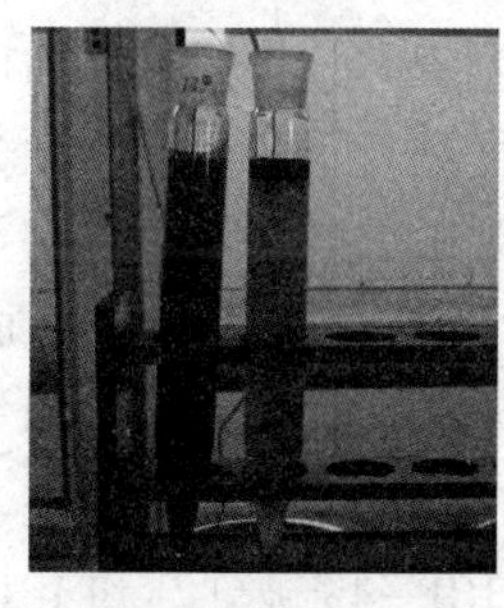

图 13　处理前

图 14　处理后

表 5

井号	药剂及加药量	实验前现象	实验后现象
16	JRJ-1(30)	浅灰色、浑浊	水色稍变清
17	JRJ-1(30)	含油高	无变化

图 15　处理前

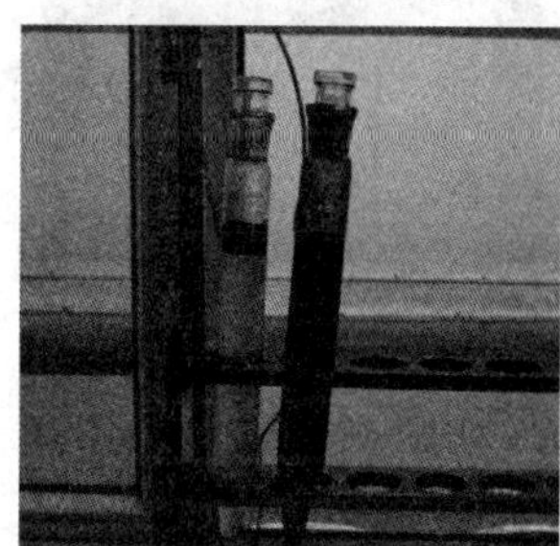

图 16　处理后

表 6

井号	药剂及加药量	实验前现象	实验后现象
18	JRJ-1(40)	黄绿色、透明	无明显变化
19	JRJ-1(30)	淡黄色、不透	水色稍变清、有少量絮团

图 17　处理前

图 18　处理后

表 7

井号	药剂及加药量	实验前现象	实验后现象
20	JRJ-1(40)	橙黄色、浑浊	变化不大

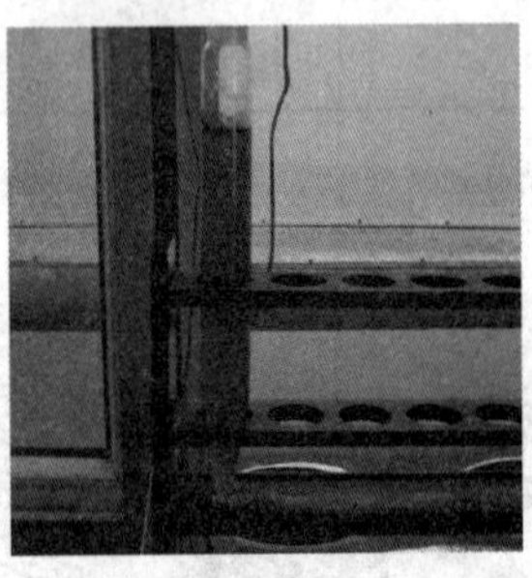

图 19　处理前

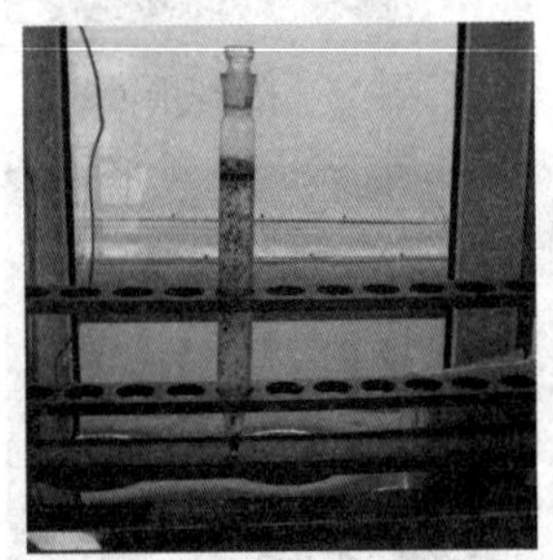

图 20　处理后

表 8

井号	药剂及加药量	实验前现象	实验后现象
21	JRJ-1(30)	水较清、少量悬浮物	清透、杂质上浮
22	JRJ-1(30)	浑浊	水发黄、不透
23	JRJ-1(30)	浑浊，油多	水色发白，不透
24	JRJ-1(30)	含油高	无变化

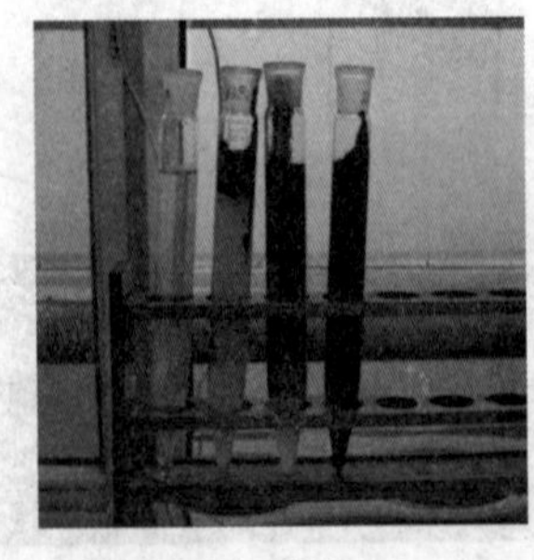

图 21　处理前

图 22　处理后

表 9

井号	药剂及加药量	实验前现象	实验后现象
25	JRJ-1(30)	橙红色、浑浊	有絮上浮、水色变清

图 23　处理前

图 24　处理后

4.2.2　实验结果可看出

污水处理剂能够处理含聚井采出液，具有净水、除悬的作用，能够有效地减小调剖调驱见效井中聚合物对含油污水处理的影响。

5　结论与建议

5.1　研究结论

本文详细调查和分析了冀东油田调剖调驱的特性，现场取样进行了采出液特性分析，在此基础上，选用高效破乳剂和污水处理剂，并进行室内实验和现场应用试验，得到如下成果和结论：

根据高含水阶段调剖调驱对油气水处理系统的影响机理和油田的实际生产工艺，选用两种抗聚合物破乳剂 JRP-45 破乳剂和 JRP-46 破乳剂，

JRP-45 破乳剂主要作用于 W/O 型乳状液；JRP-46 破乳剂主要作用于 O/W 型乳状液的脱水；并综合现场工艺流程情况，采用分段加药方式能有效解决聚合物对集输系统的影响。

污水处理剂能够有效处理含聚污水，具有净水、除悬的作用；同时，进行了现场应用试验，证明了污水处理剂能够消除聚合物和其他的化学药剂对集输系统造成的不利影响，完全能够满足油田生产需要。

油水分离难、产出液处理难两大难题，目前国内外最有效的处理方法就是药剂化学处理方法。选择有针对性的药剂来处理实质性的问题。

5.2 建议

根据研究过程和研究结果，建议进行以下方面的深入研究：

（1）针对原油和污水中 HPAM 含量较高的情况，继续研究 HPAM 在乳化过程中所起的作用，探寻乳化的关键条件，为破乳剂的研究提供支持；

（2）针对 HPAM 和原油的特点，继续研究更具广泛适应性的处理工艺；

（3）继续深入开展专效针对 HPAM 的处理工艺的研究及评选工作。

参考文献

[1] 陈国华．水体油污治理[M]．北京：化学工业出版社，2002.

[2] 康万利．大庆油田三元复合驱化学剂作用机理研究[M]．石油工业出版社，2001.

[3] 张鸿仁．原油蜕油脱水[M]．石油工业出版社，2000.

[4] 牛金刚．大庆油田聚合物驱提高采收率的实践与认识．大庆石油地质与开发，2004(23).

页岩气压裂返排液再利用处理技术研究

石升委[1]　杜佳佳[1]　康定宇[1]　陈新建[1]　屈撑囤[1,2]　鱼　涛[1,2]

(1. 西安石油大学陕西省油气田环境污染控制与储层保护重点实验室；
2. 石油石化污染物控制与处理国家重点实验室)

摘　要　页岩气压裂返排液具有黏度高、悬浮物含量多、成分复杂等特点，对其进行回用处理可减轻环境污染、节约水资源。论文以延长页岩气为对象，进行了“氧化-絮凝”工艺处理页岩气压裂返排液的研究。结果表明：以硫酸亚铈作为催化剂且加量为100mg/L、双氧水及硫酸亚铁加量分别为0.3%和140mg/L时，可使返排液黏度由原来18.09mPa·s降低到2mPa·s以下；调整氧化处理后的返排液pH为7.5，在PAC、PAM加量分别为600mg/L、20mg/L时进行絮凝处理，处理后水中悬浮物、含油量由处理前的2490mg/L、37.25mg/L降低到0.9mg/L、4.32mg/L。处理后水质满足平均空气渗透率小于等于0.01μm^{2}的地层的回注要求。

关键词　页岩气；压裂返排液；催化氧化；絮凝；再利用

随着我国能源结构调整步伐的不断加快，页岩气已成为重要的能源接替源之一[1]。页岩气开发及增产过程中，水力压裂依然是常用的措施[2]，由于压裂过程会用到大量的压裂返排液，其中含有大量污泥、悬浮物、油、有机物和溶解性盐类(添加剂、地层离子)等复杂成分，还含有各种复杂的添加剂[3-4]。此类污水若不经过处理而直接外排，将会对周围环境，尤其是对农作物及地表水系造成严重污染和严重的水资源浪费[5]，因此开发出一套经济有效的页岩气压裂返排液处理技术对于保护生态环境和降低生产成本有极为重要的意义[6]。

对于压裂返排液的处理，常用方法有化学絮凝沉降法、生物及生物化学法、高级氧化法和Fe/C微电解法等[7-8]，这些方法在处理压裂返排液时各具特点。但化学絮凝沉降法具有适应性强、处理速度快、可去除乳化油溶解油和难以生物降解的有机物等优点[9]，控制羟基自由基的反应速度、提高氧化降黏效率是提高压裂返排液处理效率及效果的重要举措。论文以延长页岩气为对象，进行了“氧化-絮凝”工艺处理页岩气压裂返排液的研究，以期为返排液处理后的再利用提供依据[10]。

1　实验部分

1.1　试剂及仪器

主要试剂有：次氯酸钠、双氧水(质量分数30%)、硫酸亚铁、硫酸亚铈、、H_2SO_4、NaOH为化学纯试剂，聚合氯化铝(PAC)、聚丙烯酰胺(PAM，多种型号)、聚合硫酸铁(PFS)为工业品。所用压裂返排液取自延长页岩气压裂现场。其矿化度为2472.15mg/L，悬浮物含量为2490mg/L，含油量为37.25mg/L，黏度为18.09mPa·s，色度为1330度。

主要仪器有：乌氏黏度计、UV-2350型紫外分光光度计。

1.2　试验方法

悬浮物含量、含油量测定依据《碎屑岩油藏注水水质推荐指标及分析方法》(SY/T 5329—2012)进行，色度测定依据GB 11903—1989标准规定进行，黏度测定依据GB/T 10247—2008进行，絮凝试验依据GB/T 16881—2008进行。

2　结果与讨论

2.1　返排液的化学氧化处理研究

以黏度和色度为考察指标，考察了常用的氧化剂双氧水、次氯酸钠和芬顿试剂对处理效果的影响，实验结果见图1、图2。当双氧水、次氯酸钠加量为0.3%、0.4%，pH为3，氧化时间为1h时，可使返排液黏度由原来的18.09mPa·s分别降低到14.01mPa·s、10.13mPa·s，而当双氧水加量为0.3%、硫酸亚铁加量为140mg/L时，其降黏率可以达到89%，在3种氧化剂中降黏效果最好。

这是因为Fenton试剂的实质是Fe^{2+}和H_2O_2之间的链反应的作用，能催化生成·OH自由基，

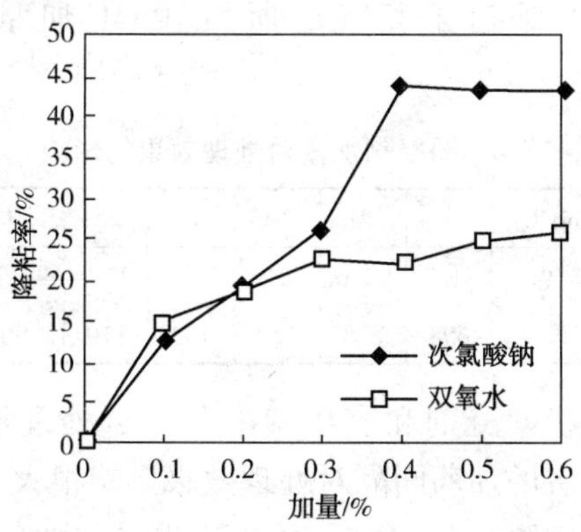

图1 次氯酸钠和双氧水对降黏率的影响

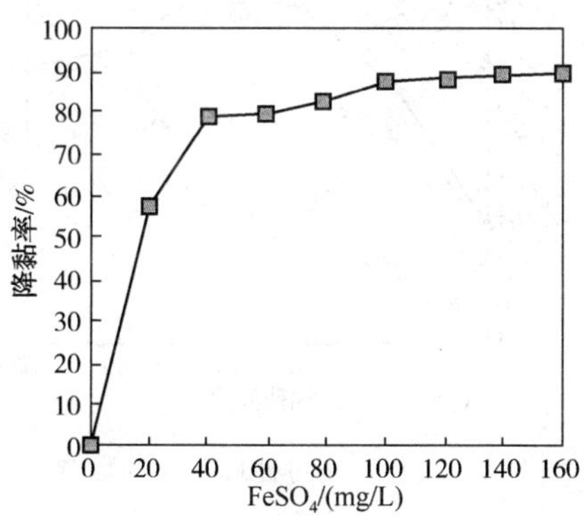

图2 芬顿试剂中二价铁对压裂返排液降黏率影响图

Jeseph 认为 Fenton 试剂反应过程如下[11]：

$$H_2O_2+Fe^{2+} \longrightarrow \cdot OH+Fe^{3+}+OH^- \quad (1)$$

$$Fe^{2+}+\cdot OH \longrightarrow Fe^{3+}+OH^- \quad (2)$$

其中产生·OH的反应为控速步骤，·OH通过反应方程(2)或与有机物反应而逐渐被消耗。通过分离有机物中的H、填充未饱和的C-C键，羟基·OH不加选择地与大多数有机物分子迅速反应。在Fenton反应中，H_2O_2不能过多，否则过量的H_2O_2会对·OH起较强的捕获作用，减弱氧化效果[12]。Fe^{2+}起到催化剂的作用，是催化H_2O_2产生自由基的必要条件[13]。无Fe^{2+}条件下，H_2O_2难以分解产生自由基；当Fe^{2+}浓度很低时，反应(1)速度很慢，自由基的产生量小，产生速度慢，使整个过程受到限制；当Fe^{2+}浓度过高时，会将产生的自由基·OH迅速还原成为没有氧化性能的OH^-，干扰了自由基与有机物的反应。芬顿试剂反应过程中会不仅可以氧化，且生成的Fe^{3+}有絮凝作用[14]。

pH对芬顿试剂氧化效果影响比较大，因为pH太低(<3)时，Fe^{2+}催化H_2O_2分解生成O_2速度加快，但不利于·OH的生成，而pH过高(>4)时二价铁会生成沉淀，所以芬顿试剂的最佳pH是3~4。

芬顿试剂氧化效果虽然比较好，但是氧化所需时间比较长，在45min后黏度才会降低至2mPa·s以下，对处理效率有一定的限制。添加催化剂、缩短氧化时间可提高处理效率。以硫酸亚铈作为催化剂，在其加量为100mg/L、芬顿试剂加量最优(双氧水加量为0.3%、硫酸亚铁加量为140mg/L)时，处理时间与黏度降低的关系见图3。

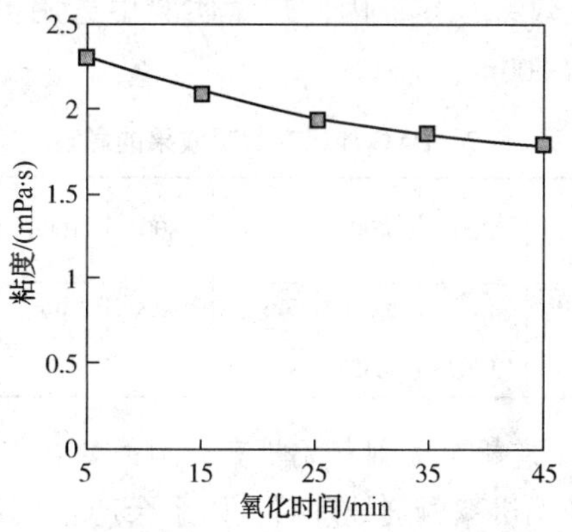

图3 催化剂对氧化时间的影响

由图3可知，加入一定量催化剂后，氧化时间变短，氧化时间25分钟后黏度就降低至2mPa·s以下，较未加催化剂氧化时间缩短了一半。但是有研究表明，单独的Ce^{3+}对双氧水的催化效果并不明显[15]。这主要是Ce^{3+}可能是通过加快Fe^{3+}的还原进而提高了Fe^{3+}和Fe^{2+}的循环效能，促进了体系内的·OH生成，所以一定程度上提高了氧化效率[16-17]。

2.2 氧化降黏后的返排液絮凝处理研究

2.2.1 无机絮凝剂的优选

返排液在2.1条件下氧化后，pH调至7.5，分别对PAC、PFS两种絮凝剂进行絮凝实验，观察其絮凝效果，实验结果如表1所示。在絮凝剂加量为800mg/L时，PAC、PFS处理后水的上清液透光率分别为99.0%和44.2，程度分别为74、1580，PAC的效果明显优于PFS。因此，本实验中应选PAC为絮凝剂。

表1 无机絮凝剂的优选

项目	PFS	PAC
透光率/%	44.2	99.0
色度/度	1580	74
悬浮絮体量	较多	较少

由表2可知，随着PAC加量从200mg/L增

大到 600mg/L，透光率逐渐由 46.2%增加到 98.9%，色度由 1563 度下降至 84 度；当加量超过 600mg/L 时，浓度增加，透光率和色度趋于稳定。原因是，当加药量不足时，絮凝剂少所以不能与水中杂质充分接触，使一部分杂质未被絮凝，当加药量逐渐增加，絮凝剂与杂质接触越来越充分，处理效果越来越好；当加药量过高时，絮体间架桥所需的离子表面活性点不足[18]，因此絮凝剂的吸附架桥作用变差，但因加药量大所以絮凝效果稳定。因此后续实验中选用 PAC 的用量为 600mg/L。

表 2　PAC 加量对絮凝效果的影响

加量/(mg/L)	200	400	600	800	1000	1200
透光率/%	46.2	78.3	98.9	98.8	99	99.3
色度/度	1563	638	84	80	74	73

2.2.2　*有机絮凝剂与无机絮凝剂的复合*

经无机絮凝剂处理后，体系会产生大量的微小絮体，沉降时间较长。有机絮凝剂的加入可促进大絮体的生成，以加快絮体沉降速度。取相同量的不同类型有机絮凝剂 PAM，加量为 20mg/L 时的助凝效果如表 3 所示。可知 PAC 与分子量为 800 万、离子度为 60%的阳离子型的 PAM 复合处理效果最好。

表 3　不同类型助凝剂对处理效果的影响

项目	阳离子型						阴离子型	非离子型
分子量/万	800	800	1200	800	800	800		
离子度/%	20	30	40	50	60	12		
透光率/%	95.4	95.1	96.3	93.1	98.2	92.3	93.4	87.8
色度/度	176	171	148	224	97	267	237	408

这是因为阳离子型 PAM 兼有表面电中和与"桥联"机理，加入压裂液后能够通过"桥联"作用迅速形成体积大的絮体，并加快沉降、分离的速度。当 PAM 加量较少时，若浓度增大，"桥联"作用增强，而加量过高时，胶体颗粒表面会被所吸附的有机高分子所覆盖，降低了与其他颗粒结合的可能性，反而对颗粒起到稳定保护作用[19]，对絮体形成速度的增效减弱。而且随着药剂用量增大，处理返排液的成本也会增加，因此对 PAM 加量进行优选。优选结果如表 4 所示，当加量达到 20mg/L 后，再增加用量时，透光率和色度都趋于稳定。所以 PAM 加量选择 20mg/L。

表 4　助凝剂加量对处理效果的影响

加量/(mg/L)	5	10	15	20	25	30	35
透光率/%	81.7	92.6	96.4	97.9	97.9	97.7	97.5
色度/度	658	258	159	103	110	106	109

无机絮凝剂和有机絮凝剂复合处理返排液时，二者的加药间隔对处理效果影响很大，因此对加药间隔进行研究，并优选出最佳加药间隔，

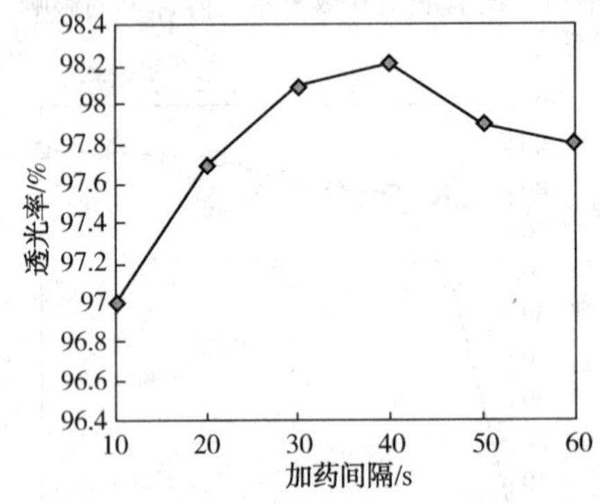

图 4　加药间隔对处理效果的影响

优选结果如图 4 所示。由图 4 知：当加药间隔在 10~40s 时，随着时间间隔的增加，絮体逐渐变大，复合处理后上清液透光率逐渐增加；当时间间隔超过 40s 时，处理效果反而会变差。加药间隔控制在 40s 的时候，上清液的透光率最高，处理效果最好。这主要是因为加药时间间隔短，加入的 PAC 尚未使胶体体系完全破胶、小絮体尚未完全生成，则加入的 PAM 不能够使生成的所有小絮体通过"桥联"作用形成大絮体；而间隔时间过长，PAC 形成的絮体有可能在 PAM 加入、搅拌后被破碎，这会造成体系中细小絮体数量增多，所以处理效果变差[17]。因此，后续实验中 PAC 与 PAM 加药间隔选取 40s。

3　页岩气压裂返排液处理前后水质对比分析

根据 1 所述的方法对页岩气压裂返排液处理后的上清液进行水质分析，并与《碎屑岩油藏注水水质推荐指标及分析方法》(SY/T 5329—2012)进行对比，对比结果见表 5、图 5。

表 5　页岩气压裂返排液处理前后水质分析表

分析指标	处理前污水	处理后污水	SY/T 5329—2012
pH 值	7.5	7.5	/
黏度(20℃)/(mPa·s)	18.0854	1.0978	/

续表

分析指标		处理前污水	处理后污水	SY/T 5329—2012
色度/度		1330	75	/
总铁含量/(mg/L)		8.99	0.35	/
悬浮物含量/(mg/L)		2490	0.9	≤1.0
含油量/(mg/L)		37.25	4.32	≤5.0
平均腐蚀速率/(mm/a)		0.3746	0.041	≤0.076
细菌含量/(个·mL^{-1})	SRB	6×10^2	2.5	≤10
	FB	6×10^2	2.5	$n\times10^2$
	TGB	4.5×10^4	5.0	$n\times10^2$

由表5可知，页岩气压裂返排液经“氧化-絮凝”处理后水质各项指标均可以满足低渗透地层的回注要求[21]。

图5 压裂液处理前后外观图

4 结论

（1）返排液经芬顿试剂氧化时，pH为3、双氧水、硫酸亚铁加量为0.3%、140mg/L，黏度可以降低至2mPa·s，在氧化时加入100mg/L的硫酸亚铈做催化剂可以将氧化时间由60min缩短至25min，提高处理效率。

（2）氧化后，再将pH调至7.5后加PAC600mg/L，间隔40秒后加PAM20mg/L絮凝处理，处理后水悬浮物含量与含油量降至0.9mg/L、4.32mg/L，可以满足回注标准。

参考文献

[1] 耿翠玉，乔瑞平，陈广升，俞彬，李海洋，王洋，徐大伟，杨曙光，田媛．页岩气压裂返排液处理技术[J]．能源环境保护，2016，(01)：12-16+56.

[2] 杨挺，孙小涛．世界页岩气开发进展及存在问题[J]．现代化工，2013，(01)：1-4.

[3] 刘文士，廖仕孟，向启贵，翟圣佳，翁帮华．美国页岩气压裂返排液处理技术现状及启示[J]．天然气工业，2013，(12)：158-162.

[4] 何启平，尹丛彬，李嘉，蒲祖凤，李翼，张剑．威远-长宁地区页岩气压裂返排液回用技术研究与应用[J]．钻采工艺，2016，(01)：118-121+11.

[5] Gordalla B C, Ewers U, Frimmel F H. Hydraulic fracturing: a toxicological threat for groundwater and drinking-water? [J]. Environmental Earth Sciences, 2013, 70(8): 3875-3893.

[6] Lutz B D, Lewis A N, Doyle M W. Generation, transport, and disposal of wastewater associated with Marcellus Shale gas development[J]. Water Resources Research, 2013, 49(2): 647-656.

[7] 杨德敏．一种页岩气压裂返排废液处理方法:，CN 102786186 B[P]. 2013.

[8] 刘国斌，朱秋实，詹爱霞，史文婷，陈进富．含油污水生化处理技术的研究进展[J]．现代化工，2015，(03)：26-29+31.

[9] TorresL G, Belloc C, Vaca M, et al. Coagulation-flocculation process applied to wastewaters generated in hydrocarbon - contaminated soil washing: interactions among coagulant and flocculant concentrations and pH value. [J]. Journal of Environmental Science & Health Part A Toxic/hazardous Substances & Environmental Engineering, 2009, 44(13): 1449-56.

[10] Veil J A. Water management technologies used by Marcellus Shale Gas Producers[J]. 2010.

[11] Joseph JPignatelloDark and photoassisted Fe^{3+} - Catalyzed Degradation ofChlorophenoxyHerbicides by Hydrogen Peroxide[J]. Environ. SciTechnol 1999, 26 (5): 944~951.

[12] Huang W, Brigante M, Wu F, et al. Assessment of the Fe(Ⅲ)-EDDS complex in Fenton-like processes: from the radical formation to the degradation of bisphenol A[J]. Environmental Science & Technology, 2013, 47(4): 1952-1959.

[13] Yoon J, Lee Y. Investigation of the Reaction Pathway ofOH RadicalsProduced by FentonOxidation in theConditions ofWastewaterTreatment [J]. WatSciTechno.l 2001, 44(5): 15~ 21.

[14] 王维，费庆志，孙承林，于永辉．混凝-芬顿氧化处理油田含油污水[J]．现代化工，2015，(10)：105-109.

[15] Danilczuk M, Schlick S, Coms F D. Cerium(Ⅲ) as a Stabilizer of Perfluorinated Membranes Used in Fuel Cells: In Situ Detection of Early Events in the ESR Resonator[J]. Macromolecules, 2009, 42(22): 8943.

[16] Eberhardt M K, Ramirez G, Ayala E. Does the

reaction of copper(Ⅰ) with hydrogen peroxide give hydroxyl radicals? A study of aromatic hydroxylation [J]. The Journal of Organic Chemistry, 1989, 54(25): 5922-5926.

[17] Sedlak D L, Hoigne J. Oxidation of S(Ⅳ) in atmospheric water by photooxidants and iron in the presence of copper [J]. Environmental Science & Technology, 1994, 28(11): 1898-1906.

[18] 范玉华. PAC 絮凝效果实验及分析[J]. 内蒙古石油化工, 2009, (21): 48-49.

[19] 杨志刚, 魏彦林, 吕雷, 张淑侠, 王梓民. 页岩气压裂返排液回用处理技术研究与应用[J]. 天然气工业, 2015, (05): 131-137.

[20] 周国娟, 秦芳玲, 屈撑囤, 任伟, 姜晓光. 油田压裂废水的 Fenton 氧化-絮凝回注处理研究[J]. 西安石油大学学报(自然科学版), 2009, (05): 67-70+112.

[21] Gregory K B, Vidic R D, Dzombak D A. Water Management Challenges Associated with the Production of Shale Gas by Hydraulic Fracturing [J]. Elements, 2011, 7(3): 181-186.

乙烷回收 CO_2 固体形成控制工艺优化研究

赵建彬[1]　王玉柱[1]　蒋　洪[2]

(1. 中国石油塔里木油田公司油气工程研究院；2. 西南石油大学石油与天然气工程学院)

摘　要　为增强乙烷回收流程对原料气 CO_2 含量的适应性，应用丙烷及以上液烃对 CO_2 的吸收原理，在RSV流程的基础上提出部分干气与液烃再循环工艺(Recycle Split-Vapor with Liquid process，简称RSVL)与部分原料气过冷工艺(Split-Vapor and Feed Supcooled Process，简称SVFS)，并对提出的流程进行了改进效果、原料气 CO_2 适应性对比分析。结果表明：相同乙烷回收率及主体装置总压缩功的情况下，RSVL、SVFS流程较RSV流程最小 CO_2 冻堵温度裕量分别上升约0.9℃、1.8℃；SVFS流程对原料气 CO_2 含量适应性最强，当原料气 CO_2 含量为2.5%时，RSVL流程乙烷回收率为88.7%，SVFS流程乙烷回收率为91.2%；在相同乙烷回收率情况下，与RSV流程相比，RSVL流程能节省主体装置总压缩功1%~5%，SVFS流程能节省主体装置总压缩功4%~6%。SVFS流程部分过冷原料气比例一般控制在10%~20%；掺入外输气回流的低温分离器液相占低温分离器总量的1%~20%；掺入部分过冷原料气混合的低温分离器液相需根据原料气 CO_2 含量确定。

关键词　乙烷回收；CO_2 冻堵；RSVL流程；SVFS流程；适应性分析

1　引言

低温分离法是天然气乙烷回收的主要方法，该方法制冷深度较高，操作温度常低于-90℃。当原料气中存在 CO_2 时，可导致 CO_2 固体形成，乙烷回收装置发生冻堵、乙烷回收率下降，影响乙烷回收装置安全平稳运行及降低系统经济效益。国内外对 CO_2 控制技术的研究主要集中在 CO_2 在烃类体系中的相态变化规律[,]、CO_2 在烃类体系中的固体形成机理及形成条件预测[,]、控制 CO_2 冻堵乙烷回收工艺流程开发等方面[,,]。针对含 CO_2 原料气的乙烷回收工艺研究较少，目前研究的控制 CO_2 固体形成乙烷回收工艺多存在流程较复杂、回收率低、能耗较高的缺陷。美国Ortloff公司开发的气部分干气循环工艺(Recycle Split-Vapor process，简称RSV)具有乙烷回收率高且投资相对较低，对原料气气质适应性较强的特点[]，是目前应用较广泛的乙烷回收工艺之一[]。但在工程应用中发现其对原料气 CO_2 含量的适应性不强，若能通过改进增强RSV流程对原料气 CO_2 含量的适应性，则对含 CO_2 天然气乙烷回收具有重要意义。因此本文通过对乙烷回收中 CO_2 固体形成机理进行分析，在RSV流程基础上提出了两种对原料气 CO_2 含量适应性强的乙烷回收流程，并以某凝析气田为例对所提出流程的改进效果、适应性进行分析。

2　RSV乙烷回收流程 CO_2 固体形成机理分析

RSV工艺最大特点是在GSP工艺的基础上，将外输压缩机出口的部分高压干气与脱甲烷塔顶气换热降温过冷后，节流闪蒸进入脱甲烷塔顶部作为回流。回流的外输干气(几乎为纯 CH_4)可对塔顶气相进行精馏，最大限度的减少乙烷和较重组分的损失[]，同时通过调节该股物流的流量获得极高的乙烷回收率。在工程应用中，RSV流程脱甲烷塔上部几块板最易发生 CO_2 冻堵，一旦冻堵发生，乙烷回收装置将经济效益大幅降低。采用膨胀机制冷的RSV乙烷回收工艺中，可能发生 CO_2 冻堵的位置如图1所示[]。

脱甲烷塔顶最易发生冻堵的几块板上含 CO_2 烃类体系可近似看做 CO_2-CH_4 体系，GPA根据研究得出了 CO_2-CH_4 体系的定性相图，并认为 CO_2 固体形成的机理可以归纳为 CO_2 固体从气相中结霜析出和 CO_2 固体从液体中结晶析出，即在原料气气质条件一定的情况下，含 CO_2 烃类体系中当体系温度低于固体 CO_2 形成温度或烃类体系气相、液相中 CO_2 含量超过其饱和溶解度时，就会有 CO_2 固体析出[]。因此，在乙烷回收过程中应从升高体系温度或降低体系中气相、液相中 CO_2 浓度着手控制 CO_2 固体形成。通常 CO_2 在液相中的溶解度要远大于在气相中的溶解度[]，因此本文仅对气相中 CO_2 固体的形成进行研究。

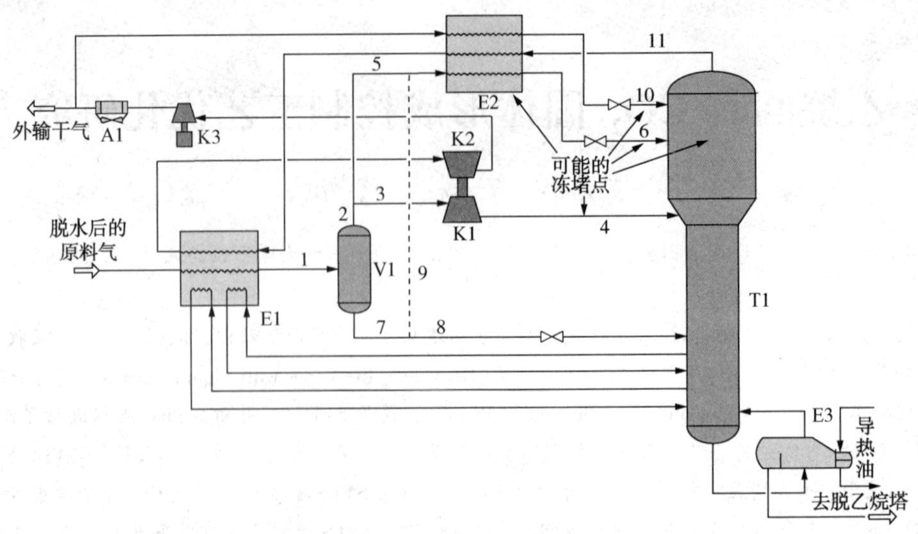

图1　RSV流程可能发生CO_2冻堵的位置

E1—原料气预冷器；V1—低温分离器；K1—膨胀机组膨胀端；K2—膨胀机组压缩端；E2—过冷冷箱；T1—脱甲烷塔；K3—外输气压缩机；A1—空冷器；E3—重沸器

升高体系温度务必带来乙烷回收率的下降，采用降低气相中的CO_2浓度成为最好的控制CO_2固体形成的最好方法。在实际生产过程中，国内外常采用引入丙烷及以上液烃来实现这一目的。研究表明，丙烷及以上液烃对CO_2具有吸收作用，在含CO_2烃类体系中加入丙烷及以上液烃能降低烃类体系中CO_2浓度，从而降低CO_2固体形成温度。RSV流程采用部分低温分离器液相进入脱甲烷塔上部控制CO_2固体形成正是基于此原理。为研究丙烷及以上液烃分别对CO_2固体形成的影响效果，在脱甲烷塔进料CO_2含量和塔压保持一定的条件下，向塔顶分别加入200kmol/h的丙烷至C_7液烃，脱甲烷塔CO_2冻堵温度裕量如图2所示。图3为加入不同液烃时脱甲烷塔热负荷的增加情况。

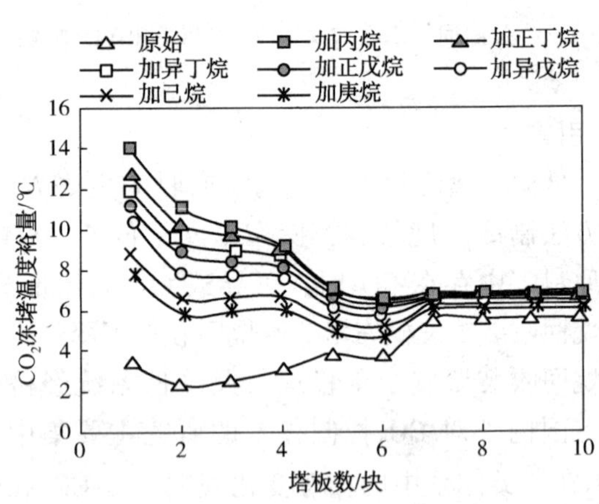

图2　脱甲烷塔气相CO_2冻堵温度裕量

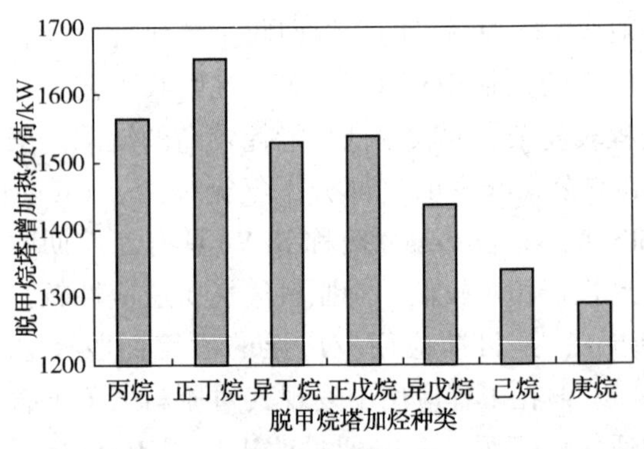

图3　脱甲烷塔增加的热负荷

由图2、图3分析可知，向脱甲烷塔加入丙烷及以上液烃对CO_2固体形成具有抑制作用，并且各液烃防冻效果强弱依次为丙烷、正丁烷、异丁烷正戊烷、异戊烷、C_6、C_7。但液烃的加入使得脱甲烷塔热负荷上升22%~29%，自丁烷后脱甲烷塔热负荷随着含碳量的增加而减少。

3　RSV乙烷回收流程改进

为了进一步增强RSV乙烷回收流程对原料气CO_2含量的适应性，提高乙烷回收装置的回收率，降低天然气乙烷回收装置的系统能耗。在研究吸收部分干气循环工艺(RSV)优点的基础上，利用丙烷及以上液烃对CO_2的吸收原理，改进出一种部分干气与液烃再循环工艺(Recycle Split-Vapor with Liquid process，简称RSVL)和一种部分原料气过冷乙烷回收工艺(Split-Vapor and Feed Supcooled Process，简称SVFS)。RSVL工艺流程如图4所示，SVFS工艺流程如图5所示。

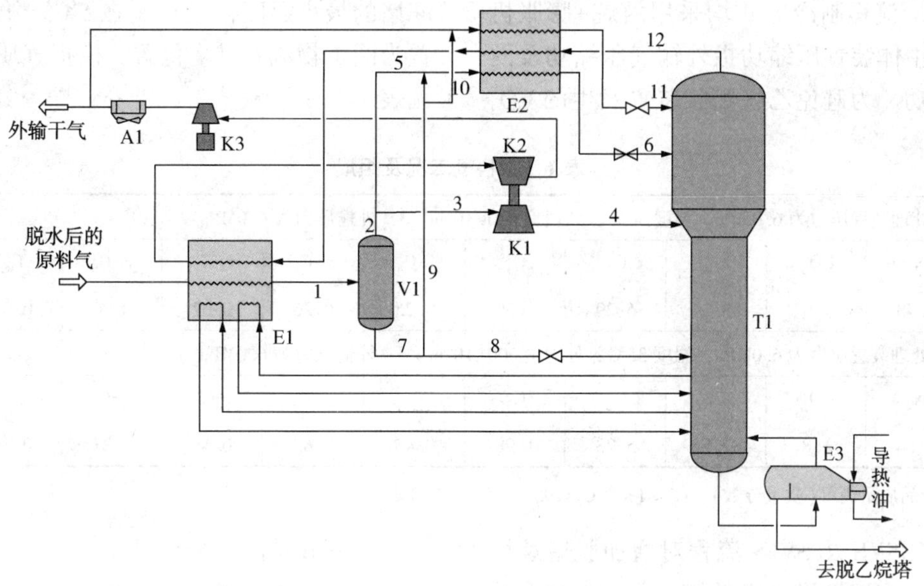

图 4　RSVL 工艺流程图

E1—原料气预冷器；V1—低温分离器；K1—膨胀机组膨胀端；K2—膨胀机组压缩端；E2—过冷冷箱；T1—脱甲烷塔；K3—外输气压缩机；A1—空冷器；E3—重沸器

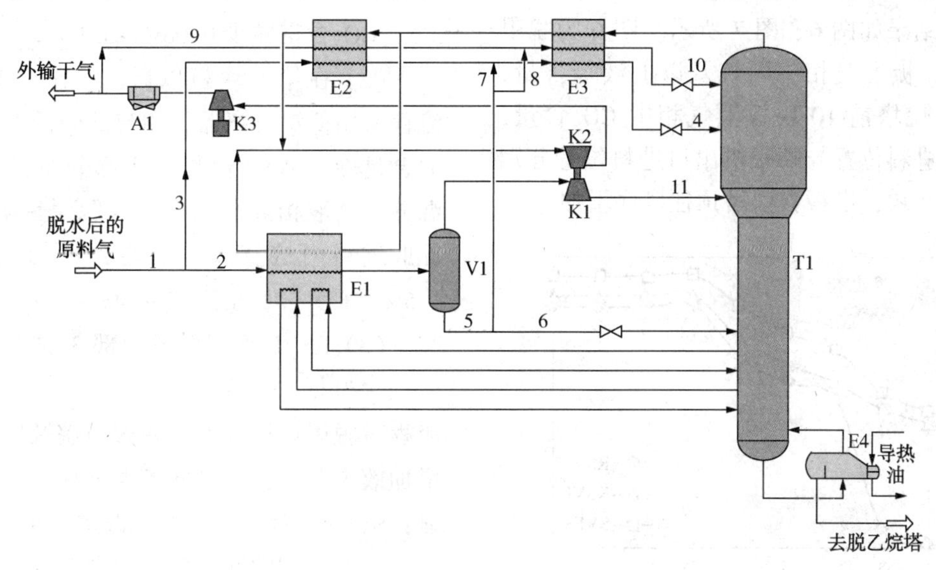

图 5　SVFS 工艺流程图

E1—原料气预冷器Ⅰ；E1—原料气预冷器Ⅱ；V1—低温分离器；K1—膨胀机组膨胀端;；K2—膨胀机组压缩端；E3—过冷冷箱；T1—脱甲烷塔；K3—外输气压缩机；A1—空冷器；E4—重沸器

由图 2 可看出，RSVL 流程的特征是在 RSV 流程的基础上将部分低温分离器液相掺入外输气回流，混合相经过冷后进入脱甲烷塔顶部，改善脱甲烷塔上部冻堵情况。由图 3 可看出，SVFS 工艺的特征是在 RSV 工艺的基础上首先将原料气分成两路，并利用其中一路原料气与低温分离器部分液相混合过冷进入脱甲烷塔中上部，同时将部分低温分离器部分液相与外输气回流混合过冷进入脱甲烷塔顶部，低温分离器气相全部经膨胀机膨胀降压降温进入脱甲烷塔中上部。通过流程改进，增加了进入脱甲烷塔顶丙烷及以上液烃含量，降低了塔顶塔板上的 CO_2 浓度，提高了装置 CO_2 冻堵裕量。同时允许更低的塔顶温度，进而提高乙烷回收率。

4　RSV 流程改进效果模拟对比分析

为探究 RSVL 及 SVFS 流程的改进效果，利用 HYSYS 软件对两流程进行模拟分析。工艺模拟分析计算中的热力学模型均选用 Peng－Robinson 方程，换热器均选用板翅式换热器，膨胀机组膨胀端绝热效率均为 85%，压缩端绝热效率均为 75%。流程制冷方式均采用丙烷+膨胀机膨胀制冷，主体装置压缩功指外输气压缩功及丙烷制冷压缩功。为避免乙烷回收装置发生的 CO_2 冻堵的最小温度裕量控制在 5℃。第二股进料位置为图 1 物流 6 进塔位置，模拟气质工况及组成见表 1。

表 1　原料气工况及组成

工况 1	进处理装置压力为 6.0MPa，温度 30℃，处理量 $500\times10^4 m^3/d$，外输压力为 6.0MPa									
组分	N_2	CO_2	C_1	C_2	C_3	$i-C_4$	$n-C_4$	$i-C_5$	$n-C_5$	C_6	C_7^+
贫气	1.43	1.8	88.34	6.29	1.39	0.25	0.26	0.07	0.06	0.05	0.06
工况 2	进处理装置压力为 6.0MPa，温度 35℃，处理量 $500\times10^4 m^3/d$，外输压力为 6.0MPa										
组分	N_2	CO_2	C_1	C_2	C_3	$i-C_4$	$n-C_4$	$i-C_5$	$n-C_5$	C_6	C_7^+
贫气	1.04	1.8	87.85	5.23	1.98	0.45	0.65	0.38	0.23	0.16	0.23

注：乙烷产品质量满足(质量分数)：$C_1\leqslant1\%$，$C_2\leqslant95\%$，$C_3^+\leqslant2.5\%$。

为探究 RSVL 及 SVFS 流程对增加脱甲烷塔上部丙烷及以上液烃量及降低塔上部 CO_2 含量的效果，选用表 1 中工况 1 作为模拟气质，在流程不发生冻堵的情况下，保持乙烷回收率相同(94%)，通过与 RSV 工艺进行对比，分析改进效果。模拟结果如图 6、图 7 所示。图 6 为脱甲烷塔前 10 块板上气相中丙烷及以上液烃含量，图 7 为脱甲烷塔前 10 块板上气相中 CO_2 含量，图中第二股进料位置与膨胀机出口进料位置分别为第 4 与第 7 块，塔板数由塔顶往塔底增加。

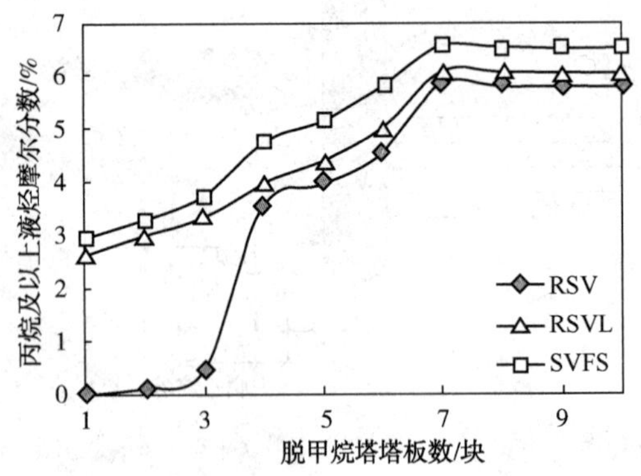

图 6　脱甲烷塔塔板液相中丙烷及以上液烃含量

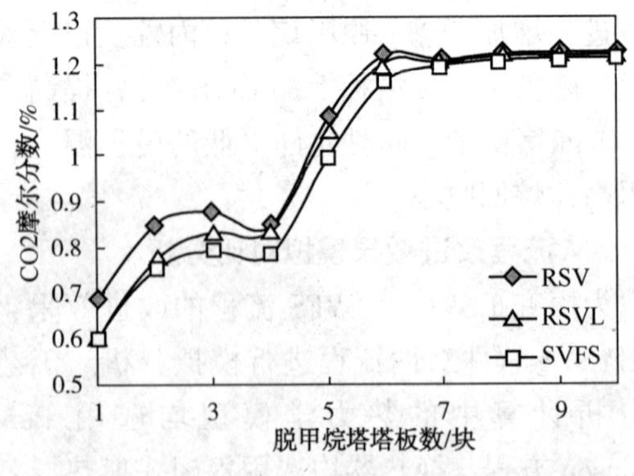

图 7　脱甲烷塔塔板气相中 CO_2 浓度对比

由图 6 及图 7 分析可知：

(1) 在 1-3 块板，由于 SVFS、RSVL 流程采用部分低温分离器液相与外输气回流混合过冷进入脱甲烷塔顶部，与 RSV 流程相比，脱甲烷塔塔板上气相中丙烷及以上液烃含量增加 2.6~3%，CO_2 含量减少 0.03%~0.1%。

(2) 在第 4 块板以后，相比于 RSV、RSVL 流程采用低温分离器气相与部分低温分离器液相混合过冷，SVFS 流程采用部分原料气与部分低温分离器液相混合过冷进入脱甲烷塔第 4 块板，此股进料丙烷及以上液烃含量相比增加 1%~1.5%，CO_2 含量相比减少 0%~0.06%

(3) RSVL 流程对塔顶部 3 块板丙烷及以上液烃含量增加明显且 CO_2 含量效果明显；SVFS 流程对脱甲烷塔顶部 7 块板丙烷及以上液烃含量增加效果明显，对降低塔内气相 CO_2 含量效果明显；SVFS 流程具有更好的改进效果。

在保持相同回收率及相同能耗的情况下，选用表 1 中工况 1 模拟 RSV、RSVL、SVFS 流程 CO_2 最小冻堵温度裕量变化情况，模拟结果见表 2。

表 2　RSV 及改进流程模拟结果对比

流程		RSV	RSVL	SVFS
低温分离器温度/℃		-48	-48	-48
脱甲烷塔	压力/MPa	2.6	2.6	2.6
	塔顶温度/℃	-97.8	-97.2	-97.1
外输气回流比/%		9.6	9.2	9.6
原料气过冷分流比/%		—	—	17
低温分离器气相过冷分流比/%		18	18	—
低温分离器液相过冷比例/%		26	36	55

续表

流程	RSV	RSVL	SVFS
乙烷回收率/%	94	94	94
主体装置总压缩功/kW	6989	6991	6998
最小 CO_2 冻堵裕量/℃	5.0	5.9	6.8

从表 2 可以看出，相同回收率、能耗的情况下，相对于 RSV 流程，RSVL 与 SVFS 流程低温分离器液相过冷比增加 10%与 29%，进入塔上部的丙烷及以上液烃明显增加。RSVL 流程能提高 CO_2 冻堵裕量约 0.9℃，而 SVFS 流程能提高 CO_2 冻堵裕量约 1.8℃。综上所述，RSVL、SVFS 流程均具有较好的 CO_2 冻堵控制改进效果，但 SVFS 流程控制 CO_2 冻堵效果最好。

4.1　RSV 改进流程对原料气 CO_2 含量适应性对比分析

为了研究 RSVL、SVFS 工艺对原料气 CO_2 含量的适应性，选用表 1 中工况 1、工况 2 进行模拟，在流程不发生冻堵的情况下，模拟原料气中 CO_2 含量在 0~2.5%之间的最大乙烷回收率，模拟过程中仅采用丙烷制冷，模拟结果如图 8、图 9所示。图 8 为 SVFS 流程、RSV 流程与 RSVL 流程对较贫原料气 CO_2 含量适应性对比，图 9 为 SVFS 流程、RSV 流程与 RSVL 流程对较富原料气 CO_2 含量适应性对比。

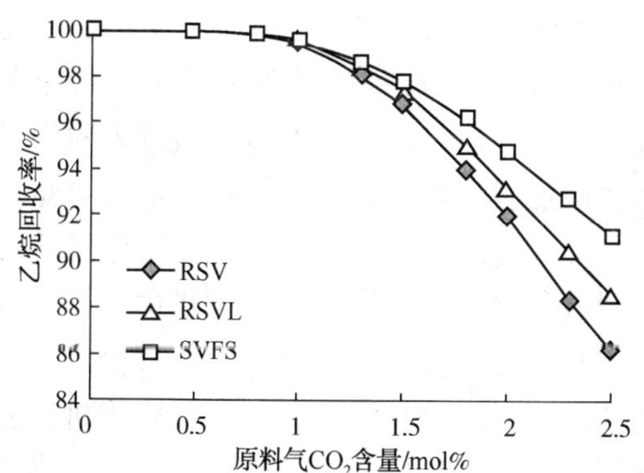

图 8　SVFS、RSV 与 RSVL 流程对较贫原料气 CO_2 含量适应性对比

由图 8 及图 9 分析 RSVL、SVFS 流程对原料气 CO_2 含量的适应性可知：

（1）对于较贫和较富气质，RSVL、SVFS 工艺均能达到较高的乙烷回收率(90%以上)；

（2）当原料气 CO_2 含量大于 1%时，SVFS 流程乙烷回收率均高于 RSVL、RSV 流程且 CO_2 含量越高差距越明显。当原料气 CO_2 含量上升为

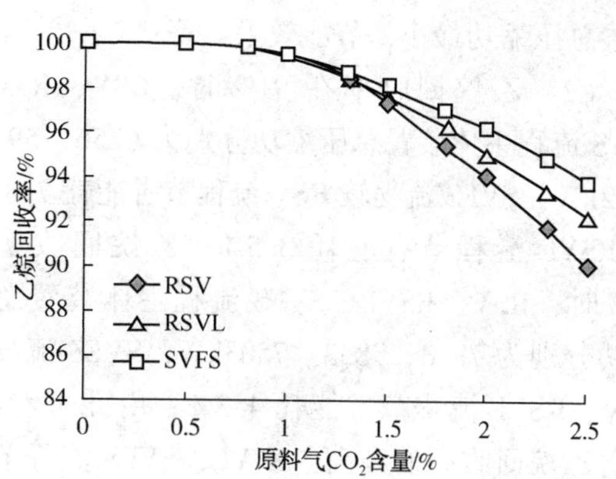

图 9　SVFS、RSV 与 RSVL 流程对较富原料气 CO_2 含量适应性对比

2.5%时，RSV 流程回收率下降至 86.2%，RSVL 流程回收率下降至 88.7%，SVFS 流程回收率仍大于 90%，为 91.2%。这是由于 SVFS 流程脱甲烷塔上部 CO_2 含量浓度更低，导致脱甲烷塔顶温度明显低于 RSV 流程塔顶温度，由此得到更高的乙烷回收率。

（3）相比于 RSV、RSVL 流程，SVFS 流程具有更强的原料气 CO_2 含量适应性。

为探究 RSVL、SVFS 流程乙烷回收装置能耗的改进效果，选用表 1 中工况 1 进行模拟，在原料气 CO_2 含量为 2%的情况下，保持乙烷回收装置不发生冻堵，分别对 RSVL、SVFS 和 RSV 工艺进行模拟，模拟过程中采用乙烯加丙烷制冷，对三种工艺主体装置总压缩功进行对比分析，模拟结果如图 10 所示。

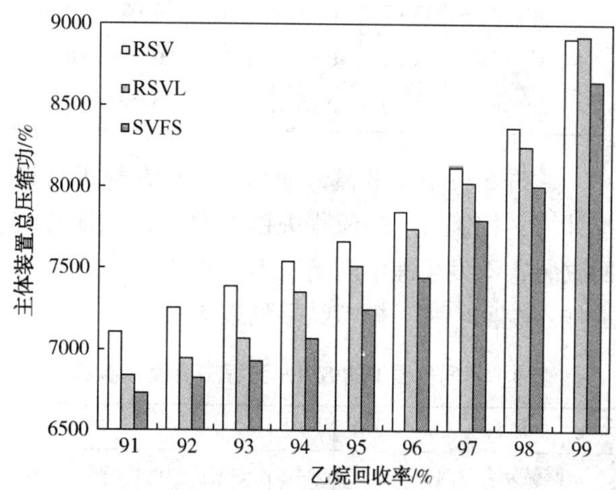

图 10　原料气 CO_2 含量 2%时主体装置总压缩功随乙烷回收率的的变化

由图 10 分析 RSVL、SVFS 流程乙烷回收主体装置总压缩功随乙烷回收率的变化关系可知：

（1）在相同回收率情况下，SVFS 流程主体

装置总压缩功最小，节能效果显著；

（2）乙烷回收率在91%时，RSV、RSVL、SVFS流程主体装置总压缩功分别为6256、5988、5782kW，SVFS流程较RSV流程节省能耗7.8%，较RSVL流程节省能耗3.5%；乙烷回收率在99%时，RSV、RSVL、SVFS流程主体装置总压缩功分别为7833、7833、7503kW，SVFS流程较RSV、RSVL流程节省能耗4.3%；由此可看出，随着乙烷回收率的升高，RSVL、SVFS流程节能优势在减小。

4.2　SVFS流程对不同气质的适应性分析

为了研究气质组成对SVFS流程的影响，由贫至富选择5组不同的原料气气质进行模拟分析。原料气的进气压力为6.0MPa，温度为35℃，处理量为$500\times10^4m^3/d$，外输气压力为6.0MPa，气质组成见表3。

表3　5种原料气气质组成(摩尔分数/%)

原料气气质	1	2	3	4	5
N_2	0.61	0.45	2.84	0.92	0.55
CO_2	1.5	2.0	2.0	2.5	2.5
C_1	90.19	88.67	84.66	84.15	82.66
C_2	5.25	5.23	7.61	7.46	8.65
C_3	1.56	1.98	1.71	3.13	3.39
iC_4	0.27	0.45	0.31	0.65	0.57
nC_4	0.29	0.65	0.38	0.59	0.85
iC_5	0.11	0.25	0.17	0.13	0.27
nC_5	0.07	0.23	0.15	0.08	0.21
C_6	0.06	0.02	0.13	0.11	0.17
C_7^+	0.09	0.07	0.13	0.28	0.16

通过5种不同贫富气质对SVFS流程进行模拟计算，控制合理的流程关键参数，在保证乙烷回收装置不发生冻堵的情况下获得不同气质下的最佳乙烷回收率，模拟结果见表4。

表4　不同气质下的SVFS流程主要模拟参数

原料气气质		1	2	3	4	5
低温分离器温度/℃		-47	-48	-49	-47	-47
外输气回流比/%		9.8	9.7	9.5	9.8	9.3
原料气过冷分流比/%		16.5	17	17	17.1	17
掺入外输气回流的低温分离器液相/%		7.5	6	8	5	3
掺入过冷原料气的低温分离器液相/%		17.5	48	40	43	21
脱甲烷塔	压力/MPa	2.6	2.6	2.6	2.6	2.6
	塔顶温度/℃	-98.1	-98.0	-97.8	-96.9	-96.3
丙烷制冷压缩功/kW		929	733	910	1289	1733
外输气压缩功/kW		6257	6255	6212	6112	6081
主体装置总压缩功/kW		6956	6988	7123	7401	7814
乙烷回收率/%		95	94	94	92	92

从表4分析SVFS流程对不同气质的适应性可知：对于由贫至富的5组气质，SVFS流程均能保持90%以上的乙烷回收率，脱甲烷塔塔压维持在2.6MPa，低温分离器温度大于-50℃。因此若原料气中CO_2含量增加，该流程能在较高乙烷回收率的情况下，从控制合理的工艺参数出发，控制乙烷回收装置CO_2冻堵。由此可看出SVFS流程对不同气质的适应性较好，在不同气质的条件下均能达到较高的乙烷回收率。同时，SVFS流程根据原料气组成的不同，部分过冷原料气比例一般控制在10%～20%；掺入外输气回流的低温分离器液相占低温分离器总量的1%～20%；掺入部分过冷原料气混合的低温分离器液相需根据原料气CO_2含量确定。

5　结论

（1）在RSV流程基础上改进了两种CO_2含量适应性更强的高效工艺：① RSVL工艺，该工艺的特征是在RSV流程的基础上将部分低温分离器液相掺入外输气回流，经过冷后进入脱甲烷塔顶部，增加脱甲烷塔顶丙烷及以上液烃含量；② SVFS工艺，该工艺采用部分原料气与部分低温分离器液相混合过冷进入脱甲烷塔中上部、外输气回流与部分低温分离器液相混合过冷进入脱甲烷塔顶部、低温分离器气相全部经膨胀机膨胀降压降温进入脱甲烷塔中上部的方式，增加进入塔上部丙烷及以上液烃含量。

（2）通过模拟对比分析，SVFS流程较RSV、RSVL流程具有更强的原料气CO_2适应性。工况1条件下，当原料气CO_2含量达2.5%时，在装置不发生冻堵的情况下，RSV流程乙烷回收率为86.1%，RSVL流程乙烷回收率为88.7%，SVFS流程乙烷回收率为91.2%，仍大于90%。在相同回收率下，SVFS流程较RSV流程能节省主体装置总压缩功4%～6%；SVFS流程较RSVL流程能节省主体装置总压缩功1%～3%。

（3）对SVFS流程不同气质适应性分析发现，SVFS流程对不同气质的适应性较好，在不同气质的条件下均能达到高于90%的乙烷回收率。部分过冷原料气比例一般控制在10%~20%；掺入外输气回流的低温分离器液相占低温分离器总量的1%~20%；掺入部分过冷原料气混合的低温分离器液相需根据原料气 CO_2 含量确定。

参 考 文 献

[1] Gas Processors Suppliers Association. Engineering Data Book [M]. 12th Ed. Gas Processors Suppliers Association, 2004: 433-439.

[2] Eggeman T, Chafin S. Beware the pitfalls of CO2 freezing prediction [J]. Chemical engmeenng progress 2005, 101(3): 39-44.

[3] Agrawal G M, Laverman R J. Phase behavior of the methane carbon dioxide system in the solid-vapor region [J]. Adv. Cryo. Eng., 1974, 19: 327-338.

[4] Le T T, Trebble M A. Measurement of Carbon Dioxide Freezing in Mixtures of Methane, Ethane, and Nitrogen in the Solid-Vapor Equilibrium Region [J]. Journal of Chemical & Engineering Data, 2007, 52 (3): 683-686.

[5] Mesfin G, Mesfin G, Shuhaimi M, et al. A performance study for representative natural gas liquid (NGL) recovery processes under various feed conditions [C]// 6th International Conference on Process Systems Engineering, Kuala Lumpur. 2013, 6.

[6] Getu M, Mahadzir S, Long N V D, et al. Techno-economic analysis of potential natural gas liquid (NGL) recovery processes under variations of feed compositions [J]. Chemical Engineering Research and Design, 2013, 91(7): 1272-1283.

[7] Processing H. 2012 Gas Processes Handbook [M]. Gulf Publishing Company, 2012.

[8] Campbell R E, Wilkinson J D. Hydrocarbon gas processing: US, 5568737A [P]. 1996-10-29.

[9] Foglietta J H, Haddad H, Mowrey E R, et al. Cryogenic process utilizing high pressure absorber column: US 2004.

[10] 蒋洪，何愈歆，杨波，et al. 天然气凝液回收工艺RSV流程的模拟与分析[J]. 天然气化工(C1化学与化工)，2012，37(2)：65-68

[11] Hlavinka M W, Hernandez V N. Proper interpretation of freezing and hydrate prediction results from process simulation [C]//85th Annual Convention of the GPA, Bryan, USA: GPA, 2006.

[12] Donnelly H G, Katz D L. Phase equilibria in the carbon dioxide-methane system [J]. Industrial & Engineering Chemistry, 1954, 46(3): 511-517.

[13] 杨婉玉，李越，李亚军. 天然气轻烃回收工艺设计及操作参数的优化[J]. 化工进展，2015，34(10)：3589-3594.

含油污泥催化热解工艺研究及热解产物分析

王飞飞[1]　杨鹏辉[1]　鱼　涛[1]　杜明明[1]　屈撑囤[1,2]

（1. 西安石油大学，陕西省油气田环境污染控制与储层保护重点实验室；
2. 石油石化污染控制与处理国家重点实验室）

摘　要　随着环保意识的增强，含油污泥资源化与无害化处理问题成为研究的焦点。本文分别用体积分数为5%、10%的 HCl 对活性白土进行改性，制得催化剂。采用扫描电镜、能量色散 X 射线光谱仪（EDX）、X-射线衍射、N_2-吸附脱附等分析手段对催化剂的结构进行表征。用催化剂对含油污泥进行催化热解，探讨了改性活性白土催化含油污泥热解的影响因素，并对热解产生的固、液产物进行了分析。结果表明：催化剂加量为1%，氮气流速为100mL·min^{-1}，反应温度为430℃处理时间为3.5h时，油回收率可达到85.49%，与未加催化剂时相比，油回收率提高7.22%，处理时间缩短0.5h。由热解油组分分析可知，催化热解使得 C_6-C_{15} 的收率提高，油品质得到改善。

关键词　催化剂；含油污泥；催化热解

含油污泥是在石油开采、集输、炼制及含油污水处理过程中产生的一类含油固体废弃物[1-2]。据统计，我国各油田每年产生含油污泥 $40\times10^4m^3$ 以上，而且产量还在逐年上升[3]，含油污泥中含有苯、蒽等有毒物质和放射性元素[4]，若处理不当，将造成严重的环境污染[5]。

热解是在绝氧条件下使含油污泥中的有机成分裂解为轻质组分，逸出挥发性气体并形成固体残渣的一种技术[6]。在含油污泥热解中加入催化剂可提高热解油回收率，缩短热解时间，改善油品质[7,9]。林炳丞等[10]研究了 ZSM-5 分子筛催化剂对含油污泥的催化效果。Wang 等[11]利用改性的斑脱土作为催化剂，得到了85.52%的油回收率。用于含油污泥热解的催化剂应当容易得到，廉价且无害。活性白土是廉价易得的催化剂，被广泛用于烃类催化裂化和其他反应[12,13]。酸化改性可提高活性白土的比表面积、孔容积、酸强度等，改善其催化性能，本文用体积分数为5%、10%的盐酸对活性白土进行改性，探讨改性活性白土对含油污泥热解过程及产物的影响。

1　实验部分

1.1　实验试剂

活性白土（沈阳华东试剂厂）、盐酸（沈阳华东试剂厂）、去离子水。

1.2　改性活性白土催化剂的制备

称取10g 活性白土（Activated clay，简称 AC）于90℃下加热4h 后粉碎过筛，将其加入三口烧瓶中，加入30mL 配好的盐酸，水浴加热控制温度为90℃，搅拌反应3h，冷却至室温后抽滤，用去离子水洗涤3-5次，直至滤液 pH≥6，最后将其在90℃下烘干，即得到改性的活性白土（Modified activated clay，简称 MAC）。

1.3　改性活性白土催化剂的表征

使用德国 FEI 公司 Quanta 200 扫描电镜对样品进行形貌特征观察及能谱分析；使用荷兰帕克公司 PANalytical X´pert powder 型 X-射线衍射仪进行 X-射线衍射（XRD）分析；催化剂的比表面积及孔径采用麦克默瑞提克（上海）仪器公司 ASAP2020 HD88 型物理吸附仪器测定。

1.4　含油污泥催化热解实验

含油污泥热解实验方法：催化剂与含油污泥按比例混匀后放于热解炉中，进行热解处理，以油的回收率为指标，考察了催化剂加量、热解温度、热解时间、升温速率、氮气流速对油回收率的影响。

油回收率 X 按照下式进行计算：

$$X=W_1/W\times100\% \tag{1}$$

式中：W_1 为热解油质量，g；W 为污泥中油品质量，g

1.5　热解产物分析

污泥含水率采用 GB/T 8929—2006《原油水含量的测定　蒸馏法》测定；含油率采用索氏提取法测定；使用 Agilent 7890A-5975C GC-MS 对热解油组成进行分析；使用德国 Quanta 200 扫描电镜

对热解残渣的形貌进行分析及型号为 Vario MICRO 的元素分析仪进行元素分析；采用型号为 XRY-1A 的氧弹热量计对热解残渣的热值进行测定。

2 结果与讨论

2.1 催化剂的特征

2.1.1 形貌特征

（1）扫描电子显微镜分析图 1 为改性前、后活性白土的扫描电镜图。由图 1 可知，与改性前相比，改性后的活性白土颗粒堆积松散，空隙结构较为发达，孔隙比例也相对增加。这表明了改性后催化剂的表面形貌、堆积密集程度发生了改变，孔隙度的增加有利于增加催化剂比表面积及对底物分子的吸附能力。

(a)改性前活性白土

(b)5%盐酸改性活性白土

(c)10%盐酸改性活性白土

图 1 活性白土改性前后扫描电镜图

（2）能量色散 X 射线光谱分析对 AC 和 MAC 催化剂的成分进行了 EDX 分析，如图 2 和表 1 所示。从图 2 和表 1 可知，活性白土硅铝比由改性前的 4.9：1 增加到改性后的 6.1：1，活性白土的酸性提高，从而使其比表面积提高，催化活性提高。催化剂表面由于酸催化中包含催化剂分子会将质子转移给反应物的过程，所以催化剂的催化效率常与催化剂的酸性有关。催化剂硅铝比的提高有利于催化剂吸附和催化功能的发挥[14]。

表 1 活性白土改性前后的化学组成

元素	质量分数/%		
	改性前活性白土	5%盐酸改性活性白土	10%盐酸改性活性白土
C	15.29	9	11.73
O	37.44	36.57	35.69
Mg	1.72	1.74	1.38
Si	7.45	8.17	7.02
Al	36.61	42.01	42.81
Fe	1.49	2.52	1.37

2.1.2 X-射线衍射图谱特征

图 3 为 AC 和 MAC 的 X-射线衍射图。如图所示，改性后的活性白土与原土相比，主要衍射峰的位置与改性前基本一致，各个衍射峰均尖锐，无明显弥散现象。但吸收峰强度有所下降，二氧化硅的吸收峰发生前移，说明改性后催化剂晶型完整，结晶度降低，晶粒变细，由 Bragg 方程 $n\lambda = 2d\sin\theta$ 计算可知催化剂的层间距增大，结构变得更加松散[15]。

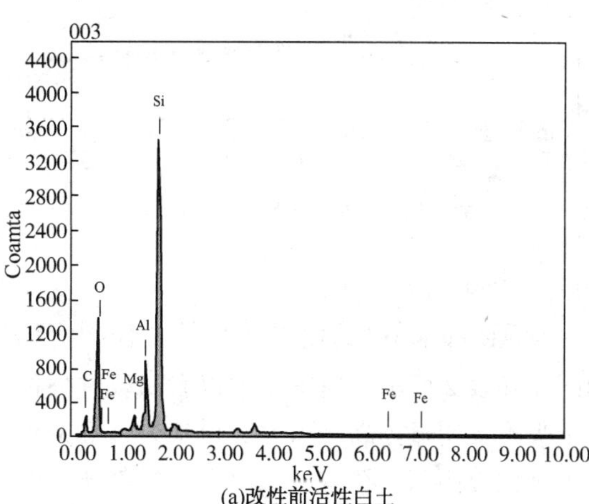

(a)改性前活性白土

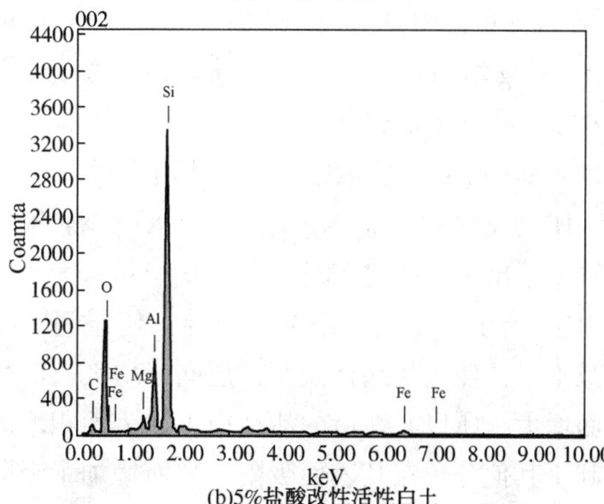

(b)5%盐酸改性活性白土

图 2 活性白土改性前后能量色散 X 射线光谱(EDX)图

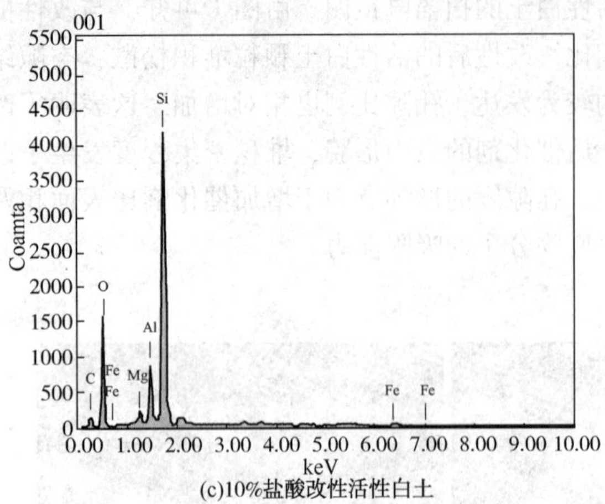

(c)10%盐酸改性活性白土

图 2　活性白土改性前后能量色散 X 射线光谱(EDX)图(续)

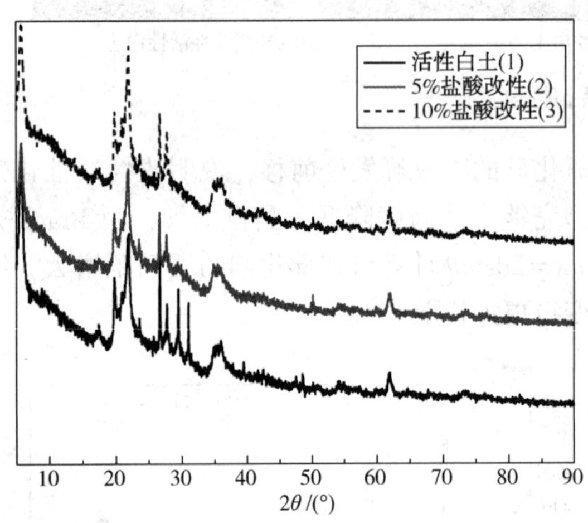

图 3　活性白土与改性白土的 XRD 图

2.1.3　比表面积及孔径测定

对 AC 和 MAC 的比表面积及孔径测定结果如图 4 和表 2 所示。由图 4 可以看出改性后活性白土吸附量明显提高；由表 2 可知改性后的活性白土其比表面积、孔容积、以及孔径都比未改性的活性白土增大，比表面积由改性前的 77.88m^2/g 增加到 104.27m^2/g，孔容积由改性前的 0.17cm^3/g 增加到 0.21cm^3/g，孔径由 84.39Å 增加到 90.87Å。这是由于对活性白土酸化改性时，H^+将活性白土中 Mg^{2+}、Ca^{2+}、K^+、Na^+等离子置换了出来，孔道疏通，孔容积相对增大。由于 H^+半径小于原土间阳离子半径，使层间的键能减小了，使层状晶格裂开，层间距增大，活性表面增大，所以改性后的活性白土比表面积增大有利于其他分子在其表面吸附，从而增加了吸附能力与催化性能。

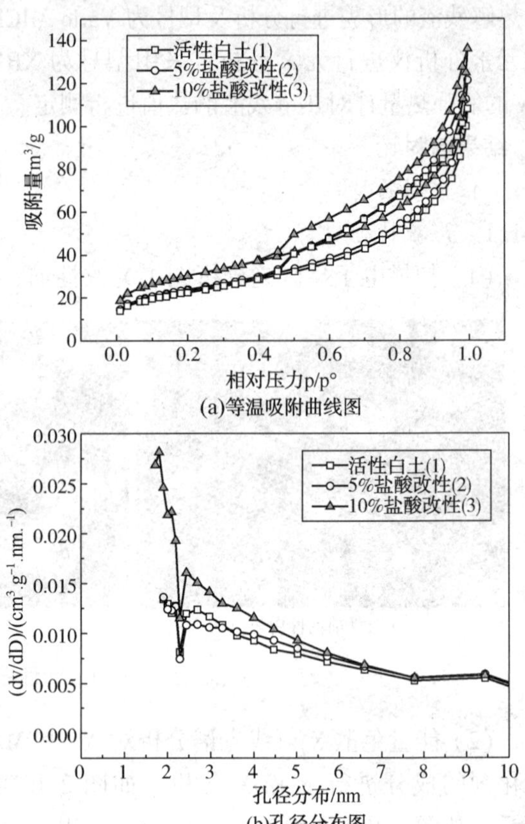

图 4　活性白土与改性白土的等温吸附曲线图(a)与孔径分布图(b)

表 2　活性白土与改性活性白土的比表面积、孔容积和孔径

	活性白土	改性活性白土
比表面积/(m^2/g)	77.88	104.27
孔容积/(cm^3/g)	0.17	0.21
孔径/Å	84.39	90.87

2.2　改性活性白土催化含油污泥热解影响因素研究

2.2.1　催化剂种类对热解油回收率的影响

在热解温度为 450℃，热解反应时间为 4h，氮气流速为 100mL · min^{-1}，升温速率为 10℃ · min^{-1}，催化剂在加量为 1%的条件下，考察了催化剂种类对热解油回收率的影响，结果如表 3 所示。

表 3　催化剂种类对热解油回收率的影响

催化剂种类	无催化剂	活性白土	5%HCl 改性	10%HCl 改性
含油污泥质量/g	30.02	30.01	30.01	30.01
回收油量/g	4.71	4.83	5.00	5.14
油回收率/%	78.27	80.29	83.11	85.43

由表 3 可以看出 5%、10%盐酸改性活性白土的油回收率均明显高于未加催化剂时的油回收

率，且10%盐酸改性活性白土的催化效果更优，这是因为10%盐酸 H^+ 的浓度高，所以将活性白土中 K^+、Ca^{2+}、Na^+、Mg^{2+} 等离子置换出来得更加充分，改性活性白土比表面增大，且酸化处理活性白土使得其层间的杂质离子与有机物被去除，从而使孔道疏通，孔容积变大，反应的接触面积增大，与前面物理吸附的分析结果相同。

2.2.2　最佳催化剂加量的筛选

在氮气流速为 100mL · min^{-1}，热解时间为4h，热解温度为 450℃，升温速率为 10℃ · min^{-1}，考察了最佳催化剂的加量对热解油回收率的影响，结果如图 5 所示。

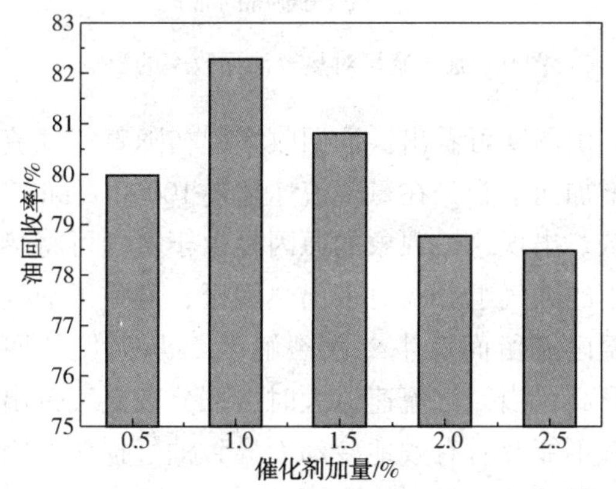

图 5　催化剂的加量对热解油回收率的影响

由图 5 可知，当催化剂加量在 0.5%~2.0%时，油回收率随着催化剂的加量先增加后降低；当催化剂加量超过 1.0%时，油回收率开始缓慢下降。这主要是因为含油污泥中含油率较低，当催化剂加量为 1.0%时，催化剂的已充分发挥催化作用。考虑到热解成本，此催化剂的最佳加量为 1.0%。

2.2.3　热解温度对热解过程油回收率的影响

在氮气流量为 100mL/min，升温速率为10℃ · min^{-1}，热解时间为 4h，催化剂加量为 1%的条件下，考察了热解温度对热解油回收率的影响，结果如图 6 所示。

由图 6 可知，油回收率随着热解温度的升高先上升后下降。当温度为 430℃时，油回收率达到最大，430℃后油回收率缓慢降低。这是由于热解温度较低时，重质油裂解不充分。当温度不断升高时，大分子烃和长侧链烃发生热裂解或在催化剂作用下裂解为小分子烃类，从而使油回收率提高。当温度继续升高时，热解产生的中间产物会在高温下发生二次裂解[14]，使得热解气体

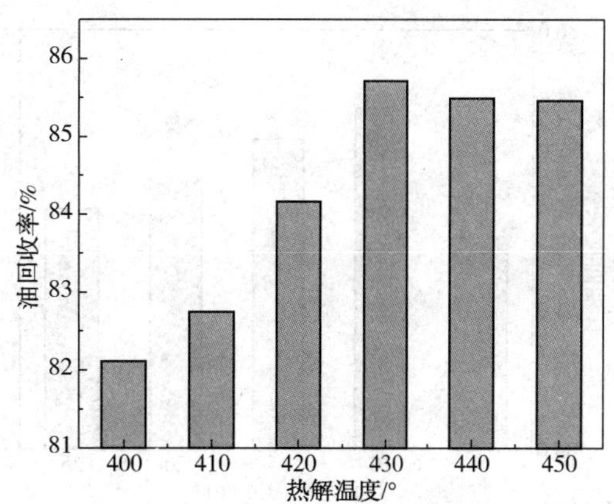

图 6　热解温度对热解油回收率的影响

量不断增加，导致油回收率有所下降，所以热解最佳温度为 430℃。

2.2.4　热解时间对热解过程油回收率的影响

在氮气流量为 100mL/min，升温速率为10℃ · min^{-1}，热解温度为 430℃，催化剂加量为1%的条件下，考察了热解时间对热解油回收率的影响，结果如图 7 所示。

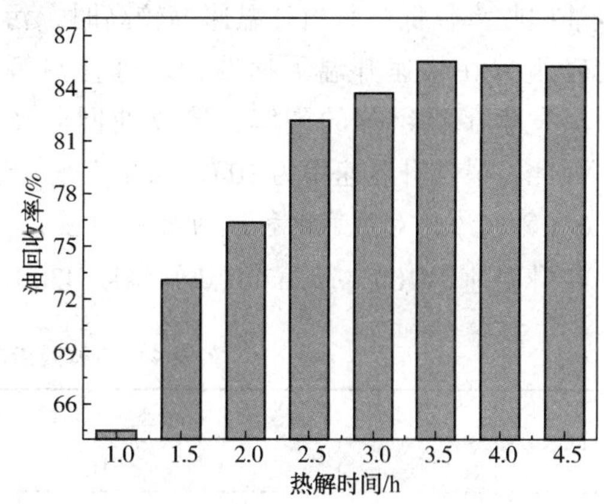

图 7　热解时间对热解油回收率的影响

由图 7 可知，油回收率随着热解时间的增加而增加。3.5h 时油回收率达到最大，3.5h 后油回收率基本保持不变。热解时间较短时，污泥热解不充分，污泥中的有机烃类未能充分回收，使得油回收率较低。而当热解时间过长时，热解出的油品可能会发生二次裂解[15]，造成油回收率降低。考虑到时间过长会消耗更多的能量，热解最佳时间为 3.5h。

2.2.5　升温速率对热解过程油回收率的影响

在氮气流速为 100mL · min^{-1}，热解温度为430℃，热解时间为 3.5h，催化剂加量为 1%的条件下，考察了升温速率对热解油回收率的影响，结果如图 8 所示。

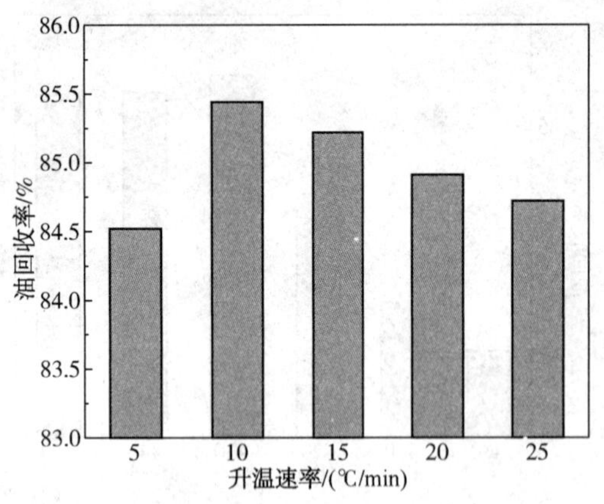

图8 升温速率对热解油回收率的影响

由图8可以看出，升温速率对油回收率影响较小。当升温速率为10℃·min^{-1}时，油回收率最高。这是因为当升温速率较低时，相当于含油污泥在较低的温度下进行热解，污泥中轻组分挥发及重组分热解速度较慢，使得含油污泥未能在有效的时间内充分热解，热解时间延长造成污泥的碳化反应加强，从而降低了挥发分的析出[16]，导致油回收率较低；而当升温速率较高时，污泥中的轻组分在快速升温下挥发，未进行热解反应，只发生了重组分的裂解，造成油回收率降低。因此，最佳升温速率为10℃·min^{-1}。

2.2.6 氮气流速对热解过程油回收率的影响

在升温速率10℃·min^{-1}，热解温度430℃，热解时间3.5h，催化剂加量为1%的条件下，考察氮气流速对热解油回收率的影响，结果如图9所示。

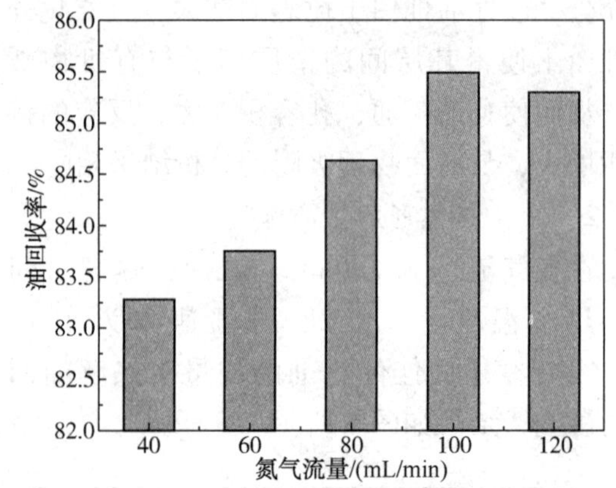

图9 氮气流量对热解油回收率的影响

由图9可看出，油回收率起初随着氮气流速的增加而上升，在氮气流速超过100mL·min^{-1}时降低。出现这一现象的原因是由于氮气可将热解产生的油气组分及时带出热解区，避免了油气在高温区滞留而发生二次裂解[17]，从而使油回收率升高；当氮气流速过大时，部分被氮气带出的油气不能及时有效地冷却而导致油气损失。因此确定最佳的氮气流速为100mL·min^{-1}。

2.3 热解产物性质分析

2.3.1 热解残渣的元素分析，含油率及热值

表4 热解残渣的元素分析，含油率及热值

样品	元素组成/%						含油率/%	热值/(kJ/kg)
	N	C	H	S	C/N	C/H		
1#	0.04	6.89	0.485	2.835	179.9520	14.2148	2.20	3176.55
2#	0.10	6.52	0.317	2.833	65.5569	20.5541	1.65	2239.67
3#	0.11	7.23	0.395	2.613	65.2836	18.2801	1.28	2156.89
4#	0.11	7.03	0.284	2.610	63.9181	24.7570	0.47	2134.67

注：1#未加催化剂的热解残渣；2#添加活性白土的热解残渣；3#添加5%盐酸改性活性白土的热解残渣；4#添加10%盐酸改性活性白土热解残渣。

由表4可知，添加活性白土后，残渣中的N元素含量明显上升，H元素含量明显降低，C/N降低，而C/H升高，表明活性白土在热解过程中具有固氮脱氢的作用。未加催化剂的残渣含油率为2.2%，加入催化剂后残渣含油率降低到2%以下，表明加入催化剂后，有更多的油组分转化进入了液相和气相，从而使得残渣的含油率降低。残渣中含油率越低，其相应的热值也越小。

2.3.2 热解残渣的形貌结构分析

对热解残渣进行了扫描电子显微镜(SEM)分析与元素能谱(EDX)分析，如图10~11所示。

由图10可看出残渣为多孔结构，颗粒堆积松散，未发现结焦现象；由图11可知热解残渣中含有较多的Al和Fe元素，可以作为烟气脱硫剂中的活性组分[18,19]，而K，Ca，Mg等碱金属可提高吸附材料碱性，同时增强材料吸附SO_2的能力，因此热解残渣可作为烟气的脱硫材料。

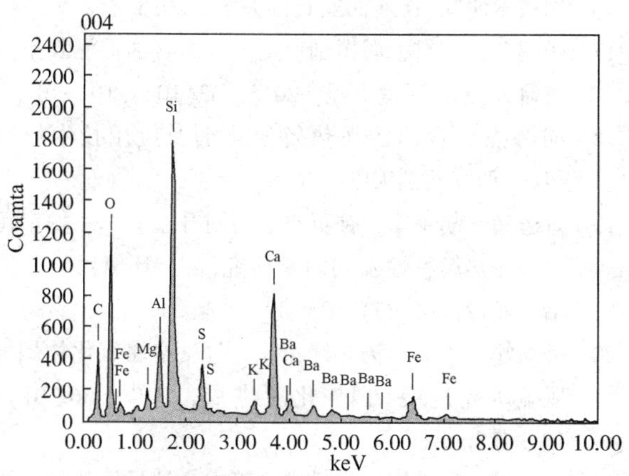

图 10 热解残渣的 SEM 图

图 11 热解残渣的元素能谱分析

2.3.3 热解液相产物组分的测定

为了考察催化剂对回收油品质的影响，对热解温度 430℃，热解时间 3.5h，氮气流速 100mL·min^{-1}条件下的热解回收油的组成用 GC-MS 进行了分析，结果如表 5 所示。

表 5 热解液相产物的组分分析

样品	油的组成/%				
	$C_6 \sim C_{11}$	$C_{12} \sim C_{15}$	$C_{16} \sim C_{20}$	$C_{21} \sim C_{25}$	$C_{26} \sim C_{54}$
未加催化剂	0.99295	9.63395	30.30565	27.22367	31.84378
加催化剂	18.48980	23.18764	35.016320	13.55691	9.74933

由表 5 可以看出，添加催化剂后热解油中重组分的含量降低，轻组分的含量增大，并主要以 $C_{16} \sim C_{20}$ 的碳氢化合物为主，由此可以看出所添加的改性活性白土催化剂不仅提高了热解油的回收率，而且促进了含油污泥中重质组分的裂解，使得回收油中轻质组分含量增大，从而改善了油的品质。

3 结论

（1）在热解条件为：催化剂加量 1%，氮气流速 100mL·min^{-1}，热解温度 430℃，热解时间 3.5h 时，油回收率可达到 85.49%，添加催化剂后比不加催化剂时油回收率提高了 7.22%。

（2）所制备的改性活性白土催化剂促进了含油污泥中重质组分的裂解，使得回收油中轻质组分含量增大。不仅提高了热解油的回收率，而且改善了油的品质。

（3）热解残渣含油率由 2.20%降到 0.47%，原泥残渣热值为 3176.55(kJ/kg)，催化热解后热值为 2134.67(kJ/kg)。

参 考 文 献

[1] 陈思，刘天恩，杨红丽，等．含油污泥资源化处理新技术研究现状与展望[J]．应用化工，2018，47(11)：2509-2513.

[2] Zhou X，Jia H，Qu C，et al. Low-temperature co-pyrolysis behaviours and kinetics of oily sludge：effect of agricultural biomass [J]. Environmental technology，2017，38(3)：361-369.

[3] Li S C A. High Quality Oil Recovery from Oil Sludge Employing a Pyrolysis Process with Oil Sludge Ash Catalyst [J]. International Journal of Waste Resources，2015.

[4] 王飞飞，屈璇，张欢，等．含油污泥处理现状及新的研究进展[J]．广州化工，2018，46(01)：27-29+56.

[5] Cheng S，Li A，Yoshikawa K. High quality oil recovery from oil sludge employing a pyrolysis process with oil sludge ash catalyst[J]. Int. J. Waste Resour.，2015，5(2).

[6] S. V. Egazar' yants，V. A. Vinokurov，A. V. Vutolkina，et al. Oil Sludge Treatment Processes[J]. Chemistry & Technology of Fuels & Oils，2015，51(5)：506-515.

[7] Lin B，Huang Q，Ali M，et al. Continuous catalytic pyrolysis of oily sludge using U-shape reactor for producing saturates-enriched light oil[J]. Proceedings of the Combustion Institute，2018.

[8] 刘鲁珍，李金灵，屈撑囤．TiO_ 2/MCM-41 的制备及对含油污泥热解过程的影响[J]．环境工程学报，2016，10(12)：7294-7298.

[9] Yang J，Xu X，Liang S，et al. Enhanced hydrogen production in catalytic pyrolysis of sewage sludge by red mud：Thermogravimetric kinetic analysis and pyrolysis characteristics[J]. International Journal of Hydrogen Energy，2018，43(16).

[10] 林炳丞，王君，黄群星，等．含油污泥在 ZSM-5 沸石上催化热解产物特性[J]．化工学报，2018，69(06)：2681-2687.

[11] Wang H, Jia H, Wang L, et al. The Catalytic Effect of Modified Bentonite on the Pyrolysis of Oily Sludge [J]. Liquid Fuels Technology, 2015, 33 (13-14): 7.

[12] 杨兆磊. 改性膨润土催化剂的制备及催化有机反应研究[D]. 曲阜师范大学, 2012.

[13] 高晓薇, 韦藤幼, 潘远凤, 等. 活性白土的化学改性及其作用机理研究[J]. 广西大学学报(自然科学版), 2010, 35(03): 410-414+418.

[14] 黄文. 改性膨润土的制备表征及其应用研究[D]. 湘潭大学, 2017.

[15] 王成成. 改性活性白土的制备及对甲基橙染料废水的处理研究[D]. 陕西师范大学, 2012.

[16] 刘鲁珍. 含油污泥低温催化热解催化剂的合成与应用技术研究[D]. 西安石油大学, 2016.

[17] 杨鹏辉, 魏君, 屈撑囤. 延长油田含油污泥真空热解研究[J]. 环境工程, 2015, 33(10): 101-103.

[18] 胡海杰. 含油污泥热解催化剂及应用技术研究[D]. 西安石油大学, 2018.

[19] 管志超, 胡艳军, 钟英杰. 不同升温速率下城市污水污泥热解特性及动力学研究[J]. 环境污染与防治, 2012, 34(03): 35-39.

[20] 孙丽娜, 李凯, 汤立红, 等. 常见金属氧化物烟气脱硫研究进展[J]. 化工进展, 2017, 36(01): 181-188.

[21] 李金灵, 屈撑囤, 朱世东, 等. 含油污泥热解残渣特性及其资源化利用研究概述[J]. 材料导报, 2018, 32(17): 3023-3032.

中东油田采出水处理及注水系统 RAM 分析应用

张祎达　袁国清　王克巍

（中国石油工程建设有限公司北京设计分公司）

摘　要　本项目为中东某油田采出水处理及注水系统在设计阶段应用 RAM 分析，其采出水处理及注水设计规模为 1000000BWPD，采出水处理区主要工艺为 IGF 气浮撬+核桃壳过滤器撬，将处理后达到注水指标水，通过高压注水泵组注入站外注水井组。本项目的设备维修频率（MTTF）和维修时长（MTTR）均来源于 OREDA（Offshore Reliability Data Handbook）和 API 653 中数据库中相关数据，利用 MAROS 软件采用蒙特卡罗原理，建立可靠性数学模型，以描述系统内组成单元之间功能关系，通过软件计算，得到项目整体可用性指标及系统失效率，根据各个设备失效影响贡献度，查找出影响系统失效的关键设备如气浮单元，并核算水源井补水系统对减缓系统失效的作用。利用 RAM 分析结果，复核关键设备备用设计及制定合理维检修计划，为节省项目投资和运行成本提供参考方案，提高项目完整性管理水平。

关键词　中东油田；RAM 分析；风险评价；设备完整性；投资成本；运行成本

中东地区大中型油气田投资开发项目中，对油气田站场安全风险等级要求较高，在项目前期设计 FEED 及建设 EPCC 阶段，多采用定性、半定量及定量安全风险分析方法，对项目设计可靠性进行校核，依据安全分析结果来优化设计方案，为业主决策提供技术支持，保障项目后续运行阶段平顺稳定。一般在项目设计初期制定项目 HSE Philosophy 及 HSE Plan 作为安全风险专业设计指导性文件，随着项目进度深入及 3D 模型搭建，继而开展 HAZID，HAZOP，Bow-Tie，SIL-LOPA，Fire & Explosion and Toxic Gas Dispersion Assessment，QRA，Facility Layout Assessment，Fire Safety Assessment，Fire &Gas Mapping Study，Safety Critical Elements Study，RAM 和 Project HSE Register 等多项分析方法[1]。

1　RAM 分析简介

RAM 分析作为衡量一个系统或某个工艺单元的可靠性、可用性及可维修性的一种完整性分析方法。通常利用蒙特卡罗方法可对项目全生命周期的可用性（一般用生产效率来衡量）进行分析，一般要求可用性为 95%以上。RAM 分析技术已在航空、航天、核电及铁道运输等行业开展相应研究，近年来，RAM 技术在石油工业领域如陆上油田地面工程、石油化工、海洋石油处理及 LNG 等领域也快速发展起来[2-8]。

可靠性（Reliability）代表系统成功完成工作的概率，可维修性（Maintainability）代表系统发生失效，在一定时间及条件下完成维修工作，使系统恢复的概率。可用性（Availability）为两者组合，所以三者关系为可用性=可靠性+可维修性。以设备工作时间轴表示，设备平均故障间隔时间（Mean Time Between Failure）也就是可用性=设备平均失效前时间（Mean Time To Failure）+设备平均维修时间（Mean Time To Repair）。

1.1　RAM 分析在项目不同阶段作用

中东地区油气田呈现产量较大，站场内工艺单元数量多，单列设备规模大，投资建设成本及运行成本较高等特点。因此，在项目设计初期阶段引入 RAM 分析，不仅协助项目决策关键设备选型及备用原则，优化工艺设计方案，提高关键设备采办关注度，保障投产之后设施系统高可靠性，减少系统停机时间，降低生产损失，保证工程项目的经济效益（CAPEX）。同时，协助运行管理人员制定合理运行维修方案，促使运行人员重视易损设备的预防性维护，缩短故障维修所需时间，可降低设施维护花费（OPEX）。

RAM 分析可用于项目从概念设计到操作运行在内的各个阶段。各个阶段 RAM 分析的目的和特点有所不同，具体如表 1 所示。

表 1　RAM 分析在项目不同阶段作用

项目阶段	RAM 分析作用
概念设计阶段	帮助选择工艺路线，确认系统可靠性

续表

项目阶段	RAM 分析作用
FEED 阶段	初步计算系统、子系统及设备可靠性，完成关键设备识别及备用优化分析
详设阶段	核算系统、子系统及设备可靠性，完成关键设备识别及备用优化分析，确定关键设备失效对系统影响相关度，确定关键设备采购技术要求，制定操作运行维护手册，提供维护与管理建议
运行和维护阶段	审核系统在役情况及可靠性，确定系统维护方案及关键设备备件管理计划

1.2　RCM，RBI&M，REM 和 RAM 适用性

设备完整性(Mechanical Integrity)源于 OSHA 29 CFR 1910 119 规范，基于系统或设备完整性管理系统，开发出多种完整性分析方法，其中，RAM 与 RCM、REM、RBI&M 等都是设备完整性管理方法，几种分析方法适用阶段如表 2 所示。

RCM 是以可靠性为中心的维修策略，利用故障模式、影响及危害性分析(Failure Mode Effects and Criticality Analysis)半定量风险评价方法确定设备预防性维修需求，识别设备每种故障模式和失效影响，侧重于对转动设备(如泵、压缩机等)故障分析，协助运行管理人员制定详细的维修策略，备件库存和工作计划，适用于项目运行阶段；

RBI&M 是设备检测和维护的策略，根据设备失效后果、频率和失效原因等，采用风险矩阵方法计算设备风险等级，按风险矩阵排序依次对高-中-低风险设备，制定相应设备检测和维护方案。侧重于静设备(罐、塔、压力容器等)关键部件检测，根据检测结果和分析，提出建设性的维护意见，适用于项目施工和运行阶段；

REM 是一种设备生产效率及可靠性指标考核方法，侧重于协助运行管理人员如何更好地集中有限资源，对设备进行完整性管理和决策，为提高设备运行效率提供支持，适用于项目运行阶段；

而 RAM 侧重于量化风险后果，利用蒙特卡罗方法分析系统或设备产量可用性及关键度，从成本和效益的角度分析和评价系统或设备，根据关键设备的可用性结论，在设计阶段制定相应的备用原则，或在运行阶段制定相应的维护及备件方案，适用于项目各个阶段见表 2。

表 2　RCM，RBI&M，REM 和 RAM 适用项目不同阶段

技术方法	概念设计阶段	FEED 阶段	详设阶段	运行和维护阶段
RCM (Reliability Centered Maintenance)				√
RBI&M (Risk Based Inspection & Maintenance)			√	√
REM (Reliability and Efficiency Management)				√
RAM (Reliability, Availability, Maintainability)	√	√	√	√

2　RAM 分析项目应用

2.1　项目简介

本项目为中东某油田采出水处理及注水系统，处理及注水设计规模为 1000000BWPD，项目范围分为 4 个区域，各个区域设计规模如表 3 所示。

表 3　关键设计数据

区域	设计规模
采出水接收站-A	300，000BWPD
采出水接收站-B	700，000BWPD
采出水处理及注水站	1，000，000BWPD
水源井补充水	150，000BWPD

采出水接收站 A&B 接收和储存上游来水，站内主要设备为缓冲罐组，罐组下游为外输水泵组，输送污水至采出水处理及注水站，采出水处理区主要工艺为 IGF 气浮撬+核桃壳过滤器撬，将处理后达到注水指标水，通过高压注水泵组注入站外注水井组；水源井作为注水补充水源，井水先后经沉降罐和精细过滤器后，处理达标并汇入注水系统，站内设置公用工程相关配套系统如罐密封燃料气系统、火炬系统、仪表风系统、给排水及消防系统等。本项目工艺流程如图 1 所示。

2.2　RAM 计算

2.2.1　输入数据确认

站场按 20 年生命周期设计，一般情况不出现全厂停车。故障数据收集一般来源业主自有数据库或业主认可的第三方数据库。本项目的设备维修频率(MTTF)和维修时长(MTTR)均来源于 OREDA (Offshore Reliability Data Handbook) 和 API 653 中数据库中相关数据[9-10]，假设设备故障及维修数据如表 4 所示。

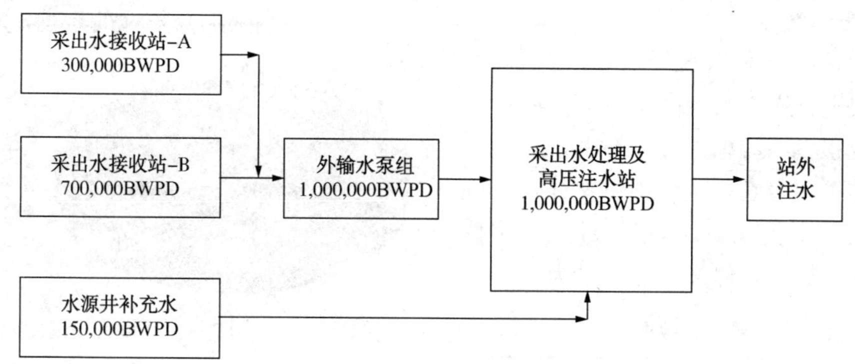

图 1 工艺流程

维修假设数据包括：

(1) 一次维修只停用一个设备；

(2) 维修人力安排充足，每天 3 班，每班 8h；

(3) 维修人员白天响应时间为 1h，夜间为 2h；

(4) 维修备件及资源充足。

表 4 假设设备故障及维修数据

维修设备	维修频率	维修时长	数据来源
缓冲罐	10 年/次	30-60 天/次	API 653
注水罐及水源井水罐	10 年/次	7-15 天/次	API 653
压力容器及分液罐	5 年/次	2-3 天/次	OREDA
核桃壳过滤器	5 年/次	1-3 天/次	OREDA
离心泵	3 年/次	1-3 天/次	OREDA
泵电机	5 年/次	1-3 天/次	OREDA
分液罐	9 年/次	2 天/次	OREDA
IGF 微泡发生器	3 年/次	2 天/次	OREDA
工厂风/仪表风空压机撬	2 年/次	1 天/次	OREDA
仪表风干燥撬	7 年/次	1-3 天/次	OREDA
仪表风储罐	20 年/次	1 天/次	OREDA
火炬	40 年/次	1 天/次	OREDA
ESD/火气全厂停车误报	4 次/年	2 小时/次	OREDA

2.2.2 建立模型

根据项目工艺流程(参考 PFD 和 P&ID 图纸)、设备故障及维修数据，利用 MAROS 软件采用蒙特卡罗原理，建立可靠性数学模型，转化为可靠性方块图(Reliability Block Diagram)，以描述系统内组成单元之间功能关系，显示各个装备之间的可靠性关联度，计算出系统在寿命周期内可用性数值及变化趋势，模拟各个单元/设备失效对系统的影响，确定设备关键度排序，从而得出影响系统失效的关键单元/设备，以提出相应的解决方案。本项目设备备用方案如表 5 所示。

表 5 设备备用方案

区域	设备	工作/备用情况
采出水接收站-A	缓冲罐	4 用
	外输水泵	2 用 1 备
	燃料气分液罐	2 用
	废油回收罐	1 用
采出水接收站-B	缓冲罐	8 用
	外输水泵	8 用 1 备
	燃料气分液罐	2 用
	废油回收罐	1 用
采出水处理及注水站	气浮单元(每套内包括 1 台气浮容器，2 套微泡发生器，3 台循环水泵)	3 用(每套内微泡产生器 2 用，循环水泵 2 用 1 备)
	核桃壳过滤器进水泵	3 用 1 备
	核桃壳过滤撬(每套内包括 5 台核桃壳过滤器)	3 用(每套内 5 台核桃壳过滤器 4 用 1 备)
	核桃壳过滤器撬反冲洗泵组	4 用 1 备
	注水罐	2 用
	喂水泵	6 用 2 备
	高压注水泵	8 用 2 备
	燃料气分液罐	2 用
	废油回收罐	1 用
	废油回收外输泵	1 用 1 备
	水源井水罐	2 用
	提升泵	3 用 1 备
	水源井水精细过滤器	3 用 1 备
	低压火炬分液罐	1 用
	低压火炬	1 用 1 备
	工厂风/仪表风空压机撬	2 用 1 备
	工厂风储罐	1 用
	仪表风干燥撬	1 用
	仪表风储罐	1 用

2.2.3　计算结果

本项目正常情况下采出水经过处理流程后，满足注水指标要求，进而实现高压注水任务。

(1) 正常流程，不考虑水源井补水：

根据计算结果如表 6 所示，项目整体可用性达到 96.9%，失效率为 3.1%，根据计划性维修时损失的注水量推算，年停产天数当量为 11 天。

表 6　项目可用性数据

参数	数据
项目整体可用性/%	96.9
失效率/%	3.1
日设计注水量(BWPD)	1，000，000
日注水量(BWPD)	969，037
年注水量(BWPY)	353，698，505
日注水量损失(BWPD)	30，963
年注水量损失(BWPY)	11，301，495
年停产天数当量	11 天

根据计算出的各个关键因子贡献数值和失效率，得出各个设备度对系统失效的贡献度，在关键度分析中发现如表 7，表 8 所示，主要影响项目完成注水任务的最关键设备为气浮单元，关键度为 39.6% 如图 2 所示，失效率占比 1.1%，为项目整体失效贡献接近 30%。

表 7　区域关键度分析

区域	关键度/%	失效率/%	天注水量损失/(BWPD)
采出水接收站-A	2.8	0.1	963
采出水接收站-B	11.7	0.3	3100
采出水处理及注水站	85.5	2.7	26，900
总计	100	3.1	30，963

表 8　采出水处理及注水站设备关键度分析

设备	关键度/%	失效率/%	天注水量损失(BWPD)
气浮单元	39.6	1.1	10，899
ESD/火气全厂停车误报	25.3	0.7	6，739
工厂风/仪表风系统	13.1	0.3	3，386
火炬系统	8.4	0.2	2，243
燃料气系统	8.3	0.2	2，099
过滤器维修	4.1	0.1	1，003
其他	1.2	0.1	531
总计	100	2.7	26900

根据上述计算结果发现，气浮设备停产维修对系统生产运行的较大影响，应考虑减缓气浮失效对系统整体的失效贡献。

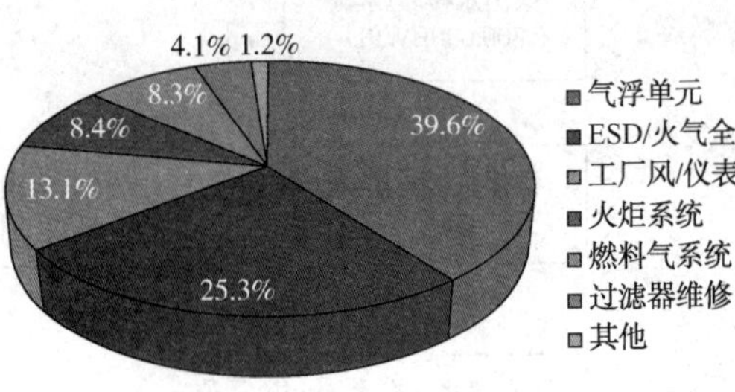

图 2　主要设备关键度分析

(2) 考虑水源井补水：

引入水源井补水设计方案，以补充气浮设备维修时损失的注水量，计算结果如表 9 所示，项目整体可用性达到 98.3%，失效率为 1.7%，根据计划性维修时损失的注水量推算，年停产天数当量为 7 天。

表 9　项目可用性数据

参数	数据
项目整体可用性/%	98.3
失效率/%	1.7
日设计注水量(BWPD)	1，000，000
日注水量(BWPD)	983，110
年注水量(BWPY)	358，835，150
日注水量损失(BWPD)	16，890
年注水量损失(BWPY)	6，164，850
年停产天数当量	7 天

3　结语

本项目在设计阶段应用 RAM 分析，得到项目整体可用性指标及系统失效率，根据各个设备失效影响贡献度，查找出影响系统失效的关键设备如气浮单元，并核算水源井补水系统对减缓系统失效的作用。RAM 分析一般要求可用性为 95% 以上，本项目无水源井补水系统可用性为 96.9%，增加水源井补水系统可用性为 98.3%。

(1) 在无水源井补水情况下，气浮单元是导致系统失效的最主要原因，在气浮设备检修期间，系统污水处理及注水量降低，损失水量约为 11，000BWPD；

(2) 在无水源井补水情况下，ESD/火气全厂停车误报是导致系统失效的次要原因，损失水量约为 6，800BWPD；

(3) 在无水源井补水情况下，工厂风/仪表风系统为系统失效的第三大因素，损失水量约3，400BWPD；

(4) 根据关键因子贡献分析，虽然气浮单元是导致系统失效的主要原因，但在气浮停产维修期间，油田注水量由水源井水进行补充，因此，气浮维修造成的失效影响可减缓，整体可用性由96.9%提高到 98.3%，失效率由 3.1%降低到1.7%，年停产天数当量由 11 天减少到 7 天；

(5) 设计人员可复核气浮单元关键部件(如喷嘴或循环泵)的备用设计原则；

(6) 生产运行人员可制定合理气浮单元关键部件(如喷嘴或循环泵)维修及备件库存计划；

利用 RAM 分析结果可得出设备关键度指标和项目可用性，既为项目设计阶段设备备用设计方案提供指导，又为运行阶段设备维检修计划提供支持，还可为节省项目投资和运行成本案提供参考，从而进一步提高项目完整性管理水平。

参 考 文 献

[1] 金永青，袁国清，李博颖．定量风险分析软件在海外油田消防工程设计中的应用[J]．工业用水与废水，2014，45(5)：77-79.

[2] 于庆林，翟峰，迟大炜．RAM 研究在海外大型油田集中处理站初步设计的应用[J]．石油规划设计，2013，24(3)：25-27.

[3] 徐占友，张欣雨．RAM 分析技术在伊朗雅达油田地面工程中的应用[J]．油气田地面工程，2016，35(7)：106-110.

[4] 鲁毅，Edmund YAP，等．可靠性、可用性与可维修性分析在 LNG 接收站产能预测中的应用[J]．化工学报，2015，66(S2)：430-438.

[5] 侯广信，周晓红，王文祥，等．海上油气生产设施可靠性、可用性与可维修性分析研究[J]．石油化工安全环保技术，2014，30(3)：28-30.

[6] 聂炳林，白建平，范健强，等．RAM 分析技术在海上油气处理系统中的应用[J]．安全、健康和环境，2016，16(12)：9-13.

[7] 刘太元，胡夏琦，郝伟修，等．RAM 分析技术在海上油气田建设项目中的应用研究[J]．中国安全生产科学技术，2013，9(1)：75-78.

[8] 许述剑，刘小辉，邱志刚，等．基于可靠性模型的 RAM 技术在 FCC 装置的应用[J]．安全、健康和环境，2015，15(11)：19-24.

[9] American Petroleum Institute. Tank Inspection，Repair，Alteration，and Reconstruction：API 653[S]. USA：American Petroleum Institute，2014：1-335.

[10] Det Norske Veristas. OREDA-Offshore Reliability Data Handbook 2009 [M]. Norway：DNV，2009：138-141.

记忆铝合金阻垢及防腐技术在六九区污水处理系统的应用

梁疆岭　王　献　苏宏益　郭　巍　王　进

（中国石油新疆油田重油开发公司）

摘　要　经过测试重油公司油田污水水质为氯化钙水型。通过研究温度、压力、流速等试验条件对合金管通环阻垢及防腐效果影响规律，常温常压试验结果表明，随着试验温度升高，有记忆金属环腐蚀速率呈先增大后减小的趋势，当温度达到70℃时，达到极大值。本文从工艺流程入手排查污水管道主要腐蚀结垢方式、分析研究防腐阻垢方式，使其达到了预期的效果。结合供热站改造前后变化，论述了污水管采用的阻垢防腐技术以及实施效果和社会效益。

关键词　记忆金属；阻垢；防垢；油田污水

1　引言

油田污水成分复杂，是一种含有固体杂质、液体杂质、溶解气体和溶解盐类等较为复杂的多相体系。污水中杂质种类及性质和原油地质条件、注入水性质和原油集输条件等因素有关。一般来说油田污水中含有原油、各种盐类、有机物、无机物及微生物等。污水含油存在的形式依油的颗粒大小而分为浮油、分散油、乳化油和溶解油；污水中含盐约几千到几万甚至十几万 mg/L，其中无机盐离子主要有 Ca^{2+}、Mg^{2+}、K^{+}、Na^{+}、Fe^{2+}、Cl^{-}、HCO^{3-}、$CO_3{}^{2-}$ 等；污水中含有的有机物，主要有脂肪烃、芳香烃、酚类、有机硫化物、脂肪酸、表面活性剂、聚合物等；无机物主要有溶解 H2S、FeS 颗粒、黏土颗粒、粉砂和细砂等，主要以悬浮物形式存在于污水中；油田污水中的微生物主要有硫酸盐还原菌、腐生菌和铁细菌等。

2　背景

随着油田滚动开发的加快，污水产出量不断上升，新井投产与污水回用量的不断增加，使含油污水水质发生了明显变化，重了污水处理设施的结垢及腐蚀。在污水处理过程中，投加离子调整剂的主要成分为 $Ca(OH)_2$，也造成下游工艺设施的结垢及腐蚀。

污水处理设施中，反应罐及内筒、水嘴部位和斜板沉降罐集水管线结垢腐蚀最为严重，需要通过定期酸洗来解决。酸洗不但降低了处理设施的利用率，同时也造成了设施的腐蚀。六、九区污水处理站反应罐及内筒腐蚀严重，已有 2 座内筒腐蚀穿孔而影响水质；5 座斜板沉降罐斜板均已腐蚀坍塌，溢流管线腐蚀穿孔泄漏而无法使用，集水管线因结垢而连续发生溢流现象；18# 供热站的排污管线结垢严重而几乎完全堵塞。

针对油田污水处理回用设施结垢及腐蚀情况，进行记忆铝合金阻垢防腐适应性研究，主要研究内容为油田污水结构水质、水型、腐蚀性、水质稳定性、垢样、腐蚀产物的分析评价以及结垢倾向的预测；确定污水处理设施结垢及腐蚀的主要影响因素；确定记忆铝合金水处理器阻垢和防腐效果，确定其主要影响因素，减缓污水回用设施的结垢及腐蚀，达到节能降耗、延长污水回用设施使用寿命的目的。

3　记忆铝合金水处理器

记忆铝合金水处理器由特种信息记忆材料合成，利用特定设备测定和储存水中水垢和锈蚀等相关物质的分子振动波形。针对水中相关物质的分子振动波形，再开发多种超精微振动波，并利用最新的激光技术将这种波储存于记忆铝合金材料的亚原子级。

测试结果表明，污水的水型均为氯化钙水型，矿化度较高，钙镁离子较高，属于高硬度结垢型水质。垢样的主要成分为为 $CaCO_3$ 和 SiO_2，腐蚀产物主要含 $\alpha-Fe_2O_3$、$CaCO_3$ 和 SiO_2。因此污水中垢样 $CaCO_3$ 和 SiO_2 的振动波形测试结果如图 1 和图 2 所示。

根据测定的污水中 CaCO3 和 SiO2 特定分子的振动波形，开发出相应的干扰波和共振波，图 3为反向曲线干扰波，图中绿色线为原始振动曲线，蓝色线为环干扰的反向振动曲线，红色线为结果曲线。图 4 为正向曲线的共振波，共振波

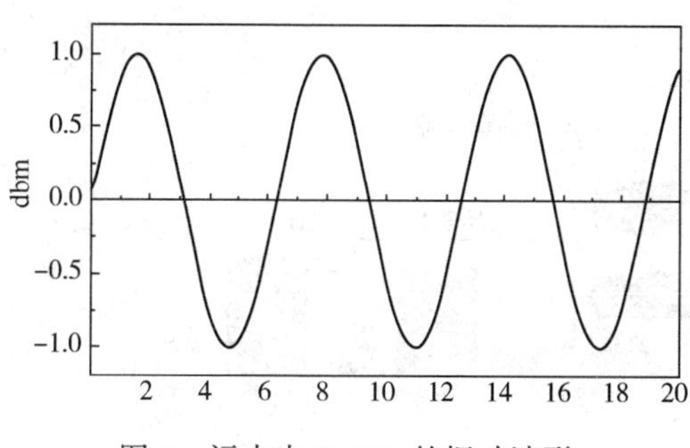

图 1　污水中 $CaCO_3$ 的振动波形

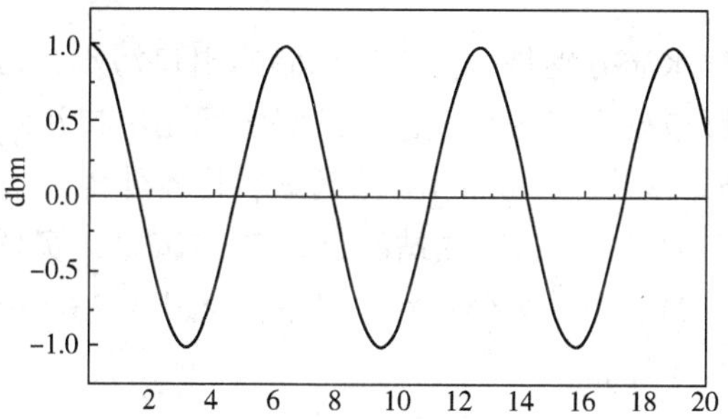

图 2　污水中 SiO_2 的振动波形

红色为绿色线和蓝色线的叠加结果。这种生物能量波统称作超精微振动波。

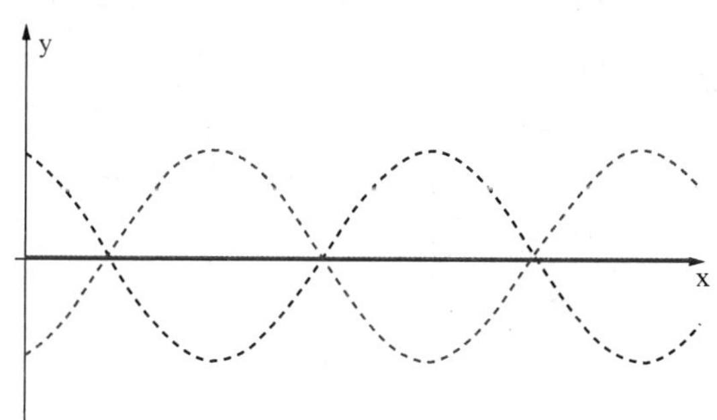

图 3　反向曲线干扰波

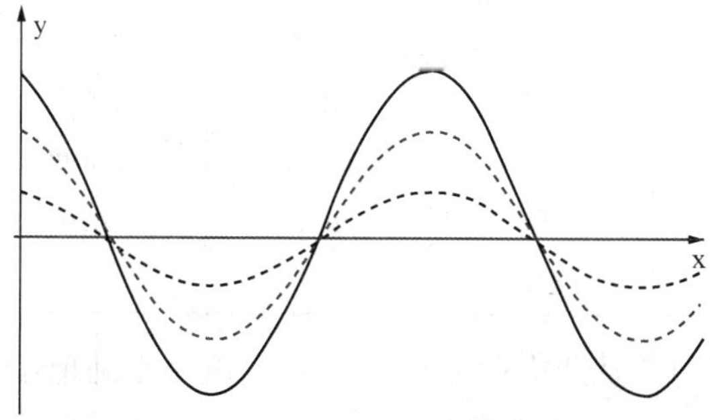

图 4　正向曲线的共振波

当记忆铝合金水处理器从周围环境接受能量时，就可以持续恒定地释放超精微振动波，透过管壁穿入水中，高速向下游传播。在这种超精微振动波的作用下，水的活性得到极大加强，水中的钙、铁等相关物质的物理特性发生改变，改善污水中离子间的相互结合力及反应过程，使污水中离子间的相互结合力减弱，不容易产生晶体而析出形成垢。

在水的压力、流速、温度的频繁变化过程中，水中的重碳酸盐存在如下变化：

$$Ca(HCO_3)_2 \xlongequal{} CaCO_3\downarrow + CO_2\uparrow + H_2O$$

碳酸盐会有部分析出，但在共振及干扰振波的作用下，分子的振动能级及幅度增强，使其摆脱分子间作用力，从而不会形成大块的板结垢，只能在水中形成絮状的碳酸盐颗粒，在超精微振动波的持续作用下，管道及设备内锈蚀物微观粒子振动幅度增强，可以使其逐步剥离，变软如泥状，被水流带走，有效去除已经形成的腐蚀物和锈块。

此外，振动波可以有效激发水中的氧原子和金属表面的铁原子，使他们特定结合，生成黑色四氧化三铁，在金属表面形成保护膜，有效保护设备及管道，起到防腐缓蚀的作用。

3.1　动态高温高压模拟试验

在实验室内建立动态高温高压模拟试验装置，模拟装置如图 5 所示，工艺流程图如图 6 所示，高压段主要由高压泵、预热器、高压釜、换热器及背压阀构成。动态高温高压实验在容积为 2L 的高压釜内进行，釜体材料为 316 不锈钢，进出水的 O_2 浓度、电导率用 METTLER TOLEDO 相应的传感器进行监测。温度和进水 O_2 浓度可以通过 Labview 8.5 开发的控制系统进行监测和控制。釜内温度控制精度为 ±0.5℃。进水 O_2 浓度的控制精度为 $\pm 10\times 10^{-9}$ 以内。实验温度：100～350℃，压力：0.5～4.0MPa 选择典型试验材料 Q235 碳钢，介质流速：0～2.0m/s。

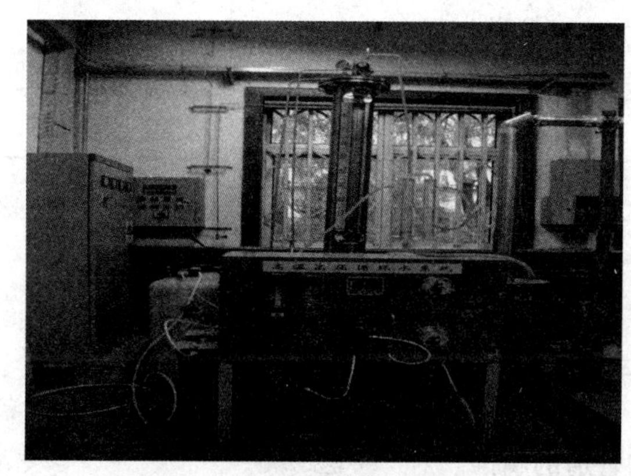

图 5　动态高温高压模拟试验装置

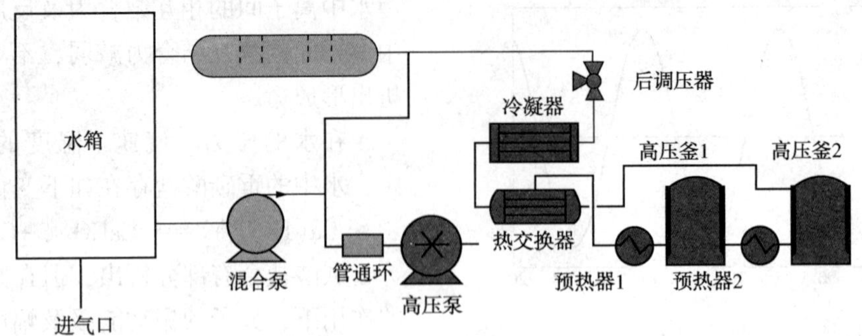

图6　动态高温高压模拟试验工艺流程图

4　除垢防腐技术研究

4.1　现场试验及意义

首次在六、九区试验记忆铝合金水处理器阻垢防腐效果，该设备无需耗能运行，安装简单，节能环保。

对5个取样水质全分析和腐蚀结垢倾向判别，为污水运行及阻垢防腐提供参考依据，5个取样水质分别是：污水站调储罐出口污水，污水站反应罐出口污水，污水站锅炉回用出口污水)，18#站锅炉进口水，18#站锅炉软化器外排污水。

通过在18#供热站、2#供热站试验，实现阻垢防腐效果，为公司污水处理工艺中阻垢防腐提供技术储备。

4.2　室内分析及现场应用情况(表1)

表1　污水水质分析结果

分析结果	调储罐出口	反应罐出口	锅炉回用出口	锅炉进口	软化器外排水
110℃蒸发残渣/(mg/L)	3546.5	3498.6	3420.3	3583.8	16175.1
镁离子/(mg/L)	8.3	7.8	6.1	3.4	119.1
钙离子/(mg/L)	33.3	28.6	20.4	7.2	357.9
钠钾离子/(mg/L)	1386.3	1370.5	1357.0	1441.8	6056.0
总硬度/(mmol/L)	2.34	2.08	1.52	0.64	27.66
总碱度/(mmol/L)	11.60	10.90	10.15	11.50	6.60
非碳酸盐硬度/(mmol/L)	0	0	0	0	21.06
碳酸盐硬度/(mmol/L)	2.34	2.08	1.52	0.64	6.60
铁离子/(mg/L)	0.09	0.08	0.07	0.05	0.08
氯离子/(mg/L)	1525.0	1515.0	1495.0	1530.0	9225.0
硫酸根离子/(mg/L)	155.0	160.0	169.0	178.0	165.0
硝酸根离子/(mg/L)	31.0	26.5	21.7	11.8	0
重碳酸根离子/(mg/L)	610.0	616.1	552.1	671.0	366.0
二氧化硅	54.5	58.0	42.0	46.0	51.0
pH值	8.2	8.0	8.1	8.1	8.0

4.2.1　记忆铝合金水处理器与传统的电子/电磁水处理器相比

① 电子/电磁水处理器功效极不稳定，通常3至6个月内有一定效果。

② 电子电磁类在某些时候会加剧用水设备和管道的腐蚀。

③ 大部分电子/电磁水处理器的安装须对管道动“手术”，容易给客户设备留下“后遗症”。

④ 从严格意义上说，电子/电磁水处理器容易产生影响环境的电磁辐射，甚至干扰设备的正常运行。而记忆铝合金水处理器可以安装在这些设备上，对环境和设备以及人体均毫无影响。

⑤ 针对油田污水处理中的特殊介质问题，可以在记忆铝合金水处理器加载特殊信息(通用信息+特殊信息)，解决生产中的特殊问题；电子电磁类无法准确定制特殊信息。

4.2.2　记忆铝合金水处理器与与化学处理法比较

对付水垢锈蚀方面有时化学办法也受到局限，因为给一个复杂的管网系统加化学剂，比如说磷酸盐，要使其做到在整个系统中分布均匀并持久有效是很难的。尤其对于某些局部高温的设备即便使用化学药剂，仍然需要定期清洗。

在很多情况下，记忆铝合金水处理器可以完全代替化学方法而达到同样甚至更好的效果。对于某些特殊复杂系统，记忆铝合金水处理器结合化学加药法，取得更好的节能减排效果。

化学处理法污染环境，使用软化水等不饱和水(不含矿物质的水)会对金属管道和设备造成腐蚀。几乎所有的水系统，如果使用了记忆铝合金水处理器，即可免除使用化学缓蚀剂而达到很好的防腐效果，记忆铝合金水处理器不对环境产生任何污染。

5　实施效果及经济、社会效益

5.1　实施效果

由上面的污水水质全分析结果和腐蚀结垢倾向判别结果表明，克浅十 2#供热站外排污水在 30℃以上有严重腐蚀及结垢倾向。而外排污水泵房的日常运行情况也证明了污水有严重腐蚀及结垢问题。外排污水泵平均运行 2～3 个月后，泵叶轮、轴套等产生严重的腐蚀及结垢情况，腐蚀及结垢情况(见图 7、图 8)。

8 月 20 日，在克浅十 2#供热站外排污水泵房的污水泵前端管线上安装合金管通环(如图 9、图 10)期间共运行了 71 天，污水泵叶轮和泵壳体的表面情况，在合金管通环持续作用下，污水泵叶轮表面未发生结垢现象，表面只有一层黑色油污，用毛刷轻轻就可以刮掉，裸露出叶轮的金属表面，而且叶轮表面未产生腐情况；污水泵壳体内未发生结垢现象，表面只有一层黑色油污，用毛刷轻轻就可以刮掉，裸露出泵壳体的金属表面，因此说明合金管通环对污水泵叶轮和泵壳体内表面具有显著的阻垢、除垢和防腐效果。

5.2　经济、社会效益

记忆铝合金水处理器安装使用后，18#供热站排污管线结构得到延缓，2#供热站外排泵组建腐蚀情况得到缓解，有效提高了管线设备的运行寿命，节约管线清洗和设备维修更换频次，且该设备无需外置电能消耗，实现经济节约。该设备采用物理方式阻垢防腐，安装在管线外圈，占用空间小，不产生二次污染，对人体和设备无危害。

图 7　安装前外排污水管线结垢情况

图 8　安装前泵叶轮腐蚀情况

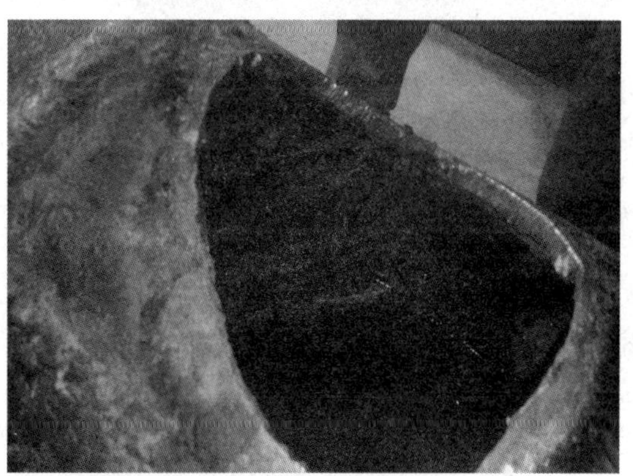

图 9　合金管通环后端管内结垢情况

图 10　泵叶轮结垢腐蚀情况

6 结论

(1) 随着试验温度升高，有环和无环条件下试样腐蚀速率呈先增大后减小的趋势，当温度达到 70℃时，达到极大值；在整个试验温度范围内，有环条件下试样腐蚀及结垢速率均小于无环条件下，这表明合金管通环降低了试样的腐蚀及结垢速率，缓蚀效率均在 70%以上，阻垢效率均在 80%以上。

(2) 高温高压试验结果表明，在 0~4.0MPa 压力范围内，0~2.0m/s 流速条件下，在低于 250℃的温度条件下，合金管通环显著降低了试样在锅炉软化水中的腐蚀及结垢速率，缓蚀效率达到了 70%以上，阻垢效率达到了 78%以上；当温度高于 250℃以上时，随着温度升高，合金管通环的缓蚀及阻垢效果逐渐降低，当温度为 350℃时，合金管通环对试样的缓蚀及阻垢效果显著降低，基本没有缓蚀及阻垢效果。

(3) 在温度为 70℃条件下，锅炉软化器外排污水中 25 天试验结果表明，无合金管通环的试样表面形成了一层厚厚的黑色垢层，而有合金管通环的试样表面并未形成明显的垢层，只是在试样表面覆盖了一层腐蚀产物层。无合金管通环条件下试样表面垢层最大厚度达到 2.44mm；扫描电镜分析结果表明，有合金管通环条件下试样表面腐蚀产物层较为致密，无合金管通环条件下试样表面腐蚀产物层较为松散，呈絮状分布，该松散的腐蚀产物层对基体不能起到有效的保护作用，因此合金管通环显著降低了试样的腐蚀及结垢速率，缓蚀效率达到了 73.5%，阻垢效率达到了 94.6%；

(4) 克浅十 2#供热站的外排污水泵平均运行 2-3 个月后，泵叶轮、轴套等产生严重的腐蚀及结垢情况。71 天的现场试验结果表明，在合金管通环持续作用下，污水泵叶轮及壳体表面未发生腐蚀及结垢现象，表面只有一层黑色油污，用毛刷轻轻就可以刮掉，裸露出金属表面，因此说明对污水泵叶轮及壳体具有显著的阻垢和防腐效果。

参考文献

[1] 王彪．油田污水电化学诱导防垢新技术[D]．石油钻探技术 2017(2)．

[2] 张家志．油田水结垢腐蚀机理及对策研究[M]．当代化工，2016(8)．

[3] 马彩凤．磁场对油田污水结垢的影响及综合防垢方法的研究[J]．西安石油大学．

[4] 徐勇．油田注水阻垢剂研究进展[M]．广州：广州化工，2014(18)．

[5] 毛平平．油田污水电磁防垢除垢技术研究[J]．中国石油大学(华东)，2007.4.

[6] 米思丞．油田注水结垢机理及防垢、除垢方法研究[M]．西南石油大学，2015.12.

高矿化度高含硫油田污水的微生物处理技术研究及应用

夏　鲁　王丙荣　周　杰　柯洪峰　陈永伟

（中国石化中原油田分公司）

摘　要　微生物处理是利用微生物的代谢反应进行的一种水处理方法。由于微生物具有多样性，能够分解多种污染物，所以其在水处理领域发挥重要作用。目前，微生物与水处理工程在油田水处理中的研究方向就是充分利用微生物控制、消除水体的有机物、营养盐类、悬浮颗粒污染物，满足油田注入水水质要求。本文旨在介绍利用微生物和膜配套技术，在高矿化度高含硫油田污水处理方面的作用机理研究及现场应用。

关键词　微生物处理；管式膜；水处理；机理；应用

1　前言

中原油田地层产出水有高矿化度（6～32万）、高二价金属离子（4000～6000mg/L）、高游离 CO_2 和 HCO_3^- 含量（200～600mg/L）、高 SRB（10^4个/ml）、低 pH 值（5.5～6.5）等形成的高腐蚀率等特点，1996 年以来，采用“水质改性技术”提高处理后的水体 PH 值，较好的解决了注入水质的腐蚀问题。由于在水处理过程中加入大量 $Ca(OH)_2$水溶液提高污水的 PH 值，注水残渣产生量大，存在较大的环保问题，严重制约了油田生产。

为了确保水质稳定达标，在处理过程中不再产生次生残渣，针对油田产出水特点，采用“微生物+膜”处理工艺。培养出适应油田含油污水特点的好氧活性菌，在生化池中曝氧后，在有氧条件和适宜环境中，利用菌群的自身生命过程将有机质分解成简单的无机物“水和二氧化碳”，有效去除有机质；再通过低能耗管式膜进行物理节流过滤，将污水中微生物（好氧菌、SRB、TGB 等）、胶体、悬浮固体、大分子有机物等完全截留，降低出水悬浮固体和浊度。同时开展腐蚀控制研究，将腐蚀速率控制在 0.076mm/a 以内，注水残渣产生量较“水质改性技术”降低 96.5%。

2　中原油田污水的腐蚀机理

中原油田地层产出污水的腐蚀主要表现为三种形式，分别是 CO_2 和 HCO_3^- 造成的电化学腐蚀；SRB、TGB 等微生物腐蚀和高矿化度下的 O_2 的去极化作用腐蚀。

2.1　CO_2的腐蚀机理

CO_2的腐蚀破坏行为在阴极和阳极表现不同，阳极表现为 Fe 不断溶解释放电子，造成点蚀和局部腐蚀；在阴极溶解于水形成电离，以 H^+ 的还原为主，阴极反应控制整个腐蚀过程。

阴极反应：

$$2H^+ + 2e \longrightarrow H_2 (pH<4)$$

$$2H_2CO_3 + 2e \longrightarrow 2HCO3^- + H_2 (4<pH<6)$$

$$2HCO3^- + 2e \longrightarrow 2CO_3^{2-} + H_2 (4<pH<6)$$

$$2H_2O + 2e \longrightarrow 2OH^- + H_2 (6<pH)$$

阳极反应：

$$Fe + H_2O \rightleftharpoons FeOH(ads) + H^+ + e$$

$$FeOH(ads) \longrightarrow 2FeOH^+ + e$$

$$FeOH^+ + H^+ \rightleftharpoons Fe^{2+} + H_2O$$

2.2　SRB 的腐蚀机理

SRB 所引起的微生物腐蚀主要是阴极的去极化作用。在没有氧的参与中，金属腐蚀过程中，阴极的反应是氢的逸出，SRB 破坏原子态的氢膜，还原 SO_4^{2-}，使得反应加快进行，造成微生物的腐蚀；同时 SRB 的腐蚀产物 S^{2-}与 Fe 形成局部的电池，加速腐蚀。阴极反应如下：

$$SO_4^{2-} + 9H^+ + 9e \longrightarrow HS^- + 4H_2O$$

2.3　O_2的腐蚀机理

水中溶解氧的腐蚀是一种电化学吸氧腐蚀，Fe 和 O_2形成腐蚀电池，Fe 作为阳极被氧化，发生氧化反应，O_2为阴极发生还原反应，氯离子在这个过程中起到加速腐蚀作用，因此，高矿化度污水在有氧条件下腐蚀速率快速增加。

阳极：　$Fe \longrightarrow Fe2^+ + 2e$

阴极：　$O_2+4H^++4e \longrightarrow 2H_2O$

3 水质改性技术及微生物+膜处理技术

3.1 水质改性技术

中原油田的水质特点，在高矿化度的地层水中，氧含量检测基本不存在，不是系统腐蚀的原因。水质改性技术主要考虑二氧化碳腐蚀和细菌腐蚀，在水处理过程中，通过投加大量的 $Ca(OH)_2$，改变弱酸性水体为弱碱性水体，生产大量的 $CaCO_3$ 沉淀，同时弱化 H^+ 的去极化作用，阻止 CO_2 的腐蚀；利用杀菌剂控制 SRB 等的细菌腐蚀。1996 年中原油田实施水质改性技术以来，注入水水质得到明显改善，腐蚀速率严格控制在 0.076mm/a 以内，注水水质各项指标满足油田生产要求。在提高水体 pH 值时，为中和水体中的 CO_2 和 HCO_3^-，投加了大量的 $Ca(OH)_2$ 水溶液，浓度约 500~600mg/L，实际生产中，产生了大量的注水残渣，千方水残渣产生量 0.5~0.7t（烘干，不含水），压滤后露天堆放，存在较大的环保压力，严重制约了油田的正常生产。

3.2 微生物+膜处理技术

3.2.1 微生物处理技术

为保证出水水质稳定达标，降低注水残渣产生量，2016 年，在中原油田马寨污水站开展微生物+膜处理技术研究及现场应用。马寨污水站来水矿化度 90000 左右，pH 值 5.5，S^{2-} 含量 8-12mg/L，腐蚀率 0.3188mm/a，SRB（10^2 个/ml）、TGB（10^4 个/ml）。

微生物处理技术是利用特定微生物种群对污染物降解作用的专一性，针对油田废水中各种难降解污染物的特性，向系统中投加对应的特种微生物联合菌群，强化对特定污染物的降解，去除难降解有机污染物，净化污水。

（1）技术原理

因油田污水成分复杂，难生化降解的有机污染物较多，细菌种类较多且竞争性较强，一般微生物在高含盐量、高含油、高含硫的油田污水中难以生长繁殖，更不容易通过竞争形成优势菌群。

针对马寨油田污水中污染物的特性，通过实验室筛选、分离及有效配伍，获得适应马寨油田污水水质特点的最佳特种联合菌群。加入特定菌群能够使污水中快速建立一条有效降解烃类、脂类、石油类等有机污染的生物群，对污水中各种复杂的脂肪族、石油类等有效进行生物降解，同时可强化对烃类、蜡类等的生物降解，这些特种微生物有着很高的繁殖率，通过水合、活化、氧化、还原、合成，把复杂的有机物降解成为简单的无机物，最终产物为 H_2O 和 CO_2。特种微生物以污水中有机污染物为营养并获得能量，实现自身生命的新陈代谢，达到净化污水的目的。微生物处理技术原理见图 1。

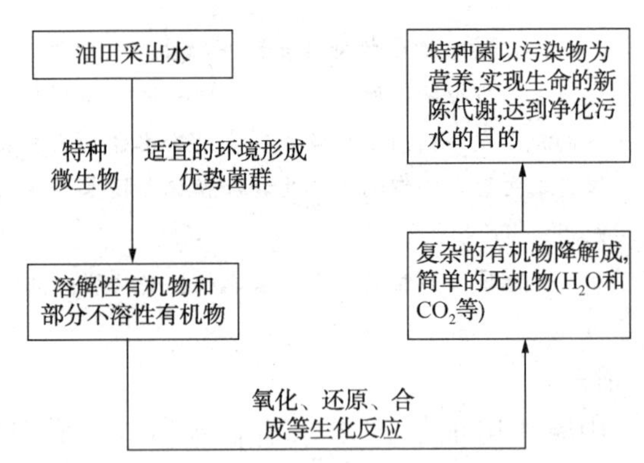

图 1　微生物处理技术原理图

3.2.2 膜处理

经生化处理后的水体进入膜系统进行过滤，通过膜截留悬浮固体、微生物菌群、大分子有机物等等，降低出水固体悬浮物和浊度，实现净化水质的目的。

根据油田污水特点，采用管式模结构，利用错流过滤原理，提高膜的抗污染性能和膜通量，达到超滤效果。依据每个回路都具有各自的循环泵和产水泵，沿膜壁所需的流速来设计排量，形成涡流，确保良好的膜通量和较低的膜污染。通过膜截留微生物菌群，实现菌群的回流，防止微生物的流失。根据现场运行实际，将管式超滤膜截留孔径定为 0.03μm。

配置管式超滤膜处理系统清洗装置，对膜的污染类型进行分析，实现膜的有机污染和无机污染的清洗，确保运行稳定，出水量达到要求。

3.2.3 微生物处理+管式超滤膜处理技术

微生物+膜处理技术，是一种将生物水处理技术和膜过滤技术有机结合的新型高效污水处理工艺。

油田产出污水在大罐收油后进入特种微生物生化曝气池内，通过曝氧，生化池内培育富集的微生物菌群，在生化池内经过充分的活化处理，分解有机质，将微生物活化后的活性污泥混合液进水循环泵送入膜组件，形成错流循环，控制合适的循环流速，通过变频控制初始在 1m/s 流速下运行，随着膜污染程度增大，自动调整流速，被膜截留过滤后的污水继续进入生化反应池。该工艺下生物反应器内的污泥浓度可达到 10g/L~15g/L，主要污染物油及有机物得到有效降解，减少油和有机质对膜的污染。再通过定期反洗和增加循环流速来减缓膜污染，提高循环流量和压力，增加膜产水量。

与水质改性工艺技术相比，微生物+膜处理技术紧凑简洁，处理流程简单，占地面积小，产出污泥量少，运行管理方便等优点，并且出水水质保持稳定达标。

4 微生物+膜腐蚀机理及控制

微生物+膜处理工艺，水体腐蚀主要因素为氧腐蚀。中原油田马寨联来水矿化度稳定在 10-12 万，采用好氧微生物+膜处理技术，在微生物反应池需要对微生物充分曝氧，因此，微生物及膜出水溶解氧含量在 0.3~0.5mg/L，超出碎屑岩油藏注入水水质标准中要求的油田产出的含油污水溶解氧控制在 0.05mg/L 以内。相关文献指出在高矿化度的水中，由于有大量氯离子存在，溶解氧由 0.02mg/L 增加到 0.065mg/L 时，腐蚀速率增加 5 倍；若溶解氧含量达到 1.0mg/L，腐蚀速率则增加到 20 倍。因此，微生物+膜处理技术关键要控制出水溶解氧含量来降低出水腐蚀率。

4.1 除氧机理

除氧剂主要是利用化学药剂的还原性，还原水中的溶解氧，达到除氧的目的，从而降低污水的腐蚀率。

4.2 除氧剂选择及定量

污水中常用的除氧剂有联氨、亚硫酸钠、丙酮肟、亚硫酸氢钠等。考虑到加药成本及安全，优先选择亚硫酸钠与亚硫酸氢钠(表 1)。

表 1

药剂类型	50mg/L	60mg/L	80mg/L	100mg/L	备注
亚硫酸钠	0.15	0.1	0.1	0.06	超出 60mg/L 大量沉淀
亚硫酸氢钠	0.1	0.05	0.02	0	超出 100mg/L 部分沉淀

通过现场的加药实验，由于配药使用的地下水硬度较高，钙镁离子与亚硫酸根反应剧烈，生成很多白色沉淀，容易堵塞加药管线，所以将亚硫酸钠排除(沉淀原理如下方程式)。

$$Ca^{2+}+Na_2SO_3 \longrightarrow CaSO_3\downarrow +2Na^+$$

$$Mg^{2+}+Na_2SO_3 \longrightarrow MgSO_3\downarrow +2Na^+$$

通过筛选，确定亚硫酸氢钠作为除氧剂，既能满足除氧效果，配药时沉淀量小，药剂性价比较高，是较为理想的除氧剂，通过试验，加药浓度控制在 60mg/L。

除氧原理：$2NaHSO_3+O_2 \longrightarrow 2NaHSO_4$

5 现场应用情况

5.1 微生物+膜处理工艺建设

“微生物+膜”处理技术 2016 年 12 月在中原油田马寨污水站建成投产，建设微生物反应池 1 座，低能耗管式超滤模 3 组，综合用房 1 座，配套专用阻垢曝气系统以及投菌装置、超滤循环清洗装置、除氧装置、自控系统、供配电等。

工艺流程：收油罐出水进入曝氧微生物池，在池内微生物降解含油类物质及其他有机物后进入低能耗管式膜处理装置，经过管式膜过滤，出水进入储水箱，投加除氧剂后输送至注水罐外输。微生物反应池进水指标要求(表 2，图 2)。

表 2

pH 值	含油量/(mg/L)	悬浮物/(mg/L)	硫化物/(mg/L)	矿化度/(mg/L)	适宜温度
5.5~9	10~300	≤500	≤100	≤200000	20~40℃

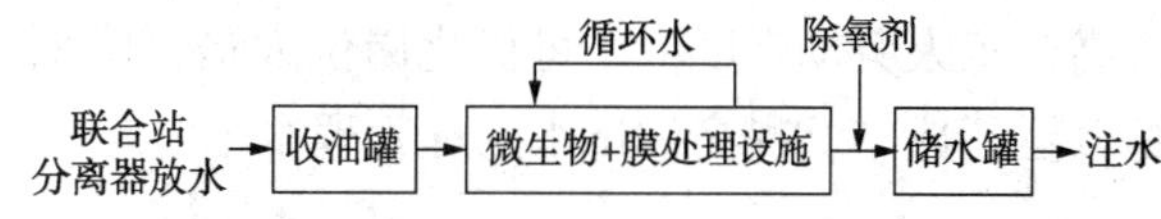

图 2 微生物+膜处理工艺流程示意图

3.2 运行指标及效益分析

(1) 水质指标

水质指标保持稳定：微生物+低能耗管式膜水处理工艺，出水水质指标悬浮物、硫酸盐还原菌、铁细菌、腐生菌、含油、含硫、含铁、含氧、滤膜等 9 项指标均达标，粒径中值 1.29，PH 值和来水基本一致，稳定在 5.5-6.0，腐蚀速率分别在 2017 年 1 月 12 日，3 月 21 日挂片监测，共 4 个挂片，均控制在 0.076mm/a 以内(表 3)。

表3　水质化验数据统计表

部位地点	pH值	总铁/(mg/L)	悬浮物/(mg/L)	滤膜	含油/(mg/L)	S^{2-}/(mg/L)	O_2/(mg/L)	SRB	TGB	FB	粒径中值
水质改性	7.0	0.1	2.5	35	0.5	0.2	0.01	10	100	0	1.64
膜出水	5.5	0.1	1.4	45	0.4	0.1	0.01	10	10	0	1.29

(2) 残渣产出量

注水残渣产生量大幅度减少：新工艺在运行过程中不增加外来悬浮固体，来水有机质悬浮物经生物降解，产生少量残渣量。经测算 $1000m^3$ 处理水产出量为0.02t，较原工艺0.57t(不含水)减少 0.55t，注水残渣产生量较原工艺下降96.5%。

(3) 运行成本

运行成本主要含处理吨水药剂成本、吨水电耗、残渣处理成本、日常维护费用、人工费用。微生物+低能耗管式膜水处理工艺投产运行后，综合运行成本减少0.53元/方(表4)。

表4　综合运行成本费用对比

项　目	原处理工艺	微生物+膜处理工艺	对比	备　注
	费用/(元/m^3)	费用/(元/m^3)	差值/(元/m^3)	
药剂	0.74	0.22	-0.52	除氧剂100公斤/天
电费	0.29	0.87	0.58	
残渣处理	0.73	0.03	-0.7	
日常维护费用	0.45	1.83	1.38	5年更换膜费用600万元，水处理量按1800方/天计
人工	2.37	1.1	-1.27	
合计费用	4.58	4.05	-0.53	减少0.53元/方

6　结论与认识

微生物+低能耗管式膜水处理工艺在马寨污水站的成功应用，为油田高矿化度、高含硫、高SRB的产出水处理找到一条有效的途径。该工艺在实际运行过程中出水水质保持稳定，并且有效减少注水残渣产出量，解决注水残渣大量堆积带来的安全环保问题。该工艺流程简短，自动化程度高，工人劳动强度低，可优化岗位人员，降低综合运行成本，提高油田水处理管理水平。

参 考 文 献

[1] 李军，杨秀山．微生物与水处理[M]；北京：化学工业出版社，2003.1-7.

[2] 胡厚堂，王海宁．生物吸附法处理水体中的重金属的现状与展望[J]；环境技术．2004.(1)：17-19.

[3] 岳战林，蒋平安．石油类污染物的特性及环境行为[J]；石化技术与应用，2006，24(4)：308-312.

[4] 王岚，杜郢．生物吸附剂及其应用[J]．江苏．工业学院学报，2006.18(3)：61-64.

新疆克深2天然气处理装置结蜡问题研究及对策

张 靖 冷洪卫 许爱华 谭建华 刘文伟

(中国石油塔里木油田公司)

摘 要 新疆克深2气田处理厂天然气脱水脱烃采用常见的“注乙二醇”+“J-T阀节流制冷”低温冷冻分离工艺，投产初期出现JT阀卡阻、低温分离器工作异常等问题，从而导致乙二醇分离异常，并混入商品气中，下游管线在通球时，导致西气东输首站压缩机因乙二醇溶液停机，严重影响西气东输平稳供气。通过试运和实验室分析，排除水合物堵塞影响，判定JT阀卡阻原因是由于天然气中蜡组分在低温处理时析出，对克深处理厂原料气进行取样全组分分析，探索蜡组分在天然气处理中的分布规律，采用UniSim Design和HYSYS软件模拟，利用相似相容原理，通过实验室熔蜡试验，发明了一种天然气脱蜡工艺，解决了低温分离结蜡问题。

关键词 克深气田；脱水脱烃；天然气脱蜡；低温分离；全组分分析；结蜡

新疆克深2气田是西气东输主力气源[1]地之一，设计产能$120\times10^8m^3/a$。该气田天然气中甲烷含量高，非烃类气体含量低，几乎不含凝析油，属于典型的干气气藏[2]，CO_2体积分数0.59%~1.18%，平均0.766%，CO_2分压为0.123MPa，不含H_2S，地层水氯离子含量为125333.3mg/L，总矿化度216733.3mg/L，原料气进站温度为61℃。投产初期出现JT阀卡阻、低温分离器工作异常等问题，技术人员通过三阶段生产试运、现场拆检、分析化验、并参考迪那[3-5]、大北[6]、克拉[7-9]等气田运行情况，判定卡阻原因是由于天然气处理厂原料气中含蜡组分，导致脱水脱烃装置低温分离器蜡堵，影响装置的正常运行。

查阅国内外相关文献，天然气含蜡现在还没有成熟的处理工艺技术，无相应的天然气除蜡经验可供参考，油田召集设计院、运行人员、质量检测、施工单位以及分离器内构件供货商等技术人员，并邀请石油大学相关专家，从设计复核、全组分取样分析化验、实验室实验、现场试运研究问题原因，并采用UniSim Design和HYSYS软件模拟，发明了一种天然气脱蜡工艺，解决了低温分离结蜡问题。

1 投产运行情况

克深处理厂于7月29日进行试投产，单套处理量为$480\times10^4m^3/d$，J-T阀开度32%、低温分离器温度-15℃，进站压力为10.97MPa，温度为61℃，外输压力为6.50MPa，外输温度20℃。4~5日后，第Ⅰ、Ⅱ脱水脱烃装置J-T阀开度逐渐增大，而处理量不变，判断出现冻堵现象，采取更换乙二醇注入头、核查容器分离器内件，并在J-T阀前连续加注甲醇20h(25L/h)，均无效果。采取升温措施，低温分离器提升至10℃，低温分离器的压差和分离效果恢复正常，本阶段试运乙二醇消耗70t左右。清洗后继续第二阶段试运，低温分离器差压仍然会持续上涨，随着处理量的增大和低温分离器运行温度的降低，差压的增大速率会进一步加快，5日后，待上涨到43.7kPa后，分离器不降液，乙二醇消耗非常大，相当于注入量，基本排除水合物影响，判断判定卡阻原因是由于天然气处理厂原料气中含蜡组分，降温时析出，从而堵塞JT阀和低温分离器内构件，严重影响装置运行(图1，图2)。

图1 低温分离器清洗出的结晶物

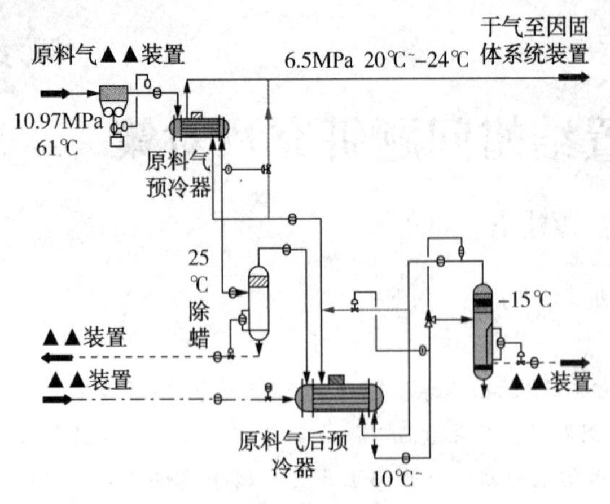

图 2　脱水脱烃装置运行工况图

2　原因分析

2.1　设计复核

克深 2 气田一期工程包括天然气处理厂 1 座，单井站 20 座、集气站 1 座，处理厂包括 1000×$10^4m^3/d$ 脱水脱烃装置 2 套，凝析油处理装置 1 套，天然气脱水脱烃采用"注乙二醇"+"J-T 阀节流制冷"低温分离工艺，醇烃液三相分离，乙二醇再生循环使用。凝析油处理采用三相分离，并定期通过槽车运送至大北天然气处理厂稳定处理。对集气装置的生产分离器、脱水脱烃装置的前冷器、后冷器、原料气分离器以及低温分离器进行了处理能力核算，均能满足 1000×$10^4m^3/d$ 的处理能力。其中低温分离器尺寸 DN1600X8898 在操作压力 6.5MPa、操作温度分别为-15℃和-29.7℃下运行，低温分离器内件均能够满足≥5μm，≥99%的生产要求(图 3)。

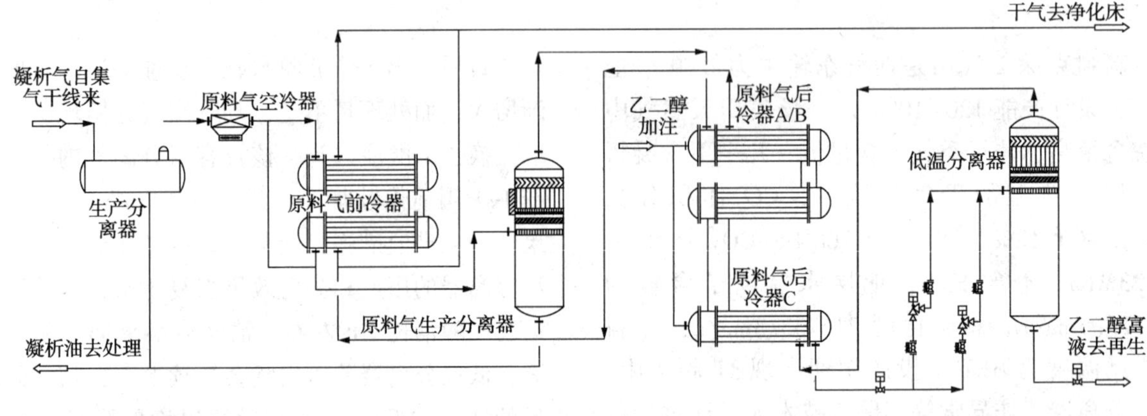

图 3　脱水脱烃装置流程图

2.2　天然气物性参数

克深 2 气田选用两口勘探井[10]录取的参数作为方案设计依据的开发方案指标，见表 1。

表 1　克深 2 气藏开发方案指标　　mol%

组分	C_1	C_2	C_3	C_4	C_5	C_6	C_7	C_8	C_9	C_{10+}	CO_2	N_2
2#	97.606	0.539	0.038	0.005	0.01	0.004	0.003	0.002	0.049	/	0.866	0.878
201#	97.649	0.577	0.032	0.011	0.041	0.028	0.043	0.073	0.042	/	0.82	0.671

从表中可以看出，由于设备精度限制，普通气体色谱仪[11]只能检测至 C9，地质参数只包含 C1~C9，未有效录取 C10 以后相关参数，对气体中含量较少的重质组分无法检测，重质组分通常采用油色谱进行检测。而低温分离器实际清洗出的结晶物具有蜡质特性，经化验结晶物中 C_{14} 含量 94.672%，因清洗时部分组分可能挥发，为进一步落实蜡在天然气中的分布状态，检测人员立即开展实际生产情况下的天然气中蜡组分全组分分析。

2.3　取样全组分分析

检测中心人员根据《天然气取样导则》，针对实际生产情况下的装置[12]选取集气干线原料气、生产分离器液相、原料气分离器(入口气相、出口气相、出口液相)、原料气后冷器出口气相、低温分离器(出口气相、出口液相，结蜡固相)及产品气进行取样分析，并通过调整气相色谱参数，将色谱仪运行温度调整至约 300℃，更换色谱柱为 50m 色谱柱，以提高检测精度，并与质谱仪联用，利用质谱仪确定组分，色谱仪确定含量，从而测得气体全组分组成，并应用软件模拟固相沉积点，利用模拟结果指导现场工艺操作参数的调整，范围拓宽到 $C_1 \sim C_{30+}$ 各有机组分，CO_2、H_2S、N_2 等气体及汞、氦等微量元素的摩尔含量分析。落实蜡组分、含量、析蜡点、凝固点等基础数据，分析天然气中的蜡组分状态分布规律和蜡组分的析出温度，全组分结果如表2～表4所示。

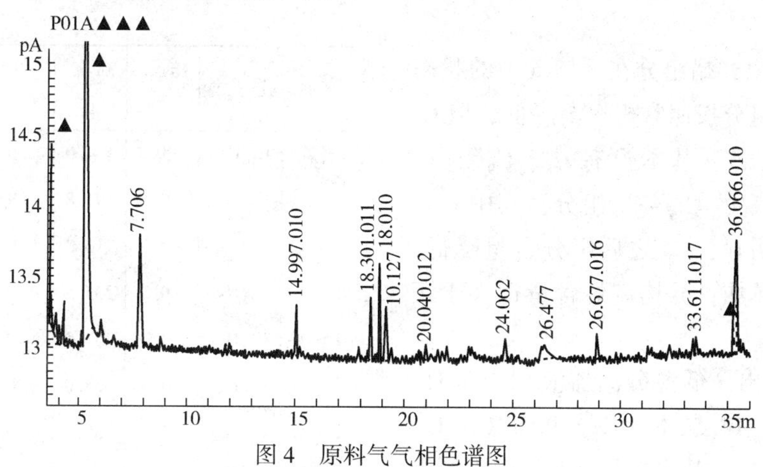

图4 原料气气相色谱图

表2 取样点气相组分组成

mol%

组 分	克深西集气干线	克深东集气干线	克深3集气干线	原料气分离器入口	原料气分离器出口	原料气后冷器出口	低温分离器出口
C_{1-4}	99.96195	99.96535	99.96257	99.96199	99.96239	99.95903	99.96451
iC5	0.00133	0.00046	0.00109	0.00109	0.00109	0.00111	0.00108
nC_5	0.0011	0.00053	0.00094	0.00097	0.00098	0.00099	0.00094
C_6	0.00209	0.00107	0.00178	0.0018	0.00182	0.00178	0.00178
C_7	0.03139	0.03079	0.03137	0.03147	0.03146	0.03277	0.03038
C_8	0.00112	0.00047	0.00086	0.00096	0.001	0.00117	0.00083
C_9	0.00007	0	0	0	0.00007	0.00009	0
C_{10}	0.0001	0.00015	0.00013	0.00014	0.00011	0.00026	0.00007
C_{11}	0.0001	0.00016	0.0002	0.00022	0.0001	0.0004	0.00006
C_{12}	0.00021	0.0004	0.00049	0.00062	0.00021	0.00124	0.00015
C_{13}	0	0	0.00012	0.00014	0.00017	0.00046	0
C_{14}	0.00026	0.00025	0.00021	0.00047	0.00039	0.00052	0.00005
C_{15}	0.00005	0.00005	0.00005	0.00005	0.00008	0.00006	0
C_{16}	0	0	0	0	0	0	0
C_{17}	0	0.00004	0	0	0	0	0
C_{18}	0.00022	0.00029	0.0002	0.00009	0.00012	0.00011	0.00015
C_{19}	0	0	0	0	0	0	0
C_{20}	0	0	0	0	0	0	0

表3 低温分离器液相组分

组 分	iC_5	nC_5	C_6	C_7	C_8	C_9	C_{10}	C_{11}	C_{12}
mol%	0.039	0.054	0.219	14.92	1.709	1.142	2.411	4.866	14.513
组分	C_{13}	C_{14}	C_{15}	C_{16}	C_{17}	C_{18}	C_{19}	C_{20}	
mol%	9.249	20.194	3.194	6.207	3.291	12.388	2.733	1.857	

表 4　低温分离器清洗结晶组分

组　分	C_6	C_{11}	C_{12}	C_{13}	C_{14}	C_{15}	C_{16}	C_{17}	C_{18}	C_{19}
mol%	1.52	0.041	0.392	0.174	94.549	0.07	0.857	0.051	2.297	0.05

2.4　数据分析

由表 2 可以看出，蜡组分在天然气中的状态分布规律：C_1 ~ C_6 组分按照常规逐渐降低，但 C_7 组分显著增加；C_7 之后基本没有 C_8、C_9 组分，随即又出现数量可观的 C_{10} ~ C_{14} 组分，其中 C_{12}、C_{14} 组分含量较为明显；C_{14} 之后组分含量降低，但 C_{18} 组分又显著增加；异构烷烃含量远大于正构烷烃含量。

由表 3 可以看出，低温分离器液相中含有：C_7 14.92%，C_{12} 14.51%，C_{13} 9.25%，C_{14} 20.14%，C_{18} 12.39%。其组分与天然气中重烃组分分布趋势吻合。生产分离器、原料气分离器由于工作温度较高（约 25℃），蜡组分析出较少，出口液相油含量很低；

由表 4 可以看出，低温分离器固相中含有：C_{12} 4.67%，C_{13} 4.04%，C_{14} 68.42%，C_{16} 4.86%，C_{18} 9.18%。

固相主要组分与天然气中重烃组分分布趋势吻合。其中 C_{14} 为低温分离器清洗结晶主要烃类，通过查找正构烷熔点图，其正构烷烃熔点为 5.5℃。因此当分离器运行温度为 -15℃ 时，会导致以 C_{14} 为主的重烃凝结[13]，造成压差增，运行温度是导致分离装置结蜡的主要原因。

结论：克深天然气中重烃呈跳跃式的分布，分离装置液相组分呈隔段分布，结合固相中主要组分情况可以说明天然气中微量的重烃导致克深处理厂蜡堵问题（表 5）。

表 5　正构烷烃沸点图

名称	分子式	熔点/℃	沸点/℃	相对密度/ d_4^{20}	折光指数/ n^20_0
乙烷	C_2H_6	-182.0	-88.6	0.546[a]	—
丙烷	C_3H_8	-187.1	-42.2	0.582[a]	1.2297（沸点）
丁烷	C_4H_{10}	-138.0	-0.5	0.579[b]	1.3562（-15℃）
戊烷	C_5H_11	-129.7	36.1	0.6263	1.3577
己烷	C_6H_{14}	-95.3	68.9	0.6594	1.3750
庚烷	C_7H_{16}	-90.5	98.4	0.6837	1.3877
辛烷	C_8H_{18}	-56.8	125.6	0.7028	1.3976
壬烷	C_9H_{20}	-53.7	150.7	0.7179	1.4056
癸烷	$C_{10}H_{22}$	-29.7	174.0	0.7298	1.4120
十一烷	$C_{11}H_{24}$	-25.6	195.8	0.7404	1.4290
十二烷	$C_{12}H_{26}$	-9.7	216.2	0.7493	1.4219
十三烷	$C_{13}H_{28}$	-6.0	235.5	0.7568	1.4255
十四烷	$C_{14}H_{30}$	5.5	251.0	0.7636	1.4280
十五烷	$C_{15}H_{32}$	10.0	268.0	0.7688	1.431（℃）
十六烷	$C_{16}H_{34}$	18.1	280.0	0.7749	1.4362
十七烷	$C_{17}H_{36}$	22.0	303	0.7767[c]	1.4360（25℃）
十八烷	$C_{18}H_{38}$	28.0	303	0.7776[c]	1.4367（28℃）
十九烷	$C_{19}H_{40}$	32.0	309.7	0.7777[c]	—
二十烷	$C_{20}H_{42}$	36.4	342.7	0.7797[c]	1.4307（50℃）
三十烷	$C_{30}H_{52}$	66.0	446.4	0.7797[c]	—
一百烷	$C_{100}H_{202}$	115.2	—	—	—

3　结蜡解决对策

3.1　结蜡模拟计算

根据原料气全组分分析最新数据，采用 HYSYS 软件[14]和 UniSim Design 对工艺装置进行模拟计算，计算装置出的结蜡条件，在原料气分离器之前（标号 4 位置处）蜡形成温度为 8.2℃，在 JT 阀之前（标号 9 位置处）蜡形成温度 2℃，JT 阀之后（标号 10 位置处）蜡形成温度为 -7.9℃，而实际运行过程中，JT 阀之前工作温度为 0-5℃，JT 阀之后工作温度为 -15℃，JT 阀前后天然气工作温度均低于天然气蜡形成温度，必然会造成蜡堵，与实际运行情况一致。软件计算出计算模型如图 5 所示。

3.2　除蜡对策

根据克深处理厂实际生产情况，提出"洗蜡工艺"[15]和"溶蜡工艺"[16]。传统洗蜡工艺需要停产操作，即在注乙二醇防水合物生成的情况下当 JT 阀开度效果不灵、低温分离器内构件压差持续增大时，判断为蜡堵，需要停产进行洗蜡操作，一般的脱水脱烃装置运行 5-7 天则需要进行停产清蜡一次，存在频繁清蜡，同时低温分离器长期承受温度交变冲击的影响，易造成复合板材

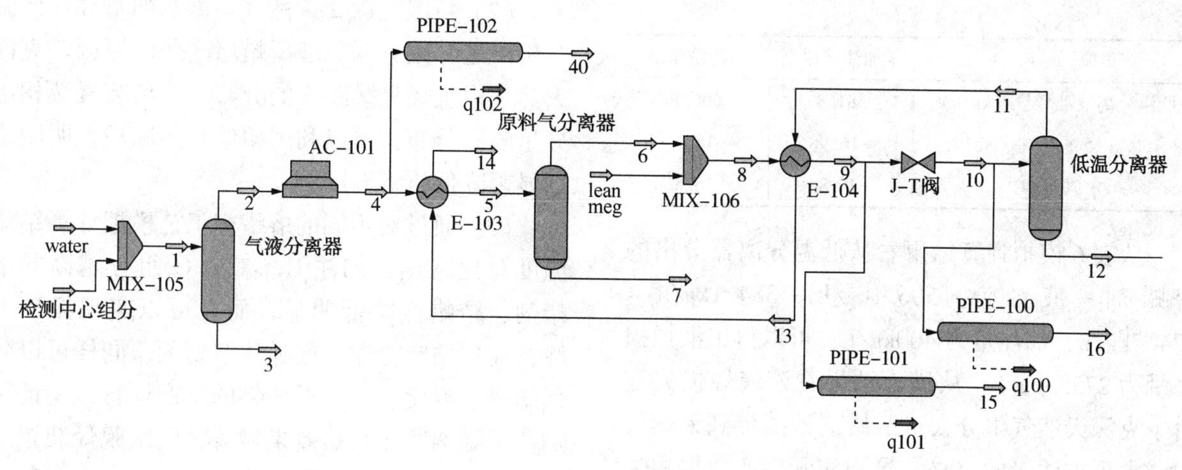

图5 处理厂HYSYS模型

料09MnDiR应力疲劳腐蚀[17]，威胁安全生产，这种方法缺点较多。

根据天然气中蜡组分状态分布规律，技术人员发现天然气中重烃呈跳跃式的分布，天然气中基本没有C_8、C_9组分，且分离装置液相组分呈隔段分布，容易想到"相似相溶"[18]原理，即极性相似的两者互溶度大，因此如何发明一种溶蜡剂，在不停产的情况下去除天然气中的蜡组分[19]，成为天然气理想除蜡工艺。技术人员立即开展了实验室溶蜡试验。

3.3 实验室溶蜡试验

由于天然气中微量C_{14}为主的重烃导致克深处理厂蜡堵问题的原因，天然气中基本没有C_8、C_9组分，技术人员取含C_7、C_8、C_9组分较多的溶剂与克深低温分离器中洗出的蜡按比例混合，然后放置于冰箱中开展溶蜡试验。发现在一定的温度条件下，足够量的该溶剂能够溶解天然气中的重组分，阻碍其形成固态的蜡堵塞装置(表6)。

表6 试验情况表

溶剂/结晶蜡	10min-17.0℃	30min-14.0℃	60min-15.0℃	90min-16.0℃	300min-16.0℃
全油	未凝	未凝	未凝	未凝	未凝
1：1	凝结	凝结	凝结	凝结	凝结
5：1	部分凝结	凝结	凝结	凝结	凝结
10：1	未凝	未凝	未凝	未凝	未凝

3.3 溶蜡工艺

基于目前脱水脱烃处理装置主体工艺不进行重大改变的基础上寻求解决蜡堵问题的途径，节省投资、方便生产管理，同时尽快使生产装置运行正常，不留安全隐患，采用溶蜡剂[20]是解决结蜡的最佳方案。技术人员选择量多、易配、运输方便的溶蜡剂，并设计了溶蜡流程，通过软件模拟优选在原料气分离器之前的空冷器位置加注溶蜡剂，当处理量为$360\times10^4m^3/d$时，溶蜡剂加注量310kg/h，模拟出装置结蜡点为-30.15℃，从而解决了析蜡问题(表7)。

表7 溶蜡剂组分

组分	nC_4	iC_5	nC_5	C_6	C_7	C_8	C_9	C_{10}	C_{11}	C_{12}	C_{13}	C_{14}
mol%	0.0006	0.7555	1.2444	14.5343	40.2362	26.5732	9.4097	3.8641	1.5936	0.9804	0.4174	0.1912
组分	C_{15}	C_{16}	C_{17}	C_{18}	C_{19}	C_{20}	C_{21}	C_{22}	C_{23}	C_{22}	C_{25}	
mol%	0.0987	0.0414	0.0259	0.0164	0.0102	0.0029	0.0018	0.0010	0.0005	0.0002	0.0001	

3.4 溶蜡工艺分析

以处理$650\times10^4m^3/d$为例，乙二醇加注量均为1000kg/h，溶蜡剂加注量为400kg/h时与不加注的工艺模拟计算结果对比见表8。

表8 工艺模拟计算结果对比

项　目	未加注溶蜡剂	加注溶蜡剂
J-T阀后温度/℃	-15.7	-15.7
结蜡温度/℃	2	-30.15

续表

项　目	未加注溶蜡剂	加注溶蜡剂
低温分离器液烃量/(kg/h)	381.4	506.1
烃露点/℃	-16.98	-16.25
水露点/℃	-26.86	-26.67

从表6模拟计算结果看从低温分离器分出的溶蜡剂+液烃为：506.1kg/h - 384.1kg/h = 124.7kg/h，加注量为400kg/h，可以得出液烃损失量为275.3kg/h，从模拟结果看该液烃损失是由于克深天然气组分太贫溶蜡剂被携带到天然气中，占到加注量的69%，这与实际生产数据相吻合；外输天然气的水露点为-26.67℃，烃露点为-16.25℃，烃水露点均满足天然气外输气质要求，而且作为下游轮南轻烃深度回收原料气进一步回收丙烷以上组分。

3.5　溶蜡剂回收

以处理650万方/d为例，乙二醇加注量均为1000kg/h，溶蜡剂加注量为400kg/h时，溶蜡剂回收与不回收的工艺模拟计算结果对比如表9所示。

表9　溶蜡剂回收方案工艺模拟计算结果对比

项　目	溶蜡剂不回收	溶蜡剂回收
J-T阀后温度/℃	-15.7	-15.7
结蜡温度/℃	-30.15	-22.25
生产分离器液烃量/(kg/h)	2393	2616
烃露点/℃	-16.98	-15.19
水露点/℃	-26.86	-15.19

对现有工艺流程进行改造，增加溶蜡剂回收缓冲罐1台，实现溶蜡剂回收，从模拟计算结果看，低温分离器分出的轻烃可作为溶蜡剂循环使用，循环量为554kg/h，J-T阀后结蜡温度-22.25℃，同不回收方案相比结蜡温度上升了7.9℃，但仍满足工艺需要，溶解的蜡223kg/h可从生产分离器分离出来进入油系统。溶蜡剂循环过程中会有少量损失，可根据生产实际运行情况适当时机补充，初步测算每年可节省溶蜡剂费用3000万元。

4　结束语

（1）天然气中蜡组分状态分布复杂，若有条件，尽可能进行全组分分析，且范围拓宽到C_1～C_{30+}各有机组分，以及CO_2、H_2S、N_2等气体及汞、氦等微量元素。

（2）新疆克深2天然气中微量的重烃在低温时析出是导致克深处理厂蜡堵问题的原因。克深天然气中重烃呈跳跃式的分布，分离装置液相组分呈隔段分布，可以利用相似相溶原理发明脱蜡剂显著降低析蜡温度。

（3）通过对不同的溶蜡剂工艺模拟计算结蜡温度对比得出，加注C_7、C_8、C_9组分越高的溶蜡剂，结蜡点降低明显。而且可以实现循环加注，在进站空冷器之前加注溶蜡剂，同样可以降低结蜡点温度。通过近一年的生产运行，验证了加注溶蜡剂防止结蜡效果显著，脱水脱烃装置运行正常，处理生产运行正常。

参 考 文 献

[1] 何君，王天祥，朱卫红，等．安全、平稳、高效开发塔里木盆地天然气[J]．天然气工业，2008，28(10)：5-10.

[2] 许爱华，张靖，院振刚，等．新疆克深2气田双金属复合管失效原因[J]．天然气与石油，2014，33(9)：1024-1028.

[3] 晁宏洲，王赤宇，陈旭，等．天然气中含蜡成分对处理装置运行的影响分析及对策[J]．石油与天然气化工，2007，36(4)：282-284.

[4] 谭建华，陈青海，李静，等．迪那2气田天然气处理工艺优化研究[J]．石油与天然气化工，2013，42(5)：482-486.

[5] 谭建华，张朋岗，陈平．迪那2气田液化气无水冷却工艺研究[J]．油气田环境保护，2011，21(10)：45-47.

[6] 孟岚，邹应勇，祁小兵，等．迪那2凝析气田高压长距离气液混输管道运行工况分析[J]．油气田地面工程，2013，32(5)：71-71.

[7] 赵建彬，陈季梅，刘百春，等．大北气田集输系统防冻工艺优选[J]．油气田地面建设工程，2013，32(9)：88-88.

[8] 王金山，贺江勃，王亚军，等．高效气液分离技术在克拉2气田的应用及评价[J]．内蒙古石油化工，2012，30(5)：95-97.

[9] 王天祥，张强，王金山，等．安全管理系统在克拉2气田的应用[J]．天然气工业，2008，28(10)：107-109.

[10] 汤晓勇，宋德琦，陈宏伟，等．克拉2气田集气工艺选择[J]．天然气与石油，2006，24(3)：7-11.

[11] 韩德奇，魏中琳，王桂梅，等．石油蜡碳分布测定方法的改进措施[J]．天然气与石油，2008，26(4)：44-46.

[12] 宁铜，许言，赵建彬，等．段塞流捕集器选型及设

计思路[J]. 天然气与石油，2013，28(4)：12-14.

[13] 张利明，图孟格勒，肖克，等. 高温高压气田处理厂堵塞物实验分析及对策[J]. 石油与天然气化工，2017，46(3)：13-16.

[14] 刘百春，刘武，邹应勇，等. Hysys在气田轻烃分馏动态仿真中的应用[J]. 化学工程，2014，42(12)：67-70.

[15] 李建军，陈蓉，吕广强，等. 油井高温蒸汽热洗清蜡技术[J]. 油气田地面工程，2007，26(10)：55-56.

[16] 孟祥谦，申龙涉，闫陵江，等. 低温输送0号柴油的析蜡溶蜡研究[J]. 油气储运，2009，28(11)：42-44.

[17] 范志超，陈学东，蒋家羚，等. 环境温度对16MnR钢应力疲劳的影响[J]. 压力容器，2006，23(9)：16-20.

[18] 刘改焕，刘慧敏，陈韶华，等. 一种新型的天然气脱蜡脱水脱烃工艺[J]. 石油与天然气化工. 2016，45(6)：1-4.

[19] 李露，李艺明，林森. 原油生产中的石蜡沉积及其控制[J]. 油气田地面工程，2001，20(3)：82-83.

[20] 王志华，司明林，等. 化学清蜡工艺在Gannet油田海底集输管道中的应用研究[J]. 国外油田工程. 2009，25(8)：51-52.

新疆油田九区稠油吞吐井油泥调剖技术应用研究

鲁　阳

（中国石油新疆油田公司）

摘　要　新疆油田九区油层埋藏浅、地层胶结疏松，油藏汽窜严重、措施选择难度大；污水处理系统油泥处置量增大，开展油泥调剖技术应用研究，实现油泥资源化利用的同时，改善措施单井注采效果。项目开展了油泥调剖前置段塞与油泥的配伍性、与油田水pH值的适应性、油泥性质分析、耐高温封口剂低温注入流动性、成交强度等内容。在室内实验基础上，选取了2口井开展现场试验。试验过程中未发生调剖剂返排，将有汽窜史的8口井汽窜通道封闭，窜扰井不同程度地见到增油效果，取得了良好的社会和经济效益。

关键词　稠油；吞吐井；调剖；油泥

1　引言

新疆油田浅层稠油因为历史原因，存量油泥不断增加，环保压力不断增大；另一方面，油层埋藏浅、胶结疏松、汽窜严重，措施选择难度大，开发效果差。

在该区开展耐高温油泥调剖技术应用研究，不仅为解决存量油泥循环利用找到一条绿色通道，同时又能封堵汽窜通道、提高注气效率，而且可以通到深度调剖，改善油层吸汽剖面、实现增产增效的目的。

2　背景

九区齐古组为一套正旋回砾岩、砂岩和泥岩碎屑组合体，油藏平均中部埋深160m，沉积厚度105m，欠压实，胶结疏松，沉积物分选中等。砂层在纵向上主要分布在J3q22层中，全区均有分布，以辫状河道和垂向加积的心滩为主。砂体的形态及连通性受沉积环境的控制，砂体分布面积大，横向连通性较好。主力层(J3q22层)砂体厚度在平面上整体由西向东，厚度变化在5.5~60.5m之间，平均31.5m。

九区齐古组储层岩性主要为砂砾岩、粗砂岩、含砾砂岩、中砂岩、细砂岩和粉砂岩组成，其中中细砂岩为本区齐古组最主要的储集岩性，占62%；砂砾岩和含砾粗砂岩次之，占35%。

本区齐古组储集空间主要为原生粒间孔，占60%，其次为次生粒间溶孔，占20.6%，粒内孔以及解理缝等其他孔隙类型占19.4%。粒间孔径一般21~120μm，平均57.2μm。

该区储层物性好，纵向非均质性强，注汽过程中普遍存在汽窜现象、单井点汽窜方向多，热能利用率低。该区埋藏深度浅、地层胶结疏松，加上多年注汽冲刷，使得汽窜通道发育，措施选择难度大。选择难度大主要表现在：汽窜现象普遍存在、注汽效率低、效果差；调剖封堵汽窜通道易发生调剖剂返出、危害生产管网现象；伴随油井出砂现象，易造成砂埋油层。

随着油田开发时间的延长，会产生越来越多的油泥。地面存储，焚烧，压渣等原有粗放式处理方式，已无法适应不断提高的环保要求的需要。焚烧污染环境；压榨处理目前技术不成熟，不符合GB 18598—2001《危险废物填埋污染控制标准》要求。

3　油泥调剖关键技术

基于现有调剖技术及油泥相关性质，采用油泥作为主剂，结合油藏特征，通过室内实验，研制系列调剖剂配方，特别是高温封口剂的成功研制，形成适用于高孔高渗非均质油藏的油泥调剖技术

3.1　技术机理

采用油泥作为主剂，结合油藏特征，通过室内实验，研制出调剖剂配方系列，优化现场施工工艺，形成适用于稠油油藏的油泥调剖技术，解决油泥出路，同时改善油藏的开发效果，实现油泥循环利用，“变废为宝”。

该体系是以油泥为基本原料，加入适量的悬浮剂、分散剂、固相颗粒(粒径组合)等，调配成具有一定悬浮性和稳定性的均化体系，注入地层一定深度后产生“团粒结构”，对大孔道产生

深部封堵，从而扩大蒸汽波及体积，提高采收率。再以耐高温封口剂高温成胶，将“团粒”固定在地层中。该技术的突出特点：耐高温(300°C以上)、不返排。

4 室内研究及现场实施

4.1 室内试验评价

4.1.1 油泥性质分析

(1) 油泥组分分析(含水%、含油%、含泥%)

油泥取自六九区污水处理站，为脱水油泥。取适量油泥在 105℃下烘去游离水，直至恒重，计算含水；烘干后的泥样用溶剂萃取，测定含油，余下的为泥。分析结果见表 1。

表 1 油泥组成分析：离心泵出口含水 65.5%

样品	含水/%	含油/%	含泥/%
六九区脱水油泥	65.5	4.6	29.9

(2) 泥质组分粒径分析(不同粒径%)

采用激光粒度仪对油泥中的固相颗粒粒径进行了分析，分散介质为六九区反应罐出口水。结果为：体积平均粒径 D：22.782μm；表面积平均粒径 $D[3, 2]$：4.895μm；$d(0.1)$：2.387μm；$d(0.5)$：11.527μm；$d(0.9)$：50.39μm。相关原始数据见图 1。油泥中固相颗粒粒径小于 100μm 的占总体积的 95%。

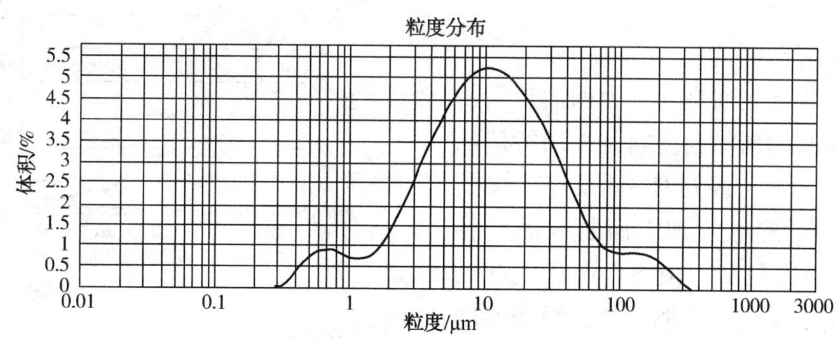

图 1 油泥的体积粒径分布：粒径主要集中在 5~30μm 之间

(3) 油泥流动性分析(不同掺水量下含油油泥黏度)

用六九区反应罐出口水配制的不同含水率的油泥，用六速旋转黏度计测定油泥黏度，结果见表 2。

(4) 油泥分散悬浮状态分析：不同含水率油泥在不同时间下的脱水量

用六九区反应罐出口水将含水 65%的油泥配成含水为 75%、85%和 95%的油泥，倒入量筒静置，观察不同时间的脱出水(游离水)量，结果见表 3。

表 2 油泥在不同含水率下的黏度

序号	油泥含水率/%	黏度/mPa·s	
		转速/300r	转速/600r
1	65	>300	>300
2	75	50	61
3	85	7	10
4	95	2	3

表 3 不同含水率油泥在不同时间下的脱水量

序号	掺水前质量/g	掺水后质量/g	掺水后含水率/%	掺水油泥体积/mL	脱水量/mL/脱水率/%				
					0min	30min	60min	90min	120min
1	195.08	195.08	65	200	0/0	0/0	0/0	0/0	0/0
2	77.65	107.65	75	100	0/0	0/0	0/0	0/0	0/0
3	178.35	412.11	85	400	0/0	80/20	115/29	135/34	145/36
4	35.54	246.36	95	250	0/0	155/62	170/68	175/70	180/72

4.1.2 前置段塞实验

(1) 聚合物浓度及配伍性实验

聚丙烯酰胺浓度是影响体系性能的主要因素之一。在其他因素不变(未加胶联剂)，清水配制聚合物浓度从 0.04%到 0.2%(浓度间隔为 0.01%)配制溶液，与同等体积的油田油泥(含水

75%)相伴，24小时后测配方黏度及配伍情况。实验显示聚合物浓度高于0.07%时黏度就可以满足配方要求，低于0.07%时黏度下降较快，且配伍性变差，部分发生絮凝；聚合物浓度高于0.18%时黏度略有下降，且配伍性变差。当聚合物浓度过低时，它不能和含油油泥-黏土形成稳定体系，表现出少量析水，黏度下降较快；而当聚合物浓度过高时因高分子链间缠绕，减弱了大分子在粘土颗粒表面的搭桥作用，出现微量析水。综合各因素，确定聚丙烯酰胺合理使用浓度为0.08%~0.15%。

（2）与pH值的配伍性实验

对0.1%聚合物配方进行了pH值及矿化度对体系稳定性影响实验，结果见表4。

表4　pH对体系稳定性影响

pH值	5.5	6	7	8	9	10	10.5
黏度	36400	43500	51300	55800	53700	45800	43900
配伍性	一般	较好	好	好	好	较好	较好

4.1.3　高温封口剂评价

（1）常温注入流动性

耐高温无机凝胶调剖剂是专门为稠油热采的高温调堵作业而研制的新材料。它是采用特殊矿物，配合多种无机元素，经过气-固反应，按预均化湿法生产工艺，经磨细加工而制成的一种气-水两硬性无机胶凝材料。预均化湿法生产工艺先进，不必采用水泥生产中那么高的煅烧温度和烘干工艺，减少了粉尘作业，降低了生产成本。并由于部分水化反应超前进行，使得产品的安定性良好。

从图2的试验结果可以看出，耐高温无机凝胶调剖剂浆液在常温常压下不会自行充分发生水化反应而稠化和凝胶固化。

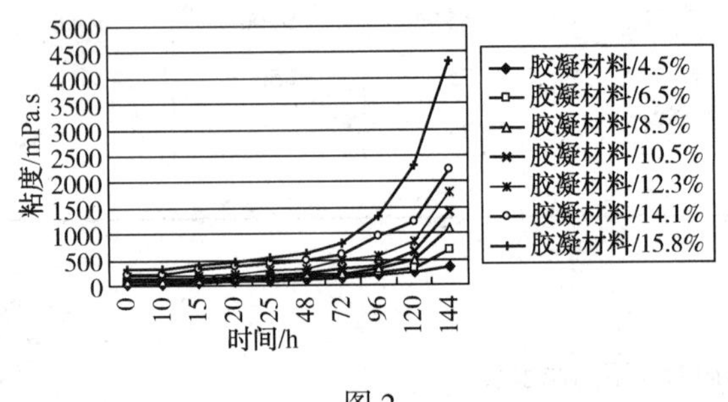

图2

试验结果表明(图3)，随着耐高温无机凝胶调剖剂用量的增加，调剖液失去流动性的时间在逐渐缩短，而耐高温无机凝胶调剖剂固结体的抗压强度则逐渐增高。

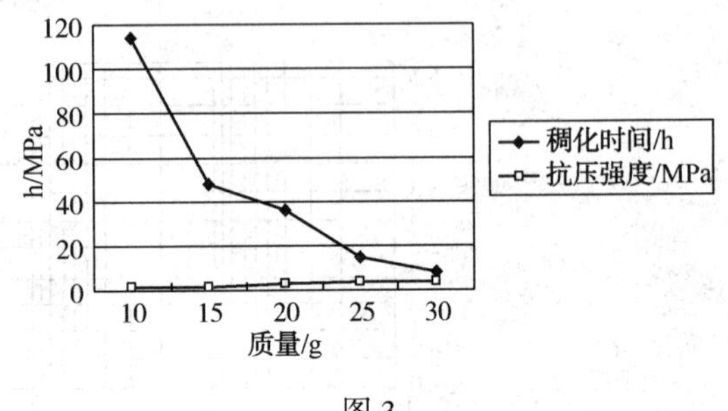

图3

在实验材料总量中，固体材料质量所占的比例非常低，特别是耐高温无机凝胶调剖剂的用量一般不超过30%。因此，耐高温无机凝胶调剖剂掺量小幅度的增加就会对耐高温无机凝胶调剖剂固结体的强度产生显著的影响。

（3）耐高温无机凝胶调剖剂解堵试验

耐高温无机凝胶调剖剂固结体的酸溶解试验表明：本堵剂凝胶固化后形成的固体材料不耐土酸腐蚀，常规土酸很容易将其溶蚀掉，溶解产物主要是在水中溶解度较高的化合物，固体残余量很低。就是说，如果需要可以用土酸将这种封堵材料解除，恢复堵前地层的状况。

4.2　措施井选择

在满足以上目的和选井原则的前提下，结合九8区开采实际情况，最终选取汽窜严重的2口井作为措施井。

4.3　方案设计

采取聚合物前缘段塞+含油油泥+耐高温无机凝胶封口剂的三段塞组合方式注入；以三分之一井距计算井筒周围有效储集空间：

$$V = (\prod r2) \times h \times \Phi$$

其中：r为三分之一井距；h为有效储存厚度；Φ为有效孔隙度，根据电测解释孔隙度，超过22%的，一般取值为15%~18%。

在此基础上，计算了2口井调剖剂用量，设计了各自三段塞用量，见表5。

表 5 段塞设计

井号	施工层位	射孔井段/m	射孔厚度/m	施工压力/MPa	理论注入量/m^3				预计施工天数/d
					前缘段塞	主体段塞	封口段塞	合计	
措施井 1	$J3_q$	150~156 156.5~157.5 159~160.5 163.5~164.5 165.5~166.5	10.5	≤5	110	2710	80	2900	12
措施井 2	$J3_q$	146~152 156~157.5 159~160.5 162~164.5 165.5~167.5	13.5	≤5	110	2000	80	2190	8

5 效果分析

5.1 本井及周边窜扰井至今未发生调剖剂返排

由于九区地层埋藏浅、汽窜严重，2016 年在小井距汽驱注汽井实施调剖时，周边采油井曾发生返排调剖剂现象。

本次油泥调剖 2 口井，施工至今已 11 个月，两轮注汽早已结束(1 号措施井 2017 年 3 月 21 日第二轮注汽结束，2 号措施井 2017 年 5 月 1 日第二轮注汽结束)，本井及周边窜扰井没发生调剖剂返排问题。

5.2 封堵汽窜通道效果明显

5.2.1 980102 井

地质设计描述，该井历史上有汽窜干扰史的包括 4 口井。

该次调剖后首轮注汽，这 4 口井及周边其他井，均未发生井口汽窜现象。

1 号措施井及其四口有汽窜史的井的井温曲线显示：2016 年 10 月 21 日，四口汽窜井配合调剖后恢复生产，井温为常温，未发生汽窜现象。

5.2.2 1 号措施井

地质设计描述，该井历史上有汽窜干扰史的包括 4 口井。

该次调剖后首轮注汽，这 4 口井及周边其他井，均未发生井口汽窜现象。

1 号措施井及其四口有汽窜史的井的井温曲线显示：2016 年 10 月 31 日，四口汽窜井配合调剖后恢复生产，首日井温稍高(分析可能注汽首日未完全凝固)；次日后为常温，证实汽窜通道被封死。

5.3 调剖施工压力和注汽压力不同程度上升

由表 6 看出，两口井可对比注汽压力均不同程度上升，其中 980102 井上升 17%，980077 井上升 52%。

表 6 980102、980077 井施工压力和注汽压力对比表

井号	调剖施工套压/MPa				注气井口压力/MPa						备注
	起始		结束		调剖前		调剖后第一轮		调剖后第二轮		
措施井 1	2016.10.03	0	2016.10.18	1.5	2016.03.30-04.08	3.0-3.5	2016.10.21-10.30	2.0-3.3	2017.03.07-21	2.4-2.8	第一轮压力表低 0.8MPa
措施井 2	2016.10.21	0	2016.10.28	1.1	2015.11.30-12.11	1.0-2.5	2016.10.31-11.10	2.5-3.8	2017.04.21-05.01	3.0-4.0	

5.4 原 8 口窜扰井增产效果明显(图 4，图 5)

(1) 由生产曲线看出：1 号井、2 号井对应之前的 8 汽窜井，有 7 口不同程度地见到了增油效果。

(2) 这 8 口有汽窜史的井，注汽轮次对比累计增油 996t，效果显著。

(3) 从生产趋势判断，一些井增产期较长，今后仍会继续增产，如 980117、980063、980092 等。

5.2 经济、社会效益

实施调剖措施 2 井次，措施成功率 100%，措施注入污泥 4710m3，污泥处置费 380 元/吨计

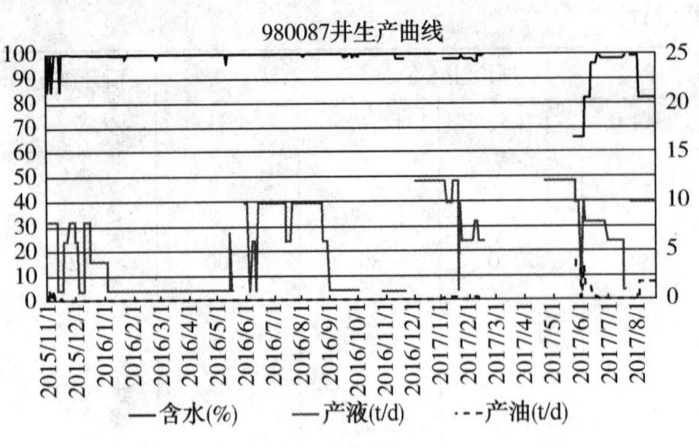

图 4　1 号井生产曲线

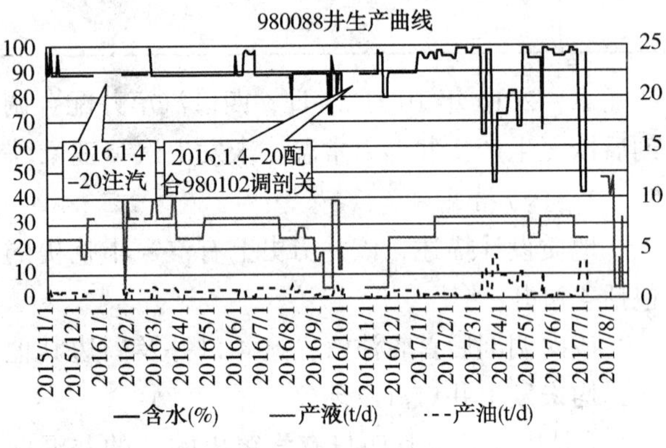

图 5　2 号井生产曲线

算，为公司节约污泥处置费用 179 万元。措施投入成本 120 万元，总计创造效益 252.6 万元，投入产出比 0.322。该技术基于现有调剖技术及污油泥相关性质，采用污油泥作为主剂，耐高温无机凝胶封口剂，形成适用于高孔高渗非均质油藏的污油泥调剖技术，既解决了污油泥出路、减轻了环保压力，同时又不易返出并影响生产管网，堵塞大通道，改善吸汽剖面，实现污油泥循环利用。

6　结论

（1）该技术增产、封窜效果明显且无返排，为地层汽窜严重的稠油注蒸汽区改善开发效果提供了技术借鉴，在非均质严重或汽窜干扰严重区块进行技术推广应用。

（2）根据九 8 区地质和注汽情况，进行区域整体调剖，以达到双向和多向汽窜通道的封堵，提升区域油井的注汽效果，提高油井产量。

（3）尽管吞吐井为措施井时，习惯上评价措施增产的做法是考察措施井本身，但这两口井实际上是深度调剖，必然对井组剖面产生影响。为了使调剖技术应用效果的评价更加合理、科学，建议按井组进行考察，包括吞吐井。

（4）油泥调剖井选井原则，井距不小于 50m，井身没有套变，层间非均质性严重，存在明显层间差异。有较高的渗透率（200md 以上）（原要求 500md）和孔隙度（22%以上）；最好和邻井发生过汽窜现象；所在井区剩余油动用程度低，累积采出程度（原提法为采油量）低，含水高。油层有效厚度越大越好，最少不小于 6m（原要求 10m）。地层压力较低，油藏亏空井。生产阶段处于蒸汽吞吐周期的末期或目前关井。

污泥活性炭的制备及其在环境治理方面的应用

杜明明　卢　聪　王凤超　屈撑囤　李金玲

(西安石油大学陕西省油气田环境污染控制与储层保护重点实验室)

摘　要　本文主要介绍了污泥活性炭的制备及在污染治理中的应用。着重讨论了油泥、市政污泥等不同污泥来源、微波热解、水热炭化等不同热解工艺、活化剂种类与添加剂对污泥活性炭性能的影响。简述了污泥活性炭在污染治理中的应用，分析了其在不同废水、废气的处理及土壤改良中的应用。同时，本文对污泥活性炭的制备及应用作出展望，即应解决化学活化带来的高成本和二次污染问题；在应用方面，应多开展不同污染物同时吸附的研究。

关键词　污泥活性炭；制备；环境治理；应用

我国大多数行业在治污过程中，污泥的合理有效利用一直是软肋。在污泥的组成中，含碳有机物是污泥的重要的部分，为合理利用污泥中的碳元素，研究人员将污泥转化为有吸附性能的活性炭。同时，污泥来源广、属于待处理污染物，且大量研究表明，污泥制得的活性炭对某些污染物的吸附能力较强，故前景较好。

1　污泥活性炭的制备

为达到“以污治污”的目标，研究人员提出将污泥制成活性炭，制备方法的主体是热解或煅烧。活性炭的吸附性能主要受污泥来源、热解工艺、活化剂、添加剂等因素的影响[1]。

1.1　污泥来源

不同来源的污泥碳含量不同，碳含量直接决定污泥活性炭的表面结构和吸附性能[2]。其中市政污泥及含油污泥研究相对较多。石油工业产生的含油污泥碳含量高，MOHAMMAD 等[3]研究了含油污泥制备活性炭的可行性。此外，邓皓等[4]也成功地将含油污泥制成了比表面积大于 $2000m^2/g$ 活性炭，说明含油污泥制备活性炭前景可观。相对于含油污泥来说，市政污泥制备活性炭的研究更为频繁，且部分研究人员制备的活性炭吸附水中污染物的性能良好。Pan 等[5]用消化污泥、化学污泥及二者混合后的污泥制备活性炭，并用三种活性炭和商业活性炭吸附水中有机物质，试验表明，后两种活性炭均有很强的疏水性与去除 COD 的能力。

此外，研究人员也将制革、造纸、纺织业水处理过程产生的污泥制成活性炭。制革污泥中残留的毛皮等物质可作为碳源，经高温热解活化，可制得性能优良的活性炭，其对染料、PAHs 的吸附性能良好[6]。造纸污泥含有大量纤维素等有机物，Vania Calisto 等[7]用造纸污泥制备活性炭，并将活性炭用于吸附水中西酞普兰，取得了较好的效果。Kacan 等[8]用纺织污水处理过程中的剩余污泥进行炭化活化，所得产物对 RSB 的吸附量为 8.54mg/g。笔者认为今后应开展多种污泥混合制备活性炭的研究，也应探索不同来源污泥制备的活性炭的应用领域。

1.2　热解工艺

污泥成炭必须经过热解，不同热解工艺所得的活性炭，性能指标千差万别。传统的热解主要是通过马弗炉等进行一步热解，产物吸附性能较差。因此，研究人员将热解与活化过程分开，形成了两步热解工艺，即先碳化，碳化后样品与活化剂混合共同热解。主要原因是先碳化可去掉污泥中部分灰分，再活化时活化剂能充分与污泥中的碳接触，对碳进行开孔。Kong 等[9]用两步活化法制备活性炭，即柠檬酸先活化，$ZnCl_2$后活化，所得活性炭的空隙结构分布均匀，有利于甲苯等难降解有机物的吸附及被吸附物质在活性炭孔道内迁移。

微波热解法可在样品内部同时产热，且受热均匀，加热较快，故可缩短制备时间。微波热解包括干燥、热解、碳化三个阶段，三个阶段温度依次升高[10]。袁春燕等[11]用微波热解法制备污泥活性炭，在较低的功率下加热8min，所得的活性炭碘值和比表面积均很理想，活性炭对 BF-BR 的吸附量达46mg/g。张襄楷等[12]研究表明，升高微波功率可缩短制备时间，当功率仅为

400W 时，制备时间可缩短至 2min，且所得产物脱色率接近 100%，远高于商品活性炭(67.2%)。

一般的热解法均要求污泥含水率低，但污泥脱水会成本较高，为解决污泥高含水带来的成本问题，部分人员将的水热炭化思想应用于活性炭的制备过程。水热法是在加热过程中将污泥中的水分转变为水蒸汽，通过水蒸气进行活化的活性炭制备技术，该技术充分利用了污泥中的水，固定碳的效果较好，环保节能[13-14]。许多研究表明水热法制备的活性炭微孔发达，故适用于粒径较小的污染物的吸附，如水中的重金属离子。Cakan 等[15]通过水热法将葡萄糖制成碳微球，碳微球对水中的 Cd^{2+} 和 Pb^{2+} 有较好的吸附能力；AATALO[16]将造纸污泥进行水热炭化制备活性炭，炭产物对 Pb^{2+} 的吸附试验表明，到达吸附平衡所用时间短，且吸附量大。

1.3 活化剂

无论何种热解都是将未活化的污泥直接炭化，直接炭化所得产物的总孔容小和比表面积小，难以直接作吸附剂使用，因此，需要通过活性剂对炭化产物进行活化，提高其性能指标。常见活化剂包括下面三种。

1.3.1 物理活化剂

物理活化剂在活化初期，活化气体先与微晶周围及微晶之间残留的焦油反应，非组织碳逐渐被氧化，初步形成类似石墨的微晶表面；石墨微晶的活跃部位的碳进一步与活化剂反应，最终形成气体逸出，微晶的这种反应不断进行，使得原有孔隙扩大，并出现新的孔隙，从而形成活性炭的多孔结构，最终原料表面受到刻蚀并形成大量的孔隙结构而具有巨大的比表面积，高温下将活化气体通入热解炉，污泥与活化剂发生氧化反应，反应产生的气体从污泥内部逸出[17-18]。以上过程可理解为微晶的不断气化使活性炭孔径生成、变大。在制备过程中，活化步骤的各项参数均对活性炭的性能指标有影响。RIO 等[19]以高温 H_2O(气)为活化剂，炭产物对苯酚和铜的吸附量分别为 50 和 80mg/g。

1.3.2 化学活化剂

化学活化剂通常在制备前与污泥进行浸渍混合，热解时，高温作用下产生的水蒸气等物质对活性炭进行开孔、扩孔，水蒸气一部分来自于污泥所含的游离水，另一部分则来自于有机物脱出的水分。常用的化学活化剂主要包括 KOH、H_2SO_4、$CaCl_2$、KCr_2O_4、高锰酸钾等具有腐蚀、氧化作用的化学药品。LI 等[20]以 $ZnCl_2$ 活化法制备活性炭，炭产物可作为良好的 H_2S 去除剂。Gu 等[21]以 Fenton 法活化制得的活性炭，其炭产物可较好的从水回收 2-萘酚，回收量的最大值为 111.9mg/g。

1.3.3 复配活化剂

一般来说，复配活化剂是由两种或以上的化学活化剂按一定的浓度、体积比混合而成的一类活化剂。李小川[22]将等摩尔质量的 $ZnCl_2$ 与 KOH 复配，复配后的活化剂活化效果更为明显，其炭产物对品红的吸附性能强于商品活性炭。

此外，部分研究一般按先化学、后物理的活化顺序，将两种活化剂联用。尹炳奎[23]用 $ZnCl_2$、CO 和水蒸气作为活化剂制备活性炭，在同等条件下，$ZnCl_2$、水蒸气联合活化的活性炭对脱色率接近 100%。笔者认为活化剂效果的好坏是相对的，应根据污泥性能、工艺设备以及活性炭的应用领域来选择。目前，在活化剂选择方面缺乏一致的看法，因此，活化剂及其活化机理有待深入研究。

1.4 添加剂

影响活性炭性能的指标很多，研究人员通常在制备过程中添加各种物质来改善活性炭的性能，比较常见的有增碳的生物质和起催化作用的过渡金属等。

1.4.1 增碳剂

由于污泥的含碳量无法与石油焦等传统活性炭原料相比，故在实际应用中常将污泥与增碳剂混合制备活性炭，以提高活性炭的吸附性能。陶虎春等[24]以甘蔗渣来提高污泥碳含量，制得碘、亚甲基蓝和 Pb^{2+} 吸附值分别是 686.55、131.07、21.54mg/g 的活性炭，添加甘蔗渣后，比表面积、碘值、亚甲基蓝值、Pb^{2+} 吸附值分别提高约 8 倍、6 倍、2 倍和 20 倍。另外也有塑料作为增碳剂的研究，塑料与污泥在重叠热解温度区间内剧烈反应，改善了污泥活性炭孔隙结构，但其具体应用效果仍处于研究阶段[25]。

1.4.2 催化剂

由于污泥中的纤维素、烃类等在热解时难以分解，故热解前在污泥中可适当加入过渡金属(铁、锰、锌等)或其氧化物、氯化物等，催化芳香烃、纤维素等物质的分解，以上物质的分解可在活性炭表面引入羧基等，从而增强活性炭对重金属的络合及对有机物的吸附能力[21]。LIU 等[26]研究指出，软锰矿的加入，可提高污泥活性炭的介孔含量，介孔量的增加提高了大分子物质的吸附量；另外，软锰矿使污泥中大分子物质分解彻底，从而使活性炭的碳骨架增多[27]。

2 污泥活性炭应用于污染治理

2.1 水处理中的应用

污泥活性炭可广泛用于渗滤液、皮革、制药、高含重金属或营养物质等废水的处理。Yang 等[28]以硫酸铁为活化剂制得污泥活性炭，所得活性炭可高效的从生物污泥中回收四环素。尹炳奎[23]以制得的活性炭进行水处理试验，结果表明，其对渗滤液的 COD 和色度有较好的去除效果；对印染废水中 GR 和 TOC 去吸附率接近 100%。关伟等[29]制得的活性炭对制药废水 COD、TOC 的最大去除率为分别为 78.32% 和 63.08%。张珂等[30]研究表明，在强酸性时污泥活性炭对 Cr(Ⅵ) 吸附率接近 100%。ROZADA 等[31]用 $ZnCl_2$ 活化后的污泥活性炭吸附 Hg(Ⅱ)、Pb(Ⅱ)、Cu(Ⅱ)和 Cr(Ⅲ)，吸附量分别为 175.4、64.1、30.7、15.4mg/g。高永坤等[32]用造纸污泥制备的活性炭处理低浓度含磷废水，磷去除率为 97.81%。

2.2 废气处理中的应用

污泥活性炭在废气处理中的应用主要集中于脱硫脱硝、吸附 H_2S 等有毒有害气体，也有关于室内气体净化的报道。Bandos 等[33]以碱活化制得活性炭，其 H_2S 吸附量可达 30mg/g，且活性炭中引入的碱金属元素可催化 H_2S 的还原。李永民等[34]将 MnO_2 和 MgO 负载到污泥活性炭上制得烟气脱硫剂，该脱硫剂的脱硫率略高于商业活性炭。Wen 等[35]制备的污泥活性炭具有丰富的多孔结构和表面官能团，其对甲醛的吸附能力优于商业活性炭。Canals 等[36]制得的活性炭可较好地去除空气中的 NH_3，NH_3 的吸附量达 19.1mg/g。

2.3 土壤修复中的应用

污泥活性炭修复被污染土壤的方式为：先吸附，后降解。在这个过程中，活性炭先吸附富集污染物，而后供聚集在活性炭上的微生物进行降解。活性炭为驯化后的微生物提供有利的生存条件，减轻微生物的竞争作用[37]和不利条件的伤害，以提高驯化后微生物的存活率和降解污染物的效率。李刚等[38]以市政污泥为原料制得污泥活性炭，将活性炭用于改良重金属污染的土壤，改良后土壤重金属含量达到了农用二级标准，该研究为污泥活性炭用于土壤修复提供范例。

从污泥来源、活化剂、吸附质三方面考虑，列举了近年污泥活性炭制备及应用情况，如表 1 所示。

表 1　近些年污泥活性炭制备及应用情况

原料	活化剂	碳化温度/℃	活化温度/℃	比表面积/m^2g^{-1}	吸附质	吸附情况	来源
市政污泥	Fenton 试剂	350	350	24.265	Cr(Ⅵ)	9.93	39
活性污泥	Fenton 试剂	600	600	253	H_2S	44.2%	40
污泥+木粉	KOH	675	675	481.33	COD	63.6%	41
市政污泥	KOH		500		Ni. Cr. Pb	73%	42
市政污泥	KOH+水蒸气	600	600	737.61	色度	99.8%	23
造纸污泥	KOH+$ZnCl_2$	550	20		品红		22
污泥+木屑	水蒸气		850	134.69	甲基蓝		43
市政污泥	Fe^{3+}		750	126.86	四环素		29
污泥+粉煤灰		700		75.04	氨氮(磷)	28.2(26)	44

3 总结与展望

从环境治理、废物利用角度来说，污泥活性炭基本达到了环境友好型活性炭的标准。目前所展开的工作主要是提升特定物质的吸附能力、活化剂的选择及工艺参数的优化，未来需要努力的方向如下：

解决化学活化剂带来的高成本和二次污染问题，开发出新型的活化剂。更多地开展多种污染物同步吸附的研究，如多种重金属离子、重金属离子与难降解有机物等地吸附，并探究吸附机理。

参 考 文 献

[1] 施川，张盼月，郭建斌，等．污泥生物炭的磷吸附特性[J]．环境工程学报，2016，10(12)：7202-7208.

[2] 赵芝清，徐天有，张彦，等．污泥活性炭吸附含Cr(Ⅵ)废水的试验研究[J]．工业用水与废水，2009，40(1)：77-79.

[3] Mohammadi S，Mirghaffari N. A preliminary study of the preparation of porous carbon from oil sludge for water treatment by simple pyrolysis or KOH activation[J]. New Carbon Materials，2015，30(4)：310-318.

[4] 邓皓，王蓉沙，张明栋，等．含油污泥制备高比表面积活性炭[J]．山东大学学报(工学版)，2014，44(02)：69-75.

[5] Pan Z H，Tian J Y，Xu G R，et al. Characteristics of adsorbents made from biological，chemical and hybrid sludges and their effect on organics removal in wastewater treatment [J] . Water Research，2011，45 (2)：819-827.

[6] Kantarli I C，Yanik J. Use of Waste Sludge from the Tannery Industry[J]. Energy & Fuels，2009，23(6)：3126-3133.

[7] Calisto V，Ferreira C I，Santos S M，et al. Production of adsorbents by pyrolysis of paper mill sludge and application on the removal of citalopram from water [J]. Bioresource Technology，2014，166(166)：335-344.

[8] KacanE. Optimum BET surface areas for activated carbon produced from textile sewage sludges and its application as dye removal. [J]. Journal of Environmental Management，2016，166：116-123.

[9] Kong L，Xiong Y，Tian S，et al. Preparation and characterization of a hierarchical porous char from sewage sludge with superior adsorption capacity for toluene by a new two-step pore-fabricating process. [J]. Bioresour Technol，2013，146(146C)：457-462.

[10] RenX，Liang B，Liu M，et al. Effects of pyrolysis temperature，time and leaf litter and powder coal ash addition on sludge-derived adsorbents for nitrogen oxide. [J] . Bioresource Technology，2012，125 (125C)：300-304.

[11] 袁春燕．污泥吸附剂的微波诱导热解法制备与应用[D]．哈尔滨工业大学，2006.

[12] 张襄楷，季会明，范晓丹．微波法制备污泥活性炭及其脱色性能的研究[J]．炭素，2008(2)：40-43.

[13] Mumme J，Eckervogt L，Pielert J，et al. Hydrothermal carbonization of anaerobically digested maize silage. [J]. Bioresource Technology，2011，102 (19)：9255-9260.

[14] Koottatep T，Fakkaew K，Tajai N，et al. Sludge stabilization and energy recovery by hydrothermal carbonization process [J] . Renewable Energy，2016，99：978-985.

[15] Demircakan R，Baccile N，Antonietti M，et al. Carboxylate-Rich Carbonaceous Materials via One-Step Hydrothermal Carbonization of Glucose in the Presence of Acrylic Acid [J] . Chemistry of Materials，2009，21(3)：484-490.

[16] Alatalo S M，Repo E，Mäkilä E，et al. Adsorption behavior of hydrothermally treated municipal sludge & pulp and paper industry sludge. [J]. Bioresource Technology，2013，147：71-76.

[17] Guo J，Lua A C. Surface Functional Groups on Oil-Palm-Shell Adsorbents Prepared by HPO and KOH Activation and their Effects on Adsorptive Capacity [J]. Chemical Engineering Research & Design，2003，81(5)：585-590.

[18] Khalili N R，Campbell M，Sandi G，et al. Production of micro-and mesoporous activated carbon from paper mill sludge：I. Effect of zinc chloride activation [J]. Carbon，2000，38(14)：1905-1915.

[19] Rio S，Coq L L，Faur C，et al. Preparation of Adsorbents from Sewage Sludge by Steam Activation for Industrial Emission Treatment[J]. Process Safety & Environmental Protection，2006，84(4)：258-264.

[20] Li F，Yan B，Zhang Y，et al. Effect of activator on the structure and desulphurization efficiency of sludge-activated carbon[J]. Environmental Technology，2014，35(20)：2575-2581.

[21] Lin G，Wang Y，Zhu N，et al. Preparation of sewage sludge based activated carbon by using Fenton's reagent and their use in 2-Naphthol adsorption [J]. Bioresour Technol，2013，146：779-784.

[22] 李小川，王英刚，马溶涵，等．化学活化法制备造纸污泥碳质吸附剂优化条件及性能研究[J]．沈阳大学学报(自然科学版)，2017(4)：304-310.

[23] 尹炳奎．污泥活性炭吸附剂材料的制备及其在废水处理中的应用[D]．上海交通大学，2007.

[24] 陶虎春，张贺然，丁文毅．一种甘蔗渣混合污泥基吸附剂的制备和改性方法[P]．广东：CN105498700A. 2016.

[25] 余广炜，汪印，王兴栋，等．一种废塑料与污泥混合制备炭吸附材料的方法及系统[P]．福建：CN103951153A，2014-07-30.

[26] Liu C，Tang Z，Chen Y，et al. Characterization of mesoporous activated carbons prepared by pyrolysis of sew-

age sludge with pyrolusite[J]. Bioresource Technology, 2010, 101(3): 1097-1101.

[27] 陈红燕，羊依金，谭显东，等．软锰矿-污泥活性炭的制备及其对废水中铅离子的吸附[J]. 环境工程学报，2010，4(11)：2473-2478.

[28] Xin Y, Xu G, Yu H, et al. Preparation of ferric-activated sludge-based adsorbent from biological sludge for tetracycline removal [J]. Bioresource Technology, 2016, 211: 566-573.

[29] 关伟．污泥活性炭的制备及对制药废水吸附性能的研究[D]. 重庆：重庆工商大学，2010.

[30] 张珂，郑宾国，程文博，等．改性污泥活性炭吸附废水中 Cr(Ⅵ)的性能研究[J]. 环境科学与管理，2017，42(9)：109-111.

[31] Rozada F, Otero M, Morán A, et al. Adsorption of heavy metals onto sewage sludge - derived materials [J]. Bioresource Technology, 2008, 99 (14): 6332-6338.

[32] 高永坤，童延斌，鲁建江．响应面分析法优化造纸污泥吸附剂除磷工艺[J]. 环境工程学报，2012，6(5)：1727-1733.

[33] Bandosz T J, Block K A. Removal of hydrogen sulfide on composite sewage sludge - industrial sludge - based adsorbents[J]. Industrial & Engineering Chemistry Research, 2006, 45(10): 3666-3672.

[34] 李永民，余兰兰，余宏伟，等．剩余污泥制备吸附剂及其脱硫机理[J]. 大庆石油学院学报，2007，31(2)：59-61.

[35] Wen Q, Li C, Cai Z, et al. Study on activated carbon derived from sewage sludge for adsorption of gaseous formaldehyde. [J]. Bioresource Technology, 2011, 102(2): 942-947.

[36] Canals-Batlle C, Ros A, Lillo - Ródenas M A, et al. Carbonaceous adsorbents for NH_3 removal at room temperature[J]. Carbon, 2008, 46(1): 176-178.

[37] Cunningham C J, Ivshina I B, Lozinsky V I, et al. Bioremediation of diesel-contaminated soil by microorganisms immobilised in polyvinyl alcohol [J]. International Biodeterioration & Biodegradation, 2004, 54(3): 167-174.

[38] 李刚．城市脱水污泥低温热解及产物特性的研究[D]. 新疆大学，2016.

[39] 覃理嘉，王东波，林荣科，等．Fenton 活化制备污泥炭对水中 Cr(Ⅵ)的吸附性能[J]. 环境工程学报，2017(9)：5007-5012.

[40] 王亚琛．Fenton 强化污泥基活性炭的制备及其应用[D]. 上海交通大学，2014.

[41] 闫中亚，王俊芬，吴玉英，等．KOH 活化脱墨污泥基活性炭的制备及表征[J]. 中国造纸学报，2016(1)：32-36.

[42] 卫新来，俞志敏，吴克，等．KOH 活化制备脱水污泥活性炭[J]. 应用化工，2015(3)：463-465.

[43] 吴逸敏，黄亚继，宋敏，等．水蒸气法制备污泥质活性炭的实验研究[J]. 中国环境科学，2012，32(4)：640-646.

[44] 程伟凤．污泥基生物炭的制备及其氮磷吸附性能的研究[D]. 江南大学，2016.

页岩气采出水处理工艺试验研究

张永红[1] 金 艳[2] 何 化[1] 袁海涛[3]

(1. 中国石油工程建设有限公司西南分公司; 2. 华东理工大学国家盐湖资源综合利用工程技术中心; 3. 大庆油田工程建设有限公司安装公司)

摘 要 页岩气采出水具有含盐量高和污染物成分复杂,含有机物、悬浮物和油等,针对废水特点,提出采用"旋流气浮-三维多效电催化氧化-脱盐系统"处理工艺对页岩气采出水进行试验研究,其中脱盐系统包括过滤装置、电渗析和反渗透装置. 中试结果表明:旋流气浮对 CODCr、石油类和 SS 的去除率分别为 49.3%、51.2%和 51.9%;三维多效电催化氧化对 CODCr、石油类和 SS 的去除率分别为 66.7.%、96.6%和 93.6%;脱盐系统出水 CODCr 为 52mg/L,氯离子 230mg/L,SS 和石油类未检出,同时满足《污水综合排放标准》(GB 8978—1996)和《四川省水污染物排放标准》(DB 51/190—93)一级排放标准。为页岩气采出水达标外排处理工程化应用提供了技术支撑。

关键词 页岩气;返排液;气浮;催化氧化;脱盐

页岩气是一种以吸附、溶解、游离状态赋存于泥页岩中的清洁、低碳、非常规天然气资源[1]。页岩气开发具有开采寿命长、产量高和生产周期长的优点,已成为全球油气资源勘探开发的新亮点[2]。页岩气井多采用大规模水力压裂,其技术原理是利用储层的天然裂缝或人为诱导产生裂缝系统,将含有各种添加剂的压裂液在高压下注入地层,进一步扩大储层裂缝网络,再通过支撑剂支撑裂缝来改善储层裂缝网络系统,从而达到增产目的[3]。

页岩气开采产生的废液成分复杂,主要来源于压裂液和页岩气地层[4]。为了诱导储层裂缝和保护开采设备,水力压裂所使用的压裂液除了淡水,还包含了不同含量的减阻剂、杀菌剂、防垢剂、黏土稳定剂和表面活性剂等化学物质[5]。四川页岩气威远区块和长宁区块,在水平井压裂结束后,预计压裂液在其生命周期中会有 30%~70%[6]将返回至地表成为返排水。返排水经过页岩压裂后不仅保留了原有压裂液的化学物质,而且由于长时间接触地层岩石而混入悬浮有机物、油脂、天然放射性物质、重金属、酚类、酮类等多种污染物[7~9]。这些污染物的含量还将随着压裂液与页岩气层接触时间的延长而增加。页岩气水力开采所带来的废水排放和地下水污染等环节问题,已引起各国政府和民众的高度关注[2]。

目前国内页岩气采出水多为简单处理后回注[10],现有一些研究工艺也主要针对处理后能否达到国标 GB8978-1996《污水综合排放标准》,如张太亮[11]等采用混凝-磁分离-电化学技术,袁建梅等[12]采用臭氧氧化技术,许剑等[13]采用电絮凝和臭氧氧化技术等。这些研究中均没有涉及到脱盐的要求。然而,页岩气采出水 Cl^- 浓度和矿化度均很高[14~16],多数地方排放标准中均有对氯离子浓度或者总溶解性固体的指标要求。

本研究的目的是提供一种页岩气采出水处理工艺,处理后的出水水质同时满足(GB8978-1996)《污水综合排放标准》和(DB51/190-93)《四川省水污染物排放标准》一级排放标准。

1 试验水质及试验流程

1.1 试验水质

试验用水为四川某气田页岩气开采作业排出废液,进水水质和设计出水水质见表 1,出水水质同时满足(GB8978-1996)《污水综合排放标准》和(DB51/190-93)《四川省水污染物排放标准》的一级排放标准。

表 1 进水以及设计出水水质

检测项目	进水	设计出水
pH 值	6.5~8.5	6~9
ρ(油)/mg · L^{-1}	123	≤5
ρ(SS)/mg · L^{-1}	166	≤70
CODCr/mg · L^{-1}	1460	≤60
ρ(氯离子)/mg · L^{-1}	17200	≤300
总硬/mg · L^{-1}	2481	/

续表

检测项目	进水	设计出水
氨氮/$mg\cdot L^{-1}$	60.3	15
BOD_5/$mg\cdot L^{-1}$	646.3	30
TDS/$g\cdot L^{-1}$	28.2	/
钡/$mg\cdot L^{-1}$	234.1	2.0
锶/$mg\cdot L^{-1}$	146.5	/
硫化物/$mg\cdot L^{-1}$	未检出	1.0
氟离子/$mg\cdot L^{-1}$	未检出	10

注："/"表示不作要求。

1.2 试验工艺流程

针对页岩气采出水的水质特点，通过前期工艺试验探索，本次试验采用"旋流气浮-电催化氧化-组合脱盐系统"联合处理工艺，具体流程见图1，其中虚线部分为试验流程。

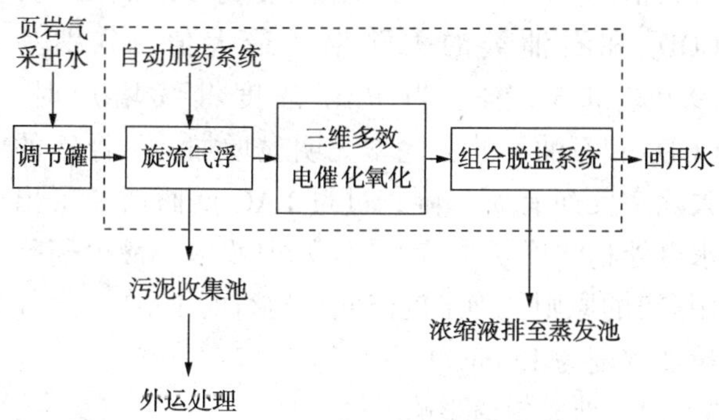

图1 页岩气采出水处理工艺流程

1.2.1 旋流气浮

低剪切旋流气浮的作用是去除油和悬浮物，包括进水混凝系统、旋流腔体和加压注气系统[17]。含悬浮物和油的污水和混凝药剂带压切向进入旋流腔体，在弱离心力作用下进行同向混合，当运动至注气段，微气泡与悬浮物充分碰撞粘附形成絮体，絮体向上随溢流排出，清水相由底流排出[18]。

1.2.2 三维多效电催化氧化系统

电化学氧化作为一种"环境友好"的高级氧化技术，在难降解有机废水处理方面的应用备受关注，其具有高度的灵活性，既可单独应用又可与其他处理工艺组合应用。本技术是将三维电极法和电 Fenton 法相耦合的多效氧化新技术[19]。本试验装置中电催化氧化电极采用钛涂钌材质，极板间距0.5m，极板间放置粒子电极，采用碳粉、陶土、活性成分、成孔剂和黏合剂等混合压制成型，然后高温800-1000℃烧结而成，比表

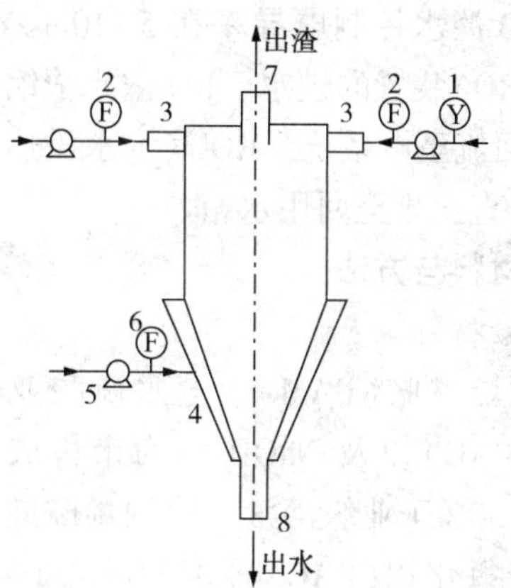

图2 旋流气浮示意图

1—加药系统；2—电磁流量计；3—螺旋线进口；4—微孔锥管；5—空气压缩机；6—气体流量计；7—溢流管；8—底流管

面积比较大为373.2m^2/g。将粒子催化电极引入电 Fenton 体系中，增大了工作电极表面积，缩短了污染物迁移距离，极大提高了处理效果。

通过三维多效电催化氧化和电 Fenton 耦合，可在反应器内产生更多羟基自由基[20]。在反应器中 H_2O_2 可通过溶解氧在阴极还原生成：

$$O_2+2H^++2e^-\longrightarrow H_2O_2 \quad (1)$$

H_2O_2 与催化剂 Fe^{2+} 构成的氧化体系为 Fenton 试剂，在酸性条件下，H_2O_2 被 Fe^{2+} 催化分解产生活性很高的羟基自由基(·OH)：

$$H_2O_2+Fe^{2+}\longrightarrow Fe^{3+}+\cdot OH+HO^- \quad (2)$$

在三维多效电催化氧化体系中将废水中的有机物，通过直接电氧化或者间接强氧化剂氧化的方式分解成小分子有机物或直接矿化成 CO_2 与 H_2O[21]，从而使废水的 COD_{Cr} 得到降低，同时也降低油含量。

1.2.3 组合脱盐系统

组合脱盐系统由过滤装置、电渗析(ED)和反渗透(RO)装置组成。过滤采用中空超滤膜，材质为PVDF，截留分子量100kD；电渗析(ED)采用日本旭硝子，配置的离子交换膜型号为CMV型阳离子交换膜和AMV型阴离子交换膜，与反渗透相比具有耐污能力强，浓缩比高等特点，其浓水含盐量可浓缩至20%以上；反渗透装置所配置的反渗透膜元件采用DOW公司产品。

组合脱盐系统内流程为：电氧化系统产水先进入超滤系统去除悬浮物和胶体，确保SDI<3，保护后续电渗析膜和反渗透膜，延长膜使用寿命；超滤产水进入ED装置进行浓缩，ED浓缩液电导率达到160ms/cm以上，外排至浓缩液蒸

发池，ED 淡水控制电导率在 5-10ms/cm，作为反渗透(RO)装置的进水，RO 浓水浓缩至含盐量 2%-3%回流至电系统，RO 淡水水质达到回用水质要求，直接排至回用水箱。

2 试验材料与方法

2.1 试验材料

聚丙烯酰胺(PAM)、七水硫酸亚铁、聚合氯化铝(PAC)以及 NaOH 均为市售成品，其中 NaOH 为 30%工业级溶液，聚丙烯酰胺、硫酸亚铁和聚合氯化铝(PAC)分别配成 0.1%、15%和 15%的水溶液使用。

2.2 试验方法

旋流气浮系统规模 25/d，分离区水利停留时间 6min，运行过程中加 PAM5～20mg/L，PAC50～150mg/L。

电催化氧化试验装置规模为 2.5t/d，功率为 500w，空气曝气量为 $3m^3/h$，亚铁投加量为 0.5～1.5mmol/L。装置分为电催化氧化反应区和絮凝沉淀分离区，絮凝反应投加 PAM 为 1mg/L，PAC 为 30mg/L，废水总停留时间为 2.5h。

脱盐浓缩试验装置规模为 2.5t/d，电渗析(ED)淡水室和浓水室流量 250L/h，极室循环流量 150L/h，膜间电压 3～6V，电流为 2～6A。反渗透装置最大设计压力 0.69MPa，运行压力为 0.25MPa～035MPa。

由于旋流气浮处理规模大于电催化氧化和脱盐组合系统，所以，旋流气浮为间歇运行，各个处理装置直接设置有中间水箱和输送泵。

2.3 分析与检测方法

实验过程中 COD_{Cr}、石油类、氨氮、SS 等的分析检测方法见表 2。

表 2　分析与检测方法

指标	分析/检测方法	标准/仪器
石油类	重量法	水和废水监测方法(第四版)
CODCr	高氯重铬酸钾消解法	GB/T 10247—2008
SS	重量法	水和废水监测方法(第四版)
氯离子	硝酸银滴定法	酸式滴定管
pH	玻璃电极法	pH 计
电导率	玻璃电极法	电导率仪

3 试验结果与分析

3.1 加药量对旋流气浮运行影响

3.1.1 絮凝剂的影响

页岩气采出水经旋流气浮处理后，COD_{Cr}、石油类和 SS 都有一定去除，但去除效率受药剂投加量的影响。在助凝剂投加量不变，改变絮凝剂投加量时，其处理效果见图 3。

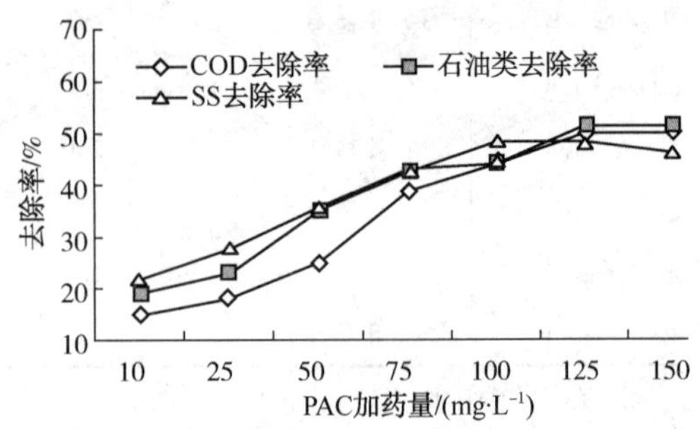

图 3　PAC 加药量对旋流气浮处理效果影响

从图 3 可看出，气浮出水的 COD_{Cr}、石油类和 SS 的去除率随 PAC 浓度的增加而增加，当 PAC 浓度为 100mg/L 时，悬浮物的去除率达到最大值为 48.3%，当 PAC 浓度为 125mg/L 时，COD_{Cr}和石油类的去除率达最大值，分别为 49.9%和 51.2%。当 PAC 浓度继续增加时，COD_{Cr}和石油类的去除率无明显增加，悬浮物的去除率反而有所下降，过量 PAC 反而增加了出水悬浮物浓度。本着“最佳处理效率、最少药剂用量”的原则，确定旋流气浮运行时 PAC 的最佳投加浓度为 125mg/L。

3.1.2 助凝剂的影响

以 PAC 浓度 125mg/L 为最佳絮凝剂投加量，改变助凝剂 PAM 投加量时，其处理效果见图 4。

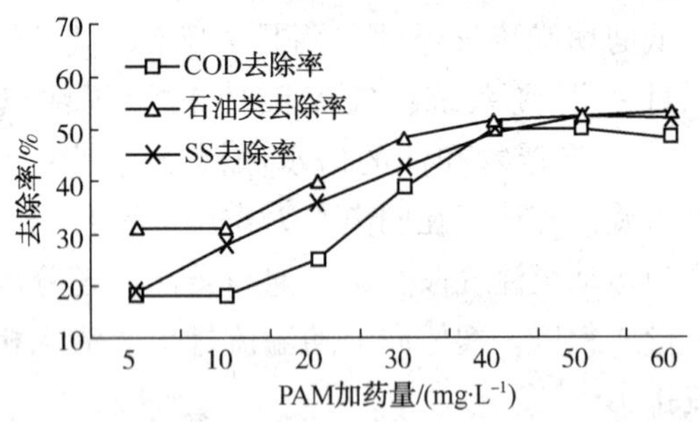

图 4　PAM 加药量对旋流气浮处理效果影响

从图 4 可看出，气浮出水的 COD_{Cr}、石油类和 SS 的去除率随着 PAM 浓度的增加而增加，当 PAM 浓度为 40mg/L 时，COD_{Cr}和石油类的去除率达到最大值，分别为 49.3%和 51.2%，当 PAM 浓度为 50mg/L 时，SS 的去除率达最大值，为 51.9%。当 PAM 浓度继续增加时，石油类和 SS 的去除率无明显增加，COD_{Cr}的去除率反而有所下降，过量 PAM 导致废水中 PAM 残留量增加，反而增加了出水 COD_{Cr} 浓度。确定旋流气浮运行时 PAM 的最佳投加量为 40mg/L。

3.2 三维多效化氧化系统运行效果

3.2.1 曝气量的影响

在电解过程中，压缩空气由电解槽底部多孔板均匀分布后进入反应器，使反应体系成为气-液-固三相三维体系。压缩空气主要起到两方面的作用：搅拌作用，提高了传质速度，并且对粒子电极表面进行在线清洗和活化；为反应体系提供 O_2，在阴极和活性炭表面还原生成 H_2O_2，当体系中存在亚铁离子时，形成 Fenton 反应，促进有机物分解。在 Fe^{2+} 投加 1.0mmol/L、pH 为 4.0 条件下，曝气量对多效催化氧化处理效果影响见图 5。

结果表明，曝气量为 $1.8m^3/h \cdot m^2$ 的处理效果最好，当曝气量大于 $1.8m^3/h \cdot m^2$ 时，COD 和油的去除率反而下降，因为填料电极是一个动态的吸附-氧化-脱附过程，曝气量太大不利于污染物吸附，并且随着曝气量增大，反应器中溶解氧量已趋于稳定，继续增加曝气量对提高处理效果无益。因此，控制曝气量在 $1.8m^3/h \cdot m^2$。

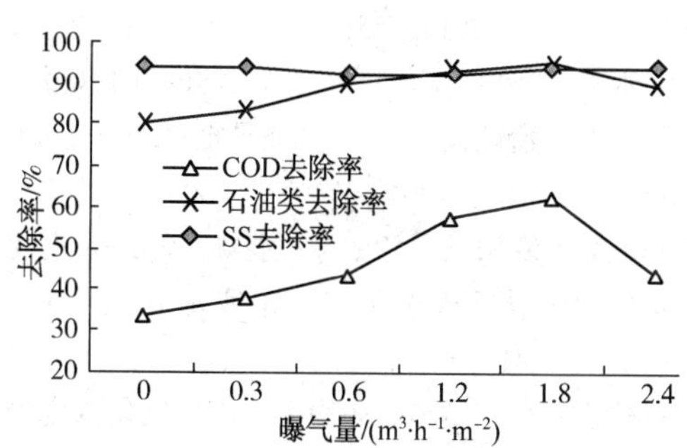

图 5 曝气量对多效催化氧化处理效果影响

3.2.2 Fe^{2+} 投加量的影响

三维电催化氧化反应器中投加 Fe^{2+} 有利于降解页岩气采出水 COD。电解过程中生成的 H_2O_2 氧化能力有限，在 Fe^{2+} 的催化下形成 Fenton 反应生成氧化能力极强的 ·OH，使废水中有机物和石油类得到有效去除。Fe^{2+} 投加量对电催化氧化处理效果影响见图 6。

从图 6 可知，当 Fe^{2+} 投加量从 0 提高到 1.0mmol/L 时，COD 和石油类的去除率明显增加，对悬浮物的去除没有任何影响，当 Fe^{2+} 投加量从 1.0mmol/L 增加到 1.5mmol/L 时，去除率提高不明显，再持续增加 Fe^{2+} 投加量 COD 和石油类反而略有下降，这主要是由于 Fe^{2+} 投加量过

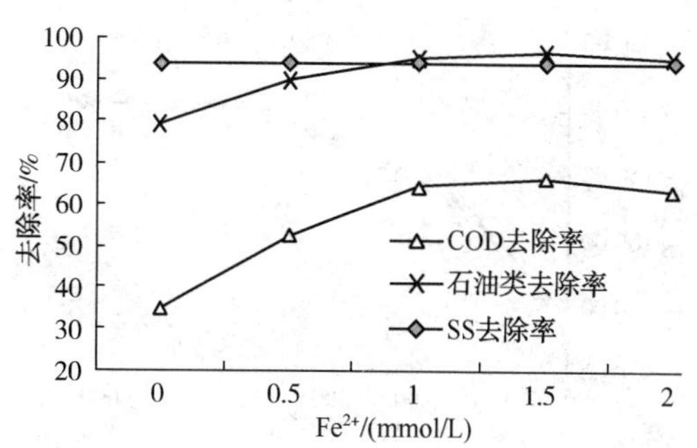

图 6 Fe^{2+} 投加量对电催化氧化处理效果影响

高，过量 Fe^{2+} 会与有机物争夺强氧化剂 ·OH，从而影响处理效果。考虑到增加 Fe^{2+} 不仅增加药剂费，而且增加污泥产量，因此选择 1.0mmol/L 为最佳投加量。

3.2.3 反应时间的影响

反应时间对于三维电催化氧化反应的影响见图 7。

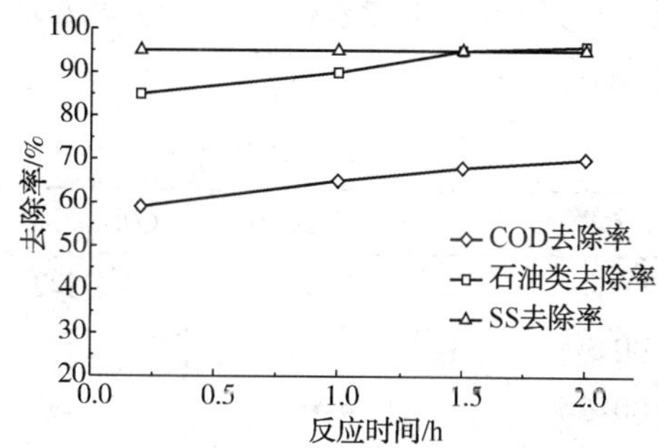

图 7 反应时间对电催化氧化处理效果影响

试验结果表明，随着反应时间的增加，COD 和石油类的去除率逐渐增加，SS 的去除率基本保持不变，当反应时间大于 1.5h 时，COD 和石油类的去除率基本保持稳定。

3.3 脱盐系统运行效果

3.3.1 电渗析电导率变化

控制整套处理系统浓水排量大小的关键是脱盐系统中的电渗析装置，其主要作用的将浓水浓缩至最小量，即可实现浓水浓度越高，其浓水的量也就越小。本系统中采用针对页岩气采出水复杂离子特性设计的耐污染型高倍浓缩电渗析装置，图 8 为本系统中电渗析运行过程中浓水侧的 TDS 随时间的变化趋势。电渗析装置开始运行时，淡水侧离子不断向浓水侧迁移，使得浓水侧电导率快速上升，直至装置运行稳定，浓水侧的 TDS 就趋于稳定，系统实现连续稳定运行。

3.3.2 脱盐系统出水水质

脱盐系统是整个处理工艺的核心，其中反渗

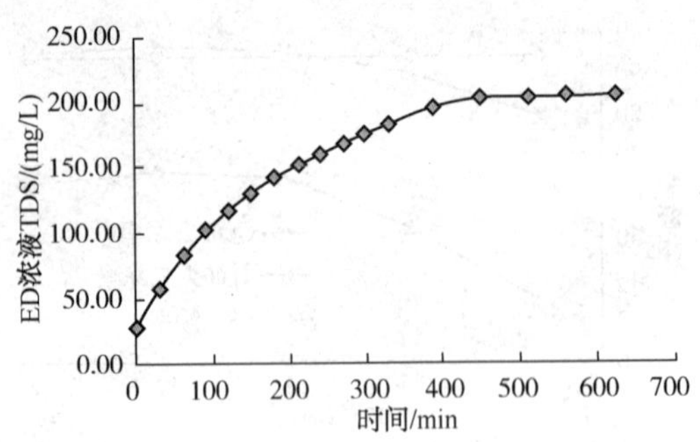

图 8　电渗析浓水 TDS 变化曲线

透(RO)装置产水即为整套处理装置的产水。通过前面的气浮和三维多效电催化氧化装置处理后，其石油类和悬浮物均已经达到排放标准，但是，Cl^-和 CODCr 还是超标，因此在脱盐系统中主要考察 Cl^-和 CODCr 指标。从表 3 试验结果可知，RO 产水的 Cl^-和 CODCr 分别为 230mg/L 和 52mg/L，分别≤300mg/L 和 60mg/L 的排放指标，石油类和悬浮物均未检出，即整套处理工艺出水优于设计回用指标。

表 3　脱盐系统出水水质

水样	氯离子/mg·L^{-1}	CODCr/mg·L^{-1}
ED 进水	17227	220
ED 淡水	3347	197
ED 浓水	67410	289
RO 产水	230	52
RO 浓水	13734	724

4　结论与建议

页岩气采出水处理工艺“旋流气浮-三维多效电催化氧化-脱盐系统”处理后出水的 CODCr 为 52mg/L，Cl^{-1}为 230mg/L，SS 和石油类未检出，pH 为 6.6，均优于设计要求 CODCr≤60mg/L，氯离子≤300mg/L，SS≤10mg/L，石油类≤5mg/L，pH=6~9 油浓度小于 3mg/L。

在实际工程中，新处理工艺与蒸发结晶系统结合，解决浓缩液最终出路问题，能够彻底解决页岩气采出水的处理难题。

参考文献

[1] 李佳．页岩气田污水处理研究[D]．大庆：东北石油大学．2015.

[2] Kerr R A. Natural gas from shale bursts onto the scene [J]. Science，2010，328(5986)：1624-1626.

[3] Gregory K B，Vidic R D，Dzombak D A. Water management challenges associated with the production of shale gas by hydraulic fracturing[J]. Elements，2011，7(3)：181-186.

[4] Zhang Y，Yu Z，Zhang H，et al. Microbial distribution and variation in produced water from separators to storage tanks of shale gas wells in Sichuan Basin，China [J]. Environmental Science Water Research & Technology，2017，3(2)：340-351.

[5] 王丹．页岩气采出水处理工艺技术研究进展[J]．环境工程，2016，s1)：424-8.

[6] Council G W P，Consulting A. Modern shale gas development in the United States：A primer[M]. Oklahoma City：Ground Water Protection Council，2009：96.

[7] Kargbo D M，Wilhelm R G，Campbell D J. Natural gas plays in the marcellus shale：Challenges and potential opportunities[J]. Environmental Science & Technology，2010，44(15)：5679-5684.

[8] Wilson J M，Van Briesen J M. Oil and gas produced water management and surface drinking water sources in pennsylvania[J]. Environmental Practice，2012，14：288-300.

[9] Alley B，Beebe A，Rodgers J，Jr，et al. Chemical and physical characterization of produced waters from conventional and unconventional fossil fuel resources [J]. Chemosphere，2011，85(1)：74-82.

[10] 吴青芸，郑猛，胡云霞．页岩气开采的水污染问题及其综合治理技术[J]．科技导报，2014，32(13)：74-83.

[11] 张太亮，欧阳铖，郭威等．混凝-磁分离-电化学技术处理压裂返排液研究．工业水处理，2016，36(4)：37-41.

[12] 袁建梅，杨德敏等．非均相催化臭氧化深度处理钻井废水的效能研究．工业水处理，2014，34(8)：36-40.

[13] 许剑，李文权等．页岩气采出水处理工艺试验研究．石油机械，2013，41(11)：110~114.

[14] ElanerM，Hoelzer K. Quantitative Survey and Structural Classification of Hydraulic Fracturing Chemicals Reported in Unconventional Gas Production [J]. Environmental Science & Technology，2016，50(7)：3290.

[15] Shaffer D L，Chavez L H A，Ben-Sasson M，et al. Desalination and Reuse of High-Salinity Shale Gas Produced Water：Drivers，Technologies，and Future Directions[J]. Environmental Science & Technology，2013，47(17)：9569-83.

[16] 黎邦成，四川气田水处理技术及其工程中的应用研究[D]；西南交通大学，2006.

[17] 胡长朝，党伟，谭文捷，等．高效旋流气浮一体化

预分水除油技术[J]. 科技导报，2014，32(8)：39-43.

[18] Bayati F，Shayegan J，Noorjahan A，et al. Treatment of oilfield produced water by dissolved air precipitation/solvent sublation[J]. Journal of Petroleum Science and Engineering，2011，80(1)：26-31.

[19] 三维电解-Fenton氧化法处理制药废水的研究[D]. 兰州交通大学，2013.

[20] Wang C T，Hu J L，Chou W L，et al. Removal of color from real dyeing wastewater by Electro-Fenton technology using a three-dimensional graphite cathode[J]. Journal of Hazardous Materials，2008，152(2)：601-606.

[21] 王开红，岳琳，郭建博. 电催化氧化法处理染料废水的影响因素及动力学[J]. 环境工程学报，2012，6(8)：2640-2644.

新疆油田稠油开发采出水处理及资源化利用工艺技术研究

朱新建　胡远远　马　尧　秦金霞

（中国石油新疆油田公司工程技术研究院）

摘　要　新疆油田稠油产量约占原油总产量的40%，稠油采出水量已达3500万方，经过10多年的科研攻关研究，形成了新疆油田特色的稠油采出水处理及资源化利用工艺技术。针对普通稠油采出水胶质、沥青质含量高、粘滞性大、乳化严重脱稳难的特点，研发推广了“离子调整旋流反应+强酸树脂软化”工艺技术，实现了采出水净化软化后回用湿蒸汽锅炉；针对超稠油采出水硅含量高（360mg/L）、温度高（95℃）、矿化度高（6000mg/L），难以回用的特点，研发推广了“净化除硅一体化+强酸树脂软化+高温反渗透+MVC”的组合工艺技术，实现了采出水、高含盐水深度处理回用过热锅炉。近10年累计回用稠油采出水约2亿方，创效20亿元，具有重大的经济效益和社会效益。

关键词　稠油采出水；过热锅炉；离子调整；高温反渗透；MVC

新疆油田位于极度干旱的准噶尔盆地，年降水量小于100mm，蒸发量是降水量的25倍，地表水和地下水资源严重匮乏，油田在开发过程中过量使用清水资源将会严重威胁城市生产、生活、农业用水的稳定和安全。稠油开发既是耗水大户，也是产水大户。2018年，作为稠油开发附产物的采出水已达3500万方，如果不能有效利用，不仅会影响生态环境，同时也造成水资源和能量的严重浪费。作为中石油加快新疆地区5000万吨油气规划推进的最重要的上产区域，采出水循环利用成为新疆油田可持续发展的重要保障。

新疆油田普通稠油以注湿蒸汽吞吐开发为主，采出水油水密度差小、粘滞性大，乳化程度高，胶质、沥青质含量高，脱稳难；超稠油以注过热蒸汽SAGD开发为主，采出水更具复杂性，硅含量高（360mg/L）、温度高（95℃）、矿化度高（6000mg/L），加之过热锅炉回用指标较湿蒸汽锅炉更加严苛，给稠油采出水回用注汽锅炉带来极大挑战。新疆油田经过10多年的科研投入和研发，逐步形成了适应普通稠油采出水、超稠油采出水、软化再生及锅炉排污高含盐水的处理及资源化回用系列技术，解决了水资源短缺，采出水量大难以处置等难题，保障了油田绿色生产。

1　采出水水质特点及回用指标

1.1　采出水水质特点

普通稠油采出水具有如下特点：

（1）具有较高的温度，一般为55~65℃，虽利于药剂反应，但易造成药剂上浮，悬浮物去除效果差；

（2）油水密度差小，油水分离困难；

（3）乳化严重，部分油田油珠粒径<20μm的含油占总含油的80%以上，这部分油比较稳定，很难靠重力沉降去除，给采出水除油带来极大挑战；

（4）较高的ξ电位，新疆油田采出水ξ电位在-22~-31mV范围内，较高的ξ电位形成的双电层阻碍油珠及絮体的絮凝，增大了净水药剂的使用量；

（5）水中存在较高的不稳定离子，Ca^{2+}、Mg^{2+}含量高，易生成$CaCO_3$、$MgCO_3$等沉淀或悬浮物；HCO_3^-和CO_3^{2-}的弱酸缓冲体系会加速腐蚀。

超稠油采出水相较普通稠油采出水更加复杂，主要体现在以下方面：

（1）硅含量高，最高达到360mg/L；矿化度高，最高达到6000mg/L,，影响锅炉安全稳定运行，极易造成锅炉、管网、油井等结垢，降低锅炉热效率，增加设备故障几率、严重影响油田生产的正常运行；

（2）温度高，最高达到95℃，影响反相破乳剂效果，降低反渗透装置寿命。

1.2　锅炉回用指标

新疆油田普通稠油采出水主要回用湿蒸汽锅炉，处理流程主要包含净化单元、软化（除氧）单元，产水满足：含油≤2mg/L，悬浮物

≤2mg/L，硬度≤0.1mg/L；超稠油采出水主要回用过热锅炉和流化床锅炉，由于其硅和矿化度高，处理流程主要包含净化单元、除硅、软化(除氧)单元、除盐单元，产水还需满足：硅≤50mg/L，矿化度≤2500mg/L(过热锅炉指标)；硅≤100mg/L，矿化度≤2000mg/L(流化床锅炉指标)。锅炉水质指标详见表1。

2 稠油采出水处理工艺技术

2.1 主要工艺流程

(1) 普通稠油采出水处理工艺流程

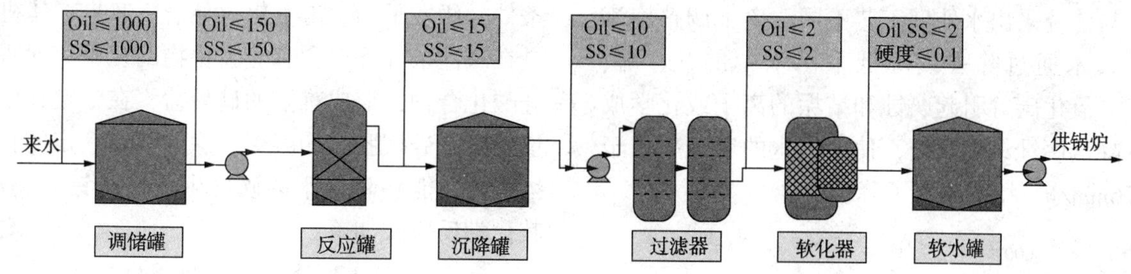

图1 普通稠油采出水净化软化工艺流程

表1 锅炉水质指标要求

序号	项目	湿蒸汽锅炉(SY/T 0027)	过热锅炉(新疆)	流化床锅炉(新疆)
1	溶解氧/(mg/L)	≤0.05	≤0.05	≤0.007
2	总碱度/(mg/L)	≤2000	≤125	≤2000
3	SiO_2/(mg/L)	≤150	≤50	≤100
4	总铁/(mg/L)	0.05	≤0.05	≤0.05
5	总硬度/(mg/L)	≤0.1	≤0.1	≤0.1
6	悬浮物/(mg/L)	≤2	≤2	≤2
7	矿化度/(mg/L)	≤7000	≤2500	≤2000
8	pH值	7.5~11	≤7~11	≤8.0~10.5
9	油和脂/(mg/L)	≤2	≤2	≤2

普通稠油采出水处理单元主要包括净化单元、软化(除氧)单元，处理合格后主要回用湿蒸汽锅炉，部分油区掺混少量清水软化水调质后回用过热锅炉和流化床锅炉，工艺流程见图1。主要工艺流程：采出水(含油≤1000mg/L、悬浮物≤300mg/L、硬度≤200mg/L、温度≤65mg/L)自流进入调储罐，去除大部分油和悬浮物，调储罐出水经反应泵提升进入反应罐，并依次加入净水剂、絮凝剂，使乳状液破乳，悬浮固体颗粒聚并，油水固液迅速分离，出水(含油≤15mg/L、悬浮物≤15mg/L)至混凝沉降罐，进一步降低油和悬浮物，出水再经过过滤缓冲罐依次进入双滤料过滤器和多介质过滤器，产水满足含油≤2mg/L、悬浮物≤2mg/L，过滤器出水直接进两级Na离子树脂软化装置，软化水系统出水(含油≤2mg/L、悬浮物≤2mg/L、硬度≤0.1mg/L、氧≤0.05mg/L)供给注汽锅炉。

(2) 超稠油采出水处理工艺流程

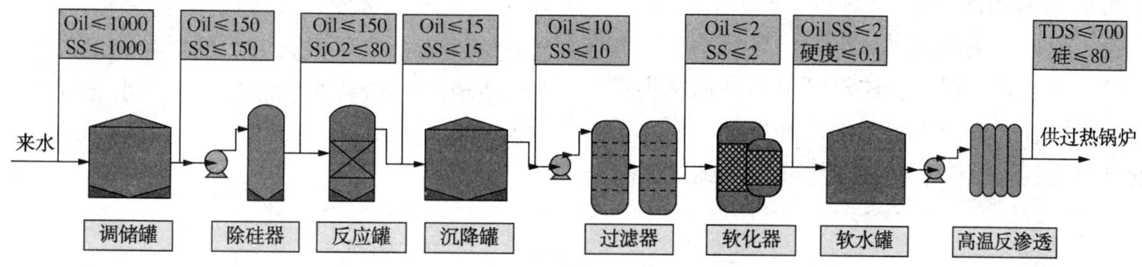

图2 超稠油采出水除硅净化软化除盐工艺流程

超稠油采出水处理单元主要包括除硅净化单元、软化(除氧)单元、除盐单元，处理合格后主要回用过热锅炉和流化床锅炉。工艺流程见图2，其工艺流程与普通稠油采出水流程相比，净化单元增加了镁剂混凝除硅单元，软化单元后增加了高温反渗透除盐单元，产水含油≤2mg/L、悬浮物≤2mg/L，硬度≤0.1mg/L，矿化度≤700mg/L，硅≤80mg/L。

2.2 主体工艺技术

(1) 离子调整旋流反应技术

新疆油田采出水通过加入Ca^{2+}、Zn^{2+}为主要成分的离子调整药，调整采出水的PH值，使乳状液破乳，悬浮固体颗粒聚并，油—水—渣迅速分离，水质得到净化，并通过改变离子调整剂的配方以适应油田采出水水质的变化及不同油田的采出水处理。

通过压缩采出水中胶体双电层，大幅降低胶体表面的ξ电位，使乳状液破乳，悬浮固体颗粒聚并，油水固液迅速分离，水质得到净化。

与传统采出水处理工艺不同，离子调整旋流反应技术通过除去或降低采出水中的铁、硫、钙、二氧化碳等引起腐蚀和结垢的离子或化学成分，降低腐蚀结垢倾向，使采出水的腐蚀率低于0.076mm/a，结垢趋势下降。

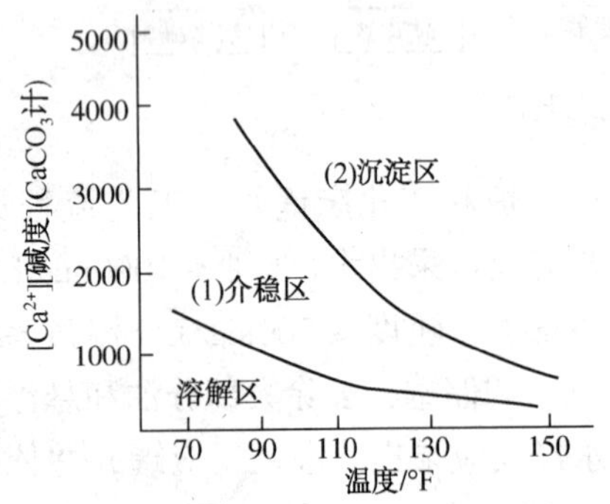

图 3 碳酸钙析出曲线(1)和碳酸钙的溶解度曲线(2)

碳酸钙溶解度和析出曲线如图 3 所示，结垢机理如下：

$$Ca^{2+}+HCO_3^- \rightleftharpoons CaCO_3\downarrow+H^+$$

通过加入 OH^- 和 Ca^{2+}，诱导和催生结垢反应发生，实现新的平衡，使结垢倾向重新回零，化学反应如下：

$$Ca(OH)_2+2HCO_3^-=2H^++2CO_3^{2-}+Ca^{2+}+2(OH)^-$$

(2) 除硅净化一体化技术

超稠油采出水具有高含硅(360mg/L)的特点，若不除硅直接回用过热锅炉，过热蒸汽将无法携带盐分，造成锅炉、注汽管道和井筒结垢严重，生产中存在安全隐患。国内外稠油采出水除硅通常是在混凝沉降后单独设置除硅设施，混凝沉降+除硅工艺技术存在投加药剂种类多、成本高、除硅反应时间长，需要建造大体积的澄清池等问题，除硅设施排放出的泥轻且不易沉降，总泥量是混凝沉降的 3 倍以上。

综合多种除硅技术的优缺点，结合现场水质条件，研发了“除硅净化一体化”工艺。其机理是在碱性条件下，含有氢氧化物的粒子表面吸附硅酸化合物，形成难溶的硅酸盐，在一定程度上也发生了硅酸胶体的凝聚，除硅剂在一定的投加浓度内，能够降低水的硬度生成硅酸钙等物质，其化学反应式如下：

$$SiO_2+2OH^- \longrightarrow H_2O+SiO_3^{2-}$$

$$Ca^{2+}+CO_3^{2-} \longrightarrow CaCO_3$$

$$Mg^{2+}+2OH^- \longrightarrow Mg(OH)_2$$

$$HCO_3^-+OH^- \longrightarrow H_2O+CO_3^{2-}$$

$$Mg^{2+}+SiO_3^{2-} \longrightarrow MgSiO_3$$

$$Al^{3+}+3OH^- \longrightarrow Al(OH)_3$$

再通过投加净水剂和助凝剂对水中的胶体粒子进行絮凝和架桥，实现了硅、悬浮物等杂质的脱除。该工艺将水质净化与化学除硅紧密结合，解决了传统化学除硅加药量大、成本高、污泥量大等问题，实现了净化水回用过热锅炉。

(3) 高温反渗透除盐技术

超稠油采出水矿化度接近 6000mg/L，过热锅炉要求进口矿化度≤2500mg/L，流化床锅炉要求进口矿化度≤2500mg/L，采出水经过净化、除硅、软化处理后仍不满足该两种锅炉的指标，需要进行除盐深度处理。新疆油田通过对比 RO 反渗透、多效蒸发、多级闪蒸等多种除盐工艺，首次在油田推广了耐温 95℃的反渗透工艺，与其他工艺相比，投资少、能耗低、产水通量大。其工艺流程见图 4。

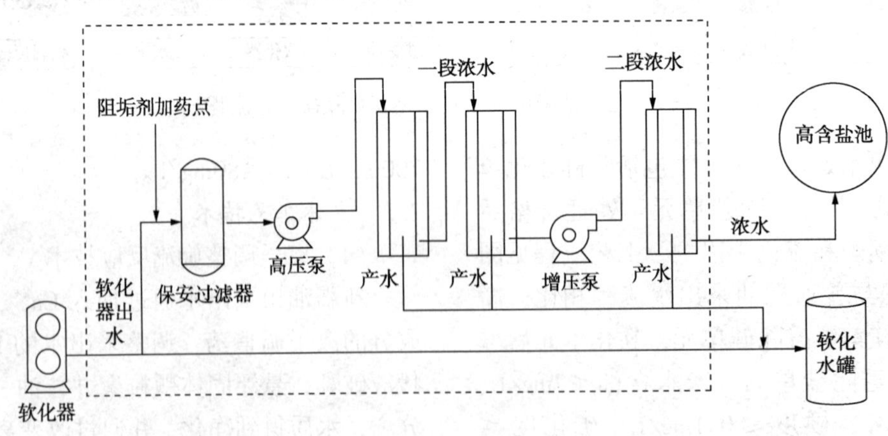

图 4 高温反渗透膜除盐工艺流程

净化水软化器出水首先进入保安过滤器进行预处理，然后经高压泵输送至高温反渗透膜除盐装置，产水进入软化水罐，膜装置产水率为70%，脱盐率为85%。实际处理效果见表1。

表1 RO 反渗透实际处理效果

序号	项 目	进水	产水
1	PH	7.8	7.8
2	SiO_2/(mg/L)	76	9
3	硬度/(mg/L)	0.1	0
4	矿化度/(mg/L)	5800	470
5	悬浮物/(mg/L)	1.9	0
6	含油/(mg/L)	1.8	0

(4) 高含盐水 MVC 技术

新疆油田为了实现超稠油采出水回用过热锅炉，推广了 RO 反渗透除盐工艺，该工艺会产生30%的高含盐水(矿化度≤20000mg/L)；为了降低过热蒸汽成本，推广了 130t/h 流化床锅炉，该锅炉会产生 8%的排污高含盐水(矿化度≤15000mg/L，SiO2≤350mg/L)。大量复杂高含盐水亟需合理的处置方式，新疆油田通过对 MVC、MED、RO、MSF 等处理技术进行调研和技术攻关，筛选并推广了 MVC 蒸发除盐工艺。其工艺流程图及水质照片见图5。

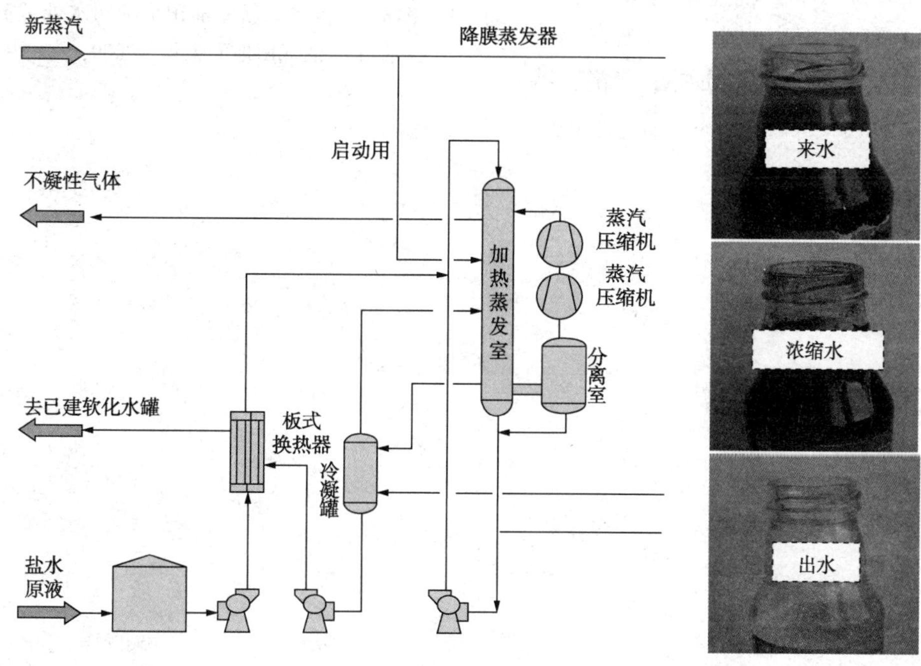

图5 高含盐水 MVC 工艺流程图及水质照片

该工艺原水的主要特点是：高温、低硬、高硅、高氯。高温可以使蒸发能耗更低、低硬不易结垢，是本工艺的优势。同时原水硅含量较高，蒸发浓缩后硅容易析出，堵塞蒸发布水器，所以该工艺采用调节 PH 值增加硅的溶解度的方法避免结垢。高含盐水 MVC 处理检测结果见表2。该工艺实现了高含盐水的高效回收利用，水回收率≥90%，产水矿化度≤50mg/L，满足过热锅炉和流化床锅炉水质指标，工艺流程简单，工程投资低。

表2 高含盐水 MVC 处理检测结果

序号	项 目	原液	产水	浓水
1	pH	11.7	6.3	12.5
2	SiO_2/(mg/L)	314	9	2429
3	总硬度	未检出	未检出	未检出
4	矿化度/(mg/L)	16159	35.6	251050
5	总碱度/(mg/L)	2063	5.8	39316
6	含油/(mg/L)	2.4	未检出	250

3 效益分析

新疆油田经过10多年技术攻关，形成了稠油开发采出水处理及资源化利用技术。近10年累计回用稠油采出水约2亿方，节约清水量约1.8亿方，节约锅炉燃料天然气11亿方，减少排污费0.9亿元，创效约20亿元，具有重大的经济效益和社会效益。

4 结论

（1）“离子调整旋流反应”技术通过在采出水中加入特定的离子调整剂，控制采出水 pH 值 8.0~9.0，去除易结垢成分，腐蚀率下降 30%，并提高了水质稳定性，并配合效旋流反应器使药剂充分反应，实现悬浮物快速沉降。

（2）“除硅净化一体化”技术充分发挥水质净化与化学除硅的协同作用，产水达到硅≤80mg/L、油≤2mg/、悬浮物≤2mg/L，该工艺具有加药量少，成本低、污泥量少等优点。

（3）反渗透除盐装置主要处理净化软化水，耐温 95℃，产水率为 70%，脱盐率为 85%，产水矿化度≤700mg/L，优于过热锅炉和燃煤锅炉用水指标。同时该工艺对来水水质要求严格，特别是硅和油对装置影响较大，需要做好预处理工作。

（4）MVC 装置主要处理高含盐水，水回收率≥90%，产水矿化度≤50mg/L，优于过热锅炉和流化床锅炉水质指标，工艺流程简单，工程投资低，但运行成本相对较高。

参 考 文 献

[1] 张学鲁．油田污水高效净化与稳定处理技术及其有效利用影响研究[J]．西南石油学院博士论文，2003：1-30.

[2] 吴奇，汤林等．油气田污水污泥处理关键技术[M]．石油工业出版社，2017.

[3] 骆伟，王爱军．新疆油田稠油污水处理资源化利用技术[J]．油气田地面工程，2009，(28)9：62-63.

元坝气田资源化利用站脱氨塔除垢技术研究与应用效果评价

杨关键[1] 何 海[1] 曾 力[1] 陈 曦[1] 庄绍成[1] 刘鹏刚[1]

(中国石化西南油气分公司)

摘 要 元坝气田资源化利用站日处理高含硫气田水 $600m^3/d$，有效保障了元坝气田 1200 万 m^3/d 的高产稳产，但是资源化利用站的脱氨塔工艺段易结垢堵塞，严重影响资源化利用站连续稳定运行。采用化学分析、XRD 和 EDS 开展垢样成分分析，分析结果表明脱氨塔垢样以碳酸盐垢为主，少量硫酸盐并存。针对碳酸盐垢易溶于大部分无机酸及有机酸的特点，研制了适宜资源化利用站使用的氨基磺酸清洗配方，并且 2205 和 304 不锈钢在氨基磺酸清洗配方中有较好的抗腐蚀性。现场应用表明，脱氨塔垢层洗净率大于 95% 以上，塔板气孔全部洗通无堵塞，清洗耗时 10h，腐蚀速率远低于 $2g/m^2.h$。

关键词 元坝气田；资源化利用站；结垢；化学清洗；腐蚀速率

垢的形成原因是理化条件的变化使溶解度发生改变，致使溶液达到过饱和而生成了不溶性的化合物[1]。而这些不溶或者溶解度很小的化合物通过结晶等作用，最终形成了垢，并附着在各种设备的表面，有些还阻塞在地壳的空隙中[2]。常用的除垢方法主要有物理法[3]、机械法和化学法[4]三大类。

元坝气田资源化利用站日处理高含硫气田水 $600m^3/d$，资源化利用站的安全平稳运行，有效保障了元坝气田 $1200\times10^4m^3/d$ 的高产稳产生产[5]。但是资源化利用站脱氨塔工艺段原料水来至本站预处理除硬工艺段，原料水经预处理后致垢性阳离子大部分脱除，但残余钙、镁离子处于亚稳状态，水质稳定性差，为满足脱氨塔工艺要求，水体必须维持碱性 pH 值在 11 以上，水质的稳定性进一步变差[6]。在流经板式换热器、脱氨塔等换热设备后，水体最高温度达 95℃，致

2018 年 8 月 15 日在脱氨塔塔板取第二次垢样，白色垢样、表面粗糙、质地较致密、较软，如图 2 所示。对其采用化学分析方法分析，对化学分析数据分析可以得出，950℃灼烧减量、氧化钙、氧化镁占总量 81.1%，垢样主要由碳酸钙、碳酸镁组成，有机物含量及其他物质较低，本垢样为碳酸盐垢。

2018 年 11 月 12 日在脱氨塔塔板取第三次垢样，垢样为白色垢样、垢层较厚、表面粗焙、质地疏松、较软，如图 3 所示。对其采用化学分析方法分析，950℃灼烧减量、氧化钙、氧化镁占总量 77.3%，垢样主要由碳酸钙、碳酸镁组成，

垢性离子析出生成硫酸盐、碳酸盐等污垢，附着于流体管道、板式换热器、加热室、塔板等部位。从而导致管道截面积降低，流量不足；塔板气孔堵塞，塔板汽液交换能力降低；加热室列管堵塞，换热效率下降，能耗增加。因此，开展高效除垢技术研究对保障资源化利用站安全稳定运行有重要意义。

1 垢样分析

2018 年 1 月 3 日在脱氨塔塔板取第 次垢样，垢样表面光滑、质地坚硬致密，如图 1(a)所示，对其采用化学分析、EDS 和 XRD 三种方法分析[7]。根据 HG/T3531-3536，垢样分析数据为 $SrSO_4$：82.1%，$CaCO_3$：7.4%，$MgSO_4$：8.5%，NaCl：2.0%，未知物：0.4%。从图 1(b)和图 1(c)可以看出，化学分析结果与 EDS 和 XRD 基本吻合，故将化学分析结果确定为垢样组成，本次垢样为硫酸锶垢。

有机物含量及其他物质较低，本次垢样为碳酸盐垢。

2 除垢技术研究

碳酸盐垢易溶于大部分无机酸及有机酸，常用的清洗药剂有：盐酸、硝酸、氨基磺酸、EDTA 等。硫酸盐垢难溶于各类无机酸及有机酸，一般通过专用清洗剂二乙烯三胺五乙酸(DTPA)在强碱条件下进行氨羧络合清洗。根据垢样分析结果，垢样以碳酸垢为主，因此可采用化学药剂进行清洗，有效提高脱氨塔清洗效果与效率。

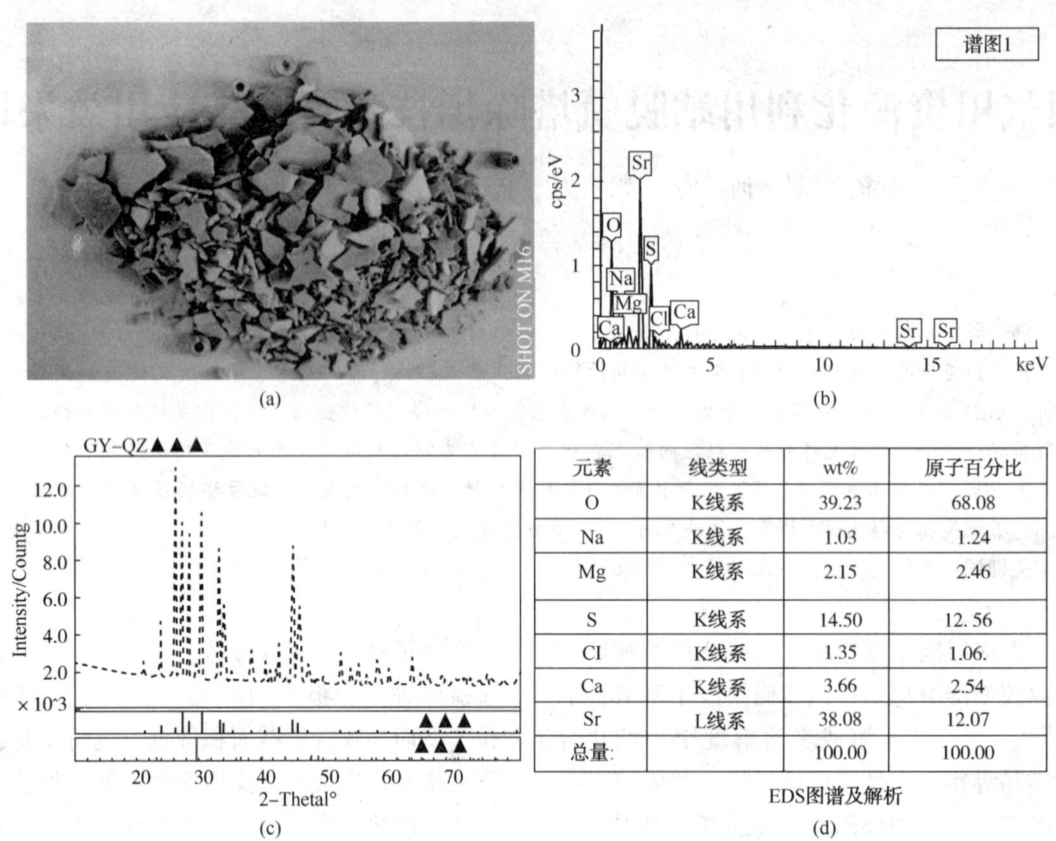

元素	线类型	wt%	原子百分比
O	K线系	39.23	68.08
Na	K线系	1.03	1.24
Mg	K线系	2.15	2.46
S	K线系	14.50	12. 56
CI	K线系	1.35	1.06.
Ca	K线系	3.66	2.54
Sr	L线系	38.08	12.07
总量:		100.00	100.00

EDS图谱及解析

(d)

图 1　第一次垢样分析

(a) 外观形貌；(b) EDS 谱图；(c) XRD 谱图；(d) EDS 谱图解析

550℃灼烧减量	4.6%	950℃灼烧减量	32.4%
三氧二铁	<0.2%	氧化镁	11.7%
氧化钙	37.1%	五氧化二磷	4.3%
氧化锌	3.4%	酸不溶物	0.2%

化学分析结果

图 2　第二次垢样分析

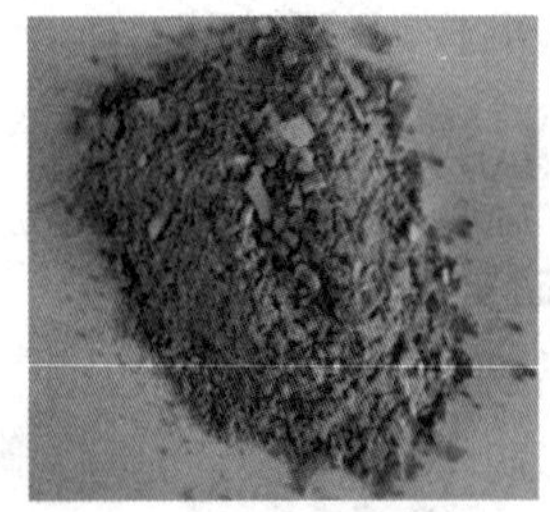

550℃灼烧减量	3.1%	950℃灼烧减量	37.4%
三氧二铁	<0.2%	氧化镁	8.3%
氧化钙	31.6%	五氧化二磷	4.3%
氧化锌	1.2%	酸不溶物	0.2%

化学分析结果

图 3　第三次垢样分析

2.1　清洗配方研究

低温蒸馏站脱氨塔塔板材质为 S2205 双相不锈钢，再沸器材质为 S2205+Q345R，加热室管层和壳层为 S22053+Q345R。因此，根据现场介质环境和垢样特点，分别采用三种清洗配方（3%盐酸+0. 5%乌洛托品、5%硝酸+0. 5%LAN826、6%氨基磺酸+0. 5%LAN826）进行清洗实验。

2.2　清洗效果评价

（1）盐酸清洗配方

硫酸锶垢：盐酸加入后无明显变化，试验无

明显气泡，溶垢率3.48%。

碳酸钙垢：盐酸加入后有大量气泡产生，试验中持续产生气泡，试验结束块状垢基本溶解，溶垢率87.3%。

硫酸钙垢：盐酸加入初期有少量气泡产生，试验后期无明显气泡，溶垢率3.29%。

(2) 硝酸清洗配方：

硫酸锶垢：硝酸加入后有少量气泡产生，试验中持续产生少量气泡，溶垢率8.59%。

碳酸钙垢：硝酸加入后有少量气泡产生，试验中持续产生气泡，试验结束块状垢变成粉末，溶垢率77.3%。

硫酸钙垢：硝酸加入后无明显变化，试验无明显气泡，溶垢率4.98%。

(3) 氨基磺酸清洗配方：

硫酸锶垢：氨基磺酸加入后有大量气泡产生，试验中持续产生少量气泡，溶垢率8.59%。

碳酸钙垢：氨基磺酸加入后有大量气泡产生，试验中持续产生气泡，试验结束块状垢变成粉末，溶垢率81.3%。

硫酸钙垢：氨基磺酸加入后无明显变化，溶垢率3.58%。

2.3　腐蚀评价

2.3.1　挂片实验

实验使用旋转挂片腐蚀测定仪，实验挂片为20#碳钢、304不锈钢、2205双相不锈钢，实验时间为4h，无机酸一般在常温状态下进行，考虑到脱氨塔由工作状态(95℃)冷却至常温停工周期较长，本实验采用55℃清洗，分别加入三种清洗配方进行挂片实验[8]，实验结果如表1所示。

表1　挂片实验数据

酸洗配方	挂片材质	编号	M0/g	M1/g	失重/g	酸洗腐蚀率/($g/m^2 \cdot h$)	标准酸洗腐蚀率/(g/m2·h)
							现场实测
A. 3%HCl+0.5%乌洛托品	碳钢	1791	20.5292	20.4913	0.0379	3.3839	5
	2205不锈钢	5011	23.0739	23.0740	-0.0001	—	1.5
	304不锈钢	5241	23.7616	23.7369	0.0247	2.2053	1.5
B. 5%HNO3+0.5%LAN826	碳钢	1792	20.5873	20.563	0.0243	2.1696	5
	2205不锈钢	5012	22.8582	22.8586	-0.0004	—	1.5
	304不锈钢	5242	23.8696	23.8465	0.0231	2.0625	1.5
C. 6%氨基磺酸+0.5%LAN826	碳钢	1793	20.5387	20.5093	0.0294	2.6250	5
	2205不锈钢	5013	22.9581	22.9589	-0.0008	—	1.5
	304不锈钢	5243	23.7986	23.7953	0.0033	0.2946	1.5

由表1可知，无机酸洗液对碳钢、304不锈钢腐蚀率偏高。因实验室无316不锈钢，因此在实验过程中选用304不锈钢代替，实际清洗过程中316不锈钢腐蚀率更低。2205不锈钢在各类酸洗液中均表现了良好的抗腐蚀能力，试片实重趋于零，实验中负减量为称量误差。

2.2　腐蚀电流分析

针对清洗配方的筛选，使用电化学工作站进一步进行验证。使用304环形不锈钢，实验温度55℃，实验时间4h，加入三种清洗配方。采用电化学工作站分别测定塔菲尔分析曲线和电阻极化曲线。实验结果如图4~图9所示。

表2　电化学工作站腐蚀电流

酸洗配方	塔菲尔极化腐蚀速率/(mm/a)	电阻极化腐蚀速率/(mm/a)
A. 3%HCl+0.5%乌洛托品	0.14016	0.20237
B. 5%HNO3+0.5%LAN826	0.20663	0.4404
C. 6%氨基磺酸+0.5%LAN826	0.1054	0.097964

从表2可以看出，304不锈钢在氨基磺酸配方也有较好的抗腐蚀性，因此实际清洗过程中除含铜质(配方中未投加铜缓蚀剂)的仪表、阀门外均不需拆除。

3　现场应用效果评价

根据实验室清洗配方研究结果，采用氨基磺酸清洗配方作为脱氨塔清洗主剂，2019年累计开展脱氨塔化学清洗4次，分别于1月9日、2月17日、5月9日和6月20日开展，清洗效果良好，除垢率达到95%以上。

3.1　清洗配方与参数

化学清洗采用全有机酸性清洗配方作为脱氨塔清洗剂，清洗配方见表3，清洗参数见表4。

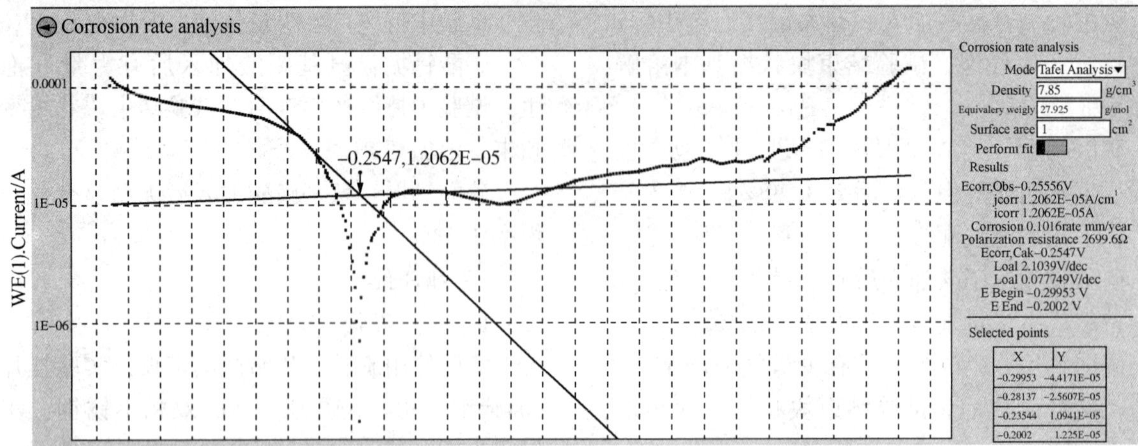

图 4　3%盐酸+0. 5%乌洛托品塔菲尔分析曲线

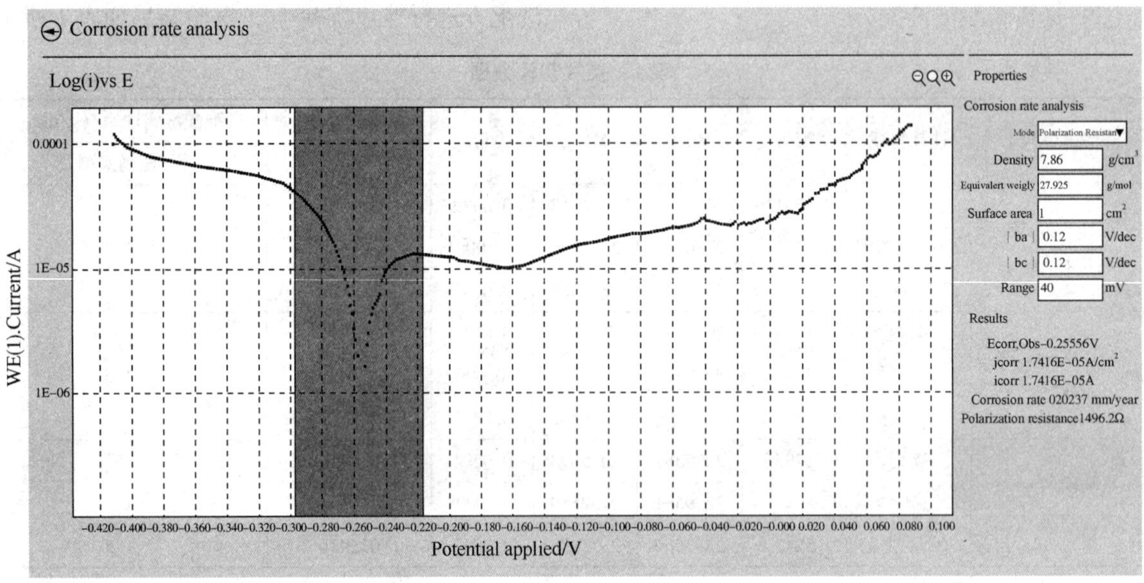

图 5　3%盐酸+0. 5%乌洛托品电阻极化曲线

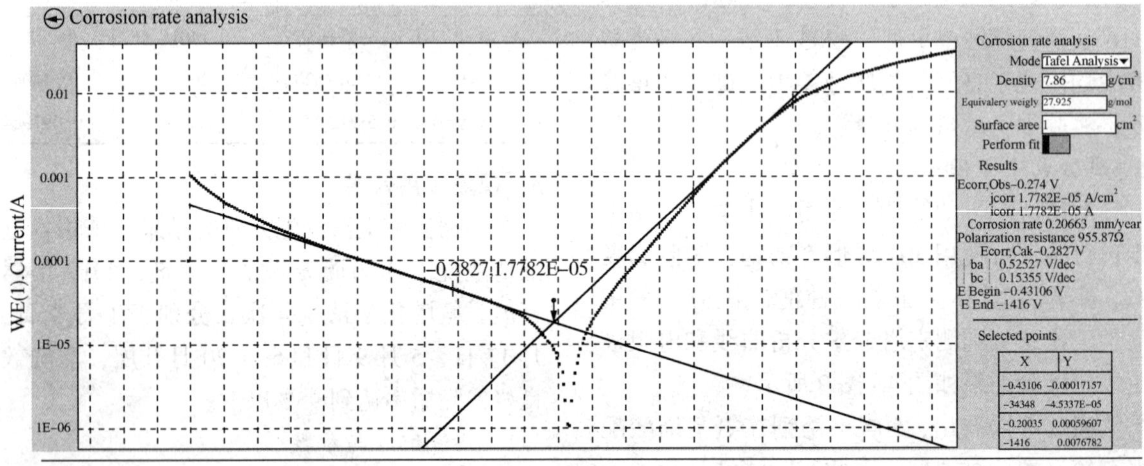

图 6　5%硝酸+0. 5%LAN826 塔菲尔分析曲线

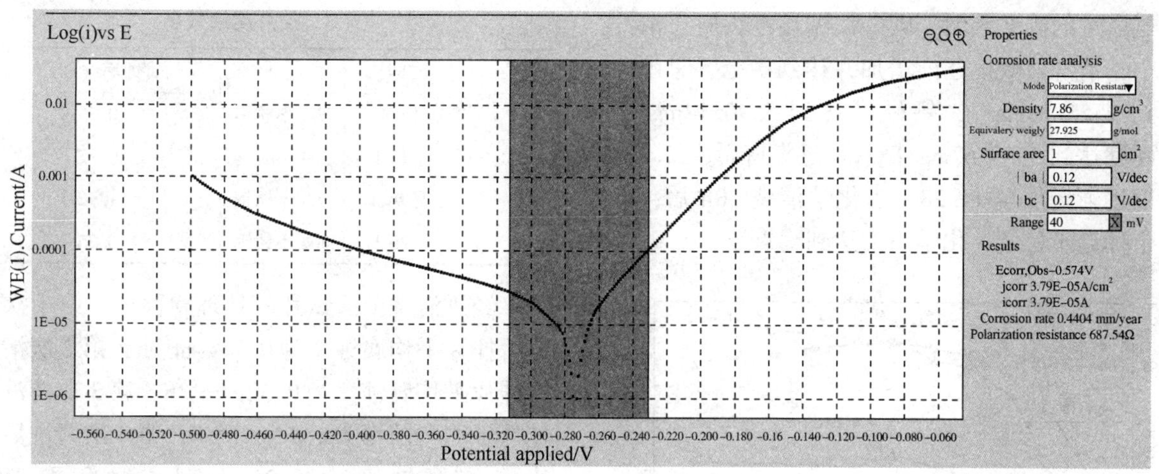

图7　5%硝酸+0.5%LAN826电阻极化曲线

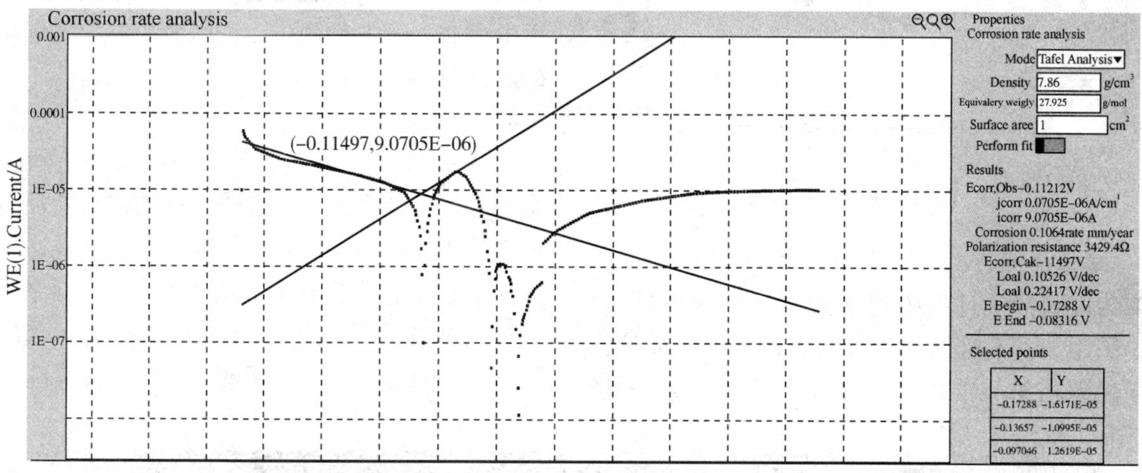

图8　6%氨基磺酸+0.5%LAN826塔菲尔分析曲线

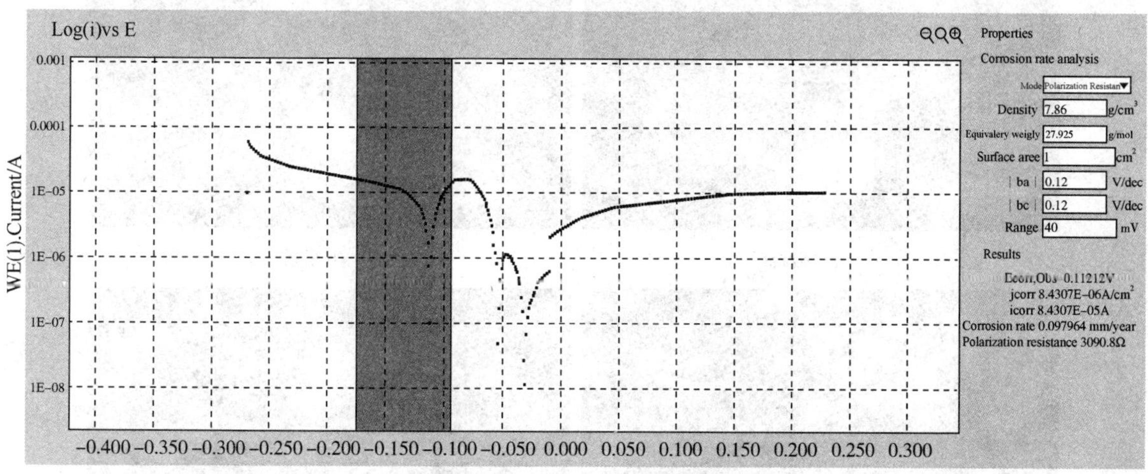

图9　6%氨基磺酸+0.5%LAN826电阻极化曲线

表3　化学清洗配方

	氨基磺酸/kg	LAN826/kg	OP-10/kg	消泡剂/kg
1月9日	1200	100	25	25
2月17日	1200	100	25	25
5月9日	1000	50	/	25
6月20日	1000	50	/	25

表4　化学清洗参数

项目	参数	项目	参数	项目	参数
清洗方式	循环清洗	清洗泵A	$30m^3/h$	清洗流速	0.1~1m/s
药剂加注	$5m^3/h$	清洗泵B	$30m^3/h$	清洗时长	4~6h

3.2　清洗分析数据

由图10可知，随着化学清洗时间的增加，

脱氨塔中的碳酸钙垢、碳酸镁垢逐渐溶解于清洗液中，清洗液硬度逐渐增加并达到稳定，总硬度达到 9555.79mg/L，钙硬度达到 5596.12mg/L，镁硬度达到 3959.67mg/L。pH 逐渐降低至 1.33，酸度逐渐增加至 14.28。当化学清洗 10h 后，各项指标趋于稳定，化学清洗达到终点。

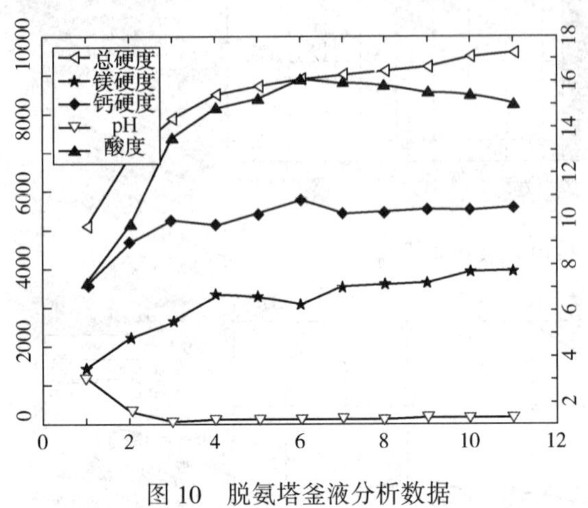

图 10　脱氨塔釜液分析数据

3.3　腐蚀评价

为监测清洗过程中清洗液对金属的腐蚀情况，采用 304 不锈钢挂片对腐蚀速率进行监测，位于脱氨塔第一层塔板，挂片腐蚀速率数据见表 5。

表 5　挂片腐蚀数据

序号	时间	材质	平均腐蚀率/($g/m^2 \cdot h$)
1	1 月 9 日	304 不锈钢	0.73
2	2 月 17 日	304 不锈钢	0.52
3	5 月 9 日	304 不锈钢	1.12
4	6 月 20 日	304 不锈钢	0.25

经过清洗前后试片的处理和称重，第 1 次清洗后挂片平均腐蚀率为 0.73g/m^2.h，第 2 次清洗后挂片平均腐蚀率为 0.52g/m^2.h，第 3 次清洗后挂片平均腐蚀率为 1.12g/m^2.h，第 4 次清洗后挂片平均腐蚀率为 0.25g/m^2.h，远低于 HG/T2387-2007《工业设备化学清洗质量标准》不锈钢低于 2g/m^2.h 的规定，说明清洗对脱氨塔金属的腐蚀较小，比较安全。

3.4　清洗效果

从图 11 可以看出，清洗液随着清洗时间的增加，逐渐变得浑浊，说明大量的碳酸盐垢溶于清洗液中。原结垢堵塞的塔板上的垢层洗净率大于 95%以上，塔板孔全部洗通无堵塞。而下循环管管壁和叶轮等位置存在少量硫酸钙、硫酸锶垢，需更换硫酸盐垢专用清洗配方进行清洗。

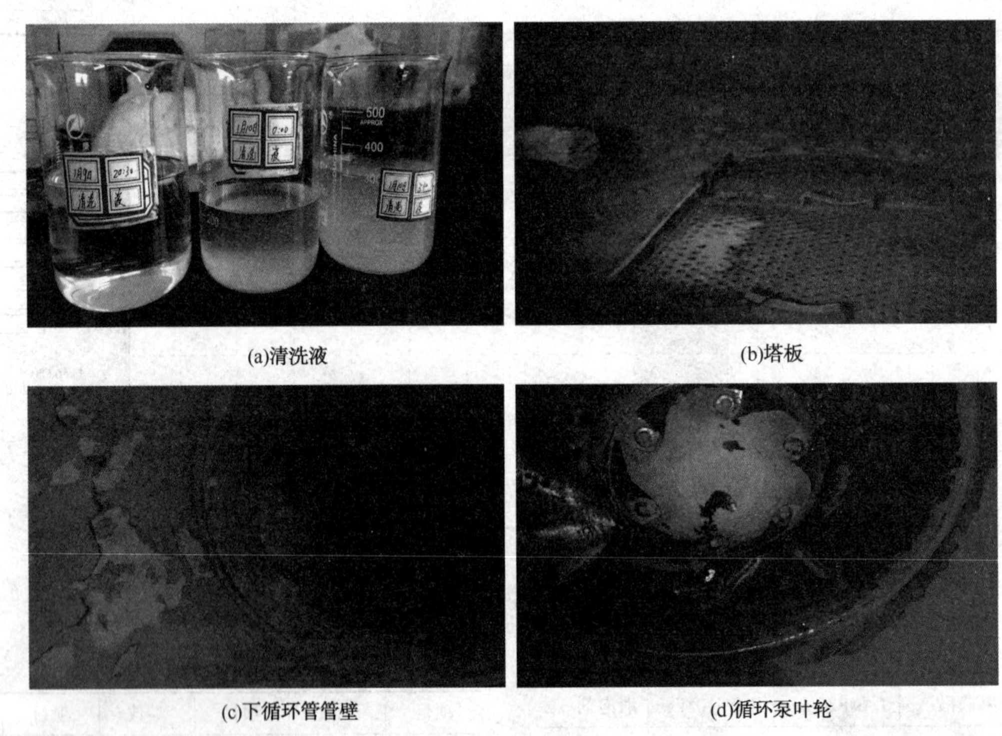

(a)清洗液　(b)塔板　(c)下循环管管壁　(d)循环泵叶轮

图 11　现场照片

4　结论

(1) 氨基磺酸清洗配方溶垢率可达 81.3%，2205 和 304 不锈钢在氨基磺酸清洗配方中有较好的抗腐蚀性。

（2）现场化学清洗应用中，原结垢堵塞的塔板上的垢层洗净率大于95%以上，塔板孔全部洗通无堵塞。而下循环管管壁和叶轮等位置存在少量硫酸钙、硫酸锶垢，需采用硫酸盐垢专用清洗配方进行清洗。

（3）挂片腐蚀速率远低于 HG/T 2387—2007《工业设备化学清洗质量标准》中不锈钢低于 $2g/m^2 \cdot h$的规定，化学清洗对脱氨塔金属的腐蚀较小。

参 考 文 献

[1] 颜景新，赵春花．浅谈结垢危害及防垢措施[J]．油气储运，(1986，1)：36-4.

[2] 陈龙驹．碳酸钙垢生长规律及阻垢剂对其影响的EQCM 研究[D]；西南石油大学，2015.

[3] 何俊，赵宗泽，李跃华，等．物理方法除垢阻垢技术的研究现状及进展[J]．工业水处理，2010，30(9)：5-9.

[4] 杨建华，钱伟平．化学法防垢除垢工艺技术[J]．清洗世界，1999，(6)：21-4.

[5] 姚华弟，李闽，肖文联，等．高含硫气田水处理工艺技术优化[J]．化学工程与装备，2017(2)：104-105.

[6] 任世林[1]，刘兴国[1]，冯宴[1]，等．元坝气田地面集输工程污水处理系统优化研究[J]．中外能源，2015，20(11)：97-99.

[7] EDS 分析的若干影响因素研究[D]．电子科技大学，2017.

[8] 李劲，邓博，蒋益明．不锈钢腐蚀评价技术研究及其应用[J]．腐蚀与防护，2009，30(9)：595-603.

新疆油田提高注水水质技术研究及应用

严　忠　宫兆波　陈　贤　刘鹏飞　斯绍雄　郭进周

（中国石油新疆油田公司）

摘　要　“十二·五~十三·五”期间，新疆油田通过注水基础年工作，为确保注水水质稳定达标，依据现场不同水质特点和工艺现状，围绕以水质稳定为中心，分别从药剂开发、工艺改进和系统控制等方面，进行了长期地探索性研究，逐步形成以强化预处理技术为基础的水质稳定控制技术，形成了处理站至井口注水水质控制技术，为新疆油田长期稳定注水，提高油田注水开发效果提供了技术保障。

关键词　新疆油田；注水水质；适应性；稳定性

新疆油田所辖油田主要分布在准噶尔盆地西北缘、东部和腹部，地处戈壁沙漠，水资源贫乏，2000年新疆油田采用的采出水处理工艺在传统混凝沉淀处理工艺基础上进行了创新改进，形成了“离子旋流反应法污泥吸附技术”，已在新疆油田应用至今。新疆油田现有稀油采出液含油污水处理站14座，处理规模约$11\times10^4m^3/d$，随着新疆油田进入开发中后期，含油污水组分呈现复杂性、多样性特点，对原有的工艺单元和配套药剂的性能提出了更高的要求。十二·五期间，处理站水质达标率为75%~80%，井口水质达标率为70%~75%，远低于股份公司的平均水平(95.82%，88.76%)，对油田开发产生不良影响。加之2015年新环保法实施，如何抓好注水水质达标工作，减少污水外排总量，确保油田的持续稳产，已成为油田开发的重要任务。

针对上述存在的问题，依据各油田不同水质特点和工艺现状，十三·五期间，研究人员紧紧围绕以水质稳定为中心，分别从药剂开发、工艺改进、系统控制等方面，进行了长期地探索性研究，逐步形成以强化预处理技术为基础，提出水质稳定控制技术及思路，相继建立了结垢控制技术、电解杀菌稳定运行技术、水中还原性物质控制技术、注水沿程细菌控制技术及作业废水预处理等技术，通过调控污水系统水质控制指标，为新疆油田长期稳定注水从而提高油田注水开发效果提供了技术保障。新疆油田回注水的稳定性和综合水质达标率均得到显著提高，新疆油田注水水质达标率从2015年的75.2%上升到2018年的91.8%。上述技术的配套应用，不仅实现注水水质提高的目的，而且对污水处理过程中类似问题的解决提供技术借鉴。

1　注水水质控制技术思路提出

1.1　结垢控制技术[1]

新疆油田含油污水结垢产物多以碳酸盐产物为主，要抑制$CaCO_3$的结垢，有几种基本的途径：降低结垢离子的含量、投加阻垢剂、进行pH控制、磁化处理等。其中，最彻底的当属去除结垢离子，可从根本上消除碳酸钙结垢的化学推动力，经济和有效的控制碳酸的离解平衡，如果通过降低pH值，或增加侵蚀性二氧化碳的含量，都能从热力学的角度使碳酸盐结垢的推动力减小甚至消失，室内实验结果表明，根据水质特点和药剂投加浓度，水中钙离子脱除率可控制在30%~65%达到从源头上控制结垢发生的目的。

1.1.1　投加阻垢剂或防垢剂

是油田控制结垢通常的做法。投加阻垢剂或防垢剂可以延长反应的诱导期，并且降低晶核生长的速率，在一定程度上阻止结垢的发生，并可以改变结垢物的形态，使之不形成硬垢。对注水系统和井下结垢的控制是有效的。但不能消除结垢反应的化学推动力，产生的结垢产物会增加注入水的悬浮物含量，堵塞低渗注入层。

优点：操作简便、成本较低。

缺点：结垢的抑制作用是有限的和有条件的。

1.1.2　适量加酸进行pH调节

对碳酸盐结垢是有效的，在工业循环水系统广泛应用。

优点：操作简便、成本较低。

缺点：产生额外的腐蚀，必须采取措施加以控制。

室内利用 ScaleChem 结垢软件，模拟地层条件，考察不同浓度 CO_2，含油污水中碳酸盐结构趋势。室内试验结果见图 1。

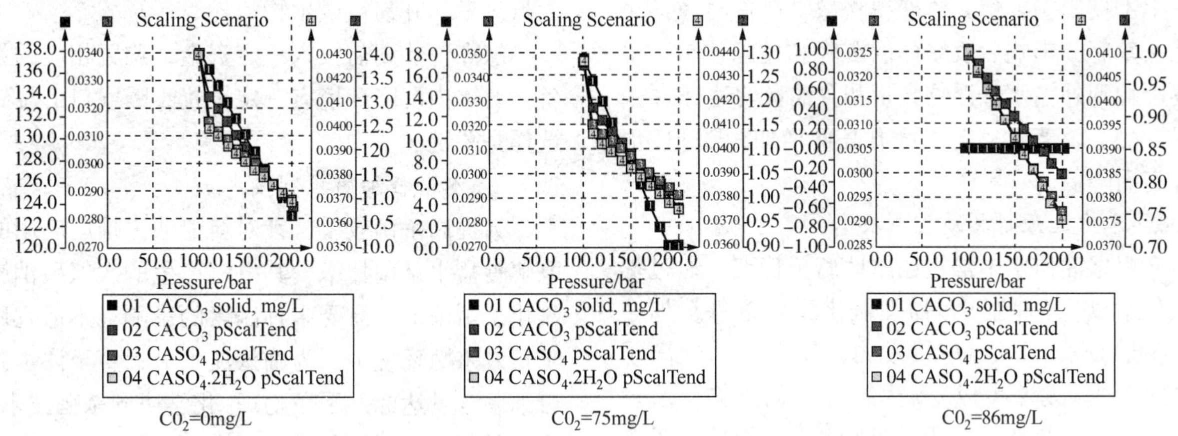

图 1　投加不同浓度 CO2，水中碳酸盐结构趋势变化情况

上述实验结果表明，利用水中碱度，适量加酸进行 pH 调节，产生 86mg/LCO2，污水碳酸钙结垢量从 138mg/L 降为 0(图 1)。

1.1.3　水质软化(脱钙)技术

在污水中投加复合碱，破坏污水中的化学平衡，使 HCO^{3-} 不断的离解为 CO_3^{2-} 和 H^+，CO_3^{2-} 与 Ca^{2+} 反应生成 $CaCO_3$，Fe^{3+} 和部分 Fe^{2+} 与 OH^- 生成 $Fe(OH)_3$ 和 $Fe(OH)_2$，在净化过程中与污水中的悬浮颗粒一同形成污泥排出系统。

优点：操作简便、成本较低，从源头上控制系统结垢量并可减少水中 Fe2+离子浓度。使污泥沉降速度大大加快，兼有对硫酸盐还原菌的抑制和对腐蚀的控制作用。

缺点：污水罐结垢加重(需要采取措施加以控制)、系统泥量加大、脱除效率易受污水含油影响。室内试验结果见图 2。

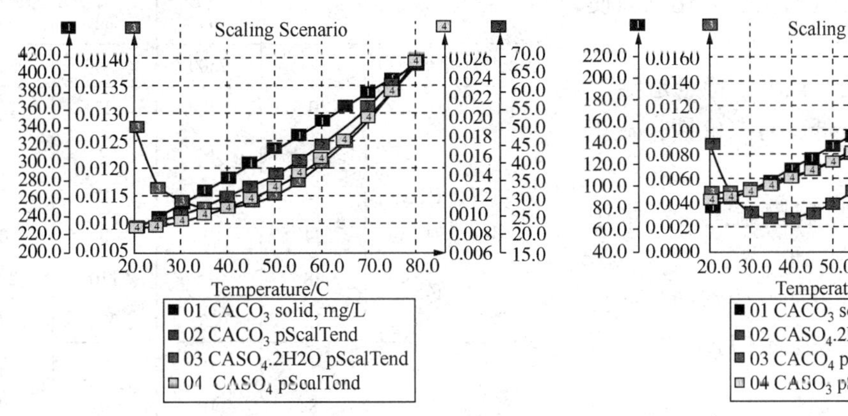

图 2　投加不同浓度脱钙剂，水中碳酸盐结构趋势变化情况

由上图结果可以看出，采用脱钙预处理净化水，在常压、20℃～80℃碳酸钙结垢趋势明显得到改善，与现场来液相比，投加 100mg/L 脱钙剂预处理净化水，在 30℃条件下，水中碳酸钙结垢量分别降低约为 150mg/L 其碳酸钙脱除率约为 60%。这一结果进一步验证了上述理论依据的科学性。

1.2　电解杀菌稳定运行技术[2]

目前部分油田新建污水处理站均采用“电解食盐水”杀菌方式，经室内分析研究只要控制水中余氯在 0.3mg/L～0.8mg/L，保证出站水细菌达标完全没有问题，并不会显著增加腐蚀。但此杀菌技术的应用有很多技巧，如果加药位置的选择、余氯的浓度控制不当，不但会影响杀菌效果，还会带来许多负面影响。

(1) 水中还原性物质会消耗大量的有效氯，油田水中主要为 Fe^{++}、硫化物以及部分缓蚀剂和阻垢剂等，应避免在污水中直接投加。根据室内研究结果，10mg/L 的 Fe^{++} 或 5mg/L 硫化物可将水中 10mg/L 的有效氯完全消耗，导致杀菌失败。

(2) 离子浓度余氯浓度过高，加重设备的腐蚀，如果在反应器前投加，还会对絮体的密实性产生不良影响，使絮体变得松散，严重时，甚至无法絮凝，影响后段絮体的沉降和过滤效果。最终影响到外输水悬浮物含量和含油量的达标。

(3) 杀菌效率随温度升高而增加，随 pH 值升高而降低。

1.3　水中还原性物质控制技术

根据油田水中常规还原性离子特点，通过提供化学氧化(抑制)和物理氧化反应条件，加速(降低)氧化还原反应推动力，使得还原性离子在线生成(无法生成)新生态的氧化产物，通过净水处理工艺技术，从而减少水中还原性离子含量，达到注水沿程水质稳定的目的。

目前，能够有效去除油田水中 Fe^{2+}、S^{2-}离子的实用措施包括物理、化学方法。须根据油田水中 Fe^{2+}、S^{2-}含量，从经济有效性出发，可采用抑制和去除两种手段，从源头上控制水中还原性金属离子含量，达到提高净水水质的稳定性的目的。该技术作为预处理工艺技术，常常与混凝净化工艺相结合。

1.3.1　化学氧化方法

通过在污水中投加一定量的化学氧化剂，使 S^{2-}、Fe^{2+}离子得到充分氧化，形成 S、Fe^{3+}，在净化过程中随污泥排出系统。该方法特点是：

优点：见效快、成本较低，对二价铁，硫化物均有效。

缺点：加药量的精确控制困难，在污水中 S^{2-}、Fe^{2+}离子浓度变化大时，难

以实现按需加药。过量投加产生腐蚀，还会使絮体变得松散；加量不足去除不彻底。

1.3.2　化学沉淀方法

通过在污水中投加碱，使 Fe^{2+}离子形成 $Fe(OH)_2$，在净化过程中随污泥排出系统，只对二价铁有效。该方法特点是：

优点：方法简便，对硫酸盐还原菌有杀灭作用。

缺点：水中碱度(碳酸氢根)也消耗碱，碱量大，要彻底去除 Fe^{2+}离子，pH 必须控制在 10 以上，结垢加重。

1.3.3　空气氧化法[3]

通过射流曝气装置，将空气引入到污水中，利用空气中的氧气将水中 S^{2-}、Fe^{2+}离子氧化成 S、Fe^{3+}离子。该方法特点是：

优点：操作简便、成本低廉，适应浓度范围宽，兼有除油作用。因气体溶解度小，氧气不易大量过量，并易被微生物消耗。

缺点：前期需投入一定资金，购置相应的设备。对罐内沉降环境有一定干扰，曝气口的位置选择是关键。

1.4　注水沿程细菌控制技术

为提高杀菌效果，针对新疆油田推广应用的电解食盐水杀菌技术，其电解产生的次氯酸钠属氧化型杀菌剂，易受多种因素的影响，不适宜用于长效杀菌环境中。为确保注水沿程直至注水井口细菌含量达标，采用物理-化学协同杀菌技术，可有效控制长输管网细菌的二次复活现象的发生。

通过优化物理杀菌装置运行参数，控制处理站外输水细菌含量，在注水泵站采用分步投加化学杀菌剂的方式，进一步协助物理杀菌技术，确保注水沿程直至井口水中细菌含量得到有效控制，提高注水水质达标率(表 1)。

表 1　室内分步杀菌效果评价

样品	杀菌时间/h	FB 细菌数量个/ml	TGB 细菌数量个/ml	SRB 细菌数量个/ml
现场净化水空白	—	2500	2500	25000
电解杀菌技术(1mg/L 余氯)	0	0	25	2.5
	4	0	0	0
	12	0	0	0
	24	0	0	0
	48	2.5	110	2.5
	72	25	250	60
分布投加复合型季铵盐类杀菌剂(20mg/L)	4	0	0	0
	8	0	0	0
	12	0	0	0
	24	0	0	0
	48	0	0	0
	72	0	0	0

上述结果可以看出，随着水中有效余氯的不断消耗，水中细菌呈现上升的趋势，但是经过二次投加季铵盐杀菌剂后，水中细菌含量得到有效控制，并且趋于稳定状态，这将给回注水在长输过程中抑制细菌二次繁殖，提供了技术借鉴。

1.5　作业废水预处理技术[4-7]

新疆油田作业废水是压裂、酸化、洗井、调

剖、钻井等废水的混合体。具有含油高、含高分子聚合物、含种类繁多的添加剂等特点的污水，加上作业废水来源复杂、分散、每口井作业工序和施工内容不同，造成水质的复杂性。为了降低作业废水对常规污水净化处理的影响，在研究分析作业废水特点的基础上，采用技术集成和多重工艺技术有机组合的技术思路，对作业废水进行预处理后，再与常规采出水混掺后，一并进入污水系统净化处理。

1.5.1　物理曝气预处理工艺技术

主要利用空气在水中具有一定氧转移效率，对作业废液中部分组成物质(还原性无机物和有机物)，具有一定的氧化分解作用，从而破坏了作业废液因微乳化产生的稳定性；另外，曝气工艺运行中产生的微小气泡，可将水中细小疏水性悬浮固相颗粒，粘附于气泡上，随气泡上浮到水面形成泡沫层，加以分离并得到有效去除，具有时间短、去除率高等特点。

根据曝气工艺运行特点，室内分别针对压裂返排液、修井废液进行了曝气预处理+常规混凝净化试验，旨在考察曝气预处理工艺对作业废液常规混凝反应过程的影响程度，进一步验证曝气预处理工艺能否减轻混凝处理难度、降低药剂处理成本。具体试验结果见表 2、图 3、图 4。

表 2　曝气预处理工艺采用前后作业废液混凝处理结果比对

名称	加量/(mg/L)	未曝气预处理		曝气预处理		去浊提高率/%
		浊度/NTU	水色描述	浊度/NTU	水色描述	
压裂返排液	500	74.5	混浊	11.4	清亮	30.93
洗井液	500	31.7	较混浊	17.9	较清亮	9.32

注：1. 压裂返排液、洗井液混凝剂均为 PAC，助凝剂加量为 10mg/L；
2. 压裂返排液、洗井液浊度分别为 204NTU 和 148NTU。

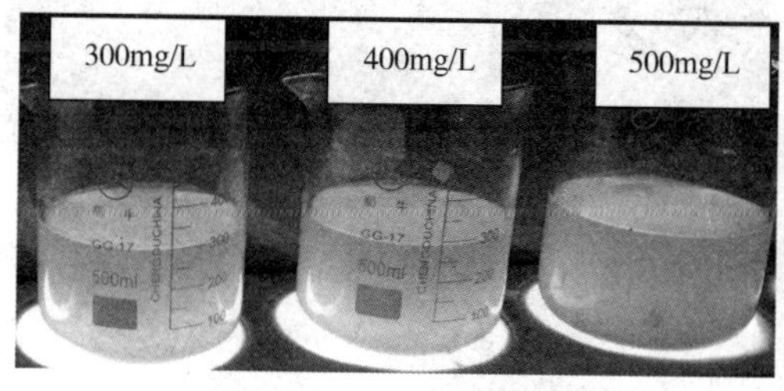

(a)未采取曝气混凝净化处理后水质

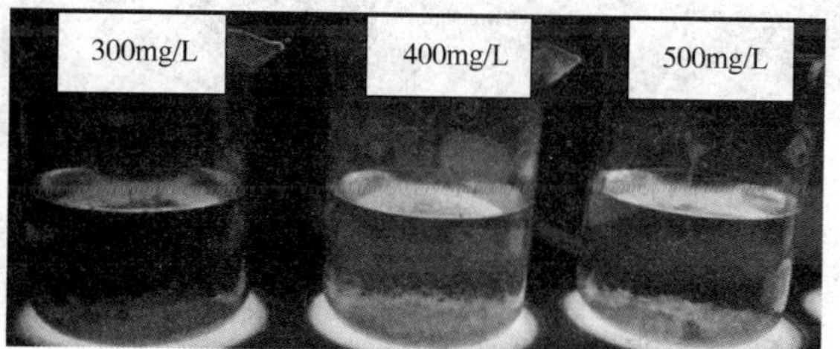

(b)采取曝气混凝净化处理后水质

图 3　压裂返排液曝气+混凝处理前后处理效果对比

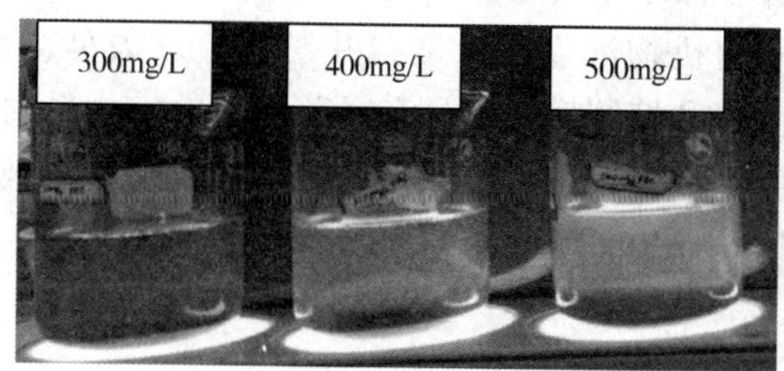

(a)未采取曝气混凝净化处理后水质

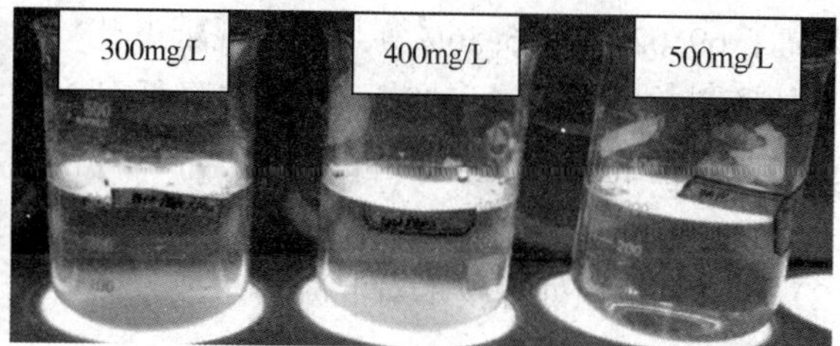

(b)采取曝气混凝净化处理后水质

图 4　洗井液曝气+混凝处理前后处理效果对比

上述室内试验结果表明，经曝气预处理后的作业废液，混凝净水效果有明显的改善，与未采取曝气预处理相比，压裂返排液和洗井液混凝后的去浊率分别提高了 30.93%和 9.32%。

1.5.2　化学氧化预处理工艺技术

主要是通过加入具有氧化性的药剂或气体对作业废水中的有机物和无机物进行氧化分解，降低废水中 COD 和 BOD 含量，使废水中部分物质易与水分离。另外，化学氧化对作业废水形成的微乳化介质具有一定的破解作用，特别是对油水分离产生较好的推动力。

(1) NaClO 氧化预处理工艺对混凝净水效果评价

根据 NaClO 氧化剂投加浓度的筛选结果，室内对作业废水分别进行了 NaClO 氧化剂预处理前后，混凝净水效果评价试验。结果见表 3、图 5、图 6。

表 3　NaClO 氧化预处理采用前后作业废液混凝处理结果比对

名称	加量/(mg/L)	未采用 NaClO 氧化预处理		采用 NaClO 氧化预处理		去浊提高率/%
		浊度/NTU	水色描述	浊度/NTU	水色描述	
压裂返排液	100	177.8	混浊	37.0	清亮	69.02
洗井液	100	87.6	混浊	25.6	清亮	56.36

注：(1) 压裂返排液、洗井液混凝剂均为 PAC，助凝剂加量为 10mg/L；

(2) 压裂返排液、洗井液浊度分别为 204NTU 和 110NTU；

(3) 压裂返排液、洗井液投加 NaClO 氧化剂浓度分别 50mg/L 和 30mg/L。

(a)未采取NaC10预氧化混凝净化处理后水质

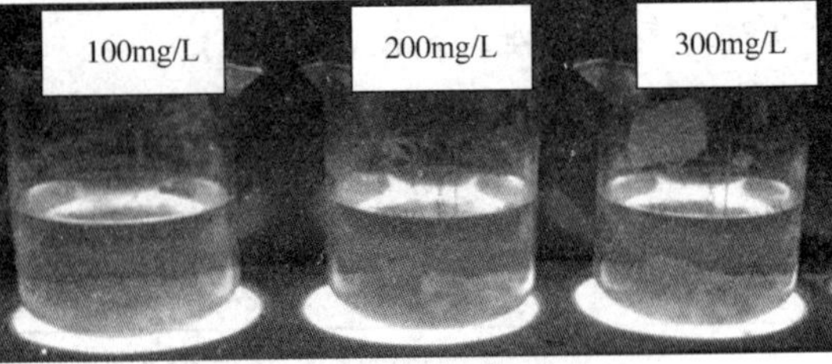

(b)采取NaC10预氧化混凝净化处理后水质

图 5　压裂返排液经 NaClO 预氧化+混凝处理前后处理效果对比

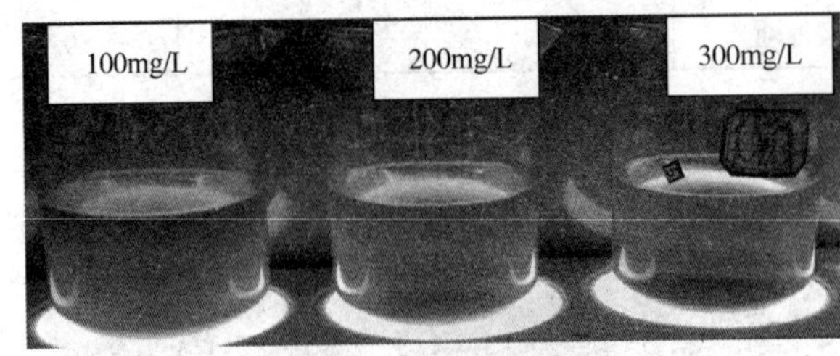

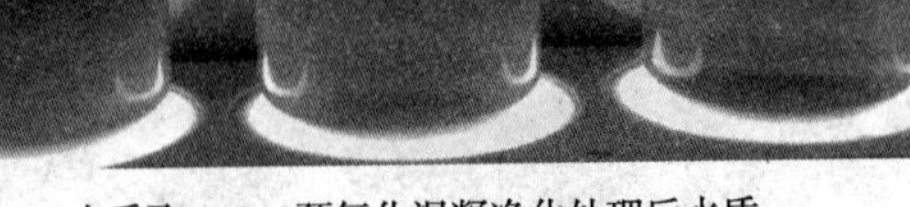

(a)未采取NaC10预氧化混凝净化处理后水质

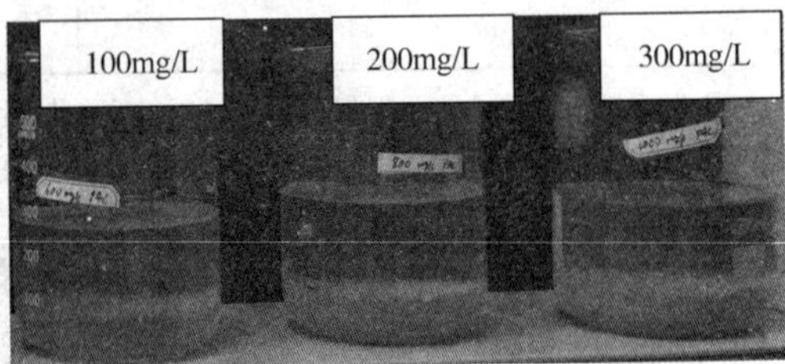

(b)采取NaC10预氧化混凝净化处理后水质

图 6　洗井液经 NaClO 预氧化+混凝处理前后处理效果对比

上述结果表明，作业废水经过 NaClO 预氧化工艺处理后，混凝净水水质有了明显的改善，与直接混凝工艺相比，压裂返排液和洗井液去浊率分别提高了 69.02%和 56.36%。与常规混凝工艺相比，混凝剂的投加量由 500mg/L 左右降低到 100mg/L 左右，混凝反应药剂量降低了 80%左右。

(2) 臭氧氧化预处理技术对混凝净水效果的影响

臭氧由于具有极强的氧化性，可有效地去除作业废水中的酚、硫化物、锰、铁和油，降低废水有机物浓度和浊度，并对脱色、去臭、杀菌、杀藻和抑制病毒等具有显著效果，室内针对作业废水，开展了臭氧预处理技术对混凝净水效果的影响研究。

表 4　臭氧氧化预处理采用前后作业废液混凝处理结果比对

名称	流量/(L/min)	未采用臭氧氧化预处理		采用臭氧氧化预处理		去浊提高率/%
		浊度/NTU	水色描述	浊度/NTU	水色描述	
压裂返排液	1	89.9	混浊	5.4	清亮	72.87
洗井液	1	62.4	混浊	6.6	清亮	68.15

注：1. 压裂返排液、洗井液混凝剂均为 PAC(100mg/L)，助凝剂 PAM(10mg/L)；

2. 压裂返排液、洗井液浊度分别为 116NTU 和 81.8NTU；

3. 臭氧反应时间约 10min。

上述结果表明，作业废水经过臭氧预氧化工艺处理后，混凝净水水质有了明显的改善。与直接混凝工艺相比，压裂返排液和洗井液去浊率分别提高了 72.87%和 68.15%。与常规混凝工艺相比，混凝剂的投加量由 500mg/L 左右降低到 100mg/L 左右，混凝反应药剂量降低了 80%左右。

(a)未采取臭氧预氧化混凝净化处理后水质

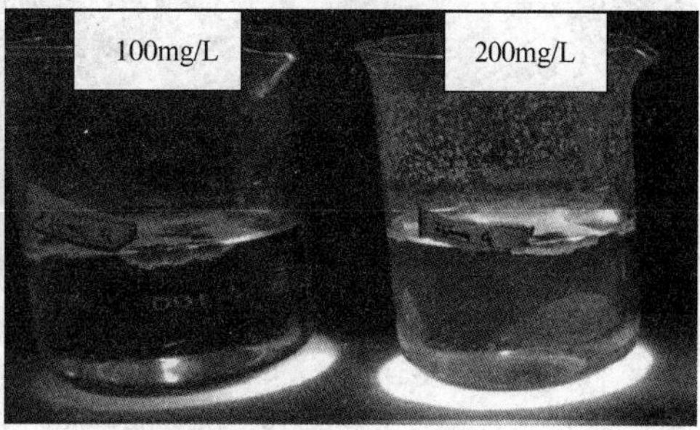

(b)采取臭氧预氧化混凝净化处理后水质

图 7　压裂返排液臭氧预氧化+混凝处理前后处理效果对比

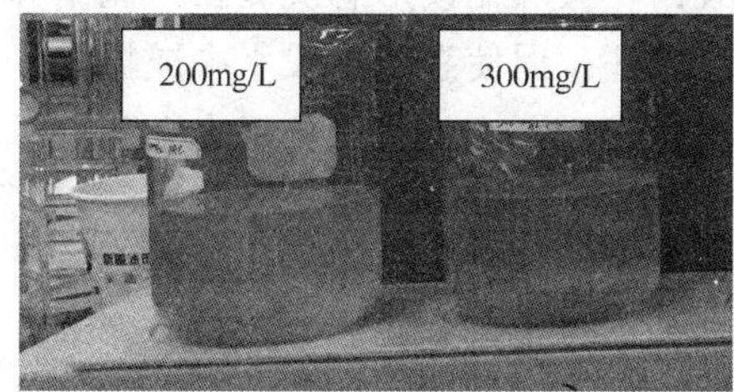

(a)未采取臭氧预氧化混凝净化处理后水质

(b)采取臭氧预氧化混凝净化处理后水质

图 8　洗井液臭氧预氧化+混凝处理前后处理效果对比

（3）Fenton 法预处理工艺对混凝净水效果评价

根据 Fenton 法对 Fe^{2+}/H_2O_2 质量参数的优化结果，室内对作业废水分别进行了 Fenton 法预处理前后，混凝净水效果评价试验。结果见表 5、图 9、图 10。

表 5　Fenton 法预处理采用前后作业废液混凝处理结果比对

名称	Fe^{2+}/H_2O_2 质量比	未采用 Fenton 法预处理		采用 Fenton 法预处理		去浊提高率/%
		浊度/NTU	水色描述	浊度/NTU	水色描述	
压裂返排液	1∶1.5	89.9	混浊	7.3	清亮略有色度	71.25
洗井液	1∶2	62.4	混浊	10.2	清亮略有色度	63.78

注：1. 压裂返排液、洗井液混凝剂均为 PAC(100mg/L)，助凝剂 PAM(10mg/L)；
2. 压裂返排液、洗井液浊度分别为 116NTU 和 81.8NTU；
3. Fenton 反应时间约 30min、废水 pH 值为 6.2。

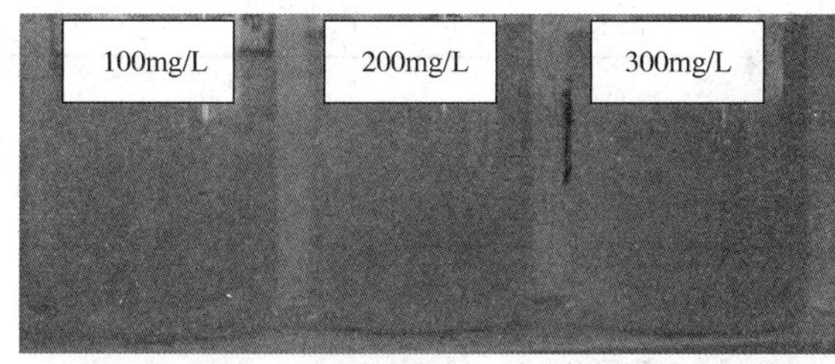

(a)未采取Fenton法混凝净化处理后水质

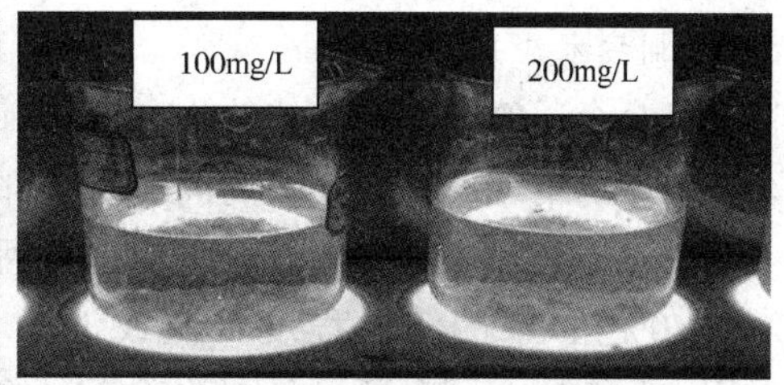

(b)采取Fenton法混凝净化处理后水质

图 9　压裂返排液 Fenton 法+混凝处理前后处理效果对比

上述结果表明，作业废水经过 Fenton 法预处理后，混凝净水水质有了明显的改善，与直接混凝工艺相比，压裂返排液和洗井液去浊率分别提高了 71.25%和 63.78%。与常规混凝工艺相比，混凝剂的投加量由 500mg/L 左右降低到 100mg/L 左右，混凝反应药剂量降低了 80%左右。但是，如果控制不好 Fe^{2+}/H_2O_2 质量比及投加浓度，水中将含有残余 Fe^{2+} 离子，给混凝净化后水色带来

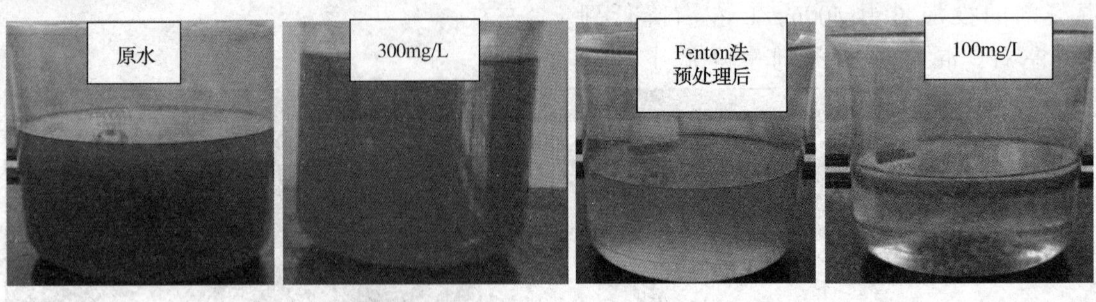

(a)未采取Fenton法混凝净化处理后水质　　(b)采取Fenton法混凝净化处理后水质

图 10　洗井液 Fenton 预氧化+混凝处理前后处理效果对比

一定影响。

1.6　配套药剂的改性技术

基于污水悬浮颗粒 Zeta 电位与絮凝效果的关系，结合污水水质特点和处理工艺现状，在保证净化效果的前提下，着重保障絮体"沉-浮"速度的提高，以在污水含油、水量超实际能力情况下保证反应罐出口的水质。对常用的絮凝剂采用复配手段进行改性，形成适用于不同水质处理的配套净水药剂配方体系。目前已形成配套药剂体系：

（1）用于高钙水处理的净水剂配方；（2）用于低浊水处理的絮凝剂配方；（3）用于聚驱及二元复合驱(SP)的混凝剂配方；（4）用于回注清水的杀菌剂配方；（5）用于高含硫注入水脱硫杀菌剂配方；（6）用于注水储层保护的缩膨剂配方。

根据油田不同水质特点，从经济有效性出发，采用一剂多效或药剂的专一性进行复配改性，达到提高净水水质稳定性的目的。根据现场处理工艺状况，可将上述不同药剂配方体系结合使用，药剂间具有较好的协同性。

2　现场应用试验

2.1　结垢控制技术应用评价

该技术配合合适的净水剂，使软化和净化有机地结合，水中的结垢离子在净化的同时得到部分去除(针对二厂 51#站含油污水水质，其除钙率约 50%～70%)，水的结垢程度降低或消除。另外，采用这种方法，同时还可显著改善污泥的形态，加快污泥的沉降速度，保证混凝沉降罐出口净化水水质的持续稳定，为后续开展深度处理，实现井口注水水质的全面达标奠定基础。实验结果见表 6。

由表 6 结果表明：投加不同浓度的脱钙剂后，净化后水中的钙、镁离子及 HCO_3^- 离子含量有明显的降低趋势，净化后水中主要成垢离子以碳酸钙、氢氧化镁形态沉淀在污泥中并排除污水系统之外，促使系统后段水中成垢离子含量得到有效地降低，也就是说从根本上降低系统后段注水管网中结垢因子的化学推动力，在一定程度上确保污水地面系统水质长期稳定。

表 6　含油污水脱钙前后常规水质分析

检测项目	脱钙前水质	脱钙后水质	脱钙后水质	脱钙后水质
CO_3^{2-}/(mg/L)	0.00	0.00	0.00	0.00
HCO_3^-/(mg/L)	929.35	625.44	525.23	470.66
Cl^-/(mg/L)	4753.11	4689.27	4722.51	4719.11
SO_4^{2-}/(mg/L)	71.36	69.87	71.59	69.52
Ca^{2+}/(mg/L)	286.16	179.96	160.93	127.21
Mg^{2+}/(mg/L)	48.60	38.92	30.77	27.88
$K^{++}Na^+$/(mg/L)	3241.02	3154.79	3157.63	3156.45
矿化度/(mg/L)	8864.93	8445.53	8406.05	8335.50
pH 值	7.27	7.69	7.89	7.96
水型	$NaHCO_3$	$NaHCO_3$	$NaHCO_3$	$NaHCO_3$
脱钙率/%	0	37.11	43.76	55.55
脱钙剂加量/(mg/L)	0	100	200	300

2.2　射流曝气工艺技术的应用

采用射流曝气装置在采油二厂 81#站污水系统进行了现场脱硫中试，污水中二价硫脱除率达 99%以上，净水水质的稳定性得到提高，具体试验装置见图 11。

2.3　注水沿程化学分步杀菌技术应用

在注水沿程设置加药点，采用物理+化学分步杀菌方式，可将物理、化学杀菌方式有机结合，利用各自优势，优化投加工艺，加强有效管理，注水沿程杀菌成本可显著降低。现场试验结果表明，在注水泵站设置药剂投加点可以确保注水沿程直至注水井口细菌含量 95%达标(试验期间最远注水井距离泵站约在 8km 左右)。若站内物理杀菌稳定运行，分步化学杀菌剂投加浓度可进一步降低。常规的单点加药工艺不仅加药量大，而且注水沿程和井口细菌含量难以保证。

射流曝气装置在采油二厂81#站脱硫试验时的安装位置(1000m³调储罐)

脱疏前后净水水色对比效果图

图 11 现场工艺及曝气前后净水水质对比

表 7 不同杀菌方式的主要技术及经济指标对比

名称	加量/(mg/L)	外输出口细菌是否达标	井口细菌是否达标	是否同时投加缓蚀剂	综合处理成本/(元/m^3)
SYS-01 杀菌剂	30	是	是	否	<0.7
物理杀菌+SYS-01	<20	是	是	否	<0.5
常规药剂	80~100	是	否	是	>1.20

2.4 作业废液预处理工艺技术应用[8]

将臭氧氧化(化学氧化)工艺、混凝反应工艺及曝气气浮工艺单元形成模块化，可根据现场作业废水现状和预处理后水质要求任意组合，其配套药剂体系组成也可根据工艺特点进行选配。总之，该工艺流程灵活多变，最大化发挥出各单元处理性能，特别适用于边缘井区和处理规模较小的作业废液处理。目前该技术正在用于采油二厂 81#站万方池中作业废液的治理，由于作业废液的多变性，前期采用的是“臭氧氧化+混凝反应+气浮”工艺，后期，在对混凝剂配方进行改性优化后，目前采用的是“混凝反应+气浮”工艺，可以起到降低色度、COD、悬浮物等作用，有效提高了 81#站混掺污水处理后的净水水质。

表 8 现场试验数据节选

日期	水处理量/(m^3/d)	系统来水					系统出水				
		含油/(mg/L)	悬浮/(mg/L)	Fe^{2+}/(mg/L)	PH 值	S^{2-}/(mg/L)	含油/(mg/L)	悬浮/(mg/L)	Fe^{2+}/(mg/L)	PH 值	S^{2-}/(mg/L)
2017/4/19	1128	675.92	593.3	13.3	6.4	1	48.59	246	2	6.2	0.5
2017/4/20	1455	383.5	780	2.8	6.5	1.8	28.94	50	1.0	6.2	0.5
2017/4/22	1492	40.4	190	2.4	6.5	2.2	2.74	60	1.0	6.6	0.5
2017/4/23	1393	34.39	217	2.55	6.4	7	8.23	66.2	1.0	6	0.5
2017/4/24	1300	64	106	6	6.4	2	9.31	44	1.0	6.2	0.5
2017/4/25	1355	373.73	116	0.9	6.7	3.9	10.68	45	0.6	6.4	1.0
2017/4/26	1462	111.35	196.67	1.3	6.4	5.9	16.96	28	0.6	6	1.0
2017/4/27	1365	41.42	113.3	11	6.4	0.6	9.98	40	0.6	6	0.1

图 11　作业废液试验现场

3　结论

目前，新疆油田经净化处理的含油污水均100%回注地层，影响水质稳定性的主要因素是水质具有严重的碳酸盐结垢趋势、水中含有还原性金属离子（S^{2-}、Fe^{2+}）以及管网的二次污染等，这些因素的存在，往往使注水井口水中的悬浮固体颗粒、细菌含量严重超标，注水管网中结垢腐蚀现象较严重。为了提高、改善注水水质稳定性，现场采用原油处理系统投加阻垢剂、污水系统采用源头脱钙预处理净化技术、优化电解杀菌和腐蚀控制工艺参数、一级、二级污水过滤技术以及污泥脱水减量化技术，为油田长期稳定注水进而提高注水开发效果提供技术保障。

参　考　文　献

[1] 朱义吾，等．油田开发中的结垢机理及其防治技术[M]．西安：陕西科学技术出版社，1995. 庆油田勘探开发研究院，1996.

[2] 丁慧，陈文峰．油田采出水电解杀菌技术[J]．油气田地面工程，2003. 6(22)：31-32.

[3] 陶涛，黄战飞，蒋雄等．用射流曝气预处理高浓度硫化染色废水[J]．工业水处理，1991，11(1)：27-28.

[4] 林孟雄等．复合催化氧化技术对油气田压裂返排液的处理研究[J]．环境科学与管理，2007，32(8)：115~118.

[5] 安杰，刘宇程等．压裂废液处理技术研究进展[J]．油气田环境保护，2009，19(2)：48~50.

[6] 黄浪，马自俊，蔡永生等．镀铜铁屑/H202 法预处理油田酸化废水．工业水处理，2006，26(4)：28~30.

[7] 李凡修，陆晓华，梅平，等．高级氧化技术用于油田废水处理的研究[J]．油田化学，2006，(2)：188-192.

[8] 李健，赵立志，刘军．压裂返排废液达标排放的实验研究[J]．油气田环境保护，2002，12(3)：26~28.

新疆油田注水水质稳定控制技术应用

严　忠[1]　屈　静[1]　胡　君[1]　再拉甫·吾不艾山[1]　罗秉瑞[2]

（1. 中国石油新疆油田公司实验检测研究院；2. 中国石油新疆油田公司工程技术研究院）

摘　要　新疆油田部分区块，由于采出水存本身存在及其不稳定因素，加之配套处理工艺无法有效解决现有的问题，往往导致井口注水水质无法长期稳定达标。通过室内研究分析，确定了影响注水水质稳定性的主要因素，优化筛选应对措施，研制开发出合理的处理工艺和配套的新型药剂配方体系，为新疆油田长期稳定注水从而提高油田注水开发效果提供了技术保障。

关键词　注水水质；细菌；结垢；水质稳定技术

新疆油田随着油田开发难度的不断加大，油田注水是油田实现长期稳产高产的基础，也是提高油田采收率的有效途径。虽然，经过多年的潜心研究，新疆油田推广应用的“离子调整旋流反应法处理技术”[1]对油田污水的离子进行调整从而实现水质净化和稳定，外输水质合格率迈向一个新台阶。但是，确保注水井口回注水水质长期达标是件非常困难的事，就其原因不外乎有以下几个方面的因素：① 长输管网存在二次污染现象，导致出站合格水在输送过程中遭到污染，注水井口处水中悬浮物、含油、细菌等参数含量超标；② 外输水水质本身存在不稳定性，水中还有易氧化的还原性离子和存在较严重的碳酸盐自结垢趋势[2]，这些因素的存在，导致外输水在回注过程中易氧化成难溶于水的新生态的氧化产物和生成新生态的碳酸盐垢产物，这些产物的形成往往导致合格水中悬浮物含量呈现超标现象。针对上述存在的问题，国内研究人员做了大量的工作，也提出了较好的应对措施，但真正从根本上解决好上述问题，特别是确保低渗透非均质油藏的合格注水，尚没有成熟的处理技术可以借鉴。合理的处理工艺和配套的新型药剂配方体系的开发仍然是有效解决污水回注井口稳定达标技术研究的重点。

1　注水水质不达标存在主要问题剖析

通过多年现场调研结果，新疆油田部分区块注水井口回注水水质长期不达标就其原因不外乎有以下几个方面的因素：

1.1　出站水质不达标

（1）污水系统来液不稳定影响

无论是新建站还是运行多年的“老站”，原油系统运行平稳，将决定下游污水系统运行质量稳定的关键，原油系统运行不稳定造成污水系统来液水质恶化（含油超标），将给配套药剂体系性能的发挥带来影响，最终导致净水水质稳定性变差，出站水质出现不达标现象。

（2）站内回掺水的影响

多数处理站存在污泥池结构设计不合理，不利于污泥的浓缩沉降，加之现场压泥机不能正常运行时，污泥池内富集污泥无出路，只能随着上部出水“翻入”到澄清池，继而又重新进入污水系统首端重力罐，这将导致系统内回掺水水质恶化，长时间运行将增大污水系统中各段处理设施运行负荷，同时也影响药剂体系性能的正常发挥，最终给净水水质稳定达标带来负面影响。

1.2　出站水质达标，但井口水质不达标

（1）注水管网存在二次污染现象

这种现象易出现在“老站”和“老区块”，一般情况下，出站合格水在输送过程中遭到“不干净”管网的二次污染，往往造成注水井口处水中悬浮物、含油、细菌等参数含量超标。

（2）外输水水质稳定性较差

个别油田含油污水中含有易氧化的还原性离子和存在较严重的碳酸盐自结垢趋势，这些因素的存在，将导致外输水在回注过程中易氧化成难溶于水的新生态的氧化产物和生成新生态的碳酸盐垢产物，这些产物的形成往往导致合格水中悬浮物含量呈现超标现象。

2　注水水质稳定性控制研究

2.1　污水系统来液稳定性的控制研究

2.1.1　控制原油系统来液的稳定性

针对一个运行较平稳的原油系统来说，按照

惯例，每年的 5～10 月份是原油上产的黄金季节，期间油田增产措施井的增多和日产液量的提高，给系统的正常运行带来一定的压力。加上大量的用于增产措施的化学药剂进入到采出液中，给原油脱水带来一定的影响，常常表现出油水分离效果变差，污水系统前段来液含油“意外升高”，超出现用药剂的净化能力，快速破坏污水净化系统已建立良好的环境体系，在一定程度上影响处理后水质，特别是冬季水温偏低易影响药剂的处理性能，造成处理后水质无法保证长期稳定。

2.1.2　控制系统内回掺水质量

据现场考证，由于污水回参量的增加和回掺水质量(水中污泥量增加)下降，这样回掺水进入内循环后给污水系统正常运行带来的影响是显而易见的。絮体上浮原因，是因为大量回掺水中富集的“机杂”均为“老泥”，颗粒表面呈电中性，其形态多为极细小颗粒，极易高度分散在系统来水中，降低了混凝药剂的电中和性能，给含油污水的“脱稳”带来影响，净水水质不理想，往往表现在反应罐出口水中漂浮大量黑色颗粒，水中悬浮物、含油超标，水色灰暗，但是经过后段的沉降处理(大量“机杂”可通过重力沉降得到有效去除)，外输出口水色较清亮，水中含油较少。

2.1.3　治理措施研究

如何预防上述现象的发生，我们认为有以下几种措施可以较好解决上述遇到的难题，进一步改善处理后水质。

(1) 预处理工艺技术的应用

现场实践经验表明，预处理工艺技术的应用不仅给后端污水处理减轻压力，而且新增药剂的单位处理费用较低。配套预处理药剂的性能和投加工艺的选择是预处理工艺技术是否成功应用的关键。

(2) 提高净水药剂的抗风险性能

所用药剂配方体系，应考虑在来水含油较高的情况下，能够增强絮体在流动过程中的抗剪切能力、加剧絮体的沉降速度。

(3) 提高污泥质量

通过优化药剂配方和运行工艺参数，进一步提高污水系统净化过程中所形成的絮体密实性和沉降速度以及缩短泥水分离时间，在此基础上，还应减少污泥的产生量以及对污泥池的加强维护。

2.2　含油污水中还原性金属离子的去除方法研究

目前，能够有效去除油田水中 Fe^{2+}、S^{2-}离子的实用措施包括物理、化学

方法，需根据污水特性选用。

2.2.1　化学氧化方法

通过在污水中投加一定量的化学氧化剂，使 S^{2-}、Fe^{2+}离子得到充分氧化，形成 S、Fe^{3+}，在净化过程中随污泥排出系统。该方法特点是：

优点：见效快、成本较低，对二价铁，硫化物均有效。

缺点：加药量的精确控制困难，在污水中 S^{2-}、Fe^{2+}离子浓度变化大时，难

以实现按需加药。过量投加产生腐蚀，还会使絮体变得松散；加量不足去除不彻底。

2.2.2　化学沉淀方法

通过在污水中投加碱，使 Fe^{2+}离子形成 $Fe(OH)_2$，在净化过程中随污泥排出系统，只对二价铁有效。该方法特点是：

优点：方法简便，对硫酸盐还原菌有杀灭作用。

缺点：水中碱度(碳酸氢根)也消耗碱，碱量大，要彻底去除 Fe^{2+}离子，pH 必须控制在 10 以上，结垢加重。

2.2.3　空气氧化法[4]

通过射流曝气装置，将空气引入到污水中，利用空气中的氧气将水中 S^{2-}、Fe^{2+}离子氧化成 S、Fe3+离子。该方法特点是：

优点：操作简便、成本低廉，适应浓度范围宽，兼有除油作用。因气体溶解度小，氧气不易大量过量，并易被微生物消耗。

缺点：前期需投入一定资金，购置相应的设备。对罐内沉降环境有一定干扰，曝气口的位置选择是关键。

2.3　污水结垢控制方法研究[3]

新疆油田含油污水结垢产物多以碳酸盐产物为主，要抑制 $CaCO_3$ 的结垢，有几种基本的途径：降低结垢离子的含量、投加阻垢剂、进行 pH 控制、磁化处理等，其中最彻底的当属去除结垢离子。

2.3.1　投加阻垢剂或防垢剂

是油田控制结垢通常的做法。投加阻垢剂或防垢剂可以延长反应的诱导期，并且降低晶核生长的速率，在一定程度上阻止结垢的发生，并可

以改变结垢物的形态，使之不形成硬垢。对注水系统和井下结垢的控制是有效的。但不能消除结垢反应的化学推动力，产生的结垢产物会增加注入水的悬浮物含量，堵塞低渗注入层。

优点：操作简便、成本较低。

缺点：结垢的抑制作用是有限的和有条件的。

2.3.2　适量加酸进行 pH 调节

对碳酸盐结垢是有效的，在工业循环水系统广泛应用。

优点：操作简便、成本较低。

缺点：产生额外的腐蚀，必须采取措施加以控制。

室内利用 ScaleChem 结垢软件，模拟地层条件，考察不同浓度 CO_2，含油污水中碳酸盐结构趋势。室内试验结果见图 1。

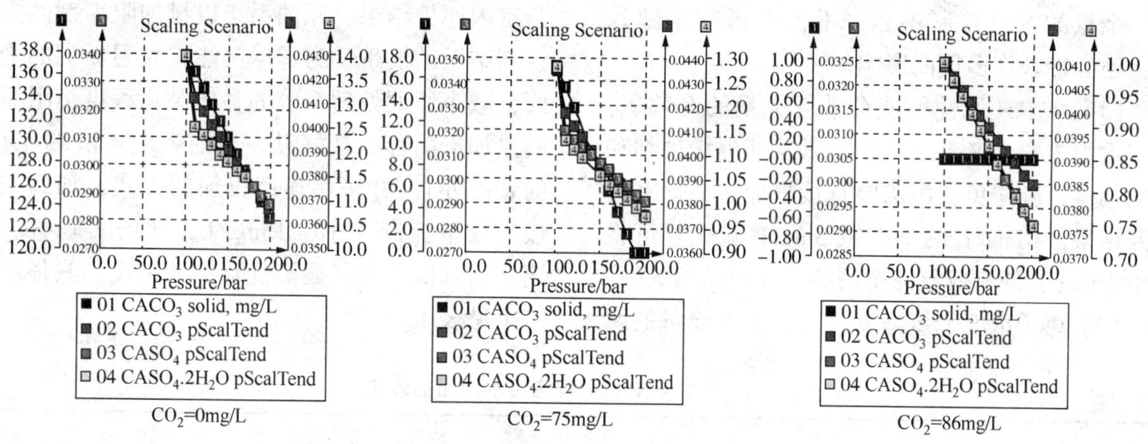

图 1　投加不同浓度 CO_2，水中碳酸盐结构趋势变化情况

上述实验结果表明，利用水中碱度，适量加酸进行 pH 调节，产生 86mg/L CO_2，污水碳酸钙结垢量从 138mg/L 降为 0。

2.3.3　水质软化(脱钙)技术

在污水中投加复合碱，破坏污水中的化学平衡，使 HCO^{3-} 不断的离解为 $CO3^{2-}$ 和 H+，CO_3^{2-} 与 Ca^{2+} 反应生成 $CaCO_3$，Fe^{3+} 和部分 Fe^{2+} 与 OH^- 生成 $Fe(OH)_3$ 和 $Fe(OH)_2$，在净化过程中与污水中的悬浮颗粒一同形成污泥排出系统。

优点：操作简便、成本较低，从源头上控制系统结垢量并可减少水中 Fe^{2+} 离子浓度。使污泥沉降速度大大加快，兼有对硫酸盐还原菌的抑制和对腐蚀的控制作用。

缺点：污水罐结垢加重(需要采取措施加以控制)、系统泥量加大、脱除效率易受污水含油影响。室内试验结果见图 2。

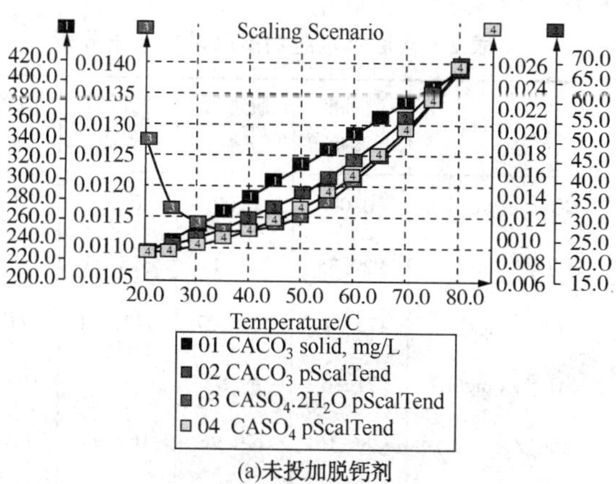

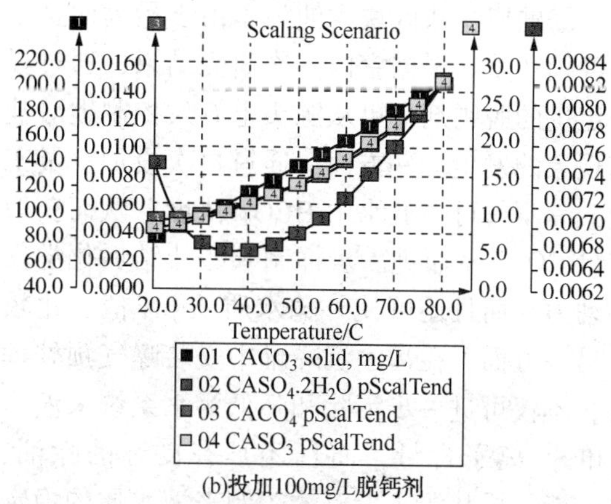

图 2　投加不同浓度脱钙剂，水中碳酸盐结构趋势变化情况

由上图结果可以看出，采用脱钙预处理净化水，在常压、20℃~80℃碳酸钙结垢趋势明显得到改善，与现场来液相比，投加 100mg/L 脱钙剂预处理净化水，在 30℃条件下，水中碳酸钙结垢

量分别降低约为 150mg/L 其碳酸钙脱除率约为 60%。这一结果进一步验证了上述理论依据的科学性。

2.4　电解杀菌技术应用研究[5]

目前部分油田新建污水处理站均采用"电解食盐水"杀菌方式，经室内分析研究只要控制水中余氯在 0.3mg/L～0.8mg/L，保证出站水细菌达标完全没有问题，并不会显著增加腐蚀。但此杀菌技术的应用有很多技巧，如果加药位置的选择、余氯的浓度控制不当，不但会影响杀菌效果，还会带来许多负面影响。

（1）水中还原性物质会消耗大量的有效氯，油田水中主要为 Fe^{++}、硫化物以及部分缓蚀剂和阻垢剂等，应避免在污水中直接投加。根据室内研究结果，10mg/L 的 Fe^{++} 或 5mg/L 硫化物可将水中 10mg/L 的有效氯完全消耗，导致杀菌失败。

（2）离子浓度余氯浓度过高，加重设备的腐蚀，如果在反应器前投加，还会对絮体的密实性产生不良影响，使絮体变得松散，严重时，甚至无法絮凝，影响后段絮体的沉降和过滤效果。最终影响到外输水悬浮物含量和含油量的达标。

（3）杀菌效率随温度升高而增加，随 pH 值升高而降低。

3　新疆油田注水水质稳定技术应用

3.1　原油处理系统结垢控制技术

按照原油处理系统以防为主的总体思路，结合室内评价结果，原油系统以投加阻垢剂的方式控制结垢的发生。为了尽可能扩大阻垢剂的受益面，减小原油处理系统的整体结垢程度，阻垢剂的投加点前移，最好设在原油系统来液端（分线的管汇处），并采用连续投加的方式，加药浓度按来液量控制在 10～15mg/L，现场实施时可采用从高到低的方式逐渐优化加药浓度。具体实验结果见表 1。

表 1　阻垢剂对减少现场污水结垢的效果

试验样品	碳酸钙结垢量/(mg/L)					
	24h		48h		72h	
现场系统 700m³出口	27.82	97.52	36.98	142.08	41.25	146.52
现场系统 700m³进口+15mg/LPBTCA	0	18.05	1.80	30.28	7.45	34.32
试验温度/℃	45	72	45	72	45	72

从评价结果可以看出，PBTCA 阻垢剂在不同温度下均能表现出良好的阻垢效果。在恒温 72℃下，可将碳酸钙结垢量从 146.52mg/L 减小到 34.32mg/L。

3.2　污水系统净化结垢控制技术

新疆油田多数区块含油污水由于量大而且结垢程度较严重。根据室内多次研究结果，通过投加一定量的脱钙剂，可从源头上有效控制碳酸盐结垢现象的发生。一方面，通过再次投加少量工业盐酸，不仅可降低水中 HCO_3^- 浓度，从而获取一定量 CO_2，从而进一步抑制碳酸盐结垢化学反应推动力，而且还可使外输水质的 pH 值变化较小。另一方面，在污水沉降罐中安装曝气预处理装置，不仅可进一步消除和降低污水系统来液中 Fe^{++} 和 S^{2-} 离子含量，而且还具有良好的除油、控油性能，可从源头上有效控制来液水质的稳定性，减轻药剂体系的抗风险性，为后段水质净化提供良好的来水水质。

3.2.1　水质软化（脱钙）技术的应用

针对某处理站混合污水中等偏下钙离子含量（280～300mg/L）和高碳酸氢根（900～1000mg/L）含量的水质特点，通过在净水过程投加脱钙剂的办法，将净水与脱钙有机的结合在一起，有效降低 Ca^{2+} 含量，从而减小结垢的化学推动力，减少碳酸钙垢的生成量。其试验结果见表 2。

表 2　含油污水脱钙前后常规水质分析

检测项目	脱钙前水质	脱钙后水质	脱钙后水质	脱钙后水质
CO_3^{2-}/(mg/L)	0.00	0.00	0.00	0.00
HCO_3^-/(mg/L)	929.35	625.44	525.23	470.66
Cl^-/(mg/L)	4753.11	4689.27	4722.51	4719.11
SO_4^{2-}/(mg/L)	71.36	69.87	71.59	69.52
Ca^{2+}/(mg/L)	286.16	179.96	160.93	127.21
Mg^{2+}/(mg/L)	48.60	38.92	30.77	27.88
K^++Na^+/(mg/L)	3241.02	3154.79	3157.63	3156.45
矿化度/(mg/L)	8864.93	8445.53	8406.05	8335.50
pH 值	7.27	7.69	7.89	7.96

续表

检测项目	脱钙前水质	脱钙后水质	脱钙后水质	脱钙后水质
水型	$NaHCO_3$	$NaHCO_3$	$NaHCO_3$	$NaHCO_3$
脱钙率/%	0	37.11	43.76	55.55
脱钙剂加量/(mg/L)	0	100	200	300

由上表结果表明：投加不同浓度的脱钙剂后，净化后水中的钙、镁离子及 HCO_3^- 离子含量有明显的降低趋势，净化后水中主要成垢离子以碳酸钙、氢氧化镁形态沉淀在污泥中并排除污水系统之外，促使系统后段水中成垢离子含量得到有效地降低，也就是说从根本上降低系统后段注水管网中结垢因子的化学推动力，在一定程度上确保污水地面系统水质长期稳定。

3.2.2 曝气脱硫技术的应用

现场采用射流曝气装置在某采油厂污水系统进行了现场脱硫中试，外输泵出口污水含硫去除率由 60.8%上升到了 94.9%，净水水质的稳定性得到提高，具体试效果见图 3、图 4 及表 3。

表 3 脱硫效果对比情况

监测点	空白	试验期间	
		反应缓冲罐单罐运行	反应缓冲罐双罐运行
重力沉降罐出口/(mg/L)	7.4	5.9	3.8
反应缓冲罐出口/(mg/L)	7	0.9	1.2
反应罐出口/(mg/L)	6.8	0.7	0.8
外输泵出口/(mg/L)	2.9	0.3	0.5
含硫去除率/%	60.8	94.9	86.8

3.3 电解杀菌和腐蚀控制工艺技术

为了确保注入水井口细菌含量达标和减轻站内污水处理工艺设施及注水管网腐蚀程度，电解杀菌剂投加点的设置依据：第一，避免因杀菌剂的投加影响水中絮体的形态；第二，减小杀菌剂因水质恶化带来的消耗；第三，若采用电解杀菌集输，可将余氯投加点分别设置在污水系统前端和喂水泵入口处，一方面利用其强氧化性，除去系统来水中的还原性离子，另一方面，避免无谓的消耗，在较低的浓度下发挥良好的杀菌性能，考虑到余氯在长输管线应用的局限性，可投加少量的季铵盐杀菌剂，避免因管网二次污染导致细菌“复活”现象的发生。

图 3 射流曝气装置在现场试验时的安装位置

图 4 曝气前后现场含油污水水色对比

缓蚀剂投加点的设置依据：考虑到水中余氯对系统管网的侵害性，为尽可能避免和减轻上游管网的腐蚀程度，把其加药点后移，这样既可以不影响水质的净化效果，又可以保障注水系统水质的稳定性。具体试验结果见表 4。

表 4 系统外输泵出口、注水站细菌含量、pH 值、瞬时腐蚀率检测结果

取样点	余氯含量/(mg/L)	pH 值	瞬时腐蚀率/(mm/a)	总铁/(mg/L)	细菌含量个/mL		
					SRB	TGB	FB
来水	0	8~8.2	0.13~0.15	2~3	$>10^4$	$>10^4$	$>10^4$
外输泵出口	0.5~0.7	7.9~8.2	0.14~0.17	2~3	0~25	0~25	0~25
注水站	0	8~8.2	0.13~0.14	2~3	6~25	25~100	25~250

注：电解液 ClO^- 浓度可维持在 5.8~6.2g/L。

上述结果表明：装置运行平稳期间，控制出口水中余氯含量维持在 0.5~0.7mg/L，水中细菌基本上被杀死。试验期间注水站出口水中余氯略有降低，水中细菌含量略有增加，但基本达标。

3.4 污水过滤技术

目前新疆油田采出水处理中常采用的过滤器主要有双滤料过滤器和改性纤维球过滤器，其中双滤料过滤器一般用做一级过滤，按填装的滤料分，有"无烟煤+石英砂"和"核桃壳+石英砂"，前者除悬浮物能力强，后者除油效果较好，但是控制颗粒粒径能力差。一级过滤精度基本可以达到悬浮固体含量≤3.0mg/L，悬浮物粒径中值≤3.0μm。改性纤维球过滤器由于过滤精度高，一般用做二级过滤，过滤精度可达 2μm 及以下。具体试验结果见图 4、图 5。

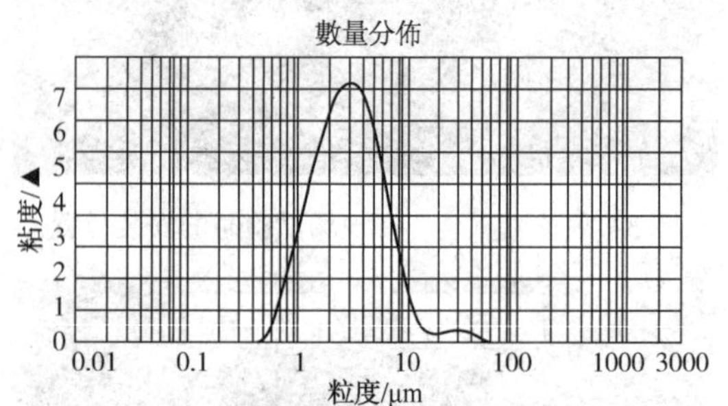

图 4　现场一级过滤器进口净化水中粒径分布

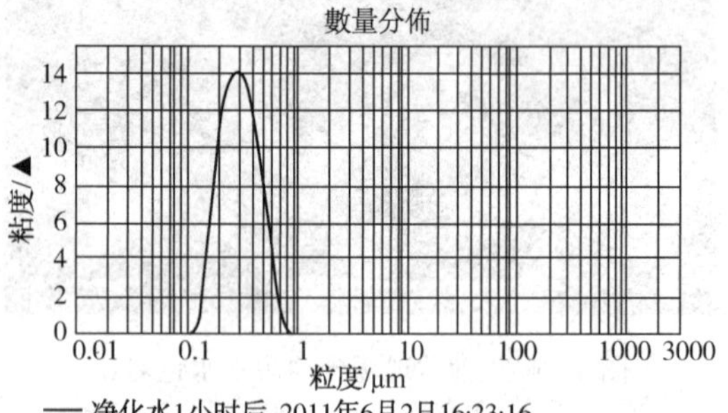

图 5　现场二级过滤器出口净化水中粒径分布

上述结果表明，现场净化水通过 2 级精细过滤，可将水中粒径控制在 1μm 级左右。而且具有良好的除油效果，通过室内分析，过滤器出口水中均未检出含油。

3.5 污泥脱水减量化技术

新疆油田自主创新研发并不断改进的辐流式污泥浓缩池具有较好的污泥浓缩效果，可以将含水 99%的污泥体积浓缩为原来的一半甚至更少，使底泥含水 37~48%，现场管理方便。对于浓缩池底部含水 37%的底泥尚需使用机械干化，目前新疆各油田污泥处理一般采用脱水干化法，其工艺为：系统排除污泥→浓缩池→脱水工艺→泥饼→外运填埋。油田常用的有离心脱水机、板框压滤机[6]。现场应用效果见下表 5。

表 5　某处理站现场污泥性质检测结果

检测项目	含水率/%	含油率/%	固含量/%	比阻/(s^2/g)
检测结果	45	25	36	0.99×10^9

污泥比阻小于 $0.4\times10^9 s^2/g$ 为易脱水污泥，从以上分析结果可以看出，处理站现场污泥比阻大于 $0.4\times10^9 s^2/g$，属于难脱水污泥。需要在脱水前投加污泥脱水剂。降低比阻，以利于脱水，污泥脱水剂加量为 20~50mg/L。

总之，采用离心脱水机，通过加药调质，可使污泥中的固体颗粒压实，一般可将污泥含水率降低到 75%，使污泥体积缩减为原来的 4%。

4 结论

目前，新疆油田经净化处理的含油污水均 100%回注地层，影响水质稳定性的主要因素是水质具有严重的碳酸盐结垢趋势、水中含有还原性金属离子(S^{2-}、Fe^{2+})以及管网的二次污染等，这些因素的存在，往往使注水井口水中的悬浮固体颗粒、细菌含量严重超标，注水管网中结垢腐蚀现象较严重。为了提高、改善注水水质稳定性，现场采用原油处理系统投加阻垢剂、污水系统采用源头脱钙预处理净化技术、优化电解杀菌和腐蚀控制工艺参数、一级、二级污水过滤技术以及污泥脱水减量化技术，为油田长期稳定注水进而提高注水开发效果提供技术保障。

参 考 文 献

[1] 唐丽．离子调整旋流反应法法污水处理技术在新疆油田的应用[J]．承德石油高等专科学校学报，2012，2(14)：4-8.

[2] 商莉，李素芝，等．中原油田污水中铁离子对注入水质的影响[J]．内蒙古石油化工，2012，16：39-40.

[3] 朱义吾，等．油田开发中的结垢机理及其防治技术[M]．西安：陕西科学技术出版社，1995. 庆油田勘探开发研究院，1996.

[4] 陶涛，黄战飞，蒋雄等．用射流曝气预处理高浓度硫化染色废水[J]．工业水处理，1991，11(1)：27-28.

[5] 丁慧，陈文峰．油田采出水电解杀菌技术[J]．油气田地面工程，2003.6(22)：31-32.

[6] 杨岳，李文新，等．含油污泥干化处理[J]．环境工程，2008.6(26)：568-570.

高浓度气田生产废水预处理工艺中试研究

周 宁 何 化

(中国石油工程建设有限公司西南分公司)

摘 要 针对气田生产废水高浓度CODCr、油类和高分子有机物处理困难等问题，研制了一套适合天然气行业高浓度气田生产废水预处理工艺，并进行中试研究，通过考察氧化及沉淀药剂投加量、反应时间、反应温度三种因素以及多工况组合测试，找出了合理的控制参数，证明“催化氧化—絮凝沉淀”预处理工艺在物化处理阶段能有效降解废水中的高分子有机物，使CODCr脱除率稳定在30%以上，废水可生化性B/C从0.14提高到0.46。“催化氧化—絮凝沉淀”预处理工艺为后续生化处理创造了条件。

关键词 高浓度气田废水；废水处理；物化预处理

天然气净化处理过程中未经处理的气田生产废水不仅腐蚀管线和设备、消耗溶解氧，对周边环境安全也会造成极大威胁[1-6]。气田生产废水含高浓度CODCr、油类、高分子难降解有机物等，是难处理的高浓度有机废水[7-10]。

目前，国内外气田生产废水处理有蒸发池蒸发、处理达标后排放、综合利用三种方式。2015年1月1日中国实施了修订后的《中华人民共和国环境保护法》，对环境保护的要求日益提高，蒸发池蒸发的方式将逐步退出历史舞台，处理达标后排放或综合利用将是气田生产废水的最终处置方式[11-14]。其中“物化处理+生物处理”是一种比较经济可靠的总体处理工艺，而物化预处理阶段的处理效果对总体工艺各项指标达标至关重要[15-20]。为实现物化预处理目标，保证后续生物处理效果，研制一套适合天然气行业的高浓度气田生产废水预处理工艺十分必要。

在川渝地区某天然气净化厂采集高浓度气田生产废水，中试采用“催化氧化—絮凝沉淀法”，优选出适合高浓度气田生产废水物化预处理的最佳反应条件，保证物化预处理阶段的处理效果，为后续生化处理创造条件。

1 废水来源与水质

高浓度气田生产废水主要来自天然气净化厂检修污水。检修污水CODCr≤10，000mg/L，含MDEA、TEG、铁、油和固体杂质等，属高浓度有机废水。

在川渝地区某天然气净化厂采集高浓度气田生产废水，CODCr 7520~9229mg/L，BOD_5 827~1384mg/L。为便于后续的连续监测，本试验过程以废水中CODCr和BOD_5的变化来综合分析处理过程中水质变化的趋势。

2 工艺路线

由水质检测结果可知，试验用高浓度气田生产废水属于高浓度有机废水，成分复杂，处理难度大，在确保处理效果的前提下，需要充分考虑处理成本，故采用“物化处理+生物处理”的总体工艺方法，在物化预处理阶段使废水CODCr浓度明显下降，为后续生化处理创造条件。

根据小试阶段成果分析，采用“催化氧化—絮凝沉淀”预处理工艺能够有效降低废水中CODCr浓度，同时提高废水的可生化性，故需要通过中试对前期试验结果进行验证及优化。预处理工艺流程框图见图1。

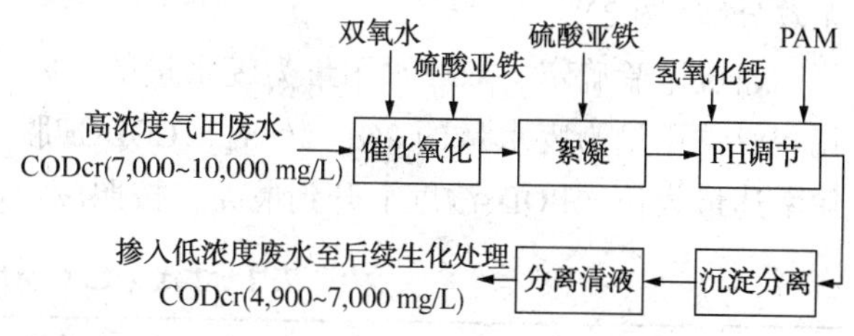

图1 “催化氧化—絮凝沉淀”预处理工艺流程框图

试验出水需掺和低浓度废水，使生化阶段进水CODCr保持在2，000~4，000mg/L，此掺和比远低于现阶段天然气厂在运工艺(目前在运工艺一般将CODCr稀释至800mg/L以下再进行处理)；由此可见，本工艺将后续生化处理阶段反应效率提高了2~5倍，同时反应器体积也可相应缩小。

3　物化处理试验

物化处理试验以去除 CODCr 为主，试验主要考察双氧水投加量、反应时间和反应温度三种因素对 CODCr 去除的影响，同时考察 BOD_5 的变化情况。

3.1　试验过程

(1) 取废水 $1m^3$ 于反应器中，按照废水量的 0.5%、1%、2%分 3 次投加 H_2O_2。

(2) 按照废水量的 2%~5%分步加入 $FeSO_4$，反应放置一定时间。

(3) 调节 pH=8~9。

(4) 加入 0.1%聚丙烯酰胺(PAM)，进行絮凝沉淀分离。

(5) 取上清液测定 CODCr，计算 CODCr 脱除率。

3.2　试验结果与讨论

3.2.1　H_2O_2 用量对 CODCr 脱除率的影响

废水 CODCr 7520mg/L，BOD_5 827mg/L。

H_2O_2 用量对 CODCr 脱除率的影响见图 2，H_2O_2 用量由废水量的 0.5%加至 2%，CODCr 脱除率先升后降，CODCr 平均脱除率最佳可达 31.32%，而 BOD_5 浓度也出现了先上升到 3, 271mg/L，后续平缓的趋势，可生化性 B/C 最高为 0.47。

说明 H_2O_2 与 Fe^{2+} 有最佳配比值，当 Fe^{2+} 浓度一定时，H_2O_2 用量超过最佳配比值会抑制反应的进行。这可以解释为在 H_2O_2 浓度较低时，浓度的增加可使羟基自由基的生成量增大，当浓度较高时，H_2O_2 既能淬灭羟基自由基，又能使自身无效分解(图 2)。

通过试验确定，双氧水用量为废水量的 1%，硫酸亚铁用量为废水量的 2%~5%时，CODCr 脱除率达最大值，BOD_5 浓度上升到最高，按照废水量的 1%加入双氧水为最佳加量。

3.2.2　反应时间对 CODCr 脱除率的影响

反应时间对 CODCr 脱除率的影响见图 3，在双氧水不同加量条件下，从反应时间 4h 开始，CODCr 脱除率随时间增加而增大，当反应至 8h 后达最大值，再继续反应至 12h，CODCr 脱除率趋于稳定或稍有下降。说明反应时间 8h，反应已充分进行，再加长反应时间，对 CODCr 脱除不利。反应时间 8h 为最佳反应时间(图 3)。

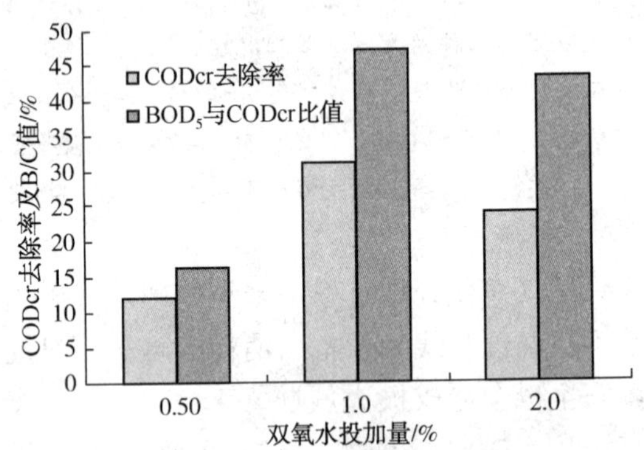

图 2　双氧水用量与 CODCr 脱除率关系

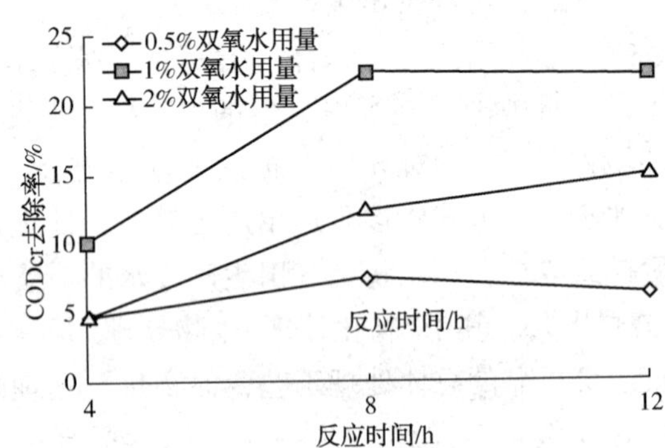

图 3　反应时间与 CODCr 脱除率关系

3.2.3　反应温度对 CODCr 脱除率的影响

22℃~25℃温度条件下，3 个平行样的试验数据见表 1。

表 1　22℃~25℃温度条件下 CODCr 脱除率

实验号	试验用废水 CODCr/(mg·L^{-1})	H_2O_2 加量/ml	放置/h	$FeSO_4·7H_2O$ 投加量/g	0.1%聚丙烯酰胺加量/g	再放置时间 2h，滤液 CODCr/(mg·L^{-1})	CODCr 脱除率/%	CODCr 平均脱除率/%	出水滤液 BOD_5/(mg·L^{-1})	平均 B/C 值	沉淀量/%	干渣量/%	平均干渣量/%
1						5, 654	29.69		2, 375		20	2.19	
2	8, 041	100	8	200，用氢氧化钙溶液调节 pH=8~9	10~50	5, 518	31.38	31.32	2, 703	0.45	20	1.98	2.08
3						5, 398	32.87		2, 375		21	2.08	

30℃温度条件下，3个平行样试验数据见 表2。

表2 30℃温度条件下CODCr脱除率

实验号	试验用废水CODCr/（mg·L^{-1}）	H_2O_2加量/ml	放置/h	$FeSO_4 \cdot 7H_2O$投加量/g	0.1%聚丙烯酰胺加量/g	再放置时间2h，滤液CODCr/（mg·L^{-1}）	CODCr脱除率/%	CODCr平均脱除率/%	出水滤液BOD_5/（mg·L^{-1}）	平均B/C值	沉淀量/%	干渣量/%	平均干渣量/%
1	9，229	100	8	300，用氢氧化钙溶液调节pH=8~9	10~50	6，568	28.83	26.62	2，759	0.41	20	2.15	2.16
2						6，757	26.79		2，973		20	2.20	
3						6，993	24.23		2，517		21	2.13	

40℃温度条件下，3个平行样试验数据见 表3。

表3 40℃温度条件下CODCr脱除率

实验号	试验用废水CODCr/（mg·L^{-1}）	H_2O_2加量/ml	放置/h	$FeSO_4 \cdot 7H_2O$投加量/g	0.1%聚丙烯酰胺加量/g	再放置时间2h，滤液CODCr/（mg·L^{-1}）	CODCr脱除率/%	CODCr平均脱除率/%	出水滤液BOD_5/（mg·L^{-1}）	平均B/C值	沉淀量/%	干渣量/%	平均干渣量/%
1	9，229	100	8	300，用氢氧化钙溶液调节pH=8~9	10~50	8，174	11.43	15.58	3，270	0.37	32	3.15	3.21
2						7，513	18.59		2，554		35	3.39	
3						7，686	16.72		2，921		33	3.08	

反应温度对CODCr脱除率的影响，由表1~表3、图4可知，在22~25℃、30℃、40℃条件下，随着温度升高CODCr脱除率呈下降趋势，可生化性B/C比例降低，说明温度过高对反应不利。可确定最佳反应温度应在20~30℃之间。

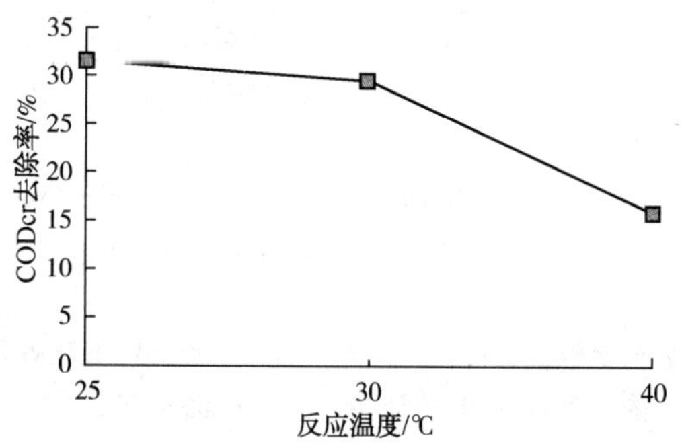

图4 温度与CODCr脱除率关系

4 反应条件的优化

通过上述单因素影响试验，考虑CODCr的最高去除率和B/C的最高值，可确定"催化氧化—絮凝沉淀"预处理工艺最佳反应条件为：

按照废水量的1%加入双氧水，20~30℃之间反应放置8h，按照废水量的1%加入硫酸亚铁，反应放置4h，再按照废水量的1%~4%加入硫酸亚铁，调节pH=8~9，按照废水量的0.1%~0.5%加入聚丙烯酰胺（浓度0.1%）进行絮凝沉淀，废水CODCr脱除率可达30%以上。

4.1 优选方案实施步骤

通过考察CODCr、BOD_5脱除率和B/C比值的变化，得到优选方案："催化氧化—絮凝沉淀"预处理工艺实施步骤：

（1）取废水于烧杯中，按废水量的1%加入H_2O_2，于20~30℃条件下反应放置8h。

（2）按照废水量的1%加入$FeSO_4$，反应放置4h。

（3）再按照废水量的1%~4%加入$FeSO_4$。

（4）加$Ca(OH)_2$调节pH=8~9。

（5）按照废水量的0.1%~0.5%加入聚丙烯酰胺（PAM），进行絮凝沉淀分离，沉淀时间2h。

4.2　优选方案试验结果

（1）试验用废水 $1m^3$，CODCr 9229mg/L（废水浅黄色，浑浊，有刺鼻臭味），BOD_5 1292mg/L，B/C=0.14，反应温度 30℃。做 4 组平行试验，实验数据见表 4。

表 4　优选物化方案实验数据

试验号	H_2O_2 投加量/ml	放置时间/h	$FeSO_4 \cdot 7H_2O$ 投加量/g	加氢氧化钙溶液	加入聚丙烯酰胺（0.1%）/g	再放置时间 2 小时，总反应时间 14 小时，滤液 CODCr/（mg·L⁻¹）	CODCr 脱除率/%	CODCr 平均脱除率/%	出水滤液 BOD_5/（mg·L⁻¹）
1	100	8	300，放置 4h	调节 pH=8~9	10~50	6，248.03	32.3	31.73	3，061
2						5，989.62	35.1		2，576
3						6，515.67	29.4		2，867
4						6，451.07	30.1		3，032

由表 4 可知，在优选条件组合反应后，处理后出水 CODCr 平均去除率达 31.73%，废水可生化性 B/C 提高到 0.46。

（2）沉淀干渣量考察：将沉淀进行抽滤，于烘箱 105℃下恒温烘干，干渣红棕色，占总废水量的 2.1%~2.2%。

5　结论

（1）通过试验研究可知，在氧化及沉淀药剂投加量、反应时间和反应温度均为最佳反应条件下，“催化氧化—絮凝沉淀”预处理工艺对高浓度气田生产废水中 CODCr 平均脱除率可达 31.73%，同时废水中重金属、悬浮物等有毒有害物质被极大地絮凝沉淀下来，废水可生化性 B/C 可提高到 0.46。

（2）“催化氧化—絮凝沉淀”预处理工艺硫酸亚铁加量较少，只有废水量的 2%~5%，沉淀渣量极大减少，干渣量只有废水量的 2.1%~2.2% 左右，为后续废渣的处置减小压力。

（3）试验得出，在高浓度气田生产废水预处理阶段，“催化氧化—絮凝沉淀”预处理工艺在降解高分子有机物、脱除 CODCr、提高废水可生化性等方面具有良好的效果，为高浓度气田生产废水转入后续生化处理创造了条件，同时提高了后续阶段反应效率、缩小了反应器体积，环保、经济效益明显。

参　考　文　献

[1] 黎邦威．四川气田水处理技术及工程中的应用研究[D]．成都：西南交通大学，2006.5.

[2] 彭天杰．工业污染治理技术手册[M]．成都：科技出版社，1985.11.

[3] 胡侃．水污染控制工程[M]．武汉：武汉工业大学出版社，1998.23.

[4] 刘峰．靖边气田污水处理技术研究及优化[D]．西安：西安石油大学，2007.10.

[5] 赵琼，陈朝辉，张永红．克拉 2 气田水处理装置设计浅析[J]．，天然气与石油，2006.24(3)：30-32.

[6] 胥尚湘．试论威远气田水的治理[J]．石油与天然气化工，1985.14(2)：53-61.

[7] 杨晔，陆芳，潘志彦，等．高盐度有机废水处理研究进展[J]．中国沼气，2003，21(1)：22-24.

[8] 薛建良，赵东风，李石，等．炼化企业含盐废水处理的研究进展[J]．工业水处理，2011，31(7)：22-26.

[9] 党争光，马楠，杨磊．石油化工企业含硫污水处理技术[J]．环境保护与循环经济，2014，34(7)：40-41.

[10] 孙炳科，郭金昌．炼油厂含硫废水的治理[J]．中国给水排水，2003，19(13)：149-150.

[11] 钟朝前，侯梅，杨静，等．气田水处理药剂的筛选及应用[J]．油气田环境保护，2005，15(1)：15-17.

[12] 王兵，冯英，张太亮．电解絮凝法处理气田废水实验研究[J]．西南石油学院学报，2005，17(5)：65-67.

[13] Kuhn A T. A Review of the Air oxidation of Aqueous sulfide solution [J]. Chem. Tech. Biorechnol，1983，33：406~414.

[14] 杨德敏，王兵，李永涛，等．过硫酸铵氧化处理高浓度含硫废水的研究[J]．石油化工，2012，41(1)：87-91.

[15] Campos J C，Borgesa R M H，Oliveira Filho A M，et al. Oilfield waste-water treatment by combined microfiltration and biological proceses [J]. Water Research，2002，36：95-104.

[16] Gao Ping，Chen Xueming，Shen Feng. Removal of chromium (Ⅵ) from wastewater by combined electro-

coagulation electroflotation without a filter [J]. Separation and Purification Technology, 2005, 43 : 117-123.

[17] Ebrahimi M, Willershausen D, Ashaghi K S, et al. Investigations onthe use of different ceramic membranes for efficient oil-field produced water treatment [J]. Desalination, 2010, 250(3): 991-996.

[18] Ebrahimi M, Ashaghi K S, Engel L, et al. Characterization and application of different ceramic membranes for the oil-field produced water treatment [J]. Desalination, 2009, 245(1/2/3): 533-540.

[19] Lehman S G, Liu Li. Application of ceramic membranes with preozonation for treatment of secondary wastewater effluent [J]. Water Research, 2009, 43 (7): 2020-2028.

[20] Lefebvre O, Moletta R. Treatment of organic pollution inindustrial saline wastewater: A literature review [J]. Water Res, 2006, 40(20): 3671-3682.

嗜盐微生物降解石油烃污染物研究进展

李　红[1,2]　李小康[1,2]　鱼　涛[1,2]　李　彦[1,2]　屈撑囤[1,2*]

（1. 陕西省油气田环境污染控制技术与储层保护重点实验室；2. 西安石油大学化学化工学院）

摘　要　综述了嗜盐微生物的种类、耐盐机制、石油烃降解机理及对不同结构石油烃组分的降解特征。还介绍了在高盐环境下中提高嗜盐微生物降解率的强化技术，并对未来的研究方向提出了建议。

关键词　石油烃污染；高盐环境；嗜盐微生物；降解；强化技术

石油产品是工业和日常生活的主要能源，由于石油管道泄漏、工业废料不当排放、海上石油生产等原因，大量的石油污染物进入环境，致使陆地和水体生态系统严重退化。一些高盐环境如盐湖、海洋和盐沼等地具有可观的经济效益、生态效益及科学价值，然而这些生态区域经常受到高含量的石油烃污染。此外，炼油厂在提炼原油的过程中，会产生大量高盐含油废水，盐度高达10%，油田和沿海地区的土壤环境时常受到石油烃与高盐的双重污染[1]。因此，如何修复治理高盐环境下的石油烃污染成为亟待解决的重要任务。

微生物对石油烃具有较强的降解能力，能够利用自身代谢能力，将石油烃中的多种有机污染物转化为对环境无害的物质，如 CO_2、H_2O 及其他无机物，这些物质再被整合进入自然生态循环系统中，其降解过程具有安全、高效、成本低且无二次污染等优点。因此，采用微生物降解等生物技术可以有效修复治理烃类环境污染。然而，采用微生物法治理高盐环境石油污染时，盐浓度对传统非嗜盐微生物的生理特性及生命活动有很大影响，包括破坏细胞膜、致使酶变性、降低氧及石油烃污染物的溶解度等，导致微生物生长代谢能力显著减弱，降解效果降低，无法在高盐条件下发挥作用[2]。而从受石油烃污染的盐碱地、海洋、盐湖等环境中分离筛选得到嗜盐微生物，能够很好地适应盐碱土壤等高盐环境，可以在高盐环境中正常进行代谢活动[3]，因此嗜盐微生物对高盐环境下石油污染治理起着关键性、决定性作用。

1　嗜盐微生物的种类

需要盐才能生长的微生物被称为嗜盐微生物。根据嗜盐微生物生长所需的最适盐浓度差异，将其分为轻度嗜盐微生物，中度嗜盐微生物和极端嗜盐微生物 3 类。其对盐的需求、最适生长 NaCl 浓度范围（w/v）及分布种类如表 1[4]。

表 1　不同微生物的最适生长 NaCl 浓度范围（w/v）及分布种类

微生物种类	对 NaCl 的需求	最适 NaCl 浓度范围（w/v）/%	分布种类
轻度嗜盐微生物	少量需求	1~3	多为海洋微生物
中度嗜盐微生物	需要	3~15	少数真细菌、蓝细菌、微藻
极端嗜盐微生物	需要	15~32	古细菌、盐球菌、盐杆菌、杜氏藻

石油是由有机物和无机物组成的复杂混合物，其中烃类所占组分可达98%，烷烃、环烷烃和芳烃是石油中主要存在的 3 种烃类[5]，研究证实多种微生物可以利用石油烃组分作为碳源在中度至高盐环境中生长。目前已经分离筛选出能够降解烷烃的嗜盐菌有盐单胞菌属（*Halomonas*）、盐盒菌属（*Haloarcula*）、海杆菌属（*Marinobacter*）、食烷菌属（*Alcanivorax*）、多孢放线菌属（*Actinopolyspora*）、嗜盐杆菌属（*Halobacterium*）、绿脓假单胞菌（*Pseudomonas aeruginosa*）等；降解多环芳烃（PAHs）的嗜盐菌有海旋菌属（*Thalassospira*）、解环菌属（*Cycloclasticus*）、微球菌属（*Micrococcus*）、恶臭假单胞菌（*Pseudomonas putida*）、产碱杆菌属（*Alcaligenes*）、盐盒菌属（*Haloarcula sp.*）等；降解 BTEX 的嗜盐菌有动球菌属（*Planococcus*）、分支杆菌属（*Mycobacterium*）、产黄青霉菌属（*Penicillium chrysogenum*）等；能够降解酚类、苯甲酸盐的嗜

盐菌有热带假丝酵母属(*Candida tropicals*)、色杆菌属(*Chromohalobacter*)等。

2 嗜盐微生物的耐盐机制

高盐环境对微生物生长以及污染物代谢的主要影响表现在:①盐浓度升高会引起细胞内外渗透压失衡,导致细胞脱水,丧失活性,胞内各种生理代谢活动紊乱;②高盐度降低了水中的溶解氧含量,限制了加氧酶的作用,因此降低了好氧生物降解速率;③高盐浓度可能会抑制生物降解过程的中间产物进一步降解,导致中间产物的积累,影响生物降解能力[6]。

为了避免在高盐环境下细胞失水死亡,嗜盐微生物主要通过3种调节机制来平衡细胞内外渗透压:①积聚无机盐离子。嗜盐菌细胞质通过吸收外界环境中的 Cl^- 和 K^+ 维持渗透压平衡。研究发现,嗜盐的古菌海盐菌属和盐球菌属等可以利用细胞膜上特有的“质子泵”细菌视紫红质、ATP合成酶和 Na^+/H^+ 逆向转运蛋白的协同作用浓缩细胞内 K^+ 并从外界摄取 K^+,以平衡环境中的盐浓度。②积累或产生相容性有机溶质。嗜盐菌细胞内合成糖类、甜菜碱、氨基酸以及四氢嘧啶等相溶性低分子有机物作为渗透压调节剂,保护微生物蛋白在盐水环境中不易变性,维持细胞结构稳定。③调整蛋白质结构。嗜盐蛋白质组织具有独特的适应能力,高盐环境促使嗜盐蛋白肽链发生折叠,从而形成具有功能的蛋白,保证酶活性正常发挥[7]。

3 嗜盐微生物降解石油烃的分子机理

近年来,国内外学者利用分子生物学技术,从嗜盐微生物的降解基因方面对石油烃降解途径展开深入研究。结果表明,在高盐环境下,一些嗜盐微生物可利用类似于非嗜盐微生物中的降解酶降解石油烃组分,并且降解途径也相似,目前主要从嗜盐菌对烷烃和芳烃2类组分的降解机制进行研究。

烷烃的好氧生物降解通常始于末端或次末端甲基上的氧化。单加氧酶通过向烷烃末端或次末端甲基上加入氧原子将其氧化成醇,并进一步转化成相应的醛和脂肪酸,随后通过β氧化降解[8]。研究表明,可溶性非血红素二氧化铁加氧酶(sMMO)和膜结合颗粒含铜酶(pMMO)可以氧化气态短链烷烃[9],通常降解菌对中长链烷烃的末端氧化主要由2类酶系统启动:系统膜结合非亚铁血红素烷烃羟化酶(如AlkB和AlkM)和细胞色素(P450)烷烃羟化酶,AlkB和P450烷烃羟化酶可以氧化 $C_8 \sim C_{16}$ 的中长链烷烃,而黄素结合单加氧酶AlmA和长链烷烃单加氧酶LadA对长链烷烃($>C_{18}$)的降解则起着关键作用[10]。Dastgheib等[11]克隆分析了一株食烷菌属(*Alcanivorax*)的烷烃羟化酶基因AlkB1和AlkB2,发现该菌在NaCl浓度为15%时可以降解多种正构烷烃,具有代谢烷烃的多种途径。Nie等[12]测定并分析了一株中度嗜盐菌 *Amycolicicoccus subflavus* 的烷烃代谢的全基因组序列,发现该菌基因组携带4种类型的烷烃羟化酶基因,利用PCR技术确定烷烃 $C_{10} \sim C_{36}$ 可诱导AlkB及其同源体编码的烷烃羟化酶基因的表达,$C_{10} \sim C_{20}$ 和 C_{24} 可以促使P450 CY183基因表达上调,$C_{16} \sim C_{36}$ 及丙烷的氧化降解与LadA和丙烷单加氧酶有关。

芳香烃的降解途径主要是通过单加氧酶或双加氧酶向烷基或芳环上添加氧原子,经过聚合反应将其转变为儿茶酚酸、原儿茶酸和龙胆酸盐等中间体,进而在儿茶酚酸1,2-双加氧酶(1,2-CAT)、儿茶酚酸3,4-双加氧酶(3,4-CAT)、原儿茶酸3,4-双加氧酶(3,4-PCA)或龙胆酸1,2-双加氧酶(1,2-GDO)等邻位或间位开环双加氧酶的作用下使苯环裂解,生成乙酰辅酶A、琥珀酰辅酶A和内酮酸酯等中间代谢产物,随后进入三羧酸循环[13]。Hinteregger等[14]研究发现,盐单胞菌(*Halomonas*)在降解苯甲酸盐和苯酚过程中,通过环氧化及环裂解过程生成中间产物儿茶酚酸和顺式-氯酸盐,并且该菌代谢芳香烃时,邻位切割酶对邻位裂解途径起着重要作用,随后García等[15]使用PCR和简并引物检测到该菌株含有儿茶酚酸1,2-双加氧酶和原儿茶酸3,4-双加氧酶的编码基因。

4 嗜盐微生物对不同类型石油烃组分降解特征研究

石油烃组分结构不同,降解特性也存在差异。一般认为,石油烃组分所含碳原子数越多,降解效率越低。研究表明,微生物对石油烃组分降解从易到难顺序为:直链烷烃>支链烷烃>低分子质量芳香烃>环烷烃>多环芳烃。嗜盐微生物与非嗜盐微生物降解石油烃程度基本一致,碳链越长生物降解程度越低。Engelhardt等[16]证明嗜盐微生物对直链烷烃、直链烷烃和芳香烃的降解程度由易到难,Al-Mueini等[17]分离到一株嗜盐菌 *Actinopolyspora strain* DPD1,发现其可在96h

内完全降解十五烷，而相同浓度的二十烷，在10d 后降解率为 80%。

虽然石油烃污染物在土壤、淡水环境和低盐度的海洋环境下相对容易降解，但在高盐条件下，石油烃的生物可利用性会普遍降低，这是盐析效应的结果：可溶性盐减少疏水性有机化合物在水中的溶解度，水相中的盐浓度越高，有机化合物吸附到固体基质上的含量越多，导致石油烃的生物降解速率显著降低[18]。Wu 等[19]从盐渍化土壤中分离到一种新型嗜盐菌株 *Serratia*，研究发现，该菌株在土壤盐度为 0.22%对石油烃的降解效果最好，当盐度增加到 1.20%，石油烃降解率显著下降。此外，石油烃的理化性质也极大地影响嗜盐菌降解石油烃效率。Cappello 等[20]分离得到嗜盐菌共生体，研究发现，所有菌株对中长链烷烃（C_{12} ~ C_{18}）的降解效率高于短链烷烃（C_9 ~ C_{11}）和长链烷烃（C_{19} ~ C_{25}），这是由于短链烷烃对嗜盐菌毒性较大并能溶解细胞膜，而长链烷烃是固态且溶解度较低。

迄今为止，人们对嗜盐微生物降解石油烃污染物的研究已取得突破性进展，Li 等[21]在油污染土壤中筛选到一株能在 NaCl 浓度为 0.5% ~ 25%时降解 BTEX 的动球细菌（*Planococcus*）。Khemili-Talbi 等[22]从油田高矿化度污水中分离出一株极端嗜盐古菌，发现该菌株在 NaCl 浓度为 25%时具有降解苯酚、芘和萘的潜力，并能产生生物表面活性剂。Cui 等[23]从高盐土壤中筛选到一种在 NaCl 浓度范围为 0.1% ~ 15%时能够降解多环芳烃（PAHs）的中度嗜盐菌 *Martelella sp*。Wang 等[24]研究发现，嗜盐菌群在盐度为 0.1%时对菲的去除效果不明显，当盐浓度为 3%时，可以在 5d 内完全降解菲。

5　嗜盐微生物在高盐环境中降解石油烃污染的应用

嗜盐微生物降解石油烃污染物已被证明是解决石油污染的有效技术，但是微生物降解石油烃过程中受到温度、pH、盐度、氧含量、营养物质、石油烃性质、石油烃降解菌种类及数量等诸多因素的限制，导致生物修复效果较差，最终导致石油污染加剧。生物强化技术被认为是在现场修复石油烃污染的可行策略，通过接种高效石油烃降解菌可改变污染环境原有菌群组成，从而提高石油烃的微生物降解效果。Qin 等[25]通过模拟盐渍化油污染土壤进行生物修复，并比较了接种石油烃降解菌和未接种石油烃降解菌的效果差异，实验表明，接种外源微生物降解效果明显优于土著微生物。Zhang 等[26]利用生物炭将嗜盐菌细胞固定，用于在盐碱条件下对石油烃进行生物修复，实验证实此方法能够克服传统固定化载体结构阻碍气体交换的缺点，提高了生物降解烃类污染物的能力。

石油烃生物降解的程度也会受到土壤或水体环境中 C：N：P 三者比率的影响。近年来，人们越来越关注开发具有低成本效益的原位技术用于石油污染场地的生物修复，生物刺激方法可以强化许多受石油污染地区的石油生物降解，通过添加表面活性剂和营养物质，改变油污染土壤或水体环境的理化性质，也可提高生物可利用性，进而提高石油烃降解率[27]。Wu 等[19]发现通过添加生物表面活性剂，微生物对盐渍化土壤中的石油烃去除率显著提高。Qin 等[25]向模拟盐渍化油污染补充氮磷元素并添加营养调节剂，结果表明，适当的盐分及营养物质可以在生物修复后期显著刺激土壤土著微生物的生长。

此外，盐渍化土壤、海洋沉积物等环境中氧气含量通常较低导致石油烃污染物不能快速降解。Bellagamba 等[28]利用生物电化学技术有效解决了这一难题，在污染沉积物中放入一定尺寸的阳极，再利用 2V 的低压电解海水驱动氧气生成，实验结果与对照组相比显示，石油烃的生物降解大大加快。Wang 等[29]首次在石油污染的盐渍化土壤中对石油烃进行生物电化学技术修复，结果表明可以有效地从土壤中去除正构烷烃和多环芳烃，强化土壤中的石油烃生物修复效果。

6　结论与展望

高盐环境中存在着大量嗜盐微生物，并且可以在广泛的盐度范围内高效降解石油烃，有些嗜盐菌还可以产生表面活性剂，从而表明嗜盐微生物在治理高盐环境污染领域具有巨大的潜力。尽管国内外学者对这类极端微生物从分子降解机制、降解特性以及实际应用等多方面展开了深入研究，然而，目前有关嗜盐菌分子代谢潜力及在环境污染治理中的应用潜力仍未得知。随着高盐石油环境污染日益加剧，嗜盐微生物仍将是以后研究的重点及热点问题。

（1）目前，对于嗜盐菌在高盐条件下降解石油烃的研究多集中在好氧条件下，对于厌氧生物降解信息却知之甚少。

（2）在高盐环境下，对于嗜盐菌降解不同石油烃组分的基因、降解酶的种类、中间体的降解途径以及菌群间的代谢合作关系仍未完全理解。分子学研究可以帮助开发特异性探针，以识别和监测环境中特定降解菌及其原位活性。

（3）利用微生物技术筛选降解石油烃组分的嗜盐菌基因和质粒，通过原生质体融合技术、体外重组技术和多质粒新菌构建技术等分子生物学手段筛选构建高效基因工程菌有利于揭示微生物降解石油污染物现象和本质的联系。

参 考 文 献

[1] De L M M, Sánchez - Porro C, Piubeli F, et al. Cloning, characterization and analysis of cat and ben genes from the phenol degrading halophilic bacterium Halomonas organivorans[J]. Plos One, 2011, 6(6): 1733-1735.

[2] Hua X, Wang J, Wu Z, et al. A salt tolerant Enterobacter cloacae mutant for bioaugmentation of petroleum- and salt-contaminated soil[J]. Biochemical Engineering Journal, 2010, 49(2): 201-206.

[3] Wang X, Han Z, Bai Z, et al. Archaeal community structure along a gradient of petroleum contamination in saline-alkali soil[J]. Journal of Environment Science, 2011, 23(11): 1858-1864.

[4] Oren A. Life at high salt concentrations[M]. Berlin: The Prokaryotes Springer, 2013: 421-440.

[5] Varjani S J. Microbial degradation of petroleum hydrocarbons [J]. Bioresource Technology, 2017, 223: 277-286.

[6] Castillo-CarvajalL C, Sanz - Martín J L, Barragán - Huerta B E. Biodegradation of organic pollutants in saline wastewater by halophilic microorganisms: a review [J]. Environmental Science and Pollution Research, 2014, 21(16): 9578-9588.

[7] 茆璇，郭江峰．极端微生物及其相关功能蛋白研究进展[J]. 生命科学，2018，30(1)：107-112.

[8] 华涛，李胜男，邸志辉，等．微生物降解石油污染物机制研究进展[J]．生物技术通报，2018，34(10)：1-6.

[9] Kopp D A, Lippard S J. Soluble methane monooxygenase: activation of dioxygen and methane [J]. Current Opinion in Chemical Biology, 2002, 6(5): 568-576.

[10] Van Beilen J B, Funhoff E G. Alkane hydroxylases involved in microbial alkane degradation[J]. Applied Microbiology and Biotechnology, 2007, 74(1): 13-21.

[11] Dastgheib S M M, Amoozegar M A, Khajeh K, et al. A halotolerant Alcanivorax sp. strain with potential application in saline soil remediation[J]. Applied Microbiology and Biotechnology, 2011, 90(1): 305-312.

[12] Nie Y, Fang H, Li Y, Chi C Q, Tang Y Q, and Wu X L. The genome of the moderate halophile Amycolicicoccus subflavus DQS3-9A1T reveals four alkane hydroxylation systems and provides some clues on the genetic basis for its adaptation to a petroleum environment [J]. PLoS ONE, 2013, 8(8): 1-11.

[13] Fathepure B Z. Recent studies in microbial degradation of petroleum hydrocarbons in hypersaline environments [J]. Frontiers In Microbiology, 2014, 5(2): 1-16.

[14] Hinteregger C, Streichsbier F. Halomonassp., a moderately halophilic strain, for biotreatment of saline phenolic waste-water [J]. Biotechnology Letters, 1997, 19(11): 1099-1102..

[15] García M T, Ventosa A, Mellado E. Catabolic versatility of aromatic compound-degrading halophilic bacteria[J]. FEMS Microbiology Ecology, 2005, 54(1): 97-109.

[16] Engelhardt M A, Daly K, Swannell R P, et al. Isolation and characterization of a novel hydrocarbon-degrading, Gram-positive bacterium, isolated from intertidal beach sediment, and description of Planococcus alkanoclasticus sp. nov. [J]. Journal of Applied Microbiology, 2010, 90(2): 237-247.

[17] Al-Mueini R, Aldalali M, Alamri I S, et al. Hydrocarbon degradation at high salinity by a novel extremely halophilic actinomycete [J]. Environmental Chemistry, 2007, 4(1): 5-7.

[18] Martins L F, Peixoto R S. Biodegradation of petroleum hydrocarbons in hypersaline environments[J]. Brazilian Journal of Microbiology, 2012, 43(3): 865-872.

[19] Wu T, Xie W J, Yi Y L, et al. Surface activity of salt-tolerant Serratia spp. and crude oil biodegradation in saline soil [J]. Plant Soil Environ, 2012, 58(9): 412-461.

[20] Cappello S, Volta A, Santisi S, et al. Oil-degrading bacteria from a membrane bioreactor(BF-MBR) system for treatment of saline oily waste: Isolation, identification and characterization of the biotechnological potential[J]. International Biodeterioration & Biodegradation, 2016, 110: 235-244.

[21] Li H, Liu Y H, Luo N, et al. Biodegradation of benzene and its derivatives by a psychrotolerant and moderately haloalkaliphilic Planococcus sp. strain ZD22

[J]. Research in Microbiology, 2006, 157(7): 629-636.

[22] Khemili-Talbi S, Kebbouche-Gana S, Akmoussi-Toumi S, et al. Isolation of an extremely halophilic arhaeon Natrialba sp. C21 able to degrade aromatic compounds and to produce stable biosurfactant at high salinity[J]. Extremophiles Life Under Extreme Conditions, 2015, 19(6): 1109-1120.

[23] Cui C, Li P, Liu G, et al. Genome sequence of martelella sp. strain AD-3, a moderately halophilic polycyclic aromatic hydrocarbon-degrading bacterium [J]. Genome Announcements, 2014, 2(1): 7687-7693.

[24] Wang C, Huang Y, Zhang Z, et al. Salinity effect on the metabolic pathway and microbial function in phenanthrene degradation by a halophilic consortium [J]. AMB Express, 2018, 8: 1-13.

[25] Qin X, Tang J C, Li D S, et al. Effect of salinity on the bioremediation of petroleum hydrocarbons in a saline-alkaline soil [J]. Letters in Applied Microbiology, 2012, 55(3): 210-217.

[26] Zhang H R, Tang J C, Wang L, et al. A novel bioremediation strategy for petroleum hydrocarbon pollutants using salt tolerant Corynebacterium variabile HRJ4 and biochar[J]. Journal of Environmental Sciences, 2016, 47(9): 7-13.

[27] 张雷, 赵奇, 武伟男, 等. 石油污染土壤生物修复技术现状与展望[J]. 现代化工, 2018, 38(1): 18-22.

[28] Bellagamba M, Viggi C C, Ademollo N, et al. Electrolysis-driven bioremediation of crude oil-contaminated marine sediments [J]. New Biotechnology, 2017, 38: 84-90.

[29] Wang X, Cai Z, Zhou Q, et al. Bioelectrochemical stimulation of petroleum hydrocarbon degradation in saline soil using U-tube microbial fuel cells [J]. Biotechnology and Bioengineering, 2012, 109(2): 426-433.

新疆油田含油污泥资源化达标处理技术

马 尧[1] 朱新建[1] 陈 贤[2] 王梓丞[1] 韩丽艳[1]

(1. 中国石油新疆油田分公司工程技术研究院；2. 中国石油新疆油田分公司基本建设工程处)

摘 要 随着油田开发的不断深入，油田含油污泥处理已经成为石油行业急需解决的问题。本文从油田含油污泥的来源和特点分析，总结了新疆油田含油污泥资源化达标处理技术。其中，采用微生物无害化污泥处理技术含油污泥的含油率均小于1%，采用热化学水洗污泥处理技术污泥的含油率控制在2%以内，实现了含油污泥“先减量、后达标处理”的目标，对油田生产具有现实的指导意义。

关键词 含油污泥；达标；处理；含油率

油田含油污泥主要来源于油气田勘探开发、油田建设及生产等各个环节中。含油污泥如果不经处置而露天堆积、存放，对生态环境和人类健康都会造成危害，并存在诱发燃烧等安全隐患[1]。据不完全统计，我国每年产生的含油污泥总量达500余万t[2]。随着新《中华人民共和国环境保护法》实施，国家在环境治理和环境保护方面投入力度越来越大。近年来，新疆油田公司对油田含油污泥进行了有效的环保治理，按照含油污泥“分类、分质处理”的原则，实现含油污泥“先减量、后达标处理”的工作日标，坚持从源头控制开始，分析含油污泥处理工艺的适应性，完善油水处理系统含油污泥减量化设施，形成生产技术节点控制指标，确保含油污泥达标处理。本文从新疆油田含油污泥的特点分析出发，总结了新疆油田含油污泥资源化达标处理技术，对油田生产具有现实指导意义。

1 含油污泥的来源及特点

1.1 含油污泥的来源

新疆油田公司含油污泥来源主要分为以下四类：

(1) 原油处理系统产生含油污泥

主要为原油处理系统自然沉降比重较大的采出液泥沙，在沉降脱水罐、净化油罐底部聚集，通过清罐或排泥产生的含油污泥。其中稠油处理系统产生的含油污泥中含砂量大，含油率较高，含砂粒径较小；稀油处理系统产生的含油污泥含砂量较少。

(2) 污水处理系统产生含油污泥

主要为污水处理系统产生的含油污泥，在调储罐、反应罐、缓冲罐底部和气浮机上部聚集，通过清罐或排泥收集至污泥浓缩池，再经机械脱水设备产生含油污泥。这类含油污泥产生量较稳定，一般具有含油量高、黏度大、颗粒直径小、脱水难等特点。

(3) 油区管线刺漏产生油泥

主要来源于油区输油管线及单井管线腐蚀穿孔(刺漏)产生的油泥。这类含油污泥由于来源分散，成分复杂，产生量不确定，若将其与站内系统产生的含油污泥混合，将增大处理难度，影响污泥处理效果。

(4) 井下作业过程中产生含油污泥

在井下作业施工中，部分原油放喷或被油管、抽油杆、泵及其他井下设备携带至井场地表，这些原油渗入到地面土壤，形成含油污泥。

1.2 含油污泥的特点

含油污泥的主要特点包括成分复杂，含有大量的原油、固体悬浮物、盐类、细菌等，还含有开采及水处理过程中加入的聚合物、破乳剂、净水剂、絮凝剂等大量水处理剂[3]。同时，含油污泥的来源不同，其性质差别很大。例如，钻井污泥中含有害重金属，洗井、修井等作业后的污泥中腐蚀性产物含量高；压裂、酸化污泥中有机质含量高或酸度高；原油罐底油泥含有原油开发过程中加入的各种表面活性剂；污水处理产生的含油污泥包括处理过程中投加的大量凝聚剂、缓蚀剂、阻垢剂、杀菌剂等水处理剂，部分污泥中细菌含量超标等[4~5]。

2 含油污泥处理工艺现状

2.1 原油系统含油污泥处理

原油处理(稠油、稀油)系统产生的含油污泥主要是沉降罐、净化油罐等底部聚集的采出液泥沙，通过罐底排泥、定期清罐排至站外事故池(或沉砂池)。其中，稠油处理站沉降罐排泥采用人工或自动排泥，一般每周排泥1次，排泥至站外事故池。稠油(稀油)处理站净化油罐清罐排泥，每半年1次，排泥至站外事故池(或沉砂池)，定期委托第三方有资质单位进行拉运处理。

2.2　污水系统含油污泥处理

污水处理系统的含油污泥主要是重力沉降罐、反应罐等通过负压排泥、压力排污等将含油污泥排至污泥浓缩池进行含油污泥浓缩和脱水处理。污泥处理工艺流程如图1所示。

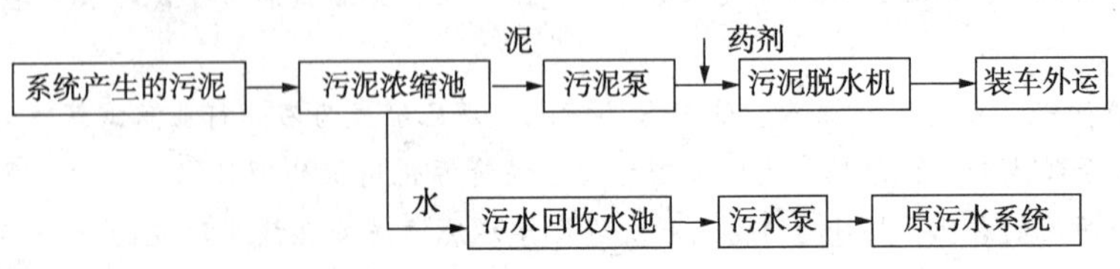

图1　污泥处理工艺流程图

工艺流程：污水系统产生的含油污泥统一进入站内污泥浓缩池(含水率97~98%)，通过浓缩池浓缩作用，浓缩池上清液回收至污水回收水池，再通过污水回收泵进入污水系统进行处理，浓缩池底部含油污泥进入含油污泥脱水设备，将含水率在98%的含油污泥脱水处理至含水率80%以下，自然晾晒后拉至第三方有资质单位进行达标处理。

(1) 含油污泥浓缩技术

油田常用的含油污泥浓缩设备包括：污泥浓缩池和污泥浓缩罐。新疆油田主要应用辐流式污泥浓缩池，采用辐流式沉淀池原理，污水自中心筒进入池中，沿半径方向向池周辐射。含油污泥在流动中沉降，上清液回收至前端，底部含油污泥进入离心机脱水。

(2) 含油污泥脱水技术

新疆油田公司含油污泥脱水采用机械脱水工艺，脱水机械设备包括离心式脱水机、叠螺式脱水机和板框压滤机等。三种脱水设备性能对比见表1。

表1　污泥脱水设备性能比较

主要脱水设备	叠螺脱水机	板框压泥机	离心机
脱水后含水率	≤85%	55%~65%	75%~85%
优点	占地空间小，擅长含油污泥的脱水，泥饼含水率低；省电省水无噪音	价格低廉，擅长无机污泥的脱水，泥饼含水率低	处理能力大，占用空间小，安装调试简单，擅长含油污泥的脱水，适用范围广

续表

主要脱水设备	叠螺脱水机	板框压泥机	离心机
缺点	对进口含水率波动较大的含油污泥，需要经常调节背板保证脱水效果，人工劳动强度大	人工劳动强度大，需要高压冲洗滤布，操作时间长；设备易堵塞，不适用于油性污泥的脱水；难以实现连续自动运行	耗电大，噪音大，震动剧烈；维修比较困难，不适于比重接近的固液分离

(3) 污泥达标处理技术

含油污泥的无害化达标处理技术包括热化学洗油、生物法、热解析处理等方法。目前，新疆油田含油污泥无害化达标处理主要采用热化学洗油工艺，使含油污泥得到最终的达标处理。几种常见含油污泥达标处理技术优缺点比较见表2。

表2　含油污泥达标处理技术优缺点比较

序号	方法	适用范围	优点	缺点
1	生物法	含油量较低(含油< 2%)的污泥	节能，环保，投资小，处理成本低	资源无法回收利用，占地面积大，处理周期长，操作难度大
2	热化学洗油	含有大量难降解有机物的含油污泥(泥沙多颗粒小含油10% – 20%)	处理后的油、水、泥可有效利用，可回收利用大部分的石油类物质	流程长、工艺复杂、萃取剂价格昂贵、处理费用高

续表

序号	方法	适用范围	优点	缺点
3	热解法	低含水高含油的污泥(含水<30%，含油>20%)	经济，环保，资源回收利用	处理流程长，消耗大，投资高，反应条件要求高，操作复杂
4	调质机械分离法	各类污泥	脱水效果得到显著改善，机械脱水性能得到显著提高，技术成熟	要得到普遍适用的脱水机械设备和药剂的组合很困难，处理量小，设备与处理费用高

3　含油污泥资源化达标处理技术

3.1　微生物无害化处理技术

(1) 工艺简述

新疆油田建成投产了微生物无害化含油污泥处理站1座，处理规模1000m^3/d，工艺流程如图2所示。

工艺流程：处理站产生的罐底油泥液经过管道输送进一级反应系统，通过加温、加药、搅拌等过程完成污泥中原油的二次分离，分离后的原油进收油泵进储油罐；反应后的处理液进二级反应系统，再通过加温、加药、搅拌等过程完成污泥中原油的三次分离，最终实现分离出的污油、污水进入已有的原油、污水处理系统，底层污油泥进入离心机，经离心处理后达标污泥进行干化处理。

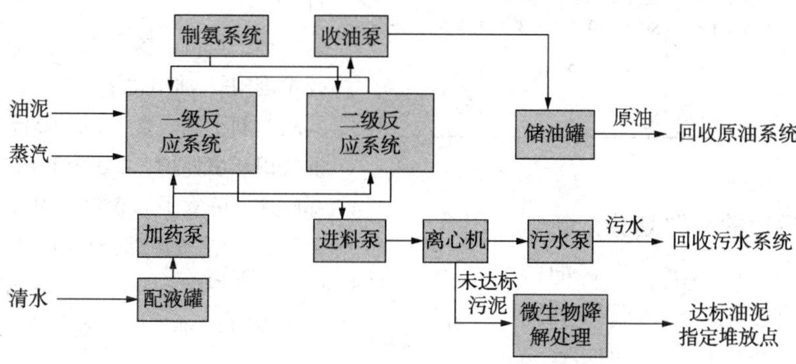

图2　微生物无害化处理工艺流程图

(2) 现场处理效果

含油污泥处理站自投产后，累计处理含油污泥70000t，回收污油10000t，反应罐中的污油泥含水率主要维持在80%以内，二级处理后干化污泥含油率均小于1%。

3.2　热化学水洗处理技术

(1) 工艺简述

新疆油田建成热化学水洗污泥处理装置1套，处理规模200m^3/d，工艺流程如图3所示。

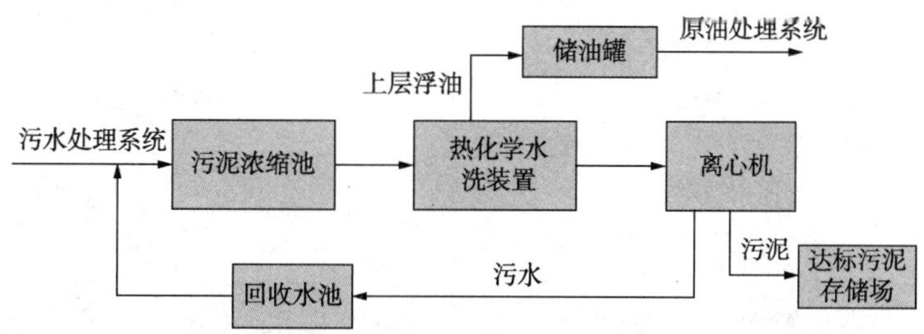

图3　热化学水洗处理工艺流程图

工艺流程：站内浓缩池底部污油泥(或站外事故池污油泥)连同伴热蒸汽、热洗洗涤水、污泥处理水洗剂进入多功能热化学水洗除油罐，在药剂、溶气气浮作用下，多功能罐上部浮油溢流至收油罐；中部水层通过污水回收至污水回收罐；底部污泥通过自压进入污泥沉降罐进一步浓缩，浓缩后罐体上部污水水层回收至站内污水池，底部污泥则进入离心机进行处理。

(2) 现场处理效果

热化学水洗污泥处理装置目前已累计处理含

油污泥 10000t，污泥中含油率均值为 1.3%-1.8%，实现污泥含油率低于2%的指标要求，处理后的污泥指标测定值见表3。

表3　热化学水洗污泥装置现场处理数据

序号	类别	处理前的污泥物性				处理后的污泥物性			
		含水/%	含泥/%	含油/%	干化含油/%	含水/%	含泥/%	含油/%	干化含油/%
1	站内污泥	93.3	5.5	1.1	16.4	80.4	19.2	0.3	1.9
	站外污泥	94.1	5.1	0.7	12.5	80.5	19.1	0.2	1.3
2	站内污泥	92.1	6.5	1.3	17.0	80.3	19.2	0.3	1.6
	站外污泥	93.5	5.2	1.2	19.1	80.0	19.5	0.3	1.7
3	站内污泥	94.2	4.9	0.7	13.5	79.6	20.0	0.3	1.5
	站外污泥	94.1	5.1	0.7	12.0	79.7	19.9	0.3	1.6
4	站内污泥	94.3	5.0	0.6	11.2	81.2	18.4	0.3	1.8
	站外污泥	92.1	6.2	1.5	19.5	80.5	19.0	0.3	1.7
5	站内污泥	95.6	3.7	0.5	13.3	81.9	17.7	0.2	1.6
	站外污泥	94.3	4.8	0.8	14.6	81.5	18.1	0.2	1.5

4　结论

（1）根据含油污泥的来源划分，新疆油田含油污泥主要分为原油处理系统产生含油污泥、污水处理系统产生含油污泥、油区管线刺漏产生油泥和井下作业过程中产生含油污泥四类。

（2）按照源头控制的原则，新疆油田通过采用污泥浓缩技术、污泥脱水技术实现了含油污泥的减量化，再采用热化学洗油工艺达到污泥的达标处理。

（3）经现场验证，新疆油田采用微生物无害化污泥处理技术，含油污泥的含水率控制在80%以内，装置出口的干化污泥含油率均小于1%；采用热化学水洗污泥处理技术，污泥的含油率均值在1.3%-1.8%，实现污泥含油率低于2%的指标要求。

参 考 文 献

[1] 萨依绕，李慧敏．新疆油田含油污泥处理技术研究与应用[J]．油气田环境保护，2009，19(2)：11~13.

[2] 魏彦林，吕雷，杨志刚．高子琪含油污泥回收处理技术进[J]．油田化学，2015，32(1)：151~158.

[3] 邓皓，刘子龙．含油污泥资源化利用技术研究[J]．油气田环境保护，2007，17(1)：27~30.

[4] 郑晓伟，陈立平．含油污泥处理技术研究进展与展望[J]．中国资源综合利用，2008，26(1)：34~37.

[5] 匡丽，葛树生．油田含油污泥综合利用污染控制标准研究[J]．油气田环境保护，2013，23(1)：6~8.

罐10井恶臭气体处理技术应用效果评价

吴建祥

（中国石油西南油气田公司）

摘　要　重庆气矿大部分气井产气为含硫天然气，气田水池中产生的恶臭气体不仅污染环境，还可能对人员身心健康造成损害。评价了重庆气矿常用的稀释扩散法等恶臭气体治理技术的应用效果和适应性。传统的治理技术存在着投资成本高、运行维护费用高、产生二次污染或耗能等问题。在罐10井开展了隔绝吸收法现场实验，通过气田水池进水管线优化、亲水表面隔绝液面和干法脱硫装置净化等工艺措施，减少了大气中 H_2S 含量90%以上，恶臭程度显著降低。由于隔绝吸收法具有适应性强、投资低、维护简单的优势，在气田水恶臭治理领域具有广阔的应用前景。

关键词　气田水；恶臭；治理技术；隔绝吸收法

水驱气藏在开发过程中因边水的指进、底水的锥进或纵窜造成气井产水[1]。由于在采气工艺中泡沫活性剂及缓蚀剂等药剂进入井筒与地层水混合，因此气田水实际上是地层水与生产添加药剂的混合物。气田水成分复杂，其中含有硫类（H_2S、甲硫醇、甲硫醚）、氨类（三甲胺、氨氮）、烃类、酚类等物质[2]，因而具有恶臭气味，对井站员工和周边居民健康产生损害。随着新《中华人民共和国环境保护法》的实施，政府监管力度日益加强，人们对环境质量的要求逐步提高，开展气田水恶臭治理技术研究势在必行。本文总结了气田水池恶臭的产生情况和常用的稀释扩散法、碱洗法、燃烧法和隔绝吸收法的应用情况，对其的应用范围和效果等进行了简要评价。重点分析了隔绝吸收法的原理、工艺措施和应用效果，根据目前重庆气矿的生产状况和环境保护形势，隔绝吸收法具有较高的推广价值。

1　重庆气矿气田水池恶臭现状

1.1　恶臭气体产生原因

至2018年底，重庆气矿共发现25个气田、24个含气构造，25个气田全部投入开发，已投产含气构造达14个。其中，17个气田和3个含气构造产地层水，出水井共计167口，年产气田水 $8.4\times10^4 m^3$ 左右，在用气田水回注站25座。天然气生产井和集输站工艺过程中产生的气田水一般储存在站内气田水池（罐），再拉运或输送至回注站。气田水经过沉降、除渣和药剂处理之后，再过滤除去其中的石油类、悬浮物后进行回注。

因生产工艺排污、车辆装卸水、泵转运水等因素影响，气田水池中水体激荡，溶解在水体中的气体在短时间内大量逸出，随水池未密封的区域扩散到大气中。同时，随着环境温度和液面饱和蒸汽压的变化，水体在相对静止状态下也会逸散出部分气体。由于重庆气矿所产天然气大多含有 H_2S 等物质，因此气田水池逸散出的气体有恶臭气味。据统计，重庆气矿目前有多个生产场站受恶臭问题困扰[3]。

1.2　恶臭气体的组成

气田水水质成分复杂，本身含有阳离子化合物（如 Na^+、K^+、Ca^{2+}、Mg^{2+}）、阴离子化合物（Cl^-、SO_4^{2-}、HCO_3^- 及 CO_3^{2-}、NO_3^-、Br^-、I^-）、有机物质（如环烷酸、酯肪酸、胺酸、腐植酸）以及厌氧微生物（如厌氧硫酸还原菌）等。加之与生产药剂的混合，气田水中恶臭物质有硫类、氨类、烃类、酚类等，其中最主要的恶臭物质是 H_2S，硫醇、硫醚等。近年重庆气矿部分井站恶臭气体监测结果见表1。监测数据显示，臭气浓度最大超标9188倍，这说明气田水池恶臭严重，恶臭气体浓度大；硫化氢最大超标2020倍、甲硫醇最大超标1246倍、甲硫醚超标2.4倍，同时还检测出少量的二甲二硫、二硫化碳、苯乙烯、氨氮。根据综合污染指数法评估，气田水池恶臭气体首位污染物硫化氢、其次是甲硫醇。气田水恶臭治理，一般主要以去除 H_2S 为首要目标（表1）。

表 1　重庆气矿部分井站恶臭气体监测结果

测量项目	评价指标	天东 71 井气田水池盖下	双家坝	
			气田水池盖下	厂界
硫化氢	0.1	19.8	17.6~20.3	0.002~3.03
臭气浓度	20	183787	5647	16~480
甲硫醇	0.007	8.73	0.619	0.002~0.008
甲硫醚	0.07	0.238	0.023	0.002~0.015
二甲二硫	0.06	0.005	0.038	0.003~0.042
二硫化碳	3.0	0.13	0.48	0.001~0.021
苯乙烯	7.0	2.13	1.50	0.021~0.090
氨	2.0	1.87	2.13	0.091~1.32

1.3　恶臭气体的特点及危害

气田水池恶臭具有测定困难、评价困难、治理困难的特点[4]。恶臭给人以不适感，并对人的精神状态及呼吸系统等带来危害[5]，尤其是气田水含硫物质引起的恶臭气体因其嗅觉阈值低，产生的影响更明显[6]。恶臭污染已成为世界七大环境公害之一[7]。在发达国家，环境投诉中恶臭事件的投诉比例一直居高。在美国，恶臭事件投诉占全部控制污染投诉的50%以上；在日本，每年对恶臭污染的投诉事件达上万起；在澳大利亚，恶臭事件投诉的比例甚至高达 91.3%[8]。近年来重庆气矿发生了多起因气田水池恶臭导致的周边群众纠纷，对天然气生产产生不利影响。由于气田水池水体相对静止时恶臭气体产生量小，水体激荡时产生量大，产生量随时间分布不均，治理难度大。

2　重庆气矿恶臭治理技术应用情况

国外早在 20 世纪 50 年代末便开始了恶臭气体污染治理的研究，并积累了丰富的理论知识和实践经验。我国 20 世纪 80 年代才开展恶臭气体污染的调查、测试和标准方面的研究，而对脱臭技术的研究则是从 20 世纪 90 年代才开始进行[9]。目前我国处理恶臭气体比较成熟的方法有物理法、化学法、生物法、联合法等。

由于气田水恶臭气体为非组织排放，嗅觉阈值低，受其他因素影响持续时间短，浓度变化大，因此给治理带来了较大的难度。各种治理技术都具有一定的优势，但也有其局限性。部分治理技术投资少，但效果差，治理效果较好的技术往往需要高额的投资。如中国石油西南油气田公司川中油气矿西眉清管站的大型除臭设备，治理效果佳，但投资过高，耗能较大，推广价值低。根据气井含硫量、产水量和环境因素的差异、重庆气矿应用了五种不同的恶臭治理技术。

2.1　自然排放法

部分含硫量低的天然气生产井及经过脱硫处理的输配气站，气田水产生量少、恶臭浓度低，无环境敏感点，适合此类方法。由于该方法仅需要对气田水池设置雨棚和围堰、无其他设备设施，施工费用极低，对无环境敏感点的生产场所有较好的适应性。缺点是对气田水的组分要求高，适应性差。随着城镇化工作的不断推进，周边无环境敏感点的井站周边逐步发展为城镇，对环境质量的要求提高，原有的恶臭治理技术已不能适应环境的保护的要求，这类井站也常因恶臭产生纠纷。作为一种消极的恶臭治理措施，该方法已遭淘汰，老场站气田水池也逐步增加密封盖。

2.2　稀释扩散法

气田水池用水泥板或玻璃钢材料进行加盖密封，设置高度为 15m 以下的立管排出恶臭气体。通过大气的扩散稀释以及氧化反应，降低落地浓度，以减少下风向和臭气发生源附近工作和生活的人们免受恶臭的危害[10]。该类技术主要针对含硫量较低、恶臭影响不大的气田水池，具有费用低、设备简单的优点，缺点是呼吸管高存在安全风险，易受气象条件限制，排放未减量，不能从根本消除恶臭气体。如天东 71 井回注站气田水池原采用加盖和立管的方式，但在车载气田水卸水时仍有较大的恶臭气味。

2.3　燃烧法

燃烧法是将恶臭气体收集后进入放空管与燃料气充分混合，实现完全燃烧的处理方法，净化效率高。该技术工艺简单，操作方便，但恶臭气体排放量小，需加入辅助燃料或预热[11]，造成能源浪费，同时由于恶臭气体组分复杂，燃料后可能对大气造成二次污染，因此应用实例少，目前重庆气矿仅有两个井站应用燃料法处理恶臭。

2.4　碱洗法

碱洗法是一种化学法吸收法，其工艺由气田水脱硫处理和逸散气体 H_2S 吸收两部分组成。气田水在进入处理系统前，经一体化旋流脱硫反应器化学处理，形成硫酸钙沉淀，达到消减硫化物目的；将气田水池、干化池产生的恶臭气体经风机输送，经强吸装置后使 H_2S 与 Na_2O_3 反应，消除气体中的 H_2S 后排放。通过在三个井站现场试验表明碱洗法对气田水池恶臭治理具有较好的效果，H_2S 去除率分别为53%~98%。

碱洗法的优点是反应速度快，运行可靠。缺点是生成的硫酸钙沉淀增加气田水池固体废弃物量，加大环境保护工作量，此外维修成本较高，而且场站必须有人值守，无人值守井站适应性较差。加之药剂更换频繁，运行费用过高，不宜大面积推广应用，仅在环境要求高的场站使用[12]。近年来随着重庆气矿中心站管理模式的实施，大部分井站为无人值守井站，实施碱洗法的条件不具备，难以推广该技术。

2.5 隔绝吸收法

一般的恶臭处理方法均是对恶臭气体本身进行治理，未从源头杜绝恶臭气体产生。隔绝吸收法则采取隔绝措施大幅度减少气田水池中恶臭气体的产生，同时辅以干法脱硫装置，消除少量恶臭气体中的含硫物质，实现恶臭程度大幅度降低。通过在开展现场实验，验证该方法具有较好的适应性，能够显著降低恶臭气体中的 H_2S 和恶臭浓度。

自然排放法和稀释扩散法不能从根本消除恶臭气体已逐步淘汰；燃烧法因造成能源浪费并可能对大气造成二次污染而应用较少；碱洗法在重庆气矿投用的多套装置因堵塞、操作复杂和药剂更换频繁而大部分停用。隔绝吸收法则因克服了传统治理技术投资高及耗能等缺点而受到重视。

3 罐10井隔绝吸收法应用及效果

3.1 恶臭产生现状

罐10井气田水回注站目前担负着沙罐坪气田、檀木场气田及川东北气矿部分生产井的共计20余口井的气田水回注任务，日回注水62m^3。回注流程为车载(管输)气田水进入沉淀池(1号池)进行沉淀后进入提升池(2号池)，通过提升泵转输到收水池(3号池)直流到过滤池(4号池)，过滤到回注池(5号池)向罐10井或者罐21井进行回注，其中3-5号池统称为气田水池。

收水池接收其他气田水池泵转运的气田水，同时设有车载气田水接水口。收水池与隔油池隔墙的高位设置连通孔，隔油池与回注池隔墙的低位设置连通孔，从而实现沉淀和隔油功能。水池上方相通且设置有混凝土密封盖，盖上设置一根12m高放散管。由于接收的气田水中含有各类含硫物质，造成罐10井气田水池中 H_2S 累积，在卸水或转水时，因水流搅动引起 H_2S 等物质从水池中逸散，并通过放散管排放到空气中。虽然通过放散管实现气体高处排放，但 H_2S 落地浓度仍高达0.237mg/m^3，有较严重的恶臭气味，给井站员工和周边群带来不利影响。

3.2 工艺措施

根据治理方法原理，隔绝吸收法的工艺措施主要包括进水管优化、亲水表面隔绝和干法脱硫三个方面，如图1。

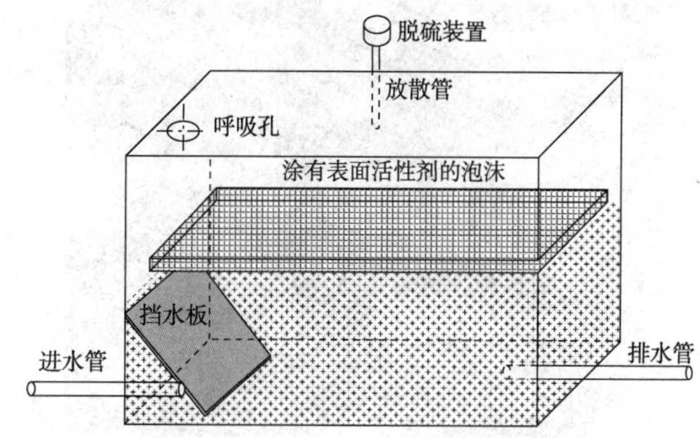

图1 隔绝吸附法原理示意图

(1) 进水管优化

接水池原有两根进水管距离池面20cm，转水或车载气田水卸水时水体搅动，造成大量气体排出，产生恶臭气味。本实验将进水管延长到距池底0.5m处，同时进水管出口上端设置有挡水板，减弱卸水或转水时池内水体振荡程度，从而减少恶臭气体的逸散量。

(2) 亲水表面隔绝

研制了一种不溶于水的表面活性剂，将表面活性剂喷涂在PE泡沫上形成亲水表面，该表面与水具有很强的相互作用力，将水滴滴在表面能够在较短时间内完全铺展开，使接触角接近于0°[13-14]。将亲水表面投入气田水池18个月后取出再次测试，接触角仍然接近于0°，表明亲水表面具有较强的稳定性。具有亲水表面的泡沫与水池周边墙面不完全接触，漂浮在液面上，随液面高度的变化自动升降。亲水表面遮挡水池表面积的98%以上，形成隔绝层，堵住了气体进入空气的通道，从而大幅度减少恶臭气体的逸出量。由于PE泡沫具有导热系数恒定、材质柔软和抗盐性强的特点，因此长期浸泡在气田水中不易破裂或变形，具有较好的适应性(图1)。

(3) 干法脱硫

池体表面用水泥板密封，设置气体放散管，放散管接入脱硫装置，见图2。脱硫装置有三个独立的存储腔，存储腔内填充有脱硫剂，通过化学反应达到消除 H_2S 的目的。旋转脱硫装置可以让不同的存储腔与放散管连接，在持续脱硫的同时实现更换脱硫剂。脱硫装置各个腔室与放散管连接部分采用充气式软密封装置，具有较好的密封效果。

图 2　脱硫装置实体图

3.3　实验结果

实验前后采用的亚甲基蓝分光光度法[15]对气田水池池内与环境空气中的 H_2S 含量进行监测。监测气田水池池内 H_2S 含量时，将大气采样器进样口连接的软管通过观察孔伸入气田水池内进行气体采样；监测环境空气中 H_2S 含量时，以气田水池为主要污染源，根据主导风方向，环境敏感点选择气田水池放散管下风向 25m 处。实验前后各监测 6 组数据，其中 3 组为气田水池内水体相对静止状态下采样，3 组为有气田水转入状态下采样。监测结果如表 2 和表 3 所示。

表 2　气田水池池内实验前后 H_2S 监测结果

H_2S 含量/(mg/m^3)		平均值/(mg/m^3)		下降率/%	备注
实验前	实验后				
0.316 0.393 0.384	0.026 0.026 0.027	0.364	0.026	92.8	水体静止
28.8 26.7 26.6	0.027 0.89 1.39	27.4	0.769	97.2	转水状态

根据监测结果，隔绝吸收法实验前气田水池内 H_2S 含量为 0.316～28.8mg/m^3，环境空气中 H_2S 含量为 0.036～0.237mg/m^3。实验后气田水池内部气体中 H_2S 含量为 0.026～1.39mg/m^3，环境空气中 H_2S 含量最低未检出，最高为 0.008mg/m^3，达到了《恶臭污染排放标准》中无组织排放控制指标(一级厂界低于 0.03mg/m^3，二级厂界低于 0.06mg/m^3)[16]。根据人员现场反馈，实验前场站具有严重的恶臭气味，实验后转水时具有轻微的恶臭气味，水池内水体相对静止时没有恶臭气味，治理效果良好。

隔离吸收法的除臭效果好，适用于各种浓度的气田水池。同时可以根据恶臭程度定制不同尺寸的脱硫装置，该技术投资在 10 万元以内，无需人员值守和日常维护，具有很强的适应性，特别适用于周边环境敏感的无人值守井站。

表 3　气田水池放散管下风向 25m 处 H_2S 监测结果

H_2S 含量/(mg/m^3)		平均值/(mg/m^3)		下降率/%	备注
实验前	实验后				
0.036 0.042 0.041	未检出 未检出 未检出	0.040	未检出	100	水体静止
0.237 0.232 0.226	0.004 0.006 0.008	0.232	0.006	97.4	转水状态

3.4　存在问题及改进措施

3.4.1　存在问题

罐 10 井开展实验后环境空气中的 H_2S 含量达到了《恶臭污染排放标准》中无组织排放控制指标，但并未达到硫化氢嗅阈值指标($2.3\times10^{-3}mg/m^3$)，仍有一定程度的恶臭气味。通过系统分析，未能完全消除恶臭气味的原因包括四个方面：一是恶臭气体的组分较复杂，本次治理主要针对硫化氢等含硫物质，净化装置中填料为脱硫剂，无其他吸附物质，因而恶臭气体未能全部消除；二是罐 10 井气田水池因其他原因未实现完全密封，采用的复合材料密封板之间存在缝隙，恶臭气体未全部通过放散管进入脱硫装置进行处理，部分气体通过缝隙到达大气中；三是转水或卸水时虽然设置了挡水板，但由于连续的水量进入，仍然在局部形成较大程度的水体激荡，造成大量恶臭气体短时间内从水中闪蒸出并通过缝隙到达地面；四是恶臭气体通过脱硫装置后排放阶段没有通风装置，排放速度慢，随着池内气体浓度的增大，恶臭气体通过缝隙到达地面的速度加快，从而导致环境空气中的恶臭程度增加。特别是在水体激荡的状态下，环境空气恶臭气味较严重。

3.4.2 改进措施

为保证消除多种物质组成的恶臭气体，对脱硫装置进行优化，将装置腔室在纵向上进行分层，增加活性炭和其他可以消除恶臭物质的多孔吸附介质[17-20]，最大程度减少恶臭物质的外排；气田水池除人孔和观察孔采取软密封外，其他区域均采取混凝土和复合材料等进行密封，以隔绝水气内外的通道；对进水管末端设置分水器，通过扩大进水管的容积实现降压，减小对池内水体的冲击力度，降低恶臭气体的逸散量；在脱硫装置前端设置管道排气扇，与设置在进水管内的流量开关连锁，当有外来水体进入池内时，排

气扇开启，以保证在短时间内将恶臭气体引入处理装置，避免恶臭气体从未完全密封面进入大气。

4 结论

各种恶臭治理技术在气田水池的应用均有其优点和局限性。在开发生产过程中，应结合生产场所周边的环境敏感程度与恶臭程度、选择适合实际的恶臭治理技术。技术与经济相结合，实现环保达标的同时，降低气田的开发管理和维护成本。隔绝吸收法恶臭治理技术从源头杜绝恶臭气体的产生，具有很强的适应性，能够消除 H_2S 后外排达标排放，而且具有投资低、维护方便的优点，在气田开发具有很好的推广价值。

因实验条件不完善导致隔绝吸收法在罐10井未能实现彻底除臭的目标，有必要对现有的工艺进行优化设计，完善实验条件，实现彻底消除恶臭的目标。

参 考 文 献

[1] 金忠臣，杨川东，张守良等编著．采气工程[M]．北京：石油工业出版社，2004：8-9.

[2] 赵宏，张明鑫，罗倩，等．气田水池恶臭治理技术优选及效果评价[J]．油气田环境保护，2016，26(2)：23.

[3] 洪志琼，张明鑫，李秋萍，等．重庆气矿气田水池恶臭现状调查评估报告[R]，2016：13-14.

[4] 张荣贤．恶臭的测定与评价[J]，2016：13-14. 化工环保，1996，16(5)：269-275.

[5] 马兴冠，马莹．含硫恶臭气体处理方法的研究进展[J]．辽宁化工，2011，40(3)：249.

[6] 戴万能，高晓根，计维安，等．含硫气田恶臭硫化物性质及限值研究[J]．天然气与石油，2015，33(6)：83-84.

[7] 王蓓，赵仲卿，张丽华．恶臭污染物处理技术浅谈[J]．河北环境科学，2004(1)：51-54.

[8] 王全峰，丁彦培．恶臭废气及有机废气的处理[J]．氮肥与合成气，2018，46(2)：4.

[9] 赵鹏，栾金义，王京刚，等．恶臭气体生物处理技术研究进展[J]．化工环保，2005，25(1)：29-30.

[10] 张洪．污水处理厂的恶臭污染控制技术[J]．污染防治技术，2008，21(4)：81.

[11] 张翼．石化企业含硫恶臭气体治理技术研究[D]. 2009：8.

[12] 宋彬，李静，高晓根．含硫气田水闪蒸气处理工艺评述[J]．天然气工业，2018，38(10)：107-113.

[13] 戴芳芳，张靓，赵宁，等．超亲水表面制备方法及其应用[J]．化学进展，2011，23(9)：1831-1840.

[14] 吴文剑，王超，李红强，等．超亲水表面的研究及应用进展[J]．合成材料老化与应用，2018，(4)：104-112.

[15] 国家环境保护总局《空气和废气监测分析方法编委会》．空气和废气监测分析方法[M]．中国环境科学出版社，2003：178-181.

[16] 国家环境保护局．恶臭污染排放标准：GB/T 14554—1993[S]．北京：中国标准出版社，1994.

[17] 张红星，闫柯乐，邹兵．不同吸附剂在油气回收装置应用效果对比[J]．安全、健康和环境，2018，18(8)：29-33.

[18] 陈杰，翁扬，袁细宁，等．活性炭吸附协同介质阻挡放电降解甲硫醚[J]．高校化学工程学报，2011，25(3)：495-500.

[19] 陈浩玺．炼化企业污水处理场恶臭气体治理技术探讨[J]．油气田环境保护，2012，22(2)：19-21.

[20] 张帆，王祖武，吴晓璇，等．有机硫恶臭气体治理方法的研究进展[J]．湖北理工学院学报，20132，29(4)：19-21.

杏北油田普通注水系统运行现状分析及节能挖潜方向

姜　怀　李金玲　王彬兰

（大庆油田有限责任公司）

摘　要　杏北油田普通注水系统包括上游及下游两个系统，随着油田进入高含水开发后期，下游井网用水需求逐年下降，而上游注水站泵水能力维持不变，造成系统运行过程中，泵水能力普遍过剩，管网压力不断升高，注水单耗逐年上升。针对目前面临的形势及问题，制订了优化供注关系，调整机泵布局，注水泵减级三方面调整措施，管网压力明显下降，系统运行趋于稳定，对其他油田注水系统的优化调整具有一定的借鉴意义。

关键词　注水系统；优化运行；管网连通；供需平衡；高效

1　普通注水系统面临的形势

1.1　供过于求的矛盾较为突出

近几年，杏北油田普通注水系统受油田开发及生产需求影响，注水井开井数逐年降低，管网压力不断升高，系统憋压严重，泵水单耗逐渐升高。从表 1 可以看出，与 2015 年初对比，普通网注水系统开井数由 902 口下降至 787 口，日均泵水量由 47523m^3 下降至 35877m^3，管网压力从 14.94MPa 上升至 15.98MPa，系统供过于求的问题较为突出（表 1）。

表 1　杏北油田普通注水系统主要参数变化情况

	2015 年 1 月	2016 年 1 月	2017 年 1 月	2018 年 1 月	2019 年 1 月
注水井开井数/口	902	860	851	829	787
注水站泵水量/(m^3/d)	47523	44335	50564	40992	35877
系统管网压力/MPa	14.94	15.56	14.93	15.19	15.98

1.2　系统连续调节能力较差

普通注水管网所辖注水站六座，包括杏六注水站、杏七注水站、新杏九注水站、杏十注水站、杏二十一注水站以及杏二十四注水站，共建设 D300 型注水泵 8 台，D400 型注水泵 6 台，管网缺少低排量注水泵，由于注水系统没有连续调速技术，只能通过大小泵启停来实现水量阶梯调整，目前注水管网仅能采取 ±7200m^3/d 以及 ±9600m^3/d 两种大排量梯度调节方法，无法实现水量稳定调节（表 2）。

表 2　杏北油田普通注水系统注水机泵配备情况

站名	杏六注	杏二十四注	杏十注	新杏九注	杏二十一注	杏七注
机泵配备	2 台 D300	3 台 D400	3 台 D400	2 台 D300	2 台 D300	2 台 D300

1.3　部分节点压力损失较大

从供给角度来看：注入水从注水泵至井口先后经历四处节点，共三段压力损耗，从表 3 可以看出，普通注水系统平均泵管压差 0.51MPa，管网压差 0.96MPa，阀组压差 3.31MPa，说明注水泵供给能量远高于单井需求压力，造成井口阀门限流注入，导致配水阀组截流损失过大。

表 3　杏北油田普通注水系统各注水站压力损耗统计表　　MPa

	杏六注	杏二十四注	杏十注	新杏九注	杏二十一注	杏七注	平均
泵管压差	0.35	0.41	0.52	0.43	0.92	0.44	0.51
管网压差	1.53	1.03	0.63	0.53	0.73	1.33	0.96
阀组压差	3.31	3.31	3.31	3.31	3.31	3.31	3.31

从需求角度来看：普通注水系统98%的注入井实注压力小于14MPa，而现阶段管网压力高达15.98Mpa，供给能量远高于需求能量，从生产角度来看，管网降压潜力较大(表4)。

表4 杏北油田普通注水系统注水井实注压力分布统计表

	关井	8MPa以下	8-9MPa	9-10MPa	10-11MPa	11-12MPa	12-13MPa	13-14MPa	14MPa以上
井数(口)	622	50	57	89	164	271	222	102	35
占比/%	38	3	4	6	10	17	14	6	2

2 优化调整思路及措施

2.1 优化运行思路

增加普通网用水需求，降低系统管网压力。增加用水需求方面：结合区域注水站注水能力过剩的情况，将杏一~三区西部后续水驱注入站调整至普通网，增加管网用水需求；降低管网压力方面：对泵压高的注水泵安排减级，降低注水泵泵压，源头上控制管网压力，实现系统降压运行，减少阀组截流损失。

2.2 优化调整措施

2.2.1 优化供注关系，增强井网联通

按照开发安排，杏一~三区西部3个区块已全面进入后续水驱阶段，为缓解普通注水系统供过于求的问题，将上述后续水驱注入站高压来水管道与普通管网杏1-3排、杏2-1排、杏2-3排、杏3-1排做开放式连通，增加注水需求，缓解供需矛盾。

通过合理优化聚驱后注入站高压供水关系，调整后泵压下降0.47MPa，管压下降0.46MPa，系统泵水能力提升1748m^3/d，注水单耗下降0.1kWh/m^3，供需问题得到缓解，日降低注水用电1.24×10^4 kWh，节约运行费用0.79万元(表5)。

表5 杏北油田普通注水系统管网调整前后参数变化情况

	泵压/MPa	管压/MPa	压差/MPa	泵水量/(m^3/d)	单耗/(kWh/m^3)
措施前	16.57	16.08	0.49	43462	5.78
措施后	16.10	15.62	0.48	45210	5.68
对比	-0.47	-0.46	-0.01	+1748	-0.1

2.2.2 调整机泵布局，增强调节能力

按照开发预测，普通管网注水需求逐年下降且幅度大小不一，由于注水泵无连续调节技术，只能采取大小泵转换的方式保障系统供需平衡(表6)。

表6 杏北油田普通注水系统注水需求预测表 10^4m^3/d

时间	2020年	2021年	2022年	2023年	2024年	2025年	2026年
普通网需求水量	4.12	3.95	3.78	3.64	3.49	3.34	3.20
与上一年差值	-0.34	-0.17	-0.17	-0.14	-0.15	-0.15	-0.14

针对普通注水系统泵水能力过剩，机泵调节能力差的问题，将杏二十四注水站1#注水泵由D400-150×9核减为D250-150×11，改造后普通注水系统将具备±6000m^3/d、±7200m^3/d及±9600m^3/d三种梯度调节能力，预测2020-2026年机泵启停方式如表7所示。

表7 杏北油田普通注水系统注水泵启停方式一览表 10^4m^3/d

时间	2020年	2021年	2022年	2023年	2024年	2025年	2026年
普通网需求水量	4.12	3.95	3.78	3.64	3.49	3.34	3.2
杏六注	0.72	0.72	0.72	0.72	0.72	0.72	0.72
杏二十四注	0.6	/	0.6	0.6	0.6	0.6	0.6
杏十注	/	0.96	0.96	0.96	/	/	0.96
新杏九注	0.72	0.72	/	/	0.72	0.72	/
杏二十一注	1.44	0.72	0.72	0.72	0.72	0.72	/
杏七注	0.72	0.72	0.72	0.72	0.72	0.72	0.72
普通网供水量	4.2	3.84	3.72	3.72	3.48	3.48	3.00
供需差值	0.08	-0.11	-0.06	0.08	-0.01	0.14	-0.2

调整后，普通注水系统按照上述机泵启停方式，2020－2026年系统供需水量差均控制±2000m³/d以内，可以满足生产需求。

2.2.3　注水泵减级，控制能耗损失

目前普通注水系统除杏七注水站外，其他各站均有减级注水泵，方便根据管网压力调整机泵。为缓解系统管网压力过高，截流损失较大的现状，对杏七注2#注水泵进行减级，由D300－150×11减级至D300－150×10，缓解管网压力过高现状(表8)。

表8　杏北油田普通注水系统注水泵减级信息情况

矿别	站名	投产时间	设计规模/(m³/d)	泵号	排量/(m³/h)	机泵型号	备注
一矿	杏六注	2010	7200	1#	300	D300-150×10	已减级
				2#	300	D300-150×11	
二矿	杏二十四注	2001	19200	1#	400	D400-150×9	已减级
				2#	400	D400-150×10	已减级
				3#	400	D400-150×10	已减级
三矿	杏十注	1993	19200	1#	400	D400-150×11	
				2#	400	D400-150×10	已减级
				3#	400	D400-150×10	已减级
四矿	新杏九注	1995	7200	3#	300	D300-150×10	已减级
				4#	300	D300-150×10	已减级
	杏二十一注	1998	7200	3#	300	D300-150×11	
				4#	300	D300-150×10	已减级
五矿	杏七注	2015	7200	1#	300	D300-150×11	
				2#	300	D300-150×11	已减级

针对杏七注2#注水泵减级前后进行对比分析，注水泵减级前后泵管压差和泵水单耗均明显降低，降幅分别约为0.9MPa和0.15kWh/m³，按照平均泵出6000m³/d计算，日均节电1260kWh，按照工业电费0.64元/kWh计算，年可节约运行费用21.02万元(表9)。

表9　杏十二注7#注水泵不同工况下减级前后参数对比表

类别	泵压/MPa	管压/MPa	泵管压差/MPa	运行电流/A	泵出水量/(m³/d)	耗电量/(kWh/d)	泵水单耗/(kWh/m³)
减级前	17.1	15.5	1.6	179	5577	39276	7.04
减级后	15.8	15.1	0.7	160	5151	35508	6.89
差值	-1.3	-0.4	-0.9	-19	-426	-3768	-0.15

3　结论及认识

(1)随着油田进入高含水开发后期，普通注水系统开井数及注水量持续下降，加之注水站缺少逐级、连续调节能力，因此导致注水泵泵压、管压及注水单耗显著上升。

(2)为缓解系统供过于求，管网压力升高的矛盾，一是增加井网连通性，促进全局供需平衡；二是扩大注水泵减级范围，系统上降低区域管网负荷和注水压力，控制压力上升趋势，促进全局注水供需平衡，保障系统高效运行。

参考文献

[1] 王锋．杏北油田注水系统优化调整措施与潜力分析[J]．油气田地面工程，2013，32(09)：36-37.

[2] Dieter-Heinz Hellmann．离心泵大全[M]．北京：清华大学出版社，2003.10-15.

[3] 胡志伟．杏北油田注水系统降压运行方案与效果分析[J]．石油石化节能，2015，5(03)：39-40.

[4] 王中专．杏北油田三次采油注水系统优化措施分析[J]．石油规划设计，2016，27(04)：44-47.

稠油热采油田联合站污水源热泵技术的应用

张 馨

（中油辽河工程有限公司）

摘 要 本工程利用热泵技术可将污水中的低品位热能，转化为高品位热能，为生产及建筑采暖提供加热热源。通过对热泵及换热器的比选，制定了一套适合利用稠油热采技术的油田联合站的技术方案。经过与燃气加热炉对比分析，该技术的实施能减少天然气消耗 $70.1\times10^4m^3/a$，节省比例为33.01%；NO_X 排放降低9.1t/a，CO_2 排放降低4507t/a，实现低碳经济，其经济和社会效益显著。

关键词 稠油热采；热泵技术；高温污水；换热器；燃气加热炉；对比分析

目前，热泵技术作为一种新型的供热技术，因具有节能、环保、高效、适用范围广等特点，在国内供热领域得到了广泛的应用[1,2]。油田生产中存在着大

量的低温余热，用热泵回收油田低温余热，既节能有符合环保要求，值得推广[2]。胜利油田在国内率先开展了采用污水余热给民用建筑采暖的试验，并取得了成功[3]。但尚未有油田利用污水源热泵同时实现建筑采暖和生产加热要求。

辽河油田原油采出液中含有大量的水，其中一部分来自于油层中原生及次生地层水，但大部分来自于油田开采过程中人工注入到地下的注入水。这些水在地下伴随着原油在地层中长期运移中，吸收了地下大量的热能，再和原油一起被采出地面，蕴含着丰富的热能。沈一联合站现有各站来的采出液量为 $5426m^3/d$，经过脱水、三相分离后，再经过污水处理后污水约 $4080m^3/d$。该部分污水温度较高约为60℃；水质较好，含油量、机杂量都小于10mg/L，且流量稳定。目前该部分高温污水只用于冬季采暖后回注，污水的余热没有被充分利用。

由于辽河油田沈一联合站内原油采出液中含有大量的低品位的高温污水，且目前尚未被有效的利用；同时，联合站在日常生产中需要使用燃气加热炉为原油的外输、掺水、进罐前加热和建筑采暖。为了充分利用联合站内低品位的高温污水，节省联合站日常生产中使用燃气加热炉造成的能源消耗，通过热泵技术可将污水中的低品位热能，转化为高品位热能，为生产提供加热热源。

1 热泵的节能原理及类型比选

1.1 热泵的节能原理

对于理想的热泵制热循环，如果忽略其他热损失，则由热力学第一定律可得如下热平衡关系式：

$$Q_1=Q_0+W \tag{1}$$

式中 Q_1——为冷凝器的热负荷、制热量，即被加热介质吸热量；

Q_0——为蒸发器的热负荷，即提取低温热源的热量；

W——为外界有效输入的功；

W_1——消耗外界的功。

一般消耗电能或者燃气的热泵 W_1 略高于 W，可以近似 $W_1\approx W$。热泵制热性能系数 COP 为：

$$COP=\frac{Q_1}{W_1}\approx\frac{Q_0+W}{W}=1+\frac{Q_0}{W} \tag{2}$$

由式(1)、式(2)可以看出，热泵的供热量等于从低温热源中吸收的冷凝热量和外界输入的功补偿热量之和，即对于第一类吸收式热泵和压缩式热泵制热性能系数COP永远大于1，供热量始终大于消耗的高品位驱动能量的热量。

1.2 热泵的类型对比

根据驱动方式的不同，常用的热泵主要分为吸收式和压缩式两种，目前出水温度90℃及以下的吸收式热泵和出水温度60℃以下的压缩式热泵技术已经较为成熟，且经济性较好。其中天然气驱动的吸收式热泵机组能够提升温度30～50℃，制出热水温度可达到90℃，能效比一般为1.5左右；电驱动的压缩式热泵机组能效比一般为4左右，能够提升温度30℃左右，制出热水温度一般不高于60℃。本工程对热泵的比选见表1。

表1　吸收式热泵与压缩式热泵的对比表

热泵类型	驱动方式	能效比	提升温度/℃	制出热水的最高温度/℃
吸收式热泵	天然气燃烧热	1.5	30~50	90
压缩式热泵	电能	4.0	30	60

1.3　工程比选结果

本工程因生产用热需要的热水温度为90℃，因此采用的直燃型溴化锂吸收式热泵代替燃气加热炉作为沈一联生产加热热源，加热系统采用换热器换热升温方式，替代原有燃气加热炉加热升温方式。60℃的污水首先通过换热器与软化水换热，软化水温度加热到50℃进入到热泵机组中，为热泵提供低温热源。经过提温后的软化水温度降至40℃。污水经过换热器换热后的温度为43℃，总共需要的污水量是170m^3/h。热泵的冷凝器侧高温软化水出水温度是90℃，通过换热器为各个生产用热提供加热热源，工艺流程见下图1。

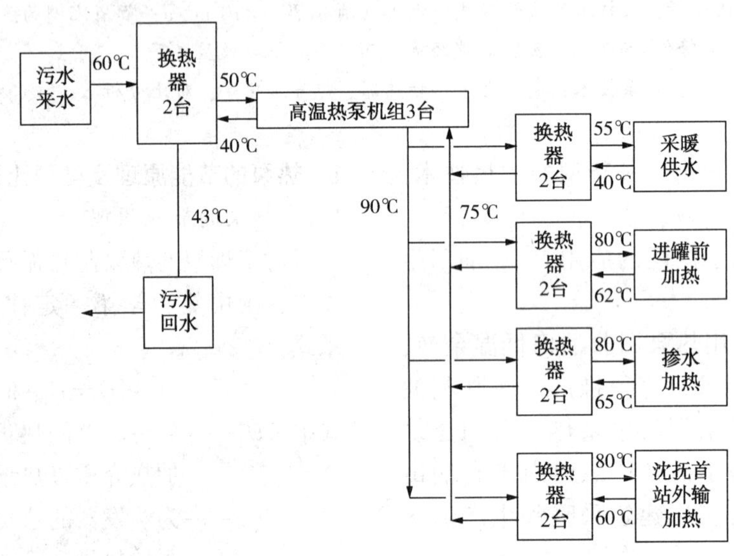

图1　利用吸收式热泵生产工艺加热流程图

2　换热器的分类及选择

2.1　换热器的分类

目前，换热器可以按不同的方式分类，根据传热原理和实现热交换的方法分为间壁式、混合式、蓄热式，在这三类换热器中以间壁式换热器应用最广。间壁式换热器的主要形式有套管式换热器、管壳式换热器、交叉流换热器、板式换热器、螺旋板式换热器。目前以板式换热器、管壳式换热器、螺旋板式换热器三种应用最为广泛，其中板式换热器具有传热系数高、占地面积小、价格低、热损失小等优点，适用于采暖用的软化水换热。但是本工程的加热介质为污水、油水等，板式换热器易堵塞，不适用这些介质。螺旋板式换热器能适用于污水的换热，但是不适用于油水换热。对于污水-软化水换热，本工程对管壳式换热器和螺旋板式换热器进行比选，详见表2。

从投资上管壳式要多55.4万元，约占整个工程总投资的1.75%。考虑到本工程的掺水、污水水质，管壳式换热器是以封闭在壳体中管束的壁面作为传热面的间壁式换热器。这种换热器结构较简单，操作可靠，可用各种结构材料(主要是金属材料)制造，是目前应用最广的类型。考虑到本工程的掺水、污水等水质，采用方便清洗、检修、适用于易结垢流体的管壳式换热器效果较好，因此本工程推荐选用管壳式换热器。

表2　污水-软化水换热器的对比表

项目	管壳式换热器	螺旋板式换热器
设计规模	新建6台污水-软化水管壳式换热器，换热面积总计1500m^2	新建6台污水-软化水螺旋板式换热器，换热面积总计1051m^2
优点	(1)管壳式换热器操作可靠，能在高温高压下使用，是目前用于最广的类型；(2)方便清洗、检修、适用于易结垢流体。	(1)换热效果较好，水-水换热能达到1.8~3.5kW/(m^2·℃)；(2)相邻通道内流体能形成纯逆流方式流动，有利于小温差传热；(3)有自清洗功能。

续表

项目	管壳式换热器	螺旋板式换热器
缺点	管壳式换热器传热系数较小，要求对数温差大，末端温差至少5℃。	(1)尽管有自清洗功能，若果操作不当也会发生堵塞，即使采用可拆式结构，也难以用机械方法清洗。(2)检修困难，如果内圈螺旋板破裂，整台设备报废。
单价	1000 元/m^2	900 元/m^2
投资	150 万元	94.6 万元

2.2　工程比选结果

根据本工程介质的不同，本工程需要的换热器类型分为三种：污水-软化水换热器；软化水-污油换热器；软化水-软化水换热器。各种换热器的使用位置见图 2。通过以上对比分析，本工程中不同介质选用的换热器类型见表 3。

表 3　不同介质换热器类型选用表

换热介质	选用换热器类型	换热器用途
污水-软化水	管壳式换热器	高温污水与热泵蒸发器侧的软化水换热
软化水-污油	管壳式换热器	热泵冷凝器侧的软化水与油水换热
软化水-软化水	板式换热器	热泵冷凝器侧的软化水与建筑采暖回水换热

3　本工程实例中综合能耗分析

3.1　能源供应状况

目前沈一联合站为生产提供热源的燃气加热炉共有 7 台，其燃料为燃天然气。目前，燃气加热炉平均每年燃烧天然气 282.2×10^{4}Nm^3/a($Q_{低}$=34997kJ/Nm^3)。采用燃气溴化锂吸收式热泵代替加热炉后，天然气消耗量减少。沈一联冬季热负荷要高于夏季，冬季耗天然气量也要高于夏季。

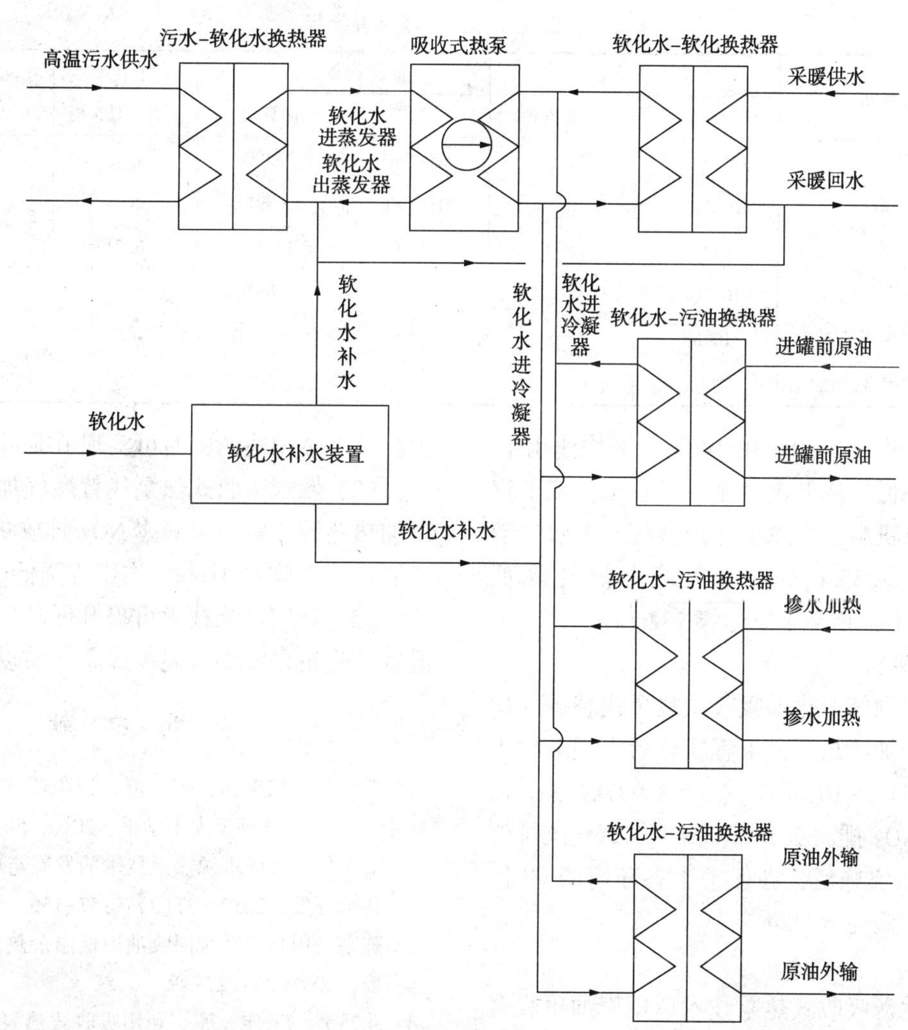

图 2　不同种类换热器使用位置图

3.2　综合能耗分析

沈一联合站新建热泵供热系统能耗主要包括燃料消耗(热泵机组)、电能消耗(电控柜、风机、循环泵)、水消耗(软化水泄漏)。工程实施前，站内主要供热系统是通过消耗天然气化学能实现能量转移，年耗气量为 $282.2\times10^4Nm^3$($Q_{低}$ = 34997kJ/Nm^3)，年耗电量为 20.8×10^4 kWh/a。工程实施前主要消耗指标见表4。

表4　工程实施前主要消耗指标表

序号	项目	年消耗量		能耗换算指标		能耗/	备注
		单位	数量	单位	换算值	(10^4MJ/a)	
1	天然气	10^4Nm^3/a	282.2	MJ/Nm^3	35.00	9877	
2	电	10^4kWh/a	20.8	MJ/kWh	3.60	74.88	
3	综合能耗	10^4MJ/a	9951.88				
4	加热液量	10^4m^3	207				
5	单位综合能耗	MJ/m^3	48				

工程实施后，本工程新建热泵系统是通过消耗天然气化学能作为驱动能源，实现能量转移，本工程推荐方案年耗气量为 $212.1\times10^4Nm^3$($Q_{低}$ = 34997kJ/Nm^3)，年耗电量为 106.5×10^4 kWh/a，年耗水量为500t。工程实施后主要消耗指标见表5。

表5　工程实施后主要消耗指标

序号	项目	年消耗量		能耗换算指标		能耗/	备注
		单位	数量	单位	换算值	(10^4MJ/a)	
1	天然气	10^4Nm^3/a	212.1	MJ/Nm^3	35.00	7423.5	
2	电	10^4kWh/a	106.5	MJ/kWh	3.60	383.4	
3	水	t/a	500	MJ/t	14.23	0.71	
4	综合能耗	10^4MJ/a	7807.61				
5	加热液量	10^4m^3	207				
6	单位综合能耗	MJ/m^3	37.7				

现场加热炉最长的使用14年，平均使用11年，热效率降低，从上表对比可以看出，该工程实施后，热泵机组替代原加热炉系统，天然气消耗量每年减少33.01%；每年综合能耗降低 2144.27×10^4MJ，相当于节标煤732t/a。

4　环境影响评价

本工程以燃气溴化锂吸收式热泵代替燃气加热炉作为生产加热热源，工程实施后实现节约天然气总量为 $70.1\times10^4m^3$/a($Q_{低}$ = 34997kJ/Nm^3)。每年可减少 NO_x 排放9.1t/a，减少二氧化碳排放4507t/a。项目实施后，在保护生态环境的同时，又符合国家宏观经济政策。

5　结论

(1) 污水源吸收式热泵技术应用于油田联合站生产及建筑采暖加热，可实现节约天然气总量为 $70.1\times10^4m^3$/a，节能33.01%。本工程在满足生产及采暖用热的同时可实现节能目标。

(2) 燃气吸收式热泵代替燃气加热炉作为生产加热热源，每年可减少 NO_x 排放9.1t/a，减少二氧化碳排放4507t/a。本工程降低了环境污染。

(3) 利用热泵技术可提升低品位高温污水的温度，建筑采暖供水温度提高，采暖更舒适。

参　考　文　献

[1] 李维仲，权生林，等．溴化锂吸收式制冷机优化设计[J]．大连理工大学学报，2010，50(1)：42-45.

[2] 刘玉华．浅谈水源热泵技术的发展与应用[J]．企业技术开发，2012，31(2)：157-159.

[3] 陈军．用热泵系统回收油田低温余热[J]．能源与环境，2005(2)：27-29.

[4] 路昌海，丁玮，等．利用吸收式热泵回收含油污水余热[J]机电设备，2003(3)：18-20.

煤层气地面工程技术对标及发展趋势研究

沈全锋 陈 宇

（中国石油工程建设有限公司）

摘 要 国内煤层气资源量巨大，但由于多种因素制约，实际发展仍低于预期，主要由是当前产业政策、当前技术水平等因素决定。本文从国内外煤层气地面工程建设标准、工程技术、运行管理模式等方面展开对标分析，研究、提出煤层气地面工程技术发展趋势。通过对标发现国内指导煤层气地面工程设计的标准，特别是集输、防火等标准要求偏高，造成投资加大。国外煤层气开发低成本做法对国内有借鉴意义。研究煤层气排采规律、节点增压技术、采出水处理技术，推广煤层气橇装化及一体化设备、无人值守及智能化气田是煤层气地面工程技术发展方向。

关键词 煤层气；地面工程；对标；规范；低成本

全国煤层气总资源量为 $36.8\times10^{12}m^3$，居世界第三位。根据《煤层气（煤瓦斯气）开发利用“十三五”规划》，2020 年，煤层气（煤矿瓦斯）抽采量达到 240 亿立方米。其中地面煤层气产量 100 亿立方米，利用率 90%以上。2018 年，我国地面煤层气产量 72.6 亿立方米，煤层气的发展空间潜力大。但由于多种因素制约，实际发展仍低于预期，主要由是当前产业政策、当前技术水平等因素决定[1]。

美国、澳大利亚是目前国外开发煤层气规模较大、技术成熟的国家，通过将国内煤层气地面工程技术与美国、澳大利亚煤层气开发工程项目对比，发现国内煤层气地面工程建设在标准、设计理念等方面存在较大区别。通过对标，找出差异，分析优劣，研究并提出煤层气地面工程技术的发展趋势。

1 标准

1.1 集输规范

在站场公用工程方面，国内煤层气参照《气田集输设计规范》（GB 50350—2015）有关要求进行设计，以常规天然气的技术要求指导煤层气开发，未考虑煤层气低压、产量低、稳产能力差等特点，造成目前煤层气地面工程在总图、建筑、结构、通信、防腐、给排水等方面投资大，应根据煤层气开发的特点进行优化细化，例如，对站场的场地要求、建筑形式、通信要求等方面提出适合煤层气特点的规定[2][3]。

在煤层气处理方面，《煤层气集输设计规范》（NB/T 10029—2016）内容篇幅较少，应结合煤层气气质特点，提出适合煤层气的处理工艺。

1.2 防火规范

煤层气站场平面布置通常采用常规油气的《石油天然气工程设计防火规范》（GB/T 50183—2004）进行。各级站场防火间距、站场内的煤层气系统应紧急放空系统或放空火炬等相关要求都按照此国标执行。美国、澳大利亚在煤层气领域没有类似要求，美国近年来投产的煤层气田，未设置消防水系统与集中放空系统（以就地放空系统取而代之），也满足当地法律法规及技术标准要求。

我国的安全与消防设计规范要求天然气田地面系统必须根据处理规模，设置不同等级的消防水系统与放空系统（包括放空火炬）。在煤层气地面工程设计中采用 GB 50183 确定站场防火间距，存在建设标准偏高问题，尤其是防火间距偏大，不但给山区建设带来困难，更重要的是加大了建设投资，一定程度上导致了煤层气田地面工程的防火间距过于保守，适用性和经济性较差。

国内相关研究单位针对煤层气地面工程防火间距也开展了研究，开展了模拟计算，得出安全防火间距比 GB 50183 缩小 50%以上[4]。为了提高投资回报率，应尽快制定煤层气地面工程设计防火规范，对煤层气田井场内部和集气站防火间距进行合理调整，使之更加符合煤层气的开发、生产特点，形成煤层气田地面工程经济适用的安全技术体系，大幅降低征地和站场建设费用。

1.3　其他规范

除上述规范外，煤层气地面工程其他规范，例如《煤层气集输安全规程》(AQ 1082-2010)、《煤层气开采防尘防毒技术规范》(AQ 4213-2011)、《煤层气地面开采防火防爆安全规程》(AQ 1081-2010)等，规范中涉及原则、综述的内容较多，具体、量化的内容较少，对于指导煤层气地面工程设计、施工、安全、管理等，适用性不强。

2　设计理念

2.1　站场工艺设计理念

在集气站工艺方面，集气处理站包括了集气、脱水处理等功能。国外一般设置段塞流捕集器，没有多级煤粉分离和过滤分离、复杂的放空系统和火炬系统、消防水系统等，最大限度的简化优化流程，减少工程量，降低投资。国内煤层气处理工艺通常进站阀组、装置连接与切换阀组设置复杂；为保证压缩机组及脱水装置运行，通常分离、过滤装置设置复杂。在这些方面，国内应结合当地煤层气采出特性及设备的特性，进行适当优化，降低投资。

2.2　安全设计理念

国外近年来投产的煤层气田，未设置集中放空系统，采用就地放空系统，如加拿大煤层气区块的各类处理站，尽管有压缩机、燃气发电和脱水系统，甚至还有含硫化氢气体，其放空系统均较简单，站场一般不设置放空系统，包括安全阀在内，所有气体泄放点均直接就地排放。这与国内现实做法差异较大，国内集气站、处理站均设置有专用放空火炬，这是由于对站场正常检修放空、紧急放空的认识理念的差别[5]。

2.3　消防设计理念

美国、加拿大煤层气区块，不管是井场、还是集气站或者是处理站均未设置水消防设施和可移动消防设施，这样设计满足当地政府及标准相关要求。煤层气着火后只能依靠紧急切断系统(ESD)关闭进出站阀门，开启放空阀，水消防系统没有任何实用价值。由于厂站无人值守，可移动消防设施放在现场没有实用价值，而是放在巡检人员的车上，人员到场，可移动消防设施就到了现场。

目前我国国家标准的强制条款规定即使没有可燃的液体介质，当天然气处理规模达到一定量时需要设置水消防系统用于火灾时冷却和保护人员，这与美国、加拿大等国要求存在明显差异。

2.4　场区构筑物建设理念

美国、加拿大煤层气区块，不管是井场、集气站或者处理站，场地均没有硬化，而是采用碎石铺装；除压缩机设置独立基础外，其他设备基础均简易设计；站场不设围墙，采用低矮简易围栏；进站大门简洁，门柱采用镀锌钢管设计。国内已建煤层气区块，场区设备根据类型设置钢筋混凝土、素混凝土基础等，井场设置防翻越围栏，站场设置铁艺围墙。这样大大增加了工程投资，影响项目经济性。

3　煤层气地面工程低成本开发典型做法

通过对标，梳理美国、澳大利亚等开发煤层气成熟国家低成本开发的典型做法如下：

(1) 由于煤层气气井口不需要排水，没有排采设施，没有安装任何就地显示仪表，所以非常简单，井口计量采用移动流量计，仅在进口预留两个接口。

(2) 全站的平面布置没有采用常规分区布置的原则，而是采取居中布置的方式，所有装置、管廊都集中在场地中部，四周可以通行车辆。这样的优势是投资最省、配套系统投资很低。站内不建消防系统，连干粉灭火器都不要求设置。

(3) 没有专门的控制室，自控柜和配电柜都设置在同一个房间。全站控制操作只有一个触摸屏，非常简洁。控制室内没有 ESD 操作盘。全站无人值守，压缩机启停采用远程操作。

(4) 全站未设放空火炬，仅设有放空管，且就位于站内装置区的一端。由于放空设计理念不同，所以其实施结果截然不同。煤层气底层没有动力，国内天然气设计常采用的常规放空设计不适合煤层气田。

(5) 压缩机都采用整体橇装加彩钢房结构，不设大型厂房，不采用集中设置。两段增压设计是其中的亮点，也是煤层气的特点。一段压缩采用的燃气驱动螺杆压缩机，国内没有应用报道。

(6) 螺杆压缩机的进口分离器与压缩机集成在同一房间内，且采用过滤分离与重力分离的集合分离器，设置快开盲板。生产运行中发现分离器中存在煤粉，但未对压缩机运行产生过影响。

(7) 站内没有给排水系统，所有废液(脱出污水、废机油)都由车辆定期回收。站内没有铺装道路、没有全站照明、全站广播等辅助系统，也没有值班房、库房等建筑。除了增压所必需的设施，其他设施对比国内简单很多。

4 煤层气地面工程技术研究方向及发展趋势

煤层气田属于地产、低丰度、低压的气藏，单位产能投资成本高，难以适应煤层气田大规模开发的需要。因此，急需针对煤层气低成本的开发配套技术进行技术攻关，找到适合煤层气低成本开发的工艺技术，实现煤层气低成本高效益开采。

地下与地上相结合，从钻井、采气到地面工程，用系统分析的方法降低总体造价。在地质开发方案方面，根据煤层气特点和流体性质，优化直井、水平井、分支井布井方式，提高煤层改造效果，提高单井产量[6][7]；在地面工程方案方面，在建设规模、关键技术、占地面积、系统工程等方面做出总体优化，提高煤层气开发的整体经济效益，形成成套的低成本开发工艺。通过对标分析，跟踪国内外煤层气地面工程技术发展趋势，提出了未来技术研究方向及发展趋势。

4.1 排采规律研究

煤层气地面工程一般先开展评价，根据评价情况，再确定后续的开发方案及部署安排。地面工程基于先期评价结果及试采井数据进行设计，排采数据的准确性及合理性直接影响地面集输系统设计合理与否[8][9]。因此，对排采规律进行研究就显得尤为重要。目前，国内煤层气地面工程对排采规律研究处于摸索阶段，未形成系统性理论。

与运行单位进行合作，通过深入研究、分析不同井型、煤层的排采规律，掌握在排采过程中不同阶段采出气、采出水的变化趋势及规律，从而合理确定集输系统规模，为项目设计提供参考，实现集输系统的最优化、地面投资的最小化，实现低成本开发的目的。

4.2 开展煤层气处理工艺研究

煤层气一般为饱和气，气质组分大部分为 CH_4，含有少量的乙烷、CO_2 和 N_2，为满足下游用户气质要求，通常进行脱水处理，达到天然气二类气指标要求；除脱水之外，在已建煤层气区块中，有少数区块煤层气中，发现 H_2S 或 CO_2 超标，需进行脱硫或者脱碳处理[10]。

鉴于《煤层气集输设计规范》(NB/T 10029—2016)中，对煤层气处理论述较少，应开展对脱硫及脱碳工艺进行深入研究，形成关键技术，引导煤层气地面工程设计。

4.3 煤层气橇装化及一体化设备的研究及推广

煤层气站场一般具有进站分离、过滤、压缩、脱水、计量等工能，场区由多个单元组成，造成场区占地面积大、设备数量多、安装管线复杂。

根据煤层气集约化用地、橇装化设备、复用化设计、快速化投产等理念，煤层气站场各功能模块应进行组装，研发和推广橇装化及一体化设备，实现煤层气田的高效建造。

4.4 节点增压技术研究

针对煤层气田井场回压低，产量低等特点，国外煤层气田已有节点增压的实践。合理利用煤层气压力能及设置增压点，实现在煤层气采气管道节点对管道内气体进行增压，进而提高井场产气量及进入集气站的压力[11]。

随着国内煤层气田的开发和建设，如何有效的提高部分井场回压，使煤层气有效进入管网已成为亟待解决的问题。国内节点增压技术研究还较少，应加快推进此项技术研究，通过合理布局采气管网，优化集输系统，增加集输半径，提高集输系统效率，增加集气站规模，减少运行管理点[12]。

4.5 采出水综合利用研究

煤层气在排采过程中，将产生大量的采出水，如直接外排或蒸发处理，不仅会污染地表水，还会造成水资源浪费和环境问题。

国内对煤层气采出水综合利用研究较少，从环境保护和资源节约的角度，应对采出水进行处理利用，根据煤层气采出水的情况，开展以下研究：

(1) 根据煤层气采出水水质，将煤层气采出水进行处理，从灌溉用水、建筑用水、畜牧、生产用水及生活用水方面分别进行利用研究；

(2) 根据采出水水量，从工艺设备选型、工艺流程、投资等方面，进行采出水利用的适用性分析，为生产运行提供参考。

4.6 低运行成本研究

煤层气生产期主要成本有燃料动力费、井下作业费、材料费、维护修理费、人工费和厂矿管理费。为了保证生产的连续性，在煤层气采出作业前期基本需要使用燃油发电进行抽水降压，燃料成本能达到总支出的60%，是最主要的成本支出。随着采出时间推移，设备和材料老化，维护修理费、材料费和井下作业费占比逐步加大，成本结构发生变化，成本的刚性支出总金额会因为规模效应的因素先降低、再回升。

为合理降低成本，制定可行的成本控制目标，需开展低运行成本研究，结合排采规律、煤层气产量、售价和补贴标准，细化成本核算，按照产气时间严格划分资本性和收益性支出，尽可能做到单井核算，在现有条件下挖掘内部潜力[14]。按照作业成本法的分析方法，分析各成本动因，通过工艺改进、加强质量管理和成本控制，逐步降低单井的平均生产成本，对生产期的低效井予以评估关停，从根本上降低生产成本。

4.7　加快推进无人值守、智能化气田理论基础建设

国内煤层气项目基本采用井场无人值守、有人巡检，集气站有人值守、自动控制的模式，人力成本较高，随着煤层气田开发技术的日趋完善，数字化水平的不断提高和低成本开发的需要，集气站将逐步向无人值守方向发展，基于调控中心和采气作业区整体数字化远程监控管理，实现整个区块生产的数据采集、监视、计量及调度管理等[15]。

智能化煤层气田建设需要有一套系统、科学、严密的，适用于煤层气地面工程的控制、管理理论做支撑：

(1) 结合计算机控制技术，就煤层气地面工程开发规律、安全性要求、控制逻辑进行分析总结，形成一套成熟的无人值守控制技术。

(2) 智能化煤层气田应急保障系统建设研究，包括应急保障点功能配置、应急覆盖范围，响应时间等。

(3) 完善智能化煤层气田生产运行培训手册，提高运行管理人员操作水平，利于技术的推广。

5　结论

(1) 国内指导煤层气地面工程设计的标准，特别是集输、防火等标准，按照常规气田要求设计，没有完全结合煤层气开发的特性，造成事实上的过头设计。

(2) 在站场工艺、消防、安全等专业上，设计理念过于保守，造成投资过大。

(3) 国内应进一步借鉴国外煤层气开发低成本做法，因地制宜，降低开发投资。

(4) 研究煤层气排采规律、节点增压技术、采出水处理技术，推广煤层气橇装化及一体化设备、无人值守及智能化气田是煤层气地面工程技术发展方向。

参考文献

[1] 路玉林，王联军，王英超．中国煤层气产业发展现状及趋势分析[J]．中国矿业，2017，26(1)：19-22.

[2] 肖燕，孟庆华，罗刚强，袁先勇，姚麟昱．美国煤层气地面集输工艺技术[J]．天然气工业，2008，28(3)：111-113.

[3] 檀国荣，杜庆贵，刘聪．国内外煤层气集输工艺技术现状[J]．化学工程师，2018，270(3)：49-52.

[4] 米光伟，孟凡华，巴玺立，王春燕，胡克．煤层气地面工程设计防火间距探讨[J]．石油规划设计，2017，28(4)：28-31.

[5] 张哲，王春燕，巴玺立，王天明．煤层气田集输系统放空影响范围研究[J]．石油规划设计，2015，26(5)：1-5.

[6] 薛冰．关于大幅度提高我国煤层气单井产量的探讨[J]．煤炭科技，2018(1)：19-21.

[7] 朱庆忠，杨延辉，左银卿，张学英，张俊杰，宋洋，郎淑敏．中国煤层气开发存在的问题及破解思路[J]．天然气工业，2018，38(4)：96-100.

[8] 赵金，张遂安．煤层气排采储层压降传播规律研究[J]．煤炭科学技术，2012，40(10)：65-68.

[9] Liu Huihu，Sang Shuxun，Formolo Michael. Production characteristics and drainage optimization of coalbed methane wells：A Case Study From Low-permeability Anthracite Hosted Reservoirs In Southern Qinshui Basin，China[J]. Energy for Sustainable Development，2013，17(5)：412-423.

[10] 马玉贞，陶明信，张新民，李晓斌，李晶，解光新，王彦龙．煤层气及天然气中的 H_2S 与 SO_2 及其危害性[J]．地质学报，2018，82(10)：1409-1414.

[11] 胡楠，胡世杰，蒋皓，邵建．煤层气田地面集输方式以及增压方式优化[J]．煤气与热力，2011，31(9)：6-9.

[12] 孟凡华，马文峰，刘红霞，程相振，韩东，史丽苹．沁水盆地煤层气田地面集输技术现状与展望[J]．天然气工业，2018，38(5)：118-123.

[13] 路兴禄，张钊，张亚庆，刘祥忠，王艳．煤层气地面工程标准化设计[J]．石油工程建设，2018，(9)：31-35.

[14] 曹艳，王秀芝．煤层气地面开发项目经济评价[J]．天然气工业，2011，31(11)：103-108.

[15] 鲁程，汪欢欢，张正明．自控系统在延川南煤层气井自动排采中的应用[J]．中国仪器仪表，2015(4)：35-41.

基层安全管理存在问题与改进措施

王 飞

（中国石油煤层气有限责任公司韩城分公司）

摘 要 基层是企业生产的前沿阵地，是事故事件高发地带，如何强化基层 HSE 管理，防范各类事故事件的发生，是当前 HSE 管理的重点和难点。通过近几年的探索和实践，夯实了基层 HSE 管理的根基，使基层 HSE 管理持续向好。

关键词 基层；HSE 管理；措施

1 基层 HSE 管理存在的主要问题

根据韩城分公司第一采气作业区现场管理实际，采用头脑风暴法的方式，对以往的安全管理进行了研究分析，最后认为基层 HSE 工作存在以下问题：

（1）危害因素辨识缺乏针对性

危害因素辨识是效识别生产经营过程和作业环境中的危害因素，有效控制安全环保隐患，预防和减少事故事件的发生，进一步提高员工风险防控意识，确保岗位工作安全。但在实际辨识活动中，未做到统一安排，隐患识别存在盲目性。

（2）安全培训理论性太强，缺乏操作性

基层员工多以户外生产活动为主，安全培训偏重于课堂授课式，基层员工很难做到全神贯注。培训人员以完成培训任务为目的，培训课件的内容针对性、适用性和可操作性不强。培训内容倾向于理论知识，缺少与实际操作的结合。

（3）在事故事件资源利用上，忽视了正向激励

事故事件发生后，常常关注的是“人”，注重对事故责任人的查处，把重点放在责任人的处理上，责任人因害怕承担责任将事件、事故瞒报、谎报。导致安全管理人员摸不清现场存在的根本问题，造成了类似事件、事故的连续发生。

（4）施工过程未有效监管，质量问题造成了安全隐患

质量不保证难以谈安全，安全的前提是质量，同时衡量质量的标准就是安全，不考虑安全因素的施工必为事故埋下隐患，然而在日常生产施工过程中，现场施工监督多为基层班组人员，由于基层员工缺乏施工技术标准方面的知识，使监督成为摆设。有的施工赶进度，节约成本，忽视对材料设备的检验，缺少对关键节点的监督，造成施工质量不合格，为今后的安全生产埋下一颗“定时炸弹”。

（5）HSE 考核制度不健全，考核无量化指标

在安全管理水平评价中，没有具体的量化项目，只是用事故事件发生的次数及严重程度来衡量，单一的考核标准使 HSE 考核变得不公平，严重影响了大家的积极性。

2 改进措施及对策

2.1 解决危害因素辨识缺乏针对性的问题

（1）以班组自检自查为主

巡井人员是现场隐患的第一接触人群，本着管生产管安全的理念，将隐患排查纳入巡井工作的一部分，在日常巡检过程中对现场隐患进行初步识别。

（2）各级管理人员现场检查为辅

各级管理人员定期去现场参与隐患排查工作，安全环保室为隐患排查的主管部门，制定每周的检查任务，并进行监管。

（3）建立隐患排查流程

制定合理的检查计划，保证全面覆盖生产现场，根据现场情况修订现场检查表，将发现问题以隐患通知单形式下发，并录入台账，跟踪整改进度，隐患关闭形成闭环。

2.2 解决安全培训缺乏实用性的问题

（1）合纵连横，定向借力

开展多样化的安全培训活动，将培训工作有效融合劳动竞赛、技能比武、应急演练等活动，有效提高资源利用率，可以使培训人员轻松、愉快的接受安全培训。

（2）制作培训课件

制作完成了一套适用于基层的《应知应会》

系列培训课件，该课件共 8 部分，涵盖基层接触的所有安全知识，该系列培训课件通俗易懂，取材于基层，适用于基层，使接受培训人员有亲切感，对培训内容更容易掌握。

(3) 采用分级培训，做到全员全覆盖。

内部培训：培训人员——班组兼职安全员——班组员工；

外委队培训：培训人员——外委安全员——外委班组长——班组员工。

2.3 解决事故事件缺少正向激励的问题

(1) 转变事故事件管理理念

弱化事件的人为因素责任追究，重点放在将不利的事故转变成有效教材和资源，通过有效的事故分析学习，从根源上消除引发事故的关键因素，而不是简单的处理事故责任人。

(2) 转变对事故事件的认识

事故事件不是员工愿意或者故意造成的，事件发生是人的行为过失或物的缺陷所致，它是反面教材，但是也是安全管理的宝贵财富，组织吸取事故教训，改进安全管理工作，预防今后事故事件的再次发生远比追究事故责任重要的多。

2.4 解决施工质量未有效监管的问题

(1) 制作质量相关培训课件

通过与生产运行科、工程建设科等生产相关科室的结合，查找井场各项施工标准及规范，制作出了一套适用于排采现场的培训课件《井场质量验收标准规范》，该课件内容包括土建施工验收规范、设备安装及验收规范、工艺安装及验收规范、电气安装及验收规范、仪表自动化及验收规范。

(2) 组织质量相关培训

通过课堂培训及现场培训两种方式，对生产管理人员、排采自营班组、外委排采队进行质量相关的培训，要求熟练掌握，质量管理将成为今后工作的重点。

(3) 严把施工过程管控

任何施工必须通知属地主管，由属地主管审查施工人员的作业申请单，施工方案、人员资质等，由属地主管按照施工方案对施工过程进行严格监督，施工完毕后必须由属地主管进行现场确认签字，如施工质量不达标，属地人员有权拒绝签字验收。

2.5 解决 HSE 考核制度不健全的问题

(1) 明确考核内容

考核内容包括培训、隐患整改、安全活动开展、计量器具检定、作业许可管理、事故事件报告、车辆管理、资料台账等方面，根据表现进行考核。

(2) 严格落实考核制度

将每个班组及外委排采队的月度 HSE 考核表在办公室进行张贴，安全管理人员根据各自的岗位严格落实考核制度，做到公开、公平。

3 改进后管理成效

3.1 危害因素辨识方面

通过有计划的全员参与、全面覆盖的隐患排查方式，不但使安全管理人员全面掌握了现场存在的隐患问题，也使生产指挥人员、专业技术人员更加了解现场活动、设备物料、环境存在的风险，下达生产指令时考虑风险防控。

3.2 培训方面

通过丰富多样的培训方式使受训人员对课程更加有兴趣，通过定期反复的培训加深受训人员的记忆，使班组长对所培训知识的掌握情况达到“培训他人”的效果，更好的对班组员工进行培训。

3.3 事故事件管理方面

通过对事故事件的正向激励，使现场员工敢于上报在操作中发生的各类事件，安全管理人员通过对事故事件的分析能更好掌握现场员工心里状态，设备工具使用情况，环境影响。再通过经验分享的方式传达至其他班组，避免类似事件发生。

3.4 质量管理方面

质量管理与安全管理相辅相成，通过纳入质量管理提升了各类人员的安全素养，一步步迈向“本质安全”。

3.5 HSE 考核方面

通过明确考核内容、严格考核的方式，使现场员工在工作中严格要求自身，并积极开展各项安全活动，营造良好的班组安全氛围。

4 结论

通过分析基层安全管理中存在的问题，并逐一击破，使基层安全管理更加规范化，员工的安全意识有了显著提高，为企业的健康、安全发现提供了有力的保障。

参 考 文 献

[1] 于风清．夯实体系基础避免“两张皮”现象[J]．安全、健康和环境，2006(5)：7-9.

[2] 李华伟．HSE 危害识别与风险评估过程中的几点感受[J]．安全、健康和环境，2003(8)：23-24.

油田污水处理站水质控制关键技术研究与应用

唐坤利 鲍 静 段彤菲 谢俊辉 张 植

（中国石油新疆油田分公司准东采油厂）

摘 要 吉联站污水处理系统自投产以来，污水出站水质达标率仅为70%。通过对各节点水质分析发现，影响出站水质达标的主要因素为回收污水影响调储罐出水、净水药剂与系统的适应性差、过滤单元失效、在用杀菌剂的杀菌和持续能力不足。为此，确定以优化药剂、过滤器提效、稳定回收水水质为技术路线，开展吉联站出站水质控制关键技术研究。实现吉联站污水出站水质稳步提升至95%以上，为油田的持续开发提供帮助。

关键词 污水处理；过滤器提效；稀土陶瓷滤料；药剂优化；回收污水

准东采油厂吉祥作业区吉联站建有油气水处理、注水及供热系统等综合站库一座[1]。装置自投产以来，污水出站水质达标率仅为70%，远低于公司下达的95%的目标值。因此，计划通过开展吉联站出站水质控制关键技术研究，对各节点水质达标情况进行统计、分析、研究，确定主要原因并以此为依据制定相应的技术路线和控制措施，实现污水出站水质达标率稳定提升。

1 系统现状及存在问题

吉联站污水处理系统于2016年投产，处理规模1800m³/d。污水系统主要由调储、反应、过滤三大单元组成，采用重力除油-旋流反应-二级过滤-化学杀菌处理工艺。其工艺流程图见图1。

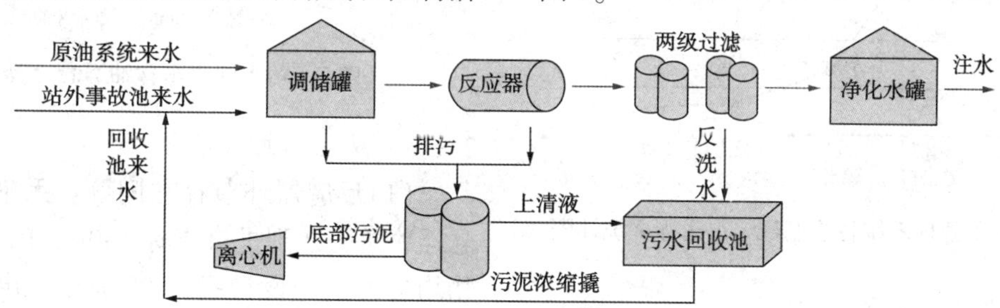

图1 污水处理站工艺流程图

污水处理站自投运以来，出站水质达标率较低，平均值仅为70.16%（图2）。距离公司出站水质95%的目标值，存在一定的差距。对6项指标进行分析（图3），发现悬浮物占比达53%，细菌（包括硫酸盐还原菌、铁细菌、腐生菌）占比达37%，两项占比合计90%。因此，影响吉联站污水处理站出站水质达标的主要因素为悬浮物和细菌。

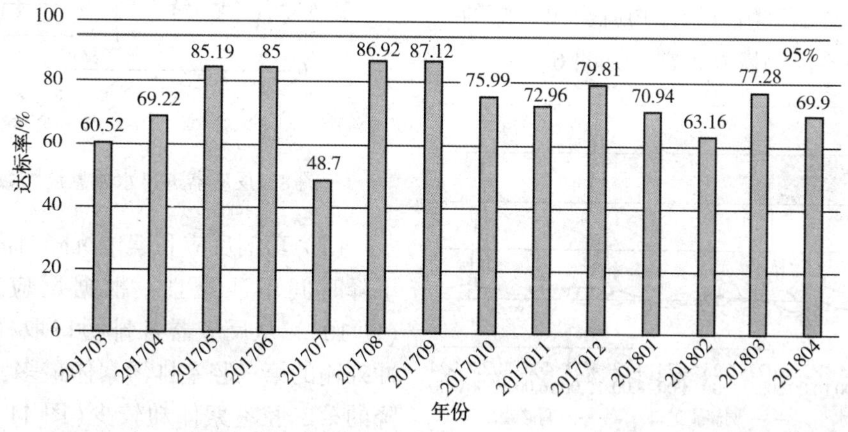

图2 吉联站污水处理综合水质达标率

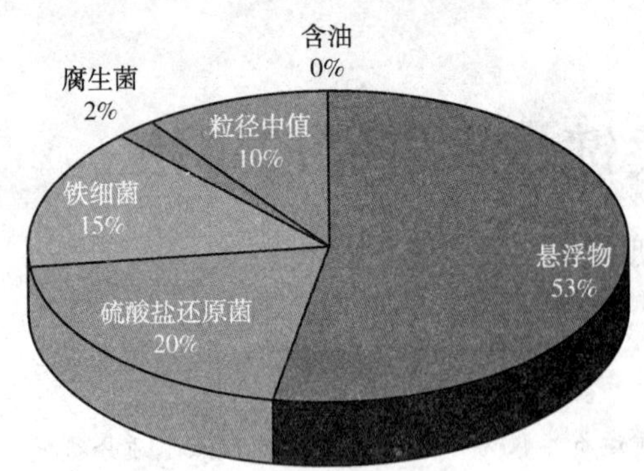

图3　出站水质六项指标失分比例图

2　水质达标与稳定技术研究

2.1　技术路线的确定

2.1.1　各节点悬浮物分析

根据该站污水处理系统各节点悬浮物达标率统计图(图4)，可以看出系统的调储、反应、过滤三大单元的各个节点均不达标，其中反应和过滤单元达标率极低。

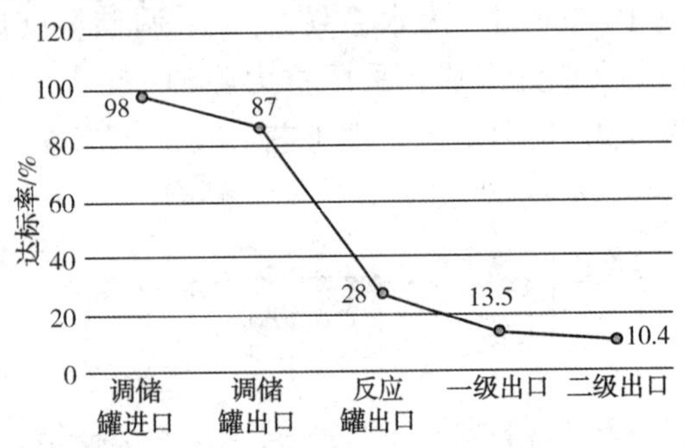

图4　吉联站污水处理系统各节点悬浮物达标率统计图

2.1.2　调储单元悬浮物不达标

(1) 调储罐进出口悬浮物阶段性波动

从原油系统来水和调储罐进出口悬浮物含量统计发现原油系统来水悬浮物稳定，但是调储罐进出口悬浮物出现阶段性的波动(图5)。对调储罐进口流量进行统计发现当污水回收泵启泵回打回收水时，调储罐的进出口悬浮物就会出现短暂的波动，停泵后悬浮物恢复正常，见图6。

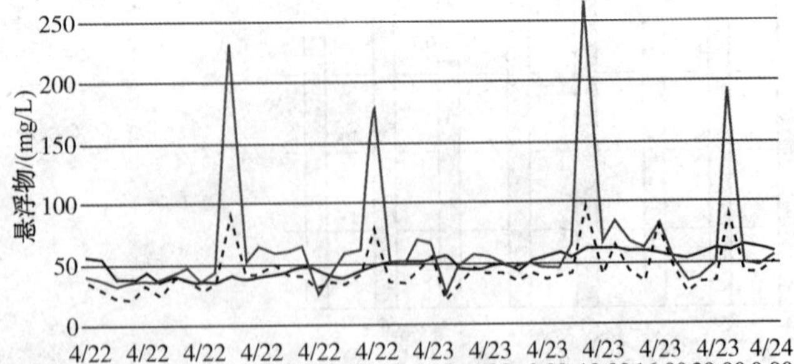

图5　原油系统来水及调储罐进出口悬浮物含量

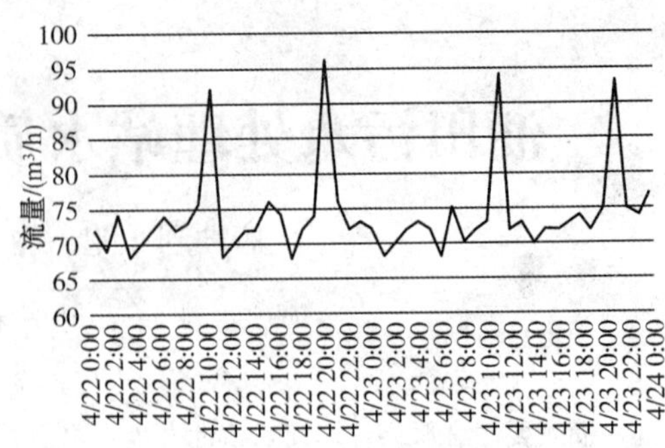

图6　调储罐进口流量统计表

(2) 回收污水冲击调储罐进出口水质

回收水污水中悬浮物含量远超调储罐的设计进口指标(悬浮物≤300mg/L)3~5倍(图7)，回收水对调储罐进出口水质形成冲击。

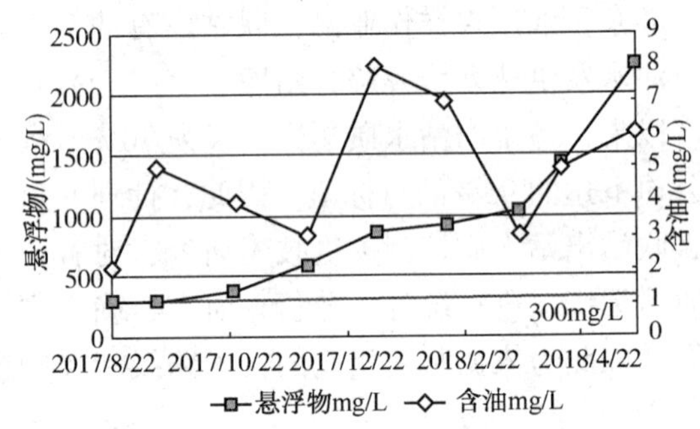

图7　污水回收水含油、悬浮物含量

2.1.3　反应单元悬浮物不达标

(1)反应器环节存在问题：无论反应器进口悬浮物是否达到进口指标150mg/L，其出口悬浮物均超过出口设计指标20mg/L，出口达标率极低，见图8-9。

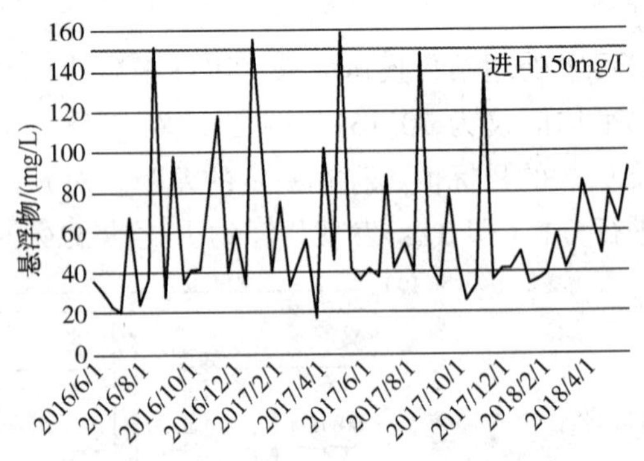

图8　反应器进口水质悬浮物数据统计图

(2) 药剂反应和絮体沉降时间与反应器反应沉降时间不匹配性：根据反应器内部结构图(图10)，从反应器各排污口取样，发现作为缓冲外输的第三腔室排污絮体最多，而作为絮凝沉降的第二腔室絮体却较少(图11)，说明水中絮体在第二腔室尚未完成沉降就直接进入了第三腔

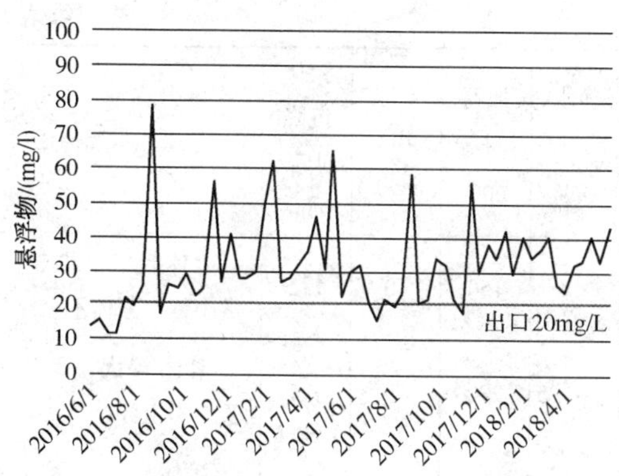

图 9　反应器出口水质悬浮物数据统计图

室，导致反应器出口水质难以达标。因此，确定药剂反应和絮体沉降时间与反应器反应沉降时间匹配性不好。

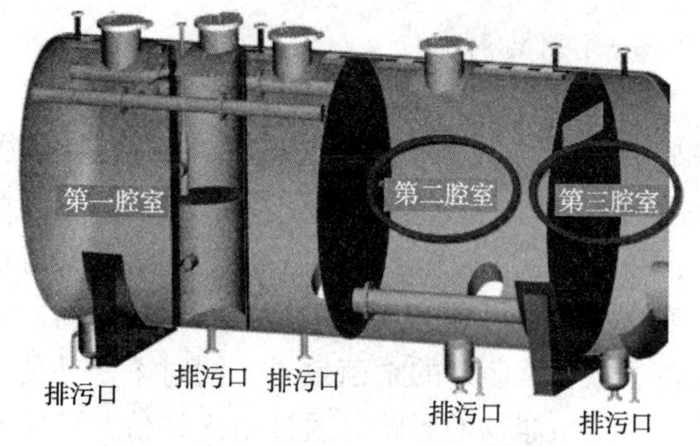

图 10　反应器内部结构图

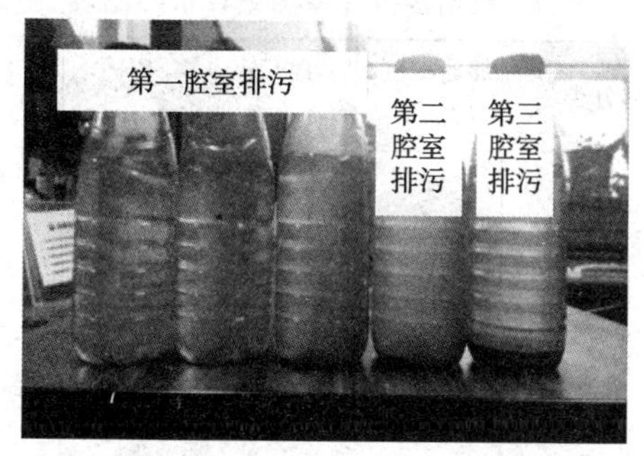

图 11　反应器排污口取样图片（30min 沉降）

2.1.4　过滤单元悬浮物不达标

（1）过滤单元功能基本缺失：一二级过滤器出口悬浮物严重超过设计标准且出现不降反升的状态，由此判断过滤单元功能基本失效，并在过滤器内产生二次污染。

（2）滤料失效：打开一级、二级过滤器发现，一级过滤器滤料板结，并与污泥相互粘连，无法分离而失效。受一级影响，二级纤维束顶层覆盖结块胶状物，导致纤维束被污染而失效，见图 12-13。

图 12　一级过滤器滤料

图 13　二级过滤器内部

2.1.5　细菌不达标

统计 2017 年 4~8 月吉联站细菌的监测数据，发现硫酸盐还原菌和铁细菌达标率不稳定（表 1），说明站内使用的杀菌剂杀菌效果不稳定。

表 1　2018 年 4~8 月吉联站细菌检测数据

	监测节点	指标（个/mL）	实测值/（个/mL）				
			4 月	5 月	6 月	7 月	8 月
硫酸盐还原菌	过滤器出口	25	6000	250	2500	250	13
	注水泵进口	25	600	2.5	600	600	60
	注水井井口	25	600	600	25000	2500	250
	监测节点	指标（个/mL）	实测值/（个/mL）				
			4 月	5 月	6 月	7 月	8 月
铁细菌	过滤器出口	1000	700	110000	2500	250	60
	注水泵进口	1000	25000	60000	70000	6	2500
	注水井井口	1000	2500	110000	110000	60000	2500

2.1.6　技术路线

围绕影响吉联站污水处理各单元的问题，确

定以优化药剂、过滤器提效、稳定回收水水质为技术路线，开展吉联站出站水质控制关键技术研究，实现该站污水出站水质达标和平稳运行。

2.2 药剂优化调整技术

2.2.1 净水药剂优化

为了增强聚氯吸附、凝聚、沉淀等性能，选择对聚铝进行复配，目前国内在油田污水处理方面常用的净水药剂主要有铝盐类、铁盐类、锌盐类等[2]。考虑投加的经济性，室内试验中使用两种铁盐聚合硫酸铁以及氯化铁进行净水药剂的复配，并以加药前后铁离子含量、钙离子含量、腐蚀率作为污水处理效果的评价指标，判断与污水的配伍性[3]。通过室内评价，发现复配聚合硫酸铁，腐蚀性小，有助于水质的稳定，不会产生结垢(见表2)。同时聚合硫酸铁净水剂是一种无机高分子凝聚剂，具有较强吸附作用，能和其他带有电荷的粒子及污水中悬浊物发生凝聚吸附，沉淀等物理化学过程，从而达到净水的目的[4]，因此选择聚合硫酸铁作为复配药剂。室内确定PAC-5(见表3)浓度为200mg/L，沉降时间最短，净水效果最好，净水后的悬浮物从50-70mg/L下降至2mg/L。

表2　药剂处理前后配伍性对比

药剂名称	铁离子含量/(mg/L)		腐蚀率/(mm/a)		钙离子含量/(mg/L)	
	加药前	加药后	加药前	加药后	加药前	加药后
聚合氯化铝		0.3		0.0112		46.3
聚氯+聚合硫酸铁	0.3	0.3	0.0037	0.0042	47.6	47.3
聚氯+氯化铁		1.2		0.0085		46.6

表3　净水药剂体系评价效果

序号	净水药剂/ml	加药浓度/ppm	悬浮物/(mg/L)	絮体沉降时间/min	絮体状况描述
1	在用	300	20	10	絮体较大、松软，絮体部分悬浮
2	PAC-1	200	12	3	絮体较大、松软，有小絮，絮体不上浮
3	PAC-3	200	10	2.5	絮体较较小，松软，少量小絮，絮体不上浮
4	PAC-4	200	8	2.1	絮体较大、松软，少量小絮，絮体不上浮
5	PAC-5	150	10	1.2	絮体较大、松软，少量小絮，絮体不上浮
6		200	2	1.1	絮体较大，无小絮，絮体不上浮
7		300	0	1	絮体较大，无小絮，絮体不上浮
8	PAC-12	200	10	1.9	絮体较大、松软，有小絮，絮体不上浮

注：试验中助凝剂为现场药剂，加药量为8-10mg/L；水样为调储罐出水，水样悬浮物50-70mg/L、含油3-5mg/L，水样发黑。

2.2.2 杀菌药剂优化

目前污水处理使用的杀菌剂为十二烷基二甲基苄基氯化铵，其最大的缺点为在含有悬浮物、含油的水质中，杀菌效果会降低[4]。针对其弊端，在杀菌剂中复配与现用杀菌剂相溶性最好的异噻唑啉酮。两者相互融合杀菌功能进行叠加，增强了原有杀菌剂的杀菌效果，同时杀菌功能不受含油、悬浮物的影响。通过室内评价，确定复配杀菌剂的浓度为30-50mg/L，见表4。

表4　杀菌药剂体系加量评价数据表

药剂分类	加药浓度/(mg/L)	TGB/(个/mL)	SRB/(个/mL)	FB/(个/mL)
现用杀菌剂	100	0	25	60
	150	0	0	0
	200	0	0	0
复配杀菌剂	30	0	2.5	6
	50	0	0	0
	70	0	0	0
	100	0	0	0
	150	0	0	0

2.3 过滤器提效技术

在过滤器反冲洗过程中，从滤料表面剥离出的物质在反洗水流的带动下向出口移动，这些物质能被水流带出过滤器的前提条件是其被水流冲击的速度要高于自身沉降速度。否则，在重力的作用下，这些物质会向四周扩散，并重新回落到入滤层中。因反冲洗时间有限，这些物质如无法排出过滤器，则在过滤器内部将出现一个较大的截留空间，这也是导致滤料污染板结的主要症结所在[6]。因此，解决过滤器内部截留空间形成，可极大保证滤料反洗效果。由此提出过滤器提效的两条思路，一是在满足过滤性能的基础上，选择反洗特性更好的滤料；二是开展对过滤器反洗及运行优化研究。

2.3.1 启用新型滤料-稀土陶瓷

将陶瓷滤料与其他油田常用滤料进行性能参数的进行对比(见表5)。可看出稀土陶瓷滤料虽然价格较高，但在截污能力、滤速、运行维护费用等多项性能指标方面优于其他常用滤料，能更好地满足油田污水处理的特殊需要。因此将一级过滤器使用的核桃壳+石英砂滤料更换为稀土陶瓷滤料。

表5　不同滤料适应性对比

参数	稀土陶瓷	核桃壳	石英砂	无烟煤
截污量/(kg/m^3)	9-13	9-11	7.8-9	7.8-9
滤速/(m/h)	15-20	10-15	8-12	10-13
反清洗强度/(L/m^2·s)	8-12	20-25	14-16	14-16
使用寿命/年	10-15	1-5	1-5	1-5
运行维护	形状规则，表面光滑，不易结垢和结块，抗油性能好。补充量为每年1-3%	原则上进口不含油或微量含油，长期使用易结垢和结块，补充量为每年5-10%	对进口含油抗击能力较差，进油后易结垢和结块，需更换。补充量为每年3-10%	对进口含油有一定的抗击能力，但较容易磨损，需定期填充，补充量为每年5-10%
价格	4000元/吨	2500元/吨	1500元/吨	1500元/吨
运行维护费用	0.018元/m^3	核桃壳+石英砂=0.067元/m^3		无烟煤+石英砂=0.035元/m^3

2.3.2 过滤器反洗及运行优化

(1) 反洗优化

根据对过滤器不同反洗时间取样发现，在10min反洗过程中，反洗水在6min后絮体明显减少(见图14)。说明过滤器反洗时间过长，反洗时间存在优化空间，见表6。

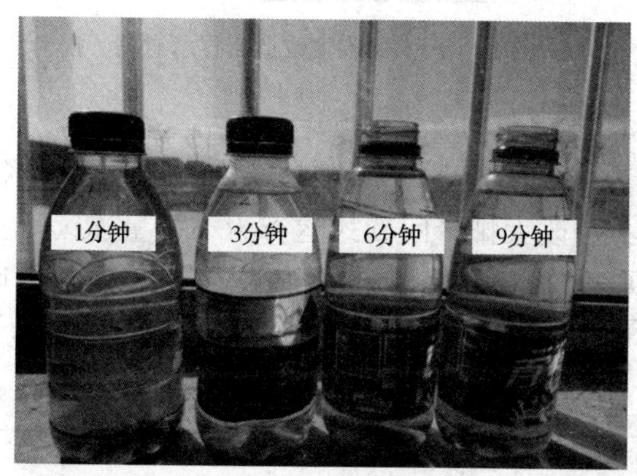

图14　过滤器反洗时间取样图片

表6　过滤器反洗程序优化数据表

反洗程序	优化前	优化后
排水/min	7	7
气洗/min	3	3
水洗/min	10	7
反洗流量/(m^3/h)	300	300
反洗水量/(m^3/d)	50*4=200	35*2=70

(2) 运行优化

根据稀土陶瓷滤料滤速高、工作周期长的特点，可减少运行台数(见表7)，以降低反洗水量。

表7　过滤器运行优化数据表

参数	优化前	优化后
工作周期/h	12	12
过滤速度/(m/h)	2.9-4.4	8.5-10.7
过滤流量/(m^3/h)	20-35	60-75
运行台数/台	2	1

2.4 回收水水质稳定技术

2.4.1 技术思路

该站的污水回收流程主要由(1)污水回收池进液：由调储罐及反应罐排污进入污泥浓缩撬静置沉降后的上清液和过滤器反洗水两部分组成；(2)污水回收池；(3)污水回收池出液，三个环节组成，见图15。根据污水回收的流程特点，确定回收水水质稳定技术的技术思路为控制回收池进液量、提高回收池沉降效果、降低回收池出液冲击。

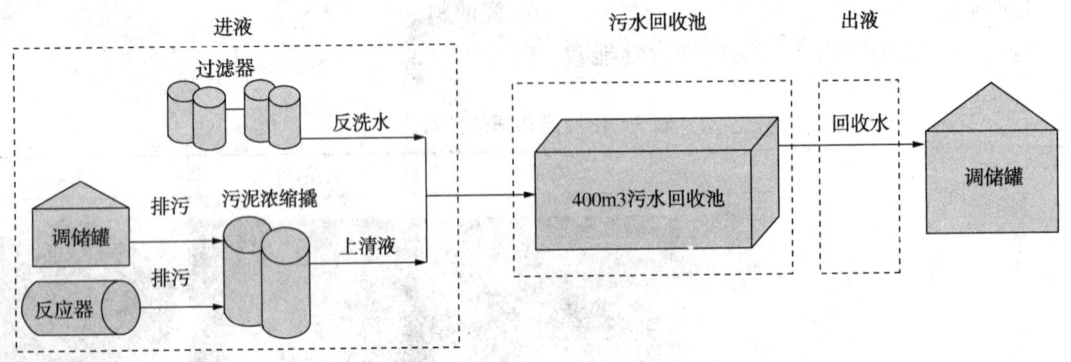

图15　污水回收流程图

2.4.2 控制回收池进液量

技术思路：控制无效排污。通过对污水系统排污制度进行优化调整，降低回收池进液量(见表8-表9)，通过调整预计可降低50%的排污量，以此延长污水在回收池内的停留时间。

表8　污水系统排污制度优化调整

设备名称	排污方式	
	调整前	调整后
调储罐排污	60分钟/周	30分钟/周
反应器排污	96分/日	36分/日
过滤器反洗	4台次/日	2台次/日
浓缩撬出水	无控制，溢流管线出水	下出水管线间歇式排水

表9　反应器排污制度优化调整

	调整前	调整后
1#排污口	2分钟/4次/日	1分钟/2次/日
2#排污口	2分钟/4次/日	1分钟/2次/日
3#排污口	2分钟/4次/日	1分钟/2次/日
4#排污口	8分钟/4次/日	5分钟/3次/日
5#排污口	10分钟/4次/日	5分钟/3次/日
合计	96分钟/日	36分钟/日

2.4.3 提高回收池沉降效果

(1)增大沉降空间：封堵两个回收池之间原连通通道，1#池出水高度由1.3m提高至2.5m，增加沉降空间120m^3，可延长沉降时间18h，见图16。

(2)改变收泥方式：将回收池底部自西向东放坡3^0-4^0，新建回收池至污泥浓缩撬进口管线，改1次/年清池收泥为不定期收泥，见图17。

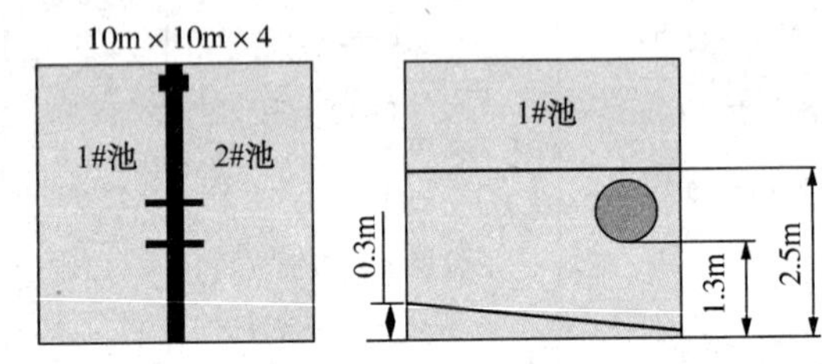

图16　污水回收池示意图

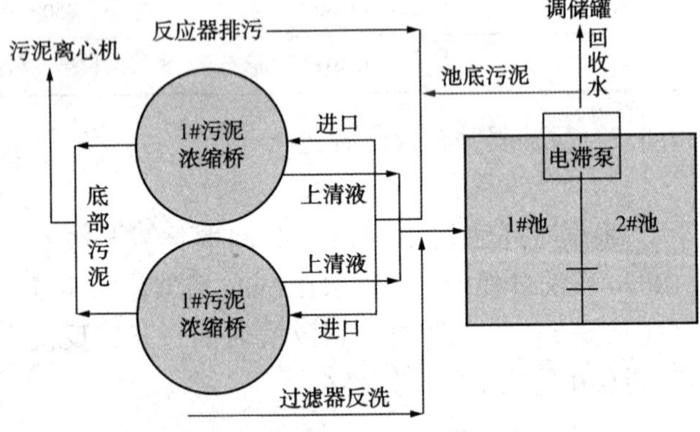

图17　污水回收池改造流程示意图

2.4.4 降低回收池出液冲击

技术思路：平稳供液。调整污水回收泵运行模式，改大排量间歇式运行为小排量连续运行(见表11)，确保调储罐均匀进料，稳定进出口水质，同时也消除调储罐进液瓶颈故障。

表11　污水回收泵运行优化调整

	调整前	调整后
回收泵运行模式	大排量间歇式运行	小排量连续运行

续表

	调整前	调整后
回收泵流量/(m^3/h)	60	5-8
运行时间/(h/d)	6	20≤
原油处理系统来水量/(m^3/h)	60-75	60-75
调储罐实际进口流量/(m^3/h)	60-130	65-83
调储罐设计进口流量/(m^3/h)	75-85	75-85

2.5 现场应用效果

(1) 回收水水质情况：污水回收池回收水悬浮物从 300-500mg/L 下降至 100mg/L 左右(见图 18)，调储罐进出口水质平稳。污水回收量由 $300m^3$/d 下降至 $130m^3$/d 左右(见图 19)。

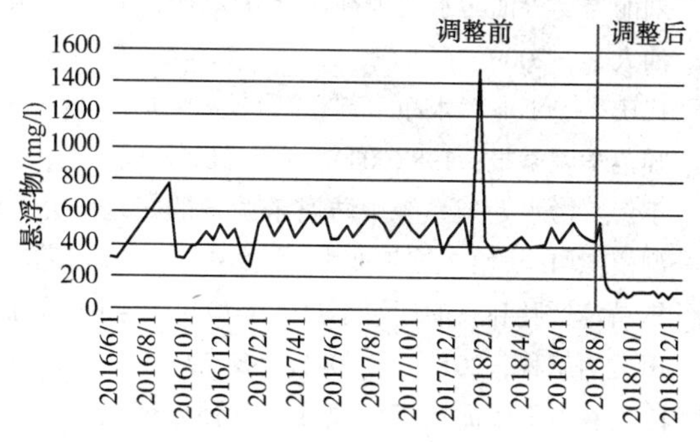

图 18　污水回收水悬浮物图

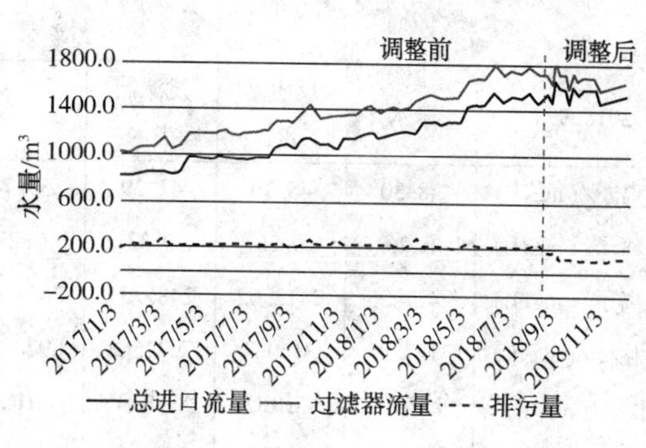

图 19　污水回收量统计图

(2) 吉祥污水处理站一级过滤器出口前，各节点悬浮物达标率 100%(见图 20)，综合水质达标率持续上升，并稳定在 95%以上(见图 21)。

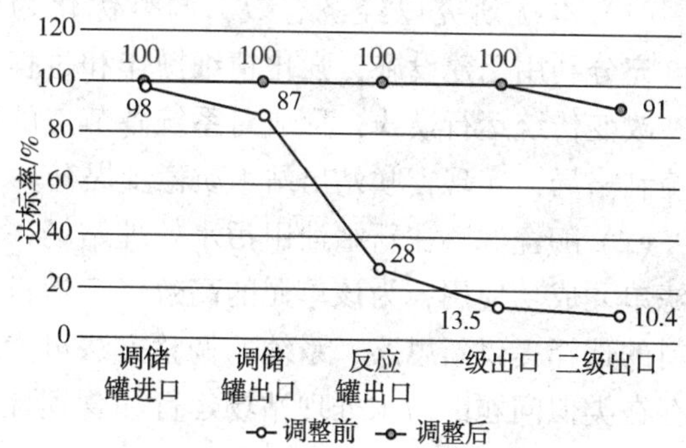

图 20　吉联站污水处理各节点悬浮物达标率

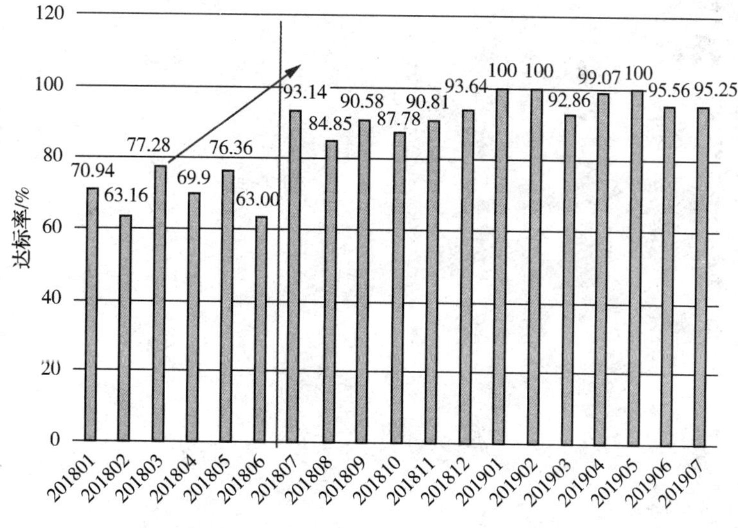

图 21　吉联站污水处理综合水质达标率

(3) 配伍性：加药前后失钙率、总铁、腐蚀率无明显变化，说明新的药剂体系与处理水配伍性良好，见表 12。

表 12　污水处理系统各节点污水全分析数据

2018.9.1	来水	反应器出水	过滤器出水	注水
pH 值	7.52	7.54	7.29	7.26

续表

2018.9.1	来水	反应器出水	过滤器出水	注水
氯离子/(mg/L)	4024.70	4054.2	4133.91	4097.83
碳酸根/(mg/L)	7.1	7.1	7	7.2
碳酸氢根/(mg/L)	886.64	889.72	1059.48	1032.31
硫酸根/(mg/L)	27.89	25.89	21.90	20.22

续表

2018.9.1	来水	反应器出水	过滤器出水	注水
钙离子/(mg/L)	48.30	45.70	42.29	35.74
镁离子/(mg/L)	0.26	0.26	0.33	0.29
钠离子/(mg/L)	2427.05	2412.62	2485.31	2451.04
矿化度/(mg/L)	7122.98	7160.3	7031.68	6928.67
水型/(mg/L)	$NaHCO_3$	$NaHCO_3$	$NaHCO_3$	$NaHCO_3$
失钙率/%	6.46	6.26	6.37	6.25
总铁/(mg/L)	0.1	0.1	0.1	0.1
腐蚀率/(mm/a)	0.0124	0.0102	0.0094	0.0118

3 结论

(1) 本次研究以经济有效，调整优化为原则。充分利用已建设施，强化精细操作和过程控制，改变传统运行模式，形成对系统各节点的整体控制格局，实现吉联站出站水质稳步提升。

(2) 陶瓷滤料在新疆油田污水处理站场一级过滤单元成功应用，为该单元的高效稳定运行和滤料的选择提供新思路。系统的调整方法可为其他存在类似问题的污水处理站场运行和管理提供借鉴。

(3) 根据陶瓷滤料使用寿命长，维护量小的特点。建议在未来的过滤器选型中，考虑选用以玻璃钢等非金属材料为主体的过滤器，形成过滤器与滤料的最佳运行模式，可有效降低设备的单位运行成本。

参 考 文 献

[1] 卢榆林，侯卫红等．絮凝沉降技术在污水水质处理中的研究实践[J]．江汉石油科技 2008.3(1)：38-40.

[2] 谢加才，高廷耀，周增炎，王正江，李明义．稠油污水处理中高效净水剂的研究与应用[J]．工业水处理，2001(11)：17-19.

[3] 刘丽君．含油污水处理剂评价方法研究[D]．中国石油大学，2009..

[4] 代庆生．工业污水净水剂《聚合铁》的研制[J]．鞍山师范学院学报，1988(04)：107-109.

[5] 丁毅．污水处理系统中防腐杀菌剂的归趋研究及模型模拟[D]．哈尔滨工业大学，2018.

[6] 崔昌峰．胜利采油厂污水过滤器应用效果[J]．油气田地面工程，2013，32(04)：58-59.

[7] 陈义春．陶瓷滤料表面改性及其预处理微污染水的试验研究[D]．武汉理工大学，2007.

气田含硫污水电化学处理技术研究

谭文捷

（中国石油化工股份有限公司石油勘探开发研究院）

摘　要　介绍了气田含硫采出水的特点，阐述了气田含硫采出液的处理方法及存在的问题，针对存在的问题进行提出了电化学脱硫的处理方案，并进行了室内探索性试验。试验结果表明，在不添加任何药剂的情况下，电化学氧化技术可以直接将水中S^{2-}从200mg/L在15min之内降低到1.5mg/L，为气田含硫污水的出来提出了新的方向。

关键词　含硫采出水；电化学

气田含硫采出水是高含硫气田的特殊产物[1]，国内普光、元坝等西南部气田大多属于含硫气田，随着气田开发的逐渐深入，含硫采出水的产量逐渐增多。采出水中硫多以无机硫的形式存在，逸出的H_2S气体和可溶性的S^{2-}离子均会对环境造成危害，因此含硫采出水必须进行处理。气田高含硫采出水的处理已逐渐成为研究热点。本文针对高含硫气田采出水，从采出水的特点出发，分析了目前气田采用的处理技术的优缺点，提出了电催化氧化的处理方案，病进行了初步试验，为含硫污水的处理开拓了新的方向。

1　气田含硫采出水的特点

气田采出水(凝析水+地层水)一般都溶入了大量石油类、可溶性盐、悬浮物等杂质，同时在采气及集输过程中需要加入缓蚀剂等化学助剂，导致采出水高盐、高COD、高氨氮、高硬度，同时由于含有硫化氢等有毒有害气体，属高浓度难降解含硫含盐废水。某气田产出水水质检测指标见表1。

表1　气田产出水水质检测指标

序号	检测指标	检测结果/(mg/L)
1	pH值	6.0~9.0
2	CODCr	≤2500
3	氨氮	≤150
4	氯化物	≤20000
5	矿化度	≤30000
6	钙	≤1000
7	镁	≤400
8	悬浮物	≤500
9	硫化物	≤3500
10	总油	≤50
11	硫酸根离子	
12	总铁	
13	电导率	

2　气田含硫采出水的处理

2.1　处理要求

气田含硫采出水根据处理后的用途可以分为回注和回用两种，对处理后水质的要求明显不同。回注水质主要控制指标是油、悬浮物和硫化物，对注入水矿化度没有要求，通常采用“氧化除硫+混凝沉降+过滤”工艺[2]，主要去除水中硫化物、悬浮物和油类，处理后达到回注指标；回用水质则要严格的多，控制指标种类多且更加严格(具体的水质指标见表2)，需要在除油、悬浮物的基础上进一步去除COD、降低含盐量和硫化物的含量，处理流程要长的多。

表2　气田污水回注指标和回用指标

序号	检测指标	回注指标①	回用指标②
1	pH值		6.5~9.0
2	CODCr		≤50
3	氨氮		≤10
4	氯化物		≤200
5	矿化度		
6	钙		
7	镁		
8	悬浮物	≤3	≤30
9	硫化物	≤6	≤0.1

续表

序号	检测指标	回注指标①	回用指标②
10	总油	≤8	≤2
11	硫酸根离子		≤300
12	总铁		≤0.5
13	电导率		≤1200uS/cm

注：①《气田水注入技术要求》(SY/T 6596—2016)要求"注入前应对注入水进行处理，保证能注入注入层"，通常参照《碎屑岩油藏注水水质指标及分析方法》根据注水水井的渗透性进行确定，表中数据为普光气田的回注指标。

② Q/SH 0628《水务管理技术要求》第 2 部分 循环水的要求。

2.2 工艺现状

当前，国内外使用比较成熟的含硫污水处理方法[3-6]对比如表 3 所示：

表 3　含硫污水处理方法对比表

工艺	优点	缺点	适用性
气提法	处理效率高，工艺成熟	能耗大，投资高	水量大，含硫高
真空抽提法	脱硫效果好	对处理设备要求高	水量大
碱吸收法	工艺简单可控	去除效率低，产生 H_2S 气体	与其他方法联合，处理 H_2S 废气
混凝沉淀法	反应迅速，操作简单，运行成本低廉	对于高含硫废水，混凝剂消耗量大，污泥量大	浓度低，水量小
氧化法	处理效果好	反应控制难度大，运行费用高	浓度低
生化法	运行成本低，条件温和	对水质要求高	水量大，水质稳定，污水生物毒性低

采各种工艺技术均有优缺点，适应的条件不同，针对采出水水质复杂、含硫量高(3000mg/L 左右)的特点，单一的处理方法很难达到要求，需要进行多级组合除硫技术研究。以提高脱硫效率，减少药剂的投加，提高环境的兼容性，降低污泥的含硫量，降低环境污染，减小后端处理难度，降低腐蚀风险。

2.3 存在的问题

目前含硫污水处理运行中，主要存在三个问题：

一是除硫工艺复杂，气提除硫效率偏低，除硫效率不稳定，总体效果不理想。

目前普光气田高含硫产出水中，由于油、缓蚀剂、单质硫等形成的泡沫或乳状液，抑制了气液相的传质，同时来水 pH 值较高，使得气提塔气提效果大大下降，气提塔脱硫率只有 50%左右，气提后污水中含硫仍然高达 1000mg/L 以上。

二是氧化除硫产生了氧、余氯超标，水处理系统腐蚀加剧。

前端气提效果差致氧化除硫部分流程进水 S^{2-} 含量波动大，氧化剂投加难以精确控制，为保证全部去除水中的 S^{2-}，氧化剂常常微过量，使得水中溶氧或氧化还原电位较高，水质腐蚀性强，对水处理及回注系统产生腐蚀危害。

三是加药量大，运行成本高

由于来水 S^{2-} 含量高，要使用大量氧化剂氧化除硫，导致药剂成本高，水处理药剂成本高达 40 元/t。而氧化形成的硫单质悬浮在水中增加了絮凝沉降药剂消耗且产泥量大，增加环境维护成本。同时氧化腐蚀导致设备维护成本高。

综上所述，如何高效去除产出水中的硫已经成为产出水处理系统平稳运行、高效经济的关键因素，有必要研究一种安全、高效、经济的除硫方法。为此笔者提出了电化学氧化脱硫的技术方案，并进行了初步试验验证其可行性。

3 电化学氧化脱硫试验

3.1 基本原理

电化学氧化因其效率高、耗能低、污染小等优势成为近年来在水处理领域研究的热点，尤其在难降解有机废水方面的应用较为广泛。这种方法是指在电极表面或溶液中的修饰物在电场的作用下，促进或抑制电极上发生的电子转移反应，从而使目标污染物转化成无毒害成分或者生成沉淀或气体，实现净化污水的目的。根据电极发生的氧化反应机理不同，电化学氧化可分为直接氧化和间接氧化两种。

直接氧化是污染物在电极表面直接发生电子转移的电化学氧化方法。最终氧化产物主要以单质硫的形式沉积在阳极上，为不影响电池的正常工作，需要定期将单质硫从电极上除去。天津大学的张克强等[7]采用铸铁为阳极的管式电气浮装置处理含硫废水，并考察了电流密度、电解时间和 pH 值等因素对 S^{2-} 去除率的影响。

间接氧化法是利用电化学反应产生的中间产物作为强氧化剂传质到本体溶液中，与污染物发生反应使其降解。这种中间产物起到污染物与电极交换电子的中间作用，这类中间物有 OH·、HO_2·、O_2·等，最常见的是氯离子在阳极形成活性氯。Katie 等[8]研究利用 BDD 电极电化学氧化地热卤水中的硫化物，实验结果表明，经过电化学氧化处理，污水中的硫化物可以被完全去除，电流效率可以达到 90%；分析电化学氧化的动力学参数，发现硫化物的氧化反应与电流密度之间是一级反应，与硫化物含量之间是零级反应。

电化学氧化具有以下特点：

① 氧化能力强，其标准电极电势达到 2.80eV，仅次于 F，是一种氧化能力极强的氧化剂反应速率常数大，OH 非常活泼，与大多数有机物反应的速率常数在 $10^6 \sim 10^{10} mol^{-1}L^{-1}s^{-1}$；

② 选择性低，且与反应物浓度无关；

③ 寿命短，在不同的环境介质中，其存在时间有一定的差别，一般小于 $10^{-4}s$，液相中仅 $10^{-9}s$；

④ 处理效率高。·OH 的强氧化性直接氧化水休中的有机物污染物，能有效地破坏生物难降解有机物的稳定结构，使污染物彻底降解，无二次污染或少污染，易于控制，减少处理后污泥的量。

电化学氧化脱硫工艺两种氧化原理都有，由于是高含氯体系，其中起主要作用的是间接氧化，电极反应产物 ClO^- 的强氧化性直接氧化硫，减少加药量，无二次污染或少污染，易于调控，减少处理后污泥的量。同时 ClO^- 氧化能力强（ClO^- 标准电极电势高达 1.61V），处理效率高，能将 S^{2-} 氧化完全，生产 SO_4^{2-}，无单质硫产生。

$$2Cl^- \longrightarrow Cl_2 + 2e^-$$

$$Cl_2 + H_2O \longrightarrow HOCl + H^+ + Cl^-$$

$$HOCl \longrightarrow OCl^- + H^+$$

$$ClO^- + HS^- \longrightarrow Cl^- + S + OH^-$$

$$S + 3ClO^- + 2OH^- \longrightarrow SO_4^{2-} + 3Cl^- + H_2O$$

3.2 室内试验

根据电化学氧化脱硫原理，进行了相应的室内实验，取得良好效果。

室内实验主要通过电化学氧化技术研究，确定电压、电流、极板间距、极板材料等因素对含硫废水中硫化氢的脱除率的影响，为现场试验奠定基础。

采用气提后出水进行了探索性试验，试验情况如图 1，图 2 所示。

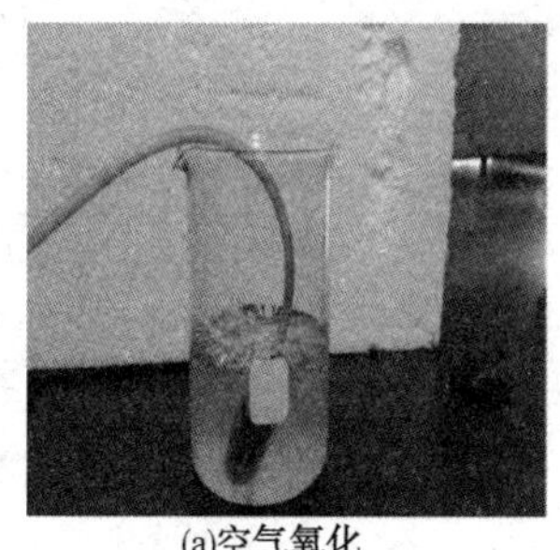

(a)空气氧化
进水含硫.400mg/L

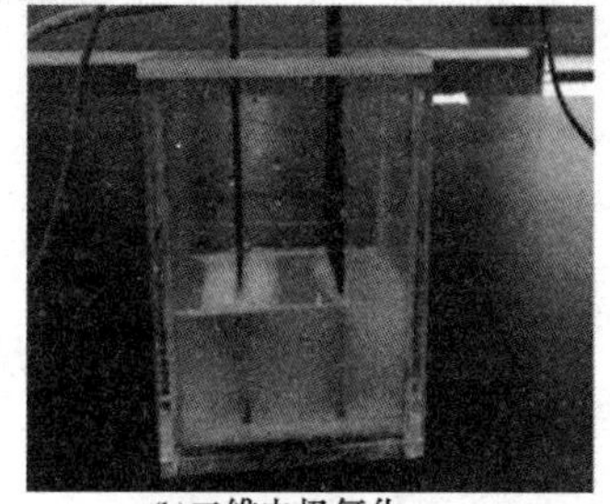

(b)二维电极氧化
反应条件:
进水含硫量:150mg/L
电压12v,电流0.8A左右

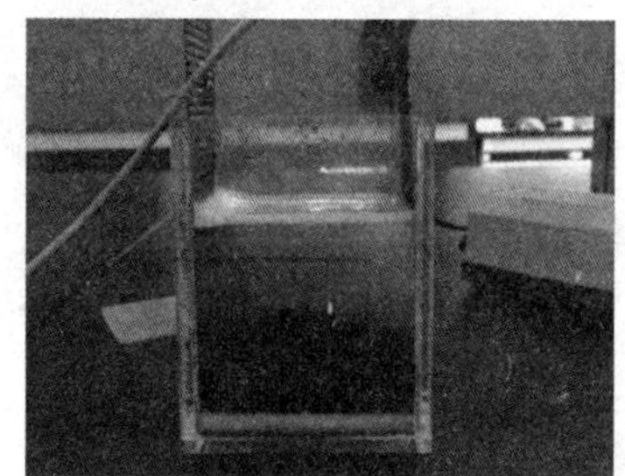

(c)三维电极氧化
反应条件:
进水含硫量:125mg/L
电压12v,
电流0.4–0.5A

图 1

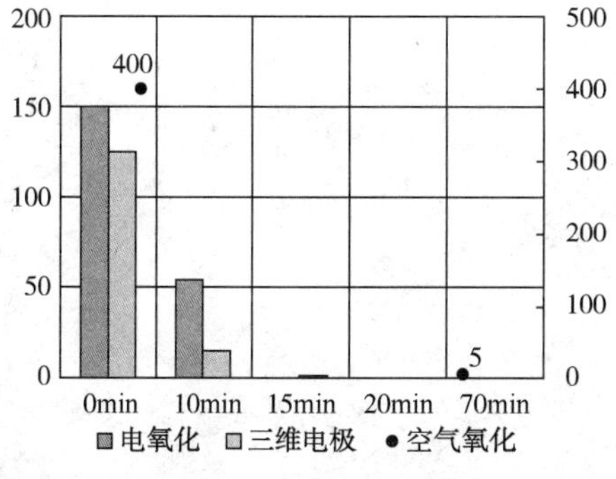

图 2 探索性试验结果

根据初步探索试验的结果，采用空气氧化和电氧化的方式进行脱硫都是可行的。

空气氧化在 1h 左右将含硫降低到 1mg/L 左右；

电催化氧化可在 15min 内将含硫浓度从 150mg/L 降低到 1mg/L 左右。

4 结论

针对目前气田含硫污水处理存在的问题，提出用电化学催化氧化的方法脱除气提后剩余的

S^{2-}，通过试验证明，电催化氧化可在15min内将含硫浓度从150mg/L降低到1mg/L左右，可以减少90%的加药量，从而解决目前气田污水处理中存在的药剂用量大，费用高的问题。后续将进一步研究具体的工艺技术参数，以应用于实际，开拓含硫污水处理的新渠道。

参考文献

[1] 张铜祥．油田含硫污水处理技术研究[D]．西安石油大学，2012.

[2] 张海林，向敏，杨毅．含硫气田污水三级除硫技术研究[J]．广州化工，2015，42(21)：174-175.

[3] Wang C H，Pei Y S. The removal of hydrogen sulfide in solution by ferric and alum water treatment residuals [J]. Chemosphere，2012，88(10)：1178-1183.

[4] 邹家庆．工业废水处理技术[M]．北京：化学工业出版社，2003.

[5] 缪应祺．水污染控制工程[M]．南京：东南大学出版社，2002.

[6] 佟玉衡．实用废水处理技术[M]．北京：化学工业出版社，1998.

[7] 张克强，黄文星，季民等．含硫化物废水生物处理过程中单质硫的形成特性[J]．农业环境科学学报，2006，25(2)：522-526.

[8] Katie Waterston，Dorin Bejan，Nigel J Bence. Electrochemical oxidation of sulfide ion at a boron-doped diamond anode [J]. Journal of Applied Electrochemistry，2007，37(3)：367-373.

热导式油气回收技术研究

魏 蓓 郑友林 李 奇 丁 垚

（中国石油化工股份有限公司石油勘探开发研究院）

摘 要 针对目前油气回收装置设备庞大、结构复杂的特点，创新性的提出了热导式油气回收技术。对其核心设备热分离机进行了室内试验研究，证实了热分离机在低压，小膨胀比条件下的制冷性能，掌握了不同工况条件下热分离机的工作性能，研究了系统压比、转速、入口压力等关键操作参数对于热分离机工作性能的影响，为热导式油气回收技术的工艺应用打下基础。

关键词 油气回收；导管增压；热分离机；工作性能；制冷

原油在集输、储存过程中，油罐的油气挥发损耗高达0.2%~0.5%左右，给企业和社会带来诸多严重危害，如降低油品质量、环境污染、资源浪费、造成火灾隐患以及危害人身安全等。因此，对油蒸气进行密闭回收势在必行，而油气回收装置则是石油生产、储存和运输中不可或缺的配套工程设施。

1 国内外油气回收技术现状

国外油库油气回收装置通常基于活性炭吸附法或专用吸收剂吸收法建造而成。在实际选用油气回收装置时，应根据油库实际情况综合考虑多种因素，如建安费、能耗、处理效率、年回收量、使用寿命、占地面积、使用安全性及环境影响等，在对各个评价指标进行分析比较的基础上，确定油气回收方案。

我国油气回收技术起步比较晚，从20世纪90年代起才开始从欧美国家引入相关油气回收技术。目前，我国比较常用的油气回收工艺有多层冷凝法分离技术和膜法油气回收技术。多层冷凝法分离技术不但可以使企业用户根据周边环境温度波动自由进行操作，而且可以极大程度的节省油气回收设备运行时消耗的电力资源和设施的运行费用，同时大幅度的增加油气的回收率。膜法油气回收技术是近几年新引入的新技术，采用高聚物生物分子膜对油气的优先透过性来使油气和其他气体分离，实现油气的回收和循环利用，该技术实施后，油气中烃类、苯类回收率可以达到95%以上。

但上述油气回收由于设备庞大、结构复杂、操作不便等原因，迄今国内尚无一种被普遍推广的油气回收方法和装置。

2 热导式油气回收技术

在广泛调研现有的天然气增压技术、冷凝分离技术的基础上，结合油气田站场挥发气重组分含量高、气量低、压力不稳定的特点，针对性的提出了热分离机与导管增压技术相结合的热导式油气回收技术，回收大罐蒸发的混烃气，降低原油集输过程中的油气损失。

导管增压技术利用射流的紊动扩散现象，将不同压力的两股流体进行人为的相互混合，并引发能量交换。该技术可以充分利用高压气的压力能，抽吸低压气体，无需增加外部压缩设备，降低开发成本。热分离机通过非定常运动波在管内运动实现气体间能量传输和转化，利用激波升温升压，利用膨胀波降温降压，实现冷热分离。

热导式油气回收技术的原理在于，站内高压气通过导管增压器吸卷低压大罐挥发气，混合后的中压气体通过热分离机进行冷热分离，实现对油气的冷凝回收，充分利用了站内高压气体的压力能，同时符合挥发气总组分高、压力低、气量不稳定的特点，具有较大的应用前景。

3 热分离机研究进展

目前，导管增压技术相对成熟，在不同压力气井开发等领域用一定应用。

热分离机起源于 Hartmann-Sprenger 管[1,2]，20世纪70年代在制冷方面的应用取得实质性进展，目前仍处于应用探索阶段。研究人员对气波制冷机理、制冷效率影响因素、制冷机结构方面进行了大量理论和实验研究，影响较大的包括法国的 ELF 和 Bertin 公司[3]，法国 NAT 公司[4]，日本三菱重工[5]，浙江大学[6,7]，大连理工大学[8,9]等。

该技术发展至今，形成了多种制冷形式，按制冷结构可以分为：静止式热分离机、旋转式热分离机，如图1所示。

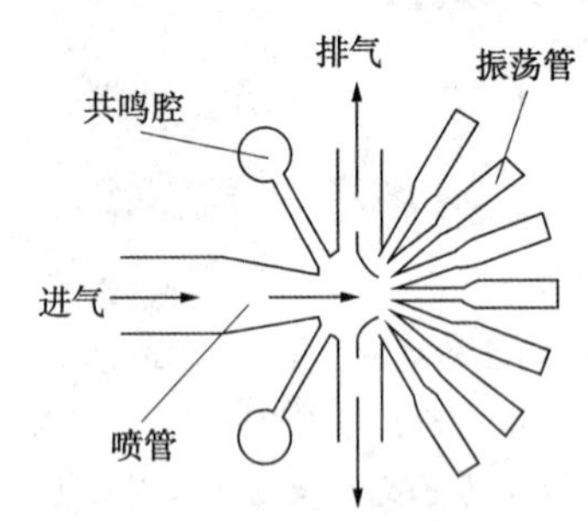

(a)静止式热分离机示意图

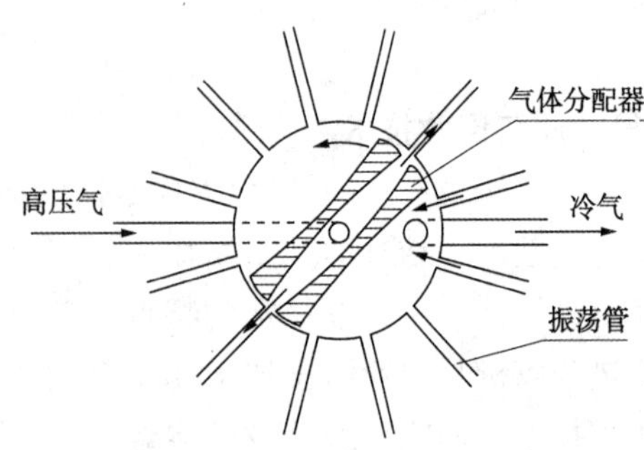

(b)旋转式热分离机示意图

图1　传统单开口热分离机结构示意图

静止式热分离机耐压高，便于维护，且适于偏远地区使用。但制冷冷气与热气掺混严重，制冷效率较低，国内目前可达40%。旋转式热分离机制冷效率可达60%~70%，在中石油新疆油田、华北油田、辽河油田得到应用，但是设备体积较大，制冷过程中形成的热量不能进行集中回收利用。

近几十年对于单开口振荡管气波制冷的研究主要集中于管壁热量耗散方式[10,11]、管内反射激波削弱方法、管内积液的处理方法[12-14]以及密封结构的研究[15-16]，单开口热分离机不断完善，但在实际工程中仍存在一定的问题如振荡管内积液，反射激波影响设备制冷效率，长期运行会引起振荡管的变形和断裂。

方曜奇教授、胡大鹏教授等为代表的两代科研工作者对单开口热分离机进行改进与优化，在旋转式气波制冷机的研究基础上提出了一种采用双开口结构的热分离机，即过膨胀热分离机，显著提高了该类型气波制冷机的制冷效率与工作寿命[17-19]。其核心设备为过膨胀热分离机波转子(图2)。通过转子的旋转，使转子通道两端与喷嘴周期性的接通或闭合，实现通道内周期性进气和排气。转子通道采用两端开口结构，不容易积液，设备体积也大为减小。

热导式油气回收技术的核心设备即为该类双开口旋转式热分离机。因此，为进一步验证热导式油气回收技术的实用性，有必要热分离机开展室内空气试验研究，进一步研究过热分离机的工作性能，验证不同工况条件下，热分离机实际运行效果，研究系统压比、转速、入口压力等关键操作参数对于热分离机工作性能的影响，为其工艺应用打下基础。

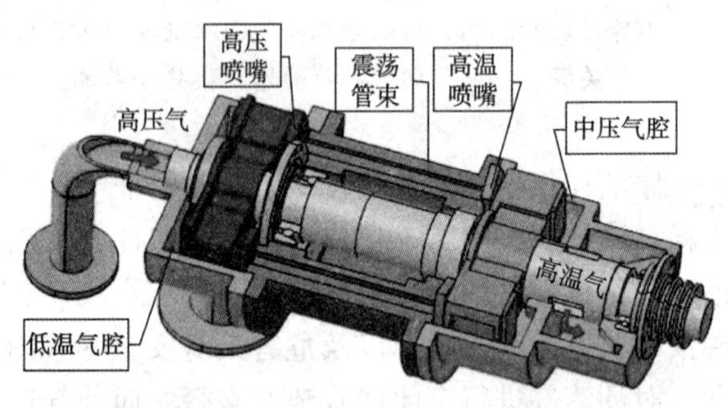

图2　过膨胀热分离机波转子结构示意图

3　热分离机试验研究

3.1　实验流程

热分离机制冷过程是利用高压气体膨胀产生的低温气体预冷下一个制冷周期的高压气体，降低热分离机机高压入口温度，提升了制冷的深度；利用激波传递能量的高效性，恢复干气的压力能，最后对外输出中压干气。实验流程如图3所示，新鲜气体从System Ⅱ in进入系统，经过螺杆压缩机将压力提升至1MPa，经过脱水、分离装置后，进入回热换热器，降低温度后从热分离机高压入口HP-in进入，在转鼓内发生膨胀降温，低温气体从低温端口LT-out排出。低温气体在外部分离器中脱除冷凝液，然后进入预冷换热器交换冷量变为常温干气。使用风机将常温干气从气波制冷机LP-in端口引入，利用激波传递能量的高效性恢复干气的压力能，得到中压干气，最后从热分离机中压端口MP-out排出。该方法利用干气冷量预冷下一个膨胀制冷周期的高压进气，提升了制冷的深度；利用激波传递能量的高效性恢复干气的压力能，降低了系统制冷压比，大幅提升系统的制冷性能。

3.2　热分离机室内实验

如图4所示，实验用热分离机由四个端口构成，分别为：高压进气口(HP)，中压排气口

(MP)，低压回气(LP)口以及低温排气口(LT)。

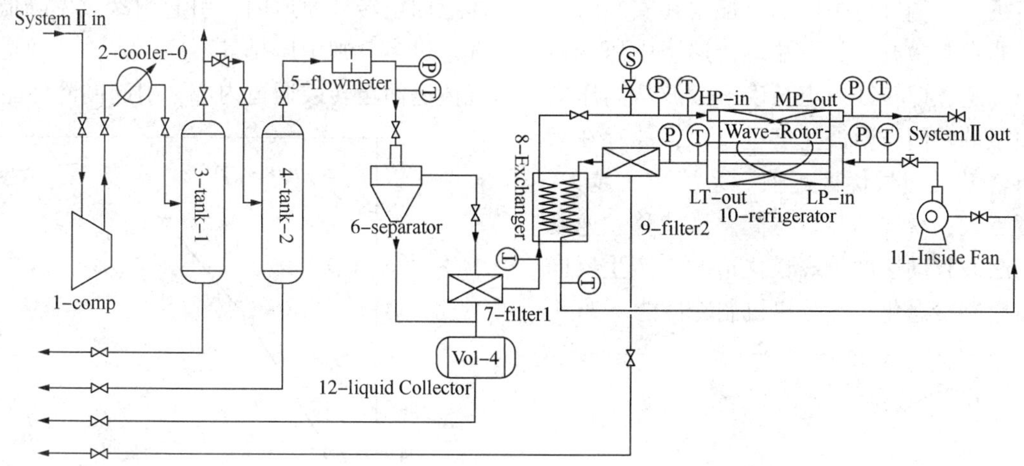

图 3　热分离机系统室内实验流程

图 4　实验用热分离机外观照片

实验的工作介质为空气，实验室高压供气系统由螺杆式压缩机和储气罐组成，工作压力为表压 1MPa，排气量 21.1m³/min，可以为该设备提供稳定的高压气流。热分离机室内试验装置连接，见图 5。

图 5　热分离机室内试验装置连接图

在设计工况下，即系统进气压力为 0.1MPa(表压)，系统出气压力 0.06MPa(表压)，系统制冷压比为 1.25 时，制冷温降最大达到 36.4℃，证实了热分离机在低压、小膨胀比条件下具备良好的制冷特性。

同时，由于实验系统是由热分离机、换热器、鼓风机等工作单元通过管路连接构成，要实现制冷气温度的最终稳定需要克服制冷系统的整体热容。为了保证系统热容的基本平衡和获得最终稳定的实验结果，需要对实验结果进行大量的重复验证。重复性实验结果表明：热分离机制冷温降浮动范围 1℃以内，随着时间进行，压缩机排气温度略微上升，制冷温降随着入口温度波动不大，热分离机性能稳定。

表 1　热分离机室内试验重复性实验

时间/min	转速/r/min	P1/MPa	P2/MPa	P3/MPa	P4/MPa	T1/℃	T4/℃	压比	温降
0	2250	0.1	0.06	0.002	0	17.2	-19.2	1.248447	36.4
15	2250	0.1	0.06	0.002	0	17.2	-19.2	1.248447	36.4
30	2250	0.1	0.06	0.002	0	17.2	-19	1.248447	36.2
45	2250	0.1	0.06	0.002	0	17.3	-19.2	1.248447	36.5
60	2250	0.1	0.06	0.002	0	17.4	-19.2	1.248447	36.6
75	2250	0.1	0.06	0.002	0	17.4	-18.9	1.248447	36.3
90	2250	0.1	0.06	0.002	0	17.6	-19.2	1.248447	36.8
105	2250	0.1	0.06	0.002	0	17.8	-18.3	1.248447	36.1
120	2250	0.1	0.06	0.002	0	18.1	-18.7	1.248447	36.8
150	2250	0.1	0.06	0.002	0	18.4	-17.9	1.248447	36.3
180	2250	0.1	0.06	0.002	0	19.2	-17.5	1.248447	36.7

3.3　操作参数分析

3.3.1　系统压比与系统制冷温降关系

如图 6 所示，当转速为 2250RPM 时，改变系统膨胀比，系统温降存在极值。原因说明：由于热分离机高压端口与中压端口偏角在安装时已经固定，非定常激波从高压端口传递至中压端口距离已经确定，即转鼓通道长度，激波从高压端移动至中压端时间与激波速度呈反比，故存在激波速度与转鼓转速最优匹配值。系统压比越大，激波强度越大，激波马赫数越高，激波移动速度越快，当激波移动速度偏离最优值时，产生反向激波，引起制冷恶化，热分离机制冷性能下降。

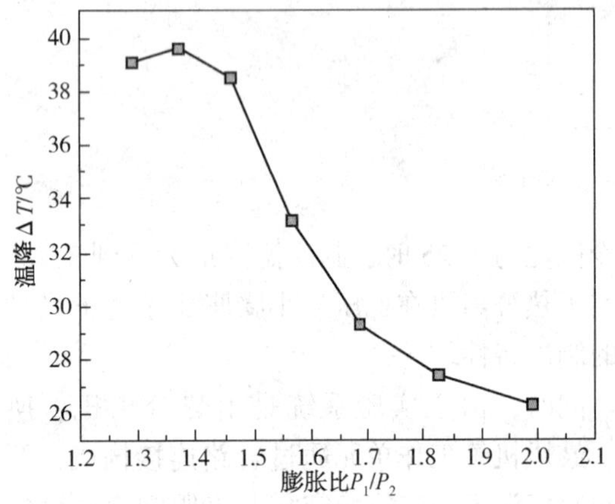

图 6　系统压比对热分离机工作性能的影响

3.3.2　转速与温降关系

如图 7 所示，热分离机存在最优转速，偏离最优转速时，制冷性能均下降。该过程与系统压比与系统制冷温降关系类似，存在激波运动速度与转鼓旋转速度的最优匹配值。转速偏离最优转速时，产生反向激波，引起制冷性能恶化。

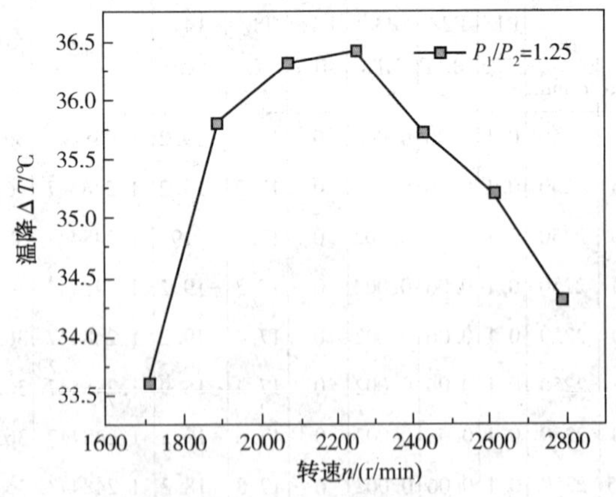

图 7　转速与温降关系

3.3.3　入口压力与系统温降关系

如图 8 所示，固定系统压比及转速时，波系匹配固定，随着高压压力的提升，进气量逐渐增加，中压端口宽度固定。中压端口宽度与进气量存在最优匹配，若进气量较少，中压端口排气量较少，中压端口排气末端产生回流，引起高温气体返回至转鼓通道内，引起制冷效率降低；若进气量过多，则中压排气不净，未排出通道的高温气体返回至转鼓通道内部，引起制冷性能下降。

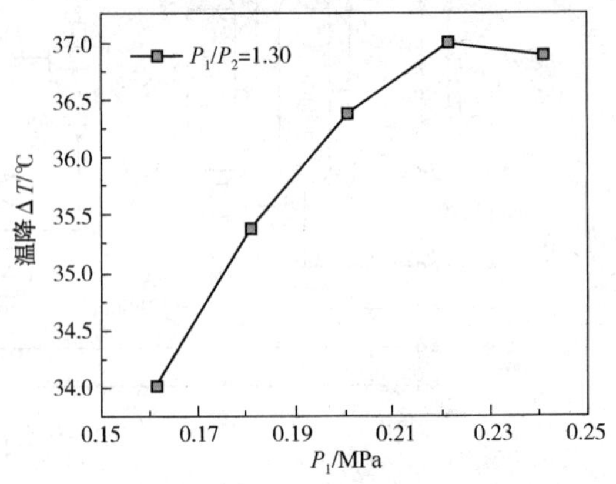

图 8　入口压力与温降关系 I

图 9 及图 10 所示，实验转速固定为 2250RPM，改变系统压比，制冷温降接近 1.4 压比左右出现峰值，改变入口压力或者改变出口压力时，制冷温降最大值仅与制冷压比相关。

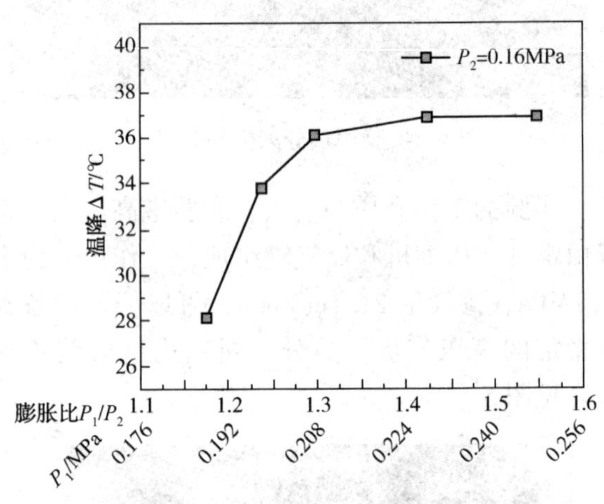

图 9　固定出口压力入口压力与温降关系 Ⅱ

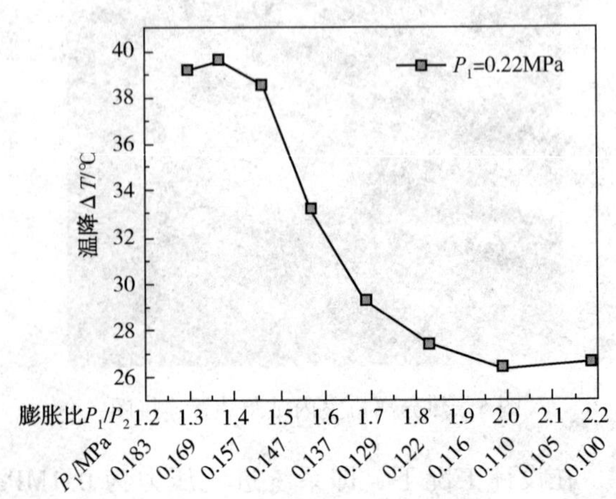

图 10　固定进气压力压比与温降关系

4 结论

针对目前油气回收装置设备庞大、结构复杂的特点，创新性的提出了热导式油气回收技术，站内高压气通过导管增压器吸卷低压大罐挥发气，混合后的中压气体通过热分离机进行冷热分离，实现对油气的冷凝回收，充分利用了站内高压气体的压力能，同时符合挥发气重组分含量高、压力低、气量不稳定的特点，具有较大的应用前景。

通过搭建的新型旋转式双开口热分离机实验平台，研究了转速、膨胀比和高温出口压力等参数，对热导式油气回收技术中的核心设备热分离机工作性能的影响，证实了热分离机可以在低压，小膨胀比条件下，获得较大的温降，该技术适用于低压、小膨胀比制冷的油气回收工艺。

参考文献

[1] Brocher E., Maressca C., Bournay M. H. Fluid dynamics of the resonance tube [J]. Journal of fluid Mechanics, 1970, 43(2): 369-384.

[2] Hartmann J. On the production of acoustic waves by means of an air-jet of a velocity exceeding that of sound [J] Philosophical magazine and journal of science, 1931, 11(72): 926-948.

[3] Cotterlaz-Rennaz, M. Wellhead. Gas refrigerator fieldstrips condensate [J]. World Oil, Nov., 1971: 60-61.

[4] Cotterlaz-Rennaz, M. New French. Gas cooler recovers 120 bpd gasoline [J]. World Oil, 1973, 177(2): 57.

[5] 间宫林荣．かス冷却分离装置の化学工业への利用[J]. 化学装置, 1978, 2: 52-57.

[6] Shao J, Bao Y D, Shen Y N et al. Experimental Investigation of an new type expander [J]. Advances in Cryogenic Engineering, 1986, 31.

[7] Shao J, Shen Y N, Feng Y P, et al. Thermodynamic analysis and experimental study on petroleum gas separation system incorporating RJE [C]. Proceeding of ICESR, 1986, 9.

[8] 李学来，方曜奇．气波制冷机振荡管外强化换热的实验研究[J]. 制冷, 1996, 4: 7-9.

[9] 邹久鹏，刘学武，陈淑花．削弱振荡管内反射激波能量的实验研究[J]. 低温工程, 2001, 3: 48-53.

[10] Dapeng Hu, Peiqi Liu, Wenjing Zhao et al. Study on wall temperature Distribution of oscillating tube. Journal ofthennal science, 2009, 18(3): 246-252.

[11] 学来，朱彻，方曜奇．振荡管最佳隔热位置[J]. 化工学报, 2001, 52(9): 757-760.

[12] 久朋，刘学武，陈淑花，等．削弱接受管内反射激波能量的实验研究[J]. 低温工程, 2001(03): 48-53.

[13] 闵锋，刘曦，黄成，等．振荡管内入射激波衰减及其对冷效应的影响[J]. 化工学报必 014, 65(9): 3410-3417.

[14] 代玉强，胡大鹏，刘伟，等．含有复合阻尼结构的压力波制冷机振荡管内流动分析[J]. 低温与特气 2003, 21(2): 23-24.

[15] 朱彻，胡大鹏，代玉强，等．一种接触式密封倒置型气波制冷机[P]. 2014-06-18.

[16] 朱彻，胡大鹏，代玉强，等．引流平衡型顶装内嵌式气波制冷机[P]. 2014-05-14.

[17] 方曜奇，郑洁一种新型的制冷技术一气波制冷机[J]. 辽宁化工, 1990, (5): 51-54.

[18] Fang Y. Q., Zheng J., Liu R. J., et al. Experimental study of gas-wave refrigeration [C]. In: TakayamaK Proc. 18th Int Symp on Shock Waves. Spring-Verlag Berlin Heidelberg II, 1991: 1335-1338.

[19] 胡大鹏，刘培启，朱彻．一种削弱振荡管内反射激波能量的方法[J]. 化工学报, 2008, (03): 562-566.

小压差节流脱水工艺应用及评价

彭　杰

（中国石化华北油气分公司石油工程技术研究院）

摘　要　大牛地气田采用高压集气工艺，天然气在集气站进行脱水，站内包含两级节流脱水流程，通过在二级脱水流程中增加板翅式换热器，形成小压差节流脱水工艺。本文分析了影响小压差节流脱水工艺效率的主要因素，并对生产数据进行统计，总结出一种定量评价小压差节流脱水系统制冷效率的方法。经验证该方法可用于计算小压差节流脱水工艺系统的固有温降系数以及与环境之间的热交换程度。利用该方法对大牛地气田29座集气站小压差节流脱水设施进行了测算，并预测了后续生产过程中该工艺的适用性。

关键词　节流制冷；集气站；板翅式换热器；温降系数

大牛地气田集气站采用高压集气、节流膨胀制冷、低温分离脱水工艺。天然气在集气站内利用压力能进行节流制冷脱水，可达到外输气质要求[1]。随着开采的进行，气井进站压力下降，由于集气站出站压力受外输输管道压力限制，站内可利用节流压差逐渐降低。当气井压力降低到一定程度，集气站内节流制冷脱水将无法保障外输天然气水露点达标。通过在集气站二级节流脱水流程中增加板翅式换热器，进行冷量回收，扩大二级节流温降，形成了小压差节流脱水工艺。应用该工艺后，可在一定时期内继续保障集气站脱水深度。

根据焦耳-汤姆逊节流膨胀原理，当天然气压力为5MPa左右时，通过节流降低1MPa，天然气温度降低约为5℃。大牛地气田集气站包含两级节流制冷，两级脱水流程，如图1所示。将图1中由板翅式换热器、二级节流、二级分离器组成的系统称为小压差节流脱水工艺系统。天然气通过二级节流阀节流降温之后，在二级分离器内进行低温分离，分离器出口冷流再进行回流与节流前来气热流进行换热。当换热循环平衡之后，在二级分离器内获得更低的分离温度，获得小压差大温降的效果，节流温降系数远高于5℃/MPa。通过应用小压差节流脱水工艺，可以在一定条件下解决节流压差不足时天然气脱水问题。

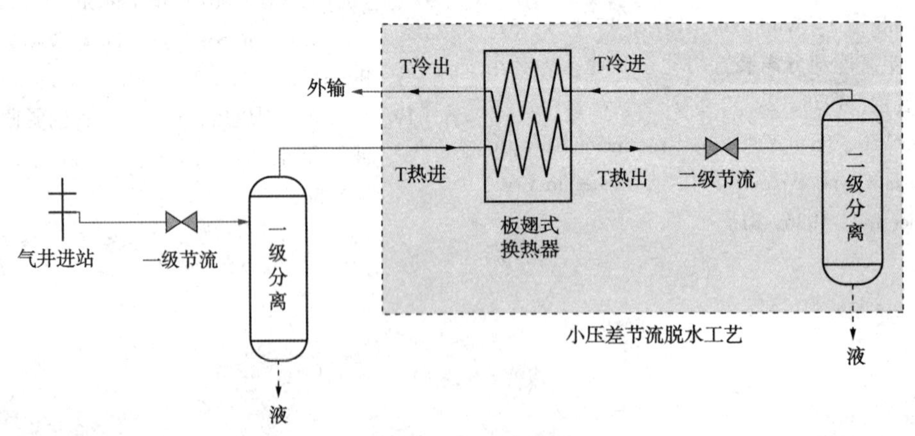

图1　小压差节流脱水工艺流程示意图

小压差节流脱水工艺受到多种因素影响，为实现对该工艺系统的定量分析及评价，文章分析了大量生产数据，总结出了一项计算公式，对该工艺系统的节流制冷温降系数进行了定量计算，对该工艺的后续生产应用及推广具有一定指导意义。

1　小压差节流脱水工艺应用效果及影响因素

1.1　应用效果

2003年榆林气田试验了小压差节流脱水工艺，研究结果表明，利用0.8MPa的节流压差即可产生 36℃左右的温度降[2]。大牛地气田最早在 10#集气站开展了类似脱水工艺试验。集气站在未安装板翅式换热器时，一级分离温度为 9.5℃，控制 0.5MPa 二级节流压差，二级分离温度仅为 6.9℃，无法使外输天然气水露点达到 5℃(夏季管道埋地温度 10℃，要求控制水露点低于环境温度 5℃)。应用小压差节流脱水工艺后，可使二级分离温度降低至-8.2℃，脱水达标。在相同节流压差条件下，温降系数由 5.1℃/MPa提高到 35.4℃/MPa(温降系数：每节流 1MPa，天然气温度相对降低值)，二级分离温度由 6.9℃降低至-8.2℃。

通过 10#站的先导试验证明了小压差外输工艺在大牛地气田应用效果良好，对改善外输气露点具有明显作用，大牛地气田先后在 29 座集气站增加板翅式换热器，实施小压差节流脱水工艺。该工艺的应用，延缓了大牛地气田实施外冷脱水设施的时间，总体降低了天然气处理成本。

1.2 影响因素

小压差节流脱水系统在集气站一级节流脱水的基础上进一步脱水降低水露点。进入小压差脱水系统的天然气温度主要受气井进站温度及一级节流影响。小压差节流脱水系统的效率，主要受到二级节流压差、换热器性能、环境温度等因素影响。

应用小压差脱水工艺，必须要有一定的二级节流压差，通过节流产生温降之后才能发挥作用。而节流压差越大，温度降低的也越多。随着二级节流压差的增大，换热效率提高，二级分离温度降低，脱水深度增加，二级分离器产液量增加[3]。

换热器的换热效率主要受流体流动[4-5]、工作参数(进口温度、温度分布、质量流量等)和结构参数(肋片数量、肋片厚度)[6]等的影响。相同输气量、不同换热面积条件下，换热面积越大，换热效率越高，天然气露点越低[7]。换热效率越大，表明小压差换热器的节流制冷效果越好，相同条件下产生的温降越大，理论脱水效果越好；以天然气露点作为节流制冷工艺的脱水程度的分析指标，在相同外界条件下，天然气露点越低，说明实际生产中的脱水效果越好。

大牛地气田，各站板翅式换热器安装过程中进行了局部保温，但小压差节流脱水系统与外部环境之间存在显著的热交换。2011 年大牛地 10#站，二级节流压差控制在 0.5MPa。一级分离至二级分离产生的温度降，随着气温不同而变化显著。夏季一二级分离温差小，冬季则较大。说明环境温度对小压差节流脱水系统有显著的影响。

2 小压差节流脱水系统温降系数计算

在大牛地气田生产过程中，主要采用换热效率 η 作为换热器性能的评价参数。根据文献[8]记载，可根据公式(1)可对换热器换热量进行估算。根据式(2)对换热效率进行计算。

$$Q=\frac{T_{热进}-T_{冷进}}{\frac{1}{AF}+\frac{1}{2m_1C_{p1}}+\frac{1}{2m_2C_{p2}}} \tag{1}$$

式(1)中：m_1，m_2 分别表示热、冷流体的质量流量，kg/s；C_{p1}，C_{p2} 分别表示热、冷流体的定压比热，J/kg·℃；A 表示换热器的总传热系数，kW/m² ·℃；F 表示换热器的传热面积，m²。

$$\eta=\frac{Q}{Q_{max}}=\frac{T_{冷出}-T_{冷进}}{T_{热进}-T_{冷进}} \tag{2}$$

式(2)中：$T_{热进}$、$T_{冷进}$、$T_{冷出}$分别表示换热器热、冷流体进出口温度,℃。

η 主要用于评价小压差换热器的换热制冷效果，其为实际换热热流量与最大理论换热热流量的比值，同时也是冷热流体中热容量较低的流体的“进出口温度差”与“冷热流体进口温度差”之比，表示换热器中“冷热流体进口温度差”的利用率[9]。

2.1 温降系数计算公式

在实际生产过程中，通过换热效率 η，可以对换热器性能进行定性分析。如果要计算天然气在一级分离之后，通过小压差节流脱水系统后天然气温度可降低的程度，对小压差节流脱水工艺整体系统进行定量评价，该方法则具有一定局限性。

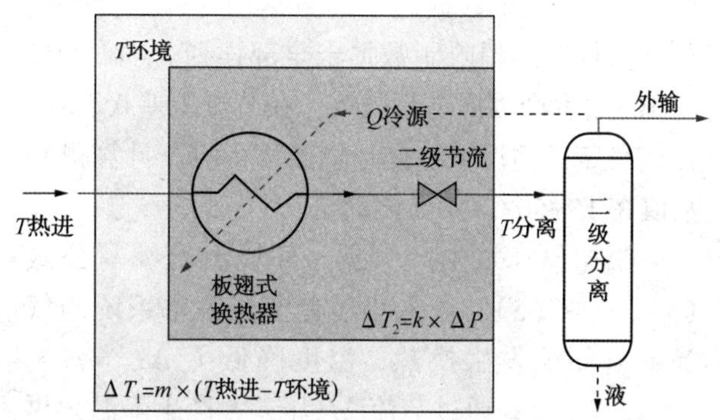

图 2 小压差节流脱水工艺系统

本文结合小压差节流脱水系统现场生产情况，对单位节流压差可产生的温降程度进行了分析计算。为简化计算，将图 1 中小压差节流脱水工艺部分简化为图 2 流程。将天然气热流进入小压差节流脱水系统之后的热交换过程，总体简化为两步。天然气进站经过一级分离脱水后，进入二级分离，天然气在换热器进口温度为 $T_{热进}$，经过与环境换热后，再通过二级节流降温(二级节流压差 ΔP)，换热器扩大温降平衡后，最终在二级分离器内达到的二级分离温度为 $T_{分离}$。

针对小压差节流脱水系统，以一节分离、二级分离温差以及二级节流压差定义小压差脱水系统表观温降系数：

$$K=\frac{T_{热进}-T_{分离}}{\Delta P} \tag{3}$$

式(3)中：K，表观温降系数(单位节流压差条件下，天然气温度降低值)，℃/MPa；$T_{热进}$、$T_{分离}$分别表示换热器热气进口温度、二级分离温度(等于换热器冷气进口)，℃；ΔP，节流压差，MPa。

表 1　10#集气站生产数据表

日期	压力/MPa			温度/℃		
	二级节流前	二级节流后	压差	热气进口($T_{热进}$)	气温($T_{环境}$)	冷气进口($T_{分离}$)
2011/1/1	5.29	4.79	0.50	14.7	-9.9	-12.0
2011/1/2	5.38	4.81	0.57	11.5	-10.1	-11.0
2011/1/3	5.41	4.84	0.57	14.3	-9.8	-13.0
2011/1/4	5.35	4.86	0.49	11.2	-8.8	-15.0
2011/1/5	5.43	4.93	0.50	14.4	-8.3	-12.0
2011/1/6	5.45	4.89	0.56	14.5	-8.2	-10.0
2011/1/7	5.40	4.82	0.58	13.9	-8.3	-11.0

表 1 中为 2011 年 10#集气站小压差脱水流程生产数据(表中数据为 1 周数据统计，计算采用全年数据，篇幅限制数据未全部详列)。对 2011 年 10#站生产数据进行分析，在节流压差 0.5MPa 比较稳定的情况下。受环境温度影响，计算得到 K 值在 15-50℃/MPa 之间。

根据集气站生产数据、环境温度编写公式(4)、公式(5)。进入小压差节流脱水系统的气流，与环境发生换热，温度降低了 $\Delta T_1=m*(T_{热进}-T_{环境})$；通过节流 ΔP 压差，产生降温，再经过换热器扩大温降后，天然气温度降低值 $\Delta T_2=k*\Delta P$。

$$T_{热进}-\Delta T_1-\Delta T_2=T_{分离} \tag{4}$$

$$T_{热进}-m*(T_{热进}-T_{环境})-k*\Delta P=T_{分离} \tag{5}$$

式(4)、式(5)中：m，取值范围为 $0<m<1$。$m=0$，表征小压差脱水系统与环境不发生热交换；$m=1$，表征小压差脱水系统与环境充分换热，天然气经过换热后与环境温度相同；k，当小压差节流脱水系统绝热，系统温降系数定义为 k(用于表征小压差节流脱水系统固有性能)，℃/MPa。

将 2011 年全年生产数据，代入式(5)求解计算，$m\approx0.54$，代入后求解 k。计算得到 k 值在 20-40℃/MPa 间占比 92%(335/365)，在 25-35℃/MPa 间占比 70%(235/365)。k 平均值为 30.1℃/MPa，该值为 10#集气站小压差节流脱水系统固有温降系数。利用生产数据及公式，我们得到以下两组数值。

实测值：$K=[T_{热进}$(一级分离温度)$-T_{分离}$(二级分离温度)$]/\Delta P$

公式计算值：$K=[0.54*(T_{热进}-T_{环境})+30.1*\Delta P]/\Delta P$

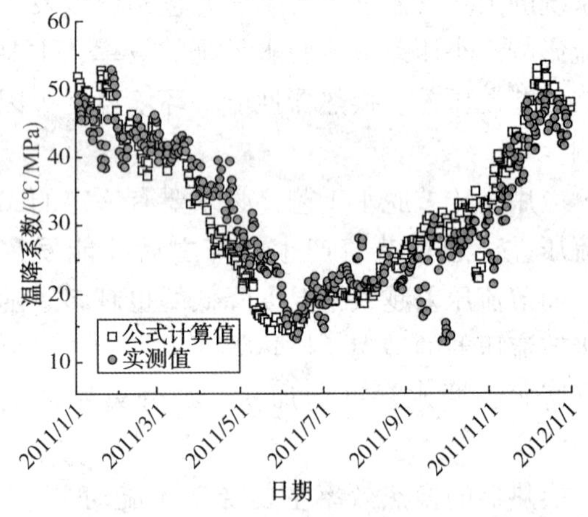

图 3　10#集气站小压差节流脱水系统温降系数(2011 年)

图 3 中，10#集气站小压差节流脱水系统温降系数公式计算值与实测值结果较一致，误差较小，可以反映现场实际生产情况。小压差脱水系统部分节点监测采用精密水银温度计测量温度，测量精度为±0.4℃。当 $T_{热进}-T_{环境}\leq\pm0.4$℃ 可认为与环境无换热，此时计算的 K 值应与 k 值相等，2011 年度，共得到 12 组样本数 $T_{热进}-T_{环境}\leq\pm0.4$℃，K 值均值为 30.4℃/MPa，与前述计算 k 值30.1℃/MPa 相当。

为了进一步验证该计算方法的准确性，利用

2011 年数据拟合计算得到的 m、k 值，对 2013 年 10#集气站全年温降系数进行计算，并与实测值对比，结果见图 4，公式计算值与实测值趋势一致。

根据以上分析说明公式"$T_{热进}-m*(T_{热进}-T_{环境})-k*\Delta P=T_{分离}$"可在一定误差范围内对小压差节流脱水系统的性能进行定量分析及评价。利用该公式可以对集气站一级分离后，在一定压差条件下的二级分离温度进行计算。

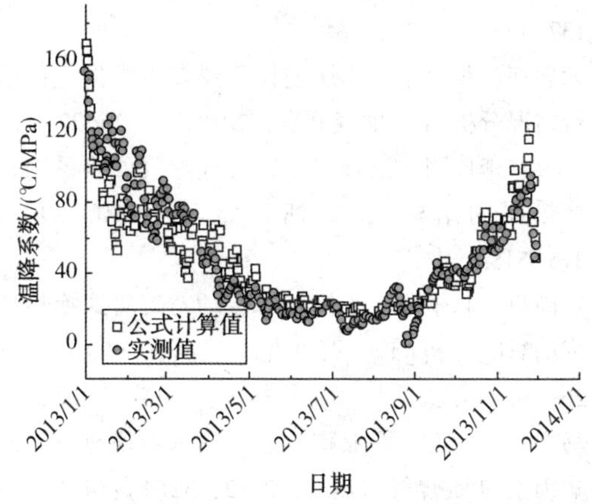

图 4　10#集气站小压差节流脱水系统温降系数(2013 年)

2.2　29 座集气站换热系数计算结果

根据拟合公式"$T_{热进}-m*(T_{热进}-T_{环境})-k*\Delta P=T_{分离}$"，对大牛地气田其他集气站小压差节流脱水系统进行分析计算，得到 2011 年、2013 年 29 座集气站小压差节流脱水系统固有温降系数 k 以及 m 值，结果见表 2。

表 2　29 座集气站小压差脱水系统固有温降系数统计表

集气站	m	温降系数 k/(℃/MPa)	
		2011 年	2013 年
4#	0.35	26.80	25.76
7#	0.50	39.37	32.90
10#	0.54	30.10	30.83
14#	0.46	35.06	32.69
15#	0.34	33.58	30.53
16#	0.37	16.33	23.73
20#	0.46	20.12	16.59
22#	0.52	33.65	31.73
24#	0.46	35.37	32.30
25#	0.51	27.14	25.96
6#	0.46	20.69	20.27
8#	0.47	45.29	33.24
9#	0.46	38.84	35.41
11#	0.33	41.53	31.47
12#	0.40	43.38	24.21
23#	0.32	27.33	22.05
26#	0.42	19.15	25.54
27#	0.37	45.66	22.42
28#	0.37	34.86	29.27
29#	0.41	24.96	29.22
30#	0.38	29.39	24.56
17#	0.38	27.56	23.71
18#	0.30	20.90	20.12
19#	0.37	23.87	27.60
21#	0.46	22.97	20.61
31#	0.32	29.52	13.44
32#	0.34	34.19	21.84
34#	0.35	37.03	31.14
13#	0.40	27.44	26.02
平均值	0.41	30.74	26.38

2011 年，29 座集气站，小压差节流脱水系统平均温降系数为 30.7℃/MPa，9 座集气站温降系数大于 35℃/MPa，12 座集气站温降系数在 25~35℃/MPa 之间，8 座集气站温降系数小于 25℃/MPa。2013 年，换热器平均温降系数降低至 26.4℃/MPa，只有 1 座集气站温降系数大于 35℃/MPa，16 座集气站温降系数在 25~35℃/MPa 之间，12 座集气站温降系数小于 25℃/MPa。根据分析，2011~2013 年，集气站小压差节流脱水系统性能发生了小幅下降。计算 m 值在 0.3~0.6 之间，说明小压差节流脱水系统与环境之间存在较为显著的热交换。

2.3　增压外输外冷脱水阶段小压差脱水工艺应用情况

随着气井进站压力的继续降低，在 2013 年至 2018 年，大牛地气田陆续实施了天然气集中增压工程、丙烷制冷集中脱水脱烃工程以及集气站增压工程[10]。

以 2013 年各集气站小压差脱水系统温降系数为基础，对集中增压阶段，各集气站脱水深度进行分析计算。冬季工况，最冷月平均气温 -

10℃，通过小压差节流脱水系统后，控制节流压差为0.1-0.2MPa时，29座集气站均可以制冷到<-5℃。夏季，最热月平均气温25℃，通过小压差脱水系统后，大部分集气站需要控制节流压差达到0.5MPa时，才能制冷到<5℃。当集气站小压差节流脱水温降系数 $k>30$℃/MPa，$m\leqslant 0.5$，需要0.4MPa的二级节流压差可脱水至5℃干气输送水露点要求，此类集气站共11座。2013年至2015年，部分集气站小压差节流脱水工艺继续使用。

由于生产需要，至2016年大部分集气站均控制二级节流压差均小于0.2MPa。随着气井进站压力的持续降低，通过集气站脱水已无法保障外输水露点达标，大牛地气田建设了丙烷制冷脱水脱烃站，对天然气进行集中外冷脱水。2018年大牛地气田，各集气站应用了小站增压外输工艺，集气站小压差节流制冷脱水工艺逐渐全部停用。

3 结论

小压差节流脱水工艺在大牛地气田天然气处理过程中发挥了重要作用，根据集气站生产数据及现场经验对小压差脱水工艺进行了评价分析：

(1) 小压差节流脱水工艺在一定条件下可将天然气节流温降系数由5℃/MPa提高到30℃/MPa以上。

(2) 小压差节流脱水工艺主要受到节流压差、换热器性能、环境温度等因素影响。

(3) 总结得到的计算公式 $T_{热进}-m*(T_{热进}-T_{环境})-k*\Delta P=T_{分离}$，可较为准确计算小压差节流脱水工艺系统的节流温降系数，并反映系统受环境影响程度，实现对该系统的定量分析及评价。

参 考 文 献

[1] 蔡黎，周代兵，谢羽，等.《进入天然气长输管道气体质量要求》国家标准解读[J]. 石油与天然气化工，2019，48(2)：95-98.

[2] 李莲明，余浩杰，王冰，等. 小压差大温降工艺在榆林气田的应用[J]. 天然气工业，2006，26(6)：137-138.

[3] 宋岩伟，张亚军. 小压差换热器在大牛地气田的运行情况分析[J]. 油气开发，2010，1：26-27.

[4] 李成，李俊明，王补宣. 冷凝式油气回收系统翅片换热器的结构[J]. 油气储运，2010，29(7)：515-518.

[5] 袁尚科，赵子琴. 流体相对流动对套管式换热器效率的影响分析[J]. 石油化工设备，2009，38(5)：26-29.

[6] 马飞，秦朝葵，乔亚鹏. 燃气热水器换热效率的影响因素[J]. 煤气与热力，2012，32(1)：4-8.

[7] 张宁宁，钟志伟，张宇，等. 小压差换热器节流制冷脱水效果的影响因素[J]. 油气储运 2014，33(4)：408-417.

[8] 赵启慈. 热工学[M]. 北京：石油工业出版社，1996.

[9] 谢天. 换热器换热效率及运行状况评价[J]. 川化，2010(4)：12-15.

[10] 田绘杰. 大牛地气田二次增压工程技术与经济分析[J]. 天然气技术与经济，2017(5)：32-35.

变频器远距离水下电潜泵控制的问题研究

张海磊[1]　杨洪庆[2]

（1. 中海油能源发展股份有限公司采油服务分公司；2. 海洋石油工程股份有限公司设计院）

摘　要　介绍了长距离大功率的电潜泵控制在进行电力控制系统设计时需要的考虑事项。在国际上也缺少远距离电潜泵控制应用经验的情况下，只有充分考虑远距离水下电潜泵的供电系统所面临的新问题，才能指导远距离水下电潜泵电力控制系统的设计，这对深水油田的工程开发有着重要意义。

关键词　水下；变频；电潜泵；远距离；分析

海上油气开发的方式最初为依托导管架平台，随后发展出了张力腿平台、浮式半潜式平台等众多开发方式。水下生产系统开发水下油气田在近十年来是水下开发的热点，尤其是在深水领域，一些曾经很难开发的水下区块通过水下生产系统技术的不断发展得以实现开采。

在水下油田开发中，经常遇到水下区块距离上部依托设施遥远，且水下油井无法自喷生产而需要其他方式升举井下流体以达到生产目标。而电潜泵就是井下石油开采的主要手段之一，电潜泵可以直接升举井下流体，将非自喷井的油气水混合流体升举到水面上的生产依托设施。

然而，随着水下油田开发不断走向深水，水下油井井口到水上依托设施的距离不断增大，控制距离从最初的几千米发展到了高达二十余千米，国外某项目的最远水下井口电潜泵的控制距离约22km，而国内一些新发现的水下区块的控制距离已超过这一距离，这对水下电潜泵控制工程提出了新的挑战。本文就23km水下电潜泵的变频控制存在的技术风险进行探讨。

电潜泵控制距离的增大不仅仅是电力海缆的简单延伸，同时出现了一些新的问题，研究和总结这些远距离水下电潜泵控制出现的新问题，对水下油田开发走向深水具有重要的意义。

对于距离近、电潜泵功率小且较少调整配产的水下油井而言，通常采用直接启动或星三角启动。但对于需要用到高电压大功率的电潜泵且需要改变逐年配产的水下井口而言，采用变频器控制远程水下井口的电潜泵既能够方便的控制电潜泵的启动，又能省却动用船舶更换电潜泵以便适应配产所需的工期和费用，是一种最佳的生产方式。虽然有其他的驱动方式，如液压驱动，但由于技术尚不成熟，国际上还没找到实用的案例。

但是变频器远程控制水下井口的电潜泵会产生很多其他风险，需要从电力系统的角度全面考虑和应对，以避免影响安全生产。

1　远距离水下井口电潜泵控制面临的主要风险及应对

远距离电潜泵控制涉及的主要风险有：

风险一：电压反射导致电潜泵的电机端过电压

风险二：变频器产生的高频谐波损坏海缆和电机绝缘

风险三：水下远距离配电对电潜泵及配电系统选型的影响

风险四：世界最远距离的水下远距离电潜泵控制的工程风险

（1）风险一：电压反射导致电潜泵的电机端过电压

不连续的导体传输电力都会产生电压反射现象，长距离配电尤其如此，反射的电压会产生破坏作用：

- 电机接线端造成电压升高（最高达2倍）[6]，破坏海缆和电潜泵电机的绝缘；或电流升高（最高达2倍），损坏海缆和电潜泵的电机；
- 如果反射波传达到平台上部输出端，则可能造成发射端过电压（需计算确定），损坏变压器或变频器；
- 需要较高的供电回路设计电压，造成价格升高；

所以，需要通过计算选择出合理的电力系统回路绝缘水平。

（2）风险二：变频器产生的高频谐波损坏绝缘

任何变频器的电力电子元件开/闭瞬间，都会产生高倍输出的波形扰动(dU/dt)：

• 高 dU/dt 会破坏海缆和电潜泵电机绕组的绝缘；

• 高 dU/dt 会产生额外的绕组电流，产生过剩热量甚至烧毁电机绕组；

• 高 dU/dt 会使电潜泵产生额外的高转矩，加速电潜泵的磨损，甚至破坏电机；

所以，需要深入了解厂家变频器的谐波特性，选择出适合的变频器和电潜泵。如有必要还需设置滤波器。

(3) 风险三：水下远距离配电对电潜泵及配电系统选型的影响

水下远距离配电需要克服较高电压损失，需要考虑以下选型影响：

• 需考虑电力系统的需求、供给和配电，对电力系统的配置合理选型，以最少的费用达到最优的电潜泵运行效果；

• 需管理多方的接口，避免不匹配，进而影响投产。

所以，需要获取各个厂家的设备参数，精确计算分析，使设备能够启动并平稳运行。

(4) 风险四：世界最远距离的水下远距离电潜泵控制的工程风险

• 此前国际上的电潜泵的最远控制距离约为22km，而井深、井长、井内径、井底压力、气液比等参数的不同，甚至不同厂家拥有的不同产品序列都会影响电潜泵的选型，进而导致变频器、水下电缆等一系列电力系统的选型结果都可能差别巨大。在投产时能否顺利启动/运行电潜泵、能否达到预期产量都存在较大风险；

• 电潜泵和变频器分别属于两个不同的厂家，水下远距离启动电潜泵需要变频器输出足够的驱动电流才能驱动电潜泵工作，而变频器能否驱动电潜泵及堵转[3]产生的过电流保护等需要经过设计核算确定，否则仅靠变频器厂家难以确认是否可行；

• 较高的产量需要较大的电潜泵电机，如何合理的选择电机并保证产量和电潜泵启动/运行需求之间达到平衡，这需要经过精确的计算分析。

所以，需要从宏观上掌握各个厂家的动态，合理的选择变频器、海缆和变压器并进行跟踪分析和技术管理。

2 变频器

目前国际大的变频器厂家的产品都以电压型变频器为主，也有电流型变频器。

电压型变频器的电力电子元件高速开/闭时会发生电压突变，产生很高的 dU/dt 和大量的谐波，这些谐波将会破坏整个下游电力系统的绝缘能力，在电机端产生额外的热量，将降低整个系统的使用寿命，甚至会烧毁电机或线路，导致严重的生产事故和巨大的损失。不同厂家的电压型变频器由于采用了不同的电力电子器件，且电力电子器件的设计、工艺、材料、质量控制等环节有较大差异，从而导致谐波的幅值和频率分布相差极大。而好的电压型变频器厂家其电力电子器件能极大抑制 dU/dt 和谐波的产生，对整个电力系统的长久运行有很大的好处。

电流型变频器的电力电子元件高速开/闭时，电流为连续变化，所以不会发生电压突变，在设计原理上能够抑制 dU/dt 和谐波的产生。

在远距离控制水下电潜泵的时候，需要选择高质量的电压型变频器或者电流型变频器，这对远距离外的电潜泵的可靠运行具有举足轻重的意义。

3 变频器、电潜泵和海缆选型中的矛盾

从选择海缆的角度说，在大量采用海缆进行电力传输的水下生产系统中，海缆的造价会极大影响整个工程造价，甚至海缆的造价有可能远高于变频器和电潜泵本身。减小海缆的截面积能极大减少海缆的工程造价，通常电力系统的设计电压越高，则需要的海缆导体截面越小。这就要求水上的变频器在能够发出足够高的电压，使其经过衰减后依然能使电潜泵正常运转，在此基础上，要尽量提高整个水下系统的电压，从而降低海缆造价。此外，上部变频器的输出电压又不能太高，否则可能超出电潜泵的设计电压而损坏井下电潜泵。

从变频器选型的角度说，在厂家所拥有的变频器产品序列中，输出电压最高的变频器能否在海缆传输压降后依然满足电潜泵的启动运行要求，这需要合理的匹配变频器和海缆。

从电潜泵选型的角度说，受水下油井套管内径限制无法充分做大外径，导致电潜泵的绕组数量受限，进而导致其所能承受的最高电压受限，这需要合理的匹配变压器、海缆和电潜泵。

所以，综上所述，变频器、电潜泵和海缆的

选型中需要合理的设计变频器的输出电压，选择最小截面的海缆，同时确保电潜泵的正常启动和运行。

4 水下电潜泵控制回路分析

对于电力系统而言，以上风险中涉及到水下电潜泵的启动和运行的问题主要有电机正常运行、堵转、电机端电压反射和高频谐波破坏。其中的高频谐波破坏电力系统主要体现在变频器厂家的变频器对谐波的抑制作用，与变频器的电力电子器件特性有较大关系，本文中不做深入探讨。

下面仅就某可开采井口的电潜泵电机正常运行、堵转和电机端电压反射进行论述。

（1）电潜泵控制回路电压压降分析及海缆截面选择

某水下井口的电潜泵距离上部依托设施约23km，电潜泵为三相异步电机，在前期（1期）生产中采用额定电压3370V，额定电流33.6A的电潜泵电机。生产若干年后（2期），则更换成额定电压4018V，额定电流123.5A。使用3芯电缆供电，考虑井下电缆2km，规格为AWG#2。

根据公式 $\Delta U=\sqrt{3}\,\Delta U\varphi=\sqrt{3}\,I\,(R\cos\varphi+X\sin\varphi)$[1][4]不难分别计算出1期和2期电潜泵在不同海缆截面下正常运行时的电压降和压降损失，如表1，表2所示。

表1 1期电潜泵对于3C＊70mm²、3C＊95mm²、3C＊120mm²等不同规格电缆的计算结果

电缆截面/mm²	压降值/V	供端电压/V	压损
70	528	3895	13.5%

表2 2期电潜泵对于3C＊70mm²、3C＊95mm²、3C＊120mm²等不同规格电缆的计算结果

电缆截面/mm²	压降值/V	供端电压/V	压损
70	1802	5820	31%
95	1440	5457	26.40%
120	1236	5254	23.50%

经计算，海缆在95mm²下压损即可满足1期和2期的使用要求，而95mm²海缆的载流为248A，也满足1期和2期的使用要求。计算出的变频器供端电压也满足中压变频器的正常电压范围，可以据此初步选定水下电力系统的设计电压为6/10(12)kV AC[10]，海缆截面95mm²。

（2）电机堵转分析

在电潜泵启动时或电机转子因为被井下异物卡住，而无法正常运行时会发生电机堵转现象，此时的电机因无法将电能转化为机械能，定子内和供电回路的电流迅速升高。长时间处于堵转状态会损坏电机的绝缘，甚至导致电机烧毁。

变频器厂家为了避免烧毁电机通常与电潜泵厂家一起选定启动时长并计算堵转电流进行保护，避免电机过热。

当电潜泵电机堵转发生时，堵转电流会迅速升高到额定电流的5~7倍[3]，可根据具体电机的型号确定过流保护设置，并在变频器内设置过流保护开关。

（3）电机端电压反射分析

对于远距离水下井口的电潜泵的电力系统而言，需考虑发射端电压和电机端的电压，此外还需进一步考虑由于电机端电压反射引起的电压叠加问题[2][7]。

图1中用AC电压代替变频器，Z1代表海缆阻抗，Z2代表电潜泵阻抗。

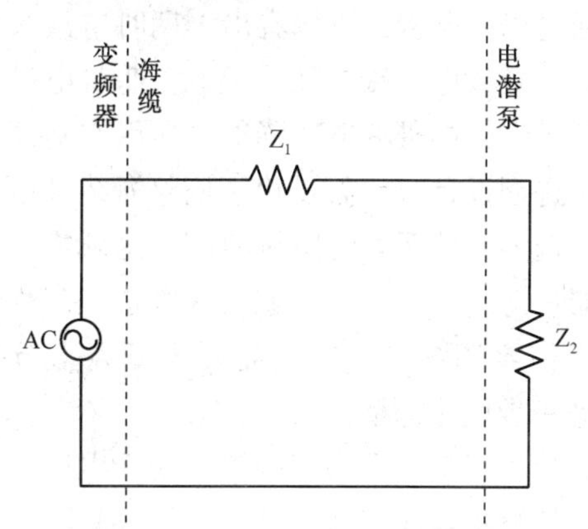

图1 变频器、电潜泵和海缆电路

图2中显示了电压从变频器端向电潜器端发射的路径，以及发生电压反射时反射电压的传输路径。

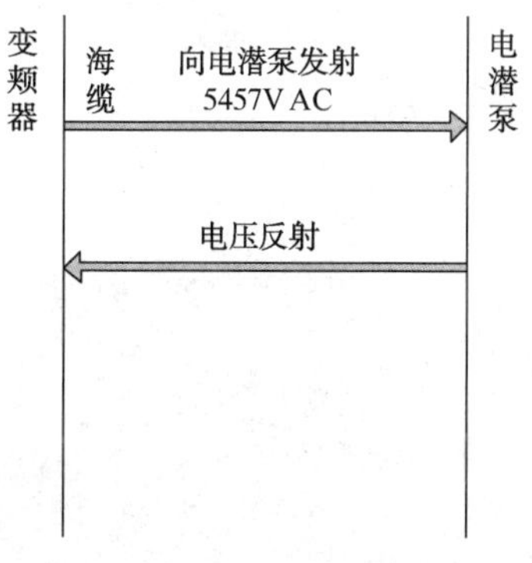

图2 电压发射和反射路线

当发射的电压第1次到达电潜泵时，由电压

反射系数公式[2][5][7][8]：$F_u=\frac{Z_2-Z_1}{Z_2+Z_1}$，

当 $Z_2>Z_1$ 时，电压反射波为正，与入射波发生叠加后电机端电压升高，当且仅当 $Z_2>>Z_1$ 时，电机端电压升高 1 倍；当 $Z_2<Z_1$ 时，反射电压为负，与入射波发生叠加后电机端电压降低；当 $Z_2=Z_1$ 时，反射电压为 0，此时电机端电压不变。[5][7][8]

1 期电潜泵 $Z_2=125\Omega$，2 期电潜泵 $Z_2=41\Omega$，两期公用同一根 95mm2 海缆 $Z_1=57.6\Omega$。

根据以上论断，1 期电压反射系数为 $F_{u1}=\frac{Z_2-Z_1}{Z_2+Z_1}=0.37>0$，所以 1 期电机端的电压升高，电机端电压约为 4617V。此时，水下电力系统的绝缘能力仍然满足要求。

同理，2 期电压反射系数为 $F_{u2}=-0.17<0$，所以 2 期电机端的电压降低，电机端电压约为 3335V。

通过以上分析，可以看出 1 期时电潜泵内阻抗过高，导致电机端电压升高。2 期时电潜泵阻抗过低导致，电机端电压降低。所以在对海缆和电潜泵选型设计时，需要相应调整海缆和电潜泵电机的选型，使两者的阻抗匹配，这就需要统筹变频器、海缆和电潜泵厂家的计算选型工作，使各方工作协调统一。这就需要重复以上分析步骤，进一步优化选型结果。

此分析仅就电压型变频器举例，电流型变频器的计算分析与此相似。

(4) 其他

除了以上问题，还需要考虑井下电缆规格[9]，受限于井筒的内径，电潜泵采用何种井下电缆也需要综合考虑钻井方的设计意见，以确保整个水下生产系统的电力系统满足各方的设计要求。

5 结论

变频器远距离控制水下电潜泵是新型的课题，对水下变频器、海缆、电潜泵以及相关附件都提出了更高的要求。需要在整个工程项目的生命周期内进行更精细的计算分析、协调规划和产品选型，才能确保项目的成功投产。

参考文献

[1] 刘刚．传输导线上反射波的研究．江西科学，2003，6(21)：2.

[2] A. von Jouan, P. Enjeti, and W. Gray. The effect of long motor leads on PWM inverter fed AC motor drive systems. Applied Power Electronics Conference & Exposition，2002，2：592-597 vol. 2.

[3] E. Persson, Transient Effects in application of PWM Inverters to Induction Motors. IEEE Trans. Ind. Appl.，vol. IA-28，no. 5，pp. 1095-1100，1992.

[4] L. Gubbala， A. von Jouanne， P. Enjeti， C. Singh， H. Toliyat，Voltage Distribution in the Windings of an AC Motor Subjected to HIGH dv/dt PWM Voltages. IEEE PESC Donf.，1995.

[5] S. A. Nasar, Theory and Problems of Electric Power Systems，Schaum ' s outline Series，McGraw - Hill Pub. Co.，New York，NY，1990.

[6] GB/T 16750.

[7] IEC 60038 IEC standard voltages.

海上含聚采出液高效破乳剂性能研究及应用

宋　鑫　黄　岩　邹　剑　肖丽华　陈　征

（中海石油（中国）有限公司天津分公司）

摘　要　随着化学驱技术在海上油田的推广应用，含聚采出液的破乳难度逐年增加。以渤海 SZ 区块含聚产出液处理为例，随着产聚浓度的增加其乳状液黏度明显增大，平台在用的破乳剂很难达到原油破乳脱水的要求。本文针对渤海 SZ 区块含聚产出液处理难题，为了有效提升含聚产出液油水分离效率，在室内完成一系列药剂合成实验并验证其性能，优化形成一种树枝状改性聚醚类破乳剂（代号 TM-913），在现场开展了破乳剂的小试试验。实验结果表明：在模拟 SZ 区块现场工况条件下，依据脱出水水质、脱水速度、脱水量以及油水界面等评价指标，与平台在用破乳剂相比，在加药浓度同为 120mg/L、温度为 65℃ 时且混合 60min 时，脱水量为 13.1ml、油水界面清晰、水质呈微黄色，而在用破乳剂脱水量仅为 11.8ml，油水分离速度较慢。同时考察了破乳剂 TM－913 不同加药浓度梯度下（50mg/L、80mg/L、110mg/L、140mg/L、170mg/L）破乳效果实验，当加药浓度达到 80mg/L 以上破乳效率较高，随着加药浓度的增加，破乳剂药剂性能不断提升。从现场小试试验效果看，所优化的破乳剂脱水性能优异，为下一步现场中试奠定了基础。

关键词　破乳剂；树枝状聚醚型；脱水效率；加药浓度

化学驱提高采收率技术作为三次采油的有效开发技术之一，目前已在渤海油田三大平台开展了矿场应用并取得了不错的开发效果。随着油田开发的持续深入，海上平台油水处理工艺也面临着无法高效处理含聚污水的问题，大大增加了陆地终端油水处理工艺的难度。

SZ 区块目前 K 平台主要处理 WHPL、WHPB、WHPJ、WHPA、WHPK 平台的生产物流。混合液分别经原油换热器 CEPK-E-2002 与脱水原油换热后，进入一级分离器（CEPK－V－2001A/B）脱水，温度约 65℃，产液含水约 70%。一级分离器前加注 120mg/L 平台在用破乳剂，油相出口含水 50%，之后经加热器（CEPK－H－2001）和螺旋板加热器升温后进入二级分离器脱水至约 30%。与井口换热器换热冷却后进入原油外输缓冲罐再输送至原油外输缓冲罐中。

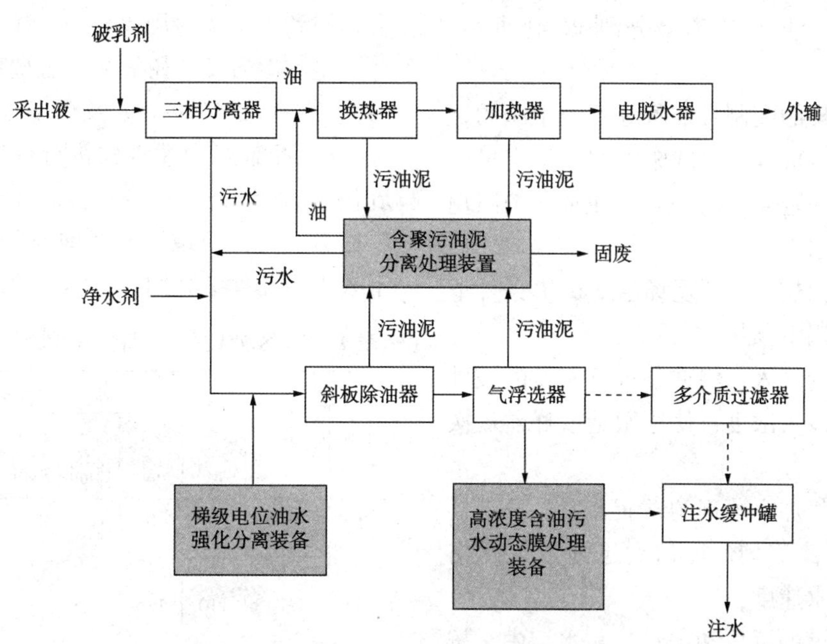

图 1　SZ 区块含聚产出液油水处理流程示意图

目前，室内评价破乳剂脱水效果主要采用化学破乳法进行评价，它具有设备简单、破乳高效、成本低廉等优点。化学破乳法通过在含聚产出液中添加一定浓度的破乳剂来改变油水界面性质及乳化膜强度最终实现破乳。为了更好的改善油水分离的效果、减少现场的药剂加药量，针对SZ区块含聚产出液的特征，在室内开展了聚醚类高效破乳剂的优化及性能评价实验，进一步提升了药剂的处理能力，缓解海上油田含聚产出液处理难题。

1 实验材料及方法

1.1 主要材料

1.1.1 材料制备

油水样来源：SZ区块K平台、A平台、B平台、J平台采出液，现场取样。

实验药剂：室内自主研发的树枝状-聚醚类系列破乳剂(代号为TM-913、TS-014、TS-098、WQ-9)，基本分子结构示意图见下图2。

树状支化改性聚酰胺-胺

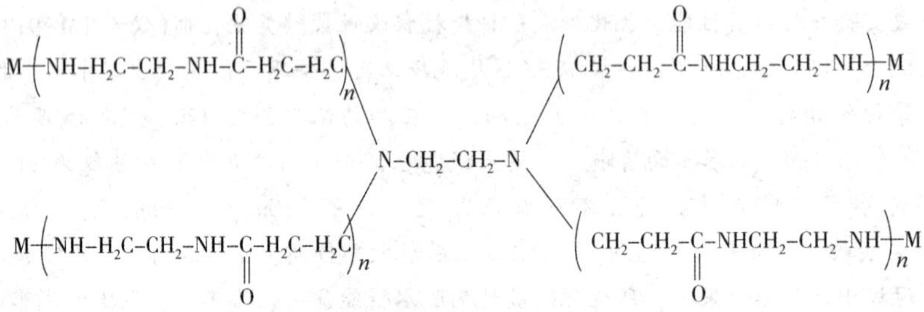

$$M\!\left(NH-H_2C-CH_2-NH-\overset{O}{\overset{\|}{C}}-H_2C-H_2C\right)_n \qquad \left(CH_2-CH_2-\overset{O}{\overset{\|}{C}}-NHCH_2-CH_2-NH\right)_n\!M$$

$$N-CH_2-CH_2-N$$

$$M\!\left(NH-H_2C-CH_2-NH-\underset{O}{\underset{\|}{C}}-H_2C-H_2C\right)_n \qquad \left(CH_2-CH_2-\underset{O}{\underset{\|}{C}}-NHCH_2-CH_2-NH\right)_n\!M$$

其中:

M=聚醚或者聚醚与马来酸酐反应产物等

n=1-5

图2 树状-聚醚型破乳剂结构示意图

1.1.2 实验仪器

红外光谱仪、磁力搅拌器、100mL比色管、恒温水浴、秒表、微量移液器、油分析仪、离心机等。

1.2 主要实验方法

(1) 现场取样。取不含现场药剂的混合液样品，静置后进行油水分离，分别得到油相、水相；

(2) 油、水样的配制。准备好一组干净的试瓶(准确刻度为100ml)。向试瓶中加入一定量的分离水，再加入一定体积的油样，油水比按照现场采出液综合含水确定；

(3) 油水样预热。按照现场温度65℃条件下将试瓶放入水浴锅中预热15min；

(4) 破乳剂的注入。将准备进行瓶试的破乳剂按照计划好的注入浓度，使用微量取样器逐次加到试瓶中；

(5) 摇动。将加完药剂的试瓶盖紧，放入摇瓶架中，进行震荡摇匀。摇匀后迅速放入水浴中，同时记录分水速度；

(6) 分水速度的读取和记录。在水浴中，按照时间进行逐级读取数据，并相应观察分离油水的界面情况和分离水的水质情况；

(7) BS&W测试。取油水界面以上油相进行离心，测乳化层(BS)和含水。

2 实验结果与分析

2.1 聚醚型破乳剂破乳效果评价试验

模拟SZ区块K平台生产流程的油水样配制混合液：A、B、J混合采出液按产液量比例混合，得到本次实验用混合油水样。

将本次研发的树枝状聚醚型系列破乳剂TM-913、TS-013、TS-098及现场在用破乳剂WQ-9，利用配制好的油水样进行现场瓶试实验，取乳化油(含水25%左右)80ml，65℃下加入药剂，手摇200次，记录不同时间时的油水分离情况。下表1为几种破乳剂评价实验的部分结果。

表1 SZ区块K平台混合液破乳剂破乳效果评价实验

序号	药剂	加药浓度/mg/L	脱水量/mL				界面情况	脱水水质
			68℃ 5min	68℃ 15min	68℃ 30min	78℃ 60min		
1	空白	0	0	0.1	1	7	差	黑
2	TS-098	110	2.5	3.6	10	12.7	好	土黄
3	TS-013	110	1.6	2.6	11	12.9	一般	微黑
4	TM-913	110	5	6.4	12	13.5	好	土黄
5	ZY-9	110	0.6	2	8.6	11.8	一般	土黄

在模拟现场条件进行瓶试实验时，判断油水处理效果的主要依据是脱出水水质、油水分离速度、脱水量以及油水界面清晰程度等指标。从瓶试结果看，在加药量同为 110mg/L 时，破乳剂 TM-913 在相同时间下的脱水量均明显高于其余几种破乳剂，在 60min 时脱水量为 13.5ml，而现场在用破乳剂 ZY-9 脱水量仅为 11.8ml；从下图 3 破乳效果对比中可以看出，在混合液同时破乳 15min 时，4 号破乳剂 TM-913 分水速度较快，相同时间下分水量最大；在破乳处理 60min 时，4 号破乳剂破乳后油水界面清晰，脱水水质呈土黄色，分水速度较快，整体破乳效果明显好于 5 号现场在用破乳剂。

这种树枝状聚醚型破乳剂由于分支数多，从而拥有良好的润湿性能，与油水混合相接触时容易附着在固态粒子(沥青胶质粒子、石蜡晶粒、粘土粒子等)的表面，有效降低体系的界面能，使其发生润湿性反转，破坏保护层上粒子之间的接触，降低界面膜强度而实现有效破乳，因此所优化的破乳剂 TS-918A 破乳脱水性能较好。

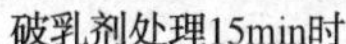
破乳剂处理15min时

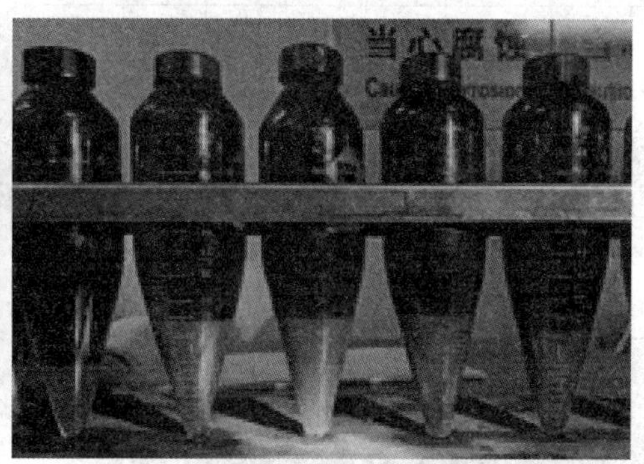

破乳剂处理60min时

图 3　不同时间下破乳剂破乳效果对比

2.2　破乳剂 TM-913 稳定性评价试验

虽然在现场瓶试实验中破乳剂 TM-913 取得了不错的效果，为了验证所优化的破乳剂能够保持稳定性，对优选的破乳剂 TM-913 进行了试验结果的重现性考察。同样采用现场配制的油水样分别加入 80mg/L、110mg/L 的破乳剂样品，每个浓度均开展 3 次平行实验，实验结果见下表 2。

表 2　SZ36-1CEP K 破乳剂平行验证实验

序号	药剂	加药浓度/mg/L	脱水量/mL				油含水/%	乳化层/%
			68℃ 5min	68℃ 15min	68℃ 30min	78℃ 60min		
1	空白	0	0	0.1	1	7	6.0	2.8
2	空白	0	0	0.4	1.8	6.8	-	-
3	空白	0	0.1	0.5	2.2	6.8	-	-
4	TM-913	80	0.8	4.8	7	13.4	3.6	0.1
5	TM-913	80	1.0	4.6	8	13.2	-	-
6	TM-913	80	0.9	4.4	7.5	13.5	-	-
7	TM-913	110	4.8	6.9	11	13.4	2.8	0.1
8	TM-913	110	6.0	7.5	12	13.1	-	
9	TM-913	110	5.2	7.0	10	13.5	-	-

在模拟现场实际条件下，在加药浓度为 80mg/L 时，三次平行实验在 5min 时脱水量平均为 0.8ml，在 60min 时脱水量平均为 13.4mL，样品的破乳稳定性较好；同理，在加药浓度均为 110mg/L 时，5min 时脱水量平均为 5.3mL，在 60min 时脱水量平均为 13.3mL，破乳剂样品整体稳定性较好，能够满足 SZ 区块含聚采出液的处理要求。

图 4　SZ36-1CEPK 破乳剂稳定性试验油乳化层验照片

2.3 破乳剂 TM-913 不同浓度梯度破乳评价实验

在相同的实验条件及操作流程下，考察了破乳剂 TM-913 的不同浓度梯度下破乳效果，主要实验结果见下表 3，破乳剂破乳效果对比见下图 5。

表 3 SZ36-1CEP K 优选破乳剂浓度梯度实验

序号	药剂	加药浓度/mg/L	脱水量/mL				界面情况	脱水水质
			68℃ 5min	68℃ 15min	68℃ 30min	78℃ 60min		
1	空白	0	0	0.1	1	7	差	黑
2	TM-913	50	0.1	1.5	4.2	12	一般	黑
3	TM-913	80	1.0	4.2	7.8	13	好	土黄
4	TM-913	110	5.2	7.0	10.5	13.5	好	土黄
5	TM-913	140	5.4	7.2	11	13.2	好	土黄
6	TM-913	170	6.5	10	12	13.4	好	土黄

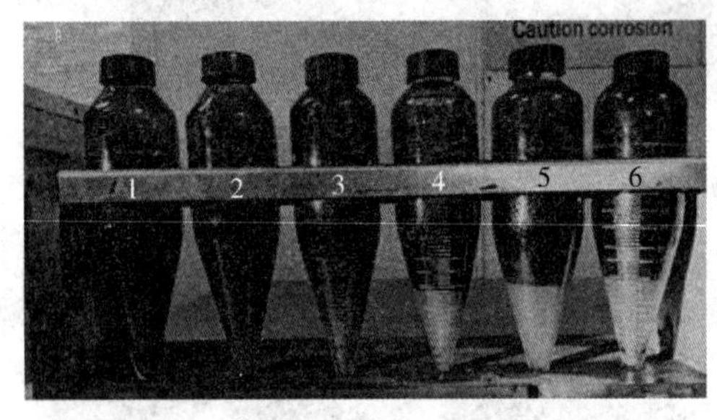

图 5 SZ36-1CEP K 优选破乳剂浓度梯度实验照片

随着破乳剂 TM-913 加药浓度增加，破乳剂破乳性能不断提升，当破乳剂浓度为 50mg/L 时，破乳剂破乳效果不理想，油水界面不清晰；当破乳剂浓度增加到 110mg/L 时，整体破乳效果较好，分水量较高且分水速度快，随着加药浓度进一步增加，相同时间内的脱水量增加幅度较小，虽界面分层更明显，但对破乳剂破乳效率的提升并不明显，造成药剂成本大大增加。因此从现场瓶试实验效果看，在保持加药量与现场一致的情况下，该破乳剂 TM-913 能够起到较好的破乳效果，与现场在用破乳剂相比，破乳性能进一步提升。

3 结论

（1）针对 SZ 区块 K 平台含聚采出液破乳现状，依据脱出水水质、油中含水以及乳化层等评价指标，对优化的破乳剂 TM-913，药剂加量在 110mg/L 时破乳效果较好，破乳速度和油含水的各项指标均优于现场在用药剂。

（2）在模拟现场工况条件下，依据脱出水水质、脱水速度、脱水量以及油水界面等评价指标，筛选出性能较好的反相破乳剂 TS-F307，与破乳剂 TS-918A 有良好的协同性。TS-918A 投加量为 110mg/L，TS-F307 加药浓度为 100mg/L 时，能加速含聚采出液破乳且脱出水颜色有明显改善，同时该药剂组合对减少系统的乳化层，提高脱出水水质方面药剂性能具备较大的优势。

参考文献

[1] 王芳辉．纳米复合破乳剂的研究与应用[D]．北京：北京交通大学，2008：2-3.

[2] 孙立江．高频脉冲-离心场作用下乳状液聚结沉降规律的研究[D]．北京：中国石油大学，2008：1.

[3] 陈和平．破乳方法的研究与应用新进展[J]．精细石油化工，2012，29(5)：71-76.

[4] 付越群，郭继香，戴振华，等．原油化学破乳研究进展[J]．四川化工，2016，19(2)：31-35.

[5] 苑世领，徐桂英．原油破乳剂发展的概况．[J]．日用化学工业，2000(1)：36-39.

[6] 吴凯凯，梁光川，马培红，等．聚醚型稠油破乳剂破乳效果影响因素分析[J]．天然气与石油，2010，28(2)：12-14.

[7] Zhang，Zhiqing. Xu，Guiying. [J]. Colloid Interface Sci. 2004，27(7)：464-470.

[8] Zhang，Zhiqing. Xu，Guiying. [J]. Colloid Interface Sci. 2005，282(1)：1-4.

[9] 王众，吴伟龙，王明宪，等．丙烯酸改性聚醚原油破乳剂的合成及其性能[J]．石河子大学学报(自然科学版)，2018，36(2)：183-189.

[10] 牟迁绶，胡晓秋．趋肤效应实验研究[J]．大学物理，1995，14(11)：27-28.

[11] 王学会，胡华玮等．原油破乳剂研究发展综述[J]．油田化学，2002，19(4)：379-382.

微生物+膜过滤处理工艺在新民油田污水处理中的应用

程国君　宋政凯　刘　硕　吕明亮

（中国石油吉林油田公司）

摘　要　低渗透油田由于孔隙小、喉道细，对注入水质要求非常高，常规污水处理工艺很难满足其注入水质要求。新民油田通过应用微生物+膜过滤处理工艺，水质达到了股份公司标准，水处理运行费用年可节约131万元，降低运行成本60%以上。

关键词　低渗透油田；污水处理；膜过滤；微生物

新民油田污水处理系统为2000m^{3}缓冲罐-1000m^{3}缓冲罐-500m^{3}缓冲罐三级沉降+石英砂过滤罐、纤维球过滤罐两级过滤处理工艺流程。随着开发的不断深入，生产中加入的药剂越来越多，措施工作量也越来越大，污水成分越来越复杂，水中悬浮物越来越细小，现有工艺不适应，水处理的难度越来越大，从水质监测结果看，含油、悬浮物达标率只有50%左右，该污水处理流程处理能力不满足新民低渗油藏水质要求，详见表1。

表1　新民油田储层情况及水质要求

储层			水质				
项目	新民	分类标准	性质定位	项目	公司标准	行业标准	注水水质
孔喉半径	1~7.13μm 平均5.4μm	中喉道(10~20μm) 细喉道(1~10μm) 超细喉道(<1μm)	细喉道	悬浮物 mg/L	≤5	≤1	15
黏土矿物	以绿泥石为主，其次为伊蒙混层，含量5.73%，膨胀系数1.37%	一类(<5%) 二类(5~10%)	二类	含油 mg/L	≤10	≤5	13
储层敏感	渗透率下降幅度达到70%	中等偏强(渗透率损害率50%~70%) 强(渗透率损害率70%~90%)	强水敏 强盐敏	矿化度 mg/L	地层水6317		1256

为了扭转新民注水水质现状，根据新民源头水质情况、末端水质指标要求，针对国内外对污水的处理方式，筛选出微生物膜过滤技术。通过应用微生物+膜过滤组合技术水质达到了“5.1.1”标准。

1　微生物技术原理

针对油田污水中污染物的特性，通过筛选、分离及有效配伍，获得适合污水水质特点的最佳“倍加清”特种联合菌群。通过投加“倍加清”特种联合菌群，促使其对特定污染物的降解能力，从而提高污水处理系统去除有毒有害、难降解化学物的能力。能够使污水中快速建立一条有效降解苯系类、烃类、脂类、萘类等有机污染的生物群，对污水中各种复杂的脂肪族和芳香族等有效进行生物降解，同时可强化对烃类、蜡类以及酚、萘、胺、苯等的生物降解，这些特种微生物有着很高的繁殖率，它们通过水合、活化、氧化、还原、合成，把复杂的有机物降解成为简单的无机物，最终产物为H_2O和CO_2。特种微生物以污水中有机污染物为营养并获得能量，实现自身生命的新陈代谢，达到净化污水的目的，可以把污水中容易对膜产生污染的物质去除。保证后级膜系统的正常稳定运行。

2　膜过滤技术原理

该管式膜装置与特种微生物处理相结合，将经生物降解的活性污泥与水分开，是一种高效的废水处理技术，膜截留的最小粒径为 0.03μm，这将使微生物、细菌被截留，出水悬浮物、浊度以及细菌几乎为零，可以解决常规处理技术难以解决的问题。

3　微生物+膜过滤组合技术

沉降罐出水自流进微生物反应池，如果水温超过40℃，需要先进冷却塔进行冷却。在微生物反应池内投加“倍加清”专性联合菌群，对水中的有机物及油进行生物降解。微生物反应池出水经膜供水泵增压进入膜分离系统，通过膜的截留过滤作用实现泥水分离，膜出水经抽吸泵抽吸至出水箱，出水箱出水通过出水泵输送至注水罐回注，详见图1。

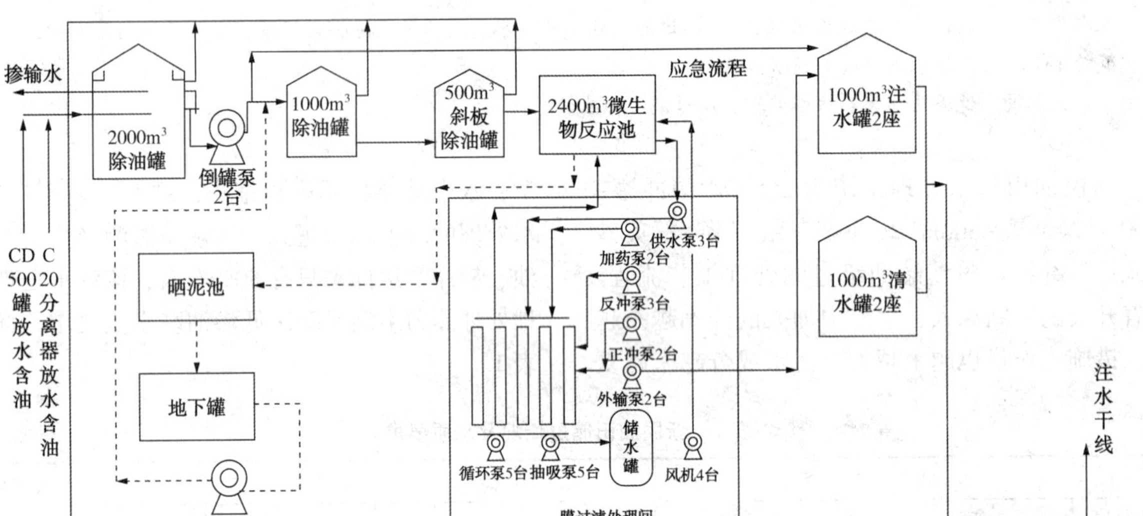

图1　调改后新民油田污水处理流程图

3.1　新民油田微生物系统建设及运行参数控制

新民油田微生物反应处理系统分为冷却塔、一级微生物池、二级微生物池。

沉降罐出水自流至一级微生物反应池，如果温度超过45℃，需要进入冷却塔进行冷却。

在微生物反应池中投加“倍加清”高效联合菌群。该菌群是针对油田采出水特点开发出的专性菌，在高含盐量的油田采出水中具有很高的活性，可以高效地降解污水中的有机物和油类等污染物质，微生物通过自身的生命活动将污染物转化为简单的无机物，“倍加清”专性菌种通过专门的投菌装置进行投加的，系统正常运行后只需定期投加少量维护量，通过污泥沉降比监测菌群含量，当污泥沉降比大于50%时，需要对微生物反应池清淤。

设置2组微生物反应池，每组两级串联，单池有效溶积670m³。微生物反应池配套4台风机（三用一备）。通过安装在微生物反应池底部的曝气系统为微生物提供氧气。风机采用变频控制，可以根据微生物反应池的溶氧来调节供气量，并且需定时切换避免某台风机长期运行发生故障。

微生物反应池中的溶解氧需维持在2~3mg/L以上，微生物反应池停止供氧不能超过6h，为保障生物池供氧，新民油田通过两个井排采用母联方式为污水系统供电；pH 值应为6~9之间；来水温度小于45℃，如果来水温度过高，微生物处理效果将降低，需要进入冷却塔进行冷却。

3.2　新民油田膜处理系统建设及运行参数控制

微生物反应池出水经膜供水泵送入低能耗管式膜组件内进行泥水分离，保证高质量的渗透出水，被拦截的活性污泥从最后一个组件回流至微生物反应池。系统采用变频器对供水泵、循环泵、反洗泵和抽吸泵进行控制，根据膜污染变化，逐渐提高表面流速，以达到连续稳定的产水，同时通过在线反洗减缓膜污染，如膜污染严重，膜产水通量无法保证时，可采用进行化学加强反洗或维护性清洗的方法进行恢复，保证了超滤膜装置的长期稳定运行。

为了避免大的颗粒物堵塞或划伤膜，每组膜组件进口安装了一台手摇刷式过滤器保证膜处理装置安全运行，过滤器需要操作人员定时手动清洗。

膜处理装置由5组膜处理装置组成。每组由2小组并联运行，每小组由7支膜元件串联运行。膜组件材质采用为聚偏氟乙烯(PVDF)，具有良好的抗污染性能和很高的膜通量。

膜处理装置采用错流过滤，每组配备一台循环水泵。循环水泵的作用是为膜处理装置提供运行所需的流量，补充膜处理装置过滤造成的压力损失。膜处理浓水大部分内循环，少部分回流至微生物反应池，防止微生物流失，增强生化处理效果。膜处理渗透水(合格水)则通过抽吸泵输至出水箱。

膜组运行过程中需要反冲洗，保障膜的出水量，制定每组膜反冲洗周期，每组膜运行30min反冲洗4min；制定药洗周期，每组膜运行48h，正冲3min后加10%浓度的次氯酸钠5L冲洗100min；制定恢复性冲洗周期，当膜产水量低于35m^3/h时，对膜组进行恢复性冲洗；膜首端压力控制在190~240kPa之间，当高于240kPa时，需要清理首端膜管；膜末端压力控制在60~100kPa之间，当低于60kPa时，需手摇过滤缸。

4 技术特点

(1) 污水处理过程中，该技术运行无需投加絮凝剂、混凝剂、杀菌剂等其他辅助化学助剂及营养剂，运行费用低，无二次污染，生化污泥量少，是一种无害化处理的方法。

(2) 膜技术可以从根本上控制悬浮物的粒径，滤膜孔径小，能够截留悬浮物及细菌，膜出水中悬浮物含量、细菌含量几乎为零。

(3) 微生物+膜过滤工艺自动化程度高，减轻了操作员工劳动强度。

5 应用效果

新民油田微生物+膜过滤污水处理系统在2016年10月投产运行，系统运行平稳，对出水水质含油、悬浮物及菌值进行化验，微生物膜过滤处理后的出水的含油、悬浮物量基本维持在1mg/L以下，菌值经过处理后均小于5个/ml，详见表2。

表2 两套流程处理后平均水质对比

流程	含油/mg/L	悬浮物/mg/L	硫酸盐还原菌/个/ml	腐生菌/个/ml	铁细菌/个/ml
原流程末端	15.65	16.52	90	145	250
微生物膜处理后	0.2	0.98	1	1	5

微生物膜过滤可以高效的处理新民水质，克服了统工艺中过滤精度较小，截留率较低的缺点，并且出水水质稳定可靠。

图2 沉降罐出水(左)进入微生物反应池(中)经膜过滤出水(右)对比图

6 经济效益评价

微生物膜过滤处理工艺整套流程前期投入大，总费用需要2400万。但是微生物膜过滤处理工艺的后期运行费用较少，大概79万，详见表3。

表3 两套处理流程运行总费用年度需求对比表

项目	重力沉降过滤投入(万元)	微生物膜过滤投入(万元)	对比
电量消耗(10^{4}KWh)	46	76	-32
运维费用(万元)	170	7	163
总计消耗(万元)	216	79	131
吨水单耗(元/t)	2.36	0.91	1.45

根据两套流程处理费用对比可以看出，膜过滤投产后较投产前污水系统负荷增加252kW，日消耗电量平均2107KWh，较投产前日耗电量增加860KWh。老系统过滤罐清罐、更换滤料及加药需要费用170万元，膜过滤系统投运后，加药、清洗年需投入7万元。系统运行费用明显降

低，吨水单耗 0.91 元/m^3，提高了油田经济运行效益，处理后水质稳定性增强，提高了油田经济开发效益。

7　结论及建议

新民微生物膜过滤处理工艺的投产运行，水质指标能达到股份公司要求，水处理运行费用年可节约 131 万元，降低运行成本 60%以上。

但是微生物膜过滤处理的前期投入较大，而且这套流程对于来水的要求较高，来水含油需小于 200mg/L，如果系统来液紊乱，导致处理流程大量进油，将给管道膜带来无法修复的伤害，所以膜处理工艺的处理流程应适当延长，需建应急流程。

总之“微生物处理+膜分离”现场应用结果表明，微生物膜过滤处理工艺是可行的，该技术处理含油污水的出水水质能够满足低渗透油田开发的需求。

参　考　文　献

[1] 吴至良，程汉东．微生物与膜过滤复合技术在处理油田污水的研究及现场试验[J]．东华理工大学学报(自然科学版)，2008，31(4)：365-368.

[2] 周亚琴．微生物与膜处理工艺在姚店油田水处理中的应用[J]．延安大学学报(自然科学版)，2009，28(3)：86-89.

吉林油田水处理工艺技术评价与管理措施

常 亮

(中海石油吉林油田公司)

摘 要 近年来吉林油田通过强化运行管理、多方筹措加大资金投入，完善监测系统，加强管线和设备清洗等手段，水质逐年提升，实现提质增效。本文介绍当前吉林油田污水系统主要六类处理工艺，重点对新工艺、新技术的应用进行分析评价，具体分析各类工艺特点、适应性、运行成本等，同时，总结地面污水处理系统的主要管理措施及近年水质指标提升情况。

关键词 吉林油田；污水处理；管理措施；工艺评价

1 前言

吉林油田是典型的“三低”油田，低渗透区年产油占总产量63.8%，主要开发方式为注水开发，为确保油田稳产，注入水质尤为重要。近年来结合油藏注水开发需求，根据各区块渗透率，加大投入改造力度，完善应用相应处理工艺，吉林油田污水处理系统逐步形成了重力沉降+两级过滤、压力除油+两级过滤、水力旋流+两级过滤、气浮选+两级过滤、压力除油+陶瓷膜过滤、微生物除油+膜过滤，六大工艺流程，通过不断的分析研究各类工艺的优缺点及适应性，总结管理经验，基本形成一套科学管理体系，截至2018年吉林油田污水综合水质达标率，出站指标完成95.97%，井口完成90.2%，分别较2011年提升16.07%和37.9%。

2 近年来新工艺应用

2.1 溶解气浮工艺

① 工艺原理

溶解气浮是在来水中加入絮凝剂，使水中微小颗粒尽量聚结形成较大的基团，向内溶入氮气，进入设备减压后气体析出，形成微小气泡黏附于油滴和微小悬浮颗粒上，一起上浮到水面，形成浮渣，通过装置将浮渣刮除，密度较大的颗粒下沉至气浮装置底部，通过排渣阀排出。浮选机内部结构示意图见图1。

② 工艺指标

进水指标：含油 ≤ 1000mg/L，机杂 ≤ 100mg/L，出水指标：含油 ≤ 20mg/L，机杂 ≤ 20mg/L 配套过滤采用两种组合方式，分别为双滤料+改性纤维球组合，双滤料+精细滤料组合，目前现场应用后者组合处理效果较好。

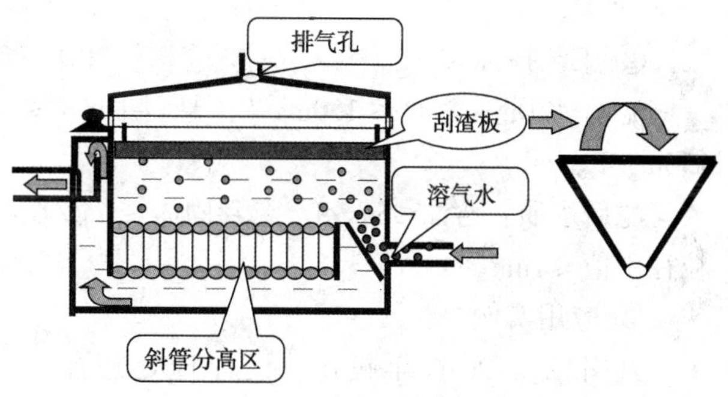

图1 浮选机内部示意图

③ 应用实例

2010年松原采气厂油气处理站污水处理系统在整体改造中，将原流程：压力除油+二级过滤，改造为：溶解气浮+二级过滤。目前该站注入水量为3800m³/d，水质含油、悬浮物指标合格率达到100%(表1)。

表1 松采联合站气浮机处理后水质指标

节点位置 / 水质指标	油系统来水	气浮机出口	一级过滤器出口	二级过滤器出口
含油/(mg/L)	<500	<10	<8	<5
悬浮物/(mg/L)	<100	<15	<10	<3

气浮+两级过滤工艺目前在吉林油田应用污水站6座，滤后指标可达到“853”标准(含油≤8、悬浮物≤5、粒径中值≤3)，平均吨水处理成本2.78元，该工艺处理能力大，除油效率高，水质指标较高，可针对性调整药剂配方，抗波动能力大，但运行费用较高，污泥产生量大，开放式流程不适用于硫化氢含量较高区块。

2.2 陶瓷膜工艺

① 工艺原理

陶瓷膜是以氧化铝、氧化钛、氧化锆等经高

温烧结而成的具有多孔结构的精密陶瓷过滤材料，多孔支撑层、过渡层及微孔膜层呈非对称分布，过滤精度涵盖微滤、超滤甚至纳滤。陶瓷膜过滤是一种“错流过滤”形式的流体分离过程：原料液在膜管内高速流动，在压力驱动下含小分子组分的澄清渗透液沿与之垂直方向向外透过膜，含大分子组分的混浊浓缩液被膜截留，从而使流体达到分离、浓缩、纯化的目的(见图 2 陶瓷膜原理结构图)。

陶瓷膜微观电镜放大图

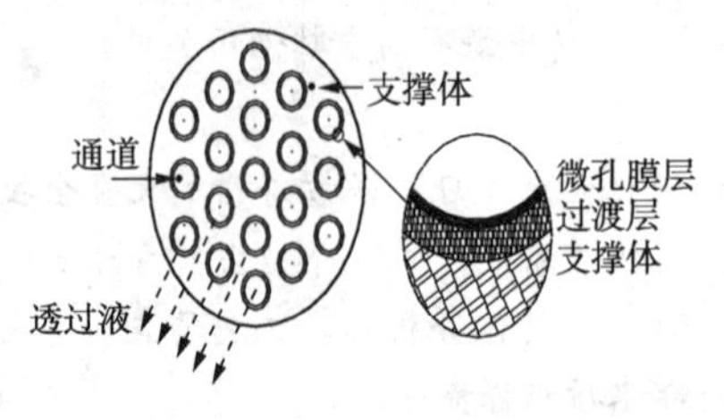

多通道膜元件中的渗透液透过途径示意图

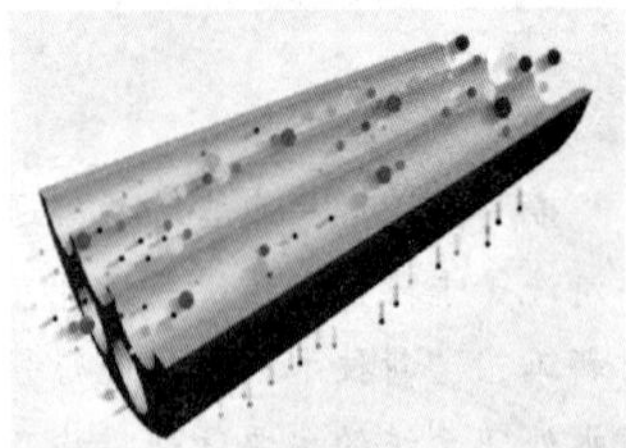
陶瓷膜错流过滤示意图

图 2　陶瓷膜原理结构图

② 工艺指标

滤前水质：含油≤150mg/L，悬浮固体≤150mg/L。

滤后水质：含油≤5mg/L，悬浮固体≤1mg/L，粒径中值≤1um。

③ 应用实例

红岗二站 2016 年投产，设计日处理能力 $600m^3$，实际处理 $350m^3$，滤后出水指标中含油量平均为 2.05mg/L，悬浮固体含量平均为 0.34mg/L，悬浮固体粒径中值<0.6um。达到“511”标准(含油≤5、悬浮物≤1、粒径中值≤1)，平均吨水处理成本 1.75 元。该工艺分离效率高，分离过程简单，配套装置少，能耗低，占地面积小，滤后水质指标高，但处理量小，抗波动能力差，一次性投入费用较大。

2.3　微生物工艺

① 工艺原理

a. 微生物处理技术

配伍获得适合污水水质特点的最佳联合菌群，通过投加联合菌群，使污水中能够快速建立一条有效降解苯系类、烃类、脂类等有机污染的生物群，通过水合、活化、氧化、还原、合成，把复杂的有机物降解成为简单的无机物，最终产物为 H_2O 和 CO_2。专性微生物以污水中有机污染物为营养并获得能量，实现自身生命的新陈代谢，达到净化污水的目的。

b. 管式膜分离技术

本次工艺技术中选用大通道、耐污染的高亲水性、可以反冲洗的低能耗超滤管式膜(结构原理详见图 3)。

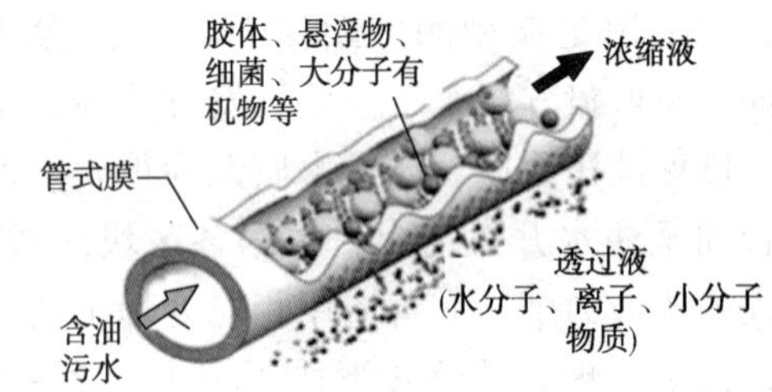

图 3　管式膜结构原理图

低能耗超滤膜能够把微生物降解后的活性污泥与水分开，使微生物、细菌、悬浮物被截留(一般可以截留粒径大于 0.02μm 的颗粒)，出水悬浮物、浊度以及细菌几乎为零。

低能耗超滤膜采用微错流技术，系统设有循环泵及反冲泵，设置表面流速为 1~2m/s，可以大大降低能耗。当膜表面产生污染时，可以采用反冲洗及化学加强反洗去除污染。应用外置式低能耗超滤膜，微生物反应池泥水混合液可直接进入低能耗超滤膜系统，通过膜的高效分离作用，将污泥、胶体等截留并回流到微生物反应池，只允许水及小分子物质透过膜，确保优质的出水水质。

② 工艺指标

进水水质：含油量≤200mg/L；悬浮固体含量≤200mg/L；矿化度<50000mg/L；pH 值：6~9。

出水水质：含油量≤5mg/L；悬浮固体含量≤1mg/L；悬浮固体粒径中值≤1μm。

③ 应用实例

新民联合站 2016 年投产，设计日处理能力 $4000m^3$，实际处理 $2800m^3$，出水水质满足设计要求，出水指标中含油量平均为1.86mg/L，悬浮固体含量平均为0.86mg/L，悬浮固体粒径中值平均为0.7um。达到“511”标准(含油≤5、悬浮物≤1、粒径中值≤1)，平均吨水处理成本0.91元，该工艺运行费用低，滤后水质指标高，但为满足微生物活性需求，前端来水pH值及水温有所限制，同时系统抗波动能力相对较差。

3 主要管理措施

吉林油田通过完善人员配备、夯实管理基础、创新管理考核、建立水质监测系统、科学细化管理手段，逐步推进以下八点工作，实现水质指标不断提升。

3.1 完善人员配备，系统组织培训

规范水质管理岗位职责，完善管理人员配备，各采油厂形成主管领导、主管科长、岗位管理人员三级管理模式，定期组织管理及操作人员培训，不断提升业务水平，近三年来每年组织公司级系统培训1-2次，累计培训349人次。

3.2 抓实容器清检、管线冲洗两项工作

抓实基础维护工作，规范地面注水十类容器检修维护周期及注水管线冲洗频率，形成制度下发，严格执行容器、管线检修维护工作。细化管理建立设备维护、管线冲洗项目标准化管理流程，完成后进行效果分析并形成项目总结材料。容器清检依托完整性管理理念，采取“两测一检”的方式开展检修，即：测壁厚、测防腐层、检修附件，制定合理化维护方案，提高运行效率，延长装置全生命周期。管线冲洗采取常规泵罐和通球清理两种工艺结合，彻底治理管线内水质的二次污染问题，制定年度管线冲洗工作计划并严格执行，同时结合管线首末端水质指标临时动态调整。为降低维护投入，实现常态化运行，研发撬装循环冲洗设备，管线冲洗水循环进入计量间，减少拉运费用，初步推广应用，年可节约6000余万元。

3.3 规范化验管理

真实掌握水质各项指标，才能有针对性制定有效提升措施，水质化验管控是整个水质管理工作的龙头，12年以来逐步完善公司级、厂级、站队级三级化验室硬件设施，规范化验室管理及操作标准、检测周期，公司级化验室季度、厂级化验室月度、站队化验室每天全面检测辖区站内外监测点指标，形成标准化水质监测体系，保障监测结果及时、准确，为水质管理提供精确调控方向。同时，科学调整站外水质取样点，确保真实反映监测区域水质。

3.4 运行成本专项列支

水处理设备、设施的维护是保障系统正常运行的基础，为确保运行成本的有效落实，转变资金管理模式，水质维护费用由各厂从总成本中列支专项水质保障资金，确保维护工作切实开展近三年污水维护成本逐年增加，2019年下达专项成本7100余万元。

3.5 精细运行管控

精细化节点管控，组织专家编制地面水质管理手册，通过钻研工艺管理、精确理论计算、实践摸索运行，最终确定系统运行最佳经济效益状态，规范制定23个污水站，缓冲罐液位、除油器压力、加药浓度、滤罐滤速、反洗周期等各节点运行参数，汇编成册下发执行，实现指标平稳管控。

3.6 科学管理考评

针对当前水质管理现状，科学制定考评办法，将考核评价分为水质和管理两部分，分别占60%和40%比重。水质考评侧重井口，主要指标为综合水质达标率和目前制约吉林油田的SRB、腐蚀速率、SS，含油四项关键单项指标，共占比48%(综合达标率12%，其他四项单项指标每项9%)；出站考核综合指标占比12%。具体计算方法，满分100分，井口、出站综合综合水质达标率分别赋12分，均按各单位达标率排名第1名12分，第二名11分，根据排名依次递减1分，井口单项四项指标分别赋分9分，均按各单位达标率排名第1名9分，第二名8分，根据排名依次递减1分，最终6项打分合计为水质总得分。基础管理主要分为制度和人员管理(4分)、清检维护(10分)、科室管理(9分)、站队管理(17分)四大部分，根据管理现状每项细化赋分，主要包括水质管理制度、人员配备、设备设施检修、管线冲洗、厂级化验、设施完好性、缓冲及除油装置、过滤器管理、污泥池管理、污泥减量化、加药管理、注水设备、注水罐、污水岗报表、注水岗报表、化验及报表等各项管控节点，并详细制定每项打分细则，综和测算各单位管理得分，最终合计各单位水质打分和管理打分，综合评价每个单位管理水平。

通过2018年考评实践结合水质指标分析，2019年加大井口SRB和腐蚀速率两项指标打分

差距，调整后达标率100-95%得9分，95-90%得6分，90-85%得3分，85%以下得0分。

3.7　专项科研立项

开展三个专项科研解决部分区块水质腐蚀性强、SRB超高等困扰问题。一是，油田回注水具有较高的矿化度、复杂的离子组分，同时溶解水中的H_2S、O_2、CO_2以及细菌等具有很强腐蚀性，导致腐蚀结垢状况复杂，地面管线漏失、注水井腐蚀结垢严重，从而影响注水量及油井产量。通过认识注水系统腐蚀结垢机理，开展防腐药剂体系研发，确定注入水水质对井筒及储层欠注影响因素，提出水质要求及防治技术对策，保障注水系统防腐效果及安全平稳注入。拟开展两个课题研究《不同油田注水系统腐蚀结垢机理及防腐防垢药剂体系研发与应用评价》、《油田注入水质指标及注入保障技术研究》；二是，乾安注水系统存在严重腐蚀现象，通过对空白水样进行分析，其腐蚀速率0.4mm/a左右，同时由现场起出的注水管柱看，入井三年的涂料油管本体已出现腐蚀穿孔现象，严重制约乾安采油厂注水系统平稳运行。通过开展水质分析，明确乾安大情子井油田的注水系统腐蚀主控因素为水质矿化度、CO_2和SRB。大力开展防腐攻关工作，攻关井下腐蚀速率监测装置，评价监测效果；开展药剂配方自主研究；继续开展节点的药剂残余浓度检测，探索规律。三是，莫里青油田2014年开始大面积注水，SRB指标稳定在60个/mL左右，2017年5月份发现SRB指标呈上升态势，截至2018年6月高达2.5万个/mL。计划通过，压裂返排液装置新增设加药点；强化加药及水质监测管理；强化压裂返排液、泥浆处理液、化学措施返排液等外来液管理；加强泥浆处理液装置及其他外来液管理。

3.8　系统外来液控制

为保障污水系统正常运行，避免系统外来液由于水质成分复杂、配伍性差等因素，造成后端污水处理设备损坏、滤料污染板结及膜处理量下降等问题，制定并下发了《吉林油田污水系统来液管理规定》。明确了除油井正常生产时环内产出液以外的所有外来卸液，包括压裂返排液、化学措施返排液、泥浆无害化处理液等处理要求。

压裂返排液处理达标，方可进入污水系统（悬浮物<50mg/L，含油<50mg/L，黏度≤1mPa·s），定期检测压裂返排井的表观黏度，当黏度≤1mPa·s时，可以直接进入集输系统生产，当黏度>1mPa·s时，需拉运至压裂返排液处理岗处理。化学措施返排液必须卸入指定地点，pH值必须控制在7-8之间，方可卸液。钻井现场的废泥浆必须卸液至泥浆无害化处理站，不允许未经处理直接卸入联合站装卸岗或其他地点，泥浆无害化处理后的水质达标，方可进入污水系统（悬浮物<50mg/L，含油<50mg/L，钙镁离子含量<50mg/L，碱度<100mg/L；未达到要求不得卸液）。其他卸液的水质要与本厂水质开展配伍性评价，达标后方可卸液。

强化卸液过程管理，外来液拉运至装卸岗或压裂返排液处理岗前，必须事先开具拉液单，要求明确罐车拉液井号、井别、液量、液体种类及卸液地点等内容。属地管理岗位人员必须检查罐车拉液单，核实清楚罐车内的液体成分，严格执行水质化验工作并做好记录，符合卸液条件且水质化验合格后方可卸液，为保障集输系统、污水系统正常运行，避免卸液量过大影响正常生产，必须严格控制各站的卸液总量，不允许超过污水处理设备设计处理量及瞬时最大处理量。

4　结论

随着污水处理技术的发展进步，高标准工艺不断出现，根据油藏需求，结合各工艺技术特点选择适用的低成本处理工艺是污水站建设调改的首要选择。对于现有污水处理技术，强化基础维护，规范运行管理，优化管理参数，确保发挥各类工艺的最大优势，保持水质指标稳定。

参　考　文　献

[1] 汤琳 张维志 王忠祥，李冰，等，油田采出水处理及地面注水技术[M]. 北京：石油工业出版社，2017.

[2] 油田注水开发技术与管理编委会．油田注水开发技术与管理[M]. 北京：石油工业出版社，2016.

低污泥量水质处理技术在临盘采油厂的应用研究

饶 亮 李 锋 张存丽 刘冬炎 薛 琼 付 晶

(中国石化胜利油田公司)

摘 要 临盘采油厂针对油田回注污水腐蚀、结垢严重的问题，在胜利油田率先研究和使用了油田污水水质改性技术，将回注污水pH值优化在7.8~8.2的范围内，使各项水质指标及腐蚀结垢问题得到控制。但水质改性技术应用的同时，衍生出了污泥量大、难处理的环保难题，因先期的低污泥水质处理技术的试验后期pH值和腐蚀率均不达标，通过研究机理，利用现场和实验室实验，提出了改进低污泥水质处理技术，具有低污泥量、低腐蚀率、大站清垢方便和费用低的特点。

关键词 水质改性；低污泥量；低腐蚀率；技术改进

临盘采油厂管辖4个污水处理站、7个注水站，设计污水处理能力50000m^3/d，实际处理水量达47200m^3/d，辐射4个油田地区的149个水驱开发单元，目前均实施水质改性处理技术，每天产生含水污泥量约为1050m^3。该技术产生的污泥量大、结垢严重，且通过目前的高渗储层回注污泥技术要实现完全回注难度较大，过高的污泥量也使得大站清罐清垢频繁、污泥井堵塞、污泥泵损坏严重、注入困难，也严重影响了注入水水质，使欠注井口益增加，降低了水驱油的效果。

1 低污泥水质处理技术机理分析

1.1 水质改性的原理

由于污水来自不同的地层，具有较高的矿化度和机械杂质，同时含有未除干净的原油、大量的悬浮物，使污水变得异常复杂，水中的HCO^{3-}、游离的CO_2和大量的细菌等在偏低的pH值下使水质极不稳定。采用在污水中加入碱性物质，调整污水的酸碱度，使污水中的化学平衡得以破坏，HCO_3^-不断离解为CO_3^{2-}和H^+，大量的CO_3^{2-}和Ca^{2+}反应生成$CaCO_3$沉淀，Fe^{3+}生成$Fe(OH)_3$沉淀，利用絮凝剂的网捕作用，与系统中的悬浮固体等一同快速沉降，从系统中排除，与金属表面钝化同时作用使腐蚀结垢受到抑制，并形成不利于SRB等细菌生长的水体。

1.2 低污泥水质处理技术机理

水质改性药剂配方一般为：复合碱+石灰乳+混凝剂。其中石灰乳的主要作用是增加粒子浓度，促进晶格生长，使得水体中的絮团快速沉降。但大量石灰乳的投加也是产生大量污泥的主要原因，因此采用了仅投加NaOH溶液的低污泥污水处理配方。其反应机理有三点，分别为：(1)NaOH可去除二氧化碳、硫化物、亚铁，净化污水并降低污水腐蚀性；(2)反应中生成的碳酸钙沉淀可形成凝结核，投加PAM后携带悬浮固体(SS)和游离油沉降，达到净水效果；(3)pH值提升至8.0，腐蚀进入钝化区，同时结垢离子含量降低，缓解沿程结垢情况。，相关反应式为：$HCO_3^- + OH^- \rightleftharpoons H_2O + CO_3^{2-}$；$Fe^{3+} + OH^- = Fe(OH)_3$。

2 低污泥配方试验

采油厂与局检测中心合作在商河污水处理站和盘二污水处理站进行了试点实验，试验前污水处理站概况如表1、表2所示

表1 商河及盘二污水处理站药剂配方及污泥量情况

名称	日处理水量/m^3	液碱/(mg/L)	石灰乳/(mg/L)	PAM/(mg/L)	日产含水污泥量/m^3
商河污水站	6500	300	320	12	120
盘二污水站	9500	300	280	13	300

表2 商河及盘二污水处理站水质简况

项目	pH值	亚铁	总铁	硫化物	二氧化碳
商河来水	7.12	2.34	2.9	0.7	50
商河外输	8.02	0	0.2	0.52	0
盘二来水	7.02	11.9	17.3	0.2	70
盘二外输	7.94	0.39	0.7	0.15	0

2.1 前期药剂配方优化

2.1.1 确定液碱量

根据机理，pH值是低污泥技术中比较重要的一个表征指标。通过不同的液碱量下水体pH

值的变化，选定最佳效果的液碱加药量，两大污水处理站水样的实验结果如表 3 所示。

表 3 不同液碱量的 pH 值及效果情况

液碱量/(mg/L)	商河污水站		盘二污水站	
	pH	视效果	pH	视效果
1000	8.78	良好	8.70	良好
800	8.40	良好	8.43	良好
600	8.25	较差	8.38	良好
500	8.12	差	8.20	差

由表 3 可知：随着液碱量的增加，pH 值越高，净水效果越好。考虑成本等原因，其中商河污在 800mg/L 液碱加药量时净水效果较好，pH 值为 8.4；而盘二污在 600mg/L 液碱加药量时净水效果较好，pH 值为 8.38。

2.1.2 确定混凝剂类型

根据最佳液碱量进行不同混凝剂的现场实验。商河污液碱量为 800mg/L，混凝剂投加量为 12mg/L；盘二污液碱量为 600mg/L，混凝剂投加量为 13mg/L。分别进行实验，实验数据如见表 4、表 5，实验效果图见图 1、图 2。

表 4 商河污混凝剂现场筛选实验结果

混凝剂厂家/型号	视效果	絮团大小	沉降速度
3012	清澈	大	快
华宇	浑浊	大	慢
东方	浑浊	大	慢
0412	浑浊	小	慢
现场	浑浊	小	慢

图 1 商河污不同混凝剂现场实验对比

表 5 盘二污混凝剂现场筛选实验结果

混凝剂厂家/型号	视效果	絮团大小	沉降速度
3012	浑浊	小	快
现场	清澈	大	快

图 2 盘二污不同混凝剂现场实验对比

通过对比实验可知：商河污使用 3012 混凝剂的净水效果明显优于其他 PAM，盘二污使用目前现场原配方使用的混凝剂的净水效果最佳。

2.1.3 污泥量对比实验

确定商河污的配方为 800mg/L 液碱+12mg/L (3012)混凝剂，盘二污的配方为 600mg/L 液碱+13mg/L(现场)混凝剂，后各以 1000ml 本站水样为样本，加入的石灰乳可引入 0.294g 微溶性氢氧化钙，分别抽滤进行污泥量对比实验，实验结果见表 6。

表 6 新旧配方污泥量对比结果

污水站	旧配方/g	新配方/g	差值/g	降低率
商河污	0.4093	0.1725	0.2368	58%
盘二污	0.4629	0.1443	0.3186	69%

由表 6 可知，商河污采用新配方后可降低污泥量 58%，盘二污采用新配方后可降低污泥量 69%，污泥量都有明显的改善，证明了低污泥处理污水配方的可行性。

2.2 试点应用

采用厂在盘二污开展了现场应用试验，准备阶段将一次罐除油、二次沉降罐、缓冲罐全部清罐，将混合反应器及后端管线内部进行清垢处理，确保试验数据可靠。开始投加试验后坚持水质跟踪检测，检测项目包括：常规检测项目(含油量、悬浮固体含量、SRB 菌、粒径中值)、水性检测项目(pH 值、亚铁含量、总铁含量、硫化物含量)、腐蚀情况检测(现场挂片)、离子分析及结垢趋势预测。取样点有：来水、混合反应器出口、滤前、滤后、注水站、井口。取样周期为：含油量、悬浮固体含量、SRB 菌及水性检测项目每周四次，粒径中值每周一次，离子全分析每两周进行一次检测，腐蚀情况每月进行三次检测。

2.2.1　pH 值变化情况

因初期投入应用发现液碱 600mg/L 加药量偏低，将加药量调至 800mg/L，PAM 投加量保持 13mg/L 不变，通过对比可以发现，液碱投加量调整之后 PH 有所提高，整体呈现出反应器出口 pH 值较高，滤前滤后 pH 值存在明显下降，注水沿程 pH 值基本稳定的特点。其变化趋势见图 3。

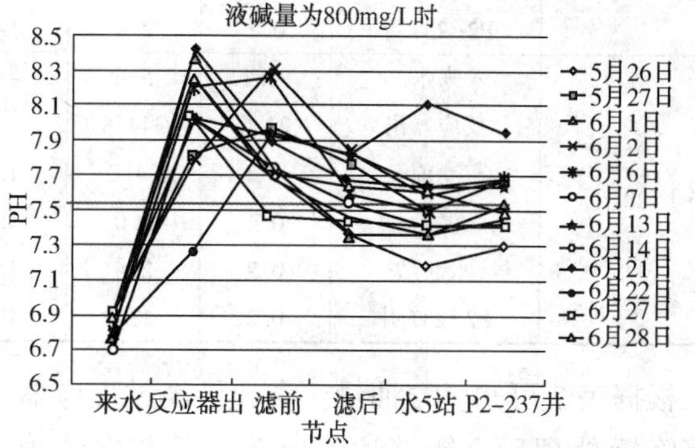

图 3　节点 pH 值变化趋势图

2.2.2　平均腐蚀率变化情况

由图 4 可知，2017 年初以来该站腐蚀率波动较大，存在超标的现象。应用低污泥配方后，初期的平均腐蚀率能够达到 0.076mm/a 的标准要求，表明新配方在 pH 值和腐蚀率方面能满足日常生产需求。

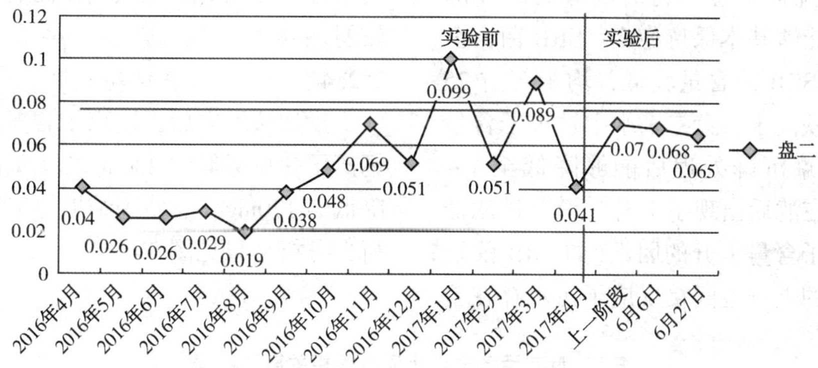

图 4　盘二污外输水平均腐蚀率变化情况

2.2.3　水质指标情况

应用新配方后，该站各节点常规水质指标均有所改善，满足该区块油藏对水质的要求。摘录部分水质检测情况如表 7。

表 7　盘二污水质指标监测情况(部分)

日期	节点	含油量	悬浮固体含量	粒径中值	SRB	pH	亚铁	总铁	硫化物
6月22日	来水	115.8	14.0	5.8	25	6.78	16.8	16.8	0.05
	反应器出	56.0	289.2	3.3		7.26	16.3	16.3	0.05
	滤前	2.1	13.6	3.3	25	7.94	2.3	2.3	0
	滤后	0.8	2.4	2.8	0.6	7.82	2.76	2.76	0.2
	水 5 站	0.2	1.6	1.4		8.12	3.9	3.9	0.8
	P2-237 井	0.6	2.0	1.5	0.6	7.94	0.7	0.7	0.4
6月27日	来水	55.0	10.4	5.1		6.9	13.5	17.3	0.44
	反应器出	39.1	156.4	2.8		8.02	10.1	14.3	0.65
	滤前	0.3	21.2	2.0		7.47	3.9	6.7	0

续表

日期	节点	含油量	悬浮固体含量	粒径中值	SRB	pH	亚铁	总铁	硫化物
6月27日	滤后	0.3	1.2	1.3		7.44	3.9	5.7	0.15
	水5站	0.2	1.6	1.2		7.41	5.33	7.42	0.24
	P2-237井	0.2	2.4	1.3		7.41	3.34	4.62	0.4
6月28日	来水	90.1	5.6	4.3		6.9	14.2	17	0.28
	反应器出	22.6	344.8	2.1		8.26	7.82	15	0.28
	滤前	0.2	14.0	1.8		7.72	1.88	2.76	0
	滤后	0.4	2.0	1.2		7.64	1.55	2.08	0.1
	水5站	0.2	2.4	1.4		7.6	5.22	7.42	0.4
	P2-237井	0.2	1.6	1.3		7.5	2.4	3.14	0.75

根据表7可知：含油量：含油量经过反应器及沉降罐处理后，能够达到极低水平并保持稳定；悬浮固体含量：反应器出口悬浮固体含量明显上升，为液碱与水体反应引发絮凝所致，经沉降罐、过滤器处理后逐渐减少至水质指标要求，后续注水流程能够保持稳定；粒径中值：粒径中值随着污水处理流程中悬浮物的沉降而逐步降低，注水流程中能够基本保持稳定；SRB菌：盘二污整体流程中SRB菌含量较低，均未超过25个/mL的标准；铁离子：盘二来水中铁离子含量较高，经由沉降罐沉降处理后能够降低至1~2mg/L左右，但在滤后出现了上升，说明过滤器中存在导致铁离子含量上升的因素(如SRB菌)，后续注水流程中的上升也间接反应了污水存在着轻微腐蚀情况，但腐蚀未超标；硫化物：盘二站硫化物含量整体不高，滤前硫含量能减少到零，但滤后较滤前存在升高情况，也间接印证了过滤器中可能存在SRB菌聚集滋生的情况；游离二氧化碳：盘二站来水二氧化碳含量约为40mg/L，经由液碱改性处理后能够降至20mg/L以内，后续流程中可能由于接触气体而有所上升，但影响较弱。

2.2.4 离子分析及结垢模拟

投加该配方后，镁离子含量降低约40mg/L，钙离子含量降低约200mg/L，碳酸氢根离子含量降低约170mg/L。使用结垢趋势预测软件进行分析，分析结果见图5。

表8 盘二污各节点水质改性相关离子数据

节点	日期	镁离子	钙离子	碳酸氢根	日期	镁离子	钙离子	碳酸氢根
来水	5月3日	220.4	1807.3	444.6	5月17日	222.5	1791.1	450.3
反应器出		180.2	1598.2	284.1		181.4	1595.7	282.9
滤前		179.4	1605.4	284.1		178.4	1598.1	287.5
滤后		182.8	1614.8	296.4		181.8	1606.3	287.5
水5站		181.5	1617.1	305.8		179.3	1612.3	284.1
P2-237井		187.1	1619.1	305.8		183.8	1611.2	284.1

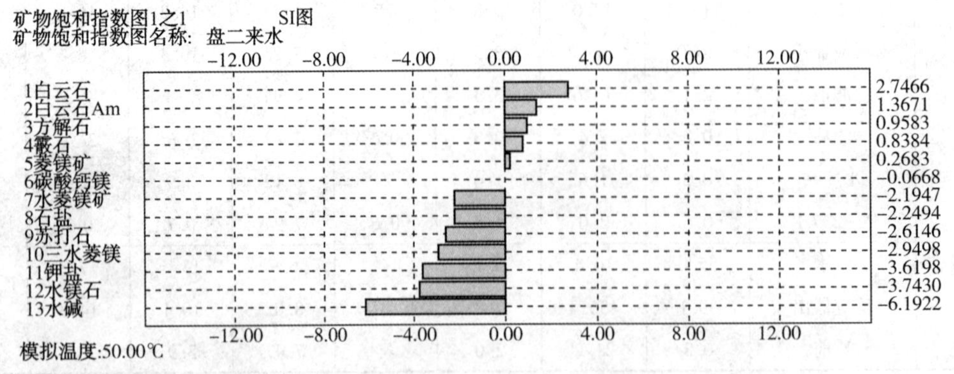

图5 盘二污新旧配方离子结垢趋势预测分析情况

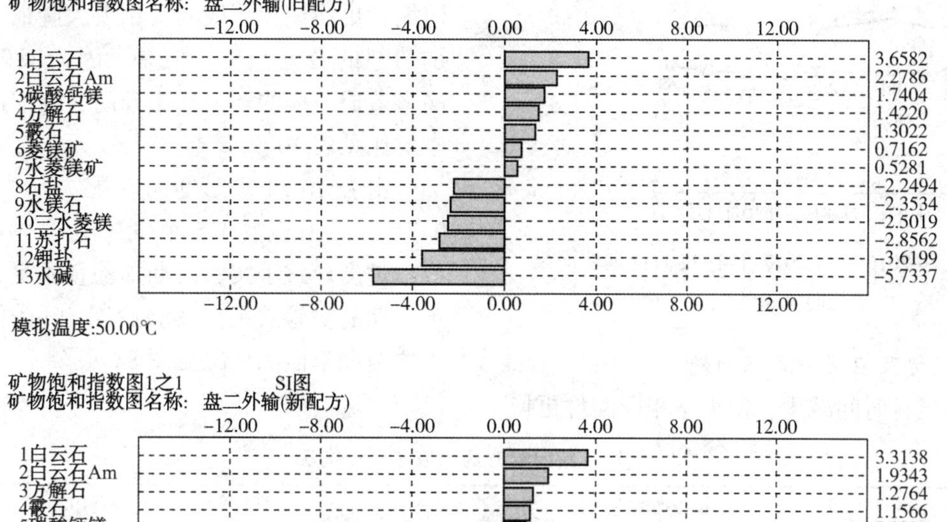

图 5 盘二污新旧配方离子结垢趋势预测分析情况(续)

由图 5 可知:采用新的水质改性方案后,各矿物饱和指数较原方案均有明显降低,可认为外输水及注水沿程结垢情况较原方案会有较大改善。

2.2.5 现场结垢情况

根据现场实际情况,将盘二污试验前后结垢情况对比,对比情况见图 6。

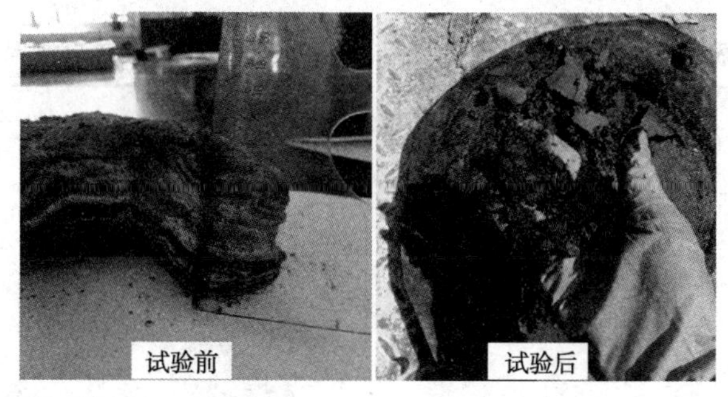

图 6 盘二污混合反应器出口垢样对比情况

由图 6 可见,试验前盘二污混合反应器出口两个月时间结垢厚度 6.5cm 左右,且致密坚硬难清理,试验后打开混合反应器出口管线发现均为泥状软垢,且缓冲罐出口到二次罐管线里都是软垢,易于清理,说明新配方有减轻结垢量,软化结垢的作用,且效果明显。

2.2.6 污泥产出量变化情况

由于采用高渗储层回注污泥技术,污泥量的变化可根据大站注泥泵的运行时间来判断,盘二污注泥泵运行时间同期对比情况如表 9、图 7 所示。

表 9 盘二污 2016 年与 2017 年 4-12 月同期注泥泵运行时间对比

时间	2016 年	2017 年
4 月	501	491
5 月	488	386.5
6 月	510	361
7 月	493	373
8 月	480	358
9 月	295	366
10 月	483	353.5
11 月	489	376
12 月	480	378
平均	468.7	359.3

由上述图表可知:盘二污 2017 年 4 月采用新配方后与 2016 年同期进行对比,2016 年 4-12 月平均每月运行 468.7h,2017 年 4-12 月平均每月运行 359.3h,每月注泥时间减少 109.4h,运行时间减少 23.34%。

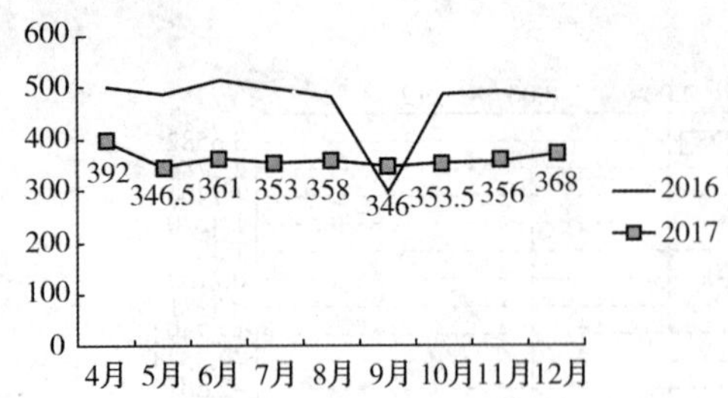

图 7　盘二污 2016 年与 2017 年 4-12 月同期注泥泵运行时间折线图

2.3　技术优势及应用中存在问题

注泥泵运行时间减少，使大站相应配件更换费用、人工费用都有所降低，同时使结垢带来的清垢、更换流程管线的费用大大降低，减少了投加药剂的劳动强度。但是，因为液碱的成本较高，造成整体的药剂费用升高，新旧配方药剂成本对比见表 10。

由表 10 可知，更换新配方后药剂成本由 0.7 元/m^3 升至 1.035 元/m^3，上涨幅度 47.85%，成本过高导致了实验后期加药量不足，严重影响了后期的实验效果。实验后期的 pH 值监测以及平均腐蚀率监测情况见图 8。

表 10　新旧配方药剂成本对比情况

项目	药剂名称	型号	投加浓度/(mg/L)	加药方式	加药位置	药剂单价/(元/t)	药剂费用/(元/m^3)	加药成本/(元/方)
原配方	液碱	/	300	连续	混合反应器	1050	0.315	0.7
	石灰乳	/	280	连续	混合反应器	680	0.19	
	PAM	现场	13	连续	混合反应器	15000	0.195	
新配方	液碱	/	800	连续	混合反应器	1050	0.84	1.035
	PAM	现场	13	连续	混合反应器	15000	0.195	

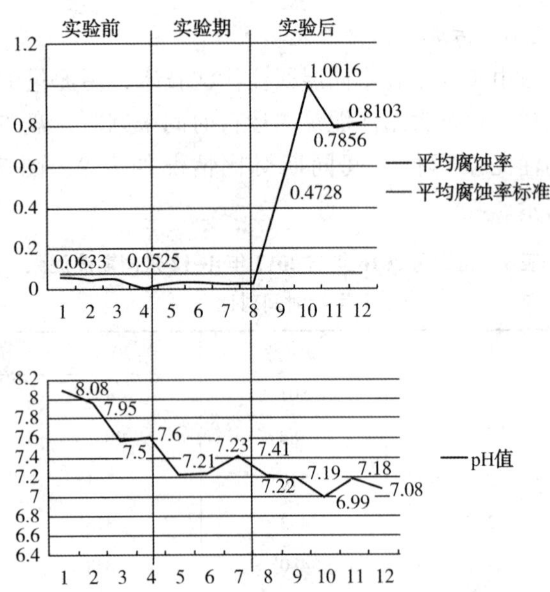

图 8　盘二污外输水平均腐蚀率及 pH 值变化情况

由图 8 可以看出，实验后期 8-12 月份，盘二污外输水 pH 值偏低，平均腐蚀率超标。

可以看出，新配方污泥量少，结垢趋势较好，但存在的问题主要是液碱成本高，盘二污液碱量为 800mg/L，成本增加较大，导致运行过程中加药量不足，pH 值不达标，平均腐蚀率超标，正式投入应用必须研究技术改进，符合现场实际要求。

3　现场应用改进

3.1　技术改进

平均腐蚀率高主要是由于 pH 值低引起的，液碱加药量不足，可以通过加入少量成本较低的石灰乳进行 pH 值调节，同样以盘二污水样为对象，在低污泥配方(600mg/L 液碱+13mg/L(现场)混凝剂)的基础上进行了不同量石灰乳的水质净化现场实验，实验结果见表 11 及图 9。

表 11　不同量石灰乳处理盘二污水样的 pH 值及效果情况

石灰乳/(mg/L)	盘二污水站		
	pH	视效果	絮团沉降速度
40	8.10	较差	较快
50	8.33	较差	较快
60	8.58	良好	快
70	8.70	良好	快

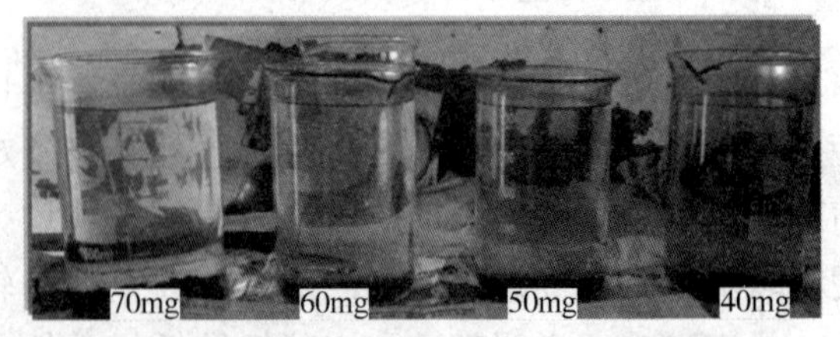

图 9　不同量石灰乳处理现场效果图

由实验结果可得出，当石灰乳量在 60mg/L

时，pH 值提升较大，净化效果较好，相应产生污泥量少，每方药剂成本由 1.035 元降至 0.866 元，经济效果最优。因此确定改进低污泥水质处理配方为 600mg/L 液碱+13mg/L(现场)混凝剂+60mg/L 石灰乳。

3.2 现场应用

2019 年 4 月陆续在盘二污和商河污开展低污泥水质处理技术的应用，开展措施后两大站污泥量有了明显改善，在试点实验过程出现的平均腐蚀率、pH 值的问题也得到解决。具体滤后水质达标情况统计见表 12、表 13。

表 12　盘二污 2019 年 4-8 月水质达标情况

时间	含油量/(mg/L)	悬浮固体含量/(mg/L)	SRB 菌/(个/mL)	平均腐蚀率/(mm/a)
4 月	0.73	1.30	25	0.0208
5 月	0	2.50	0.6	0.0425
6 月	0.36	1.14	0.6	0.0274
7 月	0.10	1.45	25	0.0333
8 月	0.51	1.86	25	0.0238
达标率	100%	100%	100%	100%

表 13　商河污 2019 年 4-8 月水质达标情况

时间	含油量/(mg/L)	悬浮固体含量/(mg/L)	SRB 菌/(个/mL)	平均腐蚀率/(mm/a)
4 月	0.42	4.09	25	0.0353
5 月	0.52	0.50	25	0.0625
6 月	0.14	0.79	25	0.0458
7 月	0.49	1.09	25	0.0669
8 月	0.80	1.91	6	0.0462
达标率	100%	94.7%	100%	100%

由上述可知，低污泥配方运行以来盘二污和商河污水质达标情况良好，平均腐蚀率均在标准范围内，现场挂片及设备、管线腐蚀情况在合理的范围内，站内结垢难题得到解决。站内产生污泥仍以注泥泵运行时间为标准，平均每日运行时间与试点实验期基本一致，正常运行时污泥量减少 25%-30%，达到了降低污泥量的效果。

4 结论

(1) 低污泥水质处理技术有效的解决了大站污泥产出量大的问题，试点实验过程中减少 23.34%左右，实际运行过程中能减少污泥量 25%-30%，且站内结垢量大、结垢硬的问题也得到了很好的解决，节省了人工除垢、换设备管线等成本。

(2) 低污泥水质处理技术处理后的水质能完全达到相关的水质标准要求，符合现场生产实际，能满足注水水质需要，有效抑制欠注井的增加。

(3) 通过低污泥配方的改进，适当增加少量石灰乳，既能解决 pH 值不达标，平均腐蚀率超标的问题，又能合理控制污泥产出量、结垢严重的问题，在经济及技术效果上都有可推广性。

参考文献

[1] 陈永红，范凤英，丛洪良，等．油田污水水质改性技术［M］．山东东营：中国石油大学出版社，2006.7.

[2] 王业飞，丛洪良，王冬梅，等．临南油田水质改性最佳 pH 值的研究[J]．内蒙古石油化工，2006(4)：89-90.

[3] 章冬生，罗荣．污水水质改性技术在临南油田的应用研究[J]．石油机械，2002，30(7)：53-55.

[4] 纪云岭，张爱社，张丽，等．中原油田注水水质改性技术[J]．油田化学，2003，20(1)：13-16.

[5] 肖曾利，蒲春生．磁防垢技术及应用发展现状[J]．断块油气田，2010，17(1)：121-124.

[6] 涂乙，汪伟英，吴萌，等．注水开发油田结垢影响因素分析[J]．油气储运，2010，29(2)：97-99.

气液分离器用新型叶片式入口构件整流效果研究

侯　磊　孙笼笼　刘芳媛　雷　婷

(中国石油大学(北京)机械与储运工程学院)

摘　要　气液分离器是石油化工领域中重要的分离设备，入口构件对气液分离器分离效率的提升发挥着重要的作用。提出一种用于高气液比重力式气液分离器的新型叶片式入口构件结构，该构件具有入口分离与气体整流两项功能。为研究新型叶片式入口构件的整流性能，应用 RNG k-ε 湍流模型，对气液分离器内流场进行三维数值模拟，分析叶片间距 15~35mm 入口构件以及不同安装距离入口构件的分离器内速度分布。结果表明，新型叶片式入口构件能显著降低速度不均匀度，抑制回流，使流速分布更加均匀；叶片间距、安装距离对整流效果均有较大影响，叶片间距过大或过小、入口构件过于靠近分离器入口均不利于整流。该研究成果能够为气液分离器的优化设计提供依据。

关键词　数值模拟；气液分离；碰撞分离；入口构件；整流

重力式气液分离器是石油化工行业普遍使用的气液分离设备[1]，内部分离构件主要包含入口构件、整流构件、除雾构件等，其结构性能影响分离器分离效率。分离器入口构件吸收或控制进入分离器的快速气液流的动量，使入口混合物的动量减少，完成气液相的初分离，并使气液在各自的流通截面上流动均匀，减少进口射流对流场的冲击。为了获得更好的分离效果，对分离器入口构件进行研究是十分有必要的。

气液分离器常用入口构件有入口挡板、入口旋流构件、半开口管、叶片式构件等[2]。原广庆发现入口构件能有效缓冲入口流体对初始流场的冲击，加入稳流构件后，能明显减小并抑制流场内部旋涡和返混[3]。王学平发现球壳形挡板入口构件对液-液分离器内部流场的稳定作用比方形平板入口构件强[4]。陆耀军发现离心式入口构件的预分离效果比碟形入口构件和挡板式入口构件好[5]。邓志安发现凹形板入口构件分离效果优于凸形板，而凸形板入口构件减少漩涡的效果优于凹形板[6]。传统入口构件的主要作用是完成初步分离和降低进口流体动能，对于入口构件后方出现的涡流和返混现象并没有相应的解决措施。本研究提出一种新型叶片式入口构件，不仅能够进行初步分离和降低流体动能，还具有整流作用，对该入口构件整流效果进行三维数值模拟，研究入口构件的叶片间距、安装距离对分离器内部流场的影响，为气液分离器优化设计提供依据。

1　数值模拟

随着数值模拟和计算机技术的发展，许多无法通过实验研究解决的难题得到攻克。采用数值模拟方法对分离器内部流场进行模拟，主要包含几何模型建立、网格划分、计算求解、结果后处理等内容。

1.1　几何模型与网格划分

根据某实际工程中气液分离器尺寸构建几何模型，圆筒部分长度 4000mm，直径 800mm。分离器进口、气体出口均设置在筒体上部，进出口中心距离圆筒部分边缘 200mm。由于新型叶片式入口构件不仅具有入口构件的功能，还兼具整流构件的功能。因此，仅在筒体入口处设置入口构件，不再另设整流构件。液面控制在半满处，气液混合物的流动区域为容器的上半部分，仅对上半部分流通区域进行建模，见图 1。

图 1　计算区域示意图

提出的新型叶片式入口构件为一系列带折弯角的叶片叠加而成，其模型如图 2 所示。其原理为气液混合物打在前端倾斜向下的斜板上，一部分气体随着斜板间的间隙而流出，另一部分气体由于斜板阻挡作用而向下流动，在向下流动的过程中，气体逐渐通过入口构件，达到了平均气流的作用。

图2 新型叶片式入口构件模型图

新型叶片式入口构件叶片尺寸参数和安装距离如图3和图4所示，以叶片间距 S、入口构件安装距离 L 为影响因素。对加入新型叶片式入口构件的分离器内部流场进行数值模拟。

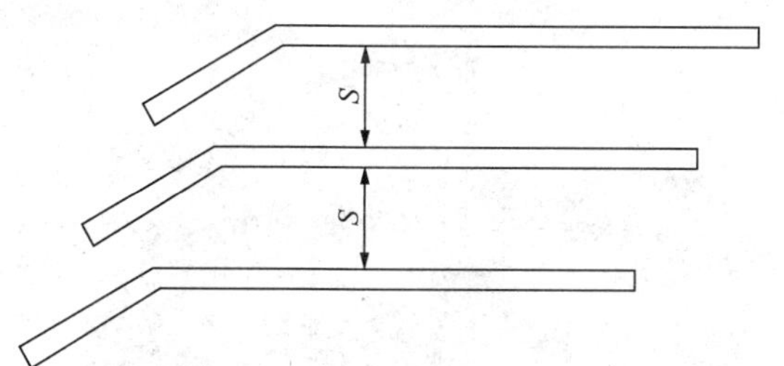

图3 新型叶片式入口构件板布局示意图

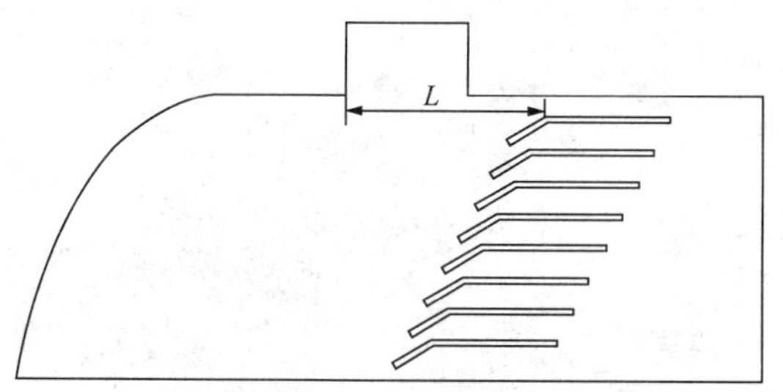

图4 新型叶片式入口构件安装距离示意图

模拟的入口构件分两组：一组为叶片间距相同，安装距离不同；一组为安装距离相同，叶片间距不同。具体模型的结构参数见表1。

表1 入口构件叶片间距和安装距离

序号	叶片间距 S/mm	安装距离 L/mm	序号	叶片间距 S/mm	安装距离 L/mm
1	15	190	6	20	130
2	20	190	7	20	160
3	25	190	8	20	190
4	30	190	9	20	220
5	35	190	10	20	250

气液分离器内部几何结构复杂，为了适应其几何结构特点，气液分离器的网格采用四面体非结构网格划分[7]，在气液分离器进出口及入口构件处进行加密处理，如图5所示，其中a、b、c、d和e为流场观察截面。

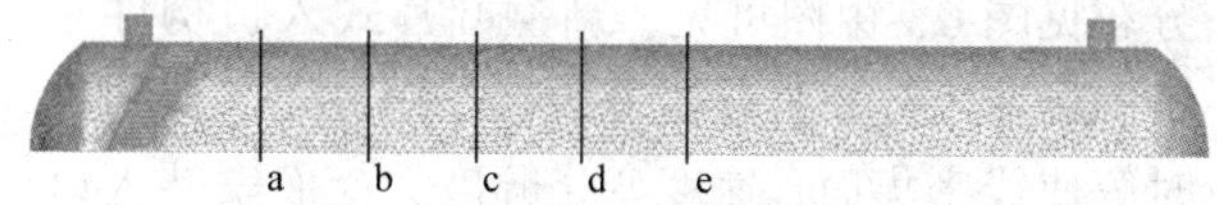

图5 气液分离器网格示意图

1.2 数学模型

（1）基本假设及边界条件

为简化计算，对分离器内部流场的设置做出如下假设：模拟气体为空气，内部气体流动为连续流动，气体为不可压缩流体，流体处于恒温。将入口设为速度入口，入口速度为20m/s，将出口设为自由出流。分离壁面按照无滑移条件处理，将气液交界面视为壁面。流体为恒温，故不考虑热边界条件。流体气液比高，故不考虑液相对分离器内部流场的影响。

（2）湍流模型

RNGk-ε 湍流模型通过修正湍动黏度，考虑平均流动中的旋转及旋流流动情况，能够更准确地处理高应变率及流线弯曲程度较大的流动[8-9]，因此选用 RNG k-ε 湍流模型对分离器流场进行模拟。RNG k-ε 湍流模型主要有湍流动能(k)方程和湍流耗散率(ε)方程组成，方程的主要形式为：

$$\rho\frac{\mathrm{d}k}{\mathrm{d}t}=\frac{\partial}{\partial x_i}\left[(\alpha_k\mu_{eff})\frac{\partial k}{\partial x_i}\right]+G_k+G_b-\rho\varepsilon-Y_M \quad (1)$$

$$\rho\frac{\mathrm{d}\varepsilon}{\mathrm{d}t}=\frac{\partial}{\partial x_i}\left[(\alpha_\varepsilon\mu_{eff})\frac{\partial\varepsilon}{\partial x_i}\right]+C_{1\varepsilon}\frac{\varepsilon}{k}(G_k+C_{3\varepsilon}C_b)-C_{2\varepsilon}\rho\frac{\varepsilon^2}{k}-R \quad (2)$$

式中：k 为湍流动能，J；ε 为湍流耗散率；t 为时间，s；x_i 为方向矢量；ρ 为密度，kg/m^3；α_k 和 α_ε 分别为湍动能和耗散率的有效湍流普朗特数的倒数；μ_{eff} 为湍流黏度系数；G_k 为因平均速度梯度引起的湍动能产生；G_{b} 为由于浮力影响引起的湍动能产生；Y_{M} 为可压缩湍流脉动膨胀对总的耗散率的影响；$C_{1\varepsilon}$、$C_{2\varepsilon}$、$C_{3\varepsilon}$ 为常量。

2 模拟结果与分析

通过对比入口构件后方1m处c截面的轴向速度分布和入口构件后方不同距离截面的速度不均匀度，分析新型叶片式入口构件叶片间距和安装距离对整流效果的影响。

2.1　叶片间距对入口构件整流效果的影响

为了研究安装距离相同的情况下不同叶片间距的入口构件对分离器内部流场的影响，取入口构件后方1m处的c截面进行分析，其轴向速度分布见图6，由图可见，新型叶片式入口构件对于流场速度分布具有明显改善作用，无入口构件时等速线密集而且速度变化幅度大。而安装入口构件后等速线分布变得稀疏且速度变化幅度明显缩小，无逆流现象。从横向上看，当入口构件安装距离相同时，当叶片间距分别为15mm、20mm、25mm、30mm、35mm时，流场速度分布有明显差别，且呈现先稀疏后稠密的趋势。当叶片间距为25mm时等速线分布最为稀疏，说明速度梯度较小，变化更加平缓，整流效果较好，这有利于沉降分离。

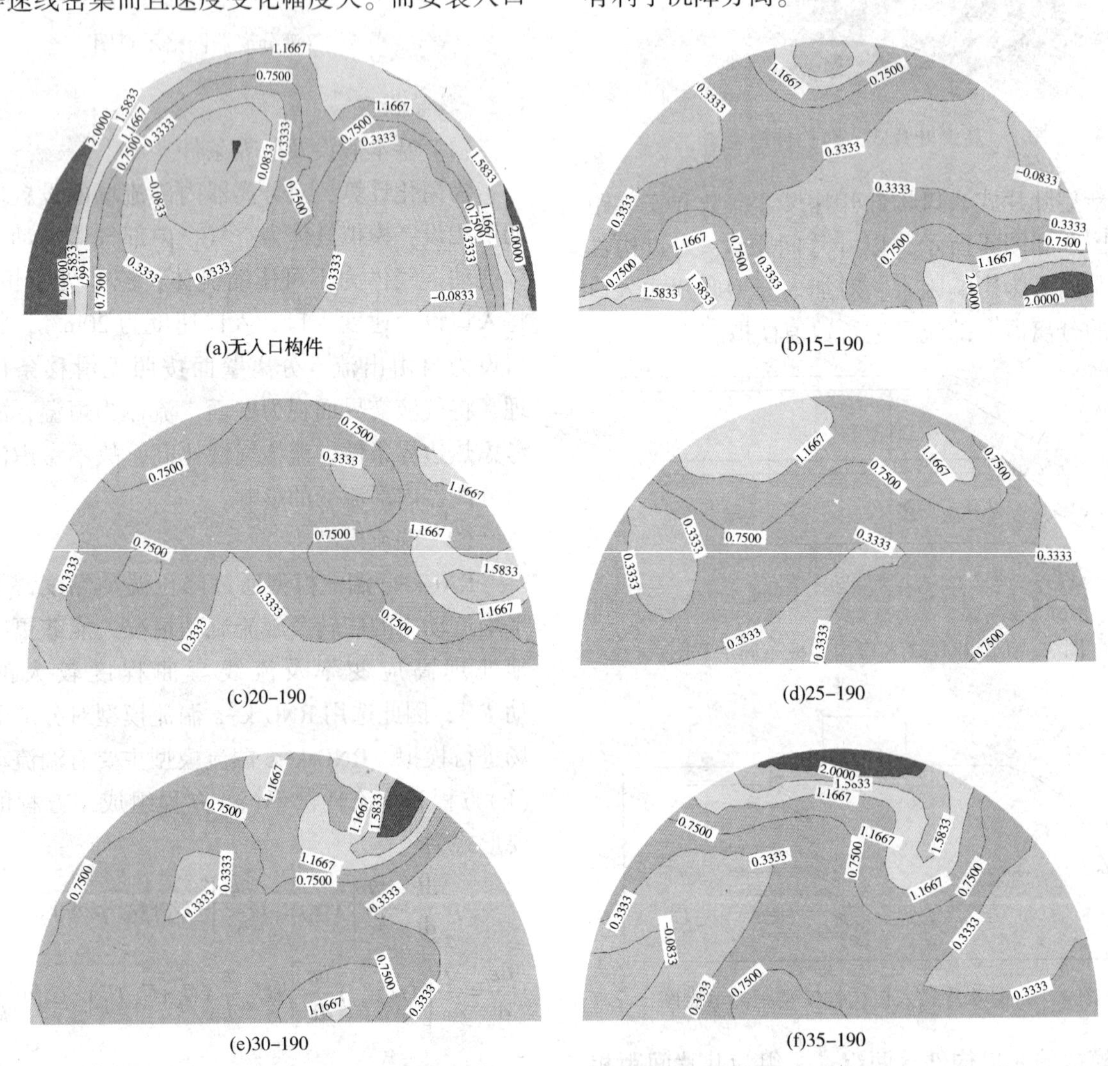

(a)无入口构件　(b)15-190　(c)20-190　(d)25-190　(e)30-190　(f)35-190

图6　叶片间距不同时c截面上的轴向速度分布

为更准确地比较新型叶片式入口构件对流场的梳理作用，将截面上各点流速的标准差定义为速度不均匀度S_n[10]。

$$S_n = \sqrt{\frac{1}{n}\sum_{i=1}^{n}(u_i - \overline{u})^2} \quad (3)$$

式中：u_i为截面各点速度，m/s；$\bar{u}$为截面平均速度，m/s；S_n为截面速度分布的均方差，即不均匀度。

S_n越小，则速度分布越均匀，流场越稳定，越有利于分离。取图3中a、b、c、d和e截面的速度求取截面速度不均匀度，得到安装不同结构尺寸入口构件后气液分离器内的截面速度不均匀度变化曲线，见图7，由图可见，随着距离的增加，截面速度不均匀度呈下降趋势，说明分离器内部流场越靠后，速度分布越均匀。无入口构件时，其各截面速度不均匀度远远高于有入口构件的。当入口构件叶片间距为25mm时，各截面速度不均匀度几乎均达到最小，其结果与图6分析结果基本一致。故入口构件叶片间距为25mm时整流效果最好。

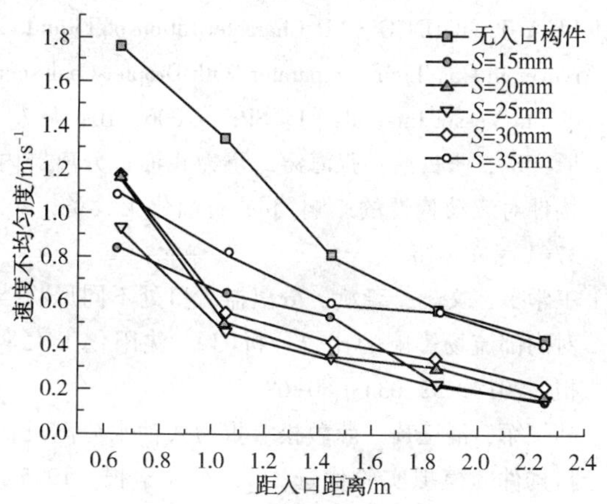

图 7　叶片间距不同时速度不均匀度变化曲线

2.2　不同安装距离对入口构件整流效果的影响

建立入口构件叶片间距相同而安装距离不同的气液分离器几何模型。对流场进行求解，入口构件后 1m 的 c 截面轴向速度分布云图见图 8，由图可见，不同安装距离的入口构件对流场速度分布的梳理作用也不相同，且差别同样较为明显。当安装距离分别为 130mm、160mm、190mm、220mm、250mm 时，等速线分布呈现逐渐稀疏的趋势，说明安装距离不宜靠气体入口处太近。沿程截面的速度不均匀度的变化情况见图 9，由图可见，随着距离入口越远，速度不均匀度越来越小。从横向上看，当叶片间距分别为 130~190mm 时，各截面速度不均匀度呈逐渐减小的趋势且各截面速度不均匀度差异性较大，当叶片间距分别为 190~250mm 时，各截面速度不均匀度差异性较小。故入口构件安装距离不宜靠气体入口处太近。

(a)无入口构件　(b)20–130

(c)20–160　(d)20–190

(e)20–220　(f)20–250

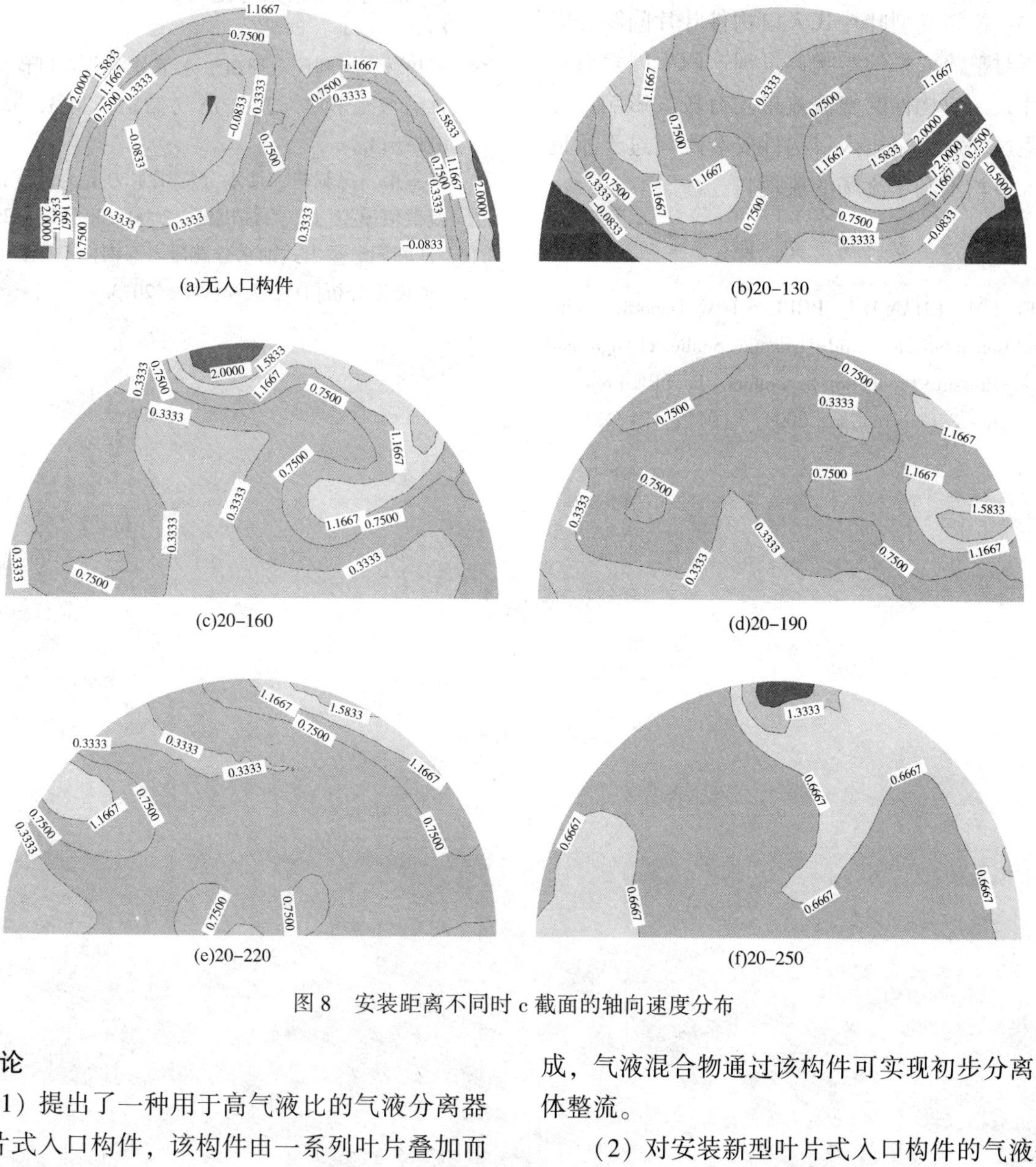

图 8　安装距离不同时 c 截面的轴向速度分布

3　结论

（1）提出了一种用于高气液比的气液分离器用叶片式入口构件，该构件由一系列叶片叠加而成，气液混合物通过该构件可实现初步分离和气体整流。

（2）对安装新型叶片式入口构件的气液分离

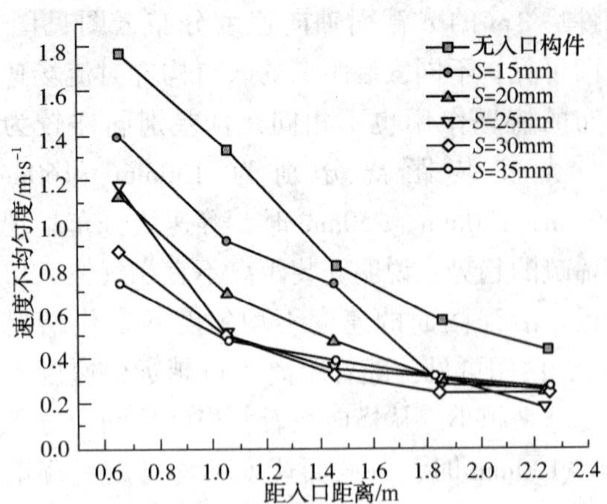

图 9　安装距离不同时的速度不均匀度变化曲线

器内部流场进行数值模拟，发现分离器各截面的速度不均匀度显著降低，新型叶片式入口构件具有较好的整流效果。

（3）模拟新型叶片式入口构件叶片间距、安装距离对整流效果的影响，发现这两个因素对新型叶片式入口构件的整流效果均有较大影响，叶片间距过大或过小、入口构件安装距离过于靠近气体入口均不利于流场的梳理。

参 考 文 献

[1] LEE J M，KHAN R I，PHELPS D W. Debottlenecking and Computational-Fluid-Dynamics Studies of High-and Low-Pressure Production Separators [J]. SPE Projects, Facilities & Construction，2009，4(04)：124-131.

[2] LU Y J，JOHN G. CFD Characterization of Liquid Carryover in Gas/Liquid Separator With Droplet Coalescence due to Vessel Internals [J]. SPE，2006，10：4-7.

[3] 原广庆，张吕鸿，张海涛．重力式油水分离器内部构件对流动特性的影响[J]．石油化工设备，2008，37(1)：12-15.

[4] 王学平，文学，龚斌．分离器入口处不同形状挡板对内部流场影响的比较分析[J]．沈阳化工大学学报，2018，32(03)：60-68.

[5] 陆耀军，潘玉琦，薛敦松．重力式油水分离设备入口构件的模拟实验优选[J]．石油学报，1995，16(3).

[6] 邓志安，贾琳，孙洁．含不同入口构件的重力式分离器内流场的数值模拟[J]．石油工业技术监督，2010，26(3)：9-11.

[7] 苗长山，李增亮，赵新学，等．多相混输泵的数值模拟及与实验结果对比[J]．石油机械，2007，35(11)：1-4.

[8] 刘培林，何利民，周凯．水下分离器入口预分离构件的数值模拟[J]．油气储运，2013，32(6)：611-614.

[9] 李玉星，冯叔初．油水分离用水力旋流器理论模型及数值模拟[J]．石油机械，2000，28(11)：26-29.

[10] 江朝阳．重力式油水分离器内部构件工作特性的数值模拟分析[D]．天津大学，2013.

深冻土层地区注水管道埋深技术经济性研究

曲 虎 邵艳波 刘 静 张迎芳

(中国石油工程建设有限公司华北分公司)

摘 要 针对深冻土层地区注水管道因深埋造成的建设费用高和维修困难等问题，以不同规格、保温厚度和埋深的注水管道为研究对象，通过对管道安装费用、保温费用、土方费用和临赔费用等影响管道建设费用的因素进行研究对比，确定注水管道采用冻土层以上敷设和保温建设方式的技术可行性和经济可行性。通过研究得出，注水管道采用冻土层以上敷设和保温的方式在技术和经济方面是可行的；对于同一条管道，管道埋深和保温厚度是影响其建设费用的主要因素。当冻土层小于1.8m时，注水管道采用冻土层以下埋深和不保温的建设方式较为经济，当冻土层大于1.8m时，采用冻土层以上敷设和保温的建设方式较为经济。

关键词 冻土层；注水管道；埋深；保温；经济

油田目前运行的大部分注水管道采用冻土层以下埋深和不保温的建设方式，主要是为避免冬季在冻土层以上敷设时的管道介质凝结[1-3]。但对于北方的一些高寒地区，冻土层深度高达3m以上，采用冻土层以下敷设时，由于土方量和施工作业带宽度的增加，造成管线建设费用增加，同时也给管线更换和维抢修带来了很大的困难[4-9]。

本文以25MPa设计压力的注水管道为研究对象，通过对不同规格、保温厚度和埋深的管道建设费用进行对比，确定注水管道采用冻土层以上敷设和保温建设方式的经济可行性。

1 注水管道地上敷设技术可行性

以某油田一条D60×7注水管道为例，埋深3.0m处地温为0℃，在埋深1.5m处地温为-3.5℃，注水量为80m³/d，出站温度为30℃，管线长度为3km，分别计算注水管道在埋深3.0m处不保温和埋深1.5m处保温10mm、20mm、30mm、40mm、50mm、60mm时的沿程温降及停输温降至0℃的时间，采用SPS流体模拟软件进行计算，计算书结果见图1~图2。

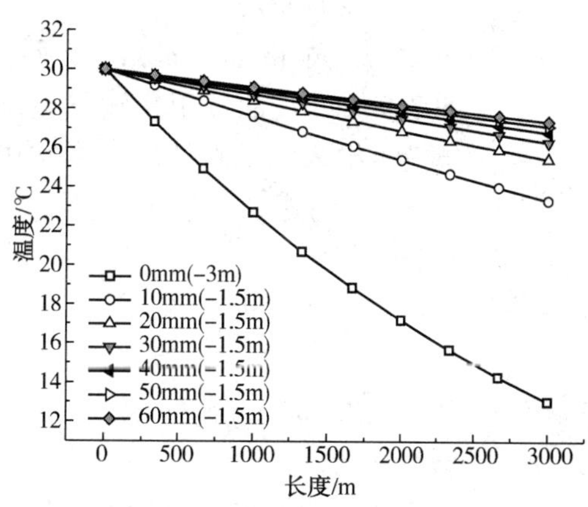

图1 不同保温厚度和埋深条件下的管道温降曲线

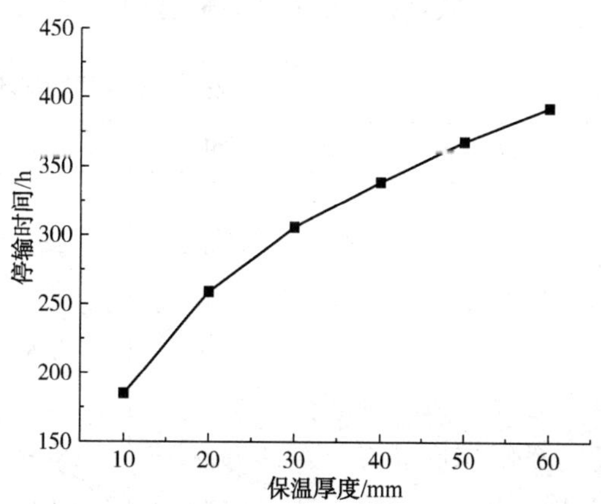

图2 不同保温厚度条件下管道的停输时间曲线

由图1所示，不保温管道虽在冻土层以下敷设，但温降较大，保温管道虽在冻土层以上敷设，但温降较小。

根据图2所示，在保温厚度10mm以上时，停输时间≥7d，满足一般生产中断时的维抢修时间(维抢修时间根据造成停输的原因而定，一般为1~3d)要求，因此，注水管道采用冻土层以上敷设+保温的方式具有技术可行性。

2 注水管道地上敷设经济可行性

2.1 计算公式

线路管沟按人工开挖考虑，管沟开挖示意见

图3。沟底宽度、沟面宽度、土方体积及施工作业带宽度计算分别见式(1)~式(4)[9-16]，考虑管沟一侧的施工作业带内车辆通行、管线堆放及焊接，管沟非土堆一侧的作业带应≥5m。

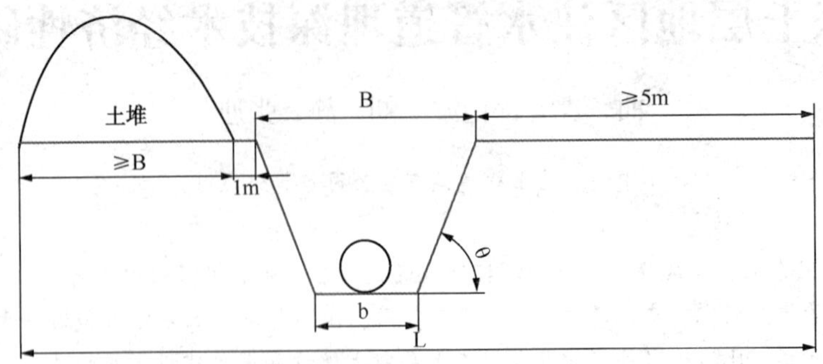

图3　管沟开挖横截面示意图

(1) 沟底宽度

$$b=D+K \tag{1}$$

式中　B——沟底宽度(m)；

D——钢管的结构外径(包括防腐、保温层的厚度)(m)；

K——沟底加宽裕量(m)，按照GB 50819-2013《油气田集输管道施工规范》中表5.2.6选取，本文中按照0.5m考虑。

(2) 沟面宽度

$$B=b+2\times\frac{h}{\tan\theta} \tag{2}$$

式中　B——沟底宽度(m)；

h——管沟深度(m)；

$\tan\theta$——边坡比，边坡比按照SY 4204-2016《石油天然气建设工程施工质量验收规范 油气田集输管道工程》，本文中按照1：0.67考虑。

(3) 土方体积

$$V=\frac{(B+b)\times h}{2}\times L \tag{3}$$

式中　V——管沟土方(m^3)；

L——管沟长度(m)。

(4) 作业带宽度

$$L_X=2B_X+6 \tag{4}$$

式中　L_X——埋深X米管道的作业带宽度(m)；

B_X——埋深X米管道的沟面宽度(m)。

2.2　计算结果

根据式(1)~式(4)计算的不同管径的管道在不保温、不同埋深时的土方和作业带结果见表1。

D60×7注水管道在不同埋深和保温厚度条件下的土方及作业带计算结果见表2。

表1　不保温管道不同埋深的土方和作业带计算表

管径/mm	60	76	89	114	159	219
埋深/m	1.2	1.2	1.2	1.2	1.2	1.2
土方体积/m³	4910.4	4968	5014.8	5104.8	5266.8	5482.8
作业带长度/m	10.00	10.03	10.06	10.11	10.20	10.32
埋深/m	1.5	1.5	1.5	1.5	1.5	1.5
土方体积/m³	7042.5	7114.5	7173	7285.5	7488	7758
作业带长度/m	10.00	10.84	10.86	10.91	11.00	11.12
埋深/m	1.8	1.8	1.8	1.8	1.8	1.8
土方体积/m³	9536.4	9622.8	9693	9828	10071	10395
作业带长度/m	10.00	11.64	11.67	11.72	11.81	11.93
埋深/m	2.1	2.1	2.1	2.1	2.1	2.1
土方体积/m³	12392.1	12492.9	12574.8	12732.3	13015.8	13393.8
作业带长度/m	10.00	12.44	12.47	12.52	12.61	12.73

续表

埋深/m	2.4	2.4	2.4	2.4	2.4	2.4
土方体积/m^3	15609.6	15724.8	15818.4	15998.4	16322.4	16754.4
作业带长度/m	10.00	13.25	13.27	13.32	13.41	13.53
埋深/m	2.7	2.7	2.7	2.7	2.7	2.7
土方体积/m^3	19188.9	19318.5	19423.8	19626.3	19990.8	20476.8
作业带长度/m	10.00	14.05	14.08	14.13	14.22	14.34
埋深/m	3	3	3	3	3	3
土方体积/m^3	23130	23274	23391	23616	24021	24561
作业带长度/m	10.00	14.86	14.88	14.93	15.02	15.14

表 2 保温管道不同埋深的土方和作业带计算表

保温厚度/mm	0	20	30	40	50	60	70	80
埋深/m	1.2	1.2	1.2	1.2	1.2	1.2	1.2	1.2
土方体积/m^3	4910.4	5054.4	5126.4	5198.4	5270.4	5342.4	5419.329	5491.329
作业带长度/m	10	10.08	10.12	10.16	10.2	10.24	10.28548	10.32548
埋深/m	1.5	1.5	1.5	1.5	1.5	1.5	1.5	1.5
土方体积/m^3	7042.5	7222.5	7312.5	7402.5	7492.5	7582.5	7680.201	7770.201
作业带长度/m	10	10.884	10.924	10.964	11.004	11.044	11.09085	11.13085
埋深/m	1.8	1.8	1.8	1.8	1.8	1.8	1.8	1.8
土方体积/m^3	9536.4	9752.4	9860.4	9968.4	10076.4	10184.4	10303.49	10411.49
作业带长度/m	10	11.688	11.728	11.768	11.808	11.848	11.89621	11.93621
埋深/m	2.1	2.1	2.1	2.1	2.1	2.1	2.1	2.1
土方体积/m^3	12392.1	12644.1	12770.1	12896.1	13022.1	13148.1	13289.19	13415.19
作业带长度/m	10	12.492	12.532	12.572	12.612	12.652	12.70158	12.74158
埋深/m	2.4	2.4	2.4	2.4	2.4	2.4	2.4	2.4
土方体积/m^3	15609.6	15897.6	16041.6	16185.6	16329.6	16473.6	16637.32	16781.32
作业带长度/m	10	13.296	13.336	13.376	13.416	13.456	13.50695	13.54695
埋深/m	2.7	2.7	2.7	2.7	2.7	2.7	2.7	2.7
土方体积/m^3	19188.9	19512.9	19674.9	19836.9	19998.9	20160.9	20347.85	20509.85
作业带长度/m	10	14.1	14.14	14.18	14.22	14.26	14.31232	14.35232
埋深/m	3	3	3	3	3	3	3	3
土方体积/m^3	23130	23490	23670	23850	24030	24210	24420.81	24600.81
作业带长度/m	10	14.904	14.944	14.984	15.024	15.064	15.11769	15.15769

2.3 结果分析

管道建设费用包括管材及施工费用和施工作业带的临赔费用，对注水压力为 25MPa 下 D60×7、D89×10、D114×14 三种规格的注水管线进行费用分析，分析结果见表 3~表 5。

表 3 D60×7 注水管线不同埋深和保温厚度的建设费用估算表(万元)

埋深/m	保温厚度/mm							
	0	20	30	40	50	60	70	80
1.20	34.02	36.07	37.42	39.05	40.88	43.02	45.22	47.80
1.50	37.24	39.33	40.68	42.33	44.18	46.32	48.59	51.20

续表

埋深/m	保温厚度/mm							
	0	20	30	40	50	60	70	80
1.80	40.76	42.88	44.25	45.91	47.77	49.97	52.22	54.84
2.10	44.60	46.73	48.13	49.79	51.69	53.88	56.10	58.78
2.40	48.72	50.91	52.30	53.97	55.88	58.09	60.33	63.03
2.70	53.16	55.38	56.79	58.46	60.4	62.61	64.86	67.58
3.00	57.89	60.13	61.56	63.28	65.2	67.42	69.88	72.43

由表3和图4可以看出，管道建设费用随着管道埋深和保温厚度的增加而增大，设定保温管道基础埋深为1.5m；对于D60×7的注水管道，当冻土层>1.8m时，不保温管道的建设费用高于保温30mm的管道的建设费用；当冻土层>2.1m时，不保温管道的建设费用高于保温40mm的管道的建设费用；当冻土层>2.4m时，不保温管道的建设费用高于保温60mm的管道的建设费用；当冻土层>2.7m时，不保温管道的建设费用高于保温80mm的管道的建设费用。

表4　D89×10注水管线不同埋深和保温厚度的建设费用估算表(万元)

埋深/m	保温厚度/mm							
	0	20	30	40	50	60	70	80
1.20	48.02	49.69	51.42	53.35	55.48	57.91	60.45	63.38
1.50	51.27	52.97	54.71	56.66	58.81	61.26	63.80	66.75
1.80	54.83	56.55	58.31	60.28	62.44	64.90	67.46	70.42
2.10	58.68	60.44	62.21	64.19	66.37	68.85	71.42	74.4
2.40	62.84	64.62	66.42	68.41	70.60	73.09	75.69	78.68
2.70	67.30	69.11	70.92	72.93	75.14	77.64	80.25	83.26
3.00	72.06	73.91	75.73	77.75	79.97	82.5	85.12	88.14

由表4和图5可以看出，对于D89×10的注水管道，当冻土层>1.8m时，不保温管道的建设费用高于保温30mm的管道的建设费用；当冻土层>2.1m时，不保温管道的建设费用高于保温40mm的管道的建设费用；当冻土层>2.4m时，不保温管道的建设费用高于保温60mm的管道的建设费用；当冻土层>2.7m时，不保温管道的建设费用高于保温80mm的管道的建设费用。

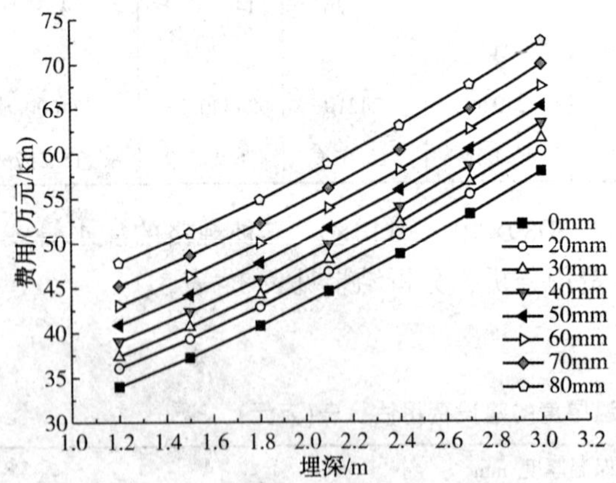

图4　D60×7注水管线不同埋深和保温厚度的建设费用曲线表

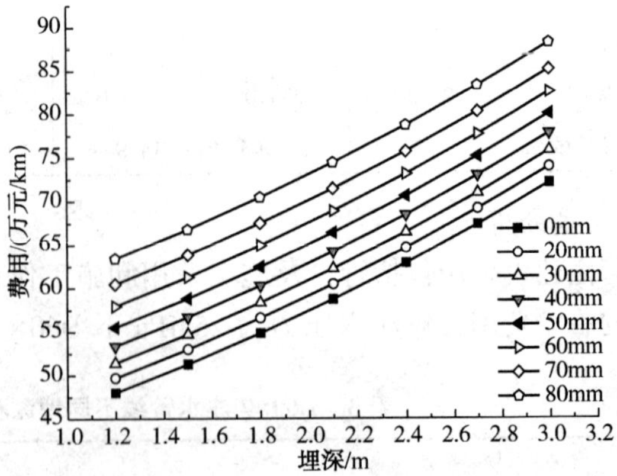

图5　D89×10注水管线不同埋深和保温厚度的建设费用曲线表

表 5　D114×14 注水管线不同埋深和保温厚度的建设费用估算表(万元)

埋深/m	保温厚度/mm							
	0	20	30	40	50	60	70	80
1.20	66.49	68.95	70.98	73.11	75.65	78.28	81.51	84.34
1.50	69.76	72.25	74.30	76.44	78.99	81.64	84.89	87.73
1.80	73.33	75.85	77.92	80.08	82.64	85.30	88.56	91.43
2.10	77.20	79.76	81.84	84.01	86.59	89.27	92.54	95.42
2.40	81.38	83.96	86.06	88.25	90.84	93.53	96.83	99.72
2.70	85.86	88.47	90.58	92.79	95.39	98.10	101.41	104.32
3.00	90.64	93.28	95.41	97.63	100.25	102.97	106.29	109.22

由表 5 和图 6 可以看出，对于 D114×14 的注水管道，当冻土层>1.8m 时，不保温管道的建设费用高于保温 20mm 的管道的建设费用；当冻土层>2.1m 时，不保温管道的建设费用高于保温 40mm 的管道的建设费用；当冻土层>2.4m 时，不保温管道的建设费用高于保温 50mm 的管道的建设费用；当冻土层>2.7m 时，不保温管道的建设费用高于保温 70mm 的管道的建设费用；当冻土层>3m 时，不保温管道的建设费用高于保温 80mm 的管道的建设费用。

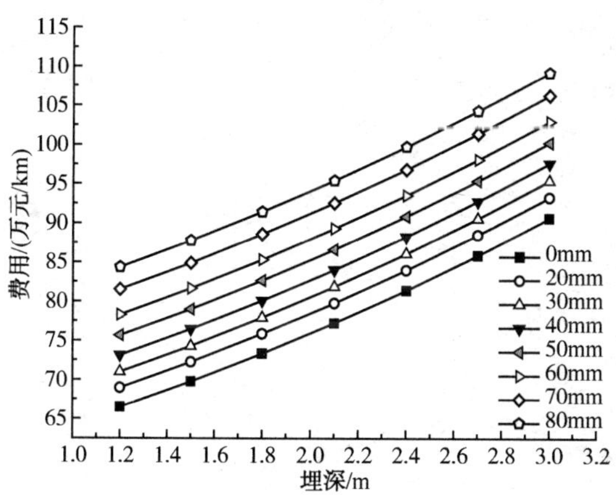

图 6　D114×14 注水管线不同埋深和保温厚度的建设费用曲线

用$\frac{(\text{土方费用}+\text{临赔费用})}{\text{管线保温费用}}$表示费用占比，设定注水管道埋深 1.8m，计算 D60×7、D89×10、D114×14、D159×18 规格的注水管道在不同保温厚度下的费用占比，结果见图 7。

同一种管径的注水管道在埋深一定时，费用占比随着保温厚度的增加而增大；在埋深和保温厚度一定时，费用占比随着管径的增大而减小，说明在埋深和保温厚度一定时，管径越大，保温厚度对管道建设费用的影响越小。

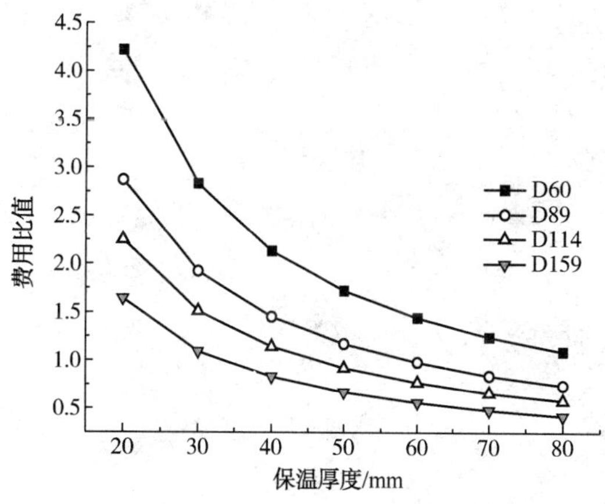

图 7　不同管径注水管线在不同保温厚度时的费用比曲线

3　结论

为了研究注水管道的埋深经济性，文中对不同管径规格的注水管道在不同埋深、不同保温厚度条件下的管线安装费用、土方费用、保温费用、临赔费用进行计算，从而得出不同条件下的管线可比投资。

通过研究可知，对于 D60~D159 之间的注水管道，当冻土层≤1.8m 时，推荐采用冻土层以下埋深和不保温的建设方式，当冻土层>1.8m 时，推荐采用冻土层以上敷设和保温的建设方式。

参考文献

[1] 樊三新，刘玉玲，楚威威. 高寒地区管道低温水试压方法[J]. 油气储运，2011，30(2)：73-75.

[2] 左景栾，任韶然，马欣本，等. 油田回注水管道腐蚀分析及防护对策[J]. 油气储运，2009，28(7)：44-47.

[3] 谢飞，吴明，陈旭，等. 油田注水系统结垢腐蚀机理[J]. 油气储运，2010，29(12)：896-899.

[4] 涂乙，汪伟英，吴萌，等. 注水开发油田结垢影响因素分析[J]. 油气储运，2010，29(2)：97 99.

[5] 张瑞杰，常玉连，任永良，等. 油田注水系统生产运行优化[J]. 钻采工艺，2005，28(5)：44-46.

[6] 关晓晶，魏立新，杨建军. 基于混合遗传算法的油田注水系统运行方案优化模型[J]. 石油学报，2005，26(3)：114-117.

[7] 庄清泉，刘洪锋，彭刚，等. 油田注水工程设计规范：GB50391-2014[S]. 北京：中华人民共和国住房和城乡建设部，2014：13-16.

[8] 刘扬，袁振中，魏立新. 大型油田注水系统节能降耗与运行方案优化[J]. 大庆石油学院学报，2006，30(3)：43-46.

[9] 冯叔初，郭揆常. 油气集输与矿场加工[M]. 东营：中国石油大学出版社，2006.

[10] 李杰训，娄玉华，杨春明，等. 油田油气集输设计规范：GB50350-2015[S]. 北京：中华人民共和国住房和城乡建设部，2015：84-85.

[11] YIN W，HU L，YAO L，et al. Numerical investigation ofthe influence of underground water injection on the-groundwater system in a shale gas reservoir in southwestern China [J]. Environmental Earth Sciences，2016，75(14)：1-11.

[12] 张志强，魏国昌，赵杰，等. 石油天然气建设工程施工质量验收规范：SY/T 4208-2016[S]. 北京：国家能源局，2016：4-5.

[13] 黄正，何洪勇，韩建成，等. 油气田集输管道施工规范：GB50819-2013[S]. 北京：中华人民共和国住房和城乡建设部，2013：10-12.

[14] 董光喜，李红岩，刘杨龙，等. 石油天然气工程总图设计规范：SY/T0048-2016[S]. 北京：国家能源局，2016：32-40.

[15] 梁永图，周星远，邱睿，等. 大型环枝状油田注水管网系统运行优化[J]. 中国石油大学学报(自然科学版)，2018，42(6)：121-126.

[16] Stott J F D，HERBERTBN. The effect of pressure and temperature on sulphate－reducing bacteria and the action of biocides in oilfield water injection systems [J]. Journal of Applied Microbiology，2010，61(1)：57-66.

集输管道分段清管捕集器负荷计算探讨

陈俊文　郭艳林　代科敏　余　洋

（中国石油工程建设有限公司西南分公司）

摘　要　随着气田开发技术不断发展，长距离气液混输管道在生产建设项目中应用日趋普遍。部分气田集输管道进入生产后期后，受产气量降低和气田水增加影响，面临积液过大的问题，合理考虑清管与段塞流控制处理方案，将大幅节省段塞流捕集器投资。分段清管技术可降低段塞量捕集器尺寸，在大口径、高压力集输管道工程中具有经济优势。因此，有必要探讨集输管道分段清管的积液和排液规律，以准确确定分段位置与操作间隔。基于集输管道积液及清管排液规律，分析分段清管积液与排液规律，推导初始积液、清管时间与排液体积的相互关系式，结合商业软件动态模拟结果，进一步探讨影响分段清管积液与排液规律的主要因素。研究结果表明，大口径、高积液气田集输管道分段清管对捕集器负荷影响显著，反向分段清管可大幅降低捕集器负荷，推导的分段比例和捕集器负荷计算公式较为准确。本文的研究成果可为气田集输管道清管方案和段塞流捕集器设置思路提供相关参考和借鉴。

关键词　气田集输；混输管道；分段清管；段塞流

随着气田开发技术持续发展和开发需求逐渐提高，生产工艺日益成熟，气液混输管道成为气田内部集输的主要输送模式[1-2]，输送距离和管道口径不断提高。在气液混输管道的输送过程中，管道积液问题不可避免。清管可完成去除管道内部杂质(气体无法携带的部分，影响管道输送效率)、缓蚀剂预膜和管道内部检测等项目，是管道完整性管理的重要组成。因此，对于需要清管作业的集输干线，清管过程中引起的积液段塞不可忽视。尤其对于长距离、大口径集输管道，其在投产初期和生产后期，受输量影响，其积液量较大，需要采取合适的方法控制清管过程中引起的管道出口段塞流。目前，诸多学者和单位对混输管道积液、清管及段塞流问题进行了较为深入的研究[3-17]，对积液机理、清管工艺和段塞流处理措施进行了大量工作，取得了较为丰硕的成果。从研究成果来看，绝大部分清管过程中的段塞流控制措施是基于控制清管速度和增加下游段塞流捕集器尺寸以满足下游接收要求来制定的，鲜有通过利用集输管道自身体积进行段塞流消化的报道。如前所述，对长距离、大口径的高压集输管道而言，管道清管将可能带出体积庞大的段塞流液量，若按照预计出液量进行段塞流捕集器设计，其建造费用、占地面积和操作性价比可能不具备优势。因此，鉴于气田集输管道清管需求，有必要对混输管道积液及段塞流问题进行梳理，进一步进行利用管道本体进行段塞流接收的可行性与实效性分析，为气田集输管道清管方案和段塞流捕集器设置思路提供相关参考和借鉴。

本文基于集输管道积液及清管排液规律，分析分段清管积液与排液规律，推导初始积液、清管时间与排液体积的相互关系式，结合商业软件动态模拟结果，进一步探讨影响分段清管积液与排液规律的主要因素。

1　集输管道清管工艺

气田集输中，湿气混输方式可简化流程，降低投资，是一种普遍的做法和主流的集输工艺。气液混输管路可视为类似“长距离分离器”，在输送过程中，介质中液相在输送过程中与气相部分发生分离，处于夹带状态运动，且极易在管路中(尤其是低洼处)积聚形成积液。

根据目前研究成果和工程经验可知[18-19]，管道长度、地形起伏、气液比、气相流速、系统温度等均是影响集输管道内积液量的主要因素。

清管工况下，段塞流控制的主要措施可基于如下方面考虑：

(1) 控制清管速度：通过控制管道输气量，对清管器的运行速度进行调节，延长清管球前段塞液量进入捕集器的时间，为捕集器提供更多的缓冲与排液时间，这是目前较为推荐的减缓段塞液量方式；这种方式的缺点是当正常速度较小时，继续降低清管速度，可能引起卡球问题。

(2) 旁通式清管：旁通式清管器由一个中央圆筒连接清管器的头部和尾部，气体通过中央圆筒由清管器头部的折板使其流向管壁。旁通的气体对清管器前的段塞吹扫，使液体分散，其峰值流量减小；这种方式的缺点是降低了清管球前后压差和清管球速度，也可能引起卡球问题，同时，这种方式需要进行多次作业，才能清除管道中积液。

(3) 增大捕集器排液能力：通过提高捕集器下游液相出口的排液能力，快速将段塞流捕集器内液相排向下游低压分离器或储罐，减小高压捕集器尺寸，但由于清管工况段塞出液速度较快，需要大幅提高捕集器排液能力，才能有效降低捕集器尺寸。

(4) 清管前预处理：通过引入吹扫气或降低管道压力，来提高管道中气体流速，并相对缓慢地携带出大量积液。这种方式理论可行，但在实际生产中可能对生产过程产生较大影响。

由此可见，上述几种措施均存在一定的使用限制，降低清管速度和旁通式清管在一定程度上可以减小瞬时进入段塞流捕集器的积液，但需要保证清管器具有一定流速，避免卡球问题；增大捕集器排液能力对于提产或再启动等工况较为有效，在清管过程中，也只能起到相对较快地排出段塞流捕集器中的积液量，对捕集器尺寸优化能力不足；预处理需有所依托，易引起下游生产波动。

因此，有工程中提出正序分段清管的思路，在段塞流捕集器总体投资较高的情况下，考虑在管道中段设置投资较小的清管站，实现管道分段清管，从而大幅降低末端段塞流捕集器投资。

下文将在讨论正序分段清管的基础上，进一步考虑逆序分段清管方案，并定量表达后者的积液量、清管时间、段塞量、排液速度等内部关系，为工程中优化捕集器初步尺寸提供参考与借鉴。

2　分段清管效果理论分析

(1) 正向分段清管工艺

如前所述，已有文献[20]报道过正向分段清管技术在工程中应用。这种技术的主要原理如图1所示：

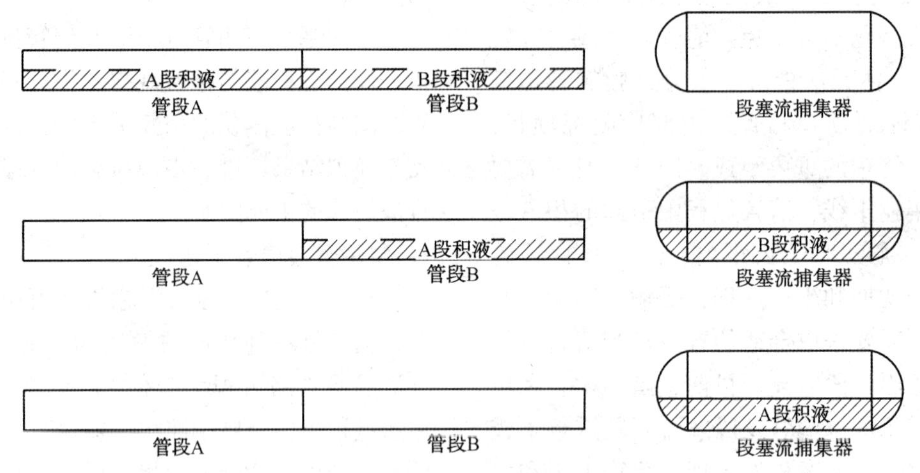

图1　分段正序清管示意图

由图可见，定性分析如下：

在确定工程最低输量的基础上，模拟分析并获取管道中的积液量 Q 及其沿程分布，在不考虑末端段塞流捕集器排液能力的情况下，可确定管道全线清管(合理流速)的段塞量 Q，因此，段塞流捕集器的捕集能力为 Q。

按照分两段(A 段+B 段)清管考虑(A 前 B 后)，两段管道的积液量应较为接近。在 A 段清管时，其积液经过 B 段进入捕集器，由于 B 段趋于保持原有的积液量，因此捕集器只处理 A 段积液量；待捕集器留出接收空间后，再完成 B 段清管。

因此，可以认为，分段正向清管时，相比全线正常清管，末端的段塞流捕集能力预计可减小50%，按照捕集能力½Q 设计即可。

分段正向清管具有减小末端段塞流捕集器尺寸的优势，需增加考虑中间清管站，在大口径、高压力、较大积液量的管道系统中具有经济性的可能。

（2）反序分段清管工艺

分段正向清管过程中，A 段清管推出积液量只是在 B 段与已有积液量进行了交换捕集器规模按照每段积液量考虑；但这种方式实际上还不够优化，可考虑利用 B 段先清管后留出的管道容积，以接收部分 A 段积液，因此提出分段反序清管工艺。

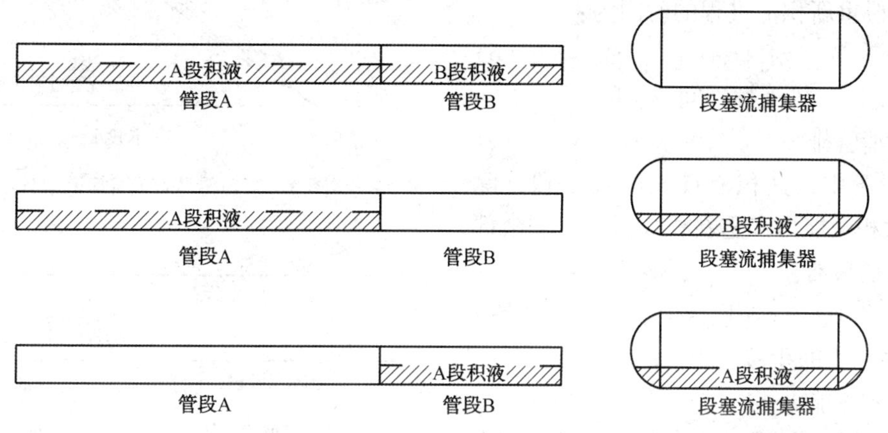

图 2　分段反序清管示意图

如图所示，按照分两段（A 段+B 段）清管考虑（B 前 A 后），在某一位置考虑设置中间清管站。在 B 段清管后，其积液进入下游捕集器，捕集器至少具备接收 B 段积液的能力；待捕集器留出接收空间后，A 段开始清管；A 段清管推出的积液量经 B 段后进入捕集器，部分积液在 B 段中可以进行存储，剩余部分进入捕集器。假设全程无输量变化，可认为 B 段存液能力近似等于其正常输送下的积液量。

由此可见，分段反序清管工艺借助了 B 段清管后留出的管道容积，作为分担 A 段积液量的空间，段塞流捕集器负荷约为系统总积液的 1/3，进一步降低了段塞流捕集器尺寸。

进一步地，在实际工程中，应综合考虑 B 段清空后重新积液量、段塞流捕集器排液能力。其中，B 段重新积液量将相应增大 A 段清管中引起的段塞量，段塞流捕集器排液能力可小幅降低所需处理段塞流体积。另外，还应结合清管器控制方案（减速清管或旁通清管），以形成更优的解决方案。

下文将基于理论分析，考虑 B 段积液因素，进一步推导逆序分段清管方案的分段比例（各段积液量）和捕集器负荷。

3　分段逆序清管捕集器负荷计算方法

根据前述分段逆序清管理论，借助公式进一步表征各关键变量相互关系。

（1）分段位置

以积液量比例表征分段位置，其中 B 段积液量比例为 x，A 段积液量比例为 $1-x$，B 段积液量为 xV，A 段积液量为 $(1-x)V$。

$$V_B = x \cdot V_{total} \tag{1}$$

$$V_A = (1-x) \cdot V_{total} \tag{2}$$

式中　V_B——B 段积液量，m^3；

x——B 段积液比；

V_A——A 段积液量，m^3；

V_{total}——全线总积液量，m^3。

（2）B 段清管过程排液

B 段清管过程中，其推出积液量可近似认为等于捕集器负荷 V_{sc}

$$V_B = V_{SC} \tag{3}$$

式中　V_{SC}——段塞流捕集器负荷，m^3。

（3）捕集器排液过程

B 段清管结束后，捕集器需要尽快排液，以清空其内部积液，用于 A 段清管。因此，捕集器排液时间为 QB/qs。

$$t_1 = \frac{V_{SC}}{Q_{SC}} \tag{4}$$

式中　t_1——段塞流捕集器排液时间，h；

Q_{SC}——段塞流捕集器排液能力，m^3/h。

（4）B 段重新积液过程

从 B 段开始清管开始，上游气体进入 B 段重新积液，积液速度近似为 QL（上游液相产量），积液一直持续到 A 段积液进入 B 段或 B 段重新达到积液平衡。

$$t_2 = \frac{L}{v} \tag{5}$$

式中　t_2——全线清管时间，h；

v——清管球运行速度，km/h；

L——清管段长度，km。

另外，两段清管额外间隔时间考虑为 t_3。

因此，B 段重新积液过程的时间为：

$$t_{total}=t_1+t_2+t_3 \quad (6)$$

式中　t_3——清管、排液额外间隔，h

（5）A 段清管排液

在 A 段清管中，其积液首先进入 B 段，除去 B 段的最大积液能力和重新积液量后，剩余部分进入段塞流捕集器。

$$V_A+Q\times t_{total}-V_{BC}=V_{SC} \quad (7)$$

式中　V_{BC}——B 段的积液能力，m^3

（6）B 段积液能力

在不降速清管时，可近似认为 B 段积液能力等于 B 段积液量；在降速清管后，B 段积液能力需根据对应流量下的 B 段积液量确定。

因此，联立上述方程，可定量计算满足分段反序清管的段塞流捕集器负荷。

下文以模拟算例为例，对比本文公式与商业软件计算结果，并进行分析与探讨。

4　模拟软件

本文对前述集输管道分段清管模拟采用 OLGA 软件，该软件具备强大的气液混输稳态与动态模拟功能，尤其对于清管工况的模拟具有较高的市场认可度。

5　模拟分析

以某气田集输管道为例，模拟不同清管工艺下管道积液及段塞流捕集器负荷，并进行详细讨论。

（1）工况描述

某气田集输管道，管径 *DN*600，操作压力 5MPa，长度为 23km，在预计的生产后期，输气量为 $350\times10^4m^3/d$，产液量为 $100m^3/d$，下游处理厂的最大排液接收能力是 $1000m^3/d$。

结合管道地形，模拟获得稳定输送过程中的管道沿程管道累计积液量，如图 3 所示：

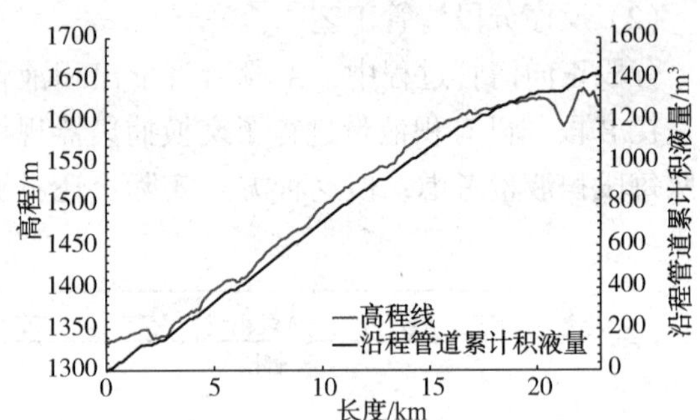

图 3　管道沿程高程-管道累计积液量图

由此可见，稳态输送时，管道内积液量为 $1440m^3$，管道全程处于爬坡段，积液较为严重。

（2）公式计算捕集器最小负荷

借助本文推出的分段清管下捕集器负荷计算初步公式，分析本例需设置的捕集器规模，结果如表 1 所示。

表 1

参数	单位	数值
输入参数		
全线积液量，V_{total}	m^3	1440
产液量，Q_L	m^3/d	100
管道长度，L	km	23
气体流速，v	m/s	4.5
捕集器排液能力，Q_{SC}	m^3/d	1000
间隔时间，t_3	h	0
输出结果		
B 段积液量，V_B	m^3	498.8
B 段积液占比，x		0.346
A 段积液量，V_A	m^3	941.2
B 段重新积液量，V_B	m^3	56.4
捕集器负荷，Q_{SC}	m^3	498.8

由此可见，在算例工况下，综合考虑捕集器排液、B 段重新积液和排液间隔等因素后，预估的捕集器负荷为 $498.8m^3$，B 段（第一段清管段）积液占比为 0.346。这表明，考虑了 B 段重新积液后，A 段清管后的总排液量有所增大，因此 B 段占比大于 0.333。

（2）软件模拟

为进一步模拟真实的分段清管工况，以公式计算的 B 段积液量作为输入条件，确定清管站前后的管道长度。经对照图 1，清管站上游管道长度约 13.28km，即 A 段长度为 13.28km（图 4）。

清管过程管道积液量与末端段塞量结果如图 5所示。

由此可见，第一次清管（B 段清管后），管道下游段塞流捕集器中的净积液量为 $480m^3$，低于该段积液（$498.8m^3$），这主要是清管球最前方的小量液相进入捕集器后，被捕集器瞬时排尽（捕集器最大排液能力为 $1000m^3/d$），因此剩余的最

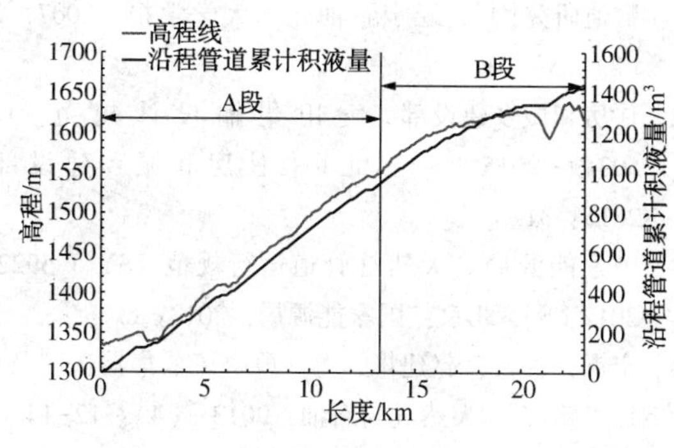

图 4　分段反序清管布置图

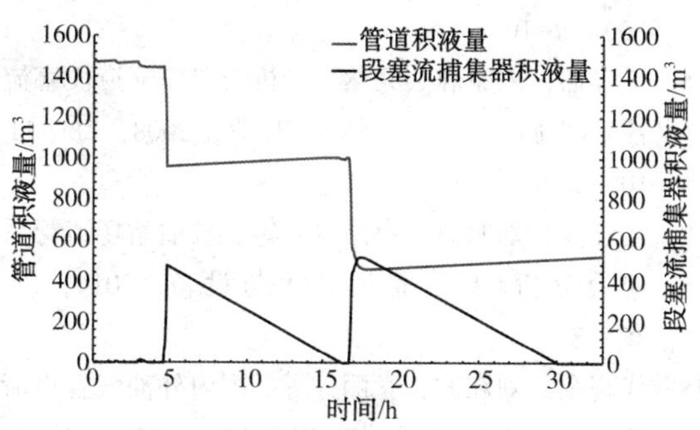

图 5　管道与末端段塞流捕集器积液-时间图(分段反序清管)

大净体积为 480m³。由于清管过程较短，这种影响予以忽略，因此本文中估算方法未纳入考虑的因素。为了降低捕集器负荷，需保证其积存液体排净后再开始第二次清管。在此过程中，管道总积液量有所增加(约 50m³)，这是由于 B 段清空后，液体重新开始积聚；模拟积液量小于公式计算结果，这主要是由于实际积液过程并非绝对线型(时间-积液量)，积液量增大后，积液速率会有所下降。在第二次清管(A 段清管)时，末端推出的净段塞量为 512m³，这略大于公式计算的结果(498. 8m³)，说明在 A 段积液经 B 段进入段塞流捕集器的过程中，受整体流动惯性的影响，B 段的积液能力发生了一定程度的减小。

总体来讲，本文分析得出的公式能够较为准确地计算分段逆向清管的管段分布和段塞流捕集负荷，借助公式计算的分段结果，利用商业软件可进一步精确计算段塞流捕集器负荷。

进一步地，计算了降速清管(50% 输气量)下，该段管道的段塞流负荷(图 6)。

由此可见，当流速降至 1. 8m/s 左右时，管道末端仍将产生最高达 1300m³ 净段塞流。过低的流速可能引发其他清管问题，因此，可以认为，在合理清管速度下，该段管道的全线清管段塞流负荷仍然较大。

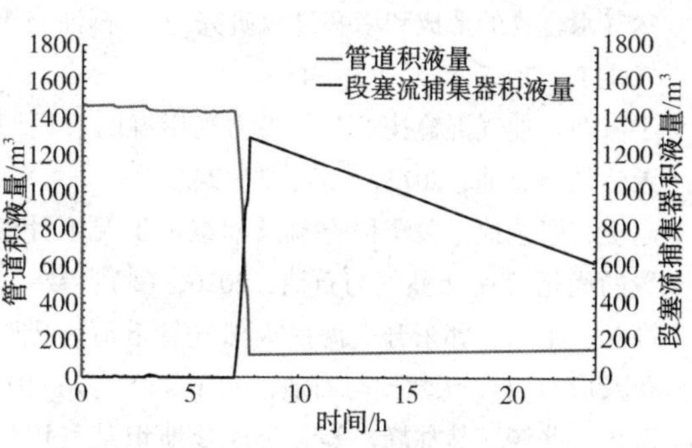

图 6　管道与末端段塞流捕集器积液-时间图(降速全线清管)

因此，本例中，采取分段清管与不分段清管方案，其段塞流负荷比值约为 38%。虽然分段清管增加了一处清管站，但大幅减小了段塞流捕集器体积，在经济性上具有优势。

进一步地，本方案所提及分段清管思路可考虑结合常规清管器控制方法，例如降低清管球速度或采用多次旁通式清管；另外，省略中间清管站的收发球装置，由其他方式控制清管球的启停，这样又还可节省中间清管站投资。因此，本文提出的分段清管方案在配合其他清管措施后，存在优化空间，值得深入研究。

6　结论和建议

本文基于气液混输管道积液规律，结合管道清管与段塞流控制工艺，定性探讨了分段清管段塞流控制方案，推导了分段反向清管方案的分段比例和捕集器负荷计算方法，并结合模拟分析，进一步分析了分段反序清管工艺的特点，揭示了分段清管对气田集输管道系统运行的效果。得出如下结论和建议：

(1) 大口径的气田集输管道在投产初期和生产后期容易产生较大积液，清管工艺对段塞流捕集器尺寸影响较大；

(2) 常规单向清管容易产生较大的段塞流，降速清管和旁通式清管均有最低速度限制，以防卡球；

(3) 分段清管以新建清管站替换较大的段塞流捕集器，正向分段清管可减少 50%左右段塞流体积，反序分段清管可减少 65%段塞流体积，结合降速清管和旁通式清管，存在进一步减小捕集器尺寸的可能。

(4) 若中间清管模式可以优化简化，将进一步提高反序分段清管的优越性。

参 考 文 献

[1] 宋光春，李玉星，王武昌，等. 油气混输管道中天

然气水合物的形成和堵塞过程研究[J]. 石油与天然气化工，2017，(2)：38-43.

[2] 于海迎. 油气混输技术在英买力气田群的应用[J]. 天然气与石油，2013，(3)：22-24.

[3] 赵虎，张艺捷. 关于段塞流及间歇流工况下计量装置的优化[J]. 天然气与石油，2016，(5)：72-75.

[4] 高超，王皓，郭东升. 海底天然气管道清管风险分析及应对[J]. 天然气与石油，2016，(5)：6-10.

[5] 张琳，张巍，昝林峰，等. 土库曼斯坦某气田清管工艺优化[J]. 石油与天然气化工，2013，(4)：421-423，434.

[6] 朱海山，罗小明，姚海元，等. 天然气凝析液管道射流清管器清管效果分析[J]. 石油与天然气化工，2013，(6)：598-601.

[7] 王荧光. 苏里格气田集输管线清管过程瞬态模拟[J]. 天然气工业，2009，(11)：94-99.

[8] 胡明，胡剑，谭力文，等. 北内环清管过程中清管球滞留问题研究[J]. 管道技术与设备，2010，(5)：48-51.

[9] 张行，刘书海，李庆，等. 1016 mm 清管器密封皮碗过盈量对其刚度特性的影响[J]. 化工设备与管道，2015，52(6)：82-86.

[10] 吴晓南，鲜燕，刘源海，等. 清管过程中隧道内输气管道应力分析[J]. 天然气与石油，2012，30(2)：1-3.

[11] 王亚新，栗佳，包瑞新，等. 输油管道清管器受力数值研究[J]. 辽宁石油化工大学学报，2007，27(2)：39-41.

[12] 住房和城乡建设部. 气田集输设计规范：GB 50349-2015 [S]. 北京：住房和城乡建设部，2015：31.

[13] 国家能源局. 天然气管道运行规范：SY/T 5922-2012 [S]. 北京：国家能源局，2012：6.

[14] 宁铜，许言，赵建彬，等. 段塞流捕集器选型及设计思路[J]. 天然气与石油，2013，(4)：12-14.

[15] 杨勇，杜通林，李晓东，等. 新型高效旋流段塞流捕集器优化设计[J]. 天然气与石油，2011，14(5)：9-10.

[16] 王春瑶，朱丽静. 天然气凝析液混输管道段塞流的控制措施[J]. 天然气工业，2008，28(11)：106-107.

[17] 吴晓南，刘源海，卢泓方，等. 输油站场清管系统应力分析[J]. 管道技术与设备，2014，(5)：46-48.

[18] 代晓东，刘江波，党丽，等. 国内外油气管道清管技术现状[J]. 石油工程建设，2017，(1)：1-5，17.

[19] 姚麟昱，陈蕊，江恒，等. 复杂地表气液混输管路持液率影响分析[J]. 管道技术与设备，2013，(6)：4-6，41.

[20] 王磊，文海蓉，杨春林. 气液混输管路段塞流的设计对策[J]. 天然气与石油，2008，(3)：6-9.

20 万吨/年硫磺回收装置绿色停工技术研究与应用

裴爱霞　彭传波

（中国石化中原油田分公司）

摘　要　为了保证硫磺回收装置停工过程排放烟气中 SO_2 达标，对现有烟气减排技术进行了调研，对比分析了各项技术的优缺点，最终选择热氮吹硫新技术开展先导性试验。通过对硫磺回收及尾气处理装置进行简单的工艺技术改造，创新应用热氮吹硫新技术，吹硫、钝化交叉进行。三级硫冷凝器无液硫流出后，直接将克劳斯尾气切入尾气焚烧炉，钝化过程不消耗碱液、不产生废水，烟气中 SO_2 质量浓度(0℃，101.325kPa 下)低于 600mg/m^3，满足环保控制指标要求。

关键词　硫磺回收装置；热氮吹硫；二氧化硫；减排

1　项目背景

1.1　项目背景

硫磺回收装置停工时一般要进行吹硫操作，其目的是吹扫清除系统内残存的硫磺，确保管线、催化剂床层不积硫和硫化亚铁；停工后管道、催化剂床层保持畅通，确保装置检修安全。普光硫磺回收装置采用甲烷当量、过氧燃烧进行吹硫、钝化作业，过程气直接进入尾气焚烧炉，排放烟气中 SO_2 质量浓度超过环保控制指标 960mg/m^3(0℃，101.325kPa，下同)。为了降低硫磺装置停工期间排放烟气中 SO_2 质量浓度，有必要开发试验新的吹硫工艺。

1.2　硫磺回收装置介绍

普光天然气净化厂原料中 H_2S 体积分数 14%~18%，CO_2 体积分数 8%~10%，采用质量分数为 50%的 MDEA 溶液脱硫脱碳，TEG 脱水，外输净化气满足 GB 17820—2012《天然气》中商品天然气一类气指标[1]。MDEA 溶液再生酸性气中 H_2S 摩尔分数 58%~65%，CO_2 含量 30%~35%，烃摩尔分数小于 2%。采用两级常规 Claus 硫磺回收和 SCOT 低温加氢还原吸收工艺进行酸性气中硫元素回收[2]。在正常生产过程中，两级常规 Claus 硫磺回收装置硫回收率可达 95%，增设低温 SCOT 尾气处理装置后，硫回收率可达到 99.8%，排放烟气中 SO_2 质量浓度满足 GB 16397—1996《大气污染物综合排放标准》的要求[3]。

2　改造思路

2.1　技术调研

自 2016 年开始，普光天然气净化厂对目前已有的烟气 SO_2 减排技术进行调研，包括碱法烟气脱硫工艺[4]、氨法烟气脱硫工艺[5]、LS-DeGAS 硫磺装置减排技术和热氮吹硫工艺技术等。碱法烟气脱硫工艺在烟气进入烟囱之间设立脱硫塔，采用 $NaHCO_3$ 溶液在脱硫塔吸收烟气中 SO_2，生成 Na_2SO_3 和 CO_2。生成的 Na_2SO_3 经集液器流入脱硫塔氧化段，与鼓入的空气接触氧化为 Na_2SO_4。氨法烟气脱硫工艺的烟气除尘后进入氨塔中部浓缩段与工艺水接触降温，同时与上部吸收塔卜来的 NH_4HSO_3 和氨水混合物接触反应，生成 NH_4HSO_3、$(NH_4)_2SO_3$，同时放热带走大部分水，浓缩混合液；未反应完的气体进入上部，与塔底部引入的氨水和未反应完的 NH_4HSO_4、NH_4HSO_3 再次反应，反应后的气体再经回流吸收、高效除雾，和水蒸气一起排放至大气。塔中未浓缩的$(NH_4)_2SO_3$ 与塔底进入的氧气氧化为$(NH_4)_2SO_4$，经泵引入浓缩段浓缩后进入料槽、分离器、干燥后进入成型装置，产出肥料。LS-DeGAS 硫磺装置减排技术在一级转化器装填 LS-981 多功能催化剂[6]，以增加有机硫水解转化率，降低净化气中 COS 含量。加氢反应器装填 LSH-03A 催化剂，将硫磺装置自产的部分净化尾气用于液硫池液硫鼓泡脱气的汽提气，液硫池废气和克劳斯尾气混合后进入加氢反应器。热氮吹硫工艺技术利用惰性气体氮气不与硫磺系统硫、硫化物发生化学反应的原理，对硫磺系统进行吹硫操作。补入少量氧气，对硫磺系统进行钝化操作。吹硫过程气进入加氢系统还原、吸收，可有效降低硫磺装置停工过程烟气 SO_2 排放浓度。通过对每项技术投资成本、减排效果、废水产生量、技改风险等方面进行比较，结合普光天然气净化厂硫磺回收装置的实际情况，最终选定热氮吹硫技术进行先导性改造。

2.2 热氮吹硫技术

利用惰性气体氮气不与克劳斯系统内硫磺、硫化亚铁、硫蒸气及其他物质发生化学反应的原理，在硫磺回收装置停工期间，采用热氮气对制硫系统进行吹硫，保证制硫系统洁净。吹硫期间，尾气系统正常运行，吹硫过程气进入尾气处理系统，经过加氢还原吸收后，送入其他正常运行的制硫系统进行处理，减少 SO_2 排放。氮气吹扫稳定后，补入一定量的工厂风对制硫系统设备、催化剂床层进行钝化。工厂风量严格控制，防止设备、催化剂床层超温，加氢催化剂床层过氧。钝化后期，可选择将制硫系统过程气引入急冷塔碱液吸收后排入尾气焚烧炉，或直接将过程气切入尾气焚烧炉。

2.3 装置工艺改造

为达到热氮吹硫工艺要求，对 20×10^4t/a 硫磺回收装置、尾气处理系统进行技术改造。一级反应器进料加热器入口分别增加 1 条氮气线，1 条工厂风线，氮气、工厂风流程上分别增加 1 台流量计，便于吹扫气量准确控制。三级硫冷凝器出口管线增加 1 条直接去急冷塔管线，跨过加氢单元，以免钝化后期含氧过程气进入加氢反应器床层，对加氢催化剂造成不可逆的影响。急冷塔出口增加 1 条去尾气焚烧炉管线，用于控制克劳斯系统吹硫钝化压力。具体改造流程如图 1 所示。

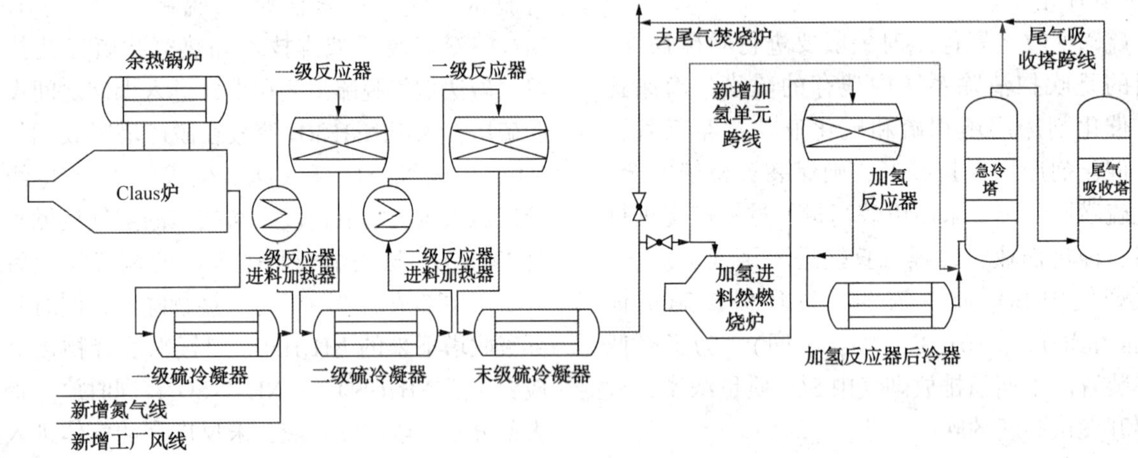

图 1 热氮吹硫装置工艺改造流程图

3 吹硫钝化效果测试

3.1 测试准备

普光天然气净化厂硫磺回收装置规模大，吹硫氮气消耗量约 10000m³/h（0℃，101.325kPa，下同），大流量工厂风选择克劳斯风机供风。因此，需要提前准备足量氮气，以满足热氮吹硫工艺的需要。

为了快速检测热氮吹硫过程气中 H_2S、SO_2、O_2、H_2 的含量，便于做出正确的操作判断，提前采购部分气体检测管。具体情况如表 1 所示。

表 1 热氮吹硫装置气体检测管清单

序号	名称	测定范围	数量/盒	使用位置及阶段
1	硫化氢检测管	0.1%~4%	1	吹硫过程一反入口
2	硫化氢检测管	0–20000ppm	4	①吹硫过程、一反、二反出口 ②钝化过程加氢反应器出口
3	硫化氢检测管	0.001%~0.1%	2	尾气吸收塔出口
4	二氧化硫检测管	0~5%	1	吹硫过程一反入口、一反出口
5	二氧化硫检测管	0~300mg/Nm³	4	①吹硫过程二反出口 ②钝化过程一、二反进出口

续表

序号	名称	测定范围	数量/盒	使用位置及阶段
6	二氧化硫检测管	200~6000mg/Nm^3	4	①吹硫过程二反出口 ②钝化过程一、二反进出口
7	一氧化碳检测管	100~5000ppm	2	吹硫过程加氢反应器进出口
8	氢气检测管	0.2%~3%	2	①吹硫过程加氢反应器进出口 ②二反出口
9	氧气检测管	0.5%~21%	2	钝化过程一、二级反应器进出口(钝化氧含量5%~10%)
10	氧气检测管	0.5%~5%	2	钝化过程一、二级反应器进出口(钝化氧含量0.5%~4%)

准备足量碱液，根据需要注入急冷塔，吸收过程气中 SO_2，保证排放烟气中 SO_2 质量浓度达标排放。吸收过程中产生含亚硫酸钠废水，准备废水收集槽。

3.2 测试过程

3.2.1 酸性气切换为氮气

根据设计文件，普光硫磺回收装置操作弹性为30%~130%。为减少负荷波动对克劳斯系统、尾气系统的影响，首先，缓慢将克劳斯炉酸性气负荷降至30%，多余酸性气进入其他正常生产的硫磺回收装置，同时降低加氢炉燃料气及空气量，保证加氢单元正常运行。一级反应器进料加热器入口给吹扫氮气，加热至220℃后，进入一级反应器。待吹扫氮气流量提至9000m^3/h 后，切断克劳斯炉酸性气、燃烧空气，调整加氢系统燃料气、风量，重点监控急冷塔塔顶 H_2 体积浓度为1.5%~4%，急冷水 pH 值为6~9。在克劳斯炉炉头通入少量氮气，对克劳斯炉、余热锅炉进行吹扫、降温。克劳斯酸性气切换为氮气过程三级硫冷凝器出口过程气 SO_2、H_2S，烟气中 SO_2 质量浓度变化趋势如图2所示。

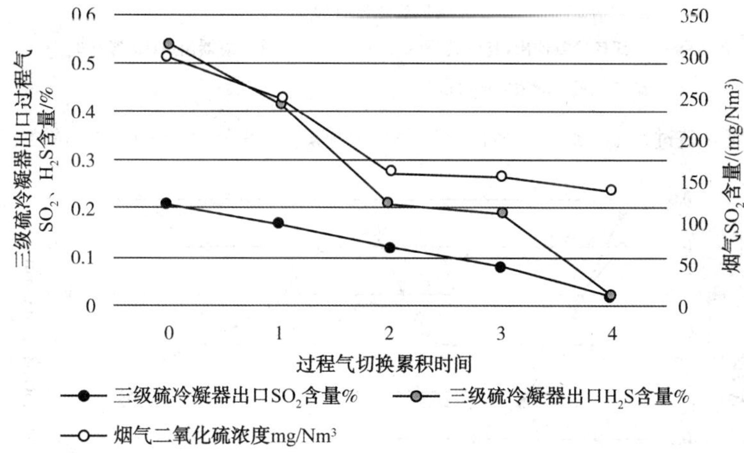

图2 酸性气切换为氮气过程中三级硫冷器出口过程气中 SO_2、H_2S 含量及烟气 SO_2 质量浓度变化趋势

3.2.2 热氮吹硫、微风钝化

使用氮气持续对克劳斯系统进行吹硫操作，吹扫过程气进入加氢单元，其中硫蒸气、SO_2 被还原为 H_2S 和水，经急冷塔冷却后，进入尾气吸收塔脱除部分 H_2S 气体，最后进入尾气焚烧炉。脱硫单元胺液正常循环再生，保证尾气吸收塔胺液品质合格，再生酸性气进入其他正常生产制硫系统。装置调整平稳后，通过克劳斯炉头通入150m^3/h 工厂风，吹硫过程气中氧体积浓度约0.3%，对系统进行微氧钝化。重点监控克劳斯系统压力和温度，防止液硫凝固堵塞系统、设备，损坏催化剂。采用气体检测管每小时取样分析过程气中 H_2S、SO_2 浓度，约66h 后，SO_2 浓度降至0，60h 后 H_2S 浓度降至0。每1h 检查1次一、二、三级液硫封内的液硫流动情况，6h 后，一级硫封无液硫流出，12h 后二级硫封无液

硫流出。三级硫冷凝器出口过程气中 SO_2、H_2S，排放烟气中 SO_2 质量浓度变化趋势如图 3 所示。

3.2.2　大风量钝化操作

克劳斯炉炉头工厂风量增加到 300m³/h，对克劳斯系统进行吹硫、钝化操作。重点监控克劳斯系统一、二级反应器、加氢反应器温度，急冷塔顶 H_2 含量，急冷水 pH 值，烟气 SO_2 浓度处于工艺卡片控制范围内。待克劳斯催化剂床层无温升后，逐步将工厂风量提升至 300Nm³/h，持续对克劳斯系统进行吹硫、钝化作业。如出现催化剂床层飞温、急冷塔塔顶 pH 值低于 1.5%，急冷水 pH 值小于 6.5，排放烟气中 SO_2 质量浓度超标等非正常工况，立即减少或切断工厂风。约 96h 后，三级液硫封无液硫流出，克劳斯系统吹硫结束。三级硫冷凝器出口过程气中观察不到硫雾存在，分析化验结果 H_2S 含量为 0，SO_2 体积浓度低于 0.02%(200ppm)，直接将过程气切入尾气焚烧炉，烟气 SO_2 浓度满足环保指标要求。梯度提升工厂风量至 600Nm³/h、1200Nm³/h、2500Nm³/h、4500Nm³/h、9000Nm³/h，钝化吹扫气氧含量对应增加，最后达到 10%。每个梯度至少稳定 2h，对克劳斯系统进行吹扫钝化作业。如出现催化剂床层飞温、排放烟气中 SO_2 浓度超标，立即降低或切断工厂风。约 132h 后，除硫钝化结束。大风量钝化操作，三级硫冷凝器出口过程气中 SO_2、H_2S 含量、排放烟气中 SO_2 质量浓度变化趋势如图 4 所示。

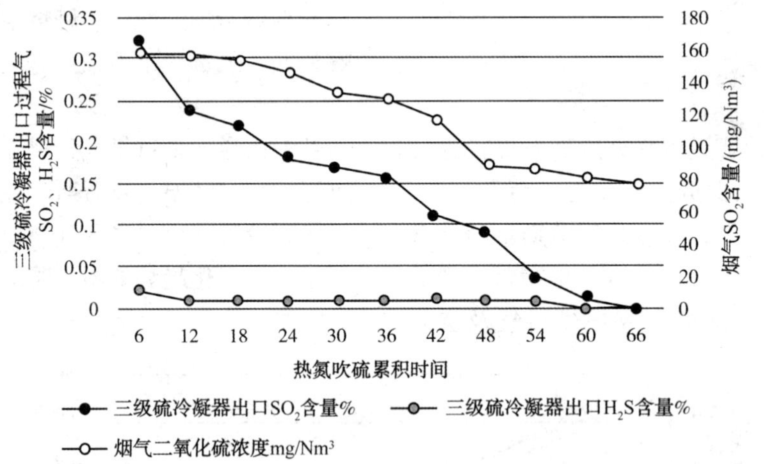

图 3　热氮吹硫过程中三级硫冷器出口过程气中 SO_2、H_2S 及烟气 SO_2 质量浓度变化趋势

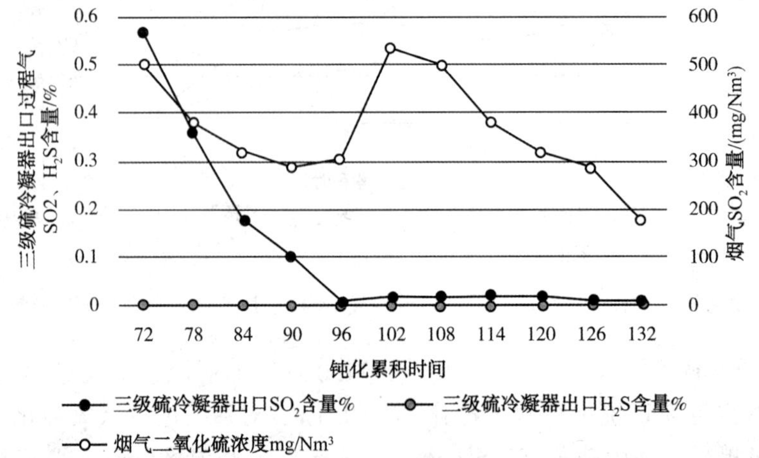

图 4　钝化过程中三级硫冷器出口过程气中 SO_2、H_2S 含量及烟气中 SO_2 质量浓度变化趋势

3.2　测试数据分析

热氮吹硫过程中，氮气流量一直保持 9000m³/h，根据克劳斯一、二级反应器床层、加氢反应器床层温升、急冷塔塔顶氢含量，逐渐提高工厂风量，反应器床层、系统设备未出现超温现象；急冷塔出口氢含量控制在 1.5%以上，急冷水 pH 值大于 8，排放烟气中 SO_2 质量浓度低于 600mg/m³。关键操作参数见表 2。

表2 吹硫钝化关键控制参数统计表

序号	时间/h	热氮流量/($m^3 \cdot h^{-1}$)	工厂风流量/($m^3 \cdot h^{-1}$)	三级硫冷凝器出口 SO_2 含量/%	三级硫冷凝器出口 H_2S 含量/%	急冷塔出口 H_2 含量/%	急冷水 pH 值	烟气二氧化硫浓度/($mg \cdot m^{-3}$)	备注
1	0	9000	0	0.21	0.54	2.5	8.1	300	氮气吹硫，过程气经尾气处理后进入尾气焚烧炉
2	2	9000	0	0.12	0.21	2.1	8.2	160	
3	4	9000	0	0.02	0.02	1.77	8.1	140	
4	6	9000	150	0.32	0.02	1.71	8.1	158	氮气、工厂风吹硫钝化，过程气经尾气处理后进入尾气焚烧炉
5	12	9000	150	0.24	0.01	1.51	8.3	157	
6	18	9000	150	0.22	0.01	1.61	8.1	154	
7	24	9000	150	0.18	0.01	1.83	8.1	146	
8	30	9000	150	0.17	0.01	1.84	8.2	134	
9	36	9000	150	0.16	0.01	1.84	8.1	130	
10	42	9000	150	0.11	0.01	1.96	8.1	118	
11	48	9000	150	0.09	0.01	2.11	8.1	89	
12	54	9000	150	0.04	0.01	2.2	8.1	87	
13	60	9000	150	0.01	0	2.3	8.1	81	
14	66	9000	150	0	0	2.4	8.1	77	
15	72	9000	300	0.57	0	1.52	8.1	498	
16	78	9000	300	0.36	0	1.61	8.1	383	
17	84	9000	300	0.18	0	1.78	8.1	320	
18	90	9000	300	0.11	0	1.94	8.1	286	
19	96	9000	300	0.01	0	2.1	8.1	306	
20	102	9000	600	0.02	0	/	/	532	过程气直接切入尾气焚烧炉，尾气处理单元停运
21	108	9000	600	0.02	0	/	/	498	
22	114	9000	1200	0.02	0	/	/	383	
23	120	9000	2500	0.02	0	/	/	320	
24	126	9000	5000	0.01	0	/	/	286	
25	132	9000	9000	0.01	0	/	/	180	

4 关键工艺控制

4.1 急冷塔氢含量控制

尾气处理单元加氢炉采用在线制氢工艺，低负荷工况下，风气比7∶1，加氢炉燃烧稳定，所产生的还原性气体能够将克劳斯系统带来的硫蒸气、SO_2 气体转化为 H_2S，急冷塔塔顶 H_2 体积浓度、急冷塔 pH 值满足工艺控制指标要求。

4.2 排放烟气中 SO_2 质量浓度控制

热氮吹硫过程中，初期吹硫过程气经加氢单元还原、急冷、尾气吸收塔吸收后，进入尾气焚烧炉，排放烟气中 SO_2 质量浓度低于 200mg/m^3。工厂风量增加至 300m^3/h 后，过程气中 SO_2 体积浓度增加到 0.57%，经加氢单元处理后，排放烟气中 SO_2 质量浓度上涨到 498mg/m^3，随后开始呈明显下降趋势。待三级硫冷凝器无液硫流出，现场判断过程气中无硫雾后，将过程气直接切换入尾气焚烧炉，不经过急冷塔碱液吸收，排放烟气中 SO_2 质量浓度低于 600mg/m^3，满足环保控制指标 960mg/m^3。随后，开始采用大风量对克劳斯系统进行彻底钝化。

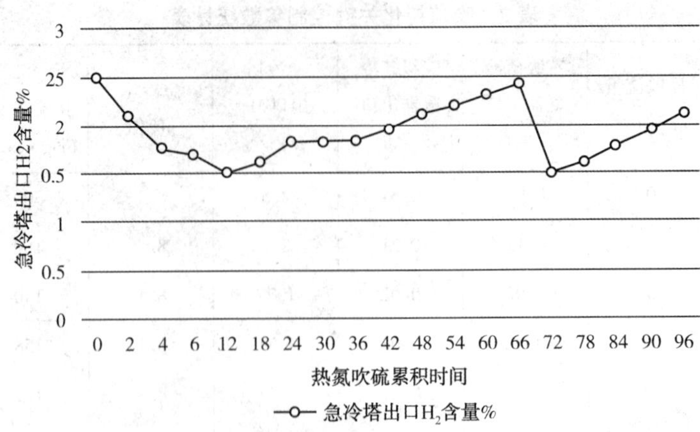

图 5　热氮吹硫过程急冷塔出口氢含量变化趋势

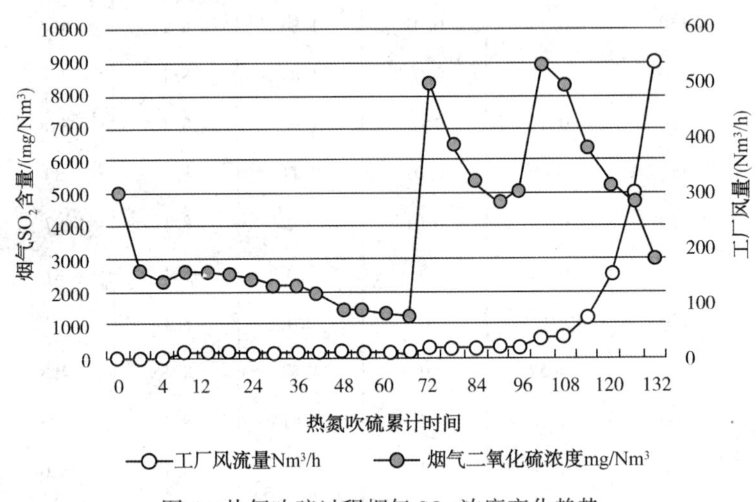

图 6　热氮吹硫过程烟气 SO_2 浓度变化趋势

5　热氮吹硫工艺与瓦斯吹硫工艺对比

5.1　时间对比

克劳斯系统瓦斯吹硫共耗时约 112h，其中，吹硫耗时 36h，钝化耗时 36h，降温耗时 40h。热氮吹硫停工总计耗时 132h，其中，未引入钝化风吹硫运行 6h，吹硫+钝化交叉运行 126h。热氮吹硫时间比瓦斯吹硫时间延长了 20h。

5.2　能耗对比

收集、整理瓦斯吹硫、热氮吹硫停工过程耗能公质消耗，如表 3 所列。热氮吹硫采用氮气、工厂风加热后对克劳斯系统进行吹硫、钝化作业，加氢单元、脱硫单元、酸性水汽提单元正常运行，增加氮气消耗 131×10^4 m^3、电力消耗 8.72×10^4kW・h、低压蒸汽 2183t，燃料气节约 12.56×10^4 m^3，除去低压氮气综合能耗增加 2563750 兆焦；单次热氮吹硫能耗成本 340 万元，较常规吹硫增加 149 万元。

表 3　瓦斯吹硫与热氮吹硫能耗对比

项目	第三联合用电量/10^4 kW・h	燃料气消耗量/Nm^3	进尾炉闪蒸气流量/Nm^3	中压蒸汽外供量(+)/t	中压蒸汽消耗量(-)/t	低压蒸汽消耗量(+)/t	中压锅炉水消耗量/t	低压锅炉水消耗量/t	除盐水消耗量/t	凝结水外输量(-)/t	低压氮气消耗量/Nm^3	综合能耗/t标煤	能耗成本/万元	氮气成本/万元	总成本/万元
热氮吹硫	33.36	139812	0	1426	151	5008	3143	3063	5	10096	1500000	949.1	189.8	150	340
瓦斯吹硫	24.64	265483	0	990	142	2825	3122	1092	221.4	4333	187328	861.6	172.3	18.73	191

续表

项目	第三联合用电量/10^4 kW·h	燃料气消耗量/Nm^3	进尾炉闪蒸气流量/Nm^3	中压蒸汽外供量(+)/t	中压蒸汽消耗量(-)/t	低压蒸汽消耗量(+)/t	中压锅炉水消耗量/t	低压锅炉水消耗量/t	除盐水消耗量/t	凝结水外输量(-)/t	低压氮气消耗量/Nm^3	综合能耗/t 标煤	能耗成本/万元	氮气成本/万元	总成本/万元
热氮吹硫增加	8.72	-125671	0	436	9	2183	21	1971	-216.4	5763	1312672	87.5	17.5	131.27	149
(+)增(-)减	+35.39%	-47.34%	/	+44.04%	+6.34%	+77.27%	+0.67%	+180.49%	-97.74%	+133.00%	+700.73%	+10.16%	+10.16%	+700.85%	+78.01%

注：表中数据来源于装置界区耗能公质流量表，综合能耗算法参照 GB/T 2589—2008《综合能耗计算通则》。1kg 标准煤的热值为 29.3MJ。

6 结论

通过应用热氮吹硫新工艺，吹硫、钝化交叉进行，在钝化后期使克劳斯尾气直接进入尾气焚烧炉，区别于常规热氮吹硫工艺，钝化后期三级硫冷凝器出口过程气切入急冷塔，经碱液吸收后，再切入尾气焚烧炉，钝化过程将持续消耗碱液、产生废水。本次热氮吹硫作业未消耗碱液、未产生废水，排放烟气中 SO_2 质量浓度满足环保控制指标要求，完成了克劳斯系统停工吹硫作业。停工后，重点设备开盖检查，容器内无固体硫磺、未发生自燃现象。装置开工后，克劳斯系统和加氢系统均运行平稳，各反应器床层温度分布均匀，排放烟气中 SO_2 质量浓度约 $250mg/m^3$。

参 考 文 献

[1] 全国天然气标准化技术委员会(SAC/TC 244). 天然气：GB 17820-2012[S]. 北京：中国标准出版社，2012：1.

[2] 陈赓良，肖学兰，杨仲熙，等. 克劳斯法硫磺回收工艺技术[M]. 北京：石油工业出版社，2007.

[3] 于艳秋，裴爱霞，张立胜，等. 20 万 t/a 硫磺回收装置液硫脱气工艺研究与应用[J]. 天然气化工(C_1 化学与化工)，2012，37(4)：40-44.

[4] 谭长军. 钠碱法湿法脱硫工艺研究及工程应用[D]. 南京：东南大学，2015.

[5] 张兵. 氨法烟气脱硫工艺分析[J]. 燃料与化工，2017，48(1)：37-40.

[6] 达建文，殷树青. 硫磺回收催化剂及工艺技术[J]. 石油炼制与化工，2015，46(10)：107-112.

油气田典型离子对 CO_2 环境下碳钢腐蚀行为的影响

谷　坛　唐德志　陈宏健

(中国石油规划总院)

摘　要　为了考察油气田生产液中典型离子对 CO_2 环境下管道腐蚀行为的影响，采用腐蚀模拟实验，结合极化测试、交流阻抗谱测试等电化学方法及 pH 值分析方法，研究了 Cl^-、SO_4^{2-}、Ca^{2+}、HCO_3^- 和 CO_2 共存环境下碳钢(N80 钢)的腐蚀行为。结果表明：①Cl^-、SO_4^{2-} 对 N80 钢的腐蚀作用基本相同，Ca^{2+}、HCO_3^- 均能在一定程度上抑制 N80 钢的腐蚀，且 HCO_3^- 对腐蚀的抑制作用明显优于 Ca^{2+}；②加入 Cl 和 Ca^{2+} 后溶液 pH 值的变化可以忽略，加入 SO_4^{2-} 和 HCO_3 后溶液 pH 值升高；③Ca^{2+} 参与到腐蚀产物膜的生成，导致腐蚀产物膜孔隙率降低，因而在该介质环境下材料腐蚀速率低，感抗弧缩小；④HCO_3^- 的存在一方面升高了溶液 pH 值，降低了溶液的腐蚀性，另一方面增大了 CO_3^{2-} 的离子浓度，促进了 $FeCO_3$ 的沉积过程，使腐蚀产物膜更加致密和完整，导致 HCO_3^- 溶液中测得的感抗弧消失，材料的腐蚀速率显著降低。结论认为：该研究成果可为石油化工行业的防腐工作提供技术及理论支持。

关键词　油气田；离子；腐蚀；碳钢；HCO_3^-；SO_4^{2-}；Ca^{2+}；pH 值；极化测试；交流阻抗谱；感抗弧

在油气开采过程中，油气田管材要面临产出液侵蚀、流体冲刷、应力等因素的混合作用，使得管材的腐蚀失效已经成为制约油气开采的主要原因。通常认为影响碳钢腐蚀的因素主要有温度、流速、pH 值、CO_2 分压和溶液成分等。目前有大量的文献针对温度、流速、pH 值、CO_2 分压等对腐蚀的影响机制进行了讨论，而针对典型离子对 CO_2 环境下碳钢的腐蚀作用研究相对较少[1-11]。

在实际油气田环境中，溶液介质中往往存在多种离子，其中以 Cl^-、HCO_3^-、SO_{42-}、Na^+、Ca^{2+}等最为常见。目前的研究表明，Cl^-可以直接参与到材料的阳极溶解过程，加速材料的阳极溶解；Cl^-容易在点蚀坑内富集，促进 Cl^-催化机制的进行，加速点蚀坑内 Fe 基体的腐蚀，增加材料的点蚀风险[6,12-14]。唐娴等[15]发现含 Cl^-溶液中 SO_4^{2-}的加入能够使 316L 不锈钢钝化区变宽，使点蚀电位变正，维钝电流密度降低，进而提高 316L 的耐点蚀能力。但是在点蚀发生后，随着 SO_4^{2-}浓度的升高，点蚀内部和边缘形态表现出更为复杂的趋势，蚀坑的周长面积比明显增大。张春婉等[16]用动电位极化法和交流阻抗谱(electrochemical impedance spectroscopy，EIS)研究了 J55 钢在不同浓度 $NaHCO_3$ 溶液中的腐蚀行为，发现随着 $NaHCO_3$ 含量的增加，阳极极化曲线上的钝化现象越来越明显，EIS 中容抗弧的半径也逐渐增大，说明材料抗均匀腐蚀的能力增强，均匀腐蚀速率减小。周永璋等[17]采用动电位极化法、扫描电镜(scanning electron microscope，SEM)和 X 射线衍射(X-ray diffraction，XRD)等方法，研究了 Q235 钢在不同介质环境下的腐蚀机理，结果表明中 Cl^-、SO_4^{2-}对腐蚀速率影响较大，而 HCO_3^-、Ca^{2+}影响较小；随着 Cl^-、SO_4^{2-}浓度的增大实验钢的腐蚀速率增大，随着 HCO_3^-浓度的增大，实验钢的腐蚀速率先增大后减小，Ca^{2+}能够导致碳钢腐蚀速率降低。从以上的分析可以看出，目前针对油气田典型离子对碳钢腐蚀行为的影响并未得到统一认识，特别是 CO_2 环境下油气田典型离子对碳钢腐蚀影响的认识更加缺乏。

笔者主要通过失重法，同时结合极化曲线、EIS、XRD 以及 pH 值分析，研究了 Cl^-、SO_4^{2-}、Ca^{2+}、HCO_3^-等几种油气田典型离子对碳钢在 CO_2 环境下腐蚀行为的影响，以期为石油化工等行业的防腐工作提供技术及理论支持。

1　实验

1.1　实验材料

实验材料为油气开采过程中广泛使用的 N80 钢。实验用 N80 钢取自油田现场，其化学组成如表 1 所示。

表 1　实验用 N80 钢的化学组成[1]

C	Si	Mn	P	S	Cr	Mo	Ni	V	Ti	Cu
0.26	0.19	1.37	<0.01	<0.01	0.15	0.03	0.03	<0.01	0.01	0.02

注：1)各组成以质量分数计

1.2　实验溶液

实验溶液为 0.25mol・L^{-1}的 NaCl、Na_2SO_4、$CaCl_2$ 及 $NaHCO_3$ 溶液。配制溶液时，使用蒸馏水或去离子水和符合国家标准或行业标准中的分析纯级别的试剂。配制好的溶液在使用前每升溶液要用流速为 100mL・min^{-1}的高纯 CO_2 进行除氧处理，处理时间不少于 12h，然后密封待用。

1.3　电化学测试

电化学测试采用三电极体系，参比电极为 Ag/AgCl 电极(KCl 填充液浓度为 0.1mol・L^{-1})，辅助电极为铂电极，工作电极为 N80 钢，电化学试样工作面的面积为 $1cm^2$。实验前，将电化学试样用水磨砂纸逐级打磨至 1200 号，然后用丙酮除油，用去离子水清洗，用无水乙醇脱水，之后冷风吹干待用。

电极安装完毕后，将除氧后的实验溶液转移至电化学池中，继续通入 CO_2 气体以去除转移过程中混入的氧，待除氧完毕溶液升温至60℃、气压稳定在 0.5MPa 后开始进行电化学测试。首先进行开路电位测量，待开路电位稳定(波动范围稳定在±10mV 以内)后进行 EIS 测试，测试的频率范围为 100kHz～10mHz，采用的扰动信号是幅值为 5mV 的正弦波。之后进行动电位极化曲线测试，测试电位范围为 350～400mV，扫描速率为 0.5mV・s^{-1}。测试完成后，采用 ZSIMPWIN 软件对 EIS 测试结果进行拟合分析。

1.4　腐蚀模拟实验

为分析饱和 CO_2 环境下不同离子对 N80 腐蚀速率的影响，设计了腐蚀模拟实验，用于表征离子对腐蚀速率和腐蚀产物的作用。实验试样尺寸为 20mm×20mm×3mm，每组实验至少取 4 个平行试样。实验前将试样用水磨砂纸逐级打磨至 2000 号，然后依次用丙酮除油，去离子水和无水乙醇清洗，冷风吹干。将准备好的试样、溶液置于反应釜中，用 CO_2 气体除氧并饱和后，设定目标温度为60℃。达到实验条件后开始计时，维持 168h 后实验结束。

待实验结束后取出试样，用去离子水清洗，酒精脱水，冷风吹干。利用 XRD 进行腐蚀产物分析。根据 ISO 8407：2009[18] 推荐的方法将腐蚀产物膜去除，用失重法测量平行试样的平均腐蚀速率。

2　结果与讨论

2.1　失重法及极化测试

图 1 显示了 60℃下，N80 钢在含不同离子的 CO_2 饱和溶液中浸泡 168 小时后测得的平均腐蚀速率。从图 1 可以看出，CO_2 饱和的 NaCl 溶液中 N80 钢试样腐蚀速率为 5.5mm・a^{-1}，Na_2SO_4 溶液环境下 N80 钢的腐蚀速率略有下降，在 $CaCl_2$ 溶液中腐蚀速率降低至 4.3mm・a^{-1}，在 $NaHCO_3$ 溶液中腐蚀速率降低至 1.4mm・a^{-1}。图 2为 60℃下 N80 钢在含不同离子的 CO_2 饱和溶液中浸泡 168 小时后腐蚀产物的 XRD 图谱。由图 2 可知，不同离子条件下形成的腐蚀产物成分基本相同，均为 $FeCO_3$，这说明实验中添加的不同离子不会影响腐蚀产物的物相成分。

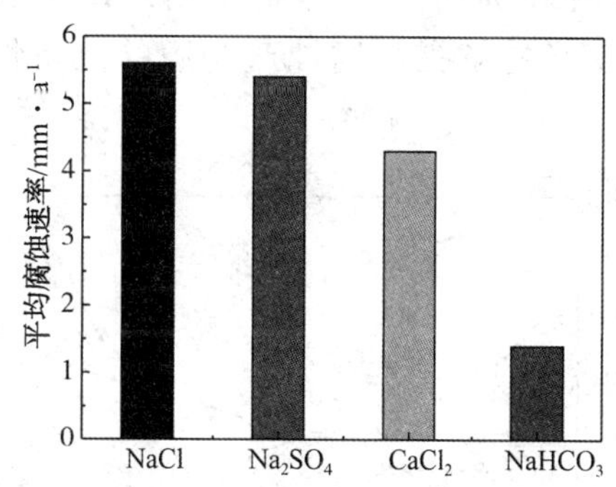

图 1　60℃下 N80 钢在含不同离子的 CO_2 饱和溶液中浸泡 168 小时后测得的平均腐蚀速率图

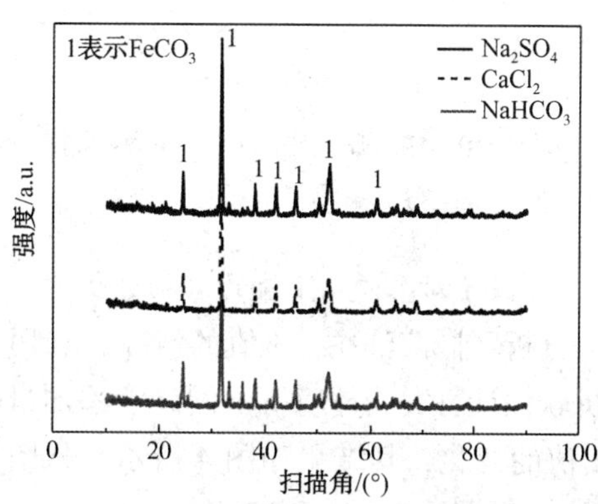

图 2　60℃下 N80 钢在含不同离子的 CO_2 饱和溶液中浸泡 168 小时后腐蚀产物的 XRD 图谱

图 3 为 60℃、0.5MPa 压力下 N80 钢在含不同离子的 CO_2 溶液中测得的极化曲线。由图 3 可知，N80 钢在 NaCl 环境中的极化曲线与在 Na_2SO_4 环境中的极化曲线基本重合，说明两种环境下 N80 的腐蚀速率基本相同，这与失重法得到的结论一致。在 $CaCl_2$ 或者 $NaHCO_3$ 溶液中，极化曲线右移，腐蚀电流密度降低，说明此时材料的耐蚀能力增强。同时可以看出，在 Na_2SO_4 和 $CaCl_2$ 溶液中 N80 钢极化曲线阳极区及阴极区斜率几乎未发生变化，仍然呈现以阴极控制为主的反应过程；在 $NaHCO_3$ 溶液中 N80 钢极化曲线阳极部分斜率明显增大，阳极电流密度降低，这表明在 $NaHCO_3$ 溶液中材料的阳极反应同样受到抑制，这与文献中的结论一致。Wang 等[19]发现 Ca^{2+} 可以降低腐蚀产物膜的孔隙率，从而降低材料的腐蚀速率。王海等[20-21]发现随着 HCO_3^- 浓度增大，碳钢的阳极极化曲线斜率增大，高于某一临界值时可以发生钝化现象；Xu 等[22]认为在 0.5mol·L^{-1} 的 HCO_3^- 溶液中碳钢表面可以直接形成一层致密的产物膜导致其腐蚀速率得到明显控制。上述文献结果均表明 HCO_3^- 离子对于 CO_2 腐蚀具有较为明显的抑制作用，其原因在于 HCO_3^- 离子能够提高腐蚀产物膜的致密性和保护性。

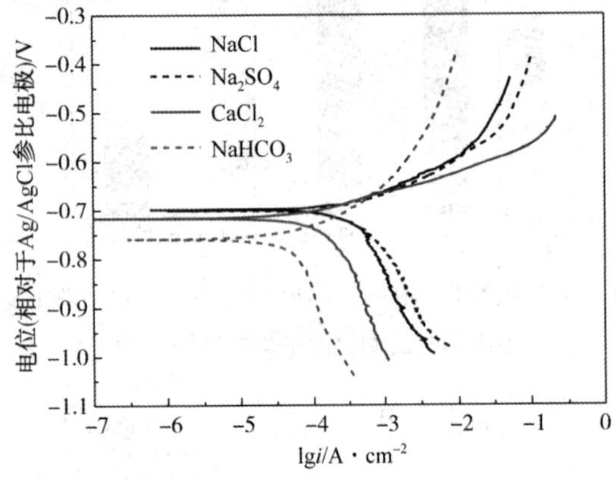

图 3　60℃、0.5MPa 压力下 N80 钢在含不同离子的 CO_2 溶液中测得的极化曲线

2.2　溶质离子对溶液 pH 值的影响分析

为分析不同溶液中 pH 值的情况，利用水化学分析软件计算实验环境下不同离子添加量时溶液 pH 值的变化，其结果如图 4 所示。从图 4 可以看出，相同的 CO_2 饱和溶液，添加 4 种盐后，溶液 pH 值表现出不同的变化趋势。其中，添加 NaCl 溶液的 pH 值持续降低，在离子强度为 3.24mol·kg^{-1} 时，pH = 3.38，相比离子强度为 0mol·kg^{-1}（曲线起点）位置，降低了 0.3。添加 Na_2SO_4 溶液的 pH 值在很小的添加量时，升高到 4.1 左右，但随着添加量的增加，pH 值达到稳定区。添加 $CaCl_2$ 溶液的 pH 值在初期随着 $CaCl_2$ 的增多而降低，当离子强度为 4.07mol·kg^{-1} 时，pH 值增大，当离子强度为 6.41mol·kg^{-1} 时，pH 值再次下降。添加 $NaHCO_3$ 的溶液，在很小的添加量下，pH 值即迅速升高，随着添加量增大，pH 值的增加趋势变缓，在离子强度为 1.56mol·kg^{-1}（曲线终点）时，pH = 7.26，达到计算范围内的最大值。

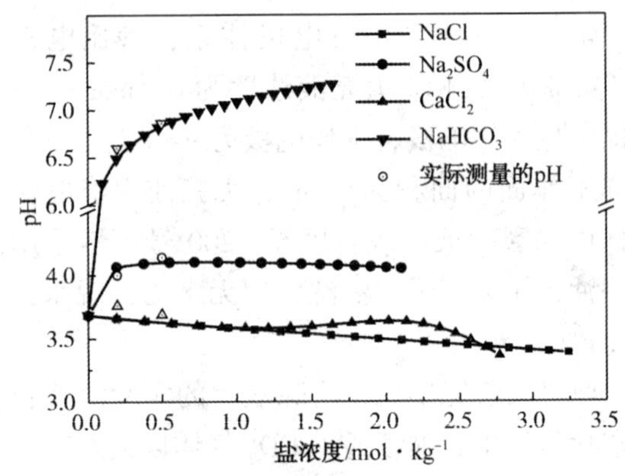

图 4　不同离子浓度的 CO_2 溶液 pH 值图

为了验证计算结果的可信度，进行了实验室 pH 值实测实验。实验溶液中，加入对应的离子后，实测得到 NaCl、Na_2SO_4、$CaCl_2$ 以及 $NaHCO_3$ 溶液的 pH 值分别为 3.62、4.05、3.58 和 6.50，这与软件计算得到的结果基本相同。

加入 $CaCl_2$ 后，溶液 pH 值与 NaCl 溶液基本相同，这说明 Ca^{2+} 对腐蚀的抑制作用并非通过改变溶液 pH 值。加入 Na_2SO_4 和 $NaHCO_3$ 后溶液 pH 值上升，然而由于 Na_2SO_4 溶液的 pH 值相对于 NaCl 变化不大，所以两种溶液环境下腐蚀速率差别不大；而 $NaHCO_3$ 溶液的 pH 值显著高于其他 3 种溶液，这可能是导致材料在该介质环境下体现出低腐蚀速率的原因之一。

2.3　交流阻抗谱分析

图 5 为 60℃、0.5MPa 压力下，N80 钢在不同离子的 CO_2 溶液中测得的 EIS 图谱。由图 5 可知，在饱和 CO_2 环境下，NaCl 溶液中阻抗弧半径最小，呈现高频容抗、中低频感抗和低频容抗弧。高频容抗弧通常认为与腐蚀产物膜有关，感抗弧与基体表面的吸附过程相关[11]，低频容抗

弧与双电层的电荷传递过程有关。$CaCl_2$ 溶液中，高频容抗弧半径增大，感抗弧半径减小，这可能是因为加入 Ca^{2+} 离子后腐蚀产物变得致密，腐蚀产物膜保护性增强导致。$NaHCO_3$ 溶液中，容抗弧半径增大，同时中低频的感抗弧消失，这可能是因为在 $NaHCO_3$ 介质中 N80 的腐蚀产物膜致密性显著提升。以下将对 EIS 图谱中的高频容抗及中低频感抗弧变化进行分析讨论。

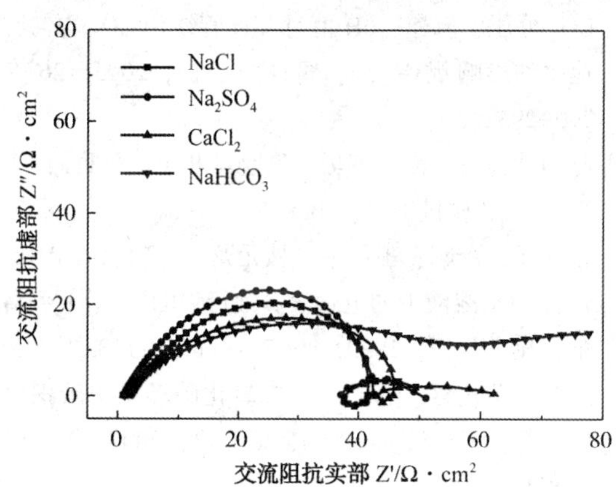

图 5　60℃、0.5MPa 压力下 N80 钢在不同离子的 CO_2 溶液中测得的 EIS 图谱

N80 钢在 CO_2 环境中的阳极过程主要为 Fe 的溶解反应：

$$Fe \xrightarrow{k1} Fe^{2+} + 2e \tag{1}$$

$$Fe + CO_3^{2-} \xrightarrow{k2} FeCO_3 + 2e \tag{2}$$

$$FeCO_3 \xrightarrow{k3} Fe^{2+} + CO_3{}^{2-} \tag{3}$$

设腐蚀产物覆盖度为 θ，则上述反应速率分别为：

$$I_1 = 2Fk_1(1-\theta)\exp(2\alpha_1 FE/RT) \tag{4}$$

$$I_2 = 2Fk_2(1-\theta)C_1\exp(2\alpha_2 FE/RT) \tag{5}$$

$$v_3 = k_3\theta \tag{6}$$

式中：I_1 为反应(1)的电流密度，$A \cdot m^{-2}$；F 为法拉第常数，96500C/mol；k_1 为反应(1)的平衡常数，无量纲；α_1 为反应(1)的电子传递系数，无量纲；E 为极化电位，V；R 为气体常数，$8.314J \cdot (mol \cdot K)^{-1}$；$T$ 为环境温度，K；I_2 为反应(2)的电流密度，$A \cdot m^{-2}$；k_2 为反应(2)的平衡常数，无量纲；C_1 为 $CO_3{}^{2-}$ 离子浓度，$mol \cdot L^{-1}$；α_2 为反应(2)的电子传递系数，无量纲；v_3 为反应(3)的反应速率，$mol \cdot (L \cdot s)^{-1}$；$k_3$ 为反应(3)的平衡常数，无量纲。

θ 的变化速率(Ξ)为：

$$\Xi = \frac{d\theta}{dt} = KI_2 - k_3\theta \tag{7}$$

式中：t 为时间，s；K 为转换当量系数。对 Ξ 进行对 θ 的二次求导，即：

$$\left(\frac{\partial \Xi}{\partial \theta}\right)_{ss} = K\left(\frac{\partial I_2}{\partial \theta}\right) - k_3 = -\frac{KI_2}{1-\theta} - k_3 < 0 \tag{8}$$

说明体系满足稳定性条件。假设：

$$b_a = \frac{\partial \Xi}{\partial E} \tag{9}$$

那么：

$$b_a = \frac{\partial \Xi}{\partial E} = K\left(\frac{\partial I_2}{\partial E}\right) = \frac{2\alpha_2 FKI_2}{RT} > 0 \tag{10}$$

阳极反应总的电流密度 $I_F = I_1 + I_2$，假设：

$$m_a = \frac{\partial I_F}{\partial \theta} \tag{11}$$

那么，

$$m_a = \frac{\partial I_F}{\partial \theta} = K\left(\frac{\partial I_2}{\partial \theta}\right) = -\frac{I_1 + I_2}{1-\theta} < 0 \tag{12}$$

由于此时 $m_a b_a < 0$，因此腐蚀产物覆盖导致高频容抗弧的产生。

阴极反应为 H^+、H_2CO_3、$HCO_3{}^-$ 的还原过程，其中 H^+ 的放电过程为反应的控制步骤：

$$H^+ + e \xrightarrow{k4} H_{ads} \tag{13}$$

$$H_{ads} + H_{ads} \xrightarrow{k5} H_2 \tag{14}$$

设 H_{ads}(原子态的 H)的吸附覆盖率为 γ，上述反应速率为：

$$I_4 = Fk_4(1-\gamma)C_2\exp(-\alpha_4 FE/RT) \tag{15}$$

$$v_5 = k_5\gamma^2 \tag{16}$$

式中：I_4 为反应(15)的电流密度，$A \cdot m^{-2}$；F 为法拉第常数，96500C/mol；k_4 为反应(15)的平衡常数，无量纲；C_2 为氢离子的浓度，$mol \cdot L^{-1}$；α_4 为反应(15)的电子传递系数，无量纲；E 为极化电位，V；R 为气体常数，$8.314J \cdot (mol \cdot K)^{-1}$；$T$ 为环境温度，K；v_5 为反应(16)的反应速率，$mol \cdot (L \cdot s)^{-1}$；$k_5$ 为反应(16)的平衡常数，无量纲。

γ 的变化速率(Ψ)为：

$$\Psi = \frac{d\gamma}{dt} = KI_4 - 2k_5\gamma^2 \tag{17}$$

对 Ψ 进行对 γ 的二次求导，即：

$$\left(\frac{\partial \Psi}{\partial \gamma}\right)_{ss} = K\left(\frac{\partial I_4}{\partial \gamma}\right) - 4k_5\gamma = -\frac{KI_4}{1-\gamma} - 4k_5\gamma < 0 \tag{18}$$

同样满足稳定性条件。

$$b_c=\frac{\partial\Psi}{\partial E}=K\left(\frac{\partial I_4}{\partial E}\right)_{ss}=-\frac{\alpha_4 FKI_4}{RT}<0 \quad (19)$$

总反应的法拉第电流为 $I_F=I_4$，因此，

$$m_c=\frac{\partial I_F}{\partial\gamma}=K\left(\frac{\partial I_4}{\partial\gamma}\right)=-\frac{I_4}{1-\gamma}<0 \quad (20)$$

此时 $m_c b_c>0$，因此氢离子吸附导致感抗弧的产生。

在 NaCl、Na_2SO_4 环境下，腐蚀产物疏松多孔，此时 $\theta+\gamma\ll1$，可以认为阳极反应生成的腐蚀产物覆盖作用与吸附氢的覆盖作用互不干扰，因而交流阻抗中表现为容抗弧和感抗弧同时存在。$CaCl_2$ 溶液中，由于 Ca^{2+} 能够参与腐蚀产物的生成[19]，从而有利于提高腐蚀产物的保护性，因此此时容抗弧减小；$CaCl_2$ 或者 $NaHCO_3$ 溶液中，由于此时溶液中 CO_3^{2-} 浓度增大，腐蚀产物的沉积过程更易进行，试样表面更容易被腐蚀产物完整覆盖，此时 H_{ads} 的吸附覆盖率几乎为零，因而此时感抗弧消失。

3 结论

（1）在饱和 CO_2 环境下，Cl^- 和 SO_4^{2-} 溶液中 N80 钢的腐蚀速率基本相同，相比之下，在 Ca^{2+} 和 HCO_3^- 溶液中材料的腐蚀速率更低。Ca^{2+} 主要通过降低腐蚀产物膜中的孔隙率从而抑制材料的腐蚀；HCO_3^- 的加入一方面会显著提高溶液的 pH 值，导致环境腐蚀性降低，另一方面有助于提高腐蚀产物膜的完整性和保护性，因而在 HCO_3^- 溶液中 N80 的腐蚀速率最低。

（2）在饱和 CO_2 环境下，加入 $CaCl_2$ 后，溶液 pH 值与 NaCl 溶液基本相同，这说明 Ca^{2+} 对腐蚀的抑制作用并非通过改变溶液 pH 值。Na_2SO_4 溶液的 pH 值相对于 NaCl 变化不大，$NaHCO_3$ 的溶液 pH 值最高。

（3）在饱和 CO_2 环境下，NaCl、Na_2SO_4 和 $CaCl_2$ 溶液中的交流阻抗谱均由高频容抗弧、中低频感抗弧和低频容抗弧组成，其中高频容抗弧与腐蚀产物覆盖有关，感抗弧的出现与 H^+ 的吸附过程有关。由于 HCO_3^- 溶液中更易形成 $FeCO_3$ 沉淀，这使得此溶液环境下腐蚀产物覆盖完整，因而测试得到的交流阻抗谱中感抗弧消失。

参 考 文 献

[1] 赵国仙，吕祥鸿，李鹤林，路民旭．温度对 P110 钢 CO_2 腐蚀行为的影响[J]．中国腐蚀与防护学报，2005，25(2)：93-96.

[2] 李大朋，马文海，张雷，路民旭，王蕾．温度对油管钢 CO_2 腐蚀行为的影响[C]//NACE 东亚及太平洋地区国际腐蚀大会暨第三届 NACE 上海国际腐蚀年会，2012-10-10—2012-10-14，上海．

[3] 张均生，武会宾，王立东，蔡庆伍．温度对 X80 管线钢 CO_2 腐蚀行为的影响[J]．热加工工艺，2012，41(14)：19-22.

[4] 龙凤乐，郑文军，陈长风，许振清，韩庆．温度、CO_2 分压、流速、pH 值对 X65 管线钢 CO_2 均匀腐蚀速率的影响规律[J]．腐蚀与防护，2005，26(7)：290-293.

[5] 赵国仙，吕祥鸿，韩勇．流速对 P110 钢腐蚀行为的影响[J]．材料工程，2008(8)：5-8.

[6] 张学元，余刚，王凤平，杜元龙．Cl^- 对 API P105 钢在含 CO_2 溶液中的电化学腐蚀行为的影响[J]．高等学校化学学报，1999，20(7)：1115-1118.

[7] 刘东，艾俊哲，郭兴蓬．二氧化碳环境中碳钢电偶腐蚀行为研究[J]．天然气工业，2007，27(10)：114-116.

[8] 李春福，张颖，王斌，代家林，陈玉祥．X56 钢油气集输管道的 CO_2 腐蚀电化学研究[J]．天然气工业，2004，24(12)：145-148.

[9] 崔钺，兰惠清，何仁洋，白晓旭，黄辉．冲蚀作用下 CO_2 分压对集输气管线内腐蚀的影响规律——以大庆油田徐深 6 集气站集输管线为例[J]．天然气工业，2013，33(2)：128-132.

[10] 陈太辉，许立宁，常炜，路民旭，张雷．Cr 含量和温度对低 Cr 管线钢抗 CO_2 腐蚀的影响[J]．天然气工业，2011，31(9)：93-97.

[11] 黎洪珍，罗立然，李娅，李明国．油管腐蚀原因分析及腐蚀评价[J]．天然气工业，2003，23(增刊1)：107-110.

[12] 刘志德，黄黎明，杨仲熙，谷坛，孙绪辉．高含硫环境中地面集输管线材质腐蚀影响因素[J]．天然气工业，2004，24(12)：122-123.

[13] Wang Zhu，Zhang Lei，Tang Xian，Zhang Ziru，Lu Minxu. The surface characterization and passive behavior of type 316L stainless steel in H_2S-containing conditions[J]. Applied Surface Science，2017，423(11)：457-464.

[14] 张学元，柯克．NaCl 浓度对 API P105 钢在 CO_2 溶液中的电化学腐蚀行为影响[J]．中国腐蚀与防护学报，2000，20(5)：317-320.

[15] 唐娴，张雷，王竹，张子如，薛俊鹏，路民旭．SO_4^{2-} 对含 Cl^- 溶液中 316L 奥氏体不锈钢钝化行为及点蚀行为的影响[J]．工程科学学报，2018，40(3)：366-372.

[16] 张春婉，赵文轸，张军，廖晨棵．J55 钢在 Cl^-/HCO_3^-体系中的腐蚀行为[J]. 腐蚀与防护，2008，29(11)：670-673.

[17] 周永璋，曾建民，张坚．油井采出液成分与温度对Q235 钢腐蚀行为的影响[J]. 机械工程材料，2008，32(12)：25-28.

[18] International Organization for Standardization. Corrosion of metals and alloys-Removal of corrosion products from corrosion test specimens：ISO 8407：2009[S]. Switzerland：ISO，2009.

[19] Wang Bei，Xu Lining，Liu Guozhang & Lu Minxu. Corrosion behavior and mechanism of 3Cr steel in CO_2 environment with various Ca^{2+} concentration [J]. Corrosion Science，2018，136(5)：210-220.

[20] 王海，李旺东，梁全胜，薛涛，敬加强．温度、HCO_3^-和 Cl^-对 J55 钢在安塞油田采出水中腐蚀行为的影响[J]. 腐蚀科学与防护技术，2016，28(2)：115-121.

[21] 张军，慕立俊，赵文轸．HCO_3^-对 J55 钢在 1%NaCl 溶液中腐蚀行为的影响[J]. 腐蚀科学与防护技术，2010，22(3)：188-191.

[22] Xu Lining，Xiao Hui，Shang Weijing，Wang Bei & Zhu Jinyang. Passivation of X65 (UNS K03014) carbon steel in $NaHCO_3$ solution in a CO_2 environment [J]. Corrosion Science，2016，109(8)：246-256.

基于改进故障树的站场设备失效分析

朱　伟[1]　赵东辉[2]　邱　睿[2]　刘钇池[1]　刘　婕[1]

(1. 中国石油华北油田公司；2. 中国石油大学(北京)城市油气输配技术北京重点实验室)

摘　要　设备的失效分析是开展油气田站场风险量化评价的一项重点环节。首先，对失效因素进行了综合分析，建立了设备失效故障树，在此基础上，通过层次分析法综合专家意见，利用模糊概率得到基本事件概率，对传统故障树的定量分析加以改进。以原油储罐爆炸事故为案例，进行了定性与定量分析，找出系统最薄弱的环节，计算事故发生概率，得到失效可能性等级。与传统事故树相比，该方法更具可操作性，能为站场设备风险管理提供理论支持。

关键词　油气田站场；设备失效分析；风险评价；故障树；层次分析法；模糊概率

设备的风险评价是站场完整性管理中的一项重要环节，与相对成熟的长输管道风险评价相比，目前仍处于探索阶段[1-3]。风险评价指的是识别对设施安全运行有不利影响的危害因素，评价事故发生的可能性和后果大小，综合得到风险值，并提出相应风险控制措施的分析过程。根据功能的不同，站场设备可分为静设备(压力容器及工艺管线)、动设备(泵、压缩机及阀门等)以及安全仪表系统(紧急关断装置等)[4]。目前，针对三类设备进行风险评价，采用的较为通用的方法分别是RBI(基于风险的检验)方法[5-6]，RCM(以可靠性为中心的维护)方法[7-8]以及SIL(安全完整性等级)方法[9-10]。但是，采用以上方法对站场设备进行定量评价时，操作成本较高，评价事故发生的可能性大小时，将同类设备失效概率作为计算参数，这与目前我国站场设备失效数据库建设不足这一现象相矛盾。

为了解决失效分析这一难题，故障树分析方法被引用到长输管道的失效分析[11-12]中，但目前对站场设备开展此方面的研究较少。因此，本文将着眼于事故发生的可能性大小，对设备进行失效分析。首先，对引起设备失效的因素进行综合分析，建立相应的失效故障树，在此基础上，通过层次分析法综合专家意见，利用模糊概率得到基本事件概率，对传统故障树的定量分析加以改进。最终得到故障树的最小割集和顶事件失效概率，找出系统最薄弱的环节，计算事故发生概率，得到失效可能性等级，为下一步的风险量化评价作铺垫。

1　传统故障树分析法

1.1　模型建立

故障树是一种表示导致事故发生的各种因素之间的因果及逻辑关系图。它把系统的失效事件作为顶上事件，把引起失效事件的各种直接因素作为二次事件，按照逻辑关系，用逻辑门将它们联系起来。故障树分析是一种演绎分析方法，可同时用于定性和定量分析，确定导致事故发生的各因素的组合方式以及事故的发生可能性。

故障树的建立步骤如下所示。

第一步，将系统所不希望发生的事件作为顶上事件。

第二步，从顶上事件开始，分析引起各个故障模式的原因，由因到果，层层分析，直到确定基本事件为止。

第三步，确定各个因素之间的逻辑关系，用逻辑门将它们联系起来，如下图1所示。

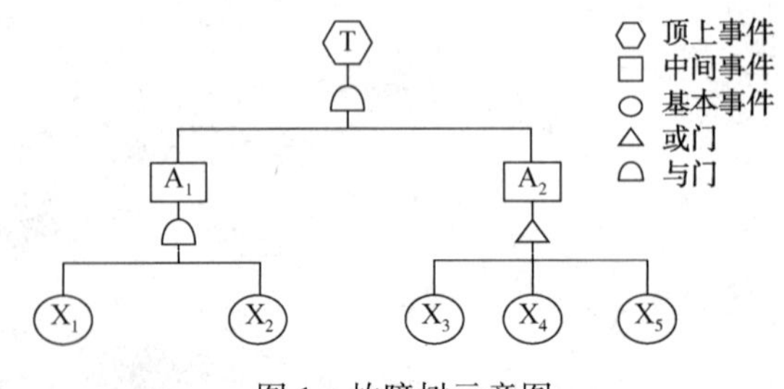

图1　故障树示意图

1.2　定性分析

故障树定性分析的第一个任务是求出最小割集，即导致顶事件发生的最少基本事件的组合。最小割集在一定程度上代表了危险性大小，一般来说，包含基本事件个数少的割集比包含基本事件个数多的割集容易发生，由此，求出引发事故的最少事件组合，发现系统安全的薄弱环节，为改善安全提供对策及方案。运用布尔代数运算法则[13]处理图 1 所示故障树的结构函数式，求得最小割集如下。

$$\begin{aligned} T &= A_1A_2 = X_1X_2(X_3+X_4+X_5) \\ &= X_1X_2X_3+X_1X_2X_4+X_1X_2X_5 \end{aligned} \tag{1}$$

故障树定性分析的第二个任务是从故障树结构上研究各个基本事件对顶事件的影响程度即结构重要度，用以指导现场管理人员对重点隐患进行排查。运用以下计算公式处理图 1 所示故障树的基本事件的结构重要度。

$$I\Phi(i) = \frac{m}{2^{n-1}} \tag{2}$$

其中，i 表示基本事件的序号，m 表示基本事件出现在最小割集中的次数，n 表示最小割集中基本事件的个数。

1.3 定量分析

故障树定量分析的第一个任务是已知各基本事件发生的概率，按逻辑代数运算法则，计算顶上事件发生的概率。通过故障树的定性研究已得出系统的全部最小割集，则最小割集 K_i 发生的概率 $P(K_i)$ 用与门结构函数计算，顶事件 T 的发生概率 $P(T)$ 用或门结构函数计算。

$$\begin{aligned} &P(K_i) = \prod_{j=1}^{L_i} P(X_j) \\ &P(T) = P(K_1 \cup \cdots K_i \cup \cdots \cup K_n) = \sum_{i=1}^{n} P(K_i) \end{aligned} \tag{3}$$

其中，$P(X_j)$ 表示第 j 个基本事件 X_j 发生的概率，L_i 为第 i 个最小割集中基本事件的个数，n 表示最小割集的数目。

故障树定量分析的第二个任务是概率重要度分析，即求解某一基本事件对顶事件发生概率的贡献，定义为顶事件的发生概率对某基本事件发生概率的偏导数。按照以下简化公式可进行求解。

$$\begin{aligned} &I_g(j)_i = \begin{cases} \dfrac{P(K_i)}{P(X_j)} & X_j \in K_i \\ 0 & X_j \notin K_i \end{cases} \\ &I_g(j) = \sum_{i=1}^{n} I_g(j)_i \end{aligned} \tag{4}$$

其中，$I_g(j)_i$ 表示第 i 个最小割集中第 j 个基本事件的概率重要系数，$I_g(j)$ 表示第 j 个基本事件对顶事件的概率重要系数。

2 改进故障树分析法

保证故障树定量分析准确的前提是要获得可信的基本事件的发生概率。目前，获得故障树基本事件发生概率的途径一般有统计法或专家主观判断估算。由于目前我国缺乏完备的事故数据库，而且个别事件的发生概率难以用频数替代，因此，专家主观判断法是较为通用的方法。本文将采用层次分析法和模糊概率法改进传统的专家主观判断法，最大限度提高专家判断的客观性和科学性。

2.1 层次分析法

作为一种定性与定量分析相结合的多准则决策方法，层次分析法将决策问题的有关元素分解成目标、准则、方案等层次，用一定标度对人的主观判断进行客观量化。本文将利用层次分析法确定专家能力的权重。

运用层次分析法解决问题，大体可以分为四个步骤。

第一步，明确问题，建立递阶层次结构，包括目标层、准则层以及方案层。

第二步，构造两两比较判断矩阵。用 a_{ij} 表示因素 A_i 和 A_j 对上一层某一因素的影响程度之比，按表 1 标度度量，构成两两比较的判断矩阵 $A=(a_{ij})_{n\times n}$，其中 $a_{ij}=\dfrac{1}{a_{ji}}$，$a_{ii}=1$。

表 1 判断矩阵标度及其含义

标度 a_{ij}	含义
1	两个元素具有同样的重要性
3	一个元素比另一个元素稍微重要
5	一个元素比另一个元素明显重要
7	一个元素比另一个元素强烈重要
9	一个元素比另一个元素极端重要
2，4，6，8	2，4，6，8 为上述相邻判断的中值
倒数	表示相应两因素交换次序比较的重要性

第三步，由判断矩阵计算权重向量并做一致性检验。

采用和积法计算权重。首先，计算判断矩阵每一行元素的和 $W_i=\sum_{j=1}^{n} a_{ij}$；然后，计算 W_i 的算术平均数 $\bar{W}_i=\dfrac{W_i}{n}$；接着，对向量 $\bar{W}_i$ 做归一化处理，则 $\bar{W}=[\bar{W}_1 \quad \bar{W}_2 \cdots \bar{W}_n]^T$ 即为所求的特征

向量；最后，计算判断矩阵的最大特征根 $\lambda_{max}=\sum_{i=1}^{n}\frac{(A\bar{W})_i}{n\bar{W}_i}$。

利用一致性指标，随机一致性指标和一致性比率做一致性检验。首先，计算一致性指标 $C.I.=\frac{\lambda_{max}-n}{n-1}$；然后，查找平均随机一致性指标 $R.I.$，如表 2 所示；接着，计算一致性比率 $C.R.=\frac{C.I.}{R.I.}$，当 $C.R.<0.1$ 时，一般认为一致性可以接受；否则，应对判断矩阵作适当的修正。

表 2　平均随机一致性指标

判断矩阵的阶数	1	2	3	4	5	6	7	8	9
平均随机一致性指标	0.00	0.00	0.58	0.90	1.12	1.24	1.32	1.41	1.45

第四步，计算各层次元素的组合权重向量并做一致性检验。

定义：$CI(k)=(CI_1^{(k)}, CI_2^{(k)}, \cdots, CI_n^{(k)})w(k-1)$ 和 $RI(k)=(RI_1^{(k)}, RI_2^{(k)}, \cdots, RI_n^{(k)})w(k-1)$ 分别表示第 k 层的一致性指标和平均随机一致性指标。

其中，$CI_n^{(k)}$ 表示第 k 层对于第 $k-1$ 层第 n 个因素的一致性指标，$w^{(k-1)}$ 表示第 $k-1$ 层对第一层的组合权向量。根据 $CR^{(k)}=\frac{CI^{(k)}}{RI^{(k)}}$ 可以得到第 k 层的组合一致性比率，当 $CR^{(k)}<0.1$ 时，递阶层次结构在第 k 层水平以上的所有判断具有整体满意的一致性；否则，重新考虑模型或重新构造那些 $CR^{(k)}$ 较大的判断矩阵。

2.2　模糊概率法

专家的意见一般通过自然语言给出，如很小、小、中等、大、很大，本文将采用梯形或三角形模糊数代替以上自然语言，如图 2 所示。

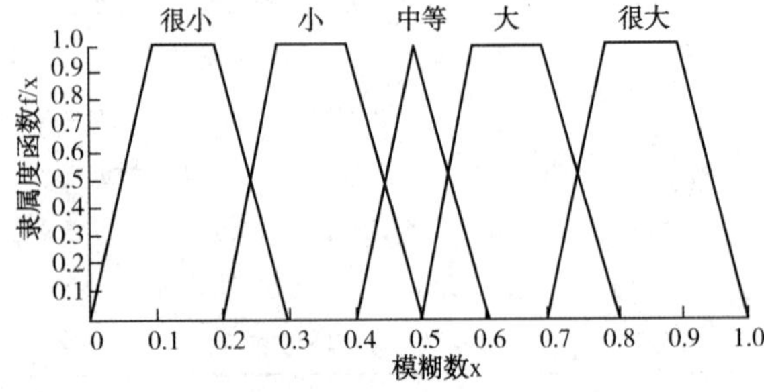

图 2　专家判断自然语言模糊数

利用模糊概率评价基本事件的概率，大体可以分为四个步骤。

第一步，选择若干来自设计、维修、管理等方面的专家，对基本事件做出主观判断。

第二步，将自然语言转化成模糊数，给出隶属度函数表达式：

$$f_w(x)=\begin{cases}\frac{x-a}{0.1} & (a\leqslant x\leqslant a+0.1)\\ 1.0 & (a+0.1\leqslant x\leqslant b-0.1)\\ \frac{b-x}{0.1} & (b-0.1\leqslant x\leqslant b)\\ 0 & (\text{其他})\end{cases}$$

其中，a 和 b 表示自然语言模糊数的上下限。

第三步，利用左右模糊排序法将模糊数转化为模糊可能性值。首先，定义最大模糊集和最小模糊集：

$$f_{max}(x)=\begin{cases}x & (0<x<1)\\ 0 & (\text{其他})\end{cases}$$

$$f_{min}(x)=\begin{cases}1-x & (0<x<1)\\ 0 & (\text{其他})\end{cases}$$

然后，计算模糊数的左、右模糊可能性值：

$$FPS_L(w)=\sup_x[f_W(x)\wedge f_{min}(x)]$$

$$FPS_R(w)=\sup_x[f_W(x)\wedge f_{max}(x)]$$

最终得到模糊数的可能性值：

$$FPS_T(w)=[FPS_R(w)+1-FPS_L(w)]/2$$

第四步，将模糊可能性值转化为模糊失效率：

$$FFR=\begin{cases}\frac{1}{10^k} & (FPS\neq 0)\\ 0 & (FPS=0)\end{cases},\quad k=2.301\times\left(\frac{1-FPS}{FPS}\right)^{1/3}$$

3　案例分析

采用本文所介绍的方法，对某个站场的原油储罐爆炸事故进行失效分析。

3.1　失效问题分析

当漏油气浓度达到爆炸极限，并且遇到点火源则极易发生储罐爆炸事故，往往引起人员伤亡、环境污染，造成较为严重的经济损失和社会影响。原油储罐爆炸的发生必须具备两个条件：漏油气浓度达到爆炸极限以及遇到点火源。

造成第一个条件发生的原因包括原油泄漏以

及油气挥发积聚达到爆炸极限。油气挥发积聚达到爆炸极限发生的原因有以下几点：罐区选址不当，通风排气条件不完善；罐区布局不合理，安全防火间距不够。原油泄漏发生的原因有以下几点：操作不当、仪表失灵或误动作，储罐收发或运行的密闭系统密闭性能减弱，罐体出现裂纹，罐砂眼，罐腐蚀穿孔。

其中，造成密闭系统密闭性能减弱的原因有：罐阀密封性减弱或转动不灵活、法兰连接不严密、密封材质老化、选用的密封材质不合格或压力等级不够、选用的安全密封附件不齐配或失灵等。

罐体出现裂纹往往是因为气候严寒，则罐处于低温时会由于罐组装焊接时质量不符合要求(裂纹、未焊透、形状变化等)或罐体材料选择不当(如选用了冲击韧性较低的钢材)而使罐产生裂纹甚至破裂。罐体出现砂眼往往是因为钢板和焊缝受腐蚀作用在管顶上部及罐底形成砂眼或者钢板质量未经严格检查，焊接使用潮湿焊条或焊接技术不高，以致焊缝里产生气泡而使罐存在砂眼。罐腐蚀穿孔可能因为水分杂质及空气对罐的腐蚀以及洗罐后，残液未处理干净，罐底和罐顶常出现腐蚀穿孔。

造成第二个条件发生的原因有以下几点：遭遇明火、电气火花、撞击火花、静电、雷击、炽热表面以及化学反应热。明火来源于罐区吸烟、焊接火花等，电气火花来源于各种开关触头火花、线路短路的跳火等，撞击火花来源于金属碰撞罐体、风大等原因使金属物体相撞、穿带钉工作鞋等，静电来源于人体静电、罐体静电等，炽热表面来源于工作状态的电气、发动机壳等，化学反应热来源于如脏的油布、棉丝团堆积而形成的自燃等。

将储罐爆炸作为顶事件，分析引起漏油气浓度达到爆炸极限以及遇到点火源的原因，建立了原油储罐爆炸故障树如图3所示，图3对应的各个事件如表3所示。

表3　储罐爆炸故障树事件

符号	意义	符号	意义
T	储罐爆炸	X_6	罐腐蚀穿孔
A_1	泄漏油气浓度达到爆炸极限	X_7	遭遇明火
A_2	原油发生泄漏	X_8	遭遇电气火花

续表

符号	意义	符号	意义
A_3	遇到点火源	X_9	遭遇撞击火花
X_1	油气挥发积聚达爆炸极限	X_{10}	遭遇静电
X_2	操作不当和仪表失灵误动作	X_{11}	遭遇雷击
X_3	密闭系统的密闭性能减弱	X_{12}	遭遇炽热表面
X_4	罐出现裂纹	X_{13}	遭遇化学反应热
X_5	罐砂眼		

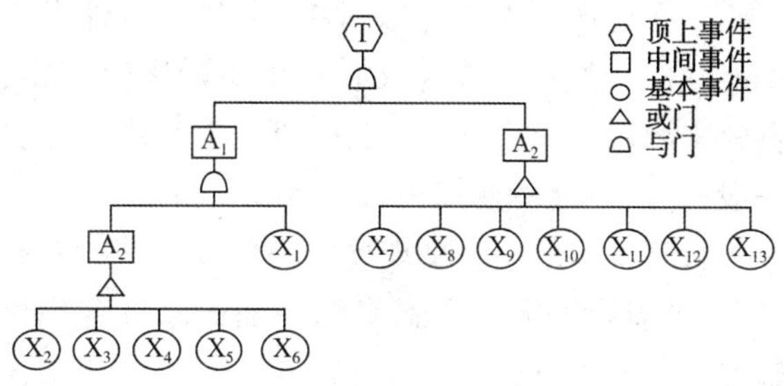

图3　储罐爆炸故障树

3.2　最小割集和结构重要度计算

根据式(1)计算储罐爆炸故障树的最小割集，如下所示。系统的全部最小割集35个，且均为三阶最小割集。由此可知，引起储罐爆炸的可能性有35种，只要任何一个最小割集中的3个基本事件同时发生，就会引起事故。现场管理人员应根据各个最小割集中基本事件的特性及其可能发生的条件，做出比较全面的预防措施，防患于未然。

$$\begin{aligned}T &= A_1A_3 = X_1(X_2+X_3+X_4+X_5+X_6)(X_7+X_8+\\&\quad X_9+X_{10}+X_{11}+X_{12}+X_{13}\\&= X_1X_2X_7+X_1X_2X_8+X_1X_2X_9+X_1X_2X_{10}+\\&\quad X_1X_2X_{11}+X_1X_2X_{12}+X_1X_2X_{13}+\\&\quad X_1X_3X_7+X_1X_3X_8+X_1X_3X_9+X_1X_3X_{10}+\\&\quad X_1X_3X_{11}+X_1X_3X_{12}+X_1X_3X_{13}+\\&\quad X_1X_4X_7+X_1X_4X_8+X_1X_4X_9+X_1X_4X_{10}+\\&\quad X_1X_4X_{11}+X_1X_4X_{12}+X_1X_4X_{13}+\\&\quad X_1X_5X_7+X_1X_5X_8+X_1X_5X_9+X_1X_5X_{10}+\\&\quad X_1X_5X_{11}+X_1X_5X_{12}+X_1X_5X_{13}+\\&\quad X_1X_6X_7+X_1X_6X_8+X_1X_6X_9+X_1X_6X_{10}+\\&\quad X_1X_6X_{11}+X_1X_6X_{12}+X_1X_6X_{13}\end{aligned}$$

根据式(2)计算储罐爆炸故障树各基本事件的结构重要度，如下所示。基本事件 X_1 的结构重要度最大，说明它是该系统中最薄弱的环节，最应当引起重视，现场管理人员应采取强有力的防范措施，保证系统安全。基本事件 $X_8 \cdots X_{13}$ 相对而言结构重要度较小，在人力物力有限时，可减少或延后检修维护。

$W^{(2)}=(^{0}.372, 0.159, 0.150, 0.319)T$

$CI^{(3)}=(^{0}.090, 0.012, 0.083, 0.031)TW^{(2)}$

$=0.05773$

$RI^{(3)}=(^{0}.90, 0.90, 0.90, 0.90)TW^{(2)}=0.90$

$CR^{(3)}=\frac{CI^{(3)}}{RI^{(3)}}=0.064<0.1$

3.2　失效概率计算

本次选择了 4 位专家对 13 个基本事件发生可能性做出判断。专家 *C*1 专业知识比较丰富，资料来源很广泛，评价较为合理，但是现场经验一般；专家 *C*2 专业知识很丰富，资料来源一般，评价合理性一般，但是现场经验比较丰富；专家 *C*3 专业知识一般，资料来源一般，评价合理性较差，但是现场经验很丰富；专家 *C*4 专业知识不丰富，资料来源比较广泛，评价很合理，且现场经验丰富。将各个专家的能力指标定为专业知识水平、资料来源、观点合理性以及现场经验，建立的专家能力层次分析模型如图 4 所示。

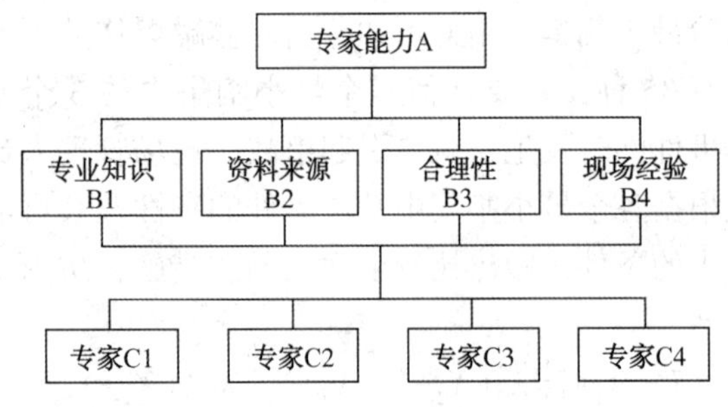

图 4　专家能力层次分析模型

根据层次分析法实施步骤，计算得到的结果层次总排序及权重向量如表 4 所示。

表 4　层次总排序及权重向量

	B_1	B_2	B_3	B_4	权重 $W^{(3)}$
	0.372	0.159	0.150	0.319	
C_1	0.254	0.476	0.270	0.065	0.231
C_2	0.553	0.077	0.057	0.126	0.267
C_3	0.076	0.149	0.096	0.424	0.202
C_4	0.117	0.298	0.578	0.385	0.300

组合一致性结果如下所示，通过一致性检验。

$W^{(2)}=(^{0}.372, 0.159, 0.150, 0.319)T$

$CI^{(3)}=(^{0}.090, 0.012, 0.083, 0.031)TW^{(2)}$

$=0.05773$

$RI^{(3)}=(^{0}.90, 0.90, 0.90, 0.90)TW^{(2)}$

$=0.90$

$CR^{(3)}=\frac{CI^{(3)}}{RI^{(3)}}=0.064<0.1$

综上所述，得到本次邀请专家能力权重分别为：0.231、0.267、0.202 以及 0.300。

根据现场资料和实地考察，4 位专家对 13 个基本事件发生的可能情况进行了判断，判断结果如表 5 所示。

表 5　专家判断结果

	专家 C1	专家 C2	专家 C3	专家 C4
X_1	小	中等	中等	小
X_2	中等	大	中等	中等
X_3	很小	中等	小	小
X_4	小	中等	很小	小
X_5	中等	中等	小	大
X_6	大	大	中等	中等
X_7	小	小	中等	小
X_8	大	中等	中等	中等
X_9	中等	中等	大	大
X_{10}	小	中等	小	中等
X_{11}	很小	很小	很小	很小
X_{12}	中等	小	很小	小
X_{13}	中等	中等	大	大

根据模糊概率法实施步骤，计算得到的各个基本事件的模糊失效概率，如表 6 所示。基于表 6 得到的基本事件的失效概率，根据式(3)计算出储罐爆炸的概率为 1.68E-06。同时，根据式(4)计算各个基本事件的概率重要度系数，如表 6 所示。考虑基本事件概率后，得到的重要度排序与定性分析一致，基本事件的储罐系统中最重要的环节，应采取有效措施将其可能性降低，特别是在设计阶段就应选择通风排气条件完善的罐区地址同时保证足够的安全防火间距，从而保证系统安全。根据表 7 可知，本次油罐爆炸事故的失效可能性等级为中等。

表 6　基本事件模糊失效概率

	$FPS_L(w)$	$FPS_R(w)$	$FPS_T(w)$	FFR	I_g
X_1	0.642	0.497	0.428	2.91E-03	5.78E-04
X_2	0.521	0.594	0.536	6.43E-03	7.23E-05
X_3	0.721	0.437	0.358	1.60E-03	7.23E-05

续表

	$FPS_L(w)$	$FPS_R(w)$	$FPS_T(w)$	FFR	I_g
X_4	0.715	0.460	0.372	1.82E-03	7.23E-05
X_5	0.555	0.582	0.513	5.49E-03	7.23E-05
X_6	0.500	0.636	0.568	7.93E-03	7.23E-05
X_7	0.691	0.473	0.391	2.15E-03	6.78E-05
X_8	0.524	0.587	0.532	6.22E-03	6.78E-05
X_9	0.500	0.637	0.568	7.96E-03	6.78E-05
X_{10}	0.624	0.506	0.441	3.23E-03	6.78E-05
X_{11}	0.909	0.273	0.182	1.59E-04	6.78E-05
X_{12}	0.649	0.494	0.423	2.80E-03	6.78E-05
X_{13}	0.592	0.545	0.399	2.31E-03	6.78E-05

表7 失效可能性等级

等级	低	较低	中等	较高	高
概率	[0, 2.2E-08]	[2.2E-08, 2.2E-07]	[2.2E-07, 2.2E-06]	[2.2E-06, 2.2E-05]	[2.2E-05, 1]

4 结论

(1) 运用故障树进行站场设备的失效可能性分析，可以弥补目前我国设备失效数据库建设存在不足的劣势，其分析结果可为站场设备风险评价提供理论支持和指导。

(2) 运用层次分析法和模糊概率法改进传统故障树，可以提高专家判断的客观性和科学性，同时增加现场工作人员的可操作性。

(3) 以原油储罐爆炸为例，建立了故障树，定性分析后得到了35个最小割集以及各基本事件的结构重要度，定量分析后得到了储罐失效概率为1.68E-06，失效可能性等级中等，基本事件油气挥发积聚达爆炸极限概率重要系数最大，并提出了建议。

参考文献

[1] 姚安林，黄亮亮，蒋宏业，李又绿，徐惠．输油气站场综合风险评价技术研究[J]．中国安全生产科学技术，2015，11(01)：138-144.

[2] 张慧娟．长输油气管道天然气站场风险管理研究[D]．华东理工大学，2017.

[3] 董绍华，韩忠晨，费凡，曹兴，安宇．输油气站场完整性管理与关键技术应用研究[J]．天然气工业，2013，33(12)：117-123.

[4] 李静雯．输油气站场完整性管理与关键技术应用研究[A].《决策与信息》杂志社、北京大学经济管理学院．"决策论坛——管理决策模式应用与分析学术研讨会"论文集(下)[C].《决策与信息》杂志社、北京大学经济管理学院：《科技与企业》编辑部，2016：1.

[5] 崔凯燕，刘新宇，王晓霖．RBI在站场静设备定量风险评价中的应用研究[J]．安全、健康和环境，2016，16(10)：43-46.

[6] 马秀云．RBI风险评价技术在D天然气站场的应用研究[D]．中国石油大学(华东)，2015.

[7] 闫睿．基于RCM的输气站场阀门维修策略研究[D]．西南石油大学，2016.

[8] 杨培风．长输天然气站场基于RCM分析的实践[J]．科技风，2014(13)：80.

[9] 杨艺．输气站场控制系统SIL分析与应用研究[D]．西南石油大学，2015.

[10] 廖柯熹，杨艺，白国红，邓彦婕．输气站场ESD系统的SIL定级与验证[J]．中国安全生产科学技术，2015，11(01)：161-165.

[11] 彭趣．基于故障树法的输气管道失效影响因素分析[J]．辽宁化工，2019，48(05)：440-442.

[12] 刘彦麟，彭星煜，姚东池，唐霏，徐鹏飞．考虑失效相关性的管道腐蚀故障树新算法[J]．油气储运，2019，38(01)：31-39.

[13] 魏选平，卞树檀．故障树分析法及其应用[J]．电子产品可靠性与环境试验，2004(03)：43-45.

酸性气田集输支线腐蚀速率控制研究

李振鹏　曹　臻　李海贵　何　海　龚小平

（中国石化西南油气分公司）

摘　要　元坝气田集输系统全面投运以来至2017年8月，试采工程站外污水管线发生穿孔事件共计10余次，部分管道于2017年8月20日开始采用酸气管线气液混输的方式进行污水输送，尤其是2#支线，在未改变管道中气体的流速之前，存在管道明显积液情况，增加了管道两端的压差，腐蚀速率有增大的趋势，针对气液混输后面临的腐蚀加剧的严峻问题，在保证腐蚀速率控制在0.076mm/a以内，管线壁厚减薄处低于12.5%的基础上，需要制定有效的方案和对策，控制2#支线酸气管线的腐蚀速率。

关键词　元坝气田；酸气管线；气液混输；腐蚀速率；对策

高含硫气田管道腐蚀对人身及财产安全影响深远[1]，做好高含硫酸性气田“三防”（防堵、防漏、防腐）至关重要。国内外学者对含硫气田酸气管道腐蚀机理及腐蚀控制技术开展了大量的研究工作[2-4]。

元坝高含硫气田具有“三高一深二复杂”特征，元坝气田集输系统全面投运以来至2017年8月，试采工程站外污水管线发生穿孔事件共计10余次，部分管道并于2017年8月20日开始采用酸气管线气液混输的方式进行污水输送，尤其是2#支线，在未改变管道中气体的流速之前，存在管道明显积液情况，增加了管道两端的压差，腐蚀速率有增大的趋势，针对气液混输后面临的腐蚀加剧的严峻问题，在保证腐蚀速率控制在0.076mm/a以内，管线壁厚减薄处低于12.5%的基础上，需要制定有效的方案和对策，更进一步降低2#支线腐蚀速率，对该气田其他酸气管线腐蚀控制乃至含硫气田安全平稳运行提供指导作用。

1　2#支线酸气管线运行现状

1.1　2#支线场站集输系统概况

元坝气田地面集输工程分为试采工程（14口井）和滚动建产工程（19口井）。集输管网采用“辐射状+枝状+复线”的方式，总体上分布成东（4#支线）、南（5#支线）、西（2、3#支线）、北（1#支线）四个区域。2#支线包含8个场站，输气规模为$440\times10^4m^3/d$。

1.2　管线气液混输腐蚀监控现状

2#支线各场站的主要包括4种腐蚀监测手段：CC（腐蚀挂片）、ER（电阻探针）、FSM（电指纹）、UT（超声波测厚）。自2017年8月底2#支线投运至2018年初期间，针对生产运行情况，通过参考每月腐蚀监测手段从现场取得的数据，对管线气液混输前后腐蚀异常点进行了调查与概率统计，查找出腐蚀速率存在上升趋势的异常点及其腐蚀速率最大增长率如下表1所示。

表1　4种监测手段下最具代表性的腐蚀异常点统计

序号	项目	管段及部位	位号	气液混输前腐蚀速率/(mm/a)	气液混输后腐蚀速率/(mm/a)	增长率/%
(1)	CC(腐蚀挂片检测)腐蚀速率存在上升趋势异常点	YBXX4 - 1 至 YBXX5, YBXX5 进站	CC-1004	0.0003	0.0336	11100.00
(2)	FSM(电指纹检测)腐蚀速率存在上升趋势异常点	YBXX5 - 1 至 YBXX, YBXX 进站	FSM-5	0.0014	0.0735	5150.00
(3)	ER(电阻探针)腐蚀速率存在上升趋势异常点	YBXX4-2 至 YBXX4-1, YBXX4-2 出站	ER-2802	0.0003	0.0463	15333.33
(4)	UT(固定式超声波检测)腐蚀速率存在上升趋势异常点	YBXX-1/2 至 YBXX4-1, YBXX4-1 进站	UT-3	0.0030	0.0538	1693.33

2 影响腐蚀的原因

2.1 流体流速

2.1.1 流体流速过高

流速过高破坏缓蚀剂涂膜层。

(1) 当管道内部的流体速度大于 8m/s 时，酸气沿管道运动时，当气体前进的剪切力大于缓释剂与管道的摩擦阻力时，酸气会将壁面附着的缓释剂继续向前推行，经过弯道处时，将积聚的缓释剂与酸液混合，堵塞管道，很容易造成末端的压力过高，严重时直接危机气田的正常生产。

(2) 由于气田一般处于稳定生产状态，加之 2# 支线复线均已投用，管网的直径和输气量一般均满足设计要求，在一般情况下，只有大幅度提产时，或者管网输送不当时，才会流速过高，相比于流速过高，一般流速较低的现象较为常见。

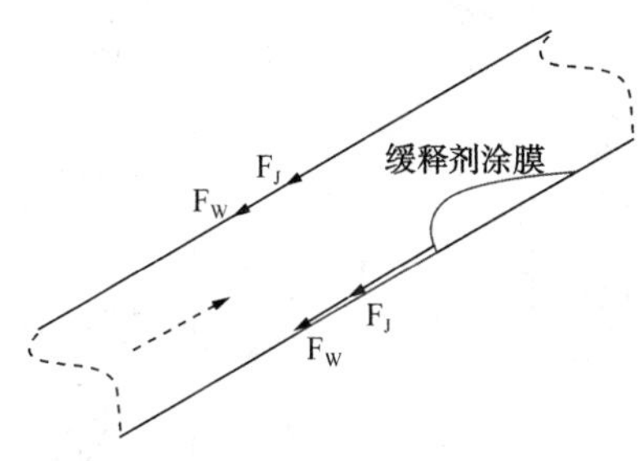

图 1 管道内的缓释剂受力简易分析

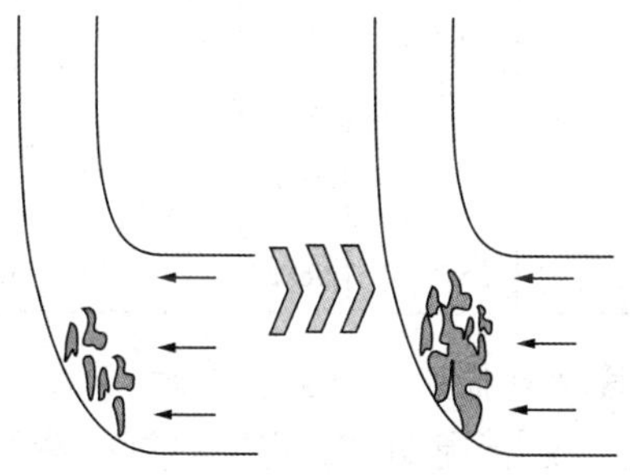

图 2 缓释剂在管道弯处堆积

如下表 2 所示，结合 2# 支线流速情况可看出各管段中最大流速为 YBXX5-2 至 YBXX5-1 的 5.15m/s，远低于 8m/s，故 2# 支线受流速过高影响不大。

表 2 2# 支线各管段流速分析

序号	酸气管道	长度/m	管线横截面积/m^2	流量/(m^3/d)	管道平均压力/MPa	流速/(m/s)
1	YBXX5-2~YBXX5-1	3098	0.02	60	7.40	5.15
2	YBXX-1/2~YBXX4-1	4706	0.03	20	8.02	0.93
3	YBXX4-1~YBXX5	4242	0.03	40	7.65	1.94
4	YBXX5~YBXX5-1	2400	0.03	66	7.36	3.40
5	YBXX5-1~YBXX	3520	0.05	140.6	7.03	4.68
6	YBXX-1/2~YBXX4-1(复线)	4706	0.03	90	8.03	4.17
7	YBXX4-1~YBXX(复线)	10162	0.07	170	7.34	3.85

2.1.2 流体流速过低

流速过低管道积液加剧腐蚀。

(1) 由统计的 2# 支线的产水量可以得出，每天的混输水量共计约 60 方/天，大量酸水的混输，若管网的流速偏低，必然会导致管网大量积液；

(2) 若低洼管段中存在积液时，酸气经过该区域时，液相流通所占管道横截面积越大，气相流通所占管道横截面积就相对减小，形成积液；

(3) 形成一定的积液后，因供给气源流量恒定，在满足平面分层流的情况下，气相的速度则增加，当速度到小于于 3m/s 时，对液相的拖拽力明显降低，导致气液两相分层流的趋于平稳；

(4) 大量集聚的酸液，给管道腐蚀创造了有利的环境，直接造成腐蚀加剧。

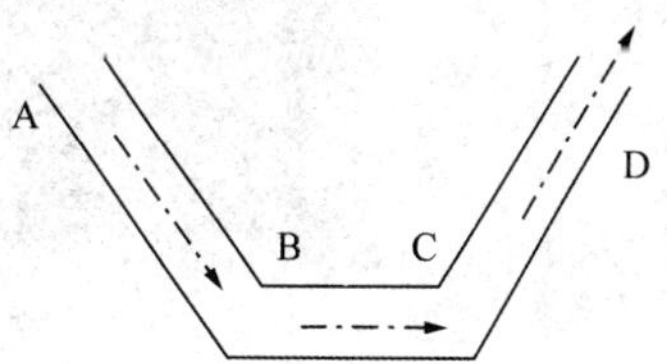

图 3 管网低洼处流速分析

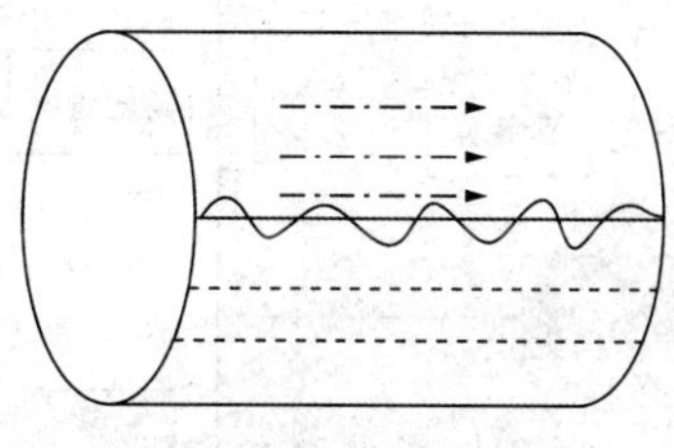

图 4 平缓段液体聚集

表 3 2#支线各场站产水量分布

污水管线	井站	配产/(10^4m^3/d)	污水输送模式	日产水约/m^3
2#支线	YBXX-1	60	拉运	15
	YBXX-2	50	拉运	15
	YBXX-4	60	拉运	9
	YBXX4-1	60	混输	15
	YBXX4-2	40	混输	7
	YBXX5	65	混输	11
	YBXX5-1	60	混输	11
	YBXX5-2	60	混输	15

如表 2、3 所示，2#支线各场站有明显日产水量，并结合流速情况可看出各管段中最小流速为 YBXX－1/2 至 YBXX4－1 的 0.93m/s，低于 3m/s，存在积液和腐蚀风险，故 2#支线受流速过低影响较大。

2.2 缓蚀剂

高含硫气田管道通过缓蚀剂连续加注及缓蚀剂批处理两个方面来控制腐蚀。缓蚀剂连续加注技术是指通过高压加注装置，将缓蚀剂以一定的注入量雾化注入到集气管线之中，均匀附着在管壁上，避免腐蚀介质攻击管壁而引起管壁腐蚀。

2.2.1 缓蚀剂连续加注量偏低

元坝气田选用油基成膜型缓蚀剂。主要成分包括溶剂石脑油，重芳烃浓度≥60%、取代环胺：10～30%、氨基醇≤10%、萘≤10%，成膜持续性>50 天。

图 5 缓蚀剂室内试验

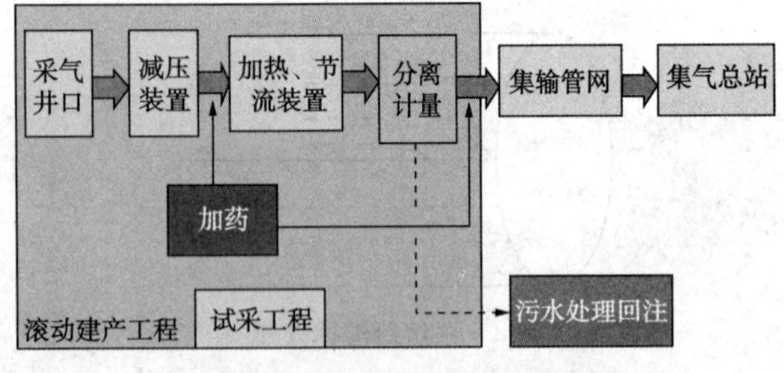

图 6 缓蚀剂连续加注流程图

元坝 2#支线酸气管线的缓蚀剂应用是保证安全开发生产的关键之一，在气液混输后的工况下，站外材质为 L360QS 的酸气管线的内防腐显得更加至关重要。参考站内排污管线壁厚腐蚀减薄情况来看，有缓蚀剂覆盖的试采工程平稳运行 3 年来未发现壁厚异常减薄且穿孔现象，证实缓蚀剂保护的重要。在 2#支线气液混输过后，缓蚀剂残余浓度有明显降低的现象(如表 4 所示)，尤其是 YBXX4－1 至 YBXX(复线)和 YBXX5 至 YBXX5-1 的缓蚀剂残余浓度分别低至 266ppm 和 272ppm，低于 1000ppm 的企业控制标准。因此酸气管线存在腐蚀加剧的风险。

表 4 2#支线酸气管线缓蚀剂覆盖情况

序号	缓蚀剂使用	高压加注 L/100×10^4m^3 酸气	外输加注 L/100×10^4m^3 酸气	管线缓蚀剂覆浓度/ppm	缓蚀剂覆盖率/%
1	2015 年 2 月 8 日	36	72/36/8	1734	100
2	2015 年 7 月 15 日	34	68/36/18/16/8	1753	100
3	2016 年 1 月 1 日	25.5/72	51/36/25.5/18	4140	100
4	2016 年 2 月 1 日	25.5/36	36/27/18	2519	100
5	2016 年 6 月 19 日	25.5/36	36/27/18	1561	100
6	2017 年 8 月	25.5/36	36/27/18	888	100

2.2.2 缓蚀剂批处理作业周期过长

在生产运行周期中，定期对管线清管和涂膜批处理作业是保护管道的有力补充措施，也是缓蚀剂的应用基础，辅助缓蚀剂连续加注对管道形成保护膜，缓蚀剂分子中有极性基团，能在金属表面吸附成膜，并由其分子中的疏水基团来阻碍水和去极化剂达到金属表面，保护金属。

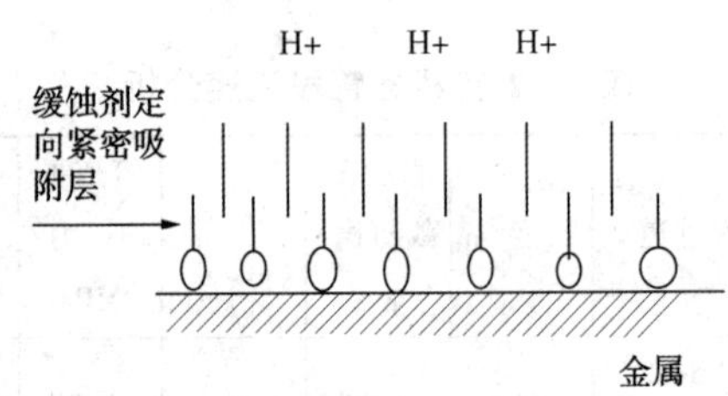

图 7 吸附型缓蚀剂吸附原理

2#支线气液混输后，通过批处理作业检测出

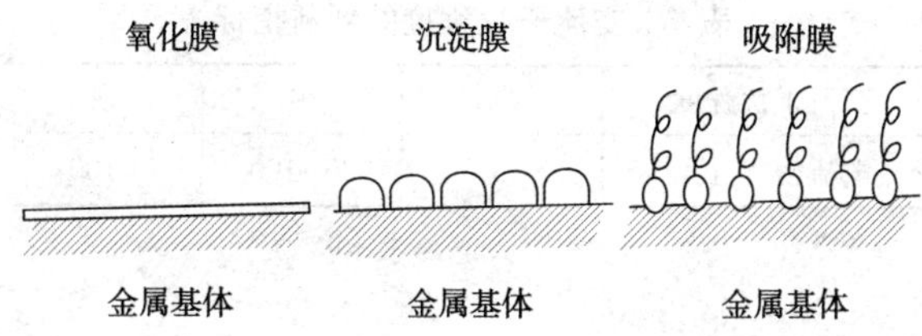

图 8　缓蚀剂中胺类成分的保护原理

管线缓蚀剂残余浓度有所降低，侧面反应了气液混输后对管线的影响，除 YB2XX-1 至 YBXX 的作业周期为 30 天/次，其余管线为 45 天/次，作业周期稍长，该作业周期不能及时对缓蚀剂进行取样和化验，使该辅助监测手段存在明显滞后的影响。

2.3　阴极保护

2.3.1　管道阴极保护电位偏负

虽然阴极保护电位越负，防腐程度就越高，保护距离也越长，但是过负的电位将使受阴极保护的管道防腐层与管道金属间的黏结力破坏，产生阴极剥离或可能出现“氢破裂”，同时过负的电位会消耗过多的保护电流，形成能源的浪费，所以管道阴极保护电位不能过负。

表 5　2#支线气液混输后阴保测试桩最大过保护情况

序号	测试桩名称	位置	测试日期	便携式参比电位/V	长效参比电位/V
1	M4	YBXX4-1 上游第二个	2017. 8. 28	-1. 284	-1. 256
2	M15	YBXX5-1 下游第一个	2017. 8. 27	-1. 408	-1. 388
3	M16	YBXX5-1 下游第二个	2017. 8. 27	-1. 397	-1. 369
4	M-71（复线）	YBXX5-1-YBXX	2017. 8. 27	-1. 394	-1. 387
5	M-73（复线）	YBXX5-1-YBXX	2017. 8. 27	-1. 469	-1. 438

通过表 5 所示，有 5 个阴保测试桩的阴极保护电位偏负，可能与夏季多雨，土壤湿润有关，结合 YBXX4-1 和 YBXX5-2 恒电位仪的正常输出电位来看，阴保系统保护电位过低与管道腐蚀速率增大无直接联系。

2.3.2　管道阴极保护电位偏正

元坝气田集输管道采用强制电流阴极保护系统进行保护，主要由阴极保护站、测试桩组成。设计保护电位：-0. 85V～-1. 15V。

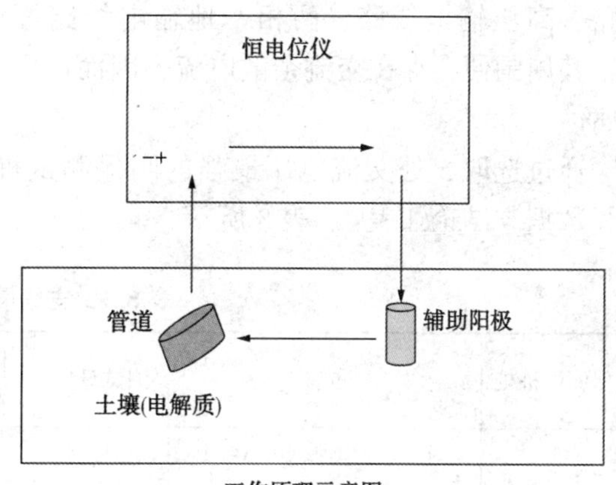

图 9　恒电位仪工作原理示意图

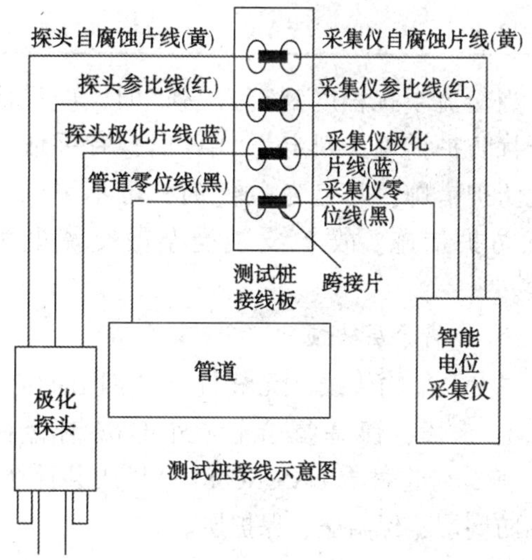

图 10　阴保测试桩接线示意图

表 6　2#支线气液混输场站恒电位仪运行情况

序号	场站	恒电位仪状态	切换时间	切换前设备运行参数				
				参比电位/V	预置电位/V	输出电压/V	输出电流/A	运行模式
1	YBXX4-1	正常	2017. 8. 29	-1. 150	-1. 150	7. 025	3. 781	恒电位
2	YBXX5-2	正常	2017. 8. 29	-1. 200	-1. 200	0. 252	0. 095	恒电位

通过表 6 所示，2# 支线气液混输场站 YBXX4-1 和 YBXX5-2 恒电位仪的正常输出电位正常，线路 22 个阴保测试桩未发现保护电位高于-0. 85V，阴保系统保护电位过高与管道腐蚀速率增大无直接联系。

2.4　杂散交流电

2#支线气液混输期间，管线部分阴保测试桩测出杂散交流电压，可能其附近存在交流电气化铁路、高压输电线路、两相一地输电线路等设施，其周围便会存在交流杂散电流，因而产生交流腐蚀。

通过选取 5 处交流电压最强的阴保测试桩，测得数据与结论如表 7，表 8 所示。

表 7　交流干扰程度的判断指标

交流干扰程度	弱	中	强
交流电流密度/(A/m^2)	<30	30~100	>100

表 8　2# 支线最强交流电干扰密度计算

阴保测试桩桩	位置	测试日期	平均接地电阻/Ω	电阻率/(Ω·m)	最大交流电压/V	干扰密度/(A/m^2)	判断指标	干扰程度
M4	YBXX-1/2 至 YBXX4-1	2017.8	0.69	8.6664	0.72	18.73	<30	弱
M6	YBXX4-1 至 YBXX5	2017.8	0.37	4.6472	0.68	32.99	30~100	中
M68(复线)	YBXX4-1 至 YBXX5(复线)	2017.8	0.52	6.5312	0.75	25.89	<30	弱
M70(复线)	YBXX5 至 YBXX5-1(复线)	2017.8	0.7	8.792	0.93	23.84	<30	弱
M12-1	YBXX5 至 YBXX5-1	2017.8	0.38	4.7728	0.81	38.26	30~100	中

当交流干扰程度判定为“强”时，应采取交流干扰防护措施；判定为“中”时，宜采取交流干扰防护措施；判定为“弱”时，可不采取交流干扰防护措施。故 2# 支线受杂散交流电影响不大。

2.5　外防腐涂层破损

2# 支线集输管线，无缝抗硫碳钢 L360QS 材质共计 5 段，镍基复合管(外部碳钢管材质 L360QS，衬管材质 UNS N08825)材质共计 2 段，包括防腐层、保温层、保护层。

图 11　管线开挖验证

通过对 2# 支线管线部分开挖验证，证实验证处的管线外防腐涂层未存在破损现象，与管道腐蚀速率增大无直接联系。

2.6　流体介质组分变化

在气井生产过程中，流体的介质组分存在动态变化的现象，其中要考虑原料气的组分，同时还对 H_2S、CO_2、H_2O、压力、温度、pH 值、铁锰离子等成分的变化量进行分析。

图 12　管线验证后防腐层修复

序号	站场	氯离子含量 2016年平均值/(mgL)	氯离子含量 2017年平均值/(mgL)	氯离子含量 2018年上半年平均值/(mgL)
1	YB10-C1	18147	20543	26569
2	YB28	23676	25889	28202
3	YBI0-1H	15487	17545	/
4	YB205-2	4932	5949	/
5	YB102-3H	30959	19538	19556
6	YB102-1H	10405	10623	18736
7	YB103-1	8520	1862	2044
8	YB104	17946	20106	24053
9	YB27-1/2	9316	1984	3603
10	YB204-2	28387	20160	9347
11	YB205-3	/	27.8	17.1
12	YB273-1H	103978	10693	3491
13	YB273	21637	10909	5764

图 13　氯离子含量影响

通过对 2# 支线各场站管线中流体介质的组分进行取样化验，证实介质组分变化较平稳，与管道腐蚀速率增大无过多联系。

3　控制对策

通过以上原因分析显示，确定影响元坝集输

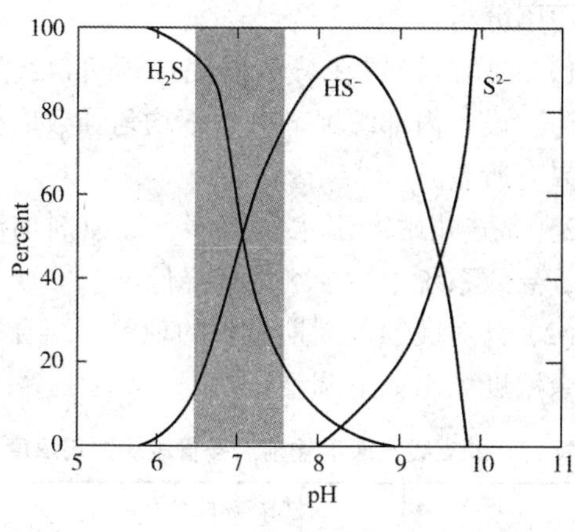

图 14 pH 值影响

系统 2[#]支线气液混输后腐蚀速率增大的要因共 3 点，2[#]支线气液混输管线防腐建议措施如下表 9，并进行实施。

表 9 腐蚀要因控制对策表

序号	要因	措施对策
1	流体流速过低	根据管线理论流速要求和最大输送能力的限制，通过反复试验、调整 2[#]支线各场站原、复线输气产量达到最理想的输气模式。
2	缓蚀剂残余浓度偏低	调整缓蚀剂连续加注制度，优化场站缓蚀剂连续加注设备的运行。
3	批处理作业周期过长	适当缩短周期，配合当前缓蚀剂连续加注制度进行实验，验证调整的周期是否可行，同时优化涂膜段塞长度。

3.1 管网输送模式优化

2017 年 8 月，元坝气田地面集输管线 2[#]支线改为气液混输，输气模式为自行选择原料气输气路径，即原、复线两条管线在各场站(除 YBXX-1/2)均处于互通状态(图 15)。该状态存在偏流、积液、腐蚀等风险。

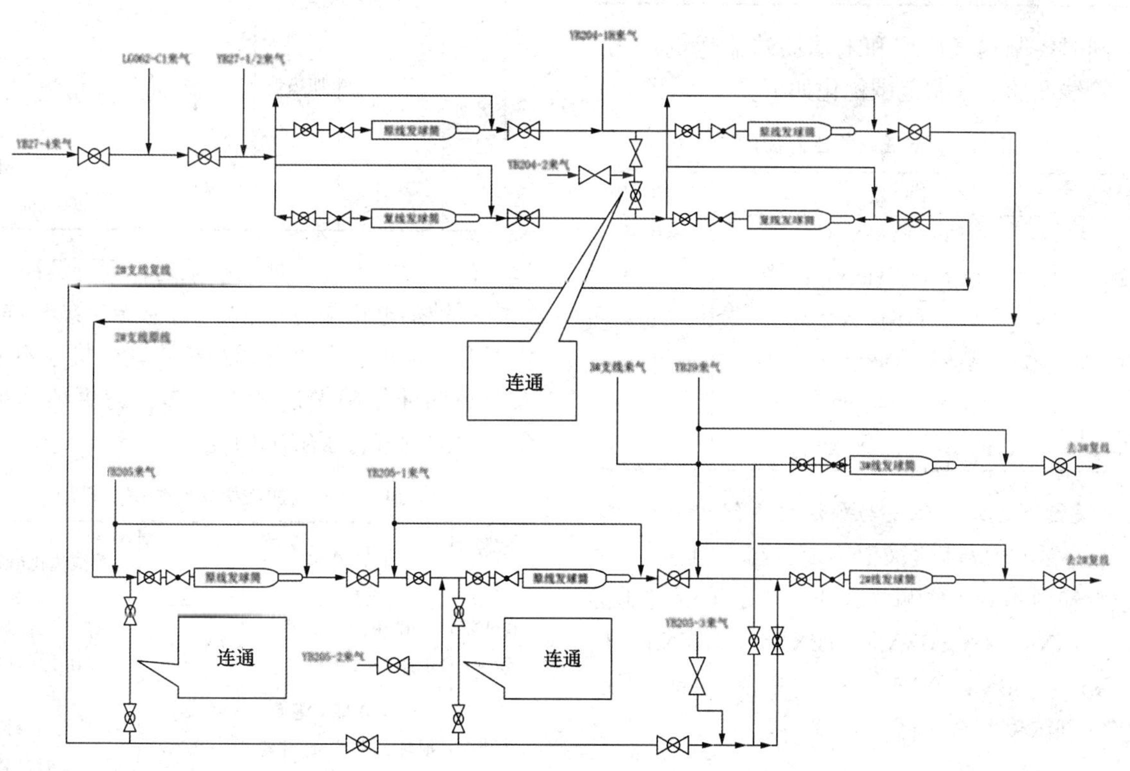

图 15 2[#]支线原、复线酸气主流程

根据《高含硫化氢气田地面集输系统设计规范》流速宜控制在 3m/s~8m/s，流速太低管道携液能力降低，流速过高对管壁缓蚀剂保护膜会冲蚀破坏。

针对此问题，制定优化措施：2[#]支线原、复线进行独立输送提高流速。关闭 YBXX-1/2 出站进原线阀门，关闭 YBXX4-1 出站进原线阀门，使 YBXX-1、YBXX-2、YBXX4-1、YBXX4-2 产气量进入复线生产，停用 YBXX-1/2 至 YBXX4-1 至 YBXX5 原线；关闭 YBXX5、YBXX5-1 复线与原线连通管线球阀，YBXX5、YBXX5-1、YBXX5-2 产气量通过原线生产。并且生产运行较稳定。

表 10　优化前后流速对比表

序号	酸气管道	长度/m	管线横截面积/m^2	流量/($10^4 m^3/d$)	管道平均压力/MPa	优化前流速/(m/s)	优化后流速/(m/s)
1	YBXX5-2~YBXX5-1	3098	0.02	60	7.40	5.15	5.15
2	YBXX-1/2~YBXX4-1	4706	0.03	0	7.50	0.93	0.00
3	YBXX4-1~YBXX5	4242	0.03	0	7.64	1.94	0.00
4	YBXX5-YBXX5-1	2400	0.03	65	7.25	3.40	3.41
5	YBXX5-1-YBXX	3520	0.05	163	7.07	4.68	5.40
6	YBXX-1/2~YBXX4-1(复线)	4706	0.03	110	7.51	4.17	5.45
7	YBXX4-1~YBXX(复线)	10162	0.07	210	7.13	3.85	4.89

同时控制输气压差和末端场站输送的压力，各段管线间压差控制范围优化如下：

表 11　2#支线输气压差优化

序号	管　段	压差/MPa
1	YBXX-4~YBXX-1/2	≤0.25
2	YBXX-1/2-YBXX4-1	≤0.85
3	YBXX4-1~YBXX5	≤0.3
4	YBXX5-YBXX5-1	≤0.3
5	YBXX5-1-YBXX	≤0.3
6	YBXX4-1~YBXX(复线)	≤0.4

3.2　缓蚀剂连续加注量与加注设备优化

（1）据 2017 年气液混输前，与 8 月至 12 月气液混输时清管水样测的缓蚀剂残余浓度对比得知，YBXX4-1-YBXX5、YBXX5-YBXX5-1、YBXX5-1-YBXX、YBXX4-1~YBXX(复线)管道中缓蚀剂浓度相对较低。

表 12　2#支线气液混输前后各管段缓蚀剂浓度

管　段	混输前浓度/ppm	混输后浓度/ppm	备注
YBXX-1/2-YBXX4-1	4209	903	/
YBXX4-1~YBXX5	1382	104	较低
YBXX5-YBXX5-1	1207	272	较低
YBXX5-1-YBXX	928	354	较低
YBXX4-1~YBXX(复线)	3062	266	较低

原因分析：

1）取样口设置在分离器底部预留口，无流动介质，设备内部缓蚀剂分布不均匀导致取样分析结果有所差异。

2）部分井站产出水量增多，缓蚀剂加注量不足，导致系统中缓蚀剂浓度降低。

（2）针对缓蚀剂周期过长的现象，结合缓释剂残余浓度做出如下调整：

表 13　2#支线气液混输前后各管段缓蚀剂浓度

序号	期次	加注点	工艺	加注标准/(L/100×$10^4 m^3$)	备注
1	试采工程	高压加注	加热炉进口	25.5	
2		低压加注	单井分输	36	
3			混输	18	混输后 10 天再减量
4			集气站分输	27	
5	滚动建产工程	高压加注	加热炉进口	36	
6		低压加注	集气站	36	根据产水量额外加 200ppm

（3）缓蚀剂连续加注机泵运行问题解决

缓蚀剂电机泵存在的问题主要为泵头漏油、电机泵不上量、电机泵锈蚀等；其中机泵不上量及泵头漏油故障情况相对较多，为更精确加注量，对问题进行了解决如表 14 所示。

表 14　缓蚀剂加注机泵问题解决措施

故障描述	原因分析	故障频率	解决优化措施
电机泵锈蚀	电机泵未进行定期	较少	对电机前后端盖除锈上油防护
泵头漏油	泵头 0 型圈老化、损坏；动力端齿轮箱内间隙配合不到位。	2-3 次/月	更换密封圈；加强该类设备的预维修工作
机泵不上量	空气或杂质堵塞机泵	2-3 次/月	排空操作；清洗过滤器
	单向阀损坏	1 次/3 月	单向阀损坏
电机异响	轴承受损	1 次/2 月	更换轴承

针对缓蚀剂连续加注存在的正偏差，即实际

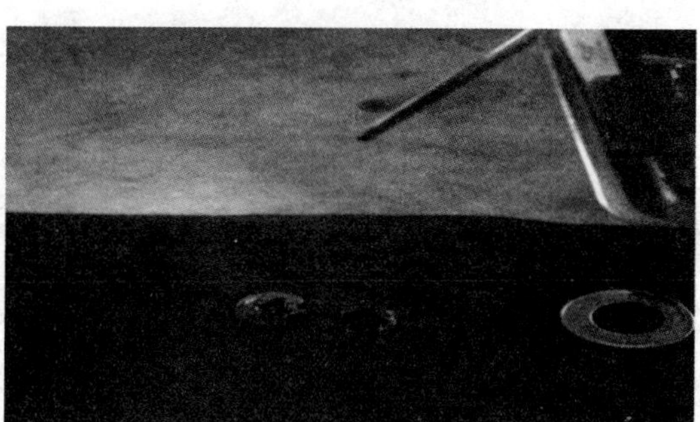

图 16　密封圈损坏更换

图 17　轴承损坏维修

加注量大于理论加注量，为在确保连续加注制度执行的同时，降低成本，通过对机泵的整改，使 2018 年 3 月缓蚀剂连续的正偏差较 2 月从 3.14% 降低至 2.11%，效果显著。

3.3　批处理周期与涂膜段塞优化

（1）批处理周期优化

2017 年 11 月 15 日，根据$2^{\#}$支线气液混输后的生产状况，结合管道缓蚀剂残余浓度及生产参数控制，除 YBXX4－1～YBXX（复线）批处理周期不变，为 30 天/天，其余管段的缓蚀剂批处理周期调整为 30 天/次，见表 15。

表 15　缓蚀剂批处理周期表

序号	支线	管段	调整前	调整后	备注
1		YBXX－1/2～YBXX4－1	45	30	暂时停用，定期批处理，若投用后流速不够再适当缩短周期
2	$2^{\#}$	YBXX－1/2～YBXX4－1（复线）	45	30	
3		YBXX4－1～YBXX5	45	30	
4		YBXX5～YBXX5－1	45	30	
5		YBXX5－1～YBXX	45	30	
6		YBXX4－1～YBXX（复线）	30	30	YBXX5－2 接入前流速低于 3m/s
7		YBXX5－2～YBXX5－1	45	30	

（2）批处理涂膜段塞优化

批处理作业过程管控：按照厂家技术要求，成膜厚度要达到≥0.1mm 的要求，缓蚀剂涂膜段塞与管壁接触时间宜不低于 5s，因此每段管道缓蚀剂批处理涂膜球的运行速度不应高于规定值，主要优化管控点如下：

① 优化步骤 1：清管、批处理时上游压力控制

参考《元坝气田 YBXX－YBXX 集输管道复线工程站外部分集输管网总说明书 SPC－0301PR01》，$2^{\#}$线支线原线输送能力为 $215\times10^4 m^3/d$，$2^{\#}$支线复线输送能力为 $225\times10^4 m^3/d$。

② 优化步骤二：批处理作业流速控制

$$Q=2893.165\times\frac{PVA}{Z\left(\frac{t_s-t_m}{2}+273.15\right)}$$

③ 优化步骤三：批处理缓蚀剂用量分析

$$Q=K\cdot\pi\cdot D_1\cdot H\cdot L\times10^{-6}+Q_1$$

④ 优化步骤四：根据现场发球筒直管段与缓蚀剂段塞长度分析

涂膜段塞长度＝缓蚀剂使用量/发球筒直管段横截面积

表 16　批处理涂膜段塞长度优化情况

管段	壁厚	外径	长度	药剂和 L（1.3 倍计算）	段塞长度/m	批速最高/m/s	批处理时/min	管线横截面积/m^2	气量/($10^4m^3/d$)
YBXX5－2～YBXX5－1	8	168.3	3098	192.47	5.49	1.83	28.20	0.02	22.18
YBXX－1/2－YBXX4－1	10	219.1	4706	382.27	6.43	1.29	61.02	0.03	27.30
YBXX4－1～YBXX5	10	219.1	4242	344.58	5.78	1.16	61.11	0.03	24.26

续表

管段	壁厚	外径	长度	药剂和 L（1.3 倍计算）	段塞长度/m	批速最高/m/s	批处理时/min	管线横截面积/m^2	气量/（$10^4m^3/d$）
YBXX5-YBXX5-1	11	219.1	2400	192.99	3.28	1.09	36.60	0.03	21.60
YBXX5-1-YBXX	11	273	3520	360.50	3.64	1.21	48.36	0.05	35.25
YBXX-1/2～YBXX4-1（复线）	10	219.1	4706	382.27	6.43	1.29	61.02	0.03	24.54
YBXX4-1～YBXX（复线）	12.5	323	10162	1235.72	8.61	1.72	98.39	0.07	72.58

因此，可根据段塞长度反推导，若增加缓蚀剂厚度保证，可增大缓蚀剂用量，段塞长度即会增长，即可尽量避免用发球筒旁通控制流量球速过快的问题。所以按缓蚀剂用量的 1.3 倍计算，保证一定的裕量，从而优化了涂膜段塞的长度（如表 16 所示）。

4　效果分析

截至 2018 年 8 月，站外酸气管线 FSM（电指纹）、UT（在线超声波监测系统）、ER（电阻探针）、CC（腐蚀挂片）显示，2#支线酸气管线平均腐蚀速率（如表 17 所示）低于酸性气田平均腐蚀速率控制值 0.076mm/a，内腐蚀受控，且现状调查的 18 处异常点腐蚀速率减少量明显。

表 17　2#支线现状调查异常点优化前后腐蚀速率

序号	位号	位置	优化前腐蚀速率/（mm/a）	优化腐蚀速率/（mm/a）	腐蚀速率变化差值/（mm/a）
1	CC-0802	YBXX 收球筒旁通之后（YBXX5-1 来气）	0.0012	0.0008	0.0004
2	CC-0808	YBXX 收球筒旁通之后（YBXX4-1 来气复线）	0.0008	0.0006	0.0002
3	CC-1106	收球筒旁通之后（YBXX-1/2 来气复线）	0.0060	0.0012	0.0048
4	CC-1004	YBXX5 收球筒旁通之后	0.0336	0.0027	0.0309
5	CC-1005	YBXX5 出站	0.0305	0.0021	0.0284
6	CC-0904	YBXX5-1 收球筒旁通之后（YBXX5 来气）	0.0058	0.0021	0.0037
7	CC-0906	YBXX5-1 收球筒旁通之后（YBXX5-2 来气）	0.0035	0.0024	0.0011
8	CC-1202	YBXX5-2 出站	0.0016	0.0007	0.0009
9	CC-1206	YBXX-1/2 出站	0.0006	0.0002	0.0004
10	FSM-3	YBXX-1/2-YBXX4-1	0.0364	0.000004	0.036396
11	FSM-4	YBXX4-1-YBXX5	0.0605	0.0007	0.0598
12	FSM-5	YBXX5-1-YBXX	0.0735	0.0008	0.0727
13	FSM-1Ⅱ	YBXX5-2-YBXX5-1	0.0407	0.0025	0.0382
14	ER-2802	YBXX4-2 出站	0.0463	0.0016	0.0447
15	ER-1005	YBXX5 出站	0.0092	0.0006	0.0086
16	ER-0905	YBXX5-1 出站	0.0185	0.0005	0.018
17	UT-3	YBXX-1/2-YBXX4-1	0.008	0.004	0.004
18	UT-4	YBXX5-YBXX5-1	0.054	0.002	0.052

5　结论

（1）本文通过对设备的优化将缓蚀剂加注标定量与理论量的偏差调整至 3%以内，已达到为精准管控，节能减排，降本增效的目的。

（2）本文分析出增大集输支线腐蚀速率的主要因素：流体流速过低、缓蚀剂残余浓度偏低、批处理作业周期过长，并制定出控制对策，且效果显著。

(3) 为其他区块的高含硫气田地面集输气液混输管段的腐蚀速率异常点控制提供了较大的借鉴意义。

参 考 文 献

[1] 赵伟，于会景．高含硫气田管道腐蚀原因分析与防护措施[J]．化学工程与装备，2010，(3)：66-69.

[2] 胡永碧，谷坛．高含硫气田腐蚀特征及腐蚀控制技术[J]．天然气工业，2012，32(12)：92-96.

[3] 陈明，崔琦．硫化氢腐蚀机理和防护的研究现状及进展[J]．石油工程建设，2010，36(5)：1-5.

[4] 刘伟，蒲晓林，白小东，等．油田硫化氢腐蚀机理及防护的研究现状及进展[J]．石油钻探技术，2008，36(1)：83-86.

[5] 杨建炜，张雷，路民旭．油气田 CO_2/H_2S 共存条件下的腐蚀研究进展与选材原则[J]．腐蚀科学与防护技术，2009，21(4)：401-405.

[6] 李湛伟，范洪远，吴华．H_2S/CO_2 及其共存条件下腐蚀研究进展[J]．河南城建学院学报，2010，19(1)：59-64.

[7] 崔志峰，韩一纯，庄力健，等．在 Cl-环境下金属腐蚀行为和机理[J]．石油化工腐蚀与防护，2011，28(4)：1-5.

[8] 林玉珍，杨德钧．腐蚀和腐蚀控制原理[M]．北京：中国石化出版社，2014，138-146.

埋地管道交流干扰有效检测技术及风险评价方法最新研究进展

唐德志

（中国石油规划总院）

摘　要　系统综述了交流干扰相关参数（如交流干扰电压、交流电流密度以及交流干扰下管道电位）有效测试技术及交流干扰风险评价方法的最新研究成果，指出了目前交流干扰相关参数测试过程中存在的误区和交流干扰风险评价过程中应注意的问题，以期提高对交流干扰参数测试和交流干扰风险评价的认识，最后展望了该领域的发展趋势。

关键词　参比与管道间距；管道电位有效测试；交流电压限值；土壤环境 & 涂层缺陷

随着"一带一路"、"京津冀协调发展"以及"长江经济带"等一系列国家重大政策的提出，油气管道、交流（特）高压输电线路以及高铁进入了大规模建设时期。据预测，截至 2020 年，我国油气管道将超过 15 万公里，交流特高压输电线路达 3.2 万公里，中国高铁将接通所有超过 50 万人口的城市，管道面临的交流干扰越来越严重。近十年来，交流干扰一直是管道腐蚀安全研究的热点，但前期的研究主要集中在交流干扰风险评价[1-4]、交流腐蚀机理[5-7]以及交流缓解措施[8-9]方面，关于交流干扰的有效测试技术研究很少，一味地采用常规的测试技术进行交流干扰的测试。随着交流干扰相关研究的逐渐深入，人们对交流干扰监检测技术和交流干扰风险评价方法的认识发生了新的变化[10-11]。

为了进一步提高对交流干扰监检测和交流干扰风险评价的理解，本文系统总结了近几年的最新研究成果，指出了目前在交流干扰监检测方面存在的问题，并提出了相关建议，同时指明了未来交流干扰风险评价研究的发展方向。

1　埋地管道交流干扰参数及其有效检测技术的研究

以往，根据国内外交流干扰相关标准[12-14]，交流干扰参数的测试主要包括交流干扰电压、交流电流密度以及土壤电阻率三个参数的测试。然而，随着对交流干扰认识的不断深入，交流干扰参数的测试也逐渐得到完善。例如，国标 GB/T 50698—2011《埋地钢质管道交流干扰防护技术标准》[15]中规定，除了要测试交流干扰电压、交流电流密度以及土壤电阻率三个参数外，还应测试管道阴极保护参数，如管道通、断电电位。英国标准 BS EN 15280：2013[11]中明确指出，为了评估管道交流腐蚀的风险，管道交流干扰测试应包括以下内容：管道交流干扰电压、管道通电电位、管道 IR-free 电位（极化电位）、交流电流密度、直流电流密度、交直流电流密度之比、土壤电阻率以及腐蚀速率。国内外其他最新交流干扰相关标准[16]和研究成果[5,10,17-20]也有类似的成果。

在上述交流干扰测试参数中，管道通电电位、直流电流密度以及土壤电阻率的测试方法已经较为成熟，相关认识也较为统一。其余参数，如管道交流干扰电压、极化电位、交流电流密度以及腐蚀速率，虽然围绕其测试技术开展了部分研究，甚至形成了部分标准，但仍然存在一些争论，没有得到统一的认识。下面将围绕管道交流干扰电压、直流电位、交流电流密度以及腐蚀速率四个参数的测试对国内外最新研究成果进行总结。

1.1　交流干扰电压的有效测试

众所周知，人们认识交流干扰是从交流干扰电压开始的。在交流干扰的风险评价中，交流干扰电压是非常重要的一个指标。因此，如何有效测试管道交流干扰电压非常重要。在现场，交流干扰电压的测试往往是用硫酸铜参比电极（CSE）和万用表来完成的，如图 1 所示。然而，值得注意的是硫酸铜参比电极和管道之间的距离（L）根据测试交流干扰电压的目的不同而有所差异。若测试交流干扰电压是为了评估人身安全的风险，则 L 应尽量小，即硫酸铜参比电极应放置管道正上方[21-22]；若为了评估管道交流腐蚀的风险，硫酸铜参比电极和管道之间的距离该如何选择，目前相关研究并未得到统一认识。

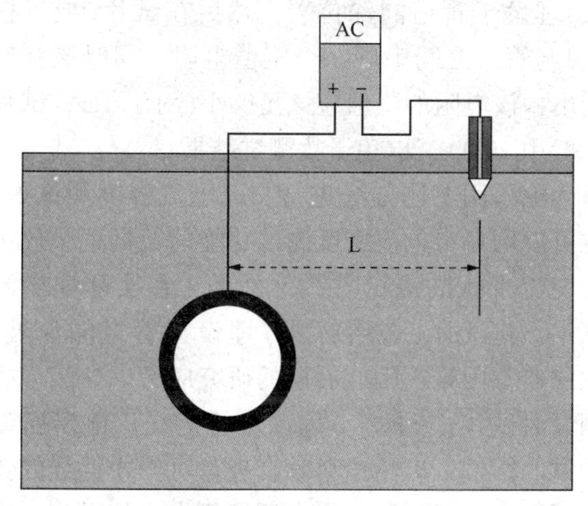

图 1　交流干扰电压测试图

根据英国标准 DD CEN/TS 15280：2006[22] 的要求，硫酸铜参比电极应放置于“远地点”，即地电势为零的位置。类似地，NACE TG 327[23] 和 CP 培训教材[24] 中也给出了相同的意见。我国国标 GB/T 50698—2011[15] 中关于交流干扰电压的说明是“交流干扰电压有效值的平均值”，但并未说明是相对近地的电压还是相对远地的电压。

为了弄清 L 对交流干扰电压测试的影响，[25] 2011 年利用数值模拟计算技术研究了不同情况下 L 的选择方法，结果表明硫酸铜参比电极的位置应根据管道排流情况、涂层的性能以及高压铁塔的位置来综合考虑：若测试点处管道没有排流措施，防腐层性能较好（面电阻率大于 50kΩ·m^2）且附近没有高压铁塔，那么为了测量的方便，参比电极可以放在离管道正上方进行测量；如果管道附近有高压铁塔，参比电极应放在“远地点”位置；若测试点处管道防腐层性能较差（如石油沥青涂层）或有排流措施时，参比电极应放在“远地点”位置；在有交流排流情况下，“远地点”的位置受到以下几个因素的影响：(a) 缓解线长度和 L 呈线性关系，L 随着缓解线长度的增加而增大；(b) L 和土壤电阻率也是正比例关系；(c) 当涂层电阻率<30kΩ·m^2 时，L 随涂层电阻率的增加而显著的降低，随后逐渐降低至稳定值；(d) 当管道和高压输电线路的间距小于 50m 时，L 随着管道和高压输电线路的间距的增大而逐渐降低，并在 50m 时达到最小值，之后随着两者间距的增加而逐渐增大。

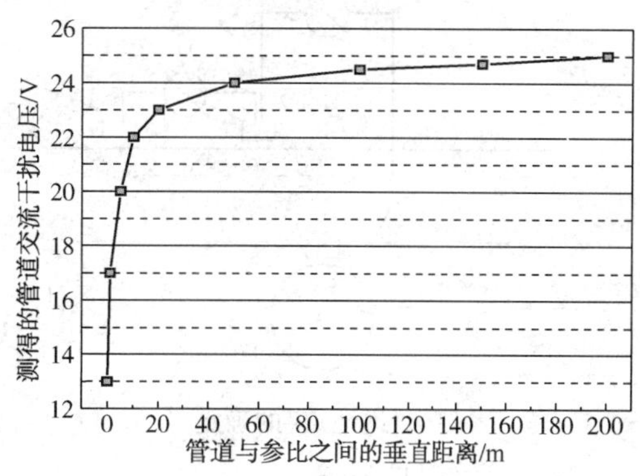

图 2　参比与管道间距对交流干扰电压测试的影响

为了验证计算结果，作者选取某遭受高压交流输电线路干扰的管道进行交流干扰电压测试。测试点处远离高压铁塔，但有 2 支 MG-14 型镁阳提供阴极保护。作者首先将硫酸铜参比电极放置管道正上方，测得管道交流干扰电压为 13V，然后将参比电极位置往垂直远离管道方向移动，并读取管道交流干扰电压值，如图 2 所示。从图中可以看出，随着参比电极逐渐远离管道，测得的交流干扰电压逐渐增大。当参比电极与管道间距超过 100m 时，测得的交流干扰电压变化很小，可以近似认为该位置为“远地点”位置，管道相对“远地”交流干扰电压达到 25V 左右，远远高于相对“近地”的干扰电压值(13V)。此时，若利用管道对“近地”交流干扰电压值进行交流腐蚀风险的评价，则会带来误判，极大程度上增加了管道交流腐蚀的风险。

后来，英国标准 BS EN 15280：2013[11] 参考了各方面的研究成果，也给出了现场确定“远地点”位置的方法，如图 3 所示：(1) 将一个参比电极（2#参比电极）放置图中 2 的位置（即管道正上方），用第一个万用表(E)读取管道交流干扰电压 V_2；(2) 在图中 3 的位置放置另外一个参比电极（3#参比电极），并用另外一个万用表(U)读取 2#参比电极和 3#参比电极之间的交流电压值；(3) 改变 3#参比电极的位置，将其沿着垂直远离管道方向移动 1-5m，再次用万用表(U)读 2#参比电极和 3#参比电极之间的交流电压值；(4) 将 2#参比电极放置图中 3#参比电极之前的位置，读取管道交流干扰电压；(5) 重复步骤 3 和步骤 4 直至用万用表(U)读得的 2#参比电极和 3#参比电极之间的交流电压值接近零时，3#参比电极的位置即为“远地点”位置。

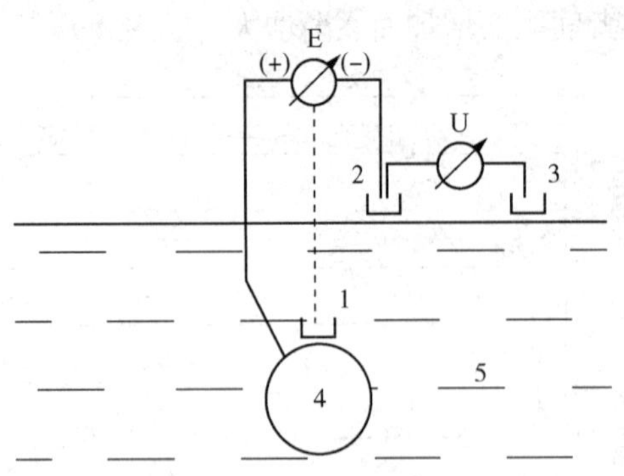

图 3 “远地点”的确定[11]

1，2，3—参比电极位置；4—管道；5—土壤

从以上研究成果可知，进行管道交流干扰电压测试时，参比电极的位置切勿随意选择，而应根据管道及周边环境的实际情况而定，否则将会给管道交流腐蚀风险的评价造成极大的误判。

1.2　交流电流密度的有效测试

随着对交流干扰认识的不断深入，交流电流密度越来越受到人们的关注。交流电流密度和金属的腐蚀量有着密切的关系，相比交流电压，交流电流密度更能反映交流腐蚀的严重程度[26-27]。根据相关标准[15]，交流电流密度（i_{ac}）可以通过下面公式计算而得：

$$i_{ac}=\frac{8V_{ac}}{\rho\pi d}$$

式中 V_{ac}——管道交流电压，V；

ρ——土壤电阻率，Ω·m；

d——防腐层实际破损点的等效直径，m，通常认为缺陷面积为 $1cm^2$ 破损点具有最高腐蚀速率，故 d 取破损面积为 $1cm^2$ 的等效直径 0.0113m。

值得注意的是，式中 V_{ac} 应为管道对远地的交流干扰电压，至于该电压的测试在前文已经详细叙述。然而，利用该方法获得管道交流电流密度只是依靠理论推导。根据以往的经验，理论推导和实际测试往往存在一定的误差，且其误差来源较多，如管道对远地交流干扰电压的误差、土壤电阻率的误差以及等效直径（0.0113m）与实际管道破损点的误差等。此外，国标 GB/T 50698-2011[15]中明确指出，电流密度的理论计算值与实际测量值却可能因土壤特性（Ca^{2+} 和 Mg^{2+} 在管道表面附近沉积），扩散电阻变化而存在差异。

考虑到众多因素的影响，英国标准 BS EN 15280-2013[11]和 BS ISO 15589-1：2015[28]标准中明确指出，交流电流密度只能通过试片法或者探头法实际测试获得。同时该标准也给出了现场测试交流电流密度的方法，即将试片（或者探头）埋设于管道同深位置，然后在试片（或者探头）与管道之间串联一个定值电阻。同时该标准指出，该电阻的阻值应该足够小（对于 $1cm^2$ 试片一般用 10Ω），以免干扰测试结果。

除了用上述方法进行交流电流密度测试外，也可以用自带电流密度测试功能的数据记录仪进行交流干扰的测试[16-18]。然而，在实际现场测试中，将试片（或者探头）埋设至管道同深处，往往非常困难，因此后期的研究应考虑交流干扰测试时试片（或探头）埋深对管道交流电流密度测试的影响，以给出科学合理且可操作性强的指导原则，同时也可以考虑研发便携式的交流电流密度测试装置。

1.3　交流干扰下管道电位的有效测试

根据最新交流干扰相关研究成果，交流干扰的存在会导致管道电位（无论是有阴保[1-2,27,29-34]还是无阴保条件下[35-38]）的偏移，同时越来越多的研究成果表明，管道电位是评价其交流腐蚀风险的非常重要指标之一[18,27,39-40]，因此最新研究指出，交流干扰的测试参数应包含管道电位（包括通电电位和断电电位）。

目前有关交流干扰下管道电位的研究主要集中在交流电流对管道阴保电位有效区间的影响[1-3,41-42]，而交流电对管道电位测试影响的研究非常少。2011 年，Ormellese 等人利用实验室交流干扰模拟实验[43]，研究了交流电流对管道阴极保护电位测试的影响，结果表明，对于无阴极保护下，管道腐蚀电位的测试，交流干扰的存在不会影响管道腐蚀电位的测试，此时参比与管道的间距对管道腐蚀电位的测试无明显影响。然而，在阴极保护下，交流电流的存在严重干扰了管道阴保电位的测试，且随着交流干扰的增强，其影响程度越大。同时，作者指出，交流干扰下管道阴保电位的测试只能通过极化试片（或者极化探头来完成）。后来，作者所在研究小组也进行相关研究，得到了类似的结果。2012 年 Allah-Karam 等人[44]的研究也表明，交流干扰下管道阴保通电电位的 IR 降将远远大于无交流干扰的下水平，在交流干扰下准确测试管道的 IR-free 阴保电位非常重要。

其实，除了交流电流会对管道电位的测试产生影响外，交流排流器(如固态去耦合、钳位式排流器等)也会对管道电位的测试产生影响。为了弄清交流排流器对管道电位测试的影响，作者收集了国内外几种典型的交流排流器，并于交流干扰管段进行了试验研究。结果表明[45]，交流排流器的存在确实会对管道电位的测试产生影响，其影响大小与管道阴保水平、地床开路电位、交流排流器直流导通阀值电压以及交流排流器两端交流电压降密切相关：如图4所示，现场测得某交流排流器直流导通阀值电压为-1.8V~+1.8V，排流地床开路电位为-0.2V，故当管道电位比-2V更正或者比1.6V更负(如图4中的红色虚线所示)时，交流排流器会导通直流。现场试验时，测得该排流器两端交流电压为2V，交流缓解前，管道阴保电位为-1.25V，故管道的AC/DC电位将在-3.35~0.75V之间波动。因此，在一个交流电周期内，必然存在一个时间段使得管道电位比-2V要更负，如图中红色阴影区域所示。在这段时间内，交流排流器将会导通直流，从而对测得的管道阴保电位造成影响。

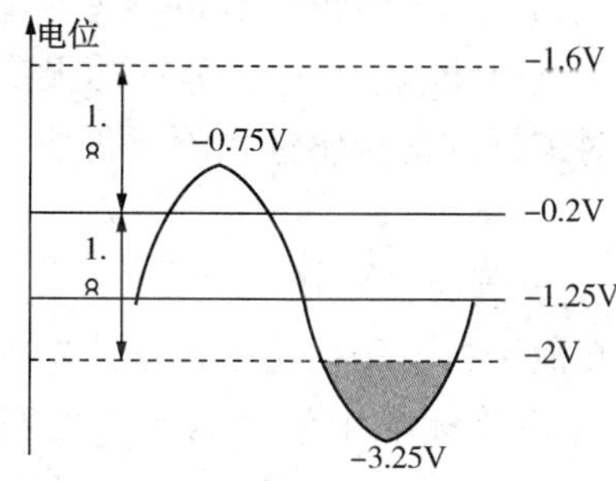

图4 交流排流器对管道阴保电位的影响[45]

因此，在有交流排流管道上测试阴保电位时，需要注意交流排流器对管道阴保电位的影响，必要时需要在测试前摘除交流排流设施。为了明确交流排流器对管道阴保电位的影响规律，后期需要开展进一步的研究，进而为现场测试提供更好的理论和数据支撑。

1.4 腐蚀速率的测试

根据NACE SP0169-2013[46]标准，当埋地金属管道的腐蚀速率不超过1mpy(≈0.025mm/y)时，其腐蚀可忽略不计。同时NACE TG 430[10]中指出，管道交流腐蚀风险可以利用0.025mm/y(1mil per year)的腐蚀速率进行评判。其实，利用管道腐蚀速率评估其腐蚀风险是最为直接的方法。目前管道腐蚀速率的测试主要通过腐蚀失重试片或者ER腐蚀速率探头来进行。NACE标准NACE SP0104-2014[47]和石油行业标准SYT 0029-2012[48]中均给出了腐蚀失重试片的设计、加工、制作、安装、测试以及数据处理的详细过程。然而，利用腐蚀失重试片进行腐蚀速率的测试只能获得管道平均腐蚀速率，且测试时间长，现场和实验室工作量大，不适合大范围推广。

为了解决该问题，发展了ER腐蚀速率探头测试技术。该技术是近年来发展起来的一种技术。L. V. Nielsen等[19,49]利用改进的电阻(ER)技术进行试片腐蚀速率的测试，具体测试过程如下：根据电阻理论，当试片厚度逐渐减小时，其电阻值将会增大，假设试片为长方形试片，长为L，宽为W，厚度为σ，则该试片的电阻R为：

$$R=\rho(T)\cdot\frac{L}{W\cdot\sigma} \tag{1}$$

其中：$\rho(T)$为试片材质在某温度T下的电阻率。

由上式可知，试片的厚度与其电阻成反比例关系。如果设计两个相同的试片，一个参考试片，一个工作试片，将两个试片串联后与管道电连接。参考试片表面做成绝缘，不与土壤直接接触，工作试片与土壤接触，用工作试片模拟管道涂层缺陷发生腐蚀。同时测试两个试片的电阻，分别为R_R和R_C。由于两个试片材质、大小、表面处理均相同，在同一温度(T)的电阻率$\rho(T)$相同，故而温度(T)的影响近似相同。那么在任意时刻，工作试片的厚度$\sigma(t)$可以用下面的公式进行计算：

$$\sigma(t)=\sigma(t=0)\cdot\frac{R_R(t)}{R_R(t=0)}\cdot\frac{R_C(t=0)}{R_C(t)} \tag{2}$$

将上式中$\sigma(t)$对时间t进行积分，即可得工作试片腐蚀速率V_{corr}：

$$V_{corr}=-\frac{d\sigma(t)}{dt} \tag{3}$$

相对于腐蚀失重试片法，ER腐蚀速率探头技术可以实现管道腐蚀速率的实时测试，对在役管道而言，该方法更方便，但腐蚀失重试片法最直接。

2 埋地管道交流干扰风险评价方法的研究

自从发现交流干扰开始，学者们就开始了交流干扰风险评价方法的研究，但到目前为止，交流干扰风险评价方法仍然没有得到统一。根据交流干扰危害的不同，其风险评价方法也不一样。本文主要从人身安全风险评价、交流腐蚀风险评价以及管道附件风险评价三个方面对前人的研究进行总结。

2.1　人身安全风险评价

目前，人身安全的交流干扰风险评价主要采用管道交流干扰电压(管道对近地交流电压)进行评价，但根据干扰源的不同，其评价方法也不一样。

对于高压输电线路干扰，根据 NACE 标准 SP0177-2007[14]，管道稳态接触电压不应超过 15V，否则会导致人员的触电。类似地，英国标准 BSEN 15280-2013[11] 和 BSEN 50443-2011[16] 也提出了相同的规定。

对于交流电气化铁路造成的干扰，我国铁道行业标准 TB/T 2832-1997[50] 中规定，交流电气化铁道接触网正常运行状态下管道对地电压容许值为 60V；交流电气化铁道接触网故障状态下管道对地电压容许值为 430V。而英国标准 BSEN 50443-2011[16] 认为，交流电气化铁道接触网正常运行状态下管道对地电压容许值为 60V；交流电气化铁道接触网故障状态下，管道对地电压容许值与故障持续时间有关，不应超过表 1 的值。GB 50698—2011[15] 中并未对该类型的威胁给出风险评价方法。

表 1　电气化铁路故障情况下的安全电压阀值

故障持续时间(t)/s	干扰电压(均方根值)/V
$t \leqslant 0.1$	2000
$0.1<t \leqslant 0.2$	1500
$0.2<t \leqslant 0.35$	1000
$0.35<t \leqslant 0.5$	650
$0.5<t \leqslant 1.0$	430
$1<t \leqslant 3$	150
$t>3$	60

2.2　交流腐蚀风险评价

近年来，交流腐蚀一直是管道腐蚀领域的研究热点。围绕管道交流腐蚀问题，开展了一系列的研究，但至今为止，管道交流腐蚀的评价方法仍然存在许多争议。早期的研究表明，管道交流腐蚀风险可以通过管道交流干扰电压、交流电流密度、交直流电流密度之比、管道阴保电位以及电位的偏移来进行评判，围绕这几个参数，相关标准也做出了一些规定。以交流电流密度为例，英国标准 DDCEN/TS 15280-2006[22] 指出，当管道交流电流密度不超过 30A/m^2 时，交流腐蚀风险很低；交流电流密度处于 30A/m^2 ~ 100A/m^2 时，交流腐蚀风险不可预测；交流电流密度大于 100A/m^2 时，交流腐蚀风险较高，需要采取缓解措施。我国国标 50698-2011[15] 中也做了类似规定。同时，英国标准 DDCEN/TS 15280-2006[22] 中也给出了使用交直流电流密度比(i_{ac}/i_{dc})判断交流腐蚀风险的标准：当 $i_{ac}/i_{dc}<5$ 时，管道发生交流腐蚀的风险较低；当 $5<i_{ac}/i_{dc}<10$ 时，管道有交流腐蚀的风险，但需要进一步的调查；当 $i_{ac}/i_{dc}>10$ 时，管道发生交流腐蚀风险很高，需要采取缓解措施。作者之前发表的文章[51] 中也总结了利用管地电位、交直流电流密度之比以及极化偏移 3 项指标评价管道交流腐蚀的相关研究，但随着交流腐蚀研究的不断深入，越来越多的研究成果表明，管道交流腐蚀的评价除了要考虑上述指标外，还需要考虑其他影响因素，如环境因素[52-55]、涂层缺陷因素[17,56-57] 等。同时相关研究成果表明[10,37]，前期标准中有关管道交流干扰电压、管道阴极保护电位以及交直流电流密度之比等评价方法的描述存在一些问题。为了给管道交流腐蚀的风险评价提供参考，本文将从管道交流干扰电压、阴极保护水平以及其他因素三个方面对最近的交流腐蚀风险评价研究成果进行总结。

2.2.1　管道交流干扰电压

利用交流干扰电压评价管道交流腐蚀风险在国内外交流相关标准中较为常见，在我国国标 GB/T 0698—2011[15] 中规定，当管道上的交流干扰电压不高于 4V 时，可不采取交流干扰防护措施；高于 4V 时，应采用交流电流密度进行评估。英国标准 DDCEN/TS 15280-2006[22] 认为，在评价埋地金属管道的交流腐蚀风险时，其交流干扰电压应该是最重要的考虑因素。为了降低管道交流腐蚀的风险，管道交流干扰电压在任何时刻都不宜超过以下范围：当管道附近土壤电阻率高于 25Ω · m 时，管道交流干扰电压不能超过 10V；当管道附近土壤电阻率低于 25Ω · m 时，其交流干扰电压不能超过 4V。

以上标准虽然对交流干扰电压限制的规定各不相同，但均认为存在一个交流干扰电压限值，当管道交流干扰电压低于该限值时，管道无交流腐蚀风险。然而，最新的交流腐蚀研究报告表明[10]，不存在这么一个交流干扰电压限值。即使当管道交流干扰电压低于1V时，管道也有交流腐蚀风险；当管道交流干扰电压较大时，管道也不一定有交流腐蚀风险。

2.2.2　管道阴极保护水平

目前，有关管道阴极保护水平对其交流腐蚀风险的影响研究较多，大部分集中在管道阴保电位上，有的直接给出了交流干扰下管道有效的阴保区间[3,58]，有的甚至形成了标准，但并未得到统一。我国国标 GB/T 50698-2011[15]中规定，对存在交流干扰的管道，在阴极保护系统设计中应给予更大的保护电流密度；在运行调试中应使管道保护电位（相对于 CSE，消除 IR 降后）比阴极保护准则电位（一般土壤环境中-850mV，在厌氧菌或硫酸盐还原菌及其他有害菌土壤环境中-950mV）更负。而英国标准 DDCEN 15280-2006[22]中规定，在交流干扰下，管地断电电位应负向尽量接近阴极保护准则电位（一般土壤环境中-850mV，在厌氧菌或硫酸盐还原菌及其他有害菌土壤环境中-950mV），但不能过负。作者本人的研究表明，存在一个交流电流密度限值，当交流干扰低于限值时，可以用管道阴极保护电位来评价其交流腐蚀风险——当管道阴极保护电位处于某一个区间时，管道交流腐蚀风险较低，否则交流腐蚀风险均较高；当交流干扰高于该限值时，无论管道处于怎样的阴保水平，其交流腐蚀风险均较高[59]。Büchler 近期的研究[60]也表明，当管道断电电位比 $-0.85V_{CSE}$ 更负，且通电电位比 $-1.2V_{CSE}$ 更正时，管道交流腐蚀风险很低，但作者同时指出，管道交流腐蚀与还与涂层缺陷的结构形状、土壤成分以及土壤电阻率有关。

目前也有相当部分研究集中在管道阴保电流密度和交直流电流密度之比上。NACE TG430[10]中明确指出，交流干扰下管道阴极保护电流密度不能超过 $1A/m^2$，但需要结合图5进行评判。当管道处于图中A区，可以尝试增大管道阴保水平来降低其交流腐蚀速率，但缓解效率有限；当管道处于图中B区时，管道交流腐蚀速率可以得到很好的控制，但需要注意管道涂层缺陷附近碱化引起的扩散电阻降低，进而增大交流电流密度的风险。类似地，英国标准 BSEN 15280-2013[11]中指出，当用 $1cm^2$ 试片或探头测得管道交流电流密度超过 $30A/m^2$ 时，为了降低管道交流腐蚀的风险，其阴极保护电流密度（需要24小h监测）应不超过 $1A/m^2$。同时，该标准还规定，当管道交流电流密度大于 $30A/m^2$ 时，其交直流电流密度之比 i_{ac}/i_{dc} 应小于3。Büchler 等人在现场研究了交流电流对阴极保护管道腐蚀速率的影响，也的得了类似的结果。然而，值得注意的是，在现场想准确测得直流电流密度往往较为困难，后期还应开展直流电流密度有效测试方面的研究。

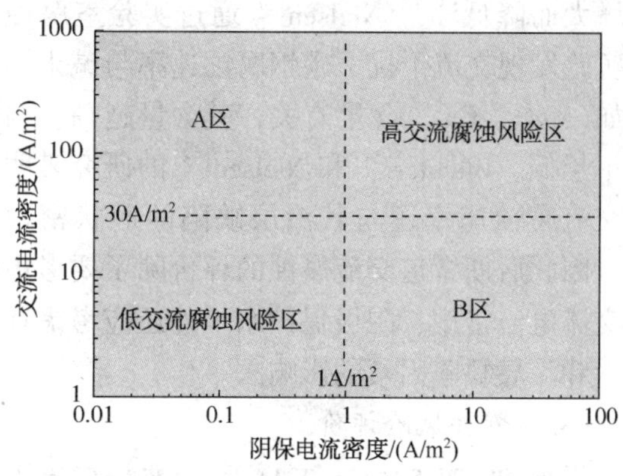

图5　交直流电流密度评价准则[10]

2.2.3　其他因素的影响

近年来，越来越多的研究表明，除了管道交流干扰电压、交流电流密度、直流电流密度以及管道阴保电位会影响管道交流腐蚀速率外，管道所处环境因素（如土壤中离子种类、pH值等）和涂层缺陷自身因素（如缺陷大小、形状等）也会对其交流腐蚀产生重要的影响。作者所在研究小组在实验室研究了 $-0.85V_{CSE}$ 阴极保护下，相同交流电流密度（$200A/m^2$ 的恒电流密度实验）、相同材质（均为X70钢）、相同面积（均为 $4cm^2$）以及相同形状（均为正方形）试样在三种不同土壤中交流腐蚀实验，实验7天后试样的交流腐蚀速率如图6所示。

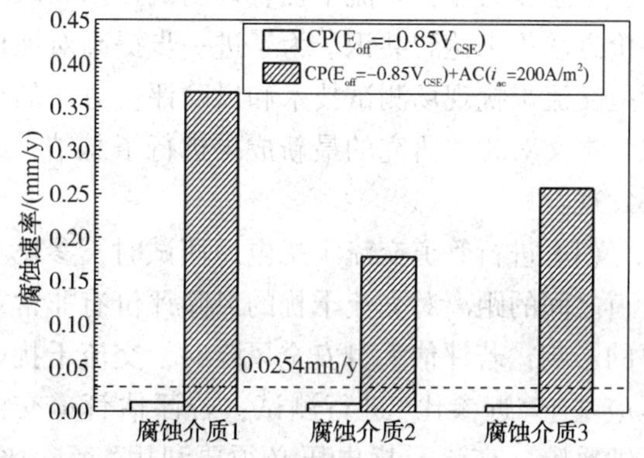

图6　不同腐蚀介质中试样的交流腐蚀速率

可以看出，无交流干扰下，试样在三种介质中的腐蚀速率相似，且均低于 0.0254mm/y，阴极保护有效。当给试样施加 200A/m^2 的交流干扰后，试样在不同环境中的交流腐蚀速率各不相同且相差较大，最高得腐蚀速率达到 0.3662mm/y，是最低腐蚀速率(0.1777mm/y)的 2 倍。

此外，作者本人的研究表明，管道附近土壤 pH 值对其交流腐蚀速率有较大的影响。无阴极保护下，管道交流腐蚀速率随着其附近土壤 pH 的增大而降低[37]。Nielsen[17] 通过实验室腐蚀模拟实验发现交流干扰下碳钢腐蚀速率与碱土阳离子如(Mg^{2+}、Ca^{2+})含量有关，其含量越高，腐蚀速率越低。Büchler[34] 和 Nielsen[18] 的研究表明管道交流腐蚀速率还与其涂层缺陷的形状密切相关。因此后期管道交流腐蚀的评价除了要考虑管道交流电流密度、阴极保护水平外还应考虑环境因素和涂层缺陷因素的影响。

2.3　管道附件风险评价

根据 BSEN 50443-2011[16] 标准，交流干扰还会对管道附件，如绝缘接头、排流装置、涂层等造成危害，为了避免该现象的发生，管道交流干扰电压应达到如下水平：

干扰源正常运行时，管道上任何一点(或者任何与管道电连接的部件)对地交流干扰电压不能超过 60V；

干扰源故障情况下，管道上任何一点(或者任何与管道电连接的部件)对地交流干扰电压不能超过 2000V；

干扰源故障情况下，管道绝缘接头两端交流干扰电压不应超过 2000V。

3　结束语

从发现交流干扰至今，已有百年历史。虽然在这百年之中，人们对交流干扰的认识不断地深入，但至今为止，交流干扰有效测试技术和风险评价方法仍未达到共识。为了进一步提高对埋地管道交流干扰现场测试技术和风险评价方法的认识，本文对相关研究的最新成果进行了总结，结果发现：

(1) 进行管道交流干扰电压测试时，参比与管道之间的距离对交流干扰的风险评价有非常重要的影响：若评估人身安全风险时，交流干扰电压应基于“近参比”进行测试；若评估管道交流腐蚀风险，交流干扰电压必须要利用“远参比”进行测试。考虑到交流干扰的多重危害性，建议后期进行管道交流干扰电压测试时需要同时测试“近地”交流干扰电压和“远地”交流干扰电压；

(2) 虽然目前国内外相关研究指出了“远地”交流干扰电压测试时“远地点”的确定方法，但在实际现场应用时均有一定的难度，后期应进一步研究影响“远地点”的关键因素和影响规律，建立确定“远地点”的数学计算模型，从而便于现场快速确定“远地点”；

(3) 利用公式法计算管道交流电流密度误差往往较大，建议后期交流干扰测试时利用探头或者试片法实地测试管道交流电流密度，但探头(或者试片)的选择和安装方法需要进一步研究，从而提高其现场可操作性；

(4) 交流干扰下管道极化电位测试时需要注意交流电流的影响，同时需要注意交流排流装置对管道极化电位的影响，建议在后期测试中先摘除测试点附近的交流排流装置；

(5) 在交流干扰风险评价方面，是否存在一个交流干扰电压限值，当管道交流干扰电压低于该限值时，管道无交流腐蚀的风险，需要进一步的研究；交流干扰下管道阴极保护的有效区间需要进一步研究，交流干扰下 1A/m^2 的阴极保护电流密度限制有待进一步完善；此外，管道附近土壤环境及涂层缺陷对其交流腐蚀有着非常重要的影响，后期交流腐蚀风险评价准则的研究应将土壤环境及涂层缺陷纳入管道交流腐蚀风险评价指标之中。

参考文献

[1] Tang D Z, Du Y X, Lu M X, et al. Study on CP criteria for mild steel in the presence of AC interference [A]. Corrosion/2014 [C]. Houston, Texas: NACE, 2014: C2014-3802.

[2] Fu A Q, Cheng Y F. Effect of alternating current on corrosion and effectiveness of cathodic protection of pipelines [J]. Can. Metall. Quart., 2012, 51 (1): 81-90.

[3] He X, Jiang G, Qiu Y, et al. Study of criterion for assuring the effectiveness of cathodic protection of buried steel pipelines being interfered with alternative current [J]. Mater. Corros., 2012, 63(6): 534-543.

[4] Hosokawa Y, Kajiyama F, Fukuoka T. Alternating current corrosion risk arising from alternating current-powered rail transit systems on cathodically protected buried steel pipelines and its measures [J]. Corros.,

2004, 60(4): 408-413.

[5] Büchler M. Alternating current corrosion of cathodically protected pipelines: Discussion of the involved processes and their consequences on the critical interference values [J]. Mater. Corros., 2012, 63(12): 1181-1187.

[6] Xu L Y, Su X, Cheng Y F. Effect of alternating current on cathodic protection on pipelines [J]. Corros. Sci., 2013, 66: 263-268.

[7] Brenna A, Ormellese M, Lazzari L. A proposal of AC corrosion mechanism of carbon steel in cathodic protection condition [A]. Corrosion/2013[C]. Houston, Texas: NACE, 2013: 2457.

[8] Metwally I A, Heidler F. Mitigation of the produced voltages in AC overhead power-lines/ pipelines parallelism during power frequency and lightning conditions [J]. Int. Trans. Electr. Energ. Syst., 2005, 15: 351-369.

[9] Jiang Z T, Du Y X, Lu M X, et al. Study on factors influencing the mitigation of AC interference [A]. Corrosion/2012[C], Houston, Texas: NACE, 2012: 1364.

[10] NACE TG 430, AC corrosion on cathodically protected pipelines: standard practice for risk assessment, mitigation, and monitoring [S]..

[11] BSEN 15280: 2013, Evaluation of AC corrosion likelihood of buried pipelines applicable to cathodically protected pipelines [S].

[12] SY/T 0032-2002, 埋地钢制管道交流排流保护技术标准[S].

[13] GB/T 21447-2008, 钢制管道外腐蚀控制规范[S].

[14] NACE SP0177-2007, Mitigation of Alternating Current and Lightning Effects on Metallic Structures and Corrosion Control Systems[S].

[15] GB /T50698-2011, 埋地钢质管道交流干扰防护技术标准[S].

[16] BSEN 50443: 2011, Effects of electromagnetic interference on pipelines caused by high voltage AC electric traction systems and/or high voltage AC power supply system [S].

[17] Nielsen L V, Nielsen K V, Baumgarten B, et al. AC induced corrosion in pipelines: detection, characterization, and mitigation [A]. Corrosion/2004 [C], Houston, Texas: NACE, 2004: 04211.

[18] Nielsen L V. Role of alkalization in AC Induced corrosion of pipelines and consequences hereof in relation to CP requirements [A]. Corrosion/2005 [C]. Houston, Texas: NACE, 2005: 05188.

[19] Nielsen L V, Baumgarten B, Cohn P. On-site measurements of AC induced corrosion: Effect of AC and DC parameters [A]. CEOCOR/2004 [C]. Dresden, Saxony: CEOCOR, 2004.

[20] Nielsen L V, Baumgarten B, Cohn P. Investigating AC and DC stray current corrosion [A]. CEOCOR/2004 [C]. Dresden, Saxony: CEOCOR, 2004.

[21] NACE SP0177-2014 formerly RP0177, Mitigation of alternating current and lightning effects on metallic structures and corrosion [S].

[22] DDCEN/TS 15280: 2006 Evaluation of AC corrosion likelihood of buried pipelines —Application to cathodically protected pipelines [S].

[23] NACE TG 327: AC Corrosion State-of-the-Art: corrosion rate, mechanism, and mitigation requirements [S].

[24] NACE CP3-Cathodic protection technologist course manual [M]. Houston: NACE, 2005.

[25] Tang D Z, Du Y X, Lu M X, et al. Study on location of reference electrode for measurement of induced alternating current voltage on pipeline [J]. Int. Trans. Electr. Energ. Syst., 2015, 25: 99-119.

[26] Tang D Z, Lu M X, Du Y X, et al. Electrochemical studies on the performance of zinc used for alternating current mitigation [J]. Corros., 2016, 71 (6): 795-806.

[27] Tang D Z, Du Y X, Lu M X, et al. Effect of AC current on corrosion behavior of cathodically Q235 steel [J]. Mater. Corros., 2015, 66(3): 278-285.

[28] BS ISO 15589-1: 2015, Petroleum, petrochemical and natural gas industries - Cathodic protection of pipeline systems Part 1: On-land pipelines [S].

[29] Tang D Z, Du Y X, Li X X, et al. Effect of alternating current on the performance of magnesium sacrificial anode[J]. Mater. Des., 2016, 93: 133-145.

[30] Tang D Z, Du Y X, Lu M X, et al. Effect of alternating current on corrosion of pipeline steel [A]. Corrosion/2015 [C]. Houston, Texas: NACE, 2015: C2015-5626.

[31] Tang D Z, Du Y X, Liang Y, et al. Electrochemical studies of the galvanic coupling zinc/pipeline steel in the presence of an applied alternating current [J]. Mater. Corros., 2016, 67(5): 463-470.

[32] Lu M X, Tang D Z, Du Y X, et al. Investigation on corrosion of zinc ribbon under alternating current [J]. Corros. Eng. Sci. Techno., 2015, 50 (3): 256-263.

[33] Xu L Y, Su X, Cheng Y F. Effect of alternating current on cathodic protection on pipelines[J]. Corrosi. Sci., 2013, 66: 263-268.

[34] Büchler M, Schröneich H G. Investigation of alternating current corrosion of cathodically protected pipelines: development of a detection method, mitigation measures, and a model for the mechanism [J]. Corros., 2009, 65(9): 578-586.

[35] Goidanich S, Lazzari L, Ormellese M. AC corrosion-part 1: effect on over potentials of anodic and cathodic processes[J]. Corros. Sci., 2010, 52: 491-497.

[36] Jiang Z T, Du Y X, Lu M X, et al. New findings on the factors accelerating AC corrosion of buried pipeline [J]. Corros. Sci., 2014, 81(4): 1-10.

[37] Tang D Z, Du Y X, Lu M X, et al. Effect of pH value on corrosion of carbon steel under an applied alternating current [J]. Mater. Corros., 2015, 66 (12): 1467-1479.

[38] 姜子涛，杜艳霞，董亮，等．交流电对 Q235 钢腐蚀电位的影响规律研究[J]．金属学报，2011，47(8)：997-1002.

[39] Guo Y B, Liu C, Wang D G, et al. Effects of alternating current interference on corrosion of X60 pipeline steel [J]. Petr. Sci., 2015, 12: 316-324.

[40] Brenna A, Lazzari L, Pedeferri M, et al. Cathodic protection condition the presence of AC interference [J]. La Metall. Ital., 2014, 6: 29-34.

[41] Ormellese M, Lazzari L, Goidanich S, et al. CP criteria assessment in the presence of AC interference [A]. Corrosion/2008[C], Houston, Texas: NACE, 2008: 08064.

[42] Kim D K, Muralidharan S, Ha T H, et al. Electrochemical studies on the alternating current corrosion of mild steel under cathodic protection condition in marine environments [J]. Electrochim. Acta, 2006, 51: 5259-5267.

[43] Ormellese M, Goidanich S. Effect of AC interference on cathodic protection monitoring [J]. Corros. Eng. Sci. Techn., 2011, 46(5): 618-623.

[44] AllahKaram S R, Shamani R. A novel monitoring technique to define CP criteria for buried pipeline under AC corrosion condition [J]. Iran. J. Mater. Sci. Eng., 2009, 6(2): 18-23.

[45] 李夏喜，杜艳霞，邢琳琳，唐德志，王一君，段蔚，姜子涛. 国内外四种交流排流器服役性能对比．腐蚀与防护，2017，38 (3)：228-234.

[46] NACE SP0169-2013, formerly RP0169, Control of external corrosion on underground or submerged metallic piping systems [S].

[47] NACE SP0104-2014, The use of coupons for cathodic protection monitoring applications [S].

[48] SYT 0029-2012，埋地钢质检查片应用技术规范[S].

[49] Nielsen L V, Nielsen KV. Differential ER-technology for measuring degree of accumulated corrosion as well as instant corrosion rate [A]. Corrosion/2003[C]. Houston, Texas: NACE, 2014: 03443.

[50] TB/T 2832-1997，交流电气化铁道对油(气)管道(含油库)的影响容许值及防护措施[S].

[51] 唐德志，杜艳霞，路民旭，等. 埋地管道交流干扰与阴极保护相互作用研究进展[J]．中国腐蚀与防护学报，2013，33(5)：351-356.

[52] Nielsen L V, Cohn P. AC corrosion and electrical equivalent diagrams [A]. CEOCOR/ 2000 [C]. Dresden, Saxony: CEOCOR, 2000: A05.

[53] Panossian Z. Effect of alternating current by high power lines voltage and electric transmission systems in pipelines corrosion [A]. Corrosion/2009 [C]. Houston, Texas: NACE, 2009: 09541.

[54] 刘文霞，孙成．土壤中阴离子对碳钢腐蚀的影响[J]．石油化工腐蚀与防护，2006，05：12.

[55] Xu X, Xu L, Liu W, et al. Study of AC corrosion on coated pipeline steel in simulated soil solution [A]. Corrosion/2011 [C]. Houston, Texas: NACE, 2011: 11343.

[56] Gummow R A, Wakelin R G, Segall S M. AC corrosion-a new challenge to pipeline integrity [A]. Corrosion/1998 [C]. Houston, Texas: NACE, 1998: 98566.

[57] 李晓．交流干扰对埋地管线钢腐蚀影响研究[D]．青岛：中国科学院研究生院(海洋研究所)，2012.

[58] Fu A Q, Cheng Y F. Corrosion of pipeline steel in the presence of alternating current and the new CP recommendation [A]. Proceeding of the 8th International Pipeline Conference [C]. Calgary, Alberta: PIPC, 2010: 31658.

[59] 唐德志．交流电流对埋地管道阴极保护系统的影响规律及作用机制研究[D]．北京：北京科技大学，2016.

[60] Büchler M, Voûte C H, Schöneich H G. The effect of variation of ac-interference over time on the corrosion of cathodically protected pipelines [A]. CEOCOR/2015 [C]. Dresden, Saxony: CEOCOR, 2015.

管道磁应力检测技术在埋地双金属复合管完整性评价上的实践

宋晓俊　潘　旭　何宇颉　刘汉广　马　超　赵晓楠　青彩霞

（中国石油塔里木油田公司）

摘　要　在高腐蚀性油气输送管道中，已经使用双金属复合管，其中内层是较薄的耐蚀合金内衬层，起到防腐蚀的作用，外层是较厚的普通钢质输送管用作结构支撑增加管材强度。内衬耐蚀合金层与钢质管材结合处的缺陷，以及管线焊接施工中造成的焊缝处的缺陷，通常会造成外层的钢管内壁腐蚀的加速，引发管道腐蚀穿孔而发生泄漏，影响油气输送管道的安全运行。针对常规内、外检测方法难于适用在役双金属复合管线的检测与评价，我们采取非接触磁应力检测与评价技术，在国内某油田集输管道进行了现场的检测实践，取得了较好的效果。

关键词　双金属复合管；非接触；磁应力；管道完整性评价

1　双金属复合管的应用背景

目前，高腐蚀性油气田在开采作业和油气输送中采用耐蚀合金甚至镍基合金管道。然而，常规耐蚀管材中用作抗蚀的部分仅占三分之一左右，其余部分用作结构支撑增加管材强度，造成了资源的浪费和成本的增加。国内外的研究和应用结果表明，使用耐蚀合金复合管是解决上述腐蚀问题相对安全和经济的途径之一[1]。

双金属复合管在国内累计应用大约有 2000 余公里。在复合管生产、现场安装焊接施工中受到技术与环境条件的限制，可能会存在质量问题，出现基材碳钢和覆材不锈钢因接触不够紧密易出现分层缺陷，即在内衬不锈钢层与碳钢基层之间分层而混有空气、水分或油污等杂质，特别是管内输送的高腐蚀性的介质，会造成基材碳钢较为严重的腐蚀[2]。

对于埋地服役的双金属复合管，长度在几公里到数十公里，在其服役一定时间之后，按照管道完整性管理的要求，应该开展管道完整性评价工作，确定管道是否存在风险，这就需要采取一定的技术手段去发现其中可能存在的缺陷，对于双金属复合管的管道完整性管理而言，这确实是一种技术挑战[3]。通常管道内检测技术（ILI）需要把检测器装入管道中，通过行进获得管体缺陷数据，但是如果管体变形（如内衬层发生分层脱离现象）就会限制管道内检测的执行。管道内腐蚀直接评价（ICDA）的方法也存在局限性，由于复合管中的内衬是耐蚀合金材料，理论上，耐蚀合金材料的耐腐蚀性极好，管道内壁的腐蚀速率相对极低且沿着管线长度变化微小，就无法通过腐蚀分析来判断管道最有可能存在内腐蚀风险的位置[4]。因此，决定采用非接触式磁应力检测技术对埋地双金属复合管进行检测与评价。

2　管道磁应力检测原理概述

该技术原理是基于金属管体的自然磁场是否存在畸变的性质，当金属管体不存在任何缺陷时，管体的自然磁场是平直无变化的；当缺陷存在时，会引起缺陷处应力集中，导致自然磁场发生畸变（图 1）。非接触磁应力技术正是通过采集磁场的这种畸变信号来确定管体应力集中的程度，即不同种类的管体缺陷。现场采集管道磁场信号，分析管道应力变化，利用数据库及软件分析，从而可评价在役管道的安全可靠性[5]。

在进行管道磁应力检测的过程中，大致分为四个步骤，即：①预评价（基础数据的收集及磁应力检测技术可行性的评价；②现场检测与数据分析过程，通过收集管道的磁应力数据并进行校核分析，计算管道应力异常点的位置和风险等级；③对高风险异常点进行开挖详细检测，通过多种无损检测方法，包括漏磁外壁扫查器、接触式应力检测仪、超声测厚仪、超声波检测、射线检测及焊检仪等多种工具，对异常点的管道部位进行详细的检查和检测；④后评价，对本次完整性评价工作进行总结，对缺陷进行初步分析并制定缺陷处的修复方案及建议。

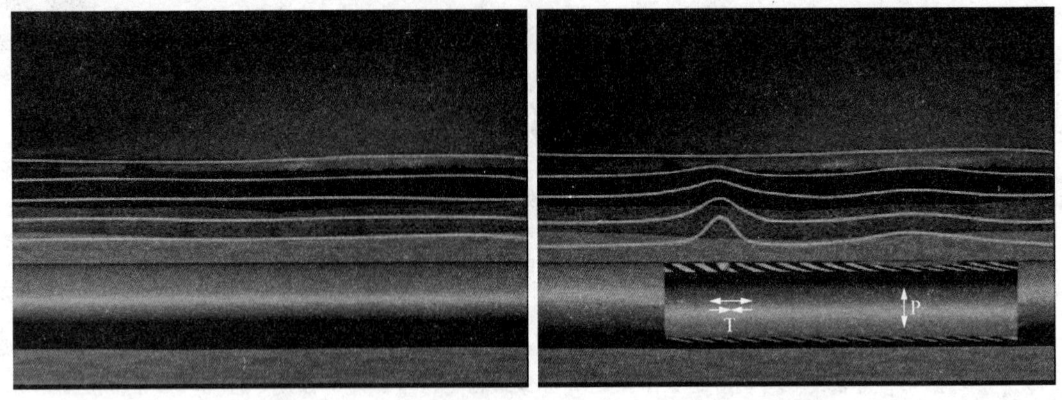

图 1 非接触磁应力检测原理图

3 检测与数据分析

3.1 被检管道的基本情况

本试验段被检管道为双金属复合管，埋深约 1.5m，内衬层材质为 316L 不锈钢，壁厚 2.5mm，钢质管道材质为 L415，壁厚为 14.2mm，管径为 DN500，运行压力 12MPa，管内输送介质为湿气(含 H_2S 和 CO_2)，历史上管线曾经发生了四次泄漏事件。此次对全线开展了磁应力检测。

3.2 数据分析结果

经过基础磁应力的校核，对所收集到的管道磁应力数据进行了详细的计算和分析，结果显示本次所检测的目标管道Ⅱ级风险水平的异常点约 54 处，Ⅲ级风险水平的异常点约 266 处。按照 ASME B31 标准，在最大运行压力 12MPa 之下，对管道的最大安全剩余寿命进行了计算，见表 1。

表 1 风险等级为 II 级的异常点的定性分析结果汇总表

12MPa 操作压力的安全运行年限	均匀腐蚀	应力变形集中(SDC)	焊缝异常	合计
5 年	7	6	1	14
6 年	3	4	1	8
7 年	3	7	2	12
8 年	7	4		11
9 年	1	7	1	9
合计	21	27	5	54

管道磁应力检测技术所给出的异常点是定性的分析结果，而非异常点的定量结果，因此需要采取多种无损检测方法，对异常点的情况进行详细检查。

4 开挖及详细检测

4.1 开挖点的选择

在管线现场，我们对风险等级为Ⅱ级的 54 处异常点进行了现场的再次勘察，确定了约 30 处具备开挖条件的点位，暂时不具备开挖条件的Ⅱ级异常点，主要是由于公路、或是现场临近公路的设施(防水堤坝等)、较难进入等情况的影响。

对 30 处具备开挖检测的点位，再次进行分析和确认，首先选取确认了六处Ⅱ级风险点中最大剩余寿命较低的点位，详见表 2 的数据信息，其中序号 208#点位是第 3 个原有裸露处，位于管线中段的季节性河床处，属于整条管线的相对高度较低的管段，对该段进行一米左右的扩挖即可。其余所选取的五个点位于 13～14.5km 处，管线截断阀室的下游方向，243#和 244#的两个风险点相连，算作一处，属于缓慢爬坡的中下部，其中，235#点在柏油公路一侧上游约 30m 处，238#点在下游距公路约 100m 处，相连的 241#和 243#点继续向下游方向，沿着缓坡向上，在 9 号阴保桩上游约 60m 处；251#点位于管线翻越山坡顶点之后第二个上坡的位置；256#点位在下坡段接近季节性河床之前约 10m 的位置，在该处明显看到车辆行驶造成的管垄破坏。

这六个异常点位在开挖后，证实其中的五个是在环焊缝处，仅 256#点位不在焊缝位置，而在随后的详细检测中，256#点位没有发现明显的缺陷。这也从另一方面说明了双金属复合管失效概率较大的位置是在环焊缝处。

在数据详细的分析结果中，属于疑似均匀壁厚减薄的点位包括 208 #、235 #、238 #、

241&243#、256#点，251#是应力变形集中的状况，选择该点位，也是考虑其有代表性，通过详细检测对异常点管段整体状况进行更好的判断。

表 2　开挖及详细检测的异常点数据表

异常点的信息					预估的异常点缺陷类型	12MPa最大安全运行寿命/年
异常点编号	危险等级	异常点起始位置/m	异常点起始位置/m	异常点的长度/m		
208	2	11527.7	11528.7	1.0	均匀壁厚减薄	5
235	2	13329.0	13330.2	1.2	均匀壁厚减薄	5
238	2	13492.2	13493.5	1.3	均匀壁厚减薄	5
243	2	13810.4	13812.1	1.7	均匀壁厚减薄	6
244	2	13819.1	13820.3	1.3	均匀壁厚减薄	5
251	2	14036.0	14037.1	1.0	应力变形集中	5
256	2	14247.2	14248.7	1.5	均匀壁厚减薄	5

注：本表中的异常点地理坐标略。

4.2　开挖点详细检测的结果

针对六个异常点的详细检测，使用了多种无损检测方法，首先使用管道外漏磁检测器对管体壁厚进行较快速地扫查，设定对于壁厚减薄超过10%的部位报警，从而快速地了解管体壁厚减薄所在的位置，然后采用超声测厚、超声波检测、射线等方法对可能存在严重缺陷的部位进行进一步地详细检测。

结合该管线以往泄漏事件的情况，在详细检测的过程中，对环焊缝的部位进行了特别细致的检查。六个异常点中的五个管段均发现了“圆形缺欠”，评定级别达到了Ⅳ级。换言之，通过射线对疑似的管壁减薄部位进行检测，发现了在管壁位置较为严重的缺陷情况，包括条状腐蚀缺陷、点蚀缺陷等，使用超声测厚的检测，发现了严重的壁厚减薄现象，238#异常点的管段，在5：30的时钟位置，测量金属管体的壁厚为1.5mm；251#异常点的管段，在5：50的时钟位置，测量金属管体的壁厚为2.1mm、在5：55的时钟位置，测量金属管体的壁厚为1.4mm、在6：05的时钟位置，测量金属管体的壁厚为1.3mm，。在超声波检测中，也发现埋藏缺陷的情况。

4.3　235#管段取样检查

根据详细检测的结果，为进一步核实缺陷的情况。对其中的235#异常管段进行取样分析，截取管段长度约4m，距一侧管段(上游管段)约1m处为环焊缝。目视检查管段内壁，可以观测到管段内壁底部(六点方位)目视带状白色结垢；在环焊缝根焊边缘的槽状缺陷(见图2)；发现条状均匀腐蚀(图3)，疑似不锈钢内衬层受到损伤，使得金属管壁暴露在输送介质中而造成管体腐蚀；在对环焊缝进一步的切割之后，可以发现根焊缝两侧均出现点蚀现象(图4和图5)，其中下游一侧比较严重，可能的原因是焊接过程中，焊接的热影响区引起了材料的物性发生变化，在高压输送介质的腐蚀和高速冲刷的协同作用下，造成了该处点蚀的现象。

图2　管内壁根焊缝边缘槽状缺陷

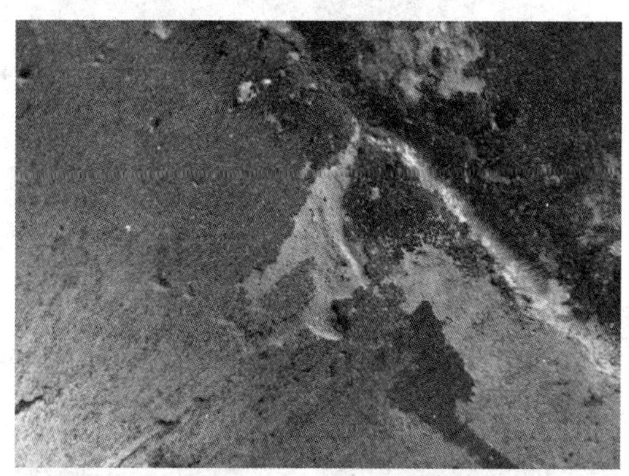

图3　管内壁根焊缝边缘带状腐蚀缺陷

进一步的详细观察，还发现了该管段的不锈钢内衬层有局部鼓包凸起以及局部沿管段轴向方向发生条状分层的现象，约四个条状分层的部位，持续分层的长度延伸到环焊缝处，长度约3m，分层间隙最大约为13mm(图6、图7和图8)。

图 4　管内壁根焊缝边缘点蚀缺陷

图 5　管内壁根焊缝边缘点蚀缺陷的位置

图 6　不锈钢内衬层的分层现象

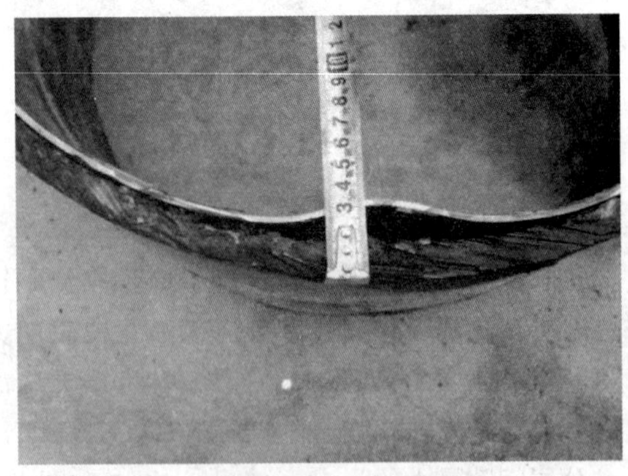

图 7　不锈钢内衬层的分层的间隙，约 13mm

图 8　不锈钢内衬层的分层现象(延伸至环焊缝处)

5　总结及建议

综上所述，通过对本条管线的现场管道测绘定位，磁应力数据检测采集，基准磁应力水平校验，数据系统分析，开挖详细检测验证(采用多种可行的无损检测技术手段)，以及业主的进一步切管核实。得出如下结论：

① 非接触磁应力检测技术在目前可能的技术手段中，对在役埋地双金属复合管的检测和评价是有效的可行的。

② 经检测分析，该双金属复合管道发现风险等级Ⅱ级的异常点 54 处，风险等级Ⅲ级的异常点 266 处。

对其中的六个异常点的详细检测结果表明，五个异常点经射线检测验证均发现了“圆形缺欠”，评定级别达到了Ⅳ级。使用接触式超声测厚证实，238#异常点、251#异常点发现了严重的壁厚减薄现象。

③ 异常管段的取样检查进一步证实，环焊缝根部有槽型缺陷、条状腐蚀、多处的圆形超标缺陷，以及双金属层间的分层剥离，不锈钢内衬层鼓包凸起等问题，这些缺陷的加剧与发展都会造成最终的管线腐蚀穿孔。

④ 通过异常点详细检测的结果以及切割试样的现场宏观分析，初步认为内衬封口也存在问题，造成封口处的线状缺陷，而非现场焊接未熔合的现象。

⑤ 建议对尚未进行详细检测的风险等级为 II 级的异常点进行开挖检测。

⑥ 建议对缺陷严重的异常管段进行跟踪监测，已掌握缺陷的发展及风险防范；

⑦ 非接触磁应力技术应用的局限性，基于其基本原理，即对于已经发生穿孔泄漏或出现渗

漏的管体缺陷，由于这些缺陷处的应力集中现象已经释放，则非接触管道磁应力检测技术对这些缺陷的可检出概率(POD)明显降低。因此，对已经泄漏或已出现渗漏点的分析识别存在一定的难度。

⑧ 建议开展深入的失效原因分析和研究，在高压高速输送介质的冲刷下，高腐蚀性介质对双金属复合管结构磨蚀机理的研究，确定缺陷产生的根本原因，从而制定相应的风险消减措施，指导双金属复合管制造、焊接工艺，指导管线设计，保障管线安全平稳的运行。

参 考 文 献

[1] 曾德智，杜清松，谷坛，等．双金属复合管防腐技术研究进展[J]．油气田地面工程．2008，27(12)：64~65.

[2] 王永芳，袁江龙，张燕飞，等．双金属复合管的技术现状和发展方向[J]．焊管．2013，36(2)：5~6.

[3] 张华兵，周利剑，杨祖佩，等．中石油管道完整性管理标准体系建设与应用[J]．石油管材与仪器 2017，(7)：25~28.

[4] 于润桥，万冠杰，胡博，等．双金属复合管缺陷微磁检测技术研究[J]．焊管．2013，36(2)：29~30.

[5] 王海登，于润桥，张维景，等．弱磁检测在小径管焊缝检测中的应用研究[J]．无损探伤．2016，40(1)：18~20.

降温集输技术在高寒地区的实践与应用

王　聪

（中国石油吉林油田公司）

摘　要　吉林油田位于吉林省中西部，年平均温度3-6℃，最大冻深1.8m，年冻结期长达6个月，由于地处高寒地区，开展原油降温集输工作难度较大，通过开展通过井口回压影响因素进行敏感性分析，发现流通面积降低(管径变小)的影响明显高于油水混合液黏度、产液量、气油比等因素。集油管道流通面积降低的主要原因是凝油粘壁。随着温度的降低，原油会在低温环境下胶凝并粘附于管壁，当温度低至某温度T0，管道中会发生明显的粘壁行为。该温度被称为“起始粘壁温度”，与含水原油的集输温度下限有重要关联，确定含水原油粘壁温度是开展降温集输的关键点。

关键词　节能；降温集输；粘壁温度；不加热集输；降温掺输

1　前言

随着吉林油田进入高含水开发后期，吉林油田大约36.6%的单井已经实现了不加热集油，其余63.4%油井也尚有潜力可挖。但是这部分油井产液及管流情况大多较为复杂，特点不突出，很难用某一特定参数直接判断不加热集油是否可行。需要在以较大范围油田现场试验的基础上，结合油井产液流变学和集油管道多相管流的理论分析与室内试验，综合考虑原油物性、产液量、含水率、油气比，井口温度、管道条件和自然环境等因素，总结和推导得出具有较强适应性的不加热集油判别模型。对这部分单井进行不加热集油判别，实际上已经进入了该研究领域的“深水区”，如果该项研究得到突破，对高寒地区油田的不加热集输工作的推广具有积极意义。

2　工作思路

吉林油田降温集输工作围绕提质增效节能降耗为中心，以系统安全平稳运行为原则，以室内试验与矿场实验相结合为主要手段，在总结经验的基础上，实施井—间—站逐步降温，以地温检测装置为辅助手段开展现场试验，探索降温掺输底线、扩大常温输送范围。

3　降温集输技术的实践与应用

吉林油田随着老油田的逐年开发，含水逐年上升，管理水平的逐渐提升，从原来的粗放型管理向精细化管理转变，运行方式从易到逐步开展，2017年起大力开展降温集输工作，截止目前全公司平均回油温度下降5℃，增加外销气量500010^{4}m^3，节能效果显著。

3.1　室内试验与装置研发

3.1.1　原油流动条件下原油乳化含水率变化

凝固点以下原油乳化含水率随温度的升高而升高，在凝点以上随着温度的升高乳化含水率反而降低。对于未完全乳化原油(含水为70%~90%)，液滴个数随综合含水率升高而减小，且平均粒径减小。

3.1.2　原油基本物性及乳状液流变特性规律研究

以新木采油厂为例，通过对原油流变特性分析，得出原油基本物性及不同含水下乳状液的黏度随温度的变化规律，可为现场运行提供数据支撑。

图1为新木脱水原油的反常点在50℃。在50℃之前具有较强的非牛顿特性顿流体特性。

图2为前60的10%乳状液反常点在45℃。在45℃之前具有较强的非牛顿特性。

图3为新木20%乳状液的反常点在60℃。在60℃之前具有较强的非牛顿特性。

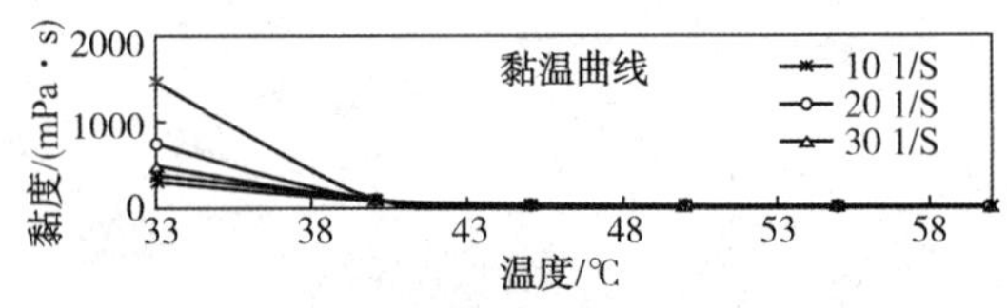

图1　新木脱水后原油黏温曲线图

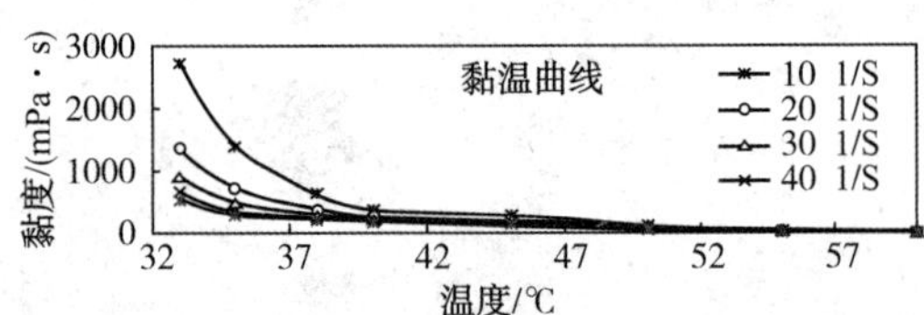

图2　新木10%乳状液黏温曲线图

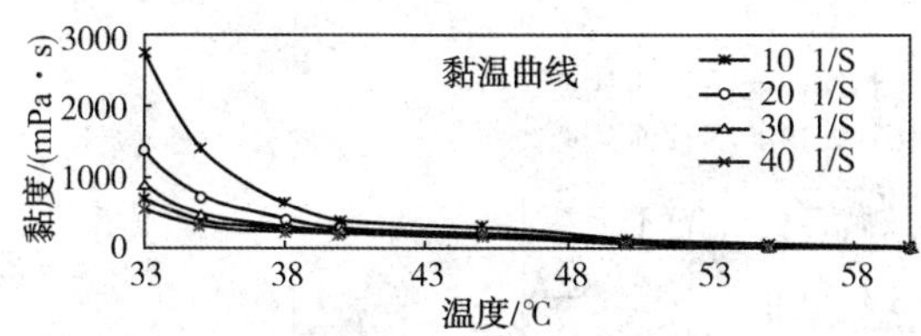

图 3 新木 20%乳状液黏温曲线图

3.1.3 研发含水原油黏壁装置，确定原油粘壁温度

为了还原现场最真实的运行状态，研发含水原油粘壁装置，模拟现场掺输流程。并形成该装置的操作规程，具备自主检测能力，更加全面掌握吉林油田各区块的原油物性及粘壁温度，为实现吉林油田降温集输边界探索提供数据支持。

以新民采油厂为例：开展室内模拟不同回油温度区间实验（原油凝固点 36.5℃），分别取 38℃、34℃、32℃、31℃区间进行实验，随着温度的降低管道中逐渐形成段塞，压力出现大幅波动，初步确定新民采油厂降温掺输极限温度不能低于 32℃。

图 4 为油温 38℃条件下，凝点以上 3℃，油水混合良好，原油可流动。

图 5 为油温 34℃条件下，压降不超过 4kPa 小凝油块随水流出，凝油块可变形。

图 6 为油温 32℃条件下，压降不超过 12kPa，凝油块变形减小，有大凝油块出现。

图 7 为 31℃，开始出现明显的段塞流现象。

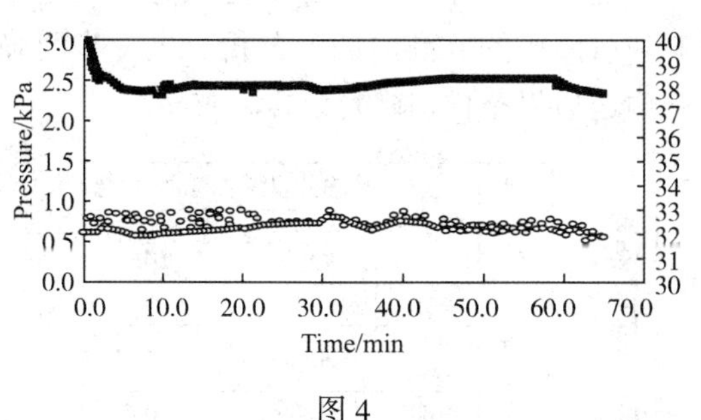

图 4

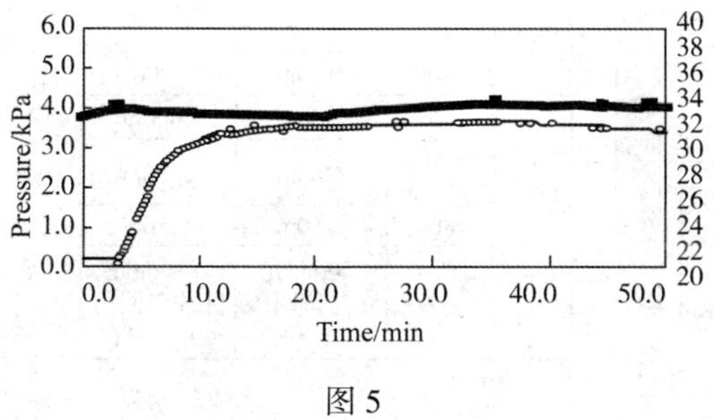

图 5

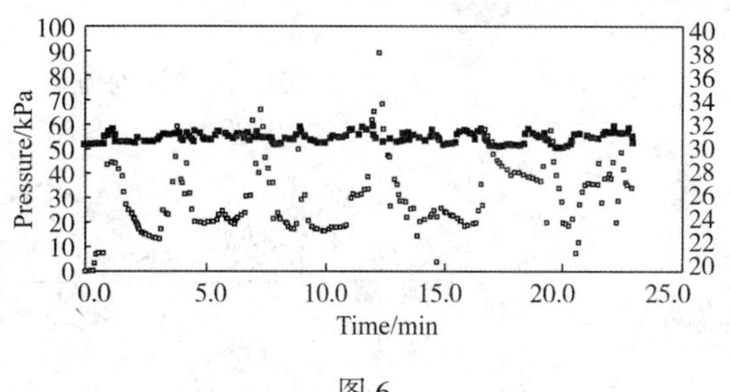

图 6

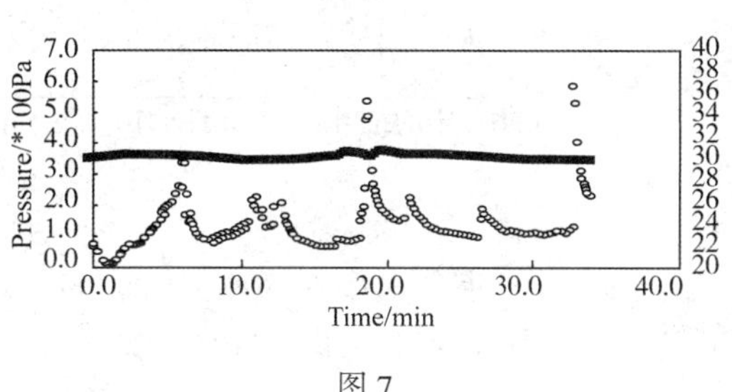

图 7

3.1.4 研发地温温监测装置

为了有效掌握低温对季节性常温集输的影响，研发制备了地温监测设备，实现地温监测分析。按照各类管线埋深及冻土施工要求，设置了环境温度、0.4、0.8、1.2、1.5、1.8m 共计 6 个监测数据，通过地温监测设备的使用，很好的掌握了地温对管线的影响：埋深-0.4m 处在 11 月 23 日温度降到 0℃，埋深-1.2m 处在 1 月 30 日温度降到 0℃，加大了冻结期掺水、回油温度调控力度，有效扩大了季节性常温集输的范围（图 8）。

3.1.5 含水原油溶气试验

室内集输管道溶气试验，探索溶气与不溶气情况下管道内原油的粘壁温度变化，红岗采油厂 H75-4-17 油井油品的凝点为 37℃，与现场实际含水率对应，对 80%含水率油品进行模拟罐实验。实验压力取常压、0.7MPa、1MPa、1.4MPa 四个压力等级，得到其黏壁温度为 25℃，且压力不同，黏壁温度不变，但其黏壁量减少。

H75-4-17 油黏壁温度实验结果（凝点 37℃）

温降/℃	42-26.2	42-25	42-23
常压	2.5	17.6	23.5
重复常压	2.6	16.4	23.8
0.7MPa	2.3	15.7	22.9
重复 0.7MPa	2.2	15.9	
1MPa	2.3	13	22.6
重复 1MPa	2.4	12.5	
1.4MPa	1.9	12.2	22.1
重复 1.4MPa	2.1	11.9	

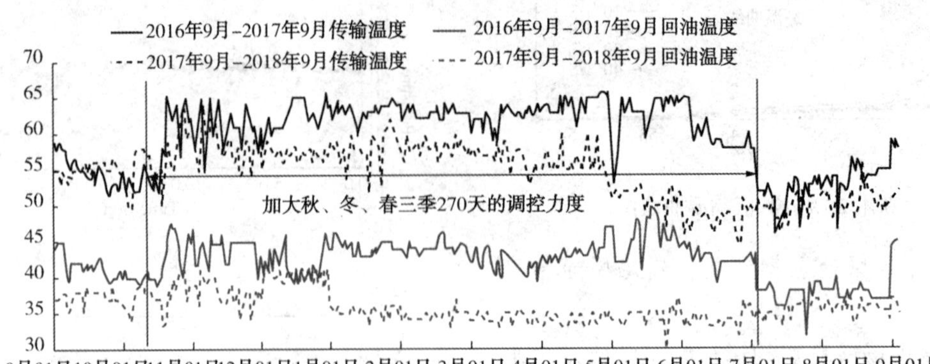

图8

由于现场产液含水率在70%~90%间波动，为了保证数据全面，进一步对70%、90%含水率进行了模拟实验，70%含水率下黏壁温度为29℃，90%含水率下黏壁温度为25℃，见表1，表2。

表1　70%含水率原油粘壁温度实验结果(凝点37℃)

温降/℃	42-30	42-29	42-28
常压	2.5	17.6	21.2
重复常压	2.8	18.4	22.4
0.7MPa	2.6	16.5	
重复0.7MPa	2.2	16.7	
1MPa	2.7	13	17
重复1MPa	2.1	13.8	
1.4MPa	2.1	12.5	
重复1.4MPa	1.8	12.1	

表2　90%含水率原油粘壁温度实验结果(凝点37℃)

温降,℃	42-26.2	42-25	42-23
常压	2.4	9.8	11.7
重复常压	2.5	9.6	
0.7MPa	2.3	9.2	10.8
重复0.7MPa	2.5	9.3	
1MPa	1.9	8.7	9.7
重复MPa	2.1	8.4	
1.4MPa	1.9	8.3	9.2
重复1.4MPa	2.2	8.2	

3.2　矿场实践验证

3.2.1　不加热集输技术应用，确定单井不加热集输边界

3.2.1.1 确定扶余采油厂单井冷输技术边界

筛选220口井进行综合研究试验，通过七项影响井口回压的升高原因的分析，进一步明确了常温输送边界条件(图9)。

压口压力影响的因素

井口回压随液量的变化规律研究

井口回压随含水的变化规律研究

井口回压随输送时间的变化规律研究

井口回压随输送距离的变化规律研究

井口回压随出油温度的变化规律研究

井口回压随-2.m地温的变化规律研究

井口回压随气候温度的变化规律研究

单井产液量	含水率	冷输井埋深-2.0m(无保温)	
		二次开发技术界限	目前技术界限
≤3 m^3/d	≥90%	<200m	<230
	80%~90%	<150m	<150
	≤80%	<100m	<100
3~5 m^3/d	>90%	<300m	<300
	80%~90%	<230m	<250
	<80%	<150m	<200
1~15 m^3/d	>90%	<400m	<600m
	80%~90%	<360m	<450m
	<80%	<250m	<250m
≥155 m^3/d	—	≤500m(允许井口回压≤1.5MPa)	≤800m(允许井口回压≤1.5MPa)

图9

根据生产实际情况，选择 81 口单井常温输送过冬试验，全部成功，81 口井的液量范围是 $1.2m^3/d \sim 30.9m^3/d$，集油半径的范围是 20～800m，含水率范围是 78%～99.4%，且井口回压均控制在 1.5MPa 以内。综合评价参数最大为 785.4，最小为 5.7。

3.2.1.1　确定英台采油厂原管线冷输技术边界

利用常温集输判定原则，确定英台油田常温集输范围，综合玻璃钢管亲油特性，优选 200 口油井利用原管线进行常温集输。具体见表 3。

根据现场运行统计，形成技术原则：

（1）液量大于 15t/d 的原管线冷输生产。

（2）液量 10-15t/d，含水 80%以上，距离小于 300m 原管线冷输生产。

（3）液量 5-10t/d，距离 500m 以内，含水 80%以上，玻璃衬里钢管深埋冷输生产。

（4）液量小于 5t/d，含水低于 60%，季节性冷输生产。

表 3　英台常温集输评价系数表

距离	300m	500m	800m	1000m
3t/d	7.3	4.1	1.1	-0.2
5t/d	10.5	8.1	5.4	3.9
10t/d	12.6	11.2	9.3	8.1
15t/d	13.4	12.3	10.9	10.1
20t/d	13.7	13	11.8	11.1

3.2.2　接转站形成全新的降温集输模式

根据室内试验数据的理论支持，以新木采油厂为试点开展接转站试验降温验证，采取井—间—站逐级降温管理，摸索运行极限温度。形成了新木采油厂停泵停炉全面常温集输的“木 8-8”季节性常温集输模式及“7#站”停炉不停泵的“热不出站”季节性常温集输模式。

木 8-8 站：具有集输半径较小、油井规模较小、含水高的优势，通过实践摸索，实现停炉运行 98 天，降温掺输 180 天（图 10）。

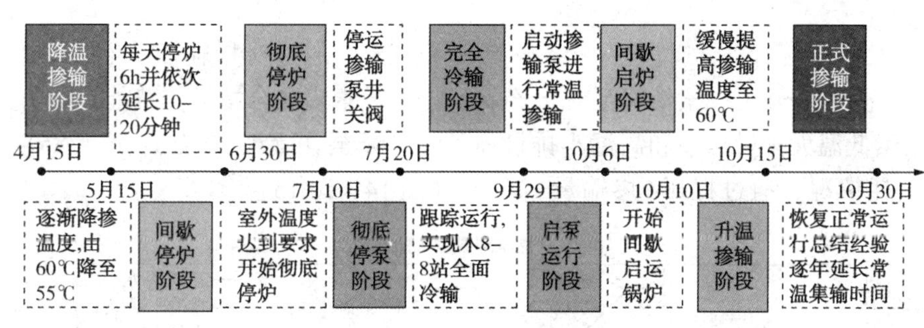

图 10

7#站：采取热不出站停炉不停泵的运行方式。通过实践摸索，可实现停炉运行 68 天，降温掺输 168 天。

7#站油品参数

区块	凝固点 ℃	黏度 mpa·s	密度50℃ g/cm^3	胶质 %	含蜡量 %	油井数	环数	总产液 m^3	总产油 t	含水 %	油气比
让46	33.7	31.9	0.8265	21.46	18.9	8	5	32.8	1.3	0.96	15
木613-12	33	41.6	0.866	23.08	21.68	12	7	92.4	2.4	0.97	7
木606-9	33	69	0.875	16.25	16.68	14	8	101	1.7	0.98	28

掺输　降温掺输阶段　间歇性停炉阶段　4天　停炉间歇性启泵　升温掺输阶段　掺输阶段

4月26日　5月27日　7月25日　7月29日　10月1日　10月10日

降温掺输,相比8-8站约晚10天

间歇性停运掺输炉,每天停炉6小时,依次适当延长10-20分钟。

全面冷输,运行4天后,部分计量间回油压力超过1.5Mpa,改为常温掺输

采用停炉不停泵,热不出站的生产方式

启运掺输泵,缓慢提高掺输泵出站温度至60℃

恢复正常运行总结经验逐年延长常温集输时间

图 11

3.2.3　充分利用物联网技术，实现支干线冷输

利用物联网平台实时监控各井组回压、回油温度，对压力波动较大的管线通过大数据分析，确定压力上升幅度报警范围，超过设定压力时采取加药、热洗等措施。为全冷输试验顺利开展提供强有力支持（图 12）。

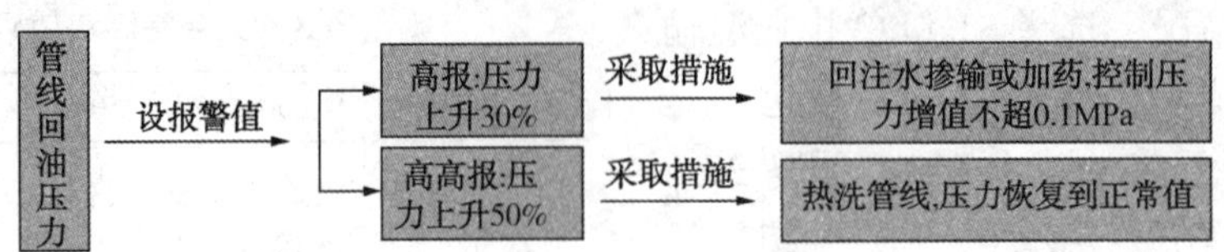

图 12

深挖数字化大数据分析和数字化报警功，确定管线热洗压力 1.25MPa，周期 3 天。(9#-17# 干线压力得到极限冷输数据：压力多次到 1.25MPa 后突升到 2.7MPa，管线爆裂。) 具体见图 13。

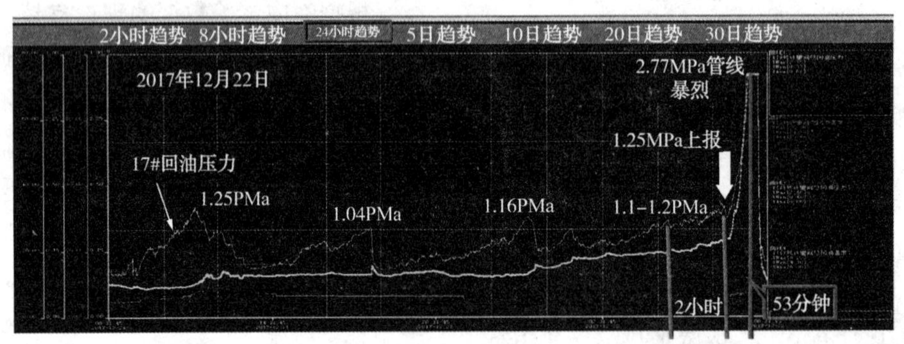

图 13

3.2.4 确定最优的掺输运行方式

以新民采油厂为例：开展探索掺输系统最经济运行模式，摸索低温大排量掺输和高温小排量掺输之间能源消耗情况，通过提压(掺输量)降温试验，通过对掺输压力(掺输量)、温度的调控，摸索出联合站最佳节能运行方式，运行温度 57℃降至 49℃，压力升至 1.85～1.9MPa 之间(图 14，图 15)。

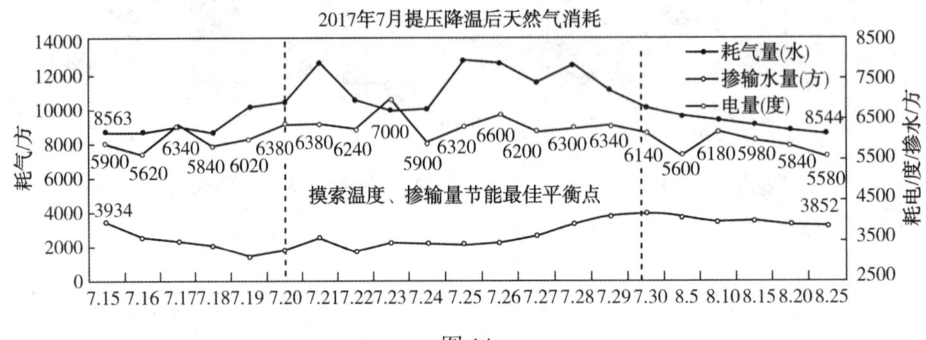

图 14

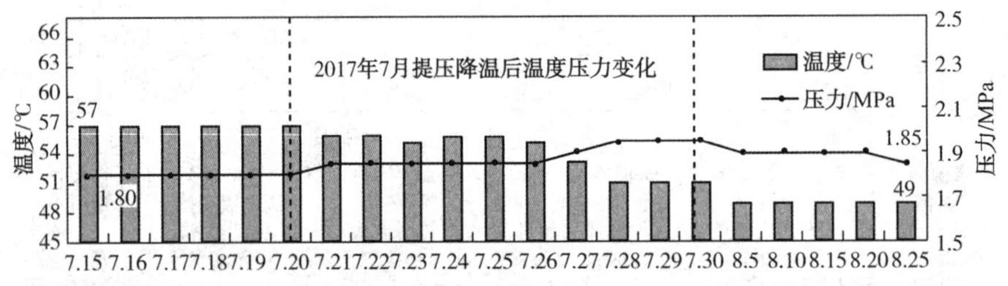

图 15

4 结论

结合吉林油田特点，通过对不同油品物性、不同含水、不同产液量等相关条件，高寒地区可以实现含水原油不加热集输和低温集输，为高寒地区开展降温集输提供技术参考。

(1) 集输温度与凝固点没有必然联系，应探索含水原油在不同含水情况下粘壁温度变化.

(2) 降温掺输不是温度越低越好，有最优界限，摸索最佳运行方式是降温掺输的关键。

(3) 利用物联网技术开展降温集输监控更为及时，减轻工人劳动强度，便于分析集输系统的动态变化，通过大数据分析掌握系统的抗风险状态。

参 考 文 献

[1] 经明玉．油气集输系统节能措施研究[J]. 化工管理，2017，(06).

[2] 杨彬．油田油气集输系统节能措施分析[J]. 化学工程与装备，2016，(05.).

[3] 冯叔初，郭揆常，王学敏．油气集输[M]. 东营：石油大学出版社，1988.

[4] 成庆林；孟令德；袁永惠．油气集输系统的节能潜力分析[J]；应用能源技术；2010年(01).

元坝气田阴极保护系统常见故障及处置

胡世家　骆仕洪　陈　曦　曹　臻　李　怡　龚小平　李振鹏　赵温富　黄海洋

（中国石化西南油气分公司）

摘　要　元坝气田为高含硫化氢、二氧化碳的酸性气田，地面集输系统采用“抗硫管材+防腐涂层+缓蚀剂+阴极保护”的联合防腐工艺。本文通过对元坝气田自投运以来阴极保护系统运行现状进行总结，对站外埋地管线在运行的保护状态判断、保护电位不达标的故障进行提炼，解决措施进行优化完善，并对阴极保护系统的运行给出合理有效的建议具有很重要的实践指导意义，最终为高含硫气田提供切实可行的阴极保护系统运行管理模式与解决措施，为以后的安全平稳运行提供保障。

关键词　阴极保护系统；保护电位；极化；防腐层

1　引言

元坝气田处于四川丘陵地带，属高含硫化氢、二氧化碳特大型海相气田，气层埋藏深，地面集输工艺集输复杂，难度大等问题。针对以上问题，地面集输系统主工艺主要采用改良的全湿气加热保温混输工艺，“抗硫管材+缓蚀剂+阴极保护+智能清管”防腐工艺。从腐蚀防护原理的角度来说，埋地管线的保护最佳方法是通过涂层与阴极保护联合防护，即涂层作为防护工程的主体，保护埋地管道的绝大部分，而阴极保护系统针对涂层缺陷处的暴露金属提供集中保护

阴极保护系统用于站外埋地管道的强制电流阴极保护。对站外埋地管线在运行的保护状态判断、对保护电位不达标的故障进行总结提炼并最终对阴极保护系统的运行给出合理有效的建议具有很重要的实践指导意义。本文的研究内容包括：对元坝气田阴极保护系统概况进行总结、阴极保护系统现状进行提炼、阴极保护系统运行过程出现的保护电位不达标故障机理解析、解决措施进行优化完善，最终为元坝气田提供切实可行的阴极保护系统运行管理模式与解决措施，为以后的安全平稳运行提供保障。

2　阴极保护系统简介

金属材料腐蚀是由于金属与环境中的氧气和水发生化学反应而导致电子的流失。金属腐蚀根据环境介质可分为大气腐蚀、土壤腐蚀和海水腐蚀，按其性质分类又可分为化学腐蚀和电化学腐蚀。大气腐蚀、土壤腐蚀和海水腐蚀均为电化学腐蚀，其共同特点是腐蚀介质是导电的电解质，能够构成电流回路而形成腐蚀原电池。埋地金属管道的腐蚀主要来自土壤对其外壁的电化学腐蚀，因此最基本的防腐措施是在金属管道表面涂敷电绝缘性良好的外防腐层，以避免金属管道与土壤直接接触，从而切断腐蚀电池的电流回路，达到防腐蚀目的。然而外防腐层在施工现场中无法保证完全不受破坏，因此只采用涂敷外防腐层的方法是不能完全满足金属管道防腐蚀要求的。为使埋地金属管道的电化学腐蚀得到有效控制，目前国际上公认的做法是采用阴极保护和外防腐层联合防护的措施。

2.1　阴极保护方法

阴极保护方法包括外加电流法和牺牲阳极法，两种方法原理相同，只是保护电流来源不同：牺牲阳极法阴极保护电流来源于锌、镁、铝等牺牲阳极；外加电流阴极保护是通过外部电源来改变周围环境的电位，使得需要保护的设备的电位一直处在低于周围环境的状态下，从而成为整个环境中的阴极，这样需要保护的设备就不会因为失去电子而发生腐蚀了。这种强制外加电流的阴极保护系统是由整流电源、阳极地床、参比电极、连接电缆组成的，主要用在大型设备的阴极保护或者土壤电阻率比较高的环境中的设备的阴极保护(图 1，图 2，表 1)。

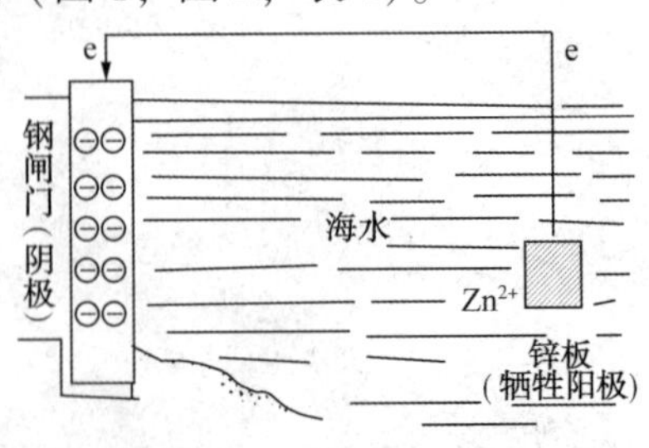

图 1　牺牲阳极阴极保护

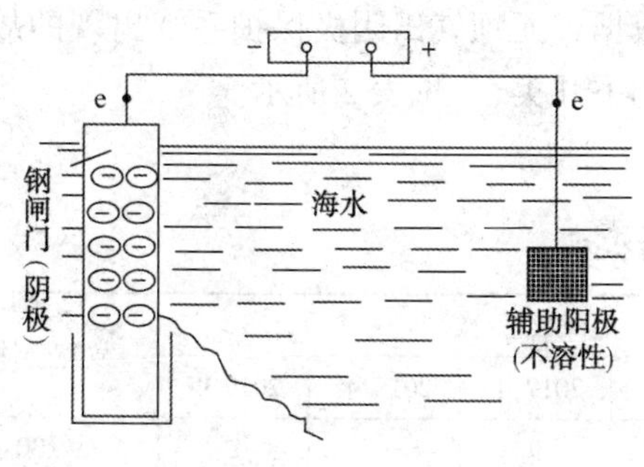

图 2 外加电流阴极保护

表 1 阴极保护原理和特点

阴极保护	原理	特点
牺牲阳极保护阴极	在同一电解质溶液中，不同的金属具有不同的电极电位，活性强的金属电位较低，活性弱的的金属电位较高，活性强的金属失去电子，成为阳极收到腐蚀，活性差的金属得到电子成为阴极受到保护	不需外加电源，保护范围小，保护参数不可调。测量电位时，需要测量阳极安装处及两组阳极之间的电位
外加电流保护阴极	利用外部电源，将电流通过阳极地床输入到土壤，电流经土壤流动到管道，抵消结构上的腐蚀电流，并从汇流点返回电源设备。由于电流被强制流向管道	应用范围广、需外加电源、维护费用高，保护参数可调。需要测量的点可以很少，可以在汇流点处进行测量

元坝气田站外集输管道采用外加电流的方式进行外防腐。

阴极保护准则：根据国标 GB/T 21448《埋地钢质管道阴极保护技术规范》规定：一般情况下，①管道阴极保护电位(即管/地界面计划电位)应为-850mV 或更负；阴极保护状态下管道的极限保护电位不能比-1200mV 更负。②当第①条准则无法达到时，可采用阴极电位负向偏移至少 100mV 的原则。

2.2 元坝气田阴极保护系统概况

其中因管段沿线多为土方及石方混合段，同沟敷设多条管线，同沟管线距离长，可能导致局部阴极保护效果差，沿管道同沟敷设柔性阳极，确保阴极保护电流的均匀分布，故设置有柔性阳极接线箱。柔性阳极是一种长线型、柔性、电缆式的辅助阳极。其特点是对站外阴保系统干扰小，沿管线敷设，不存在密集管网屏蔽问题，在土壤电阻率较大时依旧能够有效保护管道

采用外加电流法强制电流通过恒电位仪到达阳极地床流入大地通过防腐层破损点进入管道，沿线燃料气管线和酸气管线采用导线跨接，每个站进出站管线跨接，使得整个集输管网阴极保护系统均处于连通状态，恒电位仪对各段管线实行叠加保护。作为阴极保护电源的恒电位仪在恒电位输出的状态下，整流电源自动调节输出电压、电流，使管地电位维持在设定值(图 3)。

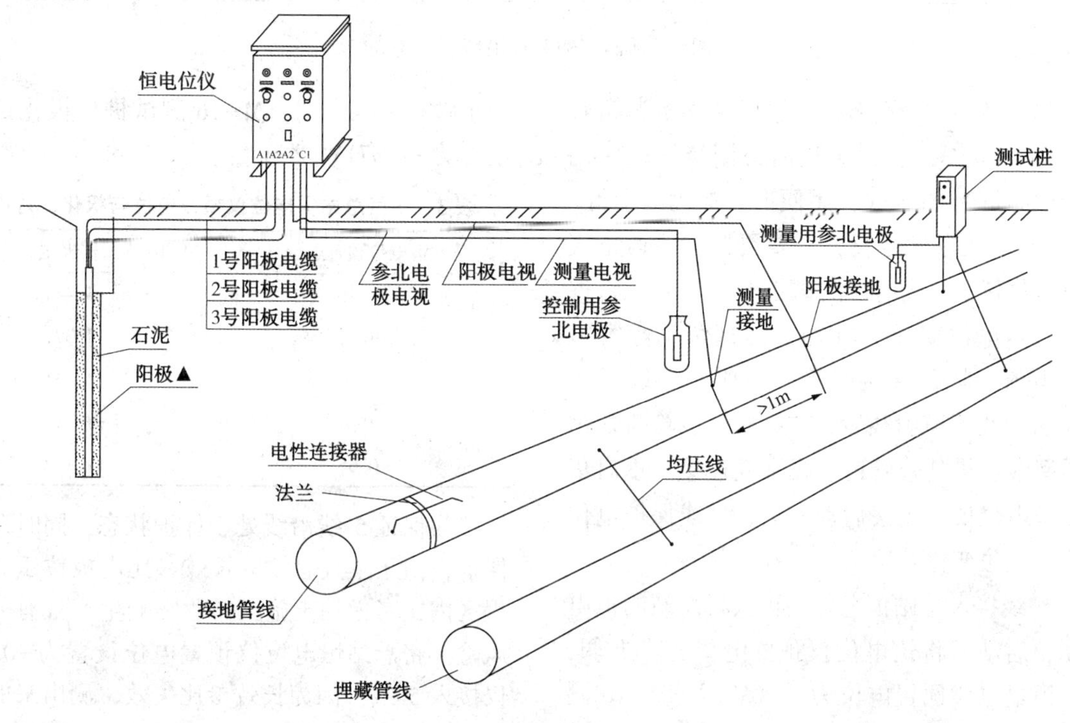

图 3 阴极保护原理图

3 故障分析及处置

阴保系统所有的运行异常表观体现最直接的后果就是保护电位不达标。统计2015年至今的运行数据，元坝气田阴极保护系统出现的故障主要有如下几类,，见表2所示。

表2 阴极保护系统故障分类

故障类型		故障数量/次					故障合计/次
		2015年	2016年	2017年	2018年	2019年	
直接影响类故障	恒电位仪故障	8	2	9	9	2	30
	极化探头故障	0	1	9	7	6	23
	采集仪故障	0	0	0	0	4	4
	电缆、参比、阳极地床故障	2	0	3	5	2	12
附属设施故障	绝缘法兰	0	0	0	0	0	0
	管道防腐层	0	0	0	0	0	0
干扰类故障	外部交流电干扰	0	1	0	0	1	2
	其他工程引起	0	0	0	0	0	0

3.1 长效参比电极故障分析

2019年2月，除去故障测试桩外，5#线保护电位整体偏负，而目前该线路上仅集气总站恒电位仪运行(图4)。

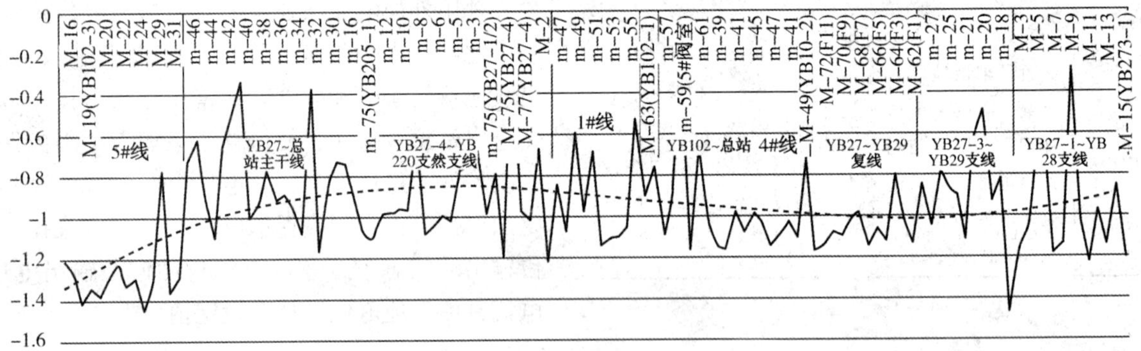

图4 地面集输系统沿线保护电位

停集气总站恒电位仪，在总站机柜处测量管地电位为-0.43V，总站流程内跨接接线箱中用长效参比测量为-0.47V，用便携式参比测量得-0.74V，故长效参比老化，需要更换。停运集气总站恒电位仪。5#线沿线测试桩电位理论上将逐步趋向自然电位变化，24小时后即可消除管道上极化电流，将跨接接线箱中将所有的线断开后，找到5#线管道引线后，在跨接接线箱断开5#线管道引线，将其余管道引线恢复连接。重启集气总站恒电位仪，观察启动前后，5#线保护电位以及管地电位变化情况。

将5#线接入总站恒电位，再次将总站的恒电位启动，启动后将恒电位仪预置电位逐步上调，当总站恒电位仪预置电位为-1.0V时，M-16测试桩处极化试片的电位为-1.444V，总站预置电位上调至-0.9V时，M-16测试桩处极化试片的电位为-1.371V(表3)。

表3 集气总站恒电位仪预置电位与极化试片电位

总站恒电位预置电位/V	M-16测试桩极化试片电位
-1.0	-1.444
-0.9	-1.371
-0.8	-1.331
-0.7	-1.213
-0.65	-1.172

为保证5#线沿线处于保护状态，同时避免过保护，由于集气总站的长效参比电极位于总站流程区内，考虑动土施工作业影响生产且有一定的风险。将总站恒电位仪预置电位设置为-0.65V，仅接入5#线，因为长效参比失效，测出来的电位比实际电位偏正0.3V左右，所以预置电位显

示-0.65V 时实际预置电位已经是-0.95V。5#线沿线保护电位在-1.0V 左右，均恢复至正常范围内。

元坝气田建设初期，极化探头使用的一体化极化探头（极化试片与参比电极为一个整体），但在2016年底发现由于施工验收不到位，极化探头未浸泡或者未拆包装袋，导致测量数值不准，管道未得到较好的阴极保护监测，于是更换为参比管极化探头。参比管极化探头由自腐蚀试片、极化试片、参比电极，还有导线组成。更换后，极化探头目前未出现故障。

极化探头是把参比电极和填充介质封闭在绝缘外壳内，被测试片与绝缘外壳适当连接，试片外表面不被绝缘外壳包封而接触探头外部环境，内表面与探头内部绝缘。参比电极只通过探头底部多孔塞子渗透膜上的小孔与外界构成测量通路，参比电极与试片尽量接近，试片用和管道相同的材质制作(图5)。

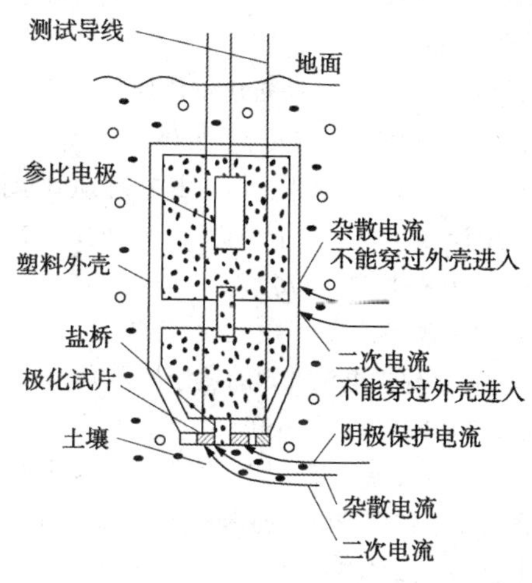

图5 极化探头法

3.2 恒电位仪故障分析

元坝气田自投运以来，恒电位仪故障为最频繁，天然气集输管道共出现这类故障14次，出现次数最多。这类故障出现较频繁，遇到较复杂的故障，公司组织恒电位仪厂家协助解决，但常常因为场站员工阴极保护知识欠缺，造成出现故障不能及时上报，导致恒电位仪故障延后处理。

2019年5月，检测出元坝气田地面集输系统3#支线酸气管道的交流干扰电压较高，YB27-3H站内m17阴保测试桩最高交流电压达到了8.9V（不得高于4V），表明该两段管线受到较严重的交流干扰。杂散交流电干扰会导致埋地管道遭受交流外腐蚀，可能危及巡线操作人员和管道周边居民的人身安全。因此需要采取排流措施，降低管道运行风险(图6)。

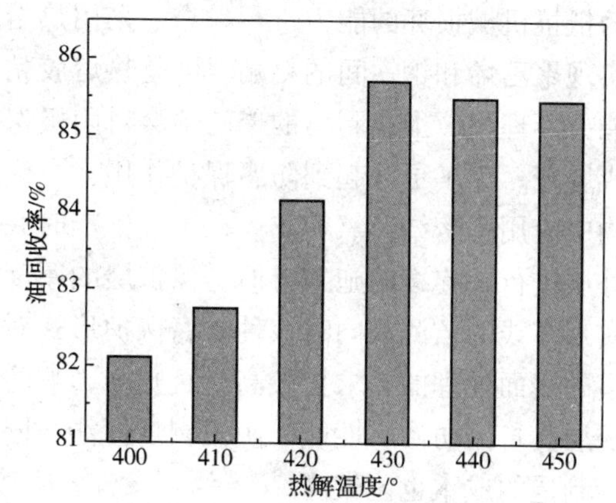

图6 阴极保护测试桩分类

造成此现象原因分析：酸气管道防护层存在破损，电流通过电势高的破损点流入。、距离YB27-3H最近的排流装置：约2.5km远的m19阴保桩排流效果减弱。管道附近高压电线等干扰源干扰强度变大。

3.3 管道防腐层破损故障分析

一旦管道防腐层破损，管道防腐层的质量变化、缺陷情况及周围土壤的环境变化等都有可能引起管道阴保电位的变化，并得到含有IR降的非有效阴极保护电位(图7)。

图7 站外酸气管道内部图

当管道防腐层无缺陷时，管道的自然管地电位较正，各测量点的自然管地电位相差无几，管道周围的土壤介质对管道基体的腐蚀较轻；当防腐层有缺陷时，管道的自然管地电位大幅度负向偏移，管道周围土壤对管道的腐蚀加重。当管道无缺陷时，管道的阴保电位较负，阴保电位处于管道正常的阴保范围-0.85～-1.20V内；一旦有防腐层破损，管道的阴保电位就会大幅度的正向偏移，却随着破损点面积的增大，阴极保护电位越正向偏移。目前元坝采用的3PE防腐保护层把熔结环氧粉末具备的防腐蚀性能和聚乙烯材料具有的抵抗机械损坏的能力进行融合。采用热熔胶来实现聚乙烯和钢铁间的粘贴，但是热熔胶粘结性能并不理想，形成剥离的聚乙烯会对阴极保护形成屏蔽。为了更好起到防腐保护作用，在底层结构中应用了熔结环氧粉末。在工业生产时底层和外层进行了连续的施工，但是保护层的厚度不能实现在线的监测。同时该种防腐保护形式对于管道的表面处理的要求比较高，否则会影响防腐保护层具备的防渗水性能和阴极剥离性能，同时生产制造的成本也比较高。

防腐涂层技术正不断地发展。新型防腐涂层主要有液态聚氨醋防腐涂料(PU)、无机非金属防腐层、纳米改性材料涂层等。

在后续的管道建设和防腐层补口方面，可以采用液态聚氨酯防腐涂料，该涂料能满足任何地质状况、输送条件和环境腐蚀的要求，既能与三层聚乙烯粘结，也能与熔结环氧粉末粘结，施工性能好，不易损伤。

它通常处于液态，2个组分(多元醇化合物、异氯酸醋溶液)混合后全部转化为固体厚膜型涂料，膜厚不小于1.2mm。低温下可以施工，固化时间短，可配成弹性体或刚性体，能与三层聚乙烯配合，与钢管表面粘结性能好，施工简单，易补伤，有韧性，耐磨，抗拖拉，抗机械损伤，抗冲击，化学稳定性好，抗紫外线，寿命可达50年，成本低已经成为目前国际上管道外防腐层修复的主要材料。

4　结论

(1) 本文综合分析了元坝地面集输阴保系统情况，根据阴保电位不达标的现象提出了三种典型的问题类型，同时分析其特征机理，为该气田阴保系统优化改造方案设计和现场实施提供了技术思路和技术措施。

(2) 根据100mV阴极电位负向偏移准则，研究形成了阴保系统设备问题处理技术、杂散电流干扰问题处理技术和管道防腐层破损问题解决办法，并制订出相应的优化方案，满足了阴保系统问题解决，优化改造的需要。

(3) 研究期间在元坝气田实施了25次现场试验，成功率100%，获得了一定故障判断和处理经验，针对其他酸性气田的阴保专业问题，同样具备参考价值，应用前景广阔。

参考文献

[1] 任增珺．日东管道杂散电流干扰检测与防护[J]．油气储运，2015，34(01)：111-114.

[2] 郭明．阴极保护技术的研究与应用4结论[D]．大庆石油大学，2006.

[3] 杨林．庆哈埋地管道阴极保护技术研究[D]．东北石油大学，2012.

[4] 蒋文勇．阴极保护在防重庆钢质埋地天然气管道腐蚀上的运用[D]．重庆大学，2008.

[5] 张永飞，赵书华，李平，等．长输埋地管道阴极保护故障诊断与排除[J]．腐蚀与防护，2014，35(11)：1168-1172+1176.

[6] 杜晨阳，曹备，吴荫顺．交流电干扰下-850mV(CSE)阴极保护电位准则的适用性研究[J]．腐蚀与防护，2009，30(9)：659.

[7] 李自力，王太源，郝红娜，等．土壤含水率和氯离子含量对最佳保护电位的影响[J]．腐蚀科学与防护技术，2012，24(3)：1-2.

[8] 冯斌．交流干扰对埋地管道阴极保护性能影响研究[D]．西安：西安石油大学，2013：2-9.

杂散电流导致油田管道快速腐蚀泄漏案例分析

徐华天

（中国石油管道科技研究中心）

摘　要　杂散电流干扰会导致埋地管道快速腐蚀泄漏，埋地管道的直流杂散电流干扰主要来自于其附近的直流电气化铁路系统、直流电焊机等电力传输系统或某些工业电气设备。某油田采油井几条外输管道频繁腐蚀泄漏，经过管道材质分析、土壤腐蚀性分析和杂散电流干扰分析，最终确定是由采油井配电箱漏电形成的直流杂散电流干扰导致管道的快速腐蚀。

关键词　管道；杂散电流；快速腐蚀；腐蚀分析

1　前言

某公司采油井外输管道自 2016 年建成投运以后，多条管道多次腐蚀泄漏，泄漏时间和泄漏频率远远超过了正常的腐蚀速率[1]，先后采取了更换管道、管道材质分析[2]和管道外检测[3]等手段，但均未解决问题，并且更换的新管道在 5 个月内又腐蚀穿孔，给公司安全稳定运行带来很大困扰。经现场勘查，确定问题原因是采油井配电向箱漏电形成的杂散电流干扰加速了管道的腐蚀穿孔，经过对配电箱内的电路整改，电流对管道的干扰问题解除，至今该条管道未再次出现外腐蚀穿孔问题。

采油井配电箱漏电造成管道快速腐蚀泄漏，属于典型的直流杂散电流干扰腐蚀[4]。所谓杂散电流是指离开了指定导体而在不应有电流的导电介质中流动的电流。杂散电流通过土壤流入或者流出管道，会使管道与土壤之间产生电解反应，尤其是在电流流出管道的位置，会造成管道的快速腐蚀穿孔[5]。

2　管道腐蚀形貌

（1）更换前管道腐蚀形貌

采油井外输管道规格为 $\phi76\times4.5$mm，材质 20#钢，输送介质为含水油，含水 5.6%，介质含硫。运行温度 20℃，运行压力 1.2MPa，该管线 2016 年 5 月投运，在 2017 年 7 月出现管线穿孔失效现象，运行时间为 14 个月。现场描述为防腐层多处破损并且管体出现严重外腐蚀，如图 1 所示。

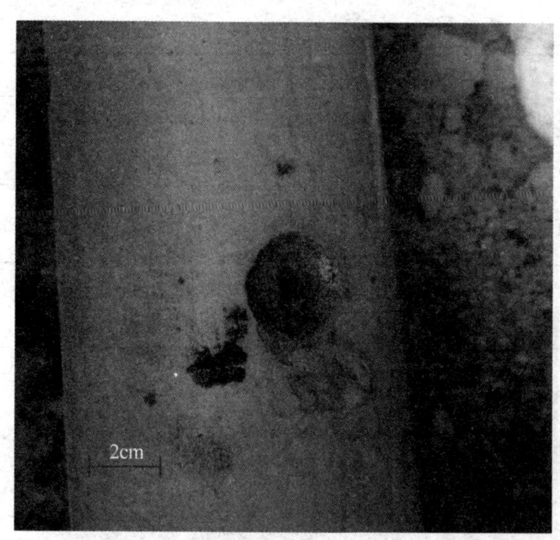

图 1　更换前管道腐蚀形貌

（2）更换后管道腐蚀形貌

为了保证这条管道安全运行，2017 年 8 月，业主将腐蚀最严重的 30m 管段整体更换，但是腐蚀泄漏并没有停止，仅仅又过了 5 个月，新更换的管道又再次腐蚀穿孔。新更换管道的腐蚀形貌如图 2 所示。

图 2　新更换 5 个月的管道的腐蚀形貌

3　腐蚀原因分析

3.1　管道材质调查

金属材料中存在缺陷、杂质和溶质等不均一性，容易导致金属快速腐蚀[6]，在本案例中，在不了解杂散电流干扰会导致金属快速腐蚀的情况下，首先想到了分析金属的金相组织和合金成分是否满足材料设计规范。

（1）管道化学成分分析

从失效管件管体取样，依据 GB/T 4336—2016 标准[7]，采用 ARL 4460 直读光谱仪，进行化学成分检测及分析，分析结果见表 1。失效管件化学成分符合 20#钢材料要求。

表 1　化学成分分析结果（wt%）

编号	C	Si	Mn	P	S	Cr	Ni	Cu
20#	0. 21	0. 19	0. 37	0. 013	<0. 008	<0. 1	0. 044	0. 031
GB/T 699-2015	0. 17~0. 23	0. 17~0. 37	0. 35~0. 65	≤0. 035	≤0. 035	≤0. 25	≤0. 30	≤0. 25

（2）金相组织分析

从穿孔处附近和未失效处分别取样，依据 GB/T 13298—2015[8] 和 GB/T 6394—2017[9] 标准，采用 MEF4M 金相显微镜及图像分析系统进行金相组织观察和分析，分析结果见表 2。分析结果显示失效样品金相组织为铁素体+珠光体，失效处未见明显组织异常，如图 3~图 5 所示。

表 2　金相组织分析结果

编号	组织	晶粒度	截面分析
样品 1 穿孔处纵向	F+P	9. 0 级	穿孔处及外表面腐蚀坑周围组织未见异常
样品 2 穿孔处横向	F+P	9. 0 级	壁厚减薄处及外表面腐蚀坑周围组织未见异常
样品 3 变形处纵向	F+P	9. 0 级	外表面有腐蚀坑，腐蚀坑内填满腐蚀产物，腐蚀坑周围组织未见异常
样品 4 变形处横向	F+P	9. 0 级	

样品1

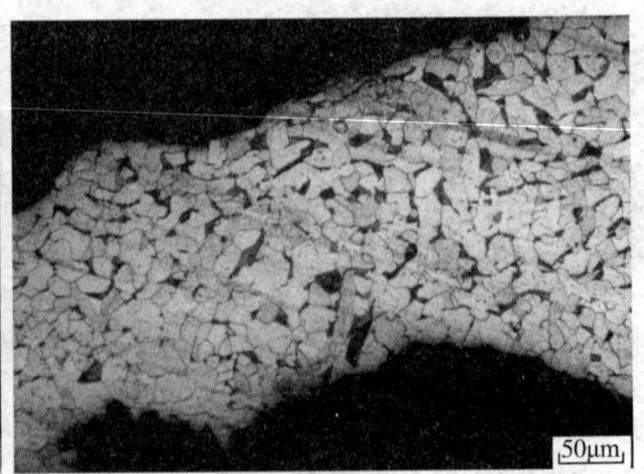

样品2

图 3　穿孔处腐蚀及金相组织形貌（200×）

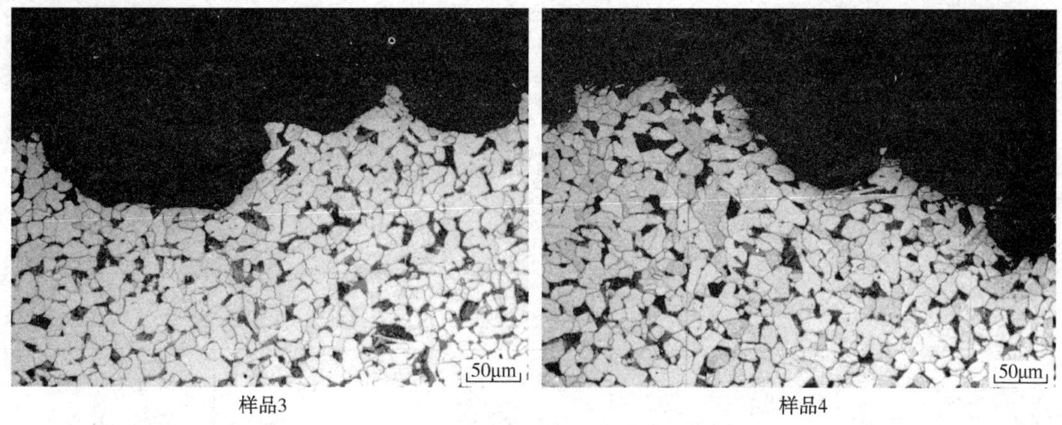

图 4　变形处外表面腐蚀坑周围金相组织形貌(200×)

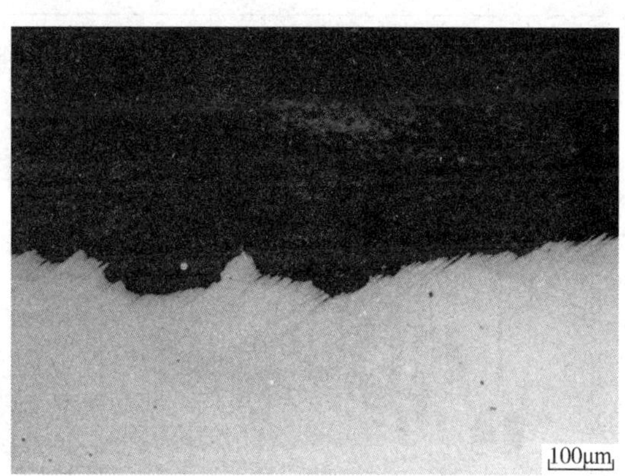

图 5　变形处外表面腐蚀形貌(200×)

(3) 微观形貌及能谱分析

从穿孔处及腐蚀坑处取样进行微观形貌分析及能谱分析，微观形貌结果见图 6。微观形貌观察穿孔处及腐蚀坑处均附着有较厚的腐蚀产物。

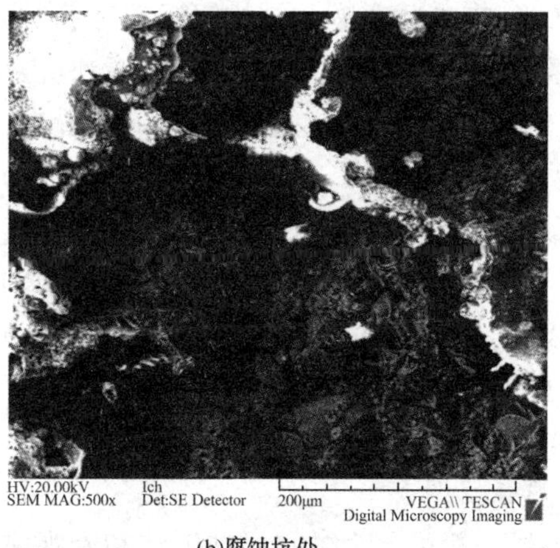

图 6　微观形貌(500×)

能谱分析如图 7 所示，从能谱分析结果看出，腐蚀产物主要包含 Fe、O 和 Cl 三种元素，其中 Cl 元素含量仅为 5.59%，排除氯离子点蚀的可能性，由此可以判定管体表面的腐蚀主要是氧腐蚀。

(4) 腐蚀产物 XRD 分析

从腐蚀坑处刮取腐蚀产物进行 XRD 分析，分析结果见图 8，腐蚀产物主要是铁的氧化产物 Fe_2O_3，进一步说明了管体腐蚀主要是氧腐蚀。

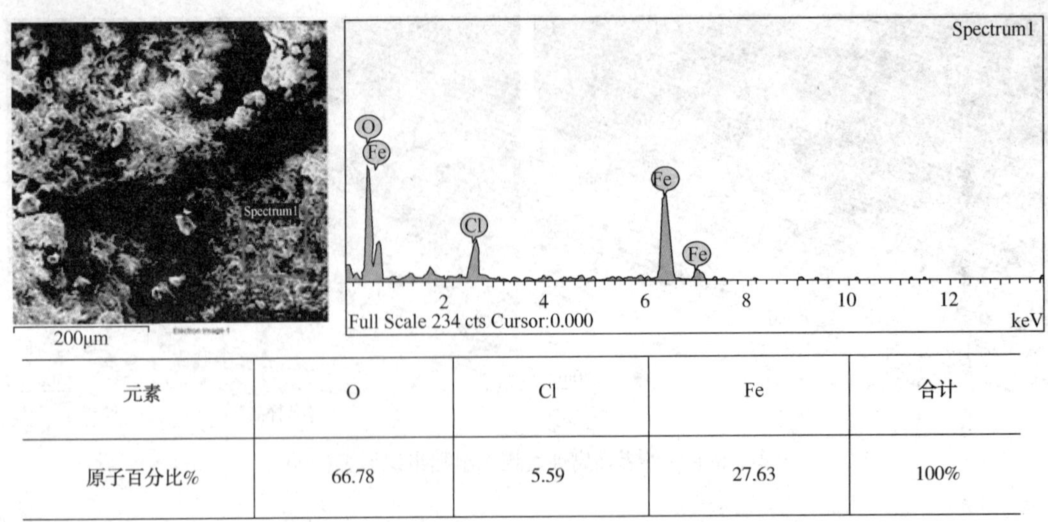

元素	O	Cl	Fe	合计
原子百分比%	66.78	5.59	27.63	100%

图 7　腐蚀穿孔处附近能谱分析结果

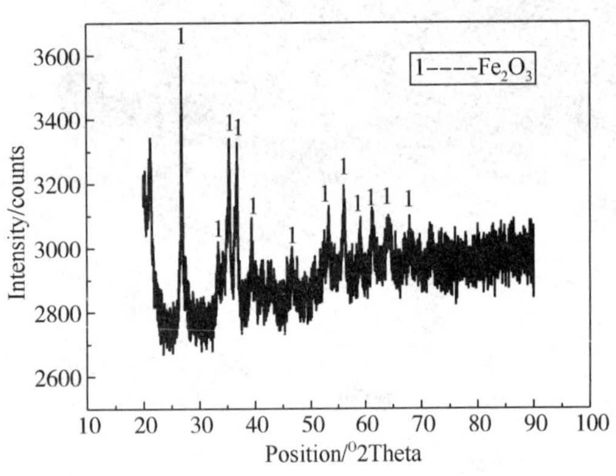

图 8　腐蚀产物 XRD 分析结果

从以上检测结果可以看出，管材化学成分符合 GB/T 699—2015 优质碳素结构钢标准对于20#钢材料的要求。同时，通过宏观形貌、腐蚀坑及穿孔处金相分析、扫描电镜显微分析可以看出，失效样品腐蚀及穿孔起源于管体外表面，是由局部腐蚀导致的最终穿孔失效，涂层破损处均有较厚的腐蚀产物附着。腐蚀产物能谱分析及 XRD 分析结果表明，腐蚀是由氧导致的，腐蚀产物为 Fe_2O_3。因此推断管道快速腐蚀泄漏不是由于管道材质或者金相组织不达标造成的。

3.2　土壤腐蚀性调查

土壤腐蚀一般可分为微观腐蚀电池和宏观腐蚀电池[10]。微观腐蚀电池所形成的腐蚀电池的阳极区和阴极区的尺寸都比较小，无法通过肉眼进行分辩，在金属的表面上分布比较均匀，一般不会造成快速腐蚀；严重的土壤腐蚀都是因为管道形成了宏观腐蚀电池，宏观腐蚀电池的阳极区和阴极区的尺寸都比较大，可以通过肉眼进行分辩。宏观腐蚀类型一般有异金属连接腐蚀、氧浓差腐蚀、盐浓差腐蚀和新旧金属连接腐蚀。经过现场调查，采油井周围环境荒凉，土壤干燥，并没有发现采油井外输管道存在宏观腐蚀类型的情况，于是排除了土壤宏观腐蚀导致管道快速腐蚀的可能性。

土壤酸碱性对土壤腐蚀速率影响也很大[11]，随着土壤 pH 值降低，土壤腐蚀性增加，根据电位-pH 图分析在酸性条件下，氢的极化过程已能顺利进行，加速管道的腐蚀过程。于是对管道泄漏点周围土壤进行取样分析，共取样 4 份，取样点分别是：(A)管道泄漏点处的土壤，(B)泄漏点上层土壤，(C)防腐层损坏处土壤，(D)其他位置土壤。取土壤样品的饱和水溶液，室温下进行 pH 值检测，检测结果分别为：(A)pH = 7.93，(B)pH = 8.62，(C)pH = 8.57，(D)pH = 8.06。土壤呈现弱碱性，土壤腐蚀性很弱，排除土壤酸性快速腐蚀的可能性。

土壤电阻率也是决定钢的腐蚀速率的重要指标，GB/T 21447—2018[12] 按电阻率将土壤腐蚀性划分为强中弱三个等级。土壤电阻率小于 20Ω · m，表明土壤腐蚀性强；土壤电阻率大于 20Ω · m 而小于 50Ω · m 时，表明土壤具有中等腐蚀性；当土壤电阻率大于 50Ω · m 时，表明土壤对管道的腐蚀性弱。本次测试泄漏管道附近深度为 2m 的土壤电阻率为 79Ω · m，土壤为黄土并且含水率低，土壤腐蚀性弱，因此排除土壤导致管道快速腐蚀的可能性。

3.3　杂散电流干扰调查

管道对地电位是指管道与其附近土壤间的电位差，选用的参比电极一般为硫酸铜参比电极。

管道对地电位的变化能够反映出管道遭受杂散电流腐蚀情况以及腐蚀的程度[13]。在没有施加阴极保护时，结构物对地电位为其自然腐蚀电位，若在杂散电流干扰下结构物对地电位较自然腐蚀电位偏负，则说明该处为电流流入点，管道腐蚀得到抑制；反之则为电流流出点，管道发生腐蚀，电位正向偏移量越大，腐蚀越严重。

现场使用万用表与硫酸铜参比电极(CSE)对采油井平台、外输管道及供电电线杆接地的直流和交流电压进行了测量，测试得到的管道最大直流干扰电压和回流点最负直流电位值如图9所示。

(a)管道受干扰电位+53V

(b)电线杆接地极电位-24V

图9　杂散电流导致的干扰回路的阴极和阳极电位数值

通过电位测试发现整个采油井及外输管道等金属结构物电位都在+1.5V(CSE)以上，而钢的自然电位为-0.60V(CSE)，根据GB/T 50991-2014中规定，对于没有实施阴极保护的管道，直流干扰强度宜采用管地电位相对于自然电位的偏移值进行判断，当管道任意点上的管地电位相对于自然电位正向偏移大于或等于100mV时，直流杂散电流干扰强，应及时采取干扰防护措施。因此，本案例中采油外输管道受到了强烈的直流干扰。由于电流流入和流出金属结构物的不同位置时，金属结构物的电位差异很大，由此带来的腐蚀速率也不同。金属结构物的相对位置及电位分布关系如图10所示。经过现场查找干扰源，初步确定是采油井配电柜漏电导致管道受到严重的电干扰腐蚀。

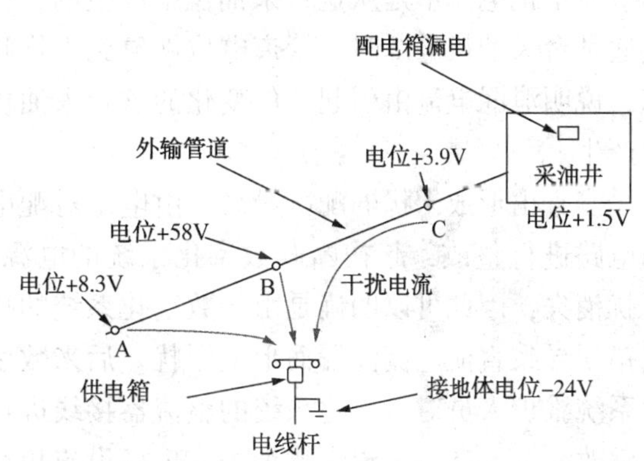

图10　采油井金属设施相对位置及电位分布情况

由图10的示意图及现场采集数据可以得到：

(1) 采油井区的配电箱中的数字化系统由于接线错误，导致配电箱漏电，由于配电箱与采油平台的所有金属都电连接，所以漏出的电流从整个采油井的金属结构物中流出，导致采油井的金属结构物电位正向偏移。泄漏的电流通过土壤，最终经由给采油井供电的电线杆的接地体回流到供电箱中，由于是电流流入接地体，导致接地体电位负向偏移。

(2) 杂散电流总是寻找电阻最小的路径，从图中可以看出，由于采油外输管道距离电线杆的垂直距离最近只有15m，所以大量的电流从管道上的“B”位置流出，导致此处管道电位达到+53V(CSE)，属于强直流干扰，电流流出管道，根据电化学理论，金属会快速腐蚀，导致管道5个月就腐蚀穿孔。

(3) 杂散电流电流不会凭空产生，也不会凭空消失。流出采油井的电流最终都回到了距离采油井不远的电线杆上的配电箱中，形成了整个电流回路。因此电线杆的接地体属于电流流入端，现场测得电线杆接地体电位达到-24V(CSE)，属于直流负干扰，这种情况会电解水会生成氢气和氢氧化物，氢氧化物遇到空气中的二氧化碳和土壤中的钙，形成白色的碳酸盐粉末，现场观察到大量的白色的碳酸盐粉末存在于电线杆下方，如图 9(b) 中参比电极的放置位置就有很多白色粉末。

4　杂散电流干扰解决方法

4.1　查找干扰源

观察采油井周围环境，没有直流电气化铁路、直流电焊机等设施，仅有 220V 的交流供电系统，进一步调查发现，在采油井配电箱中安装有数字化信息采集系统，用于采集现场视频影像与管道压力等信息，这套系统将交流电流转换成直流然后给数字化系统供电。为了查明电流泄漏源，采用了以下所述的方法：

(1) 关闭所有采油机的电源，干扰电流消失，体现在管道电位恢复到了-0.60V(CSE)的自然腐蚀电位。

(2) 逐台开启采油机，观察管道电位变化。若接通某台采油机电源时，管道电位无变化，说明直流干扰电流不是从这台采油机中产生的；若接通某台采油机电源时，管道电位恢复到干扰状态，说明泄漏电流由引起电位变化的这台采油机中产生。

当查出形成干扰的配电箱后，由电工对配电箱电路进行整改，起初断开数字化系统的电源，干扰消失，因此可以明确是由于数字化系统的接线错误导致直流电流泄漏而形成干扰。后来数字化系统维护人员对数字化系统的整流器接线进行了整改，直流杂散电流干扰消失。现场设施相对位置如图 11 所示。

图 11　现场设施的具体位置

4.2　消除干扰后效果评价

当数字化电路工程师将数字化系统整流器电路重新整改后，直流杂散电流消失，整个采油井区的金属结构物电位恢复到金属自然电位状态，说明不再受到杂散电流干扰。为了排除其他干扰源可能引起的干扰，以及防止干扰情况间断再次出现，我们对受干扰严重的采油外输管道进行了持续 24h 的电位监测，监测结果如图 12 所示。

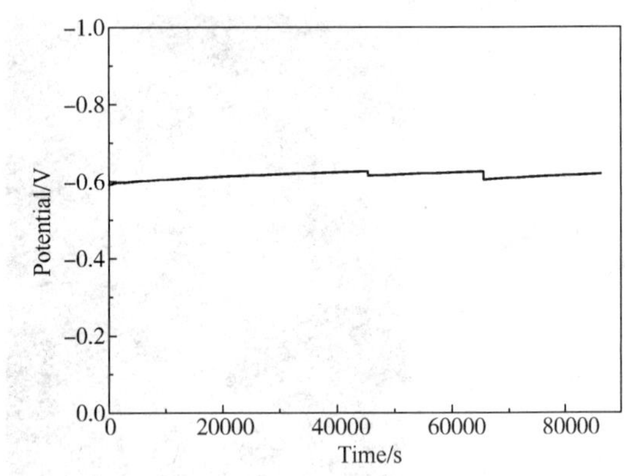

图 12　采油外输管道 24h 电位监测值

图 12 中，横坐标表示时间，纵坐标表示电位，自动记录仪每秒采集一个电位值，可以看出采油外输管道电位在连续监测的 24h 中没有发生明显变化，管道电位始终维持在钢的自然腐蚀电位-0.60V(CSE)左右。说明管道不受直流杂散电流干扰。

5　结论与启示

通过本案例分析得到以下四条结论与启示：

(1) 对于与管道连接的电器设备，如果发现零线带电，即使系统正常运行，也应该进行结构物对地电位测试，评价是否有杂散电流干扰，否则会造成金属结构物快速腐蚀。

(2) 土壤中自然腐蚀状态下的管道，一般不会短时间内就形成外腐蚀穿孔。如果遇到管道短时间内就外腐蚀穿孔的情况，应该优先测试其是否存在杂散电流干扰腐蚀，不应该首先进行管道材质分析和土壤腐蚀性分析。

(3) 本案例的强直流干扰进一步表明目前比较热门的高压直流干扰对管道腐蚀危害研究具有重要意义，正的直流干扰电位肯定会对管道造成快速腐蚀，并且导致防腐层破损，腐蚀坑比较圆滑；负的直流干扰电位会在管道周围形成白色的阴极产物碳酸盐，严重破坏管道防腐层。

(4) 在日常管理过程中，应该定期测试金属结构物对土壤的电位，若测得金属结构物电位明显正向偏离自然电位的情况，应立即排查原因，避免结构物被快速腐蚀。

参 考 文 献

[1] 路民旭，白真权，赵新伟，等．油气采集储运中的腐蚀现状及典型案例[J]．腐蚀与防护，2002，23(3)：105-113.

[2] GB/T 699，优质碳素结构钢[S]．北京：中华人民共和国国家质量监督检验检疫总局，2015.

[3] 陶文金，杨志炜，吴秀全，等．油气田老管道外腐蚀综合检测及评价方法[J]，腐蚀科学与防护技术，2017(2)：188-194.

[4] W V 贝克曼，W 施文克．阴极保护手册[M]．胡士信，王向农译．北京：化学工业出版社，2005：11-63.

[5] 曹阿林，埋地金属管线的杂散电流腐蚀防护研究，2010，重庆大学．

[6] 柳金海．管道防腐蚀工程便携手册[M]．北京：机械工业出版社，2008.

[7] GB/T 4336，碳素钢和中低合金钢多元素含量的测定火花放电原子发射光谱法(常规法)[S]．北京：中华人民共和国国家质量监督检验检疫总局，2016.

[8] GB/T 13298，金属显微组织检验方法[S]．北京：中华人民共和国国家质量监督检验检疫总局，2015.

[9] GB/T 6394，金属平均晶粒度测定方法[S]．北京：中华人民共和国国家质量监督检验检疫总局，2017.

[10] AW 皮博迪．管线腐蚀控制[M]．吴建华，许立坤译．北京：化学工业出版社，2004：21-162.

[11] NACE International. CP 3-Cathodic Protection Technologist Course Manual [M]. America：NACE International，2005：P(4：8).

[12] GB/T 21447，钢质管道外腐蚀控制规范[S]．北京：中华人民共和国国家质量监督检验检疫总局，2018.

[13] GB/T 50991，埋地钢质管道直流干扰防护技术标准[S]．北京：中华人民共和国国家质量监督检验检疫总局，2014.

长庆油田管道完整性管理研究与实践

王　蕊　朱国承　周子栋　张　平　童　炜　庞永莉

（西安长庆科技工程有限责任公司）

摘　要　本文介绍了长庆油田管道系统特点及与之对应的完整性体系，重点论述了完整性管理关键技术，包括完整性管理评价技术、区域风险评估模型、小口径集输管道内防腐工艺及检测评价技术、完整性管理空天地一体化智能技术、清水试压技术、信息平台等，通过试点实践，区域内管道失效率下降78.6%，投入产出比1∶4.5，显著提升了管道完整性管理水平，保障了管道的安全平稳运行。以上研究成果及应用不但为长庆油田管道完整性管理提供了有力的技术保障，也为其他油田公司管道完整性管理提供了参考。

关键词　长庆油田；管道；完整性；风险评价；管道检测

随着我国油气行业的发展，油气集输管道建设速度加快，长度不断增加，形成了"横穿南北、纵贯东西"的油气管网，但是由于管道腐蚀、自然灾害、第三方破坏等原因，导致管道产生不同程度的缺陷，影响管道的安全运行，进而造成人员伤亡、环境污染、经济损失等严重后果[1]。目前国内外管道公司普遍采用"管道完整性管理理念"开展系统性的管道安全管理，效果显著[2]。因此开展管道完整性管理及技术应用研究，掌握管道的完整性状态，对确保其安全运行有重要的现实意义。

1　长庆油田管道系统特点

目前，长庆油田建成各类管道共6.2×10^4km，服役五年以上管道占比52%，服役十年以上管道占比18.0%，局部管道存在超龄服役。长庆油田集输管道呈现以下五个方面的特点：

（1）长庆油田油气管道数量多、规格杂、输送介质差异明显；

（2）管道所在区域跨度大，分布零散；

（3）油区地处黄土高原湿陷性土壤，地质灾害频发，风险防控难度大；

（4）区域内河流、水库、水源保护区、自然保护区多，环保风险高；

（5）油田早期建设标准低，内防腐配套不到位，采出液腐蚀性强，内腐蚀失效风险大。

这对开展管道完整性管理造成了极大的困难和挑战。为确保管道完整性管理各项工作实施顺利，长庆油田按照《中国石油天然气股份有限公司油气田管道和站场完整性管理规定》工作要求[3]，结合自身特点，精心组织完整性管理试点工程，以点带面，不断探索和改进管道完整性管理体系和实施模式。

2　完整性管理体系建设

管道完整性管理[1]是以管道安全、设施完整性和可靠性为目标并持续改进的系统管理体系，其内容涉及管道设计、施工、运行、监控、维护的全过程，并贯穿管道的整个生命周期，通过对管道进行完整性检测、评估与修复管理，可以充分了解管道的安全状况与关键风险源，从而采取相应的管理办法和预防措施，将事故后整治和抢修变为事前诊断和预防，不断改进和提高管道的完整性，达到保障管道安全经济运行的目的。管道完整性管理技术的实施，需要系统、有效、可行的标准体系来支撑[4-5]，因此长庆油田进行了完整性管理体系建设。

2.1　"五步循环"工作流程

长庆油田完整性管理"五步循环"工作流程如下：

（1）数据采集：结合管道竣工资料和历史数据恢复，开展数据采集、整理和分析工作。

（2）高后果区识别和风险评价：综合考虑周边安全、环境及生产影响等因素，进行高后果区识别，开展风险评价，明确管理重点。

（3）检测评价：通过实施管道检测或数据分析，评价管道状态，提出风险减缓方案。

（4）维修维护：依据风险减缓方案，采取有针对性的维修与维护措施。

（5）效能评价：通过效能评价，考察完整性管理工作的有效性。

2.2　完整性管理工作体系

长庆油田从组织机构、文件体系、标准体系、管理平台这四个方面开展了完整性管理工作。文件体系主要包括二级文件 12 项、三级文件 46 项、相关制度 10 项。长庆油田编制完整性管理企业标准两项，新编集输管道内外腐蚀修复、压力试验、效能评价研究 3 项技术标准，规范在线挤涂内防腐施工工艺。

组织机构以“业务指导、分级管理、协同配合”为原则，明确了业务部门、技术支撑及各二级单位分工职责。其中，厂级单位完整性管理工作组织按照“责任落实、分工明确、监管到位”的原则，成立工作小组，落实到专人专岗，其组织示意图如图 1 所示。

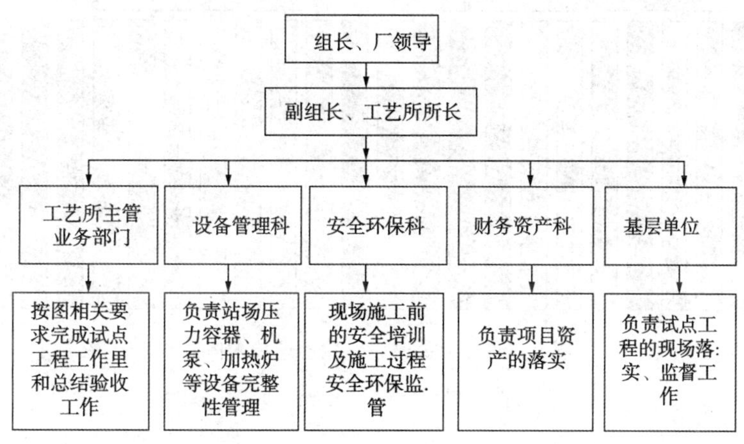

图 1　厂级工程组织示意图

长庆油田建成覆盖管道全周期的“领导责任、建设标准、运行监控、隐患防控、综合保障、评价考核、事故追责”七大体系，纳入油田公司 HSE 体系文件，作为各单位管道业务管理准则。同时明确了从管道规划、设计、建设、使用、检测、停用及报废全生命周期的管理，管道完整性管控体系如图 2 所示。

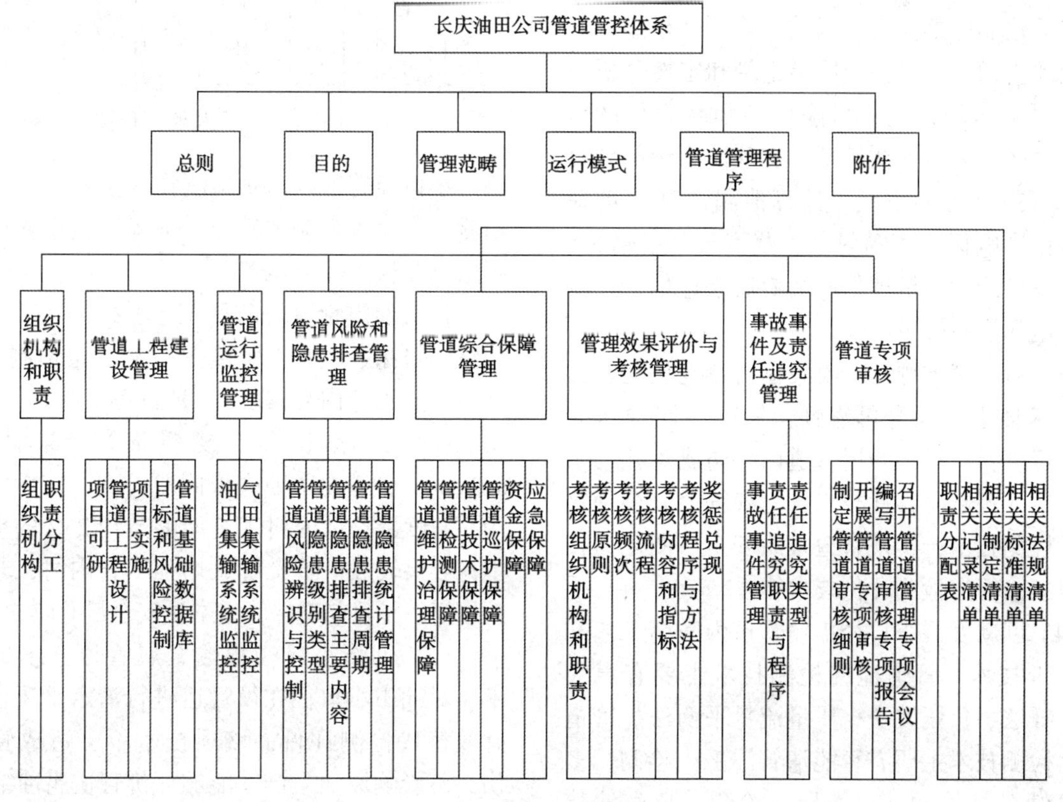

图 2　长庆油田完整性管控体系

3　管道完整性管理关键技术

长庆油田结合自身特点，对管道完整性管理的相关技术进行了研究，初步形成了长庆完整性管理特色技术体系，并提出了9项管道完整性管理技术。

3.1　完整性管理技术体系

长庆油田管道完整性管理技术体系如图3所示，共有技术6类6层次31项。

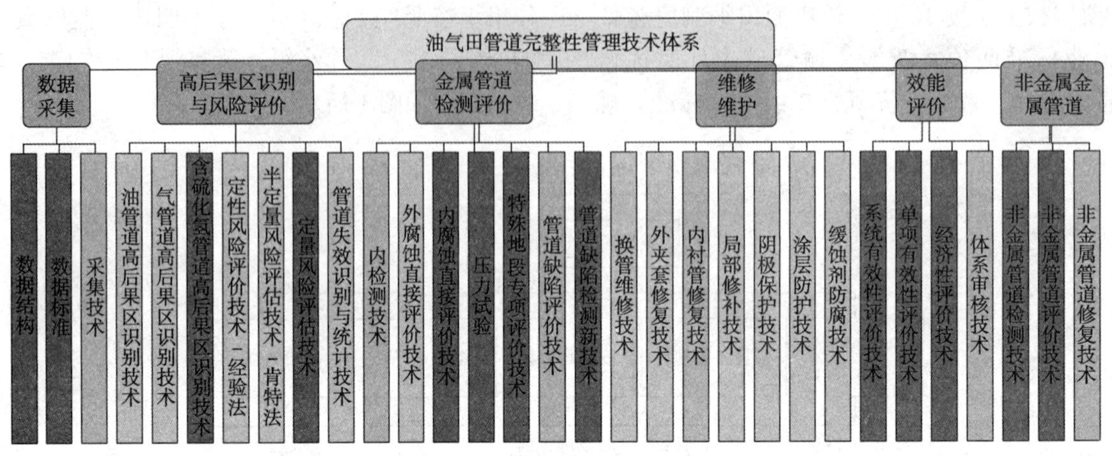

图3　油气田管道完整性管理技术体系

3.2　完整性管理关键技术

（1）研究“两高三全”安全环保完整性管理评价技术：按照不同油气区环境分类分级原则开展管道高后果分析识别，一线一方案，建立高后果区分析（HCAs）和肯特打分法，从规划阶段就开展高后果地段风险评价，加强管道安全设计，确保本质安全。

（2）建立完整性管理区域风险评估模型，开展效能评价预警技术：应用半定量和定性分析方法选择风险区域，进行风险识别和高后果区识别，建立区域风险评估模型，实现模型预测和直接评价有效结合的方法，计算泄漏量和流动速率、潜在影响区、热辐射区、蒸汽云的扩散区，进行失效可能性分析评估和失效后果评估，预测其他管道和设备失效风险[6-7]。

（3）研究黄土塬和沙漠集输管道建设完整性管理技术体系，提升可靠性：针对不同输送介质，进行管材选择，开展管道内外防腐工艺、水工保护、穿跨越可靠性技术，完善管道安全预警与泄漏检测技术，实现管道本质安全。图4为长庆油田集输管道检测评价技术体系。

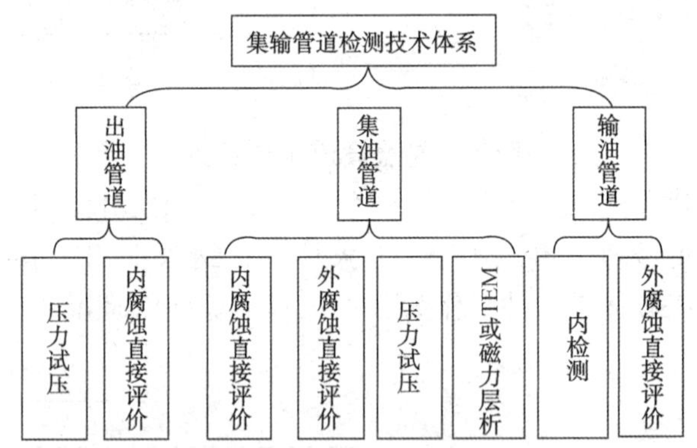

图4　长庆油田管道检测评价技术体系

（4）创新发展小口径集输管道内防腐工艺和检测评价技术：管道泄漏检测技术主要有声波法、光纤法、负压波法、质量流量平衡法。管道本体内检测技术主要有智能清管漏磁内检测、多相流腐蚀模拟检测、超声导波检测、超声波检测、C扫描检测、瞬变电磁检测、磁力层析检测。小口径管道内防腐检测技术主要有电磁涡流检测、微泄露智能球检测、全程视频检测和内防腐层测厚检测[8-9]。

长庆油田管道内防腐工艺技术目前形成“在线整体挤涂+专用金属接头、工厂化预制+现场补口、聚乙烯内衬修复”三种特色工艺。

在线挤涂工艺已规模推广，累计应用8200km，管道内腐蚀失效问题得到一定缓解。运用高密度聚乙烯内衬工艺能够节约25%的更新成本，效果较好。HCC纤维增强复合内衬工艺实施效果好，是目前确保管道本质安全最有效的手段。

（5）创新小口径集输金属管道清水试压技术：对油田小口径在役管道进行清水试压，能够有效替代检测评价，该项技术不会造成管道损伤，不影响原油生产，能够评价管道腐蚀结果。

（6）开展完整性管理空天地一体化智能技术研究：开展无人机巡线、巡井试验，全方位对管线、电力线、油气水井进行排查[10]。

(7) 航天航空摄影测绘，三维激光扫描技术深化实践：利用卫星、航空、无人机等获取地表的地物、地貌和设备信息，为油气田完整性数据库提供丰富、多元、高效的地理空间信息服务。

(8) 推进完整性管理信息平台试点，为智慧化油田建设做好衔接：长庆油田根据现有信息系统，建立了油气田管道和站场完整性管理基础信息数据表单和字典，服务长庆油气田管道与站场完整性管理 9 大功能模块数据库[11]。管道完整性管理信息系统主要功能模块如图 5 所示。

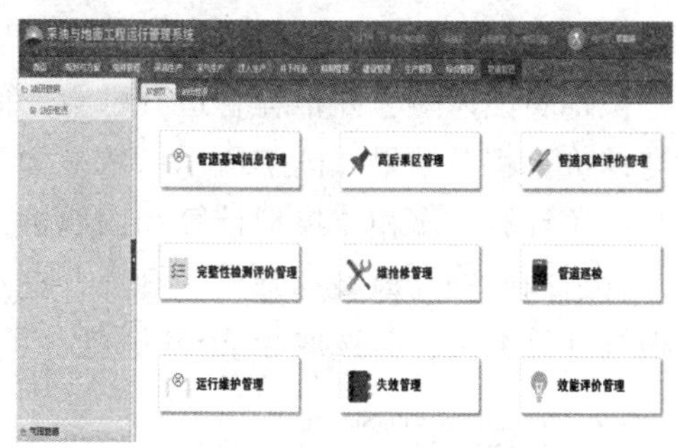

图 5　管道完整性管理信息系统主要功能模块

(9) 探索地质灾害监测技术，提高完整性安全预警技术：数字化地质灾害检测技术，联合监测方法包括管道当前应力检测、管道实时应力监测和黄土滑坡地表变形监测三部分内容，建立数值模拟安全评价地质灾害的稳定性、易损性、危险性。

4　试点实践及成果

针对部分管道服役时间长、管道腐蚀严重、途径水库河流等敏感区的集输系统，长庆油田开展了区域完整性管理试点工程，涵盖了出油、集油和输油管道 476 条 1003km，逐步深化管道完整性管理认识，取得了显著成效。

4.1　管道完整性管理试点

选取某采油厂试点工程进行分析，实施过程如下：

(1) 数据采集

根据表 1 列出的管道基础信息数据对该厂 16 条管道基础数据进行采集，为后期管道风险评价提供依据。

表 1　数据采集的管道基础信息数据表单

序号	项目	资料明细
1	基本情况	建设时间、管径、壁厚、长度、下游站点
2	运行参数	输送液量、介质含水率、外输压力、温度
3	外腐蚀情况	防腐层类型、是否开展埋地检测、防腐层质量、是否开展修复、外腐蚀失效记录
4	内腐蚀情况	H_2S 含量、CO_2 含量、硫酸盐还原菌、矿化度、有无内腐蚀防护、内腐蚀失效记录
5	第三方破坏	埋深、沿线内有无占压、地区类型、管道保护宣传教育、管线有无标注桩、巡线频率、第三方破坏记录
6	地质灾害	是否穿越或临近水域、水工保护设施、沿线有无塌方或滑坡、有无自然灾害的失效
7	历史数据	在役管线破漏情况、换管前管线破漏情况、试压情况

(2) 高后果区识别和风险评价

① 高后果区识别

按照“全流程、全区域、全生命周期”的三全管理思路，并根据采集的管道基础信息进行高后果区识别，识别结果如表 2 所示。

表 2　管道高后果区识别结果

管道分类	总数量		Ⅰ级		Ⅱ级		Ⅲ级		合计	
项目	数量/条	长度/km	长度/km	占比/%	长度/km	占比/%	长度/km	占比/%	长度/km	占比/%
输油管线	1	13	0.1	0.77	/	/	0.5	3.85	0.6	4.62
集油管线	9	54.3	3.5	6.45	/	/	4.9	9.02	8.4	15.47
出油管线	6	6.5	1.2	18.46	/	/	1.5	23.08	2.7	41.54
合计	16	73.8	4.8	6.50	/	/	6.9	9.35	11.7	15.85

结果表明，16 条管道中，高后果区管段共计 11.7km，占比 15.85%，其中Ⅰ级风险管段共计 4.8km，占总数的 6.5%；因Ⅱ级定义为管道两侧各 200m 内有湿地、森林、河口等国家自然

保护地区，识别结果为无；Ⅲ级风险管段共计6.9km，占总数的9.35%。

② 风险评价

结合《油气田管道和站场完整性管理规定》，油田集输管线的风险类别来进行风险评价，共计6类48项，一级项目为外腐蚀、内腐蚀、制造与施工缺陷、第三方破坏、误操作、地质灾害。每项100分，分值越高危险程度越大，最终取权重加和，风险项目类别如表3所示。

结合风险失效后果，根据公式 $R=P\times C$，采用矩阵法对风险进行分类识别，最后应用区域风险评价方法对区域内管道开展风险评估。最终确定：低等风险4条，中等风险12条，无高风险管道。考虑内腐蚀直接评价(ICDA)技术不适用于内防腐管线，因此选择8条16.6km管线开展ICDA研究。其余管线穿跨越部分进行超声导波检测。

(3) 检测评价

管道内腐蚀直接评价技术，分4个部分展开，具体流程及内容如图6所示。其中，预评价已在第一步数据采集中开展，分析得到，可以利用ICDA技术对管道开展完整性检测。

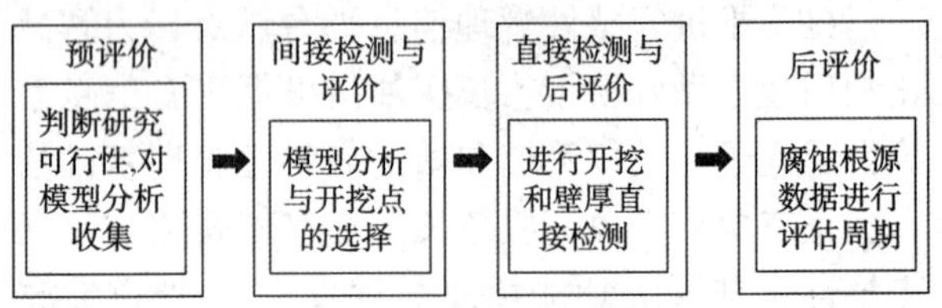

图6 ICDA工作流程及其主要内容

间接检测和评价基于管道流型，计算内腐蚀速率，识别腐蚀风险，并推荐管道开挖点。间接检测与评价流程及结果如图7所示，依次为管道高程和倾角计算、多相流模拟计算和内腐蚀速率计算、管道内腐蚀高风险点筛选、管道开挖点推荐。根据计算结果，共选取25个开挖点。

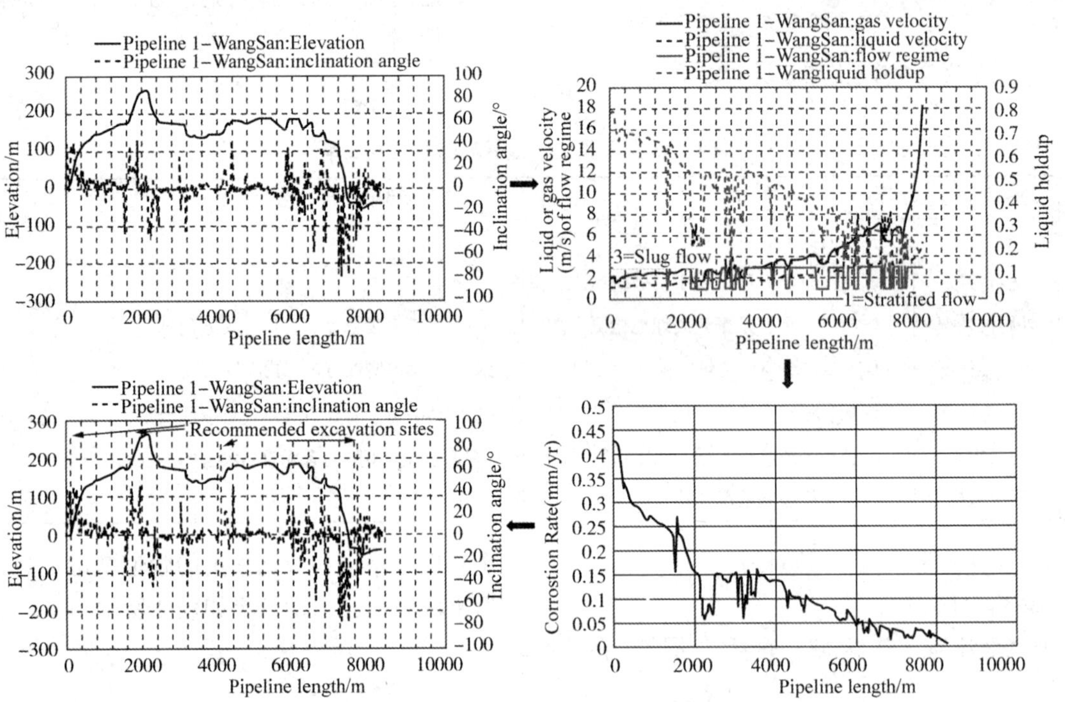

图7 多相流模拟流程及结果

直接检测和评价：采用了超声波测厚、超声导波方法，对25处推荐开挖点进行开挖检测。

后评估：采用SY/T 0087.2—2012管体腐蚀损伤评定方法。腐蚀程度评价结果：共有20个开挖点最大壁厚减薄率大于或等于10%且小于25%，腐蚀程度为中；有5个检测点最大壁厚减薄率小于10%，腐蚀程度为轻。腐蚀管体安全评价：根据管道剩余强度计算结果和腐蚀损伤评定类别划分得到，25个开挖检测点中，有20个点到达第三类损伤，建议监控、计划维修；有5个为第一类损伤，建议留用。

同时，对9条管道的14处穿跨越区域管道开展了超声导波检测，14处管道检测范围内均未发现可疑腐蚀缺陷信号。

(4) 维修维护

对检测点的外防腐层及保温层进行了恢复，

对检测结果中建议监控并计划维修及部分留用管道安排进行维修。同时加强日常巡查、填写日常巡查记录；加强定期检验。

（5）效能评价

对该厂区域管道完成了管道中心线、埋深，介质腐蚀性等管道基础数据搜集，对所有管道全线的高后果区进行了识别和分级评判。对管道面临的风险进行了识别，并形成了评价结果。完成对管道的检测，对管壁的损失情况进行了跟踪，根据结论得出维修建议，对损伤严重管道重点监控。

由图8、图9可以看出，长庆油田管道失效率逐年下降，管输率在稳步提升。

图8　油田集输管道失效率

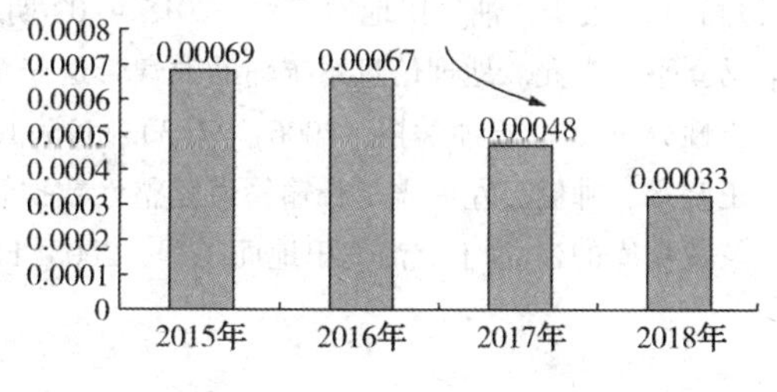

图9　气田集输管道失效率

4.2　实施成果

长庆油田近三年识别管道高后果区283km，高风险管道3007km，检验检测管道63312km，维护治理7524km。管道失效率下降78.6%。试点工程中投入产出比1∶4.5，防控基础、管理基础、风险意识、人员素质得到提升。目前主要成果有：

（1）完成管道分类

长庆油田管道总长62092km，管道总条数42001条，Ⅰ类占6.7%；Ⅱ类占31.2%；Ⅲ类占62.1%。Ⅰ类和Ⅱ类管道占比较小，Ⅲ类管道占比较大，进一步明确管道管理重点。

（2）逐步进行数据采集

通过开展此项工作，制定了5类管道数据字典，简化了管道数据采集表单。长输管道以现行规范为基础开展完整性数据建模及采集，集输、单井管道结合管理实际进行数据筛选，从89项简化为74项，提升了可操作性

（3）完成双高筛查

高后果区6449km，占10.3%；高风险管道3447km，占5.6%。针对不同风险管道，构建分级巡护管理机制，推行“一图两表三卡四到位五不放过”管道巡护工作法，如图10所示。按照规定周期开展分类分级巡护，靠实管道管护责任，确保管道安全运行。

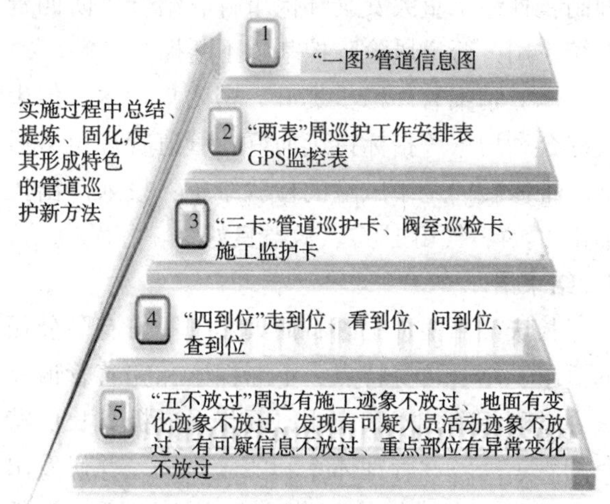

图10　管线巡护工作法

（4）积极开展检测评价

应用内外腐蚀直接评价、超声导波及超声波检测技术，对在役管道开展检测，已完成总管道数长度的24.3%，划分Ⅰ、Ⅱ、Ⅲ类管道，突出高后果区和高风险管道检测评价。对Ⅲ类管道主要开展清水试压检验。2015年以来累计试压37521条71277km，出油管道覆盖率93%，在2240条管道发现漏点3992处。

（5）大力实施管道修复

近年来累计实施管道维护7852km，其中局部换管+内防腐、高密度聚乙烯内衬修复、碳纤维补强等管道修复3537km，包括Ⅰ类管道修复123km，Ⅱ类管道修复1548km，Ⅲ类管道修复1865km。

4.3　取得的认识

（1）示范引领效果显著。明确了各类管道检测和修复技术的特点和适应性，完善了适合长庆油田的检测和修复技术体系，制定了指导体系文件，建立了系统化信息平台，探索了站场完整性管理，为完整性管理全面推行奠定基础。

（2）管理水平不断提升。随着完整性管理工作的深入，组织机构和管理体系不断完善，分级管理岗位职责逐步细化，人员素质稳步提高，建设监管、风险管控、应急处置、安全生产能力不断提升。

（3）防控基础得到强化。通过持续开展风险辨识和维护治理，服役10年以内原油管道数量由75%升到82%，内防腐管道数量由10%升到34%，气田支干线阴极保护有效率由10%上升到92%，管道失效率大幅下降，泄漏频发态势得到抑制，杜绝了重大安全环保事件，结合三防四责系统应用，管道风险防控基础不断提升。

（4）精细管理稳步提升。密闭集输率、伴生气综合利用率等指标持续向好；管道管理由事后被动维修转向基于风险的检验维护，投入产出比油田1∶4、气田1∶7，效益良好。

5 结束语

长庆油田根据中国石油天然气股份有限公司的要求，结合自身特点，不断探索和完善管道完整性管理相关技术和应用，逐步形成极具长庆特色的管道完整性管理体系和实施模式，并研发出清水试压、在线挤涂工艺、HCC内防腐等完整性管理实施的关键技术，通过试点工程验证了该完整性管理体系及相关工艺的有效性和经济性，为长庆油田集输管道的安全有效运行提供了坚实的保障，同时也为其他油田公司管道完整性管理提供了参考。

参 考 文 献

[1] 董绍华．管道完整性管理体系与实践[M]．石油工业出版社，2009.

[2] 王毅辉，李勇，蒋蓉，等．中国石油西南油气田公司管道完整性管理研究与实践[J]．天然气工业，2013，33(3)：78-83.

[3] 中国石油天然气集团公司．Q/SY 11180.1-2009 管道完整性管理规范 第1部分：总则[S]．北京：石油工业出版社，2009.

[4] 杨祖佩，王维斌．我国油气管道完整性管理体系发展与建议[J]．油气储运，2006，25(9)：1-6.

[5] 董绍华，王联伟，费凡，etal. 油气管道完整性管理体系[J]．油气储运，2010，29(9).

[6] 袁树海，宋彬，李范书，等．安全完整性等级SIL应用研究与实践[J]．石油与天然气化工，2012(1)：107-109.

[7] Muhlbauer W K. Pipeline Risk Management Manual [M]. 3rd Edition. Burlington：Gulf Professional Publishing，2004：21-174.

[8] 何东升，郭简，张鹏．腐蚀管道剩余强度评价方法及其应用[J]．石油学报，2007，28(6)：125-128.

[9] 郝玉鸿，张银德．油气集输管道腐蚀的防治及安全检测[J]．大庆：油气田地面工程，2015年02期．

[10] 马立平，李允．地理信息系统辅助油气管道安全可靠性分析[J]．石油学报，2006，27(3)：126-129.

[11] 王晓霖，帅健，左尚志．长输管道完整性数据管理及数据库的建立[J]．油气田地面工程，2008(11).

长庆油田站场完整性管理技术探索与实践

朱 源 朱国承 张 平 周子栋 童 炜 霍富永

（西安长庆科技工程有限责任公司）

摘 要 目前，管道完整性管理技术基本实现了工业化应用，然而站场完整性管理作为管道系统完整性管理的一部分还没有引起足够的重视。长庆油田针对站场的特点和存在的运行风险，开展了站场完整性管理工作。按照中国石油天然气股份有限公司的规定，开展了站场完整性管理“五步法”工作流程——数据采集、高后果区识别和风险评价、检测评价、维修维护、效能评价。通过近几年试点工程运作，初步形成了一套站场完整性管理方法，并成功应用到油田站场，取得了良好效果。未来仍需要不断探索和完善油田站场完整性管理理论和技术方法，使完整性管理工作成为提升油田站场本质安全的重要手段。

关键词 油田站场；完整性管理；RBI；RCM；SIL

近年来，管道完整性管理技术基本实现了工业化应用，然而站场完整性管理作为管道系统完整性管理的一部分还没有引起足够的重视[1-2]。目前长庆油田已经建成安塞、靖安等九大油区，配套站场 2355 座，其中联合站 110 座、接转(增压)站 1413 座，注(供)水站 663 座。服役 10 年以上联合站(输油站)51 座，接转(增压)站 511 座，占站场总数 23.7%。站场设备类型较多，自然环境复杂，存在较大的、潜在的安全隐患[3]。

站场完整性管理是实现站场工艺可靠性，不同特性设备的设备属性，运行状态，维护等数据以及历史失效数据上的风险管理，也是设备完整性管理延伸和拓展，隶属设备与资产完整性管理范畴[4]。2015 年长庆油田首次开展站场完整性管理探索与实践，初步形成了一套发展成熟并成功应用到油田站场的管理方法，并取得了良好的效果。

1 长庆油田开展油田站场完整性管理面临的挑战

（1）长庆油区自然环境和社会环境复杂，开发区域生态脆弱，敏感保护目标多。另外地形起伏较大，受自然条件影响易造成管线裸露、悬空等，需不断强化安全环保和应急管理。随着城镇规划发展，部分早期建设的站场已位于规划区内，存在安全隐患；部分区域与煤矿等其他资源重叠较多，交叉施工较多。

（2）站场管理政策难以统一，长庆油田的主要生产区块安塞油田、靖安油田、马岭油田、西峰油田和环江油田等 9 个油区，不同油田的流体性质变化大，地面工艺模式，管线压力等级、材质、设备的规格型号具有多样性。

（3）风险评价、完整性评价等技术要分别适应不同的生产区块，对技术标准系列适用性和可操作性要求高。

（4）建设期数据缺失严重。在设计、建设站场系统时未融入完整性管理的理念和做法，导致部分数据在前期没有采集，或没有按要求采集，或采集后未按要求存档入册，使得部分数据丢失或分散，给数据整理工作带来很大的困难。

（5）油田站场完整性管理较为薄弱。长庆油田公司内部未建立具有资质的油气田场站的检测机构，也缺乏相应的内外腐蚀检测技术人员，从而站场的检测评价工作开展较少。

（6）信息技术的发展为完整性管理的普及与提升提出更高的要求，完整性管理的平台建设，逐渐向物联网方向发展。

2 长庆油田站场完整性管理实施流程

油田站场完整性管理工作流程包括数据采集、高后果区识别和风险评价、检测评价、维修维护、效能评价 5 个环节[5]。首先开展站场静设备、动设备以及安全仪表系统数据收集；再进行静设备、动设备以及安全仪表系统风险评价；然后根据风险评价结果，开展检测评价；通过完整性评价结果，对不可接受缺陷进行修复，以消除运行风险，并制定相应管理措施，最后对各环节展开分析评价，提出改进措施。站场完整性管理实施步骤如图 1 所示，实施技术路线如图 2 所示：

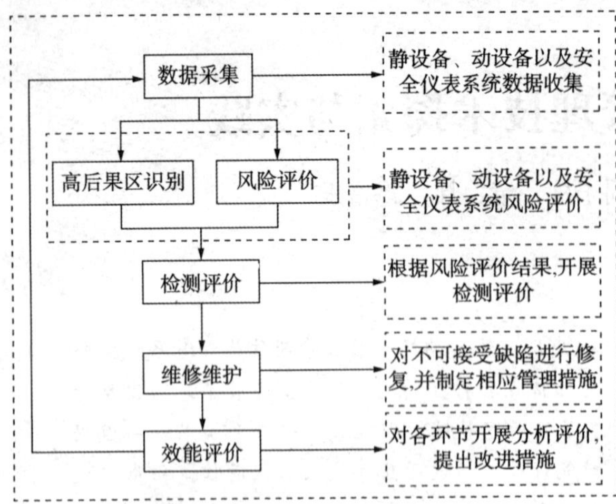

图 1 站场完整性管理实施步骤

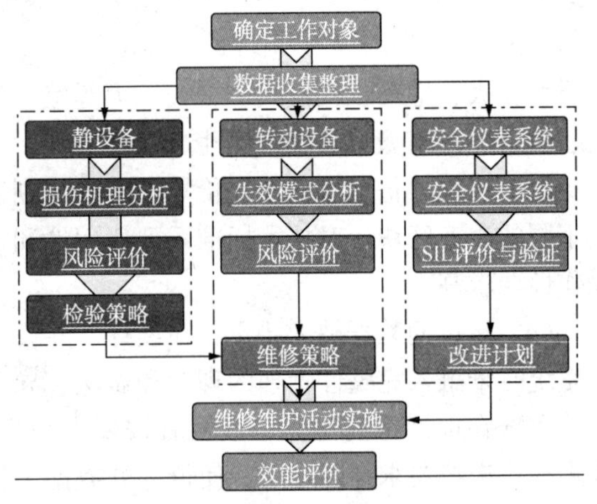

图 2 站场完整性管理实施技术路线

3 长庆油田站场完整性管理技术核心方法

长庆油田完整性管理技术包括了基于风险的检测(RBI)、以可靠性为中心的维护(RCM)以及安全完整性分级(SIL)等方法。

3.2.1 静设备 RBI 风险评估

站场储罐、压力容器、工艺站场及安全阀等静设备采用 RBI 风险评价技术，根据评价结果，筛选高风险设备和工艺站场，结合《固定式压力容器安全技术监察规程》、《压力站场定期检验规则——工业站场》等法规要求，开展完整性检测评价，根据检测评价结果，对发现的缺陷进行更换或修复，并针对性制定维护维修策略。设备检测内容包括：资料收集及审查、失效模式分析、壁厚测定、表面缺陷检测、埋藏缺陷检测、TOFD 检测、安全附件检查、安全状况等级评定。工艺站场检测内容包括：宏观检验、站场材质类型及适应性、壁厚抽查、无损检测、焊缝检测、硬度检测、耐压强度计算以及应力分析。RBI 风险评估流程如图 3 所示。

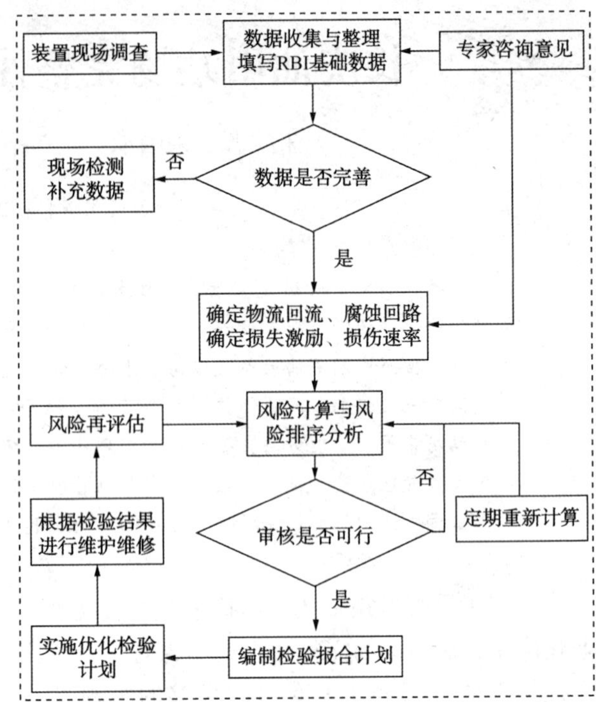

图 3 静设备 RBI 风险评价流程

3.2.2 动设备 RCM 风险评估

压缩机、泵、电机等转动设备采用以可靠性为中心的维护技术(RCM)进行检测评价，通过对资产失效模式及影响(FMEA)分析，确定资产失效模式、失效原因及失效后果，获取需要维护维修的设备部件，根据失效特征针对性制定维护措施。RCM 评价内容包括：基础数据收集与分析、设备和系统技术层次划分、失效模式影响分析、风险可接受准则确定、FMEA 风险分析以及维修策略制定。动设备 RCM 风险评估流程如图 4 所示。

3.2.3 安全仪表系统 SIL 风险评估

火灾监测、气体监测、站控系统、工艺保护及排放等安全仪表装置，按照股份公司《油气集输站场检测评价及维护技术导则》，采用安全完整性等级评价技术(SIL)，衡量安全仪表系统的定量指标。SIL 评价内容包括：SIL 等级的评估——确定安全仪表功能的 SIL 等级；SIL 等级校核以及测试周期确定——针对现有安全仪表系统配置，定量计算 PFD 值，验证是否满足所需 SIL 等级要求，并确定相应测试周期；SIL 等级的内容——紧急停车系统(ESD)、安全联锁系统(SIS)、故障安全控制系统(FSC)。安全仪表系统 SIL 风险评价流程如图 5 所示。

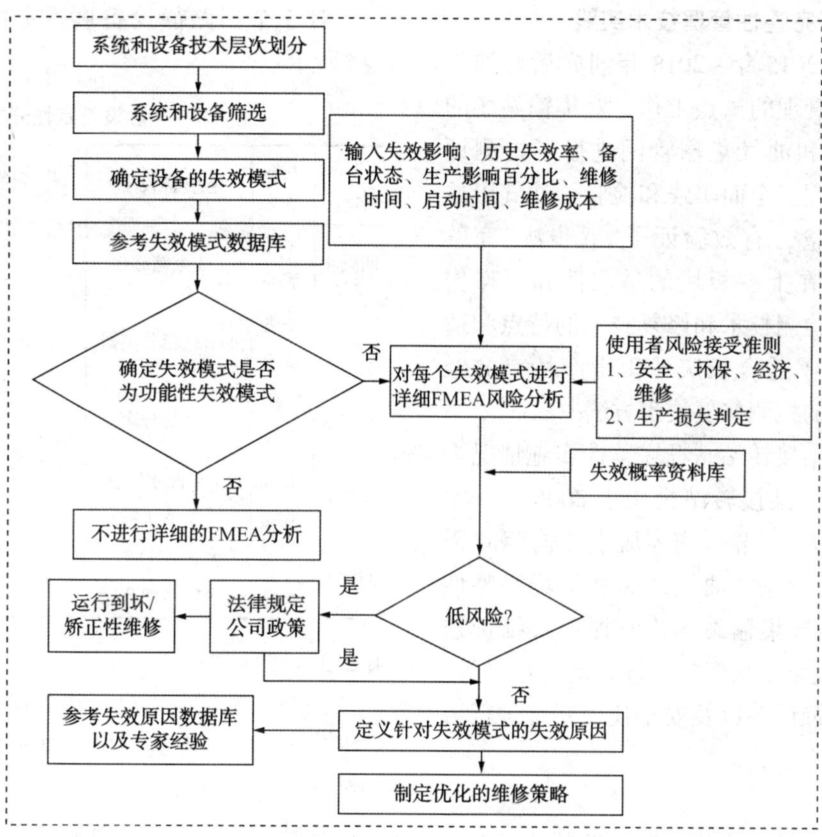

图 4　动设备 RCM 风险评价流程

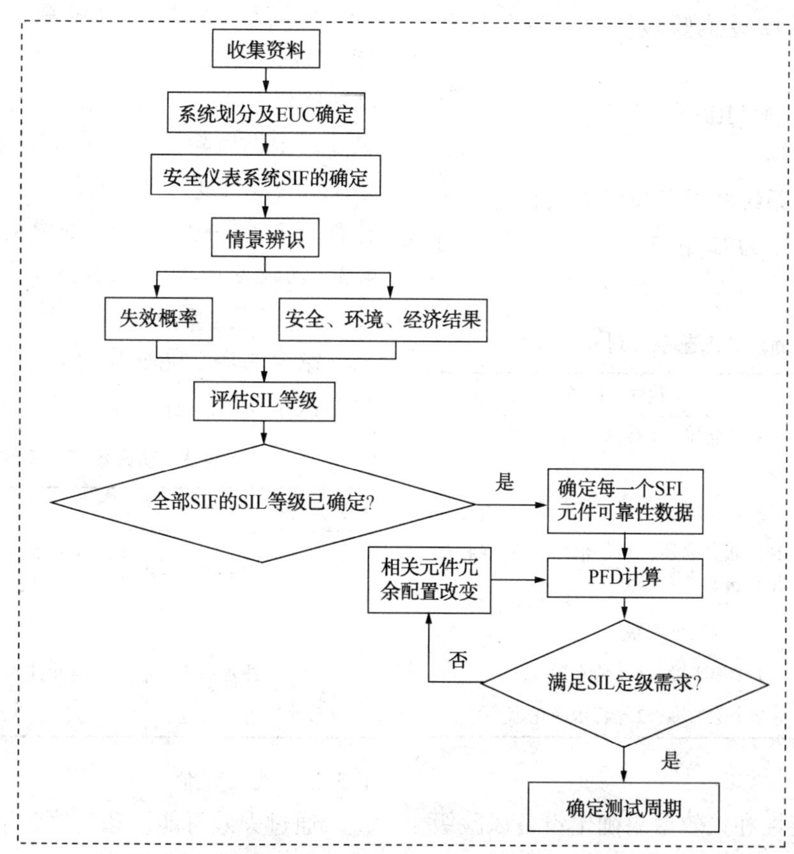

图 5　安全仪表系统 SIL 风险评价流程

4 长庆油田站场完整性管理技术实践

长庆油田在2015年~2018年间先后对油田站场进行完整性管理的试点工作，对集输站场的设备、站场管网和油气集输管网进行了检测评价。通过试点工程，全面实践和检验了油气田战场完整性管理理念，有效验证了“五步法”完整性管理工作流程在上游板块的适用性和可操作性，掌握了各种检测技术和修复技术的特点和适用性，总结形成了适合长庆油田生产特点的经济、合理、可行的检测修复技术方法。

以长庆油田某接转站站场完整性实施情况为例进行风险评估，某接转站投用于2006年，站内主要工艺流程为“三相分离器脱水外输”和“采出水处理回注”。依据《油气站场和站场完整性管理规定》和《油气集输站场检测评价及维护技术导则》，通过收集站场资料、设备运行记录等，对某接转站动、静设备以及安全仪表系统进行风险评估和分析。

4.1 资料收集

主要包括站场设备设施台账、设备单元平面图、设备站场材质、工艺流程图、历史检验报告、维护记录、站场竣工验收资料、设备操作卡等。

4.2 静设备风险评估(RBI)

4.2.1 工艺系统划分

根据站场工艺系统和设备单元失效机理，将站场内静设备划分为如下5个回路，如表1所示：

表1 静设备工艺系统划分

回路名称	工艺系统	包含静设备
回路1	加热系统	3个储罐：1#沉降罐；2#净化罐；3#净化罐
回路2	加热系统	4个三相分离器：1#三相分离器；2#三相分离器；3#三相分离器；4#三相分离器
回路3	加热系统	1个油气分离器
回路4	供水系统	1个源水罐；1个清水罐
回路5	注水系统	2个除油罐、2个污水净化罐

4.2.2 风险评估

通过失效可能性和失效后果确定设备风险级别，依据规范SY/T 6714-2008《基于风险检验的基础方法》附录A定性RBI分析计算表，计算各回路设备的失效可能性和后果等级。

对5个回路静设备进行定性分析，结果如表2所示：

表2 静设备定性分析

回路名称	工艺系统	包含静设备	可能性等级	损伤后果等级	健康后果等级	总后果等级
回路1	加热系统	3个储罐	3	A	C	C
回路2	加热系统	4个三相分离器	1	A	A	A
回路3	加热系统	1个油气分离器	1	A	A	A
回路4	供水系统	1个源水罐，1个清水罐	2	/	/	/
回路5	注水系统	2个除油罐、2个污水净化罐	3	/	C	C

4.2.3 评估结果和建议

回路1和回路5处于中风险，回路2和回路3处于低风险，即某接转站站场的加热工艺系统中的3个储罐和注水系统的2个除油罐、2个污水净化罐处于中风险，加热工艺系统中的4个三相分离器和1个油气分离器处于低风险。

某接转站站场静设备，中风险设备占35.71%，低风险设备占64.29%，无中高风险和高风险设备项，某接转站站场静设备整体处于低风险。根据风险评价结果，建议对站场加热工艺系统和注水工艺系统的设备制定定期检测计划，包含有3个储罐，2个储油罐及2个污水净化罐。

4.3 动设备风险评估(RCM)

4.3.1 工艺系统划分

结合站场功能划分为4个工艺系统，加热系统、供水系统、注水系统以及外输系统。

表3 动设备工艺系统划分

序号	工艺系统	包含动设备
1	加热系统	3个加热炉、2个循环泵、1个补水泵、2个污水提升泵
2	供水系统	2个供水泵
3	注水系统	4个注水泵、4个喂水泵
4	外输系统	3个输油泵

4.3.2 风险评估

通过失效可能性和失效后果确定设备风险级别，可能性等级划分结合目前国内工程应用和SY/T 6714-2008《基于风险检验的基础方法》规定的数值，后果等级参考相关规章制度，从健康风险、安全风险、环境风险三个方面确定 HSE 可接受后果。HSE 可接受后果分析如表 4 所示：

表 4　HSE 可接受后果分析

设备名称	设备规格型号	所属工艺系统	累计运行时间/小时	设备关键部位维修统计表/次数	设备失效频率/（次/小时）	失效可能性等级	安全后果	环境后果	生产损失
注水泵 1#	5DS-25. 76/20	注水系统	2757. 5	3	0. 001	1	A	A	A
注水泵 2#	5DSB-41. 90/20	注水系统	5235	6	0. 001	1	A	A	A
注水泵 3#	5DSB-41. 90/20	注水系统	4841. 5	19	0. 004	2	A	A	A
注水泵 4#	5DS-25. 76/20	注水系统	1085	5	0. 005	2	A	A	A
供水泵 1#	DGK46-50＊101	供水系统	2950	0	0. 000	1	A	A	A
供水泵 2#	DGK46-50＊101	供水系统	3003. 5	0	0. 000	1	A	A	A
输油泵 1#	FDYD35-50×13	外输系统	319	0	0. 000	1	A	A	A
输油泵 2#	FDYD35-50×13	外输系统	742. 5	0	0. 000	1	A	A	A
输油泵 3#	FDYD35-50×13	外输系统	5409. 3	0	0. 000	1	A	A	A
加热炉 1#	CZHJ1000-Y/2. 5/Q	加热系统	6061	0	0. 000	1	A	A	A
加热炉 2#	CZHJ1000-Y/2. 5/Q	加热系统	6527. 5	0	0. 000	1	A	A	A
加热炉 3#	JM-ZKX1000-H/6. 3Q	加热系统	6551. 5	0	0. 000	1	A	A	A

4. 3. 3　风险评估结果及建议

经过以可靠性为中心的 RCM 评价，设备整体处于低风险。某接转站站场属于转油站，分析设备在各种失效模式下，对工作人员安全方面可能会导致轻微受伤，影响工作。因为输送的介质及周边地理环境来看，失效后会有轻微的环境破坏影响。如果发生失效，设备维修时间平均小于 8h，维修的成本平均小于 2. 5 万元。因为动设备的备用数量足够，假若正在运行的设备失效，有应急预案积极响应，可以及时启动备用设备，因此对生产成本的影响属于可控范围。

其中注水系统的 3#注水泵和 4#注水泵发生设备配件更换的频率较高，需要重点关注，并加强保养。加热系统中的 3 台加热炉，累积运行时间已经达到 6000h 以上，属于运行周期较长的设备，也需要重点关注。整体上继续现有的设备保养维护策略即可达到风险控制的要求。

4. 4　安全仪表系统风险评估（SIL）

依据 GB/T 21109《过程工业领域安全仪表系统的功能安全》，考虑到某接转站站场安全仪表的数量、类型对于安全仪表系统的过程安全目标概率设定，结合某接转站站场安全仪表系统的保护层内容，综合评估采用修正图表分析法进行 SIL 等级的评估。安全仪表系统风险评估结果如表 5 所示：

表 5　安全仪表系统风险评估结果

采油三厂某接转站站场外输泵安全仪表系统 SIL 评价结果																
序号	受保护设备	SIS	安全后果 SIL					环境后果 SIL				经济后果 SIL			SIL
			W	C	F	P	SIL 等级	W	C	P	SIL 等级	W	C	SIL 等级	
1	1#外输泵	1#外输泵高停低启装置	W2	CB	FA	PA	SIL1	W2	CA	PA	SIL1	W2	CB	SIL1	SIL1
2	2#外输泵	1#外输泵高停低启装置	W2	CB	FA	PA	SIL1	W2	CA	PA	SIL1	W2	CB	SIL1	SIL1
3	3#外输泵	1#外输泵高停低启装置	W2	CB	FA	PA	SIL1	W2	CA	PA	SIL1	W2	CB	SIL1	SIL1

由表 5 可知，某接转站外输泵安全仪表系统安全完整性等级为 SIL1 级。

4. 4. 1　安全后果评价

外输泵出口压力变送器、控制柜和变频器等每半年联校一次，发生失效的频率为 W2：1—10

年发生一次；发生意外时，会有易燃和有毒物质释放，所以评定为 CB；站场人员日常生产运行期间每 2h 现场巡视一遍，每班组 24h，所以属于很少暴露到危险区域，占用率 F 为认定为 FA；当保护系统不工作时，外输泵处于高压状态，可能会发生泵的破裂甚至爆炸情况，站控系统可以予以警报信号，警告站场人员。站场人员有足够的时间可以采取必要措施或者逃避到安全区，所以认定为 PA。所以安全后果评价为 SIL1。

4.4.2　环境后果评价

外输泵低启高停装置失效后，会导致外输泵破裂，会造成轻微泄漏，但按照油田公司规定也需报告给管理部门，做相关记录，所以认定为 CA；评定参数 P 和 W，与安全后果使用的定义一致，所以最终环境后果的评价结果为 SIL1。

4.4.3　经济后果评价

外输泵安全仪表装置失效后，会造成轻微损失，站场人员启用备用泵或者做紧急维修处理，经济损失小于 2h 的生产损失，经济后果的评价结果为 SIL1。

4.5　检测评价

根据风险评价情况，采用宏观检查、超声波测厚、声发射检测、焊缝探伤等检测方法，对某接转站站内主要静设备的防腐层、壁厚、运行工况等进行检测评价。检验结果显示设备可以继续有效使用。

4.6　近几年试点取得成果

（1）按照 RBI、RCM、SIL 风险评估管理及 API 353 等标准，对两座站场内工艺设备、设施及仪表等失效模式、失效可能性、风险等级、剩余寿命进行评估，并制定了维修计划。

（2）对两座站场设备和管网采用宏观检查、超声波测厚、声发射检测、焊缝探伤等检测方法，对站场防腐层、壁厚、运行工况进行了检测评价。

（3）在风险评价的基础上，通过检测确定两座站场设备可能存在的缺陷状况，并对检测出的缺陷进行完整性评价。为采取风险减缓措施提供直接依据，直接降低设备失效的概率从而有效地降低风险。

5　结束语

针对油气田站场的特点和存在的运行风险，长庆油田开展了站场完整性管理工作，力争做到由事后被动维修转变为基于风险的完整性管理。经过几年的不断探索和实践，逐渐形成了一套发展成熟并得到成功应用的油田站场完整性管理做法，但目前还存在两个难题。

（1）长庆油田站场完整性管理涉及站内工艺管网、压力容器、储罐、机泵、仪器仪表、安全附件等各类设备设施，类别繁杂，专业管理部门多，开展难度大。

（2）长庆油田站场完整性管理工作中的检测及评价是关键环节，专业性强，需有资质的第三方开展检测，因此涉及到较大的检测和评价工作量，需要投入较大的物力、人力和财力。

今后，需要不断探索和完善油田站场完整性管理理论和技术方法，并采取经济有效的风险减缓措施，将风险控制在可接受范围内，降低站场运行风险和维护费用，使完整性管理工作成为提升油田站场本质安全的重要手段。

参考文献

[1] 孙萌．油气管道完整性管理技术的发展分析[J]．北京：化工管理，2015 年 27 期．

[2] 卢阳．输气站场的安全管理措施[J]．云南化工，2018，45(04)：219.

[3] 罗皓，唐启桓．天然气输气站场的风险管理研究[J]．石化技术，2018，25(01)：240.

[4] 冯晓东，赵忠刚，白世武等．站场完整性管理技术研究[J]．管道技术与设备，2011(04)：15-20.

[5] 税碧垣，艾慕阳，冯庆善．油气站场完整性管理技术思路[J]．油气储运，2009，28(07)：11-14，79，83-84.

高含硫气田集输系统完整性管理技术与应用

赵　果

（中国石油化工股份有限公司中原油田普光分公司）

摘　要　普光气田高含硫化氢和二氧化碳，集气站场及集输管道运行过程中存在硫化氢气体泄漏人员中毒、管道腐蚀、山体滑坡、管道应力破坏等安全风险，参考国标完整性管理办法，基于目前集输工艺从基础数据完整性管理、高后果区评价、管道完整性管理评价、管道热位移评价、地质灾害评价和集气站检修等方面进行管理与评价，加强了高含硫气田集气站场和集输管道的完整性管理。

关键词　高含硫气田；集输系统；完整性管理；管道运行

普光气田地处四川盆地东北大巴山南麓，山峦起伏，沟谷纵横，地貌成因属侵蚀构造地形。地貌主要有低山、低中山、山原、丘陵、台地、平坝等类型，而以低山和低中山为主。地势的明显特征是东北高、西南低，最低海拔 277m、最高海拔 2349m，平均海拔 780m。在低山区内，山坡坡度一般在 20°～50°间，而小于 20°坡度多出现在河谷、溪沟的沟底和谷坡下部地带，高程在当地最高洪水位之上。气田共 30 座集输站场，其中集气站 25 座、集气总站 1 座、水处理站 3 座、污水回注站 3 座，采用湿气加热保温混输工艺，“抗硫管材+缓蚀剂+阴极保护+智能清管”联合防腐工艺，“相对集中分离、低压处理、高压回注地层”处理技术。

1　数据管理

按照中石化管线采集模板，补充部分管线三维探测和检测评价，主要包括补充 72. 3km 净化气管线管道中心线、管道本体、附属设施的探查和测绘以及穿越城镇、工厂及人员密集区等重点区域管线周边 50 米主要设施补测等。

管线探查工作内容包括：管线点的外业调查、探测；标注管线点、填写外业探查登记表、制探查草图；探查质量自检；配合测量组量测管线点；原始数据库整理；草图整理；辅助内业人员录入属性；对管线图进行室内审查和外业巡视检查，发现问题及时处理等。结合现场测绘成果，严格按照中石化智能管线数据采集模板，整理完成管线中心线数据模板 192 张，包括酸气管线 27 条、返输燃料气 25 条、净化气 4 条，管线中心线点共计 17555 个。

周边环境调查：管道周边环境包含单户居民、政府单位、重大危险源、敏感目标、水体、公安、医院、消防等调查单位。实地调查和测量了管线周边 200m、2km 和 50km 的管线周边环境，具体为：单户居民 5346 户、政府单位 75 个、重大危险源 20 个、环境监测单位 2 个、密集居民区 21 处、敏感目标 144 处、水体 136 处、第三方管道 5 处、维抢修队伍 3 个、社会专业应急救援队伍 3 个、沿线抢险资源 1 处、消防单位 5 个、医院 96 家、公安单位 20 个，拍摄照片 3970 张。

2　高后果区管理

根据《油气输送管道完整性管理规范》GB 32167-2015[1]，经过三级、四级地区及加油站、油库等易燃易爆场所的天然气集输管线，高后果区为管道两侧 200m 范围内的区域。在经过特殊区域时，根据普光气田高含硫化氢集输管道的规格和输送压力，计算的管道两侧影响距离见下表 1。

表 1　经过特殊区域的高后果区影响距离统计

序号	管线规格	设计压力/MPa	影响距离/m
1	ϕ168. 3×8. 8	11. 0	55. 26
2	ϕ219. 1×10	11. 0	71. 94
		14. 4	82. 31
3	ϕ273×12. 5	11. 0	89. 64
		14. 4	102. 56
4	ϕ323. 9×14. 2	11. 0	106. 35
5	ϕ406. 4×17. 5	14. 4	133. 44
6	ϕ457×28	14. 4	171. 69
7	ϕ508×22. 2	10. 7	164. 51
		11. 0	166. 80

续表

序号	管线规格	设计压力/MPa	影响距离/m
8	经过三级、四级地区及加油站、油库等易燃易爆场所的天然气集输管线		200

由于普光气田开采的天然气为高含硫化氢天然气，泄漏扩散后易导致周边人员中毒窒息死亡事故。针对高含硫化氢特殊情况，普光气田集输管线工程建设就采取了多项安全措施，如设置了管线自动控制系统（SCADA）和线路截断阀室，均为远程控制截断阀室，且截断阀室间距基本都为500m左右，一些区域的截断阀室间距只有大约300m。因此当管线发生泄漏时，通过SCADA系统可立即发现位置，并在3min内即可关闭泄漏点上下游截断阀门。因此，在安全设施完好的情况下，断裂事故产生的泄漏量可以得到有效控制，其影响时间也相对较短。

基于前面的分析，采用PHAST6.7软件模拟不同规格管段发生断裂事故，计算天然气泄漏产生的硫化氢致死事故影响距离。硫化氢泄漏考虑1000ppm浓度，根据《硫化氢环境人身防护规范》SY/T 6277－2017[2]附录A表A1，暴露在1000ppm浓度硫化氢影响范围内的人，会立即丧失知觉，会产生永久性的脑伤害或脑死亡。根据根据普光气田高含硫化氢天然气管线管径及实际运行压力，本次事故模拟计算天然气泄漏产生的硫化氢致死事故影响距离见下表2。

表2　天然气泄漏产生的硫化氢致死事故模拟计算影响距离统计表

序号	管线规格	运行压力/MPa	影响距离/m
1	ϕ168.3×8.8	9.1	233
		8.8	230
2	ϕ219.1×10	9.5	320
		8.9	301
		8.6	292
		8.5	286
3	ϕ273×12.5	9.4	415
		8.5	380
4	ϕ323.9×14.2	8.7	460
		8.4	450
5	ϕ406.4×17.5	8.6	810
		8.4	800

续表

序号	管线规格	运行压力/MPa	影响距离/m
6	ϕ457×28	9.3	1050
7	ϕ508×22.2	9.1	1350
		8.5	1250
		8.4	1240
		8.3	1230
		8.2	1200

普光气田地面酸气集输管线（包括普光集输干线和大湾区块集输管线）共计23段，集输管道总长度为54.638km。根据现场勘查，普光气田地面酸气集输管线沿线共识别出6段高后果区，Ⅱ级高后果区4个，Ⅲ级高后果区2个，高后果区管段占集输管段总数的26.1%。高后果区管段长度总计为14.628km，占集输管道全长的26.77%。

3　完整性评价

普光高含硫集输管道采用漏磁检测技术，每三年对管道进行全面检测。漏磁检测法的基本原理是通过清管器上携带的永磁体磁化管壁发出磁场，然后利用线圈和固态传感器来探测漏磁，通过泄漏磁场的强度及相关信息来判断缺陷的尺寸和位置，可以探测到得缺陷种类很多，如外部缺陷、内部缺陷、焊接缺陷、硬点、焊缝、冷加工缺陷、凹槽和变形等。该法的主要特点是：既能检测液体管道，也能检测气体管道；对金属损失造成的缺陷准确度很高，但对裂纹和焊缝等缺陷准确度不高，不能检测出深而细的轴向裂纹；在低压管线中小于2.0MPa，检测精度较低；不能直接测量壁厚，腐蚀区域面积大于探头分辨面积较准确，而对于细小孤立的点蚀难以准确判断；管道的清洁程度要求较高，直接影响智能检测结果的准确性；一般只适用于检测直径大于等于8cm的管道[3]。相比超声检测法而言，漏磁法对管道介质、环境等因素要求较宽松，因此这种方法是目前普遍采用的智能检测手段。普光气田集输管道智能检测主要包括预检测清管及校量检测、几何变形检测、金属损失检测几大步骤。

（1）管道的预清洁

由于普光的管线全部进行周期性的缓蚀剂批处理，故在进行最初的校量检测前，管道应由进行预清洁，将管内残留的缓蚀剂积液排出，以保证管道达到基本的清洁度。

预清洁将使用标准清洁球，根据管线内积液情况进行两至三次通球清洁，以在进行智能检测的初步校量检测通球前尽量减少管线内积液量。

(2) 校量检测通球

为了几何变形检测和金属损失检测的顺利进行，先进行校量检测通球，使用校量检测双向移动清管器通球。

定径板的状况：使用的校量盘为95%的管道内径，根据服务商的工作经验和各个口径的EGP、CDP工具要求，测量定径板的缩径和最小直径决定进行下一步几何变形检测的最大允许直径。

(3) 管道清洁

① 内容：

第一遍清管：使用定径片双向移动清管器；

第二遍清管：使用刷头磁铁双向移动清管器。

② 清管通球

管道清洁标准：为了能够保证几何变形检测和金属损失检测清管球的正常运行，在清管通球后，清出物是否符合清管要求，可接受的碎屑量参见下表3。

表3　管道清洁判定标准

管径	残骸类型				
	黑粉或细沙≤x/kg	软蜡或浆液≤x/kg	硬腊≤x/kg	铁质残骸≤x/kg	固体金属(如焊丝)≤x/kg
8	4	8	6	6	0.5
10	5	10	7	7	0.6
18	9	18	13	13	1.2
20	10	20	14	14	1.3

(4) 几何变形检测

在清管作业完成以后，使用管道几何参数电子检测器检测管道是否有严重的变形，而且能测量管道内介质的操作数据如流速和温度，监测数据可为下一步的CDP检测提供依据(图1)。

检测的主要内容：管线长度、弯头半径、内径变化检测、凹坑、椭圆度、弯头角度等。

(5) 漏磁金属损失检测

一旦几何检测运行中得到的信息确认CDP可顺利通过管道，将使用腐蚀探测清管器CDP进行漏磁检测。CDP是查看管道腐蚀情况的一种有效和可靠的方法，其独特的磁铁和感应器设计

图1　几何变形检测现场图

保证了灵敏度和准确性(图2)。

主要检测内容：

金属损失(均匀腐蚀、点蚀、轴向沟槽、环向沟槽)、环焊缝与直焊缝、凹陷、施工损坏、管道设备和配件等。

图2　CDP检测现场图

(6) 酸气环境下的管道在线智能检测设备要求

检测前须对其全部管道清洁及检测工具及设备进行特定的准备工作，使其设备在检测期间设备能抵抗高含H_2S环境，以保证可以在普光要求的液体及气体组分条件的管道中安全顺利的完成管道清洁及检测工作，为了保证清洁及检测工具球体上的金属和聚氨酯部分不会受硫化氢影响[4]，检测工具应采用特殊配置，以避免FTS、万向电缆、NBR O形圈等橡胶材料被溶解，并采用硬化钢(垫圈、未处理的弹簧)和非铁材料(FTS)，并须要对球进行特殊的工具设置。

此构造是纯机械式的，并且是在检测运行前配置完成的。特殊配置工具可以直接在高含硫的管道内运行，而无需借助注入任何形式的凝胶或液体，应可达到以下标准：

① 直接进行检测运行，无需其他准备，节约检测时间。

② 射端和接收端都无需做任何更改。

③ 管道中的产品不会因为注入凝胶而受污染。

④ 在高浓度 H_2S 的环境下，应由经过完善的培训和认证。

(7) H_2S 环境下工具回收后清洁处理的特殊 HSE 说明

① 在检测完成后，须对工具进行特别考虑以保证工具不受污染，安全且易于运输。

② 危险污染物浓度超过参考极限值：

气体中含量≤1.0vol%

液体中含量≤0.1vol%

③ 设备要及时适用20%次氯酸钠(NaClO)的进行浸泡，然后用水进行冲洗。将工具放回原始托盘装上卡车。

④ 现场提供清洗场地及清洁水、清洗池、排污池。

(8) 报告的生成

每一份现场检查结果均将整理为最终管内检测报告(FR)予以提交，所以使用不同的参照点对所有检查运行结果进行阐述，主要分为每日工作报告、现场工作报告、初步在线检测报告(PR)和最终在线检测报告(FR)四个步骤。

4 地质灾害评价

单体地质灾害风险评价采用定性评价法，按照《输气管道环境及地质灾害风险评估方法》(Q/SY 1265-2010)[5] 的方法要求，将单体管道地质灾害风险分为五级：高、较高、中、较低、低。分级原则见表4。

表4　单体地质灾害风险分级原则

风险等级	风险描述
高	该等级风险为不可接受风险
较高	该等级风险为不希望有的风险
中	该等级风险为有条件接受风险
较低	该等级风险为可接受风险
低	该等级风险处于可忽略程度

定性评价内容包括地质灾害易发性、管道易损性和后果的评价、分级，根据灾害易发性、管道易损性和后果分级结果综合确定灾害风险分级。

根据灾害易发性评价分级、管道易损性评价分级和后果评价分级综合确定风险分级，风险分级划分为五个等级，分级标准见表5。

表5　单体地质灾害定性评价风险等级分级

风险等级	各评价内容组合
高	(高、高、高)、(高、高、中)、(高、高、低)、(高、中、高)、(中、高、高)
较高	(高、中、中)、(高、中、低)、(中、高、中)、(高、低、高)、(高、低、中)、(中、中、高)、(中、中、中)、(低、高、高)、(低、高、中)
中	(高、低、低)、(中、中、低)、(低、高、低)、(中、低、高)、(中、低、中)、(低、中、高)、(低、中、中)、(低、低、高)
较低	(低、中、低)、(中、低、低)、(低、低、中)
低	(低、低、低)

5 管道热位移评价

以普光主体3号线黄家岩隧道为例，该管道运行温度44.2℃时，在隧道入口处于2016年9月10日测得的最大垂向位移为14cm。现场变形情况见下图3。

图3　黄家岩隧道穿越管道入口变形图

对黄家岩隧道穿越管道采用CAESAR II软件进行应力分析，管线运行参数见下表6：

表6　黄家岩隧道穿越管线设计参数

管线	设计温度/℃	设计压力/MPa	最大操作温度/℃	最大操作压力/MPa	安装温度/℃
黄家岩隧道穿越管线	60	11	47.2	8.3	20

埋地管道的土壤参数如下：

摩擦系数：0.5；内摩擦角：30°；夯实系数：4。

建立黄家岩隧道内穿越管线的应力计算模型如图4所示。

工况组合介绍：

图 4　黄家岩隧道穿越管道整体模型

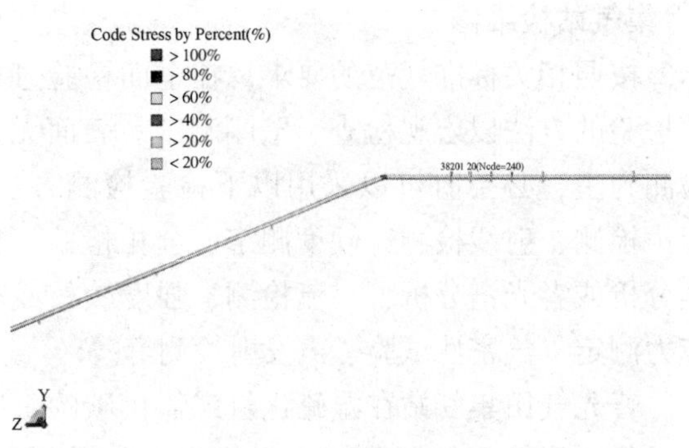

图 5　运行工况最大应力

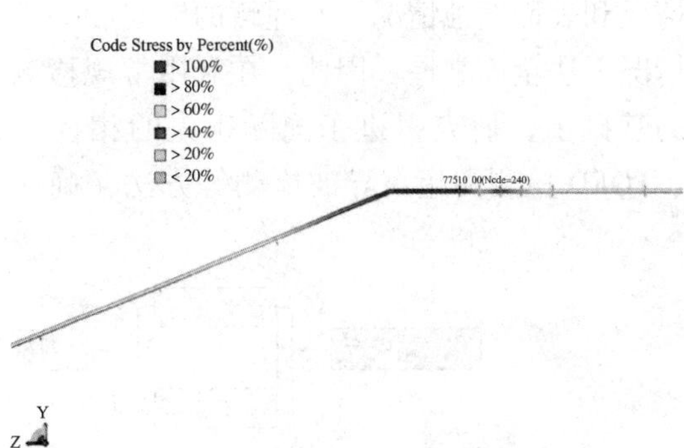

图 6　设计工况最大应力

L1：(OPE) W + T1 + P1　操作工况(运行温度)

L2：(OPE) W+T2+P1 操作工况(设计温度)

L3：(SUS) W+P1 安装工况

L4：(EXP) L1-L3 热涨工况

L5：(EXP) L2-L3 热涨工况

L6：(EXP) L1-L2 热涨工况

① 操作工况(OPE)：本工况包括以下荷载的影响：管道内压、温度、管道管件重量、保温层重量、内部介质重量及其他附加位移。设置本工况的主要目的是为了核查管道支吊架上的荷载在安全范围内以及核查管道位移。

② 安装工况(SUS)：本工况仅包含以下荷载的影响：管道内压、管道管件重量、保温层重量以及内部介质重量。本工况主要是为了核查管系一次应力是否满足标准要求。

③ 热涨工况(EXP)：本工况包含以下荷载的影响：温度和外部附加位移。本工况是为了校核管系热涨二次应力是否满足标准要求。

基于以上计算模型对黄家岩隧道内穿越管线进行应力分析，应力分析结果如下所示。

管道在运行温度下的最大应力为 73.8%，位于隧道出口侧的入土端，见图 5 设计温度下的最大应力为 86%，也位于隧道出口侧的入土端，与前者相同，见图 6。

该管道在运行温度下的位移，在隧道入口端弯头附近，其各向位移值分别为 X 向：0mm；Y 向(竖直方向)：-71mm；Z 向：10mm。在隧道出口端弯头附近，其各向位移值分别为 X 向：0mm；Y 向(竖直方向)：149mm；Z 向：-20mm。也即管道在隧道出口处上移 149mm。具体的位移变形图见图 7。

因此，对于黄家岩隧道穿越管道，通过分析

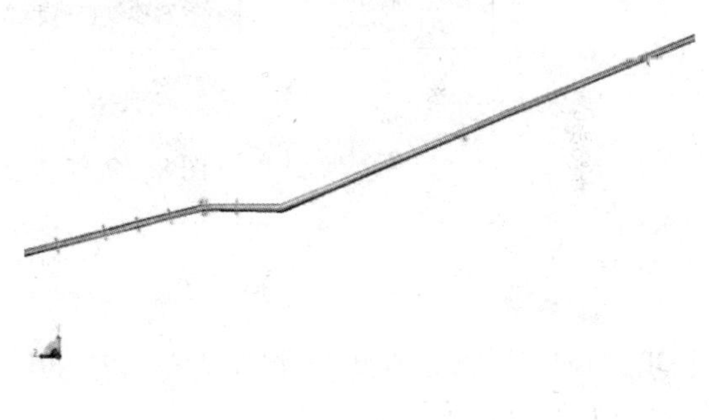

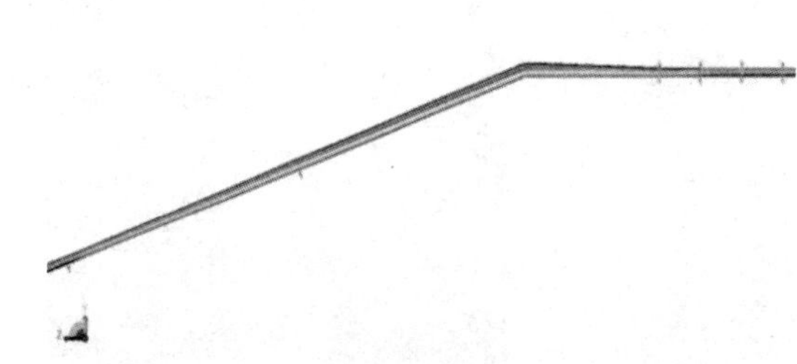

图 7　黄家岩隧道穿越管道进出口附近变形图

计算表明：

管系运行工况应力校核　　通过

管系设计工况应力校核　　通过

管系位移校核　　通过

6 集气站检维修

按照相关标准规范的要求，在全面检验过程中检验的方法以宏观检查、壁厚测定、表面无损检测为主，必要时可以采用以下检验检测方法：超声检测、射线检测、硬度测定、金相检验、化学分析或者光谱分析、涡流检测、强度校核或者应力测定、气密性试验、声发射检测等。

普光气田集气站在湿硫化氢二氧化碳的工况下运行，腐蚀环境恶劣，宏观检查、壁厚测定、表面无损检测只能了解集气站的设备管道均匀腐蚀情况和表面腐蚀情况，对埋藏的缺陷和局部腐蚀情况无法全面掌握，因此，在利用常规检测方法的基础上，研究引进了国际领先的相控阵检测、TOFD 检测和超声导波检测等方法，确保了集气站检测的全面性和准确性。

集气站全面检维修程序多、工作量大、涉及的人员和界面广，需研制出科学有效的检维修程序，确保全套检维修工作不窝工，不相互干扰，不间断，提高检维修效率、质量及安全性，确保集气站检维修顺利开展。

集气站全面检维修主要包括三个阶段工作，共分“九步程序”：

第一阶段：准备阶段(①停井放空、②置换、③隔离)；

第二阶段：实施阶段(④全面清洗、⑤全面检测、⑥专业系统检修)；

第三阶段：复产阶段(⑦流程恢复、⑧气密联调、⑨开井生产)。

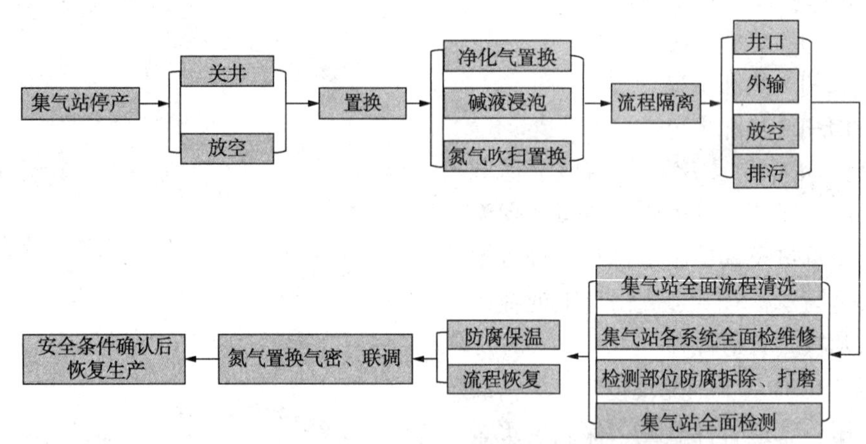

图 8　集气站全面检维修程序流程框图

参 考 文 献

[1] GB 32167. 油气输送管道完整性管理规范[S]. 2015.

[2] SY/T 6277. 硫化氢环境人身防护规[S]. 2017.

[3] 韩玉坤，刘方检，李代柏，等．普光气田天然气集输关键技术简析[J]．钻采工艺，2012，35(6)：57-59.

[4] 刘吉东，陈绍萍，刘寒冰．国内外油气管线腐蚀泄漏检测技术[J]．油气田地面工程，2003，22(11)：48-49.

[5] Q/SY 1265. 输气管道环境及地质灾害风险评估方法[S]. 2010.

静压力对含蜡原油流变性影响研究

李秉繁　刘　刚　陈　雷

(中国石油大学(华东))

摘　要　为了研究静压力对含蜡原油流变性影响。以渤西原油为例，利用 MARS 60 高压流变仪开展不同静压力条件下原油凝点、黏度、触变特性实验研究，并分析静压力对含蜡原油流变参数的影响规律。结果表明：勃西原油凝点随着静压力增高呈现线性增加规律；随着静压力增高勃西原油黏度逐渐增大，利用幂律方程描述不同静压力条件下渤西原油表观黏度随剪切速率变化关系，模型参数 K 随静压力增高呈现线性增加规律；模型参数 n 随静压力增高呈现线性减小规律，并得到渤西原油黏度随静压力、剪切速率变化关系式；利用 Cross 触变模型描述不同静压力条件下渤西原油结构裂降曲线，模型参数 K、ΔK、b 随着静压力增高均呈现线性增加规律；模型参数 n 随着测试静压力的增高呈线性减小规律，静压力越高胶凝原油结构强度越强，表现出较强的非牛顿流体特性，结构裂降越显著。研究结果可为指导原油生产及运输提供重要的理论依据。

关键词　含蜡原油；静压力；凝点；黏度；触变特性

1　前言

原油生产和输送过程中，因含蜡、胶质、沥青质等致高凝、高粘组分导致原油开采、输送问题十分突出，其原因之一是含蜡原油复杂的流变性。含蜡原油流变性受多种因素影响[1-5]，目前国内外学者[6-10,17-20]主要开展原油组分、热历史、剪切历史、气体溶解等因素对原油流变性影响研究，而静压力对原油流变性影响研究较少。

文献[11]分析油藏开采过程，研究了油藏压力条件下原油黏度与降温速率的关系，指出随着降温速率减小，原油结晶温度降低，黏度增大。但只研究了压力为 300psig 条件下原油黏度随降温速率的变化规律；文献[12]研究了压力对渤海原油黏度、显蜡点的影响规律，结果表明：随着压力增高原油黏度呈指数形式增长，且测试温度越低，原油表观黏度对压力变化越敏感；原油显蜡点随压力增高呈线性增加，压力每增加 1MPa 原油显蜡点升高约 0.1℃；MARY C 等[13]研究了温度、压力及剪切速率对汽车润滑剂-聚合物增稠基础油黏度的影响，随着温度升高、压力降低及剪切速率增加，基础油溶液黏度逐渐降低；SEPIDEH M M 等[14]研究了压力对 Maya 原油黏度及结构恢复特性的影响，结果表明原油黏度随着压力的增高而增大；在胶凝结构恢复过程中，高压条件下储能模量及损耗模量均高于常压条件下储能模量及损耗模量，并认为压力加速原油微观结构的建立；MACDONALD B A 等[15]研究了给定温度、压力条件下重质原油黏温特性，结果表明：随着温度升高、压力下降，重质原油黏度逐渐降低；Ehsan B 等[16]利用高压流变仪研究了温度、压力、二氧化碳溶解及剪切速率对沥青质流变性的影响，结果表明：在测试温度范围内(-10℃-180℃)，随着温度升高沥青质黏度降低，在测试压力范围内(0-15MPa)，随着压力升高沥青质黏度增大，随着饱和溶气压力增高，沥青质黏度降低，并且认为在较低温度条件下沥青质黏度对压力、二氧化碳溶解及剪切速率变化更为敏感；夏炳焕[17]对溶解 CNG、LPG 及 CNG/LPG 混合气的饱和溶气原油流变性进行了实验研究，原油中溶解不同轻组分后，凝点降低幅度不同，但均随着饱和压力的增大降凝效果不断改善，相同测试温度条件下溶气原油的屈服值远小于脱气原油的屈服值，与溶解单一 CNG 或 LPG 相比，CNG/LPG 混合气对原油流变性改善效果更佳，并认为溶解的 CNG 和 LPG 对原油降凝、降黏具有一定的协同作用；YANG fei 等[18]研究了饱和溶气压力条件下三种不同烷烃气体对原油溶解度及流变性的影响，结果表明：在测试压力范围内，随着饱和溶气压力的增高原油溶解度逐渐增大，但原油倾点、黏度及屈服应力均逐渐减小，并对比相同饱和溶气压力条件下三种烷烃气体对原油流变性的改善效果，发现 LPG 改善效果最佳，C_2H_4次之，NG 最差；Ruien Hu[19]研究了CO_2-原油混合体系的流变性，指出在体系达到饱和前，混合体系黏度随着CO_2的溶解而降低；在体系达到饱和后，随着CO_2分压增大体系黏度逐渐增大；Le Sun 等[20]研究了不同饱和压力及含水率条件下原油流变性，结果表明：原油乳液在较低温度条件下表现出明显的非牛顿流体特征，在含水量达到70%之前，随着含水量的增加乳状液黏度逐渐增大；当含水量达到并超过70%时，随着含水量的增加，乳液黏度逐渐减小；随着CH_4分压的增加，乳状液黏度逐渐减小。

综上所述，目前国内外学者主要研究了静压力、饱和溶气压力对原油黏度的影响，而不同静压力条件下，原油凝点、触变特性研究较少，因此有必要开展静压力对含蜡原油流变性影响研究。本文利用 MARS 60 流变仪高压测试系统开展了不同静压力条件下原油凝点、黏度、触变特性的实验研究，探索静压力对含蜡原油流变性影响规律，并量化静压力与原油凝点、黏度、触变性的关系。

2　实验材料和方法

2.1　实验仪器及样品

实验所用仪器为 MARS60 高压流变仪，并配有测量转子为 PZ38 的同轴圆筒密闭压力单元、空气压缩机、温控系统及软件系统。如图 1 所示，密闭压力单元主要由外磁环、内磁环、测量转子以及密闭系统杯体等组成。在开始实验前需要对磁力耦合测量间距进行优化，其最佳测量间距为 1.3mm（利用 1035 标准黏度液测定）。MARS 流变仪测量原理为：将装配有转子密闭系统杯体放置于流变仪主机上，利用主机温控系统和调压阀控制测试温度和压力，外磁环在流变仪主机测量轴的带动下，通过磁力耦合，驱动密闭系统杯体内测量转子的旋转，进而对样品进行流变测试。为了研究静压力对胶凝原油流变性的影响，采用N_2作为施压介质（氮气在原油中的溶解度很小，可忽略氮气溶解对原油流变性的影响[14,16]）。

实验所用测试油样为渤西原油，常压条件下20℃渤西原油基本物性如表 1 所示。为了确保测量结果的重复性，需要对油样进行 70℃ 预处理，以消除原油剪切及热历史“记忆”效应。

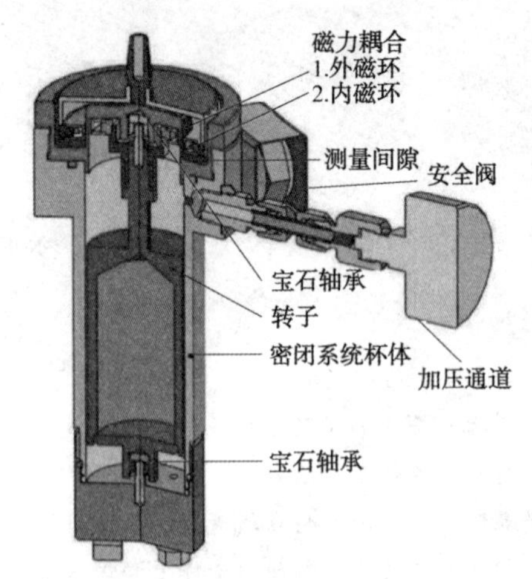

图 1　压力单元剖面示意图

表 1　渤西原油基本物性

油样	密度/（kg/m³）	含蜡量/%	沥青质含量/%	胶质含量/%
渤西原油	884.0	34.67	0.68	4.88

2.2　试验方案

凝点

采用小振幅振荡剪切试验获取不同静压力条件下含蜡原油储能模量、损耗角随温度变化关系，进而推算胶凝点。具体方案如下：将预处理的油样加至密闭压力单元杯体中，对密闭压力单元进行扫气、加压，控制的压力范围为：0.1-5MPa；将油样加热至 70℃ 并恒温 20min，以冷却速率为 0.5℃/min 对试样降温至 15℃，在油样降温过程中，进行以振荡频率为 0.1Hz 的小振幅振荡剪切试验，获取相应的试验数据。

黏度

利用动态降温试验测试不同静压力、剪切速率及温度条件下渤西原油黏度。将预处理的油样加至密闭压力单元杯体中，对密闭压力单元进行扫气、加压，控制的压力范围为：0.1-5MPa；将油样加热至 70℃ 并恒温 20min，以冷却速率为 0.5℃/min 对试样降温至 15℃，在油样降温过程中，施加不同剪切速率进行动态降温测试。

触变性

利用 MARS60 高压流变仪测试不同静压力条件下渤西原油结构裂降曲线。将预处理的油样加至密闭压力单元杯体中，对密闭压力单元进行扫气、加压，控制的压力范围为：0.1MPa-5MPa；将油样加热到 70℃ 并恒温 20min，以冷却速率为 2℃/min 对试样降温至 45℃，恒温剪切 20min，剪切速率为 $10s^{-1}$，之后以冷却速率为 0.5℃/min

对油样降温至测量温度(22℃、24℃)并恒温静置50min使原油充分形成胶凝结构，进行恒剪切速率破坏试验($5s^{-1}$、$10s^{-1}$、$15s^{-1}$)，获取胶凝原油裂降曲线。

3 实验结果与讨论

3.1 含蜡原油凝点

本文采用小振幅振荡剪切试验获取不同静压力条件下含蜡原油储能模量、损耗角随温度变化关系，进而推算原油凝点。如图2所示，不同静压力条件下渤西原油 G'，δ 随温度变化曲线，当温度降至30℃左右时，原油中的蜡分子逐渐析出并相互交联形成空间网状结构，含蜡原油由牛顿流体逐渐转变为非牛顿流体，并随着温度进一步降低储能模量 G' 急剧增加；随着静压力的增大，原油密度增加，原油内部结构更加致密，蜡晶之间有效距离逐渐减小，蜡晶间 Van Der Walls 引力越大，加速原油内部微观结构的建立，原油内部结构强度增强，因此随着静压力增高原油储能模量 G' 逐渐增大；随着温度的降低，原油中蜡分子逐渐结晶析出，蜡晶间相互交联形成空间网状结构，并将液态原油束缚其中，使得原油逐渐由溶胶状态转变为凝胶状态，根据文献[21,22]所述当 $\delta=45°$ 时，对应的温度为原油胶凝点，因此测试压力条件下渤西原油胶凝点分别为24.4℃、24.8℃、25.1℃、25.4℃、25.7℃和26.0℃，随着静压力的增大渤西原油凝点逐渐增大，压力每升高1MPa，渤西原油凝点约升高0.3℃。

通过线性关系拟合凝点 T_n 与压力曲线得到如下的关系式：

$$T_n=24.45+0.318p \tag{1}$$

拟合相关系数为0.997，式(1)能够较好地描述渤西原油凝点与静压力关系。

3.2 含蜡原油黏度

利用动态降温试验测试不同静压力条件下渤西原油黏度。如图3所示，不同静压力条件下剪切速率与黏度关系曲线及拟合结果。在相同温度和剪切速率条件下，随着静压力增高原油黏度逐渐增加，压力升高对原油黏度的影响规律类似于温度降低对原油黏度的影响规律；在相同温度和压力条件下，随着剪切速率的增大原油黏度逐渐增大。增大压力有利于原油内部微观结构的建立，形成的三维空间网络结构，吸附周围液态原油并束缚于空间网络结构形成溶剂化层，导致原油体系黏度增加；随着剪切速率的增大抑制了蜡晶间相互交联，同时破坏原油中的溶剂化层，使得原油体系黏度降低。

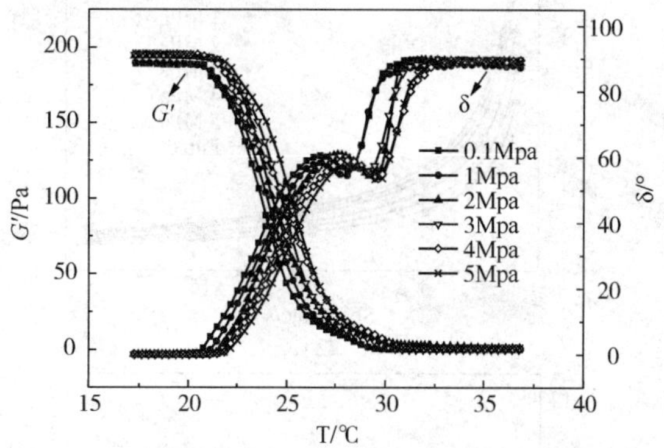

(a)不同静压力条件下渤西原油G',δ随温度变化曲线

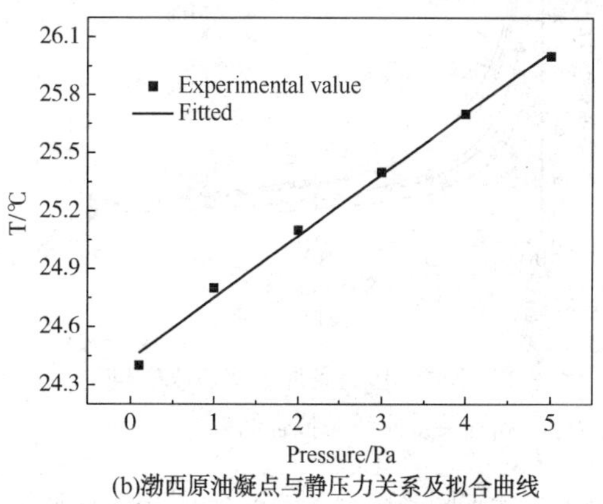

(b)渤西原油凝点与静压力关系及拟合曲线

图2 (a)不同静压力条件下渤西原油 G'，δ 随温度变化曲线(b)渤西原油凝点与静压力关系及拟合曲线

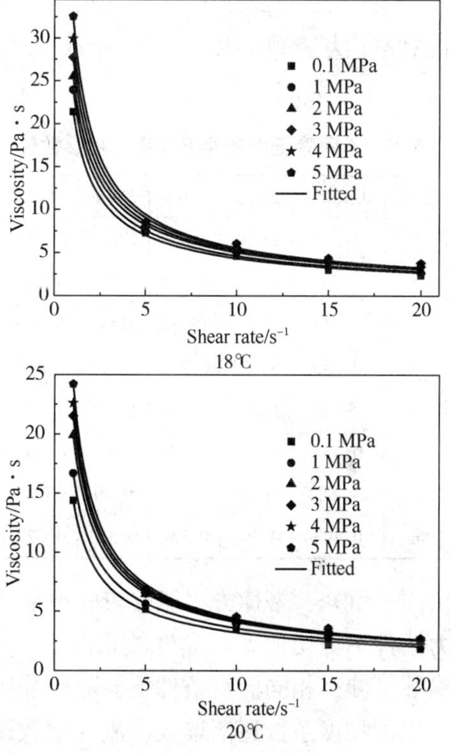

图3 不同静压力条件下剪切速率与黏度关系曲线及拟合结果

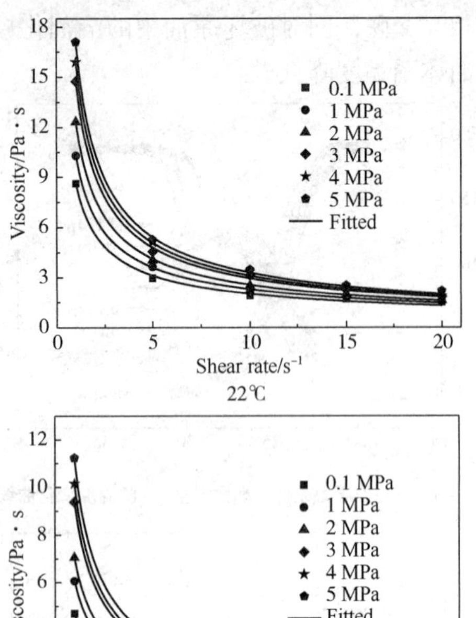

图 3　不同静压力条件下剪切速率与黏度关系曲线及拟合结果(续)

为了描述不同静压力条件下含蜡原油表观黏度随剪切速率的变化关系，本文利用幂律方程对其进行拟合，拟合结果如图 3，拟合参数如表 2 所示。

$$\mu = K\dot{\gamma}^{n-1} \tag{2}$$

式中，μ 为表观黏度，Pa · s；K 为稠度系数，Pa · s^n；n 为流变指数。

表 2　不同静压力条件下幂律方程参数值

油温	参量	0.1MPa	1MPa	2MPa	3MPa	4MPa	5MPa
18℃	K	21.44	23.94	25.50	27.68	29.86	32.42
	n	0.31	0.295	0.285	0.273	0.258	0.233
20℃	K	14.39	16.67	19.88	21.49	22.59	24.15
	n	0.350	0.332	0.312	0.287	0.277	0.257
22℃	K	8.59	10.28	12.32	14.73	15.89	17.07
	n	0.372	0.350	0.319	0.306	0.292	0.286
24℃	K	4.68	6.07	7.06	9.39	10.15	11.21
	n	0.403	0.394	0.354	0.342	0.323	0.313

由图 3 可知，幂律方程能够较好地描述不同静压力条件下剪切速率与黏度关系曲线；由表 2 模型参数可知，相同温度条件下，随着静压力的增大，原油稠度系数逐渐增大，流变指数逐渐降低；相同静压力条件下，随着温度的增加，稠度系数逐渐减小，流变指数逐渐降低。表明随着静压力增高、温度降低胶凝原油非牛顿流体特性增强，剪切稀释性减弱；反之，随着静压力减小、温度升高胶凝原油非牛顿流体特性减弱，剪切稀释性增强。

本文依据实验数据对幂律方程中的稠度系数、流变指数随静压力的变化进行研究。如图 4 所示，幂律方程中的参数 K 和 n 随静压力变化关系。K 和 n 是一个条件性参数，对静压力有较大的依赖性，静压力增高有利于溶剂化层的形成导致原油体系黏度增加，K 值增加；随着静压力增加原油内部结构更加致密，蜡晶之间有效距离逐渐减小，蜡晶间作用力增大，使得体系剪切稀释性减弱，n 值减小。利用线性关系能够较好地描述参数 K 和 n 随静压力变化关系，相应的拟合曲线如图 4，相应拟合参数如表 3。

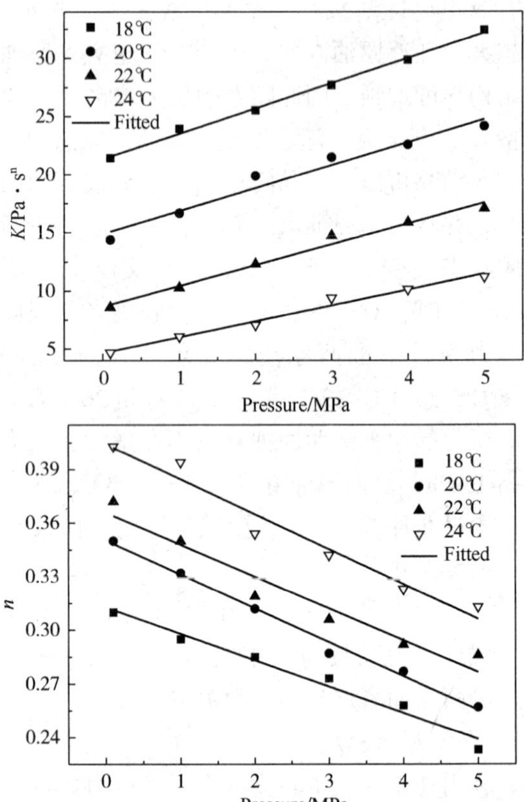

图 4　K 和 n 随静压力变化关系及拟合曲线

表 3　K 和 n 随静压力变化关系

测试温度	公式	相关系数	公式	相关系数
18℃	$K=21.46+2.14p$	0.995	$n=0.312-0.015p$	0.969
20℃	$K=14.99+1.95p$	0.959	$n=0.349-0.019p$	0.990
22℃	$K=8.74+1.76p$	0.982	$n=0.365-0.018p$	0.935
24℃	$K=4.72+1.35p$	0.977	$n=0.403-0.019p$	0.950

因此，通过数据拟合整理可以得到5个温度条件下渤西原油黏度随静压力、剪切速率变化关系式，如表4所示。

表4 渤西原油黏度随静压力、剪切速率变化关系式

测试温度/℃	公式
18	$\mu=(21.46+2.14p)\cdot\dot{\gamma}^{(0.312-0.015p)}$
20	$\mu=(14.99+1.95p)\cdot\dot{\gamma}^{(0.349-0.019p)}$
22	$\mu=(8.74+1.76p)\cdot\dot{\gamma}^{(0.365-0.018p)}$
24	$\mu=(4.72+1.35p)\cdot\dot{\gamma}^{(0.403-0.019p)}$

3.3 含蜡原油触变性

采用恒剪切速率破坏试验测试不同静压力条件下渤西原油的触变性，如图5所示，不同测试静压力条件下渤西原油结构裂降曲线。在测试静压力范围内，不同静压力条件下原油触变曲线与常压原油触变曲线变化趋势相似，在恒定剪切速率作用下，原油内部蜡晶网络结构破坏，剪切应力逐渐衰减，最终达到动平衡状态；对于勃西原油结构裂降曲线，其最大剪切应力和平衡剪切应力均随着静压力的增加而增大，且随着静压力增加，胶凝原油结构裂降越显著。胶凝原油触变性与其蜡晶大小、分散程度密切相关，与常压条件下原油相比，高压原油密度增加，原油内部结构更加致密，蜡晶之间有效距离逐渐减小，蜡晶间Van Der Walls引力越大，较小的蜡晶颗粒相互吸附形成较大蜡晶絮凝体，促进原油内部微观结构的建立，使得原油内部结构增强；压力越大形成的蜡晶尺寸越大，分散程度增大，剪切应力衰减越快，胶凝原油结构裂降越快。

为了描述不同测试静压力条件下渤西原油裂降曲线，本文利用Cross模型对具进行拟合。Cross模型如下：

$$\tau=(K+\lambda\Delta K)\dot{\gamma}^{n} \tag{3}$$

$$\frac{d\lambda}{dt}=a(1-\lambda)-b\lambda\dot{\gamma}^{m} \tag{4}$$

式中：τ为剪切应力，Pa；τ_{y0}为剩余屈服应力，Pa；τ_{y1}为触变屈服应力，Pa；K为稠度系数，Pa·s^{n}；ΔK为稠度可触变部分系数，Pa·s^{n}；n为流变指数；a为结构建立常数；b，m为结构裂降常数。

根据文献[23]中的公式推导，速率方程(4)可变形为：

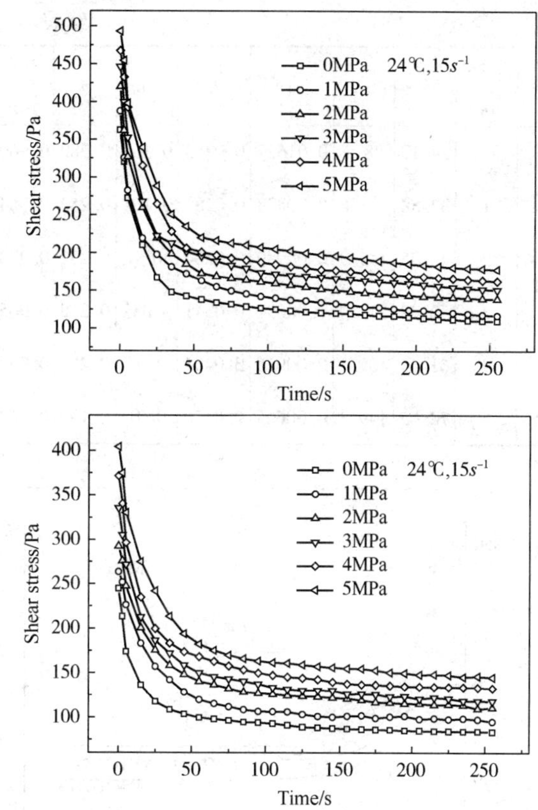

图5 不同测试静压力条件下渤西原油结构裂降曲线

$$\lambda=\lambda_{e}+(\lambda_{0}-\lambda_{e})\exp[-(a+b\dot{\gamma}^{m})t] \tag{5}$$

式中：λ_0为剪切时间为0时的结构参数，$\lambda_0=1$；λ_e为平衡剪切应力，$\lambda_e=\frac{a}{a+b\dot{\gamma}^{m}}$。

整理得出原油的触变裂降模型如下：

$$\tau=\left\{K+\left[\frac{a}{a+b\dot{\gamma}^{m}}+\left(1-\frac{a}{a+b\dot{\gamma}^{m}}\right)\exp[-(a+b\dot{\gamma}^{m})t]\Delta K\right]\right\}\dot{\gamma}^{n} \tag{6}$$

借助MATLAB软件中的Curve Fitting Tool工具，以剪切速率为x轴，时间t为y轴，剪切应力为z轴，利用式(6)分别对不同剪速条件下渤西原油结构裂降曲线进行拟合。拟合曲线如图6所示(部分)，相应的拟合参数如表5所示。

表5 模型参数值

温度/℃	压力/MPa	K	ΔK	a	b	m	n	相关系数
22	0.1	40.71	99.01	0.00483	0.0225	0.407	0.353	0.978
	1	49.32	109.6	0.00331	0.0230	0.355	0.329	0.966
	2	64.13	123.7	0.00158	0.0307	0.258	0.252	0.980
	3	69.52	133.4	0.00587	0.0316	0.0220	0.219	0.980
	4	76.27	162.8	0.00841	0.0430	0.0300	0.210	0.969
	5	88.46	173.3	0.00341	0.0476	0.207	0.200	0.967

续表

温度/℃	压力/MPa	K	ΔK	a	b	m	n	相关系数
24	0.1	24.17	88.5	0.01627	0.0243	0.369	0.282	0.960
	1	32.58	101.6	0.00833	0.0281	0.106	0.252	0.984
	2	40.75	115.3	0.00989	0.0304	0.1	0.231	0.973
	3	52.49	124.0	0.00891	0.0341	0.082	0.212	0.965
	4	61.44	135.1	0.00915	0.0435	0.07	0.209	0.957
	5	73.05	149.2	0.00665	0.0450	0.01	0.199	0.964

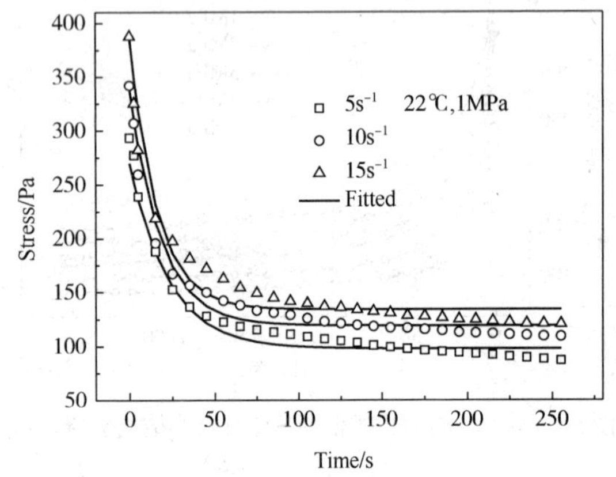

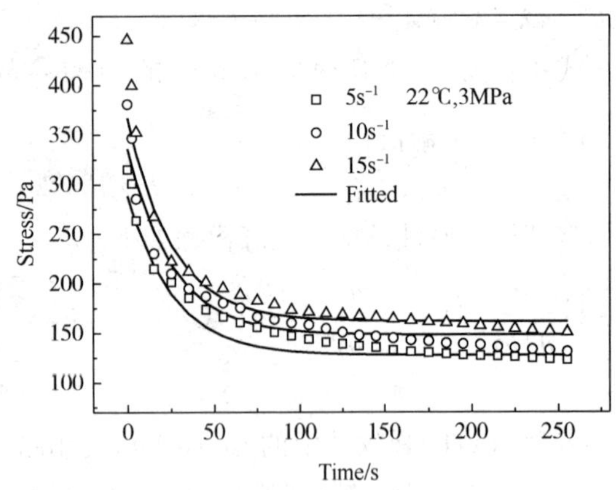

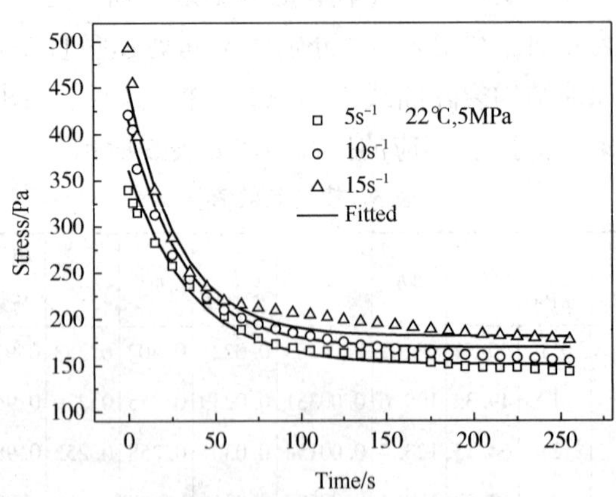

图 6　不同剪速条件下渤西原油结构裂降曲线及拟合曲线(部分)

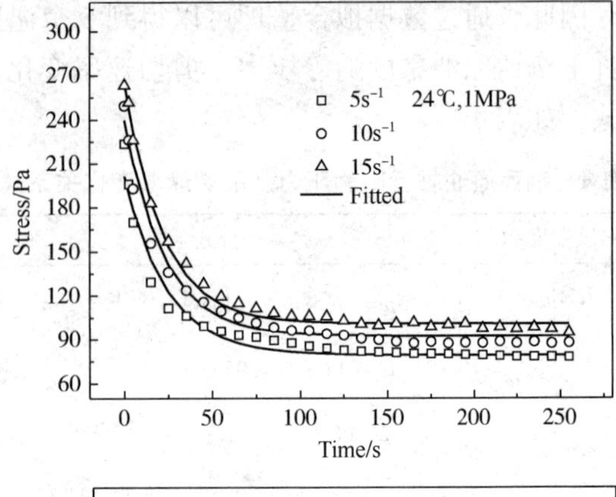

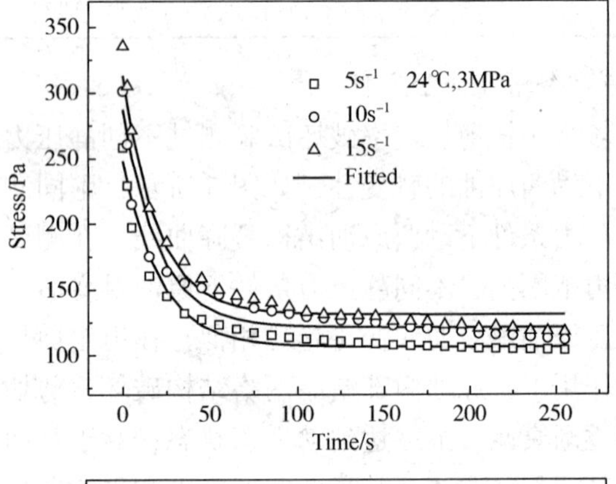

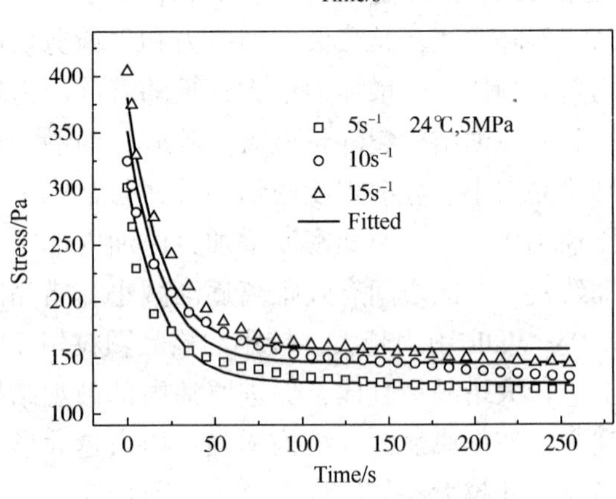

图 6　不同剪速条件下渤西原油结构裂降曲线及拟合曲线(部分)(续)

由图 6 可知，Cross 模型能够较好地描述不同测试静压力条件下渤西原油裂降曲线；根据表 5中数据分析可知，稠度系数 K、稠度可触变部分系数 ΔK、结构裂降常数 b 均随着静压力的增大而增大，其具体关系如图 7 所示。三者与静压力的变化关系均符合线性关系，相应的关系式如表 6 所示；模型参数 a 相差不大，模型参数 n 基本随静压力增大而减小；模型参数 n 随着测试静压力的增加呈线性减小，表明随着静压力增高胶凝原油结构强度越强，表现出较强的非牛顿流体特性；在测试条件下，静压力越高胶凝原油结构裂降越显著，其具体关系如图 7 所示，相应的关系式如表 6 所示。

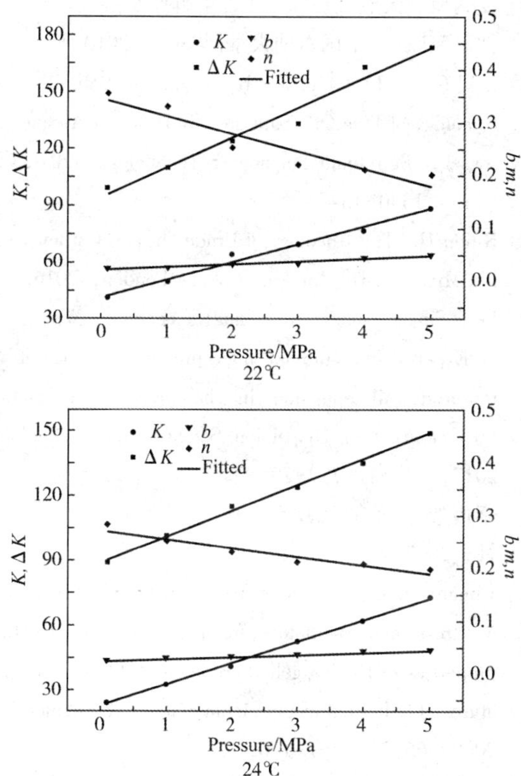

图7　不同温度、剪切速率条件下，模型参数随静压力变化关系及拟合曲线

表6　不同温度、剪切速率条件下，模型参数随静压力变化关系式

温度/℃	关系式	相关系数	温度/℃	关系式	相关系数
22	$K=41.05+9.41p$	0.978	24	$K=22.40+9.94p$	0.997
	$\Delta K=94.15+15.69p$	0.968		$\Delta K=88.87+11.95p$	0.993
	$b=0.019+0.0054p$	0.926		$b=0.023+0.0045p$	0.944
	$n=0.345-0.033p$	0.867		$n=0.272-0.016p$	0.893

4　结论

本文以渤西原油为例，研究了不同静压力对含蜡原油流变性的影响，得到以下结论：

（1）静压力使得原油蜡晶之间有效距离减小，蜡晶间 Van Der Walls 引力增大，胶凝体系结构强度增强，表现出较强的非牛顿流体特性，随着静压力增高原油凝点、黏度逐渐增大，且静压力越高胶凝原油结构裂降越显著；

（2）线性关系能够较好地描述渤西原油凝点随静压力变化关系；

（3）利用幂律方程描述不同静压力条件下胶凝原油表观黏度随剪切速率的变化关系，模型参数 K 随静压力增高呈现线性增加规律；模型参数 n 随静压力增高呈现线性减小规律，并得到渤西原油黏度随静压力、剪切速率变化关系式；

（4）利用 Cross 模型描述不同测试静压力条件下渤西原油结构裂降曲线，模型参数 K、ΔK、b 随着静压力增高均呈现线性增加规律；模型参数 n 随着测试静压力的增加呈线性减小规律。

参　考　文　献

[1] Zhao Yansong, Kristofer Paso, Johan Sjöblom. Thermal behavior and solid fraction dependent gel strength model of waxy oils[J]. Journal of Thermal Analysis & Calorimetry, 2014, 117(1): 403-411.

[2] Gang Liu, Lei Chen, Guozhong, Zhang, et al. Experimental study on the compressibility of gelled crude oil [J], SPE Journal, 2015, 20(2): 248-254.

[3] Liping Guo, Xu Chen, Shuang Shi, et al. Evaluation of Thixotropic Models for Waxy Crudes[J]. Open Journal of Applied Sciences, 2015, 05(6): 304-312.

[4] M Geri, R Venkatesan, K Sambath, et al. Thermokinematic memory and the thixotropic elasto-viscoplasticity of waxy crude oils[J]. Journal of Rheology, 2017, 61 (3): 427-454.

[5] Moussa K., Madeleine D.. Morphology of paraffin crystals in waxy crude oils cooled in quiescent conditions and under flow[J]. Fuel, 2003, 82(2): 127-135.

[6] Shize Yi, Jinjun Zhang. Shear-Induced Change in Morphology of Wax Crystals and Flow Properties of Waxy Crudes Modified with the Pour - Point Depressant [J]. Energy Fuels, 2011, 25(12): 5660-5671.

[7] Mahdi Ghanavati, Mohammad - Javad Shojaei, and Ahmad Ramazani S. A. Effects of Asphaltene Content and Temperature on Viscosity of Iranian Heavy Crude Oil: Experimental and Modeling Study [J]. Energy Fuels, 2013, 27(12), 7217-7232.

[8] M Ghanavati, A Ramazani, A Hemmati - Sarapardeh. Experimental Measurement and Modeling of Heavy Crude Oil Rheological Behavior: The Roles of Asphaltene Fraction, Shear Rate, and Temperature [J]. Journal of Dispersion Science & Technology, 2014, 17(2): 401-414.

[9] ZHAO Yansong, Lalit Kumar, Kristofer Paso. Gelation Behavior of Model Wax-Oil and Crude Oil Systems and Yield Stress Model Development [J]. Energy Fuels, 2012, 26(10): 6323-6331.

[10] Youquan Bao, Jinjun Zhang, Xinyi Wang, et al. Effect of pre - shear on structural behavior and pipeline restart of gelled waxy crude oil[J]. RSC Advances, 2016, 6(84): 80529-80540.

[11] Peter K. W. Herh, Bing C. Mei, Nick Roye, et al. Rheology of crude oil at high pressure[J]. American Labortory, 2003, 35(13): 28-30.

[12] H. Li, J. Gong. The Pressure Effect on Rheological Behavior of Water Content of Waxy Crude Oil [J]. Petroleum Science and Technology, 2011, 29 (13): 1344-1352.

[13] MARY C, PHILIPPON D, BAIR S, et al. New Insight into the Relationship Between Molecular Effects and the Rheological Behavior of Polymer-Thickened Lubricants Under High Pressure [J]. Tribol Lett, 2013, 52: 357-369.

[14] Sepideh Mortazavi-Manesh, John M. Shaw. Effect of Pressure on the Rheological Properties of Maya Crude Oil[J]. Energy Fuels, 2016, 30(2): 759-765.

[15] BA Macdonald, A Miadonye. Improvement on the Viscosity Models for the Effects of Temperature and Pressure on the Viscosity of Heavy Crude Oils [J]. Journal of Chemical & Engineering Data, 2017, 62 (3): 924-930.

[16] Ehsan B., Savvas G.. Rheology of bitumen: Effects of temperature, pressure, CO2 concentration and shear rate[J]. Fuel, 2014, 116(15): 578-587.

[17] 夏炳焕. 天然气在原油中的溶解性及溶气原油流变性研究[D]. 中国石油大学(华东), 2010.

[18] YANG F, LI C X, LI B, et al. The Solubility and Rheology of Live Oils Saturated by Different Alkane Gases[J]. Petroleum Science & Technology, 2014, 32 (11): 1340-1348.

[19] Ruien Hu. The Rheology of Crude Oil and Carbon Dioxide Mixtures[D]. Imperial College London, 2016.

[20] Le Sun, Guangwei Yang, Yechun Wang, et al. Experimental study on high-pressure rheology of water/crude oil emulsion in the presence of methan [J]. Journal of Dispersion Science and Technology, 2017, 38(6): 789-795.

[21] 李传宪. 原油流变学[M]. 中国石油大学出版社, 2007.

[22] Chuanxian Li, Qinzheng Yang, Mingzhen Lin. Effects of stress and oscillatory frequency on the structural properties of Daqing gelled crude oil at different temperatures[J]. Journal of Petroleum Science & Engineering, 2009, 65(3): 167-170.

[23] 林名桢. 非牛顿含蜡原油溶胶与凝胶相互转化过程特性与机理研究[D]. 中国石油大学, 2010.

高含硫化氢气田回注井井筒腐蚀原因分析

欧天雄　田烨瑞　岳　明

（中国石化中原油田普光分公司）

摘　要　某高含硫化氢气田共有4口回注井，承担着全气田产出水的回注任务。在历次检管作业中，发现回注井井筒结垢、腐蚀严重，出现了腐蚀穿孔、变形等情况，导致管柱难以顺利解封等施工难题。通过分析回注井井筒腐蚀要因，提出合理的井筒腐蚀控制工艺，有效解决井筒腐蚀问题，确保回注井安全平稳运行。

关键词　回注井；腐蚀；穿孔；结垢；防治

A回注井位于四川盆地川东断褶带黄金口构造带普光～双石庙背斜普光11块，完钻井深6345.00m，完钻层位飞仙关组，回注井段为雷口坡组二段2235～2325m、嘉陵江组一段3680～3790m笼统注水。截至2018年年底，累计注水超$5\times10^4m^3$。

1　检管情况

A回注井2016年实施第一次检管作业。施工中用清水反打压45MPa（折算反循环阀处油、套差压27MPa）无法打开反循环阀，上提管柱300～650kN活动解卡无效（原井管柱自重390kN），随后停止检管，改为酸化处理。

2018年实施第二次检管作业。施工中最大上提负荷700kN活动解卡无效，随后采用滑块捞矛、套铣筒、公锥等工具打捞出全部井下管柱（图1）。

图1　打捞出的油管外貌

1.1　油管情况

Y341封隔器上部：油管内壁存在结垢现象，垢样厚度2～3mm，无明显腐蚀。

RTTS封隔器下部：油管无明显腐蚀结垢现象。

双封之间：油管存在较严重腐蚀结垢现象，其中1根油管腐蚀最为严重，打捞时腐蚀断裂（图2，图3）。

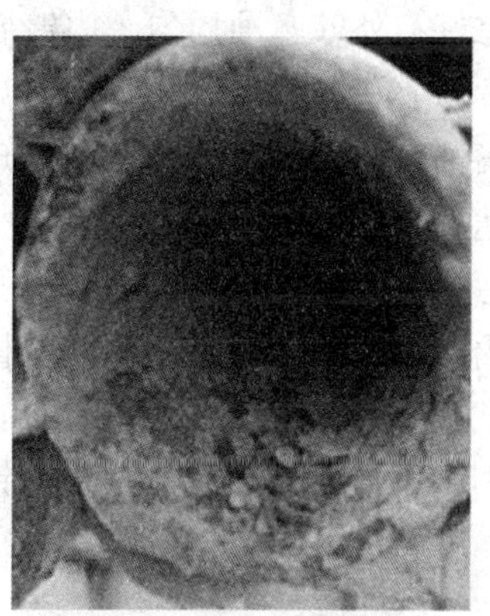

图2　内壁结垢腐蚀形貌

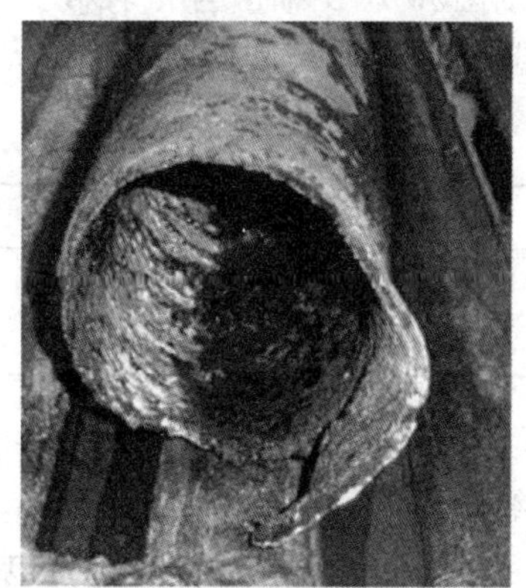

图3　油管断裂形貌

1.2　完井工具情况

1.2.1　反循环阀

无明显腐蚀，循环孔被结垢堵死。外筒和下接头断脱，外筒存在1条贯通式裂纹，裂纹及断脱处无明显腐蚀痕迹，但断口存在明显脆性裂纹特征，分析可能是检管施工中套铣、震击等引起应力腐蚀裂纹扩展、导致断裂。

1.2.2　封隔器

无明显腐蚀，除胶筒脱落外主体结构基本完好。

1.2.3　承托筒、喷砂器等工具

无明显腐蚀，但喷砂器喷砂口部位严重结垢、接近堵塞。

2　回注井油管检测

根据检管打捞出来的油管形貌来看，腐蚀较严重，主要特征为点腐蚀、坑腐蚀和溃疡状腐蚀，局部减薄甚至腐蚀穿孔、本体断裂等。截取打捞出的某根油管及接箍进行宏观测试分析。

2.1　宏观检测

2.1.1　接箍检测

外壁腐蚀较轻，内壁与油管丝扣结合部分的丝扣完整，腐蚀较轻，仍保留镀铜；未结合部分丝扣腐蚀严重，部分丝扣已完全腐蚀。

2.1.2　油管丝扣

基本完好，外壁腐蚀均匀，内壁腐蚀严重出现大量腐蚀坑；管段中部本体外壁为均匀腐蚀，未见明显腐蚀坑，内壁腐蚀严重，出现大量腐蚀坑，最深达到2.08mm。

2.2　垢样分析

油管内壁垢样为黄褐色固体，取样后进行细菌含量测试、XRD和EDS分析、扫描电镜检测。结果显示细菌含量很高，垢样主要由铁的腐蚀产物构成。

2.2.1　细菌含量测试

SRB细菌和TGB细菌含量较高，说明井筒中细菌引起的腐蚀严重(表1)。

表1　垢样中细菌含量检测表

细菌种类	SRB	TGB	FB
测试结果	100	10000	10
换算结果	10000	1000000	1000

2.2.2　仪器分析

垢样经XRD衍射分析、EDS分析和扫描电镜检测，主要由铁的腐蚀产物构成，包括铁氧化物、硫化物及碳酸亚铁(图4，图5)。

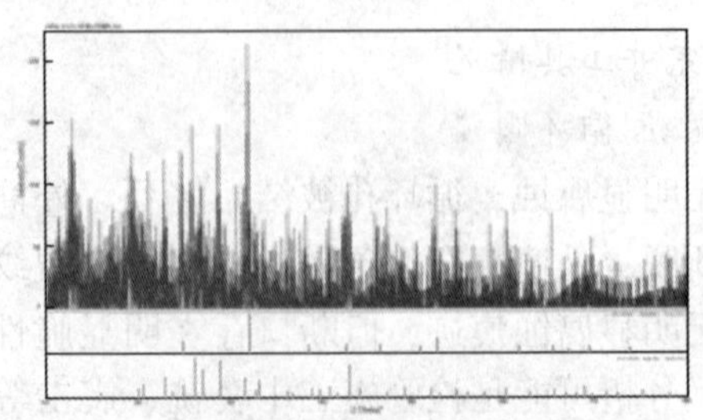

图4　垢样XRD衍射分析结果

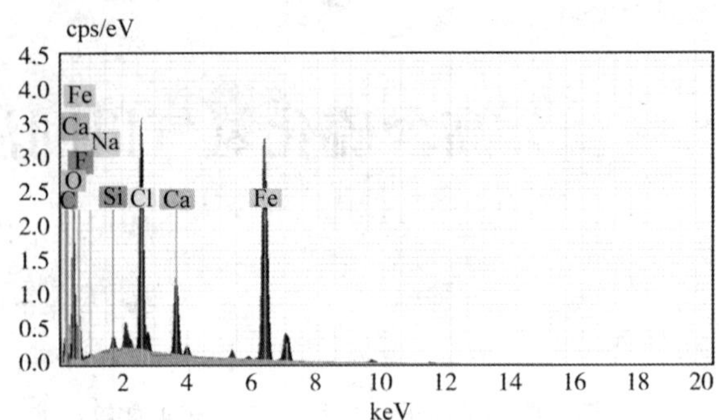

图5　油管垢样EDS分析结果

3　腐蚀原因分析

油气田回注井的腐蚀通常是多种因素共同作用的结果，因此回注井管柱受到的腐蚀是多种多样的、较为复杂的综合腐蚀[1]。结合现场进行分析，主要以下几种形式。

3.1　穿孔主要由SRB引起

通过腐蚀产物分析，油管的腐蚀大多由内壁向外壁腐蚀造成，穿孔位置的腐蚀产物为黑色，遇酸溶解产生H_2S气体。随着温度升高，细菌含量增加，腐蚀结垢速率明显增大[2]。

3.1.1　回注水水质分析

硫酸盐还原菌是一种在厌氧条件下可使硫酸盐还原成硫化物，并以有机物为营养的细菌[3]。根据回注水水质化验结果来看，硫化氢含量为0，故FeS并非由回注水中溶解的硫化氢产生。由于回注水水质指标中对SO_{42-}无指标要求，产出水中含有大量SO_{42-}，具备SRB细菌滋生的条件。

3.1.2　腐蚀形貌分析

SRB腐蚀易形成局部腐蚀，造成穿孔，穿孔位置最易发生在封隔器下部油管位置。由于封隔器下部易形成圈闭，同时也能与回注水进行缓慢的物质交换，导致该处腐蚀严重(图6，图7)。

图6　油管腐蚀穿孔腐蚀形态

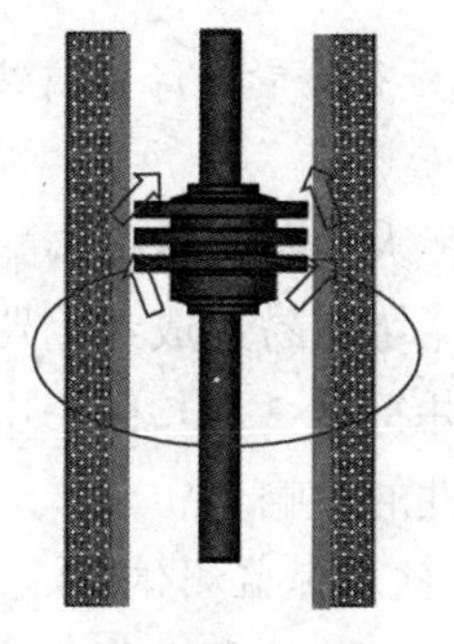

图 7　封隔器圈闭示意图

3.1.3　细菌来源分析

回注井井下管柱腐蚀产物中的细菌主要来源于两个方面：回注水携带和井下细菌自我繁殖。

发生严重穿孔位置地温（54℃）虽高于 SRB 的适宜温度，但由于回注水注入过程中水温低于地温，结合注水速率估算穿孔位置温度在 SRB 的适宜温度范围内（图 8）。

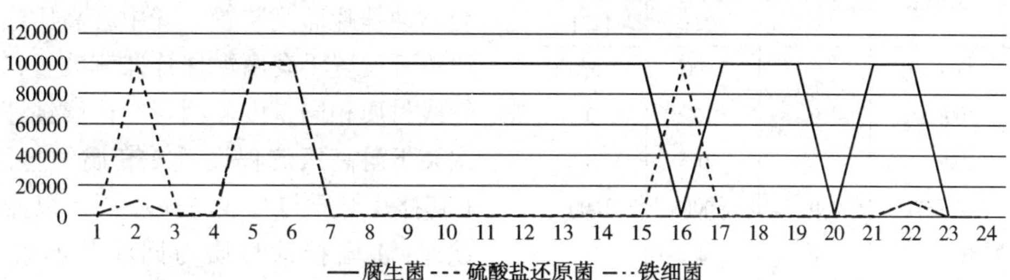

图 8　水处理站外输水质细菌测试（半年）

3.2　腐蚀结垢主要由溶解氧引起

油田水中的溶解氧小于 1mg/L 时的情况下也能引起碳钢的腐蚀[4]。在回注水处理过程中，沉降工序、双氧水除硫等工艺流程都会造成氧含量升高。对于含硫污水，为保证不含硫化氢，常采用过量的氧化剂，因此，溶解氧浓度较高（图 9，图 10）。

溶解氧腐蚀电极反应：

阳极　　$Fe-2e \longrightarrow Fe2+$

阴极反应　$O_2+2H_2O+4e \longrightarrow 4OH^-$

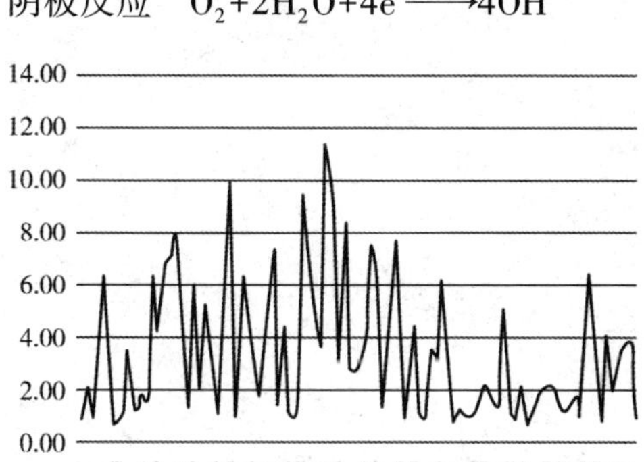

图 9　水处理站外输水含氧超标趋势

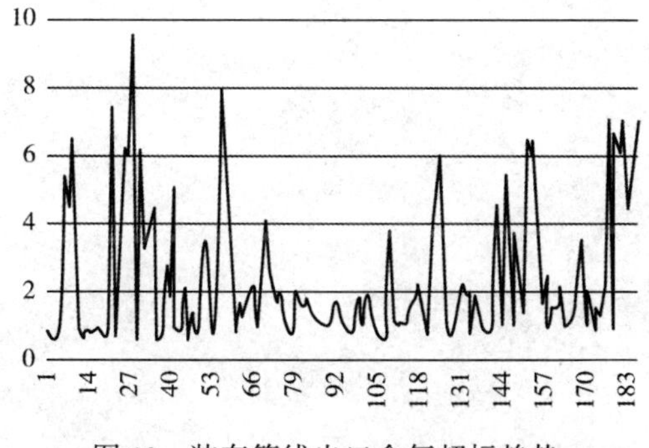

图 10　装车管线出口含氧超标趋势

3.3　室内验证

回注水在杀菌、除氧条件下，对油管的腐蚀速率远小于 0.076mm/a 的标准要求，满足防腐需要。室内模拟腐蚀测试结果如表 2 所示。

表 2　内模拟腐蚀测试结果统计表

水样	模拟条件	腐蚀速率/(mm/a)
A 回注井	第一组 50℃　杀菌　除氧	0.0215
	第二组 50℃　不杀菌　不除氧	0.2431
	第三组 80℃　杀菌　不除氧	0.1859
	第四组 80℃　不杀菌　除氧	0.0236
B 回注井	第一组 50℃　杀菌　除氧	0.0196
	第二组 50℃　不杀菌　不除氧	0.2104
	第三组 80℃　杀菌　不除氧	0.1845
	第四组 80℃　不杀菌　除氧	0.0312

不同模拟条件下，腐蚀变化趋势如图 11 所示。

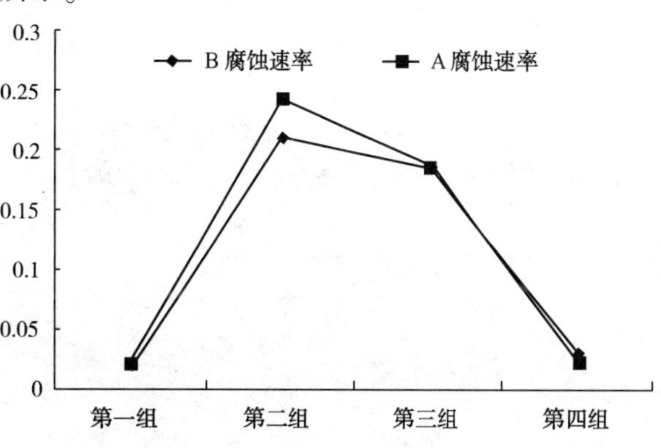

图 11　不同模拟条件下腐蚀变化趋势对比图

4 措施建议

4.1 对回注水进行杀菌处理

通过筛选评价油气田常用杀菌剂(1227、1221、1231),1227 在投加浓度 100mg/L 能有效控制井口水样 SRB,且 20#钢腐蚀速率不超标。杀菌剂效果对比试验结果如表 3 所示。

表 3 杀菌剂效果对比试验结果统计表

序号	水样	杀菌剂浓度	SRB 个/ml		
			1227	1221	1231
1	A1	50mg/L	10	1000	1000
2	A1	100mg/L	0	10	0
3	A1	200mg/L	0	0	0
4	B1	50mg/L	0	1000	1000
5	B1	100mg/L	0	0	0
6	B1	200mg/L	0	0	0

4.2 控制回注水氧含量

用亚硫酸钠作为除氧剂进行实验,投加浓度 1000mg/L 时,可以保证良好的除氧效果(表 4)。

表 4

序号	水样	含氧量(mg/L)	除氧剂添加浓度			
			100mg/L	200mg/L	500mg/L	1000mg/L
1	C1	0.5	0.5	0.35	0.1	<0.1
2	D1	0.55	0.55	0.35	0.1	<0.1
3	E1	3.5	3.1	2.2	0.5	<0.1

4.3 建议定期进行检管,降低腐蚀结垢对管柱可靠性的影响

封隔器外径大、各机械结构配合运行尺寸间隙小,一旦结垢堵塞易造成封隔器无法解封。因此,建议回注井每 2-3 年检管一次,降低腐蚀结垢对管柱可靠性的影响。

4.4 建立回注站腐蚀监测体系

根据回注站工艺流程,每座回注站场增加 3 套腐蚀挂片监测装置。其中,高压注水泵上游低压流程设置 1 套腐蚀挂片监测装置,挂片材质与管线材质相同,以监测管线内腐蚀速率;高压注水泵下游高压流程设置 2 套腐蚀挂片监测装置,1 套挂片材质与管线材质相同,以监测管线内腐蚀速;1 套挂片材质与回注井油管管柱材质相同,模拟监测井筒内腐蚀速率。

参 考 文 献

[1] 孙世鹏. 油管腐蚀机理分析与防腐措施的实验研究. 石化技术,2016(3):258-238.

[2] 徐新军. 注水井筒腐蚀结垢及防垢除垢工艺研究. 石化技术,2016(11):126-126.

[3] 纪云岭等. 油田腐蚀与防护技术. 北京:石油工业出版社,2006:24-38.

[4] 张玉清. 油气田工程实用防腐蚀技术. 北京:中国石化出版社,2009.

非再生类液体脱硫新技术在长庆气田的应用

薛 岗 杨 光 王登海 郑 欣 胡建国 葛 涛

（西安长庆科技工程有限责任公司）

摘 要 三嗪类液体脱硫剂是一种新型非再生类液体高效脱硫剂，近年来在国内外得到了广泛应用。本文通过室内实验对三嗪脱硫剂的理化性质进行了评价；同时，根据长庆气田低潜硫量的天然气特点，研发了 $1\times10^4m^3/d$、$2\times10^4m^3/d$ 和 $30\times10^4m^3/d$ 液体脱硫一体化集成装置并在现场应用，效果较好。本文研究的成果已经成功应用于长庆气田边远下古井及集气站，带来了积极的经济和社会效益，对国内低含硫天然气脱硫领域的工业化应用起到了引领及推动作用。

关键词 三嗪溶液；液体脱硫；硫容；一体化集成装置；潜硫量；非再生液体脱硫；上古天然气；下古天然气

近年来，苏里格气田采用了以“井下节流，井口不加热、不注醇，中低压集气，带液计量，井间串接，常温分离，二级增压，集中处理”为核心技术的地面建设模式。由于苏里格气田上古原料气不含硫，在处理厂对集气站来气集中脱水脱烃即可满足外输气质要求。

随着开发层位的不断深入，以上古气藏为主的苏里格气田正逐步开发下古含硫气藏。近年来多口部署的上下古兼顾井由于所在集气站无下古流程，并且位置偏远分散等原因，难以接入已建的下古集输系统。这部分气井 H_2S 平均含量为 $207mg/m^3$，最高含量达到 $1000mg/m^3$。由于无法接入下古集输系统，这部分产能无法发挥。为解决苏里格气田偏远含硫气井的输送问题，苏里格气田在含硫井场和上古集气站内采用了以三嗪溶液为脱硫剂的非再生液体脱硫工艺，脱硫后的天然气满足 GB 17820—2018 一类天然气中 H_2S 小于 $6mg/m^3$ 的要求，直接接入上古集输系统进行生产。

1　脱硫工艺的选择

根据天然气中所含硫元素质量的多少，可将天然气的脱硫处理规模划分为低潜硫量（低于 0.2t/d 的元素硫）、中潜硫量（0.2~30t/d 的元素硫）和高潜硫量（高于 30t/d 的元素硫）规模。

对于低潜硫量<0.2t/d（即天然气中 H_2S 浓度低或天然气处理量很低）天然气的脱硫，常选用干法脱硫工艺和液相直接氧化法。国内通常采用氧化铁固体干法脱硫工艺，该工艺的脱硫原理是固体氧化铁与硫化氢发生化学反应生成 Fe_2S_3，通常需要采用两台脱硫塔进行交替操作，同时还必须对脱硫剂进行更换，存在操作复杂、费时费力，并且由于废脱硫剂与空气接触后极易发生自燃，所以会加大废脱硫剂回收处理困难程度。络合铁液相氧化自循环工艺是利用铁基催化剂完成氧化反应进行硫黄回收的工艺方法，操作弹性大，可在 0~100%范围运行，需要添加 5 种化学品溶剂，溶剂消耗量大，溶剂供给系统复杂，运行成本高，设备投资高，在产气量较小的井场和小型站场使用该工艺非常不经济，该工艺多用于硫黄回收尾气处理。

国外对于低潜硫量天然气脱硫采用了一种非再生类液体，即三嗪溶液进行脱硫，其脱硫产物均为水溶性液体，安全性高，而且不需回收，可直接回注地层。国外的使用经验表明该技术适用于气田低潜硫量天然气脱硫，即大气量低含硫和低气量较高含硫工况，根据壳牌公司推荐的天然气脱硫技术应用范围，对于潜硫量低于 50kg/d 的天然气推荐选用非再生类的固体和液体脱硫技术，见图 1。

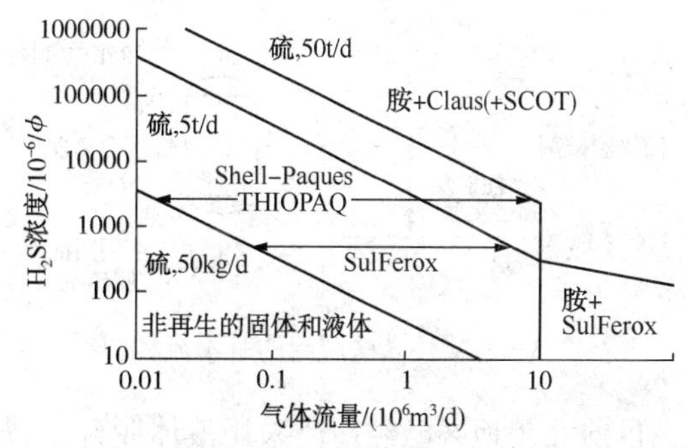

图 1　壳牌公司推荐的脱硫技术选择范围

下面结合三嗪溶液脱硫技术在长庆气田应用的实践，从脱硫原理、研究历程，理论研究，新型一体化装置研发和应用效果等方面进行简要说明。

2 三嗪类液体脱硫原理

三嗪类液体脱硫剂是一种非再生新型高效脱硫剂，其合成简便、成本低廉、脱硫迅速、硫容率高、应用方便。既可让天然气通过反应罐内的液体除硫剂脱除 H_2S，也可通过雾化装置直接注入到输气管道内达到脱硫效果。三嗪溶液中的三嗪属于一种环状胺，同时具备胺的基本特征，三嗪分子可以与 H_2S 快速反应生成噻二嗪，噻二嗪还可以继续与另外一分子 H_2S 缓慢反应生成二噻嗪。理论上，三嗪可通过 1：3 的摩尔比与 H_2S 反应，即在三嗪脱硫剂中，每 1mol 的三嗪可以吸收 3mol 的 H_2S。脱硫剂通常为无色或淡黄色透明黏稠状液体，无刺激性气味，pH = 7 ~ 11。详见图 2。

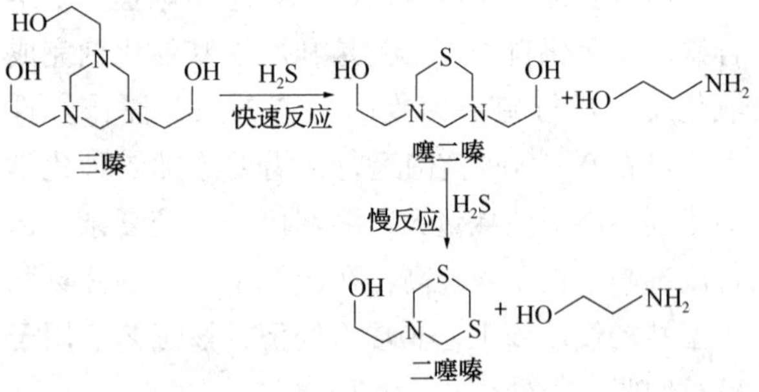

图 2 三嗪溶液脱硫原理示意图

3 三嗪类液体脱硫剂研究历程

国外最早关于液体脱硫技术的研究始于 20 世纪 90 年代，美国气体研究院(GRI)首先开发了一种新型的直接注入法脱硫工艺，装置流程见图 3。其特点是将三嗪除硫剂水溶液直接注入原料气管线，通过化学反应脱除 H_2S。此系统简单、设备少、流程短，非常适合低含硫、高 CO_2/H_2S 比的天然气脱硫。

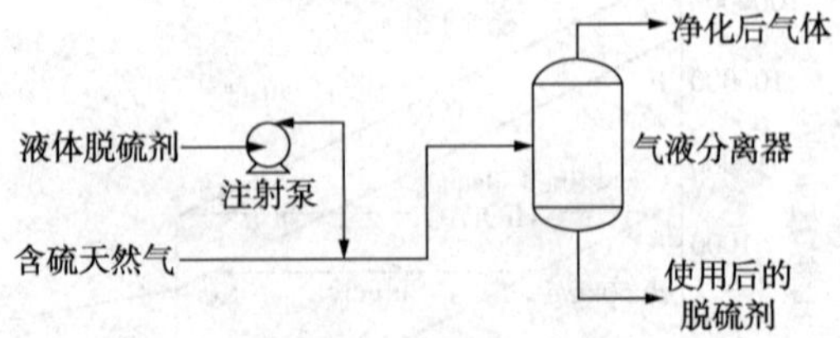

图 3 直接注入法脱硫的基本流程图

目前北美地区已经广泛采用液体脱硫剂进行低潜硫量天然气的脱硫，已经投入使用的液体脱硫橇约 1000 余套，脱硫产物直接回注地层，采用液体脱硫技术具有明显的技术经济优势。

加拿大三嗪溶液脱硫技术应用较多，应用领域包括稠油热采和天然气脱硫，该脱硫系统已成功应用于加拿大石油天然气行业，应用装置有 170 余套。

2016 年以前，在国内的天然气脱硫工业中，三嗪脱硫剂还没有实现工业化规模的应用，仅仅停留在理论研究阶段，且研究报道也相对较少。

国内外三嗪类液体脱硫剂的主研究历程见表 1。

表 1 国内外三嗪类液体脱硫剂的主要研究历程

序号	研究时间	主要研究学者和机构	主要研究内容和结论
1	1995 年	Leppin	对嗪类脱硫剂在南德克萨斯州的气田进行试验并取得初步效果。
2	20 世纪 90 年代中期	美国天然气研究协会(GRI)	首次开发了三嗪类除硫剂的直接注入法脱硫工艺，选用 8 种除硫剂进行了 2 种类型 H_2S 混合气的室内试验，优选了硫容量最高的脱硫剂，现场试验结果表明，对潜硫量不超过 200kg/d 的原料气，可以在特定的场合进行广泛应用。
3	2000 年	委内瑞拉国家石油公司技术支撑中心	完成了 5 种不同三嗪脱硫剂的性能测试，同时得出加入脱硫剂后可大幅降低腐蚀速。
4	2006 年	加拿大 ANDMIN	开始在稠油热采和天然气脱硫领域大规模应用三嗪溶液脱硫技术，累计应用 170 余套。
5	2007 年	Nasr-El-Din	研发了多种除硫剂，可与 H_2S 反应，产物可以溶于水，并且减缓了对低碳钢的腐蚀速率。
6	2008 年	Baker Hughe	研发了含烷基胺和羟基的三嗪。
7	2009 年	Rajagopal 等	在巴西的坎波斯盆地海上油气田进行试验，证实三嗪脱硫剂具备较好的脱硫效果
8	2011 年	Taylor 等	发现羟乙基比甲基作取代基的三嗪的脱硫效果更好，且脱硫效率高于乙醇胺。

续表

序号	研究时间	主要研究学者和机构	主要研究内容和结论
9	2013 年	天津大学	在室内合成了六氢均三嗪，实验室内脱硫结果表明，脱硫剂浓度越高，pH 值越大，反应温度越低，反应时间越短，脱硫剂越稳定，越不易水解。
10	2015 年	华东理工大学上海摩田化学有限公司	室内合成了多种三嗪基类脱硫剂，并测定硫容量范围为 20-168g/L。
11	2016 年	西安长庆科技工程有限责任公司等	中石油、中石化、中海油进行少量的试验和应用，在中石油长庆气田现场试验 8 种脱硫剂，最高硫容 85-98g/L。
12	2017 年-2019 年	西安长庆科技工程有限责任公司	在中石油长庆气田开始规模化工业应用，主要应用于边缘低含硫气井和站场，包括 13 套井场装置和 4 套站场装置。

4　实验室理论分析

为了准确可靠的反映三嗪脱硫剂的实时脱硫性能，设计了能用于动态监测三嗪脱硫剂脱硫性能的试验装置，如图 4 所示，其中 1-氮气，用于排除检测前装置中的空气以及检测后装置中残留的硫化氢气体；2-为检测所用的硫化氢气体；3-转子流量计，用于记录硫化氢气体的流速及流量；4-三通阀，用于切换控制氮气或氮气-硫化氢混合气体的通入；5-为待检测的三嗪溶液；6-水浴锅，用于控制具体脱硫部分装置内部的温度；7-三通阀，用于控制吸收后尾气流向硫化氢气体检测器或尾气吸收装置；8-为硫化氢气体检测器；9-氢氧化钠溶液，用于吸收尾气中少量的硫化氢气体。

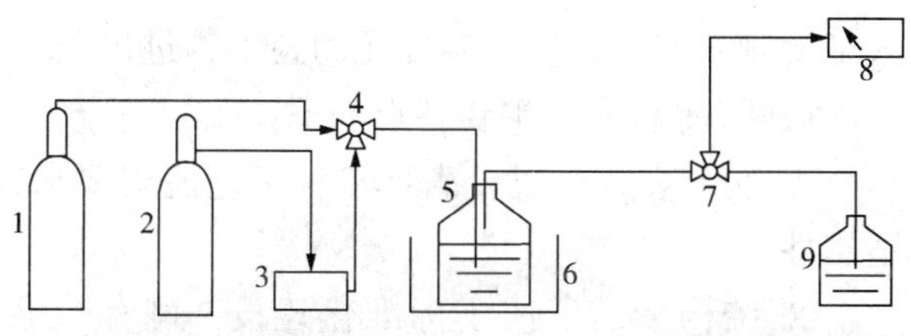

图 4　液体脱硫室内检测装置示意图

在装置试验数据的基础上，根据反应前 H_2S 含量、三嗪溶液脱硫后尾气中的 H_2S 含量及气体流量数据，计算三嗪溶液脱硫效率及单位体积的三嗪溶液可处理混合气体的体积。

脱硫效率及硫容量计算：

$$三嗪溶液瞬时脱硫效率为=\frac{(C_0-C_i)}{C_0}\times 100\% \tag{1}$$

三嗪溶液的硫容量为：

$$\frac{(C_0-C_1)\cdot v\cdot(t_1-t_0)}{V}+\frac{(C_0-C_2)\cdot v\cdot(t_2-t_1)}{V}+\cdots+\frac{(C_0-C_i)\cdot v\cdot(t_i-t_{i-1})}{V}=\sum_{i=}^{i}\frac{(C_0-C_i)\cdot v\cdot(t_i-t_{i-1})}{V} \tag{2}$$

同时分别测定了三嗪溶液脱硫剂 1(原液)、三嗪溶液脱硫剂 2(配方溶液)和三嗪溶液脱硫剂 3(配方溶液)共三种不同样品的密度、表面张力、闪点、pH 值、饱和蒸气压和反应后溶液的部分物化性质，详见表 2，计算了三嗪溶液的理论最佳反应温度为 20-30℃。

表 2　三种样品物理性质表

样品名称	密度/(g/cm^3)	表面张力/(mN/m)	闪点/℃	pH 值	饱和蒸气压/kPa
脱硫剂 1	1.1944	42.298	>108	8.8	2.1
脱硫剂 2	1.0714	26.403	>102	9.3	2.5
脱硫剂 3	1.0804	28.316	>102	8.8	2.4

表 3　反应后溶液的部分物化性质

温度/℃	pH 值			是否产生沉淀		
	脱硫剂 1	脱硫剂 2	脱硫剂 3	脱硫剂 1	脱硫剂 2	脱硫剂 3
20	8.8	9.3	8.8	否	否	否
30	8.8	9.3	8.8	否	否	否
40	8.8	9.3	8.8	否	否	否
50	8.8	9.3	8.8	否	否	否
60	8.8	9.3	8.8	否	否	否
70	8.8	9.3	8.8	否	否	否
80	9.0	9.5	9.0	否	否	否

5　新型一体化集成装置研发及应用

1. $1\times10^4m^3/d$ 液体脱硫装置

(1) 装置流程

装置工艺流程如图 5 所示，含硫天然气进入脱硫试验装置后，首先经过电加热器(3)加热，然后通过过滤器(4)除去其所含的固体颗粒杂质，经流量计(6)计量后进入反应罐内，在反应罐内含硫天然气与三嗪脱硫溶液接触，其所含的 H_2S 被脱除，脱硫后的天然气由反应罐顶部排出。试验结束后，反应罐内的废脱硫剂由罐底部废液出口(9)排出。

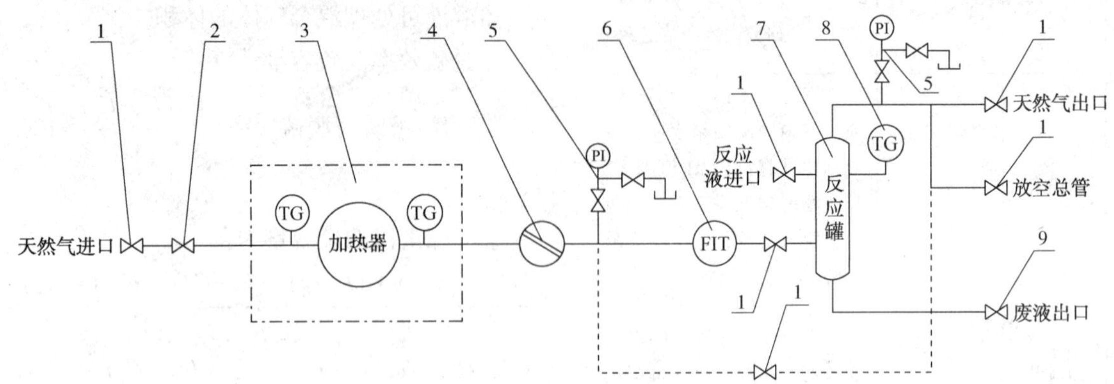

图5　液体脱硫试验装置工艺流程图

1—闸阀，2—截止阀，3—防爆电加热器，4—过滤器，5—压力表，6—流量计，7—反应罐，8—温度计，9—排污阀

(2) 装置特点

① 反应罐为立式容器，空心式鼓泡塔结构，在反应罐的底部设置有多孔的气泡发生器；另外，为使气泡在液相中分布均匀分散，在反应罐内部安装有填料。

② 采用电加热器，占地面积小而且便于控制天然气加热温度。

③ 集中成橇，整体保温伴热。

(3) 主要设计参数

天然气中 H_2S 含量：≤2000mg/m^3

天然气流量：≤10000m^3/d

设计压力：6.3MPa

操作压力：5.0~5.5MPa

操作温度：0~60℃

尺寸：2185mm(长)×1400mm(宽)×1913mm(高)

重量：约2t

(4) 现场应用

现场共完成8种溶液试验，现场试验参数及脱硫剂的硫容计算数据见表4，药剂1-8为按照现场试验顺序排序。同时对反应后的产物委托有资质的公司进行了安全性检测及评价，均证明产物无毒或低毒、无害、无腐蚀性，可作为普通货物拉运，非危化品。

表4　各类脱硫剂现场试验效果表

型号	累计通过气量/m^3	进口天然气 H_2S 含量/ppm	出口天然气 H_2S 含量/ppm	药剂加入量/L	计算实际硫容/(g/L)
三嗪液体脱硫剂1	1210	29-41	7.4	12	2.47-6.3
三嗪液体脱硫剂2	28571	30-80	1.18	25	72.7-91.3
三嗪液体脱硫剂3	4946	43.5-57.9	4.41	25	13.22-17.6
三嗪液体脱硫剂4	560	30	10	15	0.25
三嗪液体脱硫剂5	1010	62-67	7.5	25	2.29-3.85
三嗪液体脱硫剂6	3322	61-68	1.42	25	10.4-13.88
三嗪液体脱硫剂7	6685	43.5-64.5	7.11	25	17.87-26.5
三嗪液体脱硫剂8	23095	60-89	1.35	25	80.1-98.1

2.2×10^{4}m^3/d 液体脱硫装置

(1) 装置特点

该装置主要由进口分离器、脱硫罐、排液系统和放空系统等组成，具有“气液分离、三嗪溶液脱硫、自动排液、人工补液、进出装置硫化氢人工检测、安全放空、温度压力检测、进出装置手动截断”等功能。主要特点如下：

① 功能高度集成，满足多种工艺流程要求，适用性强；

② 结构橇装，便于标准化建设，可有效缩短建设周期，提高建设质量；

③ 人工检测装置进出口天然气硫化氢含量，根据硫容判断更换药剂周期；

④ 脱硫剂废液可直接排入下游采气管线或采用采出水罐车拉运。

（2）现场应用情况

装置主要应用于气田边远井场，现场应用情况见图 6。井场天然气产量为 0.3-2×$10^4m^3/d$，实际 H_2S 含量为 100-1500mg/m^3，实际溶液消耗量为 0.05-0.2L/d，经检测反应后出口 H_2S 含量为 0，在达到 20mg/m^3时更换溶液。

图 6　2×$10^4m^3/d$ 液体脱硫装置现场安装照片

3. 处理气量 30×$10^4m^3/d$ 液体脱硫装置研发

（1）装置特点

装置主要由变径吸收塔，循环泵、补液泵、在线式 H_2S 检测仪等组成。装置通过在线式 H_2S 检测仪表自动调整溶液循环量，具有"硫化氢在线监测、瞬时脱硫、自动补液、自动排液"等功能。反应后的废脱硫溶液可直接随采出水处理回注，无尾气排放，无污染，低能耗，处理费用低，硫脱除率高。主要特点如下：

① 自动化程度高，可实现无人值守。

② 采用硫化氢在线分析仪，实现了在线监测天然气硫化氢含量，根据净化天然气硫化氢含量实现自动启、停补液泵的功能。紧急情况下，可实现发生火灾爆炸、出现低低液位时具备紧急停车等功能；

③ 集中成橇，结构紧凑，方便拉运。

（2）现场应用

装置主要应用于气田边远站场，现场应用情况见图 7。站场目前天然气产量 15×$10^4m^3/d$，实际 H_2S 含量为 100mg/m^3，实际溶液消耗量为 0.015-0.02L/d，经检测反应后出口 H_2S 含量为 0，在达到 20mg/m^3时更换溶液。

6　处理成本测算

结合目前国内三嗪溶液硫容数据，对不同规

图 7　30×$10^4m^3/d$ 液体脱硫装置现场安装照片

模的天然气在不同 H_2S 含量下的溶液耗量和处理成本测算见表 5。

表 5　三嗪溶液消耗和处理成本测算表

天然气流量/(m^3/d)	H_2S含量/(mg/m^3)	潜硫量/(kg/d)	硫容/(g/L)	溶液耗量/(L/d)	处理成本/(元/m^3)
10000	1000	9.4	90.0	111.1	0.22
20000	500	9.4	90.0	111.1	0.11
20000	1000	18.8	90.0	222.2	0.22
20000	1500	28.2	90.0	333.3	0.33
20000	2000	37.6	90.0	444.4	0.44
50000	100	4.7	90.0	55.6	0.02
50000	500	23.5	90.0	277.8	0.11
50000	1000	47.1	90.0	555.6	0.22
100000	100	9.4	90.0	111.1	0.02
100000	300	28.2	90.0	333.3	0.07
100000	500	47.1	90.0	555.6	0.11
200000	100	18.8	90.0	222.2	0.02
200000	200	37.6	90.0	444.4	0.04
200000	300	56.5	90.0	666.7	0.07
300000	100	28.2	90.0	333.3	0.02
300000	200	56.5	90.0	666.7	0.04

注：①脱硫剂硫容取目前国内实际现场试验的数据 90g/L；②脱硫剂价格按照 20000 元/t；③脱硫剂密度近似取 1kg/m^3

7　研究结论

（1）设计了能用于动态监测三嗪脱硫剂脱硫性能的试验装置，测定了三种不同三嗪脱硫剂样品的密度、表面张力、闪点、pH 值、饱和蒸气压等物理性质，计算了三嗪溶液理论最佳反应温度为 20-30℃。

（2）现场试验了 8 种三嗪液体脱硫剂，现场测试的最高硫容为 85-98g/L，为三嗪类液体脱硫剂的规模工业化应用提供了现场数据。

(3) 研发并应用了 $2\times10^4m^3/d$ 的井场天然气液体脱硫装置和 $30\times10^4m^3/d$ 的站场天然气液体脱硫装置，现场应用效果较好，脱硫产物均为水溶性液体，安全性高，而且不需回收，可直接回注地层。

(4) 结合壳牌公司的推荐经验，建议目前天然气供应紧张，价格普遍上涨的情况下，建议可以适当放宽低潜硫量的范围，在可以接受的处理成本范围内，均可以采用液体脱硫工艺。

(5) 研究的成果已经成功应用于长庆气田边远下古井及集气站的低含硫化氢天然气脱硫，给国内天然气低含硫天然气脱硫领域提供了一种新型脱硫方式的选择。

参 考 文 献

[1] 唐婧亚，韩金生，王华．可脱除硫化氢的液体脱硫剂的研究进展[J]．现代化工，2013(09)：22-26.

[2] 王龙，王以元，施云海，顾宇辉．新型原油三嗪基类脱硫剂的合成研究[J]．精细与专用化学品，2015，23(3)：22-24.

[3] 陈赛良、常宏岗．配方型溶剂的应用与气体净化工艺的发展动向(第二版)[M]．石油工业出版社，2009年．

[4] 刘辉，王川洪，等额．用液态除硫剂代替固体脱硫剂进行脱硫的可行性分析[J]．企业技术开发，2015，34(5)：163-165.

[5] 张家忠，易红宏，宁平，等．硫化氢吸收净化技术研究进展[J]．环境污染治理技术与设备，2002，3(6)：47-52.

[6] 张弛．国外湿法脱硫技术进展[J]．化学工业与工程技术，2007，28(3)：51-53.

[7] 刘勇等．中等潜硫量天然气和炼厂气的净化处理技术[J]．石油与天然气化工，2005，34(04)：58-261.

[8] 陈红萍，周坤．固体脱硫剂的应用及展望[J]．燃料与化工，2014，(2)：20-22.

[9] 胡廷，张国欣．三嗪类脱硫剂的室内合成及性能研究[J]．石油化工应用，2016，35(8)：119-121.

[10] 陈鸣，赵东风．储运原油用新型脱硫剂安全性及经济性评估[J]．中国安全科学学报，2015(4)：70-74.

[11] 王遇冬主编．天然气处理原理与工艺(第三版)[M]．北京：中国石化出版社，2016.

[12] 杨光主编．天然气工程概论[M]．北京：中国石化出版社，2013.

[13] 王遇冬主编．天然气开发与利用[M]．北京：中国石化出版社，2011.

[14] GPSA. Engineering Data Book. 14th Edution，Tulsa，Ok.，2016.

[15] 刘宏伟，等．Lo-Cat 硫磺回收技术在炼厂硫磺回收装置中的应用[J]．石油与天然气化工，2009，38(4).

[16] 杨光，薛岗等．国内外三嗪类液体脱硫剂的研究进展[J]．石油化工与应用，2018，10.

管道内检测在长北的应用及评价

董　欣　杨云博　罗先海　张孝栋　李子涵

（长庆油田长北作业分公司）

摘　要　长北以管道完整性管理为指导，基于国标和行业标准，应用变形检测和漏磁检测工具，对集输干线进行管道内检测和完整性评价。以北干线为例，对比三次内检测数据，认为北干线内外部金属损失在三次检测中的深度差均小于±10%wt，考虑到检测设备的精度误差，可认为对比的内部及外部金属损失无明显增长，管道处于良好状态。通过定期监测、清管作业等方式，有效减少管道积液，提高输送效率，在降低风险的同时实现管道科学化管理。

关键词　北干线；变形检测；漏磁检测；腐蚀；完整性评价

1　概述

长庆油田长北气田位于鄂尔多斯盆地东北部陕西与内蒙古境内，目前长北气田地面工程建设已形成年 $33\times10^8 m^3/a$ 的供气能力。长北气田采用湿气输送、高压集输、集中处理的生产方式，所有原料气通过集气支线进入集气干线，最终进入中央处理厂进行净化处理。管道长时间工作在高压下，如果不能及时发现并修复其缺陷，将可能导致管道泄漏事故甚至引起爆炸等，造成重大的环境、社会危害和经济损失。所以在管道安全工程中，对管道进行全面的检测是对管道进行完整性管理和安全性评价的基本前提条件，只有通过检测才能详细地了解管道的运行状况，才能延长管道的使用寿命和避免意外事故的发生。长北气田 2007 年投产，基于国标和行业标准，从 2010 年开始对集输干线进行内检测，其中 2015 年内检测发现北北干线有严重内腐蚀并立即更换腐蚀管段。通过智能清管以及管道完整性评价的手段，全面了解管线的内腐蚀情况，进而制定合理有效的管道管理对策，实现科学化管理，保障气田的安全生产。

2　管道内检测技术

管道内检测技术是指在不影响管道正常安全运行的前提下，通过载有无损检测设备和信号采集、处理及存储系统的智能型清管器，以管内所输送介质为行进动力，对管道腐蚀、变形以及裂纹程度等进行在线检测。基于无损检测理论，目前有超声检测、漏磁检测、射线检测、涡流检测以及基于光学原理的无损检测技术等管道内检测的方法。

2.1　超声检测技术

超声波检测是通过灵敏度较高的仪器进行检测，利用超声波原理推断出材料或者结构内部活动缺陷的具体位置、状态变化以及发展趋势等。原理是利用超声波的脉冲反射来测量管壁腐蚀后的厚度，在检测过程中，要将探头垂直向管道内壁发射超声脉冲，会首先接收到有管壁表面的反射脉冲，然后超声探头又会接受到来自管壁外表面的反射脉冲，2 个反射脉冲之间的间距反映了管壁的厚度。该检测方法具有被测对象范围广、缺陷定位准确且无需校验、检测灵敏度高、成本低、对人体无害等特点，适用于大管径、厚管壁管道的检测，在国内外被广泛应用。但在实际现场应用中，超声检测会遇到一些问题：检测过程中，探头与管壁间需有连续的耦合剂，也需要声波的传播介质，如油或水等；超声波在空气中衰减很快，在气体管道上的应用还存在一定困难；对薄壁管道环焊缝缺陷的检测有一定难度。具体见图 1。

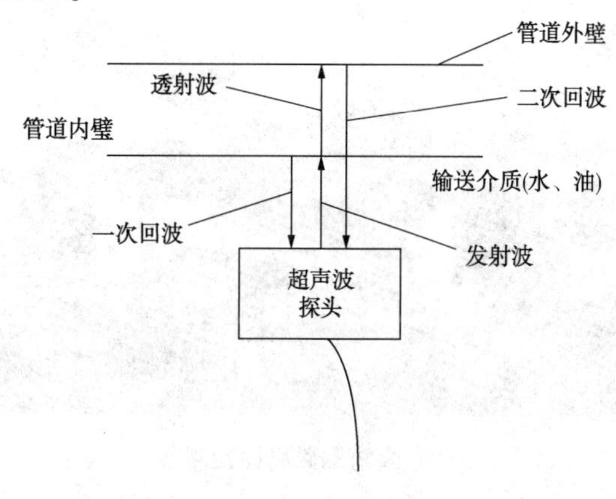

图 1　超声波检测原理管道

2.2　漏磁检测技术

漏磁检测具有在线检测能力强、自动化程度高方法、操作简单、检测速度快、检测费用较低、对管道输送的介质不敏感，可进行油气水多相流管道的腐蚀检测，并且能够覆盖管道的整个圆周等独特优点而满足管道运营中的连续性、快速性和在线检测的要求，使其成为到目前为止应用最为广泛的一种磁粉检测方法，在油气田管道检测中广泛应用。该技术基于钢管、钢棒等铁磁性材料的高磁导率特性，检测器在长输管道检测中利用永久性磁铁将管道管壁饱和磁化，与被测管壁形成磁回路，当管壁没有缺陷时，磁力线囿于管壁之内；当管壁存在缺陷时，磁力线会穿出管壁产生漏磁。在实际应用中，漏磁信号受许多因素影响，如缺陷的外形参数尺寸、探头的提离值、缺陷的延伸方向，管道特殊部件产生的漏磁场、管道磁化强度和材料的应力变化以及检测装置的移动速度等。其中对漏磁场影响最大的是缺陷的外形尺寸及缺细延伸方向。主探头拾取金属损失处的漏磁信号，ID/OD 探头能够区分管道内壁和外壁金属损失缺陷。里程轮系统实时记录管道里程信息。地面标记系统记录检测器通过设标点上方的准确时间，结合所采集的管道里程信息精确确定管道缺陷所在管道的里程位置，同时周向传感器能够确定缺陷所在管道的周向位置。漏磁检测能检测出管道内外壁腐蚀等金属损失缺陷及管道特征(阀门、三通、弯头等)，并确定其大小及准确位置。漏磁检测器由机械载体部分和电气部分组成。机械载体构成了检测器的基本框架，包括骨架、皮碗、钢刷、磁铁、铁心、万向节、里程轮和密封舱等；电气部分由探头、记录仪、电池组、里程传感器、周向传感器、线束等组成。具体见图 2，图 3。

图 2　高清漏磁腐蚀检测器

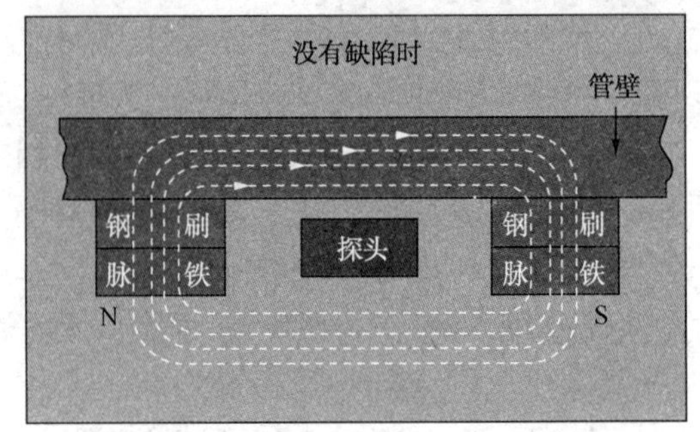

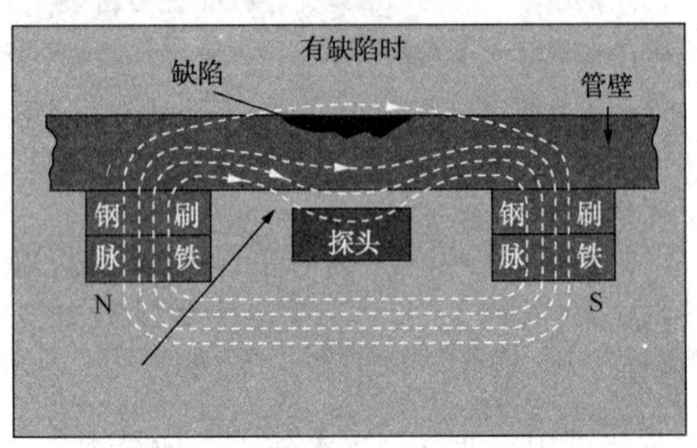

图 3　漏磁检测的原理

2.3　射线检测技术

射线检测技术也称之为射线照相技术，在检测方面有着很强的针对性，主要用于检测管道局部腐蚀，采用通过标准的图像特征显示仪来测量管壁厚度。此项技术基本适用于所有管道材料，对管道内壁的表面粗糙度没有特定要求，且对管道焊缝中的气孔、残渣以及疏松等非平面型缺陷的检测灵敏度比较高，但对于平面缺陷检测灵敏度较低。射线检测的优点是操作简单、结果直观，方便人员了解，不需要耗费太多的时间就可以完成。在进行检测时，可以保留管道上的保温层，把射线源放在管道的一侧，荧光屏放在另一侧；检测时人员必须采取严格的防护措施。

2.4　涡流检测技术

涡流检测技术是指以电磁场理论为基础的电磁无损探测方法，其主要原理：在涡流式检测器的 2 个初级线圈内通上微弱的电流，使钢管表面因为电磁感应产生涡流，用次级线圈进行检测。如果管壁没有缺陷，每个初级线圈上的磁通量和次级线圈上的磁通量是一样的，由于是反向连接，所以不会产生电压。如果管壁存在问题，磁通就会出现紊乱的情况，导致磁力线发生扭曲，次级线圈的磁通会失去平衡而产生电压。通过观察，就可以了解具体腐蚀情况，便于更好地治理。涡流检测技术具有适用性强、应用范围广、灵敏度高及自动化程度高等优点。但也存在一定的缺陷，在检测中只能了解管道表面情况，最终结果不是很全面。

2.5 基于光学原理的无损检测技术

基于光学原理的无损检测技术在对管道内表面腐蚀、斑点、裂纹等进行快速定位与测量过程中，具有较高的检测精度且易于实现自动化。相比其他检测方法，该方法在实际应用当中有很大的优势。目前在管道内检测中采用较为普遍的光学检测技术包括 CCTV 摄像技术、工业内窥镜检测技术和激光反射测量技术。

3 现场应用

基于长北管道实际情况以及生产特点，结合几种管道内检测技术的优缺点，分析认为漏磁检测的特点完全满足长北管道内检测的需求，决定采用该技术对集输干线进行内检测。

3.1 管道概况

北干线(小纪汗清管站-长北天然气处理厂)于2007年3月建成投产，全长22.37km，设计压力8.8Mpa，管径610mm，管道材质为L415，壁厚分11.9mm、14.3mm两种类型。

3.2 现场施工

2018年10月16日至10月23日，使用测径板清管器、钢刷清管器、磁力清管器对管道进行物理清管，目的是对管道进行彻底清埋以及是合存在严重几何变形。确认清管效果满足检测器运行要求后，投运变形检测器、漏磁检测器。现场检查确认漏磁检测器无机械损伤，收集到所有数据清晰完整。具体见表1。

表1 2018年北干线智能清管时间表

清管器类型	收发时间	运行时长/h	平均速度/(m/s)
Φ610 测径板清管器	10.18 11：20-10.18 16：20	4.92	1.27
Φ610 两直四碟两钢刷清管器	10.19 9：57-10.19 14：25	4.28	1.46
Φ610 磁力清管器	10.20 9：50-10.20 13：25	3.55	1.76
Φ610 变形检测器	10.21 10：50-10.21 15：07	4.27	1.46
Φ610 漏磁检测器	10.23 14：31-10.23 18：34	3.92	1.59

3.3 开挖验证

现场检测完成后，对初始检测报告提供的5处金属损失进行开挖验证，目的就是验证仪器检测的结果与实际腐蚀情况是否吻合。2018年11月21日-11月27日进行现场开挖验证，经过开挖和测量，5处金属损失点的里程定位、周向位置、内外部分布均与检测结果相符。具体见图4。

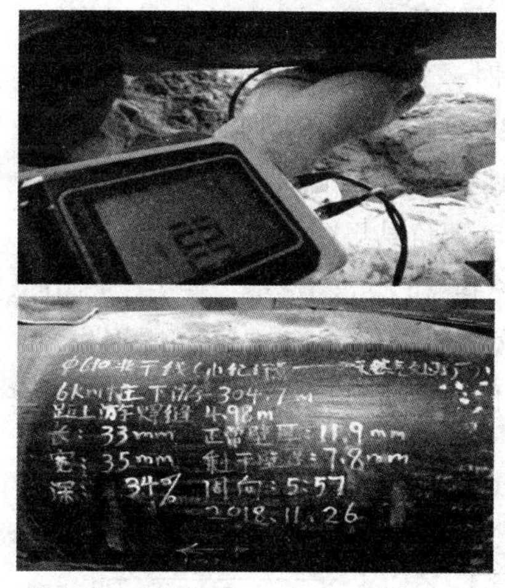

图4 现场开挖验证

4 完整性评价

4.1 管道当前完整性评价

4.1.1 金属损失剩余强度评价

当管道管体存在金属损失缺陷时，由于局部管体壁厚减薄造成管道承压能力降低。剩余强度评价利用断裂力学、材料力学等学科的理论，计算管道金属损失位置所能承受压力的大小。依据金属损失的长度和深度数据，使用 ASME B31G 评价方法对金属损失进行了剩余强度评价及剩余寿命预测；依据金属损失的宽度和深度数据使用 Kastner 评价方法对金属损失进行了剩余强度评价。

（1）预估维修比（ERF）

为了判断剩余强度评价后的缺陷是否需要立即维修及缺陷的严重程度，引入预估维修比概念。预估维修比（ERF，Estimated Repair Factor）是管道最大允许操作压力（$MAOP$）与缺陷处安全操作压力（P_s）的比值。当ERF值大于1时，表示缺陷处的安全操作压力小于最大允许操作压力（$MAOP$），不能满足最大允许操作压力的运行要求，需要立即维修；反之，当缺陷处的ERF小于或等于1时，表示缺陷处的安全操作压力大于或等于最大允许操作压力（$MAOP$），能够满足最大允许操作压力的运行要求，不需要立即维修。

ERF的计算公式如下：

$$ERF = MAOP/P_s$$

这里：

ERF = Estimated Repair Factor，预估维修比；$MAOP$ = 管道最大允许操作压力或评价压力；P_s = 利用评价方法计算得到的缺陷处的安全操作压力

通常使用ERF曲线图来描述缺陷尺寸与压力之间的关系。在ERF曲线图中，横坐标描述的是缺陷的长度（或宽度），纵坐标描述的是缺陷的深度；曲线上任意一点所对应的缺陷，在其长度和深度下，缺陷的P_s等于最大允许操作压力，即曲线上任意一点的缺陷尺寸稍有增长就不能满足最大允许操作压力下的要求了。因此当金属损失位于ERF曲线上方时，表示该缺陷当前尺寸是不可接受的，需要立即维修；位于下方时，表示是可接受的，考虑计划维修或进行监控处理。

（2）剩余强度评价结果（基于长度）

根据缺陷长度和深度尺寸，使用ASME B31G方法对本次检测发现的2028处金属损失进行评价，通过评价，所有金属损失均能满足最大允许操作压力6.3MPa的运行要求。具体见图5，图6。

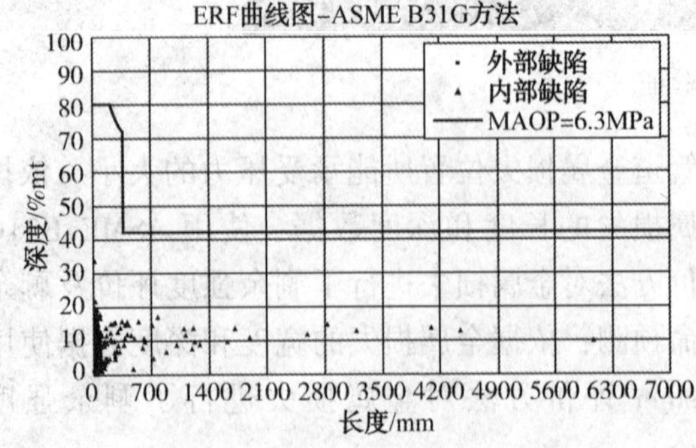

图5　壁厚11.9mm，二类地区ERF曲线图

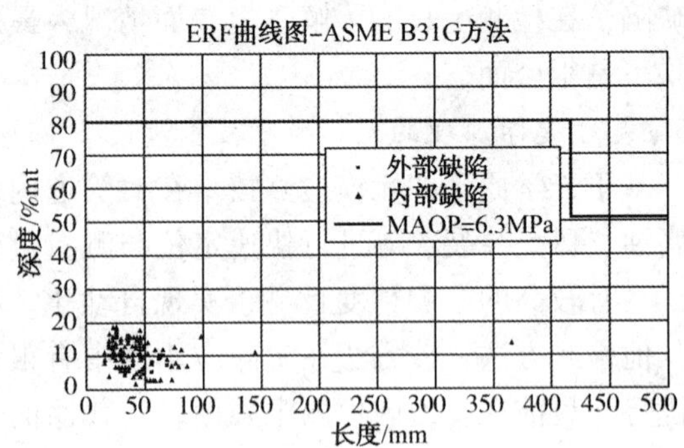

图6　壁厚14.3mm，二类地区ERF曲线图

（3）剩余强度评价结果（基于宽度）

根据缺陷深度和宽度尺寸，使用Kastner方法对本次检测发现的2028处金属损失进行评价，通过评价，在最大允许操作压力6.3MPa下，没有金属损失需要立即维修。具体见图7，图8。

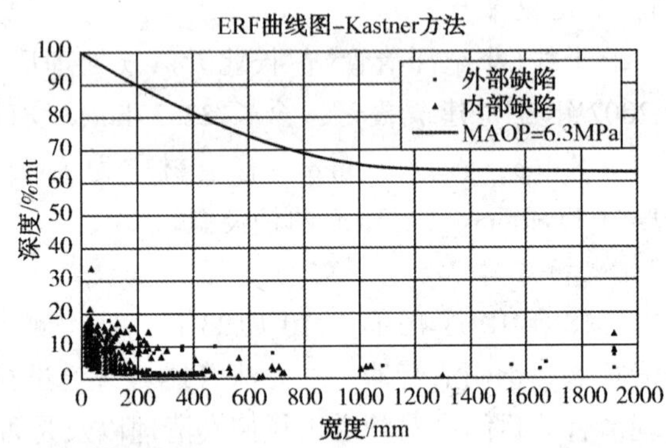

图7　壁厚11.9mm，二类地区ERF曲线图

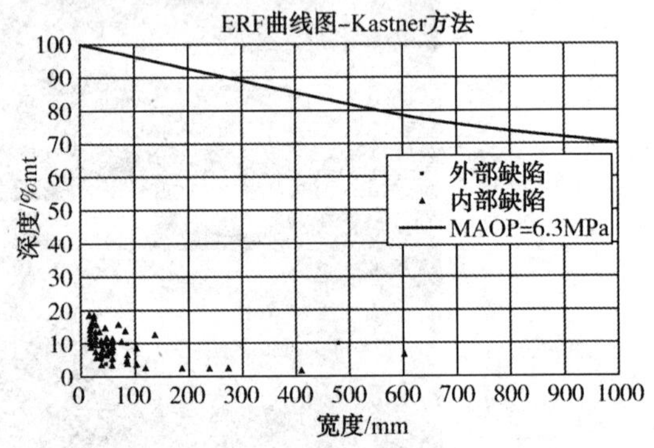

图8　壁厚14.3mm，二类地区ERF曲线图

（4）压力图

压力图描述的是每一处金属损失处的安全操作压力与最大允许操作压力（MAOP）及设计压力之间的关系，能够一目了然地显示金属损失在不同压力下的安全程度。

如果金属损失位于压力线上方，说明金属损失处的安全操作压力大于该压力线所描述的压力，则在该压力下是安全的，不需要立即维修；

如果金属损失位于压力线下方，说明该金属损失处的安全操作压力小于该压力线所描述的压力，则在该压力下是不安全的，需要立即维修。从图中可以看出，没有金属损失需要立即维修。具体见图 9，图 10。

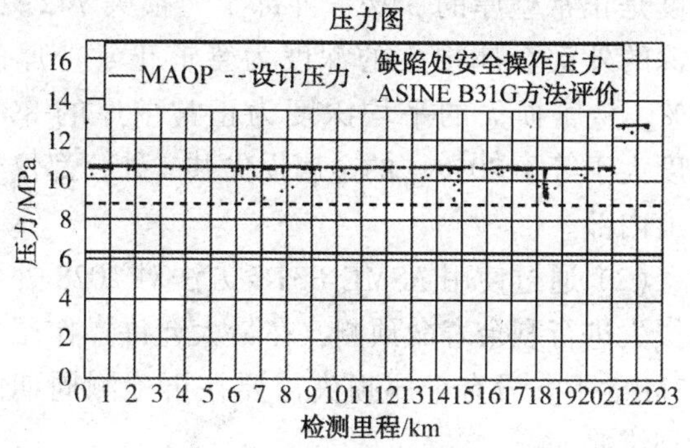

图 9　压力图(基于长度得到的安全操作压力与 MAOP、设计压力)

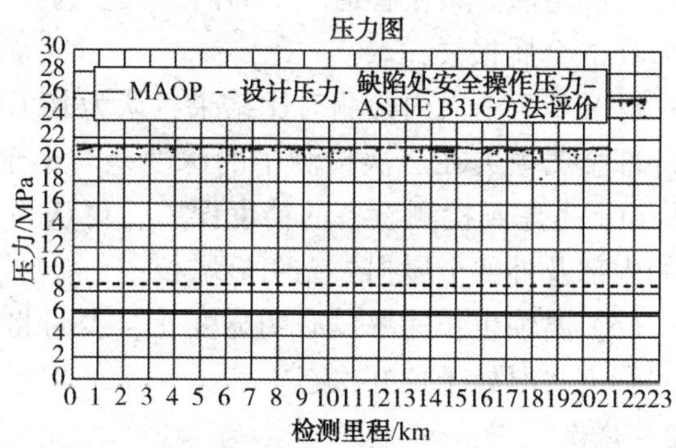

图 10　压力图(基于宽度得到的安全操作压力与 MAOP、设计压力)

4.1.2　三年检测情况对比分析

北干线于 2010 年 6 月进行了首次漏磁腐蚀检测；2013 年 6 月进行了第二次漏磁腐蚀检测；2018 年 10 月进行了第三次漏磁检测。

2018 年检测发现金属损失 2028 处，其中内部金属损失 1286 处，外部金属损失 742 处。金属损失的平均深度为正常壁厚的 8%，深度大于等于 20%wt 的金属损失共 3 处。最深的金属损失深度为管道正常壁厚的 34%，为内部金属损失，所在管段壁厚为 11.9mm。

2013 年检测发现金属损失 838 处，其中内部金属损失 564 处，外部金属损失 274 处。金属损失的平均深度为正常壁厚的 11%，深度大于等于 20%正常壁厚的金属损失 2 处，最深的金属损失深度是正常壁厚的 34%，为内部金属损失，该点所在的管道公称壁厚为 11.9mm。

2010 年检测发现金属损失 472 处，其中内部金属损失 358 处，外部金属损失 144 处。金属损失的平均深度为正常壁厚的 11%，深度大于等于 20%正常壁厚的金属损失 2 处，最深的金属损失深度是正常壁厚的 28%，为内部金属损失，该点所在的管道公称壁厚为 11.9mm。

对比发现，金属损失点的数量有明显增加，但深度大于等于 20%正常壁厚的金属损失仅有 1 处增加，且金属损失最深点的深度没有增加，表明管道运行处于良好状态。具体见图 11，表 2。

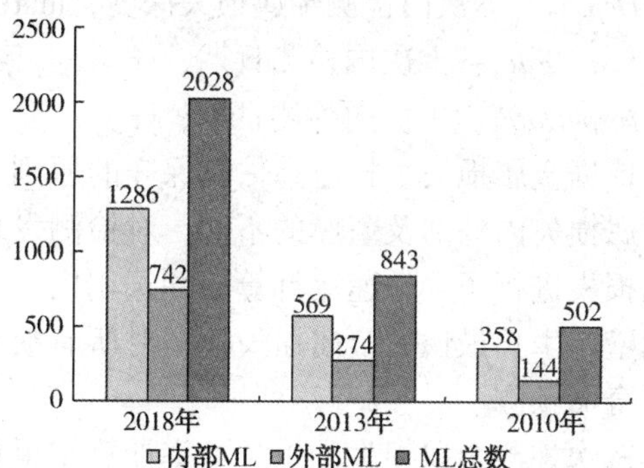

图 11　2018、2013、2010 年北干线内检测内、外部金属损失柱状图

表 2　2018 年、2013 年及 2010 年检测数据统计

金属损失深度	2018 年			2013 年			2010 年		
	内部	外部	总数	内部	外部	总数	内部	外部	总数
0%wt<深度<10%wt	711	620	1331	94	174	268	0	0	0
10%wt≤深度<20%wt	572	122	694	468	100	568	356	114	470
20%wt≤深度<30%wt	2	0	2	1	0	1	2	0	2
30%wt≤深度<40%wt	1	0	1	1	0	1	0	0	0
总计	1286	742	2028	564	274	838	358	114	472

4.2　管道将来完整性评价

4.2.1　金属损失生长速率

目前金属损失生长速率确定普遍使用的方法是对比两次(或多次)检测数据，依据数据对比结果确定缺陷生长速率。对于只进行过一次内检测的管道，经验做法是假设管道投产的起始时间为腐蚀开

始生长的初始时间，并使用全寿命或半寿命的方法来计算金属损失的生长速率。基于相邻两次检测的对比结果进行金属损失生长速率计算。

基于两次检测的金属损失生长速率计算公式如下：

$$R_{ML}=\frac{Depth_2-Depth_1}{InspeDate_2-InspeDate_1}$$

其中：

R_{ML}：金属损失的生长速率，mm/yr；

$Depth_1$：上次内检测金属损失深度，mm；

$Depth_2$：本次内检测金属损失深度，mm；

$InspeDate_1$：上次内检测日期，yr；

$InspeDate_2$：本次内检测日期，yr。

依据金属损失生长速率估算保守的原则，根据金属损失内外部及壁厚的不同，对检测发现的金属损失进行了生长速率计算，并选用内、外部不同壁厚生长最快的金属损失速率对所有缺陷进行了寿命预测。

三次检测金属损失的生长速率计算结果见下表。本表中的金属损失生长速率是基于两次检测结果对比结果计算，对于上次检测未报告的金属损失，基于保守的原则假设上次检测时深度为0。具体见表3。

表3　三次检测金属损失生长速率计算结果

生长周期	壁厚/mm	内/外部	最大生长速率/(mm/yr)	平均生长速率/(mm/yr)	评价时间间隔/yr	评价方法
2013年检测至2018年检测	11.9	内部	0.36	0.08	5.36	全寿命
		外部	0.36	0.09		
	14.3	内部	0.51	0.12		
		外部	0.37	0.13		
2010年检测至2013年检测	11.9	内部	0.59	0.11	3.03	
		外部	0.47	0.10		
	14.3	内部	0.57	0.02		
		外部	0.24	0.03		

4.2.2　管道剩余寿命预测

金属损失生长速率的计算是管道剩余寿命预测的基础。管道剩余寿命预测是管道将来完整性评价的主要依据。

基于上述金属损失缺陷的生长速率及金属损失缺陷处的承压强度，对北干线上的2028处金属损失进行了剩余寿命预测。依据ASME B31G方法的评价结果，在最大允许操作压力6.3MPa下，没有金属损失需要在再检测周期内计划维修。

5　结论及建议

5.1　结论

（1）北干线存在大于等于管道外径2%的变形点；本次检测检测发现金属损失2028处，其中内部金属损失1286处，最深的内部金属损失深度是正常壁厚的34%；外部金属损失742处，最深的外部金属损失的深度为管道正常壁厚的18%。金属损失的平均深度为正常壁厚的8%，深度大于等于20%wt的金属损失共3处，都位于管道内部。

（2）通过使用ASME B31G方法对2028处金属损失进行剩余寿命预测，在最大允许操作压力6.3MPa下，没有金属损失需要在再检测周期内计划维修。

（3）北干线新增的内部腐蚀主要集中在管道底部，大多为0%-10%wt的金属损失；北干线新增外部腐蚀分布在管道的全周向，大多为0%-10%wt的金属损失；

（4）基于3次内检测对比结果，认为北干线内外部金属损失在三次检测中的深度差均小于±10%wt，考虑到检测设备的精度误差，可认为对比的内部及外部金属损失无明显增长；

（5）腐蚀生长速率没有明显变化，表明北干线的管道状况处于良好状态。

5.2　建议

根据本次管道检测数据的完整性评价结果及GB 32167—2015《油气输送管道完整性管理规范》、GB/T 27699《钢质管道内检测技术规范》中的相关规定，结合前三次的检测结果以及管道运营的实际情况，并考虑到检测结果存在较多不确定因素，建议该管道每三年进行一次内检测，最长不超过8年。定期监测金属损失较为严重腐蚀点的壁厚；定期进行清管作业，清除管道中存在的积液及杂质，提高管道输送效率，确保管道安全运行，及时排除整改隐患，实现管道科学化管理。

参考文献

[1] 刘慧芳，张鹏，周俊杰，于林．油气管道内腐蚀检测技术的现状与发展趋势[J]．管道技术与设备，2008((5)，46-48，56.

[2] 刘年忠，付建华，陈开明．油气长输管道内检测周期预测方法[J]．储运工程，2018，37(5)：65-69.

[3] TSG D7003-2010，压力管道定期检验规则—长输(油气)管道[S].

[4] SY/T 6597-2014，油气管道内检测技术规范[S].

秦家屯油田集输系统腐蚀因素分析及对策研究

杨 瀛

（中国石化东北油气分公司石油工程环保技术研究院）

摘 要 秦家屯油田已投入开发15年以上，老油田地面集输系统相关管道设备在复杂环境下极易发生腐蚀，从而使地面集输系统面临十分严峻的安全问题。为全面掌握老油田集输注水系统腐蚀现状，消除因腐蚀原因造成的安全隐患，地面工程技术人员开展了老油田腐蚀检测与评价研究工作，判断和评价地面集输系统的有效性和可靠性，进而有针对性地制定、调整和优化腐蚀防治措施，预防腐蚀破坏事故的发生，使生产设备更有效地运行，从而达到改善生产能力，作出维修预报，消除安全隐患，最终确保油田生产设备的平稳安全运行。

关键词 集输系统；油井；腐蚀防治

1 秦家屯油田集输系统现状

1.1 秦家屯油田集输系统生产现状

截止到目前，秦家屯油田已投入开发15年以上，秦家屯油田原油集输管道材质为20#钢+玻璃钢，注水管道材质为20#钢，部分服役管道已达到使用寿命。目前，四平采油厂共有油井304口，开井23口，水井114口，开井7口，共辖油水处理站3座，秦家屯联合站除站内脱水及污水处理系统维持低能耗运行；秦家屯油田所辖4个注水站全部关停；原油生产采用单井拉运方式生产。具体见表1。

表1 秦家屯油田所辖集输场站生产运行情况统计表

油田	所属场站	设计规模	投产时间	集输系统运行情况	注水系统运行情况
秦家屯油田	秦家屯联合站	10×10^4t/a	2000年11月	低能耗运行	日处理油量70t
	1#计量站	480m³/d	2004年	关停	关停
	2#计量站	400m³/d	2000年	关停	关停
	3#计量站	400m³/d	2000年	关停	关停
	4#计量站	400m³/d	2006年	关停	关停

1.2 秦家屯油田集输管道腐蚀现状

因开发年限较长，秦家屯油田近年来是集输系统腐蚀的重灾区，根据油井全面停产前秦家屯联合站腐蚀挂片监测点位的测试结果，秦家屯联合站2014—2015年度污水处理滤后水质的平均腐蚀速率为0.4007mm/a，已经达到严重腐蚀的状态；经统计，秦家屯油田2013年至2015年集输管道来穿孔次数多达71次，管道维修费用约94万元；

截至到目前，秦家屯油田所辖4个计量配注站均投产超过10年，阀组间内集输管汇与单井集输管线均腐蚀严重，如图1所示。

图1 秦家屯油田阀组间管汇及集输干线腐蚀现状图

1.3 腐蚀状况检测研究思路

根据管线管径、输送介质、敷设环境及管道运行特点，对管道进行管道探测、外防腐层检测评价、管道本体超声波剩余壁厚测量等，同时，利用腐蚀挂片器在日常生产中定期进行腐蚀速率检测，分析不同区块的腐蚀严重程度及集输沿程的腐蚀变化趋势；根据分析结果，指导药剂加注，从而实现降低介质腐蚀速率，延长集输管道使用寿命，保障生产安全的目的。此外，通过研究，针对目前已有的腐蚀监测点位现状，优化地面集输腐蚀监测系统结构，恢复部分已建的地面集输腐蚀监测系统结构。

1.4　集输系统管道腐蚀检测及评判标准

（1）依据相关标准

管道探测及测绘检测评价标准主要依据 CJJ 61—2017《城市地下管道探测技术规程》和 QSH1020 2267—2014《油田埋地集输管道定期检验规则》。

（2）管道埋深探测等级评定（对于管沟敷设的管道该项不作评级）

① 对于管段内管体埋深全部≥0.8m 的可评定为 1 级；

② 对于管段内有部分测点埋深探测值<0.8m 但≥0.4m 的可评定为 2 级；

③ 对于管段内有测点埋深探测值<0.4m 的评定为 3 级；

④ 合理占压范围或无法实施探测的穿跨越段不予评定。

（3）防腐层性能检测安全等级评定

① 防腐层综合性能等级为 1 级的管段安全状况等级可评定为 1 级；

② 防腐层综合性能等级为 2、3 级的管段安全状况等级可评定为 2 级；

③ 防腐层综合性能等级为 4、5 级的管段安全状况等级可评定为 3 级。

（4）防护层破损点等级评定

① 管段内不存在防腐层破损点可评定为 1 级；

② 管段内存在防腐层破损点可评定为 2 级或 3 级；

③ 对于穿越管段或占压管段，若检测信号指示穿越段或占压段可能存在破损点，但现场情况无法实施具体定位时，评定为 3 级。

2　秦家屯油田集输系统腐蚀状况检测

针对秦家屯油田地面集输管道的服役现状，结合近期油井复产计划，优选出部分亟待检测集输管道，委托第三方管道检测公司对钢制管道进行有效全面的外防腐层完整性检测评价及剩余壁厚检测。待检测管道选取原则为：

（1）管道服役时间 15 年以上，停产前穿孔事故频发管道；

（2）结合分公司复产计划，以相关单井管道为主；

（3）以掺水集油管道为主；

根据上述管道选取原则，挑选秦家屯采油管理区 16 条单井集输管道为待检测管道，并针对所选取的待检测管道采用 RD-PCM+管道外防腐层检测技术+超声波剩余壁厚检测技术进行管道外防腐层检测及壁厚测量，确定管道腐蚀状况。检测结果如表 2，表 3，图 2，图 3 所示。

表 2　分公司集输管道腐蚀检测概况表

序号	工作量	数量	序号	发现隐患	数量
1	管道条数（条）	16	1	防腐层破损点（处）	42
2	管道长度（km）	12.6	2	防腐层老化段（km）	2.285
3	防腐层性能检测（km）	12.6	3	超声波壁厚重度腐蚀（处）	7
4	标志性测点（处）	1580	4	需维修管段（km）	2.56
5	管道定位坐标（处）	1767	5	维修比例	20.3
6	超声波壁厚检测（处）	22	/	/	/

表 3　分公司集输管道腐蚀检测综合评级表

序号	管段名称	管道埋深	防腐层性能	防腐层破损点	超声波测厚	综合安全等级
1	4 号站至秦联回油管道	3 级	2 级	3 级	3 级	3 级
2	SN78 井至 2 号站回油管道	2 级	2 级	3 级	2 级	3 级
3	SN78 井至 2 号站掺水管道	2 级	2 级	3 级	3 级	3 级
4	QK9 井至 3 号站回油管道	1 级	1 级	3 级	2 级	3 级
5	QK9 井至 3 号站掺水管道	1 级	1 级	3 级	3 级	3 级
6	七棵树集油东干线管道	1 级	2 级	2 级	2 级	2 级

续表

序号	管段名称	管道埋深	防腐层性能	防腐层破损点	超声波测厚	综合安全等级
7	七棵树集油南干线管道	2级	2级	2级	1级	2级
8	SW10-8井回油管道	2级	3级	1级	/	3级
9	SW10-16井回油管道	2级	3级	1级	1级	3级
10	SW8井回油管道	2级	2级	1级	1级	2级
11	SW8井掺水管道	2级	2级	1级	2级	2级
12	QK3井回油管道	2级	3级	3级	2级	3级
13	QK3井掺水管道	2级	2级	1级	3级	3级
14	QK5-8井掺水管道	2级	2级	1级	3级	3级
15	QK106-1井回油管道	3级	2级	2级	3级	3级
16	QK106-1井掺水管道	3级	2级	2级	3级	3级

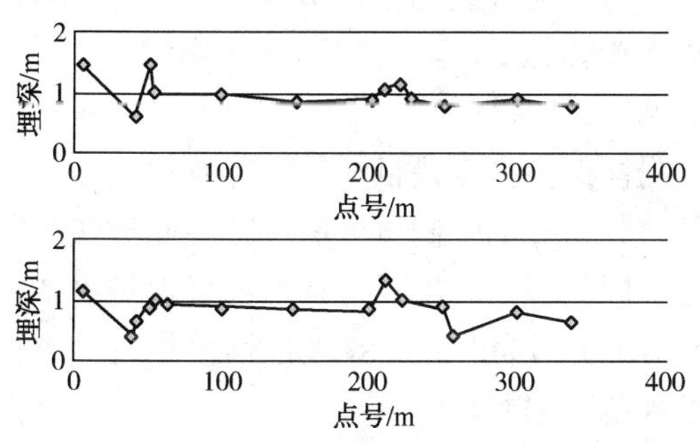

图2　秦家屯油田SN78单井集输管道埋深探测成果表

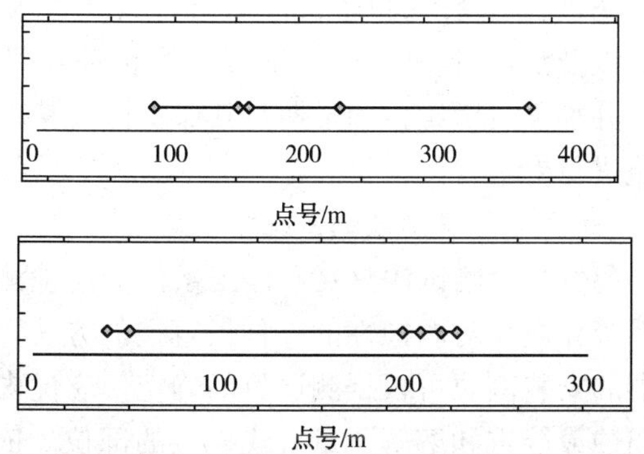

图3　秦家屯油田SN78单井集输管道破损点检测成果表

根据Q/SH1020 2267—2014《油田埋地集输管道定期检验规则》规定，检测工作结束后，应依据检测数据对各管段的安全状况等级进行评定，安全状况等级自高至低依次分为1、2、3、4四个级别，并以其中各评定项目中等级最低者作为评判级别。

从检验结果来看，秦家屯油田上述单井集输管道广泛存在管道埋深不足、管道防腐层破损点较多，管道本体剩余壁厚较薄等问题；大部分单井集输管道的综合安全等级评级为3级，处于“基本符合要求”的边缘等级，管道相应的使用寿命及检验周期大幅度缩短。

3　秦家屯油田集输系统停产期间腐蚀机理研究

因集输系统已停产3年，为查找及判定集输系统停产腐蚀原因，特选取分公司集输系统油田注入水水质检测公报中水质检测数据来加以参考。

从水质检测公报中可以得出这样的结论：在油井停产前，秦家屯油田注水水质及掺输水质中硫化物存在超标现象，SRB菌、溶解氧含量均一直严重超标，这些都是集输系统生产期间产生腐蚀的主要原因。

经过分析，分公司集输系统停产期间，埋地管道腐蚀主要由于埋地管道外界土壤对其产生的电化学腐蚀，管道内残存介质造成的化学腐蚀以及微生物腐蚀及防腐层老化造成的机械腐蚀。

1. 土壤对埋地管线造成的原电池腐蚀：

(1)在阳极，金属溶解，变成金属离子进入溶液中：

$$Me \longrightarrow Men++ne（阳极过程）$$

(2)电子从阳极流向阴极：

(3)在阴极，电子被溶液中能够吸收电子的物质(D)所接受：

$$D+ne \longrightarrow D\cdot ne（阴极过程）$$

$$O_2+4H^+ +4e \longrightarrow 2H_2o（在酸性介质中）$$

土壤含氧量、含水量越大，土壤电阻率越小，土壤腐蚀性也越强。由于土壤性质及其结构的不均匀性，在小块土壤内形成腐蚀电池；

2. 管道内残存介质造成的化学腐蚀

(1) 硫酸盐还原菌引起的垢下腐蚀：

硫酸盐还原菌含有一种氢化酶，它能在金属表面的阴极部位把硫酸根生物催化成二价硫离子和初生态氧。其中二价硫离子可形成副产物硫化氢，对金属有很大的腐蚀作用，且在腐蚀反应中产生黑色的FeS沉淀；初生态氧在阴极使吸附于阴极表面的氢去极化而生成水，从而在厌氧电化学腐蚀过程中，起到了阴极去极化剂的作用[1]，而管线因停产造成的残存介质长期滞留，也同样加速了金属的腐蚀。

阳极反应：$4Fe \longrightarrow 4Fe^{2+}+8e^-$

水的离解：$8H_2O \longrightarrow 8H^++8OH^-$

阴极反应：$8H^++8e^- \longrightarrow 8H_{ads}$

去极化：$SO_{42-}+8H_{ads} \xrightarrow{SRB} S^{2-}+4H_2O$

腐蚀产物：$Fe^{2+}+S^{2-} \longrightarrow FeS$

$3Fe^{2+}+6OH_- \longrightarrow 3Fe(OH)_2$

总反应：　$4Fe+SO4^{2-}+4H_2O \longrightarrow FeS+3Fe(OH)_2+2OH^-$

(2) 硫化物引起的腐蚀：

油田产出污水中的硫化物主要以 S、S^{2-}、SO_{42-}的形式存在，其来源一是地层中存在的，随石油开采带到地面；二是硫酸盐还原菌(SRB)的还原作用将水中的SO_{42-}还原成S^{2-}。油田污水中的硫化物主要以后者为主。水中S^{2-}由于其外层电子云极易变形，穿透性强，对钢铁具有比 Cl-更强的腐蚀性，在钢铁表面形成局部腐蚀或坑蚀，最终使管壁穿孔。另外，污水中硫化物增加会导致水体氧化还原电位降低，有利于 SRB 的繁殖(低于-100mv 时)，而 SRB 具有腐蚀性，并导致水体硫化物含量的增加[2]。

3. 防腐层老化

一由于管道投产年久，外防腐层脱落造成的管道的表面相互脱离，被附近土壤保持在固定的位置上，根本起不到防腐的效果；二是管道外防腐层补口的质量不好，腐蚀穿孔大多发生在管段间接头和弯头的位置；三是二次腐蚀的损坏，在管道焊接之后没有对具体的部位进行防腐处理，造成管道投产不久后又发生腐蚀；四是机械的损伤，由于地面上各种车辆的无意经过碾压到管线，对管道外防腐层造成很大程度的机械破坏，这些方面都会使得防腐层起不到效果[3]；

4. 集输系统管道腐蚀原因分析

(1) 外防腐层老化破损原因分析

① 第三方破坏是主要原因：如农田水利建设、城市规划施工等。

② 施工缺陷是另一重要原因：如道路、沟渠施工、埋深较浅，导致管线外防腐层破损严重。

③“重管线本体，轻管线防腐层”的管理理念也是另一不容忽视的重要原因：部分管线穿孔后，只修复了管体，外防腐层未同时修复或修复质量差，导致防腐层破损加剧。

(2) 管体腐蚀原因分析

① 内腐蚀原因：由管输介质强腐蚀性引起的均匀腐蚀；管道底部的冲刷腐蚀、管道内防腐层缺陷处的氧浓差腐蚀、异种管线焊接或补口处的电偶腐蚀等。

② 外腐蚀原因：油区地下水位常年较高，土壤电阻率低，环境腐蚀性强，外防腐层老化破损严重。再加之周围城镇建设和电气化铁路建设带来的杂散电流电化学腐蚀破损也较为严重。

4 秦家屯油田集输系统腐蚀治理方案

4.1 对防腐层进行修复

对防腐层性能评价为三级的管段以及存在防腐层破损点的管段按照进行防腐层修复。修复实施过程应严格按照 SY/T5918—2017《埋地钢质管道外防腐层保温层修复技术规范》的规定执行。

4.2 对管体发生腐蚀的部位进行腐蚀原因分析并加强监控

对管体发生腐蚀的管段或者壁厚减薄的管段应重点进行腐蚀原因分析，针对性地进行腐蚀防护，并对此类管线通过加装监测装置(壁厚在线监测装置等)加强运行监控。

4.3 安装电法保护

阴极保护技术是目前最为有效的减缓外腐蚀手段，分为外加强制电流法和牺牲阳极法，需要根据不同的现场环境设计选取阴极保护方式。并按照 GB/T 21448—2008《埋地钢质管道阴极保护技术规范》进行施工。

作为一个系统工程，应充分考虑影响其正常运行的各种因素，如管道与储罐之间的绝缘问题，阴极保护系统和防雷静电接地等的相互影响，以及后期维护人员的培训及维护简易性问题。并加强日常维护和定期对其保护性及其附属设施进行专业检测评价。

4.4 建立完善腐蚀监测系统

腐蚀挂片测试法是在不停工条件下监检测集输系统介质相对腐蚀性的一种最直接的方法。挂片器的安装部位可根据测试目的确定。应优先选择腐蚀最严重和溶解氧量有代表性的部位。依据此原则选取某些腐蚀监测点位进行腐蚀挂片的安装，进一步完善腐蚀监测体系，定期对腐蚀挂片装置进行保养维修，保证腐蚀挂片装置的安全运行，从而准确全面掌握老油田集输系统腐蚀状况。

4.5 环境和介质的改善

(1) 环境

对管道敷设环境进行腐蚀检测，包括杂散电流检测，土壤腐蚀性检测，进而针对性地进行腐蚀治理。

(2) 介质

对介质的腐蚀性进行检测或监测，针对性的添加合适的缓蚀剂、杀菌剂等化学药剂降低介质的腐蚀性，从而延缓集输系统设备的内腐蚀，提高其使用寿命，保证设备的安全运行。

5 总结

按照 Q/SH1020 2267—2014《油田埋地集输管道定期检验规则》规定，结合最新腐蚀现状分析，建议复产前对集输系统腐蚀状况检测过程中发现的防腐层评价为四、五级的管段和防腐层破损点进行修复，管体剩余壁厚检测评价为差、劣的管段实施补强措施，并在运行过程中加强监控。同时，优化地面集输腐蚀监测系统结构，进一步完善腐蚀监测点，定期对腐蚀挂片装置进行保养维修，保证腐蚀挂片装置的安全运行，进而形成全面、有效的老油田地面集输腐蚀监测系统。

参考文献

[1] 荣林柏．张港油田集输系统腐蚀机理分析[J]江汉石油科技．25(4)：73-77.

[2] 袁林，童倚勤，许涛．除硫剂在油田污水中的应用[J]复杂油气藏．25(4)：84-86.

[3] 刘申申．油田地面集输管线腐蚀及防腐效果评价[J]油田地面腐蚀控制．32(6)：18-19.

塔里木气田集气管线选材研究

文韵豪[1]　刘主宸[1]　张　磊[1]　赵建彬[2]　青彩霞[2]

（1. 中国石油规划总院；2. 中国石油塔里木油田公司）

摘　要　塔里木各气田内部集输压力高，生产工况复杂多样，输送介质腐蚀性强，对集气管线材质性能要求极高。随着运行年限增长，部分管线出现腐蚀穿孔现象，给油田安全生产带来隐患。通过对不同工况下已建的气田集气管线的选用进行分析，确定了后续类似气田集气管材的选用原则，用于规范和指导后续气田集气管线的选材。

关键词　集气；腐蚀；管线；选用

0　引言

塔里木气田所在区域自然条件极其恶劣，气候干燥，昼夜、季节温差大，土壤盐分高、腐蚀性强。另一方面，气田内部集输系统压力高，输送介质复杂多样，运行条件极端苛刻，对管道性能要求极高。如天然气高压、高温、高产、含 H_2S 和 CO_2；采出水高含 Cl^-、高矿化度。近年随着集气管道运行年限增长，部分管道出现腐蚀现象，出现刺漏穿孔或爆管等现象，给安全生产带来隐患。

1　管线内腐蚀机理

目前各气田内部集输系统基本采用气液混输工艺，输送介质中存在 Cl^-、CO_2、H_2S、水等腐蚀性组分，受高温、高压、单井出砂等因素的影响，集气管线的内部腐蚀问题日益突出。

Cl^-本身不会腐蚀金属，但会促进碳钢、不锈钢等金属或合金的局部腐蚀。在氯化物中，铁及其合金均可产生点蚀，氯离子的存在大大降低了钝化膜形成的可能性，会加速金属的腐蚀。当 Cl^-含量较高时，在阳极区导致一般坑蚀蔓延，另一方面，由于 Cl^-半径较小，极性强，易穿透保护膜，当钝化膜局部发生破坏时，破坏区的金属和未破坏区形成了大阴极、小阳极的“钝化-活化”腐蚀电池，使腐蚀向基体纵深发展而形成蚀孔，使管线发生严重点蚀，最终导致穿孔。

CO_2和 H_2S 溶于水形成弱酸，通常 H_2S 和 CO_2共存比单独存在时腐蚀行为更加复杂。CO_2对钢材的腐蚀一般有两种形式，即 CO_2溶于水生成的碳酸造成的腐蚀和 CO_2氧化引起的剥裂，剥裂过程腐蚀产物膜溶解，形成离散多孔的氧化团，降低腐蚀产物膜的力学性能，加速腐蚀。气体中混有 H_2S 作为阴极去极化剂，在金属表面生成一种疏松的 Fe_xS_y，此反应对金属产生很大的破坏作用，通常在金属表面产生坑蚀、斑点和大面积脱落，造成钢管变薄、穿孔和强度减弱象，甚至发生爆裂[1]。

纯净的水不存在腐蚀性，水腐蚀一般与其酸碱度、温度有关，气田输送介质中由于存在酸性或碱性组分，易造成管线腐蚀。单井出砂会冲刷管线表面，使得起保护作用的腐蚀产物被冲刷带走，造成管线冲蚀并加速腐蚀。

同时，集输管线采用异种钢材连接或焊接还存在电偶腐蚀、接触腐蚀等。

2　集气干线选材情况

各气田集气管道材质类型主要有三种，分别是碳钢和低合金钢管、耐腐蚀合金纯材管和双金属复合管（316L，UNS S31603），选材的依据主要是介质、温度、产量及单井生产时率。

（1）碳钢及低合金集输管线材质主要为 20、20G、16Mn、L245、L360 和 L415，主要应用在运行温度小于45℃的大中型气田采集气管线、碳酸盐岩气田采集气管线、小型气田采集气管线、气田前期试采管线。

（2）耐腐蚀合金纯材集输管线材质主要为316L 不锈钢和 2205（UNS S31803）双相不锈钢，集中应用在气田运行温度较高，产量较大，介质腐蚀较严重的单井采集气管线。

（3）双金属复合管是以 316L 为内衬管、碳钢和低合金钢管为外层基管的复合管材。主要应用在运行温度在 45℃～60℃之间，产量较大，介质腐蚀较严重的采集气管线。

3 集气管线存在的问题

3.1 CO_2腐蚀

塔里木主要产气区块均含有CO_2(部分区块含量超过10%)，气田产量和温度预测难度大。投产后许多区块的单井天然气产量超过方案设计，井口温度升高，伴随集气管道运行温度明显上升，对地面生产设施特别是集气管道系统造成了较大的影响。

目前气田内部集输系统设计温度一般为24℃~45℃，但实际投产运行后各采气井的井口实际运行温度在40℃~90℃之间，在此温度下CO_2腐蚀性较大，管线处于CO_2高腐蚀风险区，同时温度超过60℃时，缓蚀剂效果逐渐变差。因此高温使CO_2对碳钢管材的腐蚀十分严重，给集气系统生产造成了较大的冲击[2]。具体见图1。

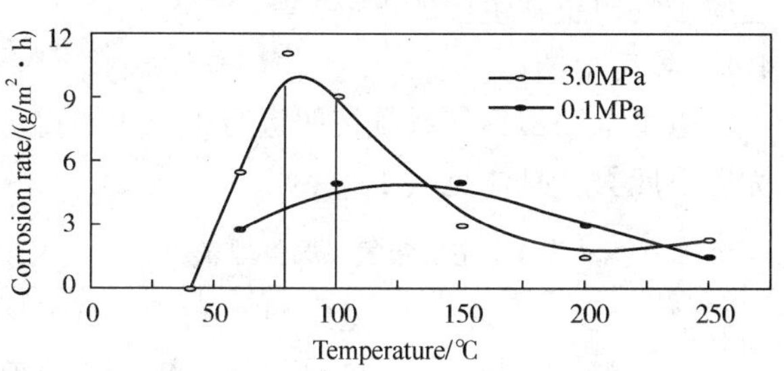

图1 温度和分压对CO_2腐蚀速率的影响

3.2 冲蚀

(1) 单井产量高，采集气管线流速增大，造成管线冲蚀。按照设计规范要求，酸性气田气液两相混输工艺流速应控制在3~8m/s的合理流速区间，高流速会使腐蚀产物层产生机械疲劳，破坏腐蚀产物膜或防碍腐蚀产物膜的形成，使腐蚀速率升高，特别是当输送介质含有固体颗粒时腐蚀会异常严重。塔里木多个产气区的实际产气量均高于方案设计，部分气田单井采气支线超过10m/s的极限流速输量，集气干线流速最高时达到9.5m/s，在此速度下缓蚀剂几近失效，易造成管线冲刷腐蚀。

(2) 流态扰动进一步加剧冲蚀。碳钢管线受到CO_2腐蚀后会在管道内壁形成一层厚而疏松的$FeCO_3$保护膜，层流状态下时$FeCO_3$可以避免对管道的进一步腐蚀，紊流状态下$FeCO_3$保护膜会被冲刷破坏，并影响缓蚀剂的附着性能，破坏缓蚀剂保护膜。流态扰动引发的冲蚀在直管段发生概率较低，一般多发生在流体方向发生突变的弯头、三通、变径等部位。特别是集气气管网中单井来气与干线的三通相汇处，两股流体混合后流态发生变化形成一个紊流区域(图2)，将会产生以下影响：

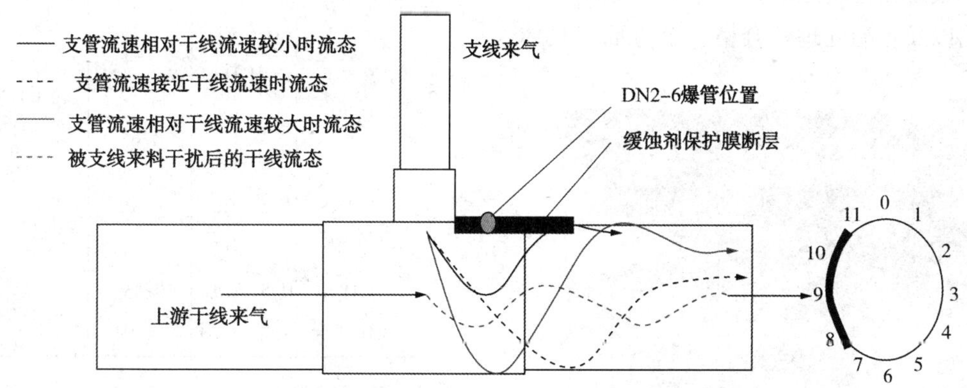

图2 支、干线三通处流态变化示意图

① 涡流冲蚀。由于支、干线来气压力很高，流速也较快，两股流体混合后易形成离心涡流。这会破坏原管壁已经生成的腐蚀产物膜，并大大降低缓蚀剂附着性能，从而造成下游管线形成严重的局部腐蚀，迪那2气田出现集气干线出现类似腐蚀现象[3]。

② 缓蚀剂保护膜断层。无论支线流速如何，支线与干线三通主管下游管线7点~11点方向上会存在缓蚀剂保护盲区，极易发生局部腐蚀。迪那2气田一单井采气管线腐蚀部位正处于该区域。干线流速越大三通下游局部腐蚀区域越长，支线流速较小时，腐蚀区域集中于三通下游支管一侧(7点~11点方向)；支线流速较大时，腐蚀区域集中于三通下游支管对面(1点~5点方向)。

(3) 气田生产规模季节性变化，也造成冲刷腐蚀。下游用户对天然气的需求一般冬季用气量大，夏季用气量相对较少。由于用气量不同形成的变化，使气田产气量形成了波峰和波谷，冬季达到高峰，夏季降到低谷，也会造成采集气管线冲蚀。

3.3 缓蚀剂效果较差

缓蚀剂使用前都要模拟现场工况，经历室内性能评价，满足腐蚀控制标准后才可现场使用。各气田投运前对多种缓蚀剂开展了高温 CO_2 工况下的试验评定，筛选了现场加注的缓蚀剂，但现场工况与实验室条件相比差异较大，甚至出现无法预测的因素，缓蚀剂在现场使用时与实验室评估结果差距较大，加注后达不到预期效果，对现场腐蚀控制管理带来巨大压力。通过结合现场生产条件再次评价，缓蚀剂本身效果差，目前认为高温气相 CO_2 腐蚀尚无经济有效的缓蚀剂。

3.4 316L 双金属复合管缺陷

双金属复合管因其优良的耐腐蚀性能和相对经济价格，逐渐被应用于 CO_2 腐蚀严重的气田内部集输管线，目前机械式复合的 316L 双金属复合管应用最为广泛。然而双金属复合管结构独特，特别是机械双金属复合管对制管、防腐、运输、存放和施工焊接等都要求极高[4]。

(1) 双金属复合管质量缺陷。双金属复合管制造工艺复杂，制造工序繁多，质量控制难度大，制管过程中一旦存在质量控制措施不到位，往往造成瑕疵或缺陷，直接影响成管质量。其质量缺陷主要表现在衬层结合强度不够、纵向直焊缝焊接缺陷以及管端处理不合格三个方面。具体见图 3。

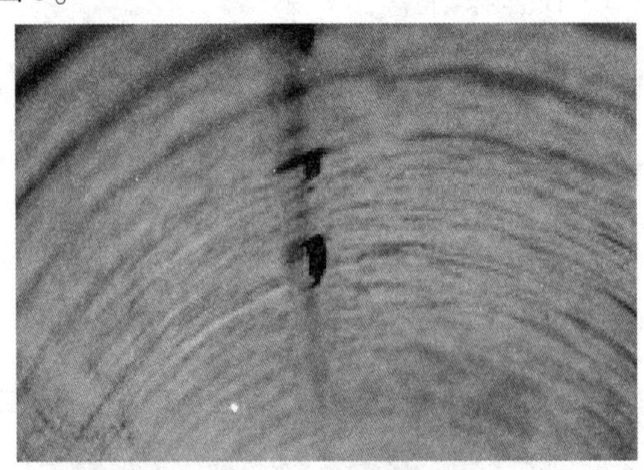

图 3 316L 双金属复合管腐蚀穿孔图

(2) 双金属复合管焊接缺陷。双金属复合管对焊接及施工工艺要求极高，其环焊缝存在裂纹、应力集中、合金元素被稀释等现象，同时自然环境也影响施工质量。某区块双金属复合管焊接工艺先后进行了 3 次改进，不同工艺施焊后的标准“双百检测”均未能发现焊接缺陷，但焊缝处还是出现腐蚀穿孔现象，通过失效分析后发现，焊接时焊缝及热影响区合金元素被稀释，Cr、Ni 含量均低于母材，造成焊缝处抗腐蚀能力下降。

4 管材适用性分析

塔里木各气田按照生产工况不同，选择了相适应的集气管道材质，降低应力腐蚀开裂、氢致开裂和氯化物点蚀的可能，减少或避免管道运行期间内发生腐蚀开裂、穿孔、爆管等现象，较好适应了气田正常生产的需要。

4.1 集气工况

塔里木油田集气系统按照运行工况主要可分为以下四类，具体见表 1。

表 1 主要集气工况类型表

序号	工况类型	腐蚀因素	运行温度/℃	H_2S 分压/MPa	CO_2 分压/MPa
1	常规工况	Cl^-、H_2O	–	<0.0003	<0.05
2	含 CO_2 工况	CO_2、Cl^-、H_2O	<45	<0.0003	≥0.05
		CO_2、Cl^-、H_2O	≥45		
3	含 H_2S 工况	H_2S、Cl^-、H_2O	–	≥0.0003	<0.05
4	含 H_2S/CO_2 工况	H_2S、CO_2、Cl^-、H_2O	<45 ≥45	≥0.0003	≥0.05

(1) 常规工况：H_2S 和 CO_2 分压均较低，一般不构成腐蚀因素，基本可认为无 H_2S 和 CO_2 腐蚀，此时腐蚀因素主要是 Cl^-，其浓度从几千到十几万不等，对运行温度无明确限定，一般不大于 80℃。其主要腐蚀类型是氯化物应力腐蚀或氯离子点蚀。

(2) 含 CO_2 工况：H_2S 分压 <0.0003MPa，CO_2 分压 ≥0.05MPa，此时 CO_2 和 Cl^- 是主要的腐蚀因素，腐蚀类型有 CO_2 应力腐蚀、氯化物应力腐蚀和氯离子点蚀。其中温度是 CO_2 腐蚀的敏感因素，在运行温度 $T \geq 45$℃ 时，碳钢或低合金钢材质的 CO_2 腐蚀速率显著上升。

(3) 含 H_2S 工况：H_2S 分压≥0.0003MPa，CO_2分压<0.05MPa，此时 H_2S 和 Cl^-是主要的腐蚀因素，主要腐蚀类型有硫化物应力腐蚀、氯化物应力腐蚀和氯离子点蚀。

(4) 含 H_2S/CO_2 工况：H_2S 分压≥0.0003MPa，CO_2分压≥0.05MPa。此时腐蚀因素有 H_2S、CO_2和 Cl^-，既有 H_2S 腐蚀，也有 CO_2腐蚀，在运行温度 $T<45$℃时，腐蚀可能以 H_2S 为主，也可能以 CO_2为主，取决于二者的分压比；在运行温度 $T\geq45$℃时腐蚀主要以 CO_2为主。在含 H_2S/CO_2工况下的腐蚀类型有硫化物应力腐蚀、CO_2应力腐蚀、氯化物应力腐蚀和氯离子点蚀。

4.2 应用效果分析

4.2.1 碳钢或低合金钢管

塔里木主要气田天然气中普遍含 CO_2，高温条件下碳钢或低合金钢管 CO_2腐蚀较为严重。通过实际运行验证，在运行温度 $T\geq45$℃的含 CO_2工况和含 H_2S/CO_2工况，碳钢管处于极严重或严重腐蚀状态，目前尚无有效缓蚀剂类型用于高温 CO_2工况。因此运行温度 $T\geq45$℃时的含 CO_2工况和含 H_2S/CO_2工况下，采用碳钢或低合金钢管+缓蚀剂方案不适用于气田的采集气管线。

在常规工况和运行温度 $T<45$℃时的含 CO_2工况，CO_2对碳钢或低合金钢材质的腐蚀速率下降明显，碳钢或低合金钢管在缓蚀剂的保护下处于轻度或中度腐蚀，在控制好缓蚀剂加注、做好腐蚀检测条件下，碳钢或低合金钢管+缓蚀剂方案具有较好的适用性。同时对缓蚀剂产品的筛选、生产、加注工艺选择、现场操作、分析调整等工作形成制度严格管理执行。目前类似工况的英买力气田采用碳钢+缓蚀剂应用效果较好。

4.2.2 耐腐蚀合金

目前用于塔里木气田集气管道系统的耐腐蚀合金类型主要有 316L 不锈钢、2205 双相不锈钢。由于价格相对昂贵，耐腐蚀合金纯材管一般只用各类高温工况下的井站管线和单井采气管线。

(1) 316L 不锈钢对氯离子应力腐蚀比较敏感，温度高、氯离子浓度越高，越易发生氯化物应力腐蚀，高温高压气田出现过类似问题。目前 316L 管线在牙哈凝析气田得到了较多的应用，基本还没有腐蚀现象发生。

(2) 2205 双相不锈钢管其兼有铁素体不锈钢和奥氏体不锈钢的优点，通过科技攻关确定管线可以不加阴极保护系统，但焊接对焊缝的组织有很大的影响，从而降低焊接接头的腐蚀抗力和韧性。目前在某主力区块进行了大规模应用，基本没有发生过腐蚀现象，现场防腐效果较好。但 2205 双相不锈钢易发生硫化物应力开裂(SSC)，不宜在含 H_2S 工况下使用。

4.2.3 双金属复合管

双金属复合管实际也是利用耐腐蚀合金衬层进行防腐，通过低碳钢基层和耐腐蚀合金衬层有机结合，有效降低了管材费用。2005 年从牙哈气田开始在集气管线使用 316L 双金属复合管，腐蚀得到有效控制。但目前大口径双金属复合管存在质量缺陷、焊接工艺等问题，在管线的焊缝部位仍出现穿孔刺漏现象。通过应用效果分析，凝析气田采用 316L 双金属复合管，除管材本身质量问题外发生腐蚀次数较少，主要由于凝析油能够吸附在管壁，一定程度上能够起到隔离作用，避免管线的腐蚀；干气气田采用 316L 双金属复合管，除管材本身质量问题外腐蚀集中在大口径复合管焊缝，主要原因是气田提前产高含 Cl^-的地层水，集输流速偏低，管线内积液较大，Cl^-的存在促进不锈钢的局部腐蚀；同时管线存在一定椭圆度，对接时采用撑胀措施引起环焊缝应力集中而出现裂纹，且焊接过程中合金元素会被稀释，也是集气管线腐蚀穿孔另一原因。

故 316L 双金属复合管在气田使用应提高气体集输流速，避免管线内积液，特别是输送含气田水的内部集输系统[5]。

5 集气管线选材建议

通过实际运行效果分析，结合气田的实际工况，气田集气管线材质推荐如下：

(1) 常规工况下，推荐选用碳钢管或低合金钢管。平均腐蚀速率超过 0.076mm/a 时，宜辅助投加缓蚀剂。

(2) 含 CO_2工况管材选用。运行温度 $T<45$℃时，推荐选用碳钢管或低合金钢管，并辅助投加缓蚀剂；运行温度 60℃≥$T\geq45$℃时，推荐选用双金属复合管，内衬层为耐腐蚀合金，可选择 316L、2205 材质；运行温度 $T>60$℃时，推荐选用 2205 纯材。

(3) 含 H_2S 工况和含 H_2S/CO_2工况管材选用。运行温度 $T<45$℃时，推荐选用碳钢管或低

合金钢管，并辅助投加缓蚀剂；运行温度 $T \geq 45℃$时，含 H_2S 工况推荐选用碳钢管或低合金钢管并辅助投加缓蚀剂；含 H_2S/CO_2工况管材选用应通过综合技术经济比选确定，可选管材方案有碳钢管或低合金钢管并辅助投加缓蚀剂、825 镍基合金双金属复合管和 825 材管；含 H_2S 腐蚀环境下，选择的碳钢或低合金钢钢材应为高纯净度细晶粒结构全镇静钢，屈服强度宜不大于 360MPa。含 H_2S 和高 Cl^-腐蚀环境下，不宜选用 2205 材质，在限制条件下或根据评定试验结果可选用 316L 不锈钢[6]。

参 考 文 献

[1] 艾俊哲，贾红霞，舒福昌等；油气田二氧化碳腐蚀及防护技术，湖北化工，2002(3).

[2] 蔡锐，韩燕，常泽亮等；高流速凝析气田地面管线腐蚀原因分析，机械工程材料，2011.5，35(5)：86-89.

[3] 赵建彬，刘百春，许爱华等．高温高压气田集气管材的优选，油气田地面工程，2014(10)，33(10)：93-94.

无人机在复杂山区气田管道巡检的应用

周小飞[1] 黄 伟[1] 崔小君[1] 马自伟[2] 段黎明[1]

（1. 中国石化西南油气分公司；2. 西安因诺航空科技有限公司）

摘 要 元坝气田属于高含硫气田，处理和输送的介质为高温、高压、高含硫介质。气田所在地区均为丘陵多山地带，海拔高程差超过500m，并且元坝酸气管道多处无巡检便道，人工巡护难度大，部分地点人员无法巡检。无人机管道巡检主要针对飞行控制技术、数据链通信技术、激光甲烷探测+智能点火技术的气体泄漏处置进行技术创新与试验，成功实现使用多旋翼无人机对气田集输管道、场站、重要巡检点等进行监控巡查；利用无人机挂载“激光甲烷探测+智能点火装置”处置管道泄漏。打造出全方位的陆-空立体监督管理网络，使得气田集输管道的监控多维可视化。

关键词 无人机；复杂山区；飞行控制技术；数据链通信技术；巡检；应急

1 研究背景

元坝气田属于高含硫气田，处理和输送的介质为高温、高压、高含硫介质，存在着很大的泄露、火灾、爆炸等危险性。事故一旦发生，不仅企业会造成巨大经济损失，周边人民的生命、财产、生活安全也将受到严重威胁；并且泄露、爆炸、火灾后会产生大量的有毒有害气体，对周围十几平方公里乃至更远范围内的大气、土壤、水质都会造成严重污染。

目前元坝气田主要采用人工巡检的方式，引进无人机巡检初期主要辅助人工巡检。随着时间推移，后期将不断摸索无人机巡检方式优缺点，逐步增加无人机巡检频次，减少人工巡检频次。最终实现元坝气田全区域常态化巡检，即满足飞行条件，多旋翼无人机挂载双光吊舱采取“A 起 B 降”模式进行控制飞行巡检；挂载高清相机每月完成一次全覆盖正射拍摄巡检，并进行拼图，对比管道周边地形地貌变化。

2 无人机巡检系统

2.1 无人机系统组成

元坝气田无人机巡检系统由无人机作业系统与智能图像处理系统构成，其中无人机作业系统由无人机平台系统、飞行控制系统、通信链路系统、任务载荷系统、地面站系统、保障系统组成；智能图像处理系统由智能识别检测软件、图像快拼软件组成。

无人机平台系统包括机体、动力系统、遥控器、避障模块；飞行控制系统包括飞行控制硬件、飞行控制软件(算法)；任务载荷系统包括高分辨率相机、30倍双光吊舱、气体检测+点火装置，各任务载荷可通过快速装拆接口安装于无人机平台上；通信链路系统是由整套图数传输系统方案，包括机载端通讯电台安装于无人机平台上，地面端通讯基站电台架设；地面系统包括指挥中心、图形工作站及地面站软件系统；保障系统包括充无人机和辅助设备包装箱、电池防爆箱、充电器及硬盘等。具体见图1。

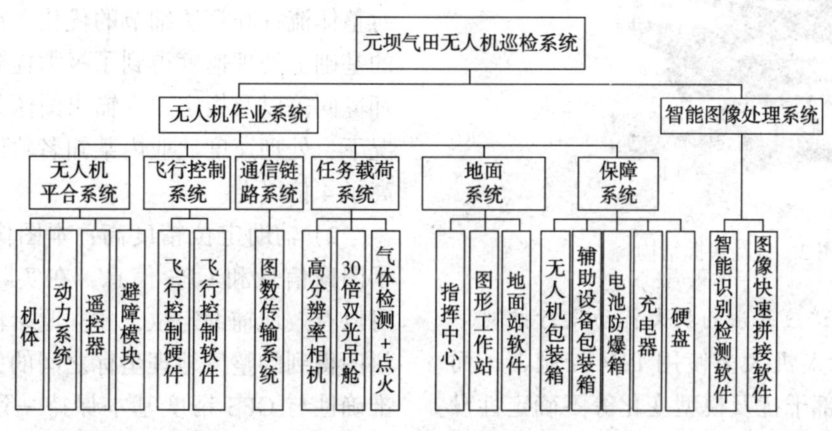

图1 系统组成

2.2　多旋翼无人机主要技术参数

推荐使用电驱动六旋翼无人机(表1)。

表1　多旋翼无人机主要技术参数

参数名称	参数指标	备注
对称电机轴距	1600mm	
空机重量	≤12kg	
最大载荷	≥5kg	
上升速度	≥5m/s	
下降速度	≥2m/s	
最大飞行速度	≥50km/h	
定位精度	≤±1.5m	
控制半径	≥10km	无中继站
图传半径	≥10km	无中继站
续航时间	≥45min	挂载吊舱巡检
最大抗风能力	6级	

3　关键技术

3.3　基于模块化的多任务载荷快拆设计

传统载荷采用与无人机固连的形式，不方便非专业人员使用和更换载荷，易用性差。针对此，采用电气机械一体化快拆模块设计，方便快捷，满足基层操作人员使用(图2)。

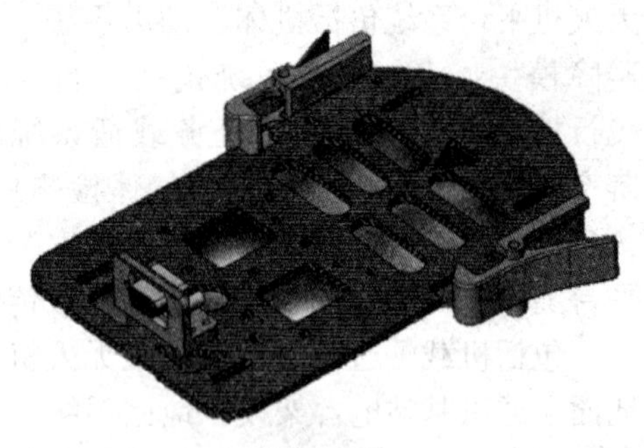

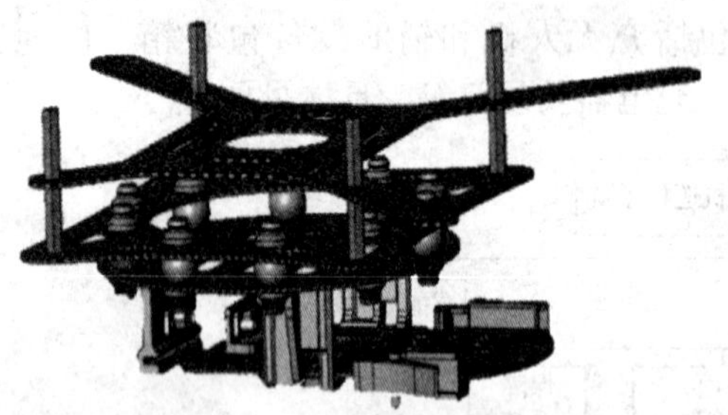

图2　载荷快拆结构

3.4　基于L1自适应算法的抗大扰动飞行控制

传统旋翼无人机大多使用PID控制器，而PID控制器对外部干扰及模型变化等不确定性没有进行处理，导致在这些响应可能造成飞机的失稳或大幅振荡。如不均匀的重心，投抛载荷、空气动力等不确定性造成的飞机运动状态突变，而PID对此没有良好的处理。而L1自适应算法的目的主要是对这些不确定性进行补偿的方法，为了还原正常的稳定性和阻尼，L1控制器对机体动态的扰动和变化进行估计和补偿，能够快速的对这些不确定性进行响应，使飞机在这些干扰或不确定性影响下有极小的波动，提高飞机的稳定性、鲁棒性和安全性。

3.5　基于运动恢复结构技术的无人机航拍图像场景三维重建

传统的无人机航拍图像场景重建方法通过建立二维图像间的匹配关系来实现，该方法只关注了相邻图像的局部信息而未用到全局信息，存在较大的累积误差，定位准确性和环境三维信息均得不到保证，不能同时兼顾管道场景重建效果、处理时间以及硬件配置等问题，无法满足场景下快速场景重建的需求。

本项目采用基于运动恢复结构技术，并在此基础上进行网格重建和纹理贴图，达到实现无人机航拍图像场景准确的三维重建目的，具有处理速度快、重建效果好、硬件配置要求低以及作业效率高等优势。具体地，针对无人机航拍图像场景三维重建问题，首先对输入的原始航拍图像进行预处理、特征提取与特征匹配，利用SfM技术求取场景的稀疏点云以及相机位姿，然后对稀疏点云数据进行切块处理，再循环对每个切分小块进行处理，直接在稀疏点云基础上进行网格重建以及纹理贴图的操作，最终将各个小块生成的二维正射图和数字高程图进行合并，完成结果输出。

具有如下技术优势：

1）拼图处理速度快：本快速拼图算法通过对整体流程和算法细节的优化，在保证拼图效果的基础上处理速度得到了极大提升。在硬件测试环境同等以及指定输入输出图像分辨率一致的情况下，处理速度比业内某知名软件的处理速度提高了4倍以上。

2）辅助定位精度高：本图像拼接算法融合了图像信息和GPS信息，在实际应用中，拼图可以有效地辅助定位，建立原始输入图像与经过拼图得到的整体地理坐标之间的关系，其定位的准确性与GPS精度基本保持一致，因此具有较高的定位精度。

3）拼图细节保持较好：本图像拼图算法可以由用户指定拼图结果输出的分辨率大小，分辨率越大细节表现越好。其能够构建准确的高程图以及正射图，并输出对应分辨率的所有细节信息。

4）对硬件配置和输入数据的要求较低：本图像拼接算法内部加入了内存自适应机制，在算法处理过程中会根据硬件配置自动调整每次处理数据的大小，有效的避免了内存不足问题。另外，输入数据只需包含重叠度65%以上的航拍图像以及每张图像对应的GPS数据(经度、纬度、高度)即可，其中，低重叠率确保了无人机较高的作业效率，而精简的输入数据则保证了软件更好的适用性。

3.6　基于深度学习卷积神经网络的目标自动检测算法

传统目标检测采用Adaboost，HOG+SVM，DPM，ACF等方法解决，相比较深度学习卷积神经网络CNN而言，传统方法的特征提取都是人为创造的特征，而深度学习机制中利用网络深度训练，特征自动获取，不但能够达到所检测物体的从局部到整体的结构化特征的非线性拟合，而且受分类器网络深度所支持，其被数据驱动增强，能够通过更多的数据提升更高的查全率查准率。经大量实验验证，基于深度学习的查全率不但好于传统方法，其查准率远远优于传统方法，在各类图像检测的排行榜中达到前列位置皆为深度学习的方法，相比较传统方法的检测率有压倒性优势。

本项目通过基于深度学习卷积神经网络算法对管道警戒区域进行自动分析，实现对异常车辆、占压、第三方施工等威胁管道安全的目标识别。

深度学习卷积神经网络算法实现过程中，提取图像特征的方式采用的VGG作为基底的卷积神经网络，该网络结构可以将原始输入图像中的信息进行提取并整理为更抽象和结构化的逻辑信息，并将该逻辑信息传输给后续分类器完成当前目标所属类别的判定和目标在图像中位置的判定。

为了提高卷积层的性能，在卷积层结构中还添加了res层来增强卷积层对数据的拟合能力。最后在网络的特征交互层中实现卷积层提取的局部特征的交互。最终再将网络得到的结果映射回原始的航拍图像中，就得到了最终的检测结果。

训练机制采用了搜索与分类同步进行的端对端的方式，利用加密网络尺寸的方式来检测更小像素的做法来提高检测率，同时该结构提供了快速的检测手段使得8000＊6000无人机遥感采集数据的米级目标在秒级时间检测出来(图3~图10)。

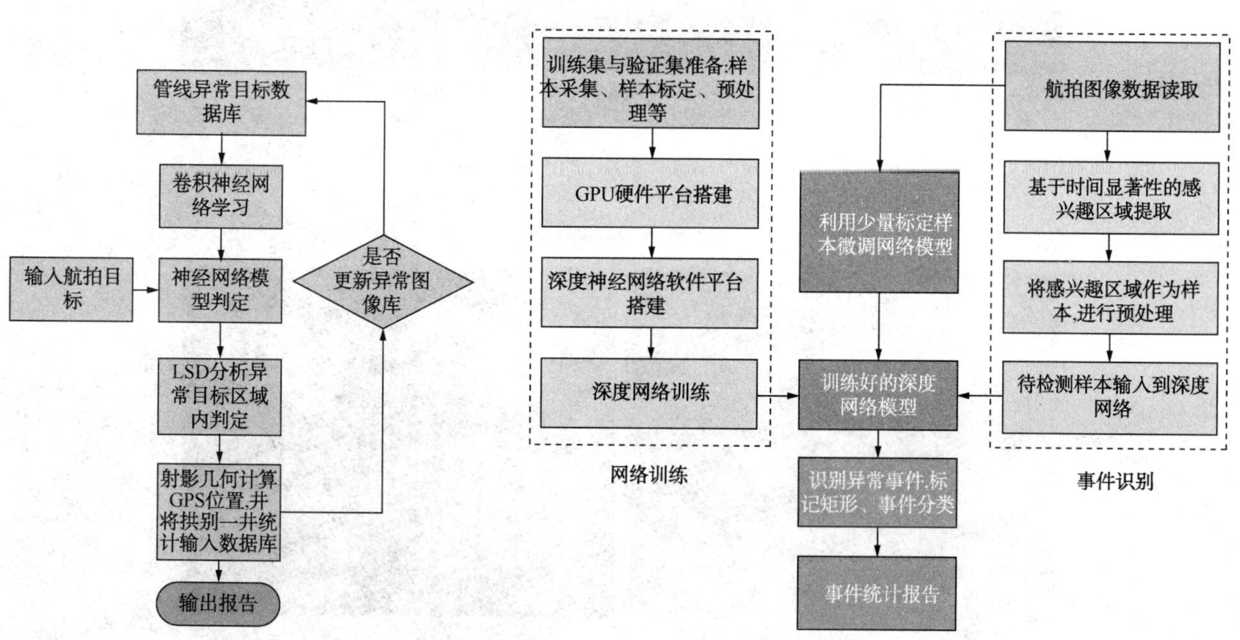

图3　智能分析算法技术流程图　　图4　机器深度学习平台搭建示意图

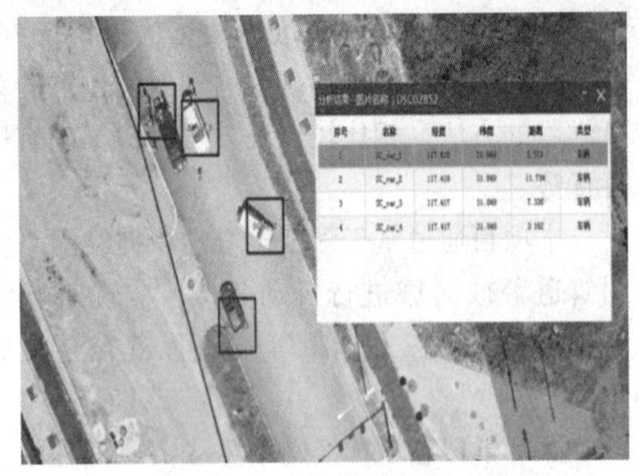

图5　异常识别：管道周边车辆

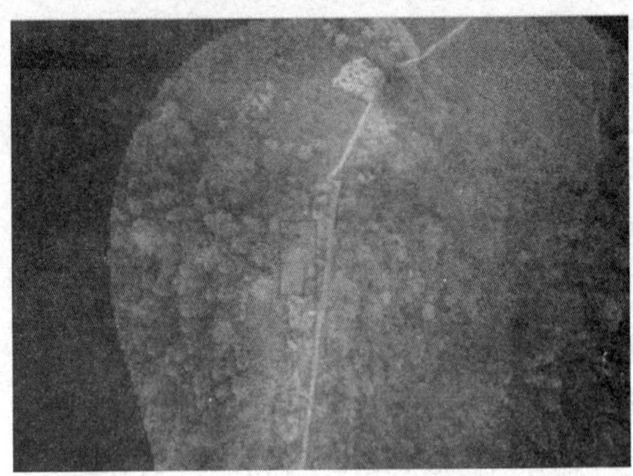

图6　异常识别：土壤翻动

图7　异常识别：管道坑洞

图8　异常识别：管道占压

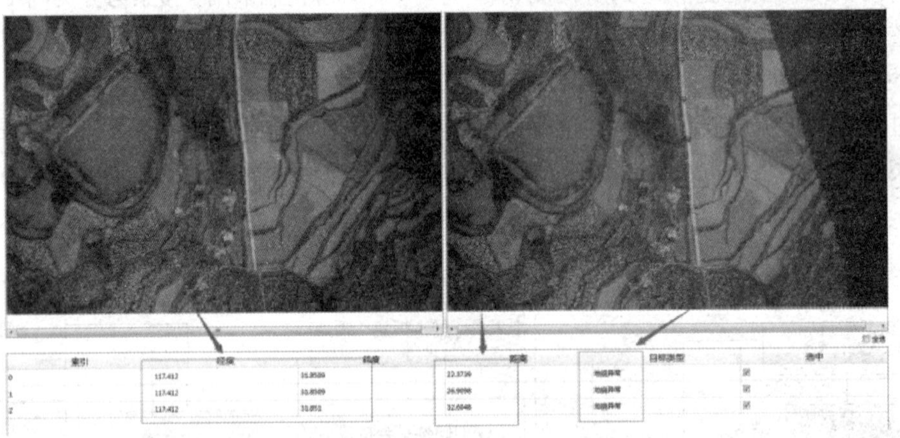

图9　异常目标识别定位

图10　变化检测

3.7 基于多模式基站的数据图像中继传输技术

由于无人机数据链路依托地面站，覆盖半径有限，本项目利用元坝气田已建通信基站建设无人机中继通信站，负责与无人机机载通信终端进行通信，扩大覆盖半径，从而实现全气田覆盖。

在通信铁塔上架设多模式通信基站，实现无人机智能巡检的统一网络覆盖。中继通信站的主要作用如下(图 11~图 13)：

(1) 无人机通信链路延伸拓展，并将无人机巡检视频和无人机飞行状态数据经光纤转发至指挥中心；

(2) 接收气田生产运行固定监视设备回传视频，并经光纤转发至指挥中心；

(3) 接收人员自组网巡检状态，并经光纤转发至指挥中心。

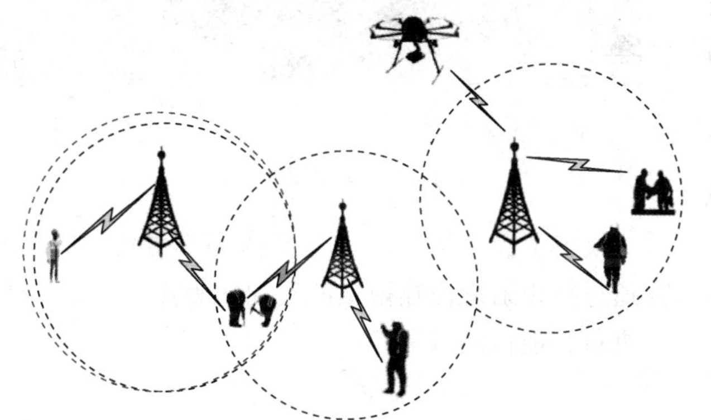

图 11　多模式通信基站通信覆盖示意图

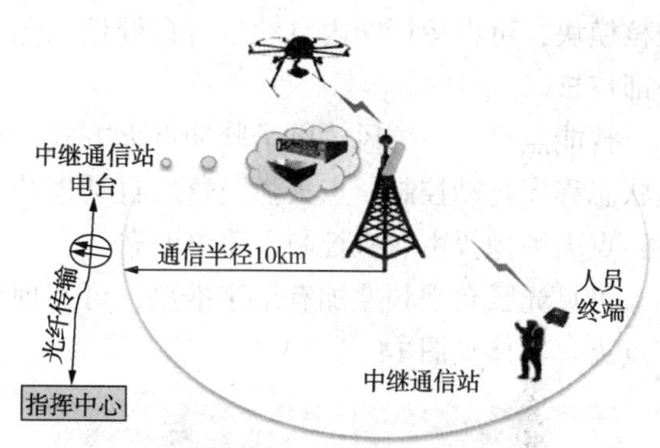

图 12　多模式通信基站功能示意

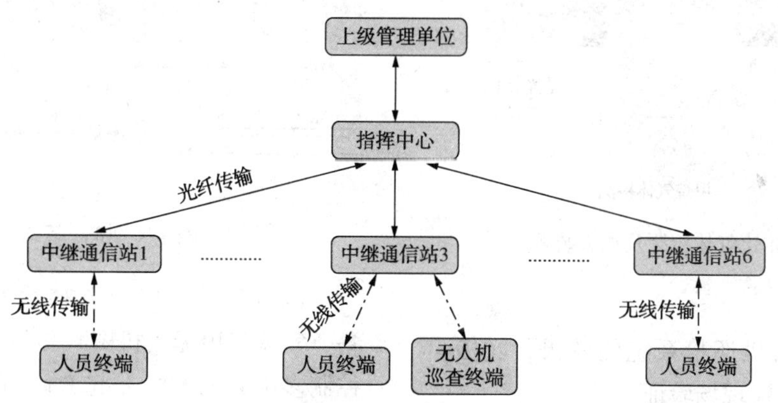

图 13　气田通信覆盖系统拓扑图

系统采用无线专网通信，建设、维护方便、运行稳定可靠。多个中继站基站以蜂窝形式完成对气田的全区域无线覆盖。多基站联网，在气田内跨基站无缝漫游。油田内人员、无人机携带自组网终端，以无线形式与基站设备直接连接，实现全覆盖区域内的连续、宽带、动中通通讯。

高带宽、通信流畅，先进的调制技术，保证在远距离时仍有足够的高带宽，无人机、人员应急移动通讯，为无人机日常巡检提供链路支持。无人机可以在全气田内实现不间断通讯，有效延长和拓展了无人机的作业区域。

基站设备可以利用已有的光纤连入指挥中心网络，同时在指挥中心配置中心基站，中心基站支持无人机视频实时查看，并存储管理。同时，气田指挥中心，及上级管理单位，均可实时查看无人机巡检视频，及时获知气田运行状态。

3.8 基于激光甲烷探测+智能点火技术的气体泄漏巡检

传统的气体检测方法是将传感器放置在被测气体的环境中，这种测量方式受地理条件所限，只能测量传感器当前位置的气体含量，对于高处、狭窄区域、隔着玻璃或围栏等障碍外区域无法及时准确测量。

激光甲烷遥测仪基于可调谐激光吸收光谱(TD-LAS)技术，依据朗伯比尔定律，激光发射甲烷气体特征波长的光，光经过反射后被接收，测量该过程中甲烷气体对光强的吸收可测得甲烷气体浓度。激光甲烷遥测仪可以实现远距离非接触测量待测气体，且测量结果准确，不受环境因素影响。

本项目利用基于机载的激光甲烷探测设备进行气体泄漏检测，同时配置了智能点火弹及可见光云台，智能点火弹用于泄漏有毒气体处理，可见光云台用于辅助激光甲烷检测设备检测结果校核和智能点火弹抛投。

激光甲烷探测设备内集成了标准的天然气自校核模块，可在运行期内自动进行自校核，无需外部校核。

智能点火弹为抗风式电子脉冲点火方式，点火状态程序自动控制，点火弹脱落后自动连续点火，点火弹抛投由舵机控制，简单可靠；

可见光云台视频叠加有十字准星，可实现精准点火。具体见图 14。

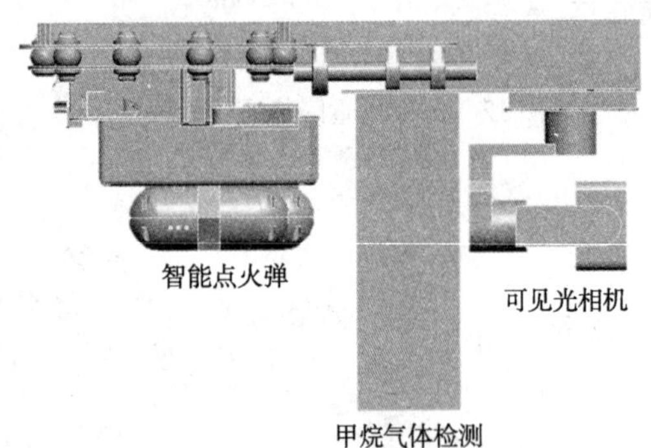

图 14　一体化气体检测及点火装置

4　应用效果

为了验证无人机巡检系统的效果，2019 年在元坝气田进行巡检现场验证。

(1) 无人机搭载 30 倍双光吊舱对桁架进行自主巡检，在飞行过程中通过双光吊舱实时观察桁架情况，发现异常时无人机悬停，通过变焦进行细节查看(图 15)；

图 15　30 倍双光吊舱桁架巡检

(2) 无人机搭载高分辨率相机对地灾点进行正射影像建模，能清晰分辨地灾点表面地貌变化(图 16)；

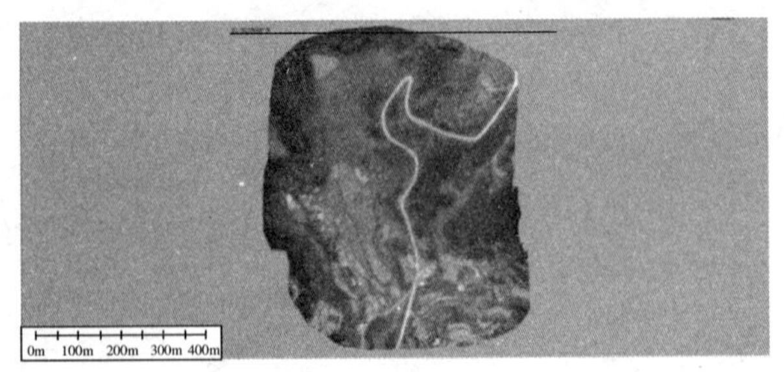

图 16　地灾点拼接图

(3) 无人机搭载高分辨率相机对约 20km 管道进行正射影像建模，能对第三方施工、占压等进行智能检测(图 17)；

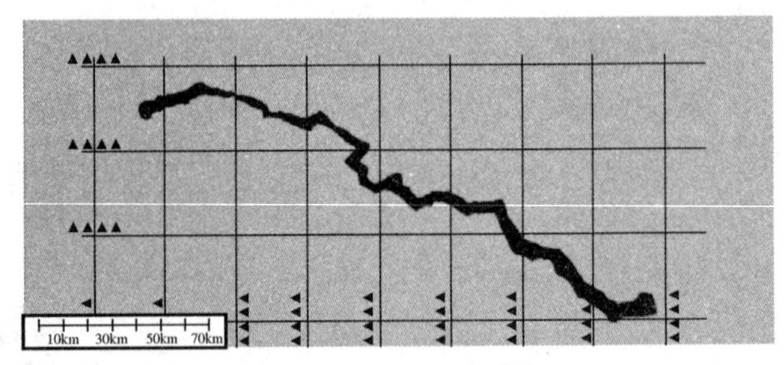

图 17　20km 管道影像图

(4) 利用气田现有基站上架设通信中继设备，实现气田无人机图数传链路无缝漫游，远程控制多旋翼无人机 A 起 B 降(图 18)；

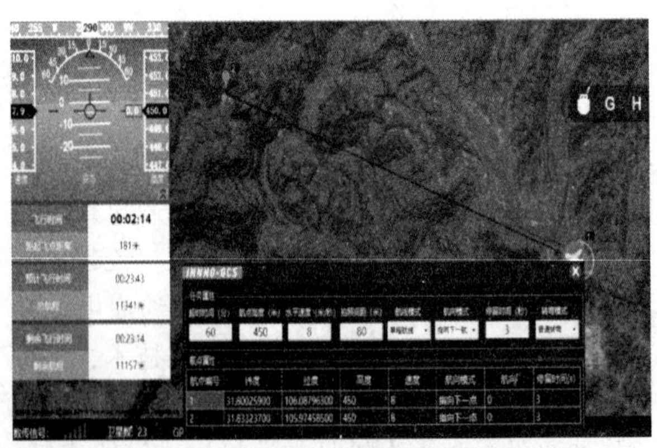

图 18　基于基站链路的无人机飞行

(5) 利用多旋翼无人机挂载点火装置并增加十字准星，实现精确定位，准确点火，并点火成功(图 19)。

图 19　点火装置

5　结语

针对复杂山区集输管道的巡检，建议首选多旋翼无人机。通讯链路通过中继传输技术—多基站接力模式，满足多旋翼无人机航程飞控与信息传输，实现无限距离漫游或全气田覆盖。同时采用多种任务载荷巡检，数据多源化，巡检更有针对性和专业性，可大大降低人工劳动强度，减少巡检工作的风险，具有高效快速、准确全面的优势，最终实现统一管理调度、应急响应，从生产运维、经营管理等方面提高油田信息化建设水平，有效提升运维效率。

建议针对“激光甲烷探测+智能点火”技术进一步研究，使其在天然气泄漏应急处置时，实现精确定位和多种点火方式。

参 考 文 献

[1] 张勇超．无人机航拍测绘技术在农村土地利用规划中的应用研究—以江西省石城县洋地村为例[J]．江苏农业科学．2016(09).

[2] 姜孟津，任一支，段晨健，徐家豪，余彩霞．无人机在次生灾害巡查中的优化运用[J]．数学的实践与认识．2018(15).

[3] 孙琳，李丹．搭载无人机的翅膀飞出新“视”界—无人机在影视航拍中的应用与展望[J]．影视制作．2018(05).

[4] 赵钢，孟国影．基于模糊自整定 PID 燃气锅炉仿真研究[J]．化工自动化及仪表．2013(09).

[5] 崔鹏．基于 CFD/CSD 的机翼气动弹性计算研究[D]．南京航空航天大学 2011.

[6] 胡龙珍，牛尔卓，刘玮．无人机 L1 自适应俯仰控制性能仿真[J]．南京航空航天大学学报．2017(S1).

[7] 管业鹏，顾伟康．二维图像特征点自主提取算法研究[J]．传感技术学报．2004(01).

[8] 高云龙，左万利，王英，王鑫．基于稀疏自学习卷积神经网络的句子分类模型[J]．计算机研究与发展．2018(01).

苏里格气田气井气动增压智能注剂装置研发与应用

程世东[1,2]　李　珍[1,2]　黄志龙[3]　朱　睿[3]

（1. 长庆油田公司油气工艺研究院；2. 低渗透油气田勘探开发国家工程实验室；3. 长庆油田分公司第五采气厂）

摘　要　苏里格气田总井数达1.4万余口，采取泡沫排水采气井7500余口，以井口人工加注方式为主，加药制度难以落实，效果无法保证。部分试验的自动注剂装置受电力、成本等问题，未推广应用。通过对苏里格气田井下节流工艺分析，以气动增压技术为核心，总结积液诊断依据及积液量计算方法并开发智能控制软件，研发了一种利用油套压差驱动的气井气动增压智能注剂装置。经现场运行，该装置安全可靠，利用气井自身能量实现了“一井一工艺”的气井排水采气措施；装置每天耗电3.3w，无需配套电力供应系统，使人工加药周期由3天延长至30天。

关键词　苏里格气田；排水采气；气动增压；智能；注剂装置

苏里格气田是我国已发现并实现规模开发的最大天然气田[1]，是我国陆上最大的天然气枢纽中心[2]。按照规划，将会建成上万口井、上百座集气站[3]。苏里格气田采取井下节流工艺的中低压集气模式，形成了气井井口油管与套管的高差压势能。在开采过程中，地层能量逐渐降低，气体携带井底积液能力减弱，井筒积液增多，导致天然气产量下降，甚至水淹。目前，解决气井积液的主体技术是泡沫排水采气技术，以井口人工加注方式为主。受人力、气候、道路等影响，加药制度难以落实，效果不易保证。在用的单井井口电动加注装置，只能采用太阳能风能互补的方式解决动力来源，造成装置的电源配套成本居高不下、稳定性不高、维护工作量大，无法满足生产需求，急需开展其他方式的井口智能注剂技术研究。

1　工艺流程设计及关键设备研发

如图1所示，工艺主要设计包括气路流程及液路流程，关键设备为气动增压泵。

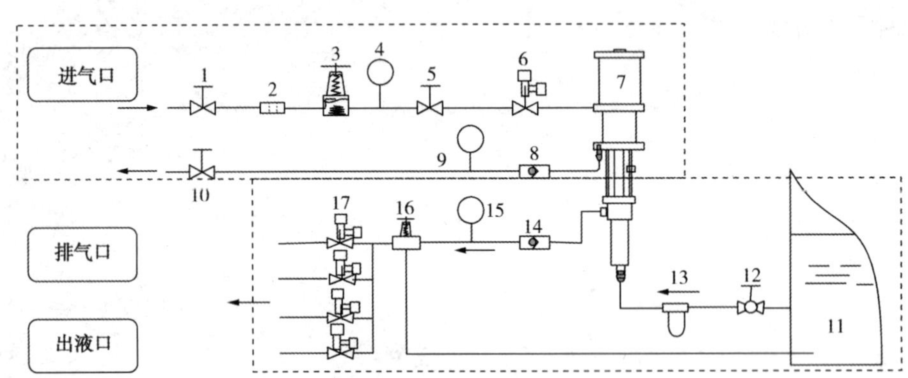

图1　加药装置工艺流程图

1—阀门；2—单向阀；3—调压阀；4—压力表；5—阀门；6—电磁阀；7—气动增压泵；8—单向阀；9—压力表；10—阀门；11—药箱；12—阀门；13—过滤器；14—单向阀；15—压力表；16—三通阀；17—电磁阀

1.1　气路流程

如图1上方虚线所示，气路主要包括进气减压、排气及增压泵。进气流程主要包括闸阀、单向阀、减压阀、压力表、电磁阀；排气流程主要包括单向阀、压力表、闸阀。

1.2　液路流程

如图1下方虚线所示，液路主要包括药箱、过滤器、单向阀、压力表、八路阀岛等。其中，排液泵与气动泵刚性直连。

1.3　气动增压泵设计

结构示意如图4所示，气动增压泵为装置的核心部件，通过内部换向阀实现高压条件下稳定换向，分为气动泵和液压泵。

1.3.1　气动泵设计及工作原理

(1) 结构设计

气动泵上下运动的气流换向，设计为机械内换向方式，驱动气体在泵腔内流向不变；泵腔内部活塞顶部设计有机械运动和位置切换装置，控制进、排气体的气门关闭和打开。缸体设计成套缸形式，解决了气流换向，保证了对外零泄漏、零排放问题。

(2) 工作原理

如图2所示，活塞上行时(左图)，进气门关闭，排气门打开的情况下，由于气压差气体推动活塞上行，直至气缸顶部，因机械限位使排气门关闭，进气门也同时打开，活塞开始下行(右图)，完成下行的换向。当活塞下行至下机械限位点后，又将进气门关闭，排气门打开，活塞又开始上行，完成上行的换向。进、排气门设计在同一横担机构上，并附有特殊定位和稳定机构，气缸在工作时，进、排气门一开一闭，以保证活塞运动的可靠性。

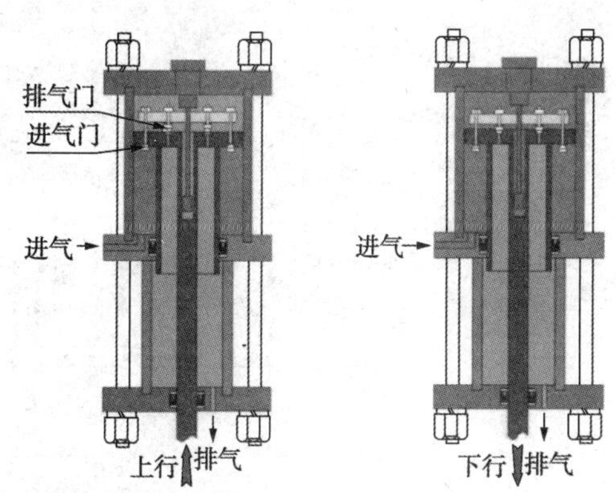

图2　气动泵原理示意图

1.3.2　液压泵

液压泵在采用双凡尔泵结构，如图3所示，具备两个优点：一就是为了气缸活塞上下运动负载更平稳；二是对输出压力的波动更小。双作用凡尔往复泵，全不锈钢材料，具有较高的抗腐蚀能力。气缸活塞上下运动时，均有泵液能力，可减少压力的脉动和气缸活塞上下运动的不均衡性。液缸的缸体、活塞的材料全部选用了304、316L，提高其防腐能力。所配套的密封件均使用德国进口高温高压骨架油封 simrit CFW 密封件。

1.3.3　气动增压泵合成

气动泵与液压泵采取刚性连接，具有相同频率，结构示意图如图4所示。

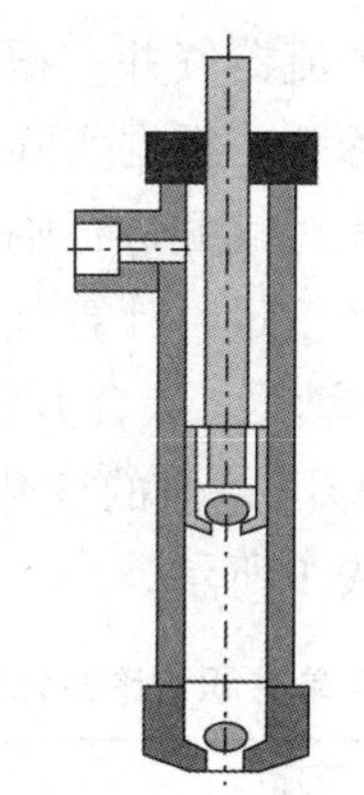

图3　液压泵示意图

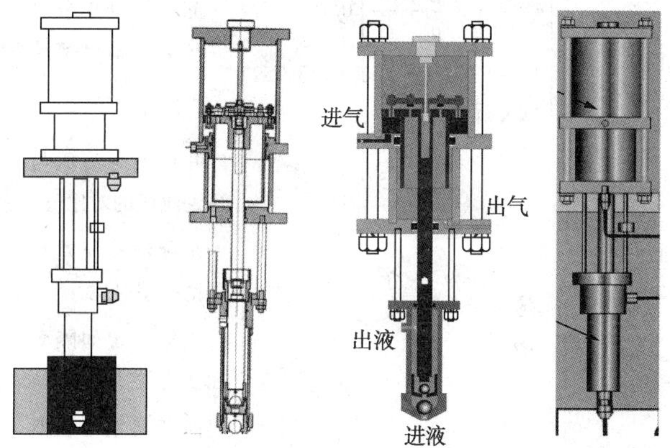

图4　气动增压泵结构示意图

其主要特点如下：

①缸体采用不锈钢材料；②进气采用调压阀调整后压力，小于5MPa；③排气压力小于3MPa；④驱动缸有效直径105mm，加压腔有效直径22mm，增压比22：1；⑤液路增压压力20MPa。

1.4　装置工作原理

如图1所示，打开各阀门，套管气经进气口进入进气管线，调压阀3将套管气降压至2-5MPa后进入气动增压泵7，该泵活塞在套管减压气驱动下进行垂直方向的往复运动(增压比为22：1)，而泵腔内气体经单向阀8排入井口生产管线；活塞运动过程中，药剂从药箱11经过滤器13被吸入气动增压泵并被增压排入药剂加注管线，电磁阀17在加药控制器作用下打开其中一路阀门，并按照设定完成目标井的药剂加注。霍尔开关记录每次泵运行情况，通过运动次数计算加药量，同时与药罐液位计联动，保证按工艺需求进行药剂加注。

2　智能控制算法开发

2.1　积液诊断依据及积液量计算方法

气井积液诊断需考虑井下有节流器和无节流器两种情况。

(1) 针对无节流器气井。积液的诊断主要依靠油套压差进行诊断。根据实际生产数据判断气井是否积液，首先对气井进行临界携液判断，在采用井筒油压及产气量，计算气井在无积液的条件下井筒的理论套压，综合判读气井的理论套压、实际套压及套压差值的变化关系进行判读。诊断依据总结如表 1 所示。

表 1　单井积液诊断判据表

	原理	描述
判据一	$\begin{cases} v_c = A\left[\dfrac{\sigma(\rho_l-\rho_g)}{\rho_g^2}\right]0.25 \\ A=-0.9622\ln(GWR)+13.757 \\ GWR>1370 \end{cases}$	苏里格 900 余口井验证的临界携液流量模型
判据二	$p_{t0}-p_{t1}>0$	井口实际流压与理论流压的对比值
判据三	$p_c-p_{wf}>\Delta p_{f0}$	实际油套压差与理论压差对比
判据四	$\Delta p_c>0$	采集一定间隔套压变化量
判据五	$q_g-q_{g0}>0$	前产气量小于前一个完全排液结束时的产量
判据六	$p_t-p_{t0}>0$	采集一定间隔井口流压变化量

(2) 针对有节流器气井。通过套压计算井底压力，然后通过气嘴直径和产量计算流压梯度，从而诊断气井是否积液。

(3) 积液计算

综合第(1)、第(2)，井筒积液量计算公式为：

$$Q_2=\frac{\pi}{4}D^2\left[H(1-\Delta p_c\cdot C_g)+(H'-H)+\frac{\Delta H+\Delta H'}{2}\right]$$

根据气井目前油套压差值及以上公式，可以求出苏里格气田部分气井的井筒积液量。

2.2　起泡剂加注量及自动加注方法

根据起泡剂的加注比例为 5‰，由此计算出需要加注起泡剂的量，以此为依据开发智能控制程序，根据套压的变化情况，自动调节起泡剂的加注量。主要程序流程图及软件操作界面如图 5 所示。

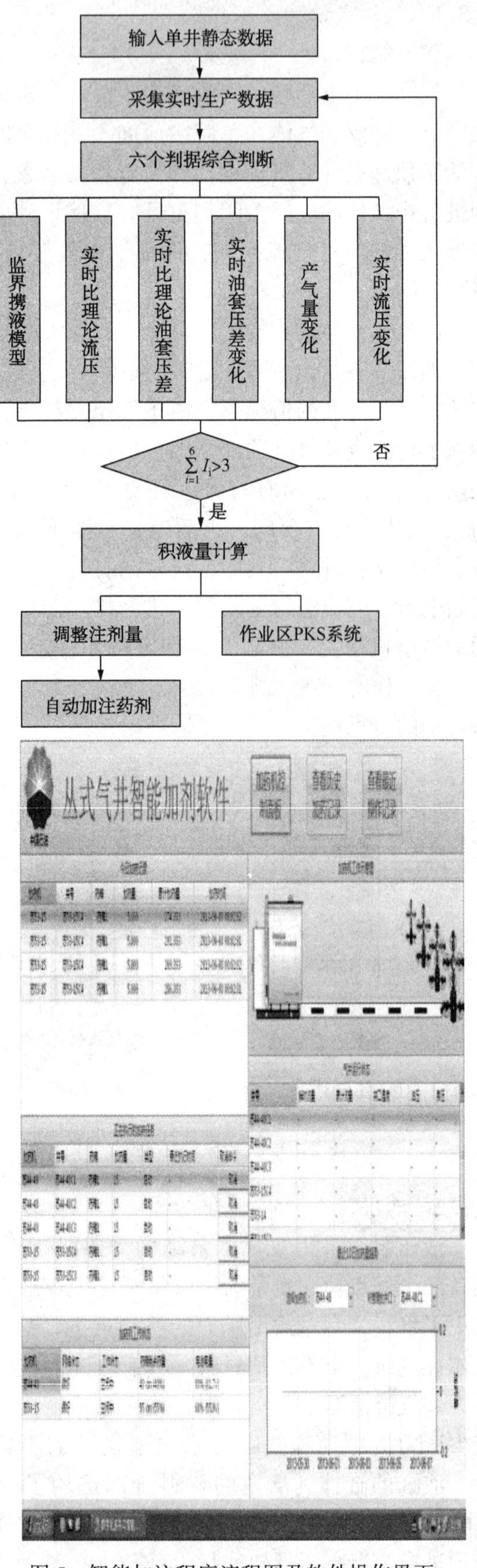

图 5　智能加注程序流程图及软件操作界面

软件可根据起泡剂加注比例及气井生产数据变化情况，自动计算调节加注量，实现注剂制度自动优化，注剂设备自动控制，注剂参数实施监控。

(1) 加药周期：加药间隔由 2min 到 28d 自由配置，单次远程手动加药时长由 10s 到 11h 可自由配置。

（2）实时监控：积液量、加注量、电量、液位等参数，当出现电量或液位低于有效运行状态时，软件自动发出报警。

3　装置设计及研发

3.1　工艺设计与工作原理

丛式气井气动加药装置在无外动力条件下，利用气井套管与油管压压力差，使单向流动的气体驱动高压气动泵完成药剂加注。

工艺流程：如图6所示，在井口套管取压口处安装取气阀门，套管气降压至2-5MPa后进入气动泵，而泵腔内气体经单向阀排入井口生产管线；该泵气动活塞在气体驱动下，与液泵活塞在垂直方向进行同步的往复运动，药剂从药箱经过滤器被吸入液泵活塞内并加注至套管环套空间。在此过程中，加药控制器（RTU）控制多路分配阀组完成各井药剂加注，实现丛式井注剂流程自动切换。如图6红色虚线所示，RTU控制气路电磁阀开关来控制装置的启停；计数器将数据上传至RTU确定注剂量，达到注剂量控制气路电磁阀关断使装置停止工作；药箱液位计上传液位，具备低液报警功能。

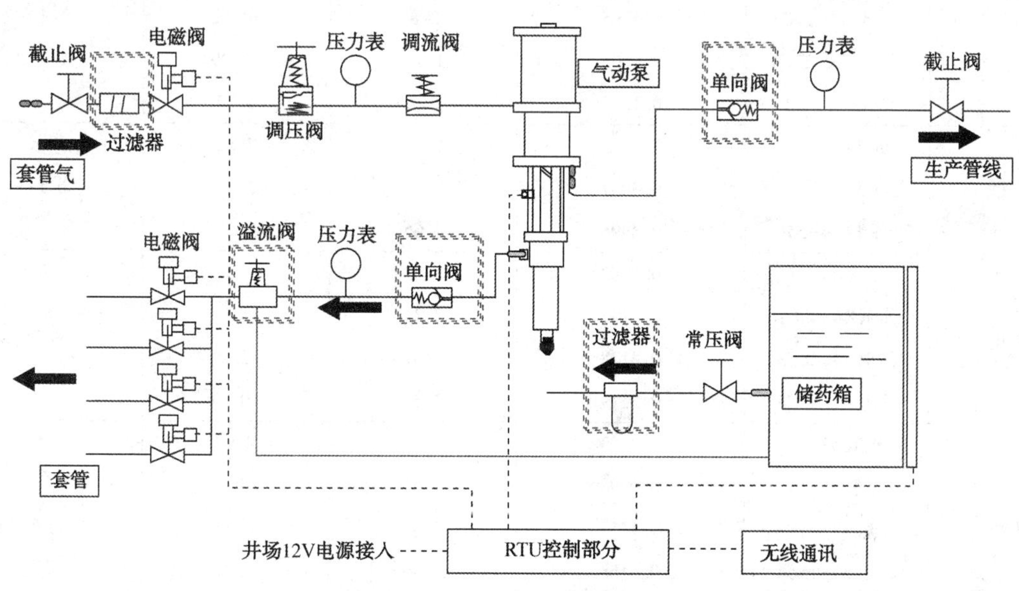

图6　工艺及控制示意图

3.2　整体结构设计及研发

气井气动增压智能注剂装置全部进行了模块化结构设计，主要包括气动泵和增压泵单元、液路分配单元、仪表操控单元、电控及通信单元和药箱单元，结构设计如图7所示，装置加工图如图8所示。

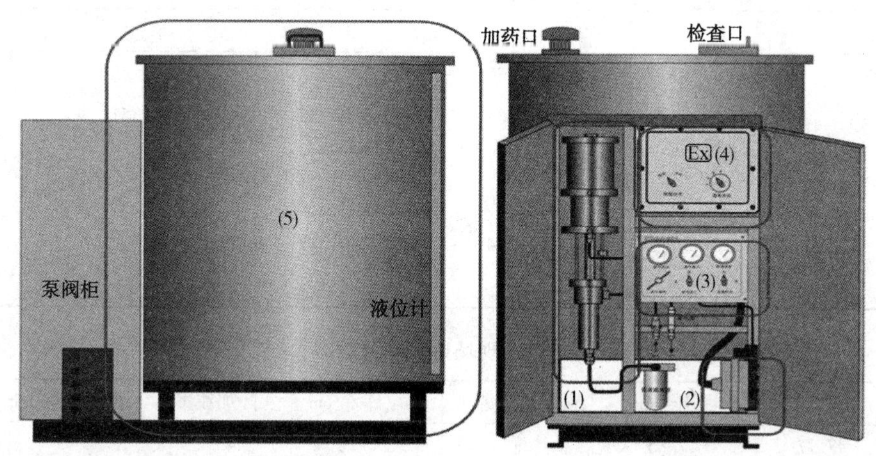

图7　装置结构设计图

1—气动泵和增压泵单元；2—液路分配单元；3—仪表操控单元；4—电控及通讯单元；5—药箱单元

4 现场应用

4.1 性能测试

以苏里格气田5个丛式井组现场应用为例，验证远程数据及信号传输准确性和及时性、加药量准确度以及设备的运行稳定性。5个丛井基本信息如表2所示。

表2 试验井基本信息

井丛数	井号	日产气量/(10^4m^3/d)	油压/MPa	套压/MPa	集气站
四丛井	苏东 32-23	0.5693	1.37	7.77	苏东7站
	苏东 33-24	0.7243	1.06	13.69	
	苏东 32-25	0.3621	0.72	7.05	
	苏东 32-24c1	0.6337	0.97	10.10	
五丛井	苏 14-21-23	0.3600	3.7	8.28	苏 14-7 站
	苏 14-21-22	1.4400	2.8	6.26	
	苏 14-21-23C3	0.5265	2.8	14.52	
	苏 14-21-23C4	0.4265	1.76	12.39	
	苏 14-21-21	0.1577	2.7	3.75	
三丛井	苏 14-6-53	0.1899	2.68	7.82	苏 14-4 站
	苏 14-6-54	0.3007	2.49	2.58	
	苏 14-6-55	0.8495	2.66	9.30	
四丛井	苏东 44-47	0.5882	2.53	9.8	苏东1站
	苏东 44-48C1	0.2192	2.34	15.28	
	苏东 44-48C3	0.4128	2.37	12.00	
	苏东 44-48C4	0.3219	2.35	10.98	
五丛井	苏东 53-14	0.2593	2.91	4.92	苏东4站
	苏东 53-15	0.6298	2.62	19.31	
	苏东 53-15C3	0.1257	2.63	8.28	
	苏东 53-15C4	0.3168	3.06	7.71	
	苏东 53-16	0.3485	2.12	9.62	

远程数据及信号传输准确性和及时性、加药量准确率如表3、表4所示。

表3 信号传输试验数据

项目	远程开启和关闭				
试验次数	1	2	3	4	5
远程开	10：20：10	10：40：30	11：20：33	11：50：45	12：20：11
动作时间	10：20：14	10：40：35	11：20：38	11：50：51	12：20：17
滞后时间/s	4s	5s	5s	6s	6s
远程关	10：30：20	11：01：50	11：40：13	12：10：24	12：40：37
动作时间	10：30：23	11：01：54	11：40：17	12：10：27	12：40：42
滞后时间/s	3s	4s	4s	3s	5s

表4 现场试验调试数据

井号	套压/MPa	泵压/MPa	设定加注量/L	液位计差/cm	实际加注量/L	加注时间/min	加注准确度/%
苏东 32-23	7.77	7.85	50	3	43.2	33	86.4
苏东 33-24	13.69	14.1	50	2.8	40.32	35	80.64
苏东 32-25	7.05	7.4	50	3.1	44.64	32	89.28
苏东 32-24C1	10.1	10.8	50	2.9	41.76	33	83.52

续表

井号	套压/MPa	泵压/MPa	设定加注量/L	液位计差/cm	实际加注量/L	加注时间/min	加注准确度/%
苏 14-6-53	7.82	8.02	50	2.9	41.76	33	83.52
苏 14-6-54	2.58	2.7	30	1.7	24.48	17	81.6
苏 14-6-55	9.3	9.7	50	3	43.2	34	86.4

通过对如表 3、表 4 试验数据分析，装置的远程传输准确率 100%，信号滞后 3-6s，加药量的准确度平均 84.48%，满足现场加注需求。

4.2 试验效果

以苏东 34-59 井为例，如图 8 所示，该井加药前油压 2.33MPa，套压 10.53MPa，采用气动增压智能注剂装置加注起泡剂一个月后，套压降至 5.05MPa，油套压差由 8.2MPa 降至 2.86MPa，产气量由 $0.8753\times10^4m^3/d$ 增至 $2.5915\times10^4m^3/d$。

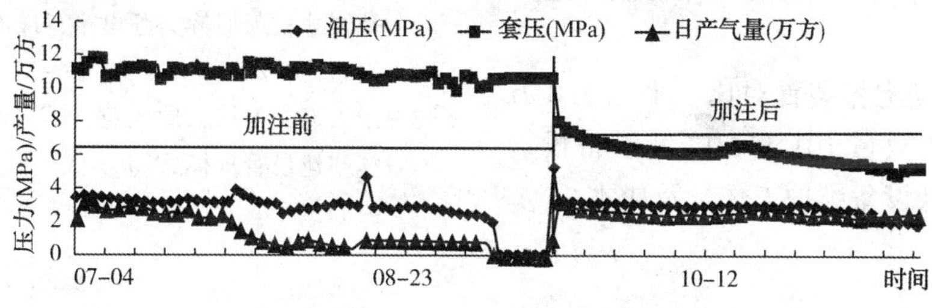

图 8 苏东 34-59 井生产数据曲线

装置已累计应用 135 口井，平均增产 34.4%。远程控制软件已嵌入作业区 PKS 轮训系统，提高了泡排精细管理水平。如表 5 所示，列出投产后部分气井效果统计。

表 5 试验井试验效果统计表

井号	加注前			加注后			增产比例/%
	油压/MPa	套压/MPa	产气量/($10^4m^3/d$)	油压/MPa	套压/MPa	产气量/($10^4m^3/d$)	
苏东 24-53	1.04	10.4	0.5882	1.24	6.55	0.9743	65.64
苏东 24-53C2	1	8.8	0.4128	1.02	7.25	0.5142	24.56
苏东 22-45	2.99	12.1	0.3465	2.87	10.32	0.4872	40.61
苏东 23-45	2.87	6.64	0.2957	0.95	5.44	0.3041	2.84
苏东 22-44	3.01	12.9	0.2459	3.14	5.24	0.2672	8.66
苏东 34-57	1.95	10.68	0.6472	1.88	8.71	0.8421	30.11
苏东 34-58	1.65	6.75	1.4921	1.53	3.17	1.9543	30.98
苏东 34-59	2.33	10.53	0.8753	2.19	5.05	2.5915	196.07
苏东 24-59	1.95	10.97	0.8459	1.79	8.64	0.9427	11.44
苏 14-4-06	1.14	10.38	0.5693	1.22	9.43	0.6487	13.95
苏 14-4-05	1.11	8.88	0.3349	1.32	7.41	0.3421	2.15
苏 14-4-06C1	1.09	0.18	0.6337	1.38	0.18	0.7581	19.63
苏 14-19-13	1.09	5.87	0.36	1.15	5.42	0.3941	9.47
苏 14-19-14	1.07	3.57	1.44	1.27	3.54	1.4513	0.78
苏 14-21-18C2	1.2	10.77	0.1899	1.28	7.42	0.3721	95.95
苏 14-21-18C1	1.11	10.04	0.3007	1.24	8.69	0.3871	28.73
苏 14-21-18	1.14	5.25	0.8495	1.28	5.16	0.8761	3.13
平均	/	/	/	/	/	/	34.39

5 经济及社会效益

5.1 经济效益

丛式气井注剂装置 6 万元/套，设备折旧费取 1.0 万元/年，设备维护费 0.5 万元/年，上井补充药剂 1 次/月，400 元/次(外包)，现场应用 34 套 135 口井，年均成本：34×(1.0+0.5+0.04×12)= 67.32 万元。

(1) 与人工泡排对比：年节约成本 580.68 万元

人工泡排采取外包，400 元/井次，3 天 1 次，120 次/(年．井)，年均成本：0.04×120×135=648 万元。

(2) 与单井自动泡排装置对比：平均 5.0 万元/套，可减少装置数量 101 套，降低设备投资 471 万元，还可降低设备维护工作量及成本。

5.2 社会效益

该技术的应用，实现了气田单井及丛式井利用气井自身能量完成泡沫排水采气措施，提高了气井泡排精细化、数字化管理水平，减少人员和车辆动用次数，大幅降低劳动强度及安全风险，社会效益显著。

参 考 文 献

[1] 何东博，贾爱林，冀光，等．苏里格大型致密砂岩气田开发井型井网技术[J]．石油勘探与开发，2013，40(1)：79-89.

[2] 孙岩冰，彭旭峰．苏里格，最大的气田[J]．中国石油石化，2012，35(9)：26-27.

[3] 朱天寿，刘祎，周玉英，等．苏里格气田数字化集气站建设管理模式[J]．天然气工业，2011，31(2)：9-11.

$150\times10^4\ m^3/d$ 天然气处理厂模块化集成技术研究与应用

张祥光　张　璞　陈　丽　梁璇玑

（西安长庆科技工程有限责任公司）

摘　要　模块化集成装置具有设计紧凑、占地面积小、容易搬迁、建设周期短等诸多优点，可以大大减少现场施工量，缩短建设周期，降低建设费用，为处理厂的建设提供了一个有效的解决方案。本文以神木气田米-38 区块试采区为项目背景，按照模块化集成思路开展研究，通过现场调研、工艺计算、流程及设备优化、模块化集成，将常规处理厂 17 类装置区合并优化为 9 类模块化装置，主要包括天然气集气处理装置、采出水处理一体化集成装置、分质供水一体化集成装置、消防一体化集成装置、采出水回注一体化集成装置、供热一体化集成装置、空气压缩净化制氮一体化集成装置、35kV 集装箱式变电站、电控一体化集成装置等。该技术成功应用于佳县天然气处理站，满足了米-38 区块试采区天然气有效快速开发的要求，有效降低了占地面积、工程投资，减少了定员，缩短了施工周期，在长庆气田形成了覆盖井场、集气站、处理厂的集输处理全流程的模块化设计和建设技术。该成果可应用于类似工程天然气处理厂设计建设，具有广阔的应用前景。

关键词　天然气处理；模块化集成；模块化设计；集输处理

1　项目背景

神木气田米-38 区块规划产能 $19\times10^8m^3/a$，区域面积为 $7900km^2$，具有建设面积广、单井配产低且分散的显著特点，且地处山区，地形破碎，若集中建设 1 座大型处理厂投资较高，且很难适应上产初期天然气产量低的处理需求，宜分区块建设小型模块化天然气处理厂。

2016 年，长庆油田首先部署开发位于该区块南部的试采区，建设产能规模为 $5\times10^8m^3/a$，开发面积 $637.4km^2$。试采区建设外部自然社会条件差，地处黄土高原，给处理厂平面布置和建设周期带来挑战，若采用传统的处理厂建设模式将会遇到安全、进度、质量、土地资源利用等方面的问题[1-2]。

集成装置具有设计紧凑、占地面积小、容易搬迁、建设周期短等诸多优点，国内外一些天然气净化或处理厂也在走集成道路，这样既可以大大减少现场施工量，缩短建设周期，降低建设费用，又可以保证质量[3-4]。

为了快速有效开发该区域，响应中石油对于油气田地面建设工程标准化、橇装化、模块化设计要求，同时降低占地、缩短施工周期，以长庆气田集气站成功的模块化集成建设技术应用为参考[5-7]，开展了处理规模为 $150\times10^4m^3/d$ 的天然气处理厂模块化集成技术研究。

2　模块化区域划分

2.1　处理厂简介

天然气处理厂是气田的骨架站场，天然气系统包含集气、分离、脱油脱水、增压、计量、燃气、注醇、凝析油稳定等功能单元，气田采出水系统包含除油、处理、回注等单元，还需配套建设储运、给水、消防、供热、供风等设施。

若按照常规功能单元装置区建设，单元分区较多，处理厂占地较大，经过理想平面布置，$150\times10^4m^3/d$ 天然气处理厂常规平面围墙内占地面积约 $64032m^2$（折合 96.05 亩，不含火炬区、截断区），很难在山区寻求一处区域位置合理、面积充足，且又不占用耕地、林地的平坦区域（图 1）。

图 1　常规处理厂平面鸟瞰图

2.2　模块化区域划分

处理厂的模块化集成，以流程优化、设备研发、工艺创新为基础，兼顾检修方便、操作简便，通过“总结、完善、优化、提升”，实现装置小型化、智能化，降低处理厂占地面积，解决气田快速有效开发需求与自然社会条件限制之间的矛盾。

考虑到模块化集成空间需求和技术要求，依据装置和设备特点、工艺流程上下游关联性，划定了模块化集成区域和内容，主要包括：

(1) 主体工艺系统

根据天然气处理工艺装置功能需求，常规处理厂工艺单元分为截断区、清管区、集气区、脱油脱水区、增压区、配气区、燃料气区、注醇区、闪蒸分液区、凝析油稳定区等装置区。通过初步分析和划分，可以将集气区、脱油脱水区、配气区、燃料气区、注醇区、闪蒸分液区、凝析油稳定区以及采出液缓冲等装置区进行模块化集成，截断区、清管区、增压区、放空及火炬区保持原建设模式(图2)。

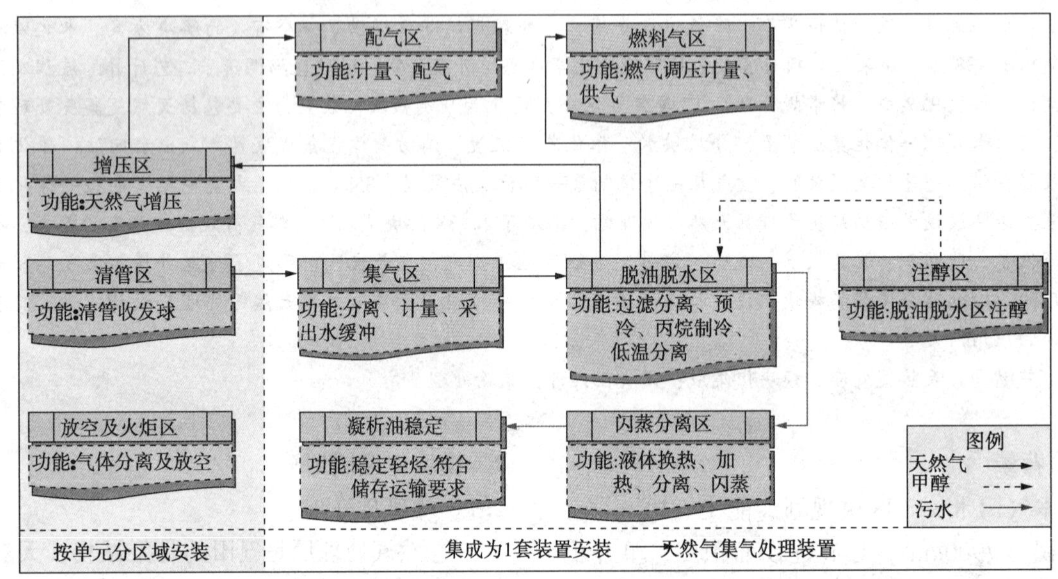

图2 天然气集输处理工艺单元模块化集成划分图

(2) 配套系统

通过优化集成，取消装置用房，改为集装箱集成安装，降低装置占地面积，初步确定对采出水处理、供水、消防、回注、供热、供风、变电站、配电进行模块化集成，维持储罐区、装卸车区等装置区常规建设模式。

2.3 模块化装置组成

按照模块化集成思路开展研究，通过工艺计算、流程及设备优化、模块化集成、安全分析，形成了包括天然气集气处理装置、采出水处理一体化集成装置、分质供水一体化集成装置、消防一体化集成装置、采出水回注一体化集成装置、供热一体化集成装置、空气压缩净化制氮一体化集成装置、35kV 集装箱式变电站、电控一体化集成装置等在内的9类模块化装置。具体见图3。

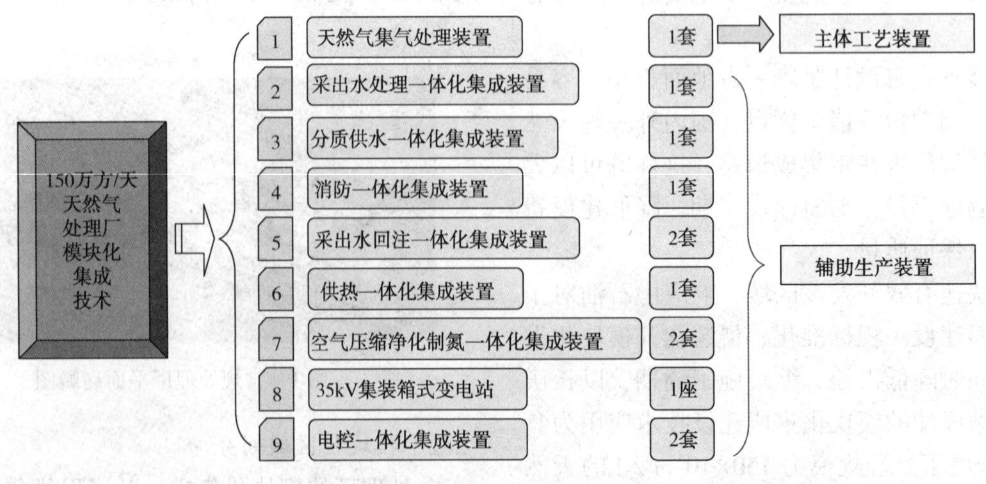

图3 天然气处理厂模块化集成装置构成图

3 模块化集成装置简介

3.1 主体工艺装置

3.1.1 天然气集气处理装置简介

通过模块化集成，将天然气处理主体工体流程中的原料气集气、采出液缓冲、天然气脱油脱水、甲醇注入、凝液闪蒸、凝析油稳定、燃气调压配气、产品气计量等 8 大功能组合在 1 个模块化装置上，形成了天然气集气处理装置。

该装置分 4 个模块，每个模块各 2 层。第一模块第一层为凝析油稳定，第二层为凝液闪蒸分离；第二模块第一层为原料气集气+注醇，第二层为燃气调压配气；第三模块第一、二层和第四模块第一层为天然气脱油脱水；第三模块第一层包含污水缓冲；第四模块第二层为产品气计量。该装置具有工艺流程顺畅，结构空间紧凑的特点，且能够满足检维修需求。

该装置区域安装空间大小 23m×26m(合 0.90 亩)，相比常规单元装置区减少占地约 85.6%。具体见图 4～图 7。

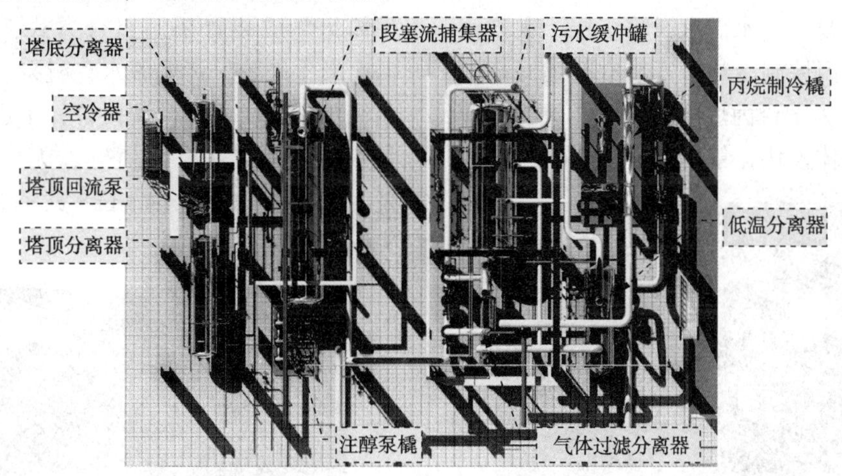

图 4 天然气集气处理装置一层设备布置图

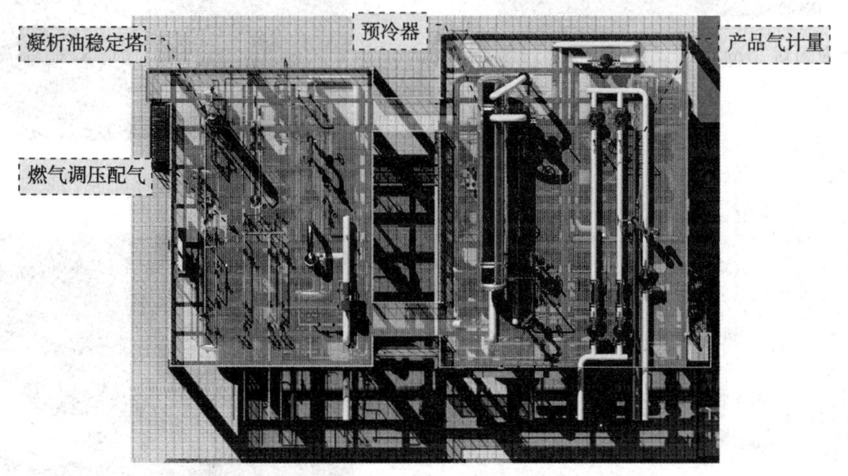

图 5 天然气集气处理装置二层设备布置图

图 6 天然气集气处理装置效果图

图 7 天然气集气处理装置现场应用图

3.1.2 优化及创新

为了满足装置模块化需求，对8个单元的工艺流程、设备进行了优化和创新，主要包括(图8，图9)：

(1) 将8个工艺单元优化组合、功能合并，作为一个模块化工艺单元综合考虑，并对合并优化后的流程开展HAZOP分析，保证了工艺的安全性、可靠性。

(2) 创新应用丙烷蒸汽与产品天然气换热工艺，该工艺可降低丙烷制冷装置功率约20kW(25%)，消除了夏季用水需求，将多层、大空间安装需求的常规丙烷制冷装置安装空间缩减至原来的15%，简化为1台丙烷冷凝蒸发装置，为集气处理装置的整体模块化集成奠定了基础。

图8 常规丙烷制冷装置安装现场图

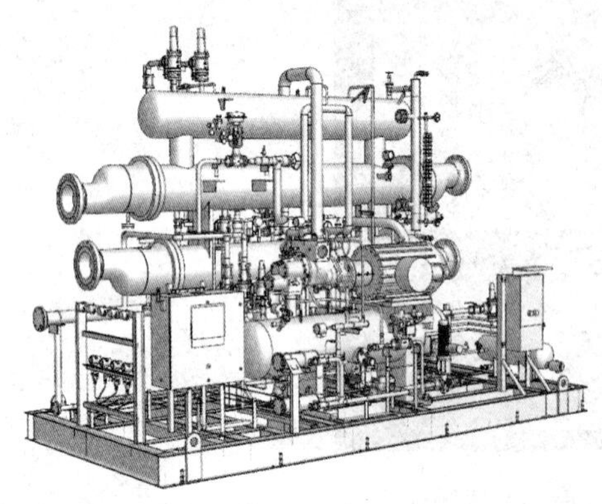

图9 丙烷冷凝蒸发装置三维模型图

(3) 在设备选择方面，以设备易于模块化、降低空间占用需求为前提，优选设备安装方式和结构类型，将同类型设备合并来实现多重功能，如低温分离器由立式改为卧式、将低温凝液闪蒸分离器与凝析油稳定缓冲罐合并实现闪蒸、缓冲功能等，节省了空间，满足了模块化集成需求。

(4) 对装置开展人因工程分析，分别在逃生走梯布置、操作舒适度以及检修空间、阀门管线布置等方面进行了优化调整，提高了装置的可操作性、适宜性、安全性等。

(5) 参考《工艺管道》(ASME B31.3-2012)开展应力校核分析，对管道的安装进行优化调整，符合规范要求和安全需求。

3.2 辅助生产装置

3.2.1 采出水处理一体化集成装置

针对气田采出水含油乳化程度高、含有高分子有机物、沉降性能差的特点，采用“聚结除油+氧化破胶+过滤”三级处理工艺。采出水处理一体化集成装置采用组合方式，将斜管聚结除油、氧化破胶、污泥脱水、机泵、风机、电气控制等单元集成，分模块设计，工厂预制，现场组合安装，可实现有人值守、无人操作、露天设置。装置整体尺寸为(长×宽×高)12m×7.8m×3.0m(图10，图11)。

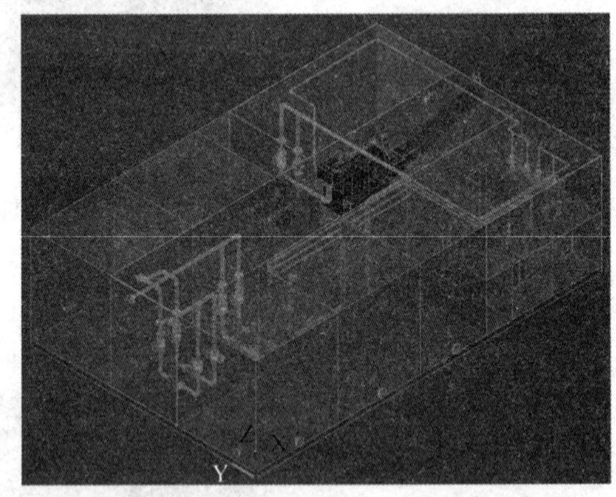

图10 采出水处理一体化集成装置效果图

图11 采出水处理一体化集成装置现场应用图

3.2.2 分质供水一体化集成装置

分质供水一体化集成装置将活性炭过滤器、反渗透过滤器、机泵、电气控制等单元集成，分模块设计，取消供水泵房，采用集装箱形式集合成橇，现场组合安装。整套设备一体化箱式设计、全自动控制，安装、维护方便，可同时制备生活用水和生产用水，可对冲厕、盥洗及生活饮用水进行分质供水，设置水质在线及远程监控系统，确保系统供水安全可靠。装置整体尺寸 8.5m×2.4m×2.8m。具体见图 12，图 13。

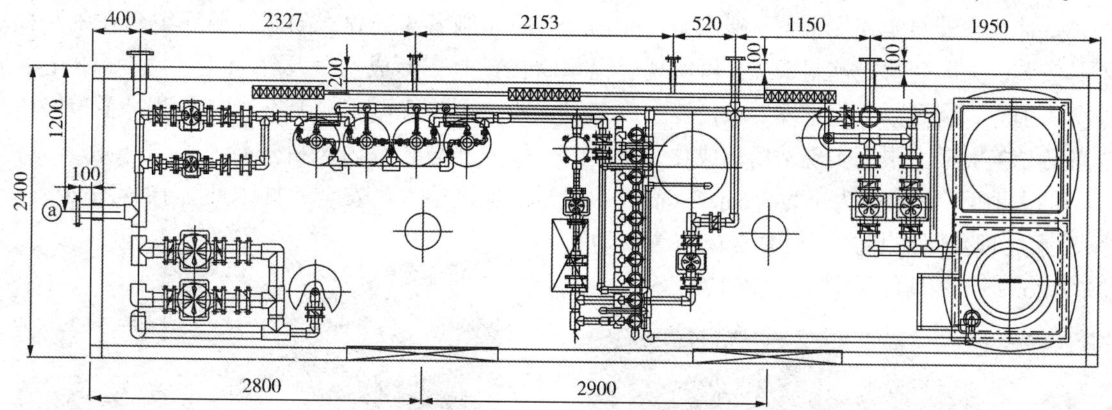

图 12　分质供水一体化集成装置平面布置图

图 13　分质供水一体化集成装置现场应用图

3.2.3　消防一体化集成装置

针对常规消防装置区用房占地面积大的特点，将消防冷却水泵、泡沫供水泵及泡沫比例混合装置一体化集成，形成消防一体化集成装置，取消了消防泵房，采用集装箱形式，具有远程和就地启停消防冷却水和泡沫系统功能，可远程判断电动机、柴油机工作状态，满足电动消防泵、柴油消防泵自动相互切换、自动保护功能，集成度高，占地小，仅为 8.9m×4.5m。具体见图 14，图 15。

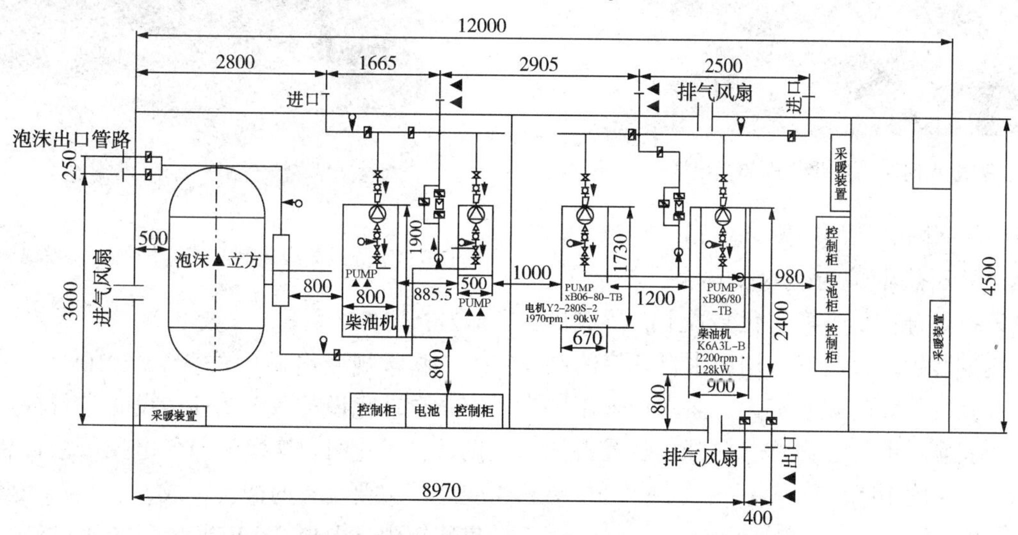

图 14　消防一体化集成装置平面布置图

图 15　消防一体化集成装置现场应用图

3.2.4 采出水回注一体化集成装置

采出水回注一体化集成装置集升压、计量、回流、配注一体化设计，实现注水泵、喂水泵、配水装置整体安装，并配套智能控制系统，可实现远程控制、无人值守，满足数字化管理要求，能完成多种工艺流程切换，最大限度实现站场集成化。操作简单，节约占地面积，装置大小为5.6m×2.6m。

采出水处理及回注装置区相对常规布置占地面积减少26.23%。具体见图16，图17。

图16 采出水回注一体化集成装置效果图

图17 采出水回注一体化集成装置现场应用图

3.2.5 供热一体化集成装置

将燃气常压热水炉与热水循环泵、补水泵、除污器等设备组合在1个模块化装置上，形成供热一体化集成装置。该装置采用回水自动启闭阀来防止循环系统故障时热水流出，热水炉采用卧式结构，在安全、能耗方面均有提升。装置占地为6.1m×2.5m(图18)。

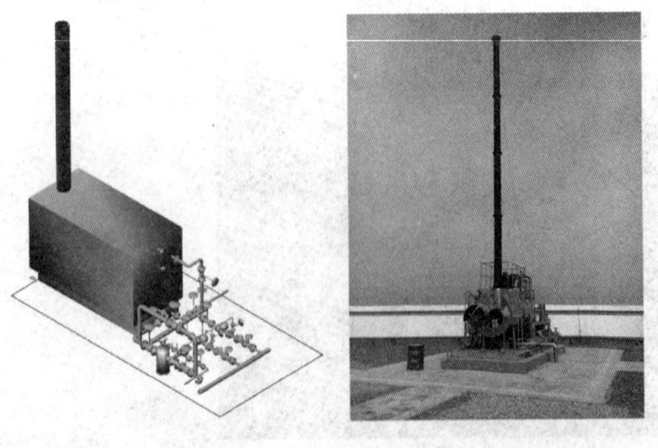

图18 供热一体化集成装置效果图及现场应用图

3.2.6 空气压缩净化制氮一体化集成装置

将常规的空气压缩、压缩空气干燥净化、PSA制氮3套独立的系统单元组合在1个模块化装置上，形成空气压缩净化制氮一体化集成装置。该装置可实现无人值守，设置了报警信号远传，并与装置内风机连锁，实现事故紧急停机，确保巡检人员安全。具体见图19，图20。

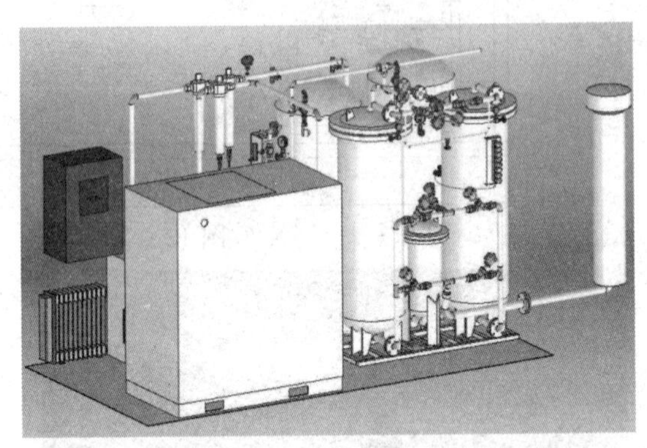

图19 空气压缩净化制氮一体化集成装置效果图

图20 空气压缩净化制氮一体化集成装置现场应用图

3.2.7 35kV集装箱式变电站

将常规变电站内的35kV、10kV开关设备、综合自动化设备和无功补偿设备进行模块化集成设计，优化组合变电站内各电压等级设备，实现变电站主要设备的橇装集成，安装在一套两层的集装箱内，形成35kV集装箱式变电站。集装箱内配置一套完整的保护系统，集温度、湿度、SF6气体检测于一体，对箱内运行环境检测并与空调、风机系统联锁进行实时调节。集装箱内和处理厂中控室分别设两处后台，在中控室可以完成对变电站内设备运行状态的实时监控，实现变电站的无人值守。35kV集装箱式变电站长38m、宽35m，占地面积减少63.66%。具体见图21，图22。

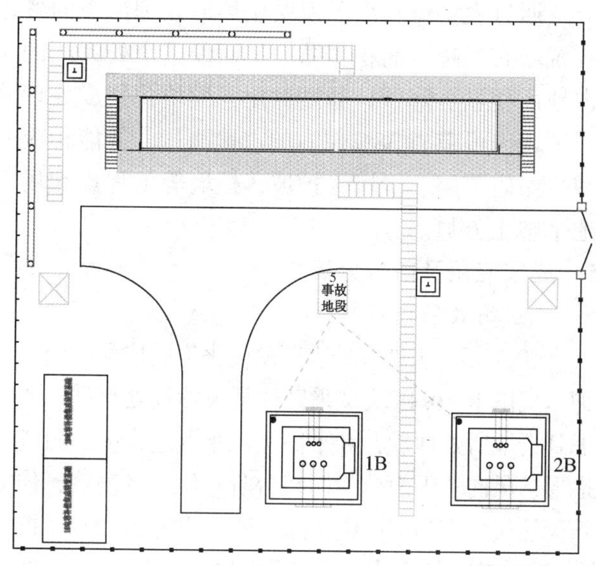

图 21　35kV 集装箱式变电站平面布置图

图 22　35kV 集装箱式变电站现场应用图

3.2.8　电控一体化集成装置

对低压供电系统、自控系统及通信系统进行集成与简化，将处理厂的供配电、不间断电源、自动控制、视频监控、站间通信等系统集成并组合成橇，形成电控一体化集成装置。占地面积减少 35.12%。具体见图 23，图 24。

图 23　电控一体化集成装置效果图

图 24　电控一体化集成装置现场应用图

4　效果对比分析

4.1　模块化集成处理厂平面布置

在初步形成了模块化集成装置后，根据各模块化集成装置区域安装要求，首先对模块化集成处理厂进行了平面布置，来对进行比分析。经过优化布置，模块化集成处理厂围墙内占地面积约为 206.4m×192m = 39628.8m^2(折合 59.44 亩，不含火炬区、截断区)。具体见图 25。

图 25　模块化集成处理厂平面鸟瞰图

4.2　对比分析

表 1　常规处理厂与模块化集成处理厂功能区面积对比表

<table>
<tr><th>功能区</th><th>名称</th><th>常规处理厂布置</th><th>模块化集成处理厂布置</th><th>备注</th></tr>
<tr><td rowspan="5">主要生产区</td><td>集气区</td><td>10m×48m = 480m^2</td><td rowspan="6">天然气集输处理装置区 23m×26m = 598m^2</td><td rowspan="6">压缩 3559m^2 85.6%</td></tr>
<tr><td>配气区</td><td>20m×48m = 960m^2</td></tr>
<tr><td>燃料气区</td><td>12m×24m = 288m^2</td></tr>
<tr><td>缓冲罐</td><td>12m×24m = 288m^2</td></tr>
<tr><td>脱油脱水装置区</td><td>34m×58m = 1972m^2</td></tr>
<tr><td>辅助生产区</td><td>凝析油稳定装置</td><td>13m×13m = 169m^2</td></tr>
</table>

续表

功能区	名称	常规处理厂布置	模块化集成处理厂布置	备注
公用配套区	35kV 变电站	61m×60m=3660m^2	35kV 集装箱式变电站 38m×35m=1330m^2	压缩 2330m^2 63.66%
	低压配电室	18m×13.5m=243m^2	电控一体化集成装置区 13.03m×12.1m=157.663m^2	压缩 85.337 m^2 35.12%
	采出水处理及回注区	61m×41m=2501m^2	采出水处理及回注区 45m×41m=1845m^2	压缩 656m^2 26.23%

通过表1可看出，模块化集成处理厂中的各装置均有大幅度面积压缩，从而使整个处理厂的占地面积显著降低。通过对比，模块化集成处理厂围墙内可节省38%左右的占地面积，并能相应减少站内道路、围墙、护坡、挡墙等工程量和场地平整土方量。

5　成果应用及前景分析

5.1　应用效果分析

2017年，天然气处理厂模块化集成技术应用于神木气田米-38区块试采区佳县天然气处理站。考虑到场地所处地貌，在平面优化布置过程中，顺应地形、风向，平面分为两级台阶布置。经测算，佳县天然气处理站围墙内实际占地面积为31229m^2(折合46.84亩，不含火炬区、截断区)，相比常规天然气处理厂占地面积节省51.2%(图26)。

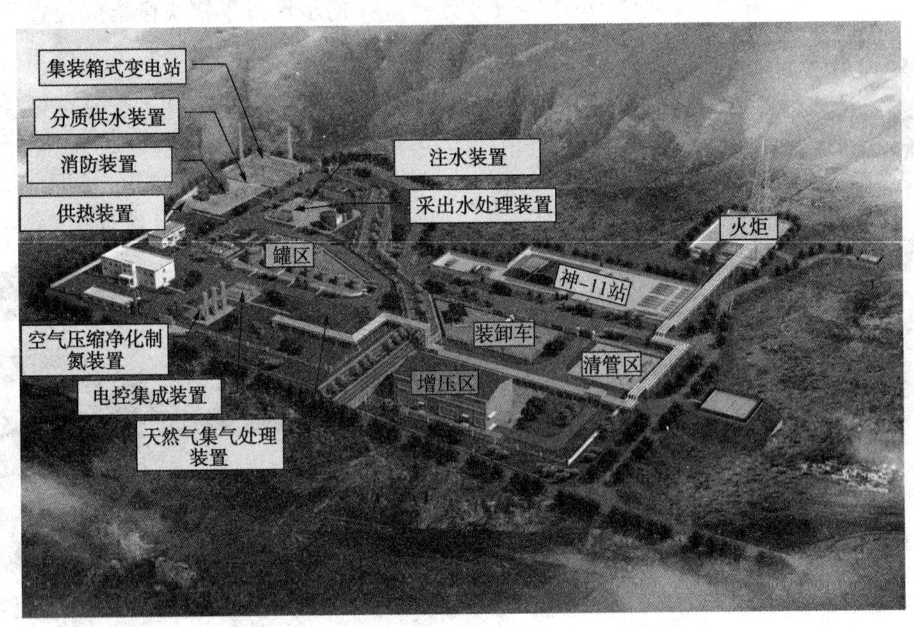

图26　佳县天然气处理站模块化装置分布鸟瞰图

佳县天然气处理站于2018年6月建成投运，在当年8月中旬，天然气处理量达到100×10^{4}m^3/d，天然气处理、采出液处理以及配套系统运行指标均到达设计要求，各类装置运行平稳。该站成功应用了9类模块化装置，满足了米-38区块试采区天然气快速有效开发的需求，有效降低了占地面积。另外，在降低工程投资、减少定员、缩短施工周期方面均有所突破(图27，表2)。

表2　模块化集成天然气处理厂与常规处理厂部分指标对比表

序号	指标	模块化集成处理站	常规处理厂	降低比例
1	总体投资	20522万元	21138万元	2.9%
2	占地面积	46.84亩	96.05亩	51.2%
3	定员	42人	65人	35.4%
4	现场施工周期	约10个月	>12个月	16.7%

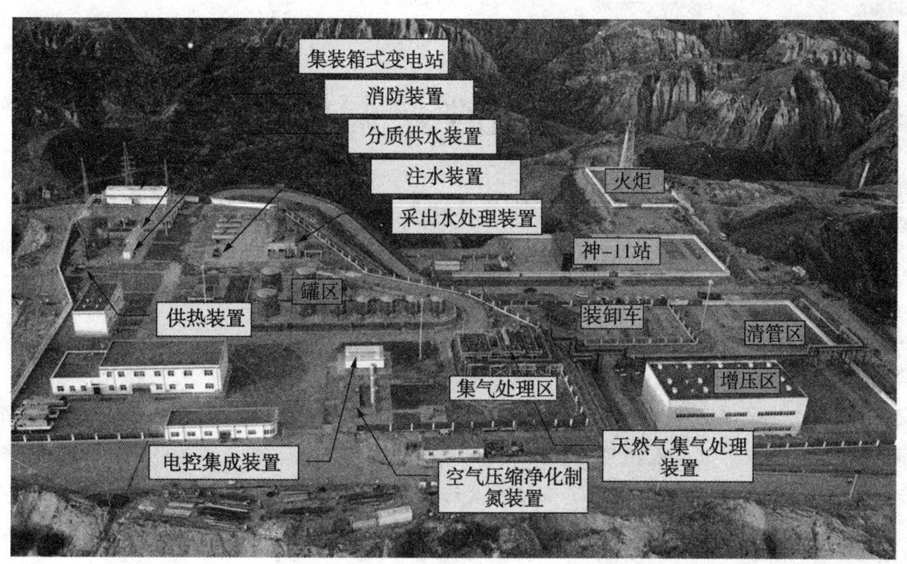

图 27 佳县天然气处理站模块化装置分布航拍图

5.2 应用前景

天然气处理厂模块化集成技术在佳县天然气处理站的成功应用，在长庆气田形成了覆盖井场、集气站、处理厂的集输处理全流程的模块化设计和建设技术(图 28)。

图 28 模块化集成气田流程框图

本成果可用于类似工程中的天然气处理厂设计建设，具有广阔的应用前景，如靖边气田上古气田开发项目、陇东气区开发项目、宜黄气区开发项目以及煤层气开发项目等，并已确定应用在神木气田米-38 区块北部的神木气田第二天然气处理厂。

参考文献

[1] 陈朝明，陈伟才，李安山，汤晓勇，陈祖翰．大型气田地面工程模块化建设模式的优点剖析[J]. 天然气与石油，2016，34(1)：8-13.

[2] 张春燕，朱明高，刘承昭．浅谈气田集输橇装模块化、标准化设计的优越性[J]. 天然气与石油，2009，27(6)：10-11.

[3] 李海润，刘百春，徐嘉爽，唐恂，毛敏，杨帆，等．橇装化装置在海外气田集输工程中的应用[J]. 天然气与石油，2013，31(2)：14-17.

[4] 陈玉海，谢灿波，高光军，等．"模块化、橇装化、工厂化"集成技术在苏丹石油地面工程建设中的应用[J]. 石油化工建设，2013，39(5)：33-37.

[5] 刘俊，黄国荣，谢远飞，陈增辉，杨冬雪，韩兆鹏．一体化集气装置在苏里格气田的应用[J]. 天然气与石油，2014，32(5)：14-17.

[6] 韩建成，杨拥军，张青士，杨永霞．长庆油田标准化设计、模块化建设技术综述[J]. 石油工程建设，2010，36(2)：75-79.

[7] 闫红军．模块化建设及在苏里格气田实施效果分析[J]. 油气田地面工程，2009，28(12)：64-65.

腐蚀套损井化学堵漏技术研究

王小勇[1,2]　杨立华[1,2]　孙雨来[1,2]　李　岩[3]　李琼玮[1,2]　卢文伟[1,2]

（1. 低渗透油气田勘探开发国家工程实验室，2. 长庆油田分公司油气工艺研究院，
3. 长庆油田分公司油田开发事业部）

摘　要　针对水泥返高低，自由套管段存在洛河、富县、直罗多个漏失层的套损井，提出了“隔水+封口+间歇顶替”三段塞化学堵漏理论，研究了隔断凝胶具有良好触变性，地层驻留能力为G级水泥的3-5倍，综合排水率90%以上；微膨胀水泥40℃下，48h抗压强度为29.95MPa，膨胀率为0.2%，20MPa稠化时间为71min。针对侏罗系内腐蚀套损井，研究了硫铝酸盐堵剂，流动度为23，膨胀率2%，封堵强度达26MPa。现场试验表明三段塞理论可以提高漏失套损井化学堵漏的成功率；硫铝酸盐堵剂流动性好已挤入地层，可以有效解决堵剂难挤入地层问题。

关键词　套损井；化学堵漏；隔断凝胶；微膨胀水泥；间歇顶替

老区套损井已经成为油田稳产的重要因素，套损井平均寿命11.5年，水泥返高低，外腐蚀为套损的主要原因，套损段主要分布在洛河、直罗、延安组；侏罗系油井平均寿命6年，内腐蚀穿孔为主要原因，以侏罗系产出液为主，套损段主要分布在动液面以下。

国外化学堵漏有压敏密封胶[1-3]和超细水泥[4]堵漏技术，是针对有水泥环，堵剂难挤入地层的套损井；国内的化学堵漏主要为改性水泥[5-6]堵漏技术，主要针对无水泥环的套损井。长庆油田近2年实施化学堵漏22口井，主要采油改性水泥，现有11口井失效，最长有效期1年。传统的化学堵漏技术[7]存在：(1)堵剂驻留性差，堵剂替至目的层后未凝固就已漏失或被稀释，造成堵浆注入量大，成功率低；(2)堵剂胶结强度低，如G级水泥固化后体积收缩4-6%，不能与套管和周围介质形成牢固的胶结体；(3)有效时间短，施工后因堵剂体积收缩，形成裂缝或套管与堵剂间形成间歇，不能对套破段有效封堵，造成地层水倒灌。

套损井水泥返高至延安组顶界，存在大段自由套管段，地层同时存在洛河组、安定组、直罗组多个漏失层，现有的化学堵漏技术对漏失严重的套损井仍无经济有效的堵漏办法，针对漏失套损井提出了“隔水+封口+间歇顶替”三段塞化学堵漏方法[8]。侏罗系套损井外部有水泥环，堵剂难挤入地层，需要研究流动性好，注入性强的堵剂，与套管和水泥胶结性能好的堵剂。

1　实验部分

1.1　材料与仪器

实验材料：隔断凝胶(四川光亚聚合物化工有限公司)，G级水泥(九连山水泥)，早强锁水剂GJ-F(陕西固德公司)，膨胀剂F17A-1(陕西固德公司)，usz减阻剂(河南卫辉化工有限公司)。

实验仪器：AR550旋转黏度计(美国TA仪器公司)，8240增压稠化仪(美国千德乐工业仪器公司)，WHY-300A压力试验机(沈阳航院石油仪器研究所)，胶结强度测试仪(自制)，水泥石高温高压体积变化测试仪(自制)；水泥浆挤堵装置(自制)。

1.2　实验方法

隔断凝胶在搅拌条件下加入，充分溶胀30min以上；水泥实验外加剂采用外掺法，掺量按水泥干粉质量的百分比计(%BWOC)，按API SPEC标准配浆，水灰比取0.44。按照GB/T 19139—2012对水泥浆的稠化时间、抗压强度等性能进行测定，并对堵剂的界面胶结强度、体积变化率、封堵性能进行了测试，实验温度40℃。

2　结果与讨论

2.1　隔断凝胶

2.1.1　触变性

测定0.7%隔断凝胶溶液的触变性，(1)先在$7S^{-1}$剪切速率下，测黏度；(2)测过之后10min，在$300S^{-1}$剪切速率下，测黏度；(3)再之后10min，在$7S^{-1}$剪切速率下，测黏度。具体见图1。

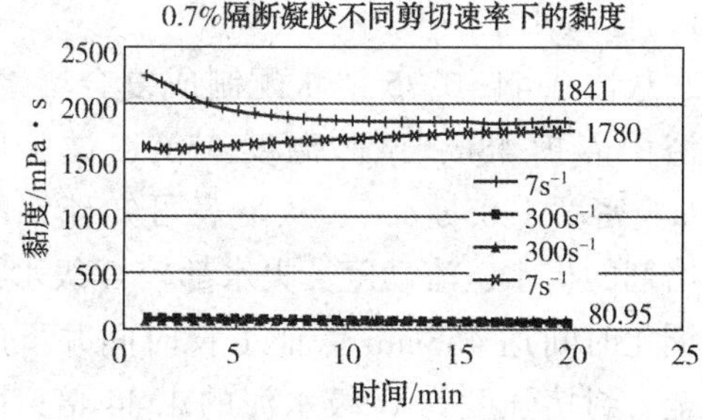

图1　智能凝胶剪切后黏度恢复性能

实验表明：(1)在低剪切速率($7S^{-1}$)下，高黏度(1841mPa·s)，在高剪切速率($300S^{-1}$)下，低黏度(80.95mPa·s)，具有良好的触变性；(2)高速剪切后，低剪切速率($7S^{-1}$)下，黏度可以快速恢复(1780mPa·s，为起初黏度的96.7%)，其黏度与剪切史无关，只与剪切速率有关。在实际堵漏过程中一旦堵剂达到设计位置，再次移动其启动压力会大幅度增加，可以有效阻隔地层水穿透凝胶段。

2.1.2　排水性能

浓度为0.7%的隔断凝胶溶液在裂缝型和裂缝-孔隙型介质移动时，具有很强的排水性能，综合排水率在90%以上，表明隔断凝胶在含水地层通道内能够达到很高的排水效率，挤走绝大部分地层水，形成隔断凝胶段塞(表1)。

表1　智能凝胶排水性能

隔断凝胶浓度	裂缝厚度	V1	V2	排水率/%
0.7%	2mm	355	327	92.2
	3mm	245	224	91.4
	5mm	478	432	90.3
	裂缝-孔隙介质空隙度44.5%			91.5

2.1.3　隔断性能

用直径1.0英寸、长20cm填砂管，用4-40目石英砂填充至水相渗透率在200-300mD，挤入隔断凝胶或G级水泥浆至出口端流出，排量为10-15mL/min，隔断凝胶的挤注压力为0.5-0.6MPa，G级水泥浆水泥浆的挤注压力为0.1-0.2MPa，驻留性能为G级水泥浆水泥浆的3-5倍，表明隔断凝胶具有良好的驻留能力。

2.2　微膨胀水泥

以G级水泥为基础进行配方研究，需要满足两方面要求：首先要求具有微膨胀功能、抗压强度高和胶结能力好；其次要性能稳定，杜绝灌肠等安全隐患。

2.2.1　膨胀性能研究

在套破井堵漏时堵剂的膨胀率如果膨胀率过大，固化体就会对套管形成挤压应力，甚至造成套管变形，因此套破油水井堵漏常用微膨胀堵剂，体积膨胀率一般在0.2%。在G级水泥中加入国内浅井应用效果良好的SEP型膨胀剂F17A-1，主要成分为CaO、Al_2O_3以及少量的MgO，考察堵剂的膨胀性能(表2)。

表2　水泥浆膨胀性能研究

F17A-1/%	48h膨胀率/%
0	-0.03
0.5	0.07
1.0	0.11
1.5	0.20
2.0	0.23

经研究确定膨胀剂F17A-1最佳加量为1.5%，体积膨胀率为0.2%，因此确定G级水泥+1.5%膨胀剂F17A-1微膨胀体系进行下步研究。

2.2.2　抗压强度和胶结强度

套损井化学堵漏时堵剂不仅要具有微膨胀性能，同时需要具有良好的抗压强度和胶结强度才能达到良好的封堵效果，符合堵漏后试验15MPa，30min下降在0.5MPa以内的要求(表3)。

表3　抗压强度和胶结强度研究

时间/h	胶结强度/MPa	抗压强度/MPa
2	0	0.3
3	0	1.6
4	0	3.5
6	0.1	6.6
8	0.3	10.3
12	0.4	14.7
24	1.3	23.5
48	1.4	29.95

48h，G级水泥胶结强度1.1MPa，抗压强度23MPa，微膨胀体系胶结强度1.4MPa，抗压强度29.95MPa，分别提高27%和30%，具有良好的胶结强度和抗压强度，可以满足堵漏要求。

2.2.3　稠化时间研究

套损井化学堵漏要求水泥浆在达到预定位置后，快速稠化、起强度可以减少水窜，提高堵漏成功率。以G级水泥+1.5%膨胀剂F17A-1为基础进行早强性能研究，加入优选的早强剂 GJ-F，以确定最佳的稠化时间(表 4)。

表 4　水泥浆膨胀性能研究

GJ-F/%	稠化时间/min	初始稠度/Bc
0	172	13
0.5	157	14
1.0	113	15
1.5	98	16
2.0	71	18Bc
2.5	59	26

经研究 G 级水泥+1.5%膨胀剂 F17A-1 中早强剂 GJ-F 加量为 2.0%，稠化时间为 71min，考虑施工时间等因素，认为最佳。确定配方为：G 级水泥+1.5%膨胀剂 F17A-1+2%早强剂 GJ-F。

2.2.2　室内堵漏性能评价

经研究 G 级水泥+1.5%膨胀剂 F17A-1+2%早强剂 GJ-F 加入 0.3%减阻剂 usz 流动性提高效果最好。因此以配方为：G 级水泥+1.5%膨胀剂 F17A-1+2%早强剂 GJ-F+0.3%减阻剂 usz，进行室内堵漏性能研究。

采用直径为 1.0 英寸、长 8cm 填砂管(用 4-40 目石英砂填充至水相渗透率在 200-300mD)考察水泥浆的堵漏效果。本微膨胀水泥体系承压能力、突破压力、击穿压力较 G 级水泥都有大幅度提高，封堵效果好，有利于堵剂网状结构的形成，实现堵漏封口，见表 5。

表 5　微膨胀水泥堵漏性能评价

堵剂类型	温度/℃	承压能力/(MPa/cm)	突破压力/(MPa/cm)	击穿压力/(MPa/cm)
微膨胀水泥	40	2.8	3.6	6.0
G 级水泥	40	1.4	2.3	4.6

2.3　硫铝酸盐水泥

硫铝酸盐水泥体系由结构形成剂、增强剂、增韧剂、活性充填剂、硫铝酸盐、石膏组成。通过颗粒级配组合，实现不同尺度孔隙的封堵，见表 6。

表 6　特种堵漏材料的常规理化性表

外观	密度/(g/cm^3)	细度范围	配制流体密度/(g/cm^3)	抗盐
褐色、浅褐色粉末	3.15-3.20	8-2500 目	1.40-1.90	Ca^{2+}、Cl^- 均 ≥15000mg/L

2.3.1　施工性能

水灰比 0.44-0.75 清水配制成复合堵浆体，在水浴中养护 48h，试验温度 55℃，试验压力 35MPa，密度 1.85g/cm^3。从下表可知硫铝酸盐水泥堵剂的析水、流动度、失水都较 G 级水泥优良，稠化时间达 468min 保证了长时间井下施工的安全，封堵强度为 G 级水泥的 1.44 倍，膨胀了 2%，满足化学堵漏要求(表 7)。

表 7　硫铝酸盐施工性能指标

堵浆参数	G 级水泥	测试样
析水%	0.4	0.2
流动度 cm	22	23
失水量 ml/30min×6.9MPa	132	74
稠化时间 min	143	468
48 小时封堵强度 MPa	18	26
膨胀率%	-3%	2

2.3.2　堵剂封堵强度

本微膨胀水泥体系承压能力、突破压力、击穿压力较 G 级水泥都有大幅度提高，封堵效果好，因为膨胀性能较微膨胀水泥更强，因此具有更加优异的封堵性能(表 8)。

表 8　堵漏性能评价

堵剂类型	温度/℃	承压能力/(MPa/cm)	突破压力/(MPa/cm)	击穿压力/(MPa/cm)
硫铝酸盐水泥	40	3.1	3.9	6.5
微膨胀水泥	40	2.8	3.6	6.0
G 级水泥	40	1.4	2.3	4.6

3　现场实验

3.1　三段塞堵漏现场试验

油田某区块 P××油井，1996 年 8 月投产，井深 1202.86m，5’1/2 套管完井，水泥返高 883.5m，射孔段 1168.98～1181.00m，近年套破后，进行 MIT + MTT 测井，穿孔位置为：779.5m，决定实施化学堵漏。

采用套管平推挤注 20m^3凝胶+30m^3微膨胀水泥+11 次间歇顶替清水(2+9＊0.5m^3)。钻塞后试压，达到合格要求，日产量由措施前 1.74t 上升到 1.81t。具体施工步骤如下(图 2)：

(1) 打桥塞和填砂，在 818.07m 打桥塞，沉沙 20m，探沙面 794.39m；

(2) 验漏和求吸水指数，用清水打压 5MPa，排量 500L/min，用水 $30m^3$，泵压瞬间降至 0MPa，确定井筒外部与地层连通性良好，存在漏失；

（3）挤注隔断凝胶，挤注 0.70%隔断凝胶 $20m^3$ 后，压力从 0MPa 上升为 12MPa，停泵压力为 10MPa；

（4）挤注微膨胀水泥，挤注密度 1.80-1.92g/cm^3，$30m^3$ 水泥浆，泵压从 10MPa 降到 6.1MPa 后上升至 8MPa，停泵压力 6.5MPa；

（5）采用 10 次间隙顶替，第一次用顶清水 $2m^3$，压力为 6.5MPa，停 10min；后每次顶替清水 0.5m^3 间隔 3min，压力由 6.5MPa 逐步上升到 13.3MPa，然后停泵，憋压关井；

（6）候凝 48h，钻塞，试压 15MPa，30min，压降 0.2MPa，合格，堵漏成功。

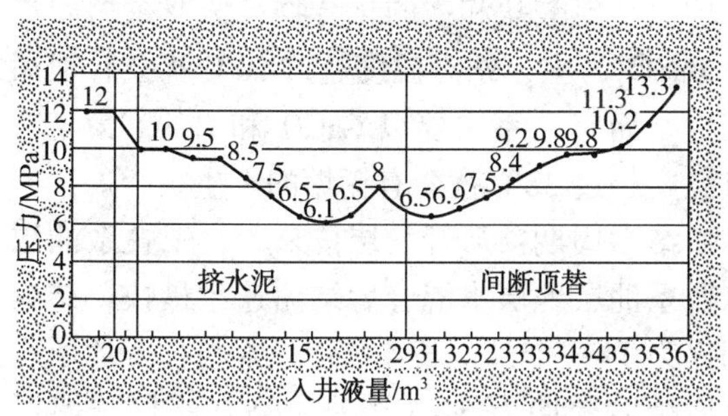

图 2　P××井化学堵漏施工压力曲线

安塞油田套损井 2015-2018 年共试验 44 口井，成功率由原来的 75%提高至 91.4%，表明“隔水+封口+间歇顶替”三段塞化学堵漏技术可以有效提高漏失套损井的堵漏成功率，现已成为安塞油田套损井治理的主体技术。

3.2　硫铝酸盐堵漏现场试验

侏罗系套损井 Z＊＊-＊＊井 2010 年 10 月投产，生产层位延 10，于 2010 年 7 月 13 日完钻。完钻井深：1930.0m，人工井底 1917m，套破段 1402-1406m，对该段进行硫铝酸盐水泥堵漏，15MPa 下吸水为 200L/min。

现场使用 6.625 吨硫铝酸盐水泥堵剂，配制密度 1.75g/cm^3 堵剂 $4.5m^3$。挤注压力 15-20MPa，排量 200-250L/min，封口压力 20MPa。

堵剂施工 72 小时后开井，探塞面于 1283m。磨钻至漏点下届 1406m 后，对套管试压 15MPa，稳压 30min 压降小于 0.5MPa. 试压合格。

侏罗系套损井 2017-2018 年共试验 8 口井，堵漏成功率 100%，但还存在吸水较大的套损段堵剂用量大的问题，下步需进一步研究。

4　结论

（1）针对漏失套损井，“隔水+封口+间歇顶替”堵漏技术可以提高化学堵漏的成功率。隔断凝胶段具有良好的排水性能，可以隔离地层水，建立承压段；微膨胀水泥施工安全性，结合间歇顶替工艺，提高了水泥对地层的封堵能力。

（2）有水泥环的内腐蚀套损井，采用硫铝酸盐水泥堵剂，具有膨胀率高，流动性好，封堵强度高的特点，可以有效解决堵剂难挤入地层问题，但有效期较短。

（3）针对有水泥环的内腐蚀套损井，如套损点吸水量较大，需要研究胶结性能好，封堵强度高，用量小的堵剂和相应的施工工艺，提高化学堵漏的成功率，延长有效期。

参考文献

[1] R. W. Chivvis, J. Y. Julian, D. N. Cary. Pressure Activated Sealant Economically Repairs Leaks on Prudhoe Bay Wells[J]. SPE：120978.

[2] J. E. Johns, D. N. Cary, J. C. Dethlefs, B. C. Ellis, M. L. McCommell, G. L. Schwartz. Locating and Repairing Casing Leaks With Tubing in Place-Ultrasonic Logging and Pressure - Activated Mehteds [J]. SPE：108195.

[3] J. Y. Julian, J. E. Johns, D. N. Cary. Pressure Activated Sealants-Non-Rig Solutions in Mature Fields in Alaska [J]. SPE：163944.

[4] J. W. Meek, Kirk Harris. Repairing Casing Leaks With Small-Particle-Size Cement[J]. SPE Production & Facilities February 1993.

[5] 王学强，蒋建勋，王宝明．套损井化学堵漏修复技术及其在长庆油田的推广[J]．天然气勘探与开发，2007，4(30)：56-59.

[6] 杨立华，李早元，王小勇等．长庆安塞油田出水套损井封堵微膨胀水泥体系研究[J]，石油与天然气化工，3(41)：314~316.

[7] 王小勇，杨立华，何治武等．智能凝胶尾追微膨胀水泥套损井化学堵漏技术研究[J]．钻井液与完井液，2013，6(30)：17-20.

[8] 王小勇，慕立俊，李琼玮等．一种提高漏失套损井化学封堵成功率的方法[P]．中国专利 201610478225.7.

姬塬油田结垢腐蚀防治技术的适应性研究

董立超[1]　张荣辉[1]　王泽东[1]　刘小莉[2]　韩　雪[1]

(1. 长庆油田分公司采油八厂, 2. 长庆油田分公司采油六厂)

摘　要　姬塬油田多层系叠合开发过程中，不同层系地层水水质差异大，配伍性差，造成地面、井筒严重结垢，给油田生产带来难题。为保障系统平稳运行，通过配伍性实验、化学药剂选型，综合运用新型工艺防垢技术，建立了以工艺法防垢为主，化学、物理法防除垢为辅的综合清防垢体系，逐步形成了“原油分层集输、分层处理、净化油合层输送、采出水分层回注”的工艺模式，通过防垢工艺的现场应用及效果分析，提出各项结垢防治技术在姬塬油田的适应性。

关键词　集输系统；结垢机理；配伍性；适应性研究；防垢技术

结垢问题是困扰油田生产运行的难题，结垢造成生产成本的增加，生产效率的降低，并且由于结垢导致部分生产设备提前报废，安全事故频繁发生，给油田造成了极大的损失。姬塬油田自2011年实施分层改造，建立了分层集输模式后，逐步配套新型防垢技术，结垢问题得到了有效的治理，但在系统运行中，总结了一定的规律和技术特点，同时生产中也遇到了一定的难题，因此对系统结垢成因的重新认识，对常用防垢技术的适应性研究成为重中之重，研究成果可以有效提高姬塬油田防垢效率，保障系统安全、平稳、高效运行。

1　姬塬油田结垢概况

姬塬油田自2005年起投入开发，油田开采层位多，地层水、注入水矿化度高，富含成垢离子多样。三叠系注水地层存在严重的 $BaSO_4$ 垢，侏罗系注水地层结垢成分主要以 $CaCO_3$ 和 $CaSO_4$ 为主；结垢是油田开发过程中长期困扰生产的难题，致地面工艺系统结垢严重，影响正常原油生产，同时存在较大安全隐患。

地层结垢主要表现在长8、罗27长4+5油藏开发油井近井地带结垢堵塞，正常注水压力偏高(14MPa上升至目前的20MPa方能满足配注要求)。

站点结垢位置主要分布在温度、压力、流速变化较大的节点,。即主要在总机关、收球筒、加热炉进出口管线、加热炉盘管、管线闸门、弯头和输油泵叶轮及站内外管网等处。结垢治理前期，樊学区块学2增、学4增、学5增、学一转，吴起区块吴7增、吴8增、吴二转等7座站点结垢较为严重，总机关、加热炉进出口、外输压力升高，平均清垢周期仅为30天，平均结垢厚度达2.5cm，垢型以钡锶垢为主。

结垢类型及特点：地面工艺系统结垢主要是碳酸盐、硫酸盐和铁的化合物；侏罗系垢型主要以 $BaSO_4$ 为主，站点温度超过50℃就会有钡垢的产生。而三叠系主要以 $CaCO_3$ 和 $CaSO_4$ 为主，站点温度超过38℃就会有钙垢的产生。

结垢周期：从开发层位来看，三叠系油层与侏罗系油层地层水混合后结垢速率最快，结垢周期仅为1~3个月；长4+5、长6与长2地层水混合后结垢周期为5~8个月；高含水区、混层开发区域，注水见效程度高及开发较早的也是结垢重点区域，结垢周期一般仅为1~3个月[5]。

2　姬塬油田地面系统结垢类型和成因[2]

2.1　垢样分析

垢样的EDS测试曲线[6]以及Kev能级图谱[7]显示：除了常见的成垢元素Ca、Mg、Ba、C、O外(组成 $CaCO_3$、$MaCO_3$ 等)，Fe元素在两种结垢物都明显存在，这意味着铁的腐蚀产物($FeCO_3$、FeO等)也是结垢物的重要组成部分，可以推断这两根结垢严重的集输管线和注水管线不仅结垢严重，还都存在较为明显的铁腐蚀现象(图1~图4)。

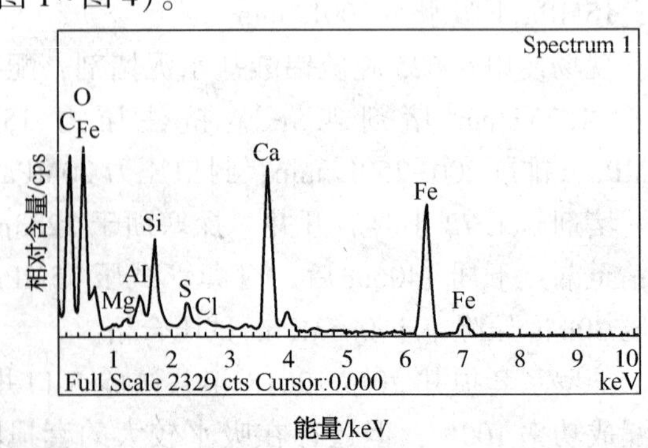

图1　集输管线内垢样的EDS曲线

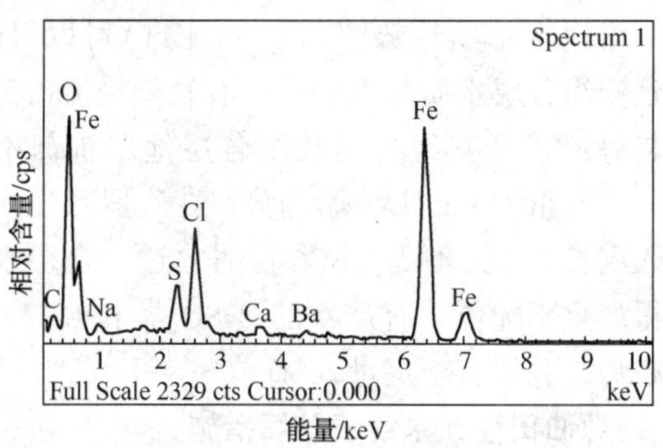

图 2　注水管线内垢样的 EDS 曲线

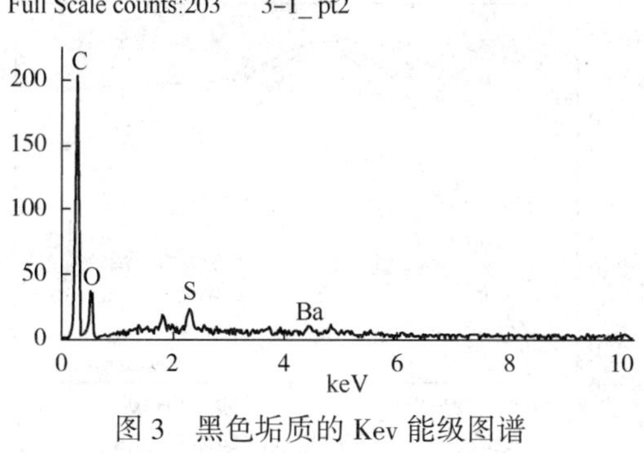

图 3　黑色垢质的 Kev 能级图谱

图 4　灰白色垢质的 Kev 能级图谱

由水质分析结果(详见表 1)可以得出结论:从侏罗系延安组到三叠系延长组,地层水的总矿化度迅速增加,Ca^{2+}、Sr^{2+}、Ba^{2+} 离子的含量很高,尤其是 Ca^{2+} 的含量最高达 4120mg/L,这使得常规使用的防硫酸钡锶垢的阻垢剂在高含钙的水中迅速絮凝,阻垢性能基本消失。并且高矿化度水质导致结垢不仅严重,而且结垢速度很快(表 1)。

表 1　注入水与地层水水质分析结果　mg/L

序号	井号	层位	Cl^-	HCO_3^-	SO_4^{2-}	Na^+	K^+	Mg^{2+}	Ca^{2+}	Sr^{2+}	Ba^{2+}	总硫化度	水型
1	王坪 2	洛河	1077. 51	1836. 22	1169. 2	1332. 01	168. 99	266. 32	516. 41	/	/	6366. 66	硫酸钠
2	学 12-12	延 9	29317. 46	460. 58	/	17236. 02	160. 56	234. 88	474. 65	264. 84	/	48148. 99	氯化钙
3	苗 56-35	延 10	23573. 46	445. 91	339. 35	14263. 6	128	112. 98	482. 47	125. 9	/	39471. 67	氯化钙
4	苗 63-15	长 2	46769. 76	276. 66	/	22210. 65	206. 22	741. 25	3633. 84	500. 04	144. 94	74483. 36	氯化钙
5	阳 55-60	长 4+5	60303. 03	284. 8	/	27617. 15	340. 47	876. 8	4120. 7	1927. 53	1513. 14	96983. 62	氯化钙
6	苗 78-14	长 6	69962. 85	97. 64	/	32607. 56	374. 06	772. 06	3834. 22	2113. 51	1810. 74	111572. 64	氯化钙

2. 3　配伍性分析[3]

通过 ScalmChemOLI 结垢软件预测各层系地层水的流体配伍性及结垢类型,为下步阻垢剂筛选与评价提供理论依据[10](图 5~图 10)。

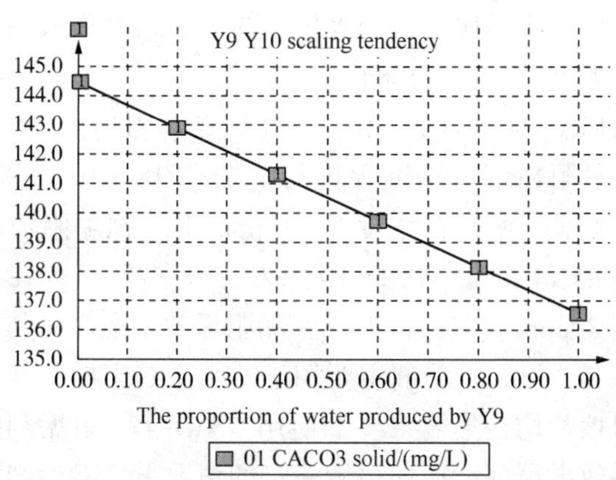

图 5　延 9 层与延 10 层地层水结垢趋势预测

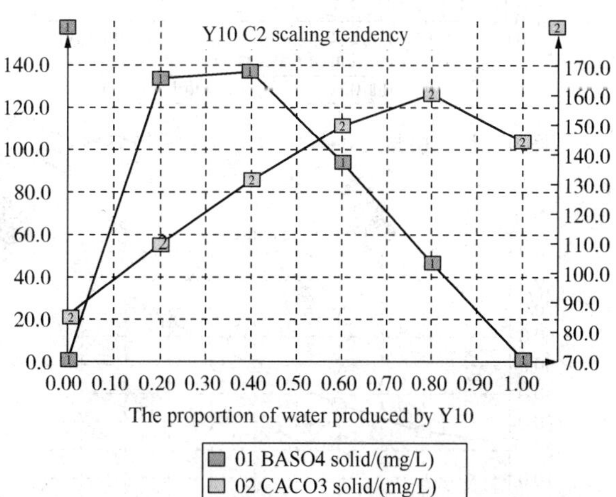

图 6　延 10 层与长 2 层地层水结垢趋势预测

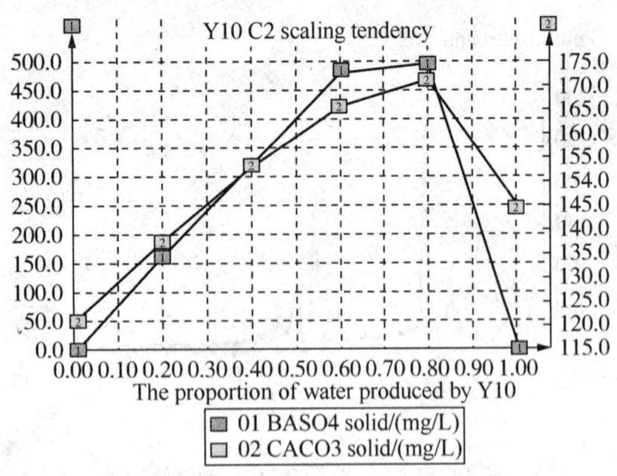

图 7　延 10 层与长 4+5 层地层水结垢趋势预测

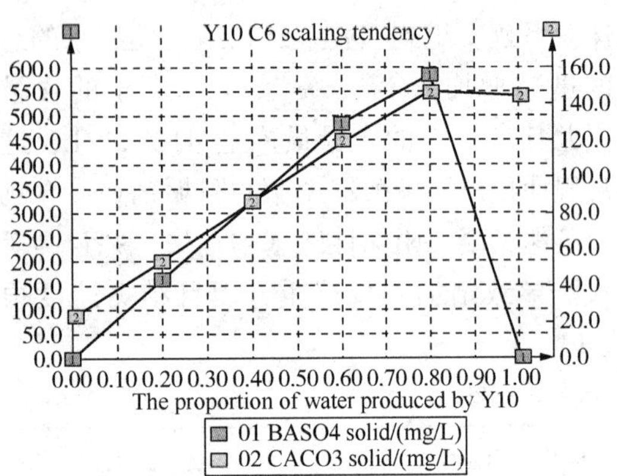

图 8　延 10 层与长 6 层地层水结垢趋势预测

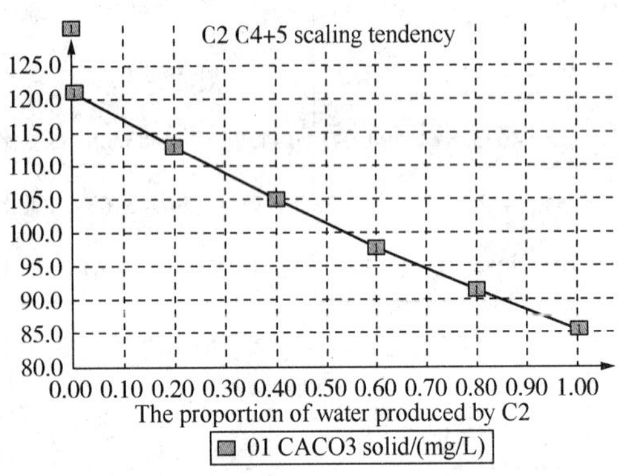

图 9　长 2 层与长 4+5 层地层水结垢趋势预测

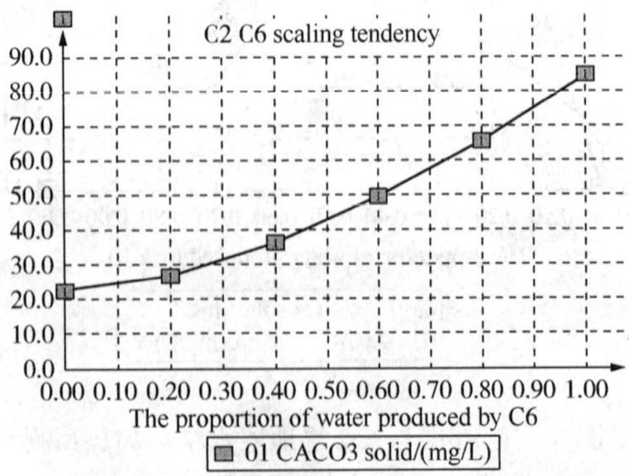

图 10　长 2 层与长 6 层地层水结垢趋势预测

由以上结垢趋势图(图 5-图 11)可以得出：①延安组各层水质基本配伍，有轻微结 $CaCO_3$结垢趋势；②延安组与延长组各层地层水都不配伍，有严重的 $BaSO_4$结垢趋势；③直罗系注入水进入到长 2、长 4+5、长 6 层时，这三个层水质变得严重不配伍，有严重的 $BaSO_4$垢和 $CaCO_3$结垢趋势，并伴有一定量 $SrSO_4$垢。

3　姬塬油田地面系统清防垢措施

3.1　阻垢剂的应用(图 11)

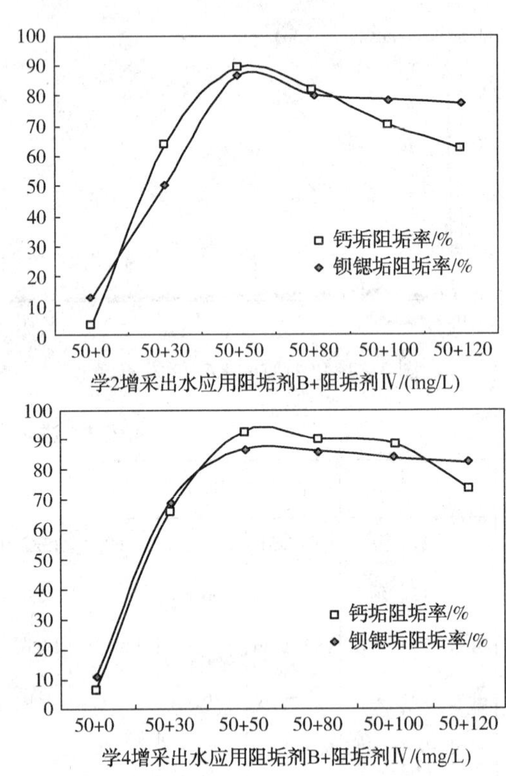

图 11　学 2 增、学 4 增地层水按比例混合钙垢和钡锶垢阻垢率随复配阻垢剂浓度的变化

阻垢剂的筛选：根据各站点处理含水油采出水比例，参照 SY-T 5673—1993《油田用防垢剂性能评定方法》[8]，在室内按照 5 个实验站点采出水的实际比例，对收集到的 ZG-108(碳酸钙型阻垢剂)、SW-188(钡锶型阻垢剂)、HZG-05(钡锶型阻垢剂)、ZG-558(钡锶型阻垢剂)等十余种阻垢剂做了准评价与筛选，ZBC-10、SW-188 型阻垢剂在浓度为 110ppm 时，钡垢阻垢率达 85%以上，AD51-10、ZG-558 型阻垢剂在浓度 80ppm~100ppm 时，钙垢阻垢效率最高，其中除 ZG-108 阻垢剂主要用于注水系统阻垢，其余阻垢剂均在集输系统上使用。SW-188 阻垢剂阻垢效果最好，在加药量一定的情况下，阻垢剂浓度越高，阻垢效果越好，特别是使用纯阻垢剂

时，效果最好。

阻垢剂应用：加药位置移至系统最前端既是高含水井筒集中加药，通过对学5增、学二转等8个站点所辖油井现场摸排，对于井筒结垢严重、液面低、多层系混合开采的高含水油井，以浓度110ppm为标准，实施井筒加药。加药效果对比如下：吴一转收球周期为3天，加阻垢剂前结垢厚度为0.5~1.0mm；加阻垢剂后收球桶未发现结垢现象。在吴6增、吴7增、吴8增、学4增等站点所辖油井相继开展了阻垢剂投加试验，结垢速率减缓，结垢周期由原来的1个月延长至8个月以上。

阻垢剂的适应性分析：化学加药解决集输中、长远距离管线结垢，发挥化学防垢技术的长效性特点，缓解集输系统“线”路结垢。ZG-558型阻垢剂对钙垢防治效果较好、对钡锶垢的防治效果不佳；ZBC-10型阻垢剂对钙垢防治效果较好、对钡锶垢的防治有一定效果，防垢率还需要提高。对钡锶垢的防治目前仍然是生产中存在的难题。

3.2 物理管线清垢技术

水力空穴浸蚀清垢技术：针对单井集油管线因结蜡、结垢造成管线频繁堵塞，热洗无效的现象，回压超过3.5MPa的36条出油管线应用了水力空穴浸蚀物理清垢技术，清垢后压力下降0.5~3.4MPa降压、节能降耗效果突出。管道脉冲清洗技术：该技术主要依靠空气和水为介质，通过数控脉冲控制仪控制管内高压气水形成高速旋转脉冲射流，可控数控脉冲所形成的物理波对管内的锈垢存积物进行冲击和振动，逐层剥落锈垢和存积物并快速排出管道之外来实现清洗目的。

应用效果分析：采用高压气水数控脉冲清洗技术对结垢增压点流程进行清垢8小时，清垢后管道内垢物清除效果良好，清垢后三叠系总机关压力为0.45MPa，三叠系缓冲罐进口压力为0.3MPa，清垢前后三叠系总机关压力下降0.55MPa，三叠系缓冲罐进口压力下降0.1MPa，清垢后站内运行恢复正常，总体清垢效果明显。

电子防垢技[1]：电子感应水处理器通过主机在水中产生一个频率和强度都按一定规律变化的感应电磁场。该电磁场使水中的成垢离子结合成大量的文石晶核，当水中的矿物质含量超过水的饱和溶解度时，成垢离子就会析出并优先生长在这些晶核上形成文石晶体，从而随水流带走。

超声波防垢除垢技术[4]：该设备根据垢样的不同成分，通过自动变频系统设定频率调节波段，发出超音频脉冲变频信号，使得金属、流体、垢样产生振动，由于各物质的惯性和弹性不同，三者会产生不同步的振动，长时间作用。垢样产生微小裂缝，在超音频脉冲变频信号作用下，流体通过垢样裂缝进入垢层，液体在接受高温管壁后被气化，流体体积急速膨胀，产生气泡后爆破，达到防垢除垢效果。

应用效果分析：以上两种防垢器已在樊学油田学2增、学4增、学5增、学一转及学二转等15个站点应用，现场运行平稳，具有一定的防垢效果，结垢周期可延缓4-6个月，能够有效保护重点设备。

物理清垢的适应性分析：水力空穴浸蚀物理清垢技术对结垢程度小、管径大的、管线弯头少的结垢管线效果较好，对总机关、弯头多、管径小的结垢管线，清垢过程中容易卡堵清垢器。管道脉冲清洗技术对总机关、弯头多、管径小、结垢严重等管线效果较好；不足之处是清垢费用相对水力空穴浸蚀物理清垢高1.2万元/km。两种物理清垢技术针对目前生产现状，水力空穴浸蚀物理清垢技术可以处理井组及站间结垢不严重、运行风险低的结垢管线，管道脉冲清洗技术可以解决疑难杂症，两种技术互相配合，保障系统顺畅运行。也可以作为工艺系统科研立项，综合两种技术优势，重新研制一种清垢技术。电子防垢技术保障成垢离子在2km范围内不成垢，不足之处是作用距离短，设备线圈保护层薄，容易损坏。声波防垢技术保障成垢碎片1.5km范围内不沉积。不足之处：作用的距离短，电力故障多；设备维护时，拆卸麻烦。两种防垢技术主要作用是保护重点设备。考虑原理、功效不同，建议配合使用，电子防垢在上游，超声波防垢在下游，互相补充，发挥功效。

3.3 分层集输技术的应用及适应性

集输系统分层改造后，油区建立了延9集输系统、长2集输系统、长4+5集输系统、长7集输系统，长8集输系统，工艺改造实现了“分层集输、分层脱水、同层回注的集输模式。

系统的分层改造可以保障分层集输、分层回注，避免了不同层系的混合集输，可以彻底有效的解决系统结垢问题；不足之处是系统改造工程量大、费用高，液量较低、对于不能满足分层管输条件的区块、层系复杂区块，将会给分层集输造成阻碍。

系统分层处理是集输运行的主体思想，新部署、新站点规划均围绕该思路运行，对于液量较低区块不能满足管输条件的，目前配套了加药、防垢等设备，综合治理，保障系统运行。

4 结论

取得的成功经验：一是化学药剂防垢的认识。化学加药解决中、长远距离管线结垢，发挥化学防垢的长效性特点，缓解系统“线”路结垢。二是结垢规律的认识。姬塬油田注入水与地层水严重不配伍，注入水和地层水混合后，结垢形成顺序为：$BaSO_4$、$SrCO_3$，$\longrightarrow CaCO_3 \longrightarrow BaC0_3 \longrightarrow SrS0_4 \longrightarrow CaSO_4$；因地层中 Sr^{2+} 含量较低，因此地层结垢主要为 $BaSO_4$、$CaCO_3$。地层防垢主要采用注水系统连续投加阻垢剂对策。单井结垢多以 $CaCO_3$ 垢为主，同时含有较多的铁氧化物。三是系统结垢节点的认识：井筒结垢的厚度随深度而增加，优先在井低下高度湍流区发生，先在射孔段其次是层流区；地面系统结垢容易在管线的弯头、闸门的滞流区，液体流速快，垢不易沉积，如果流速或流向突然变化，容易造成结垢。

目前仍然存在的问题：一是结垢治理需要考虑腐蚀的影响[9]。钙垢治理相对容易，钡锶垢治理成本高、难度大；系统结垢从地层到地面，贯穿整个系统，加之结垢同时伴随着腐蚀的发生，防垢、除垢治理需要考虑腐蚀的影响，治理难度加大。二是钙垢与钡锶垢的结垢周期不同。侏罗系结垢主要是钡、锶垢为主，治理难度大；三叠系结垢垢型主要是钙垢，但地面站点普遍结垢周期短，结垢严重，防治难度大。三是成垢离子动态变化。随着产能建设，新层位的出现，将进入老站点集输流程，使得老站点水质成分越来越复杂，结垢问题越来越严重，治理难度也越来越大。

下一步攻关方向：油田结垢的防治是一项长期而艰巨的任务，姬塬油田防垢的技术手段多样，均存在不足，需要因地制宜，综合配套使用，取长补短，充分发挥新工艺的防垢功效。化学防垢下一步攻关方向需要以 2-3 年为周期，对采出水配伍性进行重新认识，评价，因地制宜的筛选、制定药剂配方，提高阻垢剂防垢效率。系统防垢下一步攻关方向是利用新型防垢技术，构筑“点、线、面”相结合的综合防垢体系。除垢器、捕极器设置结垢带，保障设备及管线；超声波、电子防垢工艺设置防垢单元保护重点设备；缓解集输系统“点”的结垢。水力空穴、管道脉冲清垢技术用于系统的应急抢险，管线投球用于日常维护；缓解集输系统“线”的结垢。优化流程，配套新型防垢技术，实现分层集输与设立结垢带、防垢单元等相结合的集输模式，让成垢离子相互隔离或集中在结垢带内结垢；缓解集输系统“面”的结垢。

参 考 文 献

[1] 刘玉萍，乔文秀等．电子除防垢技术[J]．油气田地面工程，2008，(3)：24-25.

[2] 王婷，赵怀涛，张小刚等．陕北油田地面系统结垢原因分析及对策[J]．油气田地面工程，2016(03)：36-38.

[3] 高清河，唐琳，陈新萍等．油气田结垢预测方法发展现状及趋势[J]．大庆师范学院学报，2011(06)：10-13.

[4] 陈先庆，张小伟、李大伟等．超声波防垢技术在油田中的应用研究[J]．钻采工艺，2000(05)：58-61.

[5] 路民旭，白真权，赵新伟等．油气采集储运中的腐蚀现状及典型案例[J]．腐蚀与防护，2002，23(3)：105-113.

[6] 何英勇，杨鼎文等．管道内喷涂防腐技术的应用[J]．油气储运．，1999，18(4)：30-34.

[7] 郭建永，胡军，李庆达等付强，赵明明等．国内外油气管道腐蚀与防护的研究进展[J]．材料保护，2017(06)：31-32.

[8] 刘晓燕，张艳，刘立君等．特高含水期油气水混输管道压降计算方法研究[J]．工程热物理学报，2006，27(4)：35-38.

[9] 龚然，倪倩，林媛媛等．基于马尔可夫理论油气管道腐蚀寿命预测[J]．油气田地面工程，2015，7(4)：10-12.

基于外腐蚀的胜利油田埋地管道腐蚀速率模型研究

王观军[1] 王安泉[1] 陈健飞[1] 陈丽娜[2] 李西彦[2] 杨 勇[2]

(1. 中国石油化工股份有限公司；2. 胜利油田检测评价研究有限公司)

摘 要 胜利油田开发55年，已进入特高含水期，随着服役年限的延长，油气水管网腐蚀穿孔进入高发期，其腐蚀防护成为制约油田油气安全开发的瓶颈。本文选取了胜利油田35个测试点进行实验管段和试片的埋设实验，运用人工神经网络方法建立了20#钢在7类土壤关键影响因素下的点蚀和全面腐蚀速率模型，并用28号坑腐蚀速率数据进行验证，误差在15%以内，具有较高的精度；以管道剩余寿命为目标函数，与点蚀速率为自变量建立了实验管段与现场管道之间的关联模型，其拟合公式均满足指数形式，并且两者的幂指数基本相同，可通过系数比值来近似对现场管道的剩余寿命进行预测。

关键词 集输管道；腐蚀速率；关联模型；剩余寿命

1 引言

目前我国油气管道的建设正处于蓬勃发展之中，但是随着管线的增多，管龄的增长，因腐蚀等问题造成的管道泄漏事故频频发生，其中外防腐层破坏、土壤腐蚀特性、微生物等因素引起的管道外腐蚀是造成管道泄漏的主要影响因素之一，特别是油气田集输管道，由于埋设条件复杂，管道的外腐蚀状况尤为突出。

胜利油田现有各类管道两万余条，总长14100多公里，随着管道逐渐步入“老龄期”，腐蚀问题已严重影响油田的安全生产运行。因此，需要针对胜利油田典型土壤环境，建立多因素影响下的外腐蚀速率预测模型，提出实验管段与现场实际管道的关联模型，给出维护维修建议，提高管线检修的针对性，最大限度地保障油田埋地管道安全运行。

2 现场参数收集及实验设置

2.1 实验设置

以胜利油田集输管网为依托选取35个具有代表性的管道敷设环境，进行现场试片和实验管段的埋设实验，其中，敷设环境涵盖了芦苇丛、滩海、树林、菜地、农田等胜利油田附近所有地貌，土壤质地包括油泥、壤土、沙土、黏土以及石子较多的壤土等；实验管段管径为144.3×3.2mm，采用普通级3PE防腐层(制作要求参照GB/T 23257)，管长为400mm，制作φ=10mm的防腐层缺陷；试片的尺寸为长50mm，宽25mm，厚度与质量在埋片前用游标卡尺和分析天平测量；埋设20#的实验管段和试片1年，一年后取出计算其全面腐蚀速率和点蚀速率。

2.2 现场测试结果

(1) 土壤理化性质分析

对实验管段和试片的埋设环境进行土壤理化性质分析，主要包括九项基本参数，测试结果如表1所示。

表1 土壤理化性质测试结果

位置	含水率/%	pH	总盐/%	CO_{32-}/%	HCO_{3-}/%	Cl^-/%	SO_{42-}/%	P/(Ω·m)	ORP/mV
1	26.73	8.5	0.52	0.0024	0.02684	0.33654	0.05952	23.88	468.8
2	43.98	8.1	0.254	0.0024	0.04148	0.22152	0.04224	5.03	489.7
3	29.93	8.3	0.239	0.0024	0.03904	0.12922	0.0576	8.17	470.9
4	24.48	8.3	0.796	0.0048	0.0122	0.60776	0.06144	1.26	606
5	28.78	7.7	0.595	0.0096	0.0732	0.30246	0.07872	1.13	537.2
6	33.01	8.2	0.586	0.0192	0.02196	0.37204	0.05568	2.20	592
7	30.91	7.9	0.486	0.0048	0.04148	0.33654	0.01536	1.76	474.8

续表

位置	含水率/%	pH	总盐/%	CO_{32-}/%	HCO_{3-}/%	Cl^-/%	SO_{42-}/%	P/(Ω·m)	ORP/mV
8	24.4	7.6	0.123	0	0.0976	0.08662	0.02112	3.20	468.9
9	14.55	7.3	0.659	0.0144	0.18056	0.355	0.10944	11.44	448.8
10	28.69	7.8	0.618	0.0144	0.18056	0.17892	0.11712	2.83	499.8
11	44.36	8	0.365	0.0024	0.0488	0.25276	0.03648	3.64	540.5
12	27.87	8.5	0.682	0.0096	0.01464	0.4615	0.06336	1.63	509.8
13	25.18	8.2	0.057	0.0144	0.13908	0.05112	0.048	13.95	457.2
14	25.77	8.1	0.71	0.0024	0.02196	0.47144	0.02688	2.39	560.7
15	24.37	7.8	0.083	0.0048	0.02684	0.0568	0.01344	5.34	544.9
16	26.89	8.5	0.2	0.0072	0.04148	0.09656	0.02688	13.82	472.3
17	33.78	8.3	0.233	0.0048	0.01464	0.10366	0.07488	10.05	481.2
18	36.41	8	0.282	0.0024	0.07076	0.08946	0.0384	2.01	509.2
19	27.19	7.8	0.376	0	0.183	0.05964	0.02112	3.96	505
20	23.24	7.8	0.337	0	0.07564	0.10366	0.04416	15.71	492.2
21	21	8	0.239	0.0096	0.04148	0.16188	0.048	16.84	548.1
22	29.34	8.3	0.308	0.0096	0.01708	0.25418	0.02304	2.51	540.7
23	19.51	7.2	1.293	0.0024	0.0488	0.9514	0.0288	1.38	450
24	29.33	8.6	0.527	0.0048	0.03172	0.19454	0.02112	4.71	428.1
25	29.9	8.5	0.381	0.0192	0.02684	0.13916	0.04992	11.37	455.7
26	24.49	8.1	0.237	0	0.06344	0.03692	0.01152	15.08	469.8
27	19.29	7.8	0.719	0	0.05368	0.26838	0.11904	3.83	444
28	18.93	7.1	0.695	0.0024	0.08052	0.26696	0.06528	3.33	517.9
29	22.86	8.7	0.166	0.0096	0.04636	0.06674	0.01536	12.88	492.4
30	29.75	7.9	0.341	0.0072	0.06832	0.33796	0.0768	6.28	533.2
31	24.02	7.7	0.502	0	0.08296	0.23572	0.08448	8.17	562.9
32	28.04	8	0.142	0.0048	0.0488	0.04118	0.03456	17.59	529
33	31.48	8.7	0.333	0.0048	0.00976	0.22436	0.01152	2.20	453.7
34	27.66	7.8	0.203	0.0048	0.03172	0.31382	0.02496	4.90	518.9
35	30.33	8.4	0.149	0.0024	0.04636	0.03408	0.02688	11.31	529.1

(2)管段和试片腐蚀速率数据

埋设一年后，将试片和管段取出，采用除锈液(500mL 盐酸+500mL 去离子水+3.5g 六次甲基四胺)清除表面腐蚀产物，清洗干燥后进行失重和最大坑深测试，计算结果如表 2 所示。

表 2　试片和管段腐蚀缺陷测试数据

位置	管段/mm	试片/(mm/a)		埋设时长/a
	最大坑深	全面腐蚀速率	点蚀速率	
1	0.748	0.0757	0.107	1.04
2	0.704	0.0459	0.133	1.04
3	0.758	0.0304	0.039	1.04
4	0.045	0.0127	0.014	1.05
5	0.522	0.1340	0.283	1.04

续表

位置	管段/mm	试片/(mm/a)		埋设时长/a
	最大坑深	全面腐蚀速率	点蚀速率	
6	0.716	0.0322	0.010	1.04
7	0.506	0.1162	0.602	1.04
8	1.488	0.0694	0.244	1.04
9	1.219	0.0345	0.017	1.04
10	1.278	0.0378	0.088	1.06
11	1.182	0.0744	0.261	1.06
12	0.489	0.0435	0.004	1.06
13	0.350	0.0837	0.423	1.03
14	0.61	0.0276	0.067	1.03
15	0.213	0.0222	0.002	1.03

续表

位置	管段/mm	试片/(mm/a)		埋设时长/a
	最大坑深	全面腐蚀速率	点蚀速率	
16	0.371	0.1583	0.527	1.03
17	0.975	0.0624	0.345	1.05
18	0.649	0.0427	0.053	1.04
19	0.631	0.0825	0.268	1.03
20	0.412	0.0943	0.490	1.03
21	0.428	0.0402	0.056	1.03
22	0.914	0.0725	0.295	1.03
23	0.629	0.0816	0.292	1.02
24	0.992	0.0738	0.325	1.02
25	0.33	0.0749	0.400	1.02
26	0.822	0.0705	0.220	1.04
27	0.921	0.0365	0.254	1.04
28	0.62	0.0624	0.196	1.04
29	0.902	0.0832	0.613	1.04
30	0.984	0.0780	0.353	1.04
31	0.922	0.0713	0.277	1.03
32	0.722	0.0548	0.081	1.04
33	0.88	0.0464	0.072	1.04
34	1.248	0.0828	0.072	1.04
35	1.169	0.0382	0.238	1.04

3 模型建立与讨论

3.1 腐蚀速率预测模型

通过人工神经网络方法[1,2]建立土壤理化性质与全面腐蚀速率、点蚀速率的关系模型。

在本文中选择土壤中含量较高的7类理化性质作为主要考察因素，则BP网络的输入层的节点个数为7；输出值为腐蚀速率，则输出层的节点个数为1；本模型中将输出层的传递函数选为pruelin，隐含层的传递函数选为logsig，训练函数选为trainlm。

通过excllink将excel中的数据导入到matlab程序中，本文中共有35组样本数据，使用其中34组数据进行网络训练，取28号坑数据用于误差分析，matlab训练得到下述模型中相应的隐含层的权值和阈值、输出层的权值和阈值，结果如下所示。具体见图1。

腐蚀速率模型：

$$y = \sum_{k=1}^{11} \frac{V_k}{1 + e - \sum_{i=1}^{11} \sum_{j=1}^{7} W_{ij}x_j + D_i} + \delta \quad (1)$$

式中：W—隐含层权值；D—隐含层阈值；V—输出层权值；δ—输出层阈值；x—土壤理化性质参数；y—腐蚀速率。

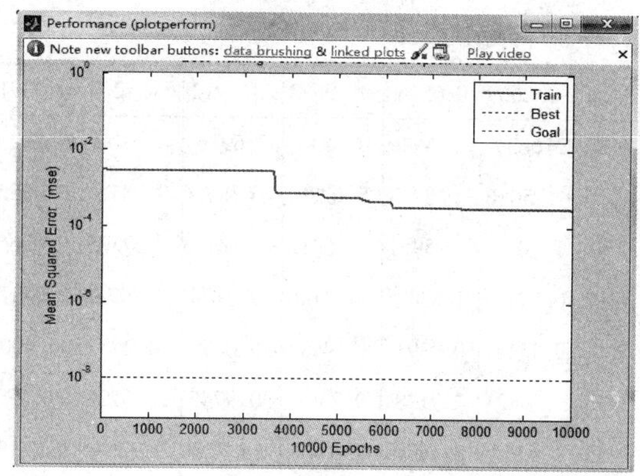

(1) 误差性能图

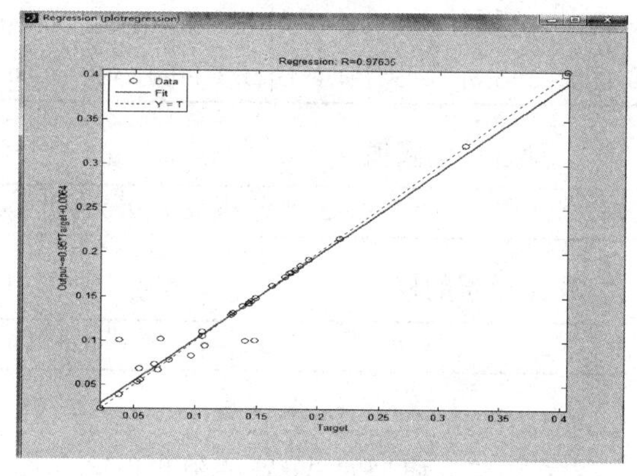

(2) 仿真结果图

图1 Matlab仿真训练示意图

(1) 全面腐蚀速率

① 隐含层的权值

-0.0259	-2.0859	1.732	-4.1736	-9.1631	0.0053	0.0464
0.6234	0.1602	-0.8541	2.8219	-36.9529	-2.0025	0.0157
-1.2945	0.7668	1.1985	-3.2184	-27.1523	1.9265	0.107
-1.3553	-2.414	1.8267	2.4003	21.5977	-3.1258	0.0038
1.5267	-1.8255	-0.0983	1.9655	34.0621	-2.402	-0.2169
2.0701	0.0956	0.5214	0.0409	44.5921	-0.2631	-0.0745
0.1342	3.9638	3.9876	2.9183	-30.5708	-2.1453	-0.0709
1.6129	-2.4447	0.8239	-0.2681	27.0717	1.034	-0.0667
1.1524	-2.4742	2.0225	-0.2149	6.5683	0.0919	0.0148
-0.1256	-2.0848	-0.2421	-0.0213	-8.4197	-1.0124	0.1219
-2.0047	-1.4825	-2.4059	5.006	0.8636	-0.0043	0.1231

② 隐含层的阈值

16.6	-18.4	-36.7	26.2	21.5	-24.2	-20.9	-4.2	31.2	6.8	2.3

③ 输出层的权值

-0.33	-0.05	-0.05	0.00	0.01	0.05	-0.01	-0.04	0.02	0.02	0.04

④ 输出层的阈值为0.3655。

（2）点蚀速率

① 隐含层的权值

-0.5474	-2.2609	0.6526	-1.9622	23.8912	-1.4204	0.0291
-0.2928	2.0639	-2.5939	0.8813	3.6916	0.0102	0.2495
-0.6566	-1.5086	-0.8908	5.0229	-16.8564	0.7475	0.0385
-0.0981	1.8052	-1.5951	-7.6212	-10.3123	-0.9505	0.0065
-1.7717	0.9713	1.8347	-4.2146	30.3174	0.8978	0.0710
0.0750	2.1751	0.9391	-1.4454	36.0879	-0.2753	-0.0001
-0.3753	-1.9821	2.9128	0.7361	30.9745	-0.6728	-0.083
-0.3455	1.4387	3.5770	4.0574	-28.7280	0.7291	0.0213
-0.1842	-1.7100	-1.2046	-4.0986	-47.7283	-0.4241	0.0030
0.7668	-0.2580	-2.4520	4.3303	33.2510	-1.5865	-0.0611
-0.1726	-2.6516	4.8959	-1.0843	21.3819	0.2484	-0.0047

② 隐含层的阈值

7.2	7.2	4.7	-9.9	-0.8	-21.8	25.1	-16.6	22.0	17.7	5.9

③ 输出层的权值

0.5	-0.2	0.3	-1.4	0.2	1.8	-0.6	-0.5	1.6	0.1	0

④ 输出层的阈值为-0.1875。

表3为建立模型对28号坑预测得到的腐蚀速率和实际腐蚀速率所得到的误差，从表中数据可以看出，点蚀速率和全面腐蚀速率误差均小于15%，具有较高的预测精度，满足实际工程的需要[5]。

表3　预测腐蚀速率及误差分析

项目	实测腐蚀速速率/(mm/a)	预测腐蚀速速率/(mm/a)	相对误差/%
点蚀速率	0.1964	0.2066	5.19
全面腐蚀速率	0.0624	0.0716	14.74

3.2　实验与现场数据关联模型研究

在本文中，以最危险工况点蚀为主要研究目标，以剩余寿命为目标函数探究实验管段与现场管道剩余寿命评价模型的关系。

根据SY/T 0087.1—2006《钢制管道及储罐腐蚀评价标准-埋地钢质管道外腐蚀直接评价》中公式计算剩余寿命：

$$RL=C\cdot SM\cdot\frac{t}{v} \tag{2}$$

式中　RL——剩余寿命，a；

C——校正系数，取0.85；

SM——安全裕量，等于失效压力比减去最大操作压力比，失效压力比=计算失效压力/屈服压力，最大操作压力比=最大操作压力/屈服压力；

t——管道公称壁厚，mm；

v——点蚀速率，mm/a。

在本文中通过PCORRC评价准则(Pipeline Corrosion Criterion)进行失效压力计算。在缺陷结构参数中，其长度和深度是最关键因素[3,4]，因此失效压力的计算公式为：

$$P_h=R_n\frac{2t}{D}\left\{1-\frac{d}{t}\left[1-\exp\left(-0.157\frac{L}{\sqrt{R(t-d)}}\right)\right]\right\} \tag{3}$$

式中：

R—管道内径，mm；D—管道外径，mm；t—管道公称壁厚，mm；d—腐蚀缺陷深度，mm；L—腐蚀缺陷轴向投影长度，mm；R_n—管材的极限拉伸强度，MPa。

现场选取埋设点处的管道参数如下：输送介质为原油，防腐层类型为3PE防腐层，管道材质为20#钢，工作压力为0.5MPa，工作温度<100℃；现场管段与实验管段的相关参数如表4所示。

图2给出了实验管段与现场管道的剩余寿命与腐蚀速率的拟合曲线：

（1）实验管段 $\begin{cases}y_{实验}=0.39x^{-1.02}\\R^2=0.991\end{cases}$

（2）现场管道 $\begin{cases}y_{现场}=0.480x^{-1.01}\\R^2=0.835\end{cases}$

从上述拟合公式中的复相关系数R^2的值可以看出，两条曲线拟合度较好，并且曲线的拟合方程形式相同，幂指数基本相同，因此在上述条件下现场管道的剩余寿命可通过现场实验管段的剩余寿命来预测，比例系数计算如下：

$$r_1=\frac{y_{现场管道}}{y_{实验管段}}=\frac{0.480}{0.39}=1.2$$

表4　实验管段和现场管道剩余寿命计算结果

现场管道		实验管段	
腐蚀速率/(mm/a)	剩余寿命/a	点蚀速率/(mm/a)	剩余寿命/a
0.07	7.5	0.202	1.7
0.08	7.2	0.099	4.3
0.09	6.6	0.233	1.7

续表

现场管道		实验管段	
腐蚀速率/(mm/a)	剩余寿命/a	点蚀速率/(mm/a)	剩余寿命/a
0.15	4.1	0.692	0.6
0.18	2.4	0.518	0.8
0.19	1.7	0.526	0.7
0.27	1.1	0.542	0.8
0.5	4.1	0.248	1.5
0.63	1.2	0.292	1.5

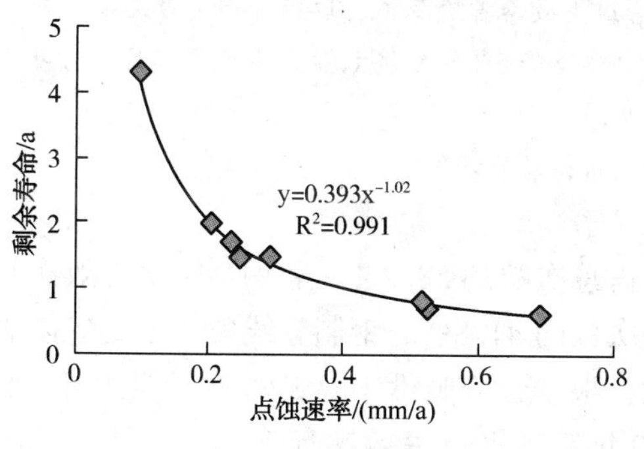

（1）实验管段

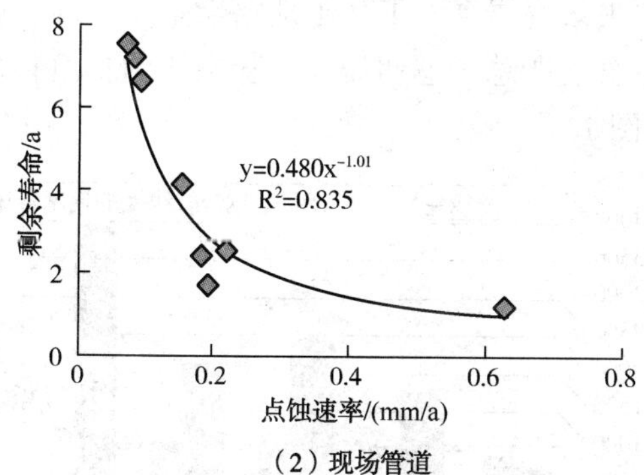

（2）现场管道

图 2　现场管道与实验管段对比

4　结论

本文根据胜利油田现场 35 个试验点的试片和管段腐蚀缺陷测试结果，通过人工神经网络方法建立了 20#钢、7 类土壤关键影响因素下的点蚀速率模型和全面腐蚀速率模型，以 28 号坑腐蚀速率数据进行验证，误差在 15%以内，具有较高的精度；以管道剩余寿命为目标，以点蚀速率为自变量建立了实验管段与现场管道之间的关联模型，其拟合公式均满足指数形式，并且幂指数基本相同，可通过系数比值来近似对现场管道的剩余寿命进行预测。

参 考 文 献

[1] C. L. Ossai, B. Boswell, I. J. Davies. Pipeline failures in corrosive environments－A conceptual analysis of trends and effects [J]. Engineering Failure Analysis, 2015, 53: 36-58.

[2] 刘辉，王海宁，吕志飞. 模糊神经网络技术在矿山安全评价中的适应性研究[J]. 中国安全生产科学技术，2005，1(3)：56-59.

[3] 许峰. 采油二厂油气腐蚀管线剩余强度评价技术研究[D]. 大庆：大庆石油学院，2009.

[4] 曾海龙. 基于缺陷相关的腐蚀管道可靠性评价[D]. 兰州：兰州理工大学，2010.

[5] 姜车，王辉，张春晓，等. 三种黑色金属的土壤腐蚀行为与土壤性质的关系[J]. 装备环境工程，2015，12(4)：38-43.

油田管道完整性管理在生产中的研究与应用

魏海涛

（中国石油吉林油田公司）

摘　要　本文重点论述吉林油田新木采油厂为确保股份公司下发的《油气田管道完整性管理规定》顺利实施，提高油田内部地面生产管道的本质安全，切实有效降低管道失效率所使用的方法，在实际的油田管道管理生产中值得推广及借鉴的经验。新木油田在吉林油田公司开发部完整性管理的延长线上，借助物联网思维模式，重新梳理"五步循环法"，通过摸索实现2018年管道失效率首次降低，取得管道失效影响产油量、注水量及产生的油泥油土量等三项指标在上一年的基数上总体下降5%的经济效益。逐步形成具有自身特点的新木油田管道完整性管理模式。

关键词　吉林油田；油田管道完整性；物联网思维；风险评价；效能评价

1　前言

吉林油田新木采油厂坐落在松原市西北部，是典型低渗透、特低渗透油田。地面生产布局整体分为新木老区、木南区两个部分，新木老区以新木联合站为中心，共有5个油气生产单位；木南区以木南前60站为中心，共有3个油气生产单位。采油厂内已开发区块42个，动用含油面积133.35km^2、动用地质储量6966.1×10^{4}t、动用可采储量1625.83×10^{4}t，2018年完成产量25.109×10^{4}t。2019年目标产量27.7×10^{4}t。生产区域点多、面广、管道失效率逐年上升，地面管理难度较大。

2　地面现状及存在问题

2.1　地面现状

新木管道总长度1722.66km，估算管道资产净值2.6亿元，其中金属管道总长度839.14km，非金属管道总长度883.52km。按照生产功能及用途划分，油气集输管道共有1930条，共计1143.07km；污水及注入管道共有1060条，共计579.59Km。单根管道距离较短、压力和管径等级分布范围广。

新木采油厂辖区内主要的高后区有松花江、嫩江及省级重点的水利网等水利枢纽，长白铁路、大广高速公路等交通枢纽，查干湖等国际级别重点水源地保护区。目前已经识别出的高后果区管道占地面管网的13%。

2.2　存在问题

2018年新木采油厂地面管道共漏失1507次，失效率为0.874次/km.年，其中钢制管道失效次数占总次数的58.2%，非钢制管道失效次数占到总次数的41.8%。钢制管线失效率受年限影响较大，根据管线服役年限失效率逐年升高，服役超20年钢制管道失效率远远高于整体失效率水平。失效率居高不下、土地赔偿费用升高、影响油量日益严总，迫切需要一套系统的管道管理方法(图1)。

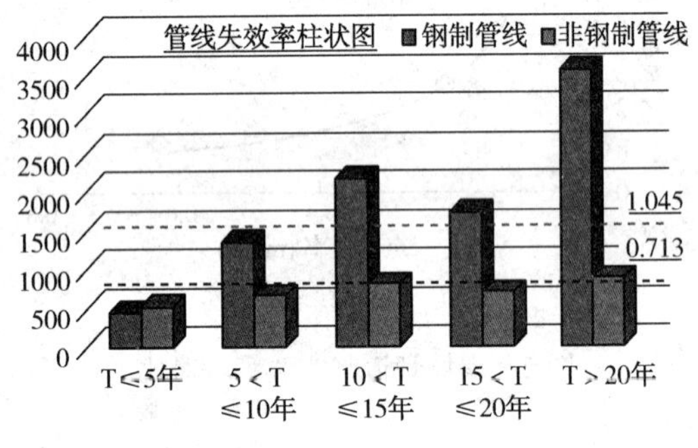

图1

2.3　工作思路及指导思想

新木采油厂管道及站场完整性管理工作遵循《吉林油田公司完整性管理细则》，围绕"分级式寻找原因、逐层式拆解目标、递进式执行方案，利用新条件解决老问题"的原则开展工作。

在实际生产中管道完整性坚持问题为导向，在每一级管理中寻找问题，将失效率整体指标分解为基础可以量化衡量的目标，将结果目标分解为过程目标，落实到具体的部门和不同责任人头上，递进式编制方案并分年度执行，将远期目标替换为可以近期就可以实现的目标，首先形成滚动积累良性上升的通道，借助监测技术/设备、物联网思维模式、数据分析工具等过去不具备的条件，解决一致困扰地面管理的问题。

3 完整性在油田管道生产中的应用

早期的油田内部管道管理属于地面集输管理的一部分，将数据管理，日常维护及维修制度编制厂级《地面工作管理细则》当中，高后区区识别职能归属厂级安全科室负责，生产中未开展风险评价、效能评价等环节。管理中缺乏系统的作业文件、体系文件和技术支撑，在思维模式和制度上以“生产应急抢修”为主。

2016-2019 年在吉林油田开发部的部署下，以《吉林油田管道及站场完整性管理工作方案》为基础，先后开展经历“初始”、“摸索”、“完善”及“提升”四个阶段，致力于切实解决完整性推进中的问题，依据“五步循环”法摸索出一套经济适用的有效降低管线失效率的方法。

3.1 数据收集与整理

油田管道数据采集包括历史数据恢复、建设期数据采集和运行期数据采集三个部分，是最为关键和基础的一个环节。由于油田管道建设随油藏开发需求逐年建设完成，存在时间跨度大，设计、施工及验收不同，导致历史数据不完整，制约了管道信息化及完整性管理需求。

3.1.1 数据恢复

数据恢复依照《股份公司油田管道完整性管理手册》数据管理作业文件，保证全面对数据进行收集、整理，从油田管道完整性管理需求角度分析开展数据恢复工作。

管道中心线及管道设施数据采集方面，利用巡线工多年工作中的经验，结合冬季管道路由上方积雪程度、管沟周边地貌起伏变化情况判断管道中心线，特殊地段配合管道检测设备取得管道及附属设施的中心线数据。

管道缺陷数据采集方面，建立《管线原因影响井口产量情况数据库》，记录管线失效类型，防腐层缺陷程度，失效影响范围等进行文字和影像数据的记录，作为管道评价的重要参考依据。

管道周边环境数据方面，油田内部管道以站、间为中心成网状分布，以片状区域将辖区内建构筑物及枢纽围拢在内，因为管道建设初期路由可选择性较广，与周边设施交叉并不紧密，数据记录重点就在周边设施的空间位置、人员密度等信息。

3.1.2 建设期数据采集

建设期数据采集从管道的规划、设计、施工、竣工阶段，由设计方、施工方和监理方共同完成。

3.1.3 运行期数据采集

在上述工作完成的基础上，专门针对管道运行期而产生的新数据进行采集，编制管道的统一识别码为做好运行数据与管道基础数据间的相互引用，通过对完整性数据库的梳理，将所需要动态数据和静态数据分开，由不同层级管理员负责。

油田地面管道数量庞大、管道类型及规格型号多样，基层管理存在管线名称繁杂、叫法混乱、写法不规范，给管线信息的电子管理带来极大的不便。将管线的必要信息用数字代替，并有规律的排列在一起，表示管线的名称及信息。

管线编码格式：00—0—0—00—000—0

A B C D E F

08 7 2 01 002

新木油田 采油 7 队 掺输干线 让 47 站 1#计量间 非钢制

各字段所代表的意义如表 1 所示。

表 1

段号	代表信息	范围或举例
A：厂编码	采油厂在吉林油田管道完整性管理数据库中的序号；	新木为 08
B：队编码	采油队在新木油田管道完整性管理数据库中的序号	0-8
C：类型码	油田地面油、水系统管道类型；	油：1-4、水 5-9、0 备用
D：起点码	各采油队将辖区内计量间、阀室分配编码。	01-99
E：终点码	各采油队将集输边界最末端井依次编码。	001-999
F：材质码	按管线材质编号	金属：1、非金属：2

在数据采集制度方面，对《吉林油田管道完整性数据库》进行整体梳理，通过表格整理和公式编辑，将表格改造成半自动化的形式。避免重复填写信息，减少人工录入数据错误，提高数据统计效率(图 2)。

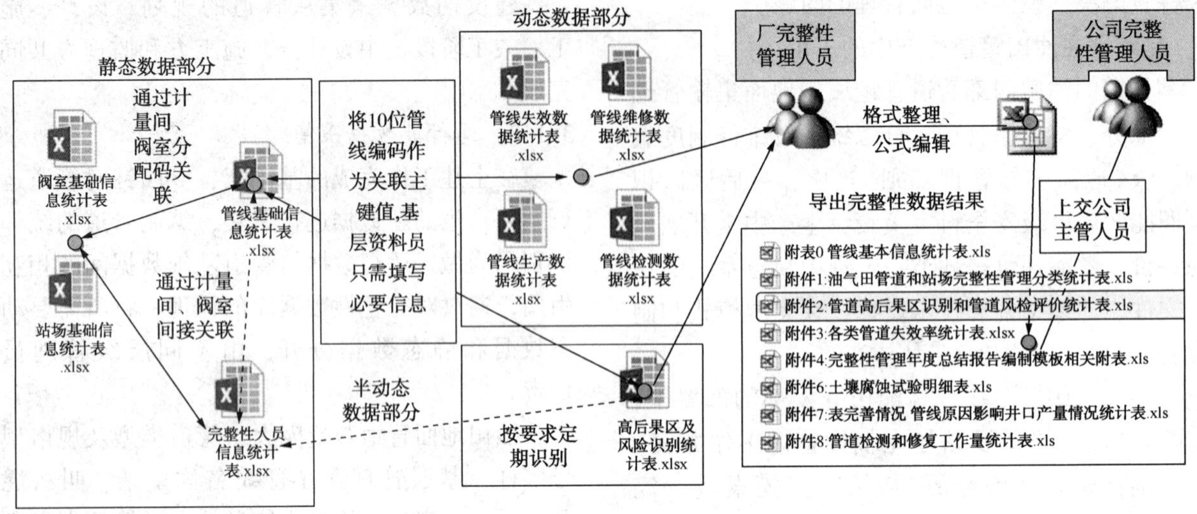

图 2

3.2　高后果区识别及风险评价

高后区识别和风险评价作为管道失效后可能性与后果的综合，是开展完整性管理工作的核心环节，通过管线风险评价可以了解管道各种危害因素，明确挂历的重点，从而有力的实现风险的预控，保障管道及周边环境的安全。

3.2.1　高后果区识别标准及方法

油田管道完整性高后区评价标准依据 GB 32167—2015《油气管道完整性管理规范》开展，作业文件依据 KT-OIM-ZY-0401 油田管道高后果区识别作业规程鉴于长输管道与油田管道之间的区别，油田管道高后区识别采用的是“反向”识别法，此种方法是基于区域的识别方法，适用于连续辖区、管网密集的油田老区采油厂所辖的Ⅱ、Ⅲ类生产管道通过人工识别的方式首先将辖区内风险要素进行识别，以风险要素的外边界外延至标准距离，外延边界所围成的区域内的管道即为高后果区管道。

随着管道周边及辖区人口和环境的变化，高后果区的位置和范围也会随着改变。高后果区识别工作流程见图 3。

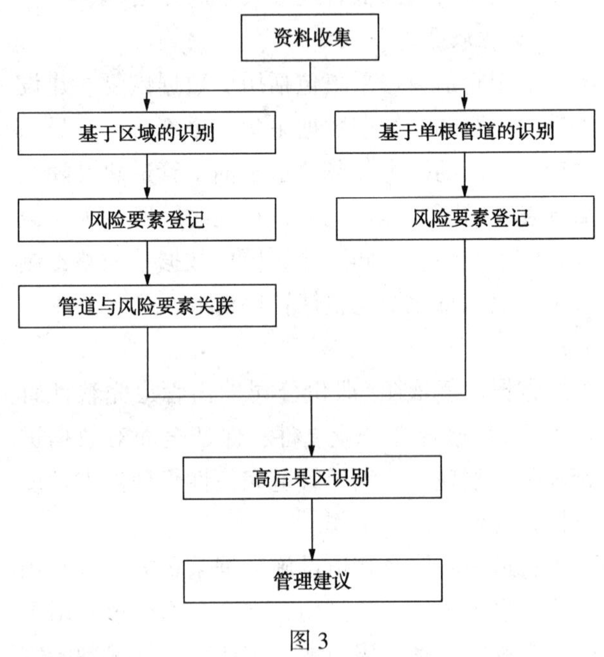

图 3

3.2.2　管道风险评价

2016-2018 年油田管道风险评价工作主要是对影响管道运行的危害因素进行系统梳理，对风险评价方法进行探索和总结，并对油田管道特点开展实验室检测。

3.2.2.1　管道失效原因分类

(1) 失效识别与统计是油气田管道开展风险评价的基础工作之一，同时也是快速获得管道风险特征的最直接方法。油气田管道开展失效识别与统计工作，有助于科学评价管道风险。油田典型的失效类型分为：金属管线 7 大类，24 小类，非金属管线 4 大类，5 小类(图 4)；

(2)根据各类失效的识别难易程度，采取三级识别策略，具体流程如图 5 所示。

(3)形成金属管线 7 大类，24 小类，非金属管线 4 大类，5 小类失效的典型影像资料数据库，用于基层人员进行一级识别(图 6)。

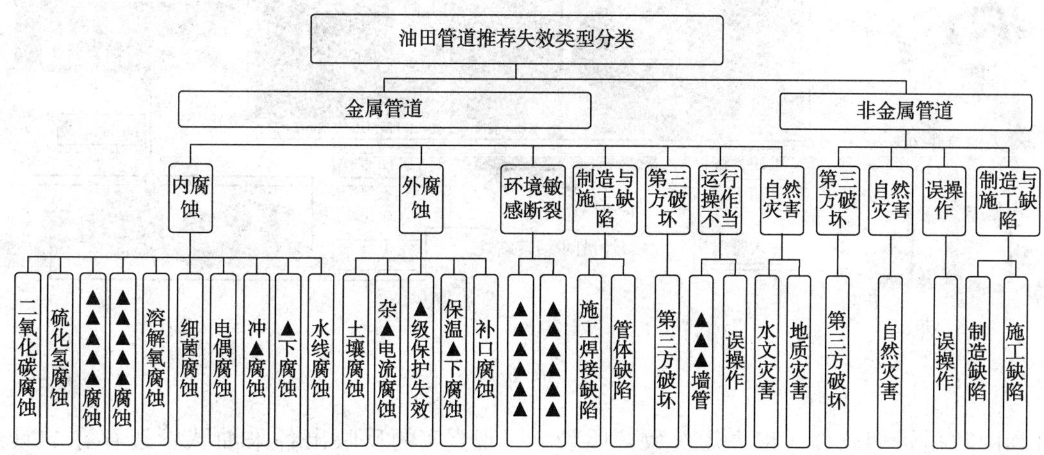

油田管道推荐失效类型分类
金属管道
非金属管道
内腐蚀
外腐蚀
环境敏感断裂
制造与施工缺陷
第三方破坏
运行操作不当
自然灾害
第三方破坏
自然灾害
误操作
制造与施工缺陷
二氧化碳腐蚀
硫化氢腐蚀
▲▲▲▲▲腐蚀
▲▲▲▲▲腐蚀
溶解氧腐蚀
细菌腐蚀
电偶腐蚀
冲▲腐蚀
▲下腐蚀
水线腐蚀
土壤腐蚀
杂▲电流腐蚀
▲级保护失效
保温▲下腐蚀
补口腐蚀
▲▲▲▲▲▲
▲▲▲▲▲▲
施工焊接缺陷
管体缺陷
第三方破坏
▲▲墙管
误操作
水文灾害
地质灾害
第三方破坏
自然灾害
误操作
制造缺陷
施工缺陷

图 4

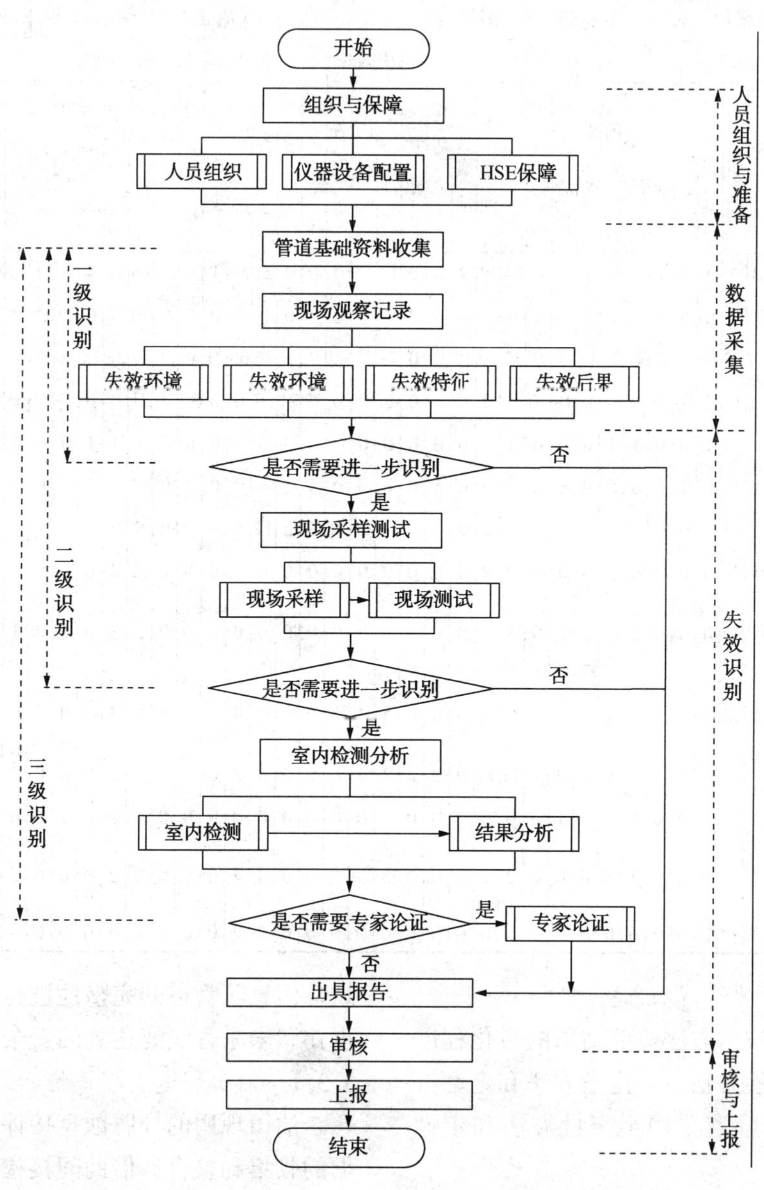

开始
组织与保障
人员组织
仪器设备配置
HSE保障
管道基础资料收集
现场观察记录
失效环境
失效环境
失效特征
失效后果
是否需要进一步识别
否
是
现场采样测试
现场采样
现场测试
是否需要进一步识别
否
是
室内检测分析
室内检测
结果分析
是否需要专家论证
是
专家论证
否
出具报告
审核
上报
结束
一级识别
二级识别
三级识别
人员组织与准备
数据采集
失效识别
审核与上报

图 5

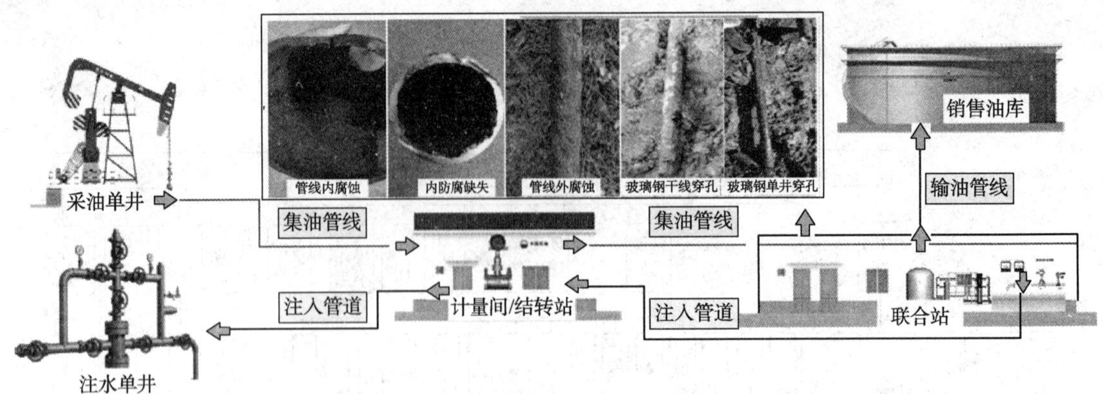

图 6

(4)利用数据管理软件，将失效次数按照管线类型、失效原因分项统计到各采油队，就能客观真实的反映出各采油队管道存在的具体问题(表 2)。

表 2

管道类别	管道漏失总数	管线材质	分类管道漏失次数	采油一队					采油二队					采油三队					采油四队					采油五队					采油六队					采油七队					采油八队				
				失效率					失效率					失效率					失效率					失效率					失效率					失效率					失效率				
				合计	内腐蚀	外腐蚀	材质老化	其他	合计	内腐蚀	外腐蚀	材质老化	其他	合计	内腐蚀	外腐蚀	材质老化	其他	合计	内腐蚀	外腐蚀	材质老化	其他	合计	内腐蚀	外腐蚀	材质老化	其他	合计	内腐蚀	外腐蚀	材质老化	其他	合计	内腐蚀	外腐蚀	材质老化	其他	合计	内腐蚀	外腐蚀	材质老化	其他
单井集油	258	金属	127	13	9	3	0	1	11	10	1	0	0	24	22	2	0	0	12	12	0	0	0	22	21	1	0	1	15	11	4	0	0	13	12	1	0	0	17	14	3	0	0
		非金属	131	0	0	0	0	0	12	0	0	11	1	0	0	0	0	0	7	0	0	7	0	0	0	0	0	0	30	0	0	27	3	35	0	0	31	4	47	0	0	42	5
单井注水	859	金属	468	107	57	50	0	0	42	24	18	0	0	38	20	18	0	0	79	37	42	0	0	86	65	21	0	0	37	22	15	0	0	42	28	14	0	0	37	30	7	0	0
		非金属	391	49	0	0	40	9	28	0	0	18	10	0	0	0	0	0	44	0	0	23	21	58	0	0	39	19	71	0	0	37	34	65	0	0	55	10	76	0	0	61	15
集油干线	87	金属	12	0	11	1	0	0	1	1	0	0	0	3	3	0	0	0	0	0	0	0	0	0	0	0	0	0	2	1	1	0	0	4	2	2	0	0	2	2	0	0	0
		非金属	75	4	0	0	4	0	6	0	0	6	0	5	0	0	5	0	6	0	0	5	1	4	0	0	4	0	13	0	0	13	0	16	0	0	16	0	21	0	0	18	3
注水干线	163	金属	141	41	24	17	0	0	5	3	2	0	0	0	0	0	0	0	47	23	21	0	3	12	6	6	0	0	8	5	3	0	0	19	17	2	0	0	9	4	5	0	0
		非金属	22	0	0	0	0	0	0	0	0	0	0	0	0	0	0	0	0	0	0	0	0	0	0	0	0	0	12	0	0	12	0	0	0	0	0	0	10	0	0	9	1
计量间内	12	金属	12	0	12	0	0	0	1	1	0	0	0	3	3	0	0	0	0	0	0	0	0	0	0	0	0	0	3	3	0	0	0	1	1	0	0	0	4	4	0	0	0
配水间内	23	金属	23	2	23	0	0	0	2	1	0	0	0	0	0	0	0	0	5	4	1	0	0	4	4	0	0	0	6	3	3	0	0	0	0	0	0	0	4	3	1	0	0
油井井口	57	金属	36	6	3	0	0	3	5	4	0	0	1	11	11	0	0	0	3	3	0	0	0	3	3	0	0	0	3	3	0	0	0	2	2	0	0	0	3	3	0	0	0
		非金属	21	0	0	0	0	0	1	0	0	1	0	0	0	0	0	0	0	0	0	0	0	0	0	0	0	0	5	0	0	1	4	6	0	0	2	4	9	0	0	4	5
注水井口	27	金属	27	7	7	0	0	0	5	5	0	0	0	2	2	0	0	0	3	3	0	0	0	4	4	0	0	0	2	2	0	0	0	2	2	0	0	0	2	2	0	0	0
站内	21	金属	21	0	0	0	0	0	0	0	0	0	0	0	0	0	0	0	0	0	0	0	0	2	2	0	0	0	4	4	0	0	0	7	5	2	0	0	8	7	1	0	0

3.2.2.2　管道风险评价技术方法

管道风险评价技术方法按照结果的量化程度可以分为三类：定性方法、半定量方法和定性方法，根据油田内部管道采用半定量方法和定性方法。

3.3　完整性评价

完整性评价是通过特定的技术手段获取管道缺陷信息队管道的完整性进行评估，以明确管线现在和未来管线能达到的安全状态的过程。

3.3.1　油田管道直接评价

油田现用的外腐蚀直接评价方法，通过对数据的收集和整合，借助间接检测方法，得到外腐蚀或内腐蚀状况，从而判断管体的整体状况并对管道外防腐系统提供一个系统而全面的评价。外腐蚀直接评价依据的标准是 SY/T 0087.1《埋地钢质管道外腐蚀直接评价》、NACE 0502《管道外腐蚀直接评价方法》(图 7)。

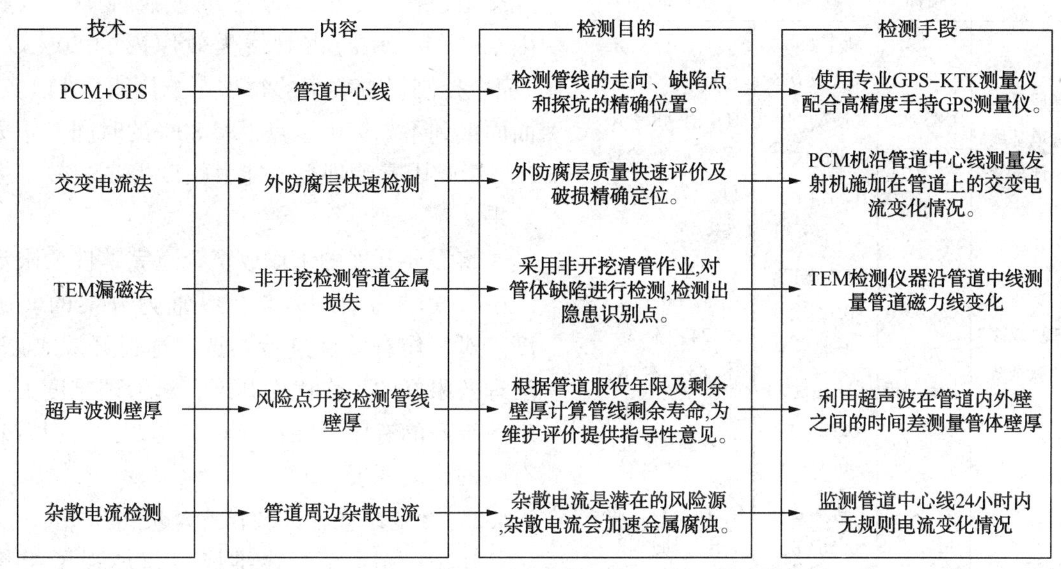

图 7

在检测工作开展前，首先要进行管道资料搜集和管道敷设环境调查，确定管线风险因子，结合管线检测结果，给出被检测管线的风险等级。使用 PCM+仪器对整条管线进行防腐层完整性检测，并使用 GNNS V90 标定探测过程中发现的外防腐层可能存在腐蚀的可疑点的坐标。以可疑点为中线，使用瞬变电磁检测技术向两端检测管体金属蚀失减薄量，结合开挖验证评价检测结果。在开挖验证环节，使用超声波测试仪测量管体壁厚，评估管体金属蚀失程度。如果 TEM 测得的管体金属蚀失量与超声波测厚仪测得的结果偏差较大，采信超声波测厚仪的检测数据。

3.3.2　油田管道缺评价

使用瞬变电磁法检测整个管线的管体腐蚀减薄情况，获得整条管线的平均剩余壁厚。对检测数据判读为管体蚀失严重的位置进行开挖验证。管线暴露后，需要检测防腐层的完整性，以及使用超声波测厚仪测量管体厚度，并与 TEM 检测数据对比。如果 TEM 检测数据与超声波测厚仪测量数据相比偏离严重，采信超声波测厚仪测量数据。

依据 SY/T 0087.2—2012,《钢质管道及储罐腐蚀评价标准埋地钢质管道内腐蚀直接评价》8.2.1“管道金属腐蚀程度评价指标”(表 3)。

3.3.3　油田管道实验室内评价

油田内部管道管线因受管径小、单根管道距离短，未配备收发球装置的限制，无法开展内腐蚀检测，单独依靠外腐蚀直接评价不能完全说明管线存在的风险，但与长输管道相比管道停输取样比较方便。在开展外腐蚀评价的同时，现场将检查段管段直接取下，利用新管替代取样位置。将取下的管段连同腐蚀产物送至实验室内，对样品的金属晶相、管壁金属蚀失量、蚀失部位类型、腐蚀产物的组成成分，腐蚀性介质及水质进行全方位的分析。并与外腐蚀检测结果进行横向对比，增加一个监测、观察管道本体变化情况的维度。

表 3

项目	轻	中	重	严重	穿孔
最大腐蚀坑深（%壁厚）	<10	≥10~<25	≥25~<50	≥50~<80	≥80

3.4　油田管道维护及维修

3.4.1　管道维修计划及方案的编制

立足于《吉林油田管道和站场完整性管理 2018-2022 年五年规划方案》，在降低失效率和控制影响范围两方面落实分年工作量、费用等。时间维度上，遵循公司五年整体规划总体目标，逐年减低失效率指标；空间维度上，以地质开发五年整体规划为指导，重点降低主力区块的管线失效率，保障开发需求。具体见表 4。

表 4

时间	工作量	失效率指标	区域	5年开发重点区块
2018-2019年	高后果区管道基线评价	0.83次/千米·年	新木老区：0.817次/千米·年 木南区：0.874次/千米·年	木17、木101、木118-H、前48-40保障井数252口，失效率≤0.55
2020年	实现“双高”区域基线评价	0.70次/千米·年	新木老区：0.66次/千米·年 木南区：0.726次/千米·年	前60-41、木24、木35、木83、木A、木C，木G，失效率≤0.52
2021年	“双高”区域内管道的维修与维护	0.62次/千米·年	新木老：0.563次/千米·年 木南区：0.631次/千米·年	庙134、庙130、庙22、前101、前102、前113、前36、前105区块，失效率≤0.45
2022年	“以线代面”完整性管理全覆盖	0.45次/千米·年	新木老区：0.46次/千米·年 木南区：0.44次/千米·年	大幅减低失效管线维修费用，统一达到公司要求≤0.35

3.4.2　管道维修方案筛选方法

通过数据统计分析，新木管道失效原因及失效类型遵循“二八原则”，管线腐蚀等少数影响因素(不足20%)占管线失效原因的80%以上。“完全控制好失效率的每项影响因素”难以实现，面面俱到不如突破重点，将80%的时间、精力放20%影响因素治理上，能大幅度提高失效率控制效果。

将需要开展的工作放至管道完整性象限治理图中，横轴为治理效果，纵轴为方案的实施难度。对工作有效性进行赛选，选择开展难度小、治理效果好的工作优先开展，对治理难度大，治理效果好的有序开展；针对难度大，治理后效果有限的展缓开展(图8)。

3.4.3　管道维修标准及作业模块化

2016-2018年管线维修工作加强了维修力量，实现管线维修、补口防腐模块化。2018年组织技能培训，培养具备专业技能的管线维修、防腐施工人员16人，将现有维修力量扩大一倍。管道维修防腐施工标准化、材料模块化，大幅度提升维修质量及效率。以设计院《吉林油田管道修复技术手册》为依托，筛选出适用于新木管道修复的标准和方法下发站队，配合模块化的防腐防水材料包，打造维修标准化，减少管线维修后的二次漏失(图9)。

管道完整性象限治理图

(易)

象限(E)
治理难度小、治理后有明显效果，优先实施
①新木老区15-20年注水管线检测及维修；
②木南区“土地平整”遗留集油管线问题；
③新木管线内腐蚀模型及防控措施摸索；
④管线快速修复标准及施工现场管理方法；
⑤管线失效影响、基础数据的收集及整理；

象限(C)
治理难度小、见效周期长，暂缓实施
①代表区域土壤腐蚀检测
②按完整性分类统计管线相关数据
③高后区管网压力测试
④地面整体操作及管理人员素质提升

(优)　失效治理效果　(劣)

象限(H)
实施难度大、坚持开展效果显著，逐步实施
①有效的完整性数据管理、风险评价工具；
②完整性程序文件及作业文件建设执行；
③完整性、检维修人员培训及效果验收；
④根据公司指标采油队失效率定标；

象限(N)
实施难度大、治理效果差、暂不实施
①内检测等高等级检测手段

(难)
方案实施难度

图8

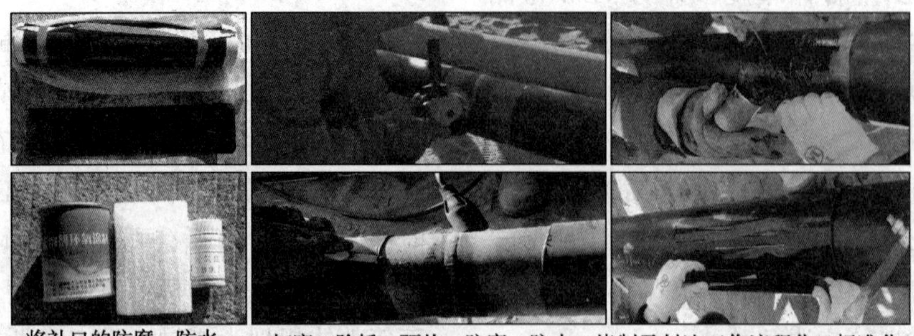

将补口的防腐、防水材料集成一套　　打磨、除锈、预热、防腐、防水、烤制及封边工作流程化、标准化

图9

3.5　油田管道效能评价与审核

通过效能评价对完整性管理工作进行综合分析，将预期指标与现阶段取得的指标进行比较，最终得到完整性开展的优劣的结果。依据标准为GB/T 30339—2013《项目后评价实施指南》。

3.5.1　内部横向效能评价

在新木油田内部8个采油生产单位进行内部横向效能评价，可根据管道具体的措施分项进行效能评价，回顾针对其开展实施的完整性管理工作具体情况，通过对比分析开展实施各项完整性管理工作前后各相关效能评价指标历年数据变化情况，分析其不同责任部门对于各种危害因素风险削减、预防控制效果情况，发现可提升空间（图10~图14）。

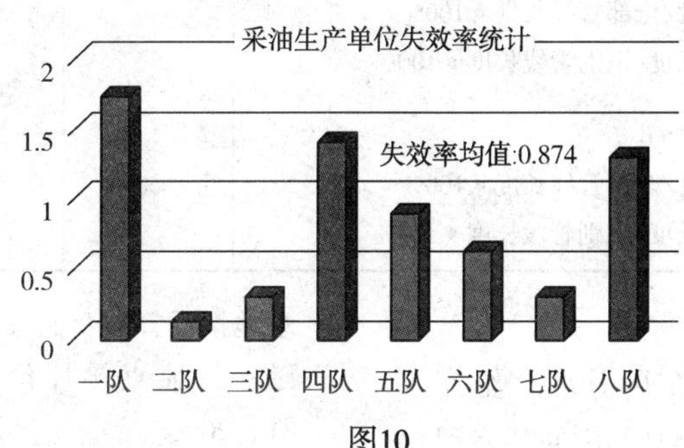

图10

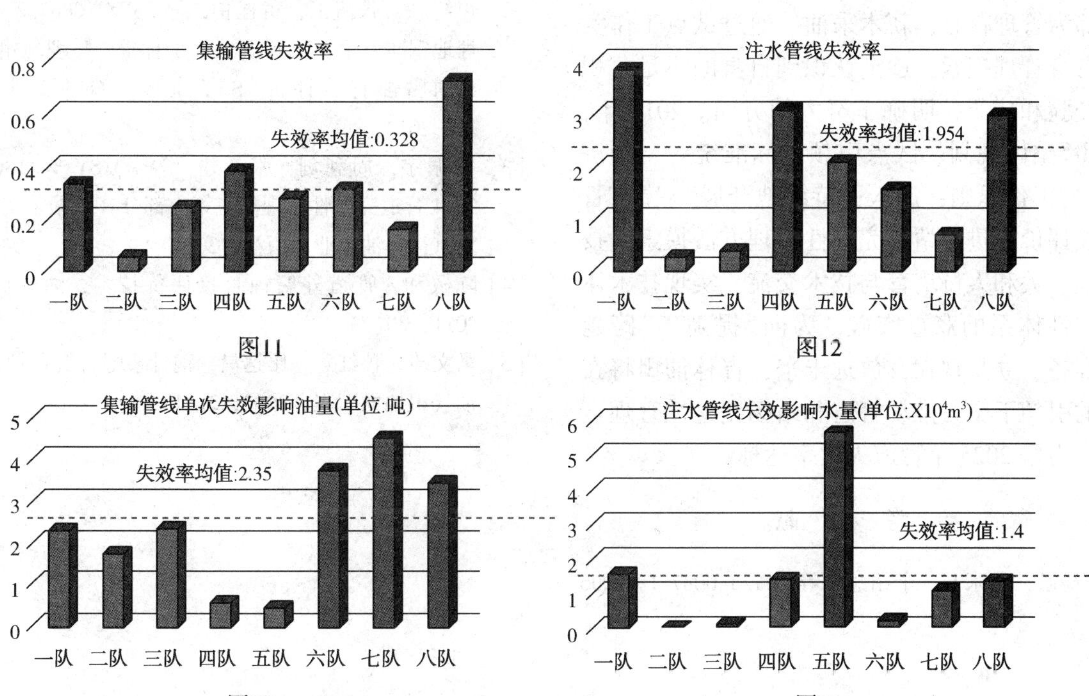

图11　图12

图13　图14

3.5.2　其他工作效能评价与审核

完整性管理是高水平的管理模式，对人原要求较高，人员技能培训及培训效果验收显得尤为重要，用两方面数据作为衡量培训效果的标准：1. 通过考试了解员工对程序文件的掌握程度；2. 对培训后的再次开展完整性管理工作质量和效率进行评价。培训后工作效果：效率整体提升4.6倍，准确率提升1.37倍。下表为采油单位完整性管理人员培训后效能改变记录，见表5。

表5

项目	公式	单位	2018年		
时间	资料上报日期		3月20日	6月9日	10月12日
按时上报	值=规定时间-上报时间	小时	-28.5	-3.5	-0.5
填写规范	值=规范单元格计数/单元格总数＊100%	%	45.6	79.13	93.5

续表

项目		公式	单位	2018 年		
数据准确度	基础数据	值=正确单元格计数/单元格总数＊100%	%	63.5	77.64	83.7
	失效率统计	值=(1-值1/值2)＊100% 值1=缺项数＊18+错误单元格计数 值2=缺项数＊18+单元格总数	%	67.8	79.98	85.2
	高后区识别	值=值1＊0.3+值2＊0.7 值1=识别管线长度/全部管线长度＊100% 值2=正确的管线长度/识别管线长度＊100%	%	56.9	81.89	92.6
	定性风险评价	值=值1＊0.3+值2＊0.7 值1=识别管段长度/全部管线长度＊100% 值2=正确的管段长度/识别管段长度＊100%	%	54.7	80.6	91.7

4 结论

油田管道由于其自身特点，布局分散，给完整性管理带来很大的挑战，吉林油田正在以公司开发部为管理核心，新木采油厂通过试点工作实践和自身管理摸索，逐渐认识到自身的不足，积累了经验和成果，明确了努力的方向。2019 年，将按照“整体规划、试点引领、标准统一、经济高效”的工作原则，深入而持续地开展“双高”管道基线评价推进、站场完整性管理方法摸索、技术瓶颈攻关和人员培育与技术交流，实现技术体系与文件体系的双重突破，为向“提高年”跨越做好准备。立足现在，放远未来，吉林油田将在工作的引领下全力推动管道和站场完整性管理全覆盖，力争 2025 年管道失效率达标。

参考文献

[1] 卢绮敏，翁永基，李绍忠，等 . SY/T 0087.1—2006 埋地钢质管道及储罐腐蚀评价标准——埋地钢质管道外腐蚀直接评价[S]. 北京：石油工业出版社，2006.

[2] 卢绮敏，张清玉，黄桂柏，等 . SY/T 0087.2—2012 埋地钢质管道及储罐腐蚀评价标准——埋地钢质管道内腐蚀直接评价[S]. 北京：石油工业出版社，2012.

[3] 李振宇，周利剑，张新建，等 . Q/SY/T 1180.6—2014 管道完整性管理规范第 6 部分：数据采集[S]. 北京：石油工业出版社，2014.

[4] 陈敬和，管道外腐蚀直接评价技术，油气储运 . 2011，30(7).

[5] 马文琦，孙红意，康达昌，钢骨架塑料复合管浅谈，油气田地面工程，2002，21(1).

水平井井况检测及最优控制技术研究

高庆华　赵亚杰　申　峰　刘　通　符喜德

（陕西延长石油（集团）有限责任公司研究院）

摘　要　延长油田目前有正常生产水平井500余口，本文针对水平井开展井况检测及最优化控制等技术研究，并结合物联网技术，在实现油井数据检测的基础上，据油井产能情况有效合理调节油井工作参数，实现了油井数据的实时检测、提高了水平井的有效生产时间、降低故障的停井时间，降低人工测井的工作量，提高生产效率。采用水平井况检测及最优控制系统技术后，大幅度降低电机用电量，平均单井节电15.37%，为油田节能降耗生产提供新的优化途径。

关键词　水平井；数据采集；井况检测；参数调节；最优控制

延长油田具有低产出、低丰度、低渗透的特点，但由于水平井具有泄油面积大、穿透油层长以及经济效益显著等诸多优点，水平井产液量明显高于其它井，在延长油田开发中发挥着越来越重要的作用。延长油田目前有正常生产水平井500余口，这部分水平井产油量平均为普通油井的几倍或几十倍左右，因此需要针对水平井开展井况检测及最优化控制等技术研究，并结合物联网技术，提高水平井整体管理水平。

1　油田生产需求

试验区已投产的水平井所用的抽油机均为常规油梁式抽油机，抽油机机型为八型抽。抽油泵均为管式泵，泵径有38mm和44mm两种。抽油杆为D级杆，抽油杆为ϕ25mm+ϕ22mm+ϕ19mm三级杆柱组合。平均冲程2.5m，冲次在4~6次/min之间，大部分井为5次/min；冲程3.0m×冲次5/min的组合在所有井中占有70%以上的比例，油井免修期在295天。油井普遍存在检泵周期短、吨油能耗高的问题。

2　井况检测及最优控制的结构设计

首先基于现场智能设备，完成功图和电参数据采集，采集完成后进行数据分析和异常数据处理，检测调节装置当前状态；同时将采集数据通过GPRS将数据上传至服务器端，在服务器端进行产液量、油井故障和泵效分析，同时结合历史参数，分析最优生产参数，并将指令下发给水平井控制器。最后依据下发的最佳指令，确定最终生产指令，并控制变频器实现参数调节，完成调节后，进行生产状态评价，为下一次调节做好准备，如图1所示。

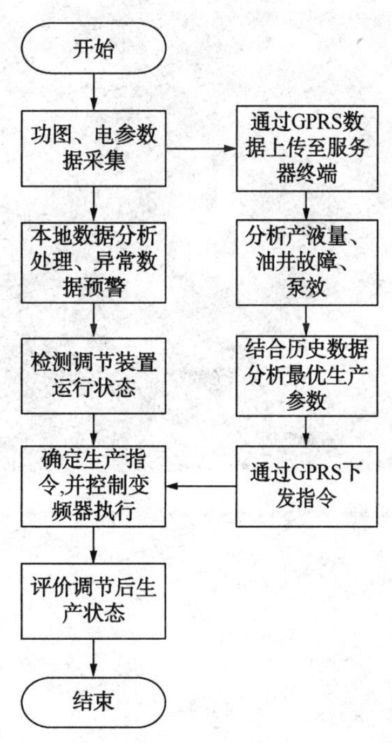

图1　井况检测及最优控制的结构设计图

通过物联网技术与油田生产工艺流程的融合，完成水平井的工况诊断、示功计量和运行工况判断等功能。以现场实时采集的油井示功图为主要依据，远程管理抽油机的工作程序，达到优化控制的目的，全面实现油田地面生产过程的自动化检测与远程优化诊断系统，优化生产管理流程，为精细化管理创造条件，提高生产管理水平，降低运行成本。

3　水平井井检测技术分析

随着物联网技术的发展，油气生产物联网监控系统已经成为国内数字化油田向智能化井场发展的关键，其核心是通过示功图与电流图实现油井工况异常诊断、抽油机故障监控及油井的产液准确计量，在抽油机上、下冲程的同一个周期内同步采集示功图、电流与电功率数据。目前，示功图、电流数据分别采集，示功图通过分离式位移与载荷传感器采集。

3.1　示功图检测技术

本项目一体化示功仪选用 SZ913K，有线 24VDC 供电有线 RS485 传输一体无线功图传感器，SZ913K 示功图传感器是一种连续测量抽油机一个周期内光杆拉力与位移数据，并最终形成一个封闭的图形。通过这个图形来反映油井的状况。其安装在光杆上，所测量功图数据通过 4-20mA 信号上传到井口 RTU(图 2)。

图 2　SZ913 示功图采集仪

3.2　电参采集检测技术

电参数测量模块由信号取样电路、逻辑电路及其它元器件测量单元结构共同组成。引进电压信号和电流信号测量线路三相电参数数据。三相电参数的测量以及以数字方式校正系统误差(增益、相位和失调等)所必须的信号处理电路由 ADE7758 芯片完成。对电参数测量模块的各项数据进一步加工处理和与外部通信等功能由单片机完成。电参数测量模块软件主要是单片机芯片控制软件。软件主要的功能是完成测量数据的处理；同时，利用外部通信接口传输采集的数据，响应外部设备的各种查询，校准数据设置操作。通过 75176 芯片外设 485 通信接口与外围设备连接通信。本项目选用 SU306 电参模块。

3.3　数据的同步采集技术

示功图电参同步采集在抽油机上、下冲程同一个周期内分别采集示功图、电流与电功率数据，由同步处理单元定时唤醒休眠状态的示功图采集单元，获得上、下冲程的上、下始点，开始采集示功图 250 点的加速度与载荷数据，启动电参采集 250 点的电流与电功率数据，经同步处理，同一个上、下冲程周期向智能 RTU 输出上下死点、示功图、冲次、冲程、上下行程载荷、电压、电流、功率、相角、功率因数、有功和无功等数据。

示功图单元采集加速度数据，当抽油机运行到下死点时，向同步处理单元发送同步采集信号，并以该下死点为起点开始采集加速度载荷数据。当抽油机运行一个周期，再次到达下死点位置时，示功图单元向同步处理单元发送同步结束信号，示功图数据处理为 250 点并上传至同步处理单元。

电参单元接收到同步处理单元下发的同步采集信号，开始采集电参数据，直到同步处理单元下发同步停止信号，电参数据处理为 250 点，等待同步处理单元下发上传指令，直至电参数据上传完毕。

同步处理单元收到示功图单元上传的同步采集信号后，将同步采集信号处理下发至电参单元。示功图与电参同步采集，当示功图模块上传同步停止信号时，同步处理单元将同步停止信号处理下发至电参单元，示功图单元上传示功图数据完毕，下发电参单元上传信号，待电流图、功率图数据上传完毕，对示功图、电流图、功率图进行同步算法处理，最后将图形数据上传至油井智能 RTU。

4　最优控制技术分析

提高有杆抽油系统效率主要集中在以下两个方面(1)提高设备的效率：即提高抽油机设备的利用率并保证在较低的能耗水平下，提高油井的产量(2)优化抽汲参数：优化抽油机的抽汲参数，使抽汲参数与油井的供液能力相匹配，实现最优化生产。当在采油设备生产性能和下泵深度已经确定情况下，抽汲参数中决定有杆抽油系统效率的因素主要可分为冲程、冲次、泵径。

4.1　冲次对地面效率影响

冲次直接反映抽油机光杆的运行速度，当杆柱自重和液柱重量确定情况下，光杆运行速度是影响杆柱的惯性力直接因素，即冲次对悬点载荷的影响很大，提高冲次需要提高减速箱输出轴的转速，因此冲次对地面装置各部分效率的影响主要有载荷和速度。

通过实际采集数据我们将不同冲次下，相同平衡度抽油机系统效率，由于同一口井数据采集范围有限，通过分析可知冲次在 4 次/min 以内，相同平衡度下，冲次越高系统效率相对较高。

地面装置各部分的效率对冲次的敏感性也不相同，四连杆本身效率和减速箱效率对冲次的变化不太敏感，皮带和电机的效率以及平衡的效果受到的影响较大；高冲次使电机负载率提高，提高了电机的效率。测试数据分别主要为(1~6 次/min-1)数据。测量抽油机在当前工况下具有良好的经济运行性，电机容量得到合理使用；皮带、减速箱和四连杆的效率都随冲次的增高而提高，高冲次液柱惯性力的增加，但是电机负载率提高，因此电动机、皮带、减速箱和四连杆的效率都随冲次的增高而提高。

4.2　冲次对井下效率的影响

(1) 冲次对于泵效影响

冲次调节是保证泵充满度的重要手段，在油井的供液能力一定的情况下，保持合理沉没度载荷保证泵的充满度，冲次是对泵充满度有着较大影响。当油井供液能力充足，冲次调节能够保持油井的沉没度在合理范围之内，冲次对于泵效的影响主要体现在冲次较大，光杆速度较快，即泵入口压力增大，对于提高冲次引起增加泵入口压力，对于降低气体影响，提高充满系数有着一定作用。

对于高产井、高含水的油井，冲次对于泵入口压力影响并不明显，但对于部分低产井，冲次对于泵效的十分显著，泵的充满度成为影响采油效率的最重要因素。为在麻台采油队实验测量情况。定期调节冲次并保存功图，判断泵当前充满度。

功图为每间隔 6 个小时调节一次冲次，测量冲次从上到下分别为 1.8 次/min，2.5 次/min，3.5 次/min，5 次/min 的功图，通过分析可知泵效，充满度如表 1 所示。

表 1　冲次调节对泵效影响

冲次/(次/min)	1.8	2.5	3.5	5
充满度/(100%)	0.9356	0.8889	0.7986	0.2274
泵效/(100%)	0.6533	0.6400	0.5480	0.1550

通过实际测量数据可知，对采油设备已经确定的油井，冲次调节对于提高低产井的效率，实现高效节能采油有至关重要意义。

(2) 冲次对于杆柱传动效率影响

杆柱的传动过程中能量损失主要为摩擦阻力做功和动载荷做功。对于具有相同上下停机载荷的有杆抽油系统：摩擦阻力做功主要由完井情况和原油物性参数决定。动载荷与光杆速度成正比关系，随着冲次增加，光杆速度动载荷越大，动载荷做功损失能量增加，杆柱传动效率降低。

4.3　冲次对有杆抽油系统寿命影响

有杆抽油系统的寿命指采油设备的使用时间和维修周期。通常对于在许可范围内，抽油机四连杆机构、减速器、电机等寿命等于设计寿命，近似可认为无限寿命。维护周期和往返运动的次数关系较为密切，有杆抽油系统的维护成本相对较高，是油田经济生产重要指标之一。

然而实际应用中抽油机的使用寿命跟相关负载，负载频率，保养情况相关。抽油机的寿命可分为抽油机的疲劳使用寿命和经济寿命。相关统计数据见表 2。

表 2　不同负载率下抽油机连杆疲劳寿命

抽油机负载率	100%	95%	90%	85%	80%	75%	70%	65%	60%
抽油机疲劳寿命/年	22	24	27	29	33	40	43	49	55
抽油机经济寿命/年	11	12	12	13	14	15	16	18	20

通过分析某油田对 2000 年以来的部分油井的检泵率与冲次的相关数据统计发现：检泵周期和冲次之间呈线性关系。冲次越高油井检泵周期较短，检泵井数据统计冲次大于 7 次的井占总检泵井数 68%。

在油田的实际生产中冲次是调节产量和提高效率实现节能高产的最快捷途径，本系统应用变频技术，依据泵的充满度以及当前产量需求，可以实现冲次无级自动调节。

5　现场试验及效果

5.1　试验井的选择

2018年11月15日选取延长油田试验区56口抽油机井作为试验井。

以YP17井油井为例，首先测量10月15日至11月15日期间，未智能调参状态下油井功图、电流图、功率图等数据，分析其产液量、能耗、泵效等生产参数见表3。具体见图4。

表3　YP17井实验数据

项目	A项电流/A	B项电流/A	C项电流/A	A项电压/V	B项电压/V	C项电压/V	功率因素	视在功率/kW
调节前	17.9	17.76	19.16	229.2	232.8	227.3	0.32	9.89
调节后	18.76	18.14	17.34	223.2	223.5	225.5	0.9	4.8
项目	冲程/m	冲次/min	液柱载荷/kN	最大载荷/kN	最小载荷/kN	平衡度	有效冲程/m	泵效
调节前	2.38	4.71	13.42	41.44	24.92	0.25	1.06	44.54%
调节后	2.38	3.88	15.34	41.45	25.23	0.23	1.27	49.16%
项目	理论产液量	产液量	平均功率/kW	能耗/kW·h	吨液量耗电/(度/吨)	泵效提升	液量提升	节电率
调节前	18.31	7.56	2.95	70.87	9.38	4.62%	4.99%	13.32%
调节后	17.41	7.94	2.69	64.50	8.13			

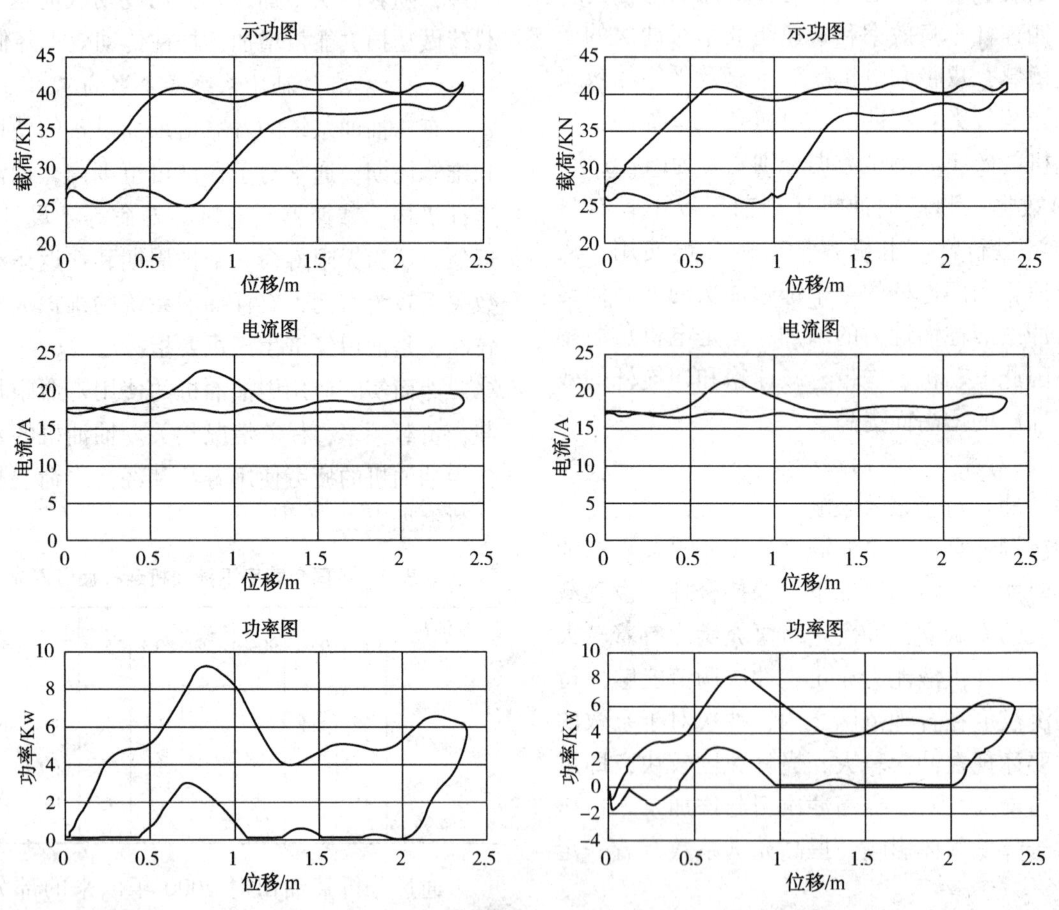

图4　调节前后现场数据

5.2　实验效果分析

2018年11月完成了56口井现场试验，并前后跟踪一个月，抽油机井平均冲次由5.15次/分钟降至4.2次/分钟，下降了18.45%；经过对19口井进行数据检测和分析，在未使用该技术情况下，平均吨液耗电量13.292kW·h，平均功率因数0.368；在使用该技术的情况下，平均吨液耗电量10.54kW·h，平均功率因数0.851；通过计算吨液平均节电率为17.27%。

6 结论

(1) 水平井况检测及最优控制系统实现了油井数据的实时检测、对于提高水平井的有效生产时间、降低故障的停井时间有着重要意义;

(2) 水平井况检测及最优控制系统，通过分析油井的实时工况，结合历史数据，确定油井最优生产参数，明显提高水平井的生产效率效率和延长设备的检修周期，同时降低人工测井的工作量，提高生产效率，提高了水平井的管理水平;

(3) 采用水平井况检测及最优控制系统技术后，大幅度降低电机用电量，平均单井节电15.37%，为油田节能降耗生产提供新的优化途径;

水平井况检测及最优控制系统作为一种油井井况检测和控制系统，具有良好的应用效果，能根在实现油井数据检测的基础上，据油井产能情况有效合理调节油井工作参数，以获得良好的经济效益和社会效益。

参 考 文 献

[1] 王香增．采油工读本．北京：石油工业出版社，2015.3：173-178.

[2] 高庆华．低渗透油藏有杆泵采油系统优化设计及研究：科技创新导报，2011.20：12-22.

[3] 高庆华．井筒气液两相流流动特性模拟实验研究．长江大学学报(自然科学版)，2014.14：84-87.

[4] 高庆华．水平井抽油泵研制及其在低渗透油田浅层油藏应用试验．钻采工艺，2017.9：78-81.

[5] 安庆选．我国第一口水平井[J]．四川石油经济，1995(2)：60.

[6] 苏义脑，孙宁．我国水平井钻井技术的现状与展望[J]．石油钻采工艺，1996，18(6)：14-20.

[7] 赵继勇，樊建明，何永宏，等．超低渗透-致密油藏水平井开发注采参数优化实践-以鄂尔多斯盆地长庆油田为例[J]．石油勘探与开发，2015，42(1)：69-72.

新疆油田站场完整性管理体系研究及应用

张　茹　李远朋　杨龙斐　侯丽娜　哈丽旦木

（中国石油新疆油田公司实验检测研究院）

摘　要　完整性管理在管道领域已经发展成熟，建立了完整的体系文件，但是站场完整性管理仍处于探索研究阶段。本文通过新疆油田某站场完整性管理试点工程，建立了具有可操作性的站场完整性管理体系和数据管理平台，有效地降低站场设备的失效率，确保了站场安全、经济、高效的运行，也为其他油田站场完整性管理提供了指导意义。

关键词　站场；完整性管理；体系；数据管理平台；失效率

2015 年新疆油田启动油气田管道和站场完整性管理工作，通过开展试点工程和科研攻关，取得了良好的效果，但由于站场设备众多、工艺管道及设备特性差异大，目前仍未提出系统的站场完整性管理的理论和方法，缺少站场风险评价、完整性评价等相关体系支撑，及全生命周期的完整性管理数据管理平台。

为科学推进油田站场完整性管理工作，保证站场本质安全，提高站场管理水平，新疆油田在 2016 年、2018 年开展站场试点工程，初步应用了基于风险的检测（RBI/AST RBI）、以可靠性为中心的维护（RCM）、安全完整性分级（SIL）等风险评价方法[1]，分析站场典型工艺及重点设备设施，调研站场实际问题，建立了新疆油田站场完整性管理体系及站场完整性管理平台，实现了站场全生命周期的资产完整性管理，取得了较好的效果，为保障站场的安全意义重大。

1　站场完整性管理体系的构建

1.1　站场完整性管理体系概况

（1）站场完整性管理体系方针

资产完整：站场资产在物理和功能上是完整的；

全员参与：各级管理人员、技术人员、操作人员均参与资产完整性管理相关工作；

安全可控：保障站场资产的本质安全处于受控状态；

持续改进：不断提高管理和技术水平，采取措施降低风险。

（2）站场完整性管理的工作原则

① 在设计、建设、运行新站场系统时融入完整性管理的理念和做法；

② 建立负责站场完整性管理机构、管理流程，配备必要的手段；

③ 根据站场特点实施分级分类的管理策略，保证完整性管理持续不断的执行；

④ 制定有针对性的资产完整性的关键绩效指标；

⑤ 进行完整性管理审核来验证和审核资产完整性管理体系的绩效和符合性；

⑥ 在完整性管理过程中不断采用各种新技术。

（3）站场完整性管理的总体目标

实施全寿命周期的完整性管理，保证站场系统安全、可靠、受控，避免重大安全、环境责任事故。

① 建立职责清晰的完整性管理体系，并持续改进；

② 不断识别和控制站场管道及设备风险，使其保持在可接受的范围内；

③ 通过科学维护延长管道及设备使用寿命；

④ 防止出现由于操作和管理不当引起的泄漏或断裂；

⑤ 持续提升安全关键性资产的可靠性和可用率。

1.2　建设期站场完整性管理体系研究

站场建设期分为方案设计阶段、采购及预制阶段、现场施工阶段、施工验收阶段 4 个阶段，针对每一阶段提出了完整性管理的要求，具体如下：

（1）方案、可研、设计阶段完整性管理要求如下：建议应用 HAZOP、RAM、SIL、QRA 等方法开展站场风险评估，找出生产运营期间的瓶颈位置及薄弱环节，提出改进、控制和管理措施；分析已建类似设备设施失效数据，在设计上提出相应控制措施以保证设备设施的本质安全；针对工艺管道应分析腐蚀控制因素[6-8]，采取合理可行的腐蚀防护控制方法；对重点站场和储罐，根据具体情况，论证设置区域阴极保护和储罐阴极保护措施；针对运行期间需检测、监测部位，设计中应考虑增设检测辅助设施，以减少后期检测辅助工作量；对主要设备设施的选型、选材和采购提出关键技术指标要求，对设备设施在设计、建造、安装、调试、运营维护中与完整性密切相关因素提出分析和原则性控制要求或指导意见。

(2) 采购及预制阶段完整性管理要求如下：对照设计要求，依据相关标准，开展设备设施质量和制造过程的自检和抽检，形成数据记录；对生产运营维护阶段容易出现质量问题、发生故障后对生产影响大、维修成本高、建造周期长的设备，所属单位应明确建造期的质量管理方法。

(3) 采购及预制阶段完整性管理要求如下：现场施工阶段应严格按照设计图纸进行施工，并遵循设计变更程序，减少设计变更数量。施工过程中要做好质量监督管理，确保施工质量。

(4) 施工验收阶段站场完整性管理主要要求如下：完成建设期站场数据收集及移交工作；绘制单线图，完成基线检测数据标注工作；建议应用RBI、FMECA、RCM等方法开展设备设施风险评估，提出运维阶段管理维护建议；工程项目部组织竣工验收时应有完整性管理人员参与，重点关注竣工验收资料中设备相关资料的移交以及试运行期间存在遗留问题的整改情况。

1.3 运行期站场完整性管理体系研究

(1) 站场完整性管理定义和流程

站场完整性管理是管理者不断根据最新信息，对站内设备设施及运营中面临的风险因素进行识别和评价，对可能使站场设备设施失效的主要威胁因素进行检查、检测、检验，据此进行适用性评估，并不断采取针对性的风险减缓措施，将风险控制在合理、可接受的范围内，使站场始终处于可控状态，达到持续改进、预防和减少事故发生、经济合理地保证站场安全运行的目的。

站场完整性管理是通过物理上的完整来实现功能的完整，属于资产完整性管理的范畴[1-4]，其工作内容包括资料收集与整理、风险评价、检测评价、维修维护和效能评价5个步骤(图1)，是一个周期性循环开展的工作。为保证工作持续推进需要5大支撑要素，包括体系文件、标准规范、支持技术、系统平台和组织机构[5]。

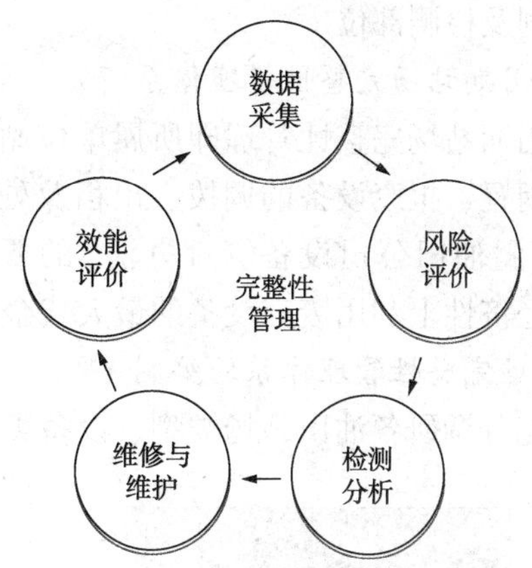

图1 站场完整性管理5步循环

(2) 站场完整性管理技术和方法

① 站场分类管理技术

根据新疆油田站场类型及特点，制定分类标准和完整性管理策略，通过分类管理，实现站场梯级管理，合理配置资源。

② 数据整合集成技术

分析完整性管理数据需求，建立设计、施工、运行阶段数据采集标准，明确数据来源，并制定管道设备编号和单线图绘制标准，设计数据表单，开发数据管理系统，保证数据的准确规范。

③ 站场风险评价技术

a. 静设备基于风险的检测技术

研究静设备失效可能性和失效后果因子，采用肯特打分理论建立风险计算模型，确定风险等级划分标准，计算各设备项的风险大小及风险等级，优化检测周期，形成基于风险的检测方法，实现风险和成本的优化。

b. 动设备可靠性为中心的维护方法

利用层次分析法和蒙特卡洛模拟建立设备重要度评估模型，采用FMEA分析方法确定失效模式及影响因素，在贫数据下利用OREDA数据库计算风险分值，确定风险矩阵，制定和优化维修维护策略，形成以可靠性为中心的维护方法，提高设备的可靠性。

c. 安全仪表系统安全完整性分级方法

采用危险与可操作性分析法(HAZOP)和保护层分析法(LOPA)建立SIL定级模型，采用可靠性框图法建立SIL验算模型，形成安全完整性分级的方法，实现SIL的定级和验算。

d. 站场检测/监测技术系列

通过腐蚀机理、风险评价结果分析，结合FLUENT流态模拟，确定重点检测设备、检测方法、比例及检测部位。

1.4　停用期站场完整性管理体系研究

停用期站场完整性管理即所属单位站场设备停用、闲置、报废设备的调拨、出租及处置，应满足《新疆油田公司设备管理办法》的要求，同时应从经济性上利用废弃设备的最大残余价值。

1.5　站场完整性管理体系的编制

在充分调研各油田站场类型、设备类型、工艺流程、检测/维修/失效报告、体系/制度/标准等，开展完整性管理相关技术调研，查阅文献及标准规范，结合新疆油田站场试点工程，确定站场完整性管理工作流程、工作内容和常用技术方法，最终形成油田站场完整性管理体系文件[5]，包括总则、程序文件、作业文件，见图2。

总则：提出了站场完整性管理总体要求。

程序文件：明确了完整性管理各要素的工作流程和技术方法。

作业文件：规范了程序文件中指引的某项工作任务的具体做法。

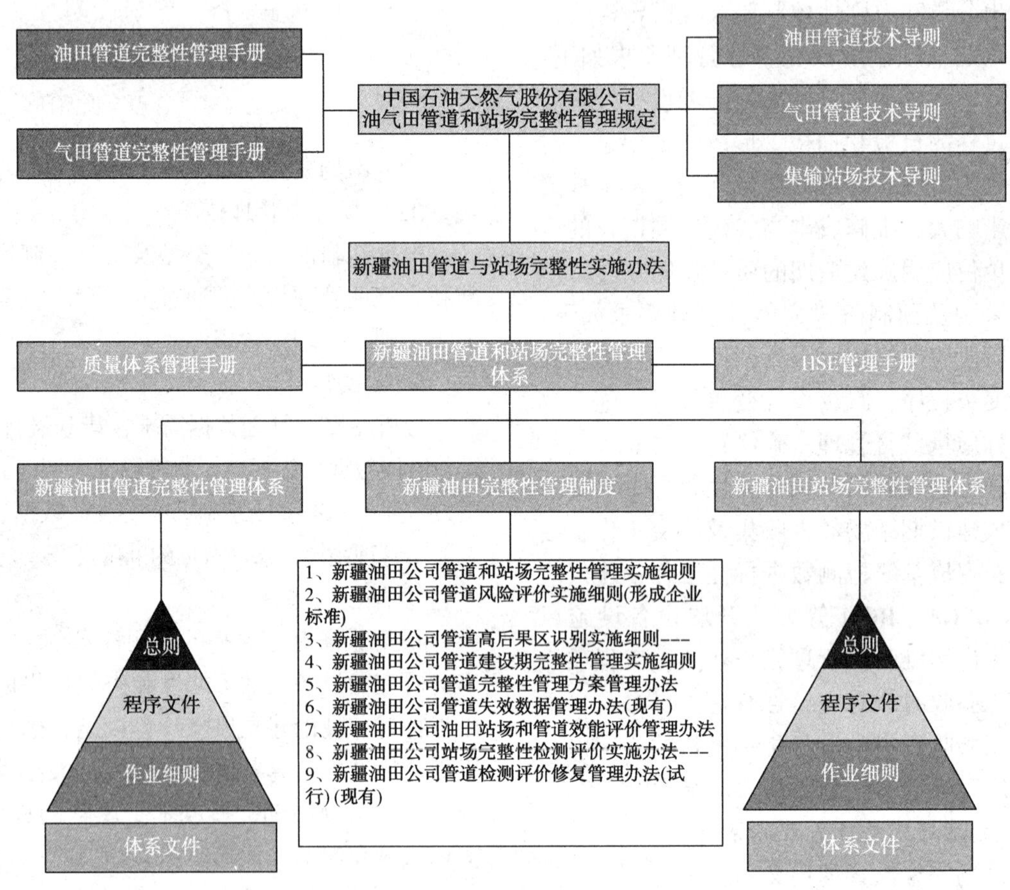

图2　完整性管理体系编制

站场完整性管理体系是油田站场实施完整性管理的执行文件，说明站场完整性各个要素的工作流程和具体做法，是由站场建设期和运行期两部分组成，包括总则1个、程序文件15个、作业文件37个，详见表1。

表1　站场完整性管理程序文件和管理细则

	管理程序	管理细则
站场完整性管理总则	站场建设期完整性管理程序	(1)可研(方案)阶段完整性分析报告编制细则
		(2)设计阶段完整性专篇编制细则
		(3)提前介入工作细则
	站场完整性管理方案制定程序	(4)站场完整性管理一站一案编制作业规程

续表

	管理程序	管理细则
站场完整性管理总则	站场数据采集程序	(5)站场静设备数据采集作业规程 (6)站场动设备数据采集作业规程 (7)站场自控系统数据采集作业规程
	站场风险评价程序	(8)站场静设备风险评价作业规程(RBI) (9)站场动设备风险评价作业规程(RCM) (10)站场自控系统风险评价作业规程(SIL)
	站场检测评价程序	(11)站场工艺管道检测评价作业规程(导则) (12)站场工艺管道安全评定作业规程 (13)站场压力容器检测作业规程 (14)站场压力容器安全评定作业规程 (15)站场加热炉检测评价作业规程 (16)站场常压储罐检测评价作业规程 (17)站场压缩机监测作业规程 (18)站场自控系统测试作业规程
	站场维修维护程序	(19)站场特种设备管理细则 (20)站场工艺管道维修维护作业规程 (21)站场压力容器维修维护作业规程 (22)站场常压容器管理细则 (23)站场常压储罐维修维护作业规程 (24)站场加热炉维修维护作业规程 (25)安全附件管理细则 (26)站场设备及管道测厚实施细则 (27)设备及管道静密封管理规定 (28)带压开孔管理细则 (29)防腐保温管理细则 (30)站场泵维修维护作业规程 (31)设备润滑管理细则 (32)防爆电气设备管理细则 (33)阀门及切断系统管理细则
	站场效能评价程序	(34)站场效能评价作业规程
	油田站场设备失效管理程序	(35)站场静设备失效数据分析作业规程 (36)站场动设备失效数据分析作业规程 (37)设备故障管理细则

2　研发站场完整性管理数据平台

为了对站场完整性相关数据进行智能管理，实现数据采集的标准化，新疆油田以某气田处理站为例，对站场工艺管道及设备的基础数据、维修维护数据、风险评价数据等进行完整性管理数据需求分析，制定统一的数据采集模板，搭建了油气田站场完整性数据管理平台[9-10]，提高了数据采集效率和数据管理模式，为站场完整性管理的推广提供数据支撑。

2.1　数据库的设计和搭建

数据平台的框架设计和数据字典编制，确定了平台的数据内容和录入输出格式，并明确了失效数据统计和检测/维护作业提醒功能的模式。通过站场基础信息数据应包括对站场设备进行风险评价，提出维修维护方法，最终录入站场管理文件数据。见图3。

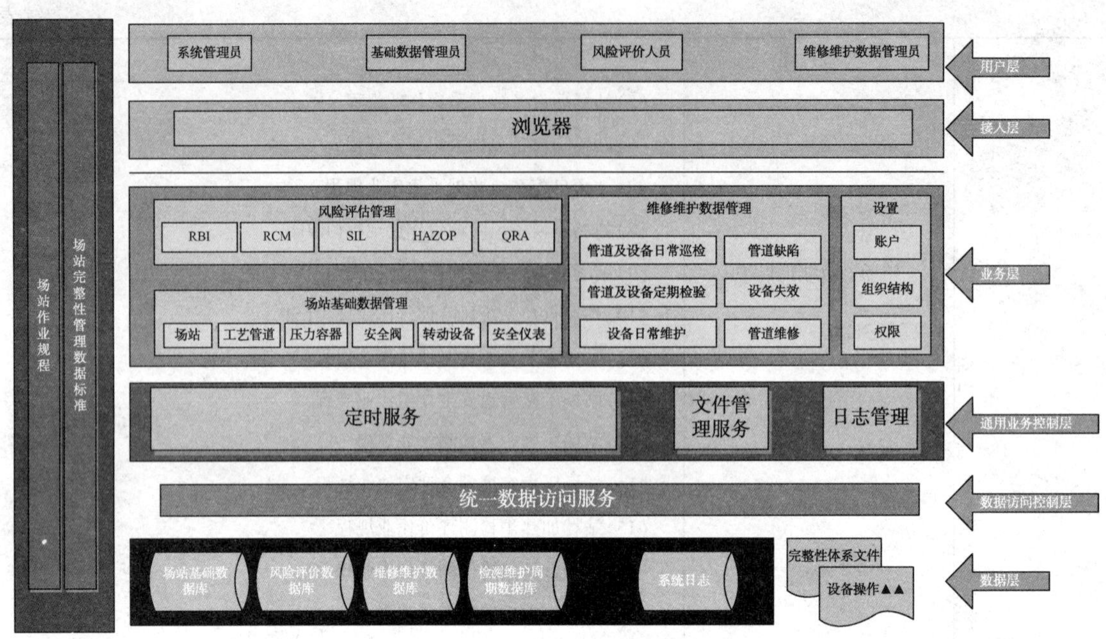

图 3　完整性数据管理平台框架设计

3.2　建立站场完整性管理数据平台

平台采用 J2EE 开发，采用 SOA 系统架构，采用 B/S 连接方式登录，平台登陆界面见图 4。

图 4　完整性数据管理平台界面

完整性数据管理平台是完整性管理循环的重要支撑，站场完整性管理各步循环的具体实施正是依托完整性管理信息系统，实现站场完整性管理工作中数据采集共享、RBM 分析、检测、维护与维修、效能评价各项功能信息化和智能化，达到减少和预防站场事故的发生、经济合理地保证站场的安全平稳运行。

站场完整性数据管理平台实现了站场完整性管理数据的标准化、信息化，具有智能统计、整合和后台表单/流程设计功能，能够实现数据的标准化录入、快速查询、智能统计、检测维护周期提醒等，降低了工作强度，提高了工作效率，增强了数据的可追溯性，为设备的失效分析提供数据基础，提高了数据的规范化、智能化水平，为推广新疆油田站场完整性管理提供技术支撑。

4　结论

（1）建立了新疆油田站场完整性管理体系。本文通过站场完整性管理 5 步循环法确立了站场的完整性管理流程[1-5]，完善完整性管理相关制度，优化人员组织结构，明确各岗位定员及职责，从站场的建设期、运行期、停用期提升站场设备管理绩效，并最终形成了新疆油田站场完整性管理体系文件，包括总则 1 个、程序文件 15 个、作业文件 37 个，有效控制了风险，预防了事故的发生，保证站场完整性管理全生命周期的工作有序开展，为新疆油田站场完整性管理指明了方向。

（2）建立了站场完整性管理数据平台。新疆油田已经将4座处理站基础数据、1座处理站风险评价和检测维修数据全部录入平台，应用效果良好。站场完整性数据管理平台能够实现数据的标准化录入、快速查询、智能统计、检测维护周期提醒等，提高了数据的规范化、智能化水平，为推动站场完整性管理奠定基础。

参考文献

[1] 徐水清，刘吉东，李国森等．胜利油田输油管道完整性管理体系的建立[J]．油气田地面工程，2018，37(08)：63-66.

[2] 董绍华，韩忠晨，费凡等．输油气站场完整性管理与关键技术应用研究[J]．天然气工业，2013，33(12)：117-123.

[3] 郭海涛．LNG接收站站场完整性体系构建要点[J]．设备管理与维修，2017(02)：25-27.

[4] 吴斌，单葵．输气站场完整性管理体系建立初探[J]．安全、健康和环境，2013，13(07)：10-11+20.

[5] 张华兵，周利剑，杨祖佩等．中石油管道完整性管理标准体系建设与应用[J]．石油管材与仪器，2017，3(06)：1-4.

[6] 王立辉，胡成洲，冯东等．建设期油气输送管道完整性管理的数据采集[J]．油气储运，2008(08)：8-10+61+64.

[7] 张媛，顾为敏．输气站场管道完整性检测评价技术体系[J]．管道技术与设备，2016(02)：47-50+57.

[8] 程万洲，张华兵，王新．油气站场工艺管道完整性管理[J]．化工设备与管道，2015，52(03)：76-79.

[9] 邹海成．油气站场工艺管道完整性管理技术与实践[J]．中国高新技术企业，2015(07)：158-159.

[10] 李振宇，黄保龙，周利剑等．油气管道站场完整性管理数据模型[J]．油气储运，2014，33(06)：599-603.

元坝气田节流阀应用效果评价及优化研究

曹　臻

（中国石化西南油气分公司）

摘　要　元坝气田总共有四种不同厂家的节流阀，一个进口品牌和三个国产品牌。在生产过程中，不同厂家的节流阀均存在不同的问题。针对节流阀存在的各种问题，开展相应的结构、材质研究以及应用跟踪评价，对今后节流阀的正常使用、气田的正常生产以及节流阀的国产化工作有较大的推进作用。

关键词　节流阀；内漏；外漏；失效

元坝气田作为国内第二大高酸性气田，具有气藏埋藏深、硫化氢(H2S)含量高以及地层压力高等特点。元坝气田地面集输工程采用三级节流进行生产，气井中的天然气经过一级节流阀节流至20~25MPa，再经过二级节流阀节流至10~15MPa，二级节流后的天然气经过水套加热炉加热后，再通过三级节流阀节流至外输管线压力，再经过加热炉二次加热后外输。一级节流阀位于采气树生产翼，二级节流阀位于分酸/分水分离器上游处，三级节流阀位于水套加热炉一、二级加热盘管之间。投产3年以来，不同位置、不同厂家的节流阀出现了一系列故障，给气田安全生产带来了挑战。据不完全统计，目前元坝气田节流阀主要故障问题包括内漏、外漏、阀芯脱落、阀芯和阀笼损坏。针对以上故障问题，本文从阀门密封机理、密封件型式、外部条件以及阀门结构出发，分析了故障的根本原因，并提出了相应的处置措施以及下步建议，以期为降低元坝气田节流阀故障率、保障元坝气田安全平稳生产提供理论依据与技术支持。

1　概况

1.1　地面集输流程概况

元坝气田地面集输工程采用三级节流进行生产，气井中的天然气经过一级节流阀节流至20~25MPa，再经过二级节流阀节流至10~15MPa，二级节流后的天然气经过水套加热炉加热后，再通过三级节流阀节流至外输管线压力，再经过加热炉二次加热后外输。一级节流阀位于采气树生产翼，二级节流阀位于分酸/分水分离器上游处，三级节流阀位于水套加热炉一、二级加热盘管之间。见图1。

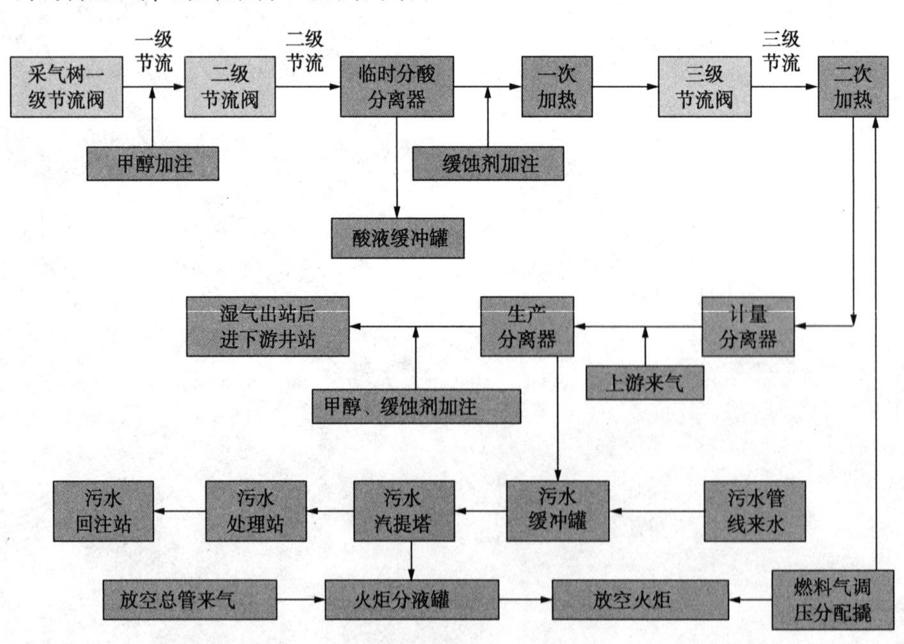

图1　元坝气田地面集输系统节流阀流程位置示意图

1.2 节流阀参数

元坝气田采用的三种不同规格的节流阀参数如表1所示。

表1 元坝气田节流阀参数情况

序号	名称	压力级别	性能级别	规范级别	温度级别	材料级别
1	一级节流阀	15000psi	PR2	PSL-3G	PU	HH
2	二级节流阀	2500LB	PR2	PSL-3G	PU	HH
3	三级节流阀	1500LB	PR2	PSL-3G	PU	HH

2 节流阀现场出现的问题

元坝气田地面集输工程在正常生产过程中，不同的厂家节流阀出现过不同的问题，具体如下：

2.1 内漏严重

元坝气田采购的某品牌的节流阀在生产过程中主要出现的问题为阀门内漏严重。YBXX井生产翼笼套式节流阀于1月31日批处理调产时，关闭后发现仍有15万方/天的产量，2月1日更换备阀，3月14日再次出现类似情况。在调整了阀座的孔眼结构(孔径变小)后，将凹槽里的四氟垫更换为铜质。4月16日到该井安装阀座后，仍出现3万方/天的内漏量。

此外，由于节流阀本身存在严重的内漏，因此在生产时很难控制阀门开度。该品牌的阀门还用于工艺流程的二级节流阀作为调产用，在YBXX井流量仅为20万方/天的情况下，二级节流阀在阀门开度仅2%，若对该井进行调产，二级节流阀在动作时很容易关闭，从而引发联锁关断，存在较大安全隐患。

2.2 密封失效导致硫化氢外漏

该问题主要出现在井口笼套式节流阀，即一级节流阀，几乎每个厂家的节流阀均出现过此类情况。元坝气田自2014年12月10日投产至今，各井站出现的节流阀硫化氢外漏情况共计12井次，其中2次为丝堵处外漏，另外10次均为盘根失效而导致硫化氢外漏(图2)。

图2 笼套式节流阀失效盘根

2.3 阀芯与阀座脱离

YBXX井检维修后开井调产过程中，二级节流阀在52%慢慢调大过程中，阀后压力无变化，再慢慢开大至全开，发现不节流现象，之后将阀门关至43%，整个过程中电动执行机构的阀门反馈显示正常。在进行打开作业后发现，阀芯未损坏，但阀芯已脱离阀座，进而导致无法节流(图3)。

图3 YBXX二级节流阀阀芯脱离阀座现场情况

2.4 阀芯及笼套损坏

该问题主要出现在进口品牌的的二、三级节流阀。元坝气田自2014年12月10日投产至今，共计损坏二级节流阀阀笼 13 只、阀芯 4 只，三级节流阀阀笼 1 只，阀门本体密封面受损 1 只，电动头与阀门连接螺栓断裂、卡簧断裂 1 只，外漏 2 只。二级节流阀损坏率近 100%，三级节流阀损坏率 7%(图 4，图 5)。

图 4 阀笼变形、阀芯断裂

图 5 阀芯完全破碎

3 原因分析及优化措施

3.1 内漏原因分析及结构改进

(1) 节流阀结构设计不合理

通过分析该笼套式节流阀的结构，并对比其他厂家的笼套式节流阀，其内漏严重的主要原因在于设计不合理，其气密封结构有待改进。该节流阀通过笼套与阀座的密封圈(四氟垫)进行密封，而大部分厂家的节流阀是笼套与阀座的金属硬密封形式，且密封面通过粗磨、精磨、研磨处理，达到镜面粗糙度(图 6，图 7)。

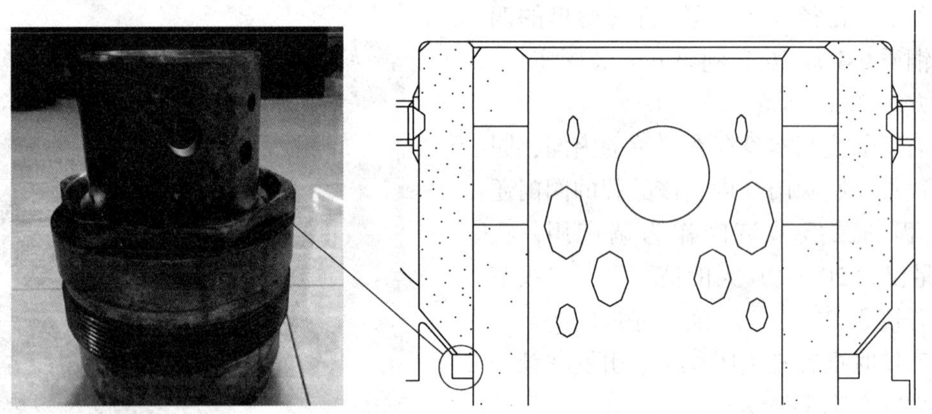

图6 内漏严重的笼套式节流阀　图7 内漏严重的笼套式节流阀结构图

通过将笼套式节流阀阀笼与阀座密封方式重新进行改造，取消原四氟垫，直接改为笼套与阀座之间研磨至镜面光洁度，通过金属硬密封来实现减小内漏量(图 8，图 9)。

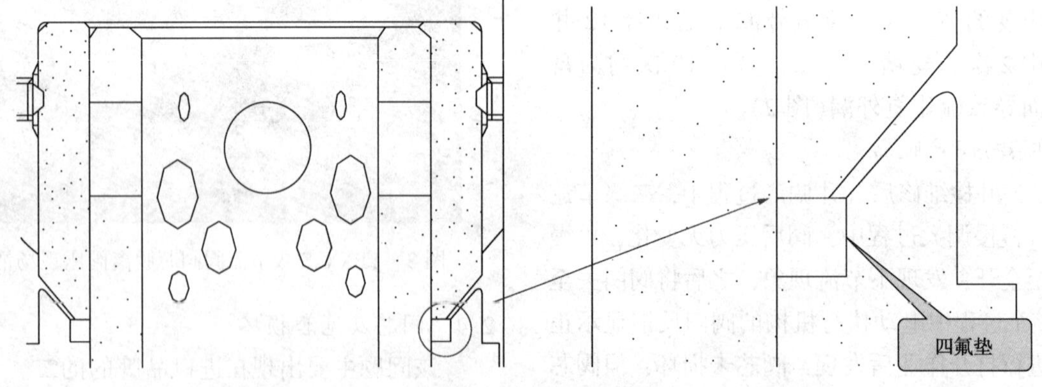

图 8 整改前节流阀结构示意图

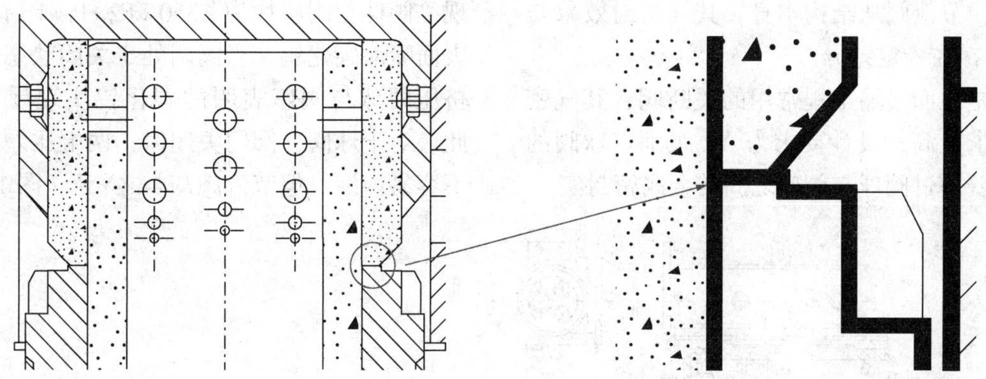

图 9　整改后节流阀结构示意图

整改后的节流阀通过工厂气密封试验，显示较为良好。具体见表 2。

表 2　笼套式节流阀气密封试验现场数据

序号	试验压力/MPa	总用时/min	总体积	内漏量/(Nm³/d)	内漏量/(mm³/s)
1	3.65	22	110mL	0.0072	83.3
2	60	57	19L	0.48	5555.5
3	105	40	19L	1.254	14513.9

(2) 节流阀本身的结构特点

目前国内外检验阀门的气密封(即内漏)试验的标准，就是《ISO 5208—2008 Industrial valves—Pressure testing of metallic valves》，常用的检验做法是：在阀门全关闭状态下，采用压力为 0.6±0.1MPa 的气体作试验介质，向上游端加压，并在下游端检测内漏气体的速率(表 3)。

表 3　阀门允许内漏标准

Test fluid	Unit leakage rates	Rate A	Rate AA	Rate B	Rate C	Rate CC	Rate D	Rate E	Rate EE	Rate F	Rate G
Liquid	mm^3/s	No visually detectable leakage for the duration of the test	0，006 × DN	0，01 × DN	0，03 × DN	0，08 × DN	0，1 × DN	0，3 × DN	0，39 × DN	1 × DN	2 × DN
	drops/s		0，0001 × DN	0，00016 × DN	0，0005 × DN	0，0013 × DN	0，0016 × DN	0，0048 × DN	0，0062 × DN	0，016 × DN	0，032 × DN
Gas	mm^3/s	No visually detectable leakage for the duration of the test	0，18 × DN	0，3 × DN	3 × DN	22，3 × DN	30 × DN	300 × DN	470 × DN	3000 × DN	6000 × DN
	bubbles/s		0，003 × DN	0，0046 × DN	0，0458 × DN	0，3407 × DN	0，4584 × DN	4，5837 × DN	7，1293 × DN	45，837 × DN	91 ，673 × DN

NOTE 1　The leakage rates only apply when discharging test fluid to the atmosphere.

NOTE 2　The closure leakage rate that applies is either that identified in a valve product standard or a leakage rate identified in a purchaser′s valve procurement purchase order that is more stringent than that specified in the product standard.

NOTE 3　The meaning of "No visually detectable leakage" is that there is no visible weeping or leakage in the form of drops or bubbles.

NOTE 4　There is a loosely defined correspondence between the leakage rate acceptance values of API 598 and the leakage values Rate A as applied to DN≤50，Rate AA-Gas and Rate CC-Liquid for other than metal seated check valves and for check valves Rate EE-Gas and Rate G-Liquid. RatesA，B，C，D E，F and G correspond to values in EN 12266-1.

此标准主要适用于 API 6D 的阀门。元坝气田地面集输工程的球阀、闸阀、止回阀等均为 API 6D 阀，但笼套式节流阀属于 API 6A，其内漏等级从规范角度并未明确。

此外，节流阀从结构本身，其气密封效果与API 6D阀存在一定差异。

球阀是地面集输工程常用的关断阀，其气密封等级要求较高，设计要求为AA级别。球阀的气密封主要通过阀球与阀座之间的金属密封实现。阀球与阀座均为A350 LF2 class1材质，并且表面喷涂碳化钨。当阀门处于关闭状态时，通过挤压阀球与阀座表明的碳化钨实现硬密封。因此，对于球阀，阀门关闭时，两端压差越大、越不容易内漏，但节流阀却与之相反(图10)。

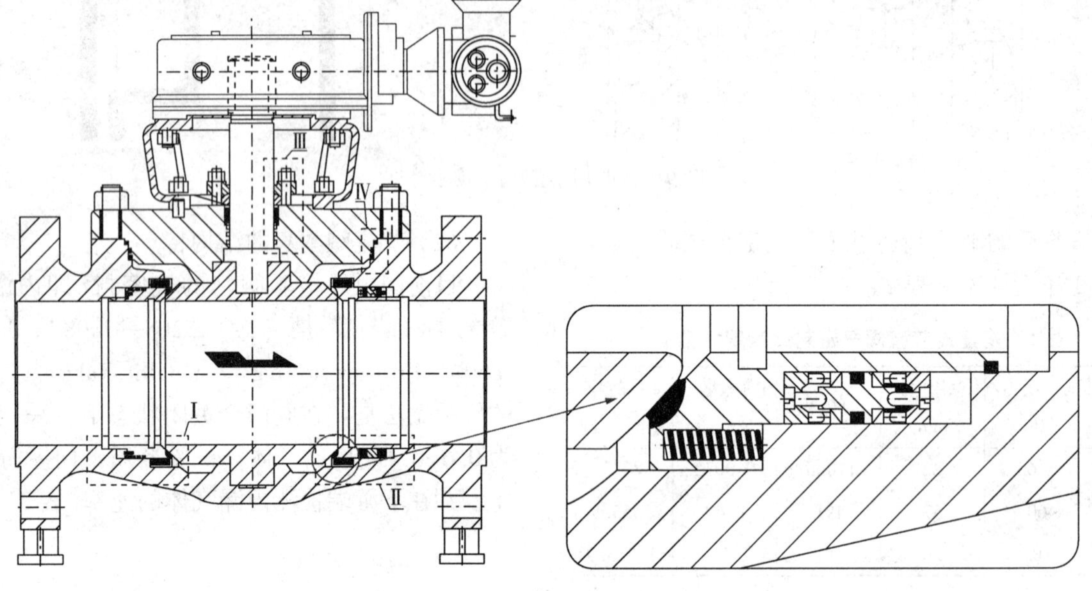

图10　球体与阀座密封示意图

此外，若输送介质中含有大量固体杂质(如单质硫等)，若在阀座与笼套之间的密封面堆积，在下次关闭节流阀时，极有可能由于杂质卡在阀座上而导致笼套与阀座未完全闭合，进而发生内漏，这也是很多新阀门在使用一段时间后常出现的故障(图11)。

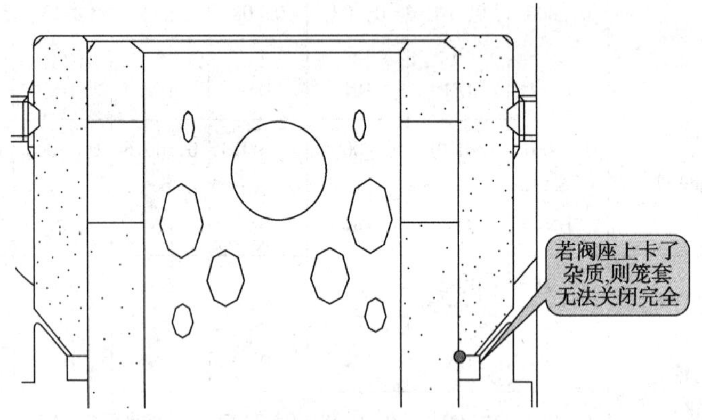

图11　节流阀笼套与阀座卡杂质示意图

但球阀则可以通过结构的改进避免杂质卡阀座的情况。阀座采用刮刀式结构设计，若阀球或阀座上存在单质硫以及其他固体杂质，在阀门的启闭过程中能够自动刮除密封面上的黏结物，进而确保其不会影响阀门的密封性能(图12)。

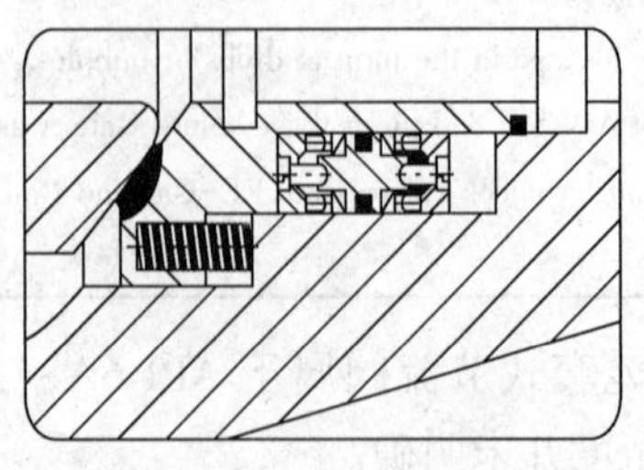

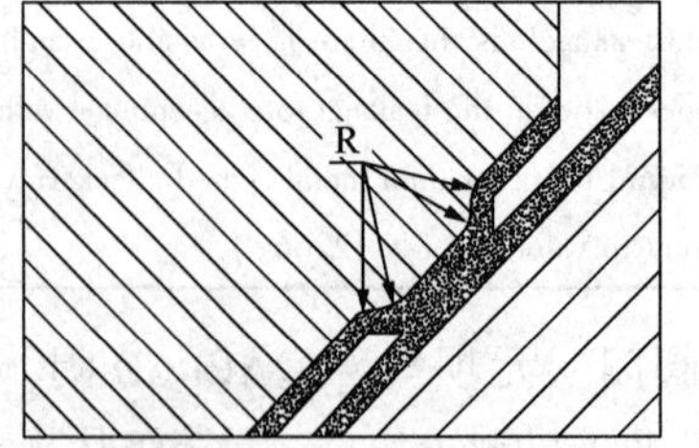

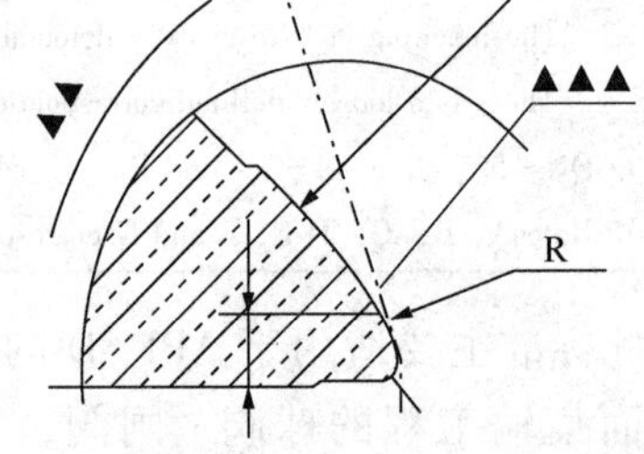

图12　球阀阀座刮刀结构示意图

通过以上分析，节流阀从阀门本身的结构特征来讲，其要达到AA级密封性能较难，并且很容易受到固体杂质的影响。因此，要使节流阀少内漏，需要定期活动、维护保养，通过人工清理的方式，尽可能减少节流阀里的固体杂质造成的影响。

3.2 密封失效原因分析及建议

笼套式节流阀常出现外漏处为阀杆处，导致其外漏的直接原因为密封件失效。笼套式节流阀的杆密封件，也叫盘根，目前几乎所有的厂家都采用唇式密封形式的密封件。

唇式密封由两部分组成，外部是Peek(聚醚醚酮)，内部为镍基合金的弹簧。唇式密封利用气源本身的压力与腔体内壁紧密贴合，进而实现密封的目的(图13)。

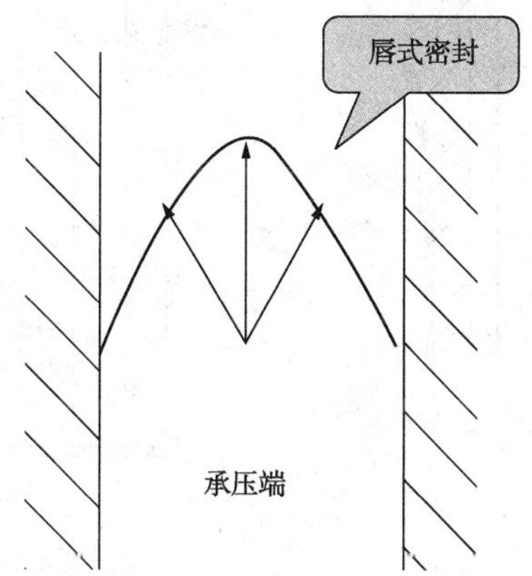

图13 唇式密封运行示意图

造成唇式密封失效的主要有以下原因：

(1) 唇式密封本身存在质量问题或阀杆粗糙度不好，导致唇式密封被刮伤

地面集输流程中也使用过二级节流阀，但是很少出现密封件失效而外漏的情况，因此密封件与阀杆的质量引发外漏的几率较小。

(2) 阀杆结冰，细小冰碴划伤密封件：

开井初期，由于很多井开井前注入过甲醇，因此不容易形成水合物，且节流效应产生的冰碴强度较小，很容易在阀门开关过程中被破坏，因此冰碴划伤密封件的可能性较小。

(3) 地层返排单质硫及其他固体颗粒堆积在阀杆处，在开关时划伤密封件

地层返排的单质硫及固体颗粒划伤密封件的可能性较大。不仅在井口采气树，甚至在地面集输系统排污管线阀门也出现过此类情况。元坝气田自投产以来，排污管线上的阀套式排污阀出现故障的次数较多，并且大部分为临时分酸分离器上的阀套式排污阀，主要表现形式为：卡阻和外漏。通过拆卸阀套式排污阀阀盖进行检修，发现：①阀套式排污阀的盘根损坏、变形，失去了密封效果，从而导致污水外漏；②阀盖拆开后，发现阀杆处有大量泥沙。初步分析为排污阀在开关过程中，污水中的泥沙被带入到阀杆处，造成卡阻；同时，由于开关的动作，泥沙对盘根进行挤压，进一步造成盘根变形。

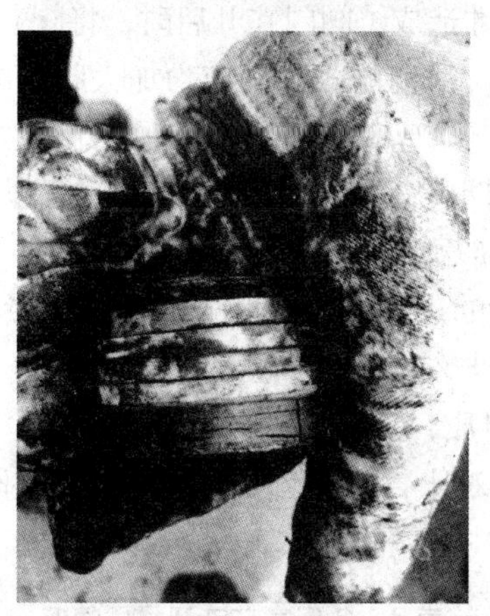

图14 阀套式排污阀杆密封失效后解体情况

因此，针对初期节流阀开关吃力时，就建议活动阀门，同时利用关井间隙对阀门进行拆卸人工清理，避免强行开关损坏盘根，进而造成酸气

外漏。此外，节流阀的杆密封可以借鉴地面集输流程阀门的密封形式，做多级密封，延缓杆密封的损坏周期。

3.3 阀芯脱离阀座原因分析及改进

故障的节流阀阀座为718合金、节流元件为YG8(钨钴合金)，阀座通过丝扣固定在阀体上，由于718合金与钨钴合金存在一定的硬度差，因此节流元件阀芯则通过机械过盈固定在阀座上(图15)。

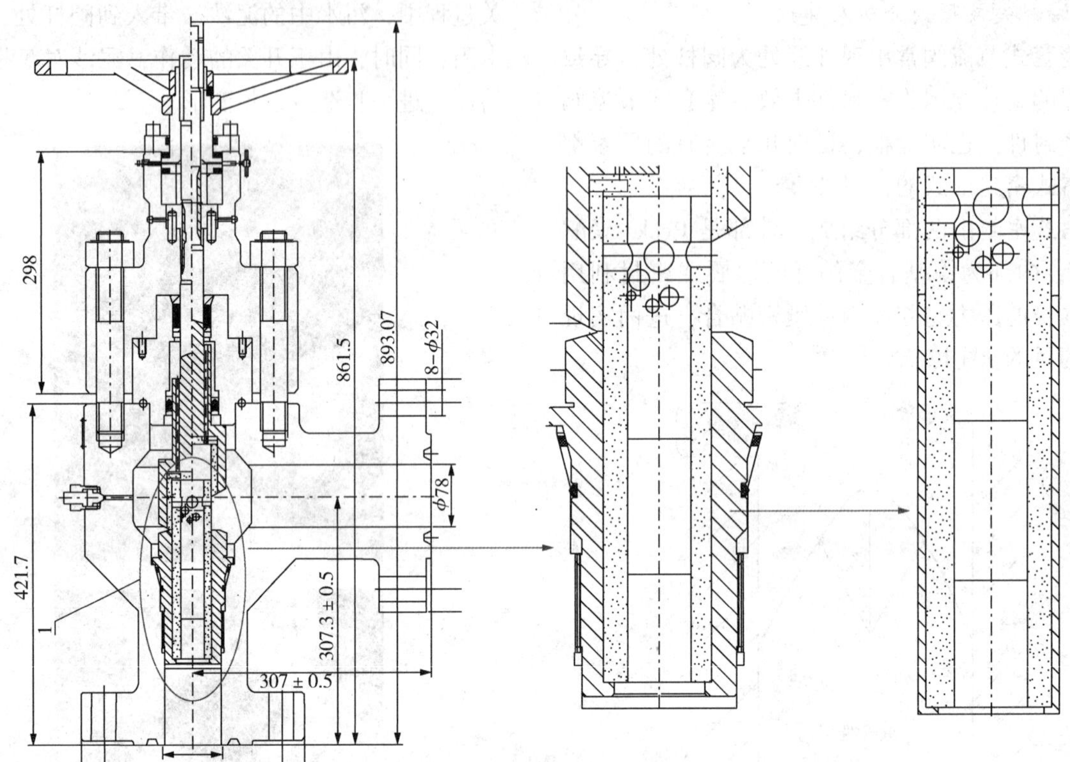

图15 笼套式节流阀阀芯脱离阀座示意图

目前笼套式节流阀阀芯与阀座脱落目前只在一口井出现过。初步分析，极有可能是过盈量较小，当笼套内壁粘有一定量的单质硫或其他固体颗粒时，笼套与阀芯的摩擦力大于阀芯与阀座的摩擦力，因此才造成了阀门在开启时，将阀芯提起，与阀座分离。目前的改进措施为加大阀芯的过盈量，确保阀芯与阀座有足够的摩擦力，此外也需利用关井间隙定期检查阀门内部状态，及时清理。

3.4 损坏原因分析及结构优化

故障的进口品牌笼套式节流阀大量损坏主要通过材质与结构两方面原因对其进行分析：

1. 材质

通过对比各家笼套式节流阀，其在阀门设计、制造过程中采用的材质基本一致，详细如表4所示。

表4 各厂家节流阀材质情况

厂家	阀体、阀盖、通道、钢圈槽	节流元件	阀杆
进口	4130堆焊 Inconel 625	WC整体锻造(内嵌硬质合金材料5CB)	718
国产1	4130堆焊 Inconel 625	WC整体制造(内嵌硬质合金材料YG8)	718
国产2	4130堆焊 Inconel 625	WC整体制造(内嵌硬质合金材料YG8)	718
国产3	4130堆焊 Inconel 625	WC整体制造(内嵌硬质合金材料YG8)	718

根据进口节流阀采用了WC整体锻造(内嵌硬质合金材料5CB)，5CB是指碳化钨合金内含有5%的复合黏结剂，主要为钴、镍、铬等添加物。

根据《GB/T 18376.1—2008》，YG8为钨钴合金的一类，其牌号是由“YG”(“硬、钴”两字汉语拼音字首)和平均含钴量的百分数组成。YG8指的是WC含量为92%，黏结剂Co(钴)的含量为8%。对于钨钴类材料，其耐磨性良好，且 Co 的含量越高，使用强度和冲击韧性都会相应地提高。

通过材质对比，该阀中的黏结剂 Co 含量相比国产品牌较低，因此，其强度以及冲击韧性相比国产节流阀稍差。

2. 结构

通过对比各家笼套式节流阀机械结构，发现其在结构上存在以下两处不合理：

(1) 部分厂家节流阀阀芯采用螺纹连接、固定槽较深，而故障阀门使用的节流阀阀芯的固定方式为卡套固定，因此在受较大冲击力时，极易造成卡套固定处破裂(图 16~图 19)；

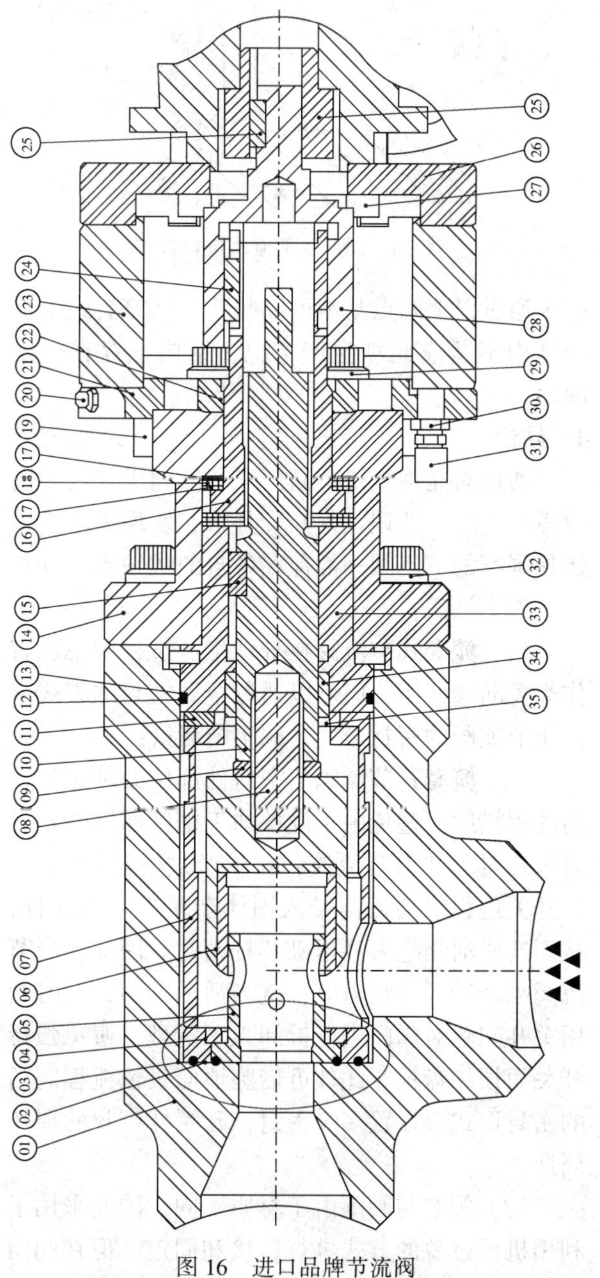

图 16　进口品牌节流阀

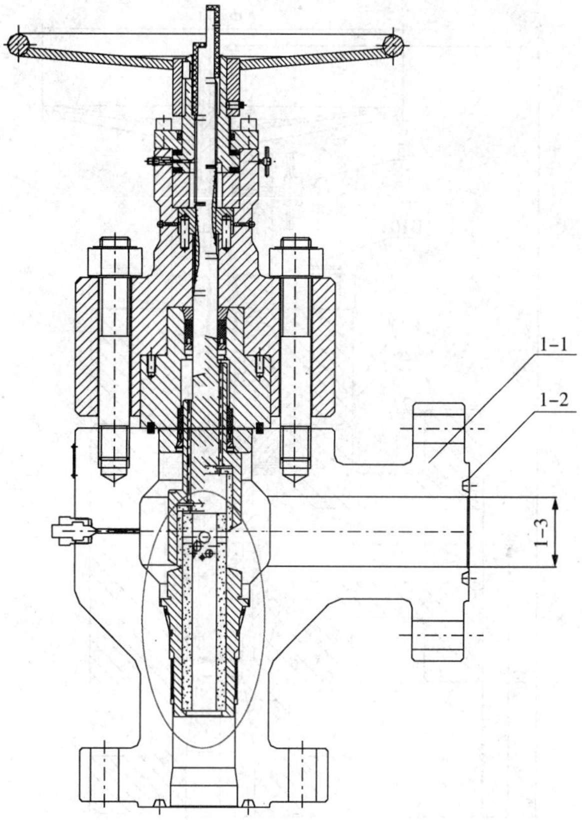

1-1
1-2
1-3

图 17　国产 1 节流阀

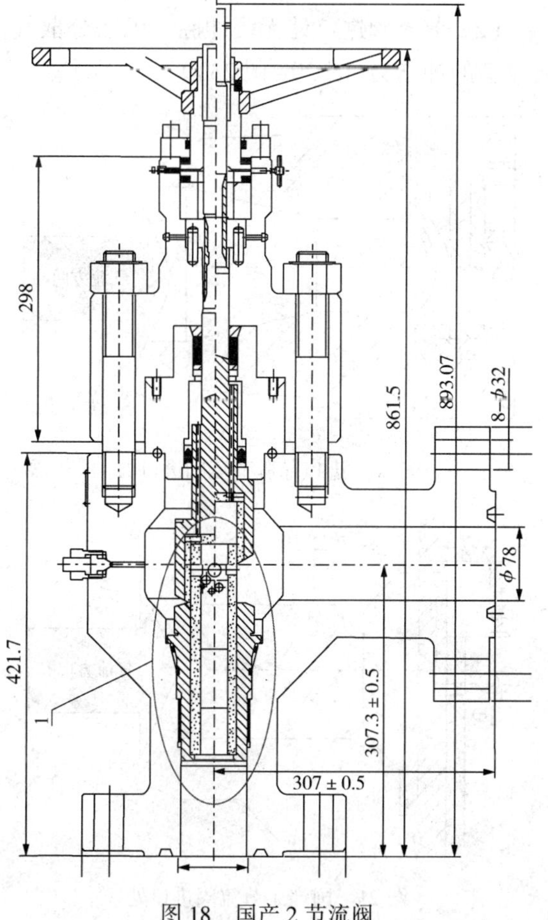

图 18　国产 2 节流阀

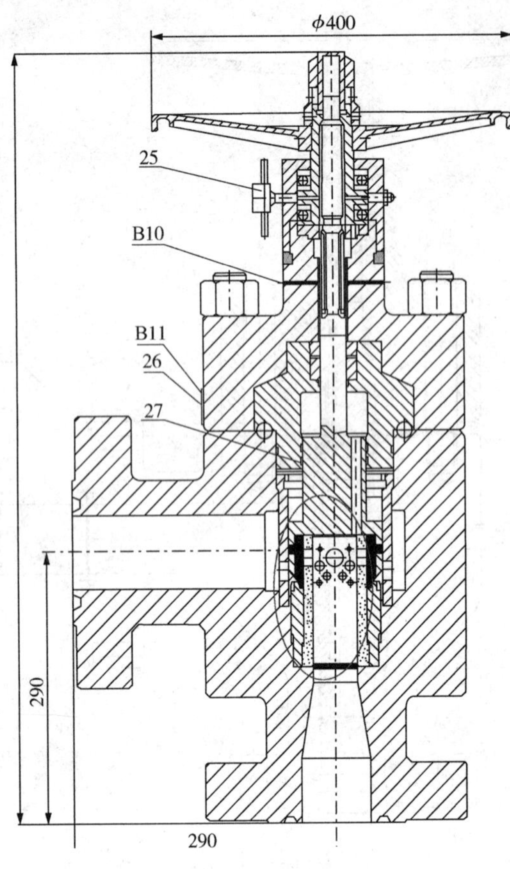

图 19 国产 3 节流阀

（2）节流阀进口处无缓冲腔，无法分散气流对笼套的冲击力(图 20~图 23)。

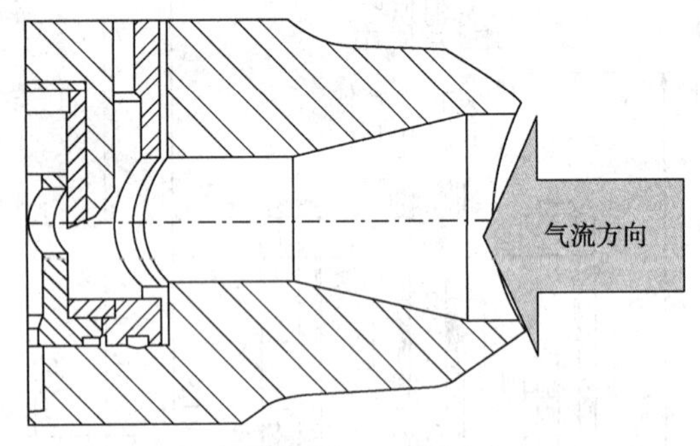

图 20 进口品牌节流阀进口处

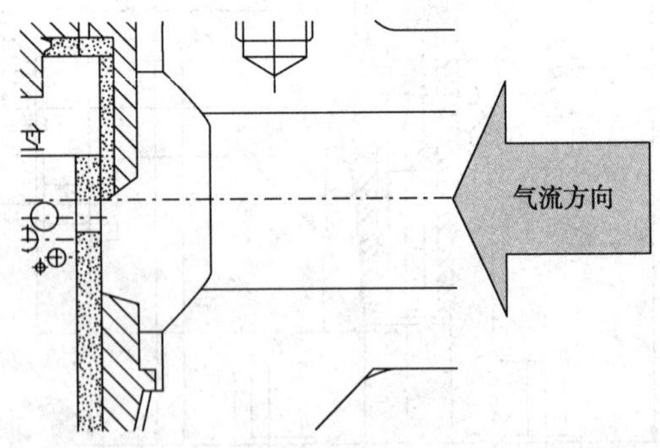

图 21 国产 1 节流阀进口处

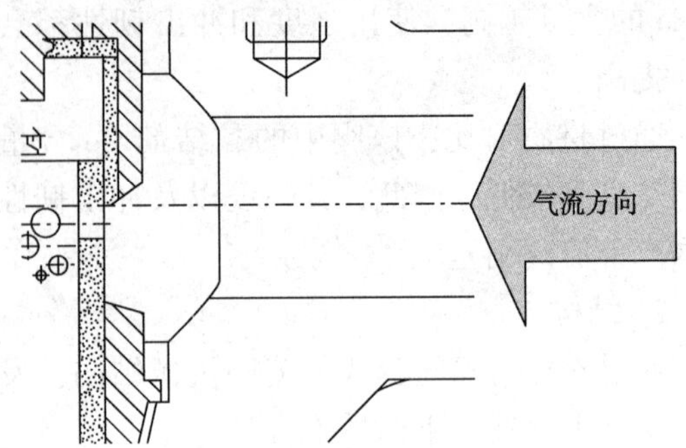

图 22 国产 2 节流阀进口处

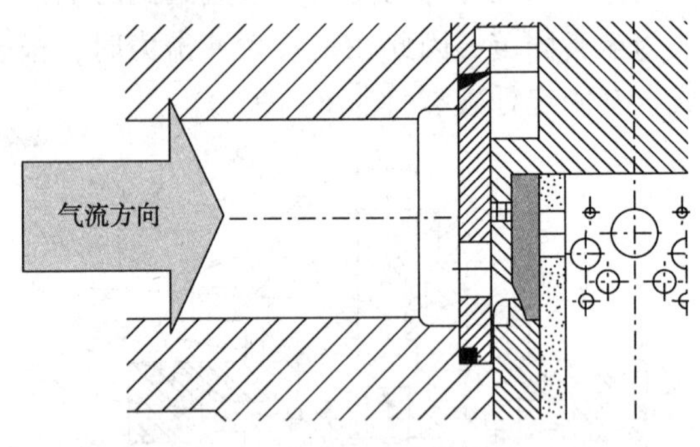

图 23 国产 3 节流阀进口处

通过以上两点基本可以判断，该笼套式节流阀结构不适应元坝生产工况，结构上存在一定缺陷。

4 结论

通过对元坝气田不同厂家节流阀出现的不同故障的收集、整理、判断、分析，发现无论进口还是国产的节流阀，都存在各自的优缺点，并取得了如下认识：

（1）笼套式节流阀在日常生产过程中不适宜作为关断阀使用，但可以通过金属密封的方式来优化节流阀的密封形式，减小内漏量；

（2）笼套式节流阀的密封件部位必须达到很高的粗糙度，避免由于设备加工精度而影响密封效果。对于井口节流阀，在生产过一段时间后，在开关过程中会逐渐带入固体杂质进入到阀杆，从而造成活动吃力甚至破坏杆密封。因此，当节流阀刚开始开关吃力时，就多活动阀门，同时利用关井间隙对阀门进行拆卸人工清理，避免强行开关而损坏盘根。此外可借鉴地面集输流程阀门的密封形式，设置多级密封，延缓杆密封的损坏周期；

（3）阀芯与阀座由于材质不同，因此采用了利用机械过盈的方式进行连接和固定。但在阀门工厂出厂前，需开展相应的测试，以确保到达现场的阀门，其阀芯有足够过盈量；

（4）对于酸性气田，由于压差较大、初期容易形成水合物且地底产气伴有固体杂质，因此酸性气田的节流阀，特别是一、二级节流阀其阀座建议通过螺纹连接固定在阀体的方式，提高天然气的冲刷力；其次，就是在节流阀进口处增大通道面积，设置缓冲压力腔，减小高速气流对阀芯的冲击；最后，对于节流元件的选材，建议选用Co含量更高的钨钴合金，以确保有更好的强度和冲击韧性。

参考文献

[1] 魏鑫．笼套式节流阀阀芯失效机理分析与改进研究[J]．西南石油大学，2015，29(4)：100-101.

[2] 战晓溪，李悦钦，刘萍萍，冯春宇，裴延波．笼套式控制节流阀失效机理研究[J]．腐蚀与防护，2010，09(6)：61-63.

[3] 王胜雷，冯春宇．高压节流阀内部流场对冲蚀形貌的影响[J]．内蒙古化工，2005，14(4)：42-44.

[4] 贾林，艾志久，王彪，邓莉，胡文礼．节流阀阀芯振动失效分析及结构改进[J]．石油矿场机械，2013，23：72-74.

[5] 王德玉，刘清友，何霞．高压节流阀的失效与受力分析[J]．天然气工业，2005，06(3)：36-37.

玻璃钢管廊带在中原油田集输系统的应用

刘玉良

（中国石化中原油田分公司）

摘　要　油田进入开采后期，产出液腐蚀性强，应用金属管道会大大缩短使用寿命，因而需对钢管道采取内、外防腐处理，但接口腐蚀难以避免，综合工程造价高，水力学性能差、能耗高。而玻璃钢管道可设计、应用范围广，重量轻、安装方便，承压能力高，管体耐腐蚀、耐磨蚀能力强，使用寿命长，内壁光滑、不结垢，流动阻力小、水力学性能好、节约能源，导热系数低、保温效果好。玻璃钢管廊带在中原油田集输系统中首次应用，现已安全运行六年，收到了良好的应用效果。

关键词　管廊带；玻璃钢管道；腐蚀

目前国家正加快推进综合管廊建设，统筹各类市政管线规划、建设和管理，不仅可以解决反复开挖路面、架空线网密集、管线事故频发等问题，还可以保障城市安全、完善城市工程、美化城市景观、促进城市集约高效和转型发展。

2013 年中原油田分公司文卫采油厂卫城油田在城镇区建成投产了一条油、气、水混输管线，采用环氧玻璃钢保温管道，地面架空管廊带安装，至今已安全运行六年时间，收到了良好的应用效果。

1　现状及存在问题

卫城油田是一个受卫东和卫西两个断裂带控制的垒形复杂断块油田，主要断层分成东倾和西倾两组 7 条断层，储层从沙一段到沙四段都发育。共建成油水井 720 口，开井 608 口，开井率 84.4%。日产液量 7099t，日产油量 915t，综合含水 87.1%。卫城油田集输管网主要有 8 条集输干线，支线 32 条，集气干线 6 条。

原集输系统使用的均为钢质管道，投产运行时间在 7-14 年之间，由于投产时间长，加之没有采取内防腐措施，集输管线老化、腐蚀严重，造成频繁穿孔。据统计累计穿孔达到 1051 次，回收液量累计 800 多 t，在液体泄漏的同时，伴生气也大量泄漏。由于集输管道周边多是工厂、村庄、公路等人员密集区，部分管道被厂区占压，存在极大的安全隐患及环保污染风险。

2　腐蚀状况调研及解决对策

通过对卫城油田卫 2 块、卫 22 块、卫 81 块三个油藏单元的 15 口油井产出液进行试验测试，卫城油田产出液中 Ca^{2+} 平均含量 3717mg/L，Mg^{2+} 平均含量 598mg/L，Cl^- 平均含量 87456mg/L，HCO_{3-} 平均含量 330mg/L，SO_{42+} 平均含量 892 mg/L，$Na^+ + K^+$ 含量 51491mg/L，矿化度 144834mg/L，pH 值 5.5-6.5，水型为 $CaCl_2$，产出液中综合含水高，矿化度、氯离子和 SO_{42+} 含量高，产出水呈弱酸性，有较强的腐蚀性。

3　管材的比对分析及现场验证

3.1　钢制管道

钢制管道具有强度高、韧性好，可以承受较高内压，制作使用机动灵活，能适应复杂或恶劣的地质情形等特性。但在目前工艺技术条件下，不能很好的解决日趋严重的腐蚀和穿孔问题，使其使用寿命大大减少，不仅给生产带来严重的影响，而且每年需要更新大量的管材，造成浪费和经济损失。

钢管的管内粗糙度系数在 0.013～0.014 之间，较玻璃钢管道相比同样的输量、同等管径的管道，其沿程摩擦阻力大，导致能耗大、运行费用高。钢制管道存在易腐蚀穿孔且内外防腐处理麻烦的弊端，而内外防腐质量的好坏又直接影响其使用寿命。

3.2　玻璃钢管道

玻璃钢管道是以玻璃纤维及其制品为增强材料，热固性树脂为基体，采用缠绕工艺制成的承受内压的压力管。管径范围：DN25～2000mm；运行压力 0.1-6.89MPa；用途：油田污水输送管线，原油输送管线等。

玻璃钢管道特点：物理性能优良，重量轻，比强度高(约为钢材的 1/4)；优良的耐腐蚀性能，能耐各种酸、碱、盐溶液及多种有机、无机介质；

使用寿命长，管线设计使用寿命20年；内壁光滑(内表面粗糙度0.008)，水力学特性优良；连接方式多样化，管线采用螺纹连接、承插连接、承插锁紧连接等连接方式，现场安装方便、施工效率高；玻璃钢管道还具有不生锈、不结蜡、不结垢，绝缘性能好，热损失低的优良特点，管线维护成本低；化学结构稳定，无二次污染。

3.3 技术测试及验证

技术人员对管材抽样进行了火烧、重击、凿击、手锯、钻孔等一系列破坏性试验，实验表明管材各项指标满足现场要求(图1~图5)。

图1 重击

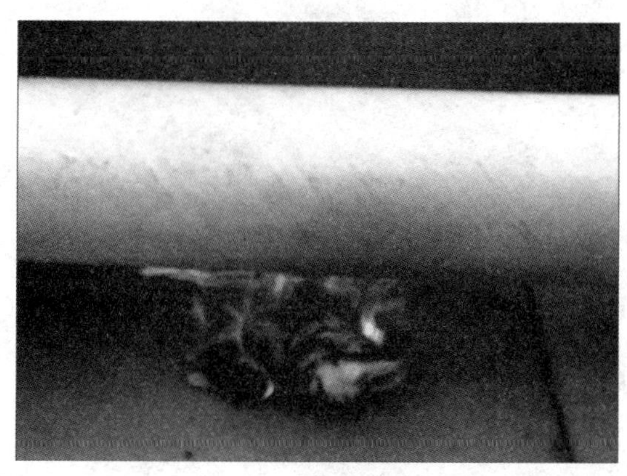

图2 火烧

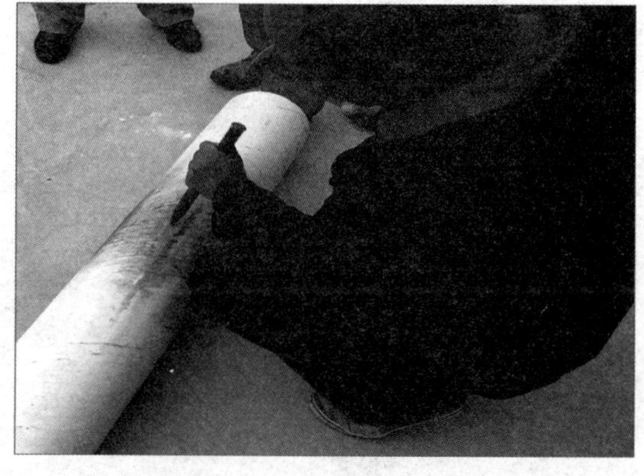

图3 凿击

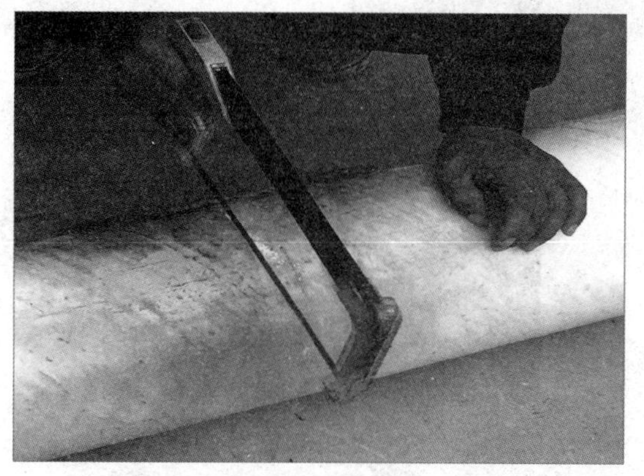

图4 锯切

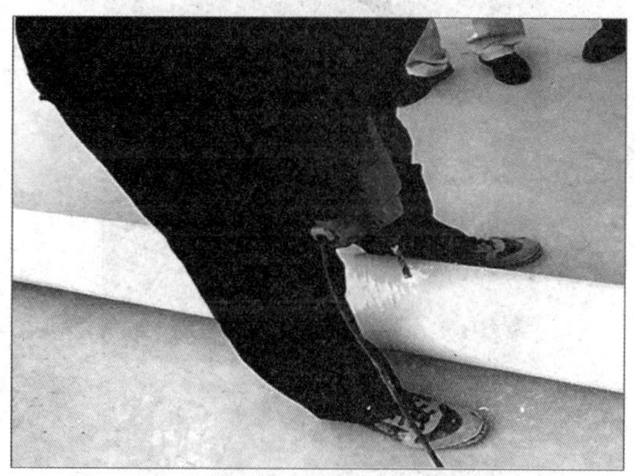

图5 钻孔

3.4 管材确定

为了解决卫城油田管道老化腐蚀穿孔造成的安全隐患，满足油田开发生产需要，根据卫城油田气液集输特性，可用管材有两类，一是金属管道，二是非金属管道。通过对比两种不同材质管道，应用玻璃钢管道可有效解决卫城油田集输系统存在的腐蚀、穿孔造成的环境污染、穿孔维修费用高等问题，确保集输管网安全、高效运行。

4 管廊带主要工程量

卫城油田集输管廊带改造工程由五条管线组成，总长度约13km，地面架空铺设。管材是DN200、PN2.5的玻璃钢管线，采用螺纹连接，输送介质是油、气、水混合物，工作压力在1.0MPa左右。其中卫一复线从25号站开始，长度约2.5km；卫二线从四号站开始，长度约1.5km；卫三复线从五号站开始，长度约2km；卫三线和卫东南线都是从6号站开始，长度各约3.5km；玻璃钢弯头共用219个，穿越路和涵桥17条，钢套管共用2015m，玻璃钢法兰35个，各种玻璃钢短节365根，管线埋地穿越约600m(图6，图7)。

图 6　玻璃钢管廊带

图 7　玻璃钢螺纹连接

5　效益效果

改造后各节点温度和压力均有所改善，其中末端计量站外输压力较改造前下降 0.12MPa，联合站各管线温度平均提高 2－5℃，节能效果明显。

改造后年均减少管道穿孔、占压等造成的赔偿费 60 万元，管道局部更换、堵漏等维护、维修费用 100 万元，原油泄漏回收费用以及造成环境污染赔偿费用 96 万元。

6　结语

玻璃钢管道具有内表面光洁度高、压能损失小、导热系数小、热能耗低等特点，在卫城油田的应用完全满足油田工艺输送要求，有效解决卫城油田集输产出液对钢制管道腐蚀问题，延长了管线使用寿命；玻璃钢管廊带的应用提升了现场管理水平，有效解决了油田生产与城镇发展的土地使用矛盾，消除了安全、环境污染风险，改善了油区环境，效益十分明显。

塔里木油田缓蚀剂加注工艺数值模拟及应用分析

王　坤[1]　孟　波[1]　徐明军[2]　赵志勇[1]　薛　剑[1]

(1. 中国石油塔里木油田公司油气工程研究院，2. 中国石油塔里木油田公司克拉油气开发部)

摘　要　本文对塔里木油气田现场缓蚀剂加注工艺进行调研，得出塔里木油田缓蚀剂加注工艺系统主要有三种：一种是“一泵多点+雾化工艺”，一种是“一泵单点+雾化工艺”，再一种是“一泵单点+直接泵注(不使用雾化器)”工艺，在调研的基础上，针对目前的工艺，建立了异径三通、等径三通和水平入地管线模型，进行缓蚀剂加注工艺的数值模拟分析，提出来现场缓蚀剂加注需要改进的方向和注意事项。

关键词　缓蚀剂；仿真；优化

缓蚀剂是指一些用于腐蚀环境中抑制金属腐蚀的添加剂或是指一些以适当浓度和形式存在于腐蚀体系中且不改变流体性质却又能降低腐蚀速率的化学物质，也叫做阻蚀剂或腐蚀抑制剂。由于采用缓蚀剂防腐，具有设备简单、操作简便、加注方便、一次投资少、价格低廉、效果好和能保护整个系统等优点而广泛运用于石油与天然气工业中。为了减缓酸性气田地面管道、设备电化学腐蚀，延长使用寿命，高效、合理、经济加注缓蚀剂成为现在员工头疼的大事，本文在现场调研的基础上，对塔里木油田缓蚀剂加注工艺进行了分析和优化，并提出了相应的建议。

1　缓蚀剂的防腐机理

在天然气地面集输系统的输送介质中，使用的主要是吸附型缓蚀剂。吸附型缓蚀剂分子大多为有机物，它们吸附在金属表面上，生成一层薄膜而防止腐蚀。根据吸附特性的不同，可分为物理吸附和化学吸附两种。物理吸附的本质是缓蚀剂分子(或偶极子)与金属表面之间的一种静电引力(或范德华力)，这种吸附迅速而可逆。化学吸附是由缓蚀剂分子中极性基团中心元素的未共用电子对和金属形成配位键而引起的吸附。化学吸附比物理吸附的速度慢，且为不完全可逆吸附，但更加稳定，不易脱附。缓蚀剂的整个防腐过程主要依赖于最初的物理吸附和随后的化学吸附。吸附过程则受到环境因素如溶液 pH 值、温度和液体剪切应力的影响。在含 CO_2、H_2S[1] 环境中，也受到金属表面的结垢、碳酸盐膜和硫化铁膜等的影响。

2　塔里木油田缓蚀剂加注工艺情况

现场调研了四个气田的缓蚀剂加注工艺，主要有三种：一种是“一泵多点+雾化工艺”，一种是“一泵单点+雾化工艺”，再一种是“一泵单点+直接泵注(不使用雾化器)”工艺。

3　塔里木油田缓蚀剂加注工艺数值模拟及分析

根据现场情况，本文以等径三通为例，进行数值模拟分析，为了说明问题，在进行入地模型分析时，采取了异径三通模型[2]。由于篇幅原因，在分析等径三通时，本文以生产方向打开，计量方向关闭为例，进行分析。如需要其它情况的分析，请联系本文作者。

3.1　等径三通模型数值模拟及分析

3.1.1　等径三通模型建立

等径三通模型的选取来源于塔里木油田某集气站单井进站管线，如图1所示。除管径尺寸不同外，其余参数与异径三通相同，几何模型如图2所示。

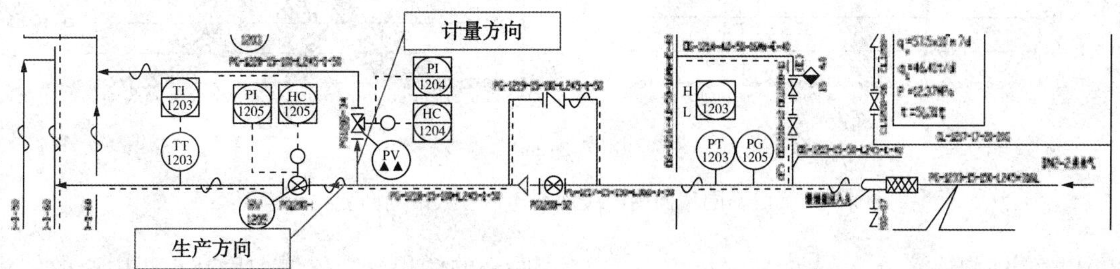

图1　等径三通模型选取示意图

3.1.2　等径三通模拟分析(以生产方向打开，计量方向关闭为例)

将此等径三通分为 A 和 B 两个部分，具体如图 2 所示。

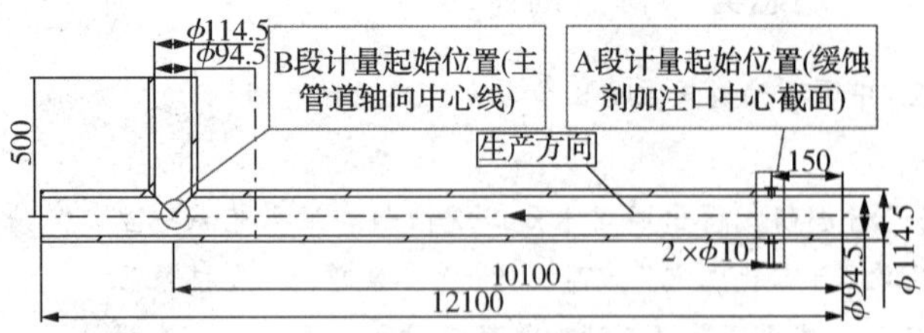

图 2　等径三通模拟结果分段分析示意图

对于此等径三通的分析，如图 3 和 4 所示。

① A 段缓蚀剂液滴分布

主管道沿气流方向，缓蚀剂在管道顶部和中心体积分数都是先增加后减小，最后趋于稳定，而底部的逐渐增加至稳定。

缓蚀剂在入口处浓度最高，体积分数在 90°和 270°处达到最大值，其约值为 10^{-3}，顶部和底部的缓蚀剂体积分数接近于 10^{-13}。

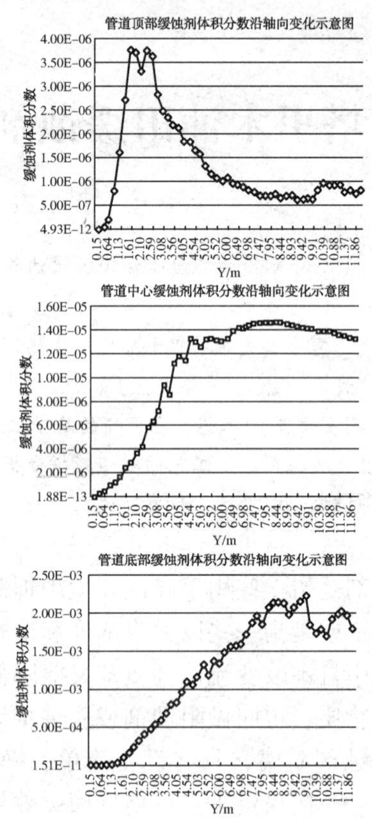

图 3　25μm 粒径缓蚀剂在不同位置沿轴向体积分数变化示意图

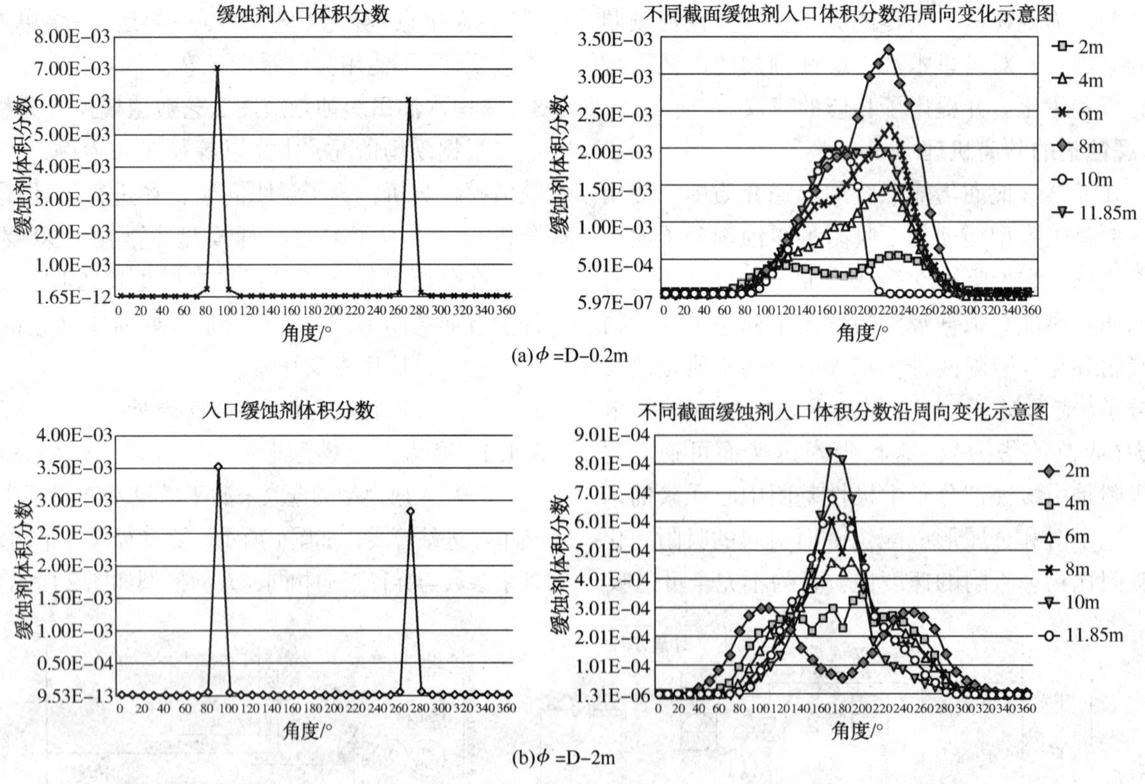

图 4　A 管段不同截面周向缓蚀剂体积分数沿周向变化示意图

② B 段缓蚀剂液滴分布

B 段管道沿气流方向，缓蚀剂在管道顶部和底部的体积分数先增加后减小，中心的体积分数呈现波动增加趋势，如图 5 所示。

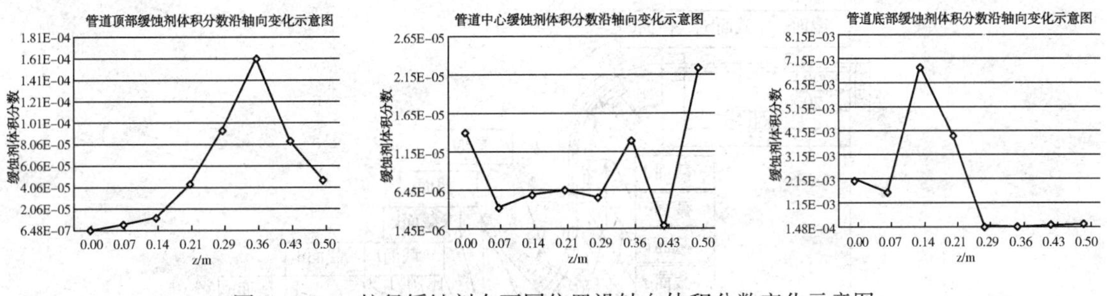

图 5　25μm 粒径缓蚀剂在不同位置沿轴向体积分数变化示意图

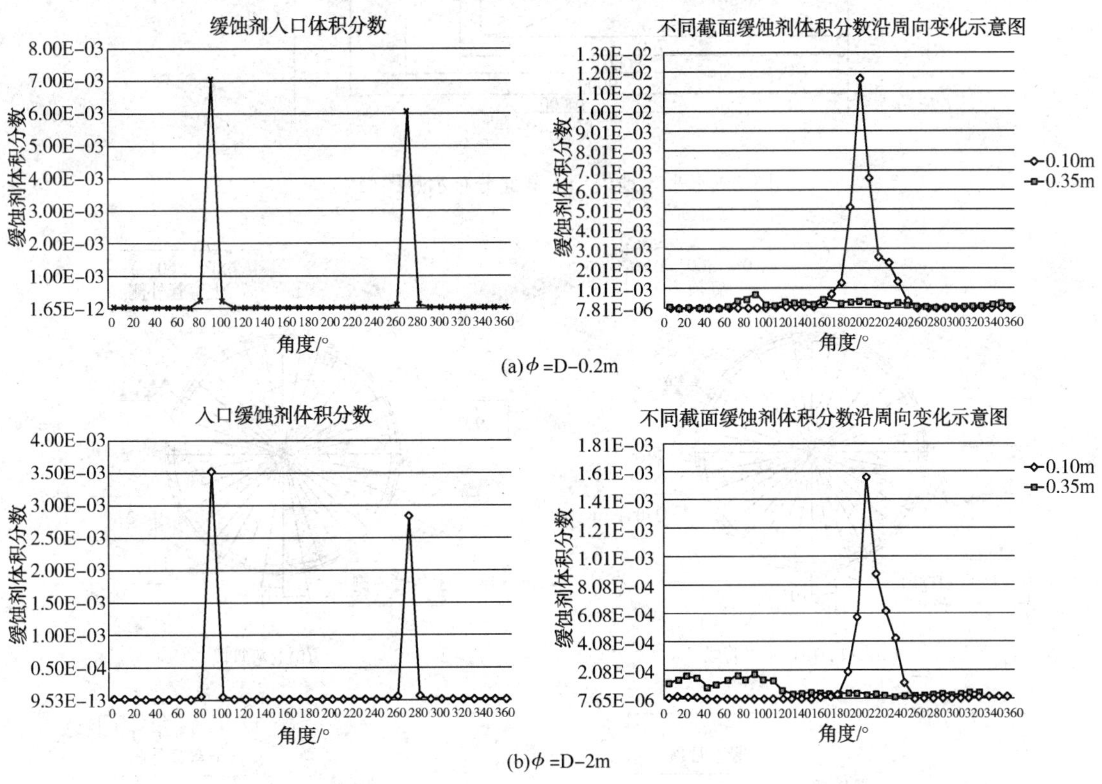

图 6　B 管段不同截面周向缓蚀剂体积分数沿周向变化示意图

3.2　水平入地模型数值模拟及分析

3.2.1　水平入地模型的建立

本次数值模拟分析以下面的几何模型(图 7)为例。

3.2.1　水平入地模型仿真分析

对于水平入地模型的分析，选取数据的方法，具体如图 8 所示。

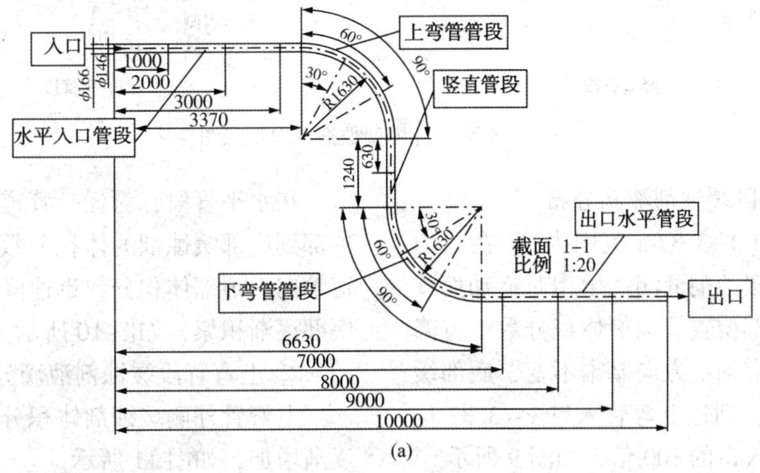

(a)

图 7　水平入地模型 I 截面分布示意图

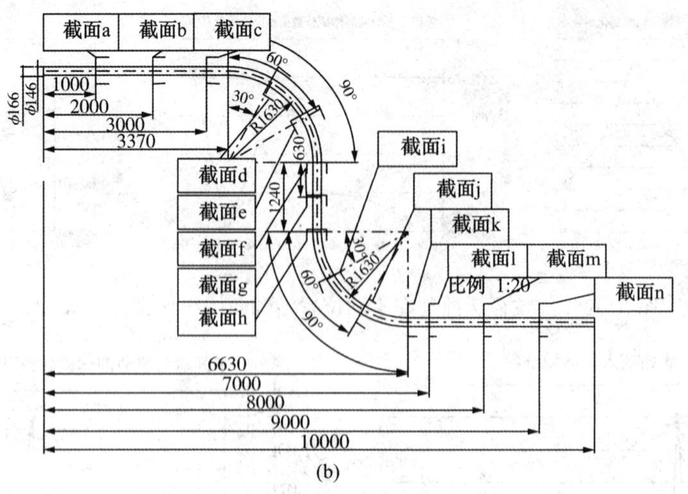

(b)

图 7　水平入地模型Ⅰ截面分布示意图(续)

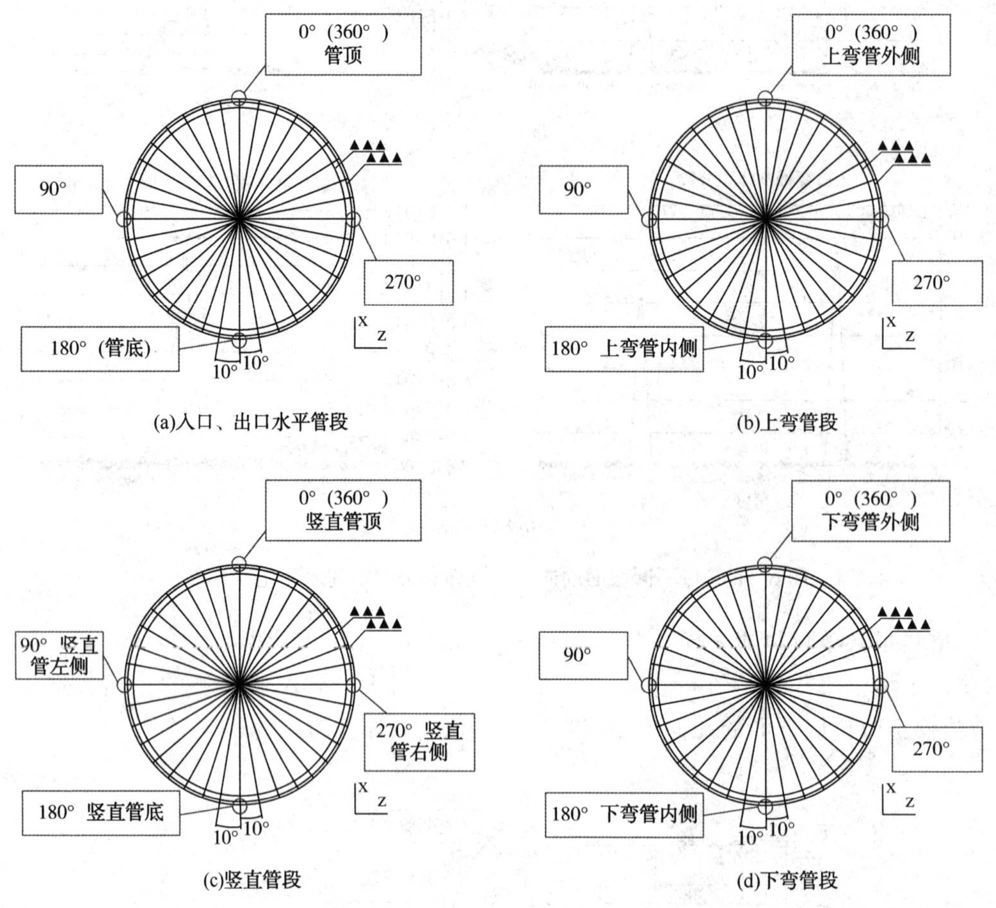

(a)入口、出口水平管段　(b)上弯管段　(c)竖直管段　(d)下弯管段

图 8　水平入地模型数据选取示意图

① 入口水平管段缓蚀剂液滴分布

入口水平管段(0–3.37m 范围内)，在重力作用下，天然气与缓蚀剂液滴产生相对运动而逐渐分离，在管道顶部位置缓蚀剂体积分数一直降低，中心位置沿管道轴线方向基本不变，底部缓蚀剂液滴逐渐积累，到达上弯管入口 $x=3.37$ 位置，体积分数达到入口的 100 倍，如图 9 所示。

在水平管段，对任一管道截面，沿周向，从顶部到底部缓蚀剂的体积分数逐渐降低；而沿管道轴向，顶部体积分数迅速降低，缓蚀剂液滴在底部逐渐积累，如图 10 所示。

② 上弯管段缓蚀剂液滴分布

上弯管外侧缓蚀剂体积分数逐渐降低，内侧逐渐增加，如图 11 所示。

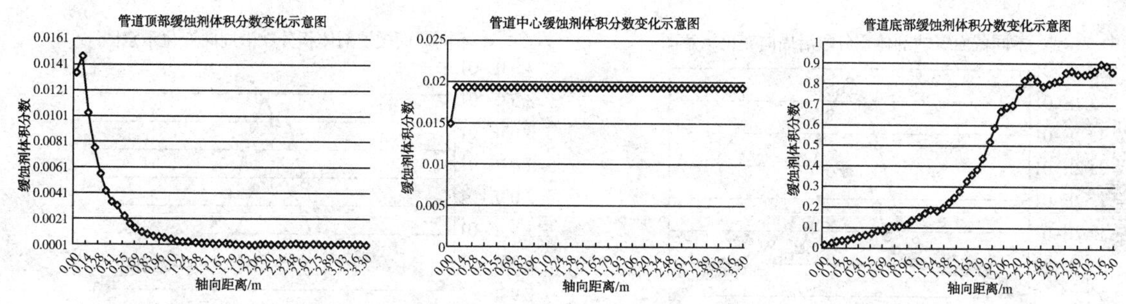

图 9　25μm 粒径缓蚀剂在不同位置沿轴向体积分数变化示意图

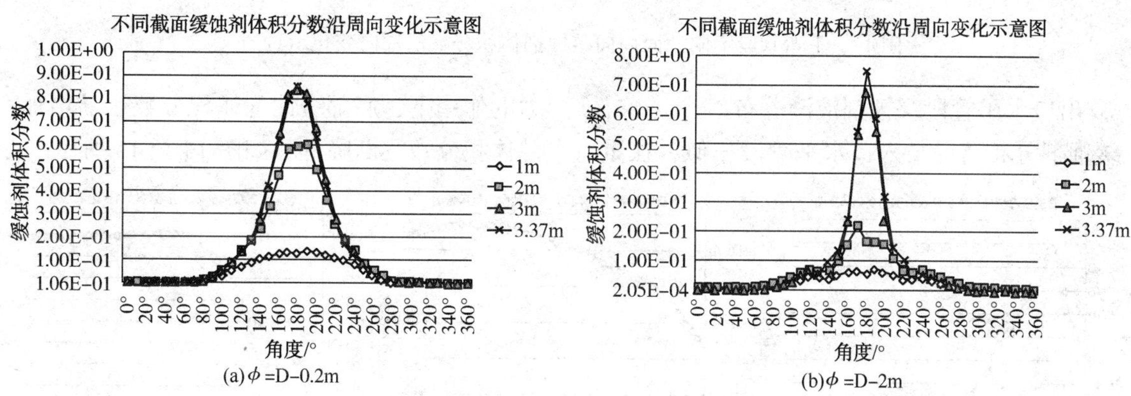

图 10　入口水平管段不同截面周向缓蚀剂体积分数沿周向变化示意图

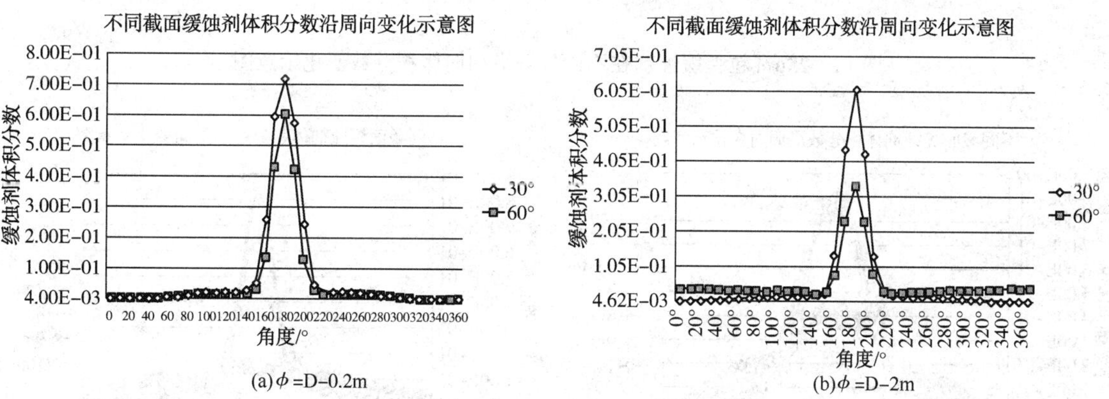

图 11　上弯管段不同截面周向缓蚀剂体积分数沿周向变化示意图

③ 竖直管段缓蚀剂液滴分布

竖直管段缓蚀剂液滴趋于均匀分布，如图 12 所示。

④ 下弯管段缓蚀剂液滴分布

对于下弯管，沿气流方向，管道内侧的缓蚀剂体积分数逐渐降低，缓蚀剂在管壁趋于均匀分布，但外侧区域缓蚀剂体积分数仍非常低，如图 13所示。

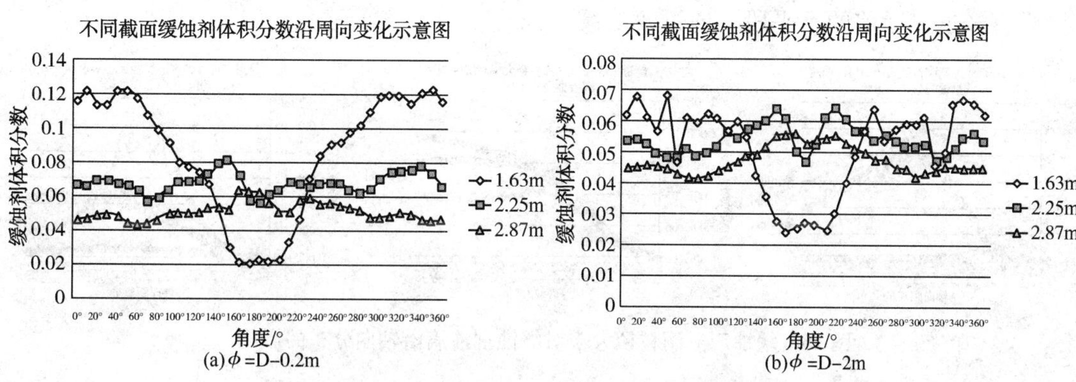

图 12　竖直管段不同截面周向缓蚀剂体积分数沿周向变化示意图

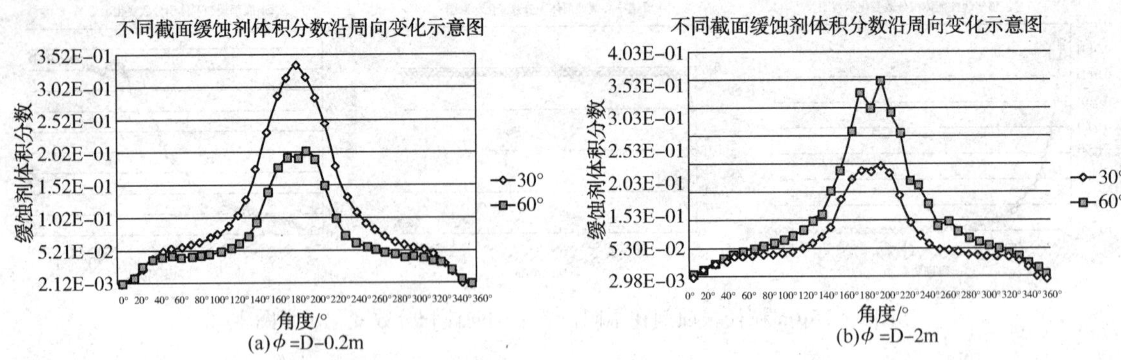

(a) ϕ =D-0.2m　　(b) ϕ =D-2m

图 13　下弯管段不同截面周向缓蚀剂体积分数沿周向变化示意图

⑤ 出口水平管段缓蚀剂液滴分布

缓蚀剂分布情况与入口水平管段相似，在重力的作用下，底部缓蚀剂体积分数逐渐增加，顶部体积分数逐渐降低，如图 14 至 15 所示。

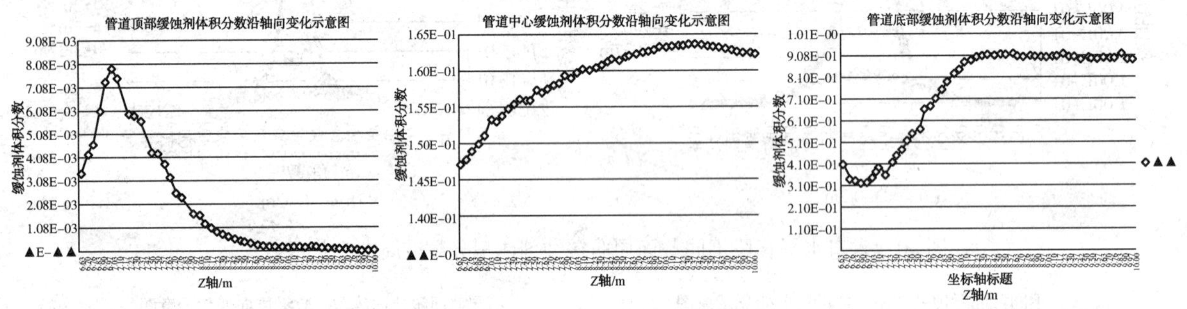

图 14　25μm 粒径缓蚀剂在不同位置沿周向体积分数变化示意图

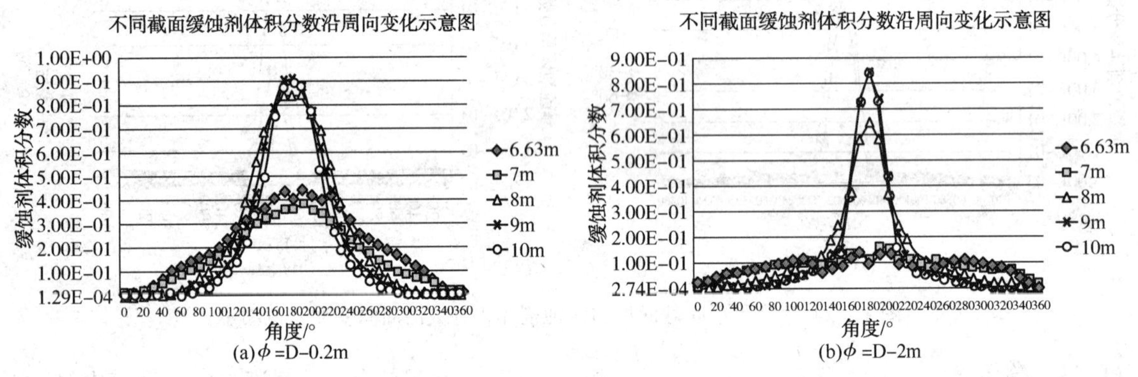

(a) ϕ =D-0.2m　　(b) ϕ =D-2m

图 15　出口水平管段不同截面周向缓蚀剂体积分数沿周向变化示意图

3.3　缓蚀剂液滴粒径大小对流动分布的影响

利用等径三通去计量方向的模型，取其中的 A 段，即没有经过三通前的水平段，通过改变缓蚀剂粒径的大小，对缓蚀剂在管道顶部、轴线和底部流动分布的影响，结果如图 16 所示。

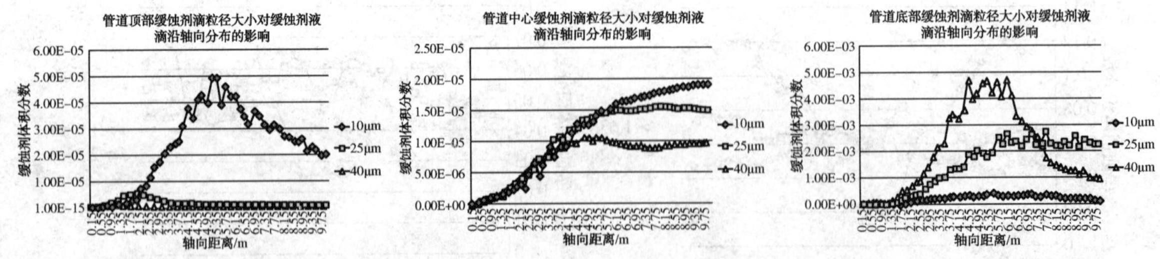

图 16　缓蚀剂液滴粒径大小对缓蚀剂液滴沿轴向分布的影响

随着缓蚀剂液滴粒径的减小，管道顶部缓蚀剂体积分数下降的梯度减小，低浓度区范围减小；管道中心处的缓蚀剂体积分数变大；管道底部的缓蚀剂体积分数变小。

4 结论

（1）就目前现场使用的缓蚀剂加注方式，水平管顶部的缓蚀剂体积分数最小，底部体积分数最大；缓蚀剂液滴受重力作用影响，沉降作用较为明显；建议增加缓蚀剂加注点，且加注点位于管道顶部。

（2）发生流向改变后，由于三通转弯处出现涡流，尤其是管道由水平变为铅垂后，有利于缓蚀剂在流道中的均匀分布。

（3）缓蚀剂的粒径越小，缓蚀剂流程越远，越有利于管道防腐。

参 考 文 献

[1] Sridhar Srinivasan, Russell D. Kane. Prediction of corrosivity of CO_2/H_2S production environments [J]. Corrosion/96, Paper No. 11, NACE.

[2] 丁宏达. 不同管径的输配水管道故障率预测模型 [Z]. 长沙：中冶集团长沙冶金设计研究总院，2006.

完整性管理在塔里木油田试点思路及探讨

吴　超　孟　波　王　建　张爱良　宫彦双

（中国石油塔里木油田公司油气工程研究院）

摘　要　伴随着我国社会的进步和法律的完善，国家和社会对管道和站场的安全和环境保护要求也越来越高。有必要构建调度灵活、运行高效、安全平稳的管道和站场运行管理体系，积极应用先进的管理理念对管道站场实施完管理。自2001年完整性管理理念被引入我国油气管道行业以来，很快被广泛接受，经过几年的推广和应用实践，管道完整性管理已经成为管道企业管理管道的核心模式和技术方法手段，并逐步推广到站场的资产完整性管理。本文主要探讨完整性管理在塔里木油田试点思路及关键技术问题。

关键词　完整性试点；完整性管理；管道危险性

在确定推进完整性管理工作以后，本着第一年以完整性试点为主要推进方向，首先在塔里木油田公司内部筛选代表性强的作业区，对其所辖管道和站场进行分类分级，挑选具有代表性的集输管道和站场，开展完整性检测和评价，逐步形成适合塔里木油田的完整性检测和评价技术体系，并完成完整性管理体系的建立[1]。试点成果能在完整性推广时起到指导性作用。

1　塔里木油田完整性管理现状

塔里木油田油气集输管道普遍压力较高，部分集输介质高含硫化氢、二氧化碳及氯离子，且穿越农田、河流、村庄、自然保护林等。站场和管道运行时间较长，部分站场设备老化严重，失效风险较大。失效事故一旦发生，不但会造成生产停滞、带来巨大的经济损失，而且会造成人员伤亡，对社会和环境产生严重的后果。塔里木油田公司截至2017年底，已建管道15354km，其中油气输送管道5981km，油气集输管线全长7204km，站内工业管道长2146km，管道材质多样，输送介质组分复杂，介质Cl^-含量高，部分管道介质含硫、二氧化碳和汞。具有“管线长，类型多，压力高、分布广，工况复杂”等特点，管道运行风险高，管理难度大。塔里木油气站场处理介质复杂、天然气处理站场普遍进站压力在10MPa以上，处理工艺和设备多样化(包括容器、塔、换热器、储罐、泵、压缩机以及加热炉等)，自动化程度高且系统功能复杂。

1.1　塔里木油田完整性管理存在的主要问题

近年来管道和站场完整性管理存在的主要问题：

(1) 公司管道和站场设备大部分使用超过5年，由于介质腐蚀等原因，失效的可能性大大增加，随着使用年限的增加，站场动、静设备、压力管线及站外油气管线安全运行将面临更大的挑战；

(2) 2004年前，管道失效较少，2005年以后，特别2008年以来，随着含CO_2、H_2S原油、天然气开采区域的增多，部分管线腐蚀相当严重，多处腐蚀点直接出现泄漏；

(3) 随着地方经济建设的快速发展，及部分管道穿越农田，第三方施工管理难度较大；

(4) 由于设计、施工、材料等方面的缺陷，导致的管线失效事故偶有发生，主要集中在双金属复合管和非金属管等新材料管道，油气管线的安全运行面临巨大考验；

(5) 穿越河流、自然保护林带管线较多，环保风险大；

(6) 站内双金属复合板容器针孔点蚀问题依然存在。

伴随着我国社会的进步和法律的完善，国家和社会对管道和站场的安全和环境保护要求也越来越高。有必要构建调度灵活、运行高效、安全平稳的管道和站场运行管理体系，积极应用先进的管理理念对管道站场实施完管理。自2001年完整性管理理念被引入我国油气管道行业以来，很快被广泛接受，经过几年的推广和应用实践，管道完整性管理已经成为管道企业管理管道的核心模式和技术方法手段，并逐步推广到站场的资产完整性管理。

1.2 完整性管理试点工程概述

本次试点主要借鉴国外管道完整性评价与完整性管理的先进管理体系，结合塔里木油田油气管道和站场的特点及所面临的问题，通过实施管道完整性管理中的风险识别、完整性检测和完整性评价，准确掌握管道和设备、设施的安全薄弱环节。在完整性管理的过程中，根据风险程度采取有针对性的风险控制措施。按轻重缓急，把握降低和减缓风险的最佳时机，提高在役油气管道和站场的检测、维护、维修的计划性、针对性。作为完整性战略的一部分，采用多种内外检测技术，应用适用性判据，根据检测结果进行缺陷评价，制定维修方案，提高管道完整性的管理水平，为管道和站场的安全运行提供最有力的保证。

2 试点工程管道和站场的筛选

管道和站场完整性管理试点应选择在业务上具有战略重要性、生产工艺具有代表性、前期管道管理工作系统、社会关注度高的作业区作为试点，以此为基础建立完整性管理体系，对塔里木油田公司集输管道完整性工作的持续开展发挥指导作用。

根据完整性管理规范要求，结合塔里木油田现状，确定了塔里木油田管道和站场完整性试点单位选择原则：

(1) 管理工作开展较为系统，数据有一定的累积，工作基础好；

(2) 环境敏感，有较高的社会关注度；

(3) 管道和站场完整性提升空间大，易形成显著成果；

(4) 站场工艺相对齐全(油、气)，设备类型能涵盖塔里木油田主要设备；

(5) 腐蚀环境在塔里木油田具有较强的代表性且具备开展内检测的条件。

3 完整性试点技术的选择

塔里木油田管道和站场完整性试点工作主要从管道完整性评价技术和站场完整性评价技术两个方面进行了选择。

管道在线内检测技术是将各种无损检测(NDT)设备加在清管器(PIG)上，原来用作清扫的非智能改为有信息采集、处理、存储等功能的智能型管道缺陷检测器(SMART PIG)，通过清管器在管道内的运动，达到检测管道缺陷的目的。管道在线内检测技术可以在保证管道正常运行的状态下，定量检测出管道存在的缺陷。该技术的应用为管道事故的预防和合理维护提供了科学依据，对保证管道尤其是管道安全运行具有重要作用。内检测器按功能可分为用于检测管道几何变形的测径仪、用于管道泄漏检测仪、用于对因腐蚀产生的体积型缺陷检测的漏磁通检测器、用于裂纹类平面型缺陷检测的涡流检测仪、超声波检测仪以及以弹性剪切波为基础的裂纹检测设备等。目前应用较为广泛的有漏磁检测技术、超声波检测技术、涡流检测技术、几何检测技术。

管道外检测可开展宏观检查、泄漏检测、穿跨越检查、外腐蚀直接检测、内腐蚀直接检测等项目[2]，可采用的检测项目包括：宏观检查中的管道位置与走向探查、管道埋深检测、穿跨越检查中的管段检测、外腐蚀直接检测中的环境腐蚀性检测、防腐层非开挖检测、阴极保护有效性检测等。

站场完整性设备检测技术多种多样，包括相控阵、TOFD、超声波 C 扫描、超声波探伤、脉冲涡流、磁粉探伤、渗透探伤、漏磁检测、金属磁记忆检测等。每一种检测技术都有其适用的范围及优势，为了得到更好的检测结果、花费更省的检测费用，需筛选出较有效的检测技术。

塔里木油田试点区块油气层埋藏深、地层压力高、油气藏温度高、地层水矿化度高、介质H_2S、氯离子、CO_2含量较高，选择采用智能清管漏磁检测(MFL)技术、几何检测技术开展内检测，并进行开挖验证，对穿越管段等无法开展开挖的地方采用超声导波进行检测。针对防腐层检测技术，选择采用 PCM(交流电流衰减法/多频管中电流法)、直流电压梯度测试技术(DCVG)及密间隔电位测试技术(CIPS)开展外防腐层和阴极保护系统的检测。

4 确定完整性试点工作内容

建立管道和站场完整性管理体系，完成试点管道和站场的完整性数据采集，开展试点管道和站场的风险评价、完整性检测、完整性评估，制定监测、维护、维修计划，对试点管道和站场进行持续的完整性管理。通过试点，对管道和站场的完整性检测技术进行筛选和验证[3]，通过效能评价持续改进管道和站场完整性管理，根据全过程建立一套管道和站场完整性管理体系，对后续站场完整性工作的持续开展起到指导作用。

4.1 完整性管理体系建设

根据管道和站场完整性管理相关的国家、行业和企业标准，结合塔里木油田公司完整性管理状况进行统筹设计，完成管道和站场完整性管理体系文件的建立。包括《管道与站场完整性管理细则》、完整性管理程序文件、完整性管理作业文件，体系文件的个数将依据完整性管理现状调研和体系规划结果来确定。塔里木油田完整性试点建立了管道风险识别程序等18个程序文件，建立了站场完整性数据管理等55个作业文件。

4.2 试点管道与站场场的数据收集

按照数据结构标准，完成管道和设备数据收集和录入整理，并按相关要求系统恢复各类管道和设备数据，并完成对管道及其附属设施的地理信息(GIS)的测量和录入。

对试点集输管道应开展数据采集工作。按照完整性管理要求收集与整合数据，与净化油气管道共用数据平台，统一存储数据，满足评价与维修需要。集输管道应采集以下11种类型数据：

a）管道中心线数据；

b）侵占数据；

c）基础地理数据；

d）阴极保护数据；

e）检测数据；

f）管道风险数据；

g）管道运行数据；

h）设施数据；

i）事件支持数据；

j）历史纪录数据；

k）输送介质数据。

优先从统建信息化平台获取数据，其它数据通过现场调查、测量、检测等方法获得。将收集到的数据按照数据平台要求录入数据，确保数据真实、准确、完整。日常管理数据应实现当日更新。不具备录入数据平台条件的数据，应保存纸质记录或电子版记录。

4.3 试点管道风险评价

按照相应标准的要求，对管道的数据、管道环境数据、管道属性数据、日常管理数据进行系统的统计整理和计算，识别对管道安全运行有不利影响的危害因素，评价事故发生的可能性和后果大小，综合得到管道风险大小，找出管道的高风险段，并提出相应风险控制措施。

风险评价方法分为定性方法(简单的、主观的、相对的、判断性的)、半定量方法和定量法(详细的、客观的、绝对的、分析性的)。

半定量风险评价法因其所需原始数据较少，评价成本较低，所以在现阶段是一种实用的管道风险评价方法，对管段事故发生频率和结果分别按高低次序打分，分值代表了不同频率或后果发生的相对关系，最后综合起来得到管段相对的风险值。

4.4 试点管道完整性评价

对于已经完成内检测的管道，针对内检测结果进行完整性评价，依据相应标准，计算分析确定检出的管道缺陷的剩余强度和剩余寿命，给出推荐的缺陷修复列表和修复方法及修复时间计划，明确再检测时间间隔。完整性评价的预期效果是进行管道的剩余强度和剩余寿命的分析，提供维修和再检的建议，将提高管道本质的安全性。

4.5 试点管道的维修与维护

依据试点管道风险评价和完整性评价结果划定的风险等级进行排序，制定管道的维修维护计划，并提供资金保障[4]。管道维护维修计划应包含以下几个方面：

（1）缺陷维修方案：针对高风险缺陷，制定修复、更换计划和方案；

（2）腐蚀控制计划：包含阴极保护的监控和维护、管道涂层修复、管道清管、缓蚀剂加注或调整等；

（3）防止第三方破坏措施；

（4）泄漏监测与应急措施。

4.6 试点站场风险评价

站场风险评价即确定站场设备、装置的风险等级，而风险分析是其中最重要的一个环节，包括定性分析、半定量分析及定量分析。塔里木油田本次试点对站场整体进行HAZOP定性风险分析，对试点站场内所有工艺装置进行节点划分和偏差分析，详细讨论每个偏差的原因、后果及风险等级，评估站场整体风险分布情况，确定高风险的装置和设备。

对仪表系统采用保护层分析(LOPA)方法进行半定量分析，确认安全仪表系统各防护层等级是否足够，并开展SIL评估评价安全仪表系统的安全性和可靠性。

对动设备采用FMEA方法，讨论设备或子系统失效模式，经过风险分析后，分别确定了每台设备的故障可能性等级和故障后果等级，确定其风险等级。

针对静设备和工艺管道等，采用基于风险的检验（RBI）技术进行定量风险分析，经过风险分析后，可直接计算出每台设备的风险值，并根据设备的风险值可以直观地得到设备的相对风险，进而确定设备的风险等级。采用定量风险分析方法需要非常详实的技术数据和资料，如每台设备介质的详细组分，通用设备失效概率等，即定量分析需要一个充分的数据库支撑[5]。

除此之外，塔里木油田管道和站场完整性试点还进行了站场全面检测、数据平台建设和科研项目技术研究工作。

5　结论

通过塔里木油田管道和站场完整性试点一个完整性管理周期的研究，编制形成适合公司站场的完整性管理相关评价、检测技术的技术文件，针对天然气集输站场提供一个有效的风险评价框架，提高识别、评估和管理风险的质量。得出以下结论：

（1）完整性试点建立油气集输管道完整性管理程序文件和作业文件，可以为完整性管理的全面开展奠定制度体系基础；

（2）开展管道和站场的完整性试点管理，可以有效的降低管道腐蚀失效事故发生机率，提升装置安全管理水平；

（3）管道和站场完整性管理试点在管道与站场选择上，要依据现场情况，选择有代表性的装置；

（4）在完整性试点评价技术上，可以选择具有代表性的技术，进行专项的技术评价，不建议为了试点完整性评价技术，而将所有技术都做试点；

（5）完整性管理要贯彻装置全生命周期，在完整性试点时，可以以运行阶段为主，其他阶段为辅，由点带面，逐步推进。

及时准确地掌握油气集输管道和站场设备的完整性状态，探索可以较准确预评价管道腐蚀状况的一套腐蚀监测、检测技术及评价方法，持续开展油气管道和站场完整性管理，对于确保油气管道和站场的安全运行、改善管道和站场运行状况、提高管道和站场运行效率和效益具有十分重要的现实意义。

参考文献

[1] 董绍华，杨祖佩．全球油气管道完整性技术与管理的最新进展——中国管道完整性管理的发展对策[J]．油气储运，2007，26(2)：1-17.

[2] 杨筱蘅，严大凡．逐步实施我国油气管道的完整性管理[J]．天然气工业，200424(11)：120-123.

[3] 杨祖佩，王维斌．我国油气管道完整性管理体系发展与建议[J]．油气储运，2006，25(9)：1-6.

[4] 程万洲．油气站场工艺管道泄漏风险定量评价技术研究与应用实践[C]．第三届中国管道完整性管理技术大会，2012.

[5] 税碧垣，艾慕阳，冯庆善．油气站场完整性管理技术思路[J]．油气储运，2009，28(7)：11-14.

塔里木油田高温高压复杂组分天然气防蜡工艺研究与应用

张　波　艾国生　严东寅　张新庆　孙凤枝

（中国石油塔里木油田公司）

摘　要　塔里木油田克拉苏气田具有高温、高压、组分复杂的特点，其中克深区块克深天然气处理厂于2015年进气投产，处理过程中J-T阀及低温分离器有蜡析出导致系统堵塞，致使天然气装置处理量受限，同时外输气烃露点不合格。针对这一问题，展开防蜡工艺研究，通过实验及软件模拟分析蜡堵具体原因，摸清了蜡的形成机理及分布规律，并制定出对应的防蜡措施，解决了蜡堵问题，单套处理装置恢复设计处理量。研究成果成功同步推广应用到蜡堵得大北处理厂，取得良好效果，对今后含蜡气田的建设具有借鉴意义。

关键词　天然气防蜡；蜡堵；低温分离器；防蜡工艺

1　背景

塔里木气田具有“高温、高压、组分复杂”等特点，多项指标创国内外之最。气田单井压力高达105MPa，温度高达110℃，同时含蜡等特殊介质。克深处理厂2013年开工建设，于2015年投产运行2套装置，2019年投运续建的第3套装置，单套设计规模1000万方/天，总处理规模90亿方/年。处理厂主要工艺装置包括：集气装置1套，脱水脱烃装置2套（采用J-T阀低温冷冻分离工艺），脱固体杂质装置2套，乙二醇再生及注醇装置2套，凝析油处理装置1套。辅助生产设施及公用工程为：凝析油罐区及装车设施，火炬及放空系统，空气氮气站，燃料气系统等。天然气处理采用J-T阀节流膨胀制冷、低温分离的脱水脱烃工艺，注乙二醇防冻工艺。脱固体杂质采用化学反应吸附法工艺，凝析油处理采用常压闪蒸工艺。

2　天然气处理厂工艺现状及存在问题

2.1　脱水脱烃装置工艺简介

干线来气，经生产分离器初步分离后，气体经过空冷器初冷，再经过原料气预冷器与干气热量交换，进入原料气分离器再次分离，气体经过原料气后冷器与干气热量交换后经J-T阀节流降温，进入低温分离器进行低温分离，分离干气再去脱固体杂质的系统，液体去乙二醇再生系统。克深天然气处理厂脱水脱烃装置流程示意图如图1所示。

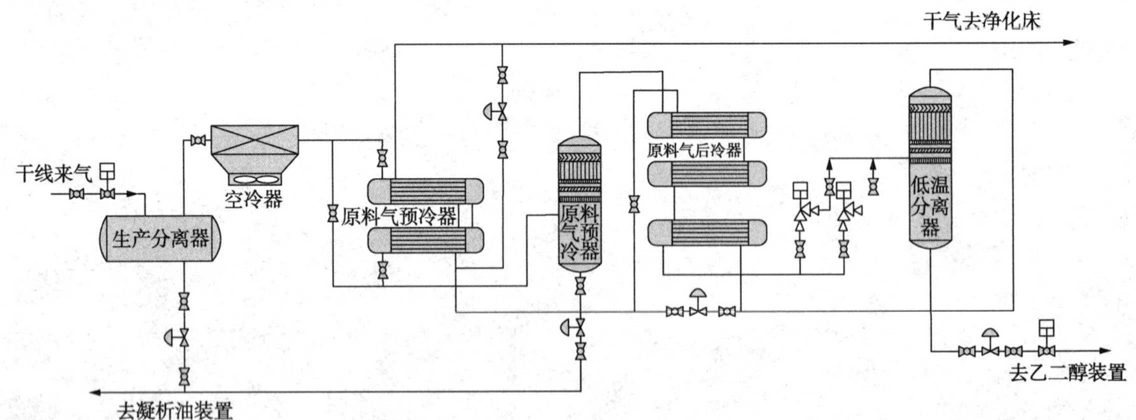

图1　脱水脱烃装置流程图

2.2　存在问题

克深天然气处理厂第一套脱水脱烃装置于2015年进气投产，在投产过程中存在J-T阀开度不变的情况下，处理量呈下降的趋势；开度由30%调至70%时处理量不变、而后出现远程无法操作；切换备用J-T阀后开始效果明显变好，随后也相继发生同样现象；低温分离器压差随着增大，当压差大于40KPa时，低温分离器基本无分离效果，液相调节阀开度为 0，乙二醇无法回收，打开低温分离器发现有白色固体结晶。在蜡堵期间产量无法提高，最高只达到 350 万方/天，平均 5-7 天就需要切换装置停产洗蜡，严重影响了处理厂的正常运行。

3 原因分析及解决措施

3.1 取样化验确定蜡堵成分

为了找出造成脱水脱烃装置低温分离器内构件堵塞的原因，对低温分离器内水洗出的结晶物进行了取样和质谱分析，取样照片见图 2，质谱分析见图 3。

图 2 低温分离器取样照片

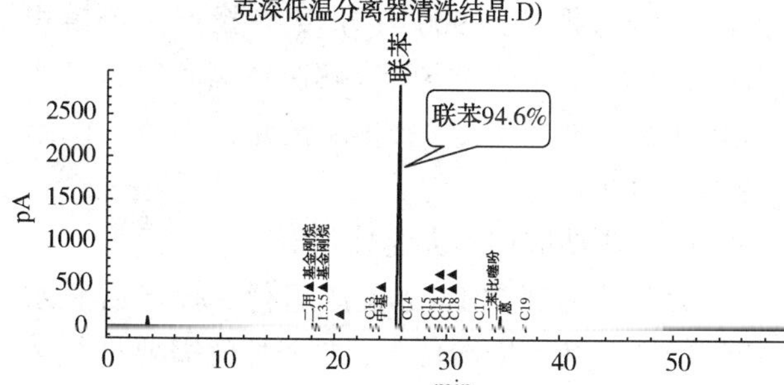

图 3 质谱分析图

从质谱分析结果看，低温分离器内结晶物中联苯为 94.59%，同时含有少量蒽、菲。试验结果水洗结晶物的熔点为65℃，这与联苯凝固点为 68～70℃ 性质接近，进一步证实蜡堵成分为联苯、蒽、菲等多环芳烃类物质。

3.2 对比分析

对比分析塔里木油田的迪那、牙哈、英买区块天然气中也含有一定量的多环芳烃，由于他们的组分比较连续，在系统运行过程中，能将气体中的多环芳烃溶解到液相中进行分离开来。克深区块的天然气组分不连续，C_5 至 C_8 类的组分缺失，多环芳烃类物质存在于气相中，无法被溶解分离，从而进入低温环境后，容易凝结析出，最终导致低温分离器内构件堵塞。通过实验和现场运行经验以及理论计算，根据相似相溶原理制定技术解决路线，通过 HYSYS 模拟分析，从原料气空冷器前注入迪那轻质油，观察 C_{14} 和 C_{18} 在原料气中的变化，发现原料气分离器和低温分离器气相中 C_{14} 和 C_{18} 被溶解转移到了液相中，见图 4，图 5。

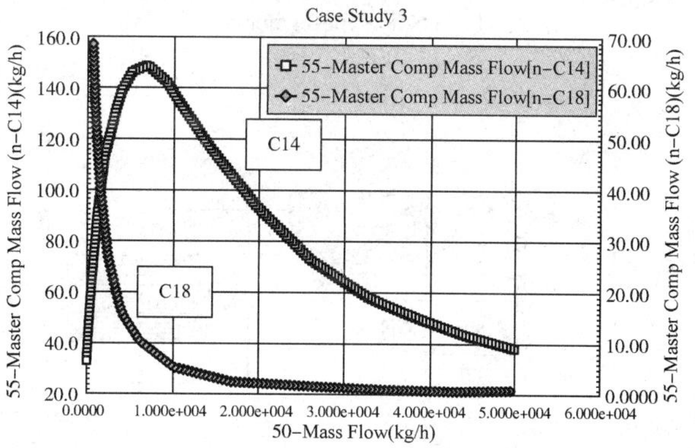

图 4 原料气分离器 C14 和 C18 变化

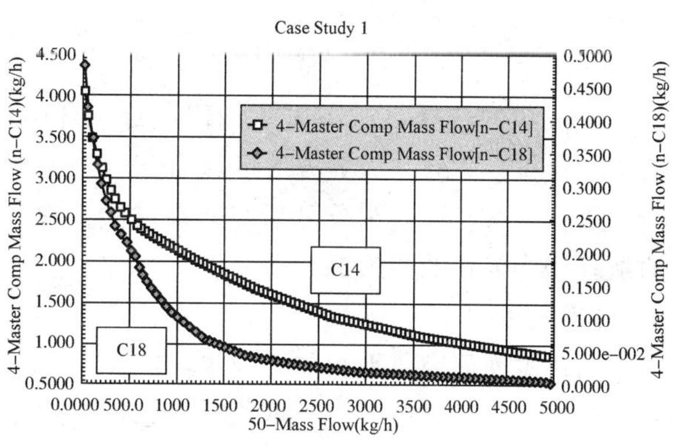

图 5 低温分离器 C14 和 C18 变化

3.3 解决措施

利用 HYSYS 工具摸清了蜡在天然气处理系统中的分布规律，以及蜡的临界析出温度，如图 6所示。依据相似相溶原理，向系统中注入吸收性较好的轻质油做为防蜡剂，并制定出处理量、轻质油加注量及析蜡温度对应关系表。如图 7是 900 万方/天处理量下，轻质油加注量及析蜡温度关系。

注入点的选择：在系统中有原料气空冷器入口及原料气后冷器 C 入口处有已安装的注醇口可以利用(如图 8 中红星标注位置)，不需要进行动火改造。根据理论计算及现场试验验证，前端注轻质油效果优于后端，同时可以减少低温分离器液滴分离负荷。优选原料气空冷器前端注轻质油。

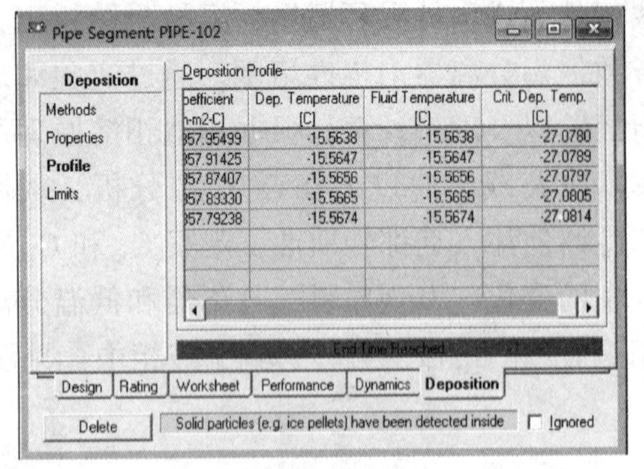

图 6　HYSYS 中 Pipesegment 工具计算

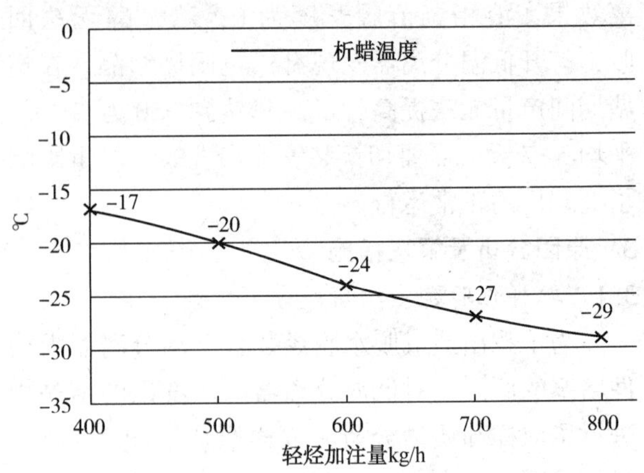

图 7　轻质油加注量及析蜡温度关系

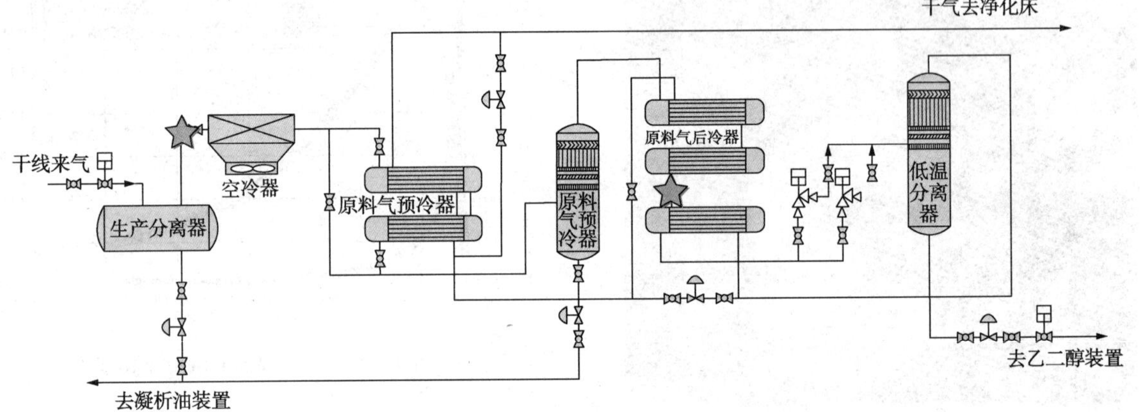

图 8　轻质油注入点

注入源的选择：对塔里木油田迪那、牙哈、英买、克拉、大北、大宛齐等区域自产轻烃及凝析油进行刷选，通过组分分析与效果试验，确定迪那轻烃为最佳的注入源。

4　应用效果

通过本次研究，取得如下成果：

（1）国内首创了“注油溶蜡”天然气防蜡技术。

通过对原料气组分取样分析对比，揭示了组分缺失是蜡堵的主要原因。堵塞物主要成为为联苯、蒽、菲类多换芳烃物质，首次利用 PIPE-SEGMENT 工具建立了装置处理量与注油量关系模型，应用相似相溶原理，通过模拟计算及现场实验，筛选确定溶蜡剂及加注点。创新形成了高温、高压、复杂组分天然气防蜡工艺，成功解决了天然气处理装置蜡堵问题，该工艺处于国际先进水平。

（2）解决了克深处理厂脱水脱烃装置 J-T 阀和低温分离器结蜡堵塞的问题。

天然气处理厂采用前注脱蜡剂，装置由 5-7 天停产洗蜡达到稳定连续生产，单套处理能力由 350 万方/天提升到 900 万方/天，投产至今累积输送天然气 180 亿立方米、解决蜡堵和频繁停产洗蜡问题，创经济效益 50 余亿元，年节省洗蜡费用约 500 万。

（3）成功应用到大北处理厂

大北处理厂 2014 年投产运行，投产后脱水脱烃后冷器发生蜡堵现象，1 个月就需要进行装置洗蜡操作，克深处理厂问题得到解决以后，大北处理厂采用相同的防蜡措施，成功解决了蜡堵问题，装置运行正常。

“注油溶蜡”技术为塔里木含高含蜡、复杂组分气田蜡堵问题提供了解决办法，也为类似气田解决蜡堵问题提供了技术思路，值得研究和推广。

5　下步计划

“注油熔蜡”技术虽然成功解决了天然气析蜡问题，但轻质油消耗较大。通过在低温分离器气相出口加装干气聚结器后回收率提高至 20%，流程示意见图 9。下步计划对低温分离器设备进行结构优化，进一步提高轻质油分离效率，实施后预计轻质油回收率提高至50%，有效降低轻质油损失。

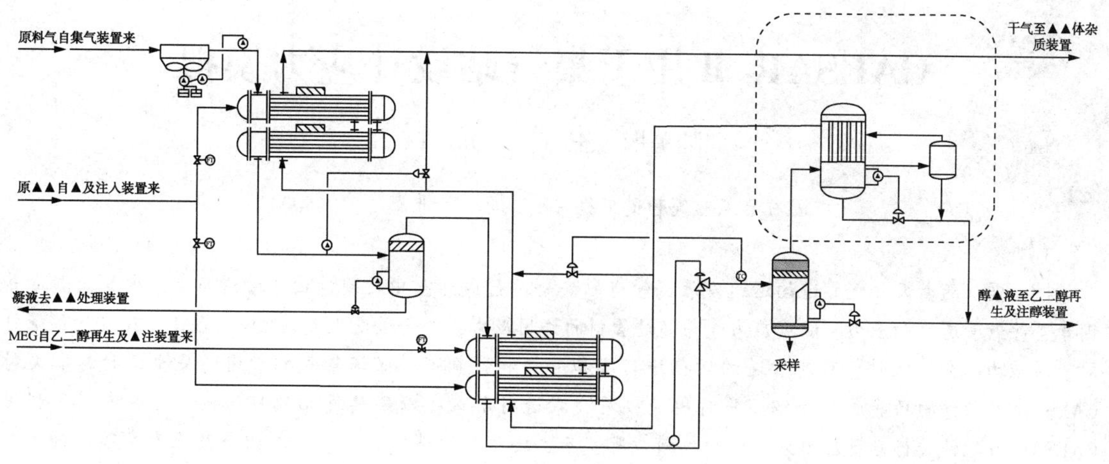

图9 干气聚结器加装流程

参考文献

[1] 王开岳. 天然气净化工艺-脱硫脱碳、脱水、硫磺回收及尾气处理[M]. 北京：石油工业出版社，2005.

[2] 王协琴. 天然气脱水脱烃方法介绍[J]. 天然气技术，2009，3(5)：51-54.

[3] 晁宏洲，王赤宇，陈旭，等. 天然气中含蜡成分对处理装置运行的影响分析及对策[J]. 石油与天然气化工，2007，36(4)：282-284.

[4] 晁宏洲，王赤宇，薛江波，等. 克拉2气田天然气处理装置工艺运行分析[J]. 天然气化工，2007，32(3)：63-67.

[5] 谭建华，陈青海，李静，等. 迪那2气田天然气处理工艺优化研究[J]. 石油与天然气化工，2013，42(5)：482-486.

CAESAR Ⅱ用于集气站设计应力模拟

陆美彤 王 梅 苏 锋

（中国石油天然气管道工程有限公司 河北廊坊 065000）

摘 要 随着天然气管道的迅速发展，管道的安全运行成为重中之重。由于管道自重、内压、温度等因素，导致管道环向应力、温度应力等易超过管材的许用应力，使管道发生失效破坏。CAESAR Ⅱ软件是针对管道应力的分析软件，可对管道的运行进行模拟分析和预判断，保证集气站管道的安全运行。本文对CAESAR Ⅱ软件的功能进行介绍，并对规范相关公式进行解读；以某集气站项目为例，详尽说明了利用CAESAR Ⅱ软件进行站场应力分析时的建模步骤、各主要参数的选取方法、工况组合及注意事项；针对在实际运行情况中，放空工况下可能产生不平衡力的现象，介绍了考虑该部分载荷的静态力加载方法；针对CAESAR Ⅱ软件模拟结果进行分析，得到了可以利用CAESAR Ⅱ软件进行集气站配管优化设计，减少管道应力，保障站内管道安全，并节约建设成本、实现精细化设计的结论。

关键词 Caesar Ⅱ软件；集气站；设计；管道应力；模拟

1 管道应力分析与CAESAR Ⅱ软件

1.1 管道应力分析

管道应力分析应保证管道在设计条件下具有足够的柔性，防止管道因热胀冷缩、管道支承或端点附加位移造成应力问题。管道应力分析的任务，实际上是指对管道进行包括应力计算在内的力学分析，并使分析结果满足标准规范的要求，从而保证管道自身和与其相连的机器、设备以及土建结构的安全。通过管道的应力分析，从而使管道的整体安装布置设计能具有足够的强度和足够的柔性。

管道应力分析主要包括静力分析和动力分析。静力分析是指在静力载荷作用下对管道进行力学分析，并进行相应的安全评定，满足标准规范的要求。动力分析则主要指往复压缩机和往复泵管道的振动分析、地震分析以及水锤和冲击荷载作用下管道的振动分析。

1.2 CAESAR Ⅱ软件

CAESAR Ⅱ管道应力分析软件是美国COADE工程软件公司研发的压力管道应力分析专业软件(该公司现已被Intergraph收购)。CAESAR Ⅱ不但可以根据ASME B31系列以及其它国际标准进行应力校核，还可以按照WRC、API、NEMA标准进行静设备和动设备的受力校核，因此广泛用于石油、化工等行业[1]。

CAESAR Ⅱ软件的管道应力分析分为静态分析和动态分析。CAESAR Ⅱ里面将管道简化成3D梁单元，3D梁单元的特征是：无限细的杆单元，全部行为靠端点位移决定，弯曲变形是主要的，最终将管道模型转化为力学模型，见图1。

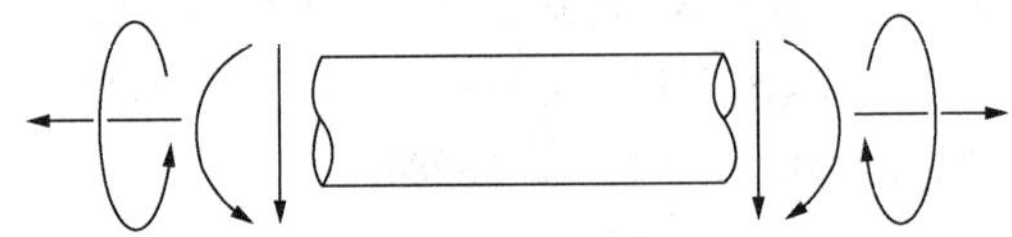

图1 梁单元及受力

CAESAR Ⅱ计算应力结果中有弯曲应力，轴向应力，扭转应力，然后形成规范应力与许用应力比较。所谓规范应力是根据应力性质不同人为进行划分的，它并不一定是能够实际测量的应力，具体又分成一次应力和二次应力。一次应力是由于压力、重力与其他外载荷的作用下在管道内产生的应力，它必须满足力与力矩的平衡法则，即必须满足外部、内部力和力矩的平衡。二次应力是管道由于热胀、冷缩、端点位移等位移载荷的作用所产生的应力，它不直接与外力相平衡。

2 规范公式解读

集气站内的工艺管道应力校核可以根据ASME B 31.3 Processing Piping进行[2]。该规范要求由重量、内压和其它持续载荷所产生的纵向应力之和S_L不超过在操作温度下材料的基本许用应力S_h，其最新版本为ASME B 31.3—2016。在ASME B 31.3—2010年以前的版本并没有明确给出纵向应力的计算公式。ASME B31.3在1985年

5月8日的释义4-10中，要求计算纵向应力时考虑轴向力的作用。因此，一般认为管道纵向应力由附加轴向外力、弯矩和内压引起。

对于一次应力的校核，ASME B31.3—2014版的校核公式为

$$S_L=\sqrt{(|S_a|+S_b)^2+(2S_t)^2}\leqslant S_h$$

其中各标识含义如下：

S_L——重量、内压和其它持续载荷所产生的纵向应力之和；

S_a——内压引起的轴向应力；

S_b——重量、内压和其它持续载荷所产生的弯曲应力；

S_t——重量、内压和其它持续载荷所产生的剪切(扭转)应力；

S_h——操作工况下相应温度所对应的许用应力；

对于二次应力的校核，ASME B31.3 2016版的校核公式为：

$$S_E=\sqrt{(|S_a|+S_b)^2+(2S_t)^2}\leqslant S_A$$

其中各标识含义如下：

S_E——弹性应力；

S_a——位移应变产生的组合轴向应力；

S_b——位移应变产生的组合弯曲应力；

S_t——位移应变产生的组合扭转应力；

S_A——许用弹性应力。

3　管道模型的建立

应用CAESAR Ⅱ软件对集气站进行应力分析，首先要明确分析的范围，并根据安装图建立管道模型。模型的建立包括实体模型搭建、埋地模型生成和工况组合的定义。

在CAESAR Ⅱ中，管道系统以节点的形式组成管系实体模型，实体模型搭建应尽可能与安装图纸相吻合。具体体现在输入管道参数、外界参数、管道材质、空间走向、约束条件及管内介质参数等的过程中，应充分考虑工程实际情况。

埋地模型生成需预先建立好土壤模型，土壤模型的建立包括输入土壤密度、摩擦系数、压实系数、土壤埋入深度、入土点与出土点的选择等。土壤模型建立完成后，通过加载运算，管系实体模型可生成埋地模型。转化过程中可能会出现警告信息，这是由于弯头处节点在埋地后会自动重新划分，一些人为约束也被自动取消。转化后的埋地模型也可以重新人为定义约束(如埋地固定墩的定义，及土壤约束刚度的重新输入)，通过对管段埋地特性局部优化，可较为真实的模拟埋地管道应力状况。

CAESAR Ⅱ中的载荷工况有：

W——重力载荷工况

D——附加位移载荷工况

T——温度载荷工况

P——压力载荷工况

F——集中载荷工况

Wnd——风载工况

根据具体情况，可以对如上分析结果任意组合也可单独地进行应力计算，组合工况得到的各项结果是每种单独工况下计算结果的线性相加[3-5]。常用的工况组合有：

(1) 操作工况(OPE)组合，一般由重力、压力、均布载荷、端点位移、集中载荷和温度构成的组合；

(2) 持续工况(SUS)组合，一般由重力和压力构成，还包括集中载荷和均布载荷，软件自动将该工况进行一次应力校核；

(3) 膨胀工况(EXP)组合，一般为只考虑温度影响的工况，即操作工况与持续工况的差值，软件自动将该工况进行二次应力校核。

对于地震频发或其他特殊情况，也可根据软件内特定工况加以分析如地震工况、试压工况等。

4　实例分析

4.1　分析模型

以某集气站项目为例，已知该集气站设计压力5.5MPa，工艺流程为收发清管器、过滤分离、站场及线路放空、增压外输，主要设备有收发球筒、过滤分离器及往复式压缩机，集气站三维建模轴测图见图2，站内管网及设备的安装布置见图3。

图2　集气站三维轴测图

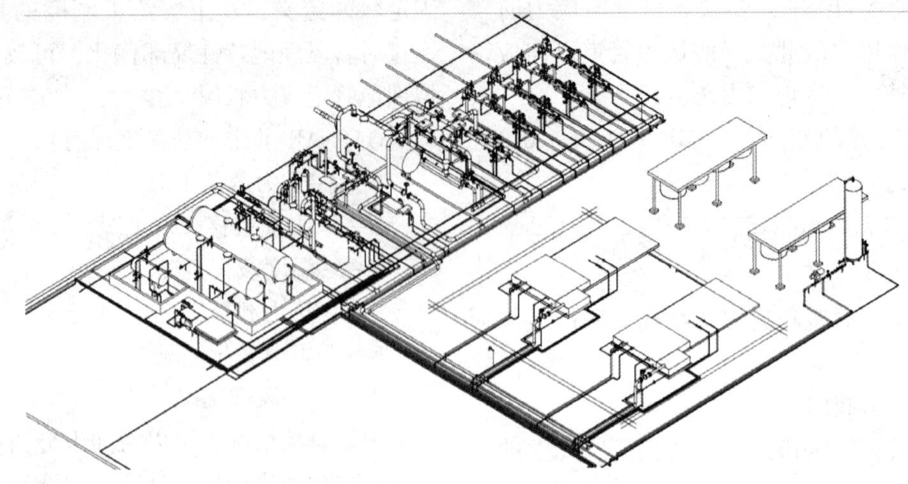

图3　站内管线及设备布置轴测图

4.2　主要安装方式

本集气站站内管线、设备主要安装方式如下：

（1）全站管线主要采用埋地敷设；

（2）地上敷设管线采用低墩敷设，适当位置设置管卡和管托进行固定；

（3）收发球筒底座采用长圆孔形式与基础固定连接，其他设备基础均由厂商根据供货设备实际情况进行成套供货。

4.3　参数及工况确定

针对天然气长输管道站场的应力分析，由于其站场设计压力和干线口径较大，应力建模主要集中于站内主工艺管线，即更多关注于主干线的强度是否满足要求。但对于集气站而言，由于管线管径相对较小，管线与阀门、设备多采用法兰连接，应该尽量进行全站管线的整体建模，关注主管线强度的同时，更应该关注辅助管线的位移及法兰校核情况。本集气站管线参数具体如表1所示。

表1　管线参数表

管径/mm	壁厚/mm	材质
323.9	11	Q345E
219.1	8	Q345E
168.3	7	Q345E
114.3	6	Q345E
60.3	5	20#

本项目关于温度参数选取的原则如下：由于实际施工时间待定，故设计选取站场所在地历年来最冷月平均气温最低值作为管道的安装温度；选取介质的最高运行温度作为管线的计算温度；特别的，对于地上工艺管线，考虑停输时管线受太阳辐射影响，故地上管道计算温度取至70℃。

本项目关于压力及埋地参数选取的原则如下：计算压力取管线的设计压力5.5MPa，水试压压力为1.5倍设计压力；根据地勘报告中土壤性质，确定土壤的摩擦系数、密度、摩擦角等[7]。各主要输入参数汇总如表2所示。

表2　主要输入参数

序号	名称	单位	数值
1	安装温度(环境温度)	℃	-12.9
2	计算温度	℃	50(外输管线) 18(井场来气)
3	设计压力	kPa	5500(主管线) 1300(排污及放空管线)
4	水试压	kPa	8250(主管线) 1950(排污及放空管线)
6	保温层厚度	mm	40(管线) 60(设备)
7	保温层密度	kg/cm^3	0.0018
8	管道/土壤之间的摩擦系数		0.5
9	土壤密度	kg/cm^3	0.002
10	管顶埋深	mm	1000
11	土壤摩擦角	deg	26.2
12	土壤压实系数	-	4
13	温度变化	deg C	62.9(最大温差)
14	摩擦系数(钢对PTFE)	-	0.1
15	摩擦系数(钢对钢)	-	0.3

根据CAESAR Ⅱ应力分析工况描述及ASME B31.3的要求，对此输气站场进行OPE(操作工况)、SUS(持续工况)、EXP(膨胀工况)和HYD

(试压工况)四种工况计算，分析计算结果是否满足规范要求，工况组合表如表3所示。

表3 应力工况组合表

序号	工况组合	缩写	备注
L1	WW+HP	HYD	水试压工况
L2	W+T1+P1	OPE	操作工况
L3	W+P1	ALT-SUS	持续工况
L4	W+P1	SUS	持续工况
L5	L2-L4	EXP	热膨胀工况

4.4 建模模拟

根据该集气站场的安装图，进行应力分析模型搭建，集气站应力分析模型截图如图4～图6所示。

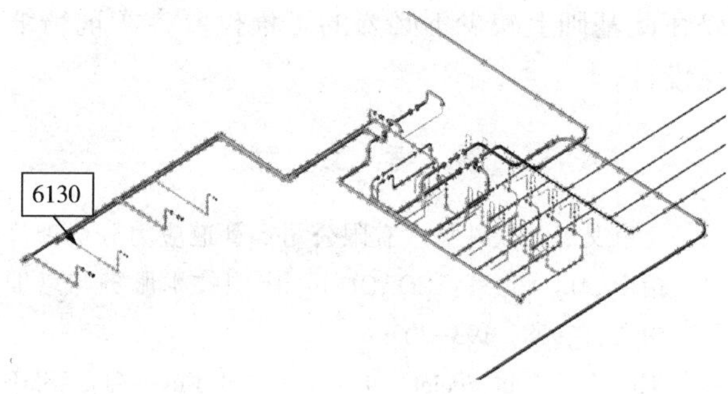

图4 集气站应力分析轴测图

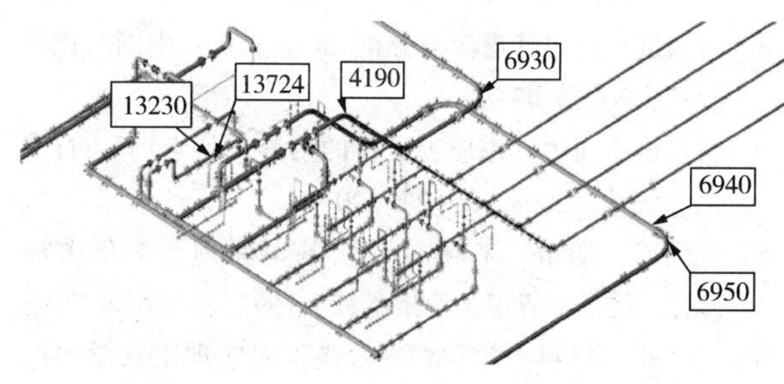

图5 集气站清管区轴测图

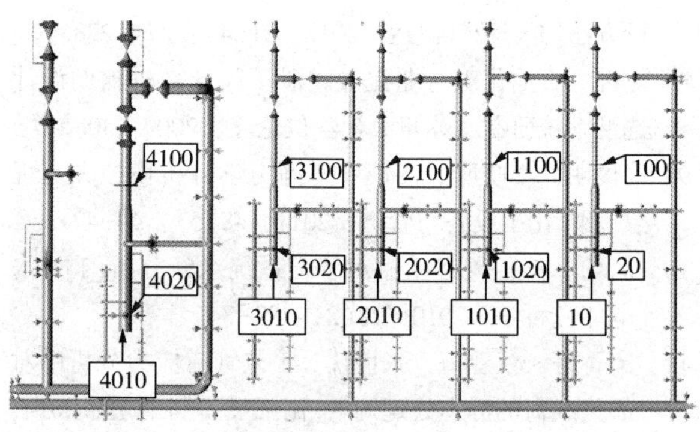

图6 集气站清管区俯视图

4.5 分析结果

由于管线的纵向变化，可能会使管线纵向失稳，造成管件受力过大而破裂，或者造成其连接的设备因受力过大而损坏，从而引发事故[6]。所以，在CAESAR Ⅱ软件模拟计算的结果中，应重点关注：管道应力状态、基础所受载荷及重点部位发生的位移大小，即应关注管道模型应力是否超标、施加约束处管段所受载荷是否超出相应基础承受范围、各方向最大位移量及相应位置可否接受。若不满足设计要求，应通过增设支架、弯头等措施不断验证直至达标，以保证管道和设备的安全运行。

4.5.1 应力结果

各种载荷工况下，管道系统的应力最大值及发生的节点见表4。

表4 管道最大应力

No.	工况组合	应力类型	节点号	计算应力/kPa	许用应力/kPa	百分比/%
1	L3	SUS	13230	107193.7	115000.00	93.21
2	L4	SUS	13724	89131.63	115000.00	77.51
3	L5	EXP	6940	267891.9	291462.1	91.91

4.5.2 位移结果

操作工况下，管道系统各方向的最大位移及关键节点处位移见表5，表6。

表5 管道最大位移(OPE)

工况组合	节点号	最大位移	位移量/mm		
			Dx	Dy	Dz
L2	6930	Max X	-23.72	0.0268	-1.7334
L2	4190	Max Y	-2.018	19.665	16.289
L2	6950	Max Z	8.4924	-0.0005	-42.9255

表6 清管区收发球筒末端位移(OPE)

工况组合	节点号	位移量/mm		
		Dx	Dy	Dz
L2	10	0.09	0.1775	6.09
L2	1010	-0.01	0.15	6.14
L2	2010	-0.015	0.15	6.14
L2	3010	-0.016	0.155	6.15
L2	4010	0.52	0.18	16.65

4.5.3 收发球筒支撑受力

水压试验工况和操作工况下，约束反力分别见表7。

表7　收发球筒支撑受力表

设备号	节点号	Fx	Fy	Fz
		N		
05PR-0201/A	20	805/L2	-5077/L2	1764/L2
	100	-908/L2	-1422/L2	27819/L2
05PR-0201/C	1020	848/L2	-5051/L2	1770/L2
	1100	-842/L2	-913/L2	29128/L2
05PR-0201/D	2020	848/L2	-5078/L2	1778/L2
	2100	-850/L2	-921/L2	29127/L2
05PR-0201/B	3020	852/L2	-5079/L2	1780/L2
	3100	-861/L2	-926/L2	29134/L2
05PR-0201/E	4020	1694/L2	-14991/L2	5005/L2
	4100	1321/L2	3601/L2	71600/L2

特别的，在正常运行态的应力分析基础上，结合工艺流程，还应考虑放空时安全阀泄放反力的影响。安全阀放空分析主要分为开式系统和闭式系统，对于闭式排放系统而言，需要对其配管系统进行随时间变化的复杂分析以便获得反作用力和弯矩的实际值。实际工程中，通常采用较为保守的方法，也用开式排放系统的反作用力计算密闭排放安全阀反作用力[8]，见公式(1)。

$$F=129W\cdot\sqrt{\frac{kT}{(k+1)M}}+0.1(AP) \qquad (1)$$

式中　F——管道不平衡力，N；

W——气体流量，kg/s；

k——比热比(C_P/C_V)

C_P——定压比热；

C_V——定容比热；

T——进口温度，℃K；

M——流体介质相对分子质量；

A——排放点的出口面积，mm^2；

p——排放点的静压，barg。

工程分析中，常把瞬态问题乘以一定系数，近似转化为稳态问题处理。这里，我们将该力乘以2倍，转化为稳态力并加载到该段管道上，并进行工况编辑，再次运算模型，查看相应参数，保证管线及基础状态满足实际要求[9-11]。

最终，通过软件计算分析，此集气站管道系统的应力、位移及法兰应力校核满足相关要求，锚固处、设备约束处和管道约束处的应力为相应的基础设计提供了准确载荷数据，在保证管道和设备安全运行的同时，提供合理、精确的设计依据。目前，此集气站已投产运行，管道和设备运行良好。

5　结论与建议

用CAESAR Ⅱ软件建模分析时，要尽可能真实地还原管道系统，并考虑现实生活中可能遇到的各种工况；在管道应力分析的过程中要综合考虑管道安装空间、管道介质和管道材质等各方面的影响，选择合适的方法，通过不断的分析计算来优化管道布置。

使用CAESAR Ⅱ软件进行管道应力计算和分析，能够得到管段应力、位移、锚固墩、设备墩及各管墩受力的精确数据，结果可靠，不但可以保证管道系统的安全运行，实现风险控制，还可以在此基础上减少不必要的工程投资，实现精细化设计。

参　考　文　献

[1] 北京艾思弗软件技术有限公司．管道应力分析理论指南[M]．北京：COADE Inc中国技术服务与培训中心，1998：193-202.

[2] The American Society of Mechanical Engineers. ASME B31.3 - 2016 Process Piping [S]. New York: ASME, 2016.

[3] 唐永进．压力管道应力分析[M]．北京：中国石化出版社，2009：95-97.

[4] 唐永进．压力管道应力分析的内容及特点[J]．石油化工设计，2008，25(2)：20-24.

[5] 王勖成，邵敏．有限单元法基本原理和数值方法[M]．北京：清华大学出版社，1997.

[6] 王守新．材料力学[M]．大连：大连理工大学出版社，2005.

[7] 刘仕鳌，蒲红宇，刘书文，蒋洪．埋地管道应力分析方法[J]．油气储运，2012，31(4)：274-278.

[8] 史健．石油化工行业先导式泄压阀计算机辅助设计选型系统研制．苏州大学学位论文，2009：40-58.

[9] 周俊明，李晓明．浅谈管道静力学分析模拟失真现象[J]．化工设备与管道，2011，48(5)：44-47.

[10] 唐均．长距离有压输水管道系统水锤分析[J]．水电能源科学，2010，28(2)：82-84.

[11] 唐菁菁，蔡春梅，张世忱．工艺管道应力分析中对偶然载荷的静态处理[J]．化工设备与管道，2014，51(1)：83-86.

苏里格气田地面集输工艺的优化

李颖琪 安维杰 卢鹏飞 陈晓刚

(西安长庆科技工程有限责任公司)

摘　要　苏里格气田自2002年苏6井区先导性开发试验区地面试采以来，已经规模开发了17年，截至2018年底已经建成$280\times10^8m^3/a$的生产能力，是国内最大的整装气田。开发初期针对气田"低压、低渗、低丰度"的特点，形成了一套具有苏里格气田特色的中低压集气工艺模式。随着开发时间的不断延长，地质认识的不断深入，丛式井、水平井等井型的开发，苏里格气田地面集输模式也在持续的优化完善，形成了水平井采气、大井组集气等新模式，逐步适应地质开发及钻井部署。针对气田生产面临的后期产气量及压力不断递减、产水量不断增多、亟需提质增效的现实问题，集输系统的适应性需进一步提高，提质增效的新工艺、新技术需进一步攻关。本文重点对苏里格气田地面集输工艺模式的演变及主要内容进行了回顾，并对气田今后地面集输工艺技术优化进行了探讨。

关键词　苏里格气田；天然气；集输；工艺模式；优化

苏里格气田是我国第一个储量超万亿立方米整装大气田[1]，其地面集输工艺的核心是"井下节流、单井多管串接中低压"[2]集气工艺，随着地质认识的深入及井型组合的不断优化，丛式井、水平井大规模部署，地面集输工艺也在不断的优化调整，形成了"水平井采气、大井丛集气、长半径集输"的集输模式[3]，集气站的规模也从$50\times10^4m^3/d$增加到$200\times10^4m^3/d$，建设方式也从分散建设——标准化建设[4]——一体化建设[5]，形成了经济合理、适应性强，涵盖单井、水平井、丛式井多井型的地面集输工艺模式。

1　地面集输工艺的探索与形成

1.1　单井为主的地面集输主体工艺技术

（1）地质特征及其开发建设难点

苏里格气田单井主要为二叠系下石盒子组盒$_8$及山西组山$_1$气藏，井深3200~3600m，是典型的低压、低渗、低丰度致密天然气藏，地质情况复杂，非均质性强[6]；单井产量低，平均只有$1\times10^4m^3/d$左右，且稳产能力差；压力递减速度快，气井原始地层压力高达25MPa以上，开井后压力短期内(6~8个月)下降到5MPa以下。

气田天然气CH_4含量在90%(体积分数，下同)以上，H_2S含量小于$20mg/m^3$，CO_2含量小于3%，气体中除含一定量(2%~8%)的C_2~C_6外，还含有少量C_{7+}重烃，平均$1\times10^4m^3$天然气每天约产$0.02m^3$凝析油，属低碳硫比、低含凝析油的湿天然气。

（2）地面集输工艺形成历程

自2001年以来，中国石油长庆油田分公司在苏里格气田开展了大量的开发前期评价和技术攻关工作，其中包括开辟了苏6井区开发试验区。

在做好开发试验的同时，又开展了大量的地面集输工艺研究与实践工作，其历程如下：

① 2002年试采时按照"高压集气、集中注醇、节流制冷、脱水脱油、分散处理、干气输送"的集输工艺模式进行建设，但在生产过程中暴露出：气井压力下降快，无法满足节流制冷所需的压力能；气井产量低，携液能力差，井口温度低，采气管线频繁形成水合物；气井间压力差异大，造成系统压力匹配困难；建设投资和运行费高等一系列问题，采用国内气田常规的高压集气工艺难以适应苏里格气田开发建设的要求。

② 2003年为适应中压集气和低成本开发、节能降耗的要求，采用了"井口加热、保温输送、中压集气、分散处理、区域增压"的集输工艺模式，建设了12口加密井，同时对原有流程进行了改造。在集气站设置天然气增压机组满足低压生产要求；采用中压集气工艺，使水合物冻堵现象大幅减少。

③ 2004年随着对苏里格气田地质特点认识的不断深入，研究采用了"集气站和天然气处理厂二级增压外输，采集气系统湿气输送、天然气处理厂集中脱水脱油"的地面集输工艺思路，并

提出了“井口加热、低压集气、井间串接、带液计量、湿气输送、二级增压、集中处理”的集输工艺流程。

④ 在前几年的试验基础上，2005 年又进一步进行了井下节流、简化采气、井间串接采气和湿气带液计量工艺等工业试验，并取得良好效果。

经过 2002 年~2005 年的积累、试验，于 2006 年形成了“井下节流、井口不加热、不注醇、井间串接、带液计量、中低压集气、常温分离、二级增压、集中处理”的集输工艺流程，见图 1。

经过多年的生产运行，实践证明这套中低压集气模式先进可靠、经济适用，保证了苏里格气田的高效开发。

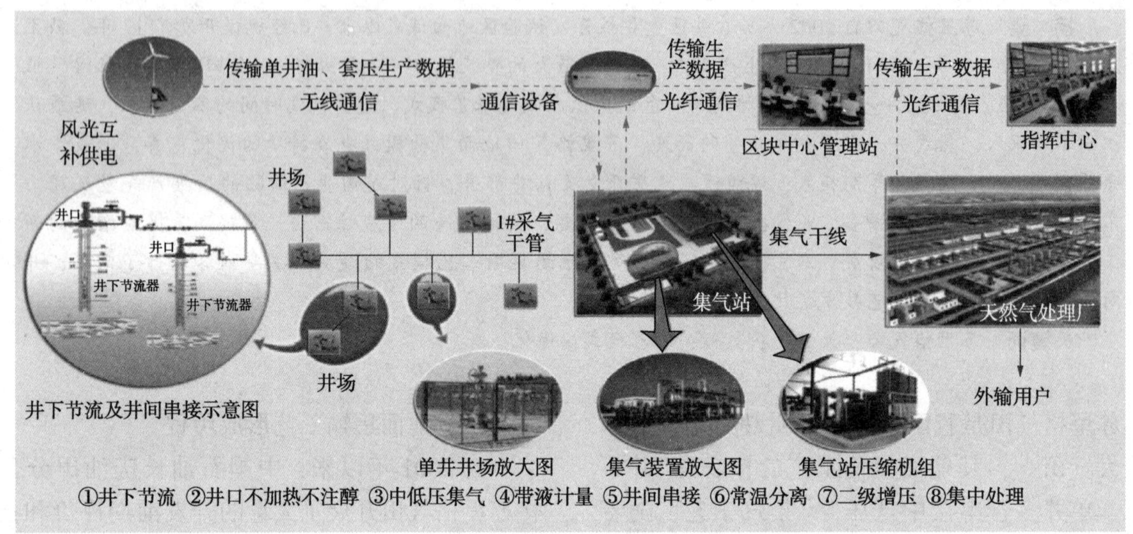

图 1　苏里格气田地面集输总流程示意图

1.2　水平井为主的地面集输主体工艺技术

(1) 水平井开发区建设特点

2012 年，在苏里格气田东三区，优选富集区开展水平井开发试验，共部署 10 余个大井丛，期间完钻气井产量较高，试验表明气层主力优势明显，效果明显优于直井，产量约为直井的 3~5 倍。在综合地质研究的基础上，筛选水平井整体开发有利区，开展水平井整体建产。

(2) 水平井地面集输工艺

根据水平井开发区的地质特征、开发方式，地面集输工艺形成了以下关键技术：

① 创建了“水平井采气、大井丛集气”技术，形成了 12 类标准化水平井丛式井场和集气干管清管等关键技术。

② 适应预留煤炭开发区及沙地柏保护带的需要，优化形成了采集气管网“工、王”型井组串接技术。

水平井示范区位于煤炭开发区及沙地柏保护区交叉地带，区域环境复杂，在水平井整体开发过程中，为了避开煤炭采空区及沙地柏保护区，提高工况的适应性，采气管网按照横平竖直原则，呈“工字形”或“王字形”布置，由采气管线、水平采气干管、采气总管三部分组成，见图 2。

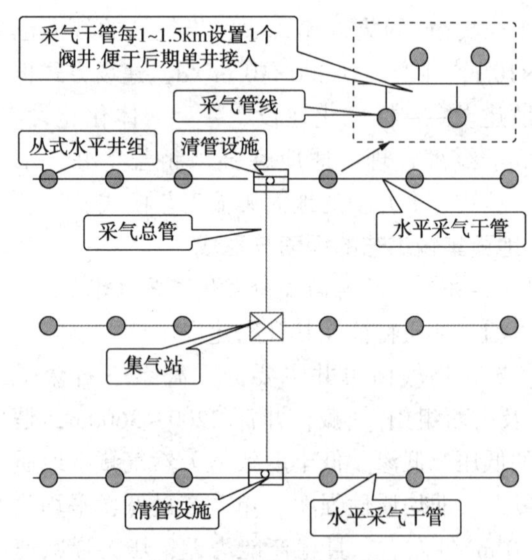

图 2　水平井串接示意图

③ 通过对区块面积、建井密度、单井配产、井位部署等综合研究分析，创新形成了长半径布站技术。集气半径由常规致密气田的 8km 增加至 12km，建站数量减少 70%。

④ 自主研发了国内最大规模 $100\times10^4\,m^3/d$ 天然气集气一体化集成装置[7]，实现了大规模集气站的一体化、橇装化和快速建设，见图 3。

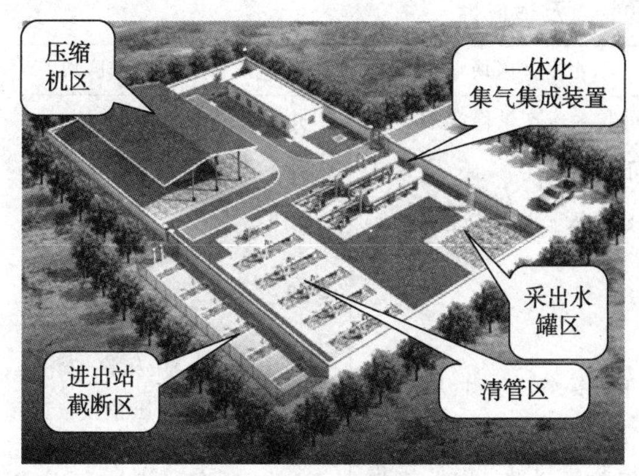

图3 $100\times10^4m^3/d$ 橇装化集气站渲染图

⑤ 结合水平井开发地质特点和经济性，优化形成了双压力系统混合集气工艺。

集气站内采用双压力系统，采气管线采用双管敷设。前期运行双管同时采用中压集气模式，站内集中注醇；中期随着井口压力降低，将采气管线调整为中低压混合运行，灵活调整管线串接方式，实现中低压同输，提高管线利用率；后期将双管同时调整至低压运行，站内增压，以满足生产要求。

这套"水平井采气、大井丛集气、'工、王'型串接、长半径集输、橇装化建站"为核心的水平井高效开发的地面工艺模式，有效降低了投资，提高了开发效益，适应了水平井的开发特点，实现了水平井区域的有效建产。

1.3 苏里格南丛式井组开采区块地面集输主体工艺技术

（1）大丛式井组开采区建设难点及特点

① 单井稳压生产能力较强，可以较长时间利用地层压力，采用定压放产的方式生产，井口压力5MPa以上生产4年，其后2.5MPa下生产；而不采用苏里格气田其他区块的定产量稳产的生产方式。

② 单井初期配产高，最高配产 $10\times10^4m^3/d$，平均配产 $3\times10^4m^3/d$，为苏里格气田其他区块的2~3倍。

③ 单井产量下降快，生产1年后，产量下降1倍。

④ 全部采用9井式井丛开发，地面井场数量较苏里格气田其他区块大幅度减少。

（2）地面集输工艺形成历程

苏里格南区块采用全9井式井丛开发，2-3座9井丛通过管网串接到1个9井丛，再通过干线集中进站。

气井原料气通过井下节流，通过孔板流量计连续计量，与该井丛另外8口气井的天然气汇集后，与附近3座或2座9井丛输来的原料气汇合后输至本区块集气站。

集气站通过放射状的采气干管汇集本站所辖的几座9井丛来气。前期不增压，原料气在集气站经过气液分离后，经集气干线湿气输送至处理厂处理。当井口压力降至2.5MPa时，经分离的原料气通过压缩机增压后与集气站中压气汇合，湿气输送至处理厂处理。分离出来的气田采出水，通过与集气管线同沟敷设的管道输送至处理厂处理，见图4。

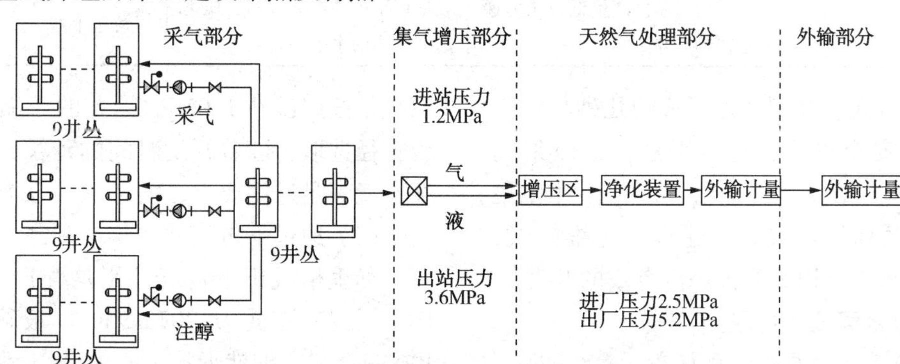

图4 苏里格南区块丛式井地面集输总流程示意图

这套"井下节流、井丛集中注醇的水合物抑制工艺，管道不保温，中压集气，井口带液连续计量，车载橇装移动计量分离器测试[8]，常温分离，两次增压，气液分输，集中处理"[9]为核心的大丛式井高效开发的地面工艺模式，有效降低了投资，提高了开发效益，适应了该区块丛式井的开发特点。

1.4 集输工艺模式的特点及适应性分析

综合以上论述，几种集输工艺模式的特点及适应性见表1。

表1　几种集输工艺模式的特点及适应性

项目	单井区块	水平井区块	丛式井开发合作区块
开发方式	井间接替定产量稳产	井间接替定产量稳产	井间+区块接替
集气工艺	井下节流	井下节流	井下节流+集中注醇
井场类型	单井	3~8井丛、水平井	9井式井丛
单座井场产量/($10^4m^3/d$)	1	3~8	27
总体工艺	井下节流、井口不加热、不注醇、井间串接、带液计量、中低压集气、常温分离、二级增压、集中处理	水平井采气、大井丛集气、“工、王”型串接、长半径集输、橇装化建站、中低压集气、常温分离、二级增压、集中处理	井下节流、井丛集中注醇、管道不保温，中压集气，井口带液连续计量，车载橇装移动计量分离器测试，常温分离，二级增压，气液分输，集中处理
压力系统	井口(井下节流至)压力1.3MPa，集气站压缩机增压至3.5MPa，进处理厂压力不小于2.5MPa，增压后外输压力为5.2MPa，夏季井口压力按照4.0MPa运行	井口(井下节流至)压力1.3MPa(双压力系统混输时，前期井口压力5.0MPa)，集气站压缩机增压至3.5MPa，进处理厂压力不小于2.5MPa，增压后外输压力为5.2MPa，夏季井口压力按照4.0MPa运行。	单井稳压生产能力较强，可以较长时间利用地层压力，采用定压放产的方式生产，井口压力5MPa以上生产4年，其后2.5MPa下生产；而不采用苏里格气田其他区块的定产量稳产的生产方式
水合物抑制工艺	井下节流	井下节流	井下节流+井口集中注醇
计量工艺	井口湿气带液计量	井口湿气带液计量	井口湿气带液计量+移动测试分离气液两相计量
串接方式	井间串接	井间串接	基本井丛+区域井丛
站场规模/($10^4m^3/d$)	50~100	100~200	250~400
井丛通信	无线电台	无线电台	光缆
采出水处理	汽车拉运	管输	管输
站场建设方式	常规建设	一体化、数字化	标准化、模块化、数字化
适应性	适用于单井产量低，压力递减快的单井	适用于单井产量较高，压力递减居中的水平井	放压生产、适于调产

针对开发方式、井型特点形成的几种集输模式适应性强、安全可靠、运行平稳，辅以采用“标准化设计”、“数字化管理”，应用“一体化集成装置”等一系列地面设计、建设、运维模式，保证了整个苏里格气田大规模经济有效的开发。

2　地面工艺技术面临的挑战

2.1　地面集输系统适应性需要提高

(1) 部分气井压力、产量下降快，管线携液困难

目前，苏里格气田产量低于$0.3\times10^4m^3/d$的气井3600口，约占总井数的34.1%；井口套压低于5MPa的气井2082口，占总井数的25.6%，间歇生产井逐年增多，部分干管产量降低，流速降低，携液能力变差，输送效率降低。已有压力系统是按照进站1.0MPa设置的压缩机及采气管线管径选取，随着开发时间的延长，许多单井已经不能满足进站要求，需考虑综合增压措施。

(2) 边远下古气井逐年增多，产能难以发挥

苏里格气田下古气井平均配产$1\times10^4m^3/d$、H_2S平均含量为$207mg/m^3$，最高含量达到$1200mg/m^3$，需就近接入下古集气系统，输往净化厂集中净化处理。

但仍有部分下古含硫气井距离已建下古集输系统30~80km，距离远，气量小，进入下古集输系统投资高，产能难以发挥。

2.2　运行管理费用逐年升高，开发效益有待进一步提高

低压、低产井逐年增多，采气措施井增多，

管理难度加大，运行管理费用逐年升高，企业成本控制压力越来越大。

为实现气田“有质量、有效益、可持续”发展，需转变发展方式，寻求新的效益增长点。目前，苏里格气田处理厂采用丙烷制冷的工艺，制冷温度-15℃，外输天然气满足《天然气》GB17820—2018气质指标要求。苏里格气田天然气典型组成（干基）中 C_{2+} 组分含量为5.92%(mol%)，如果进一步降低制冷温度或采取其他工艺技术，可获得更多附加值的烃类产品，经济效益显著。

3 地面工艺技术优化探讨

在世界范围内来看，每一个气田的地面工艺都不是恒定不变的，是动态优化调整的，苏里格气田作为国内最大的整装气田也是一样，整个生命周期内的工艺技术也需不断的优化调整，以应对地质条件、气井生产规律、外部环境变化带来的挑战，主要可在以下几个方面进行优化完善：

3.1 集输系统适应性的问题

1）增压工艺调整

苏里格气田采用集气站、处理厂两地增压模式，压力系统井口（井下节流至）压力1.3MPa，集气站压缩机增压至3.5MPa，进处理厂压力不小于2.5MPa，增压后外输压力为5.2MPa，夏季井口压力按照4.0MPa运行[13]，见图5。井口废弃压力0.5MPa，废弃产量 $0.1\times10^4m^3/d$[10]。

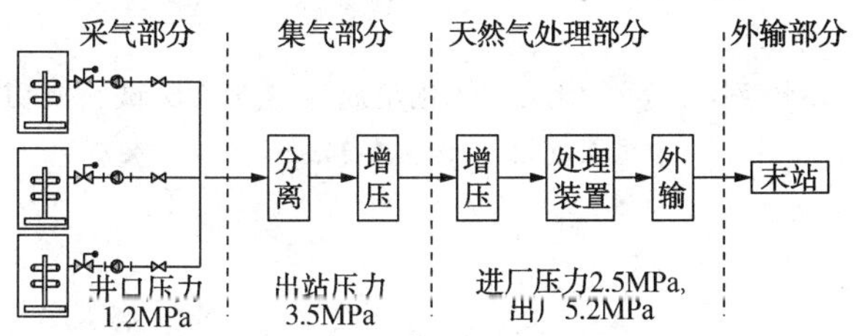

图5 苏里格气田地面布站及压力系统示意图

随着气田不断深入开发，地层压力下降，气井产气量降低，需降低井口压力，提高产气量，按照集气站新老井情况及开发顺序可进行以下优化调整：

(1) 均是老井的集气站

① 对于布置分散的气井可采用单井增压措施

可在采气井场设置增压装置，通过增压抽吸，降低井口压力，增大生产压差，提高气体流速，增大气体携液能力，改变井筒流态，进而达到排水增产的目的。目前国内常用于单井增压的装置主要是螺杆压缩机和同步回旋压缩机[11]。

② 对于布置相对集中的气井可采用阀组或站场增压措施

a. 当气量小于 $10\times10^4m^3/d$，在某些井场设置低压压缩机，满足附近老井或低产井的增压需求，阀组压缩机进口压力为0.3~0.4MPa，出口压力为0.8~1.2MPa，集气站增压系统不进行调整，根据具体工况，增压可采用技术成熟的螺杆压缩机或同步回旋压缩机。

b. 当气量大于 $10\times10^4m^3/d$，可以在集气站进行增压改造，通过二级串缸改造可将压缩机进口压力从0.7MPa降低到0.3MPa，以DPC2803为例，进口压力为0.3MPa时，增压气量可以达到 $10\times10^4m^3/d$。

c. 当井口压力持续下降到0.3MPa以下时，经过技术经济论证，仍有经济开采价值，则可在集气站已有压缩机前增设一级低压压缩机，该压缩机可以根据增压需求进行选择，新增压缩机进口压力可以降低至0.1~0.2MPa，出口压力为0.3~0.6MPa。

降低气井进站压力可以增大采气管线流速，提高气体的携液能力，从这一方面来看，在集气站进行压缩机气缸串联改造或串联一级低压压缩机均能进一步降低采气管线运行压力，在后期低气量运行时，显然比井口或者阀组增压更具优势，适应性更强。

(2) 新老井交叉区域

在新老井叠合区域，由于老井已经无法生产，则可首先对部分老井的管网进行改造，使老井之间串接进站，集气站进行串缸改造或者增设二级增压装置；新井之间串接进站，进入原增压流程。当管网改造也不能满足要求时，可在集气站设置采用常规的喷射引流[12]或新型等熵增压装置[13]，采用高压井引射低压井，进而提高生产井的贡献率。当然随着生产年限的逐渐延长，当新井压力气量逐渐递减和老井相同时，可按照均是老井的情况进行调整。

2）边远小型脱硫装置的应用

苏里格气田距下古集气系统较远的下古气井，根据气量可采用井口或集气站小站脱硫工艺，脱硫后的下古天然气与上古天然气混合，集中输送至天然气处理厂脱油脱水。小型脱硫工艺主要有固体脱硫和液体脱硫两种。

固体脱硫主要有废脱硫剂处置困难的缺点，在环保适应性方面具有一定的局限性。

液体脱硫产物为水溶性液体，可以溶解于采出水中回注地层；天然气中H_2S含量为200 mg/m^{3}时，每方天然气处理成本约0.08元，处理成本低。在国外已经广泛应用于低含H_2S的气体脱硫。具体选择何种工艺，需进行技术经济综合对比后确定。

3.2 提高质量效益

依据类似项目以及模拟计算，创新研发了具有自主知识产权的“混合冷剂预冷+膨胀制冷+双气过冷”C_{2+}回收工艺，项目设计规模200×10^8m^3/a，是国内规模最大的天然气处理项目，也是中石油提质增效的重点工程。乙烷设计收率达到92%以上，年生产105.27×10^4t乙烷产品，液化石油气35.63×10^4t，稳定轻烃9.3×10^4t，油气当量净增加67×10^4t，创收26.32亿元/年。目前上古天然气处理总厂正在建设中，预计2019年底建成投产。

4 结语

苏里格气田中低压集气工艺是国内第三套地面工艺，其地面工艺技术给煤层气、页岩气等致密气田的经济有效开发提供了积极的借鉴与指导。如今，苏里格气田正值壮年，处于稳产阶段，但仍需未雨绸缪做好集输工艺适应性的攻关，为经济高效开发气田，延长气田生命周期，提高经济效益进行技术储备。

参 考 文 献

[1] 杨华，刘新社，孟培龙．苏里格地区天然气勘探新进展[J]．天然气工业，2011，31(2)：1-8.

[2] 刘祎，王登海，杨光，等．苏里格气田天然气集输工艺技术的优化创新[J]．天然气工业，2007，27(4)：139-141.

[3] 周艳杰，张国伟，王登海，等．苏里格气田水平井整体开发区地面工艺技术．[J]，天然气工业，2014，34(3)：131-136.

[4] 刘祎，杨光，王登海，等．苏里格气田地面系统标准化设计．[J]，天然气工业，2007，27(12)：124-125.

[5] 王登海，杨家茂，石万里，等．致密气藏低成本地面工艺优化简化技术—以苏里格气田为例[J]．天然气工业，2014，34(3)：126-130.

[6] 何光怀，等．苏里格气田开发技术新进展及展望[J]．天然气工业，2011，31(2)：12-16.

[7] 王登海，刘祎，郑欣，等．橇装集气、计量及清管装置：中国，ZL201220351152.2[P]．2013-02-20.

[8] 刘银春，刘祎，郑欣，等．一种丛式井计量测试装置：中国 ZL201120091785.X[P]．2011-10-19.

[9] 刘银春，王莉华，李卫，等．苏里格气田南区块天然气集输工艺技术[J]．天然气工业，2012，32(10)：69-72.

[10] 杨光，刘祎，王登海，等．苏里格气田布站模式及压力系统研究[J]．石油规划设计，2009，20(4)：26-28.

[11] 赵东升，赵会军，薛岗．同步回旋压缩机在苏里格气田的应用[J]．油气田地面工程，2014，33(10)：42-43.

[12] 王晓荣，王惠，宋汉华．实现低压气井增压开采的喷射引流技术[J]．石油化工应用，2009，28(6)：25-27.

[13] 薛岗．等熵增压一体化集成装置在长庆试验成功[N]．中国石油报，2015.2.24.

致密油/页岩油田地面高效建设技术

王　坤[1]　李　庆[1]　戚亚明[2]　李秋忙[1]　吴　浩[1]　徐英俊[1]

(1. 中国石油规划总院；2. 中油(新疆)石油工程有限公司设计分公司)

摘　要　近年来，致密油已成为全球非常规油气勘探开发的重要领域之一。通过对巴肯、鹰滩等美国典型致密油开发区域和长庆油田、新疆环玛湖区域的致密油开发地面建设模式和技术等的调研，明确了致密油开发所具有的产量递减快、油品物性差异大、采出液组分复杂等特点，及其给地面工程建设带来的建设规模确定难、集输工艺确定难和原油净化难等挑战，在总结分析美国致密油开发地面工程建设的典型做法的基础上，结合我国致密油开发的实际，提出了我国致密油地面工程效益发展对策，同时提出了下一步技术攻关方向。

关键词　致密油；地面工程；挑战；建设模式；发展方向

近年来，北美非常规油气开发技术取得突破并发展迅猛，非常规油气产量快速增长，2018年美国致密油/页岩油的产量达到18.25亿桶，达到美国原油总产量的74%，致密油/页岩油已是当前美国原油产量飙升的主要驱动力。相比而言，我国的石油对外依存度不断提高，2018年我国石油对外依存度已达69.8%，国家能源安全形势日趋严峻。致密油/页岩油开发对改变我国的能源结构，缓解能源供需矛盾，保证我国的能源安全以及促进经济发展具有十分重要的战略意义[1]。

中国石油近年在新疆油田的环玛湖、长庆油田的长7、吐哈油田的三塘湖、大庆油田的长垣外围、吉林油田的乾安、青海油田扎哈泉和西南油气田的大安塞等区域均有致密油的重大发现，显示了巨大的开采潜力。目前，中国石油致密油的勘探开发已经进入快速发展的新阶段，在长庆油田的鄂尔多斯盆地和新疆油田的准葛尔盆地均已展开了规模开发和建设，致密油将成为中国石油今后油田开发和建设的主要战场。

与北美致密油以海相地层为主、埋藏深度小、储层分布面积大、原油物性较好相比，我国致密油以陆相地层为主、埋藏深度大、储层分布面积差异大、原油物性差，且我国致密油开发所处的社会环境、公司属性、管理机制等方面也与北美有较大的不同。我国致密油的开发和地面建设还处于初级阶段，在建设模式、建设标准、工艺技术等方面依然面临诸多难题。

1　面临的挑战

我国在致密油/页岩油开发地面建设方面面临的挑战主要在以下三个方面。

一是，单井产量、气油比等主要生产参数波动大，且下降迅速，地面设施建设规模确定难。

美国巴肯、鹰滩和二叠纪盆地等主要致密油产区2013-2017年新井截至2018年产量递减情况见图1，图中可见，随着致密油水平井技术的发展，新钻井的初始产量在不断增加，但一般在12个月之后便迅速下降并维持在较低产量水平。我国某两个致密油田的典型油井产量递减情况见图2。

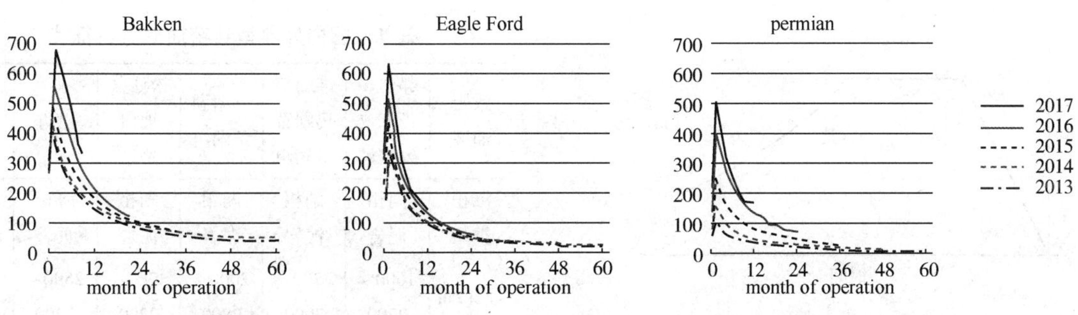

图1　美国主要页岩油产区油井产量递减速度/数据来源：美国能源信息署

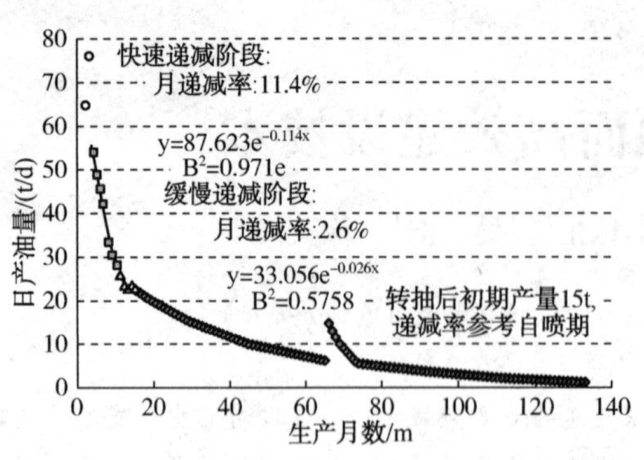

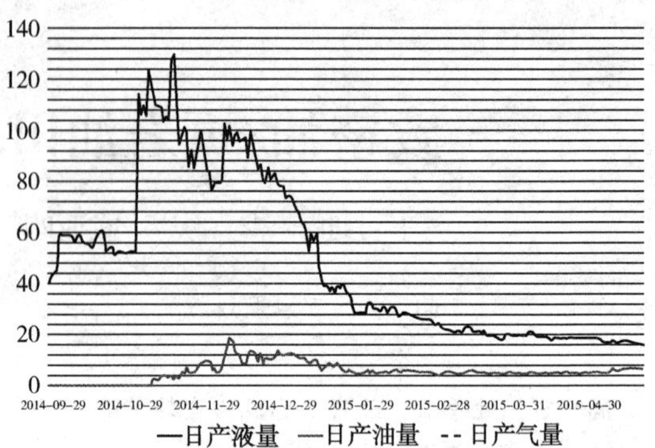

图 2　国内某两个致密油/页岩油田的典型油井产量递减情况图

由图 1 和图 2 可见，北美的单井产量变化规律与我国单井产量变化规律基本类似，生产初期产量波动大，产量迅速上升，达到峰值后迅速下降，短时间内产量下降 50%～80%，之后产量变化趋于平缓。玛湖致密油田气液比较高，生产和计量过程中需要考虑气的影响；吉木萨尔页岩油田基本不含气，在设计和生产中流程会简单一些。

作为非常规资源，致密油藏的地质条件具有特殊性和复杂性，给致密油的开发和生产带来复杂性，也给地面建设带来诸多挑战。

常规的开发、建设理念和模式需要革命性转变。常规资源单井产量变化和常规资源单井产量变化示意图间图 3 和图 4。

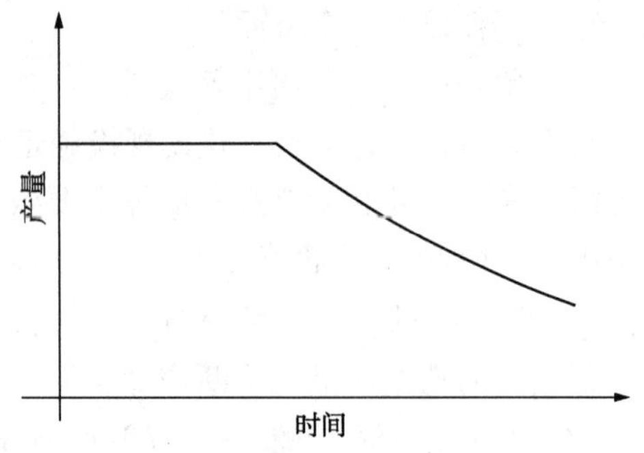

图 3　常规资源单井产量变化示意图

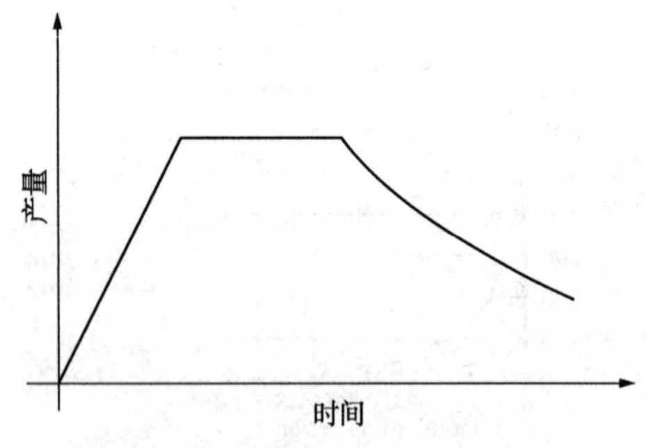

图 4　常规资源区块(油田)产量变化示意图

同时，致密油田单井的生产参数变化也非常大。如我国某致密油田单井初期气油比可达 432m^3/t，之后平均每年降低 50%左右，变化趋势见图 5。

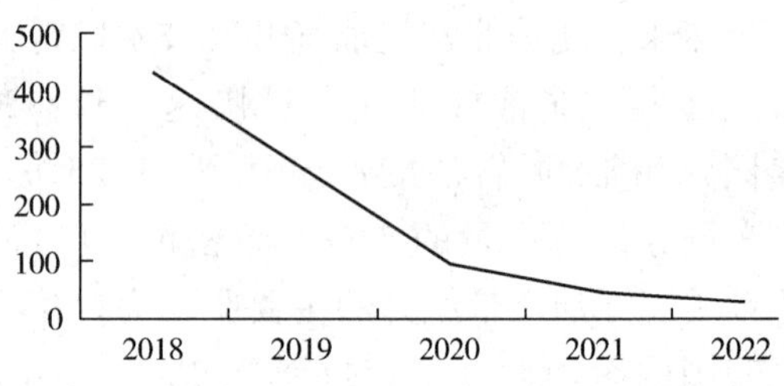

图 5　我国某页岩油单井气油比变化趋势

单井产量和产出物气油比等生产参数的大幅度变化给地面工程的设计带来较大的难题。如果按照常规地面工程设计经验，以满足最大产量作为确定设计规模的依据，地面设施的负荷率将很快大幅度下降，造成设施因能力过剩而闲置，影响经济效益。

二是，油品物性差异大，单管常温集输和单井计量实施难度大。

国外致密油油质较轻，以轻质油、中质油和凝析油为主；我国致密油油质差异大，长庆油田以轻质油为主，新疆油田玛湖区域和三塘湖区域则以重质油为主。国内外典型致密油油藏特征见表 1。

表 1　国内外典型致密油油藏特征[3-4]

致密油区	鄂尔多斯长 7 致密油	准噶尔玛湖百口泉组	三塘湖条湖组	松辽盆地白垩系	巴肯	鹰滩
沉积类型	湖相泥岩	湖相泥岩	湖相泥岩	湖相泥岩	海相页岩	海相泥灰岩
埋深/m	1600～2200	2700～3900	2000～2800	1700～2200	2590～3200	1200～4500

续表

致密油区	鄂尔多斯长7致密油	准噶尔玛湖百口泉组	三塘湖条湖组	松辽盆地白垩系	巴肯	鹰滩
油层厚度/m	5~15	10~25	5~20	10~30	5~12	30~90
渗透率/mD	0.01~1	0.3~1.6	0.1~1	0.6~1	<1	<0.01~1.0
气油比/($m^3 \cdot t^{-1}$)	75~104	73~145	/	/	50~375	90~2100
原油密度(油藏)/($g \cdot cm^{-1}$)	0.74~0.75	0.87~0.92	0.85~0.90	0.78~0.87	0.81~0.83	0.82~0.87
原油黏度(油藏)/($mPa \cdot s$)	1.23~1.97	0.4~4.1	58~83	4.0~8.0	0.15~0.53	

对于原油密度大、凝固点高的致密油田，如新疆油田和大庆油田，致密油/页岩油集输均需要采用加热集输工艺，如井口电加热和掺热水等工艺。由于产量快速下降的特点，集输工艺包括集输管径的选择、电加热器加热功率的确定以及掺水系统的配置等，难以很好地适应致密油生产特征。

国内部分油品物性较好的致密油区块，实现了支状串接不加热集油的应用，但由于产量及气油比的较大变化，单井产气不计量，气液分输到增压站(接转站)，虽然节省了投资、简化了管理，但对于单井产气情况无法动态掌握，不利于油藏精细管理和开发研究。

三是，采出液组分复杂，原油脱水处理难度大。

致密油/页岩油开发使用水力压裂技术，针对不同的地质情况，甚至同一地质情况，采用的压裂液配方差异较大。大多数压裂液成分较为复杂，典型的压裂液含有聚合物、胍胶、交联剂、防膨剂、破胶液等各种添加剂，具有高稳定性、高黏度、高悬浮物含量等特点，给油水乳化和破乳造成一定影响，加大了地面采出液处理的难度(表2)。

表2　几种常用的压裂液特征

名称	冻胶压裂液	滑溜水压裂液	胍胶压裂液	清洁压裂液
应用地区	Bakken、Permian	Bakken、长庆	新疆	Eagle Ford
组成	聚合物+胶凝剂+活化剂+溶胶液+破胶液等	清水+前置酸液+减阻剂等	清水+胍胶+添加剂+交联剂等	清水+表面活性剂+反离子助剂
特征	密度低、耐温较低、摩阻大，成本高	黏度低、用水量大、成本低	黏度大、水不溶物含量高、耐高温、成本低	黏度低、无残渣、添加剂少，成本高

2　北美致密油开发地面工程建设做法

北美是目前全球开发致密油/页岩油最成功的地区，典型做法如下：

(1)“持续钻井、井间接替”，区块或油田稳产时间长

针对单井产量波动大、递减快的生产特点，致密油开发公司通过持续钻井和投产新井，使区块致密油产量能够保持较长时间基本稳定，避免地面集输和处理设施的能力快速过剩。例如位于Bakken地区的Shaunavon区块，2006年投入开发，2008年末产量达到9000bbl/d后，通过持续新增钻井保持稳产，历年产量与投产井数见图6。

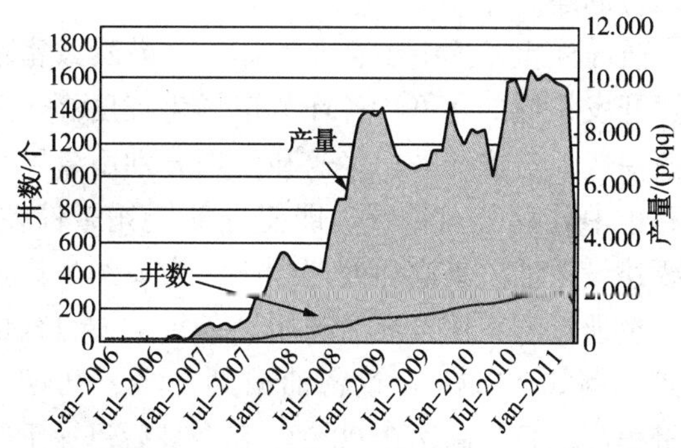

图6　北美肖纳文致密油分年产量与投产井数

(2) 大量采用橇装设备灵活建产，重复利用提高效益

分离、处理和储存设备等生产设施均按照撬装可移动式设计，便于组装、拆卸和搬迁，可以根据不同开采阶段、不同生产规模、不同功能要求，重复应用于不同的站场，降低投资。在地面设施依托条件差的新开发区域，采取“先大后小”的地面建设方式适应生产初期产量高、中后

期快速递减的特点，即初期设置处理规模较大的生产设施，待中后期产量基本稳定后再采用处理规模较小的生产设施，初期设施搬迁到其它区域再利用。例如，Bakken 某井组投产初期产量较高，设置了 3 台原油处理设备、18 座立式储油设备。产量下降后，部分设施被移动到其它井场，仅保留了 1 台原油处理设备和 6 座立式储油设备，保证设施得到充分利用。不同生产时期布置对比见图 7 和图 8。此外，采用拉油和管网相结合的地面建设和生产方案，初期采用汽车拉油，产量基本稳定后接入集输管网系统，较好地解决了地面系统的适应性问题。

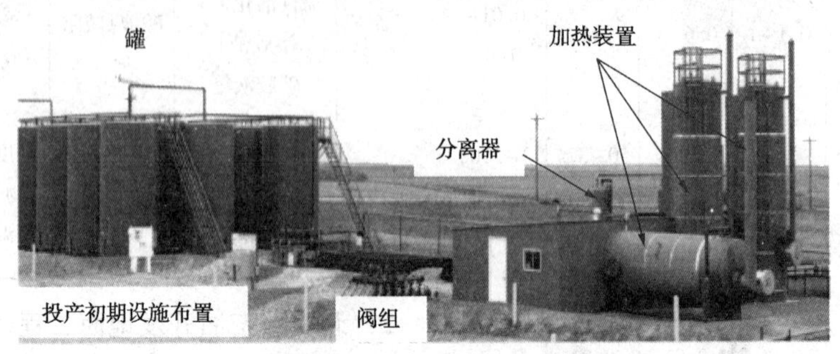

图 7　巴肯某处理中心投产初期设施布置

图 8　巴肯某处理中心产量稳定期设施布置

（3）各环节市场化程度高，采取自建和租赁相结合的建产方式

政府注重发挥中小企业的作用，鼓励致密油勘探开发领域的竞争，各环节市场化程度高，开发商一般只负责开采，集输和处理分别由管网公司和集中处理公司负责。即使外部依托条件差，需要建设采油、集输和处理设施，为节约生产成本，也通过方案比选灵活选用设备租赁或自建的方式。例如，Bakken 致密油田某井场，初期产液量很高，日最高达 2500 桶，8 个月后迅速下降到 200 桶以下。在生产初期租赁功率较大的抽油机，运行 8~12 月待产量下降并相对稳定后，再购买安装功率较小的抽油机。

3　我国致密油地面工程建设的对策及未来发展方向

常规油气的开采技术和地面建设技术并不能适应非常规油气的开采。我国致密油/页岩油开发仍以区块接替产量为主，钻井集中在有限几年，区块的稳产时间短，产量递减快，若仍然采用常规油田地面建设的理念和做法，将导致地面设施长期低负荷运行。

对于致密油/页岩油田开发和建设，必须进一步突出效益原则，突破常规经验的束缚，通过思想观念创新、管理创新、技术创新，用非常规的管理观念及技术，才能实现高效开发。

3.1　低成本、高效地面建设和管理模式及配套技术攻关研究

优化产量接替方案，保持产量较长时期内基本平稳。采取井间接替和区块接替相结合的方式，处理好总体与局部、近期与远期、地上与地下、规模与效益的关系，通过开发方案优化，合理确定区块和油田的建设规模、峰值产量，努力延长稳产时间，实现综合效益最大化。

转变传统观念加强协调，提高地面设施重复利用率。以设施重复利用为原则，根据站场的负荷变化，分区块、分油田统筹整个生命周期地面站场的建设方案，充分开展整列装置、生产单元、单体设备的灵活调配和重复利用。对各类站场开展标准化、模块化设计，统一标准化接口，形成规模系列，便于拆分、搬迁和组装，实现设

施的重复利用。此外，应从管理和技术上研究解决跨厂矿、跨油田公司重复利用设施涉及的资产转移、安全评估等问题。研发和应用适用于致密油/页岩油开发的低成本、高效一体化集成装置，进一步简化地面建设和管理。

积极探索市场化运作机制，以提高开发效益。积极引进专业化服务公司，降低投资和运行成本，努力提高致密油开发效益。例如，可根据不同开发阶段和产量变化，积极探索租赁抽油机、分离器、加热炉、脱水器等生产设施；也可以在总结返排液处理外包经验的基础上，探索培育第三方市场，尝试将采出液处理、原油稳定、轻烃回收等外包第三方专业公司。

3.2 低成本高效计量技术及装置的研发

生产周期内气液比的大幅波动给单井的计量精确度带来较大的挑战。现有的单井计量装置种类多，且适用范围和精度不一，价格也较昂贵，需要进一步开展研究，研发在技术和经济上均满足需要的单井计量装置，降低致密油/页岩油地面建设成本。

研发多管束分离的单井连续计量装置，解决常规单井分离装置气液分离效果差、对高汽油比油井计量误差大的问题，实现对单井气、液的连续准确计量。

3.3 高效脱水器的研发、设计、制造和现场试验研究

致密油生产的采出液中含有大量返排液，原油的乳化严重，脱水难度大。为满足交油指标的要求只能增加药剂的使用量、提高脱水温度、延长沉降时间，但依然存在处理不稳定、达不到指标要求等问题，且处理成本较高。新疆致密油物性较差，采用的脱水流程较长，存在进一步优化的空间。

通过研发高效脱水器设备，试验新型脱水材料，提高脱水效率，缩短脱水流程，实现致密油的低成本、高效处理。

3.4 致密油/页岩油地面工程数字化建设研究

面对致密油/页岩油大力上产的形势，需努力推动数字化建设和精益生产，一方面应对地面系统迅速扩大、管理工作量大、风险多的问题；二是满足致密油/页岩油低成本效益开发的要求；三是做好准备，应对油田员工自然减员、员工老龄化的严峻现实。以最新的数字化技术、最新的管理理念为抓手，有效实现降本增效，并随着人员结构的变化，顺势而为，转变组织架构和管理模式。

3.5 加快开展致密油/页岩油地面建设企业标准研究

国内致密油田地面建设仍然采用常规油田的设计和建设标准，地面建设投资难以控制。应根据致密油的开发特点，坚持经济效益为先，借鉴国外建设经验，注重以经济适用为原则，合理确定地面工程主体专业和配套专业的建设标准，提高总体开发效益。

参 考 文 献

[1] 瞿静川，徐安宁，段凌云，等. 促进致密油非常规油气资源开发的财税政策研究[J]. 经济研究参考，2015(33).

[2] 杜金虎，刘合，马德胜等. 试论中国陆相致密油有效开发技术[J]. 石油勘探与开发，2014，41(2)：198-205.

[3] 李登华，刘卓亚，张国生等. 中美致密油成藏条件、分布特征和开发现状对比与启示[J]. 天然气地球科学，2017(7).

[4] 邹才能，朱如凯，吴松涛等. 常规与非常规油气聚集类型、特征、机理及展望——以中国致密油和致密气为例[J]. 石油学报，2012，33(2)：173-187.

[5] 严向阳，李楠，王腾飞，et al. 美国致密油开发关键技术[J]. 科技导报，2015，33(9)：100-107.

高温高压强腐蚀条件下管道选材与分析

艾国生 孟 波 崔兰德 薛 剑 王 坤

（中国石油塔里木油田公司油气工程研究院）

摘 要 管道事故主要是指输送介质泄露并影响正常输送的管道失效事件。主要包括管道意外泄露、管输系统失去完整性、不能满足输送的要求等。目前各国都用“管道事故发生率”作为管道系统的可靠性指标，各国对管道事故发生率的计算方法基本相同，本文针对国内某一气田群高温高压强腐蚀条件下管道的选材进行了详细了安全性和经济性两方面的分析，为油气田管道选取提供了建议和帮助。

关键词 腐蚀；管道；选材

随着我国油气开采的深入，开采难道逐渐加大，许多含水、杂质、腐蚀介质的气田相继开发并投入运行，同时随着国家对产量要求的提高，导致管道输送压力升高，因此，若采取普通气田的管道设计方案，往往在其寿命期内，会发生了较严重的失效故障。本文针对常见油气田开采情况，在高温高压强腐蚀条件下进行了管材选取的分析。

1 高温高压强腐蚀条件下管道设计选材的特殊性

对于腐蚀情况较严重的气田，可根据管壁减薄的速率，粗略估算出管道在强腐蚀条件下的安全使用寿命：

$$n=\frac{c}{x} \tag{1}$$

式中 n——管道安全使用年限（y）

c——管道采用的腐蚀裕量（mm）

x——管壁的减薄速率（mm/y）

根据对气田的实际调研情况进行估算，如果腐蚀裕量取为2mm，其部分管段的安全使用寿命不到一年时间。因此在强腐蚀条件下碳钢管道的使用寿命，将不再以气田稳产期为准，需要根据检测、监控失效的情况随时更换。

更换管道分为两种情况，一是对腐蚀严重的管段局部更换，二是对气田整个区块的管道全部更换。第一种情况主要针对在某些管段存在局部穿孔比较严重的现象，可局部更换；第二种情况主要针对整个管道系统中大部分管段均发生比较严重的腐蚀和减薄、或发生局部穿孔的现象过于频繁，则必须全部更换管道。不管局部还是全部更换管道，均会对气田的正常生产作业产生较大的影响。

由于高温高压强腐蚀的特殊工况会使管道在使用寿命期内频繁地发生失效故障，因此需要在通常情况的管道设计依据上，增加防腐蚀方面的因素。在管线设计时，存在多种方案之间的选择，因此，需要对多方面的因素进行综合优化。

2 高温高压强腐蚀条件下常用管材选材方案

目前国内外在油气生产中腐蚀防护措施主要有：耐蚀材料的选择、表面处理技术（包括内防护涂层）、阴极保护和加注缓蚀剂等。其中，应用最广泛的措施总结起来主要有三种：

（1）碳钢加注缓蚀剂；（2）耐蚀合金管材；（3）双金属复合管。

现有研究成果表明，如果仅从耐腐蚀性能和安全性能进行考虑，更换耐蚀合金管线具有更好的防腐效果。常用的316L耐蚀合金钢的机械强度比碳钢低，在同等承压管材的重量大大增加，使得造价也大幅度增加，总造价为同等重量碳钢管的7～10倍，而如果使用高强度的双向不锈钢，价格将更加昂贵。双金属复合管则较好地解决了管道的耐蚀性能与强度的关系，同时还降低了成本，但成本依然为碳钢管的两倍以上，同时，双金属复合管作为一种新技术，还有许多不成熟之处，在制造工艺上易产生缺陷，而且现场焊接施工难度大，成本增加。

通过分析，得出了几种常用防腐技术在气田的适用性分析如表1所示。

表1 防腐技术在气田的适用性分析

防腐技术	优点	缺点	适用性分析
耐蚀合金钢管材	无需加注缓蚀剂、基本不需要腐蚀监测、在整个寿命期内很可靠且稳定	一次性投入很大、与碳钢管连接时存在点偶腐蚀现象	适合在苛刻的腐蚀环境下使用

续表

防腐技术	优点	缺点	适用性分析
缓蚀剂	可以用于油套管静态环境和油管内腐蚀环境、向腐蚀介质中添加少量的缓蚀剂就能使金属腐蚀速率显著降低、初期投资少	防止套管外腐蚀效果不好、工艺较复杂，对生产影响较大	适合在腐蚀不苛刻，且产能较低的气井使用
涂层	具有良好的耐腐蚀性	成本较高，接头处保护不完善、不耐磕碰	由于不耐磕碰，涂层脱落处腐蚀加速，不宜使用
渗氮技术	管道内外表面形成一层厚十几微米的氮化层和扩散层、对腐蚀介质的侵蚀有很好的防护作用	渗氮层韧性较差，不适合在大应力条件下使用、在 H_2S 环境中可能产生微裂纹	由于深层气井管柱处处于大应力环境，其产生的裂纹处易加速腐蚀，不宜使用
双层复合管	具有优异的耐腐蚀性	有温度使用范围需特殊的接头连接	应用广泛

3　地面管道建设选材方案的关键因素

在气田的开发建设过程中，选择管材方案的因素较多，其中管道的安全性至关重要，但是对于高温高压强腐蚀气田，若片面追求安全性，则管道的价格可能会成倍增长，因此，本文主要针对管道选材的安全性与经济性进行评价，将安全性与经济性作为管道方案选择的两大关键因素[1]。

3.1　管道系统选材的安全性

管道系统的安全性主要表现在两个方面，一是抵抗外界的破坏能力，二是抵抗内部输送介质的破坏能力。要达到这两个目标，对管道提出了两个方面的要求：一是管道的机械强度，能抵御外力以及内部介质的压力；二是材质的耐腐蚀能力，要能防止外界环境与内部介质的腐蚀。

对于高温高压强腐蚀气田，需要综合考虑不同管材的耐腐蚀性与机械强度，要求管道在使用寿命期内，腐蚀的剩余强度能满足安全性的要求。

安全评价基本方法是根据故障后果的危害程度与故障发生概率，综合得出某种故障模式的风险程度[2]。本文主要针对碳钢管、耐蚀合金管材、双金属复合管这三种管道系统的安全进行研究，比较特殊的情况是双金属复合管的壁厚检测在目前的条件下还无有效手段，其故障较难以检测，因此根据本文研究的实际内容，需要引入故障类型与影响分析法（Failure Mode Effects Anlysis，FMEA）进行评价。

故障类型与影响分析法利用统计方法评价出故障发生时的严重度、故障发生的频率、故障的不易探测度等因素，计算风险优化度（RPN）的值，并建立完整的故障模式分析表格，根据RPN的值确定失效故障的轻重缓急程度，以较低的成本减少事故的损失，提高系统的可靠性[3]。

3.1.1　不同管材故障统计

根据调研情况，选取气田的一个区块，该区块在2009年以前采用碳钢管道，2009年6月后将管线大部分更换为双金属复合管，还有少部分更换为耐蚀合金管材。将三种材质的管道在同一工况下的失效故障与可能存在的故障隐患分别进行统计，见表2。

表2　三种管材的故障率统计

管道材质	管道总长/km	运行时间/年	故障模式	故障次数	故障隐患
碳钢管	64	6	刺漏	57	局部腐蚀
			爆管	1	均匀减薄
双金属复合管	53	7	刺漏	2	纵向焊缝
			爆管	0	部位失效
耐蚀合金管材	11	7	刺漏	0	无
			爆管	0	

① 耐蚀合金管材的安全性最高，根据现场的情况，耐蚀合金纯材还未发生失效故障。其次为双金属复合管，发生了极少概率的刺漏故障，但其故障在目前的条件下难以提前检测到。碳钢管的安全性最低，发生刺漏的次数较为频繁，并发生了爆管这类较为严重的事故。

② 各种失效模式中，刺漏的风险度最高，发生频率较高。爆管虽然引发的后果严重程度更高，但是发生频率远远低于刺漏，因此风险度较低。见表3。

表3　风险综合评价表

管道选材方案	故障类型	故障风险优化度	主要原因
碳钢	刺漏	560	局部腐蚀
	爆管	135	均匀腐蚀
耐蚀合金管材	刺漏	7	/
	爆管	9	耐蚀合金材料的机械强度
双金属复合管	刺漏	378	制造与加工工艺不成熟
	爆管	9	/

四种故障模式风险度排序为：

3.1.2　不同管材失效隐患及预防

（1）碳钢管

主要失效隐患

局部腐蚀为碳钢管刺漏的主要原因，且因为发生局部腐蚀时，管壁的其他部位通常比较完好，因此增加了检测预防的难度。

均匀腐蚀为造成爆管的主要原因，均匀腐蚀主要造成整个管道的壁厚减薄，当减薄到剩余壁厚低于承压所需的最小值时，便会发生爆管。

失效预防措施

根据国内外的研究现状，对碳钢管的腐蚀防护主要为加注缓蚀剂，考虑到高温高压的复杂环境及缓蚀剂的局限性，本文提出其他辅助方法。

① 增加腐蚀余量：在腐蚀穿孔速率不变的情况下，通过增加壁厚来增加管道的腐蚀余量，可以在一定程度上延缓失效的时间。同时，增加壁厚还能对爆管具有较好的预防作用。

② 加注合适的缓蚀剂：根据国内的研究结果与现场的实际情况，加注缓蚀剂适用于腐蚀不苛刻且产能较低的环境；对解决均匀的电化学腐蚀效果较好，对局部腐蚀效果则不尽然。使用缓蚀剂要达到理想的防腐效果，则需要在缓蚀剂种类、缓蚀剂加注工艺等多方面改进。

③ 及时更换管线：根据现场碳钢管道的失效情况，因为故障频繁且无规律，管道使用寿命无法有效计算。因此，需要根据现场的具体情况，对于失效严重的管段及时进行更换，以达到杜绝安全隐患的目的。

④ 加强检测与巡查：通过及时的壁厚检测、管线巡查，可尽早地发现故障隐患，尽早采取措施。

⑤ 更换管道材质：通过更换耐蚀合金管材或双金属复合管，来达到降低故障的目的。

（2）双金属复合管

主要失效隐患：

双金属复合管的失效部位主要在纵向焊缝与环向焊缝处。在焊缝部位，因为焊接缺陷、腐蚀、应力等原因，成为焊缝处失效的隐患。

失效预防措施：

可通过改进制造工艺，尽量减少管道本身的缺陷，以达到减少或避免失效的目的。

（3）耐蚀合金管材

主要失效隐患：

耐蚀合金管材目前为安全性最佳的管道选材方案，其在安全上最主要的隐患为机械强度较低，若腐蚀减薄而使得管道压力超过其承压范围，可能会导致爆管事故。

失效预防措施：

耐蚀合金管材爆管的预防措施为增加壁厚，严格控制管输压力，或采取机械强度更高的不锈钢管材，如双向不锈钢，可提高管道的承压能力，杜绝发生爆管的隐患。

3.2　管道系统选材的经济性及评价

油气田的开发，最终目的是获得经济效益，创造价值。在达到安全性的同时，必须使管道具有最优的经济性。

石油天然气为不可再生资源，当开采完毕之后，管道系统将不再发挥作用。如果在开采完之后的总利润还不能达到管道建设投资的费用，便会造成极大的浪费。最优的情况，为资源开采完毕之后，管道系统的寿命也刚好或即将到期。因此，需要对管道系统进行总体的优化，避免浪费，合理选择管道的材质、壁厚等方面的参数。

对高温高压强腐蚀的塔里木油气田的地面管道选材形成了三种可行的方案：碳钢加注缓蚀剂、耐蚀合金管材、双金属复合管。这三种管道方案各有优缺点，我们拟采取不同管材建设费用和运行费用总和的大小来半定性定量评价其经济性。

3.2.1　管道工程费用

气田的地面管道建设投资根据《中石油长输管道工程费用定额》的相关费用清单。

在分析各指标对总费用的影响程度时，采用敏感性分析的原则。敏感性分析是一种常用的经济效益不确定分析方法，它用来研究和预测不确定因素对技术方案经济效益的影响程度。在技术经济评价中，技术方案包含的不确定因素可能由若干个，但是各个因素变化时，对方案经济效益的影响程度是不同的。进行经济性评价时，并不需要对所有的因素都考虑和计算，而应视方案的具体情况选取几个变化可能性较大，并对经济效益目标值影响作用较大的因素[4]。

在建立经济评价模型时，只针对管道本身的成本分析，无需对所有的费用进行计算，因此需要根据评价的具体要求，确定出重要的指标进行评价，主要遵循以下原则：

① 不同项目的费用变化对总费用的影响大小

② 不同项目的费用在总费用中所占的比例大小

将各项具体的费用在以上两项中进行综合分析，选取对总费用影响较大、所占比例较大、并具有普遍代表性的费用项目作为最终的对比评价指标。

3.2.2 经济评价指标选择

经过对比分析，选取设计测量费、征地费、工地土建费、管沟开挖与回填费、穿跨越工程费、管道材料费、管道绝热防腐系统费、管道拉运布管费、管道焊接费、管道检测费、缓蚀剂加注设施建设费、日常维护费、缓蚀剂加注费、运行故障损失费、其他保障与特殊费作为总投资估算的项目，而将材料费、焊接费、运行维护费、缓蚀剂加注费、运行故障损失费这五项作为三种管道方案对比评价的项目。

如果气田的实际条件发生了改变，三种管道选材方案的对比结果便会发生变化。

(1) 气田的建设区域改变，则初次建设费用便发生变化。

(2) 气田的运行工况改变，则三种管道方案的安全性对比发生变化。

(3) 气田的储量改变，则预计稳产期发生变化。

4 小结

气田的选材方案需要考虑多种因素，主要为经济性与安全性，这两方面因素相互影响，因此需要在实际选材方案中综合优化。

根据本文的研究内容，主要考虑高温高压强腐蚀的运行工况对管道经济性的影响，管道在此工作条件下，容易发生腐蚀失效，引发安全事故，事故本身会造成直接和间接的经济损失，同时因为需要采取一定的故障预防措施，也将会造成多项费用的增加。

总体趋势为初次建设费用越高的管道，整体安全性越高，其中对安全性影响最大的费用为材料费及其焊接费，材料价格最高的耐蚀合金管材，具有最高的安全性；焊接费最高为双金属复合管，其次为耐蚀合金管材，它们的安全性均比碳钢管道高。而且初次建设费用高的管道选材，在后期的运行中，运行维护费会减少，故障损失费也减少。

因此，若采取适当的管道选材方案，可能初次建设费用较高，但经过一段时间的运行之后，总体费用反而比单纯使用碳钢管的总费用更低。这便需要联系气田的具体腐蚀失效情况以及气田的预计稳产期进行综合分析。

耐蚀合金管材与双金属复合管因失效故障少、运行维护费用低，因此其总费用在运行一段时间之后，将会低于碳钢管道的总费用，具体表现为在“费用—时间”曲线上出现交点。

(1) 初次建设费用

对管道的初次建设费用影响最大的为材料费及与管材相关的焊接、检测等费用。

碳钢管道因为材料便宜、焊接简单，因此其初次建设费用在三种方案中最低。

耐蚀合金管材的材料费最高，同时焊接成本也比碳钢管高，在三种管道方案中，初次建设费用远高于碳钢管。

双金属复合管的材料费用介于两者之间，焊接成本最高，初次建设费用也远高于碳钢管。

(2) 运行之后的费用

运行之后产生的费用主要为正常的运行维护费及故障损失费。

碳钢管道在运行投产之后，除了日常的巡查、维护之外，还必须通过加注缓蚀剂以防止或者延缓 CO_2 的腐蚀，并且缓蚀剂加注设施自身也需要专门的维护，以保持其正常运行。因此碳钢管道的运行维护费用在三种管道中最高。

耐蚀合金管材和双金属复合管在投产之后，因不需加注缓蚀剂，因此维护费用远远低于碳钢管道。

故障损失费主要取决于管道的安全性，根据前面的安全性分析，碳钢管道的安全性最低，因此其故障损失费最高，而耐蚀合金管材的故障损失费最低，双金属复合管虽然安全性高于碳钢管，但是其故障损失依然比耐蚀合金管材要高。

由于碳钢管道在运行之后的维护费与故障损失费远远高于另两种管材，因此可能出现在运行一段时间后，总费用超过另外两种管材。双金属复合管虽然故障率较低，但是安全性依然低于耐蚀合金管材，因此有可能在运行一段时间之后，其总费用也将超过耐蚀合金管材。三种管道在“费用—时间”曲线上可能出现两两相交的情况。

参 考 文 献

[1] 李悦钦，王亚丽等. 某凝析气田L245集输管线失效原因分析[J]. 腐蚀与防护，2012，33(11).

[2] 左东红. 安全系统工程[M]. 北京：化学工业出版社，2004.

[3] 刘新宪，朱道立. 选择与判断-AHP层次分析法决策[M]. 上海：上海科学普及出版社，1990.

[4] 张继富. 单因素敏感性分析在建设工程中的应用探索[J]. 甘肃科技，2008，24(8)：106~107.

单井在线计量技术及装置的研究与应用

石　彦　鄢　雨　冯小刚　赵　宇　张绍鹏

（中国石油新疆油田分公司准东采油厂）

摘　要　油井产量的计量是油田生产管理中的一项重要工作，这对掌握油藏状况，制定生产方案，具有重要的指导意义。本文通过对现有计量技术的研究分析，研制了单井在线称重计量装置。经过严格的现场试验后，装置运行可靠，计量误差在±5%以内，满足规范中计量最大误差±10%的要求。该单井在线计量技术及装置的研究应用，能简化油田集输工艺，降低生产运行成本，解决了针对螺杆泵、无杆泵等采油方式无有效单井在线计量方法的难题，填补了技术空白。

关键词　单井在线计量；称重计量；往复运动；计量精度；智能采油

油井计量贯穿于油田开发的整个生命周期中，伴随着油田的开发和现代工业技术的发展，油井计量技术和设备仪表也在不断地更新改进。传统的油井计量技术是采用计量分离器配套相应的仪表和控制技术实现的，先通过分离器进行气液两相分离或油气水三相分离，再由相应的流量仪表完成计量。80 年代以来，科氏力质量流量计在油井计量中得到了应用，但也需要与两相分离器配套使用。90 年代开始出现多相流计量技术，但由于受到价格因素的影响，还没有大规模用于油田生产[1-3]。目前国内油田计量仍依托计量站，以容积法和质量流量计为主，存在着油田集输流程长、建设投资费用高、人工巡井工作量大等问题。而针对单井在线计量的技术只有功图法，但其只适用于抽油机井，不适用于螺杆泵、无杆泵等其他举升方式的油井，局限性较大。本文针对现有单井在线计量技术的局限性，开展了相应的计量技术实验研究，研制了更具普适性的单井在线计量装置。

1　单井在线计量技术现状

目前国内油田集输大多采用“油井-计量接转站-联合处理站”的二级布站模式，所以油井计量仍以计量站轮井计量为主，存在着集输流程长、建设成本高等诸多问题。对于部分偏远井而言，巡井计量难度大，单罐井无有效的计量方式。在单井在线计量技术上，只有针对抽油机井的功图法计量技术得到了广泛的应用，这在长庆油田、胜利油田等使用已比较成熟[4-5]。随着油田新技术的不断发展革新，螺杆泵采油和无杆泵采油方式由于其安全性好、维护工作量小等优点，逐渐代替传统抽油机在各油田开始规模应用，但还没有与之相配套的单井在线计量技术。为此，开展单井在线计量技术研究，解决螺杆泵、无杆泵单井计量问题，实现计量数据自动采集、上传和远程监控，取消计量站，简化地面集输工艺，降低巡井计量工作量。综合分析对比了容积法计量、质量流量计计量、称重法计量、差压法计量等技术的计量误差、应用范围和适用条件[6-10]，见表 1。经研究分析，称重法计量技术更适用于单井，具有测量介质范围广、气体对计量精度影响小、直接计量得到产液重量等优点，因此，筛选出称重法计量技术为研究方向。

表 1　计量技术对比分析

计量技术	计量误差	应用范围	适用条件
容积法	10%左右	普遍	应用于稀油计量，需依托计量站，不适用于单井计量
质量流量计	5%左右	长庆、胜利、辽河等各大油田均有应用	测量介质广泛，在充分脱气的情况下精度较高，但成本较高，需依托计量站，不适用于单井计量
功图法	10%左右	长庆、胜利等油田已规模应用	适用于抽油机井，不适用于无杆泵采油计量
差压法	5%左右	胜利、中原等油田	价格便宜，但液量压差较小的井不适用
称重法	10%以内	辽河、新疆等稠油区块应用较多	技术成熟，测量介质范围广；气体对计量精度影响小；直接计量得到产液重量，减少换算工作

2　单井在线计量装置研究

2.1　总体设计

在确定采用称重法计量技术的基础上，进行了单井在线计量装置的研究设计。装置总体设计既要满足《Q/SY 06002.2—2016 油气田地面工程油气集输处理工艺设计规范》第 2 部分(工艺部分)中第 6 条计量的要求，即油井产量计量应满足生产动态分析要求，油、气、水计量准确度最大误差应在±10%以内。也要考虑在油井气量较小时，计量装置的排液问题，解决传统翻斗式称重计量装置在气量小时无法排液、气量大时冲翻翻斗或气泡溢出、翻斗等转动部件易损坏等等问题。还要控制装置尺寸，传统分离器和称重计量装置尺寸都比较大，一般可达到 2m×2m×3m，使得配套安装的计量房尺寸也很大，若是用于单井则存在着价格高、不美观的问题，因此，对研究设计装置的尺寸也有严格要求。

综合考虑设计要求，研究设计了一种活塞式单井在线称重计量装置，该装置依靠往复运动来实现称重计量，且设计尺寸小，仅为 1.8m×1.2m×0.8m，见图 1。

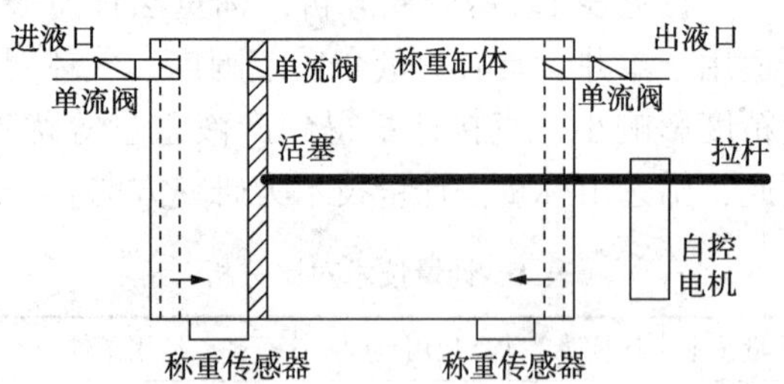

图 1　活塞式单井在线称重计量装置

2.2　装置主要部件

活塞式单井在线称重计量装置主要包括称重部分、动力排液部分、控制部分等。

2.1.1　称重部分

高精度的称重传感器为装置的核心部件，传感器精度达到 0.5%，其量程根据装置型号确定，其主要功能为实时地对装置包括其中的产出液进行称重，称重数据参与计量结果的计算。

称重缸体为计量装置储液空间，油井产出液通过装置进液口进入称重缸体内称重计量后，再由出液口排出进入集输系统。不同产量油井的称重计量需要选用不同型号尺寸的称重缸体。

2.1.2　动力排液部分

采用外加动力的方式解决装置的排液问题，在称重缸体内进液达到设定值后，外加动力将称重缸体内产出液排出，以便进行下一次称重计量。通过外力排液的方式，完全解决了传统翻斗式称重法对气量小的油井无法排液的问题，使得该装置不受油井气量的影响。

2.1.3　控制部分

通过控制开关及程序实现装置的正常运行，同时设置有应急保护装置，出现异常情况时，可及时停止运行，防止计量装置损坏。称重计量装置计量数据可由 PLC 控制系统处理后输出并显示在控制屏上，再通过 RTU 远传至监控中心，实现对产量的自动在线计量、实时录取远传。

2.3　装置计量原理

活塞式单井在线称重计量装置根据称重的方式实现对油井产量的计量，在油井产出液进入称重缸体前，记录一个称重初始值，当称重缸体内进液量达到设定值后，装置开始排液，排液完成后再继续下一次的计量。油井产量可由称重设定值和初始值的差值与对应的进液时间差计算得到。

油井产量 Q 可由 W_1、W_2、T_1、T_2计算得到：

$$Q=\frac{(W_2-W_1)\times60\times60\times24}{(T_2-T_1)\times1000}$$

式中：W_1、W_2为称重缸体初始重量和排液重量，kg；

T_1、T_2为称重缸体初始重量和排液重量所对应的时间，s；

Q 为油井日产液量，t/d。

3　单井在线计量装置的试验及应用

3.1　室内试验

在完成单井在线称重计量装置的研究设计后，相应的研制了实物计量装置，同时开展了严格的室内试验。

3.1.1　标准砝码试验

采用 5kg、10kg、15kg、20kg、25kg 的标准砝码置于计量装置之上，验证称重传感器的测量准确性。由试验数据可知，称重传感器测量精度满足要求，见表 2。

表 2　标准砝码试验数据

序号	砝码重量/kg	装置初始重量/kg	装置放置砝码后重量/kg	装置重量增加值/kg	误差/%
1	5	5	5	0	0
2	5	5	5	0	0

续表

序号	砝码重量/kg	装置初始重量/kg	装置放置砝码后重量/kg	装置重量增加值/kg	误差/%
3	10	10	10	0	0
4	10	10	10	0	0
5	15	15	15.1	0.1	0.67
6	15	15	15	0	0
7	20	20	20.1	0.1	0.5
8	20	20	20	0	0
9	25	25	24.9	-0.1	-0.4
10	25	25	25.1	0.1	0.4

3.1.2 清水试验

室内采用清水通过计量装置，进行装置试运行，验证计量装置工艺合理性，保证其耐压满足要求。同时，初步验证计量装置计量准确性，由试验数据可知，清水试验计量误差在±3%以内，见表3。

表3 清水试验数据

序号	清水量/kg	装置初始重量/kg	装置通入清水后重量/kg	装置重量增加值/kg	误差/%
1	5	10	15.1	5.1	2
2	5	10.2	15.2	5	0
3	8	10.2	18.3	8.1	1.25
4	8	10.5	18.3	7.8	-2.5
5	10	10.3	20.2	9.9	-1
6	10	10.6	20.3	9.7	-3
7	12	10.5	22.8	12.3	2.5
8	12	10.5	22.9	12.4	3.33
9	15	10.3	25.5	15.2	1.33
10	15	10.4	25.7	15.3	2

3.2 现场试验应用

为进一步验证该装置针对油田现场的适用情况，开展了现场试验应用，评价应用效果。

3.2.1 现场情况及工艺

现场试验选取了准东油田7口不同类型和生产情况的油井，验证在不同工况下该计量装置的运行情况，7口井相关参数见表4。

表4 试验井相关参数

试验井	原油类型	密度/(g/cm^3)	50℃黏度/MPa·s	含蜡量/%	凝固点/℃	日产液/(t/d)	含水/%	气油比/(m^3/t)
BHW01	稀油	0.8936	300	4.5	26	15.8	64	12
J6336	稠油	0.9301	310	5.5	12	8	67	20
吉37	页岩油	0.8857	47	8.6	18	7.2	17	28
西泉106	稀油	0.855	14.2	4.7	16	7.3	30.1	103
XQHW312	稀油	0.85	13	5.2	11	16.8	60	235
吉171	页岩油	0.8897	32	21.1	13	3	50	27
JHW001	页岩油	0.886	50	8.8	16	10	40	28

现场试验时，称重计量装置安装在单井井口回压阀门之后，现场试验工艺流程见图2。称重计量装置每往复运行一次计算得到一次产量数据，相应地将每次往复运动排出液量进行单独称重标定产量，将两个产量数据对比分析。

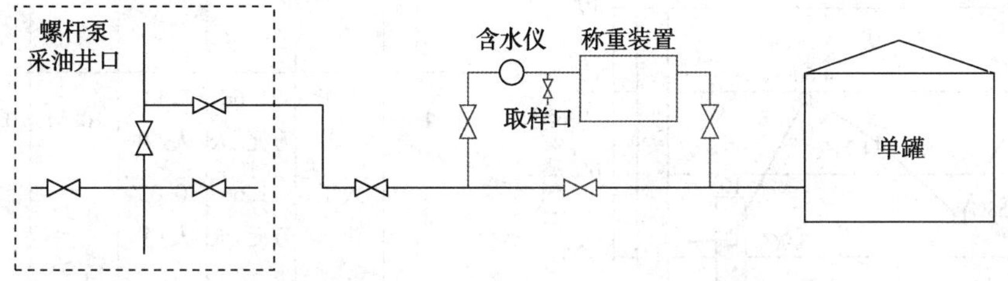

图2 现场试验工艺流程

3.2.2 现场试验结果

在7口井进行了数月的现场试验，录取了大量计量产量数据，验证了装置在不同原油黏度、不同含蜡量、不同产液量、不同气油比等各种工况条件下的计量精度和可靠性，见图3、图4、图5、图6。进行试验数据分析时，采用单井称重标定产量与装置计算产量对比，得到计量误差。

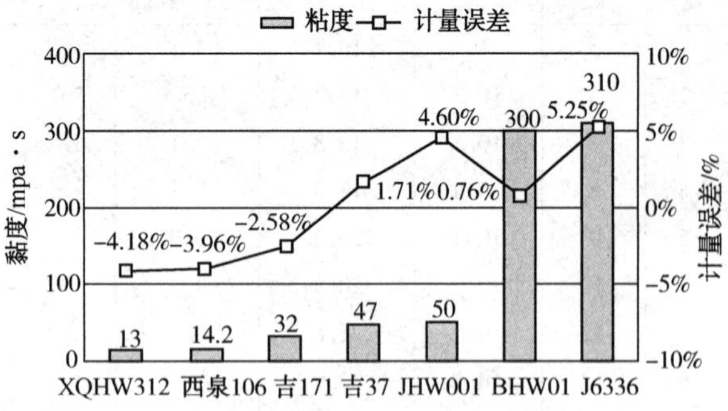

图3　不同黏度下计量装置计量精度

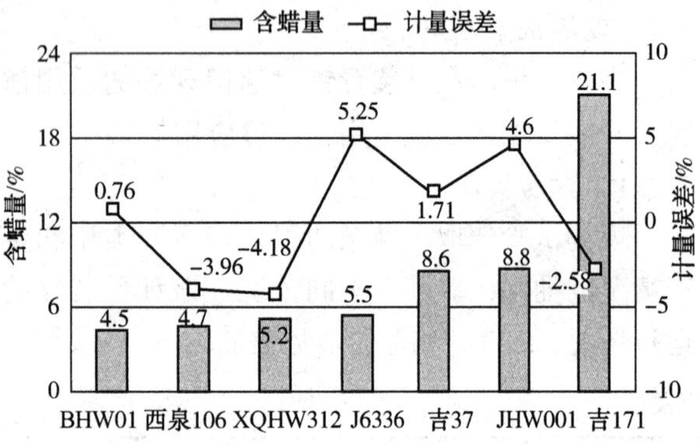

图4　不同含蜡量下计量装置计量精度

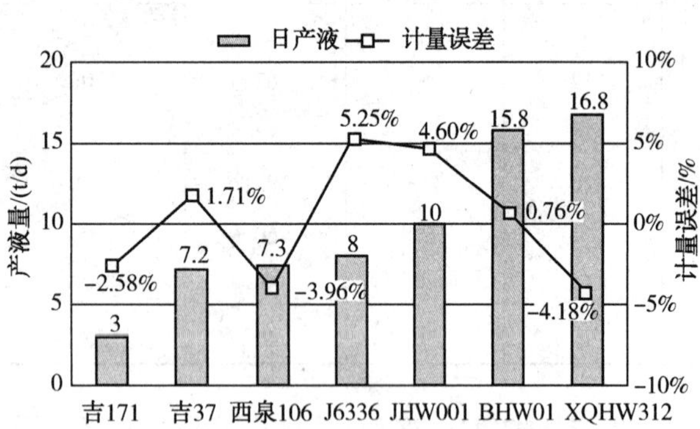

图5　不同日产液下计量装置计量精度

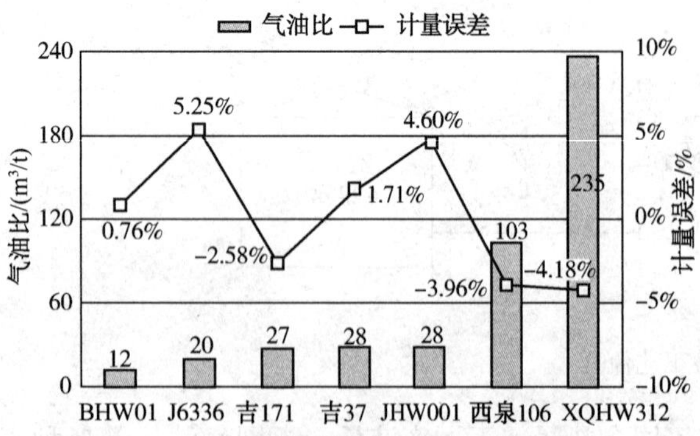

图6　不同气油比下计量装置计量精度

由7口井现场试验数据可以看出，计量误差均在±5%以内，满足油田计量要求。且称重计量装置计量精度相比容积法计量、质量流量计计量等更高，现场试验取得了很好的效果。

3.3　经济效益分析

实施单井在线计量后，相比于传统计量站计量，取消了计量站，没有计量站投资费用；可缩短单井管线长度，减少了单井管线建设费用；同时，也减少了征地费用。但增加了单井计量装置的费用。以1口井为例，计算分析建设费用和运行成本，见表5、表6。

表5　实施单井在线计量地面建设费用

序号	类别	单价	实施前		实施后		经济效益/(万元)
			数量	平均单井费用/(万元)	数量	平均单井费用/(万元)	
1	计量站投资	80万元/座	12井式计算	6.5	0	0	6.5
2	单井管线	15万元/km	0.7km	10	0.56km	8	2
3	征地	4.1万元/座 5.9万元/km	0.7km	4.5	0.56km	3.2	1.3
4	单井计量装置（包括含水仪）	22.5万元/套	0	0	1套	22.5	−22.5
5	合计			21		33.7	12.7

表6　实施单井在线计量后生产运行成本费用

序号	运行成本类别	单价	实施前		实施后		经济效益（万元/年）
			数量	成本（万元/年）	数量	成本（万元/年）	
1	人工巡井	21.66万元/人	0.485人/井	10.51	0.113	2.45	8.06
2	人工化验	21.66万元/人	0.02人/井	0.43	0	0	0.43
3	油耗费用	7元/L	20 km/d	0.77	0	0	0.77
4	合计			11.71		2.45	9.26

实施单井在线计量，一次性地面建设投资费用会增加12.7万元/井，但后期生产运行成本可

节约9.26万元/井·年，预计1.37年可收回投资成本。

实现单井在线计量，同时结合无杆泵采油、无线数据传输和视频监控技术，打造智能高效的采油系统，建成无人巡检、无人值守的现代化油田生产模式。目前，已在准东采油厂建立4个智能化采油示范点，示范点已取消了巡井计量、取样化验等工作。下步将进一步扩大智能化采油系统在页岩油的应用范围，为页岩油“百人百万吨”的发展目标奠定坚实的基础。

4 结论

（1）通过对现有计量技术的研究分析，筛选出适合所有举升方式油井的在线计量技术。尤其解决了针对螺杆泵、无杆泵等采油方式无有效单井在线计量方法的难题，填补了技术空白。

（2）研制出新型活塞式单井在线称重计量装置，计量误差在±5%以内，计量精度高，完全满足油田计量需求。

（3）单井在线称重计量装置采用称重的方式实现产量计量，体积小，计量不受气体影响，适用范围广泛。

（4）实现单井在线计量、数据自动远传，能简化油田集输工艺，减少现场员工巡井工作量，降低生产运行成本，有效解决现场人员紧缺的矛盾。

参考文献

[1] 潘兆柏，俞萍，郑琦．国外油井计量技术评价[J]．国外油田工程，2000(11)：23-26.

[2] 郭长会．油井计量技术现状及其发展趋势[J]．石油规划设计，2001；12(3)：41-42.

[3] 邹凌川．原油计量技术的研究[D]．西安：西安石油大学，2014.

[4] 杨瑞，黄伟，辛宏等．功图法油井计量技术在长庆油田的应用[J]．油气田地面工程，2010；29(2)：55-57.

[5] 姬蕊，冯宇，张巧生等．单井计量技术在长庆油田的应用[J]．石油规划设计，2014；25(2)：41-43.

[6] 彭岗桂．单井称重式自动计量装置设计与分析[D]．成都：西南石油大学，2015.

[7] 胡松华，张佳民，栾义国．油井采出液称重计量应用评价[J]．油气田地面工程，2017；36(5)：11-15.

[8] 徐德福，王涛．浅谈差压式流量计的工作原理及选型[J]．广东化工，2013；40(9)：152-153.

[9] 范敏，王杰，包杰．质量流量计在油田油井计量中的应用[J]．西南石油学院学报，2005；27(4)：69-77.

[10] 陶鹏程，潘峰，胡静等．质量流量计在油田OGM计量站的应用[J]．仪器仪表用户，2013；20(1)：50-52.

红河油田集输系统腐蚀原因初步探讨

邹明华

（中国石化华北油气分公司石油工程技术研究院）

摘　要　在分析红河油田集输系统腐蚀现状的基础上，初步探讨了引起管线和站内大型设备腐蚀的原因。管线腐蚀主要有管材、原油的油气水各相组分、阴极保护失效、缓释阻垢剂效果差和输液量少等原因造成的。联合站内三相分离器腐蚀主要由内防腐层破损、阴极保护系统失效和停产后防腐措施效果不好导致的。建议通过进一步研究找出引起集输系统腐蚀的主控因素，判断腐蚀类型，提出经济适用的腐蚀治理方案：阴极保护系统故障排查、配置高效的防腐阻垢剂、增加缓蚀剂加注点、增加腐蚀监测方案等。

关键词　红河油田；油气混输；油田复产；腐蚀；阴极保护；缓释剂

1　停产前红河油田集输概况

1.1　自然条件

红河油田位于甘肃省镇原县、泾川县、崇信县境内。该区属黄土塬地貌，平均海拔 1054～1486m，最大高差约 300m 沟塬相间，塬、梁、茆、沟纵横交错，地形起伏较大，大致呈西高东低特征。属大陆性干旱、半干旱季风气候。区内交通较为便利，县乡之间有简易公路贯通。附近有主干公路、高速公路与银川、兰州、西安等大中城市相连。近年来生产的合格原油汽车拉运至宁夏盐池县的宁鲁石化销售。

1.2　已建集输系统

红河油田已投入开发红河 37、红河 12、红河 36、红河 60、红河 42-55、红河 73-74 几个井区，油井以机抽采油为主，部分井投产初期采用自喷生产。至 2015 年 12 月底红河油田建成 1 座联合站、2 座转油站(红一转、红四转)、16 座增压站，建成综合服务基地 1 个，采油队点 4 个，110kV 变电站 1 座，35KV 变电所 1 座，采油队 2 个；修建主干道路 2 条，共计 30km。共有生产井 689 口，油田关停前开井数 395 口，日产油 640t，日产液 3152t，平均含水率 79.7%，日注水 1148.77m^3/d。处理后的净化原油通过汽车拉运销售。

1.3　集输流程

红河油田采用功图量油、串联集输，增压量站、转油脱水站、联合站为主体的三级布站地面密闭混输集输工艺模式。单井计量采用的是示功图计量工艺。站外采用单管密闭串接不加热工艺，即井组/增压站采用单管密闭混输、串接工艺。单井采用井场单管常温(季节性加热)密闭集输流程。井场来液通过增压站加热、增压后混输至转油站，在转油站内脱出部分游离水，然后再混输至联合站内集中加热、脱水、储存、污水处理。集输流程见图 1。

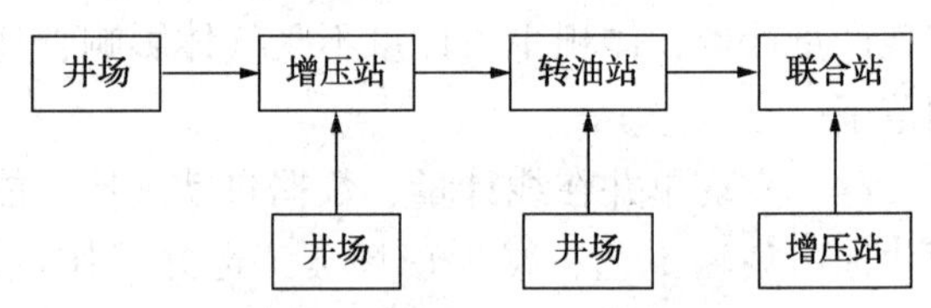

图 1　红河油田集输流程

2　集输系统腐蚀现状

2.1　复产情况

2015 年底，因原油价格下跌至 40 美元/桶，中石化华北油气分公司为了减少亏损，逐步全面关停红河油田生产油井。集输管线在做了“清管+充氮”的简单防腐措施后停用；站内设备做简单的冲洗、干燥、涂内防腐漆后闲置，只有简单的日常保养维护。自 2016 年 5 月开始，现油价回升，红河油田各区块陆续复产。截至 2019 年 6 月份，已经复产 HH55、HH12、HH90、HH60、HH36、HH37、HH73-74 井区，共有生产井 425 口，开井 223 口，日产液 1391.65t，日产油 311.8t，日产水 1079.84t。复产站场 5 座(联合站、红一转、红二赠、红十三增、红三增)，单井发油点 16 座。复产站场位置见图 2。

2.2　腐蚀概况

自 2015 年底，红河油田全面关停后，地面集输系统也全部闲置停用。目前仅复产极少数增压站，因产液量低集输管线没有投运，全部靠拉

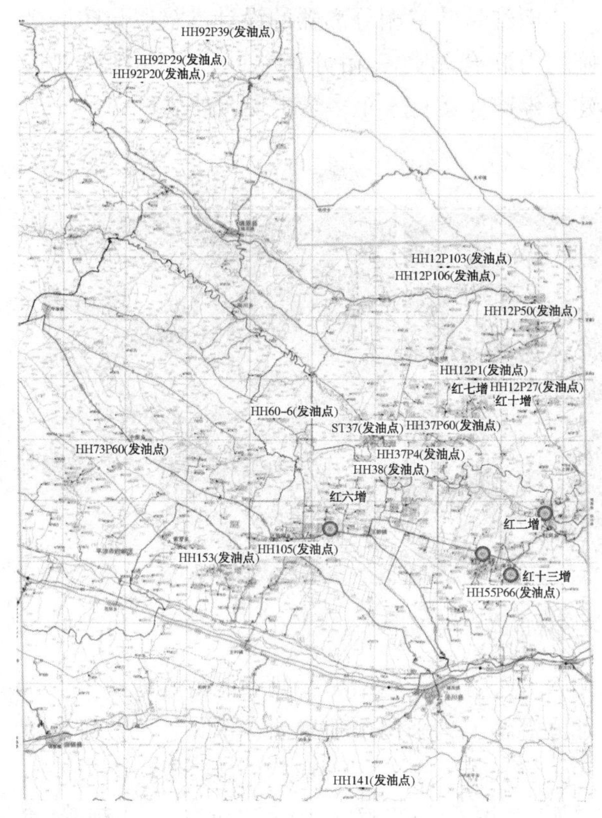

图 2　红河油田复产站场位置图

油点拉油生产。地面集输管网、站场等设施和附属配套系统已停运 3 年半时间，存在不能程度的腐蚀、老化、结垢等失效现象。

2.2.1　单井管线结垢严重

通过现场调研可知，约 10%的 DN65 的单井集输玻璃钢管结垢严重，而 20#钢的支线结垢不严重。1#站(ST2)集输系统结垢严重，尤其在单井阀组汇管处易结垢堵塞。生产现场采取了井口加缓释阻垢剂和降粘剂的防护措施。由于缓蚀作用时间有限，井口加注的缓蚀阻垢剂对后续的污水处理系统并不能起到持续的缓蚀作用。

2.2.2　集输干线腐蚀穿孔

增压站站间、增压站至转油站、转油站至联合站之间的集输干线采用 20#钢材，没有发现有结垢情况，但是腐蚀穿孔情况比较严重。截至目前，仅复产了 1 条集输干线，该管线把 HH42-HH55 井区产液集输至红一联，于 2015 年 5 月关停，封管前做了扫线、干燥等保护措施。该管线长度 20km，设计压力 4MPa，管径为 ϕ159×6mm 采用 20#钢无缝钢管，在 2017 年 3 月复产。目前日输液量 250~300m^3，输送天然气 3000m^3，天然气与油井产液采用分时段交替输送，输送压力 1.5MPa，输送温度 50℃。在复产后的短短几个月时间里已经出现了 3 次穿孔刺漏现象。经过检测管壁未见变薄现象，均为点蚀穿孔。生产现场投加缓蚀剂后再未出现穿孔现象。穿刺位置见图 3。

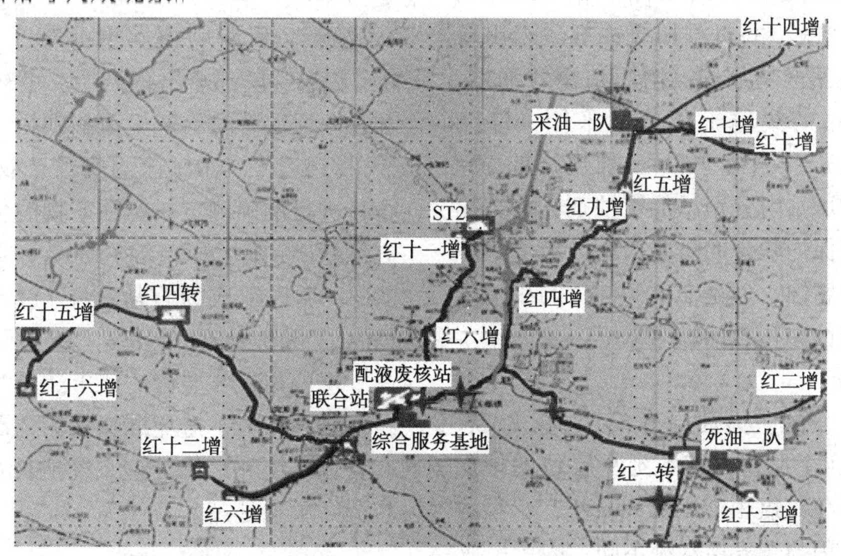

图 3　集输干线穿刺位置示意图

2.2.3　站内大型设备腐蚀严重

2.2.3.1　三相分离器的腐蚀

红一联内的三相分离器采用低合金高强度钢 Q345R 单层钢板卷焊，腐蚀裕量为 2mm。内表面及内构件防腐采用 EP 改性环氧导静电涂料，底漆两道、面漆两道，涂层厚度不应小于 200μm。采用牺牲铝合金阳极的阴极保护措施，采购自山东骏马。运行 1 年多时开始腐蚀，正常使用过程中停产前已经维修过多次。其中红一联的第 2、3、4、5 号四相分离器(山东骏马)罐体接管、焊接处内防腐脱落严重，且 3 号分离器水室有原始补丁，已无法修复、报废。同时阳极块全部牺牲完毕，仅有1号备用分离器运行。停产后红一联内三相分离器采用“干保养”的方法，用处理合格的污水冲洗、干燥后涂防护内漆。复产前发现3、5号分离器腐蚀严重，多处穿孔。

而红一转三相分离器的设计、材质与防腐措施均与联合站内三相分离器同，采购自河南油建。停产前运行3年多未出现腐蚀故障。

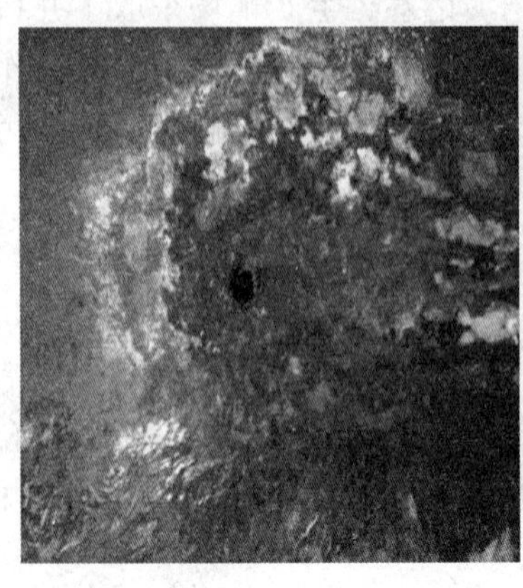
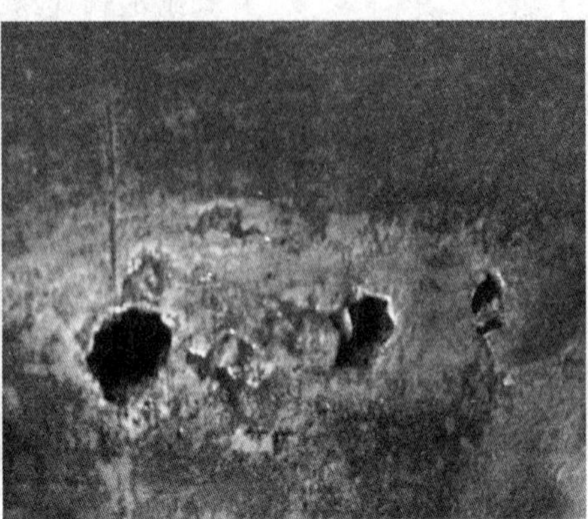

图4　三相分离器腐蚀情况

2.2.3.2　其他设备的腐蚀

联合站内3#分离器的污水排水管线至污水汇管处腐蚀严重。加热炉内盘管、阀门及密封件损坏，保温层老化。

3　腐蚀原因初步分析

3.1　管线腐蚀原因分析

3.1.1　管材

红河油田单井集油管线采用的是DN50和DN65的玻璃钢管线，井口添加缓蚀剂后未出现腐蚀现象。增压站至增压站、增压站至转油站、转油站至联合站的集输干线分别采用$\phi114\times5$mm、$\phi159\times6$mm、$\phi219\times7$mm三种规格的20#钢材，井口和增压站内分别添加缓蚀剂，并采用外防腐层和阴极保护联合的防腐措施。玻璃钢单井管线从未发生腐蚀，但是20#钢材质的集输干线发生了3次腐蚀穿孔、1次刺漏。

3.1.2　原油组分

红河油田开发的主力油层有长6、长7、长8、长9和延9四个层位，其中延9层位的地层水矿化45587mg/L，氯根28121.8mg/L，水型为硫酸钠型为主。因与长安组水型不同，因产出液混合处理容易产生结垢，此不能与其他层位的采油井混输，均采用单独拉油、单独处理的小集输模式。长6、长8、长9层位的水型均为$CaCl_2$，总矿化度为47237～105620mg/L，氯根含量43456～55646mg/L。虽然长6层位与长8、长9层水型均为$Cacl_2$，但是长6层与长8层位的原油混输仍旧会导致结垢严重的现象。

因长8层水含SO_{42-}，长6层水含有Ba^{2+}、Sr^{2+}离子。硫酸钡溶解度非常小，只要SO_{42-}与Ba^{2+}相遇一般都会出现结垢。可初步判断长8层和长6层混合时会产生硫酸钡垢。对腐蚀结垢形貌进行检测、XRD检测腐蚀产物和垢样组成和含量进行准确测定。腐蚀产物的化合物组成为四方纤铁矿（β－FeO（OH））80%，重晶石（$BaSO_4$）20%；垢样组成为石盐（NaCl）2%，含锶重晶石（Ba0.75Sr0.25SO_4）98%。在实际生产过程中，长6层位与长8层位的产出液虽均进入ST2集中拉油站内，为了避免混输结垢情况，站内设置两套集输系统和污水处理系统把长6层位与长8层位分开单独处理。

表1　红河油田不同层位地层水组分

分析项目	K^++Na^+	Ca^{2+}	Mg^{2+}	$Ba^{2+}+Sr^{2+}$	SO_{42-}	Cl^-	CO_{32-}	HCO_{3-}	矿化度	水型	pH值
长6层	29844	6130	1459	301	0	60545	0	949	61419	氯化钙	6.5
长8层	15128	3008	246	0	346	35129	0	199	58743	氯化钙	5.9

表2　红河油田不同层位水型及矿化度

层位	平均矿化度/(mg/L)	最大矿化度/(mg/L)	最小矿化度/(mg/L)	水型分类
长6	91009	126121	32887	氯化钙
长7	105620	146790	64449	氯化钙
长8	49379	105221	10452	氯化钙
长9	47237	74555	16862	氯化钙
延9	45587	67315	13812	硫酸钠、碳酸氢钠

长8油藏属于低黏度、低硫的轻质原油。伴生气中含少量CO_2和H_2S，每口井含量不同，油气混输时容易对管道内壁造成酸性腐蚀。伴生气组分见表3。

表3　红河油田伴生气组分表

序号	井号	氮气	氧气	CO_2	甲烷	乙烷	丙烷	异丁烷	正丁烷	异戊烷	正戊烷	正己烷	硫化氢
1	HH12P70	3.46	未检出	6.32	60.01	12.20	12.01	1.80	3.26	0.75	0.67	0.16	0.50
2	HH12P71	3.89	未检出	90.14	65.03	14.70	8.99	1.43	3.19	0.84	0.81	0.18	0.81
3	HH60-6	5.44	未检出	5.23	70.67	9.68	7.19	0.99	2.51	0.97	1.15	0.46	0.80
4	HH60-5	5.14	未检出	0.21	68.21	10.52	10.43	1.41	2.53	0.53	0.46	0.07	0.50

3.1.3　阴极保护失效

132.1km集输干线均采用镁合金牺牲阳极阴极保护，黄夹克泡沫塑料保温。所有干线停产后均采用"冲洗+充氮"的保护措施，其它干线未发生腐蚀，只有红一转至联合站干线因阴极保护失效引起腐蚀穿孔。红一转至红一联管线的阴极保护桩全部损坏失效(阴极桩高度太低)，测试桩地电位均于-0.85V，判断阴极保护失效。更换失效的阴极保护桩，并更换新的镁合金阳极块，使原油阴极保护系统正常工作。

3.1.4　缓释阻垢剂效果差

对红河油田目前使用的缓释阻垢剂通过室内试验进行性能评价，评价缓释阻垢效果是否高效。

现场药剂：水处理用缓释阻垢剂Q/SHCG 7；

添加地点：井口、增压站；

主要成分：有机磷酸盐、aes等；

物理参数性能：缓释率(30mg/L)：72%(≥70%)；

阻垢率(碳酸钙垢，30mg/L)：70%(≥70%)。

根据最新的SY/5273—2014《油田采出水用缓蚀剂性能评价方法》可知，缓蚀剂的性能指标应符合表4的规定。由表4数据可以看出，现场用的缓蚀阻垢剂的性能指标的室内实验室测试结果刚刚达标。据了解，为了保证缓释效果，生产现场添加浓度达到了300ppm，远远高于了室内性能测试时的浓度30ppm。

表4　油田采出水处理用缓蚀剂性能指标

项目	指标
外观	均匀液体
pH值	5~9
倾点/℃	≤-10
开口闪点/℃	≥50
水溶性	水溶或水分散，无沉淀
乳化倾向	无乳化倾向
静态均匀缓蚀率(30mg/L)	≥70%
室内动态均匀缓蚀率(30mg/L)	≥70%
点蚀缓蚀率(30mg/L)	≥60%
电化学缓蚀率(30mg/L)	≥80%
配伍性	不降低自身及其他药性剂性能

通过查阅相关文献可知，有公司研发的油田水处理用缓蚀阻垢剂WT-CO的缓释阻垢效果非常好，$CaCO_3$和$CaSO_4$阻垢率均高达90%，$BaSO_4$的阻垢率也达到了40%，远远高于红河油田现场添加的缓蚀阻垢剂Q/SHCG 7。因此需要通过室内试验复配出比现场目前应用缓蚀剂更高效的缓释阻垢剂。

3.1.5　管输液量少

HH42-HH55井区日产液量258.94m^3/d，通过红一联至联合站的集输干线输至联合站集中处理。根据《GB 50253—2014输油管道工程设计规范》，含水原油在管道内的平均流速可取

0.8m/s~1.4m/s，最大不应超过3m/s。该集输干线因输量少，平均流速仅为0.27m/s。流速过慢将导致含水原油在管道内破乳分离，游离水的不均匀分布，主要沉积在底部，加剧了对管道底部和破乳段的腐蚀。三处泄漏点均位于低洼段，管线在此处形成了“U”形，在低流速时易造成游离水聚集，加剧了腐蚀的发生。

3.2 设备腐蚀原因分析

3.2.1 内防腐层破损

红一联内的三相分离器投入使用1年多时开始腐蚀，正常使用过程中停产前已经维修过多次。正常使用过程中油水缓冲室底部发生的腐蚀因为游离水中的卤族元素和金属离子引起的电化学腐蚀。其中第2、3、4、5号四相分离器(山东骏马)罐体接管、焊接处内防腐脱落严重，且3号分离器水室油水室隔板有与罐体焊缝处用环氧树脂修补过。筒体焊接施工过程中也会引起内防腐层破损。

3.2.2 阴极保护设施失效

联合站内三相分离器维修时发现阴极保护设备失效，铝基阳极已消耗完毕。重新补充铝基阳极后虽然仍存在一定程度的腐蚀，腐蚀程度缓解了很多。

3.2.3 停产后的防腐措施效果不好

停产后红一联内三相分离器采用“干保养”的方法，用处理合格的污水冲洗、干燥后刷内防腐涂层。复产前发现3、5号分离器腐蚀严重，多处穿孔。主要原因是停产后的防腐措施效果不好。污水冲洗后未完全干燥就刷内防腐涂层，涂层厚度、密封性未达标。导致罐体底部腐蚀穿孔。

4 结论与建议

(1) 分析红河油田停产后集输系统的腐蚀现状，初步分析腐蚀结垢原因。

(2) 管线腐蚀主要有管材、原油的油气水各相组分、阴极保护失效、缓释阻垢剂效果差和输液量少等原因造成的。

(3) 联合站内三相分离器腐蚀主要由内防腐层破损、阴极保护系统失效和停产后防腐措施效果不好导致的。

(4) 建议搬迁红四转2台分离器到红一联，串联安装运行。穿孔处补强，更换阳极块。

(5) 建议通过进一步研究找出引起集输系统腐蚀的主控因素，判断腐蚀类型，优选经济适用的防腐除垢技术，提出经济适用的腐蚀治理方案，如：阴极保护系统故障排查、配置高效的防腐阻垢剂、增加缓蚀剂加注点、增加腐蚀监测方案等。

基于腐蚀失效数据分析的管道完整性管理研究

李国民 陈 钢 郝建华 宋兆军 王 伟

（中国石油冀东油田分公司）

摘 要 陆上油田作业区使用的集输管道材质以20#和20G无缝钢管为主，管道内壁无内涂层或者内衬层等防腐蚀措施，近几年管道失效呈现点多面广、居高不下的态势，通过对近几年的管道失效数据进行统计分析，查找管道失效规律和特点，并制定出了陆上油田作业区管道腐蚀防治对策，为管道完整性管理提供技术支撑，对切实降低管道失效率和保证管道安全运行具有重要的意义。

关键词 管道；失效；腐蚀；防治；完整性

陆上油田作业区紧邻渤海湾，自然环境敏感，井场周边遍布虾池、鱼塘，区域内有3条较大河流（溯河、青龙河、双龙河）和1条干渠直通入海。油田主要采用钢质管道进行密闭集输，产出液综合含水达到90%，介质中含有CO_2、H_2S、SRB等腐蚀性物质，随着管道投用时间增长，管道内表面存在腐蚀、结垢，造成流体输送压力增大、能耗增加，管道失效的风险在逐年递增[1]。管道腐蚀失效不但给油田造成较大的经济损失，并影响油田的正常生产。

自2013年管道失效数量急剧上升后，陆上油田作业区自2015年系统建立了管道失效数据采集工作，建立了涵盖管道基础信息、失效信息、腐蚀检测数据等内容的管道失效数据库，形成了“日上报，周统计，月分析，季总结”的常态化工作模式。

1 集输管道失效分析

1.1 集输系统概况

陆上油田作业区地面集输系统主要采用三级布站方式，原油从单井输送至计量站，再混输到转油站，最后输至联合站，单井集输工艺采用双管掺水密闭集输技术。

管道按照使用类型分为单井出油、单井掺水、计量间外输油、计量间主掺水、转油站外输、注水系统和天然气系统等管道，管径从DN40-300mm，集输管道材质主要为20#钢无缝钢管，注水系统材质为20G无缝钢管，无内涂层，外防腐采用聚丙烯冷缠带，保温层采用硬质聚氨酯泡沫，防护层采用QXJ改性聚乙烯黄夹克。

1.2 管道失效总体情况

2014年至2016年，陆上油田作业区集输管道总穿孔次数和内腐蚀穿孔次数均呈现较大增幅，2016年集输管道整体穿孔率达到顶峰，经过开展几年的管道完整性管理工作，自2017年后管道失效数据又出现了下降趋势，但管道失效数量多，管道完整性管理工作任重道远，急需对几年的腐蚀失效数据进行统计分析，查找规律，研究防治对策。

2 陆上油田作业区集输管道输送介质主要特点

2.1 集输系统全面覆盖二氧化碳且含量高

陆上作业区现有生产平台169个，开展过CO_2吞吐的采油平台的有111个，占总平台数量的65.7%，大量的液态CO_2注入地层，部分又经过油井以气态形式和溶解二氧化碳随产出液采出，通过掺水系统管道到达非二氧化碳吞吐井和平台，最终在集输系统全面覆盖。从表2中可以看出，陆上作业区所有转油站均含有CO_2，平均含量达到34.43%，见表1。

表1 转油站天然气中二氧化碳含量%(mol/mol)

化验日期	柳南转	柳北转	G43-23转	G29转	G14转	G17转	G5转	N38转
2018-1-31	63.55	31.18	27.49	69.5	16.41	33.4	17.64	52.7
2018-2-22	54.73	19.89	20.52	60.17	16.42	23.51	13.02	51.23
2018-3-22	61.59	22.04	21.57	51.69	11.11	21.45	11.23	45.58
2018-4-22	51.4	17.53	24.3	52.9	15.14	23.88	10.68	41.15

续表

化验日期	柳南转	柳北转	G43-23 转	G29 转	G14 转	G17 转	G5 转	N38 转
2018-5-20	66.57	27.72	25.34	50.06	15.58	11.79	8.68	36.57
2018-6-30	66.15	39.5	22.3	67.75	13.62	19.2	23.59	51
2018-7-27	56.07	38.85	31.82	\ \	38.74	14.9	9.17	59.8
2018-8-27	6.79	33	23.66	47.08	12.09	13.85	60.78	55.7
2018-9-27	60.42	7.71	46.62	65.28	18.51	11.15	7.08	47.8
2018-10-27	62.8	40.78	29.5	74.51	17.6	14.7	3.99	49.5
2018-11-30	69.61	41.46	41.07	65.91	24.23	10.18	5.59	40.5
2018-12-30	53.94	32.39	22.34	59.22	16.33	13.82	23.36	64.9

2.2 油井产出液高含水

油田按含水级别分为五级：无水期($F_W \leqslant 2\%$)、低含水期($2<F_W \leqslant 20\%$)、中含水期($20<F_W \leqslant 60\%$)、高含水期($60<F_W \leqslant 90\%$)、特高含水期($F_W>90\%$)[2]，目前陆上油田作业区综合含水90.57%，处于特高含水期，为管道电化学腐蚀创造了条件。

2.3 介质成分复杂

陆上油田作业区采出水化验为$NaHCO_3$水型，介质内除含有大量二氧化碳外，还存在硫化氢，氯离子，溶解氧、硫酸盐还原菌，存在多种腐蚀影响因素。注水中含有溶解氧和SRB菌，见表2。

表 2 高尚堡地区注水水源水质监测结果

样品名称	取样日期	悬浮固体含量/(mg/L)	悬浮固体颗粒直径中值/μm	含油量 mg/L	SRB 菌 个/mL	pH 值	含硫/ mg/L	溶解氧/ mg/L
高 9 注水水样	2018-5-17	未检出	颗粒太少，无法测定	1.0	0.0	8.0	0.0	1.4
高 2 注水水样	2018-5-17	未检出	2.021	0.6	0.0	8.0	0.0	1.5
高 5 注水水样	2018-.5-17	1.0	颗粒太少，无法测定	2.8	0.6	8.0	0.0	1.9
高一联供水水出口	2018-5-17	未检出	颗粒太少，无法测定	0.7	0.0	7.0	0.0	2.2
高一联生化水出口	2018-5-17	3.0	19.305	1.5	0.6	7.0	0.0	9.6

3 集输管道失效特点分析

3.1 管道失效原因

管道失效原因一般有第三方破坏、内腐蚀、外腐蚀、制造与施工缺陷、应力腐蚀开裂、地质灾害、误操作和其他原因等八大类。通过对近五年的管道失效数据进行分析，陆上油田作业区集输管道失效主要为腐蚀失效，因第三方破坏、制造与施工缺陷、误操作和地质灾害等原因导致的管道失效极少，所以腐蚀失效是陆上油田作业区集输管道面临的最大风险。

3.2 管道腐蚀失效类型

对2016-2019年管道腐蚀失效类型进行统计，每一年度管道内腐蚀失效占比在68%~78%之间，近两年内腐蚀失效占比呈现上升趋势，具体见图1，可以确定内腐蚀是导致管道失效的最主要原因(图1)。

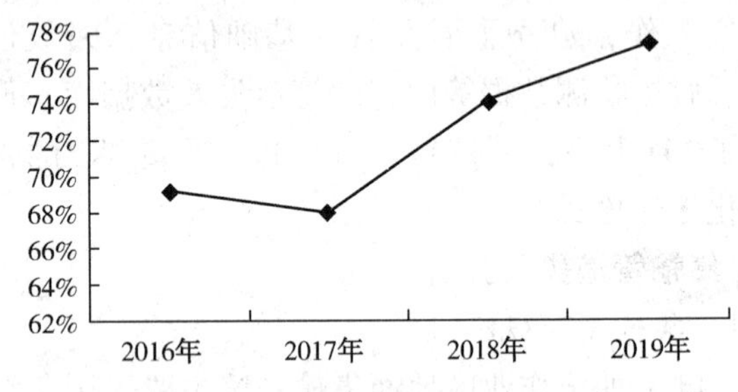

图1 近几年管道内腐蚀失效占比图

3.3 管道季节性失效特点

对2016年以来每月的穿孔数据进行同期对比，见图2，可以直观的看出每年四季度至次年一季度末管道失效次数较多，二季度至三季度失效次数较少且平稳，分析认为主要受季节性投运掺水的影响。

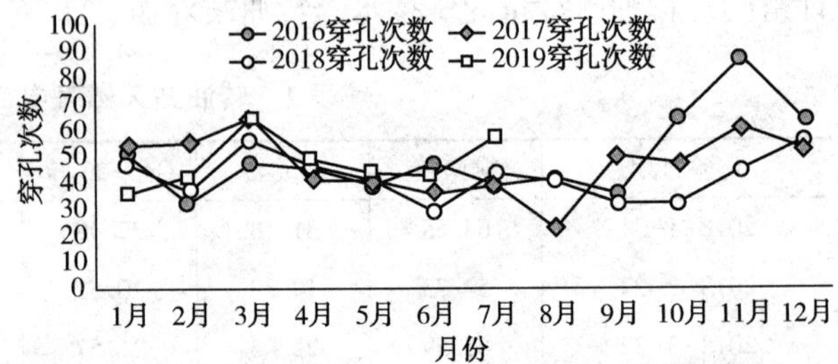

图2 集输管道失效次数趋势图(2016年至今)

3.4　管道区域失效特点

按照采油平台内外来分析，井场内部的管道失效占总数的93%左右，平台内部管道是管道失效的主要区域，平台外的敏感区管道失效占比约为1.2%，环保风险基本受控(敏感区指管道腐蚀失效位置临河、临水、临池、临城镇村庄、临主要道路等区域)。

3.5　管网腐蚀严重

截至2019年7月共有212条管道发生失效，其中143条为首次失效，首次失效条数占失效总条数的67.45%，首次失效次数占失效总次数的42.69%，陆上油田作业区集输管网呈现全面、严重的腐蚀态势。

3.6　管网工艺适应性差

从整体管道的高失效率和首次失效占比高的特点可以看出，当前管道主体材质(20#无缝钢管无内涂层)不能适应强腐蚀性的采出液。

3.7　管道用途分析

目前单井油管道、单井掺水管道和计量间掺水管道失效占失效总数的86.6%，是陆上油田作业区管道腐蚀失效主体和管道隐患治理的主体，是降低管道失效率的主要攻关方向。

4　不同类型集输管道失效分析及治理措施

4.1　转油站外输油管道

结合转油站外输油管道历年失效情况，转油站外输管道失效少，4年累计失效13次，具体失效时间和次数见图3，共发生在5条管道，其中南38转(5次)、高17转(4次)、高63转(1次)已通过优化简化停运。所有正在运行的转油站均24h添加缓蚀剂进行腐蚀预防；柳南转外输管道(3次)已经进行管道检测并局部补强，高5转和柳北转进行管道检测根据检测结果进行局部补强。

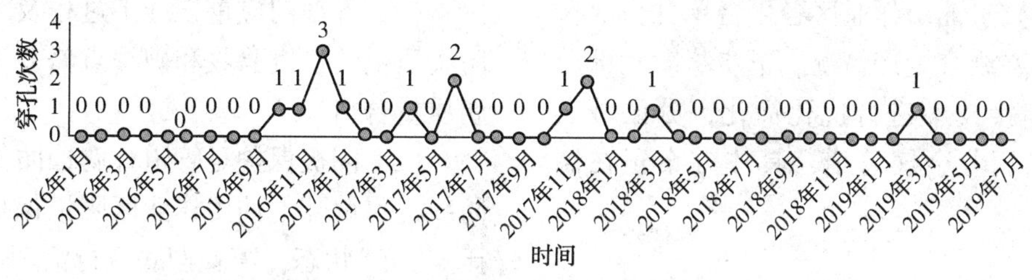

图3　转油站外输管道失效次数趋势图(2016-2019)

4.2　计量间外输油管道

计量间外输油管道失效数量较少，上半年失效次数相对较多，2016年至今的每月失效次数见图4。目前主要防治对策是缓蚀剂预防，对频繁失效的管道采用内涂层管道进行更换，对穿越河流等高危敏感区采用HDPE内衬修复和定向钻更换内涂层管道；其他管道日常开展检测评价，对隐患点定期进行治理。

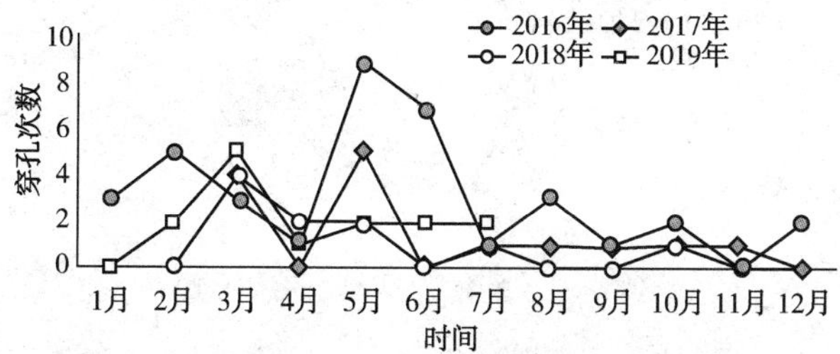

图4　计量间外输管道失效次数趋势图(2016至今)

4.3　计量间掺水管道

计量间掺水由于温度和压力较高，失效次数相对于计量间外输油管道要多，2016年至今的每月失效次数见图5，从图中可以看出四季度及次年一季度的腐蚀失效数量相对要多，与季节性停掺关系较大。目前对发生多次内腐蚀失效的管道直接进行更换；对发生首次失效的计量间掺水管道制定检测计划，根据检测结果制定下步措施；对近五年投产且未发生腐蚀失效的管道加强巡回检查，逐步开展管道检测工作；同时扩大地面工艺管道停掺范围，减少掺水管道的使用。

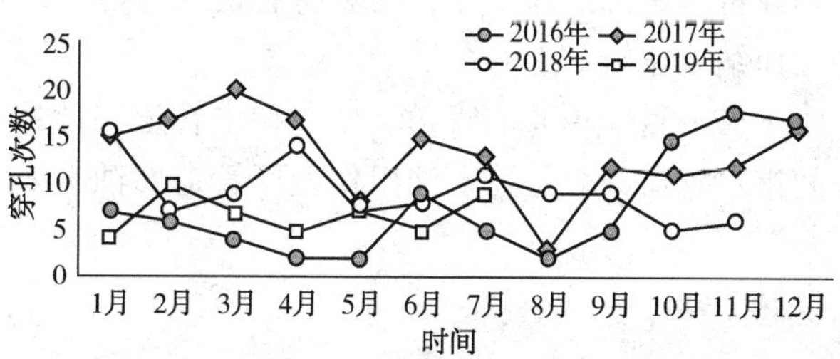

图5　计量间掺水管道失效次数趋势图(2016-2019)

4.4　注水系统管道

从近几年的失效数据统计看，注水系统管道失效次数呈现出了增加趋势，特别是高尚堡地区的注水供水管道失效频繁，占注水系统失效总数的90%左右。初步判断与高尚堡水处理工艺改造后溶解氧超标关系较大。

针对注水系统管道失效问题，2019 年发生失效的注水系统管道中 G5 注、G2 注来水管道已准备进行更换，采用内涂层金属管道。目前正在开展对高压管道开展管道壁厚监测工作并调研管道检测技术，建议高一联注水系统加入除氧剂，柳一联注水系统加注缓蚀剂，同时加强巡回检查。

4.5 单井管道

截至 2019 年 7 月单井管道失效占失效总数的 72.5%，是陆上油田作业区管道失效主体。其中单井出油管道发生失效 140 次，失效次数较去年同期上升 29 次；失效发生在 106 条管道，其中 80 条管道为首次失效；单井掺水管道失效 103 次，失效次数较去年同期上升 21 次；失效发生在 64 条管道，其中 36 条管道为首次失效。

对历年来陆上油田作业区各平台单井失效情况进行了梳理，结合生产情况，下步将对大部分平台采用 T 串接技术进行优化简化，分区域实施，平台内采用非金属管道，具体方案正在制定中。

5 结论

陆上油田作业区从管道类别、失效区域、腐蚀类型、投产年限、每月失效数据等方面对近几年集输管道腐蚀失效数据进行了统计分析，找到了集输管道失效原因和特点，并且针对不同类型管道提出了解决方案和工作计划，为提升管道完整性管理水平提供了技术支撑。

(1) 陆上油田作业区应保证和加大检测费用的投入，按照管道完整性要求，定期开展管道检测评价和隐患治理工作，逐步将管道完整性管理工作纳入正轨。

(2) 目前单井油管道、单井掺水管道和计量间掺水管道失效是陆上油田作业区管道腐蚀失效主体，占失效总数的 86.6%，是降低管道失效率的主要攻关目标。

(3) 为降低管道失效率，应加大集输系统优化简化的工作深度和广度，2020 前应完成整个陆上作业区的优化简化工作。

(4) 由于 20#钢不适应当前的腐蚀性介质，应积极探索非金属管道的应用和评价工作，特别是在单井管道和注水供水管道中的应用。

(5) 高尚堡地区注水管道腐蚀失效严重，建议油田公司在注水源头高一联站内加入除氧设备或药剂，降低介质的腐蚀速率。

(6) 积极探索应用新技术。由于集输管道自有的特点，需要不断丰富检测技术和腐蚀防治技术，不断提高管道隐患检出率；对于近几年投产的无内涂层管道，积极应用在线内涂层和 HDPE 管内穿插防腐工艺。

(7) 各部门应重视施工过程及维抢修过程中防腐质量的检查验收和破损点修复工作，确保防腐质量合格。

(8) 阴极保护是管道外腐蚀防护的最后一道防线，目前陆上油田作业区阴极保护系统基本处于“失守”状态，需要彻底进行治理。

(9) 管卡堵漏或焊接补漏可作为临时抢险措施使用，后续应采取纤维补强、套筒补强或管道更换等永久修复措施。

参 考 文 献

[1] 李德纯，马庆春，杨明华，等. 原位管道内涂层防腐技术在海上集输管道应用[J]. 石油矿厂机械，2012，41(6)：81-84.

[2] 李占坤，孙彪，王喜乐，等. 塔河油田油气集输管道腐蚀现状及防腐蚀技术[J]. 腐蚀与防护，2015，36(3)：240-244.

海上边际油田主发电机组选型技术分析

郝 铭 万宇飞 王文光 梁 鹏 高 阳

(中海石油(中国)有限公司天津分公司)

摘 要 随着边际油田开发的推进，主电站的选型将影响油田的开发思路和经济评价。目前，海上平台的主电站型式主要是燃气透平发电机组、往复式发电机组和原油发电机组，设备的初始投资、后期的维护保养量大，停机维修频繁。对于无人驻守的边际油田开发特点，分析了主电站配置的规模、形式、燃料选择和经济性。研究表明，在边际油田主电站方案优选过程中，主燃料确定原则是尽可能多利用平台伴生气，减少原油的消耗，柴油通常作为备用。开展适用于海上油田的微型透平发电机组技术研究，针对微透平黑启动系统、燃料气处理系统、无线通讯系统进行了详细设计，确保边际油田的供电安全，采用微型透平发电机组应用于海上边际油田的开发，可以进一步丰富海上平台主电站方案的选型。

关键词 边际油田；主电站；微透平；伴生气；黑启动系统；无线通讯

主电站是海上油田开发工程的动力核心，它在整个油田工程设施总投资中占有较高的比例，在桶油成本中其操作费占比影响也较大。目前，渤海主电站常规的配置是以单燃料透平发电机组和双燃料往复式发电机组为主[1]，尤其对于可依托距离大于20km的边际油田，主电站选型直接影响油田总体开发方案，为了尽可能多的利用油田伴生气，减小冷放空量，文章提出了采用微型透平发电机技术。

1 海上平台主电站机型及特点

目前海上油田生产平台常用机型有原油发电机组、燃气透平发电机组、往复式双燃料发电机组、天然气发电机组、微型透平发电机组等[2-4]。

原油发电机组以原油为主燃料，柴油作为备用燃料，额定功率多在3500~7600kW。机组可靠性好，但原油辅助处理设施复杂，机组占地和重量较大，适合于油田无伴生气工况条件。燃气透平发电机组以油田伴生气为主燃料，单机现场功率在3000~10500kW，机组技术成熟、可靠性好，占地和重量小，但初始投资高，适合于油田伴生气充足工况条件。往复式发电机组包括双燃料发电机组和天然气发电机组，单机功率较小，一般在3000kW以下，对燃料气组分要求较高，需要燃料气预处理装置，技术成熟，占地和重量小，适合于气源较充足工况条件，通常与原油发电机组混合配置。

微型透平发电机组以伴生气为主燃料，后期伴生气不足可以燃烧柴油，需要将燃气系统更换为燃油系统，发电机组的额定功率范围在15~1000kW，单机最大功率200kW，可最多5个单机并联发电。该机组技术成熟，占地面积小，维护保养简单，支持露天安装，适合于无人值守气量充足的海上边际油田，惠州油田19-2新增2台1MW的微透平发电机组进行电力组网补充发电。

2 影响主电站选型的主要因素

2.1 海上平台主电站燃料

校核该油田或周边可依托油田是否有足够的气体燃料，包括油田伴生气或者天然气。如果气体燃料充足，可以保证该油田全生命周期开发，就采用燃气轮机或往复式气体发动机组。如果油田的伴生气或者天然气量不足以支撑全周期开发，只能满足部分年份燃气电站的需求，则需考虑配置燃气发动机和燃油发动机混合的电站型式。如果该油田没有伴生气或者天然气，则考虑配置原油发动机组[5]。

2.2 海上平台电站设计电负荷量

针对该油田的实际生产工况条件，计算出冬夏季工况条件下最大和最小电负荷量。一般情况下，夏季电负荷量最大，燃气轮机电站机组的夏季现场功率最小，为此将夏季工况条件下的最大电负荷量作为设计基础，机组的负荷率不高于90%。如果前期设计阶段，考虑该油田通过海底电缆向其他平台供电或者进行电力组网，则实际设计电负荷量还需要考虑外输电情况。

综上所述，比选油田主电站方案，首先根据油田伴生气产量及可依托的资源确定主电站燃料，其次根据油田夏季最大电负荷量及各类型主电站机组功率范围确定电站配置型式、单机功率和机组数量，最后综合机组的初始投资、尺寸重量、技术成熟度等因素进行电站方案的优选。

3　主电站选型设计分析

渤海某边际油田计划新建一座无人值守的井口平台，该油田距离周边最近的可依托平台约20km，设计自发电主电站。该油田的伴生气和逐年电负荷见表1所示。由表知，该油田高峰日产气6.2×10^{4}m^3/d，伴生气量充足，巅峰年电负荷1515kW。根据各类型发电机组特点及单机功率范围确定电站配置型式，该边际油田主电站可选择微透平、天然气发动机组、双燃料发动机组。根据各机组的耗热率可计算出各主电站高峰年负荷情况下需要消耗伴生气量。

表1　边际油田逐年伴生气量和电负荷量

年份	伴生气	逐年电负荷量	微透平耗气量	天然气机组耗气量	双燃料机组耗气量
	10^{4}m^3/d	kW	10^{4}m^3/d	10^{4}m^3/d	10^{4}m^3/d
1	6.2	1303	1.0	1.1	0.9
2	6.1	1374	1.0	1.2	0.9
3	5.9	1461	1.1	1.3	0.9
4	4.5	1480	1.2	1.3	1.0
5	3.8	1495	1.2	1.4	1.0
6	3.2	1515	1.2	1.4	1.1
7	2.7	1503	1.2	1.4	1.1
8	2.3	1485	1.2	1.4	1.0
9	1.9	1432	1.2	1.4	1.0
10	1.7	1400	1.2	1.4	1.0

通过对国内外小于2MW主电站机组的厂家技术调研，可以使用油田伴生气作为燃料的发电机组有微透平，天然气发动机组和双燃料发动机组。根据各主电站机组厂家的单机功率范围进行了电站配置方案选型，并根据机组初始投资、占地尺寸、重量、总操作费、技术成熟度、适应性等进行比较，见表2所示。

表2　边际油田主电站方案选型

	微透平	天然气发动机组	双燃料发动机组
单机功率及配置形式	35℃@688kW 3台C800微透平机组 其中2个C200备用	1030kW 3台天然气发动电机组，2用1备	1000kW 3台双燃料发电机组，2用1备
初始投资/万元	2600	3000	3400
单台占地尺寸/m	9.1×2.4×2.9	12×3.3×3.0	13.5×3.5×3.5
单台机组重量/t	32	55	60
总操作费（折现）/万元	280	300	350
机组备用率/%	20	50	50
技术成熟度	可靠，有HZ19-2应用业绩，安装机组超过9000台/套。	可靠，渤海BZ13-1平台等应用。	可靠，安装超过1300台/套。
适应性	适合于无人值守的平台，维护量低，支持海洋环境露天安装。	每日维护保养量大，停机维修频繁，适合于有人驻守的平台，且电站需要加集装箱式防护罩。	每日维护保养量大，停机维修频繁，适合于有人驻守的平台，电站需要配置柴油系统，加集装箱式防护罩。

由表2信息可知，往复式的天然气和双燃料机组都有适合油田电负荷的机型，且机组的效率都较高，但都需要有人值守确保每日维护保养，机组本身的初始投资和占地重量都相对较大。结合各主电站机组特点和边际油田的实际需求，推荐采用微透平作为边际油田的主电站，可以充分利用油田的伴生气，适合于无人值守。

与往复式发动机组相比，微透平采用了空气轴承、高效回热器等技术，其主要优点如下：

（1）微透平的燃料适应性广，可以燃用天然气、柴油、丙烷、垃圾填埋气、发酵沼气、航空汽油、煤油。尤其对于海上油田伴生气低热值或天然气含甲烷百分数低的工况，往复式发动机组受限于气缸容积会出现气体难以压燃，运行过程中气缸会产生爆震，带载能力下降的现象，且排烟温度都在500~600℃。但是微透平属于连续旋转机械，功率不会出现下降，可以保证负载的连续输出。

(2) 与往复式燃气、燃油发电机组相比，微型透平发电机组由压气机、燃烧室和透平构成，相当于一个简化的航空喷气发动机。机组结构简单，压气机、透平和永磁发电机共用一个主轴运动部件，没有活塞，缸体和密封件，透平运转时维护需求和停车时间最少，维修周期约 8000h 更换燃料、空气过滤器、点火器和喷嘴等。

(3) 微透平机组采用空气轴承，用空气作为润滑剂，避免了转轴和固定轴承之间的金属接触，摩擦力显著降低。相比于传统的滚动轴承，没有滚珠的润滑系统，无需机油和冷却液，避免了润滑油液的跑冒滴漏，运行时噪音小。

(4) 微透平采用高效回热器技术，高效回热器是一种紧凑换热装置，利用透平机中排出的 630℃高温尾气对压气机后的压缩空气进行预热到 510℃，提高进入燃烧室的压缩空气温度，从而提高机组的热效率。采用高效回热器技术，可以使得微透平的效率与往复机相当，达到 33%(图 1)。

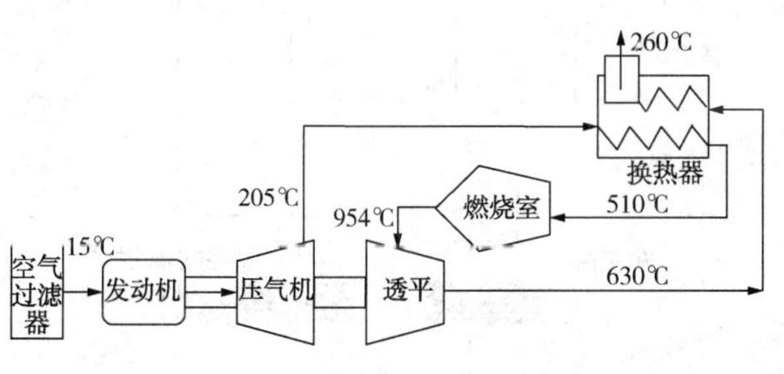

图 1　微透平高效回热系统框图

4　微透平关键系统设计

4.1　微透平主电站黑启动设计

平台主电站黑启动是指油田投产前主电源第一次启动或者主电源因自身主机故障或电站继电保护系统触发而突然停电，主电源再次恢复的过程。微透平黑启动方案采用并网机型+电池模块的方式。边际油田孤网黑启动时，给蓄电池控制模块信号，蓄电池输出 760V 直流电，直流电通过 IGBT 三相全桥整流器变为交流电，驱动发电机[6]。并网黑启动时，并网机组给一路 760V 交流电，经过 IGBT 三相全桥逆变器变成直流，再经过 IGBT 三相全桥整流器变为交流电，从而驱动发电机，图 2 所示为微透平黑启动系统图。

4.2　微透平主电站燃料气处理系统设计

从平台上的分离器出来的伴生气压力较低，一般在 300~500kPaA，而需要到达微透平撬边的压力要求在 500kPaA 以上，需要设置燃料气处理

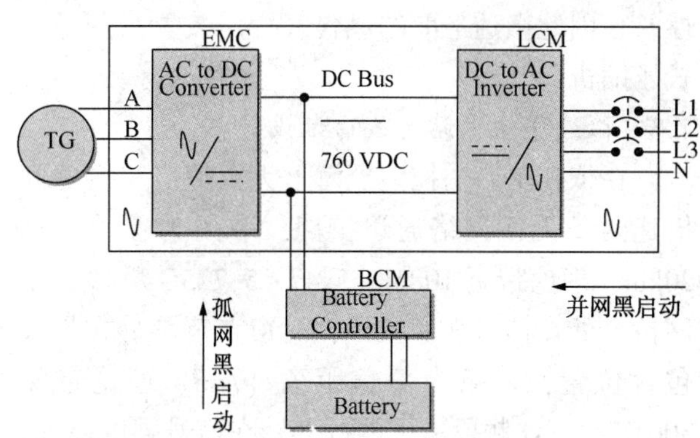

图 2　微透平黑启动系统图

增压系统。分离器出来的伴生气依次经过冷却器和洗涤器，处理后的伴生气再经过燃气压缩机增压后进入燃料气缓冲罐，之后再通过过滤和加热器达到微透平的进机要求。常规的燃料气增压压缩机类型主要有：往复式压缩机、离心式压缩机、螺杆式压缩机，其各自优缺点如表 3 所示。

表 3　各种类型天然气压缩机优缺点

压缩机类型	优点	缺点
往复式压缩机	适用于中、高压工况	1. 单台机组气量不能过大 2. 机组转速较低、需要调速箱 3. 机械连接部位多，易损件多 4. 受排气温度限制，单级压缩比低
离心式压缩机	1. 适用于气量较大工况 2. 结构简单紧凑、重量轻、机组尺寸和占地面积小 3. 运转平衡、操作可靠、运转率高、易损件少	不适用于气量太小及压比过高工况
螺杆式压缩机	1. 可靠性高、零部件少、没有易损件、操作维护方便 2. 体积小、重量轻、占地面积小	只能适用中、低压范围，排气压力一般不超过 2.5MPa

由上表可以得出，离心式压缩机适用于气量较大，中低压力的工况条件，多用在海上气田的开发工程；往复式压缩机可以满足油田燃料气处理工况，但是相比于螺杆式压缩机，往复式压缩机结构复杂，易损件多，检修周期短，运行平稳

性差，因此微透平前的燃料气增压装置采用螺杆式压缩机[7,8,9]。

4.3 微透平主电站无线通讯设计：

在依托平台中控室至海上无人值守平台之间搭建两条无线网络通讯链路，一条为覆盖距离20km、理论带宽108M、5.47~5.725G频段，子网桥会处在信号强度较好，而覆盖范围处在最大包含位置；一条为覆盖距离40km、理论带宽300M、4.9G频段，子网桥会处在信号强度最强，而覆盖范围处在较大包含位置，组成互补、搭配的模式。两路通讯频段不同、发射功率不同，虽然共同应对一点，相互之间不存在同频干扰的可能，这样高低搭配可很好的应对自然环境变换的不利影响。保证任何时候均能提供50M带宽的数据通讯且互相不产生同频干扰，满足生产实时通讯的需求，实现依托平台中控室上位机系统(HMI)对无人值守平台上PCS、ESD、F&G自动化控制系统的实时远程监控及无人值守平台上多个视频信号的远传和语音对讲等多媒体应用[10,11,12]。

按自动化控制系统上位机(HMI)监控峰值占用网络带宽2M、一路视频信号峰值占用网络带宽1M及语音对讲峰值占用网络带宽1M计算(按实际8路视频及语音计算)，系统工作实时通讯占用最大带宽大约为18M，而配置中的双网冗余通讯理论上可提供108~300M带宽的支持，按经验计算实际最低可提供54M~150M带宽的通讯支持，完全可满足设计要求。

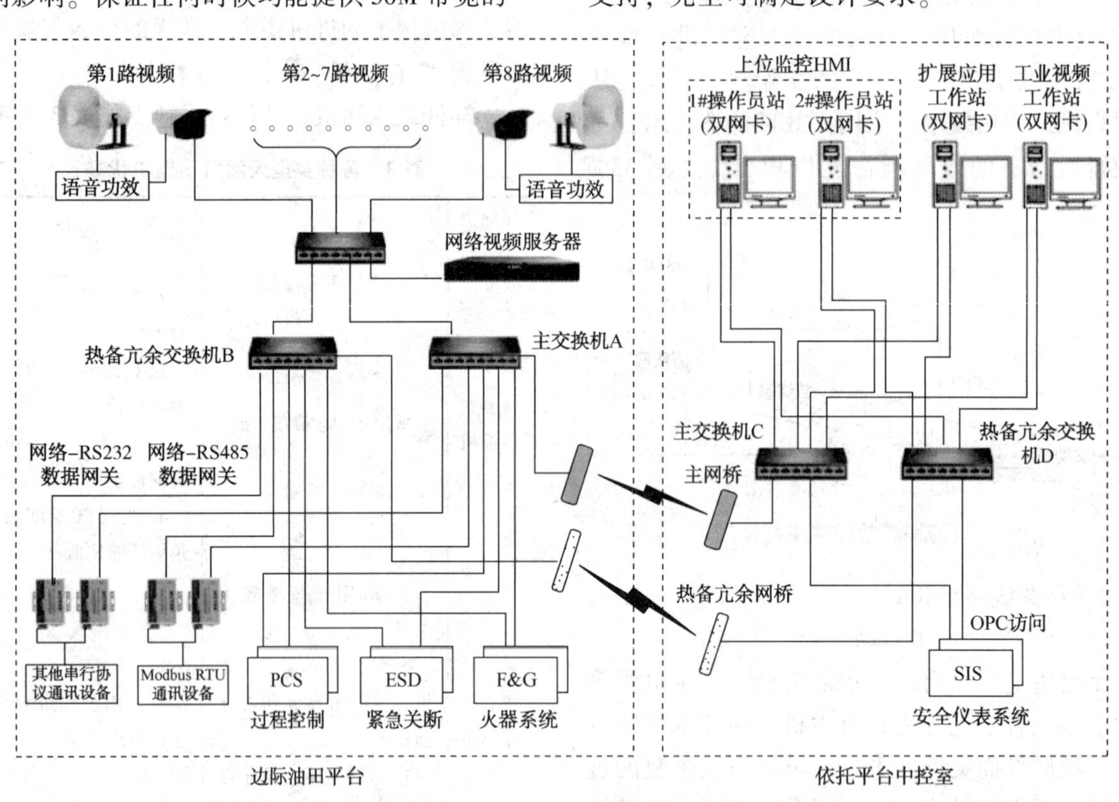

图3 系统应用原理拓扑图

5 结论

(1) 边际油田电负荷量通常设计在2MW以下，适合的主电站机组有微透平发电机组、天然气发电机组和双燃料发电机组，根据平台特点选择主电站配置方案。

(2) 往复式发动机组适合有人驻守平台，微透平发电机组适合无人值守的边际油气田。

(3) 微透平发电机组中黑启动设计、燃料气系统设计、无线通讯设计是无人平台连续平稳供电的保障。需要根据不同机组和油气田工况需求进行系统设计，优化完善机组辅机的配置方案，提高机组的可靠性。

参考文献

[1] 海洋石油工程设计指南编委会．海洋石油工程设计指南(第2册)海洋石油工程机械与设备设计[M]．北京：石油工业出版社，2007.

[2] 陈华平．主电站设计及原动机选型探讨[J]．中国海上油气(工程)．2000，12(6)：51-56.

[3] 杜佳．海上天然气平台主电站设计案例分析[J]．价

值工程，2013，32(15)：41-42.

[4] 郝铭，马金喜，陈丰波等．基于灰色关联度分析方法的海上平台主电站优选[J]．中国海洋平台，2017，(2)：21-25.

[5] 徐海波，洪毅，王文祥等．海上油田新型主发电站技术分析[J]．中国海上油气，2016，28(2)：151-155.

[6] 王敏，李想，潘永春等．微电网黑启动研究综述[J]．电力自动化设备，2016，(3)：41-45.

[7] 蔡晓君，马强．海上平台天然气压缩机选型关键技术研究[J]．压缩机技术，2011，(5)：25-27.

[8] 章向荣，高鹏，惠宁 荔湾 3-1 燃气透平压缩机的选型及维修方案研究[J]．机电设备，2014，(2)：44-46.

[9] 姬忠礼，邓志安，赵会军等．泵和压缩机[M]．石油工业出版社，2008.

[10] 李爽，曾庆军．无线通讯技术与视频传输[J]．广播与电视技术，2015，42(1)：83-88.

[11] 扬子江．无线通讯技术热点及发展趋势[J]．赤峰学院学报，2015，(11)：66-67.

[12] 王鹤．无线通讯技术在设备状态监测中的研究与应用[J]．现代电子技术，2012，35(17)：16-18.

塔里木油田小型橇装化 LNG 装置在边缘井试采工程中的应用研究

张新庆　严东寅　黄勇宁　张　波　王玉柱　孙风枝

（中国石油塔里木油田公司）

摘　要　塔里木油田位于西部新疆维吾尔自治区境内塔克拉玛干大沙漠中，地域广、石油和天然气储量丰富。为探明地下储量情况，塔里木油田需开发部分边缘区域，而在边缘区域试采，存在以下几点问题：①边缘井试采可依托条件差，长输管线投资费用高；②气藏地质储量的不确定性，可能导致长输管线利用率低；③介质长距离输送各类参数要求高、还需避免管道积液、腐蚀问题；④管道路有可能经过冲沟、高速、铁路、乡道、农田、乡镇，地方协调难度大。为解决以上问题，塔里木油田深入研究、参考国内外各类边缘井试采工艺，经过工艺方案比选，最终推荐选用小型橇装化 LNG 装置进行边缘井试采，可有效的解决以上问题。

关键词　边缘井；长输管线；小型橇装化；LNG

1　背景

塔里木盆地拥有丰富的天然气资源，是我国主要的天然气产地。天然气勘探开发在吐东 2 区块不断取得新突破，从目前研究可知，吐东 2 凝析气藏圈闭落实、含气面积大、含气幅度高、气藏厚度大、储层有利，储量规模可观；地表条件相对较好，经济效益较好，钻井工程难度适中，技术成熟。

为进一步落实气藏类型、气藏特征，确定储量规模、气井产能特征和稳产规律，需要通过一定规模、一定时间的试生产，录取动静态资料，进一步落实气藏地质与开发特征，对静态储量规模进行复核，评价工艺、设施、材质等的适应性，为后续区块开发奠定基础。

2　周缘依托及存在问题

2.1　周缘依托差

吐东 2 区块位于新疆维吾尔自治区巴音郭楞蒙古自治州轮台县境内，轮台县城东北 63.5km，井区交通无固定公路，南距 314 国道策大雅出口 12km。吐东 2 区块直线距 1 号处理站 95km，1 号集气站 75km，2 号天然气站 92km，2 号集气站 52km，干气输送管线 2#阀室 44km。与现有油气设施都相对较远（图 1）。

2.2　存在问题

参照塔里木油田往年单井试采经验，均采用管输进行试采，需建设长距离输气管线。吐东 2 区块距离周围已建油气处理设施较远，且凝析油含蜡量 8.6%～13.5%，凝点 2～8℃，故不考虑长距离混输工艺，考虑就地分离，液拉运。但长距离输送管线会存在以下问题：

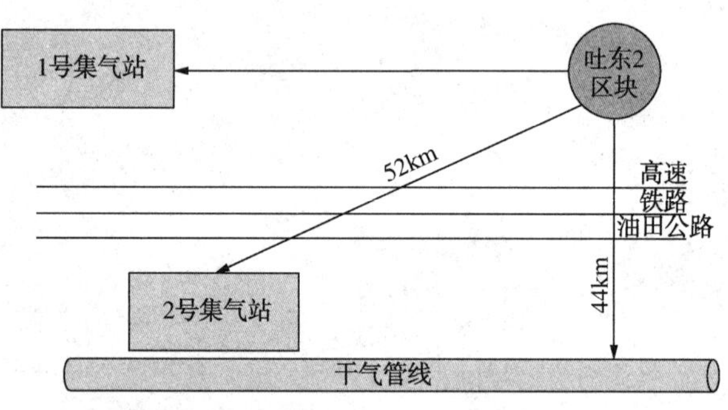

图 1　吐东 2 区块周缘依托

（1）运行温度难以控制

通过核算，此区块天然气水合物形成温度为 20℃，假定管线长度为 96km，起点温度分别为 45℃和 60℃，对两种情况进行工艺核算：当起点温度为 45℃时，末点温度为 0.67℃；当起点温度为 60℃时，末点温度为 0.87℃。根据计算数据可知，若要保证天然气输送过程中不形成水合物，只依靠起点加热是无法满足的，必须采用中间加热或注醇工艺（图 2）。

（2）管道流速过慢

通过工艺模拟，管道流速核算得出，管道流速在 0.845～1.125m/s，不在标准规定的经济流速 3～8m/s 的区间内。流速过慢，极易导致管道积液、冻堵、腐蚀的风险（图 3）。

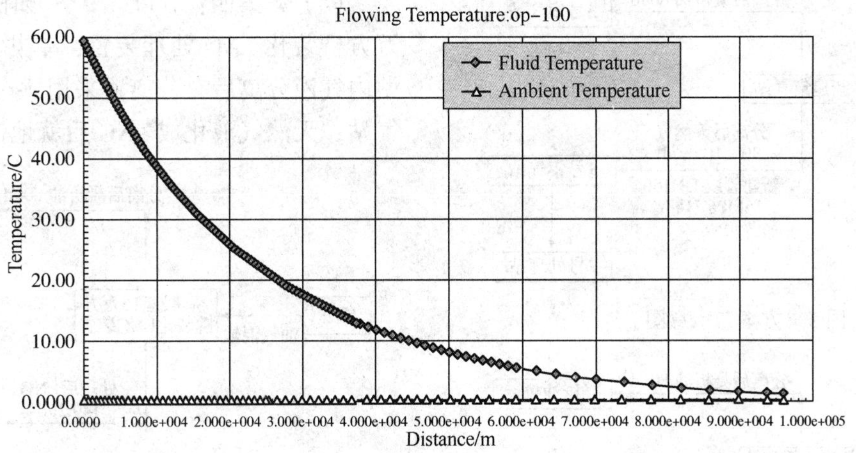

图 2 起点温度 60℃温度曲线

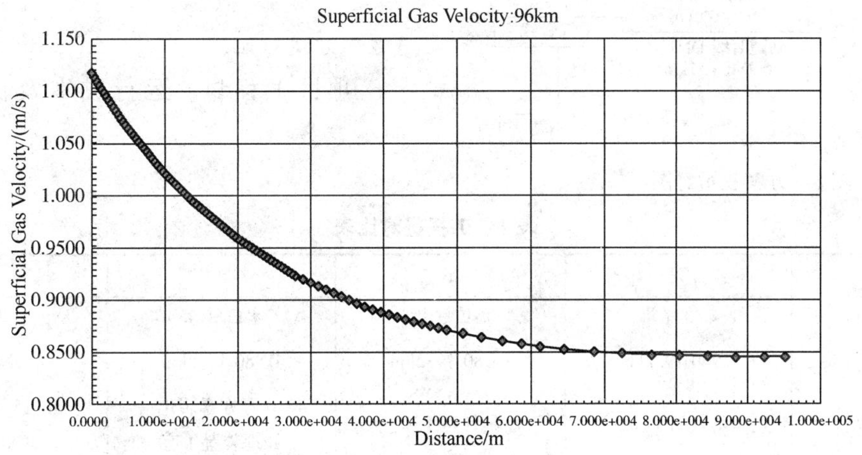

图 3 流速变化曲线

(3) 路由复杂

因为距离较远，长距离输送管线可能经过冲沟、高速、铁路、油田公路、乡道、乡镇、农田等。穿越高速、铁路、乡道等施工难度大、与地方协调周期长，严重影响试采资料录取时间。由于要绕开乡镇、农田，将大大增加管线长度，对管道运行及项目投资都有较大影响。

(4) 地质储量规模不确定

由于气藏类型、气藏特征、储量规模不确定，气井产能特征与稳产规律不清楚。若后期试采数据显示区块储量不理想，将会导致投资浪费，长输管线长期停运的情况。

3 可行性方案对比

3.1 可行性方案

(1) 方案一：在吐东 2 井场新建集气站，单井气液混输进站；站内气液分离后，分离液采用罐车拉运至 3 号集气站，分离后的天然气管输至 1 号集气站，再通过 1 号集气站至 1 号处理站，通过已建输气管线输至 1 号处理站进行处理(图 4)。

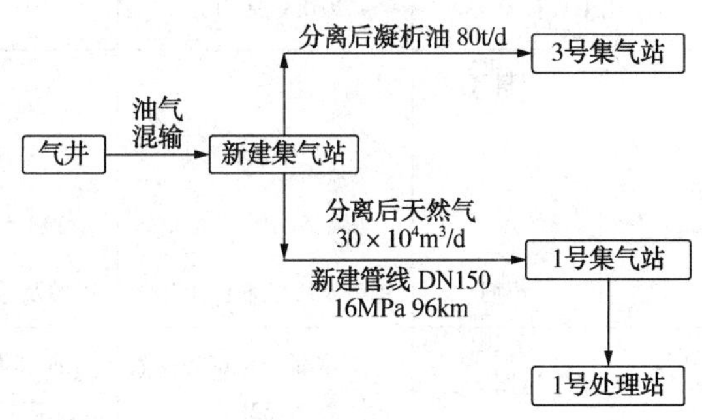

图 4 方案一示意图

(2) 方案二：在吐东 2 井场新建集气站，单井气液混输进站；站内气液分离后，分离液采用罐车拉运至 3 号集气站，分离后的天然气管输至 2 号集气站，再通过 2 号集气站至 2 号处理站，通过已建输气管线输至 2 号天然气站进行处理(图 5)。

(3) 方案三：在吐东 2 井场新建 30 万方橇装化处理装置，单井气液混输进站；站内气液分离后，分离液采用罐车拉运至 3 号集气站，并将处理合格后的天然气管输至干气管线，再通过该管线输至库尔勒市(图 6)。

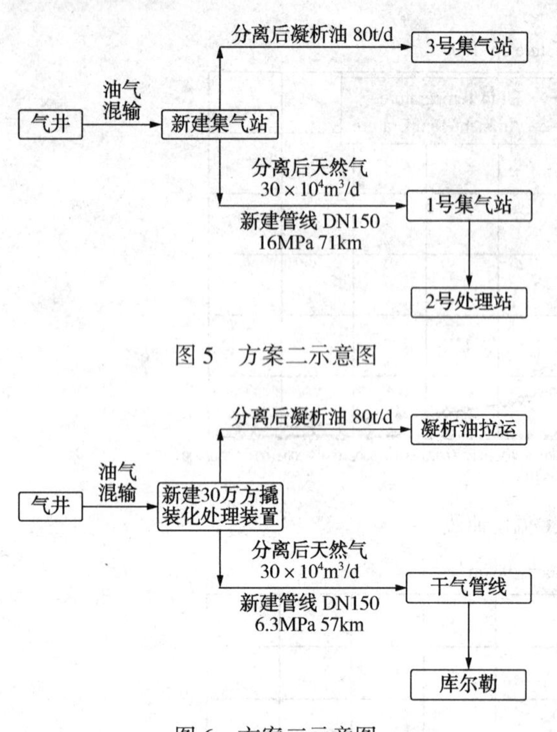

图 5　方案二示意图

图 6　方案三示意图

（4）方案四：在吐东 2 井场附近新建 2 座 15 万方橇装化 LNG 处理装置，单井气液混输进站；站内气液分离后，分离液采用罐车拉运至 3 号集气站；天然气液化成 LNG 后就地销售(图 7)。

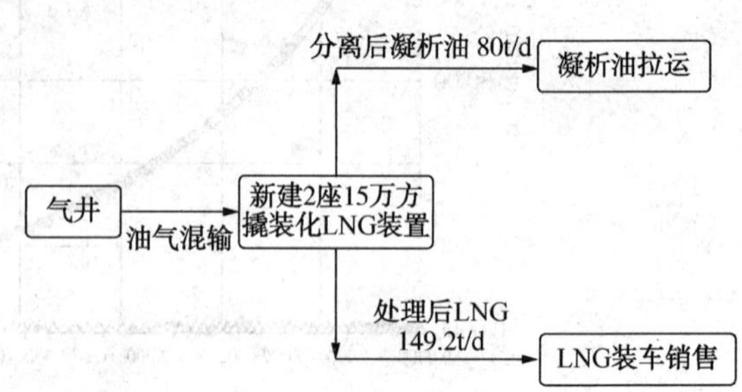

图 7　方案四示意图

3.2　方案对比

项目工程量、运行成本及优缺点如表 1 所示。

表 1　工程量对比表

项目		方案一	方案二	方案三	方案四
工程量	井口	4 口气井	4 口气井	4 口气井	4 口气井
	集输管线	DN80 19.2km	DN80 19.2km	DN80 19.2km	DN80 19.2km
	站场	集气站 1 座	集气站 1 座	30 万方橇装化处理装置 1 座	15 万方橇装化 LNG 装置 2 座
	外输管线	DN150　96km	DN150　71km	DN150　57km	无
可比工程投资		20783.31 万元	19522.54 万元	15172.15 万元	27622.41 万元
运行能耗	燃料气	—		200Nm³/d	8640Nm³/d
	水	140t/a	140t/a	700t/a	2178t/a
	电	298.5×10⁴kWh/a	298.5×10⁴kWh/a	523.1×10⁴kWh/a	2387×10⁴kWh/a
	药剂	甲醇及缓蚀剂：205t/a	甲醇及缓蚀剂：205t/a	甲醇及缓蚀剂：150t/a	缓蚀剂：80t/a
油水罐车拉运		油水量：80m³/d 拉运距离：162km	油水量：80m³/d 拉运距离：162km	油水量：80m³/d 拉运距离：162km	油水量：80m³/d 拉运距离：162km
年运行成本		1291.85 万元	1201.82 万元	1286.20 万元	3649.8 万元
费用年值		5836.44 万元	5321.67 万元	4668.63 万元	7766.36 万元
优点		1. 站内流程简单、工艺设施少； 2. 可依托已建迪那天然气处理站和轻烃厂回收轻烃； 3. 外输管线不需穿越高速公路及铁路。	1. 站内流程简单、工艺设施少； 2. 可依托已建轮南天然气处理站和轻烃厂回收轻烃。	1. 外输管线长度短，因输送的介质为干气，无冻堵风险； 2. 相对方案一，外输管线需穿越的冲沟少，水工保护工程量少，施工难度小； 3. 工程投资最低。	1. 无需建设外输管线工程，无穿越工程量，征地协调难度小； 2. LNG 装置采用橇装化 2 套，灵活性好，设施基本可重复利用，更适合试采工程。

续表

项目	方案一	方案二	方案三	方案四
缺点	1. 新建外输管线距离长，管线易于积液，线路结蜡、冻堵风险大； 2. 新建外输管线需穿越的冲沟众多，水工保护工程量多，施工难度大； 3. 工程投资较高。	1. 新建外输管线距离长，管线易于积液，线路结蜡、冻堵风险大； 2. 新建外输管线需穿越的冲沟众多，水工保护工程量多，施工难度大； 3. 新建外输管线需穿越高速公路和铁路，协调难度和施工难度大； 4. 工程投资较高。	1. 运行人员较多，成本相对较高，不能回收轻烃； 2. 新建外输管线需穿越高速公路和铁路，协调和施工难度大。	1. 运行人员多，运行成本及费用年值高，工程投资高； 2. 需新建橇装化 LNG 处理装置，站内流程复杂，工艺设施多； 3. 制作 LNG，因脱出氮气等成分，每天损失约 4 万方天然气； 4. LNG 装车操作存在一定风险； 5. 设备采购周期长。

吐东 2 区块气藏类型、气藏特征需要进一步落实，储量规模存在不确定性，气井产能特征与稳产规律不清楚，新建长距离集输管线后期能否利用不确定，通过以上对比可得出采用 LNG 方案(即方案四)虽然工程投资费及费用年值高，但以下三大优势显著：

(1) 不需建设固定的外输管线设施，无需穿越高速和铁路，无外输管线征地协调问题；

(2) 正式开发阶段或试采情况不理想时，可将 LNG 装置用于可依托条件差的边缘井进行试采，天然气液化后拉运较灵活。

3.3 小型橇装化 LNG 的其他优点

(1) 可选规格多样

小型橇装化 LNG 装置规格多样，有 $5\times10^4 m^3/d$、$10\times10^4 m^3/d$、$15\times10^4 m^3/d$ 等几种规格，试采阶段可根据产能选择相应规模的单套装置，也可根据产能大小或油田需要选择不同规模的进行组合，这样可有效保证装置的高效运行，避免“大马拉小车”的情况发生。

(2) 工艺选择灵活

LNG 处理装置包括脱酸气单元、脱水单元、脱固体杂质单元、脱重烃单元和脱氮气单元，工艺选择可根据气质组分合理选择，合理搭配。

(3) 运输高效

同等质量的 LNG 和气态天然气体积比为 1/625，由此可知 LNG 体积小，便于拉运。假设试采产能为 $30\times10^4 m^3/d$ 纯甲烷，对比 LNG 和 CNG 每天罐车使用数量，如表 2 所示。

表 2 罐车使用情况表

类型	密度/(t/m^3)	总量/($10^4 m^3/d$)	质量/t	体积/m^3	罐车体积/m^3	罐车数量/辆
LNG	0.44	30	213	484.1	45	11
CNG	0.129	30	213	1651.2	45	37

由上表可知，相同量的甲烷，转换成 LNG 体积明显比 CNG 小，便于日常拉运，装车工作量少，配置两套密闭装车橇，可避免夜间装车，有效规避夜间操作风险。

(4) 经济效益显著(图 8)

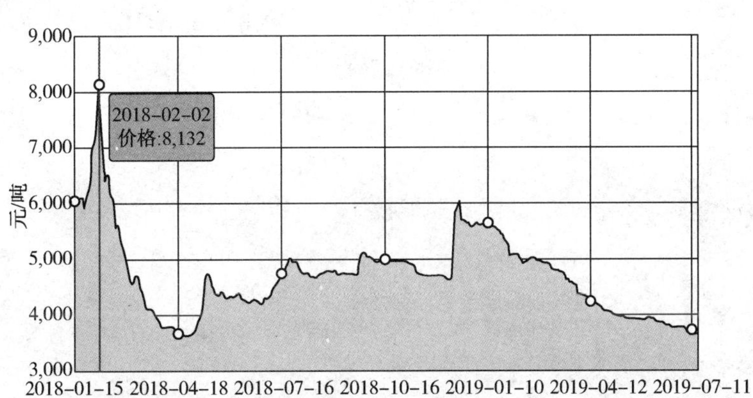

图 8 LNG 价格走势图

LNG 单价随着季节的变化在波动，但基本在3500 元/吨以上，而油田天然气交接单价为0.905 元/方，即 1275 元/吨，从价格对比，LNG 的经济效益相对较好。假定吐东 2 区块每天产甲烷 $30\times10^4 m^3/d$，对比 LNG 和 CNG 的年收入如表 3所示。

表 3　年收入对比表

类型	密度/(kg/m^3)	总量/($10^4 m^3/d$)	质量/t	单价/(元/吨)	年收入/(万元)
LNG	440	30	213	4000	28116
CNG	0.71	30	213	1275	8962

由上表可知，LNG 的经济效益显著。但上表只是单纯的针对于 LNG 单价来对比，相对于生产工艺、运行成本，LNG 是相对较高的，结合表 1中费用年值，LNG 年收入应为 20349.64 万元(其中包含原料气成本费)。

4　结论

通过本次研究，得出试采过程中采用小型橇装化 LNG 有以下优势：

(1) 不需建设固定的长输管线，不存在线路穿越、征地、协调等问题；

(2) LNG 可根据产量灵活选择运行装置进行搭配，保证装置高效运行；

(3) 正式开发阶段或试采情况不理想时，可将 LNG 橇装化装置搬迁至依托条件差的边远井进行试采；

(4) 同质量的 LNG 与 CNG 相比，运输更加安全经济高效。

(5) LNG 的经济效益显著。

因此，针对于边缘井试采，建议尽量采用小型橇装化 LNG 装置。同时，建议油田储备各种规模，全工艺模块的小型橇装化 LNG 装置，以便后期边缘井试采应用，减少地面设计和建设周期，加快新区块气藏、地质数据的录取分析，使地下资源得以快速开发，加快解决国内能源紧缺问题。

参 考 文 献

[1] 刘弘博，刘宗耀，陈自振，朱文忠．伴生气轻烃回收小型橇装化装置设计分析与应用[J]. 石油地质与工程．2016(02).

[2] 李贺松，董宪莹，高杨，朱琳．小型橇装 LNG 装置液化工艺对比分析[J]. 天然气与石油．2015(03).

[3] 石少敏，万新，丛延刚．边远气井小型橇装化脱烃工艺[J]. 油气田地面工程．2014(07).

[4] 周冬根，周启勇．小型橇装 LNG 装置液化单元总体优化设计[J]. 杭氧科技．2013(01).

[5] 刘德灿，史睿华，李华．边缘井天然气回收技术研究及应用[J]. 内蒙古石油化工．2011(05).

[6] 商丽娟，郭方飞，曲顺利，姚云．国内外两种高含氮天然气液化工艺的对比分析[J]. 天然气工业．2011(01).

两相流流量计实验与效果分析

苏鹏康[1]　巨　龙[1]　吕　嘉[2]　张铭春[1]

(1. 中国石油浙江油田公司；2. 中国石油辽河油田公司)

摘　要　目前浙江油田分公司西南采气厂页岩气平台地面流程中天然气气、返排液为单相计量，单井页岩气从地层采出后分离器初步分离，气液各经一路进行单独计量。其中页岩气经过高级孔板式流量计进行单相气计量，分离出得液体经过电磁流量计进行单相水计量。页岩气平台设备种类多，特种设备定期检验等工作量较大。为推行页岩气生产节约投资、将本增效。同时为即将建设的太阳-大寨1区块8亿方浅层页岩气寻求简化生产流程的途径，降低浅层页岩气投资，做好浅层气井精细化管理要求的同时，拟采用气液两相流量计进行了现场试用与计量数据对比，为后期规模使用提供技术支撑。

关键词　浅层页岩气；两相流流量计；涡街锥形孔板；文丘里

1　非常规天然气生产、计量工艺的现状及问题

国内页岩气地面生产系统多参考常规天然气田的传统模式，主要为先分离脱水，然后计量外输的方式；对页岩气丛式井平台，现有集输系统大多采用平台内单井轮换计量的方式，能满足油气田生产管理要求，但其也存在可优化的空间。目前平台每口页岩气井需要安装单独除砂器、生产用分离器、计量用分离器、出站控制系统等设备模块。使用的设备复杂、种类多，同时带来的是地面投资额度较高，后期特种设备管理工作量大。且单井轮换计量的操作方式复，无法实现平台的无人化。这些问题的存在也困扰着页岩气页岩气的高效开发。

1.1　地面流程的设计探索阶段

2013—2015年，页岩气生产在国内还处于探索设计阶段，页岩气地面生产流程设计较为复杂。井口安全控制系统、除砂分离系统、水套加热炉系统等在现场全面使用。设备的种类多、占地面积大、管理巡检“点多面广”，带来一定的安全操作风险。经过两年的生产总结，水套加热炉的优化减少，一定程度上降低了页岩气的投资，减少了设备投入与使用，但其他地面系统还存在设计深度与生产现场匹配程度低等现实问题存在。

1.2　地面流程的设计完善阶段

2015—2017年是页岩气设计标准化快速推进提高的阶段，地面生产设备撬装化，设备设施工程预制化等工艺的加强，加快了页岩气站场地面工程建设的进度，节约工期。注醇模块的设计投入，取代了水套加热炉，在页岩气生产初期，对井口管线节流冻堵现象得到了有效控制，也提高了地面工艺的实用性。但除砂分离撬装在现场应用后也出现了故障维修困难，工艺管线更换需工厂预制等弊端，给后期生产也带来较多困难。

1.3　地面流程的设计持续优化阶段

2017目前，页岩气地面设备标准化、撬装化仍在迭代优化。根据页岩气井生产早、中、晚期的不同工况，整理出相应生产阶段所需的撬装设备，进一步简化地面设备的使用，提高生产经济性。

因此，解决目前页岩气地面生产流程中的生产-计量统一性就能进一步优化地面设备工艺，减少生产设备的投入。两相流流量计的需求适应页岩气开采工况的新要求，同时也是一个高精度低成本的计量设备。

2　气-液两相流量计的适用性实验

为了进一步实验比对国内厂家生产两相流量计的数据准确度和使用效果，采气厂拟选择阳102H1平台、阳105H1及阳108H1平台进行两相流实验测试。选择国内较为可靠，在其他区块(长宁、威远)推广使用过的两种类型设备进行比对(以下简称厂家一、厂家二)。计划经过一段时间的测试与数据统计，优选出可靠性与使用性较高的两相流流量计。为后期油田公司在太阳-大寨区块推广使用做好基础实验工作，并为油田公司太阳-大寨区块8亿方浅层页岩气产能建设地面工程后期大规模产建使用提供决策依据，同时还可优化和降低后期生产运行管理成

本，提高浅层页岩气经济效益。

2.1 现场实验方案

选取三座浅层页岩气平台阳 102H1 平台、阳 105H1 及阳 108H1 为实验评价地点。具体见图 1，图 2。

图 1 两相流流量计测试现场管汇

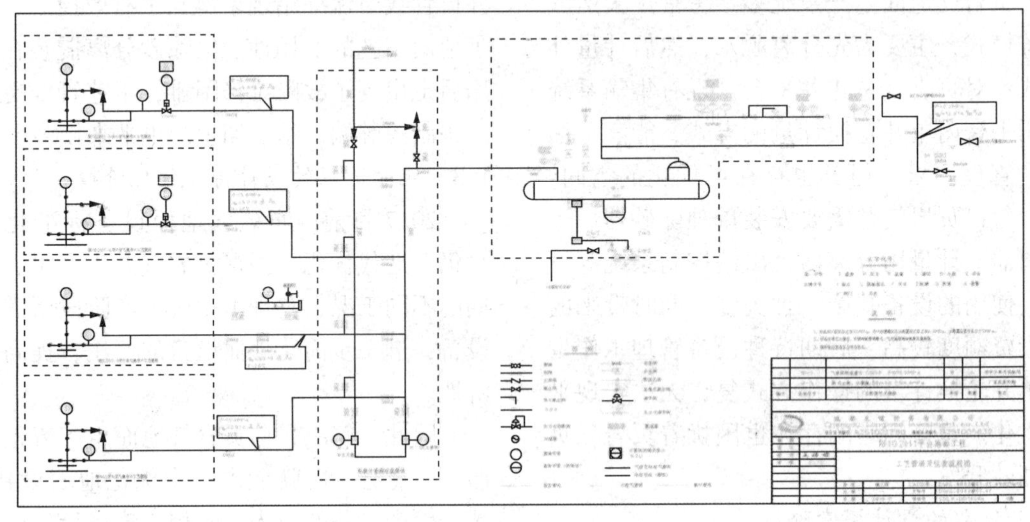

图 2 阳 102H1 平台工艺流程图

阳 102H1 平台共有气井四口（阳 102、阳 102H1-1、阳 102H1-4、阳 102H1-5）。每口单井经井口针阀节流后，进入单井轮换计量阀组撬，再经分离、计量后，分别输至正东森泰 LNG 和辽工处 CNG 厂处理。工艺流程可实现两相流量计单井计量及多井混合轮换计量。

阳 108H1-1 于 2019 年 3 月 3 日开井生产，开井压力 8.2MPa，日产水约 $40m^3$，日产气 $5233m^3$。

阳 105H1-2 于 2018 年 12 月 24 日开井生产，开井压力 5.4MPa，日产水 $110m^3$，日产气 $24368m^3$。

2.2 阳 102H1 平台测试阶段

（1）单井轮换计量。测试期间以 5d 为一周期，单井计量 24h 后进行轮换，4 口井 4 天轮换计量完成后，第 5d 进行所有井混合进入两相流流量计测试，测试共计 5 个周期（25d）。由现场区配合进行相应生产井的流程切换，记录两台两相流量计每日累计气液量、测试期间下游贸易交接点的孔板流量计日累计气量数据和 25d 累计产水量。为减小其他因素可能造成的误差，记录数据应以本地数据为准，不采用远传数据（表 1）。

表 1 阳 102H1 平台目前工况

序号	井号	日气产量 $10^4m^3/d$	日液产量/(m^3/d)
1	阳 102	0.5	10
2	阳 102H1-1	1.8	30
3	阳 102H1-4	5	80
4	阳 102H1-5	2.5	100

（2）双井混合计量。厂家一因两相流量计因量程限制，需更换适应该工况下量程的流量计；以两天为一个周期，共测试八个周期（16d）。以阳102、阳102H1-4和阳102H1-1、阳102H1-5分为两组测试四个周期，以阳102、阳102H1-5和阳102H1-1、阳102H1-4分为两组测试四个周期，24h轮换计量一次。由现场配合进行相应生产井的流程切换，记录两台两相流量计每日累计气液量、测试期间下游贸易交接点的孔板流量计日累计气量数据和16d累计产水量。

2.3　计算方法

（1）单井轮换计量。通过两相流量计对单井气、液量计量轮候计量计算每日平台产量，并与孔板计量值及外转水量对比计算单日误差，并在测试周期结束后计算平均误差。

（2）双井混合计量。计算方法与单井计量相同，即通过两相流量计计量每组两口井日产气、液量并依据配产方案计算平台产量，与孔板计量值及外转水量对比计算单日误差，并在测试周期结束后计算平均误差。

以上两个阶段测量的目的及意义。通过对单井（全平台）、双井轮换计量，增加测量样本，减少因其他因素造成的累计误差所造成的影响，同时模拟不同工况下两相流量计的运行工况，测试其在不同工况下的运行转态与测试范围准确性。

在测试期间，现场对测试开始时水池液面进行测量记录，做好每日两台两相流量计的日气液两相测量数据、孔板流量计日测量数据（指的是下游销售单位的DN200外贸计量读数和DN50计量读数）及平台外转水量（每日需做好拉水记录），尽量保证测量数据准确。

2.4　测试安排

（1）单井计量（四口井共同混合外输）：2019年1月27日11点起至2月12日，单井轮换计量。2月12日厂家更换完成大量程流量计，从2月12日11点起至3月10日11点进行单井及混合外输计量。

（2）两井计量：2019年3月10日11点-2019年3月18日11点

2.5　评价标准

评价采用误差及标准差两个数据进行评价。误差可以表明设备计量的准确程度，标准差可以判断设备的运行稳定性；误差越小，则设备测量准确度越高，标准差越小，则设备运行稳定性越高。

如最终测试结果两台两相流量计误差率相近的情况下，以标准差的数值最后补充评价标准。

3　现场测试数据情况分析

阳102H1、阳105H1及阳108H1三个平台进行实际测量，至实验结束测量结果如下：

3.1　阳102H1平台

为保证测试的准确性，对不同工况进行模拟对比，测试方案中涵盖了单井、双井及四口井不同阶段，两台设备在测试初期出现误差较大的情况，厂家测试人员进行了多次参数调整以保证设备运行正常，并结合实际情况对测试方案进行了相应的优化。

依据测量数据对比实际生产数据进行对比，厂家一的两相流流量计日平均误差：产气量为9.945%，产水量为45.782%；厂家二日平均误差；产气量为15.559%，产水量为47.445%。具体见图3，图4。

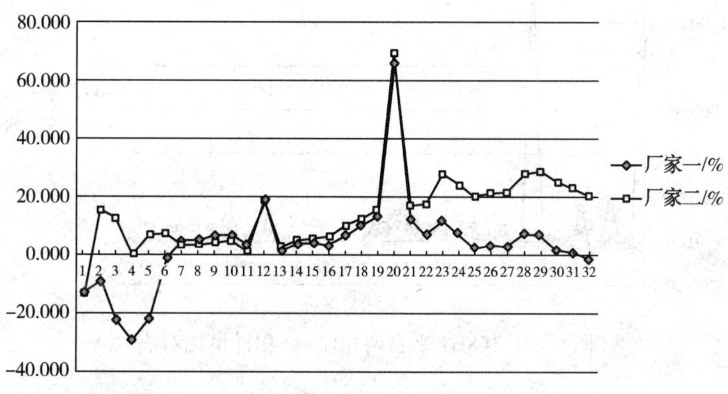

图3　阳102H1平台两相流-气相计量比对表

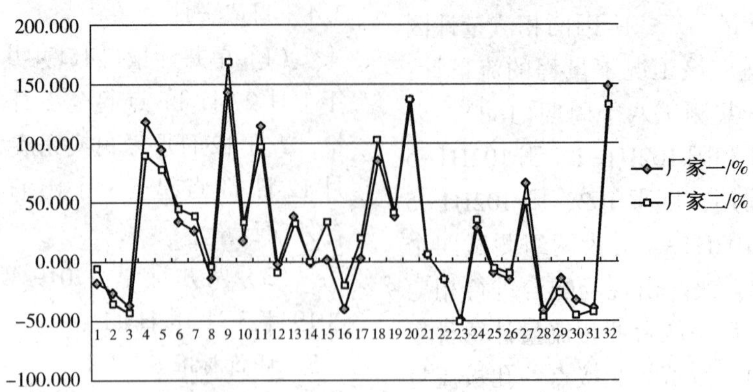

图4 阳102H1平台两相流-液相计量比对表

两台流量计在产液量计量上误差较大，主要原因在计算阳102H1平台产液量时依据外转水量及液位高度计算，相对误差较大；同时在平台混合外输计量时，由于气量较大(约$9\times10^4m^3/d$)，接近流量计测量极限，在此工况下，存在较大误差。

3.2 阳108H1平台

阳108H1-1井工况：关井压力16MPa，LNG销售外输压力4.5~5.0MPa，产气量约3万方/天。

依据测量数据对比实际生产数据进行对比，厂家一的两相流流量计日平均误差：产气量为15.74%，产水量为68.12%；厂家二日平均误差：产气量为31.48%，产水量为147.6%(图5，图6)。

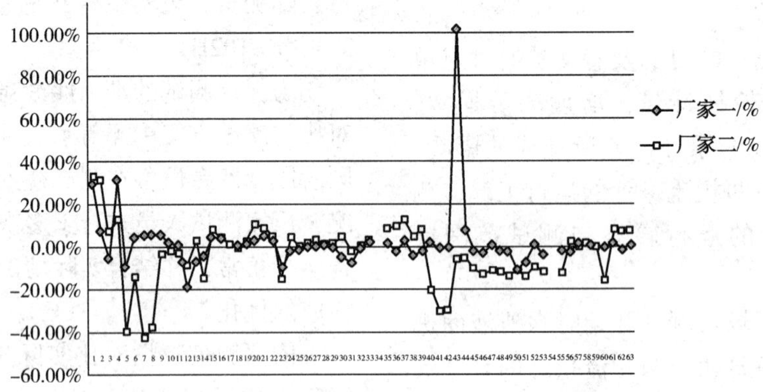

图5 阳108H1平台两相流-气相计量比对表

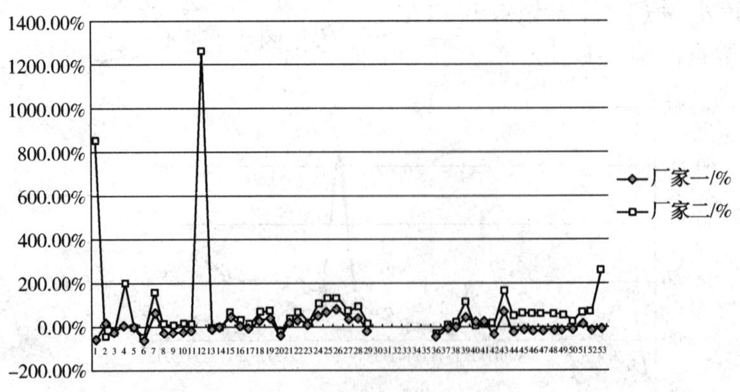

图6 阳108H1平台两相流-液相计量比对表

两台流量计在气、液量计量上误差较大，生产上的主要原因在计算108H1平台产液量时依据外转水量及液位高度计算，且排污池为不规则形状，测量相对误差较大，同时由于LNG站投产初期生产状况不稳定，造成阳 108H1-1 多次关井，产气及产液量波动较大。

3.3 105H1 平台

阳 105H1-2 井工况：该井在 2018 年 12 月 18 日投产销售至森泰 LNG，属于早期生产。目前该井油压 3MPa（出站未节流），套压 6MPa；日产量约为 3.8 万方/天。平台内有形状规整水罐，方便产液量的计量。

依据测量数据对比实际生产数据进行对比，厂家一日平均误差：产气量为 1.47%，产水量为 12.25%；厂家二日平均误差：产气量为 2.1%，产水量为 10.49%（图 7，图 8）。

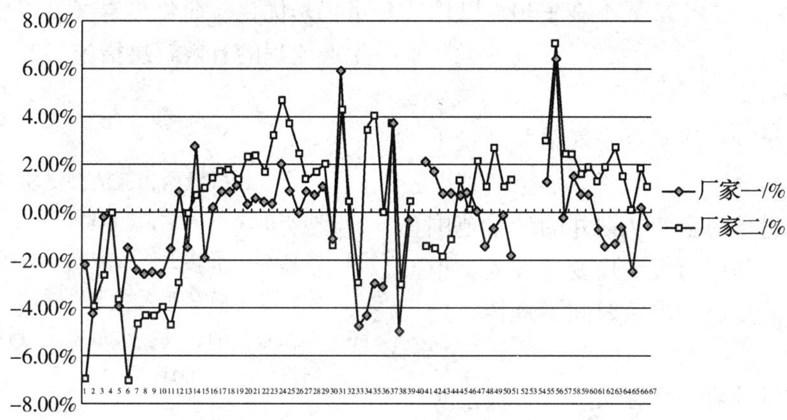

图 7 阳 105H1 平台两相流-气相计量比对表

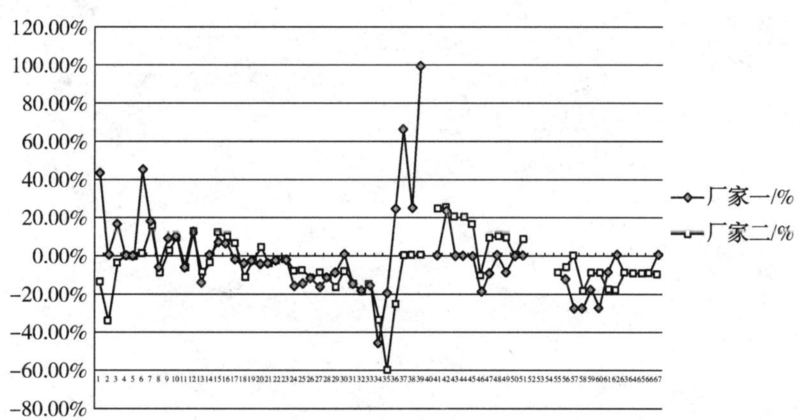

图 8 阳 105H1 平台两相流-液相计量比对表

4 实验过程中体积含液率对液量计量结果的影响

因阳 102H1 平台及阳 108H1 平台液量测量准确度较低，此处以阳 105H1 平台数据进行分析。具体见图 9。

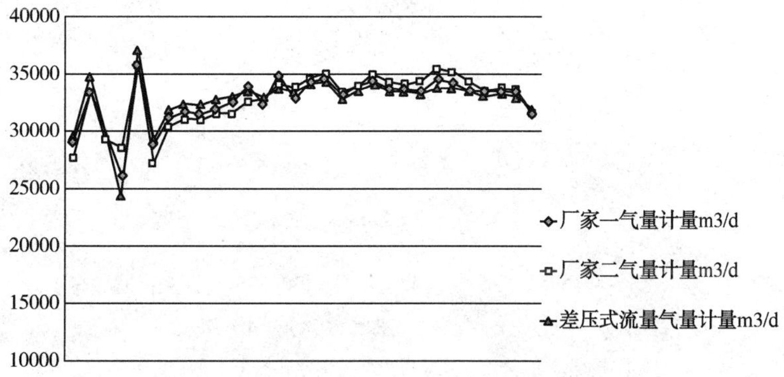

图 9 阳 105H1 平台两相流计量与标准孔板流量计比对表

（1）体积含液率（LVF）：2%-5%：在此区间内两相流量计液相计量相对误差基本控制在±10%以内；

（2）体积含液率（LVF）：1%-2%：在此区间内两相流量计液相计量相对误差为±20%以内；

（3）体积含液率（LVF）：<1%：本阶段两相流量计的液相计量相对误差基本在±30%以内即可。

5　结论

（1）两相流流量计在浅层页岩气单井计量上计量准确性较高。

（2）两相流流量计对生产初期井的计量范围误差较大。主要原因是因为气液比变化较大，单井在生产出气返排液量大，出液时间不规律，造成计量数据波动大

（3）两相流流量计更适宜在页岩气、浅层页岩气井的生产平稳阶段计量使用。单井产气量根据生产制度稳定生产，返排液量下降且平稳。两相流流量计计量波动平稳，计量较为准确，能承担油气田的生产计量使用。

综上，两相流流量计还是有较多现场的工况不适应性制约推广和使用。但是，气-液两相计量仍是优化、简化页岩气、浅层页岩气地面工艺生产流程的有效解决措施。

参考文献

[1] 张会红，气液两相流流型试验研究（硕士论文）[D]，哈尔滨工程大学，2005.

[2] 张远军，王慧玉，张振鹏．两相流体动力学[M]．北京：北京航空航天大学出版社，1986.

[3] 魏祯毅．油、气、水多相流量计的研究[D]。杭州：浙江大学，2004：6-7.

长庆气田管道完整性管理探讨与实践

田发国[1,2]　曾　萍[1,2]　杨仓海[1,2]　王　惠[1,2]

（1. 长庆油田分公司油气工艺研究院；2. 低渗透油气田勘探开发国家工程实验室）

摘　要　完整性管理技术已经成为预防管道事故发生，实现提前预防的可靠手段。随着长庆气田的持续开发，集输管网的安全隐患也日益凸显，针对目前气田采集输管道完整性管理体系缺乏现状，本文从长庆气田管道完整性管理目前面临的实际困难出发，结合其工况，进行了气田管道完整性管理实践，初步建立了气田采集输管道完整性管理技术标准框架，通过现场实践，形成了适合长庆气田管道检测评价、维修维护的技术策略，同时开发了基础信息统一管理的数据平台，为完整性管理的顺利推进提供了保证。

关键词　完整性管理；管理体系；应用实践

1　前言

管道的安全管理问题，这个话题已是由来已久。多年来国内外管道管理的实践表明，管道完整性管理技术已经成为预防管道事故发生、实现事前预控的重要手段。管道完整性管理也是当前管道运营企业采取的一项重要管理内容。管道完整性管理技术是目前管道公司普遍采用的管理技术，通过监检测等方式，获取与设施完整性相关的信息，并进行集成和整合，对可能影响管道失效的危害因素进行评估，有针对性的实时完整性评价，从而达到减少和预防管道事故发生，经济合理地保障管道安全运行的目的。目前行业内完整性管理技术规范主要针对长输管道，对于油气田生产企业采集输管道来说，没有公开而统一的技术规范标准，所以为了保证气田采集输管道的安全生产运行，针对长庆气田的实际情况，开展了长庆气田采集输管道完整性管理技术规范，基础数据字典、完整性管理平台功能等的设计，并展了相关的管道检测、维修维护等实践研究工作。

2　气田管道完整性管理面临的困难

2.1　气田管网分布日趋复杂，环境恶劣

截至目前，长庆气田建成百余座集气（交接）站，累计建成投运集输管网达上万余公里。管网分布纵横交错、途径区域面多线广，不同规格管线交叉穿越，埋地环境各不相同。季节变化和汛期等自然灾害因素易导致管道泄漏失效；已建地面系统与地方规划区、工业园、铁路、高速公路等新建工程重叠交叉频繁，第三方破坏威胁增大；部分气区存在与地方煤矿区建设重叠现象，面临相应的地质灾害威胁；同时由于承担陕京线、西气东输供气的任务，一旦管道失效，经济损失和社会影响严重。

2.2　管理人员少，管理难度大，管道管理工作涉及面广

集输管道的日常运行管理、维修维护等其工作量大且极易产生错误与遗漏，设计、安装、运行、历次维护原始资料数据量大且种类庞杂，部分数据缺失，给维护管理带来了很大困难。其次，采气单位现有的管道基础信息系统缺乏统一的建设标准，数据管理统一的技术规范，导致管理困难。

2.3　缺乏统一的技术规范及管道信息化管理平台

目前生产单位自建系统侧重与生产参数监控，缺乏完整性管理事项，且建设标准不统一、信息涵盖面不足。当前，气田各生产单位开发了以安全运行监控为目的的简单平台。苏里格气田所辖的主要生产单位根据实际情况，主要针对集气支干线，开发了各自的数字化管理平台，但对影响管道本质安全的完整性相关因素涉及少。模块功能侧重于生产监控、安全管理实时数据的反应，但是对历史数据、管线变动等重要数据不进行保存，同时对管道阴极保护、防腐层破损、管线维护记录等较少涉及。

2.4　不同类别管网建设标准、附属设施及管理方式不尽相同

目前长庆气田管网类别及类型如表1。

Ⅰ类设有阴极保护、阳极床、沿线标志桩等配套设施，并在阀室设有有效的监控；每年进行

1-2次清管作业。系统清管周期长。Ⅱ类管线沿程缺乏有效的监护，阴极保护主要采用定期人工巡查，每年1-2次阴保电位检测，清管周期长。Ⅲ类管线主要依托作业区监管，因管径小，数量多，没有阴保，没有配备清管装置，管理难度大。

对于不同的类别管线管理方式也不同，支干线统一由探井作业区管理，支干管由生产作业区管理。

表1　气田各类别管网基本信息

类别	类型	管道外径/mm	单条管道长度/km	设计压力/MPa
干线	区块之间、区块至处理厂、气田外输管线	273-1016	4.1-77.9	进处理厂4.0
				外输管线6.4
支线	区块内，站与站之间管线	159-273	5.98-21.4	4.0
支干管	单井进集气站的采气管线	57-108	0.15-8.02	6.4

2.5　国内现行的完整性管理系统在长庆气田不适用

由于长庆气田所属各气田特殊的采集气工艺，现有的相关完整性管理系统及兄弟企业管道完整性管理系统，不能完全适用于气田管理的需求。以西南油气田为例，西南油气田管道管理人员多，管道管理机构健全；其管道完整性管理实行“一线一案”、“一区一案”，月月更新，年年检查。西南油气田分公司管道完整性系统所涉及的技术规范、技术标准体系、不完全适用于长庆气田的现状，其开发的管道完整性系统功能构架、模块组成等相关功不能直接在长庆气田应用。

3　长庆气田管道完整性管理应用实践

3.1　完整性管理策略思路

建立健全管道基本信息属性，根据管道规格、管输能力、安全风险等级、地域分布以及发生事故后的危害程度高低，对管道进行分类分级管理，确定不同类别、不同分级管道管理的关键管理事项、一般管理事项，建立不同分级管道管理的技术要求；区别产建新建管道和已建投运管道的管理属性及技术要求，不能用同一个标准对所有规格的管线进行管理和要求；在尽可能减少现场完整性管理的工作劳动强度的同时，抓住不同分级管道管理的重点和核心，从而建立适用于长庆气田实际的管道完整性管理技术体系。

（1）管理原则：分类分级，一类一案；分类对待，区别管理；突出重点，抓住风险；优化结构，减少重复。

（2）管理范围：从采气井口-集气站-处理厂所涉及的所有单井采气管线、采气干管、集气支线、集输气干线、骨架管网、外输管线、污水输送管线、污水回注管线等所有在建在用管线，以及管线附属配套的所有装置、设施及空间存在物。

3.2　管道分类分级

依据管道管径、投运时间分级，并结合管线长度因素进行修正，将管道分为Ⅰ类、Ⅱ类、Ⅲ类管道。如下表2。

表2　气田采集输管线目前采取的分类分级标准

管道管径/mm 年限/a	≥400	400~200	<200
≥15	Ⅰ类管道	Ⅰ类管道	Ⅱ类管道
15~10	Ⅰ类管道	Ⅱ类管道	Ⅲ类管道
≤10	Ⅱ类管道	Ⅲ类管道	Ⅲ类管道

同时根据长庆气田所属各气田的不同，进行分类分级标准的修正，具体涉及因素有矿化度、硫化氢含量、产水量等。

3.3　气田管道完整性管理技术标准体系的建立

3.3.1　完整性管理技术体系标准制定

针对气田管道管理现状，梳理国内各类涉及管道完整性管理的标准规范，和气田的实际进行结合，因地制宜，通过完整性试点工程等现场实践工作，最终建立形成长庆气田管道完整性管理技术标准体系。整体架构如图1所示。

3.3.2　长庆气田管道完整性管理特点

（1）理论与实践相结合。长庆管道完整性管理研究始终以实际运用为主导，坚持科研与实践相结合，边研究、边实践，在实践过程中修正研究方向，走出了一条特色鲜明的适合长庆气田实际情况的完整性管理道路。

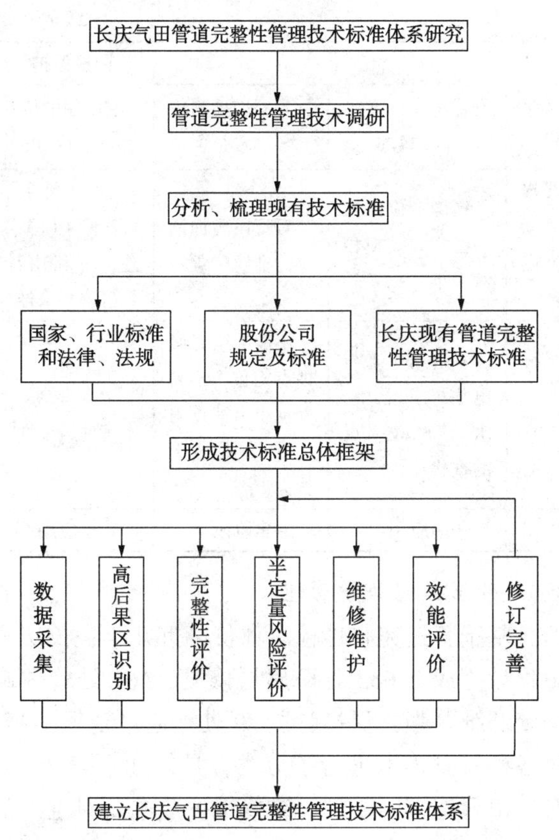

图1　长庆气田管道完整性管理技术标准体系总体架构

（2）操作性强。长庆气田管道完整性管理模式摒弃了传统风险评价由专家及有资质人员才能完成的现状，针对不同层级管理人员制定评价标准，通过灾害主控要素，简单、快速、有效地判定初步风险等级，迅速在公司范围内形成了全员参与、分层级管控的完整性管理工作氛围，为保障管道安全运行统一了思想认识。

（3）有针对性。长庆气田管道完整性管理针对管道通过特有的地质灾害类型如黄土塬、复杂的社会环境，与科研机构合作建立符合气田实际的地质灾害及第三方损坏风险评估标准。

（4）实时改进完善。长庆气田管道完整性管理针对实际管理中出现的新问题，定期修订、补充和完善完整性管理体系文件，使完整性管理体系不断适应管理主体及客体变化，确保技术文件与管道运行条件的适时跟进。

（5）试点工程引领。陆续建立了苏＊＊区块等气田管道完整性管理示范区，加大效能评价的实践，不断完善，最终建立起气田完整性管理效能评价和考核的机制，确保完整性工作的顺利有效推进。

3.4　气田管道完整性管理实践

3.4.1　管道高后果区及风险评价管理

按照长庆气田完整性管理高后果区识别要求，本年气田集输支干线识别出高后果区 275 处/184.01km；采气管线高后果区 139 处/255.05km；采出水管线高后果区 6 处/0.89km，均已制定专项管理措施。同时对所有Ⅰ类管线进行风险评价，并对风险管段加强了巡护。根据前期现场实践情况，结合行业标准，制定形成了《长庆气田管道高后区识别及风险评价方法》。

3.4.2　管道完整性检测管理

（1）实施管道基于风险的检测评价

近几年，应用“基于风险的检测评价技术”累计完成集输支干线检测 365 条 6310 公里。基于风险的检测评价一般以地面间接检测和开挖检测两种方式相结合。在管道沿线环境变化较大时，可使用多种检测方法，提高可靠性。目前普遍采用的外检测方法有：交流电流衰减法、交流电位梯度法（ACVG）、直流电位梯度法（DCVG）等。通过近年的现场实践，对各种检测方法进行了对比，见表3。

根据气田管网实际，结合检测技术、成本等方面，确定长庆气田采用 PCM+ACVG 技术进行防腐层破损检测，采用 CIPS 技术评价阴极保护有效性。通过检测，对支干线阴保过保、欠保问题进行了整改，使管道阴极保护电位合格率达到 99%以上。

表3　基于风险的检测评价技术对比

检测技术	防腐层					阴极保护
	交流电流衰减法（PCM）	Pearson 检测法	直流电位梯度法（DCVG）	交流电位梯度法（ACVG）	磁场瞬变检测法（TEM）	密间隔电位测试法（CIPS）
功能	探测管线走向、埋深，检测防腐层绝缘性能	通过接收器接收涂层缺陷部位漏到大地的电压梯度，确定缺陷部位	探测有阴极保护的防腐层损	检测防腐层破损点	检测金属管体的腐蚀程度	检测阴检保护效果和防腐层失效范围

续表

检测技术	防腐层					阴极保护
	交流电流衰减法(PCM)	Pearson检测法	直流电位梯度法(DCVG)	交流电位梯度法(ACVG)	磁场瞬变检测法(TEM)	密间隔电位测试法(CIPS)
优点	功能多，可定性测定防腐层的绝缘质量	定性判定破损点大小，能检测到微小漏点	能估计破损点大小，判断缺陷处是否发生腐蚀	精确定位破损点位置和破损相对大小	对管段腐蚀测量的准确较高	简单易行，可消除IR降误差，可利用计算机进行采样
缺点	不能定测量防腐层破损不适合在高压交流输电线下使用	不能指示缺陷严重程度、易受外界电流的干扰，依赖操作者的技能，给出不存在的缺陷信息	不适合高土壤阻抗率的地质环境	不适用于未与电解质（土壤、水）接触破损点的查找	不能准确对腐蚀点定位，不易发现小腐蚀点附近磁性体的干扰大	电位取决于土壤的腐蚀性
应用情况	普遍应用	应用较少	应用较少	普遍应用	探索阶段	普遍应用

（2）实施管道内检测

内检测技术是本体完整性管理的重要技术，得到了世界各国的重视，并纷纷对管道内检测工作提出了要求。我国在2000年4月《石油天然气管道安全监督与管理暂行规定》中对管道的检验与检测做了新的规定。依据规定，长庆气田自2015年开始先后在苏里格气田、靖边气田开展了近220km管道内检测工作，在对发现危害及潜在危害的基础上完成了20余处缺口修复及10处管体补强，消除了泄漏隐患。

3.5 管道维修维护管理

基于管道完整性检测评价，近几年，长庆气田累计完成21033处防腐层修复，161处管体缺陷碳纤维补强，更换管段29处。通过现场实施，对各种修复技术进行了分类，具体如下表4。针对气田管道实际管理、维修维护成本及对生产的影响等考虑，根据缺陷损伤情况，针对防腐层损伤以粘弹体防腐胶带和聚乙烯胶黏带修复为主，不影响运行的管体损伤以碳纤维修复补强为主，否则采用换管或环氧套筒。

表4 管道修复应用技术对比

修复类别		主要技术	应用范围
外修复	外防腐层修复	粘弹体修复、缠绕聚乙烯胶带、修复聚氨酯泡沫层等	外防腐层破损，测试没有明显腐蚀
补强修复	纤维补强修复	碳纤维补强修复、玻璃纤维补强修复	壁厚的腐蚀程度较轻，有一定的承压能力
	套筒补强	套筒修复	壁厚的腐蚀程度较重，且修复管道小于5m
内修复	管道内修复	HCC内涂层修复 高密度聚乙烯内衬修复	管道内腐蚀严重的管道，且管道具有一定的承压能力
管材更换	局部更新	使用加厚管局部更换	地形特殊，壁厚的腐蚀程度较重，承压能力不足，且修复管道较长
	更换防腐管材	高分子合金复合管 柔性复合管、塑料合金管	介质腐蚀性强、地形起伏不大的区域

3.6 完整性管理基础信息系统建立

完整性管理的顺利实施，基础信息数据是基础和重点，为了确保基础信息统一标准和统一管理，长庆气田设计开发了气田管道完整性管理基础信息管理平台，依托中石油A4、A5系统，按照“总体设计、分步实施、示范推进”思路，开展信息平台建设。目前完成管道基础信息管理、维抢修管理、巡检及系统管理模块开发。系统通过现场试点运行，管道巡检功能实现对巡护人员全过程监控和管理，集输管道泄漏报警及定位技术初步实现自主研发，集输管道风险评价方法研究及模型设计取得阶段认识并初步应用。

4　结束语

长庆气田完整性管理工作，以标准先行，边实践边研究为前提，开展了检测评价、高后果区识别、风险评价、维修维护等现场管理实践工作，通过近几年的管理实践，明确了气田管道检测评价及修复技术策略，初步建立了技术标准体系，开发了气田管道完整性管理基础信息管理平台，为后期工作的顺利推进提供了技术保障和数据支撑。

参　考　文　献

[1] 王毅辉，李勇，蒋蓉，傅江．中国石油西南油气田公司管道完整性管理研究与实践[J]．天然气工业，2013，33(3)：78-83.

[2] 黄维和，郑洪龙，吴忠良．管道完整性管理在中国应用10年回顾与展望[J]．天然气工业，2013，33(12)：1-5.

[3] 陈健峰，陈次昌，税碧垣等．管道完整性管理技术集成与应用[J]．油气储运，2011，30(2)：81-85.

[4] 陈斐，马卫兵．油气管道完整性管理技术及发展趋势[J]．油气田地面工程，2014，30(12)：4-5.

[5] 董绍华．管道完整性技术与管理[M]．北京：中国石化出版社，2007.

[6] 张宏．解读黄岛事故调查报告，落实管道完整性管理[J]．油气储运，2014，33(11)：1171-1173.

[7] 王惠，田发国，宋汉华，徐文龙．苏里格气田管道完整性管理的必要性浅析[J]．石油化工应用，2015，34(7)：20-25

滩海油田集输管道次声波泄漏监测技术现场试验研究

吴　鹏

（中国石油冀东油田分公司）

摘　要　为提高滩海油田海底管道和陆岸管道泄漏监测有效性，通过分析当前先进的泄漏监测技术，优选次声波法对海底油气混输管道和陆岸输油管道进行现场试验，设计了不同孔径的孔板来模拟漏点，采用撬装计量分离器和储罐计量实际泄漏量和泄漏速度，综合利用光纤通讯和无线网桥通讯技术将泄漏监测数据传输至生产指挥系统，通过数据计算模型分析泄漏情况，测试实验完成了应用效果评价。

关键词　海底管道；泄漏监测；次声波；现场试验

滩海油田油气集输管道按照地理位置可划分为两类：一类是人工岛之间或人工岛与导管架之间的海底管道，一类是陆岸平台之间的集输管道。按照管道输送介质复杂程度可依次划分为四类：输水管道、输气管道、油水混输管道、油气水混输管道。滩海管道发生泄漏将直接污染滩涂和海洋，如果不能在第一时间进行关断，不仅会产生巨大的经济损失，还会产生较大的社会负面影响。国内对管道泄漏监测技术研究起步较晚，从最早的人工沿着管路分段巡视检漏发展到较复杂的利用计算机软件和硬件相结合的方法，通过理论研究、数值计算和计算机仿真，在负压波法、光纤检漏法、压力梯度法研究方面取得了较大进展[1]，尤其针对成品原油管线、天然气管线、轻烃管线等管线的泄漏监测技术已经较为成熟，但还无法实现多相流管道泄漏的精确监测。为实现油水混输和油气水混输管道的高精度泄漏监测，经调研选用次声波泄漏监测技术进行复杂工况下的现场试验。

1　次声波泄漏监测系统

次声波泄漏监测系统基本构成如图1所示。该系统由次声波传感器、次声测量网络传输仪、GPS接收器和监控主机组成[2]。其中次声波传感器是用于接收次声信号，并进行数字量与模拟量的转换；次声测量网络传输仪是一个通用网络远程信号采集和数据传输的设备，主要用于次声波数据的采集与传输，其安装嵌入式GPS模块，通过北斗卫星导航系统提供精确的时钟和地理坐标，；监控主机由计算机和数据采集卡组成，通过设计的检测软件对采集到的数据进行处理，判断泄漏是否发生，并确定泄漏的具体地点。

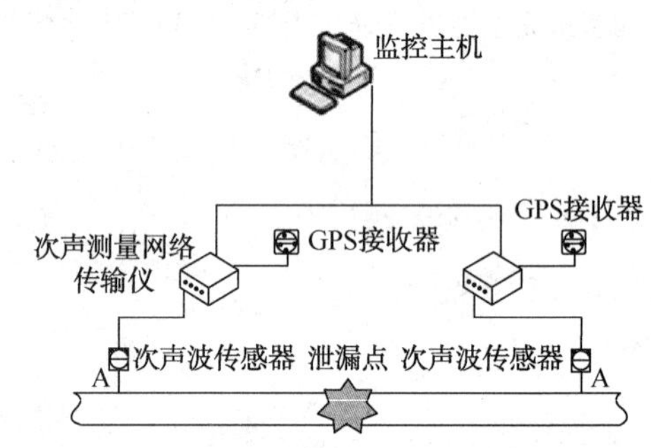

图1　次声波泄漏监测系统基本构成示意图

次声波泄漏监测系统的原理是，油气管道出现破裂时，该点处的压力降低，泄漏点的两边区域内的流体会向泄漏点处流动，形成次声波，次声波会顺着管道向首、末站传播[3]。通过安装在管道两端的次声波传感器，在线实时采集次声波信号，经数据采集器进行A/D转换滤波后传递给监控主机软件，通过对次声波信号进行特征量提取实现特性信号显示，当信号特征值超过阈值时实现报警。

2　现场试验及结果分析

2.1　试验情况简介

本次现场试验在南堡油田NP1-3号人工岛、NP1-1号人工岛和NP2-3陆岸平台进行，试验管道包括两条：NP1-3号人工岛至NP1-1号人工岛油气水海底混输管道、NP2-3陆岸平台至NP1-1号人工岛油水陆岸混输管道，测试管道具有多介质、段塞流、高气油比、海底环境、噪音干扰等高度复杂工况，管道运行参数如表1所示。

表 1　NP1-3D 海底供水管线垢样成分化学分析结果

项目	NP1-3 号人工岛至 NP1-1 号人工岛 海底管道	NP2-3 陆岸平台至 NP1-1 号人工岛 陆岸管道
输送介质	气 21 万方/天，液 2106 方/天	液 4300 方/天
管线型号	内管 ϕ406mm * 15.9mm，外管 ϕ559mm	Φ273mm * 6.3mm
运行压力	0.53MPa~0.8MPa	0.9MPa~1.9MPa
管线长度	6.7km	22.1km

NP1-3 号人工岛、NP1-1 号人工岛、NP2-3 陆岸平台各安装两台次声数据传感器，用于接收管道泄漏事件的次声和屏蔽工艺场站的噪声干扰[4]，监控主机设置在南堡油田中控室。为精确计量实际漏油量和漏气量，在油气水混输管道人工泄漏点安装卧式三相计量分离器，在油水混输管道人工泄漏点安装计量罐。集输管道人工泄漏点安装 DN50 球阀作为泄漏控制阀门，为实现不同孔径下泄漏监测精确测试，设计了 ϕ30mm、ϕ20mm、ϕ10mm、ϕ5mm、ϕ3mm 共计五种孔径的放空孔板，现场试验如图 2 所示。

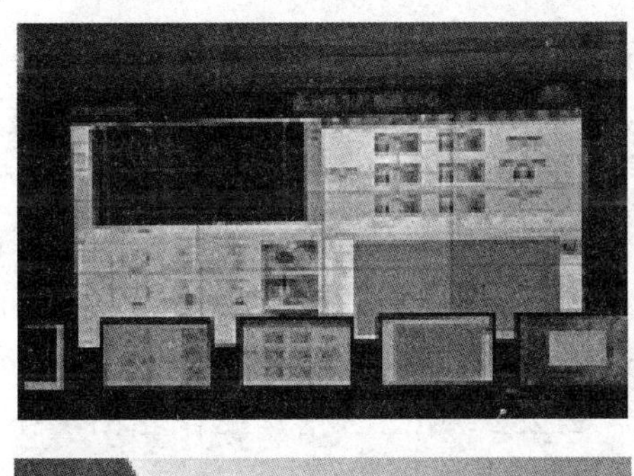

图 2　次声波泄漏监测系统现场试验图

2.2　现场试验结果分析

2.2.1　NP1-3 号人工岛至 NP1-1 号人工岛油气水海底混输管道

次声波泄漏监测系统在进行管道泄漏监测实验前首先进行系统传感器性能测试，在管道正常时段下传感器采集原始数据波形如图 3 所示。采用 DN50 球阀进行 3 次放油试验，次声波泄漏监测系统采集数据信号如图 4 所示。

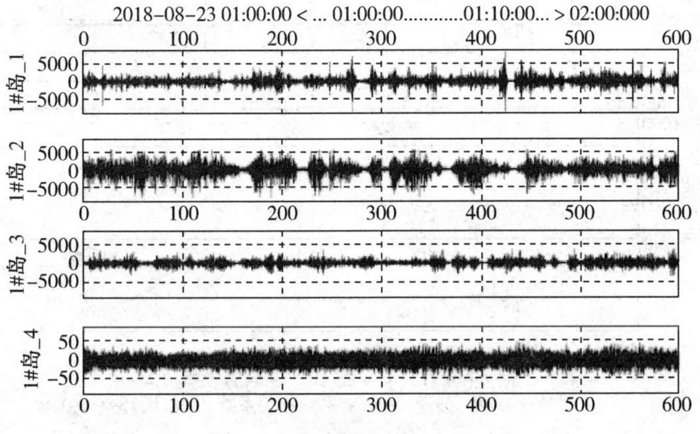

图 3　次声波泄漏监测系统正常时段波形图

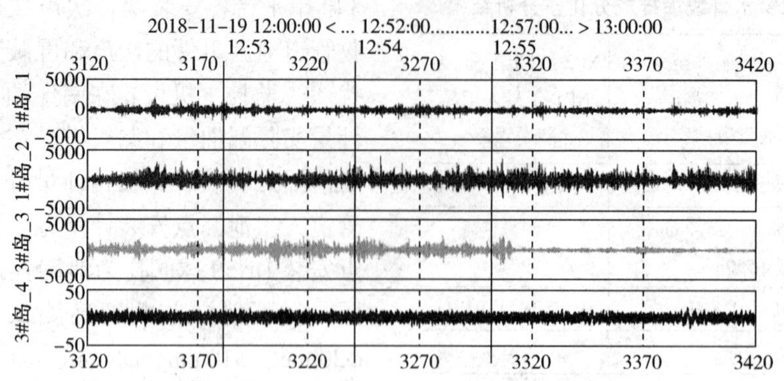

图 4　次声波泄漏监测系统 3 次放油试验波形图

图 3 是四个传感器 10 分钟的噪声信号波形，图中的纵坐标为 Pa，横坐标为秒，时间表示用的是格林威治时间，可以看出各个传感器位置的管道本底噪声不仅非常强烈、频率范围复杂，而且变化起伏也很大。

图 4 是 12∶52 到 12∶57 时段各点的波形，该时段包含了 3 次放油的时刻，原始波形各点均未发现与其他时刻明显不同的波动信号，泄漏监测系统未检测到泄漏信号。

通过对现场设备操作产生的各种现象和记录数据的观察，可以看到这条海底混输管道的情况对次声的传播有诸多的不利因素：

（1）声波赖以传输的介质为混合介质（油、气、水），这种介质的不均匀性对次声的传播会形成强烈的散射吸收现象，增大传播衰减，对远端拾取泄漏信号不利[5]。

（2）油气水输送过程中存在段塞流、层状流等多种流态[6]，不同的分层会造成声传播的多径异速现象，造成声波在传播中产生变形，从而对判别不同位置声信号的关联性造成不良影响。

（3）受海管立管和外输气液波动影响，海管会产生段塞流导致瞬间压力波动[7]，该管道输送压力平均为 0.7MPa，如果压力存在百分之一的抖动，就可达到 7000Pa 的强度，产生强烈的本底噪声，淹没远方传过来的泄漏信号。

2.2.2　NP2-3 陆岸平台至 NP1-1 号人工岛油水陆岸混输管道

该管道采用 ϕ30mm、ϕ20mm、ϕ10mm、ϕ5mm、ϕ3mm 共计五种孔板进行现场放油试验，次声波泄漏监测系统采集数据波形依次如图 5、图 6、图 7、图 8 和图 9 所示，从图 5～图 8 可以看到清晰的波形变化，泄漏点次声信号在管道起点和末点可以清晰的被检测到，次声波泄漏监测系统也准确的对泄漏点位置进行报警，在 ϕ3mm 孔板下管道泄漏产生的次声波信号不能被管道起点和末点的传感器监测到，次声波泄漏监测系统也未及时报警。

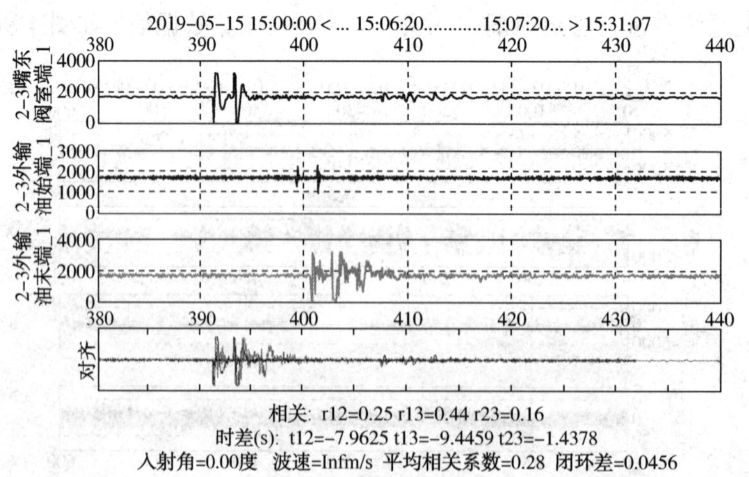

图 5　ϕ30mm 孔板放油试验下次声波泄漏监测系统波形图

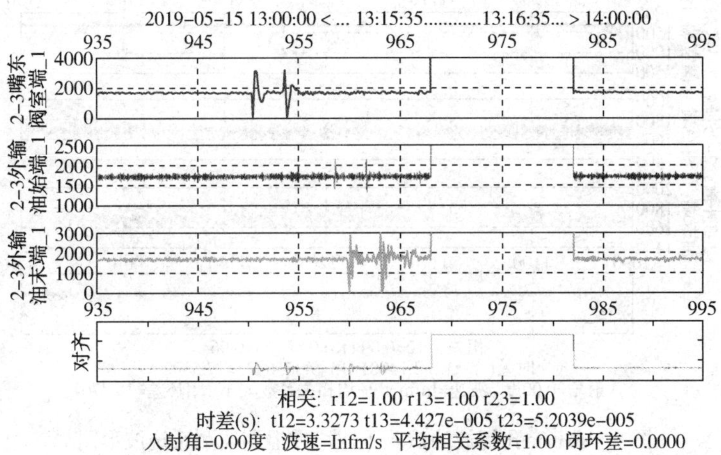

图 6　ϕ20mm 孔板放油试验下次声波泄漏监测系统波形图

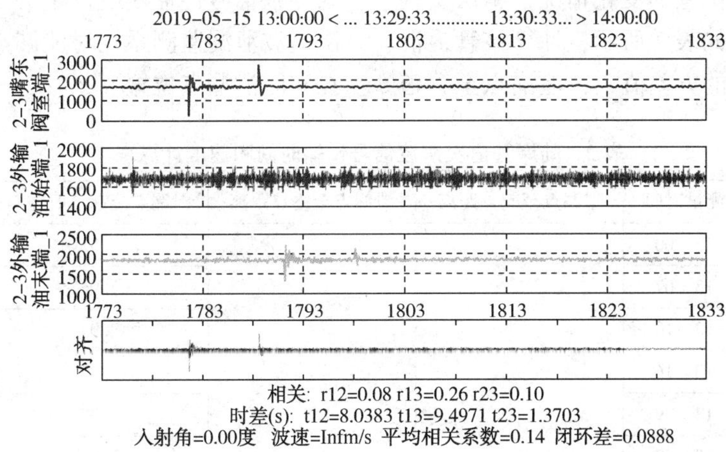

图 7　ϕ10mm 孔板放油试验下次声波泄漏监测系统波形图

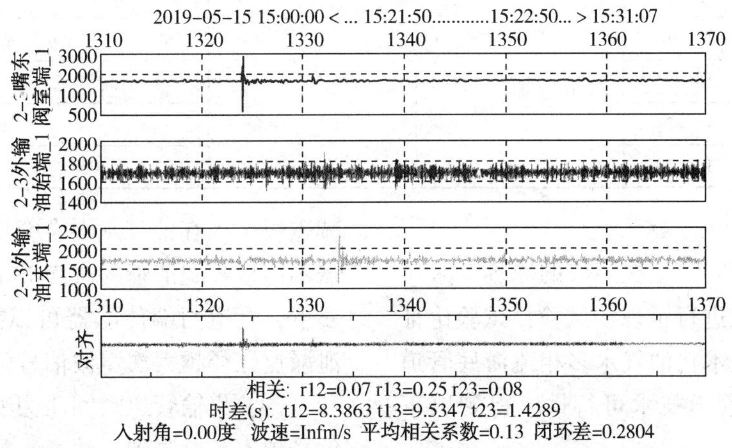

图 8　ϕ5mm 孔板放油试验下次声波泄漏监测系统波形图

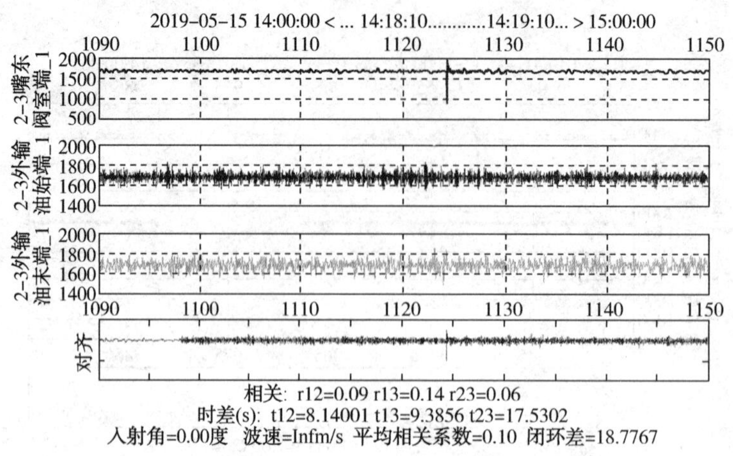

图 9　ϕ3mm 孔板放油试验下次声波泄漏监测系统波形图

在清晰检测到次声波信号工况下，计算次声波传输时差，分析次声波泄漏监测系统在不同次声信号强度下泄漏点位置的变化情况，本次实验次声波信号传输速度如表 2 所示，计算该管道泄漏点次声波传输时间的方差值[8]，泄漏点至管道起点为 0.0013，泄漏点至管道终点为 0.0038，计算表明次声波传输的时差比较小，没有其他因素导致信号传播速度发生突变，不同泄漏孔径下次声波泄漏监测系统对泄漏点定位较为集中，都在实际泄漏点位置。

表 2　陆岸管道次声波信号传输时间和速度计算表

序号	泄漏孔径/mm	测试时间	泄漏点至起点距离	泄漏点至终点距离	泄漏点至起点时差/s	泄漏点至终点时差/s
1	20	13：00	9km	13km	7.95	9.41
2	20	13：07			7.96	9.42
3	20	13：10			7.95	9.38
4	20	13：16			7.95	9.37
5	10	13：29			7.97	9.41
6	10	13：33			7.96	9.42
7	5	13：46			8.04	9.58
8	5	13：53			7.99	9.48
9	30	15：06			7.92	9.44
10	30	15：10			7.93	9.43
11	5	15：22			7.94	9.51
12	5	15：24			8.03	9.52
13	5	15：27			7.96	9.5

3　结论

根据管道泄漏瞬间产生次声波的原理，采用次声波泄漏监测系统进行了现场试验，试验论证了次声波泄漏监测技术在油气水多相流海底管道和油水两相流陆岸管道技术可行性，得到以下结论：

（1）集输管道发生泄漏后，在泄漏点会产生明显的次声波，次声波信号会沿管道传播，并被探测到。

（2）集输管道输送介质越复杂次声波信号衰减越快[9]，在油气水混合介质下，管道两端传感器不能接收到清晰的次声波信号，在油水混合介质下，管道两端传感器可以接收到次声波信号，泄漏点孔径越大次声波信号强度越高。

（3）集输管道瞬间压力变化越频繁，次声波信号越不易检测到，油气水混输管道由于流态变化频繁产生瞬间压力变化时，管道内会产生强烈的本底噪声导致信号被埋没[10]，油水混输管道由于没有频繁的瞬间压力变化，管道两端的次声波传感器可以清晰探测到次声波信号。

（4）当前技术水平下，采用次声波泄漏监测技术监测油气水混输管道泄漏是不可行的，用于监测大于3mm孔径的油水混输管道泄漏是可行的，随着数据模型库的增加和噪音处理技术的提高，次声波泄漏监测技术会有更大的应用前景[11]。

参考文献

[1] 王晓宇，王树立．管道泄漏检测及定位技术的研究现状与发展方向．江苏工业学院学报(自然科学版)[J]，2008，9(20)3.

[2] 郭鹏，赵会军，慈智等．基于次声波法的天然气管道泄漏检测[J]．油气田地面工程，2014，8(33)8.

[3] 邓文涛，张霆．长输管道泄漏检测方法[J]．中国西部科技，2009，4(8)，12.

[4] 倪鸿雁，陈绪兵，胡晶宇等．大口径输气管道的泄漏检测及去噪[J]．武汉工程大学学报，2018，6(40)，3.

[5] 顾明生．管道泄漏次声波信号分析方法研究[D]．徐州：中国矿业大学，2017.

[6] 郭双全．多相流态输送管道随机不确定建模及振动分析[D]．杭州：浙江大学，2014.

[7] 吕宇玲，何利民，牛殿国等．海洋油气集输系统中强烈段塞流压力波动特性[J]．中国石油大学(自然科学版)，2011，11(35)，6.

[8] 胡杨曼曼，鲍郃，王佳伟．管道泄漏检测系统中次声波信号传播规律研究[J]．辽宁化工，2014，4(43)，4.

[9] 尚媛媛．次声波信号分析方法研究[D]．云南：昆明理工大学，2013.

[10] 王黎宏．基于次声波的油气管道泄漏检测系统研究[D]．西安：西安石油大学，2016.

[11] 谢含宇．基于经验模态分析的次声波泄漏检测技术研究[D]．西安：西安石油大学，2018.

浅析±800千伏特高压电线与天然气管道的距离

吕雯丽　陈　韬　吴　岚

（中国石油西南油气田公司）

摘　要　随着我国经验建设的不断发展，西部地区架设了±800千伏特高压输电线路，这是目前电压等级最高的直流输电线路。而由于石油行业标准的缺失，埋地输气管道与±800千伏特高压架空输电线之间的安全距离没有明确界定，导致了埋地天然气管道施工时受到阻碍，本文就埋地输气管道与±800千伏特高压架空输电线间的距离进行了讨论。

关键词　800千伏；电线；天然气管道；安全距离

1　引言

随着我国经济建设的不断发展，能源、电力行业的不断拓展，天然气管道和输电线遍布我国大江南北，两者的敷设轨迹有着一定的相似性，天然气管道和输电线路不可避免会存在交叉相遇，虽然天然气管道一般为埋地管道，而输电线架设在高空，但它们之间仍然存在相遇相交的距离要求，特别是近年来，随着我国城市建设的不断发展，城市、工业用电量的不断增加，国家进行了能源优化配置，实施了西电东送战略部署，在西南地区架设了±800千伏特高压输电线路，这是目前电压等级最高的直流输电线路。±800千伏特高压输电线路与天然气管道相遇时有着更高的距离要求，现今我们在管道工程设计、审查时，对于与高压输电线路相遇问题没有引起足够的重视，而且设计标准还是沿用的以往的标准，已不能满足现在的实际需求，造成了建设期间施工时遇到阻碍，以致输气管道建设线路的局部调整，增加投资费用。

2　高压输电线路对天然气管道的影响

高压输电线路在与天然气管道交叉或平行时，由于电流产生的磁影响，在管道上产生一定的感应电压，可能对管道造成以下危害：

（1）可能击穿管道绝缘防腐层，或通过绝缘漏点产生电流，加速管道腐蚀。

（2）可能影响阴极保护设备，加速管道腐蚀。

（3）当上方输电线路故障时，可能产生随时高压，产生电弧烧伤管壁，危害管道沿线人员安全。

（4）当电塔遭遇雷击时，接地体将产生入地电流，可能损坏设备、引起火灾。

（5）在高压输电线下方施工时，可能发生触电危险。

因此，当天然气管道与高压输电线路相遇时，特别是特高压输电线，应引起足够的重视，充分了解其危害性，提前做好线路可行性论证和防护措施。

3　案例分析

3.1　案例背景

我处承建的川渝地区天然气管网调整改造工程江津—纳西集输气管道工程是川渝管网“三横、三纵”及“三环”的重要组成部分，连接川渝高压管网南干线东段与南干线西段高压系统，是盆地东气西调的重要通道。2014年，该工程建设至自贡纳溪区时，施工单位在进行管沟开挖时将3处±800千伏特高压输电线路铁塔的接地体挖断，随后国网四川省电力公司检修公司自贡运维分部人员发现后，要求立即停止施工，并与设计方、施工方、建设管理方等相关单位进行现场核实。经现场踏勘调查，发现合江县有两处天然气管道也距离超高压输电路铁塔较近，随后国网四川省电力公司检修公司自贡运维分部正式来函，禁止我处在±800千伏锦苏、复奉特高压直流输电线路附近修建天然气管道，要求我处对天然气管道线路进行迁改。

3.2　原因分析

川渝地区天然气管网调整改造工程江津—纳西集输气管道工程在进行可行性研究、初步设计和施工设计时，管道与架空输电线路的距离，主要参照的规范为国标《钢制管道外腐蚀控制规范》（GB/T 21447—2008）、《埋地钢制管道交流干扰防护技术标准》(GB/T 50698—2011)。其中,《钢制管道外腐蚀控制规范》(GB/T 21447—2008)中有埋地管道与架空送电线路最小距离和埋地管道与交流接地体的最小距离要求，其的标准如表1，表2所示。

表1　埋地管道与架空送电线路最小距离

地形	电力等级/kv					
	≤3	6~10	35~66	110~220	330	500
	最小距离/m					
开阔地区	最高杆(塔)高	最高杆(塔)高	最高杆(塔)高	最高杆(塔)高	最高杆(塔)高	最高杆(塔)高
路径受限地区	1.5	2.0	4.0	5.0	6.0	7.5

注：距离为边导线至管道任何部分的水平距离。

表2　埋地管道与交流接地体的最小距离

电压等级/kv	10	35	110	220	330	500
临时接地	0.5	1.0	3.0	5.0	6.0	7.5
铁塔或电杆接地	1	3.0	5.0	5.0	6.0	7.5

《埋地钢制管道交流干扰防护技术标准》(GB/T 50698—2011)中表5.1.5也有埋地管道与交流接地体的最小距离，其标准如表3所示。

表3　埋地管道与交流接地体的最小距离　m

电压等级/kv	≤220	330	500
铁塔或电杆接地	5.0	6.0	7.5

按照上述标准规范，在路径受限地区，天然气管道与架空高压输电线路的最远安全距离为7.5米，当时在进行设计时也是采用的7.5米的安全距离标准，但7.5米的安全距离对应电压等级仅为500千伏，不适用于±800千伏特高压输电线路，而且在石油行业标准中，也没有天然气管道对应±800千伏特高压输电线路安全距离的标准。

而根据电力部门提供的《±800千伏直流架空输电线路运行规程》(GB/T 28813—2012)附录中明确规定了特殊管道与±800千伏特高压直流输电线路安全距离要求，其标准如表4所示。

表4　特殊管道与±800千伏特高压直流输电线路安全距离要求

<table>
<tr><th colspan="2">项　目</th><th>垂直距离/m</th><th colspan="3">水平距离/m</th></tr>
<tr><td rowspan="3">特殊管道
索道</td><td rowspan="3">至管道任何部分
至索道顶部</td><td rowspan="3">管道17
索道12.5</td><td rowspan="3">边导线至管、索道任何部分</td><td>开阔地区</td><td>交叉：最高塔高
平行：天然气2倍塔高
石油50且不低于杆高
其他风偏时15</td></tr>
<tr><td>路径受限制地区
(最大风偏情况下)</td><td>风偏时15</td></tr>
<tr><td>交叉或平行</td><td>接地体至埋地管道：25
线路中心线至天然气主管道排气阀：300</td></tr>
</table>

上述标准中不仅明确了特殊管道距离±800千伏特高压直流输电线路的垂直、水平安全距离，还明确了接地体至埋地管道的最小安全距离。

因此，石油行业与电力行业标准的差异，是造成川渝地区天然气管网调整改造工程江津—纳西集输气管道工程遭遇±800千伏特高压直流输电线路改线的主要原因。

4　天然气埋地管道与±800千伏架空直流输电线最小安全距离

按照《±800千伏直流架空输电线路运行规程》(GB/T 28813—2012)中的标准，特殊管道(天然气)在开阔地区距±800千伏直流架空输电线路平行距离是2倍塔高，那么我们在今后的工程设计中是否应按照此标准进行设计？笔者认为此问题还值得探讨：

《±800千伏直流架空输电线路运行规程》(GB/T 28813—2012)中特殊管道与±800千伏特高压直流输电线路安全距离要求是在其附录中体现的，笔者认为该附录为资料性附录，且仅适用于特殊管道、索道与电力线交叉和接近的距离要求，埋地天然气管道究竟是否属于特殊管道？根据《±800千伏直流架空输电线路设计规范》(GB 50790—2013)中13.0.9条文说明第(6)对特殊管道的交叉跨越距离说明中对特殊管道的定义："特殊管道是架设在地面上输送易燃易爆物品的管道"。按照此项说明，埋地天然气管道应不属于特殊管道的范畴，可不适用《±800千伏直流架空输电线路运行规程》中附录要求；而且在《±800千伏直流架空输电线路设计规范》中第13.0.8条："线路与埋地输油、输气管道的平行距离，应根据线路和管道的具体参数计算确定。"也证实埋地输气管道不适用《±800千伏直流架空输电线路运行规程》附录，应按照实际情况按规定计算安全距离。

此外，天然气管道在与±800千伏特高压输电线相遇时还有一个需要关注的问题：即天然气管道与电线接地体的安全距离。在《±800千伏直流架空输电线路运行规程》附录中，有明确的接地体至埋地管道的距离要求：25米。而在我们石油行业《钢制管道外腐蚀控制规范》(GB/T 21447—2008)的设计标准，最大只有埋地管道和500千伏交流接地体的距离要求，显然不适用于±800千伏输电线。因此，埋地管道与±800千伏输电线接地体间的距离，应遵守25米的安全距离要求。

5　结论

由于石油行业缺乏与±800千伏特高压输电线安全距离的标准，在埋地天然气管道与±800千伏高压输电线路相遇时，设计单位往往套用石油行业标准中与输电线的最远的安全距离：7.5米进行工程设计，也常忽视与高压输电线接地体的安全距离，导致实际施工作业时遇到阻碍。为了避免出现川渝地区天然气管网调整改造工程江津—纳西集输气管道工程因特高压线进行线路调整的情况，笔者认为，应在天然气管道建设可研、初设规划时，与电力部门进行充分沟通，特别是在现今标准未达成一致的情况下，应就埋地天然气管道与特高压输电线之间的安全距离达成一致意见，并形成纪要或得到电力管理部门批复文件，以便今后施工作业的开展。此外，我们在关注自身行业标准的同时，也要充分了解与我们相关行业的标准情况。随着国内建设的不断发展，合规管理的日益严谨，每年都会出台新的标准或进行标准的更新，我们也要加强学习交流，以便更好的开展工作。

浅析自控大修项目进度受控管理提升

姚　平　吴　岚　吕雯丽

（中国石油西南油气田分公司）

摘　要　近年输气管理处自控大修项目合规性管理要求日益提高，对项目管理时间成本要求增大，但基层管理单位时间成本有限，一定程度上导致项目进度滞后，如何在现有资源的条件下，解决二者冲突，确保自控大修项目进度管理受控，显得迫在眉睫。

关键词　自控大修项目；合规化管理；进度受控管理

1　引言

输气管理处作为生产单位，一方面，其核心要务是安全生产，决定了各基层作业区大修项目管理会排在其之后，相关承办人员多为兼职，在确保本岗位管理职能完成的前提下，才有精力和时间开展项目管理工作；另一方面，在项目合规化管理提升大环境的影响下，输气管理处近年连续修订大修项目管理实施细则，其大修项目合规化管理持续深化，对项目单位项目管理时间成本投入提出了更高要求。两个诉求激烈碰撞后，未得到有效处理会导致项目进度管理无法完成达到预期，最终表现为项日财务结算时间不完全受控。

2　近年自控大修项目进度受控管理状况

以2016年输气管理处自控大修项目结算为例，当年完成财务结算项目共79个，其中结算时间处于2016年12月的项目36个（数据来源于2016年大修项目管理台账），占比46%，几乎达到一半水平，给处年度资金计划的完成带来巨大压力。同时财务结算的集中也意味着造价结算审查的集中，也增加了造价结算审查压力以及风险。

3　影响大修项目进度受控管理因素

大修项目合规化管理不可逆行，相关管理增加的时间成本需要消化，同时现有人力资源短时间不可能得到调整的情况下，笔者总结了大修项目进度受控管理公式 $T_s \leq T$，试图从其影响的各个因素出发，逐一分析，希望能找到符合输气管理处自身情况的，自控大修项目进度受控管理钥匙，或抛砖引玉对下步输气管理处大修项目管理实施细则的修订，以及对基层单位大修项目进度受控管理有所帮助。

影响大修项目进度受控管理的因素有：

α 为项目人员本岗位管理综合熟练系数，由于熟练程度不同，其为变量。

β 为项目人员项目管理综合熟练系数，由于熟练程度不同，其为变量。

γ 为合规性管理时间成本系数，在确定的项目管理制度下为恒定值，与 T 成正比。

T 为项目合规性管理总需求时间成本，在确定的项目管理制度下为恒定值，与 γ 成正比。

T_s 为项目单位实际付出总管理时间成本，受多因素影响，其为变量。

t_y 为项目单位付出的有效项目管理时间成本，受多因素影响，其为变量。

t_w 为项目单位付出的无效项目管理时间成本，各单位管理程度不同，其为变量。

N 为项目单位可用承办人数量，变量。

X 项目承办人可用总时间，由于人的精力有限，假设其为恒定值。

Y 为项目承办人本岗位管理时间成本，根据岗位职责，假设其为恒定值。

可归纳为：

$$t_y = N(X-\alpha Y)\beta\gamma$$

$$T_s = N(X-\alpha Y)\beta\gamma + t_w$$

当 $T_s \leq T$ 时，体现为项目进度管理受控；当 $T_s > T$ 时，体现为项目进度管理不受控。

自控大修项目进度受控管理，可以通过向 $T_s \leq T$ 努力来实现。努力方向可从不等式两侧出发。

4　T 与 T_s 的辩证统一关系

（1）T 是评判标准

由 $T_s \leq T$ 可知，T 是评判标准，T_s 与其对比

关系，反应出项目进度管理是否受控。

(2) T_s 与 T 同步变化

由于 γ 与 T 变化成正比，在其他因素不变的情况下，T_s 与 T 同步变化。

即在制度层面，合规化管理要求越高，项目单位需投入更多有效时间成本来确保项目进度受控管理，也就是说进度受制管理难度增大。

合理优化管理制度，项目单位有效时间成本降低，进度受控管理难度降低。

(3) T_s 与 T 应取得平衡

若项目管理程序过于繁杂，在人员业务能力、人员数量无法快速跟进的情况下，其结果可能导致无法完全实现进度受控管理，在确保合规性的前提下，合理的程序设置或优化可以为进度受控管理创造条件。即 T_s 与 T 应取得一个博弈后的平衡。

5 *T* 侧发力

T 侧发力可从进一步明确各环节时间节点要求、以及减政放权两个面出发。

(1) 细化时间节点要求

进一步明确各环节时间节点要求，细化到每个步骤，确保前期、实施阶段各预计的时间节点有依据，增强可执行性。如从物质需求计划提报到采购合同签订周期要求。

(2) 简政放权

自控大修的特点为项目数量多，单个项目费用较小。但麻雀虽小，五脏俱全，项目程序管理与大项目无太大区别。项目费用少，决定了项目规模小，大修内容比较单一，技术上一般较简单。若对自控大修项目中费用较小的项目进行简政放权，增大项目单位的相关权限，同时让其承担对应责任，能更好调动项目单位积极性，锻炼提升项目单位项目管理能力，为项目进度受控管理提升创造条件。

笔者对输气管理处 2015 年及 2016 年自控大修实施计划进行了统计(表1、表2)(数据来源于 2015 年及 2016 年财务科下达的年度调整计划文件)，2016 年自控大修实施计划项目 120 个，其中 30 万以下的项目共 62 个，占项目总数的 52%，但其费用却只占项目总费用的 25%。2015 年自控大修实施计划项目 82 个，其中 30 万以下的项目共 36 个，占项目总数的 44%，但其费用却只占项目总费用的 19%。

表 1　2016 年自控实施计划统计表

序号	实施计划	项目数/个	项目数比例		实施计划金额/万元	资金比例	
1	10 万以下	12	10%	52%	88.14	2%	25%
2	10 万-20 万	30	25%		460.12	11%	
3	20 万-30 万	20	17%		514.05	12%	
4	30-40 万	16	13%	48%	536.81	12%	75%
5	40 万-50 万	13	11%		593.79	14%	
6	50 万以上	29	24%		2109.45	49%	
	合计	120	100%		4302.36	100%	

表 2　2015 年自控实施计划统计表

序号	实施计划	项目数/个	项目数比例		实施计划金额/万元	资金比例	
1	10 万以下	5	6%	44%	40.01	1%	19%
2	10 万-20 万	13	16%		200.02	5%	
3	20 万-30 万	18	22%		456.23	13%	
4	30-40 万	9	11%	56%	303.92	8%	81%
5	40 万-50 万	12	15%		596.45	16%	
6	50 万以上	25	30%		2145.67	57%	
	合计	82	100%		3742.3	100%	

根据以上数据，综合分析两年情况自控大修实施项目具体情况(图 3)可以得出，近年自控大修项目分布表现为小项目数量多，但所占费用比例却较低，30 万以下的项目数量将近占总量的

一半为44%，资金情况所占比例却不到两成为19%。若对30万以下项目进行减政放权，如下放技术审查权限，可以释放大量基层单位项目管理时间成本，以及机关科室业务管理时间成本，但对整体资金总量影响较小。同时，为确保大修效果，对于30万以下确存在技术难度的项目，可以由项目单位单独报审，由处把关。或结合对基层单位项目管理年度考评进行授权。

表3　2015-2016年自控大修实施计划分析表

年份	金额划分	项目数量/个		项目比例	实施计划金额/万元		资金比例
2016年	30万以下	62	98	49%	1062.31	1758.57	22%
2015年		36			696.26		
2016年	30万以上	58	104	51%	3240.05	6286.09	79%
2015年		46			3046.04		
合计		202		100%	8044.66		

6　T_s侧发力

根据$T_s=N(X-\alpha_Y)\beta_Y+t_w$，在确定的管理制度下$\gamma$为恒定量，另$X$与$Y$也为恒定量，其他4个因数均为变量，这四个变量均是发力的方向。

（1）N侧发力

N为项目单位可用承办人数量，近年基层单位人员流动快，新人对大修项目管理相关要求不熟悉，一方面基层单位应加强传帮带，采用AB岗的方式增加可用承办人数量，同时处相关业务部门应结合现在的管理现状，以跟岗、案列法等多种有针对性的培训方式，切实快速提高基层单位人员而不是以发布通知代替管理。

（2）α侧发力

α为项目人员本岗位管理综合熟练系数，一方面承办人自身应加强学习，提高本岗位业务素质，同时项目单位、业务科室应加强人员培训工作。承办人只有提高了本岗位素质，才可能有更多时间精力开展项目管理工作。

（3）β侧发力

β为项目人员项目管理综合熟练系数，一方面承办人自身应加强学习，不要不学制度埋头犯错，同时项目单位、业务科室应加强人员培训工作。

大修项目管理实施细则，站在制度层面，更多是明确职责，提出哪些方面需要做、由谁做，但是怎样做方面未说得太具体，针对基层单位人员流动快，大修项目管理涉及知识点多，项目承办人员均为兼职得情况，若有一本具每个环节体如何操作得工作手册，则能大幅提高其工作效率，防止由于不知道如何干导致得不敢干、等别人来催到干，消除其心里屏障。据了解，个别作业区自身已开展了相关工作。

（4）t_w侧发力

t_w为项目单位付出的无效项目管理时间成本。其表现为项目管理相关环节明显超出其合理范围，不排除个别项目有特殊情况，但总体反应出项目单位在管理中存在未及时发现及时纠偏的问题，通过对某单位2016年度自控大修前期开展情况进行分析(表4)，其设计委托时间平均达68.5天，设计预审达平均达111.4天，概算报审平均达84.1天，均远超合理范畴。项目单位可以通过项目管理周报、项目管理月会等及时分析发现管理中存在的问题，及时进行纠偏，避免无效项目管理时间成本过大导致的项目进度管理失控。

表4　某单位2016年度自控大修前期开展请情况统计表

序号	项目计划下达时间	设计委托时间	设计委托所用天数	设计文件预审时间	设计文件预审所用	设计文件报审时间	设计文件报审所用天数	业务科室审查时间(10个工作日)	业务科室审查所用天数	概算上报时间	概算上报所用天数	概算审定时间(10个工作日)	概算审定所用天数
1	2014年6月10日	2014年7月12日	32	2014年7月21日	41	2014年8月1日	11	2014年8月7日	6	2014年10月23日	77		6
2	2014年9月24日	2015年1月22日	120	2015年2月2日	131	2015年2月2日	0	2015年2月9日	7	2015年3月26日	44	2015年3月30日	5

续表

序号	项目计划下达时间	设计委托时间	设计委托所用天数	设计文件预审时间	设计文件预审所用	设计文件报审时间	设计文件报审所用天数	业务科室审查时间(10个工作日)	业务科室审查所用天数	概算上报时间	概算上报所用天数	概算审定时间(10个工作日)	概算审定所用天数
3	2015年7月23日	2015年7月25日	2	2015年9月10日	49	2015年9月10日	0	2015年9月11日	1	2015年9月15日	4	2015年9月22日	7
4	2014年6月10日	2014年7月12日	32	2014年7月21日	41	2014年7月28日	7	2014年7月31日	3	2016年3月3日	581	2016年3月7日	4
5	2015年10月16日	2015年12月16日	61	2016年2月29日	136	2016年3月4日	4	2016年3月9日	5	2016年3月30日	21	2016年3月31日	1
6	2015年10月16日	2015年12月16日	61	2016年2月29日	136	2016年3月4日	4	2016年3月9日	5	2016年3月30日	21	2016年3月31日	1
7	2015年10月16日	2015年12月16日	61	2016年2月29日	136	2016年3月4日	4	2016年4月15日	42	2016年4月25日	10	2016年4月27日	2
8	2015年10月16日	2015年12月16日	61	2016年2月29日	136	2016年3月4日	4	2016年3月9日	5	2016年3月10日	21	2016年3月31日	1
9	2016年4月21日	2016年8月3日	104	2016年8月20日	121	2016年8月29日	9	2016年9月4日	6	2016年9月27日	23	2016年9月28日	1
10	2015年10月16日	2016年3月15日	151	2016年4月20日	187	2016年6月14日	55	2016年7月22日	38	2016年8月30日	39	2016年9月5日	6
	合计		685		1114		98		118		841		34
	平均		68.5		111.4		9.8		11.8		84.1		3.4

7 激励机制

由于近年输气管理处大修项目进度管理与预期存在较大差异，处通过多种措施加大了考核力量，同时分别于2016年、2017年连续对大修项目管理实施细则进行了修订，细化了对项目单位的考评要求，但尚未建立对个人或单位的激励机制，下步若完善了相应激励机制则更有利于提高其积极性。

8 结语

自控大修项目涉及众多基层单位及科(部)室，在其进度受控管理提升这条路上，尚需各单位、科(部)室通力合作。制度层面在满足合规性的前提下为自控大修项目进度受控管理创造更好的条件，业务科室加强指导，项目单位加强过程纠偏，对项目承办人员能力给予必须的培训，严格考核同时给予应由的激励，对承办单位进行大修项目管理能力予以考评，以促进管理提升。

含聚采出液处理技术研究与应用

张春伟

（中国石化胜利油田分公司）

摘 要 随着油田的开发，采出液量增加、含水逐步升高，特别是采出液含聚后，油水处理难度增加，原来的处理工艺开始出现不适应状况。一、二次沉降罐效果变差，原料油含水逐步升高，站内循环处理量增大，整个脱水系统能耗明显上升；由于油水沉降效果变差，脱水系统分离出去的污水含油高，加重了污水处理站的处理负荷；污水站采用"重力、混凝沉降"工艺，处理后的污水含油、含悬浮物很高，细菌含量高，达不到注水水质要求。为此，推广应用了预分水工艺，大大降低了后段的处理负荷，提高了污水站的来水水质；通过四段沉降及大罐抽底水流程改造，保证了外输原油含水指标的稳定。通过污水处理工艺不断改进及药剂筛选优化，外输污水水质得到明显改善。

关键词 孤岛油田；采出液处理；含聚；污泥；腐蚀

在油气田开发过程中，一次采油和二次采油采出的乳化原油多是油包水型，采用常规电化学联合破乳的方法就可以实现油水分离。目前，孤岛油田已经处于开采后期特高含水期，三次采油技术全面展开，采出液多为水包油乳状液或水包油与油包水交替出现的复杂乳状液，其界面膜强度高，乳状液非常稳定，加大了采出液处理的难度。且伴随着频繁的油水井作业活动，大量的作业化工料进入地层，使采出液成分日益复杂化，增加了油水处理的难度。

1 采出液处理工艺现状

孤岛油田共有联合站8座，采出液处理能力7000×10^4t/a，原油处理能力720×10^4t/a，采用重力沉降+热电化学脱水工艺。共有污水处理站8座，设计能力$17\times10^4 m^3/d$，目前实际处理污水$14.8\times10^4 m^3/d$。除孤三、孤六污采用"重力沉降+二级气浮"工艺；孤四、孤二污采用"重力沉降+一级气浮"工艺；孤五污采用ops污水处理工艺外，其他各站均采用重力沉降工艺。

1.1 原油脱水系统

孤岛油田油品性质属于环烷基重质稠油，具有密度大、黏度高、沥青质、胶质组分含量高特点，油水处理难度较大。随着注聚和热采稠油的开发，孤岛油田形成了典型的"重质油+热采稠油+高含聚"采出液，油水乳化程度升高、水相黏度增加、携带悬浮物量增加，油水不易分离，原油脱水难度逐步增加。常规的原油脱水工艺开始出现不适应状况并逐步加重，主要表现在：

（1）一、二次沉降罐效果变差，原料油含水逐步升高，电脱水器效果变差，净化油含水上升。因原油脱水指标变差，导致站内循环处理量增大，整个脱水系统能耗明显上升；

（2）联合站抗生产波动能力差，来液性质变化或站内操作不稳极易引起原油脱水紊乱现象；

（3）由于油水沉降效果变差，脱水系统分离出去的污水含油高，加重了污水处理站的处理负荷。

1.2 污水处理系统

在注聚开发以前，采用"自然除油、混凝沉降+压力过滤"工艺，全厂外输污水含油48mg/l左右，悬浮物30mg/l左右。大规模实施注聚合物开发以后，该工艺明显不适应处理高含聚污水，除油、除悬浮物效果变差，压力滤罐因水中含油高被迫停用，处理后的污水含油严重超标，细菌含量高，达不到注水水质要求。水质差影响了注水、注聚开发效果，对地面流程、注水井等沿程设施造成腐蚀、堵塞影响，也造成了较大的原油产量损失，这些因素给采油厂增加了成本负担、也给日常管理带来很大困难，严重影响了油田开发的良性循环。

2 采取的工艺改进措施及效果

2.1 原油脱水系统

2.1.1 进行联合站预分水工艺改造

采用"三相分离器+破乳剂+净水剂"工艺替代"两相分离器+破乳剂"工艺。首先采出液进站后进入三相分离器，预先分离出大部分污水（约占总污水量的85%)进入污水处理站，减少后端原油沉降及脱水处理量。同时优选药剂，针对不同采出液筛选不同净水破乳剂配方，净水破乳剂投加在三相分离器进口，破乳剂投加三相分离器油出口，进一步提高油水分离能力和处理效果。一方面解决联合站沉降能力满负荷运行状况，另一方面降低污水处理进站含油，满足生产要求，实现节能降耗。

2.1.2　采用四段沉降工艺，保证外输油含水平稳

由于电脱水器净化油含水偏高，增加了三级沉降，以延长原油沉降时间。电脱水器出来的净化油再进入三次沉降罐，三次沉降罐采用上部溢油，底部放水，在一定程度上保证了外输油含水率平稳，避免前端电脱水指标不稳定时，出现原油外输高含水。

2.1.3　密闭沉罐罐放水循环系统，减少老化油的产生

联合站二次沉降罐、三次沉降罐、净化油罐底部放水和污水罐收油是放至污油池内，积攒到一定程度后再提升至一次沉降罐，存在以下缺点：(1)提升泵易抽空；(2)形成老化油难处理；(3)能耗增加、热量损失大；(4)增加了油气损耗。为此，进行了密闭沉罐罐放水循环系统改造，减少了提升池环节，实现油站放水密闭运行，从而有效解决上述问题。

2.1.4　建立起经济运行和可靠相结合的脱水温度

根据油品性质粘温曲线，各联合站站建立不同的脱水温度，脱水温度一般控制在300mPa·s左右。既满足脱水生产，又实现节能降耗(表1)。

表1　联合站脱水温度控制范围

站名	目前平均脱水温度/℃	黏度/mPa·s	控制范围/℃
孤一联	70.2	214	70-75
孤二联	73.3	392	70-75
孤三联	65.2	236	62-67
孤四联	73.3	238	70-75
孤五联	61.2	237	58-63
孤六联	73.8	208	72-77

通过以上工艺优化和改进，较好解决了含聚原油脱水问题。全年外输原油含水平稳。截至目前，孤岛油田8座联合站完成了“分水改造”。4座联合站(孤二联、孤三联、孤五联、孤六联)增加三级沉降，密闭大罐放水循环系统。

2.2　污水处理系统

2.2.1　应用溶气气浮工艺处理含聚污水

2008年，采用“先除油，后除泥”的工艺思路对孤三污、孤六污进行了溶气气浮工艺改造。溶气气浮是气浮的一种，它利用水在不同压力下溶解度不同的特性，对污水进行加压并加气，增加水的气浮溶解量，通入加过混凝剂的水中，在常压情况下释放，气体析出，形成小气泡，黏附在杂质絮粒上，造成絮粒整体密度小于水而上升，从而使固液分离(图1，表2)。

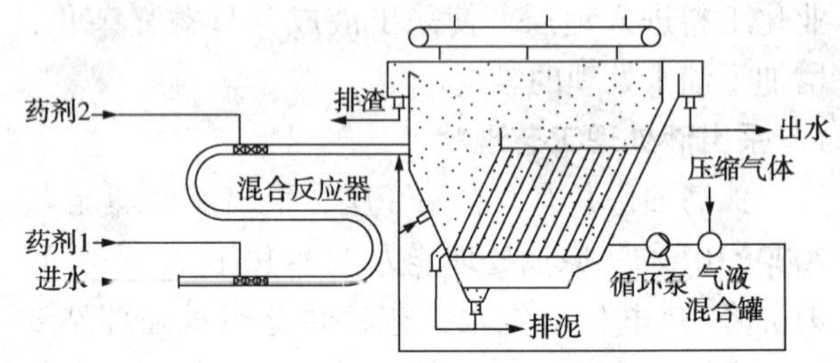

图1　气浮处理工艺简图

表2　改造后水质检测数据

污水站	处理节点	含油/mg/L	悬浮物含量/mg/L	平均腐蚀速/(mm/a)	SRB个/mL	药剂投加/(kg/d)	备注
孤三污	气浮进	470	270	0.106	6000	缓蚀剂480 杀菌剂32 除油剂6 絮凝剂2400	一级 除油率78.7%
	一级出	100	120				
	二级出	26	30				
	外输	20	26	0.1388	25		
孤六污	气浮进	1090	390	0.114	25000	缓蚀剂540 杀菌剂50(四天) 净水破乳剂400 絮凝剂6200	一级 除油率77.3%
	一级出	270	210				
	二级出	29	41				
	外输	27	25	0.2248	25		

改造后水质对单井注聚黏度影响。中二北注聚区转第二段塞后，黏度下降较大，气浮工艺改造后，聚合物注入粘度保持的比较好，始终在30mPa·s以上(图2)。

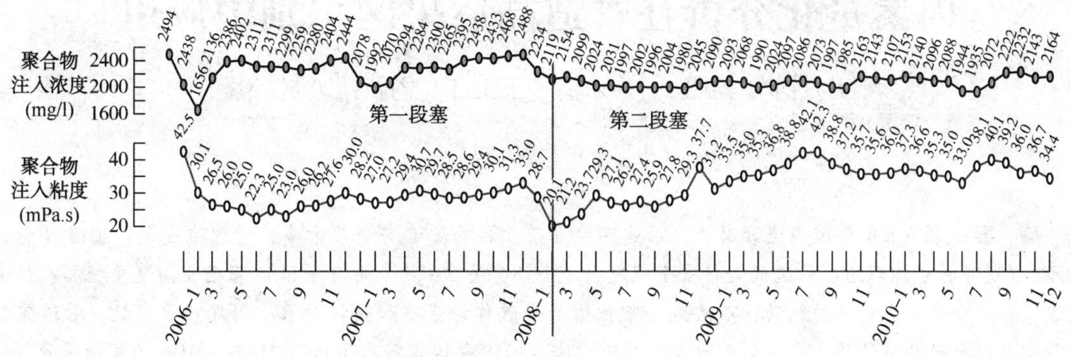

图2　中二北注聚驱注入粘度曲线

2.2.2　开展污水深度处理资源化利用试验，为富余污水寻求出路

随着化学驱开发的进行，打破了孤岛油田的注采平衡，富余污水问题突出。2003 年以来，采油厂通过打回灌井消化富于污水，至 2005 年 6 月采油厂实现污水零排放，过剩污水全部回灌，且回灌压力逐年增大。

为此，在孤四污进行了 1000m^3/d 的污水深度处理新工艺的先导项目。应用"溶气气浮+粗滤、精细过滤"技术对污水进行预处理，以降低污水中的含油和悬浮物，并回收污水中的大部分原油，使污水达到下步精细处理的条件；通过"超滤+反渗透"双膜过滤处理技术去除气浮出水中的剩余悬浮物，应用反渗透技术对污水进行除盐和除硬，有针对性的降低离子含量及矿化度，使最终出水配聚能够基本达到清水配聚指标，实现污水代替清水配聚合物母液，达到污水再利用的目的。

在经过了多次优化改进后，日处理污水达到 1728m^3/d，产清水 504m^3/d，产水率 29.2%，矿化度≤300mg/L。井口母液化验黏度 3375mPa·s，高于正常清水配制母液的要求(>3200mPa·s)。生产运行单耗 8.63 元/m^3(按产水量计算)，主要包括运行过程中用水、电费用和投加的药剂费用。中一区 Ng3 非均相驱自 2010 年 7 月注聚开发，2010 年 11 月 26 日开始利用孤四污资源化外输水配制母液，井口粘度一直比较稳定，保持在 55-65mPa·s 之间。

3　结论

(1) 通过预分水工艺的推广应用，四段沉降及大罐抽底水流程改造，较好解决了含聚稠油脱水。

(2) 溶气气浮污水处理工艺的应用，水质得到明显改善。在以后的整体工艺改造中，应重点考虑"扩大重力沉降能力+一级气浮工艺"，避免二级气浮加药带来的影响；同时，研制新型抗氧化缓蚀剂，降低腐蚀速率。

(3) 污水资源化利用项目是一种发展前景良好的污水深度处理技术，对油田的整体开发、富余污水的消化具有明显的效果，但制水成本偏高。

参考文献

[1] 佟曼丽、陈大钧、姚晓. 油田化学[M]. 山东：石油大学出版社，1996.

[2] 杨冰川，石娜，陈茜文，等. 三次采油提高注聚粘度的系统综合分析研究[J]. 中国石油和化工，2016，S1：327-329.

因素量化分析在管道高后果区识别中应用

王兆钧　李国森　徐水清　王玉江　杨新镇　赵　鹏

（中国石化胜利油田公司）

摘　要　原油长输管道输送距离长，沿途环境复杂，影响管道安全因素多，管理难度大。2013 年青岛 11.22 管道事故爆炸以后，管道的运行安全问题引发全社会关注，也引起了管道运营企业高度重视。在经济高速发展的今天，受利益的驱动，不法分子常把输油管道作为盗窃和破坏对象，引发严重事故。管道完整性管理是目前世界公认的、先进的、科学的管理方法。2015 年国家颁布了 GB 32167—2015《油气输送管道完整性管理规范》，要求油田及管道企业开展管道完整性管理，杜绝管道事故的发生。管道高后果区识别是管道完整性管理的重要步骤之一，可找出管道事故影响最严重的区域，是管道管理的难点及重点，制定有针对性的应急预案并采取降低管道风险措施，就能有效降低事故带来的损失和影响和大幅减少管道事故发生的概率。

关键词　输油管道；管段划分；高后果区；管道完整性；排序

1　简介

某厂是胜利油田专业化的原油储运企业，管理着 ϕ508mm 以上的大口径输油管道 3 条，总长度 230 余 km，分布范围广，自北向南经过东营和淄博两市，沿途穿越黄河、小清河、溢洪河等大型河流、水库、村庄、公共场所、工业区、农田、公路、铁路，管道沿线地域环境和社会环境复杂，尤其是北部地区，治安环境较差，打孔盗油和第三方破坏管道现象时有发生，管理难度很大，安全生产形势严峻。

我厂 2013 年成立管道完整性攻关小组，以某管线更新改造为契机，开展管道完整性管理的试点探索，从收集管道勘察设计、施工建设、试运投产、竣工测量等阶段的各种资料入手，联合软件公司建立了自己的数据库和管理系统平台，为开展管道完整性管理奠定了基础。2015 年在其他两条输油管道上推广应用管道完整性管理。GB 32167—2015《油气输送管道完整性管理规范》颁布后，2018 年 3 月，中石化安监局下发了《关于全面加强油气输送管道高后果区安全管理的通知》、山东省下发了《关于做好高后果区安全管理工作的通知》，要求管道企业加强管道高后果识别和管理，我们结合我厂管道实际情况，首先将高后果区识别规则进行了细化、量化，在管道完整性管理标准指导下，对我们所辖的三条输油管道开展高后果区识别工作。

2　管段划分的原则

GB 32167—2015《油气输送管道完整性管理规范》中对输油管道的高后果区识别要求如下表 1 所示。

表 1　输油管道高后果区管段识别分级表

管道类型	识别项	分级
输油管道	a）管道两侧各 200m 范围内，任意划分 2km 长度并能包括最大聚居户数的若干地段，四层及四层以上楼房（不计地下室层数）普遍集中、交通频繁、地下设施多的区段。	Ⅲ级
	b）管道两侧各 200m 范围内，任意划分 2km 长度并能包括最大聚居户数的若干地段，户数在 100 户或以上的区段，包括市郊居住区、商业区、工业区、发展区以及不够四级地区条件的人口稠密区。	Ⅱ级
	c）管道两侧各 200m 内有聚居户数在 50 户或以上的村庄、乡镇等。	Ⅱ级
	d）管道两侧各 50m 内有高速公路、国道、省道、铁路及易燃易爆场所等。	Ⅰ级
	e）管道两侧各 200m 内有湿地、森林、河口等国家自然保护地区。	Ⅱ级
	f）管道两侧各 200m 内有水源、河流、大中型水库。	Ⅲ级

国家标准明确指出“任意划分 2km 长度并能包括最大聚居户数的若干地段”，要求管段的划分长度为 2km，同时还指出“当识别出高后果区

的区段相互重叠或相隔不超过50m时，作为一个高后果区段管理”，可见标准要求的2km管段长度并不是固定不变的，应该是一个基准要求，可根据实际情况灵活变更，应该以此为基准进行管段划分。如果管段划分的过长，管段中包含的建筑物、人口等就会增多，导致高后果区的级别偏高，有可能就由Ⅱ级上升为Ⅲ级，管理难度会加大，后期要采取的措施和工作量会加大，管理成本升高；相反如果管段划分的过短，会使管段应有的建筑物、人口等因素减少，导致管段的高后果级别偏低，可能由Ⅲ级降级为Ⅱ级，削弱了高后果的影响程度，导致真正的高后果区识别不出来，产生较大的偏差，因此我们确定了如下的管段划分原则：

（1）高后果区影响范围是管道两侧各200m；

（2）管段长度以2km为基准，考虑到管道上单点的影响范围就是以该点为圆心，直径400m的圆，管段长度少于400m影响范围有重叠，没有意义，因此我们规定管段长度最短不少于400m。

（3）当识别出高后果区的区段相互重叠或相隔不超过50m时，作为一个高后果区段管理。结合我厂管道的实际情况进行确定，最长不超过4km，如超过4km，则适当拆分成2个管段；

3　GB 32167—2015标准中高后果区识别的局限性

根据GB 32167—2015《油气输送管道完整性管理规范》，表1《输油管道高后果区管段识别分级表》的要求，我们可非常方便的对管道高后果区进行定性识别，确定对应管段的高后果区的级别。

分析表1的内容可以看出，高后果区识别的准则只是定性的识别，没有进行量化，比较笼统、粗略，影响后果中对人和环境影响权重不清晰，识别出的高后果区没有排序依据，无法对同一级别高后果区进行排序。管道企业要将有限的资源用在管道最需要投入的地方才物有所值，所以在管道日常运行管理中，就需要对高后果区按重要程度进行排序，抓住管道高后果区的重点，为管道风险评价和管理决策提供依据，将有限的管道巡护力量、应急物资等进行合理的调配，做到资源最优化。

4　高后果区识别规则的细化与量化

我们根据规范要求结合我们的实际情况，经专家组论证，将高后果区识别的因素进行分类，进行量化，并根据管道的实际情况确定出最重要因素的最高分值作为参考，制定了适合我们自己的高后果区识别规则，如下：

（1）记分原则：

管道沿线地区的等级划分按照GB 50251—2015《输气管道工程设计规范》规定的地区等级为准，同一高后果区区域，具备所列各条的多项内容，各项评分分值累加；如同时具备所列一条内容中的多个子类，则将各子类分值累加。累加分值无上限，并且将识别为高后果区的依据逐一列出。

（2）评分规则：

① 考虑管道事故对管道周边人身安全和居民生活、财产等影响，对200m内的四级地区，每栋(四层)楼3分；

② 三级地区，每处建筑物2分；

③ 一级、二级地区，每处建筑物1分。

④ 50m内的特定场所，距离≤15m为50分/处，>15m为50-(L-15)分/处。L为管道至特定场所的位置的直线距离，单位：米。

⑤ 对环境的影响：考虑输送原油的性质、环境敏感性、污染及扩散可能性、影响范围、严重程度、抢险和清理的难易程度，管道穿越黄河等大型河流、大型水库、饮用水源(水渠)定为最高，250分/处；中型水库、敏感湖泊、河流、如小清河、支脉河、引黄干渠等200分/处；小型水库、景观湖、河流，150分/处；大型池塘、引水水渠，100分/处；中型池塘、排水渠，50分/处；小型池塘、排污渠，30分/处；小型沟渠，10分/处；水工建(构)筑物5分/处。

⑥ 管道两侧各200m内有工厂、易燃易爆仓库、军事设施、飞机场、海(河)码头、国家重点文物保护单位、国家要求的保护地区、旅游景点等，距离小于或等于50m为50分/处，大于50m为50-0.3×(L-50)分/处。L为管道至特定场所的位置的直线距离，单位：m。

⑦ 50m范围没对交通的影响：并行长度大于400m或交叉影响范围(宽度)大于50m，50分/条；15m内(存在或交叉)铁路、高速公路、省道5分/条，县级公路4分/条；乡镇级公路3分/条；村级公路2分/条，穿越田间土路：1分/条。大于15m在原基础上减1分。

⑧ 管道交叉设施：管道两侧各15m内有交

叉、与其平行铺设的地下设施(其他管道、光缆等)的区域，管道与其他外部管道交叉处半径25m的区域。天然气管道5分/条，其他管道、电(光)缆、设施4分/处(本厂所属与管道同沟敷设的自用光缆、管道不计算在内)。

(3) 高后果区等级划分：

高后果区等级分为三级，按照严重程度由高到低的顺序依次为：Ⅲ级、Ⅱ级、Ⅰ级，对应的分值范围为：Ⅲ级>=300分；Ⅱ级，>=200分且<300分，Ⅰ级，>=100分且<200分；非高后果区，<100分。

(4) 高后果区绘图颜色规定

高后果区等级分为三级，按照严重程度由高到低的顺序依次为：Ⅲ级、Ⅱ级、Ⅰ级，对应的分值范围为：Ⅲ级为红色；Ⅱ级为黄色；Ⅰ级为蓝色；非高后果区为绿色。

按照上述规则，我们首先召开了专题会议，安排我厂6个专业护卫队，在经过培训的基础上，历时30天对三条输油管道沿线环境因素进行了详细调查，收集了大量资料。重新调整了三条输油管道的管段划分，将调查的资料由专人输入管道完整性管理系统中，对三条输油管道的高后果区进行了再识别。以某输油管道为例，识别结果如表2所示。

如表2所示，我们识别出Ⅲ级高后果区3个，Ⅱ级高后果区5个，Ⅰ级高后果区8个，非高后果区15个。

根据表2的识别结果，系统自动生成的高后果区排列图1(某输油管道高后果区排列图)图1所示：

表2 某输油管道高后果区识别统计表

高后果区编号	管段名称	起始里程	结束里程	高后果区长度	HCAs总分	高后果区级别
HCA001	分段点1—分段点2	0	2304.282	2332	58	非
HCA002	分段点2—分段点3	2304.282	5801.891	2000	269	Ⅱ级
HCA003	分段点3—分段点4	5801.891	9055.582	3254	20	非
HCA004	分段点4—分段点5	9055.582	12565.623	3510.041	332	Ⅲ级
HCA005	分段点5—分段点6	12565.623	16240.523	3675	139	Ⅰ级
HCA006	分段点6—分段点7	16240.523	19845.112	3605	328	Ⅲ级
HCA007	分段点7—分段点8	19845.112	23149.934	3305	293	Ⅱ级
HCA008	分段点8—分段点9	23149.934	26590.071	3441	193	Ⅰ级
HCA009	分段点9—分段点10	26590.071	29644.175	3054	224	Ⅱ级
HCA010	分段点10—分段点11	29644.175	32807.072	3163	171	Ⅰ级
HCA011	分段点11—分段点12	32807.072	34558.279	1751	63	非
HCA012	分段点12—分段点13	34558.279	36285.412	1727	106	Ⅰ级
HCA013	分段点13—分段点14	36285.412	38281.127	1996	271	Ⅱ级
HCA014	分段点14—分段点15	38281.127	40377.218	2096	54	非
HCA015	分段点15—分段点16	40377.218	42080.917	1704	65	非
HCA016	分段点16—分段点17	42080.917	44153.008	2072	55	非
HCA017	分段点17—分段点18	44153.008	46064.235	1911	33	非
HCA018	分段点18—分段点19	46064.235	47933.195	1869	126	Ⅰ级
HCA019	分段点19—分段点20	47933.195	49163.981	1231	62	非
HCA020	分段点20—分段点21	49163.981	50892.167	1728	41	非
HCA021	分段点21—分段点22	50892.167	52888.631	1996	105	Ⅰ级
HCA022	分段点22—分段点23	52888.631	55076.006	2187	79	非
HCA023	分段点23—分段点24	55076.006	57076.909	2000	187	Ⅰ级
HCA024	分段点24—分段点25	57076.909	59109.693	2032	76	非
HCA025	分段点25—分段点26	59109.693	60833.927	1724	223	Ⅱ级
HCA026	分段点26—分段点27	60833.927	62825.506	1992	59	非

续表

高后果区编号	管段名称	起始里程	结束里程	高后果区长度	HCAs 总分	高后果区级别
HCA027	分段点 27—分段点 28	62825. 506	64892. 946	2067	17	非
HCA028	分段点 28—分段点 29	64892. 946	66898. 121	2005	18	非
HCA029	分段点 29—分段点 30	66898. 121	69101. 356	2112	18	非
HCA030	分段点 30—分段点 31	69101. 356	71182. 286	2172	136	Ⅰ级
HCA031	分段点 31—分段点 32	71182. 286	73806. 484	2624	312	Ⅲ级

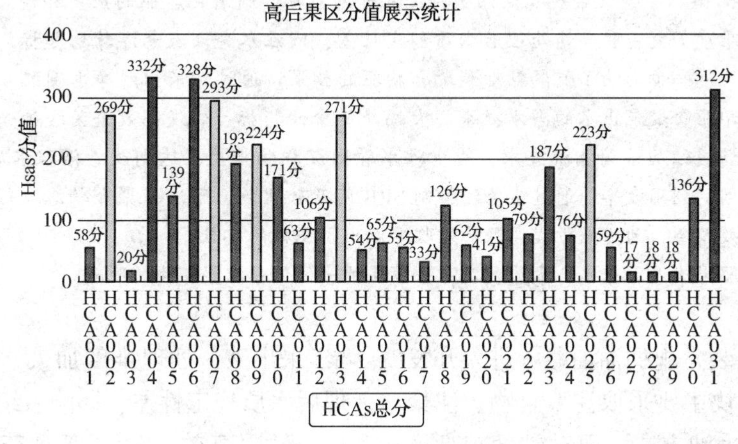

图 1 某输油管道高后果区排列图

5 应用效果

通过对高后果区识别规则进行量化，取得下列效果：

(1) 使得高后果区识别过程相对比较客观，简单，也提高了高后果区识别的准确性，即使没有受过管道完整性培训的人员也能比较准确的对管道高后果区进行识别。

(2) 识别出的结果根据分值大小系统自动绘制出排列图，直观的把整条管道的高后果区情况展现出来。如设定分值区间，可以自动以不同颜色显示不同级别的高后果区。

(3) 高后果区在地理信息系统中显示，可直观的显示管道高后果区的地理分布情况，如图 2。

(4) 配合我厂管道巡查系统中的一键式报警功能使用，可直观的判断报警地点对应的高后果区级别，为抢险工作提供参考。

参 考 文 献

[1] Q/SY 1180. 2—2009 管道完整性管理规范.
[2] 董绍华. 管道完整性技术与管理. 北京：中国石化出版社，2007.
[3] SY/T 6648 危险液体管道的完整性管理 .
[4] GB 32167—2015 油气输送管道完整性管理规范 .
[5] SY/T 6975—2014 管道完整性管理实施指南 .
[6] GB 50251—2015 输气管道工程设计规范 .

孤岛油田化学驱采出液处理技术研究与应用

高生伟　许浩伟　张　岩　张锡波　初　伟

（中国石化胜利油田分公司）

摘　要　孤岛油田属于整装常规稠油油藏，进入开发后期，随着化学驱的应用和稠油热采规模的逐步扩大，采出液处理难度加大，联合站处理后水质稳定性差，回注水含油及悬浮物均超标严重，导致注水管网腐蚀结垢堵塞，又进一步影响了配聚黏度和聚合物驱的效果。通过对采出水净水剂配方和加药工艺进行优化，提升针对化学驱含聚采出水的净水效果，大幅降低含油指标；研发高效杀菌缓蚀一体化药剂，一剂多用，同时满足现场缓蚀及杀菌指标要求，减少注水管网沉积物产生，达到改善沿程水质稳定性的目的，提高了孤岛注水管网的利用效率；通过生物法抑制 SRB 菌及硫化物，解决了聚合物溶液粘度损失问题，注聚驱油效果得到有效改善，为进一步提高原油采收率做出了积极的贡献。

关键词　化学驱采出液；净水；水质稳定；杀菌缓蚀一体化；配聚；生物脱硫

孤岛油田属于整装常规稠油油藏，进入开发后期，对黏度较低区块主要采取注聚合物、注聚合物+表活剂等增产采油方式，而对黏度较高区块主要采取蒸汽吞吐或注蒸汽驱替等增产采油方式。随着化学驱的应用和稠油热采规模的逐步扩大，重质成分、强极性成分的不断采出，原油的黏度和密度均不同程度增加，油水密度差变小，形成了孤岛油田典型的“重质油+热采稠油+高含聚”采出液，处理难度加大，油水分离困难，处理后水质稳定性差，影响后续生产。

1　研发“高效+净水”系列药剂，确保联合站平稳运行

1.1　联合站油水处理面临的主要问题

孤岛油田目前共有 6 座联合站，日处理液量 $14\times10^4m^3$ 左右，综合含水 94%（见表 1）。

表 1　孤岛各联合站来液情况

站名	孤一联	孤二联	孤三联	孤四联	孤五联	孤六联
总液量/m^3	19000	25000	18000	24000	40000	15000
进液温度/℃	44	49	37	42	43	36
脱水温度/℃	70	74	69.3	73	72	78
综合含水/%	97.4	96.2	91	94.7	94.6	91.8
来液性质	低含聚	中含聚、稠油	含聚、二元驱	二元驱	中含聚	高含聚、稠油

原油脱水工艺以“重力沉降+电-化学脱水”工艺为主。流程如下：井排来油→三相分离器→一次沉降罐→二次沉降罐→脱水泵→换热器→电脱水器→净化油罐→加热炉→外输。在采出水处理方面，主要采用重力沉降、氮气气浮、OPS 处理工艺（见表 2）。

表 2　孤岛各联合站采出水处理工艺

联合站	污水处理工艺	设计指标
孤一联	重力沉降	含油≤50mg/L、悬浮物≤50mg/L
孤二联、孤四联	重力沉降+一级气浮（2012 年投产）	含油≤50mg/L、悬浮物≤50mg/L
孤三联、孤六联	重力沉降+两级气浮（2008 年投产）	含油≤50mg/L、悬浮物≤50mg/L
孤五联	OPS 聚结气浮（2013 年投产）	含油≤50mg/L、悬浮物≤30mg/L

在孤岛油田大规模注聚后，外输水含油偏高，综合达标率偏低。将来液变化与来液区块开发特征相结合，优化对比，油水同治，筛选药剂，优化药剂配方及用量，确保联合站各项指标的平稳运行。

1.2 含聚对采出液稳定性的影响

随着注聚时间延长，见聚井、见聚浓度均不断增加。HPAM具有乳化和油增溶的作用，可使乳化油滴周围的水化层增厚，破乳难度加大；HPAM带负电使采出水中油珠、悬浮颗粒表面负电性增强，排斥作用增大，不易聚并、絮凝；HPAM阴离子型聚合物的存在，干扰了阳离子类水处理剂的使用效果(如图1、图2所示)。

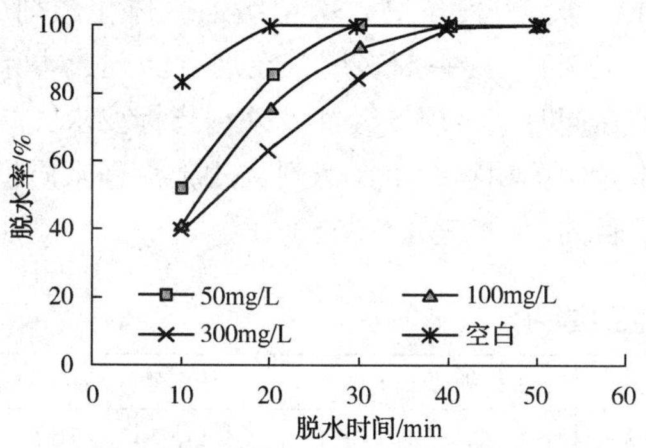

图1 HPAM对原油乳状液脱水效果影响

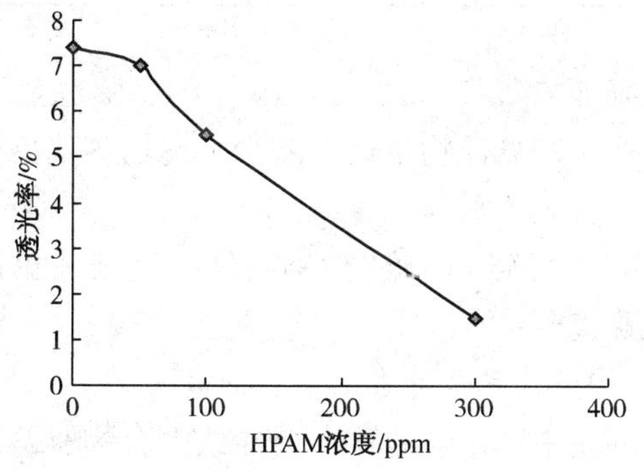

图2 HPAM对原油乳状液脱水水相透光率影响

1.3 采出水净水剂改进

非离子聚醚四嵌段反常规结构的5010单体净水功能优良，为进一步提高5010的净水效果，通过嵌段组合和酯化改性，进行单体优化设计。通过改进形成的5030单体对含聚采出水净水效果较好；形成的6-2单体对二元驱含表活剂采出水净水效果明显。

改进后5030净水剂与现用净水剂DAA复配可较好改善含聚采出水净水效果，室内根据各联合站来液含聚浓度不同，优化DAA与5030复配比例，可大幅降低采出水含油指标。

现场逐步推进药剂替代，优化加药工艺。实验发现根据药剂特点分段投加效果优于同时添加，现场进行加药工艺调整。实施多点、分段加药工艺，在分水器前设置加药点可以改善油水界面，提高分离器油水分离效果；增加分水器后水路加药点可以降低水站来水含油，提高除油效率。

2 开展“源头+沿程”综合治理，提高回注水水质稳定性

2.1 孤岛油田水质面临的主要问题

孤岛采出水矿化度及Ca^{2+}、Mg^{2+}、SO_4^{2-}离子含量不高，结碳酸盐、硫酸盐垢趋势不明显。孤岛回注水水质不稳定，沿程系统管线堵塞的根源是采出水含聚。含聚水对常规杀菌剂影响大且水中营养底物丰富，造成沿程水质中SRB、FB、TGB菌升高，腐蚀加重，细菌和腐蚀综合作用使不稳定物质增加，影响水质稳定性[1]。

对孤岛典型的低含聚采出液(孤一联，20-40mg/L)，中含聚采出液(孤二联、孤五联，50-80mg/L)，高含聚采出液(孤六联，130-300mg/L)腐蚀速率进行跟踪分析发现中高含聚采出水腐蚀明显高于低含聚采出水腐蚀，且有上升趋势(见表3)。

表3 联合站腐蚀速率跟踪分析(现场挂片)

年度	腐蚀速率/(mm/a)			
	孤一联	孤二联	孤五联	孤六联
2015	0.0151	0.0211	0.0595	0.0512
2016	0.0020	0.0899	0.2255	0.1487
2017	0.0165	0.1552	0.5640	0.5837

注：孤五联水来源复杂，受首站返回液、废液回收影响大，腐蚀速率波动较大。

注水管网发生腐蚀后，腐蚀产物还会随着注入水一起经井筒进入地层，堵塞地层，导致地层渗透性严重降低，注水压力急剧上升。

2.2 水质稳定及管网堵塞影响因素分析

从沿程水质变化和堵塞物组分成因开展实验分析。发现孤二联、孤五联水质稳定性较差，沉淀多，腐蚀速率偏高；挂片后水质变黑(FeS)，沉淀量增多。注水管线内堵塞物以油泥为主，管芯垢样中含有FeS(SRB菌代谢产生)；掺水管线内固体堵塞物以酸可溶物为主；罐底沉积物主要为有机垢沉积(聚合物、细菌代谢物)。堵塞物主要是由油泥沉积物、腐蚀产物、结晶垢组成。

采出水中的聚合物促进油滴、悬浮物等吸附沉积在管壁形成堵塞；部分阳离子型水处理剂反应，降低处理剂作用效果，产生絮凝沉淀物(如图3所示)。SRB菌超标，沿程S^{2-}含量上升，是

沿程水质发生变化，腐蚀加剧的主要因素。沿程细菌、腐蚀共同作用，产物二次污染造成水质进一步恶化。

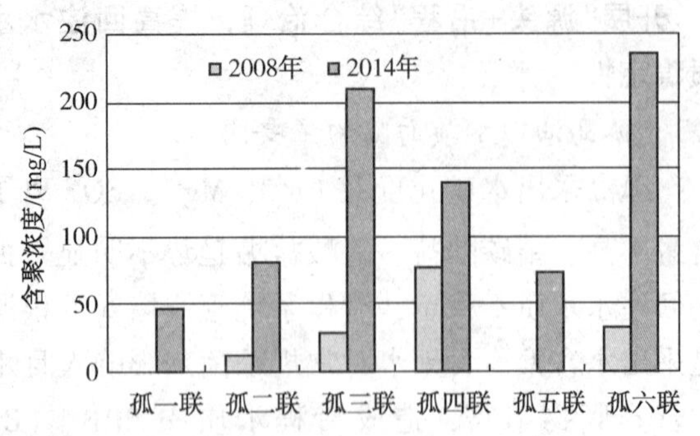

图3　各污水站外输污水含聚浓度

沿程系统管线堵塞的主要原因是含聚水对常规杀菌剂影响大，杀菌剂效果稳定性差，造成沿程污水 SRB、FB、TGB 菌升高，腐蚀加重，细菌和腐蚀综合作用使不稳定物质增加[2]，影响水质稳定性。

2.3　水质稳定"源头+沿程"综合治理

通过对孤岛含聚采出水水质稳定影响特点调研分析及室内研究实验，对杀菌剂、缓蚀剂进行优化，研究开发了高效杀菌缓蚀一体化药剂（水质稳定剂）[3]，一剂多用，在现有药剂成本条件下，在同时满足现场缓蚀及杀菌指标要求，减少注水管网沉积物产生，达到从改善沿程水质稳定性的目的。（见表4、表5）

表4　杀菌缓蚀剂性能评价（室内）

站名	加药浓度/mg/L	SRB 个/mL		TGB 个/mL		铁细菌个/mL		腐蚀速率/(mm/a)	
		空白	加药后	空白	加药后	空白	加药后	空白	加药后
孤二污	30	250	2.5	25000	250	60	0	0.0352	0.0091
孤五污	30	60	0	6000	60	2500	25	0.0242	0.0065

注：实验条件：50℃，168h。

表5　加入杀菌缓蚀剂后污水稳定性评价（室内）

站名	沉积物%				
	初始	24h	48h	72h	168h
孤二污	0	0	0	0	0
孤五污	0	0	0	0	Tr

注：实验条件：加药浓度 30mg/L，50℃。

研制的高效杀菌缓蚀一体化药剂，通过增加杀菌基团，再复配以两性表面活性剂，使药剂能够快速渗透到污泥及垢下，有效的杀灭隐藏在聚合物污泥内部的 SRB 菌，缓蚀剂也能更有效的吸附在管壁，一剂多效，提高了杀菌及缓蚀效果[4]，降低现场药剂使用量，更方便现场投加，有效降低腐蚀，提高含聚污水杀菌能力，改善水质稳定性。

现场选取水质稳定性较差，但来液相对简单的孤二联进行试验。改变原杀菌剂冲击式投加方法，保证药剂连续投加。实施效果较好，更换药剂之前，缓蚀剂投加量为 40mg/L，由于杀菌剂费用较高，采用冲击式投加，投加量为 3t/月。在这种情况下，腐蚀速率为 0.1297mm/a，SRB 菌含量为 250-600 个/mL，沿程管线有大量悬浮物产生。新型杀菌缓蚀剂一剂两效，投加量为 40mg/L，现场腐蚀速率降至 0.0090mm/a，降幅 90.6%，低于 0.076mm/a 技术指标要求，SRB 菌含量降至 2.5 个/mL，FB 菌、TGB 菌也显著降低，产生的悬浮物量大大减少，现场各项指标均达标，效果明显。

3　实施"脱硫+抑硫"生物技术，保证注聚区块配聚黏度

3.1　回注水配聚存在的主要问题

回注中硫化物的存在会导致聚合物驱溶液黏度的大幅度降低。在孤岛采油厂东区聚合物驱现场试验中，由于稀释聚合物的回注水中存在 3.0mg/L 的硫化物，导致 2000mg/L 聚合物溶液井口黏度只有 17mPa·s，远低于设计的 35mPa·s 的井口黏度，既浪费了大量的聚合物干粉，也严重制约了聚合物驱现场试验的开展。水质差，配聚黏度稳定性差，注聚井井口黏度低于设计指标[5]，严重影响注聚效果。东区北井口黏度一直偏低，平均为 17mPa·s 左右。

3.2　含聚水配聚黏度影响因素分析

从水质水性分析结果可以看出，污水矿化度较低，Ca^{2+}、Mg^{2+}、Fe^{2+} 阳离子含量不高，而前后节点的硫化物含量有较为明显的变化，初步分析认为造成聚合物黏度降低原因是硫化物。离子组成对聚合物黏度影响较大，特别是 S^{2-}、Fe^{2+} 对初始黏度影响大；溶解氧对聚合物溶液初时黏度影响不大，对黏度稳定性有较大影响；采出液处

理过程中投加的水处理剂对聚合物溶液黏度影响不大[6]。

从检测情况看，回注水中硫化物含量主要是在从孤三联到配聚站输送过程中产生的。以上检测结果说明，回注水系统中硫化物是由 SRB 菌代谢产生的，且主要产生阶段为孤三联外输到配聚站输送过程中，控制硫化物的关键就是控制 SRB 菌。聚合物溶液黏度影响的主次顺序为：S^{2-}>Fe^{2+}>Mg^{2+}>Ca^{2+}。聚合物溶液黏度影响的主要因素为由 SRB 菌代谢产生的硫化物。提升配聚黏度的主要技术思路是抑制含聚水沿程 SRB 菌代谢产生硫化物。

3.3　实施生物"脱硫+抑硫"工艺

生物抑制 SRB 菌及硫化物的原理为通过功能菌对 SRB 菌进行营养底物的竞争及有害产物硫化物的氧化，不仅能够去除回注水中原有的硫化物，而且能够有效降低 SRB 菌的活性，抑制其不再产生新的硫化物，有效解决硫化物引起的聚合物溶液黏度损失、腐蚀升高及沿程水质恶化等问题[7]，克服了物理及化学方法不能彻底有效控制 SRB 菌，曝氧稳定性差，后续生产问题多的弊端。为确保探索脱硫抑硫实验的一致性，开展了实验中所采用的抑制目标 SRB 菌的功能菌筛选工作(见表 6)。

表 6　功能菌筛选

名称	菌株	脱硫抑硫机制	考察指标
硫化细菌	LH2、LH5	生物氧化脱硫	生长曲线 启动特性 除硫效率
硝酸盐还原菌	DB1、DB5	竞争生存空间和营养	
脱氮硫杆菌	NB2、NB3-P	竞争生存空间和营养、生物氧化脱硫	

硫化细菌能将 SRB 菌产生的 H_2S 等还原性硫化物氧化成硫酸盐，从而降低环境中 H_2S 的浓度(如图 4 所示)。脱氮硫杆菌是专性无机化能自养型细菌，是一类在废水同步脱硫反硝化处理工艺中的主要功能微生物(如图 5 所示)。生物调控剂可以提供营养物质让功能菌更好的生长代谢(如图 6 所示)。

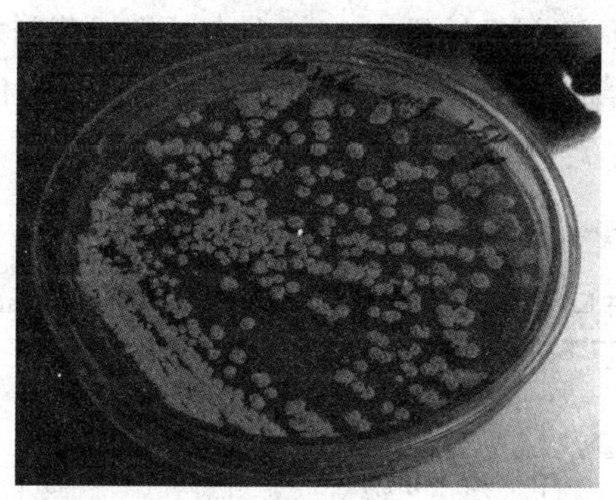

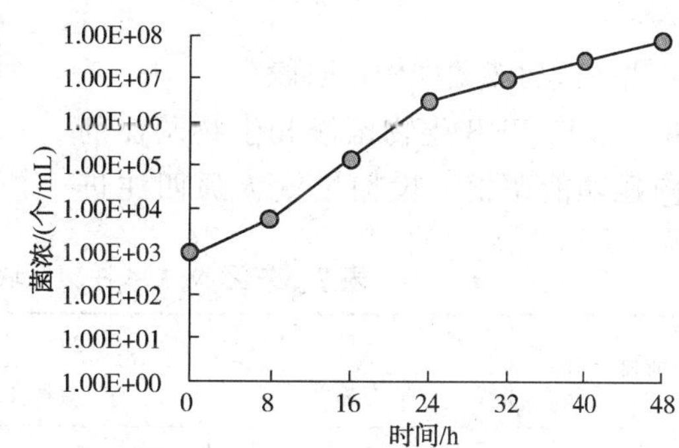

图 4　硫化细菌 LH5

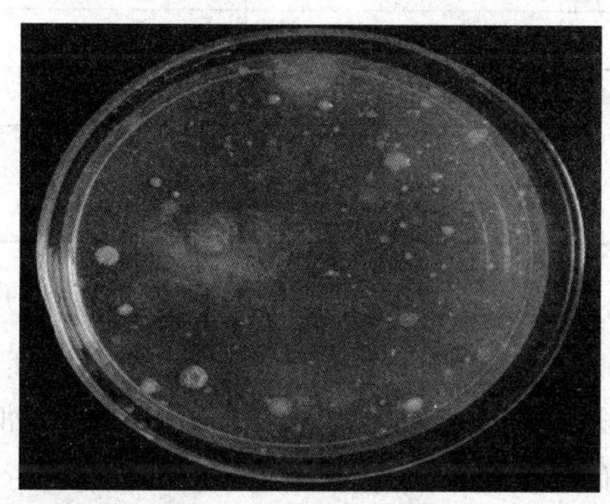

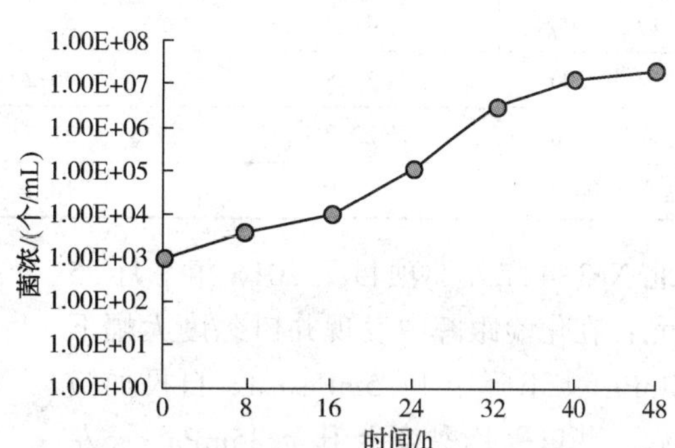

图 5　脱氮硫杆菌 NB2

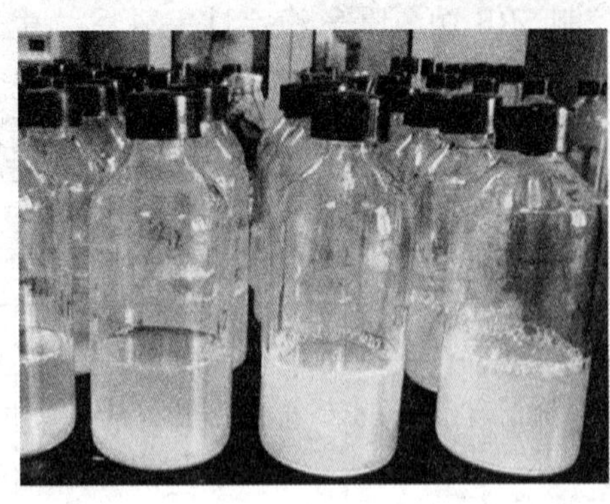

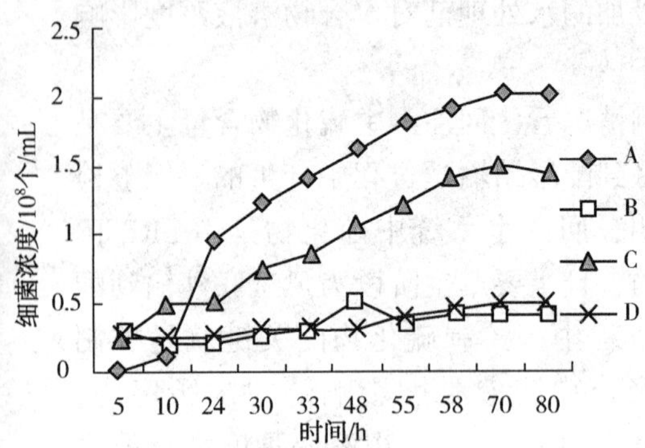

图6　生物调控剂

硫化细菌有生物氧化去除二价硫的作用，脱氮硫杆菌有跟 SRB 菌争夺营养，抑制 SRB 菌代谢的作用，同时也有氧化除硫的功能[8]。通过室内实验筛选，确定功能菌(硫化细菌 LH5：脱氮硫杆菌 NB2=1∶1)及生物调控剂配方。

为降低回注水中硫化物对配聚黏度的影响，针对孤岛东区配聚水开展生物脱硫抑硫试验，设计在孤四注进行配聚水处理，处理规模 $9500m^3/d$。

生物脱硫工艺主要是利用投加生物菌液及生物调控剂实现，包括两种制剂，设计实施主要分两个阶段：

(1) 步骤一：功能菌群构建阶段

通过同步投加 NRB 生物菌液和生物调控剂混合液来构建功能菌群。投加位置为孤四注进口，首先一次性泵入 NRB 菌液 1 吨，生物调控剂投加浓度为 100mg/L，时间持续 10 天。

(2) 步骤二：药剂优化阶段

第一阶段功能菌群构建完毕后，按照功能菌群构建阶段投加方式连续投加生物调控剂，定期补充功能菌液(1t/60 天)，根据现场试验情况优化加药量，该阶段约为 20 天。

2016 年 6 月 13 日起，针对东区 Ng3-4 注聚区块在孤四注开展“生物脱硫保黏工艺”现场应用，投加位置为孤四注进水，处理液量 $9500m^3/d$，药剂投加量 1.5t/d 左右，投加药剂之后水质明显好转，配聚适应性提高。跟踪评价结果见表 7：

表 7　东区 Ng3-4 注聚区块井口平均黏度跟踪表　　mPa·s

化验项目	三月 平均黏度	四月 平均黏度	五月 平均黏度	六月 平均黏度(加药剂后)
东区北	25.1	17.9	16.9	35.1
东区南	36.9	32.7	34.1	53.2
东区北-中二北	39.2	36.1	37.1	44.3
配聚水适应性 2400	41.2	50.6	51.6	72.2
配聚水适应性 2200	33.8	36.2	39.8	64.8
配聚水适应性 1800	22.8	21.7	21.4	45.1
胜利盐水 1500	16.9	18.2	18.5	20.1

东区北 Ng3-4 二元驱项目于 2016 年 3 月 25 日停注二元，在化验跟踪中发现井口黏度大幅下降，由 34mPa·s 下降至 17.5mPa·s。自投加微生物药剂后，井口平均黏度上升至 35mPa·s 左右，基本恢复停注二元前水平。投加微生物药剂后，东区南项目井口黏度由之前的 33mPa·s 上升至目前的 55mPa·s 左右，上升幅度明显。

配聚污水“脱硫+抑硫”保粘控制技术实施后，东区 Ng3-4 注聚区块井口黏度上升幅度明显，井口黏度平均提升 20%-50%且保持平稳，区块平均日增油 45t，孤岛东区注聚驱油效果得到有效改善，停止投加甲醛，降低了劳动强度，保障了职工健康。配聚水生物保粘控制技术能够从配聚站到注入井全程抑制硫化物生成，较好解决了聚合物溶液黏度损失问题。

4 结论与认识

在孤岛油田开发后期，注聚合物驱后采出液处理难度加大，联合站处理后水质稳定性差，外输水含油及悬浮物超标严重，导致注水管网腐蚀结垢堵塞，又进一步影响了配聚黏度和聚合物驱的效果。对采出水净水剂配方和加药工艺进行优化，研发“高效+净水”系列药剂，提升针对含聚水的净水效果，大幅降低回注水含油指标；研发高效杀菌缓蚀一体化药剂，一剂多用，同时满足现场缓蚀及杀菌指标要求，开展“源头+沿程”综合治理，减少注水管网沉积物产生，达到改善沿程水质稳定性的目的，提高了孤岛注水管网的利用效率；通过实施“脱硫+抑硫”生物技术抑制SRB菌及硫化物，解决了聚合物溶液黏度损失问题，注聚驱油效果得到有效改善，为进一步提高原油采收率做出了积极的贡献，这一系列化学驱采出液配套处理技术也为同类油田采出液处理工艺提供了借鉴。

参 考 文 献

[1] 万里，郑连爽，陈丽娥，等．嗜热硫酸盐还原菌的分离及生长影响因素研究[J]．环境科学与技术，2009，32(10)：57-59+70.

[2] 黄廷林，赵建伟，李仲恺，等．陇东油田采出水系统的腐蚀及防护[J]．西安建筑科技大学学报(自然科学版)，2002，04：320-324.

[3] 佟曼丽、陈大钧、姚晓．油田化学[M]．山东：石油大学出版社，1996.

[4] 张蕴强，黄雪松，关建庆．中原油田腐蚀现状及防腐技术发展方向[C]．中国石化油气开采技术论坛第一次会议，2005.

[5] 尹先清，伍家忠，高新华，等．渤南油田采油污水处理方法研究[J]．油田化学，2002，02：154-156.

[6] 黄漫．提高含 Fe^{2+} 和 S^{2-} 污水配聚黏度及降粘机理研究[D]．中国石油大学(华东)，2014.

[7] 杨冰川，石娜，陈茜文，等．三次采油提高注聚黏度的系统综合分析研究[J]．中国石油和化工，2016，S1：327-329.

[8] 严忠，庄术艺，马晓峰，等．曝气脱硫技术在新疆油田含油污水处理中的应用[J]．石油与天然气化工，2013，42(05)：540-544.

酸性环境下流速对内涂层性能的影响研究

田　源[1,2,3]　肖　杰[1,2,3]　李　珊[1,2,3]

(1. 中国石油西南油气田分公司；2. 国家能源高含硫气藏开采研发中心；
3. 中石油集团公司高含硫气藏开采先导试验基地)

摘　要　在川渝气田酸性气井开发过程中，为有效避免集输管道内输送介质与金属管道母体材料直接接触后产生严重腐蚀，在现场常对管道进行内涂层涂敷处理。管道中输送介质本身的腐蚀特性、介质流速较高等因素，都会对管道内壁涂层耐腐蚀性能产生影响，而流速对其影响最为明显。本文通过在设定条件下，对三种不同的内涂层开展了耐冲蚀性能和抗电化学腐蚀性能试验，结果表明：冲刷条件下，涂层的耐蚀性能随着腐蚀介质的流速增加而不断减弱；随着流速增加，三种涂层的抗谱半径在不断减小，表明涂层的耐冲蚀性能是随着流速的增大而减小。

关键词　防腐涂层；冲刷腐蚀；表面形貌；流速；耐冲蚀性能

随着我国天然气气田不断深入开发，天然气开采、集输、长距离运输等各种系统的油气管道用量增加，管线的腐蚀程度相应日益严重[1]。是影响管道系统可靠性和使用寿命的关键影响因素。现场井下、集输系统等管道大多数采用的是碳钢材料。碳钢材质的抗腐蚀性能相对较弱，通常需要配合外加缓蚀剂或者敷设内涂层等手段提高材料在二氧化碳/硫化氢共存条件下的耐蚀性能。因此，在川渝酸性气田的生产现场使用敷设涂层的碳钢材料管线，这对管道系统安全高效运行、延长使用寿命及降低经济成本起着举足轻重的作用。

流体流速对有机涂层的失效机理影响非常复杂[2]。一方面，流速影响着水分子、氯离子等腐蚀介质分子向管道母体材料传输过程的快慢；另一方面，流速会加速溶剂型涂层内部未挥发的小分子溶剂溶出[3][4]。因此，本文对三种不同厂家的管道内涂层开展耐冲蚀性能和耐电化学腐蚀性能试验评价。

1　内涂层耐冲蚀性能试验

1.1　试验条件

通过调研分析，选取市场上适用于油井管的三个厂家的三种涂层，涂层均以环氧-酚醛树脂为基料。按照评价程序进行室内实验评价，分别将涂层编号为1#、2#、3#。涂层的涂敷施工工艺相同。从内涂层油管上取下规格试样，并用环氧树脂封装完好制成大小规格一致的试件。所选取涂层基础参数如下：

涂层1#：以环氧-酚醛树脂为基料，液体涂料，米黄色，具有优异的抗扭矩、抗拉伸等机械性能，耐磨性能2.4L/μm，适用于pH值范围3~12.5的介质，耐温性能120℃。

涂层2#：以环氧-酚醛树脂为基料，液体涂料，最高耐温180℃，抗氯离子浓度不超过500000ppm，适用于pH值范围2~13的介质。

涂层3#：以环氧-酚醛树脂为基料，液体涂料；适用工况为H_2S摩尔分数含量≤20%，CO_2摩尔分数含量≤35%，Cl^-质量分数≤5%，最高耐温180℃，最高耐压力70MPa，耐磨性能2L/μm。

试验设定条件：将试样浸泡在质量分数5% NaCl溶液、1.5MPa H_2S气体分压、1.5MPa CO_2气体分压、120℃、试验周期7天、分别设定液体流速为0m/s、2m/s和4m/s。

1.2　试验结果

模拟条件试验结果外观如图1所示。

由图1可知，三种涂层经过浸泡试验后：

当流速从0增大到2m/s后，三种涂层均出现多处鼓泡现象；当流速增大到4m/s后，鼓泡及边缘涂层剥落现象进一步加剧。由此可知，同一种涂层试样鼓泡和边缘剥落现象随着流速增大而越发严重。

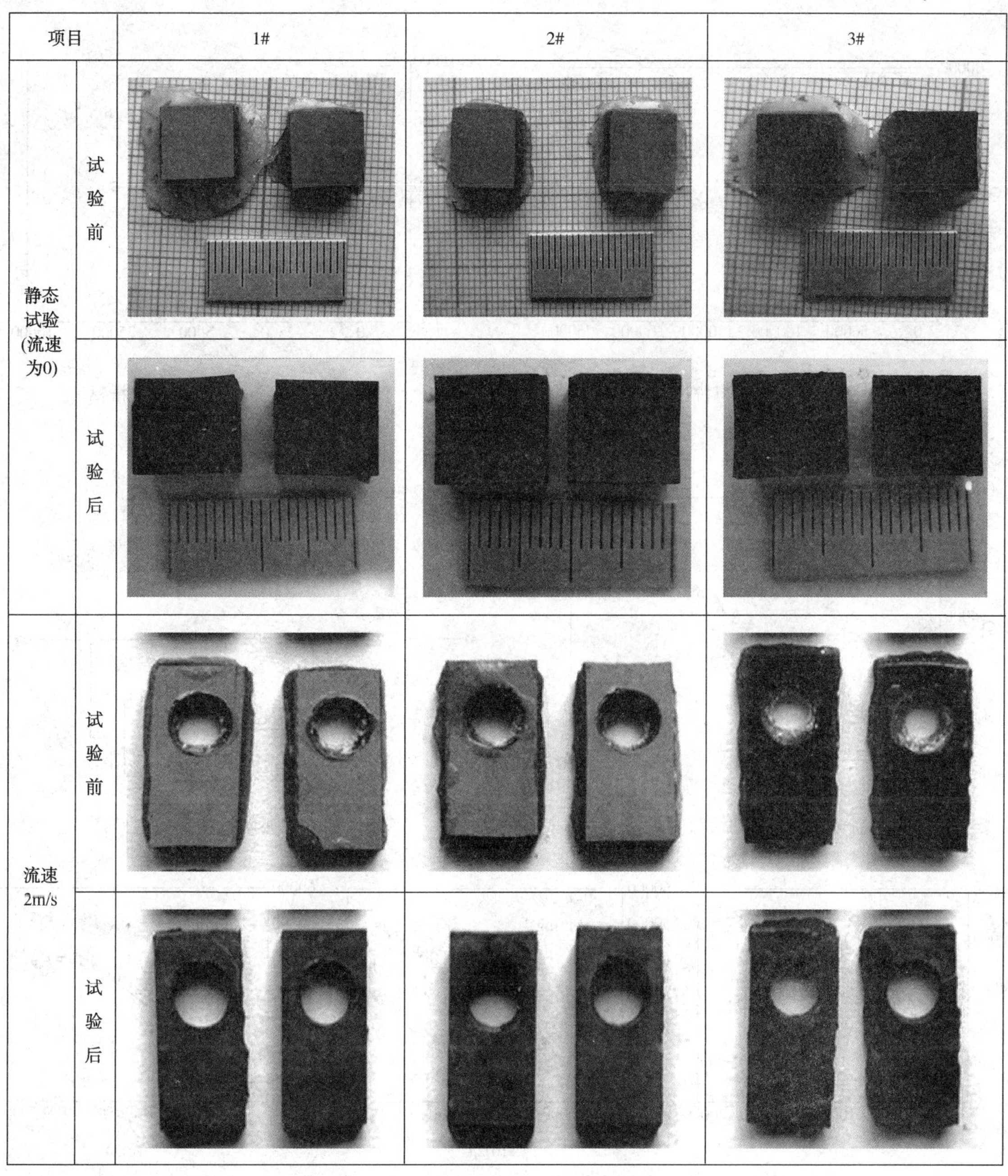

图1 工况模拟条件试验结果

2 内涂层耐冲蚀性能试验

2.1 试验条件

浸泡试验溶液：质量分数3.5% NaCl溶液。

交流阻抗谱EIS：扰动电压5mV，频率范围0.1Hz~10^5Hz，试样面积1cm^2，参比电极：饱和甘汞电极SCE，辅助电极：铂金Pt。

极化曲线：扫描范围-2V~2.5V，扫描速率5mV/s，试样面积1cm^2，参比电极：饱和甘汞电极SCE，辅助电极：铂金Pt。

2.2 内涂层阻抗与极化曲线分析

2.2.1 内涂层交流阻抗分析

1）内涂层油管耐冲刷性能交流阻抗分析

图2~图3是三种涂层材料分别在静态、流速为2m/s和流速4m/s的NaCl溶液时浸泡所测得的交流阻抗谱。从图可知，随着流速的不断增加，种涂层的阻抗谱半径在不断减小，说明涂层的电阻在不断降低，表明涂层的耐腐蚀性能是随着流速的增大而减小的。

对三种涂层的阻抗谱数据的处理采用图4所示的等效电路来进行。根据此等效电路，对试验测试所获得的阻抗谱进行数据拟合。具体见图5~图8。

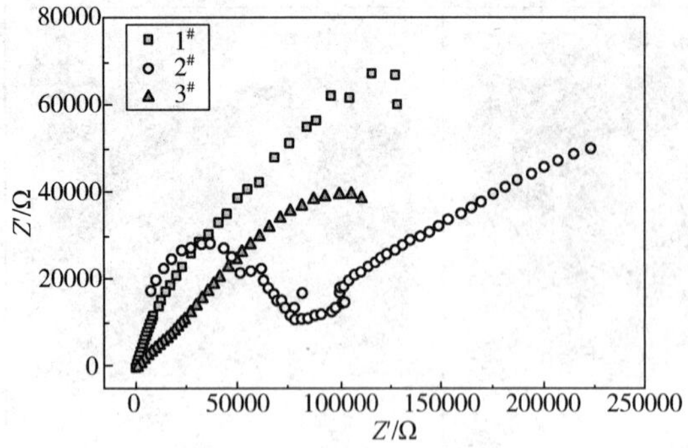

图 2　静态试验阻抗谱

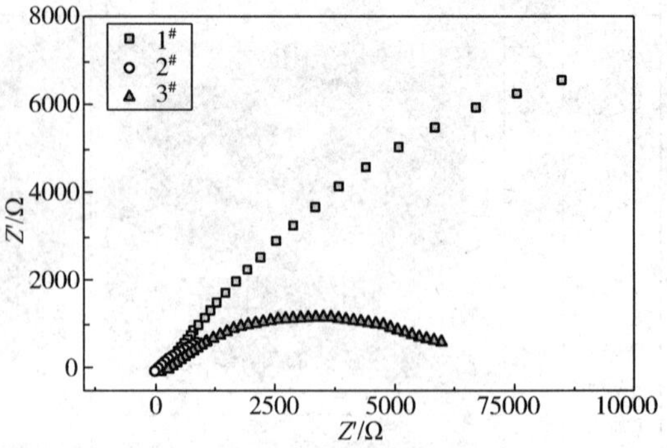

图 3　流速为 2m/s 的交流阻抗谱

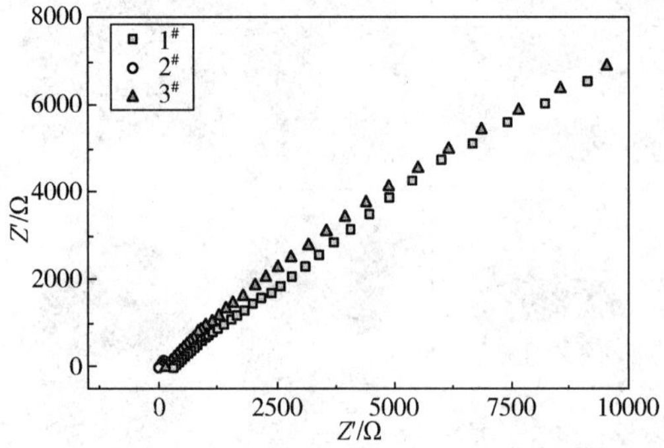

图 4　流速为 4m/s 的交流阻抗谱

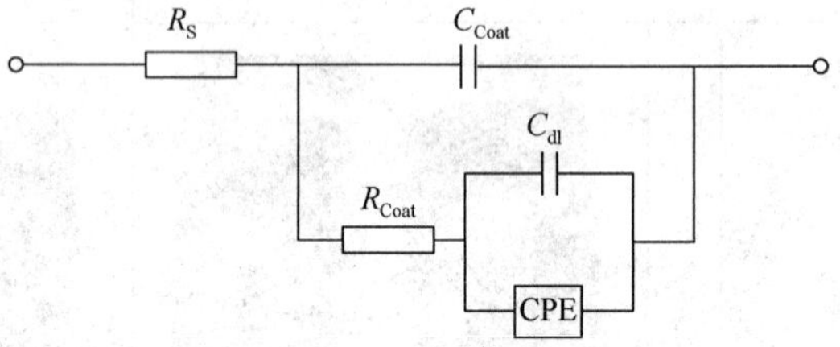

图 5　涂层金属阻抗谱等效电路图

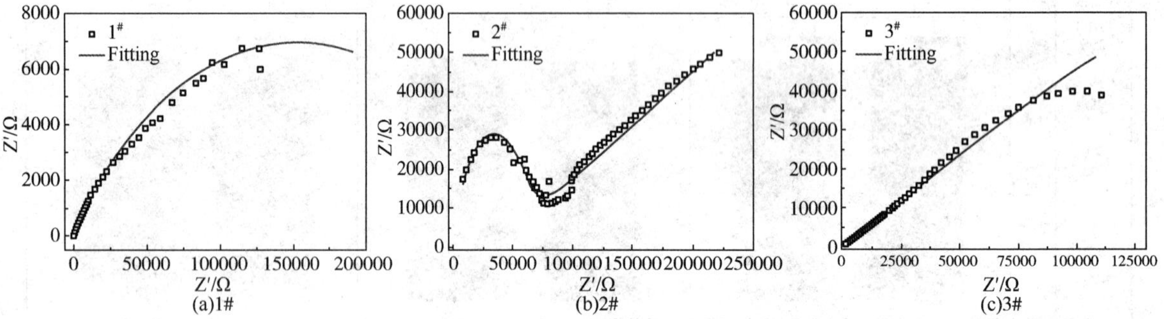

图 6　三种涂层静态试验阻抗谱拟合结果

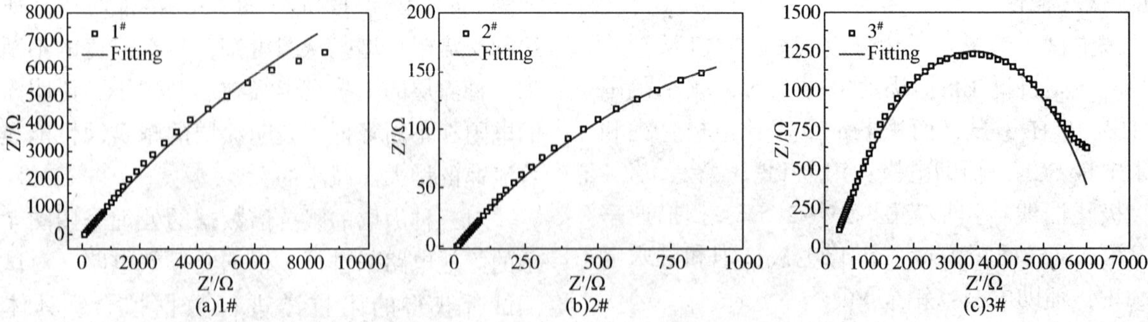

图 7　三种涂层在流速为 2m/s 下的交流阻抗谱拟合结果

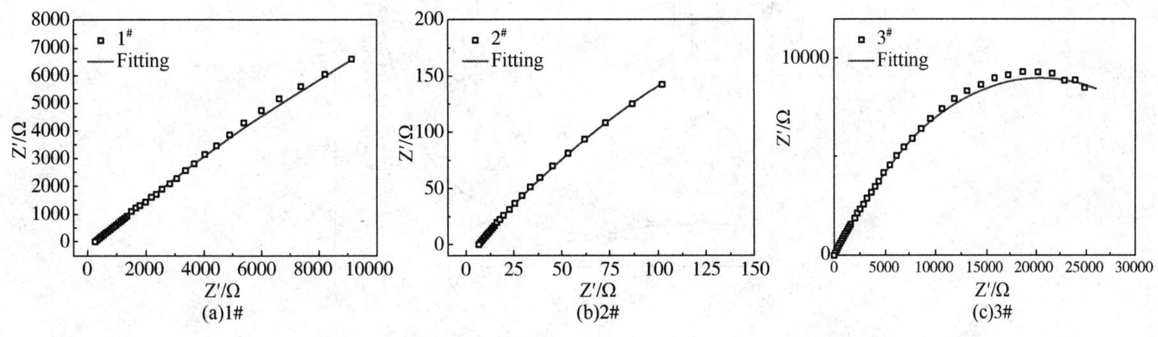

图 8　三种涂层在流速为 4m/s 下的交流阻抗谱拟合结果

从结果来看，拟合曲线与试验测试数据能够很好地吻合，说明所设计的等效电路能够正确的反映电化学测量体系特征。经过对测试阻抗的等效电路拟合，可以计算得到涂层电阻值 R_{coat} 值的大小，结果列于表 1 中。从图 9 中可以看出，随着流速的增加，涂层耐蚀性随之降低。结合图 1 腐蚀形貌照片显示，随着流速增大，涂层表面均出现不同程度的鼓包甚至边缘剥落现象，与阻抗谱结果相吻合。

表 1　涂层电阻拟合结果

种类 / 条件	1#	2#	3#
	R_{coat}/Ω	R_{coat}/Ω	R_{coat}/Ω
v = 0m/s	130	2443	425
v = 2m/s	98	15	132
v = 4m/s	49	7	102

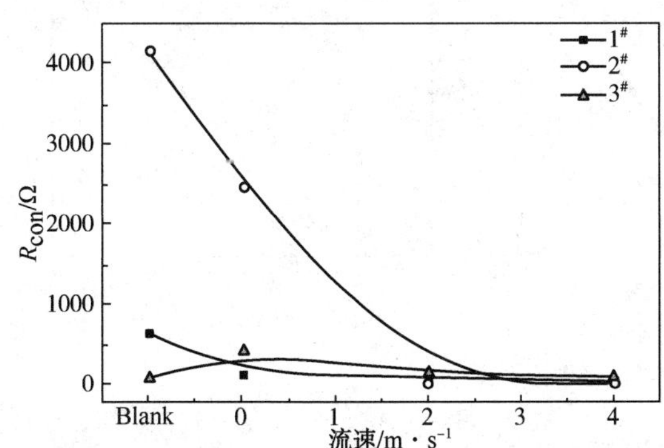

图 9　涂层电阻随流速的变化趋势

2.2.2　内涂层油管极化曲线分析

图 10~图 12 是三种涂层的极化曲线测试结果，可以看出三种涂层在低流速环境下具有水平相当的腐蚀倾向。见图 12，当流速为 4m/s 时，涂层 2#自腐蚀电位明显较负，同时腐蚀电流密度也较大，其腐蚀倾向较大，而且腐蚀速度较快。借助电化学相关软件 Corrware 对极化曲线数据进行了 Tafel 拟合。拟合结果见图 13~图 15，并将拟合数据结果列于表 2 中。为便于比较规律，对数据进行了作图，自腐蚀电位和腐蚀电流密度随流速的变化规律分别见图 16 和图 17。从图中可以看出，涂层 2#自腐蚀电位下降很剧烈，说明该涂层随着腐蚀介质的流速增加，腐蚀倾向性明显增加。图 17 同样反映出标示为 2#的涂层腐蚀电流密度在大幅攀升，说明随着流速增加，其腐蚀较为严重。

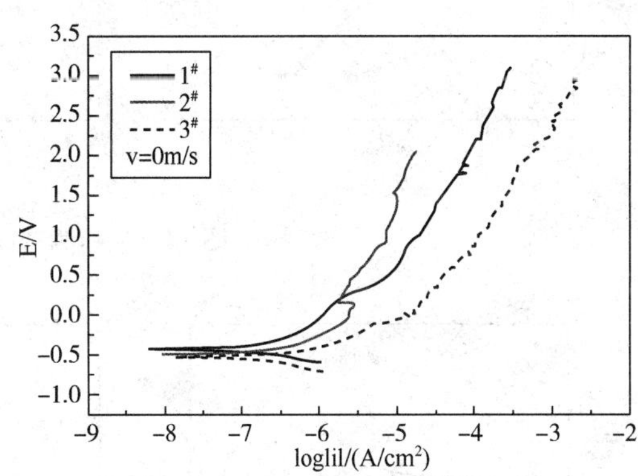

图 10　流速为 0m/s 时极化曲线

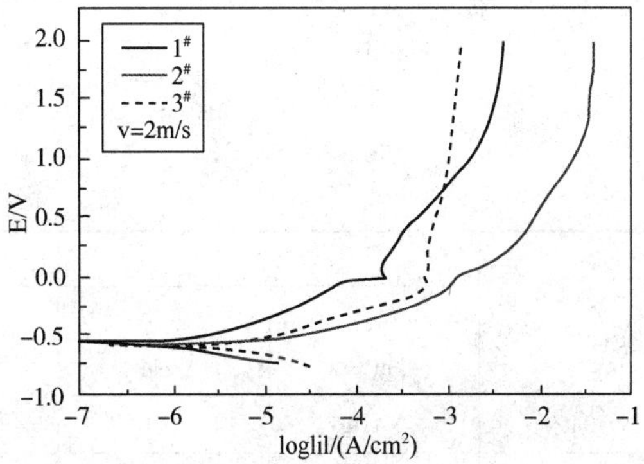

图 11　流速为 2m/s 时极化曲线

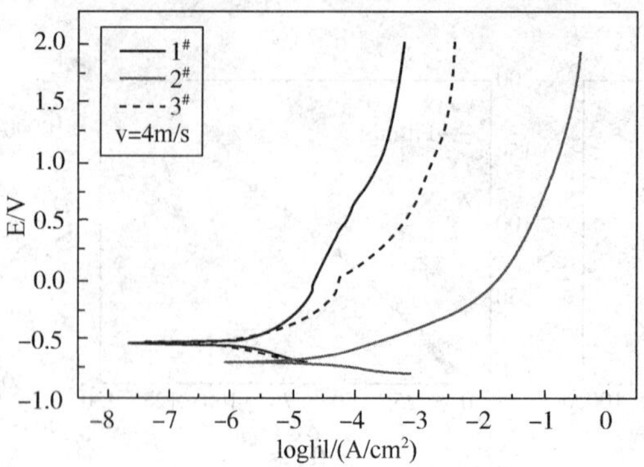

图 12　流速为 4m/s 时极化曲线

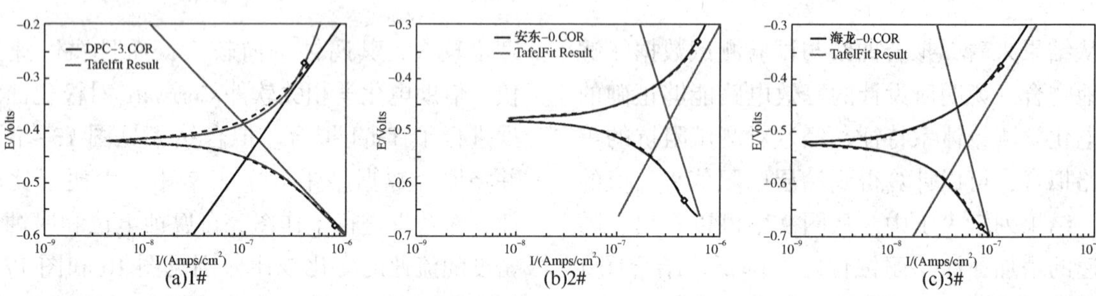

图 13　流速为 0m/s 时极化曲线 Tafel 拟合结果

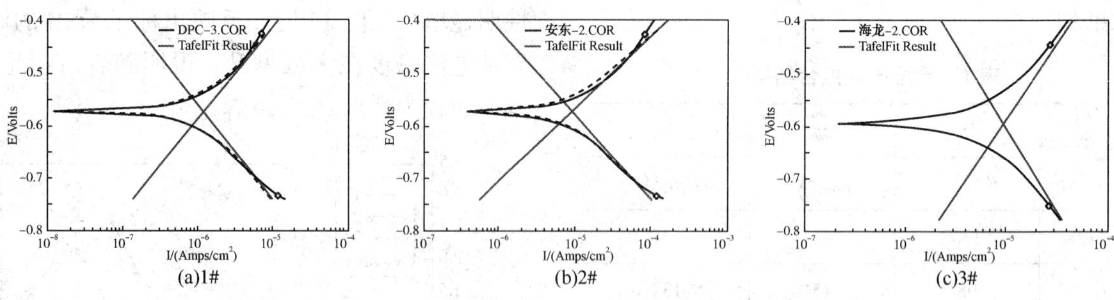

图 14　流速为 2m/s 时极化曲线 Tafel 拟合结果

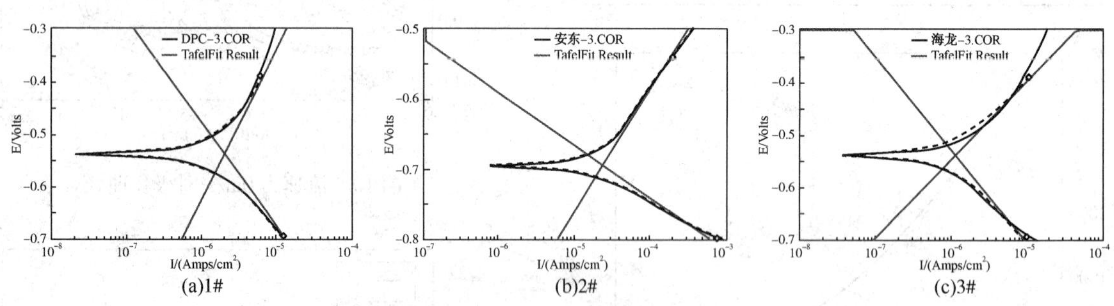

图 15　流速为 4m/s 时极化曲线 Tafel 拟合结果

表 2　极化曲线测试结果汇总表

种类 / 条件	1#		2#		3#	
	E_{corr} mV	J_{corr} A/cm²	E_{corr} mV	J_{corr} A/cm²	E_{corr} mV	J_{corr} A/cm²
v = 0m/s	-419	1.35×10^{-7}	-480	3.28×10^{-7}	-524	5.56×10^{-7}
v = 2m/s	-573	1.21×10^{-6}	-572	9.32×10^{-6}	-595	9.32×10^{-6}
v = 4m/s	-537	2.03×10^{-6}	-695	2.36×10^{-5}	-537	1.14×10^{-6}

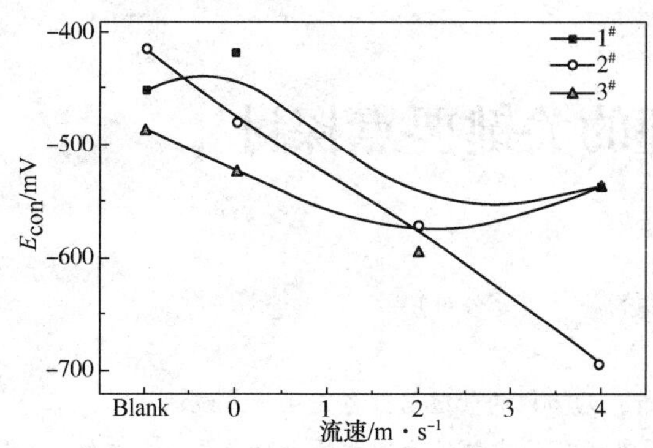

图 16　自腐蚀电位随流速的变化趋势

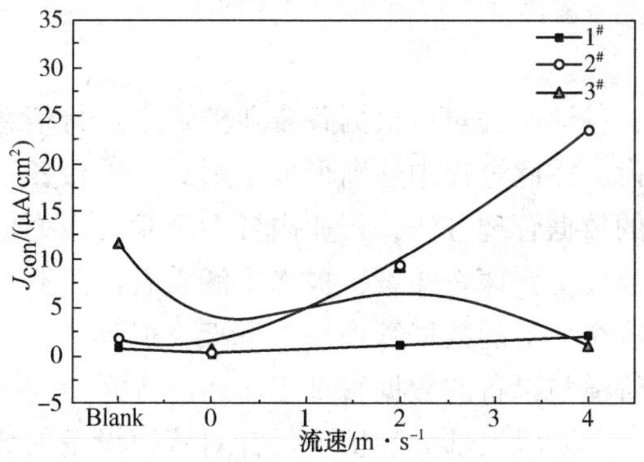

图 17　腐蚀电流密度随流速的变化趋势

3　结论

（1）随着流速增大，涂层均出现不同程度的鼓包和边缘剥落现象，流速越大，鼓包和剥落现象越严重。流速 4m/s 时，所有涂层试样都出现较严重鼓包现象。

（2）随着流速的不断增加，三种涂层的阻抗谱半径在不断减小，说明涂层的电阻在不断降低，表明涂层的耐腐蚀性能是随着流速的增大而减小的。

（3）随着流速增大，涂层腐蚀倾向增大，腐蚀电位下降剧烈，耐冲蚀性能降低。

参 考 文 献

[1] 林玉珍，杨德钧．腐蚀和腐蚀控制原理[M]．中国石化出版社，2007.

[2] 赵洪涛，陆卫中．等；无溶剂环氧防腐涂层在不同流速模拟海水冲刷条件下的失效行为[J]；中国腐蚀与防护学报；2017，37(4)：329-340.

[3] Zhou Q X, Wang Y C, Bierwagen G P. Flow accelerated degradation of organic clear coast: the effect of fluid shear [J]. Electrochim. Acta, 2014, 142: 25.

[4] Chen H H, Zhao H Y, Ou J X, et al. Erosion-corrosion of thermal-sprayed nylon coatings [J]. Mater. Sci. Eng., 2003, 21: 763.

天然气站场完整性管理的关键要点探讨

张　渺　朱遂辉　罗　静

（中国石油天然股份有限公司西南油气田分公司）

摘　要　天然气站场是油气田地面集输系统的关键环节，站场内的管道与设备是生产系统的核心，保障其平稳运行与生产安全至关重要，针对性地建立站内管道及设备的完整性管理方法十分必要。本文针对天然气站场内管道及设备的完整性管理进行了探讨，提出建立管道设备标准化数据信息管理体系、制定日常检验及定期检验评价计划的核心思路，并针对各环节现存问题提出一些解决办法及新管理手段建议。

关键词　天然气站场；管道；完整性管理；数据库；定期检验

天然气是中国能源战略中重要的一环，天然气站场作为天然气生产与储运系统中基础且关键的单位，其平稳运行与生产安全是管理者们时刻关心的问题。在天然气站场的所有资产中，站内管道及设备是生产系统的核心，很多石油企业都有自己的一套站场管理标准，但这些以站场为单位的管理方法对于管道及设备来说过于宽泛片面，对未来检验维护工作也不能起到指导作用。因此针对管道设备建立一套覆盖其全生命周期，囊括其静态与动态情况，且能指导未来维护检验工作的标准化管理方法十分必要。

各石油公司针对天然气站场设备及管道完整性管理工作一直在做探索与尝试，具体工作包括定期的站场全面检验、完整性管理体系的建设等，在此过程中也暴露出一些问题，比如一些老旧站场基础数据不准确或缺失；进行了全面检验的站场对于检验结果数据不能有效利用，对下一次检修计划难以起到指导作用等，这些问题给标准化管理工作带来了困难，如果能解决这些问题，将提高管理者对于站内管道及设备状况的掌握程度，对某些可能发生失效的管道及设备防患于未然，使标准化管理工作效率得到进一步提升。

针对现在站场管理存在的问题，结合生产现场的实际情况，需要建立一套站场管道设备的完整性管理方法，首先建立标准化数据信息管理体系，再对管道设备制定日常及定期检验计划，最后分析总结管道设备失效规律，预测未来失效可能性，防患于未然。

1　标准化数据信息管理体系

如今国内石油企业越来越重视信息化建设工作，各油田公司也根据各自业务需求进行信息化建设，在此过程中逐渐形成了形式、平台各不相同的数据管理方法，行业内各专家学者也为信息化建设工作谏言谏策，提出了涵盖石油产业上下游各个环节的数据管理模式框架，但具体针对站场管道与设备的数据管理工作还尚待完善。[1]

现阶段大部分油田公司针对管道设备的数据管理方式以建立管道设备的数据信息台账为主，台账仅仅涵盖基础设计、运行数据，而没有管道设备检验、检修、失效等动态数据信息则没有纳入其中。管道设备从设计施工到运行维护再到服役结束的全生命周期内会产生各种数据信息，这些数据信息量大且类别多，它们反应管道设备的实时运行情况，对生产效率与生产安全至关重要，将这些动态数据纳入标准化数据信息管理系统中，可以让管理者了解管道设备的基础信息之外，还能随时掌握管道设备的动态服役情况，为做出正确决策提供参考。

此外，现行的管道设备数据管理方式以建立数据台账的形式为主，这种形式便于生产单位员工进行数据整理工作，但需要处理的数据量较大时，这种方式会有数据条理不够清晰，不能直观反映整体情况的弊端。

结合生产现场实际情况，管道设备标准化数据管理首先需要对所有数据进行细化分类，按照基础数据、检验维护数据、失效数据来分类是比较合理且直观的；其次将简单的数据台账表单整理到统一的数据库中，并直观展示每一管道及设备的历史纵向数据与同时期横向运行数据。具体建议做法如下：

（1）建立管道设备基础数据台账。基础数据包括管道及设备的设计参数，运行参数等静态数据。设备可以参照定期检验报告，整理其中的关键数据形成台账。管道则参考全面检验时划分的管段，将每一段管段的设计参数(包括材质、设计压力等)，运行参数(包括运行压力、运行温度等)整理形成台账，如果没有进行过全面检验的站场，则可以按照行业内普遍认同的管道分段原则自行分段并收集信息数据形成台账。

新建站场一般基础资料较齐全，而老旧站场可能出现部分原始设计数据已经无法查到的情况，这种情况不仅为管道的管理带来了不便，也为后期进行检验或评价工作带来了困难。比如设计壁厚数据，该类数据对于计算管道内部腐蚀速率很重要，如果没有这类数据或数据不准确，会使得检验结果缺乏可靠性。针对这种情况，可以记录第一次壁厚测定值，以后对该管段进行检测时代替原始壁厚作为对比参考，在后期进行腐蚀速率计算时也以该数据为依据计算，这种方法并不会影响计算腐蚀速率的准确性。

(2) 建立管道设备检验与监测数据台账。现场检测基于不同检测手段得到的数据量很大，具有周期性及实时性的特点，是监测管道设备动态情况的关键数据。结合相应管道的历史检测数据，管理人员一方面可以对比以往同类型数据，通过分析与计算，预测管道设备将来某时间段的运行情况，以及是否有失效的可能性，例如通过两次或多次壁厚数据预测未来壁厚减薄情况等，为制定有效的检验计划提供依据；另一方面当前的检验数据也可以验证此前对该管道或设备的失效分析与预测是否准确，为管道设备失效机理的研究提供重要的参考。

监测数据主要由站内部分管道设备的一些日常或特定监测手段所产生，例如腐蚀挂片、阻垢试验等。将检验与监测数据利用起来，可以提高对高风险管道未来失效预测的准确率。

(3) 管道设备失效与检修数据台账。各站场一般都有管道及设备的失效情况记录，可以将其中的关键数据整理为失效数据台账，例如失效原因，机理，周围是否有振动源等。如果一根管段或一项设备进行了检修但未更换，可以将该情况详细记入检修数据台账中，这会增加未来进行风险评价分析时关于可靠性分析的准确性。建立失效检修数据台账的好处是可以将失效管道设备与相同工况管道或设备进行对比，增进对该类失效机理的认识，从而预防或重点检测可能发生相似失效情况的设备及管道，为制定检验计划提供方向。

(4) 形成管道设备标准数据库。将各类数据形成台账以后，还需要将所有台账整理到一个数据库中，使这些台账转换为能直观反映管道设备整体性情况的工具。这种数据库最基本的要求是能展示某一管道或设备所有数据信息，更高层次的要求是能同时展示某一特定数据类别的历史数据对比情况，能选择某一项或多项条件(如相同运行压力、是否含硫化氢等)查看满足该条件的类似管道设备的其他数据。标准数据库的建立可以参考行业内其他较先进的数据库，结合现有的数据库技术进行研发。

2　制定日常检验计划

管道设备标准数据库形成后，再利用数据库指导下一步日常检验。为保障站场设备及管道始终处于正常运行状态，减少突发事故造成经济损失及人员伤害，进行日常检验是有必要的。日常检验的主要对象是重点关注的管道设备，结合现场实际情况，建议的检查项以宏观检查、定点测厚为主，另外根据需要再增加一些可操作性强的检查手段。

一般站场定期检验时有较全面的宏观检查项目表，里面的涉及项可以根据自身情况做更改，主要项目有管道结构是否正常、管道出入土防腐层是否完好、涂层是否完好等。定点测厚的管段选取建议做法是：一，定期检验报告中建议的日常检验管段及对应测厚部位；二，检查数据库中与发生过失效的管段有相似运行条件的管段，按照最相似与最具失效可能性的原则对管道设备排序，根据实际情况选取需要检验的管道设备；三，经专家分析可能出现失效的管段。

管道设备的日常检验要经过评估后制定周期性的检验计划，可以通过建立规范来标准化日常检验计划制定原则，规范中应该涵盖：日常检验项目；检验对象选取原则；检验周期等。同时编制日常检验项目的具体操作手册，手册中应包含：具体检验项目的操作流程；安全操作注意事项等。

3　制定定期检验及评价计划

日常检验能发现重点监测管道设备的某些问题如内腐蚀、外防腐层破损等，在此基础上应对全部其他管道设备进行定期检验，以确保所有管道设备的完整性及有效性。制定管道设备定期检验计划可以按照选择检验方法及部位、选择完整性评价方法、确定检验周期的步骤来进行，同时制定文件对定期检验计划制定方法流程加以规范，与日常检验规范制定原则相似，定期检验规范中应包含：定期检验项目选取原则；检验对象选取原则；检验周期确定原则等。

（1）选择检验方法及部位。常用的无损检测方法有超声波测厚、超声导波、超声 C 扫描、X 射线检测、超声相控阵、磁粉检测等。从数据库中按失效特征初筛出需要特别检验手段的管道设备，例如针对内腐蚀的检测常采用超声波测厚、低频导波、超声 c 扫描等方法对可能发生冲刷腐蚀的位置进行检测；对于周围有振动源的管道需要特别注意疲劳损伤，对这类管道要重点开展焊缝磁粉检测、射线检测及相控阵检测[2]；对于输送介质含硫化氢的管道需要特别注意应力腐蚀开裂及内腐蚀，对这类管道可以开展超声波测厚、C 扫描检测、数字射线等检测项目，并适当增加检测数量等[3,4,5]。

（2）选择完整性评价方法。可以同时采用多种评价方法对站场设备及管段进行评价，评价结果录入数据库，为制定更合理的检验计划提供支持。

针对静设备可以采用基于风险的检验（RBI）方法，通过确认设备/管线的损伤机理计算出失效可能性和失效所造成的后果，进而计算出其风险大小，通过有针对性的腐蚀管理、预防性检验/维护监控及工艺监控来有效地管理风险和降低风险[6]；针对转动设备可以采用以可靠性为中心的维护（RCM）方法，通过系统分析设备的失效模式、影响以及失效原因和根本原因，制定基于可靠性、优化的、针对失效根本原因的维护维修策略，降低因设备失效或设备可靠性降低而造成的风险[7]；针对站场安全仪表系统中的设备，包括压力变送器、液位开关、热电阻、PLC、ESD 系统、火气探头等可以采用安全完整性等级（简称 SIL）分析方法，对站场的安全仪表系统进行评估，建立有针对性的、基于风险的优化测试计划[8]。

（3）确定检验周期。根据检验结果和完整性评价结果（若进行了评价）可以确定更有效，更经济的检验周期，对不必要的管道及设备可以适当延长检验周期，对于失效可能性及风险较大的管道及设备则适当缩短检验周期。可以参考全面检验或风险评价报告给出的建议，或者结合数据库分析失效机理及未来失效可能性自行确定。

4　结语

对站场管道设备进行完整性管理虽然不能直接提高生产效益，但对油气田生产单位长期平稳运行及企业长远发展来说是十分重要的。国外石油公司严谨高效的管理模式也不是一蹴而就的，是一步步探索实践而最终成型，是对油气田生产从部分到整体每一个环节有序管理的结果。对站场管道及设备进行完整性管理有利于管理者更高效地监测其服役情况，更准确的预测管道及设备失效可能性，是保障天然气站场安全生产运行的有力手段，应该继续推进标准化管理在天然气行业中的应用，为行业发做出贡献。

参　考　文　献

[1] 杜树彬．采油与地面工程运行管理系统数据标准规范的建设与应用[J]．油气田地面工程，2018，37（10）：107-110.

[2] 管道焊缝无损检测的综合方法结合及图像处理[D]．中国石油大学，2011.

[3] 宋日生，何莎，喻建胜．超声 C 扫描检测技术在管道检测中的应用研究[C]//2017 年全国天然气学术年会论文集．2017.

[4] 白阳椿，方全堂．基于超声波的管道安全检测应用技术研究[J]．中国电子商务，2011(10)：232-232.

[5] 李光海，沈功田，李鹤年．工业管道无损检测技术[J]．无损检测，2006，28(2)：89-93.

[6] 刘展，王智平，俞树荣，等．基于 RBI 的压力管道风险检验技术研究——压力管道风险管理理论及其关键技术研究(8)[J]．石油化工设备，2008，37（5）：5-8.

[7] 张华兵，冯庆善，税碧垣．RCM 在石油化工设备维护中的应用[J]．石油和化工设备，2007，10(6)：28-30.

[8] 高超，王皓，郭东升．SIL 分析在海上油气平台中的应用[J]．石油化工自动化，2017，53(1)：41-44.

塔河油田酸性环境下集输管道内腐蚀风险评价

张　菁　赵德银

（中国石化西北油田分公司）

摘　要　为达到减少管道事故发生、保证管道安全运行管理技术的目的。通过对塔河油田集输管道内腐蚀风险辨识，对肯特评分法腐蚀指标进行改进，使用半定量风险评价方法，建立了内腐蚀风险评估模型，获得管道内腐蚀高风险部位。

关键词　内腐蚀；肯特法；半定量风险评价；评估模型；高风险

1　引言

由于当前塔河油田公司所管理的油气管道多为20世纪90年代所建设和近年来新建管道，老管道随着运行时间延长，管道事故时有发生，如何解决油气管道运行安全问题是当前解决老油气管道运行的首要问题。对新建管道，由于输送压力高，事故后果影响严重，如何保证管道在投入运行前期的事故多发期的运行安全，降低成本也是当前新建管道所面临的主要问题。

管道完整性评价的业务之一是风险评价，风险评价的目的是将管道的风险控制在可接受范围内。目前国际上通用的风险评价方法分为定性、半定量和定量三种类型，其中定量风险评价由于在我国缺乏充分的数据支撑，实施存在难度。相比较而言，半定量风险评价方法在国内的管道风险管理中较为常用[1-3]。比较成熟的是引用W. K. Muhlbauer编著的《管道风险管理手册》，即肯特评分法。到目前为止，该书所介绍的风险评价模型仍是世界各国普遍采用的唯一模型[4-5]。

本文对该模型中的腐蚀指标改进，通过数据收集、失效概率计算、失效后果计算和风险值计算，获得管道的内腐蚀风险。

2　数据收集

良好的数据信息是实施管道腐蚀完整性管理的前提，是进行腐蚀风险评价、腐蚀完整性评价的基础。数据构成按设计数据、施工数据、运行维护数据、监测数据、检测数据。

设计数据包括管道类型、管道壁厚、管径、材质、长度、防腐层、设计压力、设计温度、CO_2设计含量、H_2S设计含量等。

施工数据包括运行年份、连接方法、工艺和检测结果、埋深、高程图/路由图、现场涂层方法、检测报告、涂层类型等。

运行数据包括流量、含水率、输送温度、运行压力、规定的最大、最小操作压力，油品信息、CO_2含量、H_2S含量、Cl^-含量、矿化度等。

维护数据包括失效位置、失效时间、维护或维修措施、缓蚀注氮、扫线等。

开挖检测数据包括NDT或超声测厚等，监测数据包括Fe离子、pH值、溶解氧、挂片、探针、细菌监测等。

通过这些数据，可真实评估数据的整个使用过程，对评估结果的准确性及潜在影响。

3　管道内腐蚀风险识别

集输管道腐蚀风险指标是由表征管道内腐蚀各方面特性及其之间的相互联系的多层次的多个指标，所构成的具有内在结构的有机整体。通过全面分析集输管线内腐蚀的风险指标，构建腐蚀风险指标体系，才能将腐蚀风险评估更实际化、简便化。根据管道内的介质成分，判断管道内可能的内腐蚀风险有CO_2腐蚀、H_2S腐蚀或开裂、垢下腐蚀、溶解氧腐蚀和Cl^-造成的影响[6]。

油田的CO_2分压范围为0~0.18MPa，干燥的CO_2气体本身是没有腐蚀性的，但溶于水均形成弱酸，对钢铁造成电化学腐蚀。腐蚀过程中往往形成腐蚀产物膜覆盖于钢铁表面，可对腐蚀起到一定阻碍作用，但在油气等流动介质中，流体造成的壁面剪切应力会对腐蚀产物膜造成破坏，可能引起钢铁局部裸露并形成更为严重的局部腐蚀[7]。

油田的H_2S分压范围为0~0.08MPa，通常当管道中存在H_2S且溶解在水中时，溶解的H_2S会侵蚀铁和非耐酸合金。硫化氢可能导致的另一个问题是硫化物应力腐蚀开裂，它是一种暴露于湿 H_2S 和其他酸性环境时发生在钢铁和其他高强度合金中的自发脆性断裂[8]。

对于含 CO_2 和 H_2S 的管道，O_2 是影响局部腐蚀的重要因素，是导致油气管道腐蚀失效的主要原因之一。O_2 的来源主要有以下两个途径：一是注氮或注入化学药剂时带入，研究结果表明，O_2 在醇类中的溶解度是在水中的3~5倍，会加速管道的内腐蚀；二是在盐水扫线环节中，若操作不当，空气可能进入，从而将 O_2 带入到工艺系统。进入系统中的 O_2 使钢铁发生腐蚀，O_2 混入产生的腐蚀速率比无氧环境高10~20倍[9]。

在油气管道内部固体颗粒沉积主要包括砂、淤泥、石蜡、沥青以及腐蚀产物、碳酸钙、硫酸钙等难溶颗粒。固体颗粒沉积后往往会导致局部产生较为严重的垢下腐蚀。此外，固体颗粒沉积可能会促进细菌生长，增大细菌腐蚀的可能性[10]。

与上述 CO_2、H_2S、S 和 O_2 不同，Cl^- 在腐蚀过程中并不获取金属的电子，因此并非“腐蚀剂”，但 Cl^- 的存在将大大影响腐蚀过程，可以视为腐蚀的“促进剂”，而且绝大多数的点蚀成因与 Cl^- 的存在有关。根据埃克森美孚的实验研究结果，当 NaCl 含量为1%时，碳钢未发生点蚀；当 NaCl 含量提高至5%时，碳钢遭受明显的点蚀，点蚀速率为1mm/a。

4　腐蚀风险评估方法改进

肯特评分方法的基本主旨，是将引起管道事故的第三方破坏、腐蚀、设计和操作四大类因素按照一定的顺序进行评分，将所得分数相加，得到腐蚀因子指数总评分，然后根据管道中所输入介质的影响因素得出泄漏系数，从而得出相对风险系数。

(1) 失效概率

参考《管道风险管理手册》，在计算失效概率前，首先对造成管道内腐蚀的指标进行赋分。内腐蚀指标是指影响集输管道内表面腐蚀的流体参数、腐蚀防护，包括内部工况参数、内防腐和管道工艺影响在内的所有项目。与《管道风险管理手册》相比，在“强腐蚀性”、“中等腐蚀性”、“只在特点情况下具有腐蚀性”、“无腐蚀性”基础上细化了内腐蚀指标。其中内腐蚀指标包括影响管道内腐蚀的因素，温度、Cl^- 含量、CO_2 分压、H_2S 分压、含水率和 SRB 含量等内部工况参数。表1汇总了内部工况参数的打分规则，共30分。另外，影响内腐蚀的因素还包括内防腐措施和注氮引入的溶解氧腐蚀等因素。表2汇总了内防腐和管道工艺影响的打分规则，共10分。指标总分值为40分(表1，表2)。

表1　内部工况参数打分规则

名称	分值	标准		标准子项	
		参数	分值	标准子项	分值
内部工况参数	0~30	温度	5	$T\leqslant35℃$	1
				$35℃<T\leqslant45℃$	2
				$45℃<T\leqslant55℃$	3
				$55℃<T\leqslant65℃$	4
				$65℃<T\leqslant75℃$	5
				$T>75℃$	5
		Cl^- 含量	5	$Cl^-\leqslant100000mg/L$	2
				$100000mg/L<Cl^-\leqslant150000mg/L$	5
				$Cl^->150000mg/L$	5
		CO_2 分压	5	<=0.01	1
				$0.01<P_{CO_2}\leqslant0.02$	2
				$0.02<P_{CO_2}\leqslant0.04$	3
				$0.04<P_{CO_2}\leqslant0.2$	5
		H_2S 分压	5	$P_{H_2S}<1\times10^{-5}$	2
				$1\times10^{-5}\leqslant P_{H_2S}<0.001$	5
				$0.001\leqslant P_{H_2S}<0.01$	5
		含水率	5	$w\leqslant35\%$	2
				$35\%<w\leqslant50\%$	3
				$50\%<w\leqslant65\%$	5
				$65\%<w\leqslant75\%$	5
				SRB>75%	5
		SRB 含量	5	$w<10$ 个/mL	2
				$w\geqslant10$ 个/mL	5

表2　内防腐和工艺影响打分规则

内防腐	0~5	无			5
		加缓蚀剂/涂层			1
工艺影响	0~5	注氮			5
		未注氮			1

内防腐：管道运营公司在管道内壁采取的防腐措施，如通过添加缓蚀剂的方式降低管道内腐蚀速率，或通过在管道内壁添加涂层的方式将腐蚀介质与金属隔离，起到防腐效果。

工艺影响：在天然气管道投产前或运行过程中的停产时，为了避免天然气与空气直接接触后产生燃烧、爆炸事故，利用氮气对天然气进行置换，隔离管道中的天然气与空气，顺利实现管道的投产或复产。但在注氮过程中会混入氧气，氧气对管道内壁的腐蚀具有促进作用。

（2）失效后果

失效后果以管道的腐蚀速率体现。一是选择管道腐蚀失效后的腐蚀速率，二是选择由内检测或超声壁厚测试获得的腐蚀速率，两者获得的腐蚀速率能够真实反应管道的腐蚀快慢。对于从未发生过腐蚀失效的管道，由于无法直接获得其腐蚀速率，可采用挂片或探针监测获得的腐蚀速率，优先选择能够体现管道腐蚀状况的点腐蚀速率进行评估。

5　内腐蚀风险等级

将归一化后的相对风险值等效于失效概率，并作为矩阵的横轴；将归一化后的点腐蚀速率等效于失效后果，并作为矩阵的纵轴；

失效概率和失效后果严重性构成矩阵行和列，获得用等级表示的风险值。

在图1风险矩阵中的各个区域，表示了风险高低程度。深灰色区域风险最高，代表必须立即维修或更换；浅灰色区域风险次之，代表采用监控措施或安排后续检修计划；灰白色区域表示比较安全，管道处于低风险、安全状态，无需采取任何措施。依据该方法可对塔河油田的高腐蚀风险集输管线进行提前预判，并有针对性采取腐蚀防护措施，可有效降低集输管线检测和维护费用。

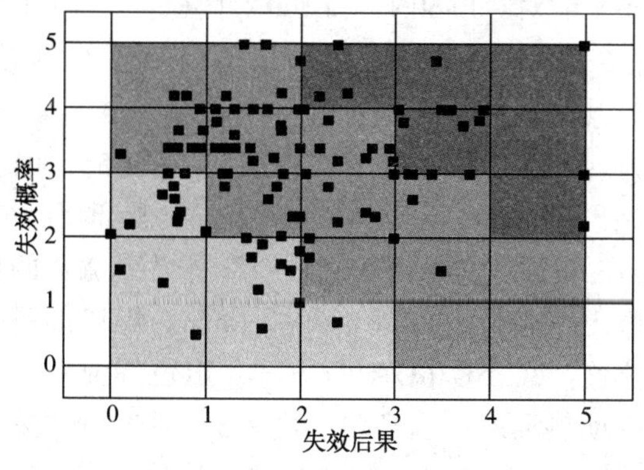

图1　塔河油田原油集输管道内腐蚀高风险部位评估结果

参考文献

[1] 董绍华，杨祖佩．全球油气管道完整性技术与管理的最新进展—中国管道完整性管理的发展对策[J]．油气储运，2007，26(2)：1-17.

[2] 潘家华．油气管道风险分析[J]．油气储运，1995，14(3)：11-15.

[3] 周方勤．对长输天然气管线进行风险性评价的初探[J]．天然气工业，1997，17(1)：60-63.

[4] Muhlbauer W K. Pipeline risk management manual third Edition：ideas，techniques，and resources[M]．WKM Consultancy，TX，USA：Gulf Professional Publishing，2003.

[5] 杨嘉瑜，张德彦，等译．管道风险管理手册(第二版)[M]．北京：中国石化出版社，2005.

[6] 路民旭，张雷，杜艳霞，等．油气工业的腐蚀与控制[M]．北京：化学工业出版社，2015.

[7] Kermani M B，Smith L M．油气田中的 CO_2 腐蚀控制——设计考虑因素[M]．北京：石油工业出版社，2002.

[8] 岑芳，李治平，张彩，等．含硫气田硫化氢腐蚀[J]．资源·产业，2005，7(4)：79-81.

[9] 王娜，卢志强，石鑫，等．塔河油田氧腐蚀防治技术[J]．全面腐蚀控制，2013，27(8)：48-50.

[10] 张登庆，胡宏萍．集输管线垢下腐蚀的闭塞效应研究[J]．油气田地面工程，2002，21(5)：15-16.

浅析页岩气集输管施工过程中焊接质量管理

王　健　陶晓峰　齐　倩　龚舒婷　石　鑫

（中国石油浙江油田分公司天然气勘探开发事业部）

摘　要　作为一种新兴能源，近年来西南地区页岩气开发取得了飞跃性的发展，同步输气管道建设数量也在飞速增长，截至2019年9月底西南地区已建成页岩气输气管道共计4922.14km。为保证页岩气输气管道运行质量，本文从焊接工艺、检测技术等方面进行了分析、讨论，指出目前存在的质量问题及相应的解决措施。

关键词　页岩气；输气管道；焊接；检测

页岩气是一种潜在资源量巨大的非常规天然气资源，具有开采技术要求高、开采寿命长、稳产周期长等特点。西南页岩气集输管道分布广、线路长、高差大等特点决定了其在施工方面的难度和用材方面的复杂性，一旦由于管道材料有缺陷、结构强度或致密性存在问题而发生泄漏，就会引起火灾、爆炸以及其他人体伤害等事故，不但影响下游城市用气，更重要是极易造成重特大安全生产事故，给人民生命和财产安全造成严重威胁。焊接是管道工程施工的关键点，直接影响管道安全运行。因此，在施工管理过程中应对管道的焊接质量有着极为严格的要求。

1　西南页岩气集输管道现状

我国富有机质页岩分布广泛，西南地区、华北地区和新疆塔里木盆地等发育海相页岩，华北地区、准格尔盆地、吐哈盆地、鄂尔多斯盆地、渤海湾盆地和松辽盆地等广泛发育路相页岩，我国页岩潜力较大，目前估测可采资源量约为25-35万亿方，超过常规天然气资源。随着我国对页岩气的广泛开发和应用，高、中压等页岩气集输管道相继建成投产，目前西南大部分省、市地区已建通天然气，为改善人民生活水平提供了便利条件。从西南地区已开发的页岩气气质分析，烃类组成以甲烷为主，重烃含量低，不含硫。西南地区多以山地为主，地体多由石灰岩和紫色页岩组成，岩溶地形特征明显，多溶洞、漏斗、石笋、石灰岩等。丘陵和平坝面积小，以中低山地为主。

截至2019年9月西南地区建成集输管道全长约4922.14km南北贯通的输气管网系统，包括48条输气干线，75条输气支线。场站、阀室、阀井357座，途径川渝云贵三省一市的146个市县(区)。

2　页岩气管道焊接工艺特点

本文以油田公司某工程为对象进行分析，新建集输管道沿线均为二级地区，集输管道长度约20.51Km，管道选用D219.3×6.3，材质为L360N PSL2无缝钢管，设计压力为8.0MPa，同沟敷设通讯光缆及采出水管道，采出水管道采用PN6.0MPa管道所经地段主要为低山地形，管道起伏较大。

该条线路焊接方法采用纤维素焊条下向焊打底+电弧焊填充盖面，适用钢管及管件钢号：L360N组对：L360N与L360N直径：Φ219.1壁厚：6.3mm/7.1mm适用部位：集输管线焊接。接头设计，接头形式：管对接坡口形式：V型，钝边(p)0.5—1mm，坡口角度：60±5°，间隙(b)：2—4mm，余高(h)0—2mm，局部不大于3mm，错边：不大于1.5mm盖面焊缝宽：两侧每边比外表面坡口宽0.5—2.0mm。焊接准备焊接位置：2G/5G/6G对口方式：定位焊或对口器对口预热温度：当环境温度≤5℃时进行并采取保温措施加热方法：火焰加热，加热宽度：坡口中心两侧各不小于壁厚的3倍，且不小于25mm，焊条烘烤：纤维素焊条应进行80-100℃保温0.5-1h或按照说明书进行烘干；低氢型焊条应进行260-430℃保温1h或按照说明书进行烘干。

3　焊接质量缺陷及成因

焊接缺陷的存在会对安装工程的质量产生重大的影响，甚至直接涉及工程的正常使用和安全运行。焊接缺陷的种类很多，按其在焊缝中所处的位置可分为外部缺陷和内部缺陷两大类。外部缺陷也叫外观缺陷。外部缺陷位于焊缝表面，借用肉眼或低倍放大镜就能观察到。内部缺陷位于焊缝的内部，必须应用破坏性检验或专门无损检验方法才能发现。

焊接缺陷的常见包括：(1)焊缝尺寸不符合要求；(2)咬边；(3)焊瘤；(4)弧坑；(5)飞溅；(6)母材表面电弧擦伤(弧疤)；(7)气孔；(8)夹渣；(9)未焊透；(10)未熔合；(11)裂纹等11种。

产生缺陷的原因包括：(1)焊接电流过大，电弧过长，运条角度不当及运条操作不熟练；(2)焊接运条时，坡口边缘两侧停留时间过短，造成熔敷金属与母材未熔合；(3)焊缝填充金属过低，盖面焊接焊肉过厚，电弧停留时间过长；(4)坡口边缘污物未清理干净；(5)电流过大，熔池温度过高，使液体金属凝固较慢等。

4 常见焊接质量通病与预防措施

4.1 常见焊接质量通病

本工程无损检测管道焊缝按《油气田集输管道施工规范》(GB 50819—2013)的规定进行外观检查。集气管道环向焊缝均应先采用100%超声波探伤检查，然后进行20%射线复验。在穿越小河处现浇混凝土及平衡压袋段及两边延伸5m段的焊口应进行100%X射线复验。

无损检测按《石油天然气钢质管道无损检测》(SY/T 4109—2013)相关内容执行，达到Ⅱ级为合格。经检验不合格的焊缝，根部焊缝返修次数不得超过1次，其他焊缝返修次数不得超过2次，返修后的检验按原检验标准进行。如返修不合格，应将不合格焊缝割除，重新组对、焊接。裂纹性缺陷直接切割，不允许返修。

本工程总体部署要求焊口一次质量合格率达到95%以上。经过分析总结，X射线检测2002道，不合格31道，一次合格率98.45%；超声波检测3297道，不合格28道，一次合格率99.15%，渗透检测23道，无返修。

因此H19工程经统计共有不合格焊口37道，通过分析得知，产生的主要焊接缺陷有五中：气孔(11道)、咬边(13道)、弧坑(2道)、夹渣(2道)、未熔焊(9道)。

4.2 危害及预防处理措施

4.2.1 气孔

危害：气孔存在于焊缝内的气孔，减小了金属的有效截面，从而使焊接接头的强度降低；气孔的边缘可能发生应力集中，密集气孔使焊缝组织疏松，使接头的塑性降低；贯通性气孔破坏了焊缝的致密性，造成渗漏。焊缝中的氢气孔还有可能导致裂缝的产生和扩展。

预防处理措施：

(1) 应将坡口及坡口附近15mm区域内的油污、油漆、氧化物、水分等污物清理干净。

(2) 焊条应严格按照焊条说明书的要求进行焊条烘焙，不能以较低的烘干温度、较长的烘焙时间来代替，烘干后应恒温贮存，随用随取。用不完的焊条应及时回收，重新烘焙，烘焙次数不得超过两次，否则不能用于焊接。

(3) 焊缝表面缺陷，若深度不超过0.5mm时，只需用砂轮打磨处理，不需要补焊；若深度超过0.5mm时，则应予补焊，补焊后应磨光，磨光后的表面应光滑平整，均匀过渡。焊缝内部的超标缺陷，应根据探伤结果来确定缺陷部位，定好返修位置。

4.2.2 咬边

危害：咬边是一种危险的缺陷，它不但减小了基本金属的有效工作截面，而且在咬边处还会造成应力集中。咬边又是一种常见的缺陷，应该特别引起注意。

预防处理措施

(1) 选择合理的焊接工艺参数。碱性焊条应采用短弧焊接，保持运条均匀，坡口边缘运条稍慢些，停留时间稍长些，中间运条稍快些。多道焊中，应保持匀速焊接，应注意运条角度。

(2) 焊缝咬边深度超标部分，应用砂轮打磨修整后补焊。对轻微咬边处用砂轮修磨成平滑过渡。

4.2.3 弧坑

危害：弧坑低于基本金属表面，降低了焊接接头的承载能力，而且弧坑内常伴有气孔、夹渣、微裂纹等缺陷。

预防处理措施

(1) 收弧过程中，焊条要在收弧处作短暂的停留或作回焊运条，使电弧不要突然熄灭、使焊条金属填满熔池。

(2) 采用砂轮打磨修整、补焊，碱性焊条宜采用回弧焊接，以免引弧产生气孔。

4.2.4 夹渣

危害性：焊缝中的夹渣，降低了接头的承载能力，容易引起应力集中；影响了焊缝金属的致密性，还可能造成焊缝的渗漏，由于夹杂物与焊缝金属的线膨胀系数相差悬殊，温度剧烈变化时，有可能产生较大应力而导致裂缝。

预防处理措施

（1）选择合理的焊接电流，焊接时电弧不要压得太死，应利用电弧热量下方。使熔池达到和吹力使焊渣顺利地吹到旁边和淌到一定温度，防止焊缝金属冷却过快，以使熔渣充分浮出。

（2）焊接过程要始终保持清晰的熔池，铁水与熔渣应分得清楚，焊缝两侧电弧停留时间长些，便于两侧沟槽的焊渣熔浮出来。

4.2.5　未熔合

危害性：未熔合减少了接头承载的有效截面，降低了机械强度。

预防处理措施

（1）选用合理的焊接工艺参数，运条角度和速度应适当，坡口边缘运条稍慢，停留稍长，使热量足以熔化母材和前一层焊缝金属。

（2）焊缝中一般不允许未熔合缺陷存在，当出现时，应根据探伤结果来确定缺陷部位，定好返修位置。

5　结论

作为集输管道最重要的一环，焊接质量管控直接决定工程建设质量高低，因此作为油田公司地面工程管理者，后期将在以下管理方面改进提高：

5.1　焊工管理

（1）持证上岗。通过《锅炉压力容器压力管道焊工考试规则》、《现场设备工业管道焊接工程施工及验收规范》的规定进行考试规定的相应考试项目，取得焊工证。

（2）建档立案。①焊工一览表，包括姓名、性别、年龄、本工种时间、钢印号、历次考试的合格项目及有效期。②焊接业绩，详细记录每一名焊工所焊焊缝的质量情况，至少每季度统计一次，计算探伤合格率。③建立焊工“黑红名单”日常检查出焊接问题直接与焊工业绩挂钩，对于焊接业绩较差焊工清除市场。④合同中将焊接业绩作为重点考核项目，直接与结算与承包商年底评优挂钩。

5.2　焊接设备管理

（1）焊接设备必须专人管理。专人管理，并保证设备整洁、通风、干燥。

（2）建立设备档案。详细记录设备名称、编号、型号、产地、生产日期、购进日期、使用日期、维修保养记录、各阶段的操作和维护人员等。

（3）焊接电源。是否完好、性能稳定、安全电压表、电流表是否准确灵敏；是否定期校验；电流、电压是否满足要求。

（4）定期校验。焊接设备上的电流表和电压表应齐全，并且应定期校验，保证在检定周期内使用。

5.3　焊接材料管理

（1）焊条必须在干燥通风良好的室内仓库中存放。焊条贮存库内，应设置温度计、湿度计。低氢焊条室内温度不低于5℃，相对空气湿度不大于60%。

（2）焊条应存放在架子上，架子离地面高度距离不小于600mm，离墙壁距离不小于300mm。架子下面应放置干燥剂，严防焊条受潮。

（3）焊条堆放时应按种类、牌号、批次、规格、入库时间分类存放。每垛应有明确标注，避免混乱。

（4）焊条在供给使用单位之后至少在6个月之内可保证继续使用。焊条发放应做到先入库的焊条先使用。

（5）受潮或包装损坏的焊条未经处理的以及复验不合格的焊条，不许入库。

（6）对于受潮、药皮变色、焊芯有锈迹的焊条须经烘干后进行质量评定。各项性能指示合格时方可入库，否则不准入库。

低输量净化油管道内腐蚀机理研究

李　岩　李成龙　臧国军　于海涛

（中国石油长庆油田公司）

摘　要　净化油管道管输介质含水率一般较低，内腐蚀轻微，腐蚀机理主要以外腐蚀为主。而在低排量情况下，油水可能分离，沉积在管道底部，造成管道发生较严重的内腐蚀，甚至引发泄漏和环境污染。本文以某低输量净化油管道发生内腐蚀的实例出发，通过分析实际工况下的流型、输送介质及管材特性，对管道内腐蚀机理进行综合分析，并提出了应对措施。

关键词　低输量；内腐蚀；输油管道；机理研究

管道运输是石油、天然气最为经济且便捷的输送方式之一，然而由于原油介质中含有 CO_2，H_2S 和水等腐蚀性介质，引起管线内部产生腐蚀[1]，导致管道泄漏，甚至是火灾、爆炸事故，严重威胁人员、财产和能源输送的安全。统计显示，因管道内腐蚀造成的破坏失效所占比例超过70%。净化油管道内腐蚀案例非常罕见，如果发生内腐蚀事件，也是低输量运行管道，而低输量情况下发生内腐蚀的机理尚不明确，本文结合某净化油管道内腐蚀事件，对失效机理进行了探讨，并提出了针对性的规避措施，保障管道安全平稳运行。

1　管道概况

某净化油管道于 2008 年 5 月建成投产，管线全长 197.5km，管道规格为 Φ377×6.4/mm，材质为 L360，操作压力<6.5MPa，介质为净化原油，前期管道输量较高，2016 年起，因油田管网原油流向调整，管道低输量运行，2018 年底，陆续发生管道内腐蚀失效事件。

2　流型分析

2.1　基本情况

该净化油管线设计输量为 $210×10^4$t/a，原油密度为 840kg/m^3，黏度为 50℃时 6.69mPa·s，原油含水率含水率的最大值 0.39%。2008 年 5 月该管道建成投用后，长期保持大排量运行；2014 年 4 月-至今，受油源调向影响，局部管段外输排量减少至 150 方/小时，管道输量的降低，导致管线长时间低流速运行（≤0.32m/s），管道内部油水分离和沉降的风险增大。

加之该管道所经过的地域地势特征复杂，管段沿线环境属于梁峁起伏、沟壑纵横、谷深坡陡的黄土梁峁地形。通过对历史泄漏位置进行统计分析，发现泄漏大多出现在高程变化的“U”字型区段或在梁峁的相对低洼点等位置。

2.2　倾角计算

（1）临界倾角计算

临界角的计算采用 GB/T 34349—2017《输油管道内腐蚀外检测方法》6.3.2 中给出的临界角公式计算，计算得管道在当前输量下的管道临界倾角是 25°。

（2）实际倾角计算

计算管线点间距：

实际角度计算：

$$L=\sqrt{(x_1-x_2)^2+(y_1-y_2)^2}$$

$$\theta=\arcsin\left[\frac{\Delta H}{\Delta L}\right]$$

其中，ΔH：点高差；ΔL：点间距。

根据上述公式计算得到管道实际倾角数据如图 1 所示：

2.3　数值模拟

模型采用多相流模型中的 VOF 模型，湍流模型采用标准 k-ε 模型，采用稳态求解以模拟长时间流动稳定后的工况。管内初始相态为纯水。选取设计流速 1.2m/s，实际流速 0.29m/s，中间流速 0.6m/s 进行计算，以模拟不同流速下原油对管内积水的携带能力（图 2~图 4）。

由数值模拟结果可得，当流速为 0.6m/s 以及 1.2m/s，原油携水能力较强，模拟管段内不存在积液现象。当流速为 0.29m/s 时，原油的携水能力较弱，管线上倾部底部以及上倾部如果存在积液，原油将无法将其携带，由于水的密度比油大，水将沉积在管线的下方，尤其是 U 形弯及上坡段，且在管道横截面 3~9 点钟范围内，这与发现管线内实际发生穿孔的部位相符。

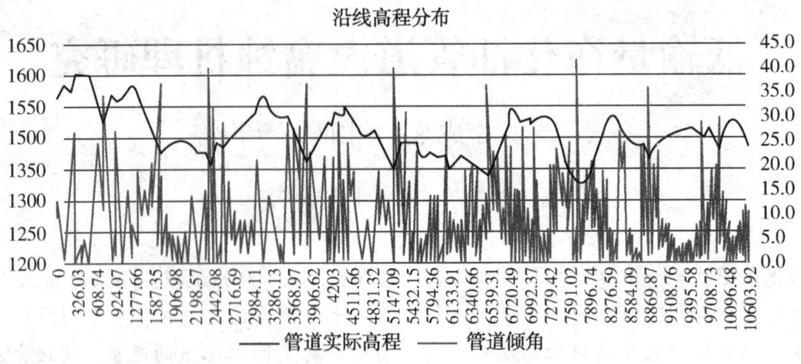

图 1

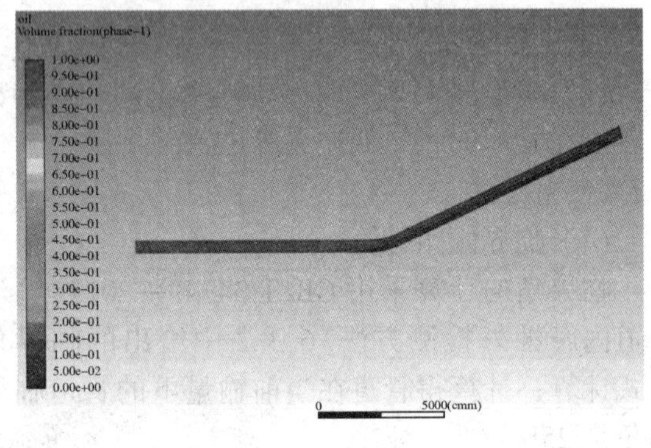

图 2 0.29m/s 原油携液情况

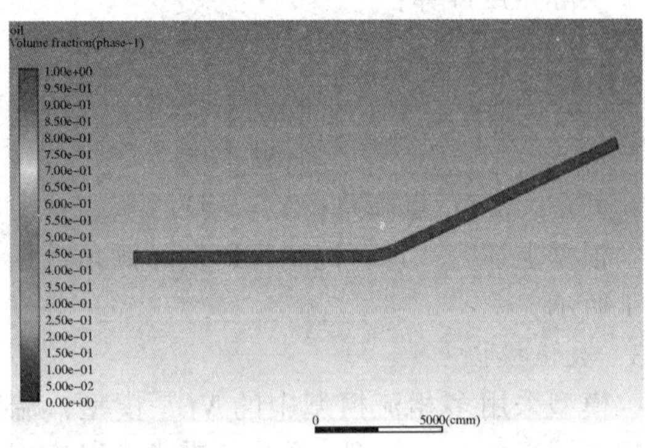

图 3 0.6m/s 原油携液情况

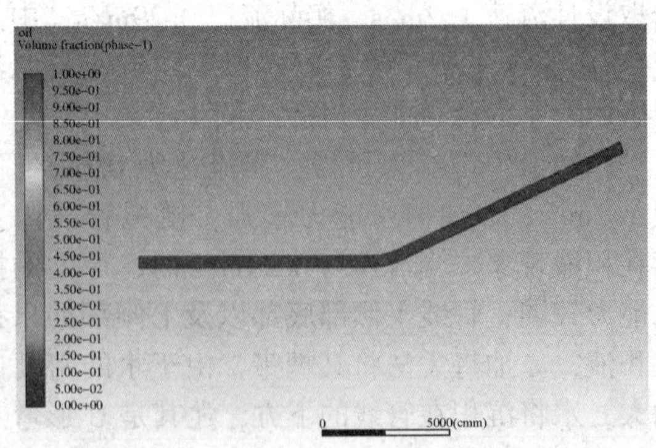

图 4 1.2m/s 原油携液情况

3 管道腐蚀情况和理化性能分析结果

截取管道下坡段管样一根，长度为 900mm。具体见图 5~图 8。

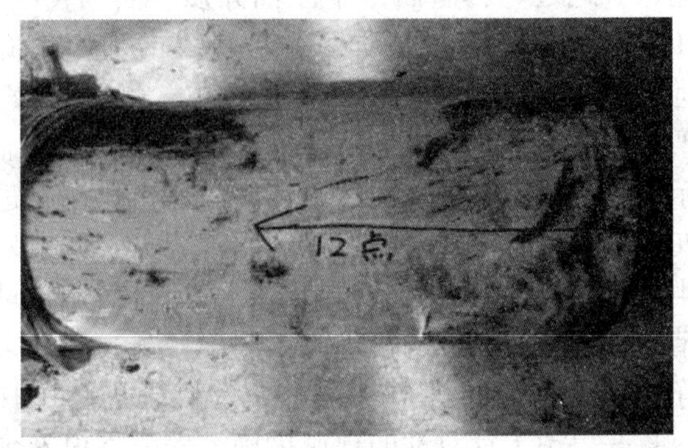

图 5

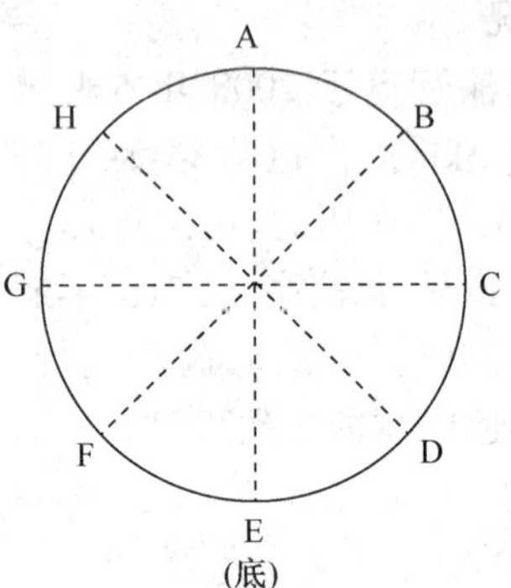

图 6

图 7

图 8

管样壁厚测量数据表明，管样壁厚均匀，未见明显减薄的区域。管样剖开后的宏观形貌图表明，管样表面被一层黑色油泥覆盖，壁厚均匀，管样内表面未见有腐蚀坑存在。这与之前管样壁厚测量结果相吻合。具体见表 1，表 2。

表 1　管样壁厚测量数据

位置	A	B	C	D	E	F	G	H
壁厚/mm	7.86	7.83	7.78	7.8	7.82	7.79	7.85	7.77

表 2　管线材质化学成分分析

元素	管样			
	检测 1	检测 2	结果	GB/T 9711—2017
碳(C)	0.07175	0.07246	0.072	<0.28
硅(Si)	0.2124	0.2093	0.21	—
锰(Mn)	1.1925	1.1922	1.19	<1.4
磷(P)	0.009316	0.009105	0.0092	<0.03
硫(S)	0.003846	0.003741	0.0038	<0.03
铌(Nb)	0.01819	0.01777	0.018	Nb+V+Ti≤0.15
钒(V)	0.002404	0.002399	0.0024	
钛(Ti)	0.01503	0.01465	0.015	

金相组织为铁素体(F)+珠光体(P)组织。晶粒度为 10.5 级。A 类夹杂物(硫化物类夹杂物)为 0.5 级；B 类夹杂物(氧化铝类夹杂物)为 0.5 级；C 类夹杂物(硅酸盐类夹杂物)为 0.5 级；D 类夹杂物(球状氧化物类夹杂物)为 0.5 级。晶粒度等级越高，晶粒越细小；夹杂物等级越低，夹杂物的含量越少。材质化学成分、力学拉伸性能以及金相组织符合相关标准要求。

4　原油物性分析结果

本次分析油样中盐含量为 0.0074% - 0.0437%，盐含量较低。硫含量为 0.0409% - 0.1113%(小于 0.5%)，为低含硫原油。本次分析净化油油样中的含水率为 0.09%-0.39%，小于 0.5%，故含水量较低。本次分析油样的酸值为 0.0495-0.0842mgKOH/g。一般而言，高酸值原油是指总酸值大于 1mgKOH/g 的原油，本次分析油样的酸值远远小于上述阈值，故酸值较低。原油中的盐含量、硫含量、酸值是影响输油管道内腐蚀速率的主要因素。从上述原油物性分析结果而言，所测原油的盐含量、水含量、硫含量以及酸值皆较低，原油本体的腐蚀性较弱(表 3)。

当原油中不存在水时，原油是没有腐蚀性的[2]。但在原油运输过程中，当痕量的水和沉积物聚集并附着在钢铁表面时，可能创造腐蚀性的环境。输油管道发生腐蚀破坏的原因之一是管道金属与环境形成原电池。对于原油长输管道，因原油黏度较高且导电性很差，一般不会与金属内壁构成腐蚀原电池。原油中的水通常以 2 种乳化液形态存在：水为连续相的油/水(O/W)乳化液，电导率高，有腐蚀性；油为连续相的水/油(W/O)乳化液，电导率低，腐蚀性弱。原油中都有一定的水分，当原油中的水析出并与管壁表面构成电极系统时，管道内壁将发生电化学腐蚀。因此，如果在输油管道底部形成沉积水，易对管线造成底部腐蚀。

表 3　原油物性分析方法及参照标准

序号	分析项目	依据标准	基本原理
1	含水率/%	GB/T 8929—2006《原油水含量的测定 蒸馏法》	在回流条件下，将试样和不溶于水的溶剂混合加热，冷凝后的溶剂和水在接受器重连续分离。溶剂则返回到蒸馏烧瓶，水沉降在接受器的刻度管中，进而得出含水率。
2	盐含量/(mg/L)	SY/T 0536—2008《原油盐含量的测定》	用水抽提原油中包含的盐，分离出抽提液，注入含一定量银离子的醋酸电解液中。试样中的氯离子与银离子发生反应，通过测量电生银离子的消耗量，即可求得原油含盐量。
3	硫含量/%	GB/T 380—1977(2004)《石油产品硫含量测定法》	紫外荧光法。在富氧条件下，硫被氧化成二氧化硫；试样燃烧生成的气体在除去水后被紫外光照射转变为激发态二氧化硫，激发态二氧化硫返回到稳定态二氧化硫时发射荧光，发射的荧光与样品中的硫含量成正比。

5 管道内腐蚀直接评价

管道内腐蚀直接评价法是通过多相流动模型计算结果，识别管道中潜在的积水或者固体杂质的位置，并且预测各检测区段最可能发生内腐蚀的位置。对于无法内检测且不能中断输送的管道，能有效辨识出由内腐蚀而导致管道恶化的位置，是一种有效的腐蚀评价方法[3]。直接评价管道内部腐蚀的步骤包括数据搜集、腐蚀位置预测、开挖检测和结果分析(图9)。

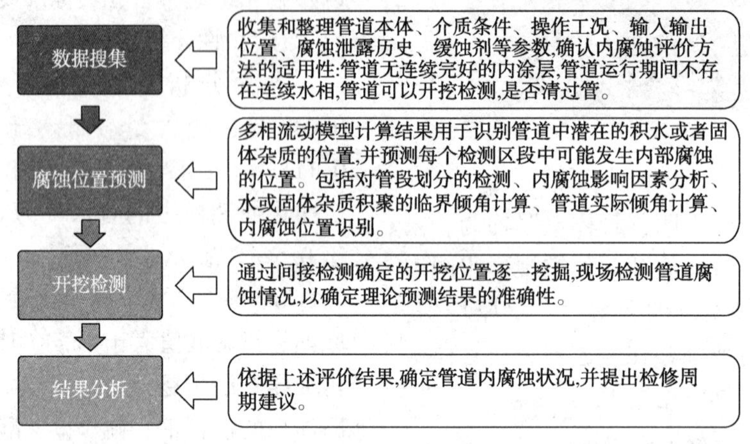

图9

针对该净化油管道，在分析管道本体、介质条件、操作工况的基础上，应用内腐蚀直接评价方法对管道易于发生腐蚀的位置进行预测，即在多相流模拟和临界积液分析的基础上，确定管道的内腐蚀敏感位置，并结合管道开挖后对管道外壁腐蚀宏观检测、管体壁厚测量、管体腐蚀漏磁检测等技术进行检测，验证预测结果的准确性。

结合现场勘查、实际管道起伏角度和现场地势分析，并对腐蚀风险概率、高程地势变化数据分析结果和历史泄漏位置进行统计分析，确定10处位置为本次详细直接开挖验证位置，详见表4所示。

表4

序号	点号	埋深/m	坐标位置	检测点位置标记
1	Pt100	1.23	N4046761.0593 E501322.8925	85#测试桩-800m
2	Pt274	2.3	N4045354.3857 E501425.0516	86#测试桩-454m
3	Pt462	2.04	N4043733.3006 E501146.3376	87#测试桩+607m
4	Pt587	0.98	N4043125.2636 E500430.3153	88#测试桩+26m
5	Pt638	2.0	N4042652.3097 E500433.2386	89#测试桩-5m
6	Pt701	1.5	N4042267.7424 E500388.3825	89#测试桩+394m
7	Pt758	1.37	N4041898.0256 E500365.4858	90#测试桩-184m
8	Pt779	1.1	N4041726.465 E500393.8534	90#测试桩-10m
9	Pt850	2.0	N4041170.1178 E500242.0761	91#测试桩-200m
10	Pt1049	1.76	N4039602.8875 E499625.2147	94#测试桩+76m

2#探坑检测数据：共发现10处明显壁厚减薄处，其中最小实测壁厚为3.86mm，检测发现缺陷汇总见表5所示。

表5

缺陷编号	位置描述	漏磁检测	超声测厚
1位置	5点方向	报警	4.81mm(10*10mm)
2位置	6点方向	报警	5.63mm(10*10mm)
3位置	6点方向	报警	4.98mm(10*10mm)

续表

缺陷编号	位置描述	漏磁检测	超声测厚
4位置	5点方向	报警	4.71mm(10*10mm)
5位置	6点方向	报警	3.86mm(80*90mm)
6位置	6点方向	报警	4.59mm(70*50mm)
7位置	6点方向	报警	4.74mm(50*70mm)
8位置	6点方向	报警	4.23mm(40*30mm)
9位置	6点方向	报警	5.19mm(50*30mm)
10位置	6点方向	报警	4.87mm(60*40mm)

由检测结果得出：

（1）腐蚀位置主要位于4点钟方位至7点钟方位，集中在底部，当输油管线流速较低（0.3m/s）时，由于水的比重大于油品，原油中含有的游离水容易发生沉降，在管线的底部形成水相，尤其在管道的低洼部位，更容易形成沉积水，凝结水具有结垢倾向，导致垢下局部腐蚀，长时间运行导致发生局部腐蚀穿孔。

（2）直接开挖检验共10处，共发现63处不同程度腐蚀减薄情况，证明通过该技术得出的腐蚀点位置均可靠。

6 结论

（1）低输量原油管道介质流速偏低，游离水极易沉降，形成有利于内腐蚀发展的环境。因此加强管道外输原油含水率的定量检测，尽量避免游离水进入管道。同时加强系统的稳定性，保证系统运行中压力、温度稳定性，应尽量避免介质流动的不稳定流动。

（2）该净化油管道内腐蚀分析与开挖检测结果表明，管道内腐蚀高风险位置与介质持液率、流动状态等多相流动参数有关，说明在管道运行工况参数确定的条件下，介质流动状态严重影响内腐蚀位置和风险大小。

（3）具备条件的管道应建立定期清管机制，一方面可及时清除管道壁上沉积的蜡和垢，增加管道有效流通面积，进而提高管输效率；另一方面，可及时清除管道下方沉积的游离水，防止管道底部发生严重腐蚀及渗漏。

参考文献

[1] 崔斌等．油气集输管道内腐蚀及内防腐技术[J]，石油规划设计，2007，24(1)：51~54.

[2] ASTM G205-10，《Standard Guide for Determining Emulsion Properties，Wetting Behavior，and Corrosion-Inhibitory Properties of Crude Oils》[S]，2016.

[3] 朱向泰等，直接评价法在油气集输管道内腐蚀评价中的应用[J].2016，Vol.31 No2：309-316.

昭通页岩气示范区页岩气地面工程优化简化成果及启迪

巨　龙　夏　辉　苏鹏康　陈兴炳　陈西元

（中国石油浙江油田分公司）

摘　要　页岩气在国内的开发时间还比较短，地面工程可参考的成熟设计、建设、生产运行经验以及相关标准规范较少。浙江油田公司昭通页岩气示范区页岩气地面工程经过不断探索、创新，从工艺流程的优化简化，地面总体布局的优化，新技术、新工艺、新设备、新材料的应用等方面开展优化简化工作。本文通过总结分析昭通页岩气示范区页岩气地面工程优化简化的做法和经验，归纳优化简化工作的认识，为今后页岩气地面工程提供参考。

关键词　昭通页岩气示范区；页岩气；地面工程；优化简化

1　昭通页岩气示范区基本情况

昭通国家级页岩气示范区行政上位于四川、云南、贵州三省交界处的四地市12县区，示范区总面积11295.62km^2。自2009年以来，浙江油田强化技术攻关，通过“地质工程一体化、科研生产一体化、勘探开发一体化、地面地下一体化、技术经济一体化、项目管理一体化”的发展理念实践，实现山地页岩气勘探评价的突破，目前已建成了10亿立方米/年的页岩气生产基地，形成了适应山地页岩气复杂条件的页岩气一体化高效开发模式。

浙江油田昭通页岩气示范区页岩气集输系统采用“放射式+串接式”管网布局，总体工艺流程采用“井场除砂分离计量、管网湿气输送、集气脱水站集中脱水外输”，产品气外输进入川渝管网销售。目前昭通页岩气示范区黄金坝、紫金坝区块已建成脱水规模450×10^4 m^3/d，外输规模15×10^{8}m^3/a，其中已建成页岩气平台20座，集气脱水站2座，集气管线72.2km，外输管线14.45km。

昭通页岩气示范区区域内地形条件复杂、社会依托条件差、环境保护要求高，给地面工程建设、地面生产系统运行带来了较大的困难和挑战。因此，如何降低地面工程投资、生产运行成本是页岩气地面工程优化简化工作的重点，也是最大的难点。

2　优化简化做法

2.1　坚持“五把关一落实”

对于地面工程项目“五把关”。一是生产建设单位坚持同设计单位一起开展现场实地踏勘，充分了解工程现场地质和地形地貌、周边环境等实际情况，核实开发方案、设计方案的合理性、可实施性，增强开发方案、初步设计、施工图的针对性和符合性；二是坚持对设计单位上报的开发方案、初步设计等组织进行预审，提前做好把关，并邀请页岩气地面工程领域专家参与审查，保障审查质量；三是组织好油田公司对开发方案、初步设计的把关，在开发方案、初步设计完成后，组织公司各个相关单位部门、设计单位一起对初步审计进行审查；四是公司初步审查结束并完成设计修改后，积极配合勘探与生产分公司对开发方案、初步设计进行审查把关；五是在施工图设计完成之后，参与由建设单位组织施工单位、监理单位、检测单位、设计单位等开展的施工图会审，把好施工图审查关。

“一落实”是对开发方案、初步设计等开展审查所发现的问题，要求设计单位逐条进行响应，跟踪检查，做到100%落实，保证审查质量。

通过对地面建设项目开展“五把关一落实”，从设计源头上做好把关，从开发方案、初步设计、施工图、施工各个阶段做好优化简化工作，最终使地面建设优化简化工作取得实效，实效提质增效。

2.2　坚持“四适”原则

在页岩气地面工程设计坚持“四适”是原则，做到“适用、适应、适时、适度”，即工艺技术要适用、规模能力要适应、时机选择要适时、调整幅度要适度。

3　优化简化措施和成果

3.1　钻前工程

（1）钻前工程和页岩气平台产能建设阶段的

设备基础和总图布置有机结合、优化细化，使产能建设项目公用工程在设备基础和总图布置上能够尽量重复利用钻井设备基础、井场排水沟等。2016年以来，在YS108H7、YS108H8、YS108H9、YS108H21、YS108H19、YS108H20、YS108H13、YS108H23、YS108H24等平台钻前工程建设中，通过钻前地面一体化优化设计，单个页岩气平台缩短施工周期20—30天，节约工程投资30—40万元。

（2）在紫金坝区块的YS112H2、YS112H3、YS112H4、YS112H5平台建设中，将钻前建设期间建设80~100方的钢筋混凝土蓄水池与清水池配套使用，既可解决钻井、压裂期间油污废水的存储，又可用于后期采出水的存储，提高利用率，单个页岩气平台可节约工程投资50万元。

3.2　集气站

（1）在紫金坝集气增压脱水站初步设计中将脱水装置由1套300万立方米/天三甘醇脱水装置优化调整为2套150万立方米/天三甘醇脱水装置。既可以使脱水装置适用于油田滚动开发需要，又充分考虑设备在故障和检维修期间产生的保障。

（2）在紫金坝集气增压脱水站的施工图阶段，通过深入计算，对初步设计方案进行了大量的优化简化。例如：放空分液罐由DN2600×7800优化为DN1600×4800；放空火炬尺寸由DN350、H=33m优化为DN250、H=27m，并将放空量由148万方/天优化为110万方/天；通过三合一TEG过滤器设备取代原初设中3套过滤设备，优化TEG补充罐数量，由原初设中2台，优化至1台，同时取消燃料气分液罐；优化简化总图工作量，挖方工程量减少700m^3，排水沟减少600m，人行道及装置区铺装减少2450m^2，行车道硬化减少900m^2；优化给排水设计，减少1座600m^{2}返排液储水池、1座100m^{2}淡水池；消防泵房尺寸由12m×8.4m优化为9.9m×6.6m，减少占地面积40m^2；脱水装置设置1套经过SIL2认证的PLC进行过程控制和安全联锁优化为整个集气增压脱水工程设置1套BPCS系统，优化后系统设置更优化，更符合现行规范。经过优化简化后，预计将缩短建设周期20天，节约工程投资600万元。

3.3　平台

（1）在系统总结以往建设经验的基础上，结合前期页岩气优化简化的设计成果，开展页岩气井场标准化定型图设计，实现工艺流程、平面布局、模块划分、关键设备定型和安装尺寸上“五统一”。形成了适用于昭通页岩气示范区3井、4井、5井、6井、7井页岩气平台的标准化设计图纸。通过标准化定型图应用，在YS108H2、YS108H7、YS108H8等页岩气平台建设中实现了设计工期缩短30%，建设工期缩短10%，新井时率提高5%，地面工程投资降低8%。

（2）页岩气平台取消加热炉，改为注醇工艺。页岩气采出后，通过注醇、节流、除砂、分量、计量后出站，经集气管道输至集气增压脱水站。取消以往页岩气平台的加热炉，降低了能耗，同时一体化撬装注醇装置在页岩气井生产后期停用后可便利移动至其他平台重复使用。YS108H7平台取消原平台井场配备的2台水套加热炉撬，采用可移动的注醇撬，将2台生产分离器撬、1台计量分离器撬优化为1套生产/轮换分离计量撬，节约投资210万元。

（3）在页岩气平台大力推广一体化撬装应用，并不断优化简化，实现了平台工艺装置一体化、自动控制一体化、污水处转输一体化、水套加热炉一体化、出站阀组一体化，单个平台地面建设周期缩短至15天，减少建设用地300m^2。同时一体化橇装方便搬迁、重复利用，将大大降低页岩气地面建设投资。

（4）将页岩气井场采出水转输系统，优化为1套泵撬；同时根据页岩气采出水生产规律将采出水混凝土池优化为采出水罐撬，可以根据生产需要合理调配水罐数量，减少地面建设工作量50%，单个平台节约投资100万元。

（5）通过优化页岩气平台布局，将原页岩气平台工艺设备区、泵站及污水池所需的占地面积由676m^{2}减少到了356m^2，同时节约工程投资18.5万元。

（6）井场工艺管线和电缆由埋地敷设优化为地面敷设，单个平台地面建设周期缩短3天，节约工程投资5万元，同时方便生产单位运行维护。

（7）由于页岩气井口采出气中带有大量的砂砾，会造成下游工艺流程堵塞，磨蚀下游设备和管线。通过对前期已运行的平台除砂器进行分析、模拟，优化设计出一套适合页岩气开发的高效除砂设备，通过YS108H7等平台应用，优化后的除砂器取得较好的除砂效果。

3.4　集输管道

（1）在昭通页岩气示范区紫金坝区块页岩气集输工艺设计中，充分吸收和借鉴黄金坝区块页岩气的生产建设经验，将集输工艺由分散增压+集中输送，改为高低压分输+集中增压。通过改进集输工艺，节约工程投资1500万元，节约运行成本240—300万元/年，同时集中增压便于生产管理，两条高低压管线的建设更有利于气田滚动开发灵活调配。

（2）紫金坝集气脱水站至宁209外输干线设计中，将DN500外输干线经过设计优化为DN450管线，节约建设工作量、建设周期15%，节约工程投资100万元。

（3）由于页岩气产量变化区间大，按照最高产能进行常规设计，将造成生产中后期长时间低产能阶段时管线大量积液，影响正常输送。通过总结内外部单位页岩气田的管道集输经验，从2016年开始在设计中对管输页岩气进行流速控制优化，适当提高管内流速，从实际运行情况看，管道内积液明显减少。

3.5　页岩气水处理

优化紫金坝区块水处理方案。针对页岩气开发过程中钻井废液、压裂返排液处理难题，多次进行调查论证，并委托设计单位开展技术攻关，将初步设计中的MVR减量蒸发+达标外排水处理工艺优化简化为部分外排+减量回注方案，优化简化后将节约工程投资270万元，并将每方水处理成从58.5元降低至35.5元。

4　取得的认识

通过分析浙江油田公司在昭通页岩气示范区页岩气地面工程优化简化所取得的经验和教训，研究历年来在优化简化工作中的做法，得到以下认识：

一是，设计阶段的优化，是做好页岩气田优化简化的根本。据统计，设计阶段对地面工程项目的提质增效影响程度占90%以上，因此，做好设计管理，加强设计审查，是做好页岩气地面工程优化简化工作的关键。

二是，地面工程必须与开发工程作为一个整体，统筹优化，才能实现更好的优化效果。采用钻前地面一体化建设使得地面投资、建设周期更加优化是一个很好的例证。

三是，技术创新是搞好优化简化的重要手段。必须充分应用新工艺、新技术、新设备、新材料，才能实现工艺流程优化简化。

四是，观念创新是做好地面工程优化简化的前提。只有打破旧的思维定式，勇于突破盘传统模式，才能在实践中大胆探索，推动技术创新，实现地面工程的优化简化。

五是，地面工程应依据油气田勘探开发中长期总体发展规划和勘探开发基础资料，立足当前、面向未来、统筹考虑、持续优化，才能保证地面工程的科学性、先进性、适应性、经济性。

六是，地面工程优化简化是一项长期性工作，必须不断汲取前期设计、建设、生产运行过程中的经验教训，才能实现地面工程持续的提质增效。

关于油田地面集输系统优化技术分析

王柏仲　邓海平

（大庆油田第七采油厂）

摘　要　大庆油田经过近60年的开发历程，现已处于高含水后期。大庆油田面对水驱产量不断下降的形势，外围油田不断探索地面集输系统的技术优化，管网的合理布局，站场的优化设计、能耗的有效控制显得尤为重要。本文首先针对油田地面集输系统的基本知识和研究现状作了简要分析，然后与油田地面集输系统理论知识相结合，探讨了现代油田地面集输系统优化技术。

关键词　大庆油田；地面工程；集输管网；集输联合站；优化技术

油田地面集输系统的实际建设中，积极有效地优化油田地面集输系统的设计理念和施工过程，在减少油田地面集输系统设计成本、降低原材料和有关转油站的资金投入方面扮演着重要角色。因此，对油田地面集输系统技术进行优化，既可以增加油田企业的经济利益，又可以践行降耗节能的理念。

1　油田地面集输系统的基本知识

1.1　集输管网

油田地面集输管网主要是由管线、油井和集输站组成的一种集输管网体系，主体工程是油田地面集输工程，且对油田地面集输工程的资金投入占油田整个地面工程的65%以上，同时占整个油田工程大约35%的比重。因此，优化设计油田地面集输管网非常有利于降低整个集输体系的成本。油田地面集输管网作为原油的运输通道，将工艺管道、油库、功能站连接为一个整体，在油田地面的整个建设成本中，油田地面集输管网占据的比重非常大，因此，积极引用和应用管网系统优化技术在整个系统的设计中占据重要比重[1]。与此同时，现代油田地面集输管网的设计具有很强的综合性，不仅涉及有关的数学理论和工程知识，对计算机等应用技术的要求也非常高。设计油田地面集输管网，要依据地面和地下的地质条件、油田性质，使用科学的方法进行设计，尽最大可能达到油田开发、运行的现实要求。首先对油井位置和有关中转站进行确定后，才可对油田地面集输管网进行设计优化，利用网络科学拓扑调整规划，来达到结构的最优化。一般情况下，对油田地面集输管网的位置、运行参数、站址等方面进行优化设计。

1.2　集输联合站

油田集输联合站主要负责对采集到的油气进行初步处理，主要包括以下几个环节：油气集中处理、油田注水、污水处理、供变电和辅助生产设施等。油田集输联合站担负着对油田原油进行集输和处理的重要任务，因此在实际生活中，如何有效减少油田在集输联合站的消耗，提高油田的利用率逐渐引起社会各界的注意。为了满足社会发展的需要，保障油田集输联合站的合理运用，我们必须采取相应的措施来降低集输联合站系统的能源消耗，提高油田集输联合站的运行效率。

2　油田地面集输工艺的现状

目前阶段，在我国油田地面集输管网体系的不断发展和成熟过程中，布局不合理的现象不可避免，也就造成了我国油田地面集输管网的实际发展不能从根本上满足现实社会生产生活的需求。在对我国油田地面集输管网体系的重新设计优化过程中，尽最大能力满足原有的生产条件，降低对油田地面集输管网体系的成本投入和运行费用，从而产生最大的企业效益和社会效益。

总之，目前油田地面集输管网的设计和规划没有实现真正的经济性和有效性，因此，我国当前阶段油田建设发展所面临的最大问题是油田地面集输管网体系的优化。因此，建设现代油田地面集输管网更应该注重控制集输的路线[2]。

油田集输联合站作为油田开采的重要工程，在我国分布较广，对我国的油田开采和使用起着至关重要的作用。但是，在实际的应用和生产中，油田集输联合站也存在着许多问题，导致联合站能耗较高。据相关调查显示，我国的油田集输联合站的能耗主要有两个来源；(1)燃油以及天然气消耗；(2)电能消耗[3]。其中，燃油以及天然气消耗主要是在对油田进行集输和处理的过程中产生的，而电能消耗，顾名思义，主要是油田技术联合站内的设备运转的过程中产生的。这两方面的能耗在油田集输联合站的总能耗中占据的分量很大，因此急需采取有效的控制对策来降低集输联合站中的能耗。

3　集输管网优化技术

3.1　集输管道的完整性管理

埋地金属管道腐蚀已成为油田亟待解决的重要问题之一。针对埋地金属管道受输送介质、土壤腐蚀性、运行管理问题等因素影响，管壁腐蚀变薄，甚至穿孔泄漏，影响油田生产，存在安全隐患，带来巨大的经济损失和资源浪费，我厂在加强完整性管理方面提出有效措施：

(1) 管道焊接施工前，需做好施工准备，清理管道周边杂物，保障管道焊接操作空间，对焊口部位进行杂质清理、除锈、干燥、预热，保障焊口达到焊接要求。管道焊接后，及时清理焊口处残留的碎屑，并对焊口采取外观检验、设备检验，达到焊接标准后方可进行下一步操作

(2) 焊接前必须打磨至露出金属原色，焊接后焊接部位要光滑，无焊渣、棱角和毛刺，外防腐层维护时，焊接部位表面需预处理，除锈等级必须达到St3级，防腐保温层维护时，破损处两端需加装防水帽，且防腐层与防水帽搭接长度应≥40mm，缠绕聚乙烯胶粘带时用力应均匀，不得出现折皱或鼓包。

(3) 基层小队明确设备责任人，负责阴极保护设备的定期巡检、维护、保养、运行管理、故障维修上报等工作，并按照A5数据库阴极保护部分数据填写要求，定期维护基础数据和运行数据，各矿大队生产管理部门、地质工艺队分别安排阴极保护管理人员，分别负责阴极保护设备生产管理和基础数据管理，负责本矿大队阴极保护设备数据汇总、问题汇总、上报等工作，编制阴极保护设备运行管理手册，针对运行参数、维护保养、故障处置、人员技术要求、人员培训等方面制定相应的管理细则和工作流程，细化各环节管理要求，重视阴极保护管理。

(4) 按照《第七采油厂生产管道完整性管理办法》要求，完善全厂管道地理信息数据及数据查询平台功能，实现管道在线查询、浏览、静态数据与图形联动等功能，辅助管道运维管理，按照A5数据库管理工作要求，开展A5数据完善工作，通过查阅图纸、现场核实等方式，完善管道基础数据库；完善管焊平台功能，统计穿孔焊漏“大数据”，摸清管道腐蚀现状，分析各区域管道腐蚀情况，制定适用于采油七厂管道腐蚀穿孔情况的管道维修更换管理建议，加强管道腐蚀穿孔运行管理。

3.2　借助于最优化理论规划管网

通常情况下，油田地面集输管网分为采油井场、处理站、管线三部分，我们经常利用网络来描述这种系统结构，并且利用集中处理站、采油井、中转站替代网络节点。集中处理站的位置、数量和管网系统的布局直接影响油田地面集输管网的实际成本投入。对油田地面集输管网进行设计优化时，不止优化油田地面集输管网的布局，更要对集中处理站的选址做好处理，同时铺设合适的管道，合理分配管道流速和流量，尽最大可能降低管道总的成本投入。

3.3　做好油田地面集输管网系统的优化布局

优化油田地面集输管网的总体布局时，第一步要合理运用管网布局的设计理论，构造管线布置线路和相关工作单位的网络模型。然后以模糊聚类的分析为基础，确定相关工作单位的等级关系，及时调整和改进基本构架，确保管线平面布置的设计方案达到最优化。

对油田地面集输管网系统进行布局优化，最主要的就是要利用好管网系统的某些优化方案，将建筑投资成本的节约设计做好，并且尽最大可能节约集输运行费用，以便在油田地面集输管网系统的运行过程中，方便实际情况的管理。同时确定油气集中处理站的最佳地理位置，对输油管网进行布局优化。

3.4　油田地面集输管网的其他优化设计

油田地面集输管网的其他优化设计过程中，不只要将风险、管道承压、费用等问题考虑在内，以此为基础，也要将管网系统规划运行的基础设计放到重要位置上。合理控制、设定关键的工艺运行参数，设计可行的工艺流程，利用AHP法确定井站的拓扑优化结构，在此基础上优化系统的拓扑结构，从而使整个管网系统的风险和成本降低。确立一级集气站与集气总站之间的管网体系，进而确定整个管网体系中各个目标的优化方案[4]。最后，利用AHP法确定最佳的布局

方案。

4　站场的优化设计

我厂在总结葡126井区深部调驱试验区块在配注地面工艺建设方面的经验和问题的基础上，提出了一些新的设计思想，力争达到优化配注工艺、降低地面建设投资，提高油田开发效益的目的。针对我厂葡126井区深部调驱撬装配注站地面建设中存在的问题，制定了解决对策。深部调驱现场试验选用了复合离子聚合物凝胶调驱体系，体系由聚合物、交联剂和稳定剂组成，试验初期调驱体系性能受污水水质等因素影响较大，通过增加污水曝氧方式，调整体系熟化时间、过滤器精度等方面的改进，逐步摸索了较为合理的配注工艺，规范了设备参数，总结形成标准的技术要求。

（1）配制用污水需要二次曝氧杀菌处理；

（2）目的液采用射流分散加药方式，熟化时间不得低于3个小时，配制浓度误差控制在±1%以内；

（3）单井单泵注入，注入泵运行时率达到99%以上，日注入量误差控制在±1m^3；

（4）撬装站站内粘损率控制在10%以内

针对在葡126井区深部调驱撬装配注站建设过程中发现的问题提出了解决方案：

一是针对熟化罐区高度不足问题，现场采取了铺设砂石及加装油管排方式，增加了罐区高度，可以满足熟化罐供给转输泵的静压力要求，二是针对缺少注入泵废液排污池问题，结合已安装的注入泵位置，新增了废液排液池，满足废液统一回收的标准化管理要求。

目的液的配制方式为药剂干粉与曝氧污水经分散装置预混后进入熟化罐，目前工艺熟化效果较好，但设备数量较多。论证射流器方式进行目的液的配制，药剂干粉与曝氧污水通过射流器直接进入熟化罐，采用该方式可减少配制过程的设备数量及泵房占地面积，简化操作流程，减少用工人员数量，节约地面投资费用。

5　集输联合站的能耗控制

5.1　导致油田集输联合站能耗大的主要原因

据相关资料调查显示，我国的油田集输联合站存在的能源消耗的问题的主要方面有：联合站的处理液量、锅炉的综合含水量、油田开采的油品性质。下面将针对这三个方面展开详细介绍。

5.1.1　油田集输联合站的处理液量

随着我国工业化进程加快，石油能源的使用量逐年增加，由此带来的石油开采力度必然也会呈现出急剧上涨的趋势，油田集输联合站内的处理液量也在根据实际情况有所上涨，而处理液量的增加必然会导致油田集输联合站的输出动力和输出负荷加大，因此能耗增加。

5.1.2　锅炉的综合含水量

在油田集输联合站对原油进行集输和处理的过程中，综合含水对处于加热状态下的锅炉的负荷有很大的影响，如果含水量较高，很可能会导致锅炉的热负荷呈直线上涨的趋势，最后导致燃油量增加，能耗增加。

5.1.3　油田开采的油品性质

我国地形复杂，油田开采的油品性质复杂，不同性质的油品的密度和黏度都有所差别，因此在油田集输联合站的原油处理的环节中，脱水所消耗的能源也有所差异，所以说油田开采的油品性质也会对油田集输联合站的能耗带来一定的影响。

5.2　相应的控制对策

根据上文中描述的，对导致油田集输联合站能耗较高的因素进行了简要的分析，针对这些方面提出相应的控制对策，下面将对这些控制对策进行分别介绍。

5.2.1　在油田集输联合站中采用不加热集油及低温集油工艺技术

不加热集油以及低温集油工艺是在传统工艺的基础上，利用压强和温度等因素解决了传统集油过程中存在的缺陷，解决了过去冬季井下作业的难题，同时也便于在实际工作中对出现的问题进行及时解决。目前，这种工艺已经在我国的各大油田得到了广泛的应用。伴随着油田的开发生产，我国对集输工艺流程的研究也经过几十年的发展和完善。其中传统集输流程包括单管加热流程、双管掺热水流程、蒸汽伴热流程、电伴热（集肤效应）流程以及热水伴热流程等等。目前，作为油田地面工程中的一项新型集输工艺，不加热集油已经成为矿场油气集输系统节能降耗的主要措施之一。从20个世纪70年代到80年代，我国胜利、辽河、大庆等主要油田相继开展了油气水混输不加热输送工艺技术方面的研究工作，而且已经取得了丰硕的研究成果。截止到目前，借助于化学辅助、通球辅助、掺常温水辅助等若干工艺技术措施，多种不同特点的不加热集油工艺流程，如常规双管掺常温水不加热集油、常规单管不加热集油、双管不加热集油、添加原油流动改进剂不加热集油、单管环状不加热集油等10种具有不同特点的不加热集油工艺已成功应用于生产中。

5.2.2　油气混输

在我国的油田集输联合站中，油气混输技术得到了广泛应用。该技术是在对油田集输联合站的实际运行情况进行详细研究之后，在油、气、水三种介质未分离的情况下，直接送到终站[5]。与传统的技术相比，该技术简化了原有的处理环节，缩短了油田的整个集输与处理程序，同时提高了油田集输联合站的运行效率。

5.2.3　加快新技术的研究与推广，完善原油处理技术

随着科学技术的深入发展，我国在油田集输联合站关于原油的集输与处理方面，也应该积极学习先进的科学技术，不断将原有的处理技术进行修改和完善，逐步简化原油的处理工艺，加大新技术的研究和推广。与此同时，在原油处理的过程中，要采取有效的措施控制热能的流失，并且将处理环节中出现的高温污水及时输出，以减少能耗。这样不仅能提高我国的原油处理技术，提高我国的石油利用率，还能在一定的程度上降低锅炉的热负荷。

6　结束语

（1）管道完整性管理是一项“功在当代，利在千秋”的管理工作，对于集输管网的优化具有重要意义。我们需要逐步改变“重更换、轻维护”的传统思想，加强管道完整性管理，降低管道运维成本，降低安全环保隐患，为油田效益开发做出贡献。

（2）系统优化调整与产能、已建设施的更新维护相结合是提高外围油田改造投资效益的有效途径。大庆油田的开发，已经走过了60个春秋，已建地面设施腐蚀老化程度严重，已建设备负荷率不均衡。结合产能对已建系统进行研究，充分利用已建系统剩余能力，改造更新已建设备、管线，充分利用已建站处理能力，尤其是电脱能力。这样不仅可以解决老系统存在腐蚀老化的问题，而且能充分利用已建设施的剩余能力，减少新增规模和新建工程，节省投资，降低能耗，节约运行成本，提高投资效益。

（3）系统优化调整与新技术的推广应用相结合是系统优化调整的重要保障。通过新技术的研究及应用，可以大幅降低运行能耗，降低投资，降低运行成本，为老油田地面工程系统优化调整提供技术保障。

（4）建立完善撬装配注站建设及管理的标准，努力打造我厂成为油田公司深部调驱示范区。

参 考 文 献

[1] 杨飞．浅谈石油地面集输管网系统的优化设计．油气冶炼．2013(8).

[2] 谢芳芳．油田地面集输管网优化设计及软件开发．软件设计开发．2012(5).

[3] 郭和．长庆油田采油三厂地面集输管网优化技术研究．中国石油大学．2007(10).

[4] 崔爱玉，吴照云，刘晓燕等．集输系统联合站效率及能耗测试与分析[J]．油气田地面工程，2006，25(12)：7.

[5] 司先锋，杨伟，刘辉等．油田联合站系统节能降耗途径分析与探讨[J]．内江科技，2006，(1)：149-150.

油田注聚管道腐蚀机理及防治对策

邵守斌　张建军

（大庆油田第六采油厂规划设计研究所）

摘　要　喇嘛甸油田地势低洼，土壤腐蚀性强。随着油田生产管道运行时间的延长，管道穿孔的次数逐年增多，已严重影响了油田的正常生产，本文介绍了喇嘛甸油田聚合物驱埋地管道腐蚀状况，通过现场取样，电镜分析、能谱分析等技术手段，确定内腐蚀主要原因，由于介质中三总细菌（SRB、TGB、FB）超标，形成共生体系，形成菌瘤，导致管体局部穿孔腐蚀，针对细菌腐蚀的特点制定防护对策，为油田高压注聚管道安全运行提供了技术保证。

关键词　管道；完整性管理；维护检测；保护技术；探讨

1　油田埋地管道现状

截至2018年10月，我厂埋地管道9227.23km，发生管道穿孔11302次，穿孔率为1.52次/km·a，与2017年持平。详见图1。

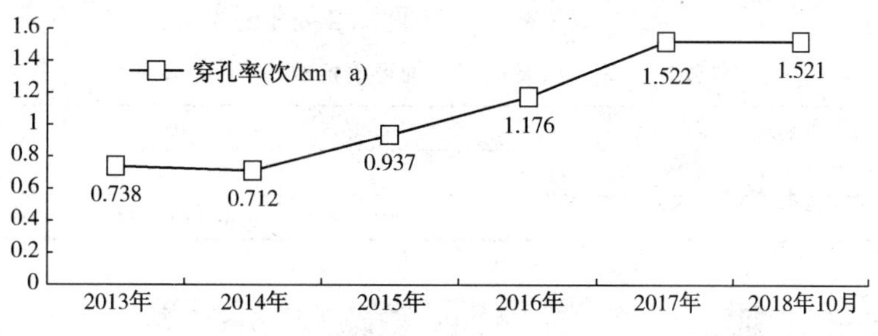

图1　管道历年穿孔率曲线图

金属管道8313.37km，运行20年以上有2414.13km，占金属管道的29.04%，详见表1。金属管道共发生管道穿孔7297次，穿孔率为1.76次/km·a，其中外腐蚀穿孔5170次，内腐蚀穿孔2127次。集输系统管道穿孔率1.36次/km·a，注聚系统管道穿孔率3.03次/km·a、注水系统管道穿孔率3.27次/km·a，详见表2。

表1　某采油厂地面各系统金属管道使用年限表　　km

类别	1~5年	6~10年	11~15年	16~20年	21~25年	26~30年	30年以上	合计
集油	1734.98	900.33	781.71	438.31	572.1	127.97	732.31	5287.71
注入	694.52	482.95	173.01	349.93	410.03	132.64	272.28	2515.36
气烃	22.39	74.54	30.71	70.92	17.48	4.6	35.65	256.29
供排水	7.97	12.19	14.33	11.68	0.5	5.04	15.36	67.07
污水	38.08	11.38	12.87	36.44	17.85	23.96	46.36	186.94
合计	2497.94	1415.84	985.83	865.68	1017.96	294.21	1101.96	8313.37
所占比例	30.05%	17.03%	11.86%	10.41%	12.24%	3.54%	13.26%	100%

表2　2018上半年采油六厂地面各系统金属管道穿孔情况统计表

系统	金属管道				
	外腐蚀/次	内腐蚀/次	小计/次	管道长度/km	穿孔率/(次/km·a)
集输系统	2926	667	3593	5287.7	1.36
注水系统	1520	187	1707	1028.6	3.27
注聚系统	640	1613	2253	1486.77	3.03

续表

系统	金属管道				
	外腐蚀/次	内腐蚀/次	小计/次	管道长度/km	穿孔率/(次/km·a)
气烃系统	29	2	31	256.29	0.24
供排水	20	3	23	67.07	0.61
污水系统	35	20	55	186.94	0.51
合计	5170	2127	7297	8313.37	1.76

2017年发布的《中国石油天然气股份有限公司油气田管道和站场完整性管理规定》提出指标要求：

（一）Ⅰ类管道失效率不高于0.002次/(km·a)

（二）Ⅱ类管道失效率不高于0.01次/(km·a)

（三）Ⅲ类管道失效率不高于0.05次/(km·a)

截止到2017年12月31日，某油田18个油气生产单位在用生产管道101660公里，2017年累计穿孔54666次，穿孔率0.538次/(公里·年)。

2　腐蚀原因分析

2.1　外腐蚀原因

一是土壤腐蚀性强。我厂自然地势低洼，地下水位高，土壤电阻率低，平均土壤电阻率为8.74Ω·m，导致土壤腐蚀性强。经过埋地腐蚀挂片20组，60个挂片，分布在全厂6个联合站，14个转油站，测试，平均质量腐蚀速率7.02g/dm^2·a，平均点蚀速率为0.76mm/a，最大点蚀速率为1.36mm/a，属于重腐蚀区(表3)。具体见图2~图6。

表3　SY/T 0087《钢质管道及储罐腐蚀评价标准》中土壤腐蚀性分级表

腐蚀性	极轻	较轻	轻	中	重	严重
平均腐蚀速率/(g/dm^2.a)	<1	1-3	3-5	5-7	>7	—
最大点蚀速度/(mm/a)	—	—	<0.305	0.305~0.611	0.611~2.438	≥2.438

图2　测量氧化还原电位

图3　埋设挂片

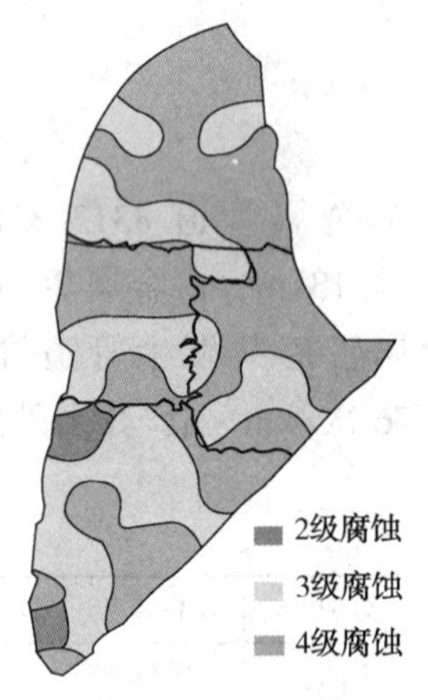

图4　腐蚀分级图

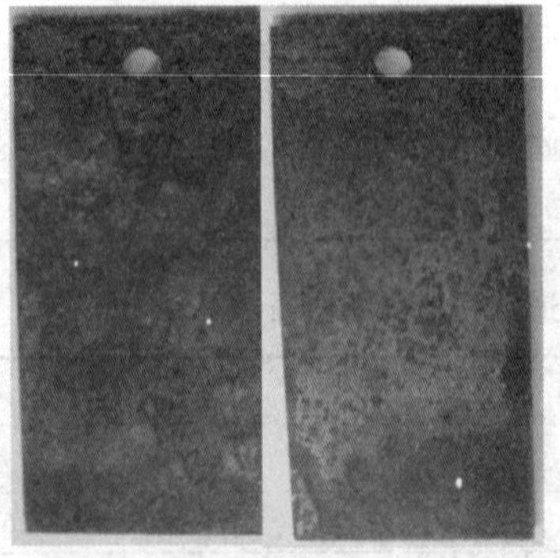

图5　喇140转油站区域挂片

图6　喇Ⅲ-1联合站区域挂片

二是管道防腐层破损，导致外腐蚀。在基建施工中，由于受到外力破坏、外补口不达标等因素影响，导致裸露的管体夹克层内进水，直接接触土壤发生电化学腐蚀。具体见图7~图12。

图7

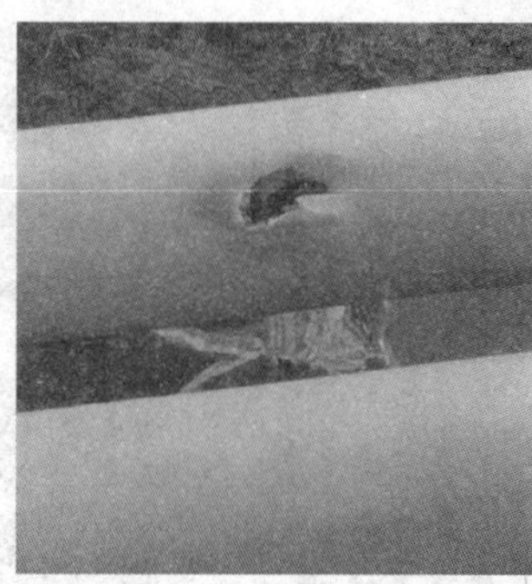

图8

图9

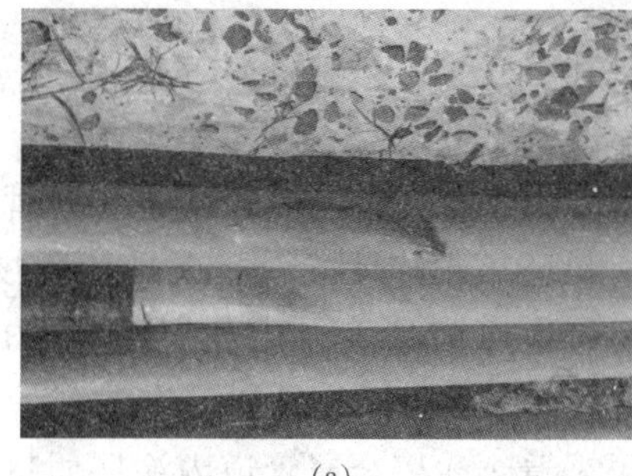

(a)

(b)

图10　外力破坏导致管体损伤(2017年产能工程)

图11

图12　施工外补口质量不达标

三是穿孔修复，外补口质量不达标导致腐蚀。在埋地管道穿孔修复时，施工单位没有按照修复防腐层、保温层、防护层的工序，进行外补口，导致管体继续发生外腐蚀。具体见图13。

(a)

(b)

(c)

图13 外补口质量不合格导致腐蚀

3 内腐蚀原因分析

3.1 注聚金属管道内涂层质量不达标

2018年1月和3月两次委托国家石油管材质量监督检测中心，对注聚金属管道内涂层质量进行抽检，1月份送检样品为庆新、瀚泰管道厂的5件样品。平均厚度48.5μm，均有漏点，2件样品附着力不合格。同时验证了庆新管道厂送检的原材料环氧粉末不合格。3月份现场抽检庆新、建材管道厂成品管材内涂层质量，10件样品平均厚度119.4μm，7件样品有漏点。从两次抽检结果来看，注聚金属管道内涂层质量均存在不达标问题(表4)。具体见图14~图17。

表4 熔结环氧粉末内涂层检验结果表

样品编号	检测项目及SY/T 0442—2010标准要求									
	干膜厚度/μm	漏点	阴极剥离(65℃，48h) mm	断面空隙率(级)	黏接孔隙率(级)	附着力，(24h)级	电气强度 MV/mm	体积电阻率/Ω·m	抗3°弯曲(-30℃)	冲击力 8J
	≥300	无漏点	≤6.5	1~3	1~4	1~2	≥30	$\geq 1\times10^{13}$	无裂纹	无针孔
1	66.5	有漏点	2.69	2	5	1	11.2	7.65×10^{12}	无裂纹	有针孔
2	14.1	有漏点	3.68	3	5	1	18.6	7.89×10^{12}	有裂纹	有针孔
3	99.7	有漏点	4.22	2	5	5	4.3	2.23×10^{12}	有裂纹	无针孔
4	12.9	有漏点	3.5	3	5	4	15.6	7.23×10^{12}	无裂纹	无针孔
5	49.6	有漏点	3.42	2	5	1	3.6	2.5×10^{12}	有裂纹	有针孔

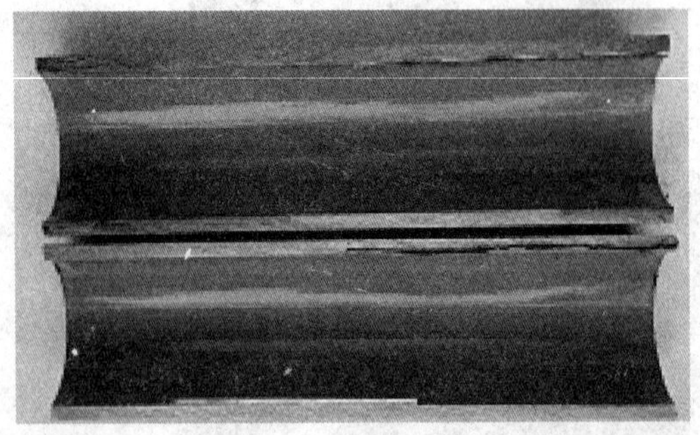
图14

图15

图 16

图 17

3.2 污水中细菌含量超标导致内腐蚀加速

一是对污水中硫酸盐还原菌(SRB)、腐生菌(TGB)、铁细菌(FB)三种菌进行化验筛查，三类细菌数量大部分超标(表5)。

表 5 重点区块曝氧前后细菌数量分析表

取样日期	取样点	SRB (个/mL)	TGB (个/mL)	FB (个/mL)
20180413	喇 360 曝氧前	1.5×10^3	0.7×10^3	1.5×10^4
	喇 360 曝氧后	2.0×10^3	1.5×10^2	4.0×10^3
20180414	喇 360 曝氧前	2.0×10^4	2.0×10^2	0.4×10^4
	喇 360 曝氧后	1.5×10^3	2.5×10^2	1.5×10^4
20180415	喇 360 曝氧前	1.9×10^4	7.5×10^2	7.5×10^4
	喇 360 曝氧后	1.4×10^3	0.4×10^3	0.4×10^3
20180424	喇 400 污水	4.0×10^2	4.5×10^1	1.5×10^3
	喇 400 曝氧	2.5×10^2	1.5×10^1	4.5×10^4
20180425	喇 400 污水	9.5×10^1	1.5×10^1	4.5×10^2
	喇 400 曝氧	9.5×10^0	0.9×10^2	2.5×10^3
20180426	喇 400 污水	1.4×10^1	0.7×10^3	1.5×10^3
	喇 400 曝氧	3.5×10^1	2.0×10^2	4.5×10^2

二是清配清稀体系和清配污稀体系腐蚀对比。以公司穿孔率指标(≤0.5 次/km·a)为界限点，对各区块运行年限进行分析。一类油层清配清稀体系管道穿孔率超过公司指标最短年限是第12年，二类油层清配清稀体系管道穿孔率超过公司指标最短年限是第9年，二类油层清配污稀体系管道穿孔率超过公司指标最短年限是第3年(表6)。

表 6 注聚区块金属穿孔率、超标年限及注聚体系统计表

区块名称	运行年限	注聚体系	穿孔率超过公司指标年限(第几年)	2018 年上半年穿孔率(次/km·a)
北东块	22	清配清稀	20	1.62
北北块	20	清配清稀	14	2.98
南中东块	20	清配清稀	18	2.12
北西块	17	清配清稀	14	1.52
南中西块	14	清配清稀	12	1.1
注聚障	11	清配清稀	10	3.74
北北块一区	11	清配污稀	4	21.65
北东块一区	10	清配清稀	9	3.84
南中东一区	9	清配污稀	3	2.56
北西块二区	8	清配污稀	4	2.11
北西块一区	8	清配污稀	5	32.52
北北块二区	6	清配污稀	3	12.61
南中西一区	6	清配污稀	3	31.1
北东块二区	5	清配污稀	未超标	0.12
南中西二区	5	清配混稀	未超标	0.36
南中东二区	3	清配污稀	未超标	0.05

统计表明：清配污稀体系管道穿孔率明显高于清配清稀体系管道穿孔率

腐蚀管段分析表明，由于管道介质中三种菌的存在，发现蚀坑形貌与细菌腐蚀特征相类似，初步判断是由于内涂层失效造成的细菌腐蚀。三类细菌形成共生体系，在内涂层破损处着床形成固着菌，约2-3年时间会在管壁表面形成菌瘤，第四年菌瘤内部加速电化学腐蚀，腐蚀速率可达3-5mm/a。微观分析中细菌腐蚀约4年即可造成管线穿孔，与我厂注聚金属管线投产后4-5年爆发式腐蚀穿孔时间期相吻合(图18)。

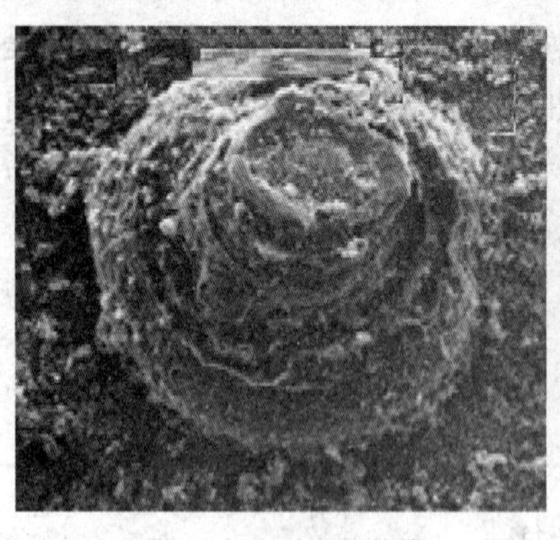

(a)微观下SRB表面生物膜　　(b)管道表面结瘤　　(c)结瘤垢下腐蚀

图 18　喇 10-PS2834 井现场取回管段腐蚀情况图

3.3　细菌腐蚀特征

3.3.1　硫酸盐还原菌

造成孔蚀

腐蚀产物：黑色带有难闻气味的硫化物

氢化酶移去阴极区氢原子，促进腐蚀过程中的阴极去极化

极大地提高钢铁的腐蚀速度

使碳钢和铸铁的腐蚀速度增加十几~几十倍

3.3.2　铁细菌(FB)

分布广泛，形态多样，有杆、球、丝等形状。

使二价铁离子氧化成三价，并沉积于菌体内外，从而促进了铁的阳极溶解过程，三价铁离子可将硫化物进一步氧化成硫酸。

铁细菌常在水管内壁附着生长形成结瘤，造成氧浓差局部腐蚀。

在受到铁细菌腐蚀的水管内，经常出现机械堵塞以及称为“红水”的水质恶化现象。

3.3.3　生物黏泥(含腐生菌)

组成：

由微生物组成的附着于管道、壁面上的粘质膜层，多种微生物的集合体，包容着水中的各种无机物和由铁细菌生成的铁氧化物等无机物沉积。

特点：促进氧浓差电池：

氧浓度高的外侧生长着好气性微生物如铁细菌、氢细菌、硫氧化菌。内侧是厌氧菌的繁殖场所。微生物的活动加速了腐蚀，而腐蚀生成的铁离子、氢等又进一步促进微生物的生长。形成比一般氧浓差电池作用更为严重的腐蚀。

3.4　细菌腐蚀的特征

(1) 细菌共生体系产生的影响

从微观分析细菌腐蚀过程，需要将 SRB、TGB、FB 分段研究各自微观反应。

SRB：1 个 SRB 代谢过程中将 8 个 H+转换成 H，代谢产物在外部形成生物膜，形成局部厌氧环境，加速代谢繁殖。

TGB：TGB 将 Fe 转换成 Fe^{2+}，与介质中的 S 和 CO_3结合成 FeS 和 $FeCO_3$，并释放 2 个 H^+供 SRB 代谢。

FB：FB 的存在将 Fe^{2+}转换成 Fe^{3+}，生成铁锈加速腐蚀，且包裹在菌团最外层，形成保护层最终变成菌瘤。

通过化学平衡我们知道，SRB 代谢导致的 H+缺失促使 TGB 反应的进行，同时 TGB 释放的 H^+又给予 SRB 代谢所需的能量，相互作用最终形成共生体系。

(2) 细菌共生体系产生的影响(图 19~图 25)

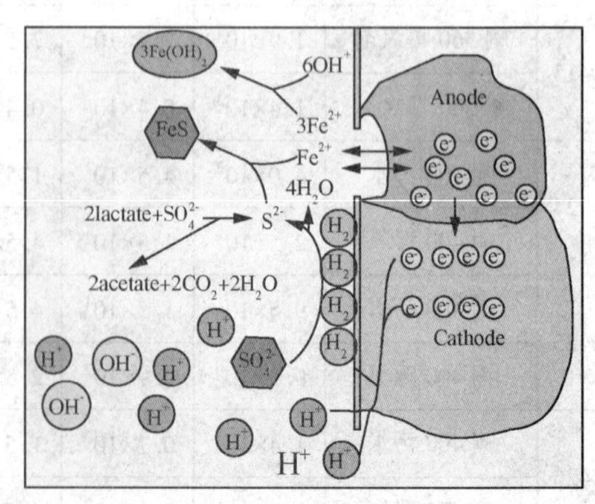

图 19

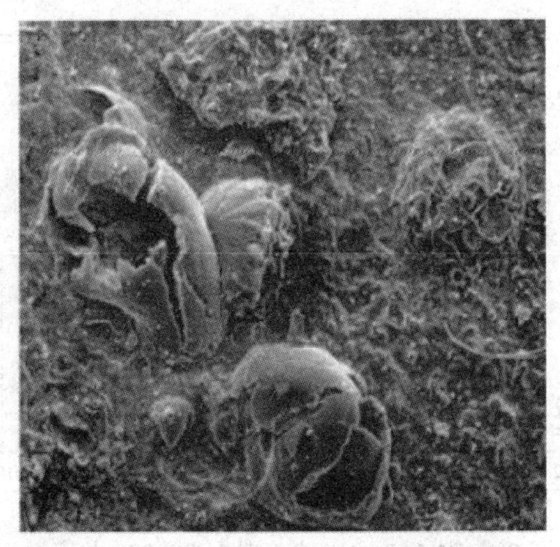

图 20

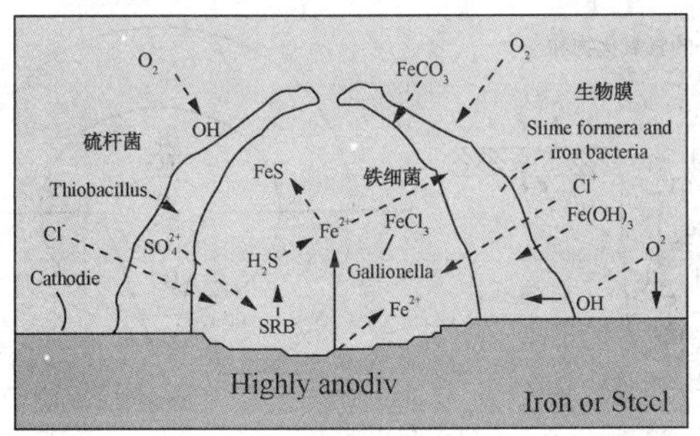

图 21

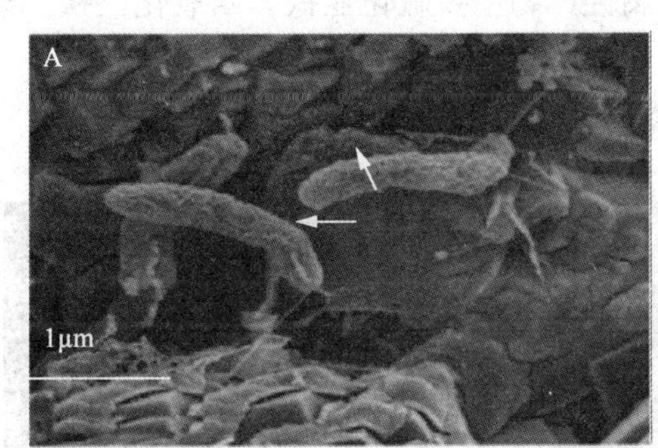

图 22

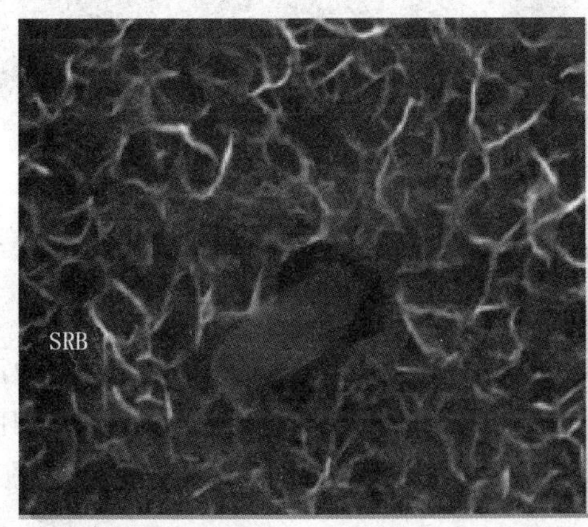

图 23

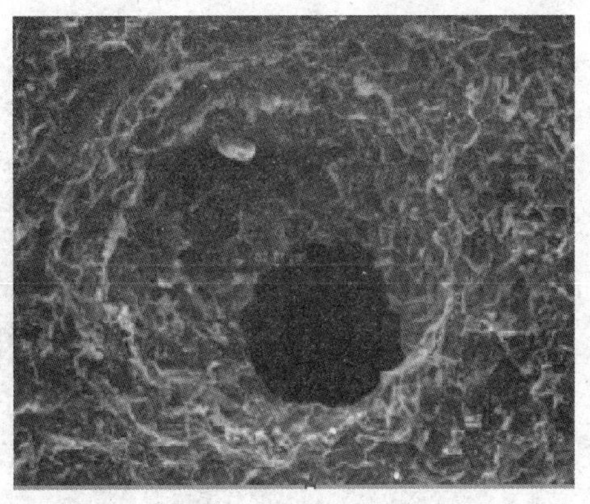

图 24

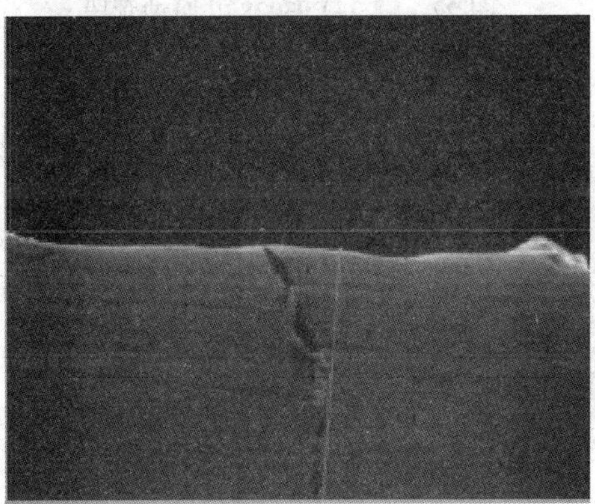

图 25

形成腐蚀产物以后，硫酸盐还原菌仍然可以在腐蚀产物中生长，进一步腐蚀基体，导致垢下腐蚀，形成“腐蚀隧道”。

3.5　喇 2-PS3028 井腐蚀管段细菌腐蚀案例分析（图 26，图 27）

喇 2-PS3028 井，全长 937m，其中钢骨架复合管 767m。金属管道 170m。投产时间 2012.04，穿孔时间 2017.01 壁厚 5mm. 最大腐蚀速率 1.06mm/a，属玻璃钢管道金属段腐蚀，距离 5-2 注入站 20m 左右。2018 年穿孔 8 次。由于细菌产生的孔蚀有独特的腐蚀机理，形成闭塞电化学腐蚀，孔内部是一种自催化过程(图 28~图 30)。

图 26　喇 5-2 注入站

图 27　喇 2-PS3028 井腐蚀管段

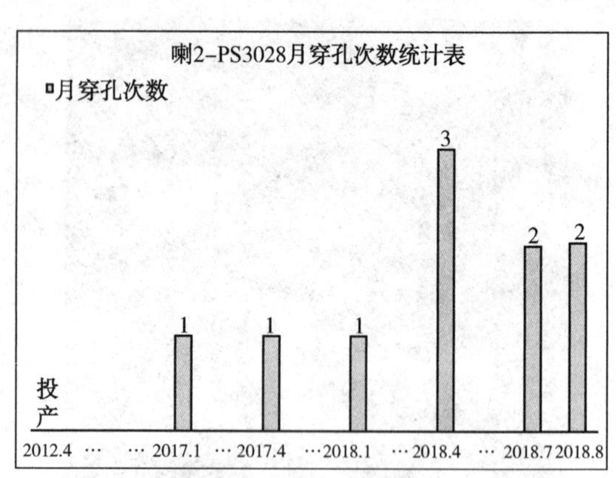

图 28　喇 5-2 注入站：喇 2-PS3028 井腐蚀管段细菌腐蚀案例分析

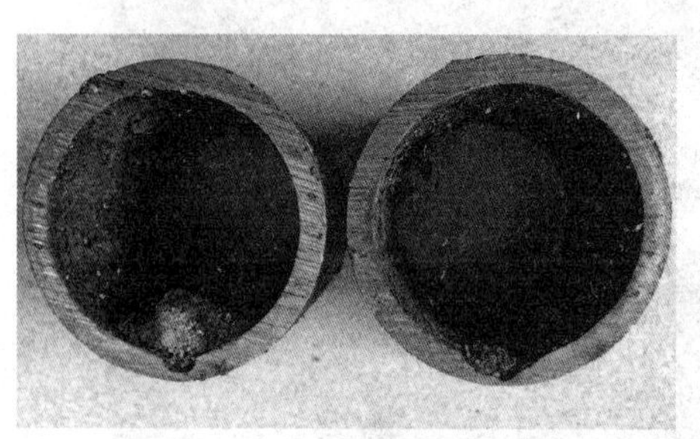

图 29　喇 2-PS3028 化石标本

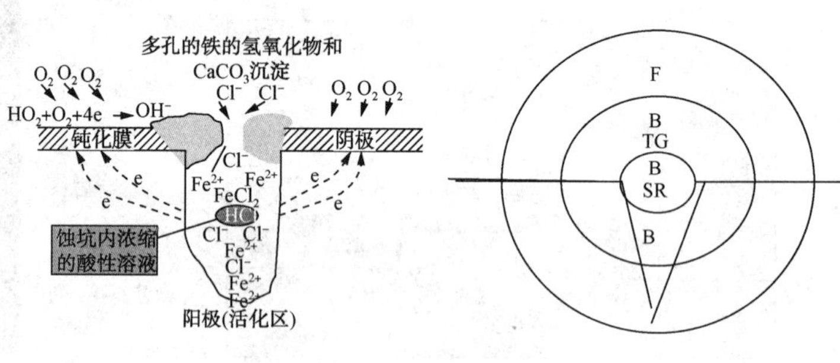

图 30　喇 2-PS3028 腐蚀机理

3.6　腐蚀产物分析

电镜、X 射线衍射分析结果表明：腐蚀产物为碳、硫、氧、钡铁离子等组分。典型的细菌腐蚀，腐蚀产物主要硫化亚铁，四氧化三铁、羟基铁等(图 31，图 32)。

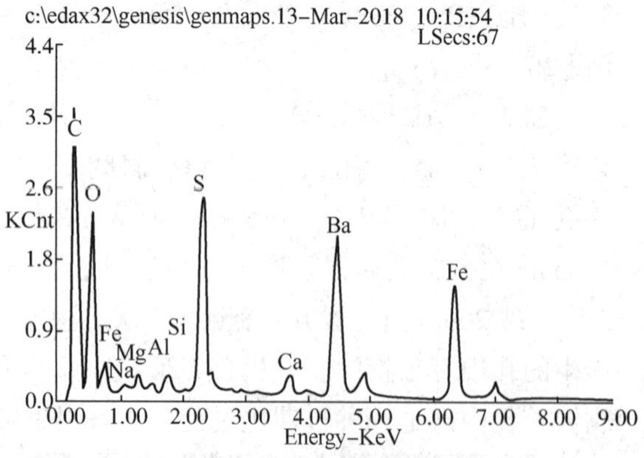
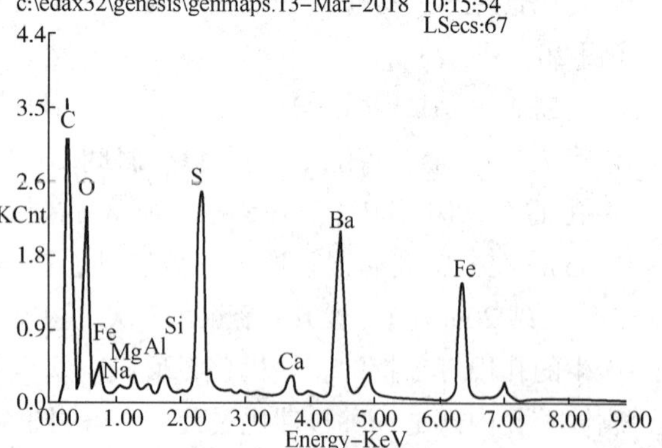

图 31　X 射线衍射分析图

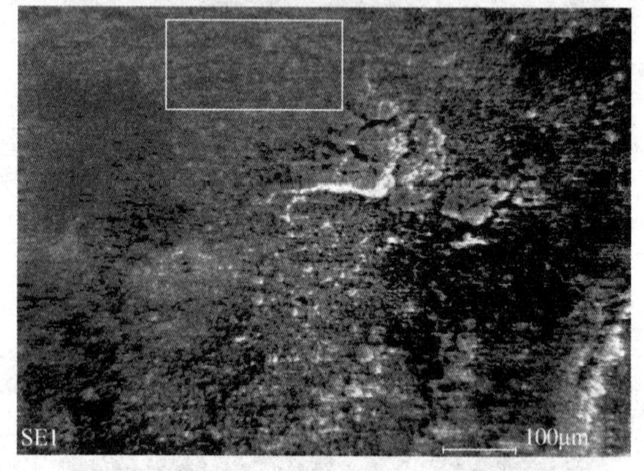

图 32　电镜下腐蚀产物微观图

3.7　注聚金属管道缺少内补口技术，导致焊缝区腐蚀穿孔

通过对 L3-P2805、L7-P31、L5-PS1214 三口井注聚金属管线腐蚀穿孔管段现场取样分析，发现单井管线穿孔位置均为焊缝区域。初步分析为由于没有内补口技术，导致焊缝热影响区内防腐层脱落失效而引起腐蚀穿孔(图 33)。

3.8　喇 7-P31 腐蚀产物分析

电镜、X 射线衍射分析结果表明：腐蚀产物为碳、硫、氧、钡铁离子等组分。典型的细菌腐蚀，腐蚀产物硫化亚铁、四氧化三铁等(图 34，图 35)。

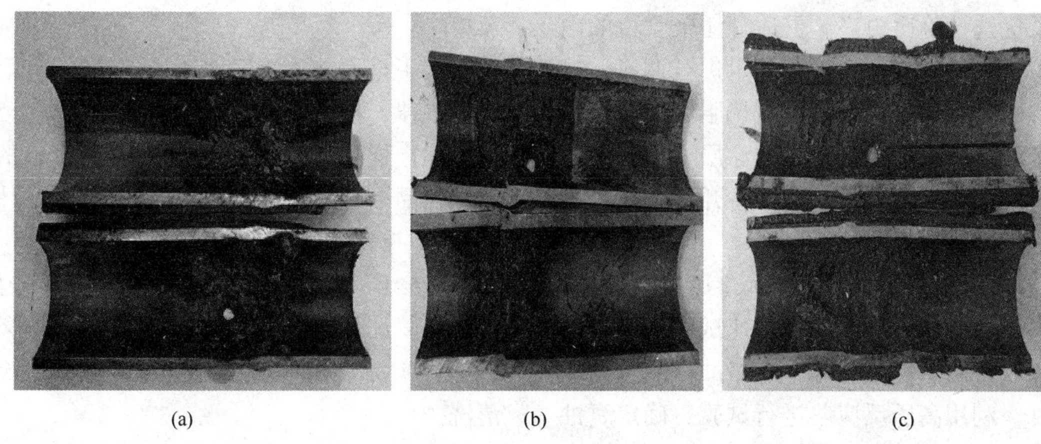

图 33 注聚管道焊缝处腐蚀穿孔剖面图

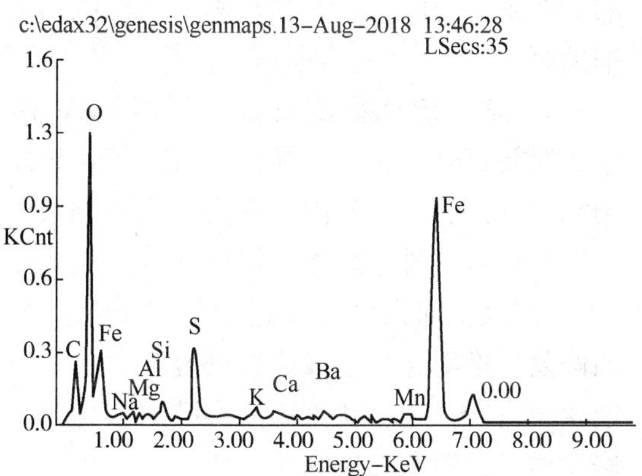

图 34 X 射线衍射分析图

图 35 电镜下腐蚀产物微观图

4 防治对策

4.1 建立管道完整性质量控制体系

计划建立从规划设计-物资采购-基建施工-竣工检测-运行检测-运行维护-穿孔修复的管道全过程质量控制体系，通过建立管道大数据管理运行平台，对管道进行完整性管理，确保埋地管道平稳运行。

规划设计：外防腐，因地制宜；内防腐，性能匹配。

物资采购：按项目，严格抽检；按标准，保证质量。

基建施工：设专人，质量跟踪；按规范，抽检质量。

竣工检测：埋地前，抽样检查；有问题，及时修复。

运行检测：抽检管道检测质量及时修复破损点。

运行维护：定期检查维修，保证运行达标。

穿孔修复：规范审核流程，抽检修复质量。

建立整体数据库：建立管道修复管理平台，整合 A4、A5 数据。

4.2 控制提高管道内涂层质量

4.2.1 开展成品管材的质量检验，把好涂层入厂质量关

成立了质检小组。对照 SY/T 0442—2010《钢制管道溶解环氧粉末内防腐层技术标准》选取外观、干膜厚度、漏点、附着力 4 项关键指标作为我厂内涂层质量快检标准。按批次出具检测报告，建立电子档案并实施产品质量追踪制度。截止到 7 月底共抽检 4 个厂家 17 批次产品，53 件样品。仅有 2 批次抽检产品 4 项指标全部合格，累计退回庆新管道厂不合格管道 13.4km，建材管道厂不合格管道 4.2km。

对每批管抽检后建立电子档案，实施埋地管道质量追溯制度，通过开展内涂层快速检测工作，使厂家的生产质量不断提升。

4.2.2 调研应用新型内涂层技术

为了优选性价比更高、更适合注聚管道的内涂层技术，我们对油田内外新技术进行调研，目前已掌握的技术有：高强度环氧树脂涂层、钛石墨烯纳米涂层、改性高分子热熔涂层，价格和溶解环氧粉末涂层相近，下一步准备开展现场埋设实验，通过现场效果验证适应性。

4.2.3 开展失效涂层室内模拟加速试验

开展失效内涂层室内模拟加速试验。对干膜厚度、漏点、附着力等指标不合格的样品，做成标准试件。利用高压反应釜进行试验，确定腐蚀速率参数。

4.3 研究应用新型小口径堆焊补口技术

目前大庆油田没有成熟内补口工艺技术，焊口热影响区区域易腐蚀。通过调研不锈钢堆焊免补口技术，最小堆焊口径为Φ48mm，该技术已在胜利油田广泛应用。其技术原理是在钢管的管端内壁预先堆焊一定宽度和厚度的耐蚀合金层，然后对钢管进行内、外防腐处理；管道连接现场施工时，焊口部位为不锈钢内防腐层，有效解决了内防补口问题。

下一步将在我厂单井管道开展试验研究、推广应用堆焊补口技术。

4.4 建立腐蚀管道样品库，进一步摸清腐蚀原因

为了全面掌握我厂埋地管道腐蚀情况、摸清腐蚀规律，检验防腐效果，对注聚金属管线腐蚀管段建立样品库，已收集24口单井管道的36件腐蚀样品。建立腐蚀管道纸质档案和电子档案。

4.5 加强技术管理，保证管道安全运行

4.5.1 定期冲洗管线。为了有效防止细菌附着在管体表面，破坏细菌繁殖生长的环境，利用脉冲旋流等冲洗技术定期对注聚管道进行清洗。

4.5.2 研究杀菌技术。对现有的杀菌技术进行评价，试验、研究确定一种适合喇嘛甸油田的特有杀菌、阻垢、缓蚀技术，推广应用，控制细菌腐蚀。

4.5.3 定期检测管道。利用PCM检测技术，对管道外防腐层破损情况及时评价修复。利用相控阵技术，对站内地面高压管道剩余壁厚进行检测评价，排查隐患。保证管道安全运行。

4.5.4 加强穿孔管道的修复质量。严格按照修复标准对穿孔管段进行修复，对穿孔点的腐蚀状况进行描述，认真填写穿孔写实记录，保证修复质量，避免二次穿孔。

中原油田沙一下油藏CO_2驱腐蚀防护技术

黄雪松

（中国石化中原油田分公司石油工程技术研究院）

摘　要　本文主要分析了中原油田沙一下油藏CO_2驱腐蚀现状及存在的问题，根据油井产出气CO_2含量、腐蚀监测情况和采油措施调整情况制定相应的防腐方案，优选出了适合沙一下油藏CO_2驱生产系统的防腐技术，通过系统防腐能够达到有效控制腐蚀的目的。

关键词　CO_2驱；腐蚀监测；牺牲阳极保护器；可控释放固型缓蚀剂

CO_2驱已成为中原油田提高采收率重要的三次采油技术，但作为驱油剂的CO_2，溶于水后具有极强的腐蚀性。对于中原油田高渗、高含水油藏，由于其产出水高温、高矿化度(平均值达17×10^4mg/L)、高氯离子(Cl^-平均含量10×10^4mg/L)的水质特征，在CO_2驱油过程中，腐蚀成为阻碍该技术深入开展的瓶颈问题之一。为有效解决采出系统腐蚀问题，更好地开展CO_2驱三次采油技术，开展CO_2驱防腐技术研究十分重要。

1　沙一下油藏CO_2驱腐蚀与防腐现状

1.1　沙一下油藏整体概况

油藏埋深浅(2280～2430m)，平均孔隙度28.1%，渗透率690mD，油藏温度82.5℃，压力23.58MPa，地层水矿化度24×10^4mg/L，综合含水97.5%左右。

1.2　沙一下油藏CO_2驱腐蚀现状

对油井产出液的含水率化验分析，平均含水率高达96%。对油井产出液水质进行了化验分析，氯离子含量平均10万，平均矿化度17万，总铁含量平均17mg/L，细菌以腐生菌为主，水型以$CaCl_2$为主。综合矿化度、水型等数据分析，油井具备一定的结盐结垢趋势。

1.3　沙一下油藏CO_2驱防腐现状

1.3.1　缓蚀剂及加注工艺适应性差

抗CO_2缓蚀剂加药浓度范围为130mg/L-1400mg/L。8口井安装有井口缓蚀剂加药装置，5口卡封井，不能投加缓蚀剂。有8口井的CO_2含量在50%-94%，井筒内的CO_2分压为10MPa-18.8MPa，缓蚀剂类型及加药浓度需要进一步优化调整。

1.3.2　泵吸入口以下油套管得不到有效保护

缓蚀剂从油套环空加入后扩散至筛管及喇叭口附近，随着油井产出介质由泵抽出，致使筛管以下的油套管难以得到有效保护。

1.3.3　普通固体缓蚀剂释放快

P1-32井于2015年1月22日投加700Kg普通固体缓蚀剂在2月3日作业时基本释放完，仅仅10天。

1.3.4　牺牲阳极短节防腐有效期短

P1-32和P1-42井下入一个多月，再次作业时起出阳极短节，牺牲阳极材料基本已溶解完。

2　沙一下油藏CO_2驱生产系统防腐技术研究

2.1　耐腐蚀材质研究

针对N80、P110、3Cr、9Cr、13Cr等五种油管钢、抽油杆材质，采用沙一下油藏产出水，按照优化实验方案，完成了压力为10MPa温度从40℃-120℃不同条件下室内动态评价实验，掌握了不同材质的耐腐蚀性，优选出耐蚀性好、经济实用的材质。

实验表明：9Cr耐腐蚀钢在低于110℃的温度段，腐蚀速率在0.086mm/a以下，可以基本满足高含CO_2环境油井管柱的耐腐蚀要求。

2.2　腐蚀控制技术研究

2.2.1　抗CO_2缓蚀剂优选

根据Q/SH1025 0600—2009标准，进行了195组饱和CO_2缓蚀剂优选评价实验，优选出性能最优的“咪唑啉类”、“吡啶类”、“喹啉类”三大类共8种缓蚀剂。模拟油井工况条件进行42组优选评价实验，优选性能最优的1种“咪唑啉类抗CO_2油井缓蚀剂”。

2.2.2　可控释放固型缓蚀剂研制

研发了多孔藻类缓蚀剂固型技术，创新镁、

铝两种壁材不同面积比封装工艺，实现固型缓蚀剂释放的可控性，外壁自耗时间可达180天。

研发了多孔藻类缓蚀剂固型技术：通过高效液体缓蚀剂/多孔藻类配伍浆液、针滴/凝固浴成型工艺，进一步采用冷冻干燥技术干燥，形成缓蚀剂的多孔藻类缓蚀剂固型技术，实现了高效液体缓蚀剂的固型。

2.2.3 牺牲阳极防腐技术研究

创新研制了铝锌铟锡镁合金牺牲阳极保护器，以铝为主要成分，还添加有锌、铟、锡、镁，提高电化学性能并改善其溶解效果；适用于油田高温、高压、高矿化度水、高含二氧化碳的特殊腐蚀工况，电容量达到2700安时/千克；在沙一下的高温、高矿化度、高含二氧化碳的工况条件下，电流效率比普通牺牲阳极提高50%；优选出综合性能良好的CO_2驱油井专用铝阳极。该阳极在高温高盐介质环境中工作电位稳定且达到有效保护，表面溶解性能好，80℃电流效率达到70%，明显高于高效铝阳极，保护周期120天。

3 现场应用及防腐效果评价技术

3.1 现场应用效果分析

3.1.1 现场应用情况

目前沙一现场投加优化的4#液体缓蚀剂油井共计28口。连续加药8口：其中抽油机井5口，电泵井3口；周期加药(每周加一次)20口：其中抽油井17口，电泵井3口。

为保护上部套管，采用封隔器近油层卡封井5口：P1-106、P1-301、P1-401、P5-145、P1-C104。针对5口卡封井，进行了抗CO_2缓蚀剂预膜防腐：油井作业、坐封前，500kg缓蚀剂加注到井底预膜。

3.1.2 现场应用总体效果

(1) 重点腐蚀的油井未出现因腐蚀而导致的躺井作业。

(2) “东七线”的腐蚀得到有效控制，2015年11-12月未出现腐蚀穿孔。

(3) 腐蚀监测数据显示油井腐蚀得到有效控制。

4 结论与认识

(1) 创新开发了可控释放固型缓蚀剂，有效控制了泵口下部油套管及泵的腐蚀瓶颈问题。

(2) 优化筛选的CO_2驱高效缓蚀剂，在沙一下油藏34口油井应用，已取得显著防腐效果，监测表明，系统腐蚀速率达到0.076mm/a以下的技术指标。

(3) 形成了沙一下油藏CO_2驱防腐配套工艺技术，为中高渗油藏CO_2驱防腐提供了技术支撑。

高含水油藏集输系统常温输送技术研究

朱宁宁

（中原油田分公司石油工程技术研究院）

摘　要　根据中原油田生产情况因地制宜开展高含水油藏集输系统常温输送技术研究。通过室内试验和软件模拟分析、现场在线测试试验装置确定常温输送安全技术界限。对不符合常温输送界限的单井通过添加纳米降凝剂辅助达到输送条件，同时复配研发低温破乳剂解决低温集输油水破乳难题，现场试验效果良好。

关键词　高含水油藏；黏壁温度；常温输送；安全界限

1　高含水原油常温集输安全技术界限研究

结合含水原油流变性规律，设计室内高含水原油粘壁温度测试装置，利用不加热集输公式预测试验区块单井管线和集油干支线粘壁温度。利用设计的高含水原油常温输送安全界限在线测试装置，结合计算的粘壁温度，对试验区块常温输送安全界限进行修正，为集输系统推广常温输送提供理论依据。

1.1　黏壁温度室内测试

对于凝点为33℃的文明寨原油，含水率为80%、85%、90%时，测得黏壁温度为28℃；含水率为95%时，测得黏壁温度为26℃。

含水率	剪切应力/Pa	温度/℃	38	34	32	30	28	26
80%	0.8697	黏壁厚度/cm	0	0.01	0.05	0.05	0.1	0.22
			0	0	0.04	0.06	0.16	0.24
85%	0.4362	黏壁厚度/cm	0	0.0	0.04	0.05	0.15	0.28
			0	0	0.04	0.06	0.15	0.2
90%	0.3188	黏壁厚度/cm	0	0	0.02	0.03	0.13	0.2
			0	0	0.04	0.04	0.11	0.15
95%	0.2961	黏壁厚度/cm	0	0	0.02	0.03	0.05	0.1
			0	0	0.04	0.04	0.08	0.15

1.2　管线粘壁温度计算

中国石油大学研究提出的高含水原油的不加热集输温度边界辨别式：

$$T_{黏}=T_{GP}-k\phi^{m}\tau^{n}$$

式中　$T_{黏}$——油水悬浮液油相管输黏壁温度，℃；

T_{GP}——原油乳状液凝点温度，℃；

ϕ——油水悬浮液中综合含水率；

τ——管线内壁处剪切应力，Pa；

K、m、n——实验结果拟合参数。根据室内测试数据反推计算K、m、n。

经过计算文卫油区$k=12.7425$，$m=2.6356$，$n=0.2115$。

对于文卫油田的单井管线和干支线进行计算，其中单井管线粘壁温度在26-29℃之间，干支线粘壁温度最高为25℃。

1.3　高含水原油常温集输安全界限现场试验

为了研究不同液量、不同含水率油气水混合物的流型及低于凝固点后原油是否堆积，利用所研制的在线试验装置在文明寨油田明14号计量站进行了一系列试验研究，记录了各工况下的流量、含水率、试验管道进出口温度及压力等，并拍摄了典型工况下的流型图像。

当流体温度高于34℃时，流量低于25t/d，油水分层，此时油水都是连续相，油浮在水上面，如图1所示。

当流体温度高于34℃时，流量超过40t/d，油水混流，如图2所示。

当流体温度在31~34℃时，水为连续相，油不连续，油浮在水上面，如图3所示。

当流体温度在27~31℃时，凝油呈片状漂在水上面，此时水为连续相，水带着片状油走，如图4所示。

当流体温度为23~27℃时，油凝成块状，分布在水中，无明显压力升高的现象，如图5所示。

当流体温度在23℃以下时，油凝结成辫状，靠气流推动水带着油走，当出口温度为20℃时，出现压力明显升高现象，如图6所示。

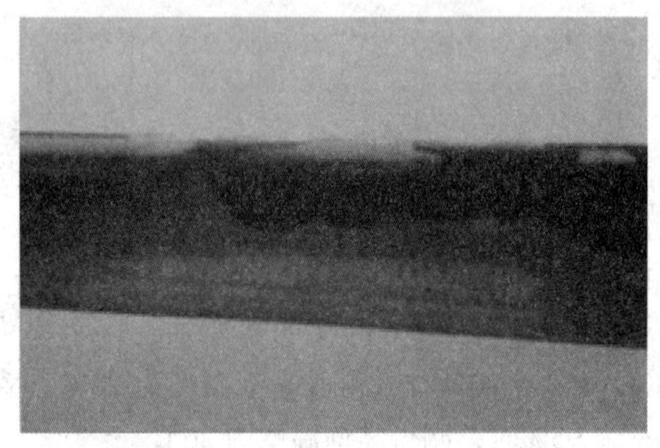

图1　油水分层，油浮在水面上
产液量24t/d，含水率92.5%，温度38.1℃

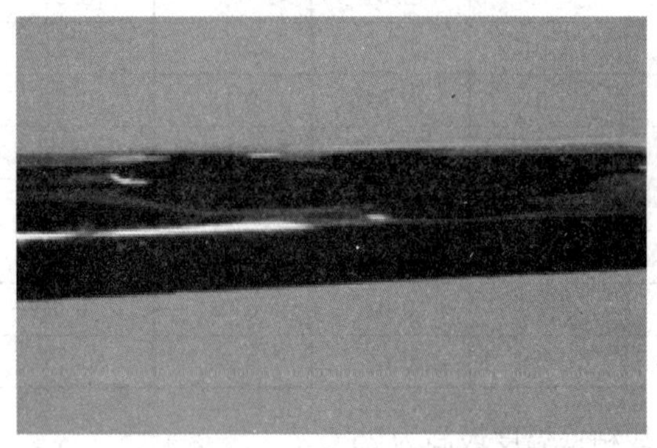

图2　油水混合流(水包油乳状液)
产液量73.3t/d，含水率94.5%，温度32.5℃

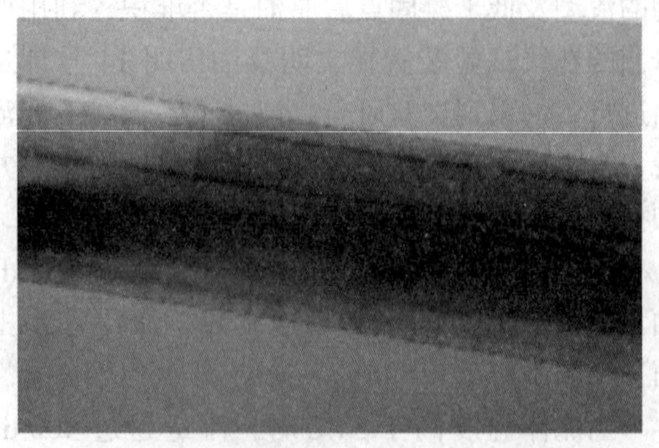

图3　油水分层，油不连续且浮在水面
产液量56.1t/d，含水率92.5%，温度38.1℃

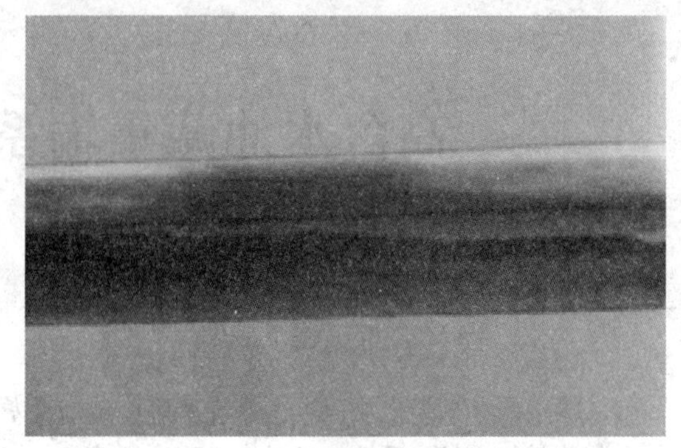

图4　油水分层，小部分凝油漂浮在水面
产液量56.1t/d，含水率94.2%，温度28.4℃

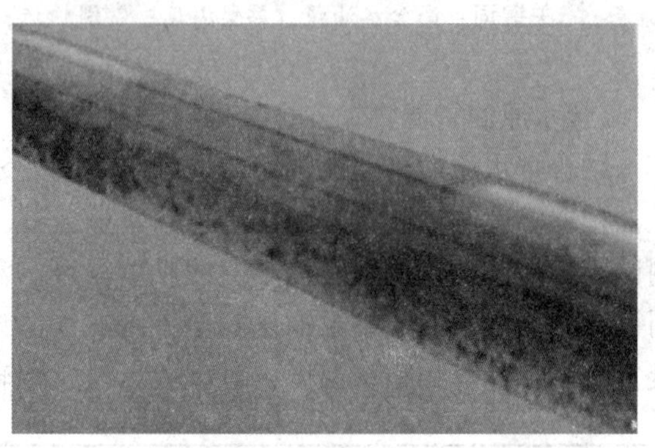

图5　大部分油已凝成小块状分散到水中
产液量33.4t/d，含水率94.8%，温度27℃

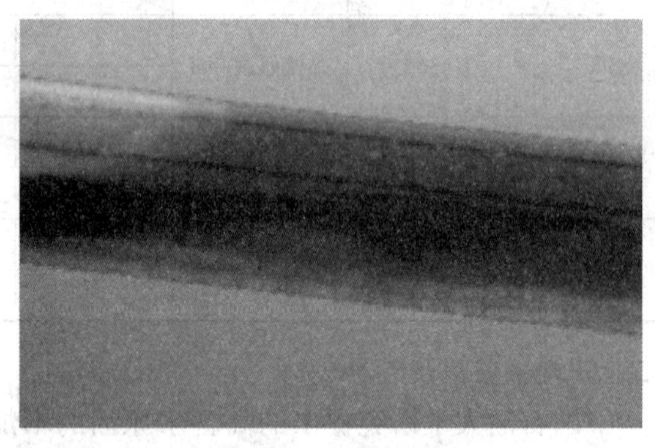

图6　油已凝结呈辫状
产液量45t/d，含水率94.8%，温度23℃

结合单井管线和干支线计算的黏壁温度，利用pipephase软件对集输管网模拟计算，得出文明寨油田在含水率90%以上，油气水混输安全温度界限为28℃，比原油凝固点低5℃左右。

文明寨油田原油性质黏度高、凝点高，该界限可以在中原油田推广。

2　集输系统常温输送辅助工艺研究

2.1　室内研发复配

研究常温输送配套工艺，对不符合常温输送界限条件的单井和计量站通过添加流动改性剂辅助达到常温输送。项目组自行研发了 GC-1 型纳米降凝剂，并选取典型单井进行了现场加注试验。

2.2　现场试验

项目组室内研制的 GC-1 纳米降凝剂室内效果良好，通过现场调研确定文南油田 W184-16、W82-15 单井作为降凝剂现场试验井。

采用井口加药的方式，利用井底的热力和抽油时的搅拌条件实现含水原油与药剂的充分混合，达到降低原油凝点和粘壁温度效果，采用观察井口回压的方法观察效果(表 1)。

表 1　现场试验加注单井基本情况统计表

井号	产液量/(t/d)	产油量/(t/a)	产气量/m^3	温度	压力/MPa	加热炉	计量方式	单井管线长度/m
W184-16	24.8	1.0	0	29	1.5	有	功图量油	300
W82-15	7.8	0.9	98	25.6	1.2	有	功图量油	750

文南油田两口单井分别连续加注 10 天。其中 W184-16 单井加药后井口回压降低 0.3-0.4Ma，W82-15 单井加药后井口回压降低 0.4MPa 左右，效果较好(图 7，图 8)。

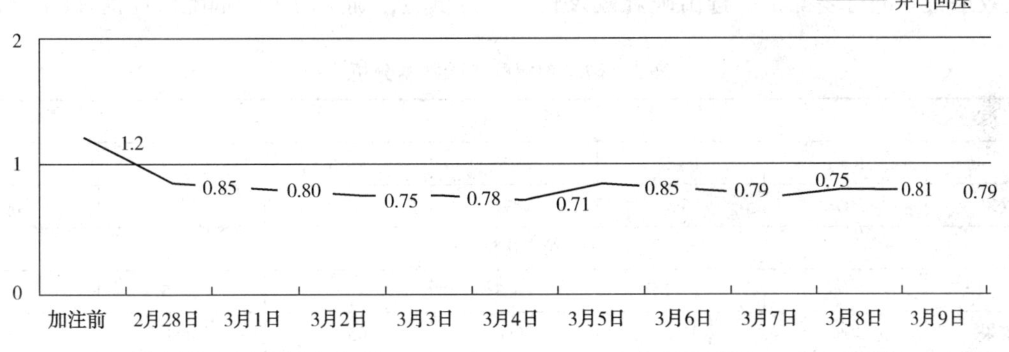

图 7　82-15 单井降凝剂加注后井口回压统计图

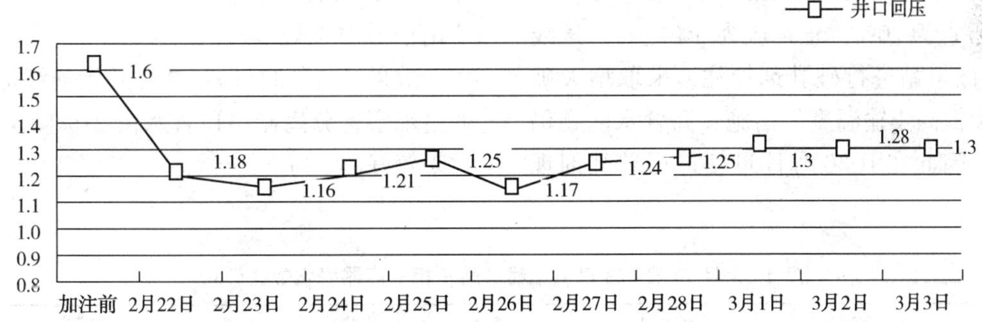

图 8　184-16 单井降凝剂加注后井口回压统计图

2.3　效果评价

以 W82-15 单井为例，冬季使用电加热器加热 5 个月，耗电量约 3 万度，电费约为 2 万元，电加热器的维修维护保养费用约 0.5 万元，成本为 2.5 万元，使用降凝剂成本约为 1.4 万元，降低成本约为 1 万元。目前该纳米降凝剂以及制备方法已申报发明专利。

3　集输系统常温输送配套低温破乳技术研究

针对集输系统常温输送后油水分离难问题，结合破乳剂油水破乳机理，根据油田实际情况优选低温破乳剂进行室内评价并按照最小成本最优效果原则进行复配，利用原加药装置在计量站进行现场试验。

3.1　破乳剂优选

按照设计试验方案对 7 种破乳剂进行破乳效果试验，加药浓度 50PPM。第一次试验温度 40℃，5#、6#和 7#效果不好。第二次试验温度 35℃，直接选取 1#-5#药剂进行试验。综合比较，2#和 4#低温下破乳效果较好(表 2)。

表 2　破乳剂优选实验数据分析

第一次试验试验温度：40℃								
药剂编号	1#	2#	3#	4#	5#	6#	7#	空白样
脱水率	52%	49%	45%	54%	21%	10%	9%	0
水质状况	一般清	清	一般清	很清	清	浑浊	浑浊	无
界面	齐	齐	齐	齐	不齐	不齐	不齐	无
第二次试验试验温度：35℃								
药剂编号	1#	2#	3#	4#	5#	空白样	/	/
脱水率	54%	54%	54%	54%	26%	无	/	/
水质状况	较清	清	较清	清	较清		/	/
界面	齐	齐	齐	齐	齐	齐	/	/

3.2　破乳剂复配

对效果较好的2#、4#破乳剂按照综合成本最小、破乳效果最好进行复配，优选出破乳效果较好的 3：5 复配比例。对复配后的破乳剂与缓蚀剂进行配伍性研究，从凝点、腐蚀速率等进行评价试验，确定两种药剂配伍性良好(表 3)。

表 3　破乳剂复配实验数据分析

第一次试验						
比例 2#：4#	1：1	1：2	1：3	3：5	2：5	2：7
破乳效果	30%	35%	38%	70%	45%	60%
第二次试验						
比例 2#：4#	1：1	1：2	1：3	3：5	2：5	2：7
破乳效果	35%	35%	40%	65%	45%	60%

3.3　破乳剂现场试验

文卫采油厂卫城油田卫二线明一联三相分离器后含水一直为 20%，正常应为 5%左右。该线在卫 30 号计量站进行破乳剂加注，采取增大破乳剂用量和提高集输温度等措施，高含水问题仍不能改善。因此在卫 30 号计量站进行破乳剂现场试验。

在卫 30 号计量站进行破乳剂现场试验。按照 50PPM 加注量、该线液量一天为 1740t，每天使用干剂约 80kg。

效果评价：自 6 月 19 号开始连续加注 5 天，通过观察，分离器出口含水由 21%降至 8-10%，效果较好(表 4)。

表 4　6 月 19 日-23 日卫二线进站三相分离器脱水效果评价

联合站	来液温度	来液压力	来液含水	加药前分离器出口含水	加药后分离器出口含水
明一联卫二线	40℃	0.31MPa	95%	21%	8-10%

4　结论

根据中原油田生产实际情况开展的集输系统常温输送安全技术界限实际可行，通过研究纳米降凝剂辅助达不到常温输送条件单井和计量站进行常温输送。针对集输系统常温输送带来的集输系统低温破乳问题，研发复配出低温破乳剂解决低温下油水分离难问题。通过以上技术研究，解决了中原油田常温集输技术难题，节省了伴生气资源，符合油田降本增效的总体目标。

管道完整性管理与管道法定检验思考

罗小武

（中国石油新疆油田油气储运分公司）

摘　要　社会发展促使法律体系更加健全、严格，国家对管道企业的监督不断加强，管道企业的安全生产责任更加重大，实施完整性管理势在必行。同样，管道作为压力容器的法定检验被提到国家法律的层面要求强制执行。本文分析完整性管理与法定检验内容，分析实施完整性管理同时满足法定检验要求的可能性。

关键词　完整性管理；法定检验

管道完整性管理已经成为国内外各大管道运营企业管理管道的核心模式和技术方法手段，其在管道风险防控、资源优化配置、降本增效等方面均起到了积极作用。随着 2015 年，GB 32167《油气输送管道完整性管理规范》发布；2016 年五部委联合发文、2018 年八部委联合发文共同全面推进管道完整性管理落实通知的下发，既明确了开展管道完整性管理的具体要求，也为企业实施提供了标准准则。

管道属于压力容器，按照《特种设备安全法》的规定，压力管道检验机构应经过质检总局的核准，并在核准证书规定的范围内开展管道检验工作，同时对管道定期检验的资质有明确的要求。

对于管道企业而言，管道管理既要满足完整性管理的要求，又要满足管道法定检验的要求，对 GB 32167—2015《油气输送管道完整性管理规范》和 TSG D7003—2010《压力管道定期检验规则——长输（油气）管道》（以后称法检）进行比对，两文件主要内容有三项：管道基础资料及证明文件、管道运管维修记录、管道检测、合于性评价，把控好四项内容的具体要求及对实施方的资质要求，管道企业实施管道完整性管理可以同时满足管道法定检验要求。

1　基础数据收集与整理

完整性管理基础数据 9 项 60 类数据，数据来源包括设计、采购、施工、投产、运行、废弃等过程中产生的数据，还包括管道测绘环境数据、社会资料数据、失效分析、应急预案等；管道法检需要八项数据：(1)设计图纸、文件与有关强度计算书；(2)管道元件产品质量证明资料；(3)安装监督检验证明文件、安装及其竣工验收资料；(4)管道使用登记证；(5)管道运行记录，包括输送介质压力、流量记录、压力异常波动记录、电法保护运行记录、阴极保护系统故障记录，管道修理或者改造的资料，管道事故或者失效资料，管道的各类保护措施的使用记录，管道的电法保护日常检查记录，输送介质分析报告（特别是含硫化氢、二氧化碳和游离水）；(6)运行周期内的年度检查报告；(7)上一次全面检验报告、合于使用评价报告；(8)检验人员认为全面检验所需要的其他资料。

完整性管理数据与法定检验基本材料可同时在数据采集阶段收集整理，除中心线测绘外的数据，不需要资质，管道企业技术人员可以自行采集。

2　高后果区识别

高后果区识别是管道完整性管理的一项重要内容，法检总则中也要求进行事故后果严重区的的确定，两者内容上是一致的，识别的准则也是一致的。管道企业技术人员可以进行此项工作。

3　风险评价

风险评价是管道完整性管理的一项重要内容，运行期间的管道风险评价属于安全现状评价，但目前未见明确的管道安全现状评价的周期要求。GB 32167—2015《油气输送管道完整性管理规范》中强制要求管道企业开展管道风险评价，但也没有提及资质要求。法检中规定检验机构对资料审查分析完成后，应当按照有关安全技术规范及其相应标准进行风险预评估。承担评估工作的人员应当充分了解每种管道风险评估方法的优缺点，选择合适的风险评估方法对管道进行风险评价。两者内容及评价选择方法上是一致的，但在风险评估方面有一定的争议，TSG D7003—2010《压力管道定期检验规则——长输(油气)管道》中提到的风险评估似乎属于安全评估的范畴。

4　管道检测

管道检测是管道完整性管理中进行完整性评价中一项必要的工作，完整性中要求优先采用内检测方法，对不能进行内检测的管道，可以采用压力试验或直接评价方法；法检中也规定：对具备内检测条件的管道，可采用管道内检测器对管道内外腐蚀状况、几何形状进行检测。当内检测发现管道有严重缺陷点时，应当进行开挖直接检验。内检测完成后，必要时还应进行埋地与裸管段焊缝无损检测；对不具备内检测条件的管道，或者以内腐蚀、应力腐蚀、外腐蚀为主要失效模式的管道，应当采用直接检测方法进行全面检验。

目前完整性管理常见的本体及防腐层常用的检测方法有：

本体检测检测：漏磁内检测、瞬变电磁 TEM、金属磁记忆 MTM、外腐蚀直接评价(ECDA)；

管线腐蚀环境检测：土壤腐蚀性检测、杂散电流检测；

阴极保护有效性检测：密间隔电位检测(CIPS)、漏点腐蚀活性检测(DCVG)、电绝缘性检测、阳极地床测试等；

防腐层性能检测：交流电流衰减法(PCM)；

防腐层漏损点检测：交流电位梯度法(ACVG)；

漏损点定位检测：直流电位梯度法(DCVG)、外敷设环境调查。

以上检测能够既能够满足管道完整性管理全面评价的需要，又符合长输(油气)管道全面检验项目与要求。两者之间的差别在“资质”。《特种设备安全法》第五十条对检验机构提出了资质要求。配套出台《特种设备检验检测机构核准规则》(TSG Z7001—2004，此后进行了修订)。按照 TSG Z7001—2004 检验核准项目分类表，长输管道定期检验需要取得 DD1 资质。特种设备综合检验机构的核准条件分为甲、乙和丙三类。只有甲类机构才能申请 DD1 资质。

2016 年 11 月 23 日，国家质检总局联合国资委和能源局发布了《关于规范和推进油气输送管道法定检验工作的通知》。其中还规定：“从事漏磁内检测的检验机构还应当按照《特种设备无损检测机构核准规则》(TSG Z7005—2015)取得漏磁检测(MFL)资质”。

除漏磁外，管道内检测技术还有超声测厚内检测、超声裂纹内检测、几何检测等，但目前对开展这些检测工作的企业没有非常明确的资质要求规定。

GB 32167—2015 对资质的要求非强制条款，虽然只能参考，但更科学合理。其中 4.1 条规定：“检验检测机构资质要求应满足特种设备相关法律法规规定。”鉴于目前检测资质并不能较好的反映检测单位的技术能力这一现实，8.2.2.3 条的规定才是科学、客观、公正的做法：“检测服务方的技术资质应符合 SY/T 6889 和 SY/T 6825 规定。金属损失检测、几何变形检测、裂纹检测、管道测绘检测等应符合 SY/T 6889 规定。当检测服务方能够证明或承诺其检测设备、数据分析人员达到上述标准要求时，可认可其具有检测资质。宜通过牵引试验或开挖验证等程序验证其资质与能力，也可参照检测服务方提供的验证结果或第三方评估结论。评价达到标准要求后，方可具备允许检测条件。”

5　完整性评价

完整性管理中叫完整性评价，法检中叫合于性评价，两者是实质是一致的，主要包括对管道进行的应力分析计算；对危害管道结构完整性的缺陷进行的剩余强度评估与超标缺陷安全评定；对危害管道安全的主要潜在危险因素进行的管道剩余寿命预测，以及在一定条件下开展的材料适用性评价。法检中对资质有明确的要求：承担合于使用评价的机构(以下简称评价机构)应当具备国家质检总局核准的合于使用评价资质。

6　结束语

从管道完整性管理的六步循环与管道法定检验的三部分核心内容对比，在内容与实质上是一致的：主要涉及管道基础数据、后果区识别、风险评价、检测、合于性评价等几项内容。在实施完整性管理的期初要兼顾法定检验的特殊要求，充分审查服务方的业务范围以及相应的资质，特别是检测方面必须要有 MFL、DD1 资质，还有无损检测资质；风险评估、检测、完整性评价三方面均交由具有资质的服务方进行实施，可以实现一箭双雕，同时满足完整性管理与法检要求。

参 考 文 献

[1] 董绍华：管道完整性评估理论与应用，2014.
[2] 冯庆善；王学力；李保吉；何悟忠；张存生；张永盛；郭莘；：长输油气管道的完整性管理[J]；管道技术与设备；2011 年 06 期 .
[3] 陈健峰；陈次昌；税碧垣；项小强；冯庆善；；管道完整性管理技术集成与应用[J]；油气储运；2011 年 02 期 .

储油罐挥发气回收工艺技术研究应用

巩 峰 梁昌晶 司毅壮

（中国石油华北油田公司）

摘 要 目前很多油气站场的储油罐、沉降罐或污水罐无收气装置，只能通过罐顶的呼吸阀将产生的油气排到大气中，根据河北省《工业企业挥发性有机物排放标准》(DB13/2322-2016)的要求，排放气的指标中非甲烷总烃应≤100mg/m^3。面对日益严苛的环保要求，针对上述问题对储油罐应用压缩分离抽气技术进行改造，单罐可年回收伴生气166.8万立方米，年创经济效益300.24万元，投资回报期为2年，技术成熟后可在各油气站场及油库推广应用。

关键词 挥发气；呼吸阀；抽气量；储油罐；轻烃

原油在集输和储运的过程中，由于不断经过承压设备和密闭管线运输，导致一部分溶解气溶解在原油中，经三相分离器分离或储罐脱水后的原油仍有相当的天然气溶解在其中，通过对某5000m^{3}的原油储罐进行检测，通过罐顶呼吸阀有大量的油气排放损耗，其中C1-C4：2982.9kg/d，C5：943.7kg/d，大量的油品蒸汽散失于大气中，不但造成较大的经济损失，也存在很大的安全隐患和环境污染。根据估算可知，非甲烷烃类排放平均质量浓度为200g/m^3，在气温较低和无风的时候，这个浓度会更高，如遇阴雨天气、气压较低的情况，大量的轻烃积聚在油罐周围和上空，一旦引爆，必将产生巨大的经济损失。因此对储油罐挥发的油气进行回收是非常必要，一是减少油气浪费，避免环境污染，降低安全隐患；二是回收的伴生气可以用于燃烧加热炉节约自用天然气或者直接外输形成商品气，具有一定的经济效益。

1 抽气技术工艺及原理

目前，储罐顶部均配备了呼吸阀和阻火阀，可自行调节呼吸阀的真空度和压力值，当储罐进油时，随着罐内液位的不断上升，储罐上方的油气空间不断减小，挥发气被压缩，当储罐挥发气正压力高于呼吸阀启动压力，则挥发气将从呼吸阀溢出；同理，当储罐卸油时，随身罐内液位的不断下降，油气空间不断增大，压力降低，当压力达到呼吸阀的真空度时，呼吸阀打开吸入新鲜空气与罐内气体混合形成新的平衡状态。呼吸阀一定程度上保证了原油储罐的运行安全，但大量的油品蒸汽散失于大气中，严重污染环境，并构成潜在的火灾危险，威胁岗位人员安全。

抽气技术主要是将原油储罐中挥发出的轻烃成分进行收集、压缩，再送到天然气站处理或燃气加热炉，以达到节约能源、防止空气污染、实现原油密闭集输的目的。

如图1所示，储罐挥发气达到进气压力0.001-0.003MPa时经来气管线输送到压缩机房现场，经过气液分离将储罐挥发气中的液体(主要成分是轻质油和冷凝水)分离出来，气体进入压缩机，液体积累到一定液位高度后发出报警信号，提示操作者排液，当液位达到限制高度时，报警停机，防止液体进入压缩机。气体进入压缩机后，被压缩的气体中会产生一些液体，因此在压缩机的出口设置一套小型分离器，经过分离，气体进入站内的天然气系统；液体经过管道排放至液体收集罐。由于储罐装卸油量和时间不固定，导致气量不稳定，压缩机频发启停，同时储罐对该装置最佳状态应处于微正压，但卸油过程中储罐易造成负压，这两种情况容易造成压缩机损坏，因此从出口分离器的出口端(保证干气不含水)引一条补气管线在压缩机入口处，当储罐系统压力达到补气压力时，电磁阀动作，补气调节单元开通向油罐内补气，恢复储罐压力。

2 设计参数及主要技术指标

装置的设计参数及主要技术指标见表1。

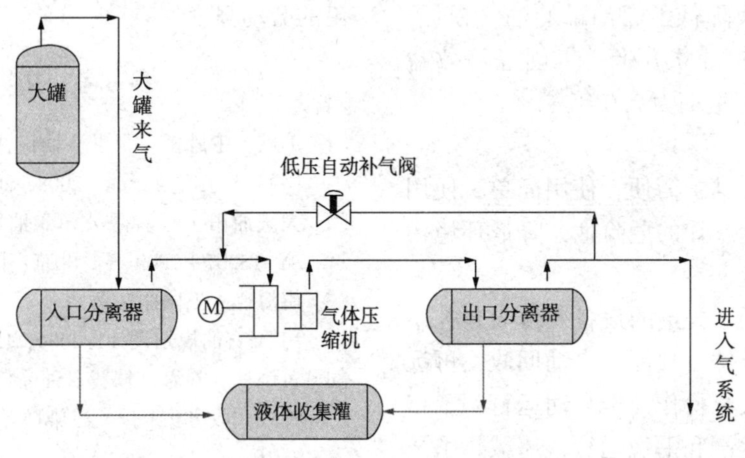

图 1　压缩分离抽气工艺流程

表 1　设计参数及主要技术指标

参数名称	技术指标	工艺参数	技术指标
进气压力	0.0001~0.003MPa	压缩机机构	采用活塞式的具有半封闭机身结构的抽气专用压缩机
进气温度	≤35℃	压缩机排气压力	0.35MPa
天然气组分	油田原油油罐挥发气	压缩机排气温度	≤120℃
装置抽气量	200~3000Sm^3/d	装置排气温度	≤环境温度+15℃
装置启动压力设定范围	500-800Pa	压缩机驱动方式	变频电机驱动
最大用电总负荷	正常工作 26kW	压缩机冷却方式	自动风冷
环境温度	-25℃~45℃	压缩机房橇装尺寸	8300×3100×2900mm

3　自动控制系统

该装置的自动化控制主要由一二次仪表、压力变送器、温度变送器、液位控制器、压力开关、电磁阀、调压阀、变频器、PLC(西门子或三菱)、控制柜等组成。

一次仪表有压力和温度仪表，在压缩机房内现场直读压缩机进出口温度、分离器出口压力和温度值。压力变送器包括总入口压力变送器、分离器出口压力变送器。

压缩机入口压力变送器安装在压缩机总入口处，将储罐来气压力信号转换成 4-20ma 电流信号远传至控制柜，在控制柜内 PLC 对来气信号进行比较运算后，输出控制信号给变频器，使压缩机运转，压缩机运转的快慢取决于来气压力的大小，控制柜数字仪表连续显示来气压力数值。

分离器出口压力变送器用于整个装置出口压力的监视。

温度变送器分别安装在两台压缩机的出口位置，用来将压缩机的出口温度转

换成 4-20ma 电流信号远传至控制柜，通过 PLC 连续监控压缩机出口温度，同时数字仪表连续显示出口温度数值。

液位控制器控制压缩机入口及出口分离器的液位，当分离器中的液位达到排液高度时，发出控制信号，开启联动保护。

压力和温度开关分别安装在两台压缩机及其润滑油泵的出口位置，开关信号远传至电控柜，用于压缩机出口超压、超温和润滑油欠压的停机报警及联动控制。

变频器安装在控制柜内，在 PLC 的控制下，输出三相变频动力电驱动压缩机电动机，使压缩机的排气量与油罐的挥发气量相适应，保证系统可靠稳定工作了。

以 PLC 及智能控制器为控制核心，自控装置附以其他的保护电路和报警电路，PLC 安装在控制柜中，整个抽气装置由 PLC 自动监视控制。它接受来自压缩机房的压力、温度及开关量信息，经过专门的计算和逻辑判断实时输出模拟型号和开关量控制信号，控制变频器继电器等控制设备，使整个储罐抽气装置运行自动化。

4　效益分析

应用压缩分离抽气工艺后，不仅提高了油田建设的技术水平和生产管理水平，而且取得了显著的经济和社会效益。对 5000m^3 的油罐应用抽

气装置投产后，大大降低了储油罐的油气损耗，年回收伴生气 166.8 万立方米，年创经济效益 300.24 万元，投资回报期为 2.0 年。

5 结论

（1）该抽气装置维护简便，使用简单，使用寿命长，杜绝了发生爆炸的危险性，降低环境污染，保证了生产安全。

（2）该装置应用了先进的设备及仪表自控系统，可以根据设定条件实现油气自动回收、可远程控制监控，无需人工操作，全自动运行。不仅保证了装置的安全生产和平稳运行，还减轻了员工的劳动强度。

参 考 文 献

[1] 苏欣，王胜雷，张琳．油田伴生气利用对策及现状[J]．天然气与石油，2008，26(2)：33-37.

[2] 大庆油田工程有限公司．油田原油损耗测试方法：SY/T5267—2009[S]．北京：国家能源局，2009.

[3] 唐海燕，王国丽，黄晓丽．油田集输系统节气技术[J]．石油规划设计，2004，15(1)：46-49.

[4] 黄维秋，刘海，林毅．油品储运系统的蒸发损耗及油气回收方案[J]．污染防治技术，2006，19(5)：7-10.

苏桥储气库压缩机振动原因分析及治理

刘 浩 包日民 张 冀 牟文满 张贵华

（中国石油华北油田公司）

摘 要 针对苏桥储气库高压大功率往复式压缩机因有害振动引起的一系列问题，通过对极限工况下机组各个部位的振动检测和脉动分析，找出脉动力是导致机组一系列振动问题的主要原因。为了控制脉动力以减小激振力，根据现场工艺要求，提出增加排气缓冲罐和改善管道配置等治理措施。完成整改后，相同工况下对比，检测点的最大振幅由137.92mm降低到24.99mm，符合标准要求，相关措施的实施有效降低了注气压缩机组的运行风险。该案例表明，已投产的压缩机组可以利用振动检测、脉动分析的方法，精确的找到振动源，及早消除重大隐患，避免重大人身财产损失的发生。

关键词 苏桥储气库；往复式压缩机；管线振动；脉动分析；减振措施

华北油田苏桥储气库群工作区域地跨河北省霸州市、永清县，库群包括苏4、苏1、苏20、苏49、顾辛庄等五座储气库，工作气量23.32亿立方米，设计日均注气量1166万立方米。功能定位为：陕京二、三线系统的配套储气库，季节调峰、事故应急供气气源，发挥为京、津、冀地区调峰供气作用。

随着储气库调峰能力的不断提升和国产大功率往复式压缩机组的研发和推广，及时总结和排除前期进口压缩机运行中出现的各项问题，确保在用和后续新建储气库压缩机组的安全、高效、平稳运行就变的十分重要。

在压缩机的各项故障隐患中，振动因其影响范围广，危害程度大而最受运行管理人员重视。压缩机及其管路的剧烈振动，可能引起机组部件疲劳破坏和少则数天多则数月的非计划停产等严重后果，从而极大的影响往复式压缩机以及相关零部件的使用寿命和使用安全。当振动噪声达到一定的标准后会形成噪声污染，同样也会降低设备的使用寿命，给油气田企业的正常生产带来很大危害。

1 振动检测及原因分析

苏桥储气库共有12台高压大功率往复式压缩机，平行分布在南北两个相邻厂房内，分别隶属于5个气库，共三种型号，每种型号的驱动电机功率、进排气压力范围均有所不同，其中苏4、苏49气库共8台机组功率最大、压力最高，分别达到4500kW和41Mpa。因现场工艺流程为一条总进气管线分别供给5个气库12台压缩机组，为平衡各气库注气量，机组运行过程中入口压力有时无法匹配设计工况，另外，原工程设计中现场长期同时运行8-10机组，现实际同时运行4-5台机组。上述运行工况的变化及压缩机设计阶段对有害振动的控制不足导致了与振动相关的故障频繁发生。

随着苏桥储气库群注气压力的不断升高，压缩机组管线振动逐渐加大。2016年以来苏4、苏49机组相继出现多台次管线固定管卡螺栓断裂及三级排气安全阀根部连接盘开裂现象，虽采取了加固管卡、增加管托支撑等临时措施上述现象有所减少，但注气压力升高至35Mpa后机组各处疲劳破坏现象再次频繁出现，且振动问题有向一级管线蔓延的趋势，如后期注气压力进一步升高，因机组振动所产生问题有可能大规模出现，并可能造成工艺管线破裂、压力容器撕裂等严重后果。

根据振动方程可知，振动幅度=动态载荷×动态柔度。动态载荷是由活塞运动、压缩机的主轴和其他部件运动引起的，并在压缩机运动的每个周期里不断地变化[1]。动态柔度是指同一机件在不同频率中柔度不同，某个部件在某些频率中可能非常坚固，而在另一些振频中却变的非常柔软，后者被称为该机件的结构固有频率（MNF）。因此，为了明确机组振动的原因，鉴别振动的位置和幅度至关重要，故设计如下检测方法，对现场全部压缩机进行相关检测。

检测方法：

（1）振动检测，将磁性探头吸附至机组各个测试点(重点振动测试点位置见图1，单台机组测量水平(H)、垂直(V)、轴向(A)三坐标轴方向的振动，单台机组测试约100点。

(2) 脉动检测，将IEPE压力传感器安装至机组目标取压点，提高压缩机出口压力，在高压力工况下进行脉动波录入。

(3) 结构固有频率检测，振动检测完成后停机并将压力放空，根据检测结果选取振动高的点使用带信号传感器的锤子进行敲击，查看结构固有频率与运行时的振动频率是否重合。

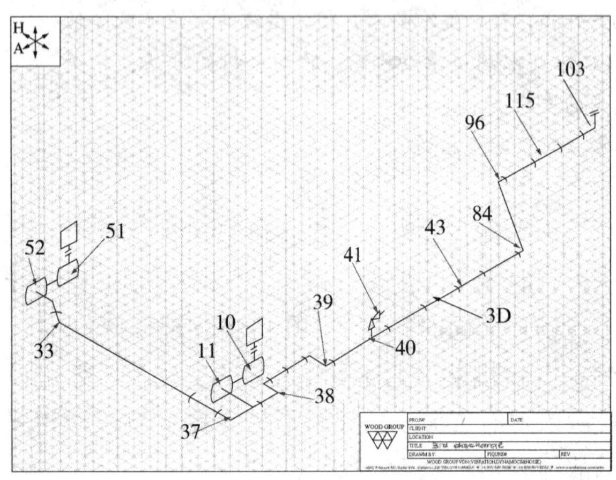

图1　单台压缩机重点振动测试点

鉴于检测数据较多，只罗列部分具有代表性的检测结果，以苏4-5#压缩机为例，压缩机运行参数、主要振动超标点分别见表1、表2。

表1　苏4-5#压缩机运行参数表

压缩机运行参数	参数值	压缩机运行参数	参数值
转速/(r/min)	996	三级排气压力/MPa	36.26
进气压力/MPa	4.255	出口排气温度/℃	51
一级排气压力/MPa	8.276	瞬时注气量/(m^3/d)	98×10^4
二级排气压力/MPa	16.07	回流开度/%	0

表2　苏4-5#压缩机主要振动超标点

检测点	方向	振幅/(mm/s)	频率	转速	超标值/%	MNF/Hz
37#	-A	43.18	33.1	996	170	45.3
38#	A	58.67	33.1	996	231	—
39#	-A	86.11	33.1	996	339	84.3
40#	H	29.97	33.1	996	118	—
40#	-A	114.55	33.1	996	451	—
41#	-A	137.92	33.1	996	543	33.3
53#	A	31.24	33.1	996	123	59

表2所示，三级排气安全阀(测点41#)轴向振动幅度为标准值的543%，达到137.92mm/s，且动态载荷频率与MNF一致，均为33HZ；连接三级排气安全阀的管线(测点40#)轴向振幅为标准值的451%，达到114.55mm/s，水平方向振幅为标准值的118%，达到29.97mm/s；三级排气管线膨胀弯弯头处(测点39#)轴向振幅为标准值的339%，达到86.11mm/s。

经分析可知，三级排气安全阀振动问题是由机械共振引起的，其中机组的脉动激振频率与第三级排气安全阀共鸣，并且与强度不足的管线支撑相重合。

三级排气管线上高脉动、振动是脉动波过滤不足的结果。三级排气缓冲罐的脉动抑制功能无法有效地过滤掉2x倍频的脉动。一级排气安全阀的高振动问题是由三级排气管线的高脉动力引起的，高压放空管线在一级和三级是相通的，因此，脉动激振力会从三级排气安全阀传导到第一级排气安全阀。

2　减振措施

根据数据分析结果可知，治理振动超标的核心是通过过滤三级排气管线上的脉动力进而减小激振力。结合现场实际，从施工难度、控制成本、缩短施工周期等角度综合考虑，制定如下治理方案：①在三级排气缓冲罐入口处增加限流孔板[2]②在三级排气管线膨胀弯与三级排气安全阀之间增加额外的缓冲罐③三级排气汇管到新增缓冲罐处管径由4″减小为3″④加固现有支撑，并增加一级安全阀斜支撑。主要治理措施如图2所示。

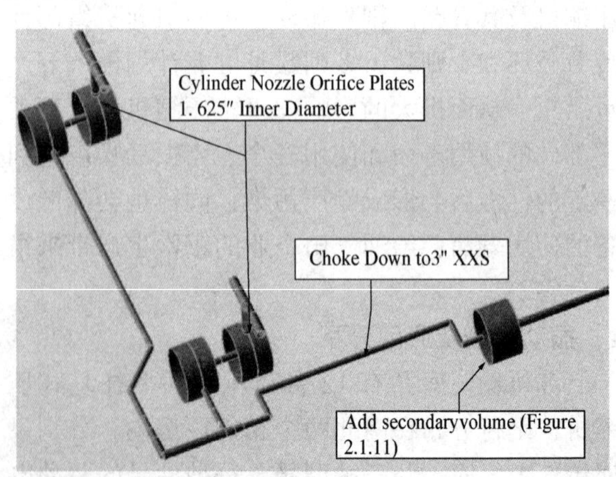

图2　主要治理措施示意图

3　振动治理效果

为验证治理措施的有效性，整改完成后，启

用苏4-5#压缩机进行效果评价。检测标准依据规范:《石油、化学和气体工业设施用往复压缩机API 618标准》第5版、《GBT 7777—2003容积式压缩机机械振动测量与评价》[3]。整改后检测工况及整改后主要测点振动值见表3、表4。

表3 整改后苏4-5#压缩机运行参数表

压缩机运行参数	参数值	压缩机运行参数	参数值
转速/(r/min)	996	三级排气压力/Mpa	36.08
进气压力/MPa	4.549	出口排气温度/℃	55
一级排气压力/MPa	9.408	瞬时注气量/(m^3/d)	103×10^4
二级排气压力/MPa	17.99	回流开度/%	0

表4 整改后苏4-5#压缩机主要测点振动值

检测点	方向	振幅/(mm/s)	频率	转速	超标值/%	MNF/Hz
37#	-A	12.74	33.1	996	—	45.3
38#	A	23.93	33.1	996	—	—
39#	-A	9.25	33.1	996	—	84.3
40#	H	6.86	33.1	996	—	—
40#	-A	16.08	33.1	996	—	—
41#	-A	24.99	33.1	996	—	33.3
53#	A	11.01	33.1	996	—	59

经检测,苏4-5#机主机部件的振动值符合《GBT 7777—2003容积式压缩机机械振动测量与评价》中规定的≤18mm/s,压力管线和压力容器的振动值符合《石油、化学和气体工业设施用往复压缩机API 618标准》第5版中规定的≤32mm/s(10-200Hz)。单台机组振动情况由治理前46个超标点降为治理后3个临界值点;最高振动值由标准值的5.43倍降为1.25倍,与苏4-5#压缩机整改前相比较,振动大幅降低。

4 结论及建议

振动可能会产生在压缩机的不同部位,有害振动经常出现在气缸、缓冲罐、油气分离器、压力管道、机架等部位[4]。压缩机组的振动会造成应力集中进而造成部件疲劳断裂,机毁人亡的事故,因此在压缩机设备设计初期,就应着手控制有害振动,并且对新投产的设备进行振动、脉动分析,验证设计效果也十分必要。脉动力在不同工况下具有不同的表现形式,如机组未经整个设计工况的运转使用,切不可仅对某个单个工况做检测,应多选几个工况做详细测试[5]。压缩机出现振动、脉动问题后,亦不可盲目整改,如不了解振动的原因,可能会造成振动的传导和转移。苏桥储气库的压缩机振动治理经验证明,通过振动测试、脉动分析查到原因,进而采取增加缓冲容积、调整管道结构参数等减振措施是行之有效的。

参 考 文 献

[1] 梁政,李双双,张梁,徐立,田家林,冯丞科.往复式压缩机工艺管线振动超标与治理[J].天然气工业,2015,35(2):87-91.
[2] 王乐勤,何秋良.管道系统振动分析与工程应用[J].流体机械,2002,30(10):28-31.
[3] 韩丽艳,车俊铁,刘录.超高压压缩机管线振动的分析[J].压缩机技术,2008(3):18-20.
[4] 唐斌,刘广斌,许海平,等.大型工艺往复式压缩机系统振动分析[J].中国机械工程,2014,25(7):873-877.
[5] 张华.活塞式压缩机故障及维修方法探索[J].设备管理与维修,2011,(S1).

高密度聚乙烯(HDPE)管材在地面集输系统的应用

范云鹏 肖明尧 毛一丁 宋长青 李晓锋

(中油国际(秘鲁)公司)

摘 要 HDPE 管线是一种新型材料管线，具有很好的防腐性能，根据压力等级可用于不同场合的地面集输系统。本文结合油田实际，对比了几种不同尺寸的高密度聚乙烯(以下简称“HDPE”)管线和普通钢材(SCH 40)管线在技术和经济效益方面的可行性。同时分析了加强型 HDPE 管线在天然气吞吐项目上的应用效果。实践证明 HDPE 管线具有良好的推广应用价值。

关键词 HDPE 管道；技术参数；防腐；经济效益

1 前言

秘鲁 10 区油田位于秘鲁西北部的塔拉拉盆地，面积 470km²，是典型的复杂断块油田，储层较致密，属于低孔、低渗储层。原油性质为低密度、低黏度、低含硫、凝固点差别较大。10 区油田于 1912 年投入开发，至今已经生产 107 年，处于开发末期，目前主要采取新钻井、天然气吞吐、注水二采、措施作业等方式开展上产工作。截止到 2018 年底，10 区总开井数 3166 口，地面集输管线均为地上敷设，大部分管线年代久远，受海风侵蚀，腐蚀严重，腐蚀泄漏的风险较大。近年来因腐蚀引起的环保、运维成本逐年增大，而秘鲁环保法规要求越来越苛刻，环保检查处罚力度越来越大，因此探寻符合实际的新型抗腐蚀管材替代品十分必要。

2 应用背景

10 区油田共有 29 座油气集输站、12 座压气站、2 座原油处理站。油田开发过程中，油气通过集输站统一集输。油气集输站通过地面管线连接所在区域的油井并计量单井产量，同时进行初次气液分离，伴生气通过天然气压缩系统集输用于自用和外销，原油输送到处理厂，处理达到销售标准后外销。

油田集输系统示意见图 1 所示。

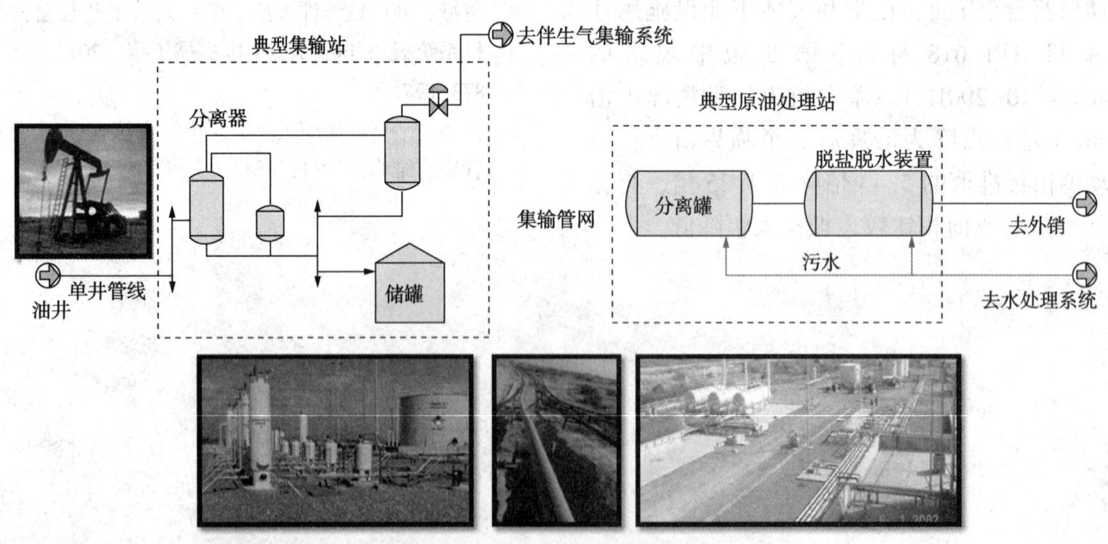

图 1 油气集输流程示意图

秘鲁十区在百年开发过程中，一直将钢管作为集输管网和天然气吞吐地面连井的主要管材，由于特殊的地理位置和地上安装方式，钢制管线腐蚀严重，需不定期对严重腐蚀段进行更换，以防止泄露污染并保障安全生产，造成环保投入和运营成本较高。

2014 年中石油接手 10 区以来，大力开展技术创新、降本增效，在环保、运维和投资等各个环节践行低成本、优质高效发展战略。地面工程建设过程中，根据公司战略和项目需求，经过标准比对、技术经济比选、当地法律合规性分析，认为 HDPE 管线优势明显，可以作为常规钢制管线的替代品，可以有效控制腐蚀风险，保护环境，也有利于降本增效，大大提高了经济效益。

3　材料和技术参数

3.1　HDPE 管材特性

HDPE 是乙烯经聚合制得的一种高密度热塑性树脂，具有优良的耐工业化学品的特性。根据材料性能和管材制造工艺，HDPE 管道具有以下特点：

（1）HDPE 管道材质聚乙烯分子没有极性，化学稳定性极好，内壁光滑摩擦阻力小，不结垢，耐酸碱(CO_2, H_2S)及微生物腐蚀，外部具有较好的抗紫外线、抗氧化能力。

（2）具有优异的耐磨性能。德国曾用实验证实 HDPE 管道的耐磨性比钢管高出 4 倍。

（3）HDPE 管道外壁特殊的环形结构，大大增强了管材的环刚度和抗变形能力，从而增强了管道对土壤负荷及其他第三方外力的抵抗能力。经工厂实验，HDPE 管道抗压强度满足工业用管标准。

（4）施工快捷、安全，适应环境能力强。HDPE 管道采用热熔对接技术，施工过程无明火，施工安全风险低，加之 HDPE 管道的脆化温度为-70℃，因此在一般低温环境下施工不必采取特殊保护措施。

（5）HDPE 管道材质轻，具有适当的挠曲度，单卷连续 HDPE 管道可长达 100 米至 1000 米不等。运输方便并且储存占地面积小，安装时不受地面起伏和不均匀沉降的影响，对不同地形的适应能力强。

（6）HDPE 是无毒无害的可再生材料，对土壤不造成任何污染，是环保型产品，使用寿命长达 40 年。

3.2　技术应用

根据长期静液压强度和使用特性，HDPE 管道分为 DN-50、HDPE SDR-7.3、HDPE SDR-7、HDPE SDR-6 等多种型号。具体应用需根据油品性质、生产压力、使用环境、市场供应等实际情况进行最终选型。

满足系统设计压力要求是管材选型的关键技术考虑因素。利用 Pipesim 软件对 10 区油田地面集输系统进行了水力模拟，以掌握集输管网的流体特性和压力变化情况，为管材选型奠定基础。模式示例见图 2。

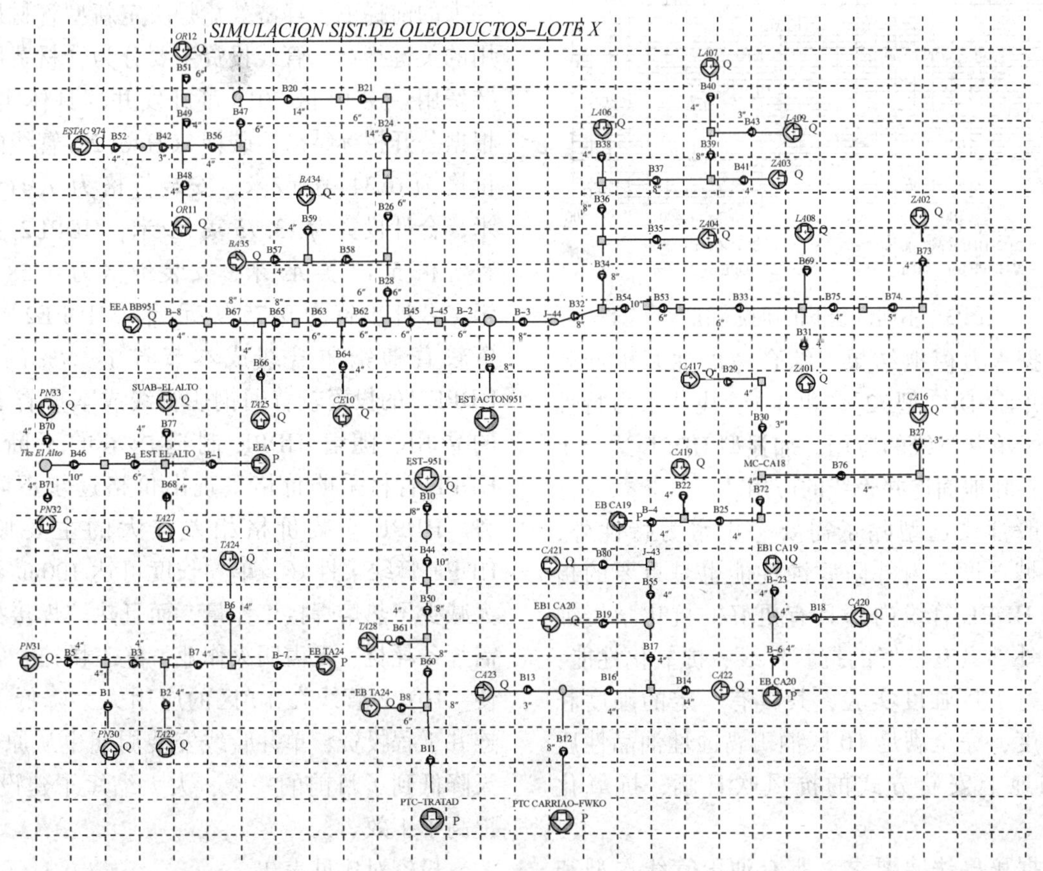

图 2　水力模拟示例

根据模拟计算结果和现场实际运行数据，单井管线的运行压力为20-100psig，集输系统运行压力为40-200psig，天然气吞吐所需注气压力为400psi。根据运行压力需求，在管线的材料比选时，主要以HDPE SDR7型(2″，2½″和3″)管线、加强型HDPE管线和常规碳钢SCH 40(2″)为例进行分析。几种材料的规格参数见表1。

表1　管线材料特性

管材	型号	公称直径英寸	内径英寸	壁厚英寸	粗糙度英寸	最大承压英寸
HDPE	SDR7	2″	1.697	0.339	0.00039	196
	SDR7	2½″	2.053	0.411	0.00039	196
	SDR7	3″	2.5	0.5	0.00039	196
加强型HDPE	600PSI	2″	2.09	0.41	0.000006	600
钢管	SCH40	2″	2.067	0.154	0.0018	600

实际运行中，单井管线的沿程压力损失的大小直接影响了生产井井口的背压和产量。因此，针对十区油田的油品性质和典型的开发数据，井口温度为80至85°F，平均原油重度(32API)，油井一般的含水率(30%)和平均气油比(GOR 1500 pc/bl)等，利用Pipesim对以上不同管线规格进行了不同流量工况的压损分析比对，用于最终选型的技术参考。见图3所示。

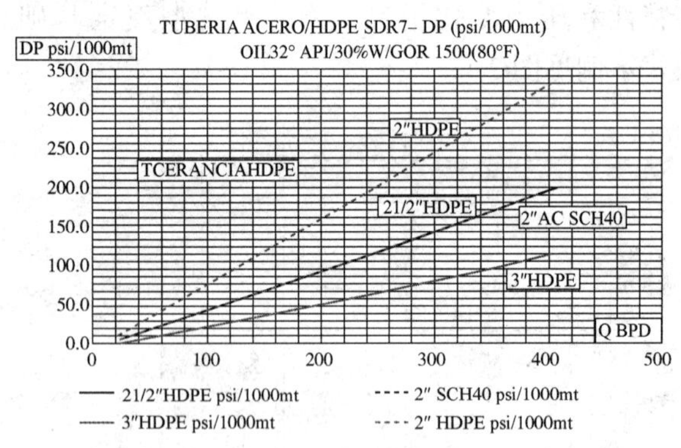

图3　不同流量下的压损对比

根据水力模拟结果，综合考虑油井生产效率，HDPE SDR7型(2½″和3″)管线从水力特性上适合于单井管线的应用，加强型HDPE适合于天然气吞吐地面连井管线的应用。

一般管线选型除了需要考虑水力特性外，管线机械强度、内外防腐蚀性能也是重要的指标。而HDPE管线内部具有更好的抗化学侵蚀能力，外部具有较好的抗紫外线、抗氧化性能，并且经过工厂强度实验，其具有一定的硬度和抗压强度，完全满足10区油田腐蚀性油品性质特性和地上安装方式的抗风吹日晒、抗氧化要求。

根据秘鲁法律要求，所有油田管线选型和安装方式都要得到秘鲁政府相关部门的批准。虽然秘鲁油田开发历史悠久，但从未有除钢管以外的其他新型管材大规模应用的先例。经过与政府相关部门多轮技术研讨，共同对PE管有关的API/ASTE等标准对标分析，最终HDPE新型管材在10区的大规模应用得到了秘鲁政府的许可批准。

4　效益分析

4.1　HDPE管线在单井地面连井上的效益分析

在低成本发展战略的大趋势下，在满足技术要求的前提下，经济效益是决定新型管材最终选用的关键指标。管线投资主要分为管材费用和安装费用。在10区2018度开发井的具体实施中，根据公开招标结果，碳钢SCH40(2″)管线的材料价格为6.34美元/米，安装价格为7.41美元/米，合计投资为13.75美元/米，HDPE2½″的材料价格5.17美元/米，安装价格为4.58美元/米，合计投资为9.75美元/米，HDPE2½″的投资较普通钢质管线成本节省了29%的费用，HDPE3″的投资较普通钢质管线成本节省了10%的费用。随着HDPE制造技术的不断进步，HDPE管材采购价格呈现出价格逐步下降的趋势。HDPE安装价格相差较大的主要原因是HDPE管线柔性好，单卷长度可达100m/卷，大大减少了热熔焊接工作量，而且热熔焊接技术无需焊条耗材、无需明火作业，施工快捷、安全方便。HDPE管线在10区的应用大大降低了地面连井工程投资，单井管线安装周期也从原来的3天降低到了目前的一天，大大缩短了建设周期，提高了工效。

投资对比见表2。

表2　不同管线投资费用对比

管材	安装费用 $/m	管材费用 $/m	总费用 $/m	比较
钢管2″	7.41	6.34	13.75	0%
HDPE2½″	4.58	5.17	9.75	-29%
HDPE3″	4.98	7.59	12.57	-9%

4.2　加强型HDPE管线在天然气吞吐项目地面连井上的效益分析

注气吞吐是一种有效的提高采收率的开发技术，即在同一口井内进行间隔注气后生产。主要流程为注气一定时间，然后焖井，最后重新投入生产。

10区油田实施的注气吞吐所用的天然气均来自油田伴生气，根据地层特性和开发要求，注气压力为400psi，每次连续注气时间为15天，注采气周期为6个月。

油井注气系统的示意见图4。

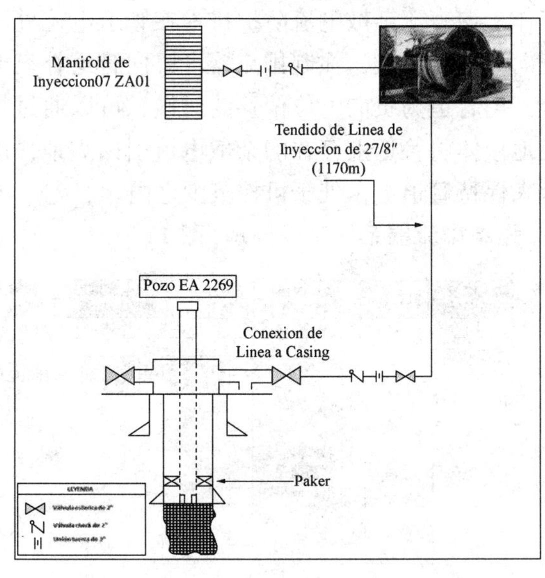

图4　注气系统流程图

10区天然气吞吐项目所用天然气就近来自中高压天然气集输管网，单井连井长度约1000m，地面连井所用管材有两种方案。

方案一：23/8″或27/8″油管，单井油管的材料投资为7700美元，安装费用为4979美元，安装时间为4天，合计12679美元。每口井均需新建一套连井管线。

方案二：加强型HDPE管材，单卷(1200m)加强型HDPE的材料费用为5.7万美元，单井的安装费用为3411美元，安装时间为2天。加强型HDPE管线在完成一个连续注气任务后将简单回收后快速用于下一口井多次重复使用。

目前，加强型HDPE管线已经在一口天然气吞吐项目的地面连井工程中得到了成功应用，经核算，如实施6口天然气吞吐井，方案一和方案二总投资相当，若大于6口井，方案二总投资将低于方案一。参考10区每年约70口天然气吞吐井的工作量，采用加强型HDPE管线的重复使用方案将使得单井地面连井的管材费用降至815美元，单井总地面投资较方案一节省约67%。

基于70口井的单井地面投资对比见表3。

表3　单井地面对比

管材	单井安装费(US$)	单井管材费(US$)	单井总地面投资(US$)	比较
油管	$4，979	$7，700	$12，679	0%
加强型HDPE	$3，411	$815	$4，225	-67%

5　结论

HDPE管材大规模成功应用于秘鲁10区百年老油田地面工程建设，实践证明在老油田的低压地面集输系统上，HDPE管材在预防腐蚀、建设周期、后期运维、技术经济效益指标等方面均优于钢管，是一种有效的新型防腐管材，也可以作为含油污水管材选型的参考。

参考文献

[1] 给水系统聚乙烯(PE)管道系统　GB/T 13663.2—2005
[2] 给水系统聚乙烯(PE)管材　GB/T 13663—2000
[3] 建筑给水聚乙烯类管道工程技术规程　QB/T 2892—2007
[4] 聚乙烯管线(PE)规范(第四版)　API SPEC 15LE
[5] 恒定内压下塑料管失效时间的标准试验方法　ASTM D1598
[6] 热塑性管材的流体静力设计基础的标准试验方法　ASTM D2837

新型直流杂散电流强制排流器研发与应用

夏惠芳[1] 刘根胜[2]

(1. 中国石化销售有限公司北京石油分公司；2. 河南省中奥管道工程技术有限公司)

摘　要　地铁/轻轨等直流供电设备在运行期间，给供电线路附近的埋地金属管道等造成严重的直流杂散电流干扰，如何消除或降低管道直流杂散电流干扰对埋地金属管道造成的腐蚀问题，已成为管道责任管理单位安全运行的工作重点。针对目前埋地管道所面临的直流杂散电流干扰现状，经大量研究与理论试验，研究出一种全新的直流杂散电流排流系统—直流杂散电流强制排流器(以下简称：强制排流器)，强制排流器基于电流吸收和补偿原理，通过实时监测管道上杂散电流流动引由的管地电位变化及强度，通过强制排流器核心算法控制，由控排系统的杂散电流吸收或补偿单元进行闭环回路控制工作，以此来消除或降低管道上存在的直流杂散电流。通过现场应用验证，该技术可有效的消除或降低管道上存在直流杂散电流，应用试验结果显示该强制排流器可有效的消除或降低管道上存在的直流杂散电流，大大降低了管道因直流杂散电流干扰所面临的腐蚀现象，试验达到了预期效果，具有较高的市场推广和应用价值。

关键词　地铁/轻轨；直流杂散电流干扰；强制排流器；研；应用试验

1　前言

近年来轨道交通以其快捷、便利、安全、载客量大等优点成为大家所青睐的重要交通工具，随着国民经济的持续发展，我国各大城市为了缓解日趋严重的城市交通压力，纷纷加快了城市轨道交通的建设。我国地铁/轻轨多采用 750v 或 1500v 的直流电力牵引系统和走行轨回流的方式。地铁运行时，由走行轨漏泄到道床及其周围土壤介质中的直流杂散电流在流回变电所的时候，会对埋地金属管道造成严重的腐蚀现象。

依据现行标准及规范，直流杂散电流防护技术主要有接地排流、直接排流、极性排流、强制排流四种排流技术，每种排流技术都对应有各自的优劣势。直接排流、极性排流、强制排流三种防护技术需要将管道与干扰源负回归网络连接，由于涉及到多单位多部门协调，现场应用实施难度比较大，目前最常用的直流杂散电流防护技术为接地排流，通过导线将管道与排流接地体连接，将管道上流动的直流杂散电流引回大地，这种直流杂散电流防护技术对排流接地体材料及接地电阻有较高要求，经多年现场应用，排流防护效果并不是特别理想。

强排排流器研制基于电流补偿和吸收原理，利用强制排流器独特的硬件驱动电路、软件算法及高速响应和控制等特点，以 FGPA 多任务处理器为核心数据处理和控制单元，控制设备各单元工作。该直流杂散电流防护技术在管道电位处于正向波动的时候，强制排流器可以向管道补充电流，当管道为负向电位偏移的时候，可以通过排流地接体将管道上存在的杂散电流引回大地，以此来保持管道电位处于可控范围之内。

2　强制排流器系统工作原理(图 1)

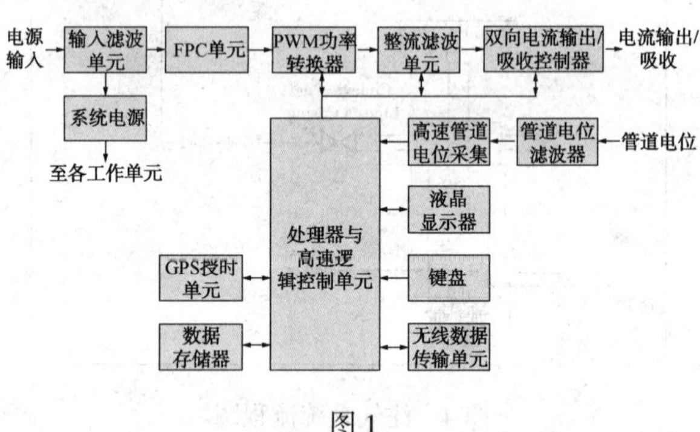

图 1

3　“强制排流器”系统应用试验监测数据

图 2 和图 3 为“强制排流器”系统停止状态下所监测的数据，图 4 和图 5 为“强制排流器”系统运行状态下监测的数据，通过监测数据比对，以此来分析“强制排流器”系统对直流杂散电流干扰缓解效果。

3.1　“强制排流器”系统停止状态管道通断电位变化情况

从图 2 可以看出，“强制排流器”系统在停止状态下(无输出状态)，受地铁/轻轨直流杂散电流干扰的影响，管道通电电位正负剧烈波动，波动范围约7.5v，管道断电电位波动且断电电位不满足阴极保护电位准则要求，管道存在的腐蚀风险。

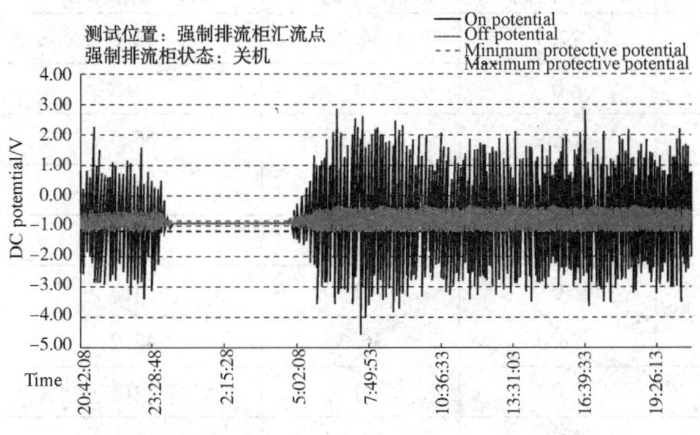

图2　“强制排流器”系统停止状态下管道通断电位变化曲线图

3.2　“强制排流器”系统停止状态试片电流变化情况

从图3可以看出，“强制排流器”系统在停止状态下(无输出状态)，受地铁/轻轨直流杂散电流干扰的影响，监测点试片电流正负交替变化(试片电流为正表示电流从土壤流入管道，管道受到保护，反之，当试片电流为负时表示电流从管道流向大地，管道存在腐蚀风险)，管道存在腐蚀的风险。

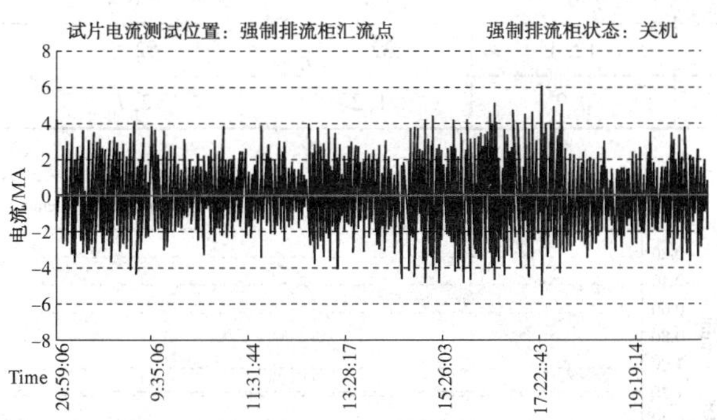

图3　系统停止状态下监测点试片电流变化曲线图

3.3　“强制排流器”系统运行状态管道通断电位变化情况

从图4可以看出，“强制排流器”系统在运行状态下，管道通断电位正向波动完全消除，管道断电电位波动范围较小且断电电位满足阴极保护要求。说明“强制排流器”系统对于缓解管道直流杂散电流干扰，起到了明显的缓解效果。

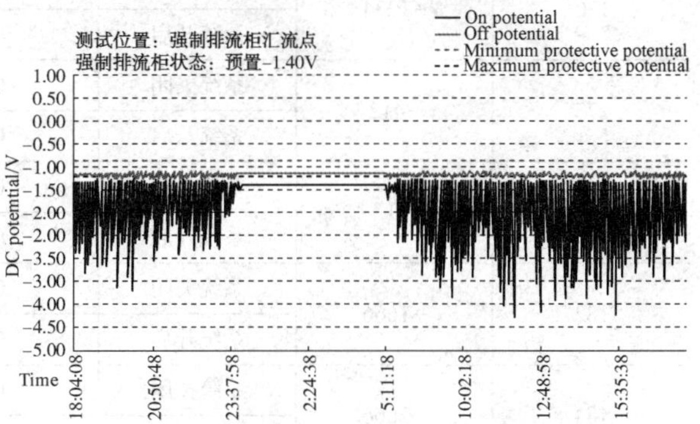

图4　系统运行状态下监测点通断电位变化曲线图

3.4　“强制排流器”系统停止状态试片电流变化情况

从图5可以看出，“强制排流器”系统在运行状态下，监测点试片电流监测值均为正值(试片电流为正表示电流从土壤流入管道，管道受到保护，反之，当试片电流为负时表示电流从管道流向大地，管道存在腐蚀风险)，说明“强制排流器”系统对于缓解管道直流杂散电流干扰，起到了明显的缓解效果。

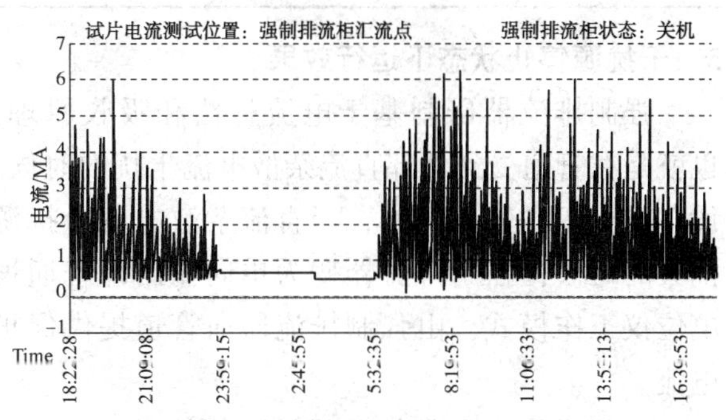

图5　系统运行状态下监测点试片电流变化曲线图

4　断电电位正向偏移统计表

表1　系统运行状态下监测点断电电位统计情况表

桩号	里程(m)	测量条件	正于保护标准+850mV 比例/%	正于保护标准+100mV 比例/%	正于保护标准+50mV 比例/%	正于保护标准-850mv 比例/%
135	-11425	系统关闭	0	3.5	6.7	11.7
		系统开启	0	0.2	0.6	1.2
154	-5687	系统关闭	0	11.5	16.7	22.5
		系统开启	0	0	0	0
159	-4629	系统关闭	0	17.2	24.2	32.1
		系统开启	0	0	0	0

续表

桩号	里程(m)	测量条件	正于保护标准+850mV 比例/%	正于保护标准+100mV 比例/%	正于保护标准+50mV 比例/%	正于保护标准-850mv 比例/%
164	-3568	系统关闭	0	27.7	34.7	42.0
		系统开启	0	0	0	0
170	-1234	系统关闭	0	24.9	52.3	66.5
		系统开启	0	0	0	0
173	-412	系统关闭	0	25.8	35.5	43.9
		系统开启	0	0	0	0
排流点	0	系统关闭	0	28.7	36.7	42.2
		系统开启	0	0	0	0
182	+1666	系统关闭	0	26.8	37.7	67.9
		系统开启	0	0	0	0
184	+2666	系统关闭	0	23.4	31.7	40.3
		系统开启	0	0	0	0
187	+3666	系统关闭	0	23.9	37.8	49.7
		系统开启	0	0	0	0
191	+4841	系统关闭	0	36.3	45.3	54.4
		系统开启	0	0	0	0
205	+7139	系统关闭	0	23.1	40.5	52.7
		系统开启	0	0	0	0
210	+9282	系统关闭	0	14.7	33.3	48.2
		系统开启	0	0	0	0
218	+11809	系统关闭	0	12.4	32.3	52.5
		系统开启	0	0.2	1.2	2.7

5　干扰源停止状态下运行效果

强制排流器研制基于电流补偿和吸收原理，也就是在管道受到外部直流杂散电流干扰的时候，设备进行双向输出控制，当直流杂散电流干扰源消失的时候，强制排流器变为单向输出即普通恒电位仪工作模式，由强制排流器向管道提供保护电流。

以某成品油管道为例，地铁/轻轨在00：00~5：00分左右停止运行，地铁/轻轨停止运行后，由地铁/轻轨给埋地金属管道造成的直流杂散电流消失，管道管地电位恢复到未干扰状态，管道管地电位平稳。这些管地电位的变化都会被强制排流器信息采集模块适时监测到，通过中心处理器闭环回路控制，设备调整输出，至到监测到的管地电位与预设值相等，设备进入稳态输出即恒电位模式。地铁/轻轨5：00后开始运行，地铁/轻轨开始运行后管道即可受到直流杂散电流干扰，强制排流器在1MS以内启动双向输出控制模式，以确保管道管地电位的稳定。

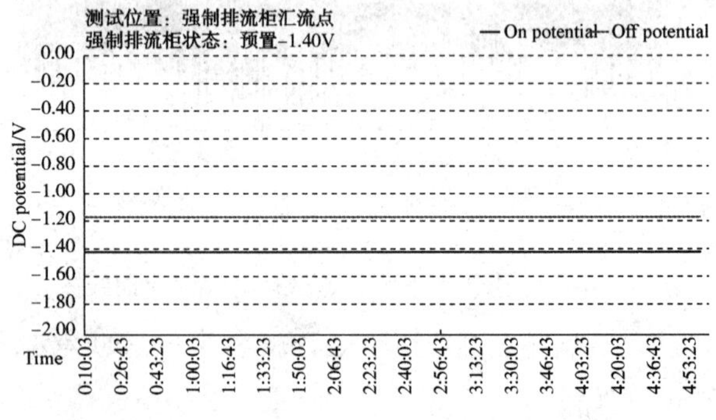

图6　干扰源停止状态下监测数据

6　效果分析

通过对表①统计数据表和图①~④通断电位曲线图进行数据分析，强制排流器未启动时，从图①通断电位监测图可以看出，设备未启动时，管道管地电位波动范围较大且管地电位波动正负值交替，管道保护电位(断电电位)波动范围较大且达不到阴极保护范围的规定值，管道存在母材腐蚀的风险。从图②试片电流监测图可以看出，设备未启动时，监测到的试片电流流向正负交变(电流表正极接试片，负极接管道，当试片电流为正值，代表电流由试片流向管道，管道受到保护。当试片电流为负值时，电流由管道流向试片，管道存在腐蚀的风险)，管道存在发生腐蚀的风险。

“强制排流器”系统运行后，从图③通断电位监测曲线图可以看，管道管地电位波动范围变弱且管道管地电位负向波动完全消除，管道保护电位(断电电位)波动范围较小且值均在正常保护范围内。从图④试片电流监测图可以看出，试片电流负向值完全消除，管道处于保护状态。

通过表①统计曲线表可以看出，参考国外澳大利亚“《Cathodic protection of metals Part 1：Pipes and cables》AS2832. 1-2004”，该标准 2. 2. 2. 6 条“受动态杂散电流影响的结构”的保护要求，通过对比设备启动前后百分比，系统启动后，排流点二侧约 20KM 里左右管道处于保护状态，排流效果较多好且保护距离较远。

7 结论

强制排流器是专门针对存在直流杂散电流干扰管道而研制的一款新型强制排流器系统，强制排流器不但具有高速响应和控制能力。同时，强制排流器还具备双向排流功能。强制排流器运行后，系统适时监测管道管地电位变化情况，通过适时调节补偿电流大小或吸收电流大小，以此来缓解管道上存在的杂散电流。

强制排流器系统运行后，线路各测试桩处管道断电电位波动范围较小(随着距离增大波动范围逐步变大)。通过对各测试桩 24h 电位监测，强制排流器系统运行后，可以给干扰源二侧约 20km 管道提供保护电流。

参考国内现行排流技术验收标准或准则来看，现行排流技术排流防护验收充许管道出现“正向偏移电位”，仅对管道正向偏移电位”出现比例进行要求，采用本科研排流技术措施后，管道“正向偏移电位”完成消除，说明该排流技术措施优于国内现行其它排流措施。

参考国外澳大利亚“《Cathodic protection of metals Part 1：Pipes and cables》AS2832. 1-2004”，该标准 2. 2. 2. 6 条“受动态杂散电流影响的结构”的保护要求，“①电位正于保护准则的时间不应超过测试时间的 5%；②电位正于保护准则+50mV (对黑色金属结构电位为-800mV)的时间不应超过测试时间的 2%；③电位正于保护准则+100mV (对黑色金属结构电位为-750mV)的时间不应超过测试时间的 1%；④电位正于保护准则+850mV (对黑色金属结构电位为 0mV)的时间不应超过测试时间的 0. 2%。”，本次科研排流防护技术排流防护效果优于目前国内外现行排流技术，该排流防护技术还可以在管道未受到直流杂散电流保护的时候当做恒电位仪系统使用，为企业节约大量投资。

参考文献

[1] 夏惠芳，刘根胜．干扰源停止状态下监测数据[J]. 2016. 3(1)：9-11.

[2] AS2832. 1——2004《Cathodic protection of metals Part 1：Pipes and cables》.

[3] GB/T50991——2014《埋地钢质管道直流干扰防护技术标准》Technical standard for DC interference mitigation of buried steel pipeline.

[4] GB/T21246——2007《埋地钢质管道阴极保护参数测试方法》Seasurement method for cathodic protection parameters of buried steel pipelines.

[5] GB/T21448——2008《埋地钢质管道阴极保护技术规范》Specification of cathodic protection underground steel pipeline.

集输系统腐蚀及防治措施

李冬宁　袁宏强　张　涛　李嘉俊　李志平

（中海油能源发展股份有限公司工程技术分公司）

摘　要　腐蚀结垢是造成石油工业中金属设施损坏的主要原因之一。它缩短了设备及管道的使用寿命，造成了石油工业停产以及跑、冒、滴、漏等事故，并污染环境。因此，在油田地面集输系统中需要采取系统的、科学的缓蚀防垢技术，对促进石油工业发展非常关键，具有十分重要的经济和社会意义。本文主要从腐蚀、结垢机理此两方面进行剖析，以便于找出最为有效的防治措施。

关键词　腐蚀；缓蚀剂；防治

1　引言

随着工业的迅速发展，石油的需求量日益增加，石油的开采亦加大了步伐，但腐蚀结垢给油田的正常生产带来了负面影响。为此缓蚀防垢在石油行业应该重视起来，否则必将影响油田的正常生产。

长久以来集输系统存在着腐蚀结垢问题一直都影响着油田的正常生产。中原油田所在东淮凹陷是渤海湾盆地临清拗陷的一部分，是一个含油气十分丰富担地质情况复杂，勘探开发工艺难度大的油田。山于盆湖盆地沉积中形成的高矿化度地层水的存在，造成油层开采时井筒和油水集输管网结垢的矛盾十分突出。随着油田注水开发时间的延长，综合含水不断上升，原油生产系统中的腐蚀也越来越严重。据对中原油田所属小断块油田的测试，其生产系统腐蚀速率已达0.335mm/a，大大高于最大腐蚀速率不得大于0.076mm/a的标准，并且几个主要油田的集输管线均受腐蚀而穿孔日益增多，特别是其中的胡状油田2#计量站至联合站8.7km的Φ325×7mm集输干线，投产仅一年就开始穿孔，其中在腐蚀最严重的300m管线上，1天内穿孔3处，整条管线只有全部更换，使用时间不到2年，经济损失超过200万元。

龙虎泡高台子油田的结垢问题也很严重，其油层属于低渗透油层，原油物性较好，地层原油密度0.723g/cm^3，原始黏度1.2mPa.S。实测地层压力16.18MPa/1691.5m，饱和压力9.74MPa，溶解油气比21m^3/t。岩性主要为细、粉砂岩，组成黏土矿物中主要为伊利石，占74.6%；绿泥石及蒙脱石——伊利石混合次之，占15.2%；高岭土占3.6%。岩石为泥钙质胶结，岩石平均空隙半径为0.886μm，平均孔吼半径为0.127－0.468μm，均质系数小于0.35。岩石空隙吼分布不均匀，连同性和渗透性差，平均空气渗透率0.51×10^{-3}μm^2，平均孔隙度为13.5%。区内断层发育，泥质含量高达23.0%，为高含泥性油藏。2001年因结垢而作业的井有25口，作业原因多数因为泥质物、垢等造成的固定阀尔漏失或卡泵。2002年统计的因结垢而作业的井28口，其中龙虎泡油田占18口，占作业井总数的64.28%。因此结垢问题等待解决、否则必将严重影响油田生产。

2　腐蚀类别

2.1　均匀腐蚀

均匀腐蚀的特征是腐蚀分布在整个集输管线表面，结果使管壁厚度均匀减薄，直至完全破坏。

2.1.1　溶解氧腐蚀

氧是造成油田污水和注水系统腐蚀的重要因素。水中有溶解氧时，对钢铁腐蚀起阴极去极化作用。其反应为：阳极反应 $Fe \rightarrow Fe^{2+}+2e$，阴极反应 $O^2+2H_2O+4e \rightarrow 4OH^-$。氧腐蚀产物为：$Fe^{2+}+2OH^- \rightarrow Fe(OH)_2$ 氧腐蚀的特征是溃疡腐蚀，产物是疏松的，没有保护性，腐蚀产生的Fe^{2+}通过疏松的二次产物层向外扩散，遇水中的OH^-又形成新的二次产物，积累在原有二次产物层中，越

【基金项目】项目编号：GCJSXMHT-1907

积越厚，导致形成鼓泡，鼓泡下面的金属越腐蚀越深，形成坑蚀。腐蚀产物外观呈大面积不均匀溃疡腐蚀，为黄色或黄褐色锈瘤，锈瘤一面为腐蚀坑，大面积时也呈蜂窝状。

2.1.2　二氧化碳腐蚀

CO_2 溶于水为弱酸，对钢铁腐蚀起阴极去极化作用。其反应为：

$$CO_2+H_2O+Fe\rightarrow FeCO_3+H_2$$

CO_2 的腐蚀产物呈灰白色，比较坚硬。

2.1.3　硫化氢腐蚀

H_2S 溶于水为一种弱酸，离解后起到阴极去极化作用。

其反应为：$H_2S\rightarrow H^++HS^-$，$HS^-\rightarrow H^++S^{2-}$，$Fe^{2+}+S^{2-}\rightarrow FeS$；$H_2S$ 腐蚀产物去掉水分为黑色粉末状 FeS。

2.2　局部腐蚀

2.2.1　孔蚀

在管壁的局部地区出现向深处发展的腐蚀小孔，而其余地区不被腐蚀或者只有很轻微的腐蚀，这种腐蚀形态称为小孔腐蚀，简称孔蚀或点蚀。大多数金属材料、尤其是易钝化金属，在含有活性阴离子的介质中都有发生孔蚀的可能。孔蚀是金属钝化态的破坏和活态—钝态腐蚀电池的发展。油田采出液中由于 $C1^-$ 的含量高，所以极易发生孔蚀。孔蚀源一旦形成，由于孔内的金属表面处于活态，电位较负，孔外的金属处于钝态，电位较正，于是孔内和孔外便构成了一个大阴极、小阳极的腐蚀电池，大大加速腐蚀过程，直至穿孔。

2.2.2　垢下腐蚀

结垢是指腐蚀产物如 FeS，$FeCO_3$，FeO 等铁的化合物及 $CaCO_3$，$MgCO_3$，$CaSO_4$，$BaSO_4$ 及硅垢污油等在钢铁表面的沉积。垢的形成多在管道下部及防腐涂层破坏的接头附近，垢层不均匀不但起不了保护作用，相反加速了腐蚀。由于采出液中矿化度高，致使水的电导率很大，$C1^-$ 是活性阴离子，穿透力很强使得钢铁表面不可能形成致密的垢层或腐蚀产物保护层。而这些垢或腐蚀产物均比铁的电位高，形成电偶电池引起垢下腐蚀。垢下腐蚀均为孔蚀，造成管线严重穿孔。穿孔的速度除与 Cl^- 含量有关外，还同介质中的 O_2，H_2S，CO_2，SRB 有关，垢下腐蚀是种综合性腐蚀。

2.2.3　硫酸盐还原菌的腐蚀(SRB)

SRB 是一种影响地下钢结构腐蚀行为最重要的厌氧菌，这种菌能使硫酸盐还原成硫化物。

$$Na_2SO_4+4H_2\rightarrow Na_2S+4H_2O$$

硫化物与介质中的碳酸等物作用生成硫化氢，进而与铁反应形成硫化铁，加速了管道的腐蚀。

$$Na_2S+2H_2CO_3\rightarrow 2NaHCO_3+H_2S$$

$$Fe+H_2S\rightarrow FeS+H_2$$

同时它还阻止阴极上析氢反应所生成氢原子的复合，促进氢向金属渗入，增加管道氢脆破坏的危险性。它在 0-60℃的温度中均能附着在管壁上生长，腐蚀形式主要是在附着部位产生点蚀。

2.2.4　应力腐蚀

管道在静应力和腐蚀介质共同作用下发生的脆性开裂破坏现象称为应力腐蚀开裂，简称应力腐蚀。

应力腐蚀是危害最大的腐蚀形态之一。它可以在腐蚀性相当缓和的介质和不大的应力状态一下发生，而且事先往往没有明显的预兆，因此常酿成灾难性的事故。应力腐蚀的机理是电化学腐蚀和应力机械破坏互相促进裂纹的生成和扩展的过程。管道焊接接头处不可避免地存在残余应力和应力集中，在有腐蚀介质的环境中工作，容易发生应力腐蚀。

2.2.5　冲刷腐蚀

在输送流体的管道内当流体呈稳态层流运动时，其管壁的腐蚀是均匀的。但在流体突然改向处，如弯管，其管壁减薄就要比其它部位的管壁迅速。这种由高速流体或含颗粒、气泡的高速流体不断冲击金属表面所造成的腐蚀，称为冲刷腐蚀，是高速流体的机械破坏与电化学腐蚀共同作用的结果。由于油田采出水中含砂量大，输液中综合含水高达 94%，因而携砂能力降低，沉积在管线底部的地层砂随输液介质运移，在钢管底部产生磨蚀作用，形成腐蚀深谷或马蹄形的凹槽。特别是弯头、三通、阀门等处冲刷腐蚀尤为严重。

上述可见，油田集输系统的腐蚀类型复杂、多样，多种腐蚀因素又相互促进，使油田集输系统的腐蚀速度剧增。

3　防治技术

腐蚀已经给油田集输系统带来了很大的影响和危害，所以对于防治技术的研究也成为了一项必不可少的工作。油田研制开发的常用吸附膜型缓蚀剂有如下几种：

3.1 机胺聚氧乙烯醚，层吸附膜型缓蚀剂

机胺聚氧乙烯醚，层吸附膜型缓蚀剂。即SL-1缓蚀剂，该剂由胜利设计研究院于1982年研制成功，主要有效成分当有机胺聚氧乙烯醚，层吸附膜型缓蚀剂，兼有表面活性，它同六偏磷酸钠等复配使用，首先在重建的辛一污水站投入现场试验，加药量15ml/L，使该站滤前水腐蚀速率的1.9456mm/a降至0.0254mm/a；在辛三站试验中使来水腐蚀速率由0.4826mm/a降至0.0508mm/a。试验完成以后，该剂得到了推广和应用。

3.2 主要成份有效成份为C18-C20直链脂肪酸同有机胺反应生成的咪唑啉类化合物，层吸附膜型缓蚀剂

主要有效成分为C18-C20直链脂肪酸同有机胺反应生成的咪唑啉类化合物，又添加多种溶剂和表面活性剂复配而成，层吸附膜型缓蚀剂。如CT2-7缓蚀剂，该剂由四川天然气研究所同胜利设计研究院合作于1986年研制成功，主要有效成分为C18-C20直链脂肪酸同有机胺反应生成的咪唑啉类化合物，又添加多种溶剂和表面活性剂复配而成，层吸附膜型缓蚀剂。首先在辛一污水站、102站污水站进行了对该剂的支流评价试验，在相同条件下缓蚀效果优于国内同类产品，同美国COAT-415C、RN-7100相当。辛一站长期投加该剂13.3mg/L同杀菌剂等配合使用，使均匀腐蚀速率≤0.076mm/a，点蚀速率<0.46mm/a。该剂在国内得到了较广泛的应用。

3.3 含磷缓蚀剂

如SL-2型缓蚀剂，该剂是由胜利设计研究院于1989年研制成功，其主要有效成分是由有机酸和有机胺合成咪唑啉类化合物后，又同含磷或含硫磷化合物反应生成的咪唑啉磷酸酯或咪唑啉硫代磷酸酯。该剂层吸附膜型缓蚀剂，除具有好的缓蚀作用外，兼具有防垢作用，首先在临盘二首站和纯梁首站进行现场试验，投加量为15mg/L，使腐蚀速率由0.76mm/a，降至0.051mm/a，基本无点蚀。随后该剂得到了较广泛的推广和应用。

3.4 咪唑啉衍生物缓蚀剂

3.4.1 M2缓蚀剂

该剂系由胜利油田环保所同天津化学试剂五厂合作于1990年研制成功，其主要有效成分是脂肪同多胺化合物反应生成咪唑啉化合物，又经烷基化等反应生成的咪唑啉两性衍生物，层吸附膜型缓蚀剂。首先在广利污水处理站进行现场试验，投加量为10mg/L，使平均腐蚀速率由0.77mm/a降至0.14mm/a，点蚀速率由10.78mm/a降至0.31mm/a。在坨三污水处理站的现场试验也取得了良好的缓蚀效果。以后在其它油田也得到了推广和应用。

3.4.2 AM-C42缓蚀剂

该剂是由胜利油田技术检测中心同德州工科所实验助剂厂合作于1993年研制成功，它是以棉籽油脚脂肪酸、有机胺、不饱和脂肪酸酯、卤代脂肪酸盐为原料，经缩合、加成、皂化、季铵化等反应制成的咪唑啉深度衍生物，层吸附膜型缓蚀剂。它水溶性好、缓蚀率高，具有一定的防锈和清洗作用。首先在永安污水处理站进行现场试验，投药量10mg/L，使平均腐蚀速率由0.12mm/a大幅度降至0.0039mm/a，点蚀速度由2.18mm/a降至0.26mm/a，试验期间从未发生管线设备穿孔事故。该剂在胜利油田和其它油田得到了广泛的推广应用。

3.5 层吸附膜型缓蚀剂

主要成分为二种合成的咪唑啉化合物，还复配有联氨化合物，主要成分为二种合成的咪唑啉化合物，还复配有联氨化合物。如CL-1型缓蚀剂，该剂是胜利油田纯梁采油厂同华中理工大学合作于1990年研制成功，其主要成分为二种合成的咪唑啉化合物，还复配有联氨化合物，层吸附膜型缓蚀剂。它除具有好的缓蚀效果外，对乳化原油尚有一定的脱水能力，适用于含氧量低的油田污水的处理。首先在纯梁10号采油站至联合站的集油管线上进行了现场试验，投药量30mg/L，平均缓蚀率大于90%，保障了这段经常穿孔的管线的正常运行，取得了好的缓蚀效果，该剂在其它油田也得到了一定的推广应用。

3.6 KL0305A缓蚀剂

KL0305A缓蚀剂，该剂由新疆石油勘察设计院于1999年3月报导，其主要有效成分为聚磷、二价金属盐、助剂及增溶分散剂组成。对高腐蚀性高矿化度污水，使用该剂加量50mg/L进行处理，腐蚀速率可达0.037mm/a及缓蚀率93.6%。该剂在克拉玛依油田取得了好的使用效果，适应性良好。

3.7 FM及FMO缓蚀剂

FM及FMO缓蚀剂，该剂由胜利油田孤岛采油厂于2000年研制和报导，其主要有效成分，FM为咪唑啉的聚乙氧基醚，FMO为咪唑啉苄基氯化铵，它们对垦西油田的高含硫污水具有好的适应性和良效，后者优于前者，两者均优于其它常用缓蚀剂。该剂在孤岛等油田得到了推广和应用。

4 结论

随着石油行业开采速度的提升，腐蚀结垢给油田生产带来的负面影响也日益加剧。虽然目前缓蚀防垢技术已取得了初步的进展，但高效缓蚀剂还有待于进一步开发，而目前广泛应用的缓蚀剂类型仍以咪唑啉化合物及其衍生物为主。

参 考 文 献

[1] 郑凯，余宏伟．管道成垢原因及治理措施[J]．油田地面工程．2005，24(10)：41.

[2] 王任芳，陈云．咪唑啉类缓蚀剂的合成及其缓蚀性能评价[J]．石油化工腐蚀于防护．2006. 23(1)：39.

[3] 张爱社，纪云岭，中原油田油系统腐蚀状况分析及对策[J]．石油与天然气化工．2002. 31(1)：41-43.

[4] 刘三威，李向群．缓蚀阻垢剂HZ_ X2的合成_ 性质及应用[J]．油田化学．2003. 20(1)：03.

[5] 李汉昌，董向荣．某气田井下油管腐蚀与防腐现状及分析[M]. 2003：312.

[6] 司力平．输油管道的防垢与防腐[J]．化学清洗. 1998. 14(6). 25-27.

[7] 宋生奎，李洪海．输油管道腐蚀监测及评估技术的现状及发展趋势[J]．石油商技．2004. 23(3)19-21.

[8] 方华．浅谈油田防腐蚀设计中的协同效应．油气田地面工程．2003. 22(10)50.

[9] KPRISHNA R，JOSHIC. CorreluLions of pour point of gus oil and vacuum gus oil fractions with compositional purumeters[J]. Enemy&Fuels，1989，3(1)：15-20.

[10] 刘忠晖．降凝剂的筛选及激励探讨[J]．油气储运，1994，13(6)：20-24.

油气田管道失效类型划分方法与识别策略

陈宏健 唐德志 王 晶

(中国石油规划总院)

摘 要 油气田管道失效识别有助于科学评价管道风险，提高管道完整性管理水平。笔者及研究小组充分借鉴各油气田公司实践经验，根据陆上油气田钢质管道的失效情况，结合其失效的典型特征，将油气田钢质管道的失效类型分为7大类21小类，并形成了识别策略。

失效识别与统计是油气田管道开展风险评价的基础工作之一，同时也是快速获得管道风险特征的最直接方法。油气田管道开展失效识别与统计工作，有助于科学评价管道风险，及时采取有针对性的风险减缓措施，提高管道完整性管理水平，提升管道本质安全。笔者及研究小组在充分借鉴各油气田公司的实践经验，特别参考了西南、塔里木、长庆和大庆等油气田失效统计工作的经验及基础上，结合油气田管道特点，首次系统分析并建立了油气田管道失效划分方法。

1 国内外研究现状

(1) 国际管道委员会(PRCI)的划分方法

依据国际管道研究委员会(Pipeline Research Committee International，简称PRCI)油气管道失效类型分为：3种时间类型、9种失效类型、21种小类(图1)。该分类方法有以下几个优点：

① 从失效原因上对失效类型进行划分，界定更加清晰；

② 不同的失效原因对应不同的失效机理，有利于各种失效机理的深入研究，为失效防护提供理论基础；

③ 每类失效类型相应采取的控制措施不同，基于失效的原因进行分类，有助于快速提出科学有效的防护措施。

(2) 中石油集团石油管工程技术研究院的划分方法

中石油集团石油管工程技术研究院李鹤林院士提出了一种很好的划分方法：

油气管道的失效模式包括爆炸、泄漏、断裂、变形、表面损伤5大类；

或者分为爆炸、泄漏、断裂、变形、腐蚀、外部机械损伤6大类。

以上油气管道的失效分类方法均基于长输管道，但油气田管道在管道类型、输送介质、地区环境以及管理特点上与长输管道有着明显的不同，长输管道的失效分类方法在油气田管道中不能直接应用；为了获得油气田管道的失效分类，开展了中国石油典型油气田失效分类研究，形成了新的划分方法。

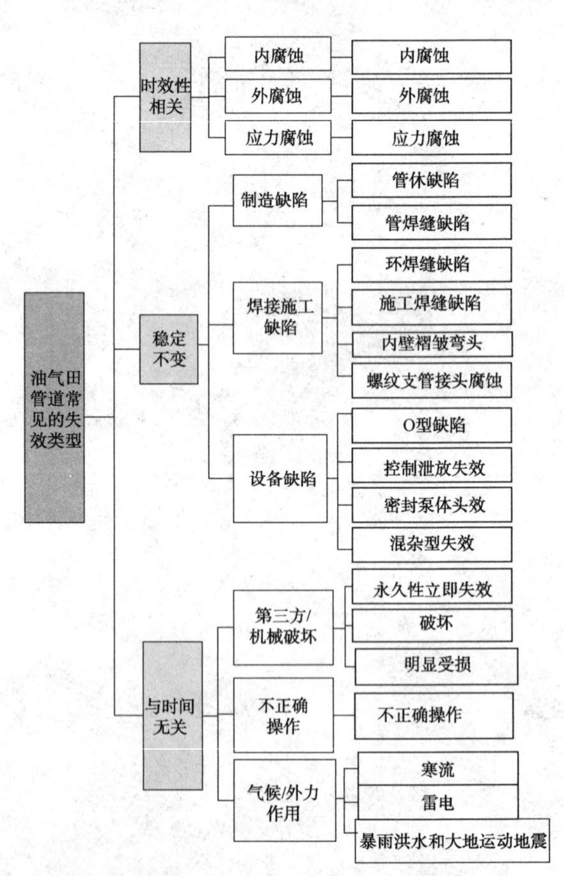

图1 PRCI失效划分方法

2 油气田管道失效划分方法

根据中国石油陆上油气田钢质管道的失效情况，结合其失效的典型特征，将油气田钢质管道的失效类型分为7大类21小类(表1)。

表 1　油气田管道现场失效分类

序号	失效类型名称	细类名称
1	内腐蚀(8 小类)	CO_2 腐蚀
		硫化氢等其他介质腐蚀
		溶解氧腐蚀
		细菌腐蚀
		电偶腐蚀
		冲刷腐蚀
		垢下腐蚀
		水线腐蚀
2	外腐蚀(4 小类)	土壤腐蚀
		杂散电流腐蚀
		保温层下腐蚀
		补口腐蚀
3	应力腐蚀开裂(2 小类)	内部介质引起的应力腐蚀开裂
		外部介质引起的应力腐蚀开裂
4	制造与施工缺陷(2 小类)	管体缺陷
		施工焊接缺陷
5	第三方破坏	第三方破坏
6	运行操作不当(2 小类)	结垢堵管
		误操作
7	自然灾害(2 小类)	水文灾害
		地质灾害

3　失效识别策略

根据各类失效的识别难易程度，采取三级识别策略，具体内容如下：

(1) 每一起失效事件均应开展一级识别并统计记录。一级识别的主要内容包括对失效环境、失效位置、失效特征和失效后果的观察与分析。对照失效的类型特征、典型图片及判别标准，如果现场观察到的失效特点与之相符，则直接其失效类型的识别。

(2) 对于通过一级识别无法确认类型的失效事件，宜开展二级识别。二级识别是在一级识别的基础上开展的现场采样测试，包括对现场水样、气样、固体、微生物以及管道电化学参数的测试与分析。对照失效的类型特征、典型图片、现场测试实验结果及判别标准，实现失效类型的识别。对于具有相似失效特征的失效管道，宜选取典型管道开展二级识别。

(3) 对于通过二级识别无法确认类型的失效事件，宜开展三级识别。三级识别是在二级识别的基础上开展的室内检测分析，通过室内测试、结果分析和专家论证，实现失效的判定。对于具有相似失效特征的失效管道，宜选取典型管道送实验室识别。

4　各类失效推荐的识别方法

考虑到不同类型失效识别的难度差异，将失效类型匹配 3 级失效识别策略，形成识别方法，详见表 2，识别流程见图 2。

表 2　基于三级识别策略的失效类型划分方法

序号	级别	可识别失效大类	可识别失效小类
1	一级识别	内腐蚀、外腐蚀、制造与施工缺陷、第三方破坏、运行操作不当、自然灾害、水线腐蚀	电偶腐蚀、冲刷腐蚀、垢下腐蚀、水线腐蚀、保温层下腐蚀、补口腐蚀、管体缺陷、施工焊缝缺陷、第三方破坏、误操作、水文灾害、地质灾害、结垢堵管

续表

序号	级别	可识别失效大类	可识别失效小类
2	二级识别		CO_2 腐蚀、细菌腐蚀、土壤腐蚀、杂散电流腐蚀
3	三级识别	应力腐蚀开裂	溶解氧腐蚀、H_2S 等其他介质腐蚀、内部介质引起的应力腐蚀开裂、外部介质引起的应力腐蚀开裂

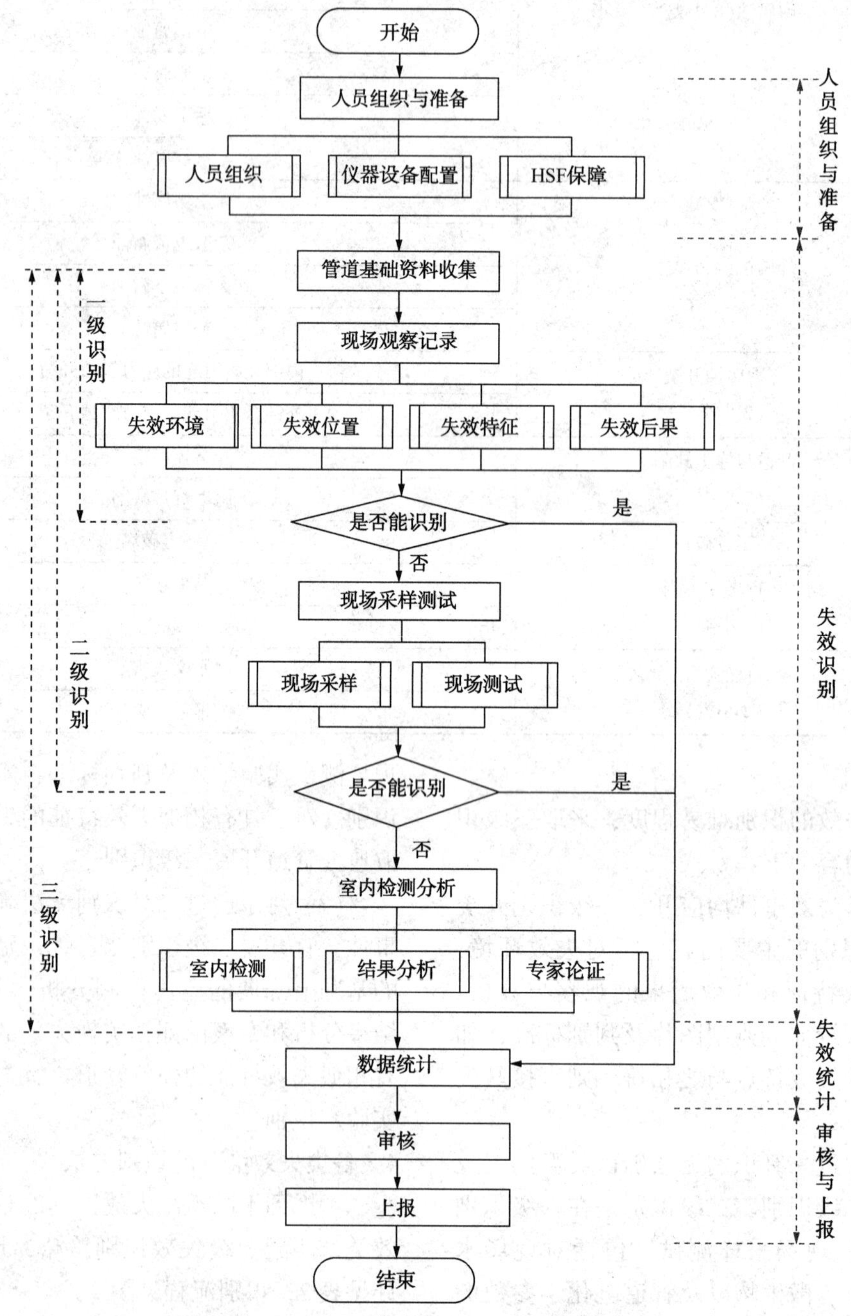

图 2　失效识别工作流程

5　结论

本研究系首次系统分析并建立了油气田管道失效划分方法，而且紧跟国际技术发展趋势，建立了小类失效划分方法。但考虑到油气田类型众多，失效原因极其复杂，且受到研究周期和研究人员知识储备限制，难免挂一漏万。随着油气田管道和站场完整性管理工作深入开展，本项工作会持续进步，失效类型的划分会更加详细和丰富。

气井自动间歇生产系统优化设计及应用

汪泳吉　邵江云　白　鹏　张宗伟　张　春

（中国石油长庆油田公司）

摘　要　随着开发时间的延长，间歇井所占比例越来越大，人工开关井操作成本相应增加，人工制度分析调整优化劳动强度大，且产量与井数不成正比，同时制度执行受天气、外协影响。此外，现有的远程控制间歇生产装置均存在设备故障率高、无法调节开度和自动控制等问题。因此，开展可降低间歇井管理难度、减少人员劳动强度、可实现智能化开关的气井自动间歇生产系统优化设计十分必要。

关键词　间歇井；自动间歇；远程控制；控压开井；智能化

1　需求背景

1.1　采气四厂分类气井生产情况

全厂共有生产气井1415口，平均套压6.9MPa，井均日产$0.69\times10^4m^3/d$，日产能力$953\times10^4m^3$。产量小于$0.5\times10^4m^3/d$的气井908口，占总井数的64.17%，套压低于6MPa气井781口，占总井数的55.19%，低产低压气井逐年增多给气田开发管理带来巨大挑战（表1）。

1.2　间歇井生产情况

间歇生产井共778口，占总井数的55%，产能196.31万方/天，仅占总产能的20.6%，间歇井数量庞大，产能贡献低（表2）。

表1　分类气井生产情况统计表

气井制度分类	井数/口	井数比例/%	平均套压/MPa	压降速率/MPa/d	井均日产气/10^4m^3	日产能力/10^4m^3	产能比例/%	井均累计产气/10^4m^3
调峰井	8	0.6	10.5	0.037	6.50	52	5.5	3994
连续井	530	37.5	8.4	0.035	1.41	704.24	73.9	2129
间歇井	778	55.0	5.8	0.008	0.25	196.31	20.6	1562
长关井	99	7.0	6.7	0.006	0	0	0	1177
合计/平均	1415	100	6.9	0.027	0.69	952.55	100	1761

表2　间歇生产井基本生产情况

区块	总井数/口	间歇井数/口	占区块井数比例/%	目前套压/（MPa）	井均产能/（$10^4m^3/d$）	日产能力/（$10^4m^3/d$）	井均累产/（10^4m^3）
苏6、苏36-11	824	488	59.2	5.6	0.27	130.1	1926
苏东41-33	426	239	56.1	6	0.21	50.64	971
苏54	165	51	30.9	7.4	0.31	15.57	854
合计/平均	1415	778	55.0	5.8	0.25	196.31	1562

1.3　间歇井管理方式

1.3.1　人工间歇开关井

间歇井数量增加，开关井操作成本相应增加，开关按照120元/次计，年操作成本约430万元。开关井次数多，费用高、产量与井数不成正比，且制度执行受天气、外协影响。

1.3.2　远控间歇生产技术

1.3.2.1　高压气井远程自动开关技术

该系统由电控平衡式控制阀、智能井口控制器、阀门开度控制传感器等组成。现场试验应用4口，由于其结构复杂、针阀开度不易控制、设备自主维修难以开展等原因而停用拆除（图1）。

1.3.2.2　远程控制电磁阀开关井技术

筛选电磁阀远程控制开关井58口/225井次，成功182井次，失败43井次，成功率为81%。

存在问题：适用范围小（低于4.5MPa），只

图 1　电动针阀现场安装图

能全开，阀体内电磁头容易冰堵，引起阀芯坐不严，泄压孔外漏，远程控制无动作等(图 2)。

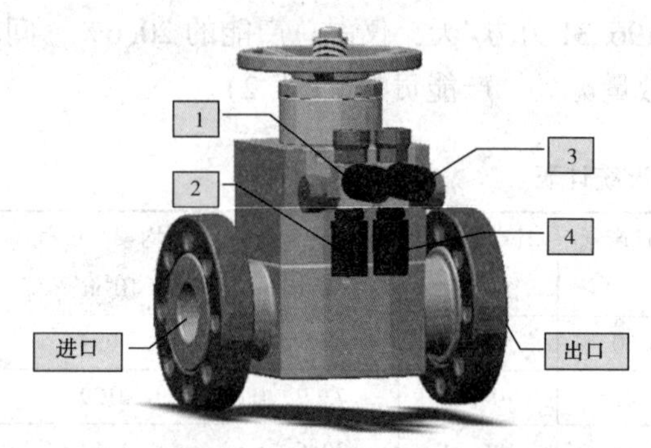

图 2　电磁阀外形图

现有远程控制间歇生产装置均存在设备故障率高、无法调节开度和自动控制等问题。因此，开展气井自动间歇生产系统优化设计十分必要。

2　自动间歇生产系统优化设计

2.1　功能需求

为保证优化后的自动间歇系统运行可靠，可降低间歇井管理难度、人员劳动强度，必须满足以下条件：

(1) 工艺简单可行，适用间歇生产；

(2) 控制调节开度，无需外加电源；

(3) 自动控制运行，远程控制操作；

(4) 安全环保可靠，维护管理方便。

根据上述管理需求，需进一步实现以下功能：

(1) 井口加装设备少，可实现模拟人工不同压力下开井；

(2) 通过套管提供气源，实现阀门开度控制；

(3) 具备现场调参和平台远程调参，制度执行率 100%；

(4) 在高压下可以开井，设备维护简单，可重复利用。

2.2　设计思路

现有 MI 智能柱塞气举系统技术成熟，应用广泛。因此，该系统以柱塞气举工艺为基础进行优化设计改进。重点从控制阀门优选、控制系统配套和管理平台优化三方面入手。具体设计思路如图 3 所示：

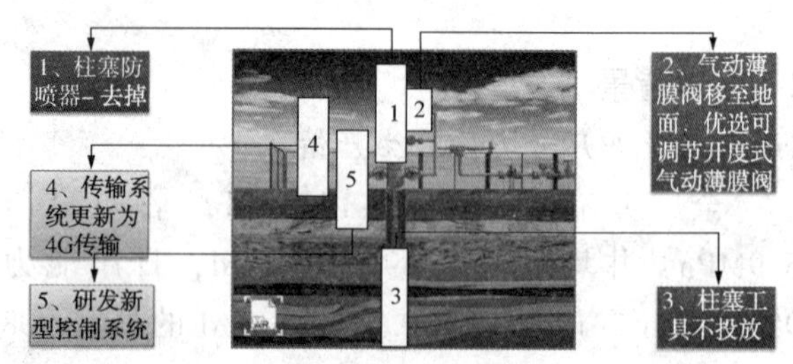

图 3　设计思路图

2.3　工艺组成

整套自动间歇生产系统以气井智能生产控制器为核心，优化了以气动薄膜阀为关键设备，可实现气井自动间歇控制、高压下控压开井，提高低产气井的携液能力，为气田中后期气井智能化管理探索了新的技术途径。具体优化措施如下(图 4)：

一是在原有气动薄膜阀基础上增加了机械及电子指挥器，实现对薄膜阀开度控制。当指挥器感应到下游压力小于设定压力时，薄膜阀弹簧向上运动，全开薄膜阀；当下游压力大于设定压力时，薄膜阀弹簧向下运动，半开薄膜阀。最终达到控制气井开关状态，调节气井开度的目的。可调节开度，安装于井口地面高压管段上。

二是升级了智能控制器。全面升级原有控制器，全新的控制器由太阳能板、显示器、主板、接线盒、套压传感器等部件组成，可实现气井自动间歇生产制度的就地或远程优化调整和控制。

三是优化了数据传输模式，通过搭载 4G 技术使传输变得更快捷更稳定。在原单井传输系统基础上，将 RTU 电台传输更换为 4G 传输模式，实现通讯距离更远、传输更快更稳定，同时成本更低。或者与现有单井数据共用传输系统(单井远传 2.0 系统)，传输至厂二级监控平台。

四是升级了远程监控平台。在厂二级监控平台(区级调控中心)开发气井自动间歇生产系统监控管理界面，实现气井间歇生产制度的设定、调整、优化和远程开关井操作，大幅降低劳动强度。

综上所述，优化后的自动间歇控制系统有以下创新点(图5)：

(1) 研发了自动间歇智能控制器；

(2) 研发了气动薄膜阀电子指挥器；

(3) 配套了自动间歇控制4G传输系统；

(4) 开发了自动间歇远程控制平台。

3　自动间歇生产系统应用效果分析

3.1　应用情况

截至目前，已经在各区块累计应用46口，通过不断完善自动间歇系统应用管理水平，解决间歇井生产中存在的问题，实现了间歇井产量挖潜和减少人工成本的目标(图6)。

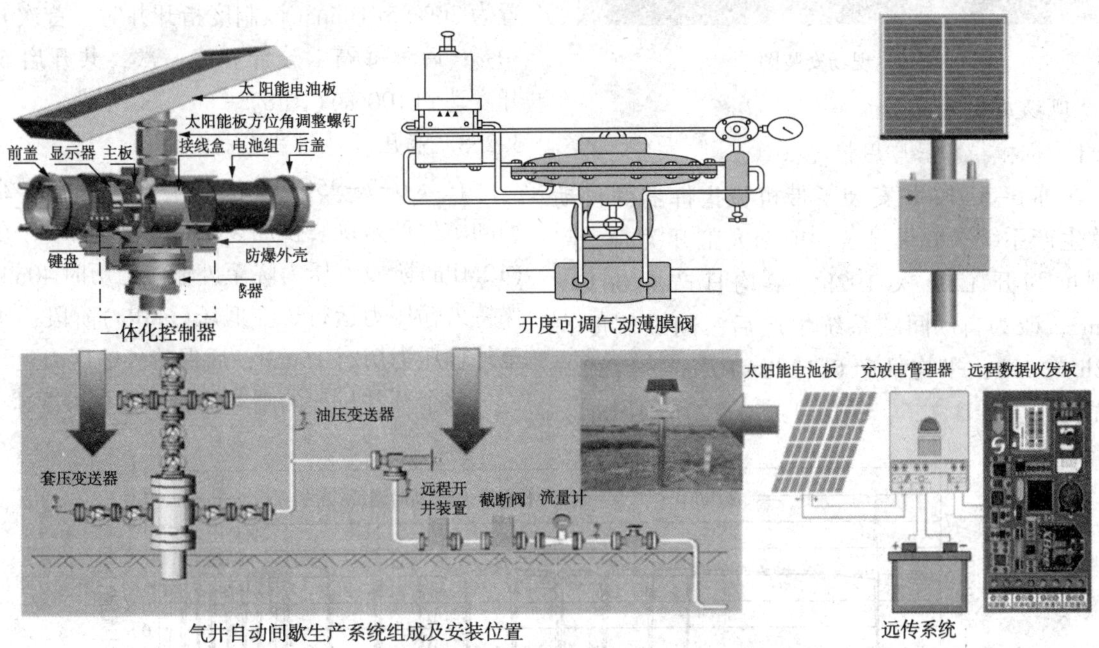

图4　工艺组成图

智能控制器

4G传输系统

远程控制管理平台

气动薄膜阀电子指挥器

图5　工艺优化图

图6 现场安装图

3.2 现场应用效果分析

3.2.1 机械指挥器应用情况

在苏6-5-12井安装了带机械指挥器的自动间歇生产系统，效果显著。前期人工开关时，间歇制度为开120h关192h，平均日产$0.0633\times10^4m^3$；改为自动间歇系统生产后，间歇制度为开2h关22h，平均日产$0.1288\times10^4m^3$，后续调整优化制度开3关5，平均日产$0.2275\times10^4m^3$，日均增产$0.1642\times10^4m^3$。油套压呈明显下降趋势(图7)。

3.2.2 电子指挥器应用情况

在苏54-31-113井安装了带电子指挥器的自动间歇生产系统，效果显著。前期连续生产，平均日产$0.36\times10^4m^3$；改为自动间歇系统生产后，间歇制度为开48h关24h，平均日产$0.52\times10^4m^3$，日均增产$0.16\times10^4m^3$。电子指挥器的开井制度设置为30%/5/1mins(该制度指开井时，首次开度为30%，后续每隔1分钟开启一次，共开启5次使开度达到100%)(图8)。

3.2.3 高压开井过程分析

在苏6-7-25C1井安装了带机械指挥器的自动间歇生产系统。投用设定压力为4MPa，在高压(12MPa)阶段，压力降至外输压力历时40min，后保持外输压力运行。在低压(6MPa)阶段，压力降至外输压力历时15min，后保持外输压力运行。

整个开井过程的瞬时流量满足携液要求。

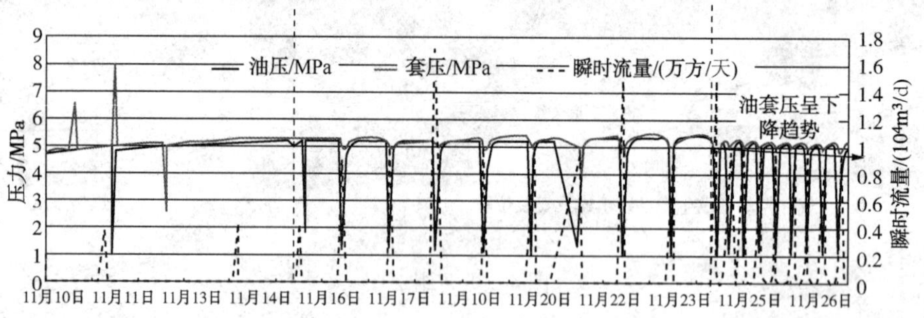

图7 苏6-5-12井生产曲线图

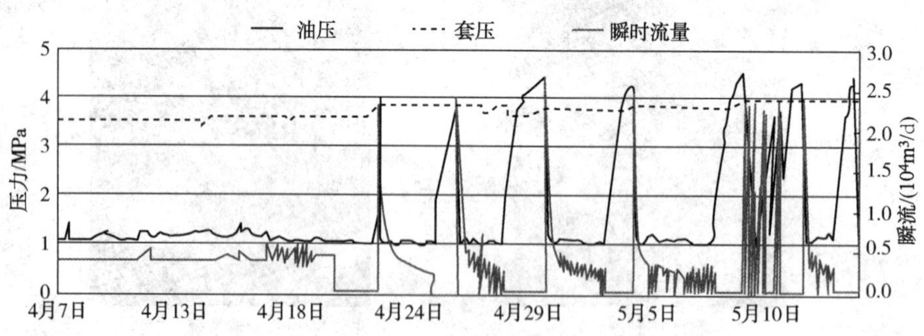

图8 苏54-31-113井生产曲线图

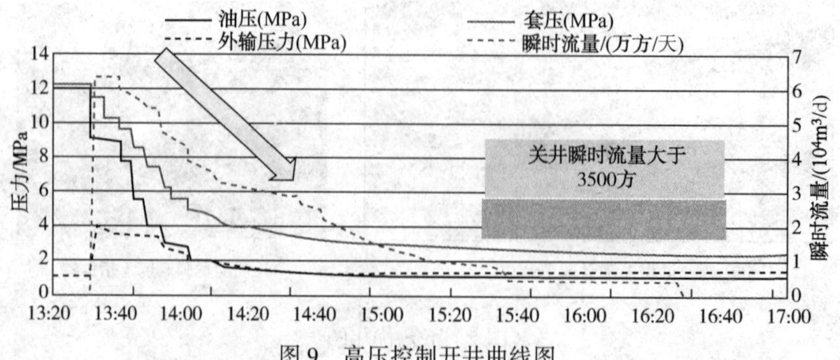

图9 高压控制开井曲线图

3.3 智能化开关井探究

3.3.1 间歇井制度制定思路

开展间歇井制度制定时，通常采取关井后油套压恢复至压力拐点的时间和开井后瞬流掉至该井临界携液流量以下的时间作为一个完整的间歇井生产制度。

其中，间歇井合理生产时间以开井后能有效携液为指导原则，以生产至瞬流掉至该井临界携液流量以下作为一个制度的生产时间段，确保在生产过程中气井可以尽量将井底积液携出，减少井底积液对气井产能的影响；

间歇井合理关井恢复时间以气井关井开始至压恢曲线出现拐点时的时间段。压恢曲线过拐点后，外围储层流体向井底流动几乎停止。

综上所述，后续开展智能化开关井的逻辑参考上述逻辑判断条件。

3.3.2 智能化软硬件配置

（1）硬件升级

关井压力采集应用：开展间歇井制度制定时，通常采取关井后油套压恢复至压力拐点的时间和开井后瞬流掉至该井临界携液流量以下的时间作为一个完整的间歇井生产制度。

开井瞬流采集应用：为采集到开井时瞬流敏感变化情况，在原有流量计中加装一个专项与自动间歇系统平台连接的通路(图 10)。

（2）软件升级

关井时机自动判识：根据气井自身情况，后台输入计算出的临界携液流量，气井生产过程中，当瞬流低于临界携液流量时，系统自动关井。

开井时机自动判识：利用标准偏差法，实时对采集的关井油压进行计算，当计算结果发现油压恢复曲线出现缓和的拐点时，系统自动开井(图 11)。

压力传感器

第二路RS485则与ACJK系统连接,为控制系统提供反馈数据(瞬流数据)。

图 10　硬件升级后的气动薄膜阀及流量计

```
//井度计算
if(pSysUalue->supplyPres <= pSysParas->SP-Max- InWe11Close)
pSysUalue->ual ueDpening ▪ 0;
e lse if (pSysUalue->supplyPres>     pSysParas->SupplpresLow )
pSysUalue->UalueOpening ▪1000;
e lse  pSysParas->UalueOpening   (int)((float)(pSysUalue->SupplyPres)/(float)(pSysParas->SupplpresLow)+1000.0;
if(pSysUalue->UellStatus-WELL- STATUS- CLOSE)
//在关阀状态下检测供气压力,当供气压力依然存在,
//则再次执行电磁阀放空操作,避免之前执行关阀时电磁阀失效情况的发生
if((pSysUalue->SupplyPres >-pSysParas->SP Max- InwellClose) &&(pSysUalue->SP- InWellClose- Counts >-
 pSysParas->SP- Gap- InVellClose))
WellControl- RunClose();
else if(pSysUalue->Uellstatus -- WELL -STATUS- OPENING
if(pSysUalue ->UalveRunGap- Counts >- pSysParas->UalveRunGap)
pSysUalue->UalveRunGap -F1ag -1;
pSysUalue->UalveRunGap -Counts -0;
pSysUalue->UalveRunTine- Counts -0;
//开阀过程中检测下游压力,当该压力大于下游目标压力最大值时
//系统进行泄压,减小阀门开度
if(PSysUalue->DounsPres < PSysUalue->TargetDowmPresMin)
pSysUalue->eUalveStatus”eUnLUE -STATUS- SuPPLY;
U1-IN- OUT();
U2-IN -OUT():
//开阀过程中检测下游压力,当该压力大于下游目标压力最大值时
//系统进行泄压,减小阀门开度
//else if((pSysualue- >DumsPres > pSysUalue ->TargetDowPresMax)&&(pSysUalue ->Supplyres >- pSysParas->SP- Max- InVellClose))
else if((pSysUalue->DounsPres > pSysualue->TargetDounPresMax) &&(pSysualue->SupplyPres >- pSysParas->Sp- Max -Inve1lClose)
 &&(pSysUalue->LiqPassFlag - 1)
pSysUalue->eUalveStatus - eUALUE- STATUS- UENT;
U1-OUT-VENT();
U2- IN -OUT();
? end if pSysUalue ->UalveRunGa... ?
//电磁阀充泄压动作时间到,则进入保持状态
if((PSysUalue->UalueRunGap -Flag ▪▪1) &&(pSysUalue->UalueRunTime- Counts >= pSysParas->ualueRunTine))
pSysUalue->UalveRunCap- Flag = 0;
if(pSysUalue->eUalueStatus ?= eUALUE- STATUS -BLOCK)
```

图 11　后台程序编码

3.3.3 智能化开关实例应用

对苏54区块某井开展智能化开关试验，效果显著。

试验过程中，设置开井条件为监测到油压恢复曲线出现拐点时开井；设置关井条件为监测到流量计瞬流低于270m³/h关井。运行过程中，该井根据实际条件不断调整制度，实现了智能化开关，取代了原有的简单定时开关模式(图12)。

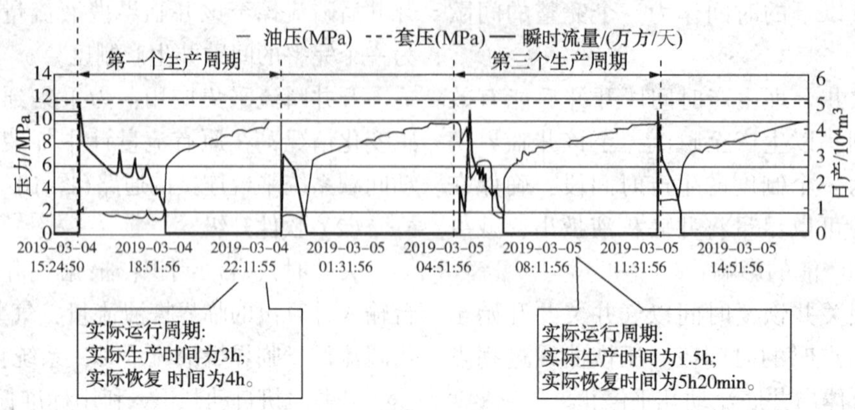

图12　某井试验时生产曲线

3.4 工艺适用性分析

通过对46口井应用，得出以下工艺适用性认识：

(1) 气井生产中后期，气层基本不吐砂，薄膜阀阀座刺漏几率较小；

(2) 解决电磁阀等无法实现控压、控制流量开井问题；

(3) 该工艺具备后期大面积推广智能开关的条件；

(4) 在生产后期积液时，可以加装柱塞进行排水采气；

(5) 做好保温可以实现冬季运行。

3.5 安全要求分析

气井自动间歇生产系统主要配件包括：控制器1件、KIMRAY气动薄膜阀(包含指挥器)1个，分液罐1只，KIMRAY减压阀(含压力表)1个，微电磁阀1只、压力传感器2只、控制器供电系统1套及配套的气源控制管线和夹片法兰、连接螺栓等。安全要求满足如下条件：

(1) 气动薄膜阀：进口KIMRAY；

(2) 工艺设备承压：25MPa；

(3) 控制器整机功耗≤15mW；

(4) 通信协议：Modbus协议(具有RS485通信接口)；

(5) 防爆标志：Exib Ⅱ BT4Gb；

(6) 外壳防护等级满足：IP65。

3.6 经济评价

通过对人工间歇和自动间歇两种生产方式对比发现，自动间歇方式可有效减少现场作业强度，提升间歇制度执行率，预期节约运维成本1.54万元/(口·年)。具体计算方法如下：

(1) 人工间歇成本：120元/井次X220井次/年=2.64万元/年；

(2) 自动间歇成本：按模式2、维护费0.35万元/年、使用周期8年测算，折合成本1.1万元/年。

气井自动间歇生产系统具有降低管理难度、降低劳动强度、增产效益明显、系统运行稳定等优势，且可解决边远、外协困难、人工间歇制度执行不到位的问题，后期可推广应用智能化开关井功能，进一步解放人工数据分析的劳动强度，前景广阔。

4 结论与认识

综上所述，本文得出以下结论与认识：

(1) 通过气井远控控制开关技术研究，优化设计形成气井自动间歇生产系统，主要由气动薄膜阀(开度可调节)、智能控制器、4G传输系统、远程监控平台组成。

(2) 该系统可实现气井生产动态优化生产制度，通过就地设置和远程控制两种方式实现定压(下游压力)、定时、控压开井，代替了人工控压开井过程，提高气井携液生产能力，降低了现场操作强度和作业风险。

(3) 相较传统人工开关井模式，该系统投资较小，成本回收快，经济效益可观，可降低操作成本1.54万元/(口·年)，通过制度优化气井增产效果明显。

(4) 该系统运行可靠，大幅降低间歇井管理难度，后期可改造为柱塞气举，实现一井一法自动控制管理。

（5）后期可推广应用智能化开关井功能，进一步解放人工数据分析的劳动强度，前景广阔。

参 考 文 献

[1] 自动薄膜阀使用说明书.

[2] 李旭日等. 柱塞气举排水采气远程控制系统[J]. 石油钻采工艺，2015，37(3)：76-79.

[3] 韩勇等. 苏里格气田井场数字化技术的发展[J]. 内蒙古石油化工，2012，27：75-76.

[4] 贾敏等. 柱塞气举排水采气技术进展及应用[J]. 西部探矿工程，2015，7：25-28.

火灾工况下复杂物系工艺泄压过程动态分析

万宇飞 程 琳 王文光 黄 岩 陈正文

（中海石油（中国）有限公司天津分公司渤海石油研究院）

摘 要 泄压系统作为各设备设施的安全保障装置，在发生事故或火灾时对安全生产起到决定性保护作用。以渤海某油田中心平台原油处理一级分离器为依托，建立符合实际情况的工艺泄压模型。主要研究容器外部发生池火灾工况时，分离器内各关键参数的变化情况与泄压装置的泄放特性。结果表明：①火灾工况下的泄放过程是个极其复杂的过程，分离器内物流组分和物性随时间发生变化，动态模拟可实时记录各关键参数随时间的变化情况；②对于油气水三相混合物的泄放，一般取泄放初期阶段产生的极大泄放量作为最大泄放量；③在安全阀的设计中应综合分析以确定合适的初始条件作为计算的依据；④对于给定的分离器，火灾工况下应选取口径为506.5mm的H型式安全阀。

关键词 复杂物系；泄压；动态模拟；泄放量；安全阀

火灾工况是指盛装有挥发性物质的压力容器或设备的外界发生火灾，热量源源不断向容器内部输入，使内部流体的温度和压力不断升高[1]。若无任何保护措施时，直接威胁着容器或设备甚至是整个工厂的财产与人身安全[2]。

对于海上油气处理，因其空间小，外部不可控因素多，安全运行更是重中之重。因此，合理设计压力泄放装置成为关键。而油气水混合物是一种宽沸点范围的复杂多元混合物。当外界发生火灾，容器内的油气水混合物会在高温火焰的连续燃烧下，内部混合物的温度和压力逐渐升高[3-4]，当达到压力安全阀（PSV）的设定压力时，开始泄放。随着热量的不断输入，内部温度持续升高[5]，各组分物质依据沸点，由低到高逐渐汽化，并在PSV的作用下，泄放出去，通过火炬系统燃烧。根据API 520[6]和API 521[7]的规定，分离器在火灾工况下安全阀的最大泄放压力为设定压力的121%。

目前工程上常规做法由于未考虑油气物性随时间的变化，液位高度对最大泄放量的影响，也未考虑不同时间容器内组分的不同而存在一定的局限性[8]。动态模拟作为一种先进的分析方法[9-10]，可以实时捕捉各项关键参数随时间的变化情况，从而可以更加精确的分析整个过程，计算得到准确的泄放量和合适的安全阀型号。

1 工程概况

以渤海某油田中心处理平台上设置的一级油气处理分离器为例，利用ASPEN HYSYS软件动态模块研究在发生火灾时的最大泄放量、泄放特性、流体物性、流体温度等关键参数随时间的变化情况。该分离器为3.6m（ID）×14m（TT）的带油槽和油堰的卧式三相分离器，处理后原油含水率为20%。压力和液位的控制参数如表1。进入分离器油气水混合物的温度为79.8℃，压力为550kPa，流率为7235kgmole/h，该物流组成如表2所示。

表1 分离器压力和液位的控制参数

设定点	低低关断	低报警	正常工况	高报警	高高关断
压力（kPaA）	350	450	550	750	900
分离段液位（mm）	—	1000	1900	2400	—
油室液位（mm）	400	—	—	—	2700
水室液位（mm）	500	900	1600	2300	—

表2 油气水混合物组分

组分	Mole%	组分	Mole%	组分	Mole%
N_2	0.000197	n-C_6H_{14}	0.000212	NBP[2]806	0.00010
CO_2	0.000365	NBP[1]192	0.002522	NBP[3]127	0.01074
H_2O	0.865910	NBP[1]287	0.011900	NBP[3]278	0.01236

续表

组分	Mole%	组分	Mole%	组分	Mole%
CH_4	0.024619	NBP[1]477	0.006527	NBP[3]446	0.01009
C_2H_6	0.001858	NBP[1]615	0.003194	NBP[3]561	0.00733
C_3H_8	0.001115	NBP[1]771	0.000564	NBP[3]706	0.00121
i-C_4H_{10}	0.000350	NBP[2]140	0.003030	NBP[4]136	0.01098
n-C_4H_{10}	0.000438	NBP[2]304	0.002759	NBP[4]294	0.01044
i-C_5H_{12}	0.000255	NBP[2]484	0.001360	NBP[4]493	0.00595
n-C_5H_{12}	0.000153	NBP[2]634	0.000531	NBP[4]639	0.00289

2 模型搭建

动态模型建立的一般做法是[11-12]：首先在稳态环境中根据实际运行情况搭建工艺流程并收敛。然后输入各设备设施的表征参数，如分离器的直径、长度，阀门的 Cv 值，换热设备的 k 值，安全阀的设定压力、最大泄放压力等。

同时，添加进口流量、分离器压力、油相液位和水相液位的 PID 控制回路；

利用 Strip Charts 工具记录分离器内油水液位、压力、物流量、吸收热量和安全阀开度、泄放量、泄放压力等关键参数；

利用 Event Scheduler 工具，建立火灾工况事故的控制逻辑；

使用 Spreadsheet 表格计算火灾工况下输入分离器的热量，并与分离器相关联；

利用 Cause & Effect Matrix 工具建立高高液位、低低液位和高高压力联锁切断。

最后转向动态模拟环境，运行、观测各变量的变化情况。

建立的火灾工况泄压系统动态模型如图 1。

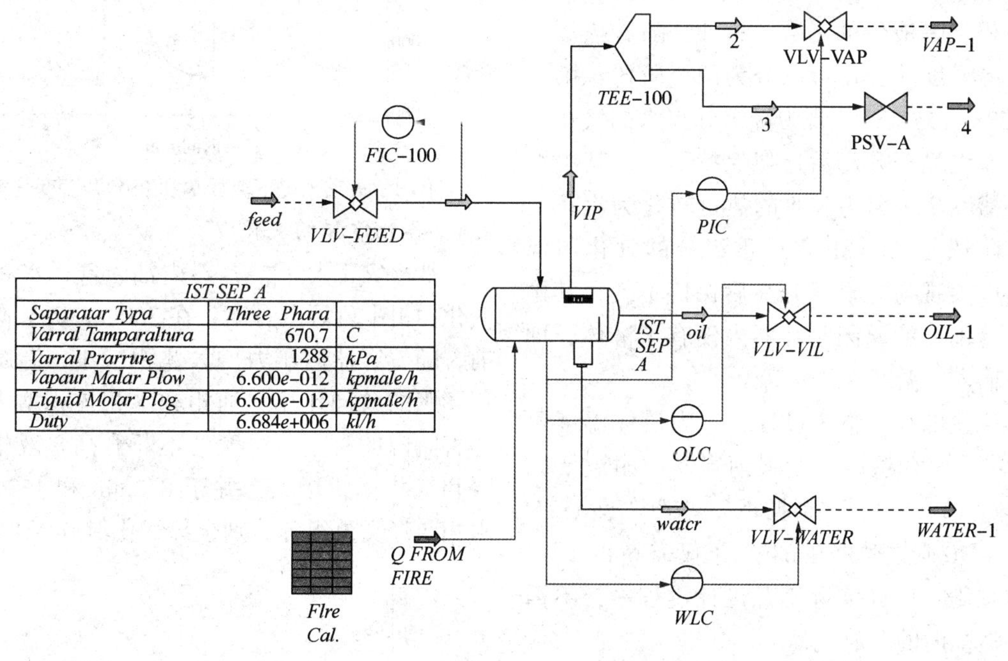

图 1　火灾工况泄压系统动态模型

3 泄放特性

外部发生火灾后，容器吸收的热量与容器内部沾湿面积有关[13]，在发生火灾前，沾湿面积按正常液位时的沾湿面积考虑。假设正常运行 10min 后，外部发生火灾，记录容器压力、液位、吸收的热量、流体温度等关键参数的变化情况。

3.1 容器内压与液位的变化

随着火灾发生后热量的不断输入，温度不断升高，轻烃气化使内部压力升高，280min 时内部压力达到 PSV 设定压力 1300kPa，PSV 打开。450min 时容器内部压力(泄放压力)达到最大值 1512kPa，不超过最大允许泄放压力 1573kPa。在 852min 时，压力有个突降，主要因为在该压力和温度下，水分全部气化，仅存高沸点组分。当热量继续输入，温度进一步升高，高沸点气化泄放。另外，由图2中可以看出整个过程中液位的变化情况：在PSV阀未打开之前和水分泄放之后，液位均缓慢升高，主要由于随温度升高，液体体积膨胀，高压体积收缩共同作用的结果[14-15]。

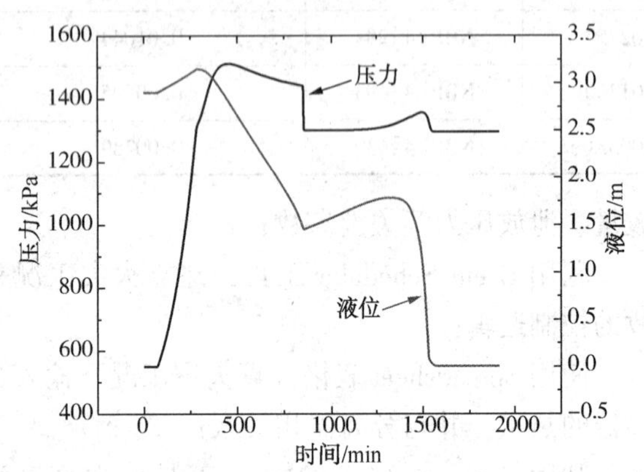

图2　火灾工况下分离器内压和液位变化情况

3.2　容器吸收热量与流体温度的变化

在火灾过程中，容器吸收的热量和容器内流体温度的变化如图3。可以看出，吸收的热量与液位趋势一致，因为吸收热量与沾湿面积有关，而沾湿面积又是液位的函数。另外，随着热量的输入，流体温度的变化可以分为两个阶段：第一阶段是852min之前，表现为轻组分与水的气化与泄放，温度先显著升高后近似保持不变，其中温度基本保持不变是因为吸收的热量转化为汽化潜热；第二阶段是852min之后重组分的气化与泄放，温度也表现为先显著升高后保持不变，其中的温度保持不变的原因是容器内没有了液体，即无热量的输入，温度不再升高。

值得注意的是，整个过程容器内流体温度可达到698℃，大大超过一般碳钢容器的耐温要求(一般要求小于450℃)。根据相关文献[16]，ASTM A515 Grade 70碳钢容器在649℃下仅需6min即可发生破裂损毁。因此实际工艺设计过程中，不需考虑温度过高时的泄放过程。

3.3　PSV泄放量与开度的变化

火灾过程PSV泄放量和开度变化如图4所示。可以看出，整个过程中出现了两个泄放量极大值，分别为4026kg/h和7241kg/h，分别对应轻组分(包含水)和重组分的气化泄放，其中第二个极大泄放量约是第一个的1.8倍。而最大泄放量的大小直接决定着PSV阀型号的选择和火炬系统的计算。这里考虑到第二个泄放量下流体的温度已经达到685℃，在实际过程中可能已经造成分离器的损坏，所以选择4026kg/h作为最大泄放量用于后续火炬系统计算的依据。另外还可以看出泄放量和开度的变化趋势一致，且整个过程PSV仅开启了两次。

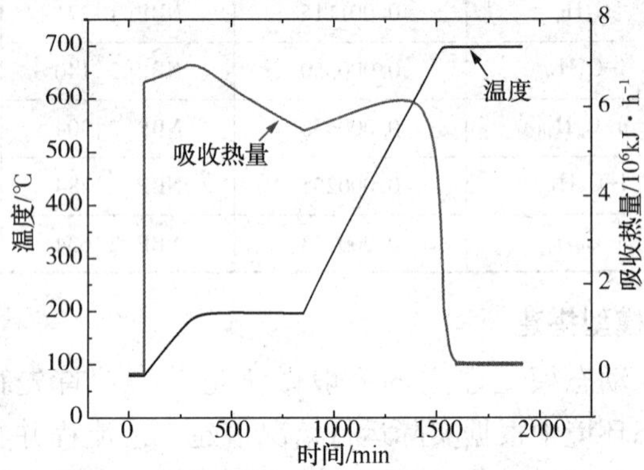

图3　火灾工况下吸收热量和流体温度变化情况

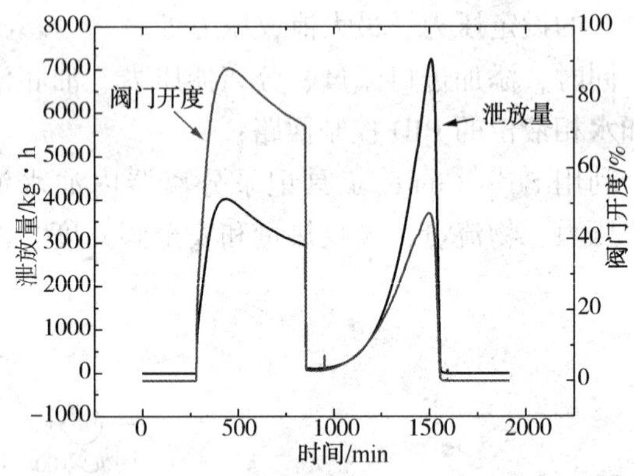

图4　火灾工况下泄放量和PSV开度变化情况

3.4　各相体积的变化

从火灾工况下，容器内油、气、水相体积的变化(如图5)可以看出：在280min PSV阀打开之前，随着容器内压力增大体积减小，温度升高体积膨胀的共同作用，油相和水相体积增大。之后随着阀门的打开，温度的不断升高，液相体积减少和气相体积增大。并于852min和1535min时，水相与烃类重组分分别全部气化泄放。

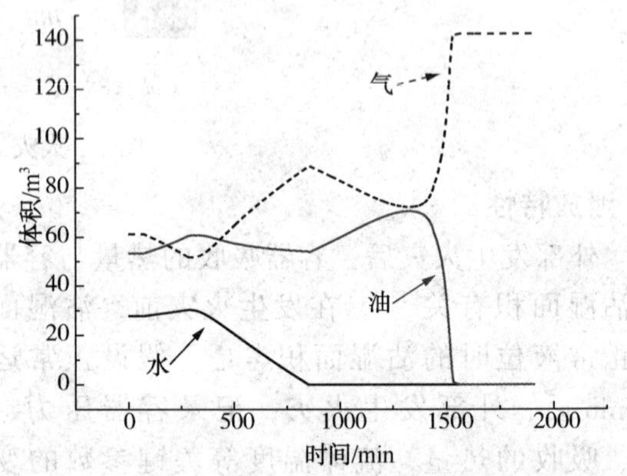

图5　火灾工况下分离器中油、气和水相体积的变化情况

3.5 PSV型号的影响

各种事故工况和火灾工况的泄放分析的目的是选定一个合适的压力安全阀。若选定的PSV太小，容器内压力过高可能会损坏设备；若选定的阀门太大，可能会使PSV启闭频繁而损伤阀座[17]。这里对G型、H型和J型三种PSV分别进行计算，得到整个过程容器压力和泄放量的变化情况。可以看出，G型、H型和J型的最大泄放压力（如图6）分别为1888kPa、1512kPa和1397kPa，最大泄放量（如图7）分别为3504kg/h、4025kg/h和4203kg/h。G型PSV的最大泄放压力大于最大允许泄放压力1573kPa，不能用于CEPA-V-2001A的火灾工况泄放。H型和J型均可用于此一级分离器在发生火灾时的安全泄放，从经济的角度，选择H型阀门较为合适。

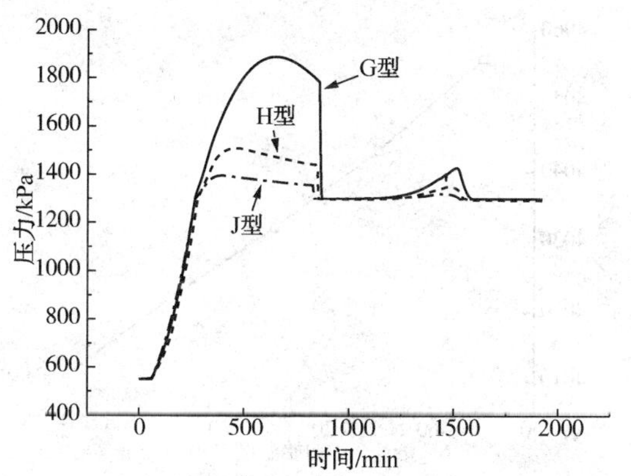

图6 火灾工况下选用不同PSV时系统压力变化情况

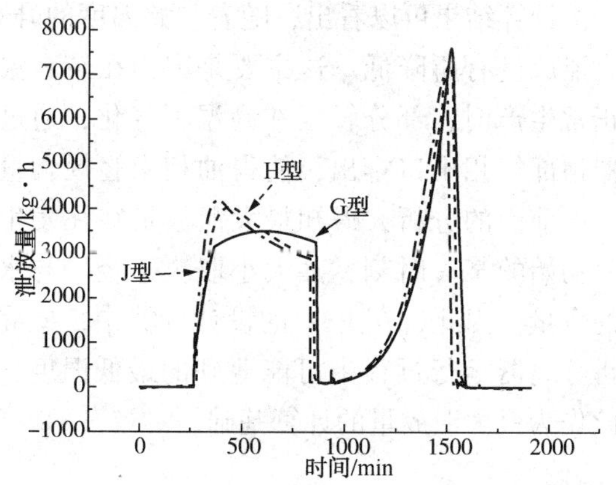

图7 火灾工况下选用不同PSV时泄放量变化情况

综上，在整个火灾泄放过程中，分离器内部物质组成与物性随时间不断发生变化。因此泄放量的计算不能以进口物流的组成和物性作为计算依据。

4 初始条件对最大泄放量的影响

调研国内外相关文献，发现不同学者[18-21]对泄放计算有不同的观点和认识。这里系统性对提出的各观点逐一分析和厘清。

4.1 含水率

吴梁红等人[22]认为PSV起跳时间随原油含水率的增大，呈现先减小后增大的趋势；泄放温度和最大泄放量随含水率增大而降低，且超过某一值后，最大泄放量和温度基本保持不变，在火灾工况下最大泄放量的计算中需要充分考虑含水率的影响。

利用建立的HYSYS动态模型，计算得到17.14%、40.80%、62.32%、73.38%和84.65%五种含水率原油在火灾工况下的最大泄放量，结果如图8。可以看出，最大泄放量随含水率的变化基本保持不变。这是因为最大泄放量往往发生在PSV开启的初始阶段，而在该阶段泄放的主要物质是轻烃，与原油含水率的影响较小。

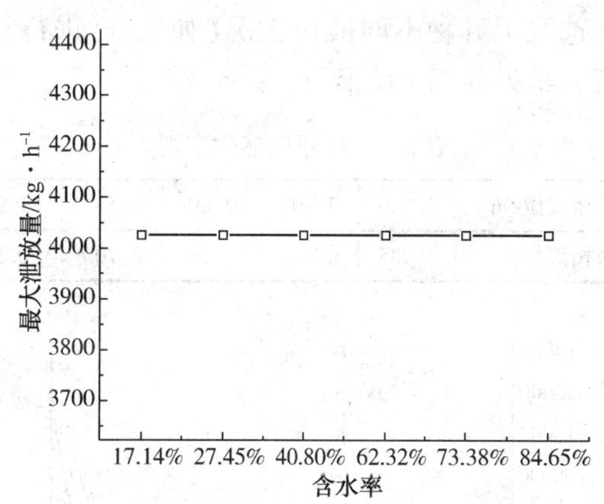

图8 入口原油含水率对最大泄放量的影响

4.2 操作压力

杨天宇等人[23]利用某气田段塞流捕集器为例，对不同操作压力和操作液位下段塞流捕集器火灾工况的泄放过程进行了分析，认为操作条件对泄放过程有明显的影响。

在低低关断压力与高高关断压力范围内选取了250kPa、400kPa、550kPa、700kPa和900kPa五个压力点进行火灾工况分析，得到不同操作压力下最大泄放量变化情况，如图9。

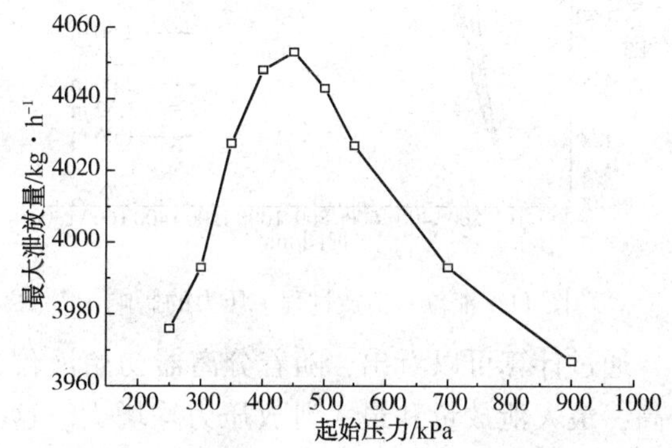

图9 初始压力对最大泄放量的影响

可以看出，最大泄放量随起始操作压力的升高表现为先增后减，最大泄放量存在于 400kPa 处，而不是正常操作压力 550kPa。在实际的 PSV 泄放量的计算过程中，要考虑起始操作压力对最大泄放量的影响，而不能仅仅考虑正常操作压力下的泄放量。

4.3 液位

根据《海洋石油工程设计指南》[24]，在火灾工况最大泄放量的计算时，沾湿面积以容器内液位高度位于正常液位时的沾湿面积为计算基础。杨天宇等人[23]认为初始液位的选取对最大泄放量的计算有较大影响。

为了研究分离器液位对最大泄放量的影响，在保证油相体积和水相体积比值保持不变的条件下，选取了五种不同液位工况（如表 3）进行计算分析，结果如图 10，图 11 所示。

表 3 五种不同液位工况

油相液位/m	2.500	2.200	2.00	1.515	1.06
水相液位/m	1.085	0.977	0.90	0.700	0.50

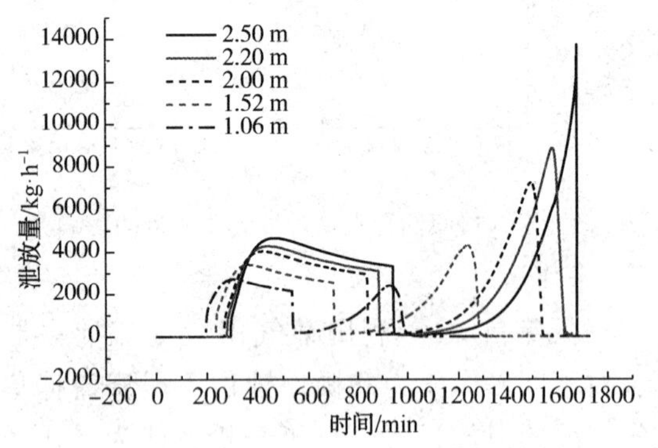

图 10 液位对泄放量的影响

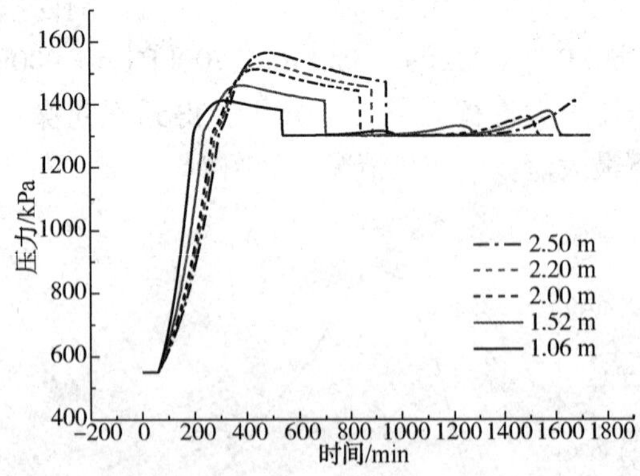

图 11 液位对泄放过程中压力的影响

通过计算可以看出，随着分离器初始液位的升高，最大泄放量和最大泄放压力均增大。这主要是因为当液位较高时，气体空间较小，再加上热量的不断输入，蒸发出的轻烃和水蒸气数量较大，压力很快聚集并泄放，造成最大泄放量随液位的升高而增大。这点与杨天宇等人计算结果正好相反。因此，从安全的角度考虑，在今后的安全阀设计计算中不能仅仅以位于正常液位时的液位为设计基础，还应考虑液位对最大泄放量的影响，一般来说，最大泄放量发生在分离器中可能发生的高高液位处，当然实际中需要综合分析确定。

4.4 温度

现实中进入分离器物流的温度会因某些因素发生波动，为了研究温度对火灾工况最大泄放量和 PSV 起跳时间的影响，选取了初始温度为 55℃、65℃、75℃、85℃和 95℃五个工况进行分析，结果如图 12 所示。

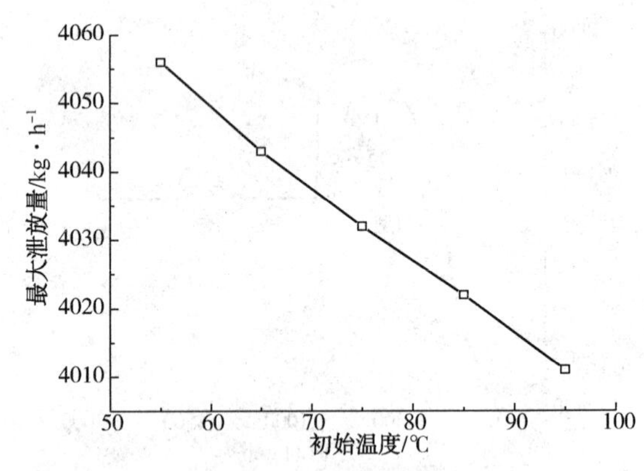

图 12 初始温度对最大泄放量的影响

由计算结果可以看出，随着初始温度的升高，最大泄放量有所降低。这主要是因为在较高温度下正常生产时，部分轻烃在高温下气化，通过分离器顶部气相出口排出，使得油相中轻烃含量降低，由前面的分析，得知最大泄放量往往发生在泄放初始的某一时刻，其大小取决于轻烃与水蒸气的含量。因此，在 PSV 的设计计算中，要综合分析分离器运行过程中可能遇到的最低温度，并由此作为最大泄放量的计算基础。

5 结论

以某分离器为例，利用 ASPEN HYSYS 软件动态模块建立符合实际情况的工艺泄压模型。主要研究容器外部发生池火灾工况时，分离器内各关键参数的变化情况与泄压装置的泄放特性。研究表明：

（1）火灾工况下的泄放过程是个及其复杂的过程，尤其是当泄放油气水三相混合物时，分离器内物流组分和物性随时间发生变化，在计算过程中不能仅仅以分离器入口物流物性作为设计基础。

(2) 对于油气水三相混合物的泄放，在整个过程中会出现两个极大泄放量，考虑到容器耐高温能力的限制，一般取泄放初期阶段产生的极大泄放量作为最大泄放量。

(3) 原油含水率对最大泄放量的计算影响很小，几乎可以忽略不计；而分离器运行的初始条件，如起始液位、初始温度和初始压力，对最大泄放量的计算具有一定的影响，在安全阀的设计中应综合分析以确定合适的初始条件作为计算的依据。

(4) 对于给定的分离器，在火灾工况下，口径为506.5mm的H型式安全阀较为合适。

参 考 文 献

[1] 冯涛江．压力容器安全泄放量的计算与安全阀的选择[J]．中国化工装备，2008，10(4)：43-44.

[2] 刘茜，李春磊．海洋平台压力容器安全阀最大泄放量的确定[J]．船海工程，2013，42(3)：182-183.

[3] 李治贵，宫俭纯，姜来举．海洋平台上安全阀的设计与选型[J]．仪器仪表用户，2015(2)：96-98.

[4] 陈荣旗．海上平台火炬系统设计泄放量的确定[J]．中国海上油气：工程，1997(5)：4-7.

[5] 陈文峰，刘培林，郭洲，等．复杂物系压力容器安全阀泄放过程的HYSYS动态模拟[J]．天然气与石油，2010，28(6)：55-58.

[6] API RP 520 (7th edition), Sizing Selection and Installation of Pressure-relieving Devices [S]. 1220 L Street, N. W., Washington, D. C. 20005. API Publishing Services, 2000.

[7] API Standard 521 (5th edition), Pressure Relieving and Depressuring Systems[S]. 1220 L Street, N. W., Washington, D. C. 20005. API Publishing Services, 2007.

[8] Padula F, Visioli A. Tuning rules for optimal PID and fractional-order PID controllers [J]. Journal of Process Control, 2011, 21(1): 69-81.

[9] 杨智，朱海锋，黄以华．PID控制器设计与参数整定方法综述[J]．化工自动化及仪表，2005，32(5)：1-7.

[10] Alshammari Y M, Hellgardt K. A new HYSYS model for underground gasification of hydrocarbons under hydrothermal conditions [J]. International Journal of Hydrogen Energy, 2014, 39(24): 12648 - 12656.

[11] Aguilera P, Carlui L. Subsea Wet Gas Compressor Dynamics [D]. Norwegian University of Science and Technology, 2013.

[12] Park C, Lee C J, Lim Y, et al. Optimization of recirculation operating in liquefied natural gas receiving terminal [J]. Journal of the Taiwan Institute of Chemical Engineers, 2010, 41(4): 482-491.

[13] Lee S, Jeon J, Lee U, et al. A Novel Dynamic Modeling Methodology for Boil-Off Gas Recondensers in Liquefied Natural Gas Terminals [J]. Journal of Chemical Engineering of Japan, 2015, 48 (10): 841-847.

[14] Coles A, Mahdian M, Thomson G. Application of dynamic simulation of compressor discharge safety instrumented over-pressure protection system [C]. Chemeca 2014: Processing excellence; Powering our future, 2014.

[15] 朱建鲁，李玉星，王武昌，等．LNG接收终端工艺流程动态仿真[J]．化工学报，2013，64(3)：1000-1007.

[16] 李奇，姬忠礼，马利敏．天然气脱酸气装置动态建模及分析[J]．计算机与应用化学，2012，29(1)：27-30.

[17] 赵晶．基于HYSYS常减压蒸馏装置动态模拟及控制研究[D]．中国石油大学(华东)，2012.

[18] 刘鹏鹏．中小型天然气液化流程的模拟优化和动态扰动研究[D]．上海交通大学，2014.

[19] API RP 14C (7th edition), Recommended practice for analysis design, Installation and Testing of Basie Surface Safety Systems for offshore production platforms[S]. 1220 L Street, N. W., Washington, D. C. 20005. API Publishing Services, 2001.

[20] 冯传令，杨勇．原油容器安全阀火灾工况泄放量动态模拟[J]．石油工程建设，2006，32(6)：46-48.

[21] 李涛，李昱江，苏敏，等．HYSYS动态模拟方法进行安全阀尺寸分析[J]．油气田地面工程，2015(5)：22-24.

[22] 吴梁红，宗媛，薛登存，等．两相分离器火灾工况安全阀动态分析[J]．石油工程建设，2016，42(1)：53-55.

[23] 杨天宇，朱海山，郝蕴，等．压力容器火灾工况安全泄放质量流量的动态研究[J]．石油与天然气化工，2014(2)：208-212.

[24] 海洋工程设计指南编委会．海洋工程设计指南[M]．北京：石油工业出版社，2007.

中国石化地面工程智能化建设

黄　辉

（中国石油化工股份有限公司）

摘　要　中国石化在油田地面工程智能化建设方面，进行了多年实践，取得了一些成果，部分油田已建立相对完备的GIS系统，在规划、设计、生产监控等方面发挥了相应的作用。但存在缺乏统一规划和管理、没有统一的规范和标准、部分油田的信息系统功能设置不合理等问题。通过对问题的分析，提出了中国石化地面工程信息化建设设想。

关键词　智能化建设；信息系统；一体化平台；人工智能；决策

1　前言

智能化油田建设，是当今石油领域出现频率最高的词，也标志着一个发展方向，中国石化在智能化油田建设方面，进行了多年实践，取得了一些成果。中国石化共有222个生产管理区约4.6万口井，截至2018年底，已完成183个采油气管理区的生产信息化改造工作，生产信息化监控油气水井总数约为3.7万余口，约占81%。

2　智能化油田发展历程

智能油田技术发展历程，并没有按自动化、数字化、智能化、智慧化这样由浅入深的模式发展，而是走出了跳跃式发展的轨迹。

自动化(Automation)是指机器设备、系统或过程(生产、管理过程)在没有人或较少人的直接参与下，按照人的要求，经过自动检测、信息处理、分析判断、操纵控制，实现预期的目标的过程。

数字化的提出，数字地球作为一个完整的名词，最初于1997年下半年出现在科技界，1998年1月31日，美国副总统科尔率先在公开场合喊出了“数字地球”这一名词。1999年末，大庆油田首次提出了“数字油田”概念，并将数字油田作为企业发展的一个战略目标，很快得到了全国各油田的普遍认同。

按一般逻辑，信息化以后再实施智能化，升级后再智慧化。但“智慧油田”的概念，最早可以追溯到1991年。在《Oil & Gas Journal》杂志上出现了“智能油田(智慧油田)”(Smart Field)的词汇和论述。“智能油田”可以实现实时监测、实时数据采集、实时解释、实施决策与优化的闭环管理，可以将油井，油田以及相关资产相互联合起来，统筹经营、管理。是提高采收率的有效途径和发展方向。仅一个油气田每天产生的数据量就在1TB(百万兆字节)左右，5G到来会大大加快智慧油田的建设。

直到2010年，中国才提出了“智慧油田”的概念。个别油田进入智能化起步阶段，与国际先进水平相比还有较大的差距。

具有系统决策和自学习功能的系统才能叫智慧化，目前的智慧油田都是属于初级阶段。

2013年“11.22”事件后，中国石化开启了智能管道的建设，随即上游板块也在集团的统一部署下开展相关工作。根据集团关于完善管理体制架构，强化安全生产，落实管理责任的指示精神，为摸清管线及附属设施基本信息、动态监测管网安全生产情况、加强事前预警、事中调度和控制，有效避免隐患变为事故，提升科学决策能力，组织人员对各油田企业进行了现场调研，提出了建设油气田地面工程信息管理系统的业务规划，但该项业务仍处于信息化建设初级阶段，远未达到智能油田、智慧油田的建设要求。

3　中国石化地面工程信息化建设状况

除中国石化智能管道系统外，前期中石化各油田共建设地面工程信息系统(GIS平台)约20套，应用的GIS平台主要包括ArcGIS、SuperMap以及中石化自主知识产权的SGIS。应用模式大都采用B/S模式，数据库全部采用ORACLE。

部分油田已建立相对完备的GIS系统，在规划、设计、生产监控等方面发挥了相应的作用。系统内收集到较为完整的管线站场静动态信息、坐标信息以及基础地理、卫星航拍影像图等，能够为总部建立统一的地理信息系统提供有力数据支持。

个别油田地面系统属于勘探开发业务协同平台的一个模块。特点是数据来自业务流程，完成岗位业务便完成了数据的采集入库，保障了信息的及时、准确、快捷。

目前在中石化总部层面已经建立完成：油气集输管网、设备设施、注水水质管理信息系统，正在建立资产完整性管理系统。仍存在以下几项问题。

没有统一的规范和标准，各油田在地面工程信息系统建设上没有统一的数据规范和标准，给集团总部数据的收集、汇总和分析带来了困难。例如钢制管线在不同油田的信息系统或数据库中分别有“钢质”、“普通钢”、“碳钢”等不同的描述，无法进行汇总。

部分油田内部没有统一规划和管理，个别油田的地面工程信息系统，是分别由采油厂或者机关部门组织开发的，例如某气田4个部门开发了4套GIS系统；某油田3个采油(气)厂，开发了3套GIS系统。油田内部几套系统并行，存在系统之间数据不共享，数据格式不统一，数据多头采集等问题。

部分油田的信息系统功能设置不合理，没有贴近生产要求，导致建设完成后，全部用户只有几十人，常用用户只有几个，系统没有充分应用起来，该系统内数据没有得到定时更新、及时审核、及时修正。

部分系统维护更新不及时，逐渐废弃。部分GIS系统开发完成后，后续维护和更新不及时。1-2年后，系统运行遇到数据丢失、运行缓慢等情况，逐渐无法使用。

4 中国石化地面工程信息化建设设想

定位：满足总部油田板块地面工程管理决策需要，可以作为总部勘探开发一体化平台中的地面工程模块。

加强对地面资产的有效管理、掌握资产的利用情况和运行状况、推广高新技术应用、促进地面建设标准化设计。将地面工程站场、管网、设施基本属性、设备台账、动态运行参数、项目建设过程、成本控制入库。

强化安全生产管理，摸清管线及设施隐患情况，加强事前预警、事中调度和控制。在可视化环境中直观了解各油田企业管网和站场的腐蚀检测、穿跨越、占压、穿孔等隐患信息及周围城市管网、居民住宅、厂矿企业等相对位置信息。能够快速定位、浏览相关隐患信息和属性信息。

地面工程项目科学决策的需要，需要建立包括各企业地面工程油、气、水、电、路等专业的设计资料、实体属性、运行参数、工程项目进展、投资成本等的数据库，满足地面工程项目决策的业务支撑要求，以保证规划、计划落实准确，地面工程投资科学合理。共享后的知识产权如何管理。

探索第五代通讯技术(5G)和人工智能技术(AI)在油气田地面工程的应用。逐步实现5G和AI技术在油气田地面工程设备管理、实时数据检测与上传、生产运行监控与智能分析、故障诊断等领域的应用。

4.1 具体工程内容

结合中国石化EPBP(勘探开发一体化平台)、PCS(生产信息化)系统，总体规划，分类实施。建立一个符合总部地面工程管理需要的可视化平台。包括：GIS基础服务平台，场管网设备等现状管理，生产动态管理，地面工程隐患管理，项目、设备、“三化”管理，辅助决策分析。

建立一个统一的、唯一的全面覆盖管网、场站、重点井管理需要的地面工程数据库。主要包括，(1)矢量数据：位置、长度、形状、方向、高程等；(2)静态数据：壁厚、材质、内防腐、外防腐、设计参数等；(3)动态数据：产量、温度、压力、流量等；(4)资料数据：流程图、平台面图、照片、设计竣工资料等；(5)影像数据：油田区块高清遥感影像数据；(6)项目、三化数据：项目信息，三化管理信息等。

建立一套中国石化地面工程信息系统标准。《中国石化地面工程数据模型标准》《中国石化地面工程数据采集、处理标准》《中国石化地面工程图件、图例标准》《中国石化地面工程地理信息标准》、《中国石化地面工程隐患分类分级标准》等系列地面工程信息系统标准。

建立一套油田企业与总部的数据采集通道和接口。对于已建地面工程数据库的分公司，通过数据通道建立分公司与总部之间的数据传输与数据接口。对已有数据进行加工处理，最终同步到总部地面工程数据库；对于没有建设地面工程数据库的分公司，通过数据采集端对数据进行采集加工处理，最终同步到总部地面工程数据库。

建立一套中国石化地面工程信息系统管理办

法：《中国石化油气田地面工程管理系统运行管理办法》

4.2 工作部署

尽快制定中国石化地面工程信息管理系统统一标准，减少数据加工转换工作量，降低数据转换风险，确保系统长期稳定运行。

尽快颁布中国石化地面工程信息管理系统管理办法，确保数据完整、及时、准确。

协调各油田尽快落实地面工程信息系统管理机构，明确管理职责，确保数据库接口建设和数据采集工作的顺利开展。

督促各油田尽快制定数据完善计划，保证及时为总部系统提供数据支撑。

伴随着数字化油田建设的不断深入，智能化油田建设已成为地面工程信息技术领域的重要发展方向。

积极探索智能化油田建设，通过二维码、电子标签、手机等，实现对井、站、管道的有效管控。

(1) 数据建设：标准对接、数据收集、坐标转换、数据加载

(2) 三维建模：建模规范、建模流程、井站建模、管道建模

(3) 运行监控

(4) 功能扩展：实现决策与自学习系统。

需要地面工程、人工智能等多学科合作。更进一步是地上地下一体化，需要更多的专业协同研究。

5 结束语

以智能油气田云平台为基础，在信息标准化和信息安全支撑下，贯穿油气勘探开发业务主线，以全面感知、集成协同、预警预测以及分析优化四个核心功能为目标，体现自动化、物联化、集成化、模型化和可视化五个基本特征，覆盖油田地面工程业务整个领域，开展智能化油田地面工程应用建设。通过人工智能等新技术的应用，根本性的改变业务流，以至于业务生态，进而推动油气田地面工程生产模式、组织结构与运营方式的颠覆性变化。生产现场所有的设备、人、都在一定规则的指引下有序、自然、和谐地在一个生态链条上运行。使地面工程系统成为一个“生态的数字化的自组织体系”。

塔里木油田油气供应物联网系统应用研究

董 斌 肖 楠 陈 锐 吴金峰 方

(1. 中国石油塔里木油田公司)

摘 要 随着信息化快速发展，以人工智能、物联网、大数据为代表的新一代信息技术加速突破。石油行业紧随时代步伐，大力推进物联网技术在油气勘探、开发、储运、炼化各领域的应用，塔里木油田围绕油气供应采、炼、储、输、供等环节，分阶段建设物联网系统，不仅提高了油田生产管理水平，也积累了经验，形成了油气生产物联网建设规范，为石油行业物联网建设提供经验借鉴。本文分别冲从物联网建设方案、建设成果、应用效果等方面介绍塔里木油田油气供应物联网系统，并提出建议。

关键词 物联网；油气供应；系统架构；应用研究

2005年信息社会世界峰会(WSIS)正式提出“物联网”概念，物联网是互联网基础上的延伸和扩展的网络，将各种信息传感设备与互联网结合起来而形成的一个巨大网络，实现在任何时间、任何地点，人、机、物的互联互通[1]。在智能计算技术和信息采集的快速发展的当下，物联网已被我国政府列入六大战略性新兴产业[2]。在国家高度重视物联网建设与应用背景下，中国石油天然气集团公司在塔里木油田组织国家油气供应物联网示范工程的实施，围绕油气供应采、炼、储、输、供等环节精准化管理，提升国家油气能源综合保障能力。

塔里木油田分阶段实施，已覆盖8个作业区的油气水井、站库设施，以及油田集输管网、炼化装置、储运站场、储运管网等生产设施，建设采集与监控子系统、数据传输子系统，生产管理子系统，实现生产数据自动采集功能、生产环境自动监测功能、生产过程自动控制功能以及物联设备信息监控功能，将采集的实时运行数据与油气生产、储运、炼化、销售等板块的业务数据进行应用集成，实现油田业务全业务链的集中管控，转变生产管理模式，提高油气生产管理水平，降低劳动强度，改善工作环境，提高工作效率。建立油气生产物联网建设规范，特别是沙漠地区油气井、间、站物联网部署经验，为石油行业物联网应用提供经验借鉴。

1 油气供应物联网建设方案

通过油气供应物联网系统建设，实现对油气勘探与生产现场、油气储运管网、炼化装置、产品运输车辆等生产设施的全面监控，搭建规范、统一的数据管理平台，实现产、运、销整个业务链的信息在生产指挥中心集中管控，支持油气供应全过程集中管理，提高企业决策能力。

1.1 系统架构介绍

塔里木油田油气供应物联网系统按照采集、传输、应用三层架构进行总体设计(图1)，包括采集层设计方案、网络设计方案、应用层设计方案、信息安全方案及数据存储备份方案等。

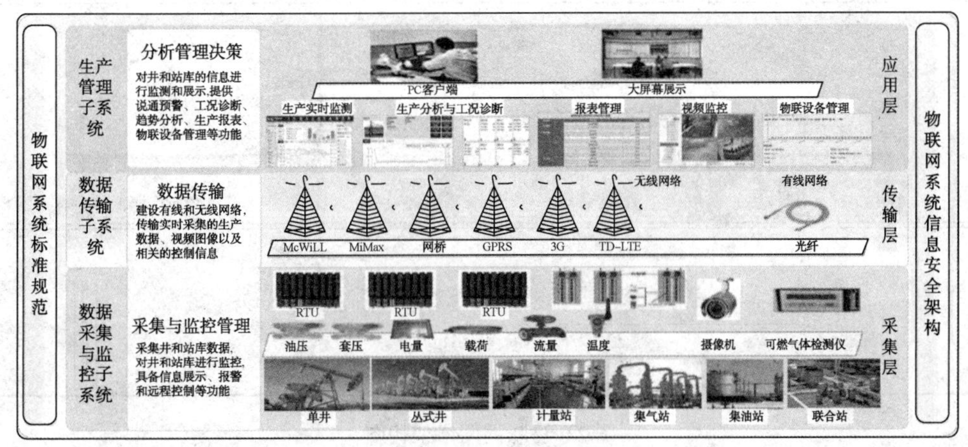

图1 物联网系统架构图

1.2 采集层介绍

数据采集与控制子系统，实现油气生产现场的生产数据自动采集功能、生产环境自动监测功能、生产过程自动控制功能以及物联设备信息监控功能。

数据采集与控制子系统主要涉及单井、计量间、中转站(转油站、集气站)、联合站、处理站(稀油处理站、稠油处理站、污水处理站、天然气处理站、注入站(注水站、注气站)等数据采集与控制。根据井、站库的工艺流程，选择生产环节中重要的参数进行数据的采集与过程的监控，实现井、站库的数据自动采集、实时监控。

采集与控制子系统主要包含生产数据自动采集功能、生产环境自动监测功能、生产过程自动控制功能、物联设备状态监控功能。数据采集与控制系统主要涉及单井、计量间、中转站(转油站、集气站)、联合站、处理站(稀油处理站、稠油处理站、污水处理站、天然气处理站、注入站(注水站、注气站)等数据采集与控制。根据井、站库的工艺流程，选择生产环节中重要的参数进行数据的采集与过程的监控，实现井、站库的数据自动采集、实时监控。

1.3 传输层介绍

建设覆盖整个油田生产区域的传输网络(图2)，实现油、气、水单井和站库等生产场所的网络互联互通，确保油田现场生产数据、视频图像、控制指令等信息稳定、可靠、安全、高效的传输。根据油田生产环境特点、基础设施现状，系统采用有线+无线(4D、网桥)灵活网络，保护已有投资，缩减建设成本。

有线数据传输基于TCP/IP的有线光纤传输网络，实现计量间、中转站、处理站、联合站、集气站、注水站、油气储运站等站库和井场生产数据及视频信号的传输。

无线数据传输采用4G TD-LTE、网桥等技术，实现无光缆井场和边远站库生产数据及视频信号高效、安全、稳定的传输。无线通信技术，网络布线灵活，网络覆盖面积大，解决了沙漠腹地网络布线困难及成本高的问题，弥补了光纤网络的不足，为后期开发方案调整、物联网深入推广奠定了基础。

1.4 网络安全控制

油气供应物联网系统总体安全保障体系建设的基本思路是：以保护物联网系统为核心，严格参考等级保护的思路和标准，从数据安全防护，网络边界防护，和重点区域安全防护三个层面进行建设。在此基础上，结合油气田现有组织架构、网络架构及硬件部署情况进行详细设计。

当前油气供应物联网系统针对生产网边界安全问题在办公网和生产网之间统一部署安全隔离网闸设备，降低办公网对生产网的威胁(图3)。

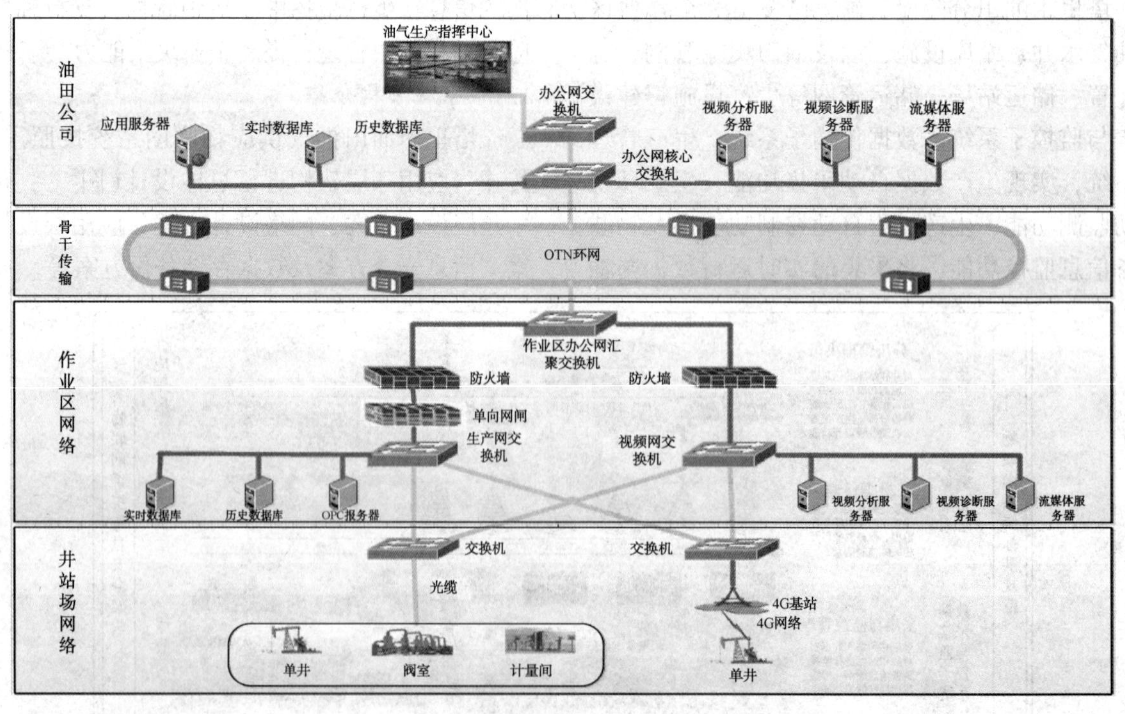

图2 物联网网络架构图

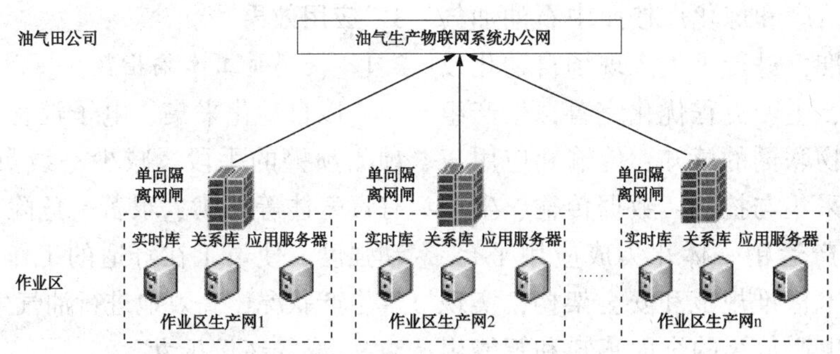

图 3　隔离网闸作业区部署示意图

安全隔离网闸将在油气生产物联网系统建设的各个作业区的办公网及生产网核心交换机之间部署。主要完成关系数据、实时数据和视频数据在生产网和办公网之间的安全稳定的传输，对来自办公网的非法数据进行隔离。通过安全隔离网闸，严格控制了办公网到生产网的数据交互，抵御办公网对生产网的安全入侵，保护生产网内部安全，实现生产网和办公网的有效隔离。

1.5　应用层介绍

作为油气供应物联网系统应用平台，一体化集成平台将包含新建的面向油气生产的物联网系统管理平台，并集成管道储运、炼化生产、销售等业务领域已建物联网系统，实现产、运、销整个业务链的信息在生产指挥中心集中管控(图4)。

根据油气生产管控业务流程，将采集的实时运行数据与油气生产、储运、炼化、销售等板块的业务数据进行应用集成，实现油田业务全业务链的集中管控，便于更加高效便捷的进行生产分析、工况诊断、辅助决策，经营指标分析，提高工作效率和管理水平。主要应用系统包括油气生产过程监测、油气生产分析、油气生产动态、油气生产指标预警、油气生产报表、视频监控及智能分析、集输管网与处理站场预警、物联设备健康度预警、功图量液系统、储运销售综合管理、炼化业务综合管理、油气产运销二三维一体化展示平台、油气生产二次组态、多媒体交互平台、产运炼销综合展示平台等。

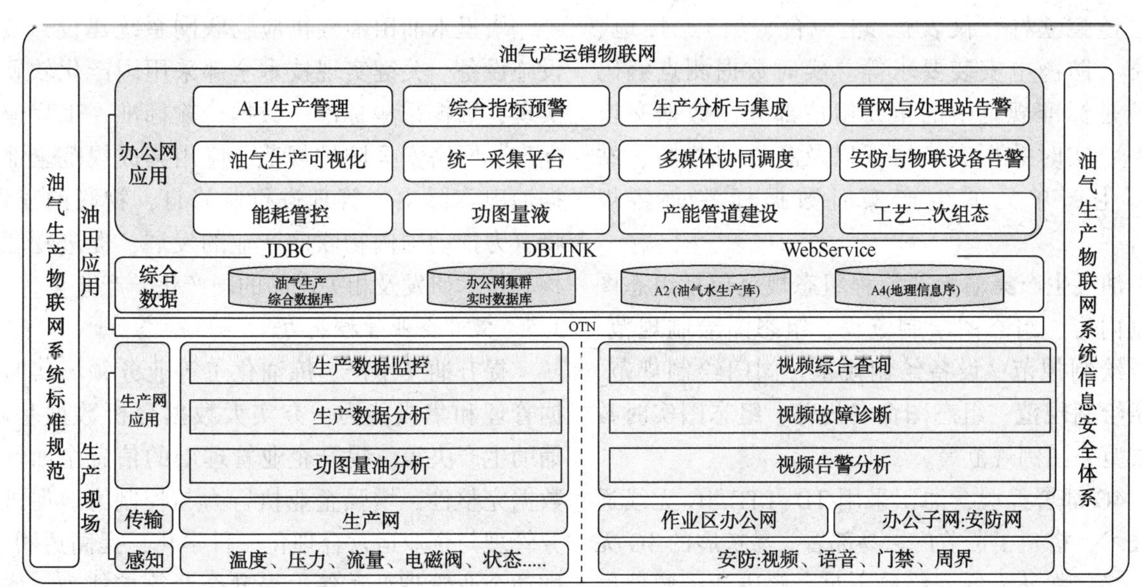

图 4　应用层架构图

2　建设成果

塔里木油田油气供应物联网系统包括 8 个油气作业区、储运管线、站场采集层智能传感器建设；将生产网、办公网、公共信息网进行分离，保证网络安全；建设生产管理中心、生产调度中心、生产指挥中心的三级物联网管控中心，配套部署物联网管控平台，实现油气生产数据和视频信号集中展示、统一监控。完善油气生产物联网建设、验收、运维规范。

2.1　物联网覆盖情况

塔里木油田油气供应物联网系统在 8 个作业区的井场、站库、阀室、集输管网，以及油气运销长输管道、储运站库和炼化厂按照中石油油气生产物联网建设标准，进行了生产现场自动化改造，传输网络扩建、生产流程优化完善，生产组织架构调整，依照物联网的感知、传输和应用三层架构，建设数据采集与控制、数据传输、生产现场监控与管理、产运销一体化集成应用平台，并建立了统一的技术标准规范和安全架构，实现油气供应全业务链生产信息的全面感知和智能生产分析，有力促进油气生产安全、高效运行，提升油气生产管控能力，提升油田生产经营管理水平。

2.2 完善标准规范

在油气供应物联网系统建设过程中，逐步建立并完善了《油气生产物联网系统建设规范 Q/SY 1722—2014》《油气生产集输工艺流程组态图标图例 Q/SY 10010—2017 》《油气生产物联网系统测试验收规范 Q/SY 10013—2018》等企业级标准；同时形成了《油气生产物联网系统验收办法》《油气生产物联网系统运行维护管理规定》《油气生产物联网系统应用考核细则》等企业级制度。

油气生产物联网系统建设规范主要内容包括取源部件、仪表设备、线缆敷设、视频类设备、监控立杆、仪表盘(柜、台、箱)、接地、防雷、防静电安装要求等。实时数据测点编码规范是标准规范中的重要组成部分，数据交换频率、实时数据交换协议以及各类型井场、站库等生产单元的生产实时数据标签命名规范等。

油气生产集输工艺流程组态规范包括组态图绘制内容、组态图绘制流程、组态图绘制规范、背景绘制规范、设备绘制规范、阀门绘制规范、线条绘制规范、组态图命名规范、组态图实时数据规范、图例规范等。

4G 部署经验，油田采用 TD-LTE 4G 无线通信技术，搭建了覆盖广、易部署、易扩展的 4G 无线网络，弥补光纤网络的不足，解决沙漠腹地网络布线困难的问题。应用效果方面，在油田戈壁区域，地势较平坦，选用 30 米铁塔部署基站，信号覆盖范围可达到 10km，单基站平均上行吞吐率 75Mbit/s，下行吞吐率 63Mbit/s；在油田沙漠腹地区域，由于沙丘起伏较大，对 4G 信号遮挡影响也很大，选用 55 米铁塔部署基站，覆盖范围达 12KM，基本满足传输需求。

3 应用效果

3.1 提高员工幸福指数

以自动化采集、电子巡检、远程控制、智能预测预警的手段，减少一线员工在高温、高压、有毒气体等恶劣、艰苦、危险地带工作时间和劳动强度，使员工在舒适的工作环境，实时掌控油气生产状况，高效地进行油气生产管理。

3.2 减轻环保压力

实现油气生产、油气处理、集输储运、炼化生产的全流程监控，实现关键参数、节点工况、突变信息的报警、预警，油田安全环保事件大幅降低，解决了环保压力大等问题，降低了含油蒸汽的外排、损耗，基本杜绝了原油泄漏事件的发生，改善了油田环境，实现了工业生产、自然环境的和谐统一。

3.3 提升油田经营管理水平

油气供应物联网的建设与应用，实现油气生产、加工、运输、销售整个业务链的闭环管理，通过实时感知、智能分析、辅助决策，提高生产效率，降低油气生产成本，提高油气产量，进一步推动油气供应管理水平的提升，全面增强国家石油和天然气供应的保障能力。

3.4 促进国内物联网产业发展

塔里木油田油气供应物联网系统建设，核心设施设备、关键实现技术全部采用国产化软硬件实现，数据采集标准、数据传输标准、工程建设标准、网络安全防护规范、应用集成规范全部根据油田实际生产管理进行制修订，物联网建设，将有力推动国内物联网产业的发展，促进物联网核心技术研发及相关产品的国产化、产业化。

3.5 提升企业管控能力

提升油气生产、炼油化工等业务领域实时数据管理和集成能力，夯实大数据分析数据基础，辅助生产决策。提升企业管理层的信息全面性和数据完整性，增强企业执行力与控制力。促进业务管理与企业运营合理化、科学化，提高透明度，推动企业管理变革等，提升企业管控能力。增强业务管控，减少风险和人为操作误差等风险，提高风险管控能力。

3.6 提升生产管理能力

增强生产计划和调度的科学性、合理性，优化企业资源、生产能力和劳动力配置，提升管理水平。增强生产过程控制和工艺控制能力，提升生产企业的工艺水平和生产管控能力。通过设备全生命周期管理，规范设备维护计划的制订与执行，提升生产设备的运行时效和管理水平。实现油气生产、运行、储运等生产能耗的规范化和精细化管理，有效降低能源损耗，提升能耗管理水平。

4　结论与展望

塔里木油田在探区范围内油气勘探、油气生产、炼油化工、储运销售等业务链各个环节上进行了物联网基础设施建设与平台技术应用的探索和实践。实现了油气产、运、炼、销等业务的集中管控，为进一步提升中国石油对油气采、炼、储、输、供各个环节的精细化管理能力、降低油气成本、增强能源综合保障能力奠定了基础。

塔里木油田将加快建设数字化油田，全面推广完善油气供应物联网，构建油气生产管控中心，实现油气生产单元数字化全覆盖、全面标准化；完善工程技术物联网，构建前后方协同的钻完井决策支持中心；完善油气运销联网，构建集管道、站场、计量为一体的库尔勒油气调控中心；完善电力物联网，构建无人值守、电网调度与监控一体化的电调中心。最终通过物联网建设与应用实现钻完井、油气生产、油气储运、水电供应等业务生产组织方式的优化、管理模式的转变、管理水平的提高、劳动强度的降低、工作效率的提升，为建设一流现代化大油气田提供技术支撑，同时促进物联网核心技术研发及相关产品的国产化、产业化，推动国内物联网产业的发展。

参　考　文　献

[1] 贾益刚．物联网技术在环境监测和预警中的应用研究[J]．上海建设科技，2010(6)：65-67.

[2] 刘锦，我国物联网现状及发展策略[J]，企业经济，2013.

油田生产信息化中的智能云平台架构设计

郝　宁　陈　欣

（中国石化中原油田分公司）

摘　要　在油田企业生产信息化建设中工业物联网及各类设备是地面工程建设的重要基础组成部分，应用智能云平台技术对油气田生产信息化的工业物联网进行一体化管控，是智慧油气田数字化、智能化管理的基础。本文对智能云平台从逻辑、功能、数据、安全等方面在油田生产信息化建设中的应用设计展开研究，并提出了在云环境下需要应用的关键技术。

关键词　生产信息化；智能云平台；工业物联网；架构设计

1　引言

在当今全球一体化背景下，物联网、云计算、大数据、移动通信等新一代信息技术的发展，正深刻改变着传统制造业的发展模式。目前传统石油石化行业面临着低油价带来的市场考验，肩负转型发展、提质增效的任务，在这种形势下，中国石油、中国石化的油田企业都开展了大规模的生产信息化建设，最主要的内容就是广泛使用工业物联网技术在前端进行数据采集、业务监控、远程操作，对传统采油气生产区进行自动化、数字化和可视化的改造，从而优化作业流程、减少用工总量。与以往以办公应用为主的普通互联网络不同，工业物联网正成为新型油田企业的IT基础设施的核心，对信息部门对业务的支撑服务能力提出了新的要求。针对具有离散工业特征的油田企业，体量大，分布散，基础设施相对落后，如何运用智能云平台技术为油田企业打造安全、稳定、高效的工业物联网基础环境，是油田企业信息化的核心任务之一。

2　油气田智能云平台架构设计：

2.1　智能云平台的定义

工业物联网的本质是扩展到云的机器对机器（M2M）的支持，面对油田企业生产端复杂、分布广泛的设备、仪表、数据采集端的接入，必须用智能云平台进行一体化的设备运行、数据采集和安全的管理，进而为油田生产管理、分析决策的应用提供支撑。智能云平台应用虚拟化、并行计算、分布存储、微服务、容器化等技术，利用SaaS（应用层）/PaaS（支撑层）/IaaS（基础设施层）分层形式联结IT基础系统形成对业务的支撑与服务能力。智能云平台从技术架构和方案设计上主要分为六大服务域，是PaaS架构方案中的重要组成部分，目前六大服务域的定义分别为：统一交付域、统一运营域、技术服务域、业务服务域、数据服务域、应用接入域。通过这六大服务域，将底层的基础设备的IaaS和上层的功能应用SaaS有机完整的结合在一起（图1）。

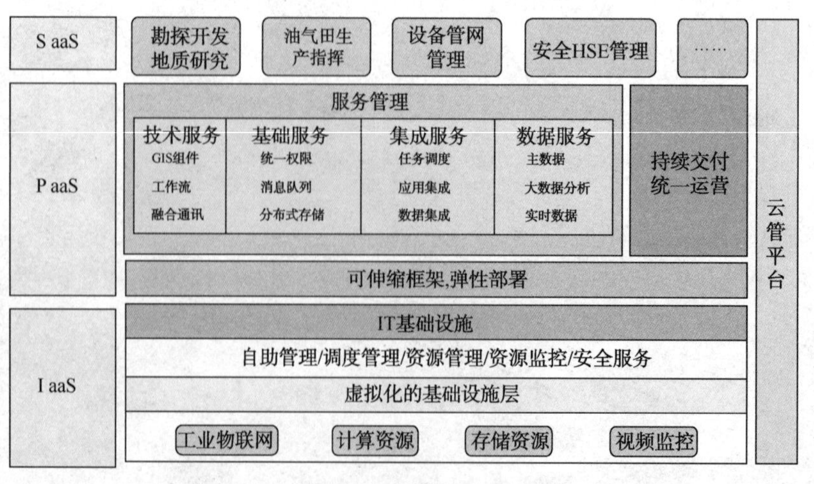

图1　云管平台架构

通过智能云平台对各类软硬件基础资源和服务组件的有效管理来提升 IT 基础设施的服务效率，保证各类业务应用系统的可靠、高效、持续、安全运行。

智能云平台提供可视化的监控界面，提供用于决策分析的运营驾驶仓；实现统一的资源调度、应用管理，组件控制；确保系统的稳定和高效的运行；通过自动化运维与资源管理工具对软硬件资源进行高效的管理；通过日志服务工具对日常运营信息和异常情况进行记录、分析；采用应用服务中间件、负载均衡工具对服务进行部署应用并提高并发效率，采用监控平台与配置管理工具对运营状态进行动态监控与灵活的服务配置管理。

技术层面上智能云平台针对应用服务组件与数据服务组件，提供了一系列封装集成的技术模块，提供直接可以使用的技术工具，并向下连接基础层的存储、网络与计算资源，起到承上启下的支持作用。提供物联网、大数据分析、资源管理、基础技术等技术服务，并成为云平台基础层存储、网络、计算能力的向上输送“管道”。

2.2 智能云平台物联网架构设计

通过智能云平台实现对云环境下各类设备、传感器、摄像头的分布式部署和集中管理调度，对油田工业物联网设计架构提出新的方向，按照物联网国际标准化组织(oneM2M)发布的架构，油田工业物联网总体架构有三个层次：

一是数字采集与监控感知层，即利用数字化仪表、RFID、温压变传感器等随时随地获取物体的信息；

二是信息网络传输层，通过各种网络将物体的信息实时准确地传递出去；

三是物联网服务平台层，把感知层的得到的信息数据，通过并行处理实现智能化识别、定位、跟踪、监控和管理等技术服务。通过平台技术服务结合业务逻辑形成实际物联应用，为上层业务域提供支撑。

在智能云平台环境下，可以将工业物联网的服务业务功能组件化。中间部分为与其他组件协作部分。传输部分整合企业现有网络实现异质异构网络传输；及现场感知部分根据企业实际情况结合企业现有感知系统和现有通信系统。传输及采集部分遵循物联技术组件标准要求进行统筹考虑(图 2)。

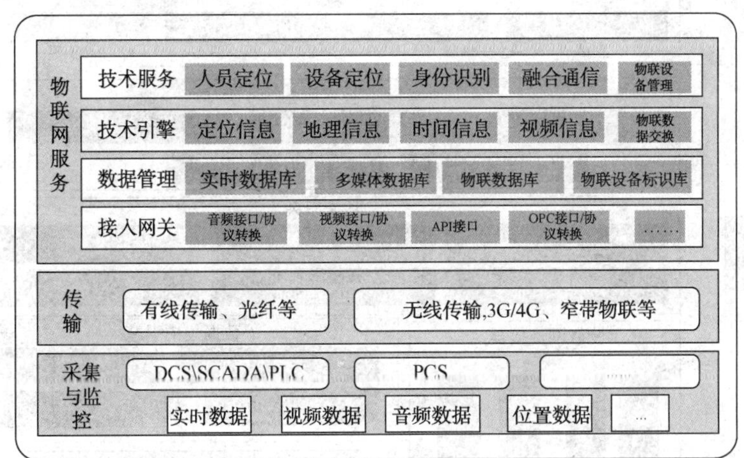

图 2 工业物联网总体架构图

在整体架构上，物联网技术组件采用 SOA(面向服务的体系架构)设计，不同功能单元间采用服务的方式调用，物联网技术服务通过云管平台统一发布，主要具备如下功能：

设备接入管理：提供对不同类型的设备的联接管理功能，包括设备的接入鉴权，协议适配，通信管理。通过对不同接入类型，接入协议的适配，物联网技术组件可以提供接入无关的设备接入能力和统一设备管理能力；

数据管理：建设实时数据库、物联数据库、多媒体数据库、物联设备主数据库及物联规则库，提供数据转换，存储，结合“数据服务组件”大数据分析，数据监控与展示功能；

技术引擎：提供公共技术组件处理能力，比如定位引擎，时钟服务、音频处理、视频处理等专业处理引擎；

技术服务：提供公共技术服务组件处理，如人员定位、设备定位、身份识别等，为业务组件、数据组件提供物联业务编排/规则引擎；

嵌入式系统：除了部署在云端的物联技术组件外，还有可以部署在接入侧的物联网软件开发包。通过在接入侧的网关或者终端上部署物联网软件开发包，可以实现：加速不同异构设备的集成接入速度，比如物联网 Agent 上会有不同协议适配层；可以将部分平台的功能下沉到接入侧，实现近端的一些功能逻辑，提升整体的方案可靠性和运行效率。

2.3 智能云平台逻辑架构设计

油气田智能云平台的逻辑架构支撑总部-油田公司-采油厂/作业区-场站-井口现场等业务应用。

总部层面为总部平台提供企业实时数据和各类数据索引，为大数据分析提供数据源；企业层面为油田企业提供基于物联实时数据支撑企业级应用。增加物联网数据库、多媒体数据库进行数据管理存储，集成现有一次采集系统；现场场站(含井口)：通过物联网关接入各类传感器、摄像头及现场系统等。部署的物联网组件有：

实时类数据企业端汇总。采集数据对未进入SCADA或现有实时数据库的现场系统数据，主要进行现场系统(如火灾自动报警、周界报警、视频监控、调度电话及手持终端等系统)数据汇集；现有实时数据库作为一次采集数据源，与物联数据库进行数据索引的集成。获取实时数据库数据目录，建立统一的物联网数据索引。物联网相应单向下联实时数据库。将现有实时数据库封装成可被灵活调用的数据资源。

基于事件的流媒体处理和通信融合。建立物联流媒体数据库存储基于事件的流媒体(如抽油机冲次调整开始到冲次调整结束，人员入侵到结束确认)标签区间的视频录像、报警；物联网集中整合现有视频监控系统，并对采集的来自不同源头的格式各异的视频数据进行标准转换、压缩处理和存储，提供统一格式的视频服务。

边缘计算处理。在企业现场对采集上来的数据整合、抽象、对照业务需求提供处理、分发、索引。(如振动数据还原成波形；快速在海量现场数据中拣选出根据业务需求提供相应颗粒度及维度的数据)。

2.4 智能云平台功能架构设计(图3)

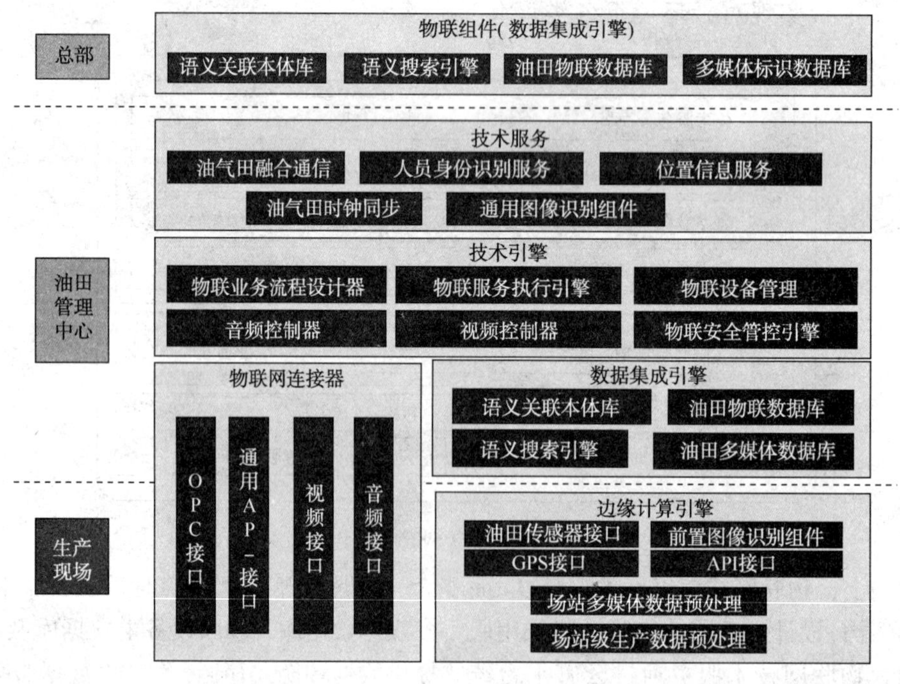

图3　功能架构设计

油气田的工业物联接入量非常繁杂，智能云平台统一接口管理，用于不同类型接口的标准接入及数据底层交换。主要功能有

设备联接管理。物联网提供管理物联设备联接的能力以及路由的能力。通过和设备之间的MQTTS(消息队列遥测传输)/HTTPS(HTTP的安全版)协议信令交互，平台可以掌握所联设备的具体情况，比如地址信息，是否在线，设备身份。

IoT Agent/SDK(物联网软件开发包)。通过在接入侧比如网关或者物联设备上部署的物联网软件开发包可以加快设备和平台侧的集成，同时也可以考虑将部分业务逻辑放到物联网软件开发包上，继而实现部分业务逻辑的近端执行，提升效率。

设备接入权限管理。物联网对接入的设备/网关提供鉴权服务。设备/网关启动后，设备携带自身身份和密码接入物联网，物联网对其鉴权确认合法性，如果合法则返回正确，携带为其分配的合法会话信息，设备完成登录。

设备资产管理。资产指直接与物联网通信的设备，包括挂接很多传感器的网关和连接物联网的各种设备。通过智能云平台提供的资产/设备管理功能，维护人员可以方便的查看平台所管理的设备的详细信息和统计信息。比如设备的厂家，设备名称，设备编码，型号，在线，离线状态，告警信息，设备制造商，出厂日期，启用日期和出厂编号等信息。通过统计能力，平台可以提供仪表盘展示所管设备/资产的整体情况。

2.5　智能云平台对数据的存储和管理

智能云平台提供大数据服务组件作为数据存储和管理的平台。除此之外，平台还可以采用业界流行的非关系型数据库作为存储设备等配置信息的数据库，利用关系型数据库作为内置的管理数据库，存储元数据模型、配置规则等信息。提供企业级的大数据处理环境，是一个分布式数据处理系统，对外提供大容量的数据存储、查询和分析能力。大数据技术快速集成最新组件，并在可靠性、安全性、管理性等方面做企业级的增强，持续改进，持续保持技术领先。

在工业物联网中，使用业界流行的非关系型数据库 MongoDB 作为设备管理的数据库，以存储和管理多种多样的传感器、网关等设备(表 1)。

表 1　数据管理

分类	功　能
多媒体数据库(音视频数据上传到多媒体数据库)	集成油气田现有多媒体信息管理关系数据库、开采区块视频系统、音频文档数据库，开发跨库多媒体索引表，跨库 E-R 数据，协议适配转换，为大数据分析开放接口
物联接入数据库(传感数据、定位信息等上传到物联数据库)	开发油气田现有的末端非互联设备的接入机制，集成准实时数据库及关系型数据库，末端非感知设备的设备数据表结构开发，E-R 数据/K-V 数据开发，协议适配转换，为大数据分析开放接口
语义关联本体库(语义数据关联、语义数据关联)	开发油气田语义标记服务器、油气田术语消歧本体、油气田功能域本体、油田业务域本体等的本体库构建工具(语义数据构建、语义数据构建)
语义搜索引擎(离线索引、在线索引、数据表爬虫)	开发面向油气田词源服务器、油田专业词汇的语义分词器、油田参数数据库爬虫队列

2.5.1　数据采集及集成。

目前数据集成根据其特征主要分为两类：第一种是各种传感器的数据；传送方式主要是通过传感器、摄像头、网关以消息方式实时上报给物联网(即 push 推送模式)；第二种是现有生产环境中的各类数据：这种数据是以文件或者数据库形式体现，以定期同步方式同步给物联网(即 Pull 获取模式)。对于第一种数据，物联网利用内部的 CM 模块实现集成，支持 MQTT、OPC 等接口。对于第二种数据，物联网利用自带的数据集成(DI，Data Integration)模块实现数据集成。

2.5.2　数据监控与展示。

处理后的数据通过 Hadoop(由 Apache 基金会所开发的分布式系统基础架构)统一实现存储，可以通过系统统一查看和管理 hadoop 上的文件。通过内部组件(ODB 开源数据库)提供 REST 接口(资源在网络中以某种表现形式进行状态转移)对外提供统一的查询接口(统一数据视图)，屏蔽内部多种数据源的差异。为方便上层应用使用，开源数据库对外提供 RESTFUL(一种软件架构风格)API，查询请求的相关参数打包作为参数发给开源数据库。

物联网对第三方应用提供如下可视化控件，以帮助其迅速开发和部署应用：柱状图；饼状图；曲线图；表格控件；文本控件；地图控件；视频播放控件；图片控件通过获取的地理信息，以地图方式查看指定厂区及周边地区的地图图像，测量、缩放等基础地图功能，支持在地图上显示人员定位及其轨迹，定义电子围栏范围，人员超出范围可触发报警事件通知系统。通过柱状图、曲线图，饼状图和仪表盘报表图将监控数据可视化，支持图标联动、数据联动、多维数据钻取、任意组合钻取、无限层次钻取、多维度数据分析和即时分析。通过文本、图片、表格和视频控件展示文字、图片、列表数据和视频内容。

2.6　智能云平台下物联网组件安全设计

工业物联网解决方案包括多个网络层，每一层都可能存在安全漏洞从而成为被攻击的对象，因此每个层面应该提供相应的安全方案来保护业务系统的安全。物联网解决方案安全架构可以分为应用层安全、平台层安全、终端接入层安全。这三个层面共同组成了物联网的安全架构模型。物联网解决方案分层安全架构模型如图4所示：

针对各种可能的安全威胁，智能云平台工业物联网主要采取了如下的安全措施：

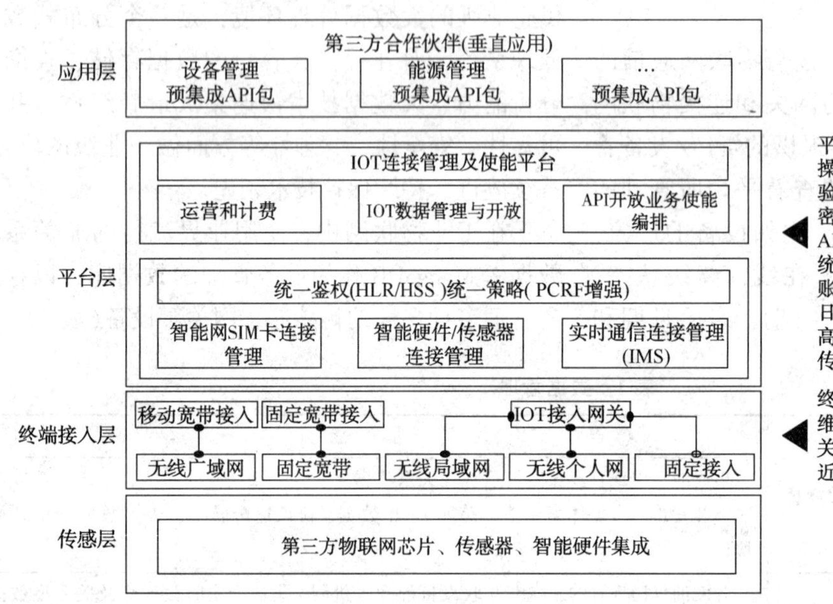

图4　工业物联网安全架构

表2　工业物联网安全措施

关键措施	措施描述
操作系统和数据库安全加固	物联网解决方案统一对操作系统的服务、口令、文件和目录权限、内核参数等进行了安全加固，并且也对数据库进行了安全加固如最小化安装，帐户权限最小化，数据库文件和目录权限保护等。
WEB 安全	提供了验证码，常见安全计划 WEB 类攻击防护如会话固定攻击防护，跨站请求伪造攻击防护等，并使用商用工具进行扫描。
业务认证与鉴权	采用密码+单向证书认证的方式，部分安全性较高的通道采用双向证书认证，如行业应用与物联网之间。其中密码长度和复杂度满足安全要求。预置的证书私钥长度为 2048 位，且通过私钥保护口令加密，私钥保护口令满足密码复杂度要求。证书验证包括证书签名验证，证书有效期验证，并支持替换为用户自己的数字证书。
高强度加密	物联网解决方案通过对用户帐户密码、数据库帐户密码等用户私密数据采用不可逆加密算法(如基于迭代复杂度保证密码安全的加密方法、消息认证码)进行加密存储，可防止彩虹表攻击。对于需要还原的密码采用 128 位高级加密标准以上的可逆加密算法。
统一身份管理	统一身份管理将分散的用户和权限资源进行统一、集中的管理。统一身份管理将帮助实现入口用户身份的统一认证和单点登录，改变原有各业务系统中的分散式身份认证及授权管理，实现对用户的集中认证管理，简化用户访问各系统的过程。
传输安全	物联网解决方案遵循各种安全协议传输数据，保证所传送的数据不被网络黑客截获和解密。
高可靠性设计	物联网解决方案的开放架构支持各个功能模块独立部署，单个功能模块出现问题时不会影响其他模块的功能。核心服务设备采用主备双机或集群方式，当主用设备出现故障时，双机系统能够自动将业务切换到备用设备，保证业务的正常运行。
权限管理	物联网解决方案提供维护账号的权限管理，确保维护人员在满足工作需要的情况下操作权限最小化，防止未授权人员对设备进行非法操作。

续表

关键措施	措施描述
日志管理	物联网解决方案对日志记录和输出进行管理。通过查询日志，可以及时发现非法操作记录、设备故障原因等信息。

安全组网：物联网解决方案组网接入分为信任区、半信任区和非信任区(如表2)。在信任区与非信任区的网络边界必须部署防火墙，并支持DMZ(非军事化区)高安全性组网方案。防火墙须开启端口过滤和通用攻击防范。在信任区和半信任区的网络边界部署防火墙是可选的。

2.7 智能云平台下物联网服务的几项关键技术

2.7.1 定位技术

北斗全球卫星定位导航定位、移动蜂窝定位与射频定位技术。

2.7.2 时钟同步技术

无线电波授时、卫星授时、网络授时。

2.7.3 融合通信技术

多业务融合的综合信息技术，对象为通讯终端，支持现有语音通信、视频通讯、即时通讯等，实现多网交换和融合通信。

2.7.4 面向工业过程自动化的工业无线网络技术

基于Zigbee的工业传感技术，通过综合网络管理平台，将繁杂感知类型网络的融合，实现后台互通。

2.7.5 LTE传输技术

新一代无线通信技术无线专网通信为基础，具有音视频数据传输、通信、调度、控制及信息采集等功能，可应用于公司的生产调度、内部通讯、视频巡检、数据采集、人员定位、资产管理等。

2.7.6 语义技术

面向油田SCADA(Supervisory Control And Data Acquisition，数据采集与监视控制系统)实时工况数据与管理信息数据综合分析应用的需求，提出统一语义模型和时空数据语义化搜索技术，解决多源异构感知数据以及跨层、跨域管控数据的集成问题，建立面向油田生产工艺与生产规程的语义本体库、领域知识库和语义搜索引擎，解决油田数据无法统一管理，并实现知识化索引的问题。通过对油田物联化生产数据流使用模式与习惯进行分析，结合热点挖掘技术对语义使用关键因素及热点属性进行分析提取，实现对油田物联化生产元数据关键因素的提取，具体包括时间、地点、使用者、操作对象、功能、操作类型以及操作描述，实现油田物联化生产异构元数据的语义封装。

异构数据流语义转化过程是行业相关的，需要根据不同行业构建领域词汇本体库。以油田协同互联注采过程为例，以单层区块优化为目标，将油田区块中的产量动态数据、抽油井作业参数数据、油藏沉积相分析数据、相关区块数值模拟矢量图数据、单井小层划分数据等异构数据流通过基于protégé(法语词汇，著名的语义化构建工具)构建的油田词汇与关联本体库的约束，实现对区块注采优化语义数据流的有效提取，为实时注采优化提供支持。

2.7.7 面向智能服务的时空数据流关联检索引擎

面向油田物联化生产过程的智能服务需要综合各类生产信息来实现。典型应用场景主要面向生产过程控制与分析人员，当出现特定生产场景时需要综合相关环境信息作出相应反馈。以油田抽油井优化方案制定为例，当前的油田油井方案制定工程师需要分别到不同系统中手动调取油藏地质文件数据、数值模拟数据、单井小层数据以及单井实时动液面、示功图等信息，效率低下。因此，针对这类典型的具有业务关联的使用流程，需要研究面向关联的快速数据流检索技术。对于油田物联化生产过程，关联主要表现为由于时空关系导致的具有上下游业务流程因果关系的关联。通过关联检索的实现，解决高效获取相关数据流信息的问题。因此，面向油田物联化生产数据的时空关联性特征，提出了面向智能服务的时空数据流语义化检索技术，针对油田物联化生产过程数据的时空及业务关系进行信息的索引构建并支持语义化检索，提升信息使用效率和综合应用开发速度，为智能服务提供支持。

2.7.8 领域知识库

领域知识库主要实现各工业装备领域内模式知识与经验知识的基于本体的形式化表示。油田领域知识库在模型知识方面主要指对注采状态的计算模型，包括基于功图的单井产量计算模型、基于油田语义信息的动液面计算模型、基于语义信息的产液量计算模型、基于语义信息的泵效计算模型、基于语义信息的平衡度计算模型等，经验知识方面主要包括油藏地质状态判断知识库；各领域知识库通过与语义数据流对接，实现油田物联化生产全流程全局优化的推理等能力。

3 结语

在石油行业信息化建设的进程中，自动化、数字化的工作正在广泛开展，“十三五“后半期，智能化油气田的建设将成为油田企业信息化工作的主线。作为新型智能油气田的 IT 基础设施的核心，工业物联网将具有感知、监控能力的各类采集、控制传感器或控制器相互联结，利用云管理、智能分析等技术不断融入到油气田生产过程各个环节，从而大幅提高业务感知能力与工作执行效率，降低生产成本，最终实现将传统工业提升到智能化的新阶段。

浅议油气工业智能化规划与建设中的若干认识问题

王鸿捷

（中国石油工程建设有限公司西南分公司）

摘　要　智能油气田、智能管道等正在逐步引领油气田工程建设与运行管理迈向一个新时期，根据笔者及其团队的研究成果，梳理和总结了具有代表性的认识问题，基于一个规划者的视角进行了分析和讨论，较为明确地提出了一系列观点，以求对相关工作的推进、相关理论研究、相关认识的统一起到积极的促进作用。

关键词　油气工程；智能化；认识问题；架构；产业链；数据链；数字化交付；协同设计

1　前言

人类工业史上的信息技术革命催生的人工智能、云计算、大数据、物联网等新型 IT 技术的快速发展，为全球油气工业生产、经营及管理模式的持续变革和科学发展提供了技术条件[1]。尤其是智能工厂、智能油田、智能气田、智能管道等油气领域相关技术基础工作及实践项目的试点和推进，使得油气工业对智能化转型后产生的价值和效益有了更加急迫的需求[2-6]，但从目前来看，在全球范围内，对油气工业智能化的定义、建设愿景、建设目标等尚缺乏统一的认识和标准[7-11]。

在从事相关工作的实践中，发现很多同事也还存在较为模糊的概念和认识，本文试图站在一个规划者的视角，对这些影响规划工作和管理层决策的问题加以分析和总结，以期理顺油气工业智能化相关思路。

2　智能油气田/管道/工厂的典型架构

对比荷兰皇家壳牌公司、马来西亚国家石油公司、英国 BP 石油公司、沙特阿美石油公司、哥伦比亚管道公司、中石油、中石化、中海油等国内外油气企业开展的相关数字化或智能化建设成果和价值所在，发现能源行业实现以先进信息技术为手段的智能化转型，所处的 IT“生态环境”难以提供油气工业智能化规划与建设的体系化解决方案[12-18]。

基于对油气工业智能化发展愿景、建设目标、建设原则、建设重点和难点、关键技术路线的探索和研究，笔者及其团队提出了一种油气工业智能化转型的典型架构。

该架构主要包括上下两大部分，底层是企业级的“数据生态”，上层是企业级的“智能应用”。

“数据生态”是由企业的“智能应用主数据平台及其支撑体系”构成。包含了智能应用主数据平台、全产业链（建设与运营过程中的设计、采购、施工、运行）及附属产业链（冶炼、制造、物流、仓储等）的数据仓库两级结构。这两级结构的相互作用与促进发展构建了油气工业智能化发展的基础环境。

“智能应用”指的是围绕企业核心目标（降本增效、自主可控等等），以贯穿于油气企业规划、建设及运营全生命周期的企业价值模型/经济模型为核心，所构建出的一系列智能化应用系统或应用平台。笔者特别强调的是，这里的智能应用已经远不是以可视、可控为核心所构建的。

3　规划与建设过程中常见认识问题

3.1　认知方式的问题

（1）认知方式的第一个问题，也许是一个哲学问题。我们是怎样认知这个世界的？毫无疑问，我们绝大多数时候是基于经验、自身具有的知识来认识世界的，并很大程度上支配了我们在管理与决策上的言行。互联网的出现，使认知方式变得复杂而有趣。共享单车的出现，使整个自行车产业链发生了巨大变化，“永久”“凤凰”“捷安特”这些具有悠久历史和产业品牌的制造商，随着共享单车的出现，一夜之间面临门店关张、从业者下岗分流的局面，他们不得不面对一个原本不属于产业链上的数据平台运营商，并将之作为市场开发的重要环节。类似情况同样发生在淘宝、京东、支付宝以及大量互联网平台商所带来的变化上。

互联网产业的兴起不仅仅造成一个个产业链的解构和重组，而且也是对我们认知方式的颠覆[19-20]。我们原本所具有的经验、知识是不是足以面对智能化油气田的基本条件？我们是否可以触摸到明天的产业链状态与结构？我们是否已经将自己的企业在未来石油工程智能化的产业链上，处于哪个环节、哪个位置做出了清晰地定位？

互联网时代的认知方式，可能应该是：经验和知识可以造就你过去的成功，但很可能成为下次失败的根源。如果我们谈论一个面向未来的与互联网紧密相关的事物，除了经验与知识，可能还应该以企业在互联网时代的"产业链位置"和企业在"数据链中的位置"作为视角重构我们的认知方式，从而获得符合逻辑和客观发展趋势的认知结论，而这种认知结论可能是全新的乃至颠覆性的。

（2）认知方式的第二个问题，比较简单。从认知事物的角度看，世界上只有两种人：以目标为导向的人和以资源为导向的人。前者通过梳理愿景、确定表达远景的条件作为目标、确定现状、确定实现每个目标的路线以完成对一个特定愿景的实现方式；后者从自身条件出发确定近期或远期的工作。这两类人在管理与决策层面对推动一个整体体系的发展，产生着不同的作用。第一类人，看似总在忙于一堆无关的事情，其实每件事情都统一在一个特定目标和特定路线的总体规划与分项计划中，总在不断接近愿景；第二类人，经常会出现"我不会、我不懂、我没条件"的感叹，从而将系统整体的发展缓慢归咎于外在条件。

分析认知方式的目的，有助于理解对下面几个问题的分析讨论。

3.2 智能化时代企业竞争优势

在油气工业的智能化转型过程中，企业的竞争优势是什么？传统的工程设计技术优势、工程采购或施工优势，会不会一夜之间，不得不面对今天的"永久""凤凰""捷安特"所面临的问题？

按照笔者的观点，这个问题不但会出现，而且在一些油气工业领域已经出现了。换言之，工程公司在工程建设产业链中，以"企业-企业"的模式形成横向的价值传递与价值交换关系；互联网技术的发展和智能化油气产业发展的需求，催生了以"企业数据-数据平台服务商-企业"为特征的纵向数据关系的诞生。

在此情况下，工程公司不但需要关注本企业在工程建设产业链中的地位和横向企业间数据交付能力，还不得不关注本企业在智能化典型架构中"智能应用"和"数据生态"中的位置。需要提出的是：工程设计、工程采购、工程施工、工程运营所构成的建设与运营产业链，是一个横向产业链的话，工程设计无论就建设而言或是运营而言，位于产业链的龙头地位和引领地位；但从智能油气田、智能工厂、智能管道的纵向数据链看，工程设计、工程采购、工程施工乃至工程的后期运行，都居于远离智能应用的数据链末端，扮演的仅仅是数据源的角色。

若工程公司向"数据平台运营商"交付设计、采购、施工、运行数据成为智能化时代"数据生态"创建的基本法则，这类数据平台在智能化架构中将起到连接数据源和智能应用的关键作用。

如果企业智能化数据链架构中长期居于远离智能应用的位置，其传统竞争优势的产业地位将面临巨大冲击。

基于这一认识，互联网时代的油气工业竞争优势的培养与孕育，不仅应高度关注"行业技术水平"和"全产业链数字化协同能力"等竞争力的提升，还应积极关注本企业在智能化体系中的数据链位置提升问题。

考虑到行业内优质工程公司所具备的综合能力，构建面向智能化油气田建设的新的竞争优势的重点，应尽早体现在与"数据生态"相关规划与建设工作上，同时积极参与"智能应用"的价值模型创建与应用开发工作中。

3.3 不同视角对智能化规划与建设的影响

（1）油气工业的智能化规划与建设，是以基于现有资源和业务流程为导向，还是以未来发展愿景与目标为导向，是决定油气工业智能化转型可持续发展的两种不同视角；基于不同视角的认识论和方法论，将深刻影响规划与建设的方式和建设的成效。

（2）有学者提出："智能化油气田是数字化油气田的延伸。"从规划的视角看，笔者认为"智能化"与"数字化"两者之间的建设愿景不同、目的不同、架构不同、智能应用构建的逻辑不同、对产业链各企业角色关系改变的效果不同，因此二者之间存在本质的区别。前者是基于对特定目标的全产业链和全生命周期为视角的一系列"价值模型"的定义、以"数据生态"为支撑、以智能分析和智能干预为手段、满足"降本增效、自主可控"等要求为目标所构建的系统，具有统一架构、统一规则、统一规划下的持续性和长期性；后者是以数字气田或虚拟气田为基础、以数据采集与分析为手段、以"可视、可控"等需求为目标所构建的系统，烟囱状应用结构决定了其建设具有可中断性、数据规则与应用架构之间具有随机性地特征。

数字化建设工作的积极意义在于：数字化时代的一切尝试与发展，为规划与考量智能化提供了正反两方面的经验与教训，是可以继承和发展的宝贵财富；但是当我们进行智能化规划与建设时，任然需要站到不同视角，正确处理好两者之间的关系。

3.4　智能化典型架构

企业级数据生态的构建是一项创造性的工作，其核心要素是贯穿于油气工程规划、建设和运营管理全产业链及附带产业链底层数据的搜集及数据仓库（数据源、信息源）的规划与建设、以及基于数据仓库和智能应用实时数据的主数据平台构建，其中，基于EDDS（Engineering Data-Delivering System）理念的数字化交付平台构建，是完成此项工作的关键输入条件之一。

企业级智能应用的研发也是一项创新性工作，其核心是一系列企业级的价值模型/经济模型，并构建出一系列贯穿研究对象在全产业链、全生命周期内的智能应用系统。这一工作需要油气企业自身、国内外专家学者，以及IT等企事业单位或个人共同协作完成，而且需要在应用过程中不断优化和完善。

3.5　工程公司在智能化整个体系中位置

工程公司业务领域主要包括设计、采购和施工等相关建设期工作，而油气企业的智能化本身则应涵盖规划、建设和运营管理全生命周期。从这个角度讲，工程公司在油气企业的智能化规划与建设中，仅提供设计、采购和施工等相关建设期的数据源、信息源，某些有前瞻性的工程公司则正在尝试提供承载此类数据源、信息源的数据仓库和数据交付平台。

需要说明的是：上述数据仓库，并不是支撑油气工业智能应用的主数据平台，主数据平台需按照智能应用的服务需求，向数据仓库获取历史或实时的有效数据进行分类存储，并以服务化的方式管理，同时按照智能应用价值模型/经济模型的需求，获取、存储、管理智能应用自身产生的历史或实时数据为智能应用自身服务。

工程公司是工程建设数据仓库的数据提供者，其所使用的数据产生工具受数据仓库运营者的制约和控制。

3.6　智能应用的构建逻辑

从实际应用的范围来讲，既有对油气工业物理工厂、物理油田、物理气田、物理管道等实体物质的智能应用，也有对数字工厂（或虚拟工厂）、数字油田（或虚拟油田）、数字工厂（或虚拟工厂）、数字管道（或虚拟管道）的虚拟物质的智能应用，又有对油气工业全生命周期的生产经营管理的智能应用。

智能化条件下的业务应用规划逻辑，必须要与非智能化条件下的业务应用区别开来，智能化条件下业务应用的核心是企业级价值模型/经济模型的构建，而此项工作就是要以实现提质、降本、增效这一本质目标为出发点。智能应用需要大量科研和技术基础工作研究成果的支撑，尤其是建立企业级价值模型/经济模型，需要专家团队的智慧，而不是纯粹的IT技术或工程专家就可以完成。

3.7　智能应用、数字化交付、协同设计的关系

智能应用是油气工业智能化价值实现的工具，应当具备任意油气生产经营管理变量发生情况下对整体生产系统影响的智能分析与干预决策的能力。

在智能化时代，智能应用与数据生态构成了智能化的两大核心要素，数字化交付则按照智能应用的需求和标准通过主数据平台获取油气工程全生命周期的数据源、信息源。

协同设计则仅限于建设期的设计过程，向业主或数据承包商交付的数据仅为智能应用数据需求的小部分。站在智能化数据链的视角（不是工程建设产业链的视角），协同设计属于智能应用所需设计数据的产生范畴，对设计数据的质量负责；同样，智能化体系下的数字化交付，属于按照智能应用所提出的标准、范围、格式等，进行数据分类、传输的范畴，是交付的通道与工具。从这个角度讲，二者是可以独立存在的模块，在没有特定要求情况下，协同设计的结果可以进行手工交付；而数据交付能力，与协同设计能力一样，应当被视为企业竞争力的一种表现形式，并通常会用于高端客户的强制性交付要求。

因此，从数据链的视角看，智能应用是智能化体系中“主数据平台”规划与建设的输入；智能企业“主数据平台”根据智能应用的需求向全产业链各数据仓库提出数字化交付的标准、范围、格式、内容、工具等，是产业链各类数据仓库的交付目标；产业链各环节的数据仓库根据“主数据平台”所制定的交付标准、范围、格式、内容等，向设计协同(E 的各专业协同)、设计采购协同(E 与 P 的数据协同)、设计采购施工协同(E、P、C 的数字化协同)等等协同形式，提出数字化交付标准、范围、格式、内容、工具等方面的要求；因此，按照上述逻辑，协同设计在智能化的纵向数据链中，是基于特定项目、特定数字化交付要求、采用特定工具、面向多设计专业所展开的一种设计组织模式，是远离智能化核心业务的设计类数据的产生者。

3.8　油气工业智能化规划工作的组织方式

油气工业的智能化规划与建设对传统观念、已有技能、业务流程、管理制度等将带来巨大变化。

首先，需要识别和确认石油工程建设智能化发展未来的典型架构，确立企业在未来横向产业链和纵向数据链上的更具竞争力的位置，明确企业现状及现有位置在未来整个体系架构中的优势与劣势，作为布局、规划、计划相关工作的基本条件。

其次，明确智能应用、数字化交付、协同设计、协同建设(设计采购施工产业链与附带产业链的平台化协同组织)在未来产业结构中的作用与价值，有目的的加以组织和规划。

第三，明确油气工业的智能化规划与建设，是“企业战略+业务/业态+信息技术(IT)”的综合规划与建设，实现规划者、管理者、决策者、实施者之间对工作目标、实施方法等认识的高度统一，是保障各项工作有效开展的重要条件。

4　总结

本文总结了油气工业智能化建设规划工作中可能面临的认识方面的问题，分析了这些问题产生的原因；提出了智能油气田、智能管道、智能工厂的典型架构，阐述了智能应用、数据生态、数据仓库、协同设计在该架构中的位置与逻辑关系；强调了传统竞争优势的企业注重新的竞争优势培养的极端重要性；表达了在这一变革时期，对企业管理者和智能化建设的决策者、规划者，解决好各类认识问题、合理规划与实施相关工作的高度关切。

参 考 文 献

[1] 覃伟中．积极推进智能制造是传统石化企业提质增效转型升级的有效途径[J]．当地石油石化．2016. 24(6)．1-4.

[2] 汤晓勇．工程公司协同办公的认识与实践[J]．天然气与石油．2016. 34(4)．75-78.

[3] 郭成华．工程公司企业信息化建设的规划[J]．天然气与石油．2016. 34(2)．78-81.

[4] 贾爱林，郭建林．智能化油气田建设关键技术与认识[J]．石油勘探与开发．2012. 39(1)．118-122.

[5] 王鸿捷．一种创新的工程公司云平台建设理论与实践[J]．天然气与石油．2017. 35(4)．120-124.

[6] 崔红升，魏政．物联网技术在油气管道中的应用展望[J]．油气储运．2011. 30(8)．603-607.

[7] 张恒春．智能化多功能实验台钻进参数检测与控制系统的设计与实现[D]．武汉．中国地质大学．2012.

[8] 于达，熊毅，朱婷婷等．输油气管道智能化事故应急体系建设[J]．油气储运．2015. 34(10)．1038-1041.

[9] 杨金华，邱茂鑫，郝宏娜等．智能化——油气工业发展大趋势[J]．石油科技论坛．2016. 35(6)．36-42.

[10] 彭锐，彭小康，刘家洪．PDMS 数据转换应用研究[J]．天然气与石油．2015. 33(1)．84-88.

[11] 王兆会，曲从锋，袁进平．智能完井系统的关键技术分析[J]．石油钻采工艺．2009. 31(5)．1-4.

[12] 李永宁，于洪，付兆远等．智能化油气试验移动平台[J]．山东电力技术．2013. (2)：29-31.

[13] 曲斌，丰大成，袁涛．构建油气集输系统的智能化管理网络[J]．西安石油学院学报(自然科学版)．2002. (3)：61-64.

[14] 谢军．“互联网+”时代智慧油气田建设的思考与实践[J]．天然气工业．2016. 36(1)．137-145.

[15] 商同林．智能化网络管理在油气集输系统的应用[J]．内蒙古科技与经济．2004(7)．67-70.

[16] 孙长江，谢欣岳，赵倩芸．基于智能识别、自由组网、智能组态技术的油田专用物联网[J]．油气田地面工程．2016. 35(3)．75-76.

[17] 邹才能，朱如凯，吴松涛等．常规与非常规油气聚集类型、特征、机理及展望——以中国致密油和致密气为例[J]．石油学报．2012. 33(2)．173-187.

[18] 金宗泽．油气勘探开发大数据分析模式的研究[D]．大庆．东北石油大学．2015.

[19] 高玉龙，朱迅，于占海等．气田智能化气井监控系统研究[J]．石油化工自动化．2015. 51(1)．25-28.

[20] 陈炳成．BP 神经网络在油气管道漏磁数字信号处理中的研究[D]．沈阳．沈阳工业大学．2004

大数据技术在固井质量评价中的研究初探

顾 静 刘恩新 孙 辉 王维强 周 娜 尚 岩

（中国石化胜利油田分公司石油工程技术研究院）

摘 要 胜利油田完井方式一般采用套管固井法完井，目前主要采用人工解释方法评价二界面的固井质量。针对人工评价效率较低、评价结果易受主观因素影响等问题，提出了应用大数据思想构建算法模型，解决实际问题的思路和方法。通过对固井数据的相关性分析，应用梯度提升算法构建基于全波列数据的固井质量评价模型；采用卷积神经网络算法，建立了基于变密度图像的固井质量评价模型；实现固井质量智能评价及可视化应用分析，提高了评价效率和准确度。

关键词 固井质量评价；梯度提升算法；卷积神经网络；可视化应用

1 概述

声波变密度测井由于施工成本低，实施简单快捷，是目前胜利油田主要采取的套管固井质量的检测方法。针对该方法的检测结果解释评价时，一界面的胶结质量利用声幅曲线已实现计算机定量评价，方法较为成熟；二界面因传统方法难以实现定量评价，仍采用人工方式通过声波变密度图像综合裸眼声波时差、井径、岩性等进行定性评价。该方法存在以下问题：

（1）受个人经验、能力水平影响，评价结果存在主观性差异。

（2）测井图像复杂、井段长，人工解释评价效率不高、且容易出错。

（3）固井解释人员逐年减少，不利于对施工质量的管控。

利用大数据技术实现智能化管理，已成为现代企业降低成本、提升竞争力的发展趋势。本文针对人工评价存在的问题，对利用大数据分析技术构建智能评价模型进行论述；结合可视化应用系统的开发与应用，实现固井质量的智能评价，有效避免人为因素影响，提高评价效率和准确性。

2 主要研究内容

2.1 基于全波列数据的固井质量智能评价模型研究

基于全波列数据构建固井质量智能评价模型，包括参数相关性分析、全波列数据的解析与预处理、大数据算法优选等。

2.1.1 参数相关性分析研究

针对影响固井质量的各类因素复杂、难以判定的问题，利用信息增益（信息熵）方法，进行相关性分析，确定影响较强的参数。

信息增益是指待分类的集合的熵和选定某个特征的条件熵之差：

$IG(T)=H(C)-H(C|T)$，其中 $H(C)$ 为信息熵，$H(C|T)$ 为条件熵。

通过分析计算，CBL（声幅）、AC（声波）、CAL（井径）、CCL（磁定位）、GR（伽马）同固井质量的相关性较强，影响较大（表1）。

表1 相关性分析结果

曲线	相关性	
	第一界面	第二界面
声幅 CBL	0.28	0.25
声波 AC	0.21	0.11
井径 CAL	0.19	0.16
磁定位 CCL	0.15	0.09
伽马 GR	0.13	0.14
自然电位 SP	0.08	0.05
电导率 OND	0.06	0.03
电阻率 RT	0.05	0.04

2.1.2 基于全波列数据的算法优选及建模

根据固井质量评价结果按等级分类（良好、合格、不合格）的特点，选取随机森林、梯度提升、深度学习等5种分类算法，对257062个样本数据进行迭代训练，分别建立实验模型，根据模型验证结果显示，梯度提升算法适用性最强（表2）。

表2 算法适用性分析结果

算法	第一界面评价准确率	第二界面评价准确率
随机森林	87%	84%

续表

算法	第一界面评价准确率	第二界面评价准确率
深度学习(DNN)	93%	73%
广义线性模型	90%	76%
梯度提升	95%	86%
朴素贝叶斯	88%	74%

建模过程：设置梯度提升算法超参数，如树的数目、深度、采样率等，将训练集数据输入，根据交叉熵损失函数进行迭代，更新权重，直到达到训练次数或者满足误差要求，输出模型(图1)。

2.1.3　效果验证

采用该模型对100676个验证集进行验证，结果显示：该模型的一界面评价准确率平均95%，二界面评价准确率平均86%。

2.2　基于声波变密度图像的固井质量智能评价模型

研究基于声波变密度图像的固井质量大数据分析评价模型，包括变密度图像的预处理、变密度图像识别技术研究等。

2.2.1　变密度图像预处理技术研究

按照每10个像素对变密度图像原图进行分割，提高样本精细度，再对分割后的单张图片进行固井质量结果标定，提高评价结果精细度(图2)。

2.2.2　变密度图像识别技术研究

针对评价结果的分类性特点，利用卷积神经网络技术，对样本数据迭代训练，构建共六层网络模型，实现基于图像的智能评价(图3)。

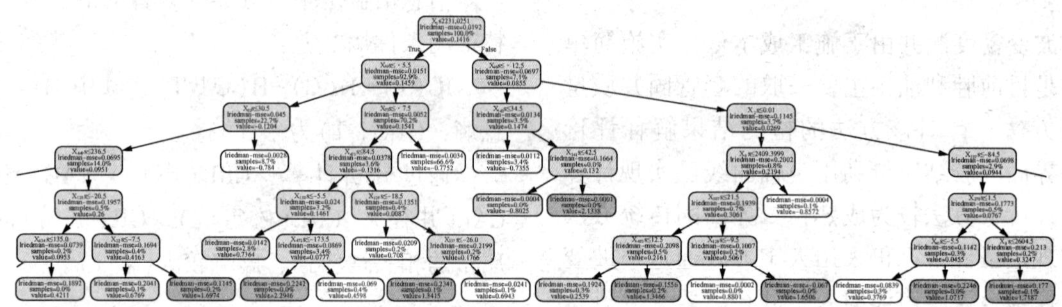

图1　梯度提升算法模型结构

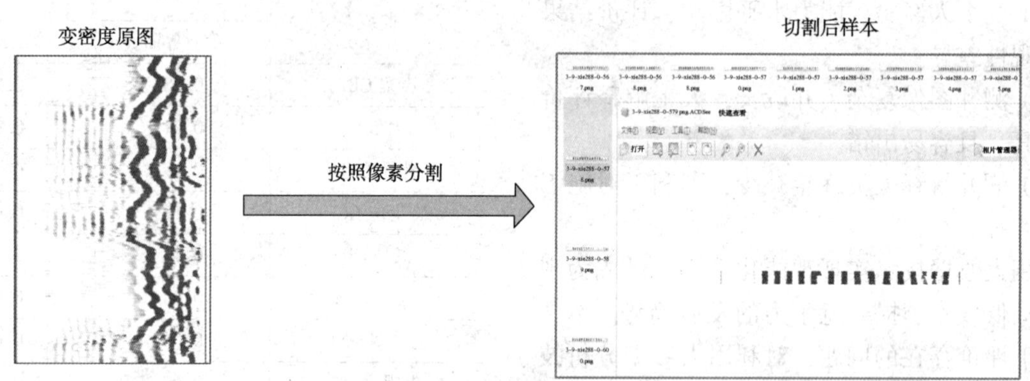

图2　变密度图像预处理

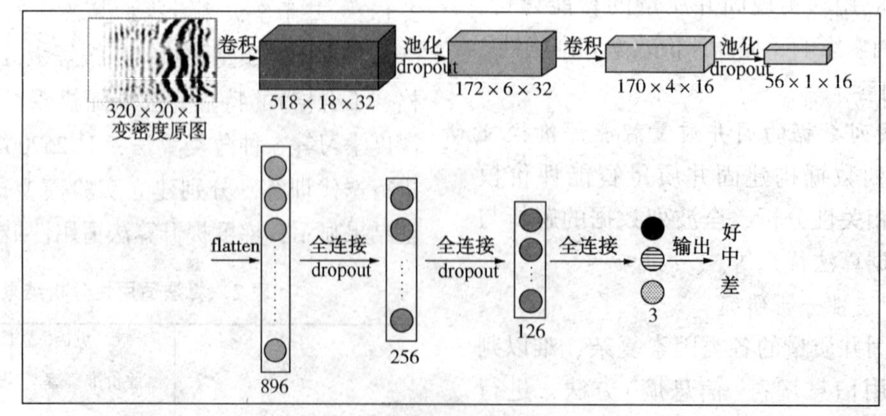

图3　卷积神经网络结构

2.2.3　效果验证

采用该模型对67532个验证集进行验证，结果显示：模型的一界面评价准确率为90%，二界面评价准确率为75%(图4)。

3　初步应用

3.1　总体应用情况

初步开发了可视化应用平台，实现了样本数据维护、模型管理、单井智能评价、人工及智能评价结果对比分析等。完成了对86口单井的解释评价及对比分析，为固井质量评价提供了新的评价方法和手段。

3.2　典型应用实例

A井：该井目的层井段油水系统复杂，需要精确评价固井质量。根据智能评价结果显示，该井一界面胶结良好为主，38号油层与39号含油水层之间胶结中等共4.4m，占80%，符合“油气水层间隔≤10m时，二界面胶结质量中等≥70%”的要求。射孔求产（2334.1－2335.6m、2375－2376.4m）：初期日产液13.7方，油12.7方，含水7.2%，与智能评价结果相符(图5)。

B井：通过应用系统对该井的智能评价结果与人工评价结果进行对比分析，以2320－2410m井段为例，智能评价结果更加精细(图6)。

4　主要结论

通过初步研究应用，建立了基于全波列数据和声波变密度图像的固井质量智能评价模型，实现了固井质量评价从人工解释到计算机智能评价的转变，节约人力及解释费用，提高了评价效率及准确度。

(1) 利用梯度提升算法，构建了基于全波列数据的智能评价模型，一、二界面的评价准确率分别达到95%、86%。

(2) 利用卷积神经网络技术，构建了基于声波变密度图像的智能评价模型，一、二界面的评价准确率分别为90%、75%。

(3) 研究实现了固井质量评价可视化应用，单井评价周期从3-4天缩短到30分钟以内，提高了评价效率。

下一步分类别完善样本库，建立评价模型，提高评价准确度和模型适用性。

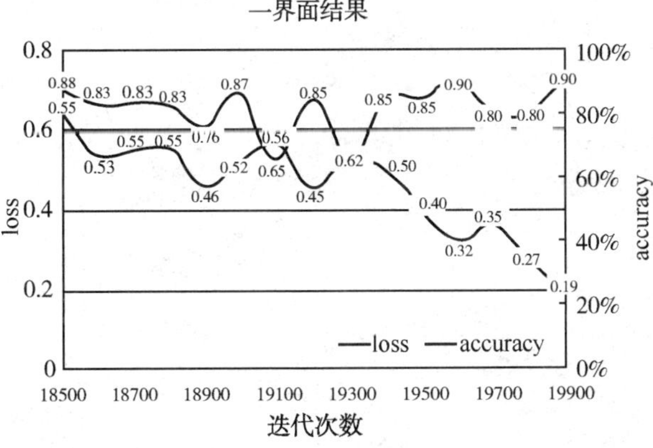

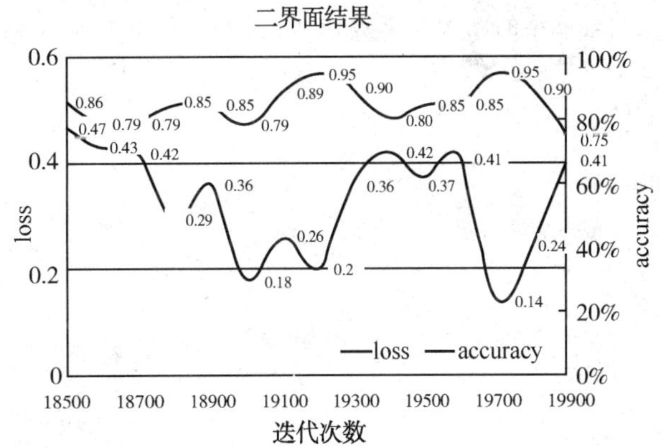

图4　卷积神经网络模型效果验证

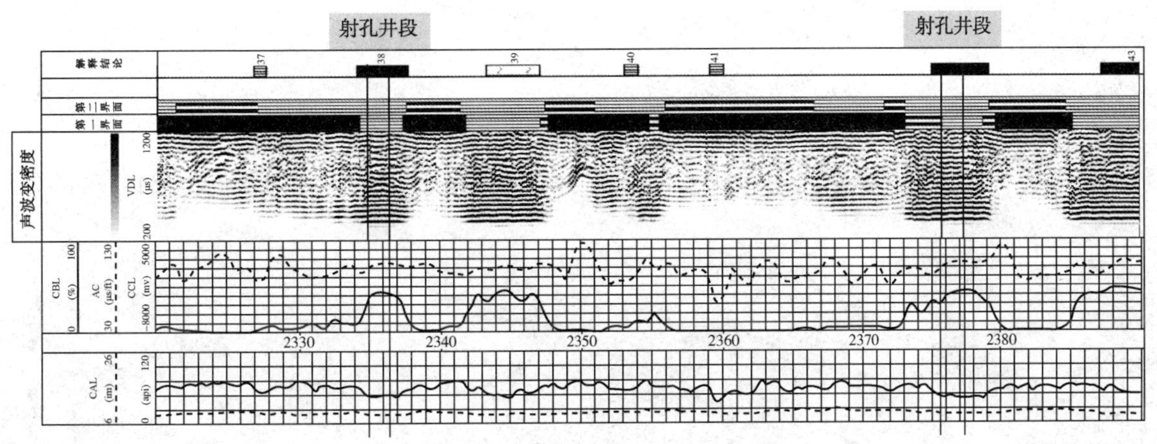

图5　A井应用实例

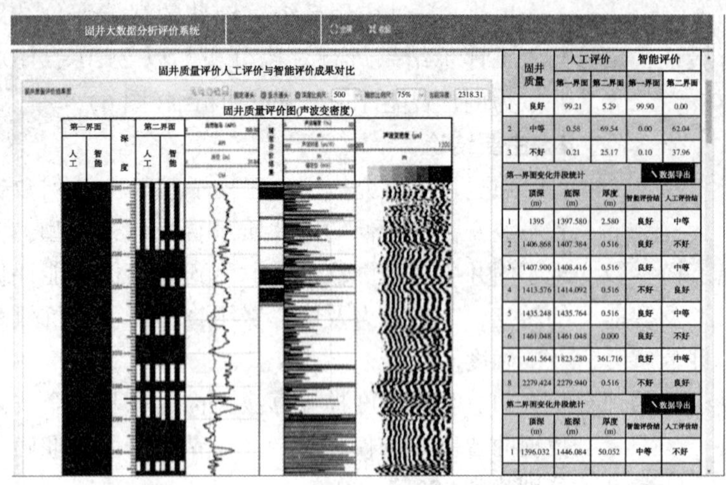

井段解释情况统计表
(2320–2410m)

序号	人工评价(m/段)	智能评价(m/段)
胶结好	47.5/5	44.5/7
胶结中	42.5/5	45.5/8
胶结差	0/0	0/0

图6　B 井应用实例

参 考 文 献

[1] 李维彦，章成广，江万哲等；影响固井质量评价效果的因素分析[J]，工程地球物理学报，2006，4.

[2] 王梅英，刘继生，吕秀梅，王庆华，；固井质量综合评价技术与声波变密度测井技术对比分析[J]，测井技术，2011，2.

[3] 刘海龙，李宝安，吕学强，黄跃；基于深度卷积神经网络的图像检索算法研究[J]，计算机应用研究，2017，12.

[4] 刘克辉；声波水泥胶结测井信号多重分形特征参数提取及应用研究[D]，中国石油大学，2007.

[5] 唐军，章成广，张碧星，师方方；基于声波变密度测井的固井质量评价方法，石油勘探与开发[J]，中国石油大学，2016，6.

[6] 张春生，郭长杰，尹兆涛；大数据分析在油气行业的应用研究[J]，微型电脑应用，2016，7.

依托生产信息化挖掘大数据助推智能油田建设

耿淑亚　董顺勇　马　博　曹　梦

（中国石化中原油田分公司）

摘　要　油气生产信息化是油田板块贯彻落实国家“两化融合”战略的重要举措，是提升管理水平、变革传统生产组织模式、推进油公司体制机制建设的重要支撑。近年来，随着生产信息化建设的不断推进，油田已逐步完成了油区的生产信息化改造。生产信息化实现了数据自动采集、远程视频监控、数据自动分析、自动报警等功能，形成“井站一体、电子巡护、远程监控、智能管理”的油气田开发管理新模式。在现有信息化的基础上，逐步探索智能油田建设的新模式和新方法。

关键词　生产信息化；智能油田；大数据；物联网；数据挖掘；报警预警

1　前言

近年来，物联网和大数据等一些具有先进理念的新兴技术有了快速的发展，并且在许多生产领域得到了广泛的应用。目前我国推行科教兴国、人才强国的战略思路，这一思路也促进了油田生产向科学化方向发展。建立物联网，挖掘大数据，实现智能油田，将工业生产与信息化有机结合起来，将传统生产方式与现代科技有机结合起来，能够达到有效提高油田生产效率，增加经济效益的目的。

现阶段，油田对物联网和大数据技术的需求日益增加，而石油行业是一个多学科、多专业相互配合、相互协同的知识、技术和资金密集型行业，能源与前沿学科的交叉与融合创新正展示出跨越性、变革性、颠覆性的巨大能量，这既为能源工业的转型发展提供了巨大机遇，也将对能源工业的未来发展产生更加强烈、更趋深远的影响。

2　智能油田的含义

中国石化对智能油田的定义是中国石化智能油田是在数字油田的基础上，围绕上游的油藏、井、管网、设备设施等核心资产，借助信息技术全面辅助资产管理和效益优化，建立全面感知、集成协同、预警预测、分析优化四项智能化能力，推动增储上产、绿色安全、高效运营、精细管理，达到资产价值最大化。

智能油田包含了四项能力，全面感知、集成协同、预警预测、分析优化，其中全面感知可以实现对油气藏、井、站、管网、设备等生产对象实时状态的全面感知能力；集成可以协同实现跨专业、跨部门间的业务贯通、快速响应及协作联动的集成协同能力；预警预测可以实现以业务管控模型、专家经验、案例库闭环持续优化的预警预测能力；分析优化可以实现对决策过程、经营体系、生产流程及资产价值全过程的分析优化能力。

这四项既是四项能力，也是实现智能油田的四个方面，生产信息化就是智能油田建设的第一步，是实现全面感知的基础，是解决油田企业困境的有效措施。在生产信息化的基础上，大数据挖掘技术则是实现智能油田建设的主要技术手段。运用大数据技术寻找合适的数据价值挖掘算法，进行建模修正，建立起针对性的诊断、预测模型，最终建立起油藏、井筒、地面三位一体的油田模型，这也是我们智能油田的目标。

3　生产信息化建设成果

实施生产信息化给油田的管理带来了巨大变革，尤其是在转变生产方式、优化劳动组织、提高生产效率、降低安全风险等方面均发挥了显著作用。油气生产信息化建设是智能油田建设的第一步，是解决油田企业困境的有效措施。

中原油田生产监控指挥系统（PCS）用物联网、组态控制等技术，集成生产实时动态数据、图像数据和相关动静态数据，进行关联分析，变人工资料录取为实时自动采集，变人工现场巡检为远程电子巡检，变人工现场操作为远程自动管控，变事后分析为大数据超前预警，变分散管理为远程集中管控，变逐级汇报决策为实时集中决策，实现油气生产全过程的全面感知、报警预警、在线调度、远程管控、资源集成等功能，达到安全受控、自动化管理和减员增效的目的，通过与总部、分公司、采油(气)厂各层级的有效联动，提升了生产运行指挥效率。

4 大数据挖掘技术在石油行业的应用

(1) 油田数据的特点

石油与天然气行业是一个系统性的行业，需要多学科，多专业，多领域结合才能达到最终使用的程度。石油行业包含勘探与生产领域，炼油与化工领域，天然气与管道领域，销售领域，而每一个领域又可以划分很多明细，如勘探与生产领域包含勘探，地质分析，测井工程，钻井工程，采油工程，油气集输工程，无论是中间哪种环节，都意味着有大量的数据记录及分析。因此石油行业很早就在使用大数据，但并没有使用大数据挖掘和分析技术，石油行业目前的数据使用具有以下特点：

1、数据应用价值低，过去数据采集不是为应用服务；

2、多数用于报表的统计、分类、整理、展示，无法得到数据背后的真正指导意义；

3、数据复杂性高，大数据分析样本少；

4、无法基于历史数据对未来进行预测；

5、所谓的大数据分析仅仅是可视化界面的改变。

以智能油田为目的构建的油气生产大数据技术应该具有智能分析、预测、优化、自主决策的能力。智能油田就是借助信息化、大数据、物联网等科技手段，全面感知油田生产运营状态，自动监控油田活动，预测油田变化趋势，持续优化油田管理，虚拟专家辅助油田决策，让油田管理更加智能。

(2) 大数据应用现状

2009年前后，“大数据”一词开始逐步受到信息技术行业的重视。2012年，美国政府宣布投资2亿美元拉动大数据相关产业发展，将“大数据战略”上升为国家战略，甚至将大数据定义为“未来的新石油”。一些知名石油公司也纷纷开始研究和利用大数据，希望能够领跑大数据时代，为企业创造更多的经济效益。壳牌将大数据挖掘应用在钻井领域，如深海钻井过程中扩眼侧刀磨损预测、浅层钻井钻头报废前预警等。在实际生产中有效的更换这些工具，使停产时间最小化，降低钻井的日常开支。雪佛龙公司将5万台桌面系统与1800个公司站点连接，消除炼油、销售与运输“下游系统”中的重复流程和系统，每年可节省5000万美元，过去4年已获得了净现值约为2亿美元的回报。昆士兰天然气公司对生产流程中的关键参数进行实时监控，对每口井的生产状态进行实时监控，基于动态模型，建立了涵盖整个生产流程的生产预测和优化平台，对每口井的生产情况进行模拟、预测、动态调整及优化，通过业务流程优化，形成油藏分析指导油气开发生产调整优化，开发生产调整优化反馈油藏分析数据的闭环管理流程，持续优化分析模型并积累智能分析成果及经验，提升预测精准度和管理精细度。

在国内，中石油通过将工况诊断结果、流压、泵效的综合分析，得到更为准确的动态控制图从而指导单井和井场的生产，使其在合理的区间运行。大庆油田采用聚类分析方法，选取平均喉道半径、启动压力梯度和可动流体饱和度这三个参数，对大庆外围低渗透储层多孔介质进行分类，评价了特低渗透率储层参数的分类。有研究人员采用了决策树方法、聚类分析与神经网络方法这三种数据挖掘算法建立挖掘模型，对大量多维、多源数据进行关联分析与预测工作。为实现渗透率、有效厚度、生产压差、含气饱和度等各参数同油井产能的关联度挖掘，建立以所要分析的参数作为输入、以油井产量作为预测变量的挖掘结构和模型。在关联分析的基础上，用户可以引入自己感兴趣的影响油井产能的因素，根据选定的最优预测模型预测油井产量在特定因素影响下的发展趋势。同时，将预测结果表达成曲线和数据表的形式，既直观形象又有据可循，为油井生产和决策提供有力的数据支持

可以看出在石油领域，大数据挖掘的应用主要聚焦在具体问题需求具体分析，解决某个具体问题，这也是我们目前切实可行的研究方向。

(3) 大数据挖掘技术在油田的应用前景

虽然目前大数据挖掘技术在油田的应用还没有大规模成体系应用，但大数据技术在油田的应用前景非常广泛。随着油田生产过程基本实现了自动化、信息化，油气生产过程中会产生大量的数据，包括采油与地面工程的生产、作业等多个类型的大数据。尤其，随着生产信息化改造的实施，为在油田企业生产上应用大数据挖掘技术提供了广阔的空间，能够发现蕴含其中的大量有用的生产规律。通过大数据挖掘，可以充分利用所

采集到的信息，处理更大规模的数据，具有能够即时查询、准确提出预测等优点。企业在完成大数据挖掘过程之后，使用大数据挖掘技术发现这些知识、规律、趋势，并适时调整油田的生产方法和策略，可以提升油田产量、采收率、效率、效益等。

通过大数据挖掘可以在以下几方面实现突破：1)发现油气生产过程各个指标的异常情况；2)油气田各个生产要素之间的关联关系；3)预测油气水井生产指标变化趋势和增产增注措施效果；4)预测工艺流程的安全性和工况效率指标；5)生产设备寿命预测和维修预警；6)科学地对油气生产活动和成本控制提出预警和优化等。

5 大数据挖掘技术结合 PCS 系统实际应用场景

大数据挖掘技术在油田应用前景很广，这里结合 PCS 系统实际应用效果，聚焦生产信息化建设两个具体的智能场景应用

(1) 视频智能化应用

随着油田视频监控建设的不断拓展与完善，多路海量视频数据不断产生，目前采用人工模式对视频数据进行分析研判，监控人员的人力、经验和分析能力瓶颈制约了视频应用的整体效能。为改变现有的视频应用模式，需开展视频智能分析技术研究，在不需要人为干预的情况下，实现对动态场景中目标的定位、识别和跟踪，在此基础上分析和研判目标的行为，当异常发生时能够及时作出反应，满足安全生产、综治反恐、设备运行监控等方面的实际需求。

一是开展视频数据集成技术研究。基于视频源的空间位置及单位划分，实现视频数据与生产信息化实时数据、地面 GIS 信息、地下构造与油藏、经营管理等信息的动态关联，突破多源异构大数据分析技术的瓶颈，为提供面向主体的视频应用奠定基础。

二是开展分场景智能分析技术研究。

① 建立了井场习惯性违章行为模型，研制了行为识别机制，并与视频智能算法相结合，最终实现对违章行为进行识别报警，并与油田公安系统全面联网，实现人脸识别。主动识别常见不安全行为，提高了安全管理水平，消除了安全隐患，形成了第四代视频智能监控技术。

② 敏感性环保事件主动识别技术。通过生产信息化建设，在管线、联合站、泵房等位置有大量的视频监控点，基于机器学习的方法，可以通过对刺漏等故障进行识别和报警。例如注水泵房，通过注水泵压力的变化无法判断轻微的刺漏现象，而通过对注水泵房的视频监控的自动模式识别，可以及时判断刺漏现象的发生，并进行报警；油井井场，通过摄像头自学习功能对井场黑色油污、火源进行识别报警。基于数据信息资源的油井预警报警智能分析技术。提高了数据资源利用率，首次建立油井预警诊断分析专家决策模型。

③ 应用 Mesh 传输大幅拓展了信息化网络覆盖范围，利用井场交换机连接 Mesh 系统可有效利用单井网络资源实现移动视频监控全覆盖。应用 Mesh 网络可以不断扩展的网络架构，任意的两个设备均可以保持无线互联，达到解决生产信息化“最后一公里”的问题，针对对偏远井或长停井实现移动视频的全覆盖。

三是建立完善的视频监控及智能分析标准规范，构建视频集成应用服务体系，推动视频应用多业务融合，实现视频分析由碎片化向体系化转变，智能分析取代人工研判，增强对异常情况的快速反应能力，保障安全生产，节省人力物力，提高生产管理水平。

(2) 设备管理智能化应用

目前，基础设施建设成本、升级维护费用高昂且不断上升，设备停产时间难以控制，需要引入模拟优化手段提高生产效率，需要高效工作流工具促进生产和管理效率提升，根据业务需求，建立设备诊断及机理分析模型，并借助工业大数据分析工具，对设备运行状态进行监控与分析，加强设备运行和状态分析诊断能力，为设备的安稳运行提供保障。

① 运行管理与预警：监控关键机组的运行参数和工艺参数，包括：振动幅值、相位、频率、温度、流量、电流等信息，建设机组运行组态图，远程监控机组运行工况。通过获取设备运行历史数据，建立设备各监测点的报警阈值，报警采用报警事件的方式，对设备状态进行阈值报警，并支持变化率报警。报警信息按照现场设备重要程度，与管理人员级别进行匹配，建立报警分级推送机制。

② 在线运行分析：依据设备运行数据，对设备开展振动分析、多趋势分析、健康指数分析，并出具分析报告，推送企业用户。

振动分析：对设备运行数据进行振动分析，

提供振动分析图谱：波形频谱图、故障频率分析、全矢谱分析、轴心轨迹、轴心位置、波德图、瀑布图、单值棒图、包络谱分析等，从时域、频域角度全面分析设备问题。

多趋势分析：建立多维度、多图形展示设备运行参数趋势图。

健康指数分析：建立设备综合评价体系，针对设备建立评价模型，对设备振动、工艺、润滑、运行时间等元素进行评价，给出设备健康级别。

分析报告：系统生成包含设备基本信息、报警信息，润滑信息，保养信息、累计运行时间等信息的设备运行状态分析报告，积累设备运行历史数据，为故障诊断、检维修、更新改造等工作提供数据支撑。

③ 故障诊断与预测

故障规则与案例库：建立故障规则库，内置推理机。收集本企业关键设备和同行业同类设备目前已知的故障和处理建议，进行编码、描述，按对应征兆提取故障规则，形成规则库，为设备故障诊断提供支撑。建立故障案例库，收集已有关键设备故障案例。

故障分析诊断：建立设备故障诊断模型，提供自动诊断和人工诊断两种方式，将振动数据，工艺数据，历史数据以及设备模型，进行信号融合，提取特征数据，经过故障推理机与故障规则库进行匹配，得出故障结论并生成诊断报告。

故障预测：建设关键设备大数据预警模型，利用历史数据对预警模型进行多工况的样本学习；从当前状态与正常运行状态的偏差提供早期预警，对设备的在线健康状态进行实时量化评估。

通过设备管理智能化应用，给服务主体提供一站式的设备诊断信息集合，可以使企业一目了然地得到所有设备的静态参数、动态参数、潜在故障分析预警等一系列的诊断信息，提前预警并诊断电机故障，变事后处理为事前防御，变计划性或事后性维修转为基于状态的预知性检维修，降低事故率与维修费用，为设备的高效运行提供保障。

6 结语

总体看，世界石油石化行业的智能化发展仍处于起步阶段，行业企业正在数字化运营基础上，利用前言技术提升决策水平和工作效率，降低人工成本，保障设备安全运行。随着石油勘探和开发工作的不断深入，国内油田数据呈爆炸式增长，包括了地质、测井、物探、开发等各个环节中积累的数据，尤其近几年来生产信息化的推进，将油田信息化带到了“大数据(Big Data)”时代。其特点是数据量巨大、数据形式多样、数据种类繁多，面对着“数据爆炸、知识贫乏”带来的挑战，将大数据挖掘技术有机地应用于油田生产实践，对于有效地分析海量的油田大数据，挖掘出蕴含其中的不易发现的规律，推动业务转型升级和高质量发展，在智能化时代重塑企业竞争力。

参 考 文 献

[1] 范东来 . Hadoop 海量数据处理技术详解与项目实践[M]北京：人民邮电出版社，2016：44-51.

[2] 黄宜华，苗凯翔 . 深入理解大数据大数据处理与编程实践[M]. 北京：机械工业出版社，2014：28-35.

[3] 徐宗本，数据分析与处理的共性基础技术，第四届中国计算机学会(CCF)大数据学术会议，兰州，2016. 10. 11-2016. 10. 13.

[4] 新一代人工智能发展白皮书(2017)[R]. 2017.

[5] 张朝阳，王艳 . 长庆油田数字化的建设实践[C]. 数字油田，2011.

[6] 杨述开，金剑，孙国强 . 站场巡检维一体化智能设备集成技术应用探索[C]. 中国石油石化企业信息技术交流大会，2019.

[7] 李健，任晓峰，冯博研 . 油田数字化无人值守站建设的探索及实践[J]. 自动化应用，2018，24(6)：35-38.

某天然气处理厂乙烷回收工艺的选择、模拟及优化

杜廷召　刘　欣　叶　昆

（中国石油工程建设有限公司华北分公司）

摘　要　通过分析国内外典型的乙烷回收工艺的流程特性，结合装置进出条件对膨胀制冷和混合冷剂制冷工艺两种制冷工艺计算和能耗分析，确定选用膨胀制冷工艺以充分利用进出口压差降低外部能耗，在此基础上对气相过冷和气气过冷两种乙烷回收工艺进行了模拟计算，综合比较确定选用气气过冷工艺回收乙烷，并以此为基础针对关键工艺参数在进行总体优化，确定了经济合理的乙烷回收方案。

关键词　轻烃回收；工艺模拟；乙烷回收；优化

1　引言

油田伴生气或天然气主要含甲烷以外，还含有少量乙烷、丙烷或其他更多碳原子的烃类。对天然气凝液进行回收，一方面可以控制天然气的烃露点以达到商品气质量指标，避免在管输过程重烃析出影响输送稳定性；另一方面，凝液回收的乙烷、液化石油气（LPG）和稳定轻烃等产品可用作燃料和化工原料[1]。其中乙烷处于产业链上端，是国内紧缺的“稀有”资源，其下游最主要应用市场——乙烯，全球从天然气和石油精炼生产的乙烷约99%用作乙烯生产的原料。由轻烃裂解生产乙烯工艺中，原料由重到轻，乙烯产率显著升高，原料越轻，公用工程的消耗越少，单位能耗也减少，装置投资越小，乙烷裂解制乙烯的生产成本约是石脑油的三分之二[1-3]。因此，近年来我国坚持乙烯原料轻质化和优质化，合理利用国内气田原料气中丰富的乙烷资源对实现乙烯工业的发展具有重要的意义。

目前，国内天然气凝液回收装置主要回收丙烷及以上烃类，仅有大庆油田、中原油田和辽河油田建有几套国外引进装置回收乙烷[4,5]，国内其他大多数油气田是将乙烷作为贫气外输，造成了油气资源的巨大浪费。但由于技术落后及其他各种原因，国内已有装置乙烷产品收率相对较低（国外收率高达95%），与国外相比国内天然气乙烷回收基础存在较大的差距，为降低回收能耗、提高乙烷收率、提高国内油气资源有效利用率，需对乙烷回收工艺进行研究，为国内乙烷回收技术的发展进步提供参考。

2　基础数据

原料气进处理装置的压力为6.0MPa，温度为50℃，处理量为$150\times10^4m^3/d$。外输干气压力为2MPa。气质组成如表1所示。

表1　原料气组成

组分	CO_2	N_2	C_1	C_2	C_3	IC_4	NC_4	IC_5	NC_5	NC_6	NC_7	NC_8
摩尔分数	0.06	0.25	88.94	6.97	2.14	0.51	0.50	0.44	0.05	0.06	0.04	0.02

3　制冷工艺选择

制冷工艺是低温轻烃回收工艺的核心单元，该工艺直接影响装置的投资、能耗以及收率等关键的经济技术指标，经济、合理的制冷工艺的选择对维持装置稳定生产、降低生产能耗以及提升效益具有重大的意义[5]。为了保证乙烷回收率，一般乙烷回收装置制冷深度在-100℃左右，根据不同原料气压力、外输干气压力及收率等条件，常用的为膨胀制冷和冷剂制冷工艺：膨胀制冷直接利用高压天然气经过膨胀设备实现膨胀降温使天然气冷凝以满足气液分离要求，膨胀制冷能力取决于进出口压力、天然气介质组成及膨胀设备的效率等。冷剂制冷利用沸点较低的工艺介质通过压缩、冷凝、膨胀和蒸发等组成的制冷循环实现制冷目的，制冷能力与原料条件无关，主要通过调整制冷循环工作压力控制制冷深度满足天然气制冷需求，其中混合冷剂制冷目前因其能量利用效率较高

而广泛应用。透平膨胀制冷工艺在原料气与外输气有足够压差可供利用时，设备简单、能耗较低、投资少；混合冷剂制冷法适应性好，冷量利用效率较高但冷剂系统较为复杂[6]。针对该处理厂工况条件采用膨胀制冷及混合冷剂制冷工艺技术经济比较如下表所示。

表 2　膨胀制冷工艺与混合制冷剂制冷工艺比较

工艺路线	膨胀制冷	混合冷剂制冷
丙烷制冷压缩机功率/kW	1280	—
混合制冷剂压缩机功率/kW	—	2386.74
乙烷收率/%	95	95
特性	1. 操作简单，可靠性高；2. 一次性投入低，机组紧凑，对厂房和安装要求低；3. 运行损耗小，费用较低；4. 单冷剂，不需要配比；5. 运行压力较高，设备处理强度高，尺寸较小；6. 合理利用了自身的压力能，且在增压段进行了回收；	1. 需要调节制冷剂比例，操作复杂；2. 一次性投入高，附属工程费用高；3. 运行损耗大，费用高；4. 冷剂存储，配比和回收系统投入高；5. 高压的原料气能量没有有效利用；6. 由于系统压力降低，设备尺寸增大；7. 整个系统可在较低压力下运行。

从表 2 中可以看出在相同收率条件下膨胀制冷工艺能耗远低于混合冷剂制冷工艺，因此推荐选用膨胀制冷工艺进行轻烃回收。

4　乙烷回收工艺

天然气乙烷回收的主要工艺技术有：残余气循环工艺(Residue Recycle Process，RR)、气相过冷工艺(Gas Subcooled Process，GSP)、液相过冷工艺(Liquid Subcooled Process，LSP)、冷残余气循环工艺(Cold Residue Recycle，CRR)、部分干气再循环工艺(Recycle Split-Vapor Process，RSV)、部分干气富集再循环工艺(Recycle Split-Vapor with Enrichment Process，RSVE)以及高压吸收塔工艺(High Pressure Absorber Process，HPA)[1]，国内外应用及研究较为广泛的是 GSP、LSP、RSV 和 RSVE 工艺[7,8]。GSP 工艺中，预冷后原料气经低温分离器分出的部分气体与塔顶气在脱甲烷塔塔顶冷凝器内换热，冷却为气液混合物，并注入作塔顶回流液，为塔提供冷量，提高乙烷的收率。LSP 工艺中，预冷后的低温分离器底部含有 C_4 组分的液体进入脱甲烷塔上部可溶解部分 CO_2 使之远离冰堵的条件，因此 GSP 工艺处理含较多 CO_2 的天然气。RSV 工艺利用部分干气循环回注入脱甲烷塔以增加乙烷回收率，回流干气不断吸收气相中的乙烷及更重烃类组分，最大限度地减少乙烷和较重组分从脱甲烷塔顶的损失，乙烷回收率较高且投资较低，而且可通过中断回流与 GSP 工艺进行转化，操作灵活[9,10]。RSVE 工艺在 RSV 工艺基础上，将部分干气与低温分离器分出的气体和部分液体富集后注入脱甲烷塔，RSVE 工艺可处理的原料气中 CO_2 含量更高，但该工艺将低温分离出的液相与外输干气混合后进入脱甲烷塔塔顶导致塔顶进料较富因此其乙烷回收率相比 RSV 工艺偏低。根据相关研究，GSP 工艺适用于 $C_2^+<400mL/m^3$ 的较贫原料气，LSP 工艺适用于 $C_2^+>400mL/m^3$ 的较富且 CO_2 含量较高的原料气；RSV 工艺乙烷回收率可高达 96%，适用于收率要求更高贫原料气条件；RSVE 适用于收率较高且 CO_2 含量较高的原料气条件(图 1，图 2)。[1,,2,10,11]

根据原料气组分及进出压力条件分析及各项工艺适用范围和实际应用的普及程度，初步选择气相过冷工艺及气气过冷工艺进行计算分析，结果如表 3 所示。

表 3　气过冷工艺与气气过冷工艺比较表

工艺路线		气过冷	气气过冷	差值
脱乙烷塔热负荷	kW	850	810	40
脱丙丁烷塔热负荷	kW	373	376	3
循环气压缩机功率	kW		240	240
丙烷制冷压缩机功率	kW	1080	1127	47

续表

工艺路线		气过冷	气气过冷	差值
乙烷产品量 t/d	t/d	103	124	21
LPG 产品量 t/d	t/d	84	84	0
稳定轻烃产品量 t/d	t/d	31	31	0
乙烷收率	%	85	95	10
年可比收益(销售收入-耗能成本)	万元	21338	22277	939

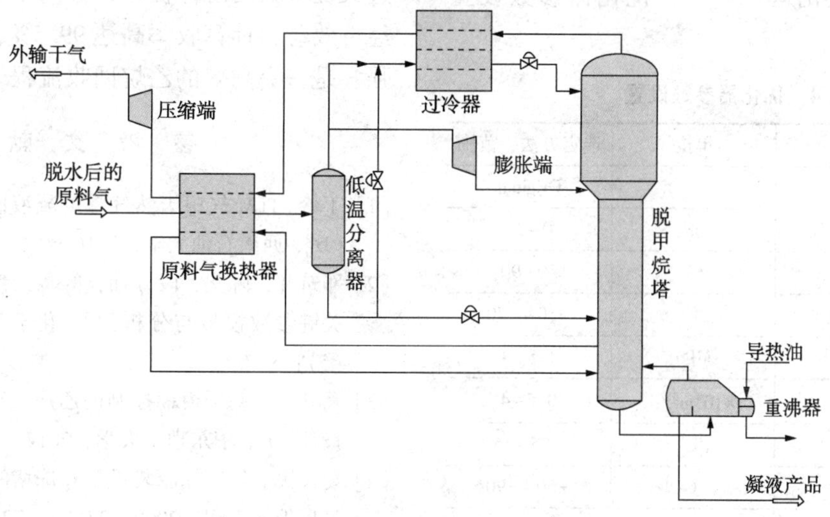

图 1　气过冷(GSP)工艺流程示意图

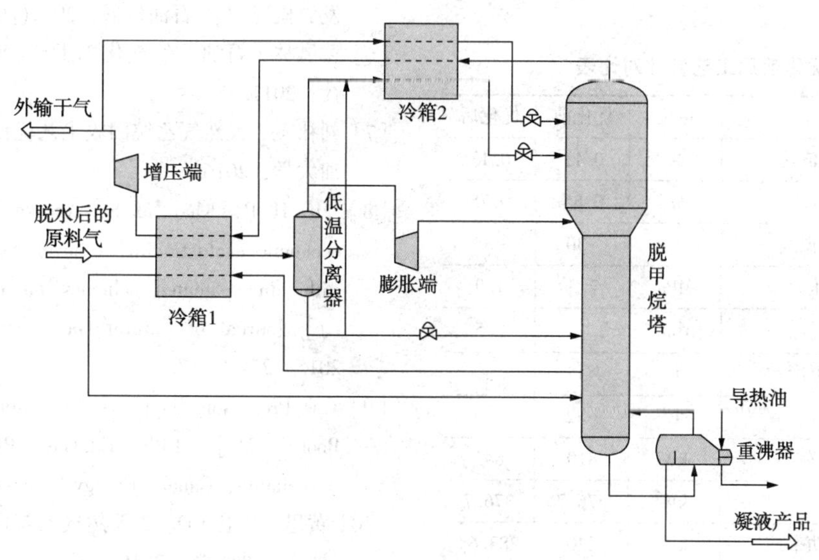

图 2　气过冷(RSV)工艺流程示意图

根据以上对比，可以看出采用气气过冷工艺，该装置采用气气过冷工艺每年可比气相过冷工艺增加收益 938 万元，远高于相比气相过冷工艺增加的压缩机投资，而且气气过冷工艺根据实际需要可以切换至气相过冷工艺增加装置适应性，因此推荐采用气气过冷工艺。

5　工艺条件优化

根据相关文献，气气过冷工艺中外输干气循环回流比、膨胀比、低温分离器分离温度、脱甲烷塔操作压力等参数是关键性参数[11-13]，其中外输干气循环回流比越高回收率越高但压缩能耗也随着增加；在一定范围内膨胀比降低乙烷回收率越高但增压端增压能量越低；低温分离器分离温度越低越回收率越高但丙烷制冷能耗越高；脱甲烷塔操作压力越低乙烷回收率越高但低于外输压力越低外输增压压缩机功耗越高，为了达到最优操作工况本文选用 ASPEN HYSYS 软件的优化器(Optimizer)对该工艺进行优化计算：1)将各参数变量作为优化变量导入 Optimizer 的中，并合理设置上下限，全部选中来实现自变量的调整变化；2)在 Optimizer 中导入流程的目标函数(单位收益能耗)和约束条件(换热器温差等)；(3)设置容差、最大迭代次数及最大改变量等参数，进行优化器自动优化运行[14,15]，优化器参数设置见表4。

表4　优化器参数设置

项目	单位	选定方法、范围
优化方法		Original
外输干气循环回流比	%	0~20
膨胀比	%	50~90
低温分离器分离温度	℃	-30~-70
脱甲烷塔操作压力	MPa	1.8~4
侧线采出气量	$\times10^4m^3/d$	0.5~4
侧线采出回塔温度	℃	-25~15
过冷气进塔温度	℃	-50~-90
冷箱最小换热温差	℃	3~4

表5　优化前后工艺参数对比表

项目	单位	优化前	优化后
外输干气循环回流比	%	0.11	0.13
膨胀比	%	0.85	0.75
低温分离器分离温度	℃	-30	-35
脱甲烷塔操作压力	MPa	2.3	1.9
侧线采出气量	$\times10^4m^3/d$	1	2.5
侧线采出回塔温度	℃	-15	5
过冷气进塔温度	℃	-72	-77
脱乙烷塔热负荷	kW	810	845
脱丙丁烷塔热负荷	kW	376.7	376.7
循环气压缩机功率	kW	240	283.64
丙烷制冷压缩机功率	kW	1150	1117
乙烷收率	kW	95	99.5
年可比收益(销售收入-耗能成本)	万元	22277.05	22804.05

根据以上对比表5可知，优化运行后因乙烷收率增加至99.5%，脱乙烷塔热负荷增加、外输干气循环气压缩机功耗增加，总体能耗增加，但能耗增加相比收益增加较小，因此总体年可比收益增加约527万元，优化效果明显可大大提升装置适应性。

6　结论

通过以上相关研究可以得出以下几个结论，(1)针对目标装置进出口压差条件下，选用膨胀制冷工艺可充分利用原料气压力能，节约运行费用；(2)针对目标装置在当前市场环境下选用气气过冷工艺效益更好，且可保持较高的工艺灵活性，后续必要时可切换至气相过冷工艺；(3)通过关键参数的总体优化，提高了装置乙烷收率及经济效益，计算收率高达99.5%，工艺适应性较强，是一套高效的乙烷回收流程。

参　考　文　献

[1] 丁玲．TLM气田天然气深度凝液回收工艺技术研究[D]．西南石油大学，2016.

[2] 邓筑井，陈艾，段方玮，等．天然气乙烷回收工艺关键参数模拟与分析[J]．化学工程与装备，2014(5)：5-7.

[3] 葛开虎．基于模糊控制的乙炔生产过程控制系统的设计[D]．华东理工大学，2012.

[4] 姜义民．红压深冷装置 CO_2 冻堵的解决措施[J]．油气田地面工程，2008，27(9)：72-72.

[5] 刘金斗，易明新．中原油田天然气处理装置及工艺发展概况[J]．石油机械，2002(c00)：91-93.

[6] 黄风林．石油天然气化工工艺[M]．中国石化出版社，2011.

[7] 刘祎飞．天然气乙烷回收工艺优化研究[D]．西南石油大学，2016.

[8] Jin H P, Khan M S, Andika R, et al. Techno-economic evaluation of a novel NGL recovery scheme with nine patented schemes for offshore applications [J]. Journal of Natural Gas Science & Engineering, 2015, 27: 2-17.

[9] Gas Processors Suppliers Association. Engineering Data Book [M]. 13th Ed. Gas Processors Suppliers Association, Canada Energy Processing, 2012: 423.

[10] 黄思宇．含CO_2天然气乙烷回收工艺研究[D]．西南石油大学，2015.

[11] Fernandez L, Bandoni J A, Eliceche A M, et al. Optimization of ethane extraction plants from natural gas containing carbon dioxide ☆[J]. Gas Separation & Purification, 1991, 5(4): 229-234.

[12] Kherbeck L, Chebbi R. Optimizing ethane recovery in turboexpander processes[J]. Journal of Industrial & Engineering Chemistry, 2015, 21(1): 292-297.

[13] Getu M, Mahadzir S, Long N V D, et al. Techno-economic analysis of potential natural gas liquid (NGL) recovery processes under variations of feed compositions

[J]. Chemical Engineering Research & Design, 2013, 91(7): 1272-1283.

[14] Nawaz M, Jobson M. Synthesis and optimization of demethanizer flowsheets for low temperature separation processes[J]. Nawaz M & Jobson M, 2010.

[15] Lee S, Long N V D, Lee M. Design and Optimization of Natural Gas Liquefaction and Recovery Processes for Offshore Floating Liquefied Natural Gas Plants [J]. Industrial & Engineering Chemistry Research, 2012, 51(30): 10021 - 10030.

塔里木油田南疆天然气利民工程长输管道数字化技术与无人值守站场建设探索与实践

翟敏军 邢文生 王春奇 佟钦亮 王 保[1] 陈 萍 邱立新

（中国石油塔里木油田公司）

摘 要 塔里木油田分公司塔西南公司南疆天然气利民工程是中国石油2010年7月实施的第一号援疆项目，是以SDH智能光网络技术为核心的数字化、信息化管理应用的天然气长输管道工程，在塔西南公司第一次建成了在中国石油SDH智能光网络里程最长，干线、支线最多，覆盖场站、阀室最多，数字化管道管理程度最高，一次融合语音软交换、视频监控、SCADA工艺管理等9大网络应用管理信息系统，是综合技术最先进的天然气长输管道数字化、保信息化工程，从而实现全线无人值守站场、阀室是该工程的最大亮点。该工程输气管道已达3028千米，分布着137座阀室，依托SDH光网络与安保信息化管理技术使全线阀室站场全为无人值守站，所以用工总量仅为400余人，已向南疆四地州累计供气突破60亿立方米。信息化管理技术使长输管道运营实现数字化、生产组织扁平化，少人安全高效，实现了有效益，高质量的发展，助力企业降本增效管理、快速提高了管道运营和管理水平，也是加快中国石油信息化、数字化油田建设步伐上走在了中国石油的前列。南疆利民油气运行中心投产运行历经6年，管道运营管理实现数字化、信息化，使监控3028km管道、及其阀室、站场，犹如有了“千里眼”、“顺风耳”，就在中心主控室操作更简单、更便捷、更高效，无人机主动防御已开始试验，结合人力防范、实体防范、技术防范以及安全防范系统的技术要求，确保了南疆天然气利民长输管网安、稳、长、满、优运行，如今南疆利民工程已发展成为中石油集团公司建设西部大庆、建设塔里木3000万吨现代化大油气田和党中央、新疆自治区党委和政府实现社会稳定和长治久安、稳定南疆、发展南疆战略支点的主力军。

关键词 长输管道数字化技术；无人值守阀室站场；信息化管理；SDH智能光网络；中国石油；塔里木油田；南疆利民工程

1 前言

南疆天然气利民工程是“气化南疆”的延续和拓展，也是中国石油贯彻中央新疆工作座谈会精神，为了更好履行中国石油作为中央企业所承担的政治、经济、社会三大责任，实施优势资源转化战略，助力南疆经济社会发展的一项重大民生工程。

中国石油实施第一号援疆项目——南疆天然气利民工程，2010年7月14日在祖国边陲西大门——新疆喀什全面开工。该工程也是国家重点工程，投资方为国家发改委，承建方是中国石油塔里木油田，历时3年建设，工程总投资约64.1亿元，于2013年7月竣工投产。自2013年7月投产截止到2018年12月底，先后又增加了阿克支线、柯泽管线、和田河支线、英买里作业区至大北作业区联络线、阿瓦提支线、乌什支线、大桥乡支线等7条支线，31座阀室。现天然气管道共3028km，干线6条、支线28条，站场、阀室137座，全线除6个基层站外全为无人值守站。该工程利用SDH光网络技术融合了该长输管道信息化管理上所需的9个大型的专用管理信息网络系统，使之集成在一根光缆上，2芯主工作，另2芯备用的互为主备用，并具有SDH线性网络保护1+1保护、SDH环形网保护的双纤双向复用段共享保护环。所需光缆与管道同沟伴行敷设并行，为直埋式光缆。这样架设了长输管道管理信息系统内部利用SDH光环路承载内部数据（计算机）、远控（仪表RTU）、视频（监控）、语音（软交换）、工艺管理、GPS管道巡线、高频电源、管道阴极保护桩管理、气体成份动态色谱管理、计量管理等9大管理网络应用系统业务，南疆利民油气运行中心充分组织利用该工程的信息化技术，实现了管道运营管理生产组织扁平化、信息传输网络化、工艺技术管理数字化。[2]

南疆利民油气运行中心借助管道运营数字

化、信息化管理实现了无人值守阀室站场的成功应用与实践，实现全线无人值守站场、阀室是该工程的最大亮点，突破了管道不断延伸，支线不断增加，气化范围不断扩大、输气量需求不断增长的挑战，从容应对，供气业务如今已覆盖到南疆四地州29个县市，兵团20个农牧团场，受益人口400万。

2018年冬季保供顺利结束，塔西南公司累计向南疆四地州输气10.7亿立方米，同比增长4.6亿立方米，涨幅73.4%，为冬季保供交上圆满的"温暖答卷"。全年向下游环塔盆地输送天然气突破15亿立方米，相比2017年增加了5.53亿立方米，攀至历史最高值。气化人口从最初的千余户发展到目前400万人口，年供气量由1000万余立方米增加到目前15亿立方米，喀什油气运行中心历经6年风雨，长输管道安保工作信息化的应用与实践一路拼搏进取，确保南疆天然气利民管网安、稳、长、满、优运行，如今已发展成为中石油集团公司建设西部大庆、建设塔里木3000万吨现代化大油气田和新疆自治区党委和政府稳定南疆、发展南疆战略支点的主力军。这些来之不易的成绩都是起缘于搭乘上了长输管道安保工作管理、工艺管理信息化、数字化应用与实践的快车。

截至2019年4月18日，南疆天然气利民管网已向南疆四地州供气突破60亿立方米，达到60.02亿立方米，折合替代标煤1020万吨，可减少二氧化碳排放1582万吨，减少排放有害物质2141万吨，为南疆经济社会转型发展增添了"绿色引擎"(图1)。

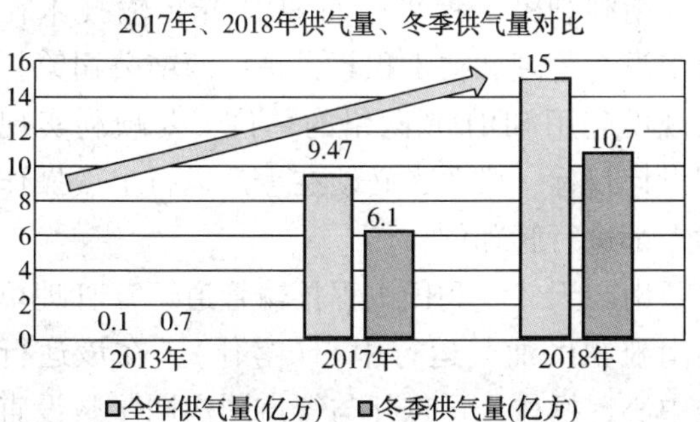

图1 2018年南疆天然气利民工程管网供气量对比图

南疆利民油气运行中心投产运行历经6年，长输管道运营数字化、信息化的无人值守站场应用与实践一路拼搏进取，特别是我们的3028公里长的管道就分布在新疆南疆暴恐势力猖獗地区，管道安保信息化的阀室、站场视频监控系统、GPS管道户外徒步巡线管理系统、阀室站场IP电话系统3个系统的运行就是好似编织遮盖在我们3028km长的管道上空的一张安全网，长输管道安保工作管理实现信息化使南疆天然气利民工程监控3028公里管道、阀室、站场，操作更简单更便捷更高效，同时结合人工辅助6个基层站片区划分管辖、企业警方协作聘请疆南保安公司管理，沟通联系好地方政府安监局保卫，确保了南疆天然气利民长输管网安、稳、长、满、优运行，如今南疆利民工程已发展成为中石油集团公司建设西部大庆、建设塔里木3000万吨现代化大油气田和新疆自治区党委和政府稳定南疆、发展南疆战略支点的主力军。[2]

2 南疆天然气长输管道利民工程简介

塔西南公司利民工程天然气长输管道，对外统称南疆天然气利民工程，或中国石油南疆天然气项目，中国石油"气化南疆"工程，可以最早追溯到塔里木油田的环盆地"气化南疆"工程。南疆天然气利民工程主要面向南疆三地州输送管道天然气。主管道形成了环绕塔里木盆地的输气管网，覆盖南疆五地州49个县市和农牧团场，南疆天然气利民工程长输管道管网具体下图2所示。

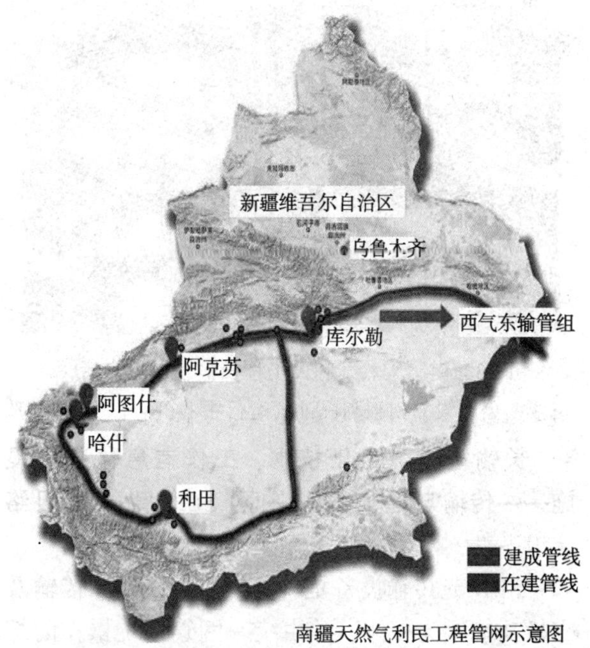

图2 南疆天然气利民工程长输管网示意图

南疆利民工程管道现长3028千米，全线共设置38座工艺站场，包括首站座、分输站8座、分输清管站5座、清管站3座及末站20座。全线共设68座线路阀室，其中RTU截断阀室9座，RTU清管阀室1座，清管阀室7座，分输阀室13座，普通截断阀室38座。[2]

南疆天然气利民工程建成投产后，塔西南公司设立南疆利民油气运行中心(驻地喀什市)副处级单位经营管理，南疆利民工程站点多，又分散漫长，如果按建于80年代传统的塔西南公司柯克亚油田至泽普石化厂(简称柯克亚--泽普管线)管理模式，该工程起码需要3000-4000人左右用工量。但工程规划采用现代化的SDH光网络技术与9大信息管理应用系统实现管道数字化管理，用工量设计仅400余人。管道安保实现了信息化，这使喀什油气运行中心在管理上有了创新，突破了传统生产管理的思想和模式，用好长输管道数字化、信息化管理技术。随着石油石化企业信息化建设的发展与创新，特别是两化融合、三网融合、工业控制信息化、物联网和云计算等新型信息技术的发展应用，给石油石化企业无人值守站场工作赋予了新的内涵，提出了新任务，也给长输管道无人值守站场工作带来了新挑战(图3)。

图3　南疆天然气利民工程长输管道投产后，塔西南公司设立南疆利民油气运行中心(喀什)经营管理

3　长输管道数字化技术、工作信息化基础设施——传输与通信骨干主网SDH智能光网络建设

SDH光传输设备是一种将复接、线路传输及交换功能融为一体、并由统一网管系统操作的综合信息传送网络。SDH光传输设备可实现网络有效管理、实时业务监控、动态网络维护、不同厂商设备间的互通等多项功能，能大大提高网络资源利用率、降低管理及维护费用、实现灵活可靠和高效的网络运行与维护。因此是当今世界信息领域在传输技术方面的发展和应用的热点，受到人们的广泛重视。

采用了较先进的分插复用器，ADM、数字交叉连接、DXC、网络的自愈功能和重组功能就显得非常强大，具有较强的生存率。因SDH帧结构中安排了信号的开销比特，它的网管功能显得特别强大，并能统一形成网络管理系统。为网络的自动化、智能化、信道的利用率以及降低网络的维管费和生存能力起到了积极作用。

SDH有多种网络拓扑结构，它所组成的网络非常灵活，它能增强网监运行管理和自动配置功能，优化了网络性能，同时也使网络运行灵活、安全、可靠使网络的功能非常齐全和多样化。SDH有传输和交换的性能，它的系列设备的构成能通过功能块的自由组合实现了不同层次和各种拓扑结构的网络，十分灵活。标准的开放型光接口可以在基本光缆段上实现横向兼容，降低联网成本。[11]

天然气长输管道的SDH光网络系统硬件主设备是选用华为公司的OptiX OSN 3500新一代智能光传输设备。软件网管系统是华为公司配套开发的SDH U2000管理系统包，共含有iManager U2000客户端，iManager U2000服务器，iManager U2000网元软件管理，iManager U2000统一网络管理系统，iManager U2000系统监控，iManager U2000网络管理系统维护工具。

南疆利民工程采用的SDH光传输技术在塔西南没有管理和技术积累，是塔西南公司第一家大规模应用SDH光网络的单位，要顺利实现工程设计目标，塔西南必须在生产运行上、操作技术上都进行管理创新。

南疆天然气利民工程长输管道运营管理单位为南疆利民油气运行中心(喀什)，在该运行监控中心，操作人员依托与管道同沟同步敷设直埋光缆和SDH光传输设备，通讯传输骨干网SDH光网络系统，以数字化、信息化管道管理手段监控、管理着3028km管线上的所有阀室，实现了无人值守阀室和站场，仅在6个基层住人值守，节省了大量用工量(图4)。

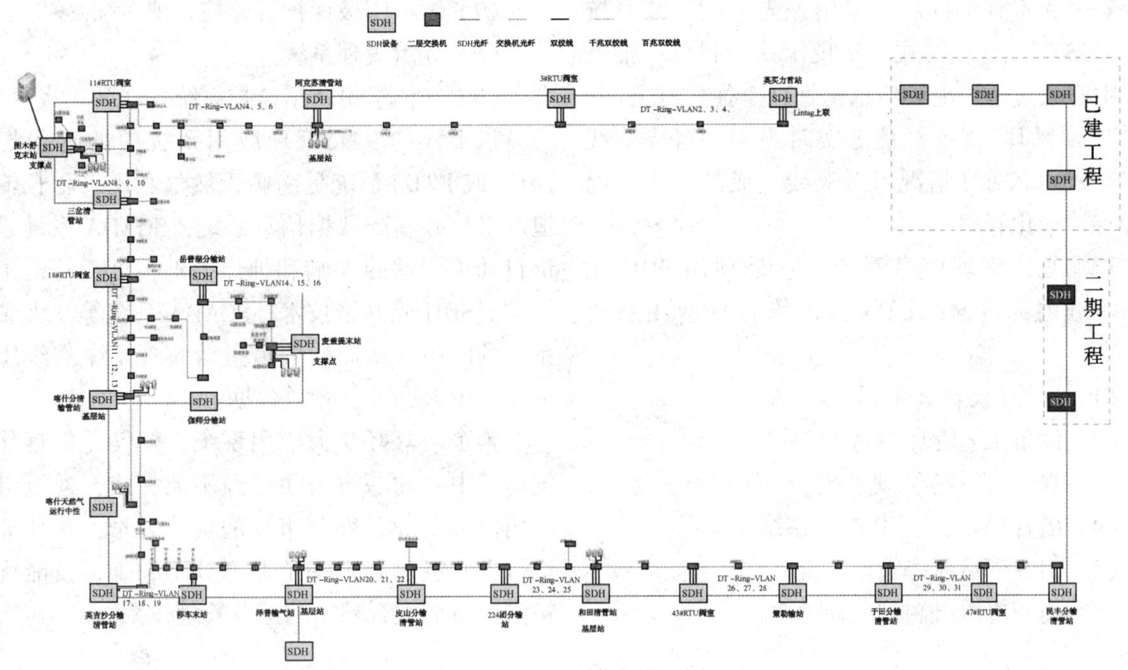

图 4 南疆天然气利民工程长输管道的通讯传输骨干网——SDH 光网络与交换机组网主拓扑

4 长输管道 9 大应用管理系统，保障管网运营平稳

南疆利民油气运行中心投产运行历经 6 年，长输管道无人值守站场工作信息化的应用与实践一路拼搏进取，特别是我们的管道就分布在新疆南疆暴力恐怖势力猖獗地区，管道 3 个安保信息化系统的运行就是好似编织遮盖在我们 3028km 长的管道上空的一张安全网，确保了南疆天然气利民长输管网安、稳、长、满、优运行，如今已发展成为中石油集团公司建设西部大庆、建设塔里木 3000 万吨现代化大油气田和新疆自治区党委和政府稳定南疆、发展南疆战略支点的主力军(图 5)。

图 5 南疆天然气利民工程长输管道运营管理工作实现了数字化、信息化

9 大管理系统，其中视频(监控)管理系统、GPS 管道巡线管理系统、语音(软交换)IP 电话系统、SCADA 工艺管理 4 个系统组成了无人值守站场阀室管道工作信息化的核心系统。其它如，远控(仪表 RTU)管理系统、高频电源(监控)管理系统、管道阴极保护桩监控管理系、统计量管理系统、气体组份色谱监控系统是工艺管理工作的配合系统。

视频(监控)管理系统、SCADA 工艺管理系统相结合，就能在中心主控室监控到 3028km 管道上的阀室、站场，GPS 管道巡线管理系统使我们中心主控室和工艺科，能监测 6 个基层站管道巡护队的各个片区的户外徒步巡线状态，具体如图 5、图 8、图 10 所示。语音(软交换)IP 电话系统使 6 个基层站管道巡护队员在户外巡线时，可以随时进入就近阀室、站场利用 IP 电话与他们各自基层站、中心控制室保持联系沟通、情况汇报，因为在户外的徒步巡线时途经的戈壁荒漠上，有时没有手机信号，所以，阀室站场 IP 电话对安全保卫特别重要。

天然气长输管道的 SDH 光网络组网主拓扑与管道光缆安保监测系统，也是管道无人值守站场工作信息化的系统的核心和骨干，在 SDH 光网络主拓扑图上，可以随时监测到管道光缆是否被人为中断。具体如图 8 天然气长输管道的 SDH 光网络组网主拓扑与管道光缆安保监测系统所示。

天然气管输必须全线无泄漏、无裸露才能保证管输的安全，这就要求将巡线任务必须精确到米、落实到步，南疆利民运行中心通过管道现场反映安全和责任的问题，采用该先进的巡线系统现场GPS巡线管理模式就实现了这个目的。油气运行中心通过巡线现场信息化管理，犹如有了“千里眼”“顺风耳”现已经能够实时观测到各支巡线队伍巡线动态分布情况，对巡线完成的整体情况进行有效量化管理。

长输管道管理信息系统，它是利用SDH光环路承载内部数据（计算机）网络管理应用系统9个：

（1）远控（仪表RTU）管理系统

（2）设备工艺管理SCADA系统

（3）视频（监控）管理系统

（4）语音（软交换）IP电话系统

（5）GPS管道巡线管理系统

（6）高频电源（监控）管理系统。

（7）管道阴极保护桩监控管理系统

（8）计量管理系统

（9）气体组份色谱监控系统

该工程的9大管理应用系统中的远程控制（SCS或RTU）系统是南疆天然气利民工程长输管道的最核心基础数据信息系统，SCADA系统是管道自动化管理的大脑和神经中枢，负责管道工艺管理。SDH光网络技术、SCADA系统等9大管理系统的应用，从而使管道运营实现了生产组织扁平化，少人高效，管道数据中心机房瘦身。

为了运营好9大应用系统，仅仅凭借喀什油气运行中心的一方力量已经不能完成，通过借助公司内部专业、外部市场的优势力量，喀什油气运行中心组建起来一个业务分工明确、技能优选精湛、协调配合精密的运营管理体系。

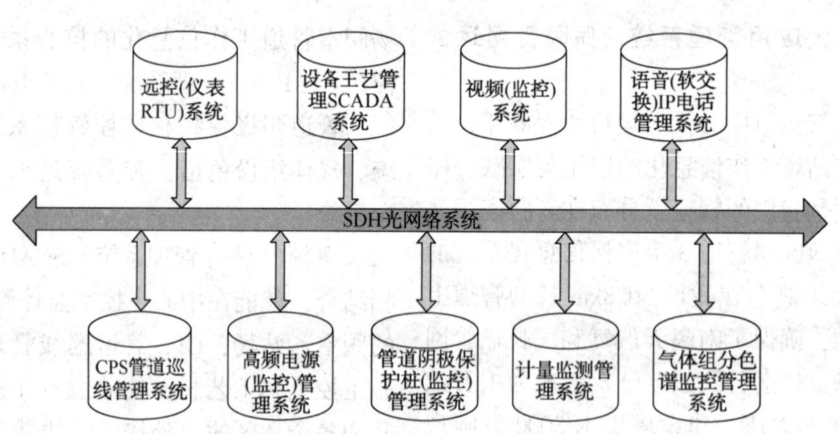

图6　南疆天然气利民工程长输管道无人值守站场工作信息化系统包含于数字化、信息化9大应用管理系统之中

表1　南疆天然气利民工程长输管道信息化管理网络运营配合一览表

序号	管理应用系统	使用单位	运行维护单位
1	SDH光网络管理系统	信息通信部	信息通讯部
2	远控（仪表RTU）管理系统	仪表工程部、运行部	仪表工程部
3	设备工艺管理SCADA系统	运行部、工艺科	仪表工程部
4	视频（监控）管理系统	运行部、基层站	承包商
5	语音（软交换）IP电话管理系统	所有单位	信息通讯部
6	GPS管道巡线管理系统	运行部、基层站、巡线队	信息通讯部
7	高频电源（监控）管理系统。	新海公司、运行部	新海公司
8	管道阴极保护桩监控管理系统	承包商、运行部	承包商
9	计量管理系统	运行部	仪表工程部
10	气体组份色谱监控系统	运行部	仪表工程部

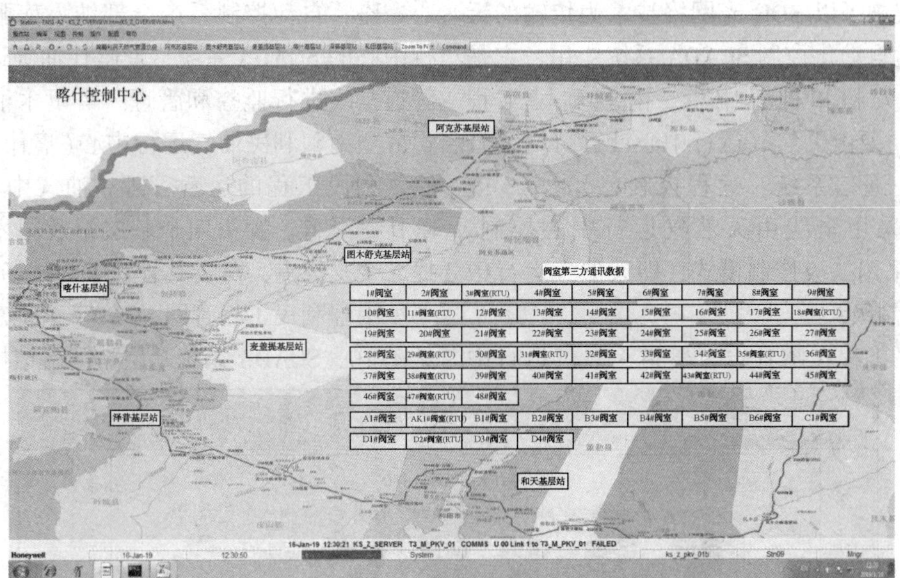

图 7 南疆天然气利民工程长输管道无人值守站场信息化、工艺管理 SCADA 系统总框图

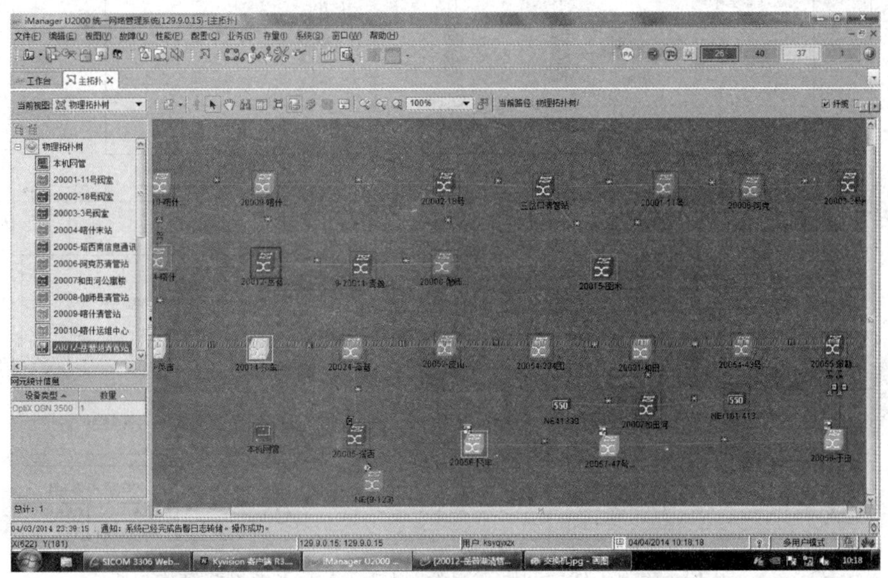

图 8 天然气长输管道的 SDH 光网络组网主拓扑与管道光缆安保监测系统总图

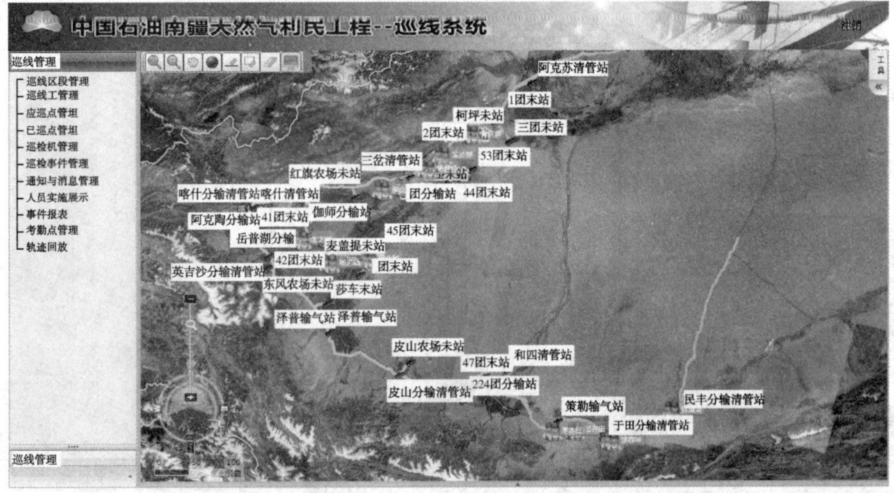

图 9 南疆利民油气运行中心 GPS 管道巡线系统巡线人员实时监控主界面

该工程实施了以SDH光网络技术为传输的天然气长输管道自动化控制SCADA系统应用，它是管道管理的大脑和神经中枢。南疆利民工程SCADA系统主要由天然气运行中心计算机网络管理控制系统、通信系统、远程控制单元(SCS或RTU)组成，采用全线由天然气运行中心控制。SCADA系统采用二级控制模式，即天然气运行中心级-站场控制级。

南疆利民工程在喀什设置管道天然气运行中心一座，自动控制系统全部纳入南疆利民油气运行中心的SCADA系统，使喀什油气运行中心对本管道全线进行监控和管理。塔里木油田塔西南公司成立南疆利民油气运行中心(喀什)负责南疆天然气利民工程的运营管理。油气中心辖阿克苏、喀什、泽普、和田四个基层站及图木舒克、麦盖提二个支撑点，负责其管辖下的站场和阀室管理。

南疆利民工程管网SCADA系统总体网络结构见图10，SCADA系统基层站网络结构图11所示。

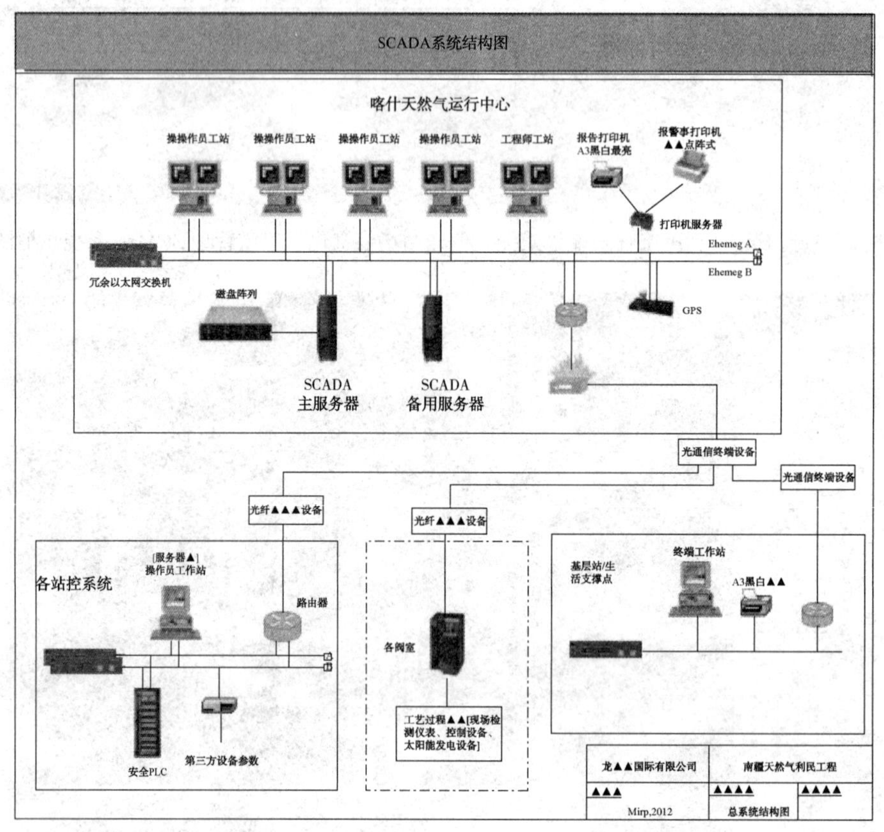

图10　南疆天然气利民工程管网SCADA总系统网络结构

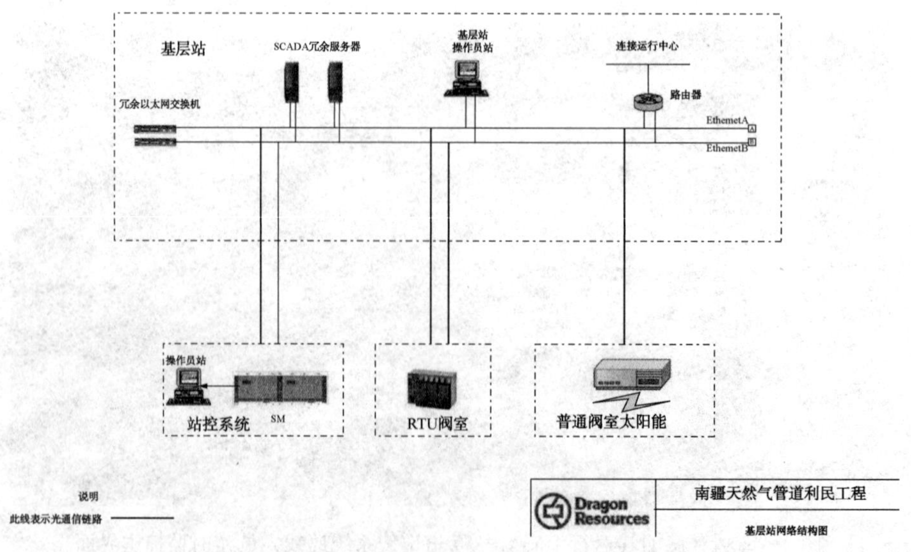

图11　南疆天然气利民工程管网SCADA系统基层站网络结构

从上图11可以看到，基层站数据和站场数据都是通过冗余的以太网交换机，再通过路由器上传到中心，所以即使中心总控出现故障，基层站和本地站场不会受到影响，还能在基层站和本地站场进行操控，从而达到三级控制的目的。

该工程的9大管理系统中的SCADA系统是南疆天然气利民工程长输管道的核心信息系统，它实现了管道的安保工作及工艺管理全自动控制。它是管道自动化管理的大脑和神经中枢，负责管道工艺管理，及远程控制单元(SCS或RTU)，实现整个数字管道的监测监控，保证了系统的安全运行和优化控制。

9大管理系统，其中SCADA设备工艺管理系统、视频(监控)管理系统、GPS管道巡线管理系统、语音(软交换)IP电话系统是管道无人值守站场及安保工作信息化的核心系统。其它如，远控(仪表RTU)管理系统、高频电源(监控)管理系统、管道阴极保护桩监控管理系、统计量管理系统、气体组份色谱监控系统是管道工艺管理工作的配合系统。

5　管道无人值守站场工作数字化、信息化应用与辅助人工管理相结合，保障管道绝对安全

南疆天然气利民工程中，建设了9大信息化管理系统，其中SCADA设备工艺管理系统、视频(监控)管理系统、GPS管道巡线管理系统、语音(软交换)IP电话系统是管道无人值守站场工作信息化的核心系统。除了利用信息化技术手段支撑外，又与辅助人工管理相结合，保卫管道绝对安全。喀什油气中心根据管道线长、阀室多，又设立划分了6个管道基层管理站，还实行企业警方协作长效机制建设实践，聘请喀什地区公安局的疆南保安公司参与长输管道的保卫工作。

5.1　设立6个管道基层管理站

南疆利民工程管道长度达3028km，有137座阀室，点多、面广、线长，又是无人值守站场，所以南疆利民油气运行中心划分设立了阿克苏基层站、图木舒克基层站、麦盖提基层站、喀什基层站、泽普基层站、和田基层站6个基层管理站，分片包干安全保卫管道，其位置和管辖片区巡线范围如图4.3南疆天然气利民工程长输管道安保工作信息化、工艺管理SCADA系统总框图所示。

6个基层站，按规定时间，定期徒步巡检管道，保卫管道。

表2　划分设立6个基层管理站分片包干管辖沿线站场、阀室

	基层站	管辖范围	备注(承包商)
1	阿克苏基层站	阿克苏基层站、……、11#阀室等	新海公司
2	图木舒克支撑点	图木舒克支撑点、……、A1#阀室等	聚力公司、疆南保安公司
3	麦盖提支撑点	麦盖提支撑点、……、B6#阀室等	聚力公司、疆南保安公司
4	喀什基层站	喀什分输清管站、……、B2#阀室等	聚力公司、疆南保安公司
5	泽普基层站	泽普基层站、……、英吉沙分输清管站	新海公司、疆南保安公司
6	和田基层站	和田基层站、……、48#阀室等	浩得公司

5.2　企业警方协作长效机制，保卫无人值守站场效果非常好

根据南疆利民工程长输管道点多、面广、线长，特别是我们的管道就在新疆南疆暴恐势力猖獗地区，敌社情非常复杂的特点，南疆利民油气运行中心除划分设立了阿克苏基层站等6个基层管理站外，还实行企业警方协作长效机制建设实践，效果非常好，就是聘请喀什地区公安局的疆南保安公司参与长输管道的保卫工作，根据划分的6个片区，疆南保安公司在图木舒克、麦盖提、喀什、泽普基层站派驻保安人员常驻并设立巡管队队长，着正式警察服装和装备、警车，全副武装与管道巡线队员一道巡线保卫管道安全，处理、协调与地方政府的管道保卫事务，既有威慑力，又有效率，沟通非常畅通，当地县里、乡里的派出所与他们同属一个单位系统喀什地区公安局，是同一个业务领导，且有的保安队员与派出所人员就互相熟悉，有许多次的管道通讯光缆被挖断、管道被开挖，都是依靠全副武装巡管队队长及队员很快到场与咱们的管道通讯抢修人员，管道焊接、防腐人员一道协调、配合处理的，我们的管道抢修人员有他们保安人员在场，心里非常踏实，很有安全感，特别是暴恐形势严峻地区。

5.3 企业政府协作安保长效机制建设实践是基本

南疆利民工程长输管道点多、面广、线长，横跨阿克苏、喀什、克州、和田4个地区，除企业警方协作长效机制外，南疆利民油气运行中心及6个基层站负责人还经常联系拜访当地政府安全生产监督局，取得他们的帮助支持，协调、处理管道安全保卫事务，如图木舒克市安监局及分管安全的副市长帮助处理兵团棉农挖埋铺设棉花田滴灌管线时挖断管道光缆，岳普湖县安监局局长帮助处理修筑高速公路施工时挖断管道光缆都很热情到位。

5.4 无人机主动防御巡视管道是未来方向

南疆利民油气中心2019年3月，在泽普基层站已开始了无人机主动防御巡视管道试验，邀请无人机厂家来现场技术培训，并在部分管道上进行了试验，效果良好，巡视效率非常高，传回的地面和周围图像非常清晰，2个小时的徒步户外巡线不到30分钟无人机就巡视完了，极大的减轻了管道巡线队员的劳动强度，且高效，能大量节约人工巡线成本，巡线队员以后仅是需要学会操作无人机。

6 结论

长输管道无人值守站场工作管理数字化、信息化的探索与实践，使管道运营管理组织扁平化、少人高效，助力企业降本增效，带动了区域经济发展，无论经济效益还是社会效益，其实施效果非常良好，有以下6个方面。

6.1 数字化、信息化管道无人值守站场管理应用与实践实现了管理精干、少人高效

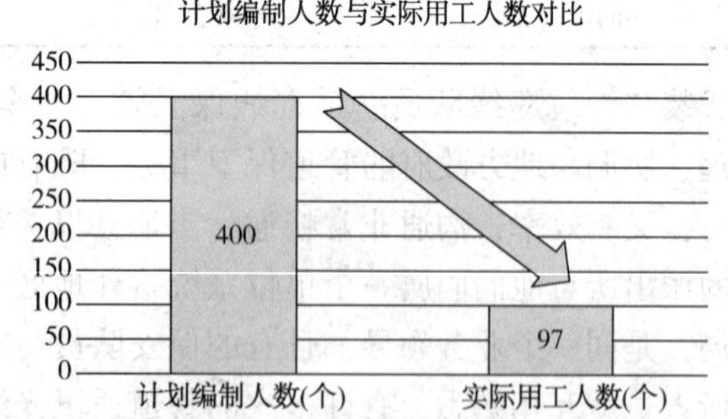

图12 南疆天然气利民工程长输管道无人值守站场工作管理实现数字化、信息化使用工人数大幅下降

截至2018年12月，南疆天然气利民工程管道已发展到3028千米，阀室137座全为无人值守站。站点多，支线多，分散漫长，通过管理创新，成功应用现代化的SDH光网络技术及9大网络管理应用系统，成功实现了管道管理数字化、信息化。得益于此，现在实际用工仅仅才463人，其中甲方员工97人(按实际工程方案经济评价规划编制甲方为400人)，乙方承包商员工366人。甲方管理组织机构扁平化，设置科室5个，领导职数6人，综合办公室5人，财务经营科5人，运行部26人，安全环保科5人，设备工艺科24人。

6.2 数字化、信息化管道无人值守站场工作管理探索与实践，使管道操作管理更简单便捷

数字化、信息化管道无人值守站场工作管理应用与实践，6个基层站是管理控制工艺的神经和枢纽分支，在各基层站和喀什运行控制中心，只要鼠标轻轻一点，就可以足不出户的监控到3028千米公里管道上的运行工况。犹如有了“千里眼”、“顺风耳”，昔日如远隔千山沟壑，今天管理近在咫尺，管道现场瞬间显现在桌面眼前，如图13所示。

图13 南疆天然气利民工程长输管道无人值守站场工作管理实现数字化、信息化

6.4 数字化、信息化无人值守站场管道管理应用与实践，提高了管道系统运营平稳性

天然气干、支线管道共长达3028千米，阀室137座，管线又大多是途经戈壁荒漠上，6个基层站(阿克苏、图木舒克、麦盖提、喀什、泽普、和田)，4个抢维修队(库车、喀什、泽普、和田)，不在同一地点，分布互相相距约300-400千米之间，故障处理的管理难度非常大。这么庞大的作业现场，通过SCADA系统就能随时控制任何阀室、站场的参数及管线关停，保障了管道绝对安全，使管道系统运营平稳。

6.5 数字化、信息化无人值守站场管理应用与实践确保了公司供气履责到位

南疆利民油气运行中心通过数字化、信息化

管理应用与实践，实现了南疆天然气利民工程成功投产，并运营平稳，履行了气化南疆，造福南疆的承诺，为推动新疆的社会经济进步和维护社会稳定、实现长治久安，实现跨越式发展和加强民族团结，发展民族地区经济，巩固西北国防做出了应有的贡献。同时还告诉世人，中国石油人不仅可以在偏僻、遥远、闭塞的西部边陲、戈壁荒漠上建设一条具有世界先进水平的长距离输气数字化管道，而且还可以通过科技进步、现代化管理，加快中国石油信息化、数字化油田建设步伐。

现在南疆利民工程已发展成为中石油集团公司建设西部大庆、建设塔里木3000万吨现代化大油气田和新疆自治区党委和政府稳定南疆、发展南疆战略支点的主力军。

6.6　无人值守站场管道工作信息化，使供气履责到位为塔西南公司赢得良好声誉

2018年冬供以来，塔西南公司5个气田引擎全开，输气沿线风雪偕行，各条战线稳健发力。自2018年10月15日开始至2019年3月20日冬供结束，塔西南公司已累计向下游供气10.7亿立方米，近年来，南疆地区用气需求与日俱增，面对紧张的保供形势，塔西南公司紧紧围绕实现新疆社会稳定和长治久安总目标的中央治疆方略，稳固国家稳定南疆、发展南疆的战略支点，积极推进企地合作、对口支援等，将南疆百姓装在心里，让天然气真正成为惠民、利民的“福气”。

自2013年7月试投产以来，累计向下游输气60.02亿立方米，自天然气这一清洁能源普及后，“天蓝云白”不再只是南疆百姓梦中的景象，累计供气量折合替代标煤1020万吨，减少二氧化碳排放1582万吨，减少排放有害物质2141万吨，保障了南疆能源需求，改善了南疆生态环境，提高了各族群众生活质量，沿线地区的经济日益繁荣，百姓的腰包一年比一年“丰满”。以现代文化影响改变了南疆人民群众的生活方式，以现代工业影响提升了南疆经济的发展能力。极大地促进和带动了南疆经济发展和社会稳定，为筑牢“稳定南疆、发展南疆”的战略支点做出了贡献。

在南疆利民管网分布的地方，“福气输往百姓家”的标语随处可见。延伸千里的温暖“动脉”，源源不断地将“爱与责任”送往安全平稳的下一公里。塔西南喀什油气运行中心兑现了“3000千米管道延伸到哪里，塔西南公司保供的责任心就覆盖到哪里”的承诺。

塔里木油田忠诚履行驻疆央企三大责任，南疆天然气利民工程自2013年9月开始投产至今，已气化南疆四地州49个县市、农牧团场，使南疆数百万户百姓从“烟熏火燎的柴煤时代”跨入“清洁干净的蓝金时代”。

百姓的口碑就是最好的丰碑，每年塔西南公司、喀什油气运行中心都会收到各地各方的感谢函、感谢信、表扬信、感谢锦旗，这些认可肯定更充分体现了塔里木油田公司、塔西南公司作为中国石油最西部最边陲的央企履行政治、经济、社会三大责任的重要性，同时也为国家、为中国石油如何更好地贡献服务资源产地人民、扎根边疆、开发建设边疆、巩固西北国防作出了最好的答卷。

参考文献

[1] 国家发展改革委关于南疆天然气利民工程规划的批复．发改能划【2011】523号，国家发展和改革委员会文件，2011年1月15日：1-1.

[2] 唐丹．南疆天然气利民工程管道建设效益分析，来源：油气田地面工程<生产管理>第31卷第5期，2012年5月，100-101.

[3] 王芬芬．航测技术在南疆天然气利民工程的应用，来源：油气田地面工程<基建管理>第32卷第4期，2013年4月，100-101.

[4] 中石油南疆天然气项目开工，来源：绿色中国2010-7-31：1-1.

[5] 南疆天然气利民工程开工，来源：国外测井技术2010年08月：1-1.

[6] 中石油“气化南疆”工程开工，来源：前沿资讯--项目动态2010年07月：1-1.

[7] 中石油力推南疆天然气利民工程，王新红．来源：天山网，2012-02-16：1-1.

[8] 南疆天然气利民工程，来源：石油石化物资采购网，2011-06-15：1-1.

[9] 南疆天然气利民工程全面展开，来源：证券新闻证券时报网[微博]，2013-03-20.

[10] 西气东输管道工程与我国天然气工业发展，来源：油气田地面工程<生产管理>第31卷第5期，2013年5月：101-102.

[11] SDH和DWDM设备操作与维护，文杰斌，人民邮

电出版社，北京，2014 年 2 月第 1 版，31-36.

[12] OptiX OSN 3500 智能光传输系统技术手册--产品概述分册，华为科技公司，深圳，2013 - 11 - 10，10-23.

[13] 南疆天然气利民工程 SDH 与工业交换机组网验收报告，新疆瑞网科技有限公司，2013 年 12 月 20 日：1-12.

[14] 孙军，高森彪，长输管道数字化及应用，2018 年中国石油石化企业信息技术论文集，中国石化出版社，2018 年 4 月 20 第 1 版：2-348.

吉林油田低成本物联网的开发与应用

滕奇刚

（中国石吉林油田公司）

摘　要　当前油气生产物联网普遍性存在的建设费用高、维护难度大、上线率低、应用效果差等问题严重制约着物联网的普及和应用。特别是进入低油价时代之后，继续采用高投入模式建设物联网难以为继。一方面采取高投入方式建不起、用不起物联网；另一方面精细管理和全面深化改革的实际情况又迫切需要物联网。低油价的严峻形势逼迫各个油田都在探索适合自身需要的物联网模式，建得起、用得住、易维护、有实效成为衡量物联网建设成功与否的共同标准。吉林油田在深刻总结物联网建设、维护经验和教训的基础上，成功研制低成本物联网技术，单井物联网建设费用仅为传统物联网技术的1/5。该项技术通过实际规模化应用取得显著效果，形成了可复制、可推广的低成本物联网“吉林油田模式”。以下将介绍吉林油田低成本物联网的特色产品、特色技术、特色模式及应用效果情况。

关键词　物联网；油气生产；低成本；

1　吉林油田低成本物联网系统构成

吉林油田低成本物联网系统由前端井场设备和物联网云平台构成。前端井场设备包括三款设备：抽油机停井报警仪、测控仪、井场电子眼。抽油机井安装抽油机停井报警仪、测控仪，螺杆泵井和电潜泵井安装测控仪，每个井场安装井场电子眼（图1）。

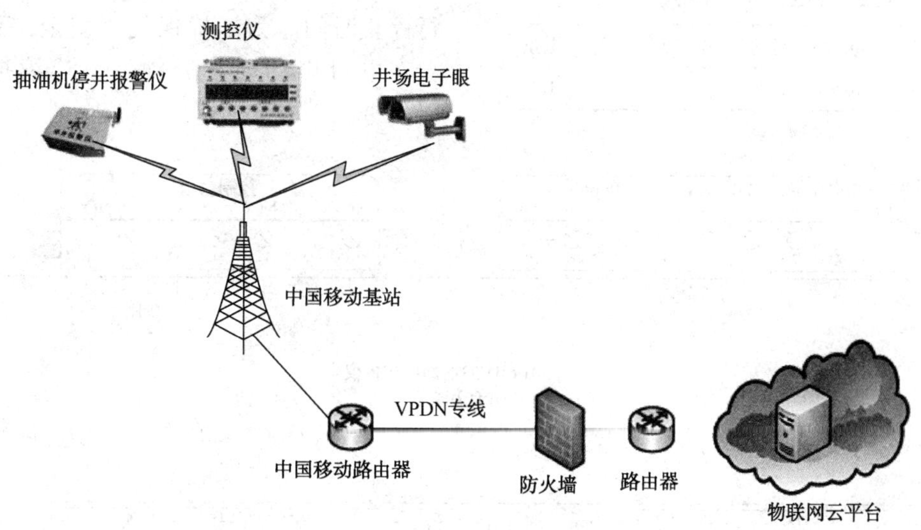

图1　物联网系统结构图

1.1　井场设备

1.1.1　抽油机停井报警仪

抽油机停井报警仪是吉林油田独有的一款物联网产品，由电源模块、加速度检测模块、4G传输模块构成。该设备安装于抽油机游梁上，通过加速度传感器实时监测游梁运动状态判断抽油机是否停井，当游梁停止运动，该设备会向物联网平台发出停井信号，物联网平台通过短信、微信、网络等方式向用户发出停井报警提示，其主要作用在于及时发现异常停井。通过该设备可以精确计量抽油机井生产时间，为采油时率管理提供准确数据依据。

抽油机停井报警仪采用电池供电，具有低功耗的优点。设备安装采用磁吸附方式，无需接线和焊接，易于安装和拆除，安装位置隐蔽，不易被破坏。设备数据传输方式采用中国移动4G网络，当抽油机启停井时设备会主动向云平台发送状态数据，当抽油机状态未改变时，设备定时向平台发送自身状态信息，通过这样的设计，大大降低了设备网络流量。抽油停井报警仪安装调试无需复杂软件配置，用户只需将设备序列号和安装井号录入物联网平台即可。

物联网平台通过抽油机停井报警数据的加工和处理，开发出油井时率管理功能，实现停井原因管理、停井时长管理、产量估算、井场供电故障判断等功能。

1.1.2　测控仪

测控仪是吉林油田在吸收借鉴现有电参数采集设备、电力计量设备、时控开关设备、电源设备、RTU、DTU设备的功能基础上，结合采油生产实际研制的一款集电源、采集、控制、计量、传输功能于一体的产品。通过该产品可以定时或实时采集电机电压、电流、功率、功率因数、电量等多项参数，可实现远程遥控启停井、自动间抽运行、平衡度测试等功能，该设备性能满足《油田生产系统能耗测试和计算方法》(SY/T5264-2012)中4.5电参数测试中的相关规定(表1)。

表1　测控仪性能指标

项目	电流	电压	有功功率	功率因数	电量
精度等级	0.5	0.5	0.5	0.5	1.0

测控仪采用中国移动4G网络传输数据，为了节省测控仪数据传输流量，在满足生产需要的前提下，设备按照用户设定定时连续采集72s电流、电压、功率、功率因数、累计电量等数据上传物联网云平台，形成连续的电流曲线、电压曲线、有功功率曲线，通过云平台大数据分析功能实现判断分析井况功能。用户也可需要随时采集相关电参数。

测控仪具有超宽的测量范围，电压测量范围为5V-800V，电流测量范围为10mA-100A。

测控仪具备开关电源功能，可提供12V、24V电源输出，可为井场电子眼、仪表、报警喇叭供电。

测控仪提供RS485接口，可以接入标准Modbus仪表和设备。

测控仪体积小巧，可安装于抽油机现有配电柜内，无需另外增加设备箱。测控仪安装调试无需复杂软件配置，用户只需将设备序列号和井号录入物联网平台即可。

测控仪具备时序控制功能和远程遥控启停井功能，用户通过云平台可以灵活设置电机运行停止时间。为了确保使用安全，测控仪喇叭会在电机启动前1分钟发出连续报警提示音(图2)。

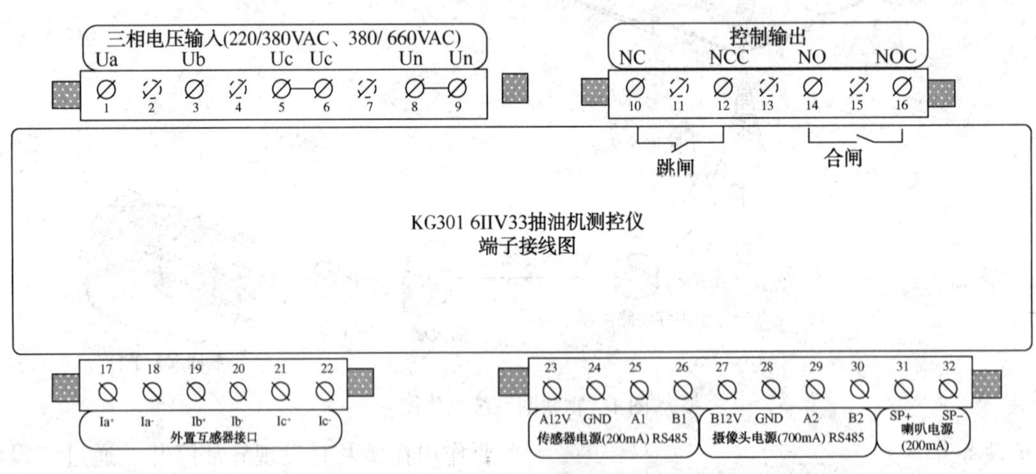

图2　测控仪接线图

1.1.3　井场电子眼

井场电子眼是一款串口摄像头，采用中国移动4G网络传输数据，可以定时或实时抓拍多种分辨率的井场照片，通过物联网平台实现电子巡井功能。井场电子眼具有连拍功能，通过物联网平台可拟合成动画，便于用户查看井场动态变化。井场电子眼由测控仪提供12V电源，安装时用户只需将电子眼电源插头插好即可。井场电子眼安装调试无需复杂软件配置，用户只需将设备序列号和井号录入物联网平台即可。

1.1.4　设备间关系

抽油机停井报警仪、测控仪、井场电子眼三款产品各自独立运行，在功能上互相验证和支撑。抽油机停井报警仪报警时，用户可利用井场电子眼和测控仪验收停井报警信息；用户远程启停井时，抽油机停井报警仪可反馈启动井是否成功信息；测控仪采集数据提示井况异常时，用户可利用井场电子眼查看现场情况。

1.2　与传统物联网技术的差异

同比传统物联网技术，吉林油田低成本物联网技术具有如下特点：

(1)系统结构不同。吉林油田低成本物联网技术采用分布式结构，传统物联网技术采用链式架构。相比传统技术，系统结构更加简化优化，系统稳定性和可靠性问题得到系统性解决(图3)。

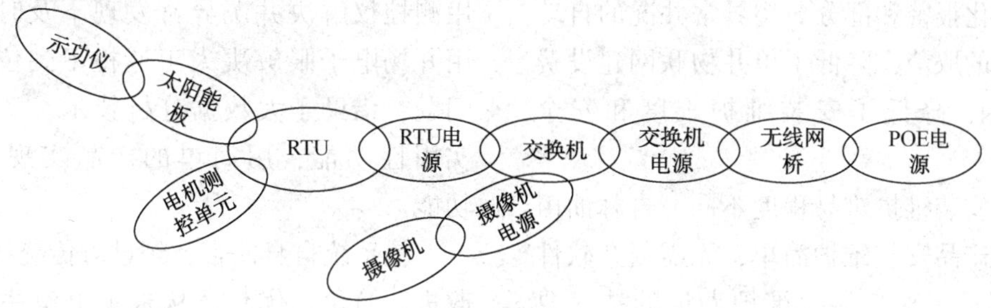

图3　传统物联网链式结构

由图3可见传统物联网结构上存在的问题，当POE电源、无线网桥、交换机电源、交换机、RTU电源、RTU等任何一个环节出现故障，用户都不能获取物联网数据。

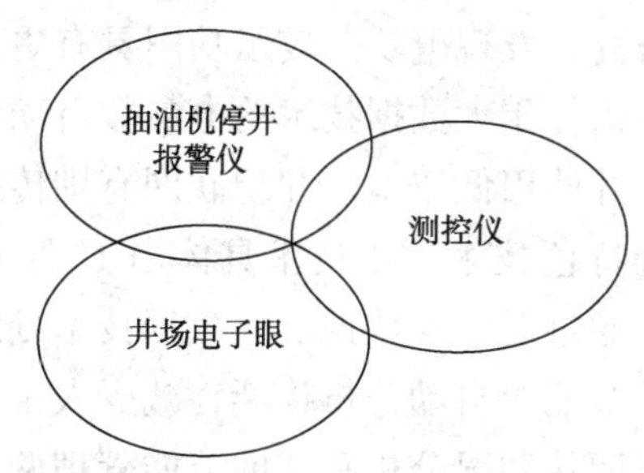

图4　吉林油田低成本物联网分布式结构

由图4可见，吉林油田低成本物联网采用分布式结构，设备间独立运行，独立传输，功能上相互验证，当一个设备实效时，可以通过另外两个设备获取相应信息。如抽油机停井报警仪失效，可以通过井场电子眼、测控仪确认是否停井，测控仪失效，可以通过井场电子眼和抽油机停井报警仪确认油井工作状态。

同比传统物联网技术，吉林油田低成本物联网产品配置更加简单，取消了传统技术中使用的示功仪、RTU、无线网桥、开关电源、空气开关、交换机等设备，井场物联网设备数量由14件减少到3件，消除了故障多发环节，提高了设备的上线率。

(2)网络传输方式不同。吉林油田低成本物联网技术采用中国移动物联网贴片卡，通过VPDN方式实现井场物联网设备接入油田生产网，取消了井场的无线网桥，节省了井场立杆等建设费用，大大降低了维护强度和安全风险，提高了传输系统的稳定性和可靠性。

表2　单井物联网设备构成对比表

传统模式油井物联网部件构成	吉林油田油井物联网部件构成
RTU、电机测控单元、RTU电源空气开关、电机测控单元空气开关、网络摄像机、摄像机电源、无线网桥、POE电源、无线网桥安装杆、交换机、交换机电源、示功仪、示功仪太阳能板、电流互感器	停井报警仪、测控仪、井场电子眼

在费用上，网络传输费基本与传统模式的网络维护费用持平。

在网络安全上，VPDN是利用IP网络的承载功能结合相应的认证和授权机制建立起来的安全的虚拟专用网。在具体实现上采用隧道技术，即物联网数据封装在隧道中进行传输。隧道技术的基本过程是在油田生产网与中国移动网络的接口处将数据作为负载封装在一种可以在公网上传输的数据格式中，在油田生产网与公网的接口处将数据解封装，取出负载。被封装的数据包在公网上传递时所经过的逻辑路径被称为“隧道”。VPDN采用专用的网络安全和通信协议，VPDN用户可以经过公网，通过虚拟的安全通道和油田生产网进行连接，而公网上的用户则无法穿过虚拟通道访问油田生产网。

(3)井场视频监控方式不同。吉林油田低成本物联网不采用连续流方式视频监控，改为拍照方式实现井场监控，大大降低了传输流量。相比连续流监控，功能更加实用，通过物联网平台管理功能可以保证每一张照片都被检视，而连续流视频则无法保证视频一直被监视。

（4）井况判断方式不同。吉林油田低成本物联网不使用示功图分析判断井况，而是利用吉林油田独有的电参数自动解释技术通过电功图实现井况的自动变化报警和部分典型异常井况的自动识别。示功仪的取消，降低了单井物联网建设费用和维护费用，降低了安装维护难度和安全风险。

（5）产品安装维护难易程度不同。吉林油田低成本物联网产品安装维护简单，无需复杂软件配置，大大降低了对安装、维护人员的技术要求，采油工人经过简单培训即可安装、维护。而传统物联网技术要求安装维护人员具备相当的专业技术，掌握 RTU 配置、摄像机配置、无线网桥配置等技术才能胜任，维修维护技术门槛高，由此也造成故障不能得到及时有效地处理。

（6）各类电源数量不同。吉林油田低成本物联网在设计上尽量减少电源数量，抽油机停井报警仪采用电池供电，井场电子眼由测控仪供电，取消了所有开关电源设备，从根本上解决了电源部分故障多的问题。

（7）采用物联网、云平台、大数据三项技术，产品功能独特，更贴近采油生产管理实际。

（8）经济实用，吉林油田低成本物联网单井物联网设备费仅为 6000 元左右，仅为传统物联网设备费的 1/5。

吉林油田低成本物联网技术是在传统物联网技术基础上发展而来的，产品功能设计以解决生产实际问题为出发点和落脚点。利用抽油机停井报警仪解决异常停井发现难的问题，利用测控仪解决井况异常发现不及时的问题，利用井场电子眼解决人工巡检不到位、不及时的问题，借助于大数据分析技术，又衍生出很多实用性功能，用简单的产品实现了不简单的功能。

就系统自身而言，经过对传统物联网技术的改进、简化、优化，从根本上解决了系统稳定性、可靠性的问题，为保持高上线率奠定了技术基础，解决了物联网用不住的瓶颈问题。

2　吉林油田低成本油井物联网特色技术

长期以来，采油工人习惯于利用示功图分析诊断井况，吉林油田通过对测控仪测取电参数的分析和研究，发现电功图较示功图具有更强的实用意义，依托于大数据技术的电参数自动解释技术成为吉林油田低成本油井物联网有别传统物联网的关键特色技术。该技术具体由 15 个模块构成，旨在通过对电参数据的大数据技术处理，实现井况、节能等自动分析诊断，减少人工分析工作量。下面从井况分析和辅助节能管理两个方面介绍电参数据的实际应用(图 5)。

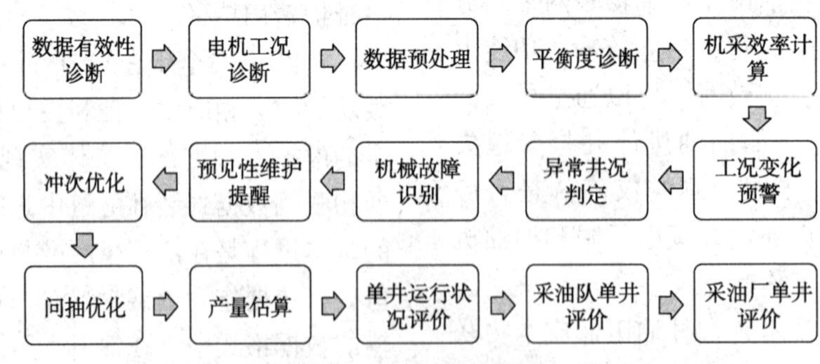

图 5　吉林油田电参数自动解释技术框架

2.1　有功功率曲线(电功图)在井况分析中的应用

当电机三相电压平衡、三相电流平衡时，电机三相有功功率曲线基本一致，因此在实际应用中只需分析某一相有功功率曲线即可。物联网平台中提供的有功功率曲线由连续 600 个采样点组成，采样时间间隔 120ms，由于抽油机冲次的差异，每幅功率曲线可能包含一个或几个冲次。通过对比有功功率曲线形状的变化，可以有效地发现井况变化、了解井况变化过程、掌握井况变化规律。

(1)通过电功图可以及时发现井况变化。

图 6 为 D45-8-10 井两次 A 相有功功率曲线的对比，实线为 2018 年 8 月 8 日 0 时采集曲线，虚线为 2018 年 8 月 8 日 4 时采集曲线，通过曲线对比，可以直观地做出井况明显变化的判断，

核实结果为上部杆断。

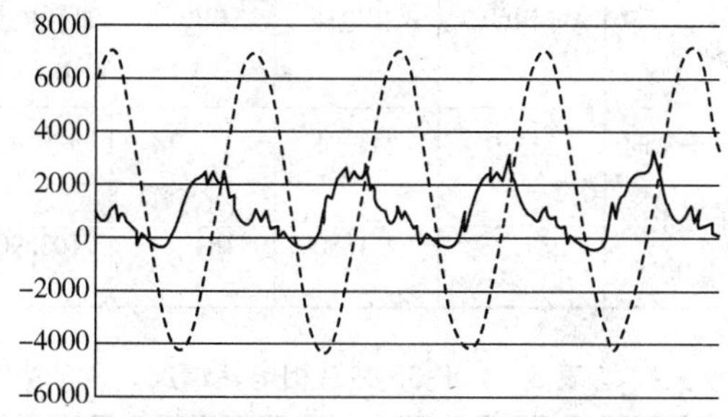

图 6 D45-8-10 A 相有功功率曲线对比

图 7 为 G+9-021 井皮带断前后 A 相有功功率曲线的对比，图中实线为皮带断前曲线，虚线为皮带断后曲线，通过曲线对比可以很直观地发现井况明显变化。

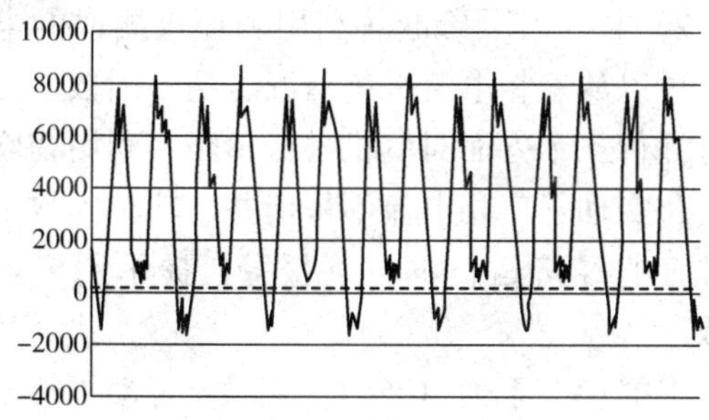

图 7 G+9-021 A 相有功功率曲线对比

利用电功图除能够发现井下工况的变化情况，还可以发现地面部分工况的异常，这是示功图无法实现的功能。

（2）利用电功图，可以了解井况变化过程。

通过电功图曲线形状的变化，可以展示出井况的变化过程，以吉 14-018 井管漏的变化过程为例，可以看出 2018 年 8 月 7 日至 2018 年 8 月 12 日 6 天时间内功率曲线形状逐渐由双峰曲线变为单峰曲线，揭示出管漏由轻微到严重的变化过程。

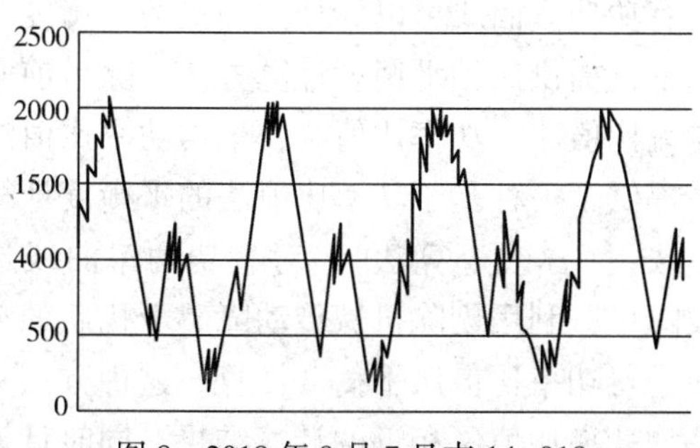

图 8 2018 年 8 月 7 日吉 14-018 A 相有功功率曲线

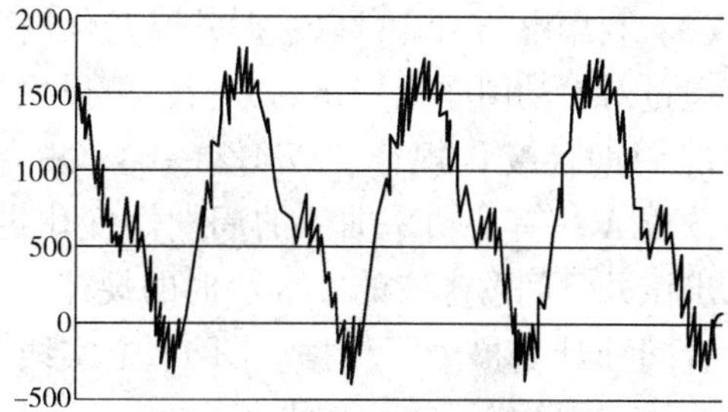

图 9 2018 年 8 月 8 日吉 14-018 A 相有功功率曲线

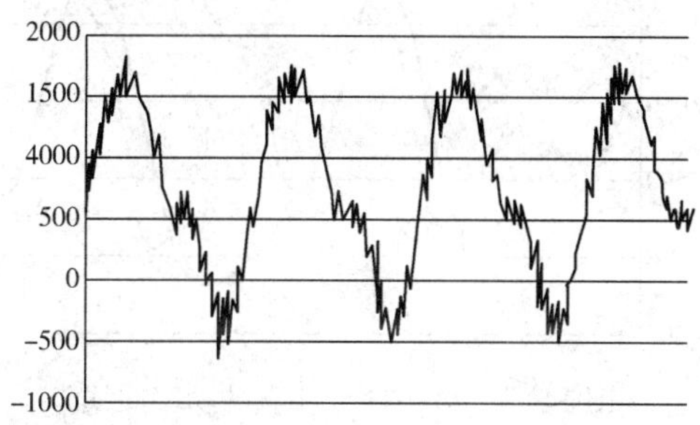

图 10 2018 年 8 月 9 日吉 14-018 A 相有功功率曲线

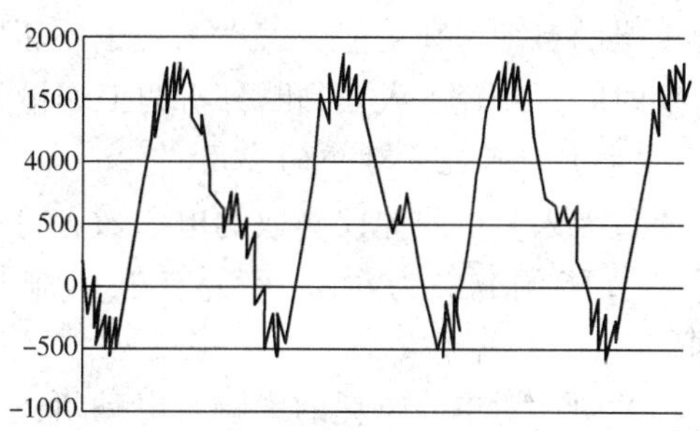

图 11 2018 年 8 月 10 日吉 14-018 A 相有功功率曲线

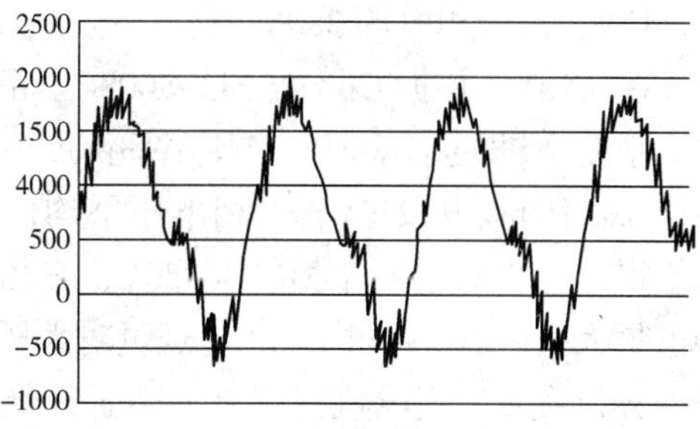

图 12 2018 年 8 月 11 日吉 14-018 A 相有功功率曲线

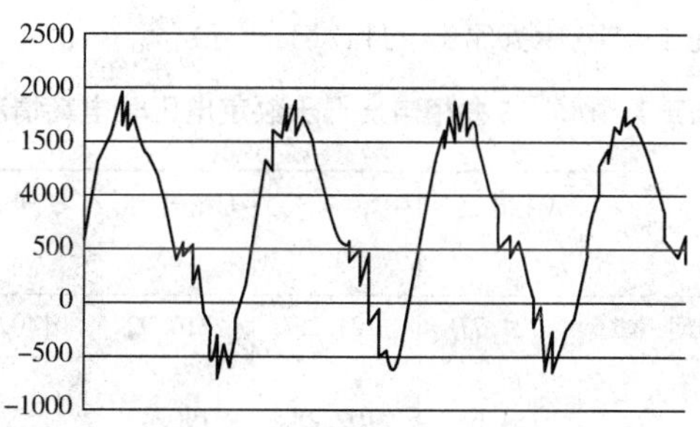

图 13 2018 年 8 月 12 日吉 14-018 A 相有功功率曲线

（3）利用电功图，可以掌握井况变化规律。

通过对电功图曲线变化的分析，可以发现油井井况周期性变化规律。以 H28－041 井为例，通过分析 A 相有功功率曲线的周期性变化过程，揭示出该井日间歇产液的6-8 小时的规律，为合理设置间抽计划提供了依据。图 11 中实线为产液时曲线，虚线为不产液时曲线。

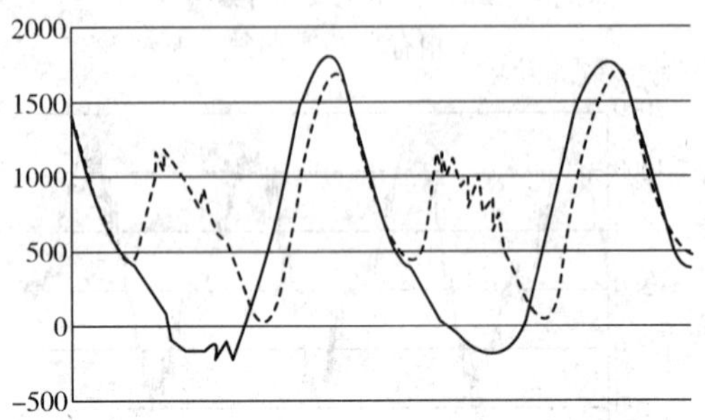

图 14　红 28-041 A 相有功功率曲线

利用大数据处理技术，物联网平台利用有功功率曲线实现了井况异常变化自动报警、11 种典型工况的自动识别功能，大大缩短了不正常井的发现时间，减轻了人工判断分析的工作量。

2.2　电参数在节能管理中的应用

通过深入分析测控仪测取的电参数，可以发现许多节能问题，为深入落实节能措施提供依据。

（1）电压对单井电耗的影响。电动机正常运行时电压允许波动范围为额定电压的－5%～＋10%。对于相电压 220V 电机，电压合格范围为209～242V，对于相电压 380V 电机，电压合格范围为 361－418V。依据 GB/T15543-2008《三相电压允许不平衡度》规定：短时的电压不平衡度不得超过 4%。对于相电压 220V，三相电压平均值最大差值不得超过 8.8V。对于相电压 380V，三相电压平均值最大差值不得超过 15.2V。通过对大量电参数据的分析发现，当电机三相电压高于或低于额定电压都会造成电耗增加，电机三相电压不平衡或缺相运行也会造成电耗增加。利用物联网平台，实现了对电压异常井的自动提示报警。

表 3　146-55 井相电压低于额定电压时电耗情况

项目	A 相电压/V	B 相电压/V	C 相电压/V）	日耗电量/Kw·h
电压正常时	221.77	221.25	216.02	149.047
电压低于额定电压时	184.65	192.28	196.47	155.835

表 4　147-49 井相电压不平衡电耗情况

项目	A 相电压/V	B 相电压/V	C 相电压/V	日耗电量/Kw·h
电压正常时	235.9	234.31	230.14	63.462
电压低于额定电压时	287.25	251.50	163.73	103.905

表 5　118-35 井缺相电耗情况

项目	A 相电压/V	B 相电压/V	C 相电压/V	日耗电量/Kw·h
电压正常时	230	230.26	230.03	60.873
电压低于额定电压时	287.25	251.50	163.73	166.466

2）电机工况诊断。利用测控仪测取的电参数，可以从三相电流平衡情况、功率因数、经济运行评价三个方面对电机进行诊断。利用物联网平台，实现了三相电流不平衡井、功率因数不达标井、非经济运行的自动报警，提示用户进行整改。

根据《Y2 系列（IP54）三相异步电动机技术条件（机座号 63-355）》（JB/T 8680—2008）中 4.20 中规定：当三相电源平衡时，电动机的三相空载电流中任何一相与三相平均值的偏差应不大于三相平均值的 10%。物联网平台中按照类似算法应用实际运行电流进行电流平衡度计算。

物联网平台根据《三相异步电机经济运行》（GB/T 12497—2006）7.4.3 经济运行判定中的规定进行经济运行评价。

物联网平台根据《油田生产系统节能监测规范》（SY/T 6275—2007）3.2.4 机械采油系统节能监测合格指标中的规定进行功率因数诊断。

3）平衡度诊断。利用测控仪测取的连续电流、有功功率曲线可以计算抽油机的平衡度。物联网平台提供四种平衡度计算方法，除目前常用的电流比值法、功率比值法、平均功率比值法之外，提供了一种基于功率比值法的平衡度计算改进算法（简称改进算法），对有功功率曲线进行滤波降噪，利用剔除机械传动障碍干扰后的功率曲线进行功率比值法平衡度计算。这种方法具有与平均功率比值法相近的计算结果，同时计算更加简便，解决了安装变频器抽油机的平衡度测量问题。

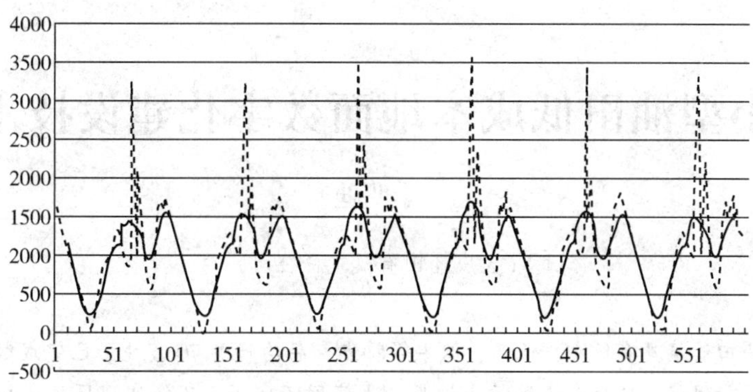

图 15　141-94^1 A 相有功功率曲线

以 141-94^1 井的平衡度计算为例，图 15 中虚线为原始 A 相有功功率曲线，实线为去除机械噪声之后的有功功率曲线。平均功率比值法平衡度为 0.946，改进算法计算的平衡度为 0.943。

利用大数据技术，物联网平台还实现了地面效率计算、电量预警、外接电识别、机械障碍识别、抽油机自动躲峰填谷间抽运行等辅助节能管理功能。

3　吉林油田低成本油井物联网特色模式

吉林油田低成本物联网除在产品和技术上有诸多创新之外，在物联网建设、管理、应用、维护模式上也对传统物联网模式进行了大胆的改革和创新。2017 年吉林油田选取效益最差的大老爷府油田进行了以自主研发产品为主的物联网示范项目建设，旨在考察自主研发产品和技术的成熟度，探索形成可复制、可推广的物联网模式。整个项目采取自主研发、自主设计、自主建设、自主运维模式，完成 332 口油井的数字化，采油厂成为物联网建设、管理、应用、维护的主体，探索出了物联网新模式。

1）在产品和技术上，全部采用自主研发、生产的产品，节省设备采购费用。

2）施工建设全部由采油工人施工完成，没有承包商参与，节省了施工费用，同时为实现自主运维奠定了基础。

3）物联网设备作为采油设备的一部分纳入到采油工人的日常维护中，节省了维护费，故障得到及时的维修维护，上线率得到了保障。

4）建立与物联网相配套的劳动组织形式，扁平化管理使物联网效能充分显现。

产品结构的简化优化、安装维护技术门槛的降低为实现以采油厂为主的建设、运维奠定了技术基础，从根本上解决了以往存在的建起来用不住的问题。

4　吉林油田低成本油井物联网应用效果

大老爷府油田物联网示范项目通过一年多的应用，取得如下应用效果：

（1）节省了设备采购费和建设费。用自己生产的产品建设物联网，采油工人自己动手建设维护物联网，同比传统模式节省设备采购费 620 万元，节省施工费 50 万元。

（2）有效提高采油时率 1.5%以上。通过停井报警仪及时发现异常停井；通过测控仪电参数据分析及时发现井况异常；通过电子巡井及时发现井场故障。

（3）油井节能效果显著。通过测控仪电参数据的分析应用，实现了平衡度优化、低效电机诊断治理、躲峰填谷间抽运行等功能，单井部分日节电 605kw · h。

（4）劳动组织形式实现变革，用工数量下降 63.2%，电子巡检取代人工巡检，生产管控能力明显增强，工作效率提高 17.3 倍。异常停井发现时间由 360min 缩短为实时，开井时间由 45min 缩短为实时，井下工况异常发现时间由 120h 缩短为 4h，地面异常发现时间有 12h 缩短为 4h。

鉴于大老爷府油田物联网示范项目取得的成功，吉林油田 2018 年全面推广大老爷府经验，全面进行油井物联网建设，目前已经上线运行。同时吉林油田低成本物联网产品已经在大庆油田、吐哈油田、青海油田等得到规模化推广应用，收到了较好的应用效果。

5　结束语

低成本油井物联网“吉林油田模式”是吉林油田结合自身实际需求开发的实用型技术。吉林油田在实现产品与技术的创新之外更实现了管理创新，“吉林油田模式”的成功实践为低产、低效老油田物联网建设探索出了一条新路。

外围小型油田低成本地面数字化建设技术探讨

李明迪

（大庆油田有限责任公司）

摘　要　外围油田储层具有低渗、低产、低丰等特点，年均产量70万吨。已完成数字化改造部分由于改造时间早，按照现行规范，部分采集监控点缺失，生产网不完善，不能实现区域集中监控。未完成数字化改造部分，按原有数字化建设思路继续改造，施工周期长，投入成本高。本文参考国内相关油田建设经验，对比优选数据采集技术，远、近场通信技术，开发区域生产管理子系统，精简管理层级，探索出一套适于外围小型油田低成本数字化建设技术。

关键词　小型；油田；数字化；低成本；应用

1　前言

从2010年开始，大庆油田以“高水平、高效益、高效率”为目标，积极推进油气生产物联网项目建设和油田数字化改造。相继在A厂某作业区、B厂某油矿、C油田开辟了数字化建设示范区，取得了一定效果，积累了一定经验，但油气生产业务信息化发展水平整体较为滞后。2016年《大庆油田振兴发展纲要》提出了“当好标杆旗帜，建设百年油田”的总体目标，深化了要逐步从数字油田发展为智能油田，最终建成智慧油田这一总体构想。

S油田地处偏远，位于松嫩平原东南部，储层具有低渗、低产、低丰等特点，共管理油井4600余口，水井2000余口，集油、配水间300余座，转油站规模以上站库20余座，生产用工约2300人，年均产量70万吨。S油田中型以上站库的数字化改造覆盖率约为50%，站外集油阀组间和配水间数字化改造覆盖率约为28%，油井未进行数字化改造。其中，已完成数字化改造的站库由于改造时间早，按照现行技术规范，存在着部分采集监控点缺失，生产网不完善，未完全实现区域集中监控等问题。未完成数字化改造的部分，按原有建设思路继续改造，从设计到施工完成周期长达2-3年，投入成本高，减员增效效果不明显。需进一步按照《大庆油田振兴发展纲要》要求，总结国内油田相关建设经验，探索出一套适于外围小型油田低成本数字化建设技术(表1)。

表1　S油田主要生产单元数字化覆盖率

序号	生产单元	控制系统类型			总数	数字化改造率					
		仪表系统	PLC系统	RTU系统		已完成		正在实施		未改造	
						数量	占比	数量	占比	数量	占比
1	转油站	1	19	—	20	4	20%	3	15%	13	65%
2	脱水站	0	3	—	3	1	33%	2	67%	0	0%
3	水处理站	0	17	—	17	4	23%	4	23%	9	54%
4	注水站	0	19	—	19	4	21%	4	21%	11	58%
6	集油阀组间	—	—	32	188	32	17%	22	12%	134	71%
7	配水间	—	—	31	203	31	15%	26	13%	146	70%
8	油井	—	—	0	4650	0	0%	0	0%	4650	100%

2　国内油田数字化建设现状

胜利油田：胜利油田数字化推行“四化”建设、管理、运维模式，即信息化提升，标准化设计，标准化采购，模块化建设。抽油机井设置RTU，采集功图、电参、油压、套压、视频，实现远程启停，自动量油；信号通过无线网桥传输至管理区平台，经办公网光缆回传至厂平台进行大数据分析。数字化改造后，整合5大生产管理系统，将原有“厂—矿—队”三级管理架构精简为“厂—管理区”两级架构。截至2018年底，实现24000口油井、7800口水井无人值守；258座注水站，39座联合站集中监控，每天产生1.25T数据，相当于人工采集3年的数据量。陆上油田数字化覆盖率100%，劳动生产效率提升51.6%。

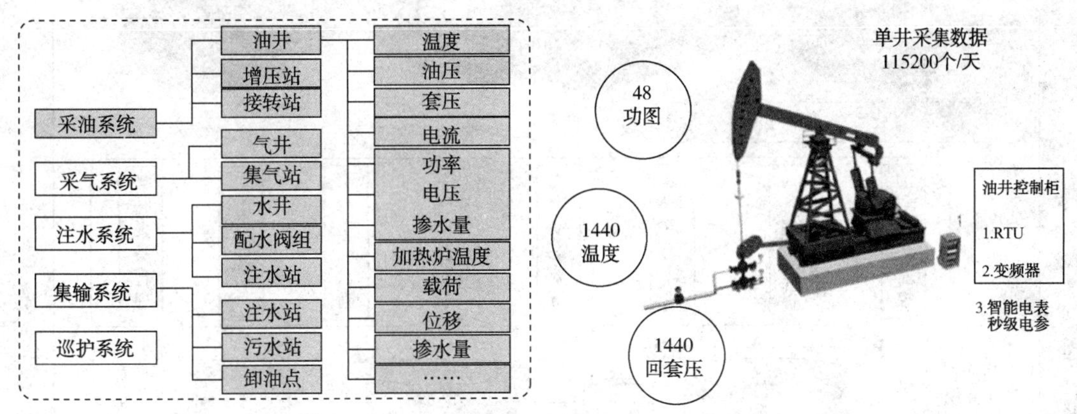

图1　胜利油田数字化建设范围及油井采集参数

长庆油田：数字化建设始于2008年，采用“厂—中心站”管理架构，抽油机井使用有线仪表采集功图、电参、油压、套压、视频，实现远程启停，自动量油；单井数据通过光缆(电力挂纤)传输至中心站和厂平台进行大数据分析。目前已形成“三端、五系统、三辅助”的基本框架。数字化改造后，油气当量从2008年的2089万吨上升至2018年的5465万吨，用工总数一直保持在7万人左右。与传统生产模式相比，前端数字化建设盘活用工约1.8万人。

3　外围小型油田数字化建设

3.1　建设原则

低投入高效益：以S油田为代表，外围偏远小型油田数字化建设的首要目标是以低成本方式建设区域数字化架构，对没有数据采集系统、产量稳定的油井，根据物联网建设规范，新增数据采集与控制系统及数据传输系统，实现单井数据上传，远程控制等功能。实现精细化生产与深入挖潜，进一步提高效益。

调结构降成本：对已经完成数字化改造的部分，补充、完善采集参数，改造或更换故障的仪表及PLC等设备。充分利旧已建设备。通过井站一体、电子巡护、远程监控、智能运行，优化劳动组织结构，整合管理要素，实现井场和中小型站场无人值守，大型站场集中监控，精简管理层级，降低运行成本。

3.2　数字化技术架构

按照集团公司统一建设标准，S油田数字化建设分为“数据采集与监控子系统”、“数据传输子系统”以及“生产管理子系统”三个部分。为实现小型油田低成本数字化，对以上三部分系统分别进行优化简化。

3.3　数据采集与监控子系统优化简化

3.3.1　站外部分优化简化

采集点位优化简化：对比大庆油田开发部《关于大庆油田油水井数字化建设的意见》、《油气田地面工程数据采集与监控系统设计规范》SY/T 7352，参考实际生产需求，抽油机取消套压采集。集油阀组间取消集油汇管温度采集。单干管单井配水井，能依托附近油井取电的，检测注入压力、流量，就地手动控制。不能接入电源的，不考虑数字化改造。

以下表格中：“√”表示应设置；“△”表示可设置(表3~表4)。

表2　抽油机井采集参数对比优选

对象	测控对象		A11工程	建设意见	SY/T 7352	实际选用
抽油机井	油压(回压)		√	√	√	√
	套压		√	△	△	
	抽油机电流、电压		√	√	√	√
	载荷、位移	冲程	√	△	√	√
		冲次	√	△	√	√
		示功图	√	√	√	√
	远程启停			√	√	√
	抽油机状态		√		√	√

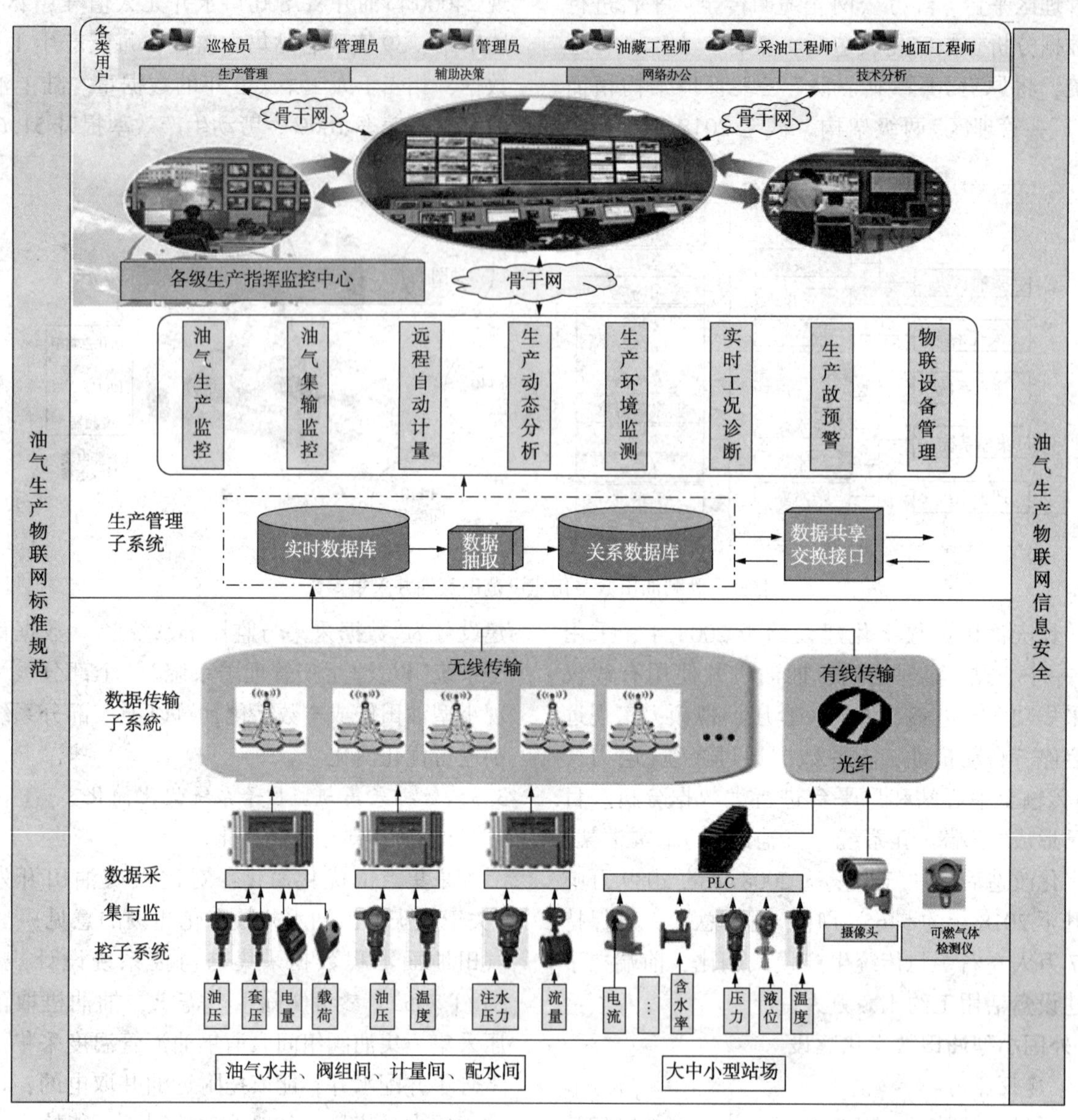

图 2　数字化油田基础技术架构

表 3　集油阀组间采集参数对比优选

对象	测控对象	A11工程	建设意见	SY/T 7352	实际选用
集油阀组	集油汇管压力	√	√	√	√
	集油汇管温度	√		√	
	集油支管温度	√	√	√	√
掺水阀组	掺水汇管压力	√	√	√	√
	掺水汇管温度	√		√	√
	单井/井组掺水量	√	√	△	√

表 4　配水间采集参数对比优选

对象	测控对象	A11工程	建设意见	SY/T 7352	实际选用
注水井（配水间）	来水干管压力		√		√
	注入压力	√	√	√	√
	瞬时流量	√	√	√	√
	累计流量	√	√	√	√
	流量控制		√		√

3.3.2　站内部分优化简化

S 油田注水站、水质站多数与联合站合建，截至目前，已经全部实现集中监控，具备数据上传条件。对于未进行数字化改造的转油站参照规定，按照“区域巡检、无人值守”的建设模式建设。对已完成数字化改造的站场仪表系统进行全面改造，重要工艺参数全部进入站控系统 PLC 统一管理。转油站新增自控点主要包括：

（1）三合一容器水出口汇管增加至事故污油池的 UPS 供电的电动开关阀。停电状态下，本站来液气体进入天然气除油器，在容器高液位状态时，将液量放入排污池。同时，停电状态连锁停所辖油井。

（2）“二合一”加热炉和收油切断阀改为远程手动电动开关阀，收油泵实现远程启停；除油器污油液位与收油泵连锁（高点--启，低点--停，设定点可调节）。

（3）加热炉出口偏流用远程手动电动开关阀调节。

（4）对于频繁启停的加药装置，需要选用吨包方式自动卸药。

（5）转油站泵房内污油回收装置自动启停，液位远传。

表 5 转油站无人值守增设点位设置表

序号	单元/模块	测控参数	测控对象
1	加热单元	加热炉进口	单台炉进口控制
2	加热单元	加热炉出口	单台炉出口控制
3	加热单元	加热炉收油汇管	加热炉收油汇管控制
4	分离沉降缓冲装置	三合一水出口汇管	三合一水出口控制
5	收油泵	收油泵启停控制	收油泵

3.4 数据传输子系统优化简化

3.4.1 近场通信技术优选

单井、间现场仪表信号传送至控制设备的方式有两种：采用电缆传输或采用无线信号传输。考虑到现场施工、将来井口作业的方便性以及节省建设投资，S 油田现场仪表以采用无线传输方式为主。单井、间设置的仪表数据通过无线方式传送至井场或间的控制设备，然后通过无线传输系统将数据上传。

目前发布的中石油 A11 油气生产物联网系统建设规范中，规定了两种无线仪表通信方式，以下对两种近场通信方式进行综合对比。

（1）WIA-PA 技术：是一种专门面向工业过程自动化的工业无线网络技术标准，其特点包括近 WIA 距离、低功耗、低数据率、时分复用、高时间同步精度、自适应跳频等。无需基站，自动组网，抗干扰能力强，自组网络内多路径传输，无线网关覆盖半径视距 1~2km，可提供 120 个节点的数据管理及传输能力。精确对时，实现功图和电流图的同步采集，同步精度低于 100μm。井场数据通过仪表内置 WIA-PA 路由器自组网上传至周边小型站场智能网关，小型站场智能网关接收井场数据与本间数据，再通过 DTU 上传至公网。

技术优点：①仪表及控制器应用普遍；②数据的实时性和可靠性高；③国内自主知识产权，信息安全可靠；④支持 mesh 网络组网；⑤跳频通信，传输可靠、支持断网续传。

技术缺点：①没有 ZIGBEE 技术应用普遍；②投资稍高。

（2）Zigbee 技术：是一种目前使用广泛的无线局域网协议，其特点包括近距离、低复杂度、自组织、低功耗、低数据速率等。传输距离 100m 以内自动组网，从仪表优化、网络传输稳定角度考虑，主从井数量不宜大于 8 口油井，尤其适用于丛式井。井场数据传输至井场智能综合电参数采集控制器（内含 RTU、DTU），通过 DTU 上传至公网。

技术优点：①仪表及 RTU 控制器应用普遍，较早应用于井场数字化建设；②结构简单，接口丰富；③适用多行业领域，产品通用性强。

技术缺点：①仪表电池低温性能一般，②部分厂商使用自加密协议，通用性差

S 油田地处松内平原，冬季漫长寒冷，气温较低，Zigbee 技术在同频干扰、电池耐低温性有待商榷，相较而言使用 WIA-PA 技术构建井、间近场通信网络具备较强的环境适应性，在仪表维修保养方面节省后期成本。

3.4.2 远距通信技术优选

经前期调研，结合国家相关法规要求，满足传输视频带宽要求的广域通信可选技术方案有自建 LTE、无线网桥、租用运营商 4G 网络、WIA-FA，ADSS 光缆。

按照网络安全规定，生产数据使用公网 4G 传输必须通过 DMZ（demilitarized zone）进行隔离才能接入办公网络，数据从采集设备到监控终端传输链路长，故障率高，DMZ 区点位数量有限，扩容困难。ADSS 光缆仅建设费用约 3.5 万/km，站外井、间全部建成投入高。无线网桥和 WIA-FA 技术传输时要求两点间可视无遮挡。

表 6　远距无线通信技术对比

序号	技术类别	申请频率	中继点	核心网管	建网投资	施工难度	通信费用	网络安全
1	运营商 4G 网络	不需要	1~3km	不需要	无	低	10 万/年	低
2	自建 LTE 网	需要	1~3km	需要	极高	较高	无	高
3	无线网桥	不需要	10~30km	需要	较低	较低	无	较高
4	WIA-FA	不需要	2~3km	需要	较高	较低	无	较高
5	ADSS 光缆	不需要	无	需要	极高	较低	无	高

通过对比，S 油田地处平原，高差小，选用无线网桥建设远距离无线通信网络，具有建网投资低，施工难度低，单点传输距离远，网络安全性较高等技术优势。

3.5　生产管理系统开发与组织层级优化简化

S 油田原有组织架构“厂—矿—工区—班组”四级管理模式，工区设置中控室，矿设置生产管理平台，生产数据逐级上传。数字化改造完成后，精简矿、工区两个管理层级，改为油田公司—区域生产管理中心两级管理，以联合站为中心节点，向四周工区辐射建设生产网，汇总区域生产数据，设置单项网闸，通过办公网回传生产数据至油田公司数据库服务器。原工区中控室保留，通过生产网将控制权限上移，在区域生产管理中心实现生产全程管理。厂生产调度通过办公网调取油田公司实时库、关系库服务器数据，监控各区域生产任务完成情况。

区域生产管理子系统以中石油 A11 系统提供的 PaaS 平台服务作为前端数据采集基础，采用 B/S 模式开发，以网站形式发布于油田办公网，利用油田信息中心机房中现有 A11 系统 PaaS 平台的硬件服务器（数据库服务器、应用服务器等）作为硬件支撑，完成实时数据库、关系数据库及配套硬件服务器、网络设备的部署。

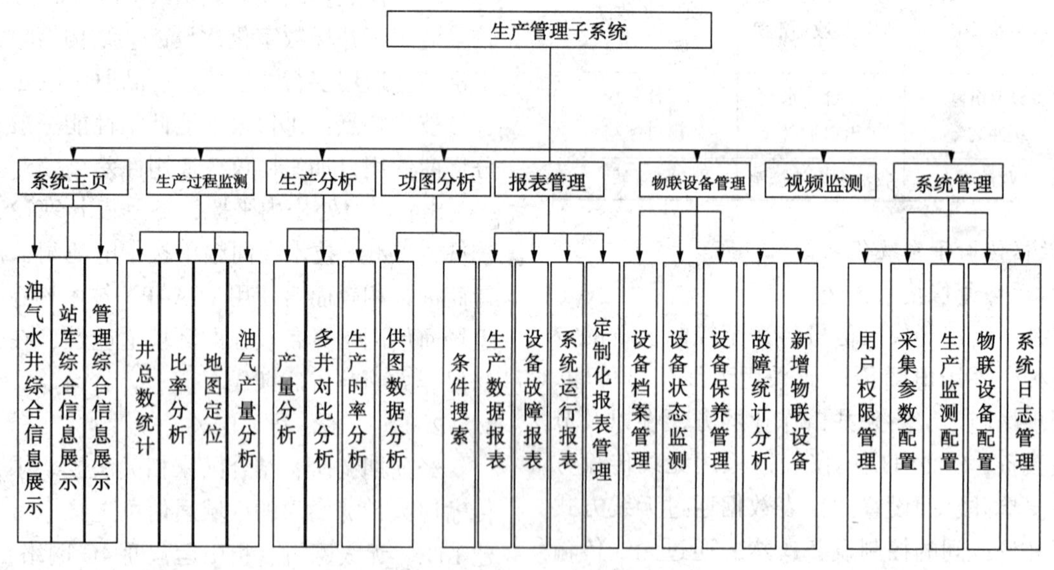

图 3　区域生产管理子系统结构图

3.6　外围小型油田数字化建设体系

综合运用数据采集监控、远近场通信、管理平台开发技术，融合加热炉完整性管理、外输管道泄漏报警、配电网故障在线监测、雷达预警监控平台，构建区域生产管理中心，形成站内集中监控、站外无人值守、数据通信网络化、生产管理信息化的低成本油田数字化技术建设体系。

4　预期应用效果

外围小型油田数字化建设模式，具有工程建设投资低、生产管理链条短等技术优势，单井投资对比见下表。

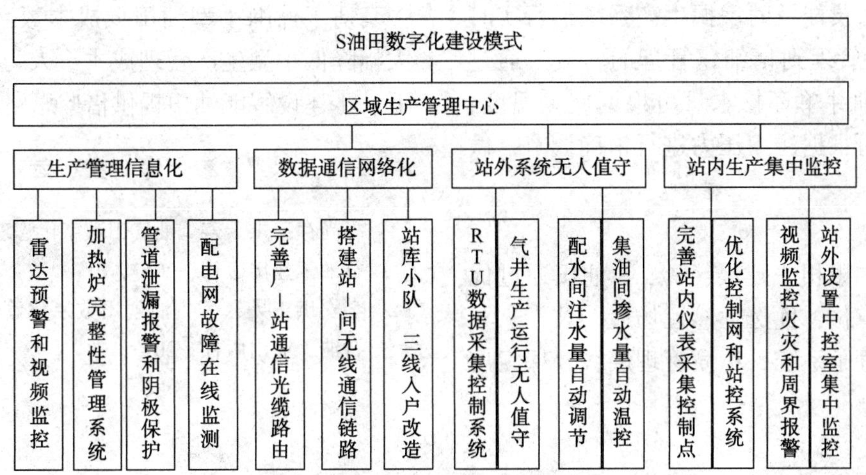

图4　外围小型油田数字化建设体系

表7　单井数字化建设投资对比表

项目	S 油田	H 油田 L 油田	A 厂某矿	SL 油田	TLM 油田
相同项	综合电参				
不同项	载荷/位移、油压	载荷/位移	载荷/位移、油压、套压、	载荷/位移、油温、套压、视频监控	载荷/位移、油压、套压、视频监控
采用技术	WIA-PA+网桥	Zigbee+4G WIA-PA+WIA-FA	Zigbee+Mcwill	Zigbee+WLan	Zigbee+TD-LTE
单井投资（万元）	1. 12	0. 96+通信费 2. 3	2. 6	2	3. 14

S 油田有矿级生产单位 9 个，大型联合站 3 座，工区 29 座，前线用工 2223 人。数字化改造后，撤消 6 个矿级生产单位，新建 3 个区域生产管理中心。预计前线生产用工总数由 2223 人降至 1167 人，减少用工 1056 人，减少幅度达到 47. 5%，年节约人力资源成本 1. 58 亿元。按照相关要求，对调减下的员工进行岗位培训，逐步调整适用，待全油田物联网建设成功，安全运行平稳后，将富余人员调整到位。

表8　区域监控管理中心定员表

单元设置	每班人数/人	班次数量/班	人员总数/人	岗位主要职责
生产监控	4(白班)	1	4	数据、视频监控，远程操作、指挥
	2(夜班)	3	6	
数据管理	8(白班)	1	8	泵矿分析 2 人、远程指挥 2 人、功图等
				（技术队工作内容）
安防监控	3(白班)	1	3	白班 8 小时，轮休
	1(夜班)	3	3	夜班 16 小时，两班倒
生产协调管理	1(24 小时制)	4	4	负责矿区日常生产协调管理
				车辆调配、生产运行安排。
合计			28	

数字化改造后，将实现三个转变：(1)手工操作到全自动处理的转变。通过信息化建设，可实现电子巡井，监控室仅需几十秒可自动停井，单井掺水量、注水量完全实现远程自动调节，且恒流稳定精准。(2)断续数据点到连续信息流的转变。通过信息化建设，井站数据可实现实时上

传，各级管理人员能及时掌握生产系统运行实时状态。(3)经验管理到精细化管理的转变。通过信息化建设，油井单环掺水量可根据回油温度、注水井注水量可根据注入压力进行精确调节，做到精细化管理。

5 结论

参考国内油田相关建设经验，S油田通过优化数字化采集点位，优选远、近场通信技术，开发区域生产管理子系统，精简管理层级，探索出一套适于外围小型油田低成本数字化建设技术。大幅降低小型生产管理成本、人力资源成本，为下一步建设智能油田提供借鉴思路。

参 考 文 献

[1] 冯尚存，朱天寿．油气田数字化管理培训教程[M]．石油工业出版社，2013，01

[2] 李安琪，吴志宇．油气田数字化管理(采油)[M]．石油工业出版社，2013，08

长庆油田站场无人值守改造研究

池 坤 张 平

（西安长庆科技工程有限责任公司 710018）

摘 要 随着长庆油田大力推行数字化管理，油田井、站自控水平和劳动组织架构扁平化管理模式取得了初步成效，面对油田持续稳产导致的地面设施刚性增长与公司劳动用工紧张的突出矛盾和提质增效、精细化管理的需求，须要进一步加大油田数字化建设力度，通过建设数字化无人值守场站，推动劳动组织架构改革和扁平化管理，实现减员增效，解决一线用工紧缺的突出问题。本文通过对增压点级小型站场工艺流程优化、自控系统升级，探索适应长庆油田的场站无人值守运行模式，为长庆油田全面实现集输场站无人值守奠定基础。

关键词 数字化；流程优化；无人值守

1 前言

1.1 长庆油田数字化发展历程

起步：从2000年开始，以网络基础设施建设为主，主要是油田主干网络和各主要生产单位局域网建设。

探索：从2002年开始，以管理应用系统为主，主要以财务、造价、合同、电子商务等部门为满足各自业务需求，独立建设各自的信息系统。

集成：从2005年开始，以系统集成为主，建立了钻、录、试、测、分析化验、GIS、勘探、开发数据库为基础的地质综合数据管理平台。

推进：2008年开始，以生产前端、中端的数字化为主，由后端的决策支持向生产前端的过程控制延伸，加快数字化管理建设步伐，实现信息集成与一体化应用，支撑各项业务发展。

1.2 长庆油田数字化现状

长庆油田自2008年开始进行数字化建设以来，油水井实现了生产数据自动采集，电子巡井代替生产数据手工录取、抽油机运行状态检查等重复性工作，远程操作代替抽油机手动启停和注水量手动调整等；站场实现了生产数据自动采集、重要生产过程自动控制；SCADA系统应用实现了作业区、井区/应急班、监控站点对所管辖站点、井场多及监控、智能预警报警和远程控制。内容涵盖三个层次、五大系统，实现同一平台、信息共享、多级监视、分散控制，达到发展方式的转变、生产组织方式的转变、生产方式的转变和劳动组织架构的转变[1]（图1，图2）。

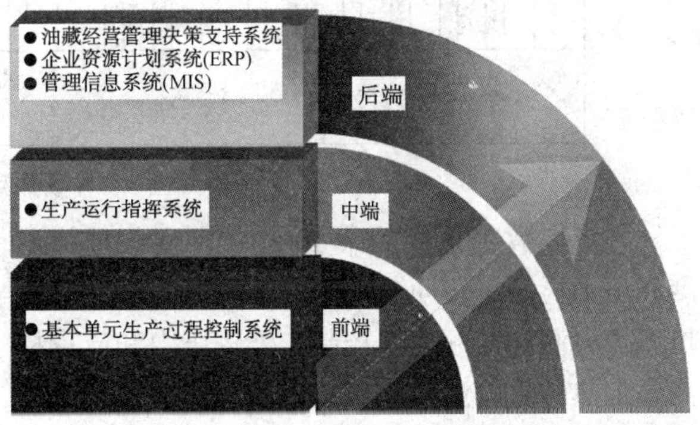

图1 数字化框架体系

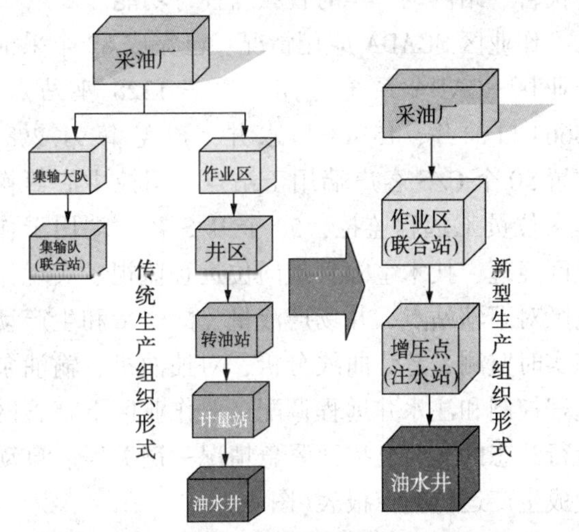

图2 数字化扁平化管理模式

井场：完成54164口油水井数字化配套建设，油水井覆盖率91.2%，油井功图上线率98.8%，注水井上线率98.5%，视频上线率99.4%。实现油井功图自动采集、油井工况自动诊断和故障预警、油井产量自动计算、井口回压自动采集、超限预警、抽油机远程启停、抽油机状态自动判识和故障预警、水表读数自动采集、注水井远程调配、井场动态视频监控和闯入报警等功能(图3)。

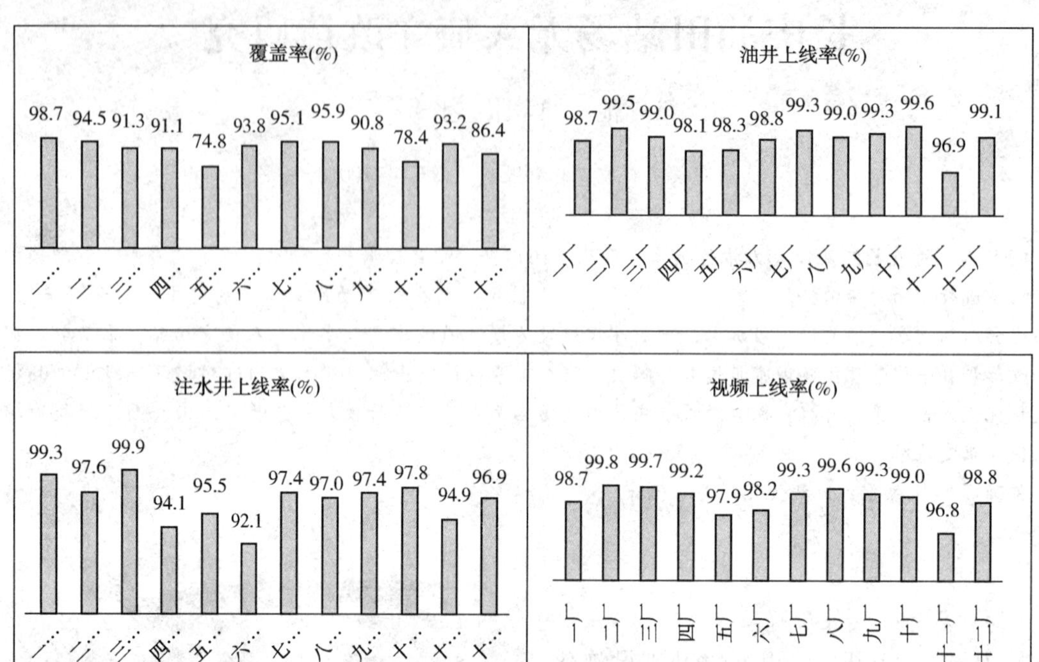

图3　井场数字化覆盖率示意图

站点：数字化覆盖率100%。实现收球筒温度和压力检测、缓冲罐连续液位检测、输油泵出口压力检测和变频远程控制、外输压力和流量检测、加热炉外输温度和压力检测、储罐连续液位检测、注水量和压力检测、关键生产数据自动预警报警、站内动态实时视频监控等功能。

作业区SCADA应用情况：已完成83个采油作业区SCADA系统应用，覆盖1328座站点、35664口油井、15143口水井，覆盖率91.2%。配置50个C/S客户端用于站点、调控中心等操作岗位员工远程监控，50个B/S客户端用于作业区经理、技术室等管理岗位远程监视。实现作业区对下辖站点、井场产液量、配注量和生产动态实时监测、趋势曲线分析，对抽油机、输油泵远程控制和注水井远程调配，对作业区下辖管网运行状态的实时监控，紧急情况一键关停。自动生成生产运行监控报表(图4)。

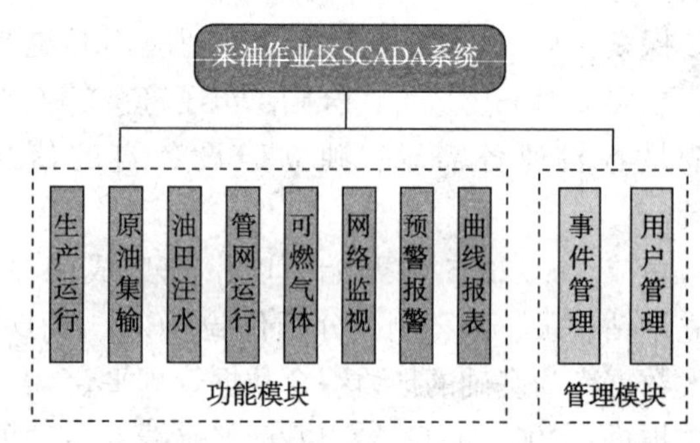

图4　作业区SCADA系统示意图

但目前长庆油田的数字化建设实现了井站的生产数据采集、上传和后端监视，不能实现远程控制和紧急工况流程切换。因此，为了缓解5000万吨持续稳产用工紧张矛盾，提质增效，提高精细化管理水平，本次对油田中小型站场开展了无人值守升级，主要内容包括不同类型和规模的增压点、接转站、注水站、供水站，本文以常规增压点为例，简要说明无人值守改造的建设思路如下。

2　小型站场无人值守改造方案

2.1　无人值守站定位

站场无人值守：通过站内数字化升级，实现远程监控、定期巡检、应急联动，以缓解劳动用工压力。

远程监控：由下游站点通过远程对上游站点进行监视、控制和日常报表填写等管理。

定期巡检：包括站内看护人员巡查、下游站点监控岗通过SCADA系统定期对所管辖的上游站点远程巡检。

应急联动：在紧急情况下下游站点立足于远程一次性紧急切断，作业区、井区或应急班及站内看护人员协同调度、指挥，应急处理。

2.2　改造思路

依托作业区 SCADA 系统，通过完善基础网络保障，提升仪表可靠、稳定性，完善监控体系，确保站内安全生产，促进劳动组织架构优化配套。实现增压点、注水站、供水站无人值守、远程管理的运行模式。

（1）紧急情况，可实现远程“一键停车”；

（2）站内油气工艺流程、供注水流程尽量实现自动连续运行；

（3）将人工频繁操作和高压、危险区域工作改为自动控制完成，实现远程管理和自动操作；

（4）安装网闸，实现生产网、办公网、视频网、社区网物理隔离，确保远程操作安全、可靠；

（6）充分利用现有设施，控制改造成本；

（7）站内只保留1名看护人员，负责日常站内清洁等简单操作。

2.3　常规增压点无人值守改造

（1）建设现状

常规增压点具有集油、收球、加药、加热、增压、计量等功能，站内设备包括总机关、收球装置、加热炉、缓冲罐、输油泵、事故油箱、伴生气分液器、加药装置、污油回收装置等。

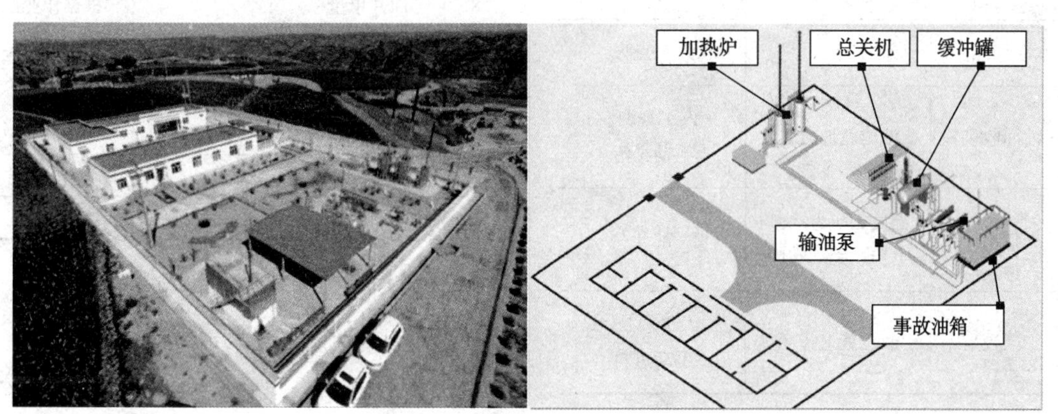

图5　常规增压点平面布置示意图

目前站内工艺流程和操作水平详见图5和表1

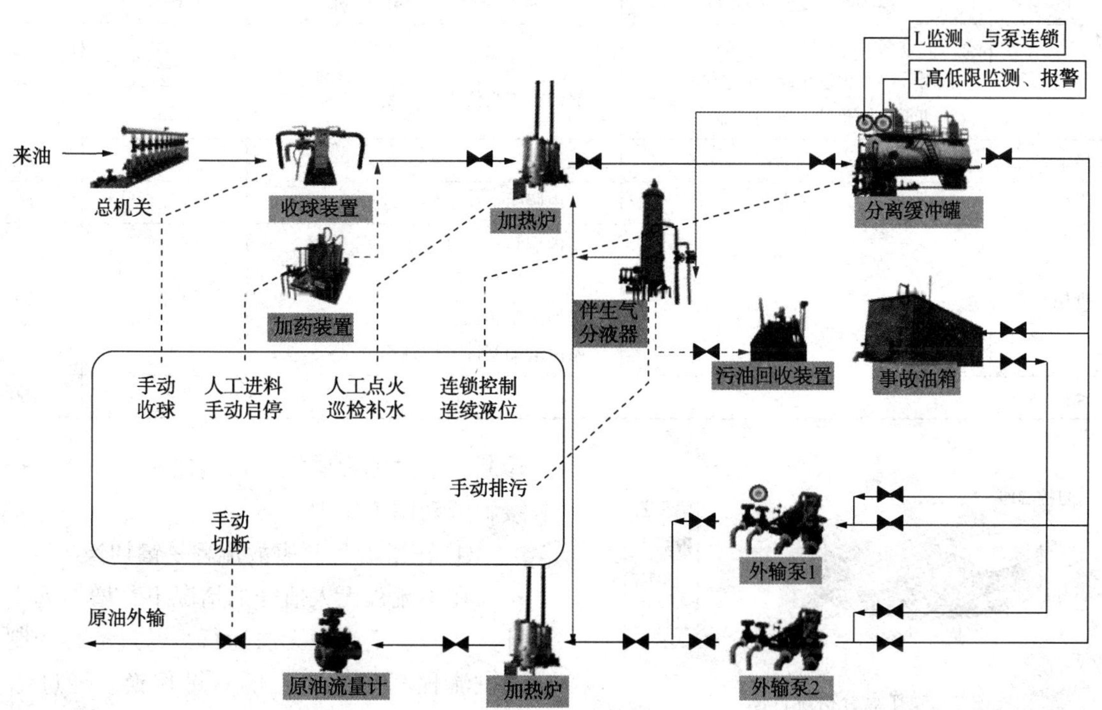

图6　工艺流程现状图

表 1　站内数字化现状一览表

序号	工艺设备	数字化现状	操作水平
1	总机关	手动阀门	常开
2	收球装置	/	人工操作
3	密闭分离装置	连续液位监测与泵连锁液位超限停泵	智能控制液位连续平稳输油
4	外输泵	变频流量调节	变频保障输油连续
5	事故油箱	液位就地指示	人工观测
6	气液分离器	压力检测	手动排液
7	水套加热炉	/	人工点火
8	污油回收装置	液位就地指示	人工观测、手动排污
9	外输出站	温度、压力检测上传、手动阀门	常开
10	加药装置	液位就地指示	人工观测、手动进料

(2) 现状分析(表 2)

表 2　站内员工主要工作及操作频次分析表

序号	主要工作	频次
1	监控井场、站内生产动态	通过站控实时监控
2	处理报警信息	实时
3	站内巡检，录取温度、压力、流量和注水等数据	2 小时
4	填写报表	3 小时
5	远程或就地启停输油泵	根据液位报警提示
6	收球	每天
7	加药灌补药	5~15 天
8	油井单量	根据作业区安排
9	站外作业或紧急情况到流程	偶尔
10	加热炉补水	5~10 天
11	加热炉熄火点火	偶尔
12	站内清洁	每天
13	站内防盗	每天

常规增压点目前 24h 驻站人员为 5 人，需要人工操作的操作点主要集中在工艺和热工专业，占比 60%[2]。

表 3　常规增压点人工值守操作点分析统计表

岗位	频繁操作工艺部位分析	间停操作工艺部位分析	耗人	百分比
工艺	气液分离器排污 密闭分离装置进出罐阀门控制 输油泵启停及进出阀门控制	井组来油切换 储油箱进出油阀门控制	2	40%
热工	加热炉设备维护及启停	循环泵启停	1	20%
供电	/	站内照明、设备供电维护。	1	20%
自控	/	站内温度、压力、液位等数据记录监测； 输油泵变频控制； 站内电动阀调节控制等。	1	20%
合计	5			100%

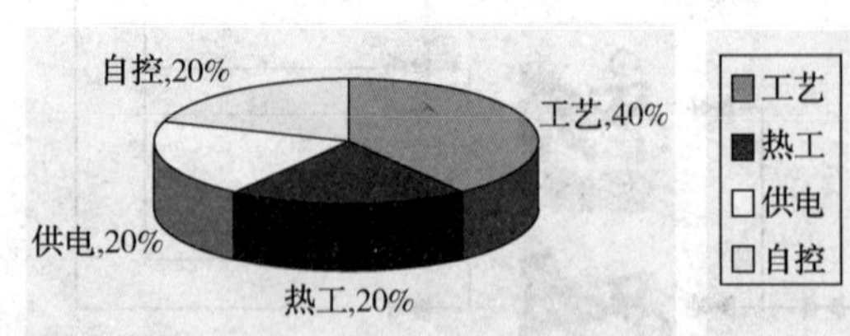

图 8　操作点分析统计图

(3) 改造措施

通过对增压点站内流程调整和数字化升级，实现主流程连续运行、远程操控，事故状态在线诊断，通过远程监控、定期巡检、应急联动，以缓解劳动用工压力。

① 正常流程与事故流程一键切换

在主流程无人值守的情况下，增加远程控制开关，一旦主流程无法运行，通过远程控制，实现主流程和事故流程的一键切换。经过综合分析，考虑三个方案：

方案一：缓冲罐出口设置电动三通阀，分别与外输泵进口和事故油箱进口连接，实现正常流程与事故流程一键切换。

表 4 站内无人值守改造措施一览表

序号	工艺设备	需采取的改造措施	改造后人工操作
1	总机关	无	
2	收球装置	超压报警 温度控制	人工操作频次：1 天，维持现状
3	密闭分离装置	伴生气出口压力远传	
4	外输泵	压力远传、超限报警停泵、2 台泵远程切换，紧急关断	
5	事故油箱	液位监测上传、超限报警	
6	气液分离器	增加疏水阀，实现自动排液	
7	水套加热炉	自动熄火保护 负荷自动调节(温控) 液位远传，低限报警	加热炉补水：人工操作频次 5~10 天，维持现状
8	污油回收装置	液位远传、高低限报警 远程启停	
9	外输出站	无	
10	加药装置	液位连续监测、远程启停	加药罐配液人工操作频次 5~15 天，维持现状

方案二：缓冲罐进口设置电动三通阀，分别与缓冲罐进口和事故油箱进口连接，实现正常流程与事故流程一键切换。

方案三：总机关吹扫阀门改为电动球阀，利用总机关吹扫进事故油箱管线实现正常流程与事故流程切换。

表 5 方案对比表

	方案	方案二	方案三
方案内容	在缓冲罐出口安装电动三通阀	在缓冲罐进口安装电动三通阀	利用总机关吹扫管线切换
优点	1. 事故状态单独进罐、操作方便 2. 事故油箱油气挥发量小	1. 事故状态单独进罐、操作方便	1. 利用已建吹扫管线，管网调整工程量较小 2. 事故状态直接进罐，无需经过收球装置、加热炉、缓冲罐
缺点	1．事故流程需要经过收球装置、加热炉、缓冲罐等中间设备	1. 事故流程需要经过收球装置、加热炉等中间设备 2. 未经缓冲罐油气分离，事故油箱油气挥发量大	1. 正常流程时，各路井场吹扫阀门均需常开，增加吹扫流程阀门操作频次 2. 未经缓冲罐油气分离，事故油箱油气挥发量大
推荐	方案一		

② 缓冲罐压力监测上传

缓冲罐伴生气出口管线安装压力变送器，实现缓冲罐压力实时监测，确保运行安全。

③ 外输泵远程启停，2 台泵远程切换，外输紧急截断

外输泵进出口设置压力远传、出口设置电动阀门，实现高低限停泵，2 台泵远程切换，外输紧急截断。

④ 事故油箱高低液位报警

设置液位监测上传，高低液位报警上传至控制中心。

⑤ 污油箱高液位报警

设置高液位监测上传，高液位报警上传至控制中心。

⑥ 伴生气分液器自动排污

排污出口设置疏水阀，实现自动排污。

⑦ 加药装置液位远传，远程启停

设置连续液位远传，并对加药泵实现远程启停。

⑧ 加热炉实现自动熄火保护，恒温加热，

低水位报警

加热炉安装自动燃烧器，实现熄火保护，负荷调节；加热炉液位连续监测远传，低水位报警，满足无人值守安全生产运行。

通过对机电一体化燃烧器和气动燃烧器进行对比，推荐采用机电一体化燃烧器(图9，表5，表6)。

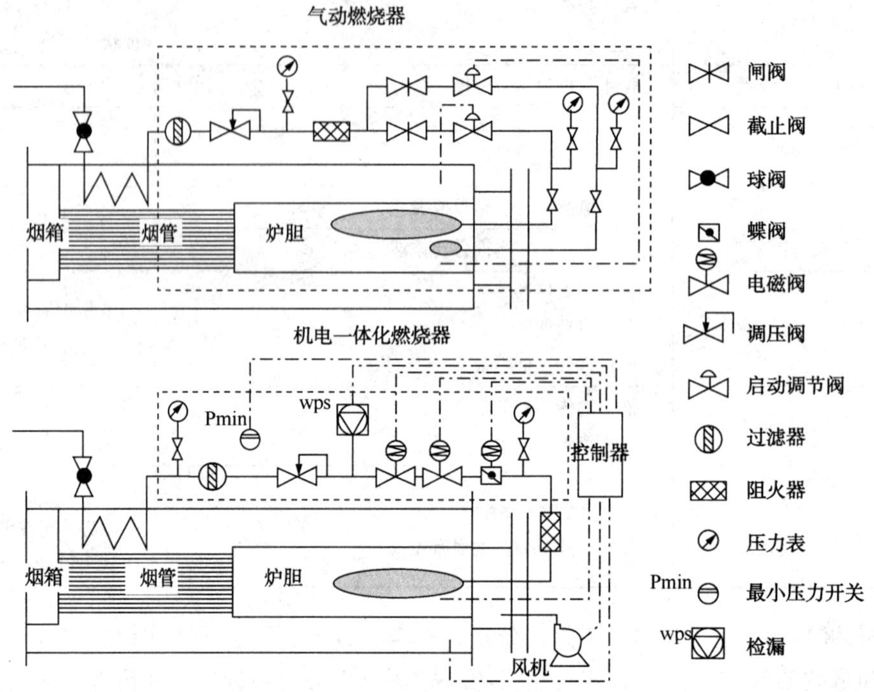

图9　燃烧器阀组配置示意图

表5　燃烧器功能对比表

项目	规范要求	气动燃烧器	机电一体化燃烧器
前吹扫	额定风量，不少于20s	自然通风15min	√
点火	程控验证，自动点火	手动	√
安全时间	点火安全时间不超过5s	手动	√
	熄火安全时间不超过1s	手动	√
火焰检测	应设火焰检测	√	√
安全切断	两级电磁阀或组合阀	单级气动切断阀	√
安全连锁	火焰熄灭自动切断燃料	√	√
检漏	功率大于1200kW应设置	×	√
断电保护	断电连锁、人工复位	无需外接电源，安全可靠	√
报警	燃气控制阀泄露、助燃空气压力低、燃气压力低、点火失败、正常燃烧火焰故障时应报警	×	√
后吹扫	额定风量，不少于15s	自然通风	√

表6　燃烧器选型对比表

项 目	气动燃烧器	机电一体化燃烧器
优点	1. 对燃料适应性强，燃烧稳定。 2. 对维保要求较低，一般故障可现场排除。 3. 设备价格较低。	1. 检测、报警、联锁功能齐全，安全可靠。 2. 符合现行规范的相关要求。 3. 自动化程度高，满足无人值守的需求。

续表

项 目		气动燃烧器	机电一体化燃烧器
缺点		1. 无检漏、吹扫、自动点火、事故报警等功能，存在一定的安全隐患。 2. 部分功能不符合现行规范的要求。 3. 自动化程度较低，难以满足无人值守的需求。	1. 对燃气品质要求较高，燃气带液易故障。 2. 对维保要求较高，需专业维保队伍。 3. 设备价格较高。
燃烧器价格	180kW 加热炉配套	QK-250，1.27 万元	TBG35P(含控制柜)，2.98 万元
	240kW 加热炉配套	QK-350，1.40 万元	TBG35P(含控制柜)，2.98 万元
	300kW 加热炉配套	QK-450，1.55 万元	TBG45P(含控制柜)，3.06 万元
	400kW 加热炉配套	QK-550，1.70 万元	TBG60P(含控制柜)，3.15 万元
	600kW 加热炉配套	QK-750，1.90 万元	TBG85P(含控制柜)，3.50 万元
	800kW 加热炉配套	QK-1000，2.10 万元	TBG120P(含控制柜)，3.80 万元
选型建议		综合考虑规范符合性、使用安全性、无人值守需求和设备价格等因素，推荐采用机电一体化燃烧器。	

⑨ 视频监控

站内视频监控依托已建 1 台全站视频监控的基础上，在生产重点区域加热炉区和集输工艺区各新增 1 台高清视频监控(图 10)。

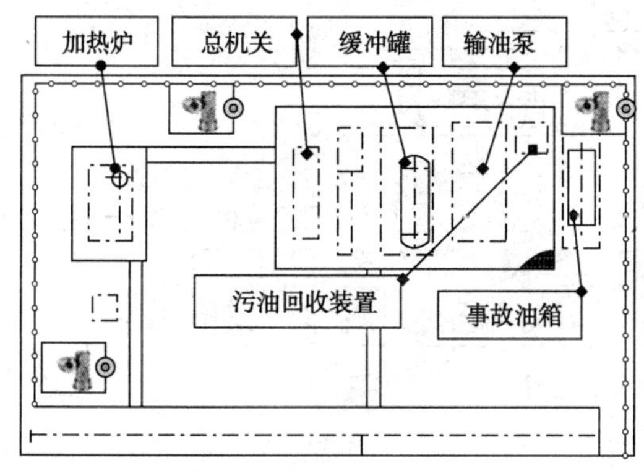

图 10　站内视频监控配置示意图

(4) 改造后数字化控制

改造后，主生产流程的手动阀均为常开状态，通过电动阀和监测仪表的连锁智能控制，可实现数字化无人值守要求。

除收球、加药罐配液、加热炉补水需要人工定期操作外，其余工况均根据生产运行需求不定期和中心站指令进行操作(图 11)。

2.4　数字化管理模式升级

无人值守站的运行采用中心站集中管理的模式。中心站负责管理本站和区域内油水井、归属无人值守站点的集中监控，应急班负责油水井及站点设备维护、应急抢险(图 12)。

1　作业区 SCADA 系统架构调整

取消原设置在无人值守站控制值班室的 SCADA 监控终端、视频工作站。将流程界面、报表、声光报警及视频监控移至中心站/井区进行集中监控、操作。同时完善中心站控制室的操作台、UPS 电源配置。

2　无人值守站、中心站网络隔离

按照无人值守站网络隔离的要求，无人值守站、中心站配置各项业务对口接入的交换机，实现各类数据的汇聚(图 13)。

1#交换机接收各无人值守站生产、视频监控数据，通过 VLAN 划分网络层级及带宽资源；

2#交换机传办公网、社区网，VLAN 划分网络层级及带宽资源。

(3) 中心站视频监控改造

作业区新增网络视频数据服务器，对口接收、存储各无人值守站新增的高清监控信号。

中心站新装高清视频操作站，经网络调用作业区网络视频服务器监控信号。在中心站值班室新装液晶显示单元，实现数据、视频的集中显示。

中心站原模拟视频操作站继续使用，对口接收井站模拟视频监控信号(图 14)。

3　大、中型站场无人值守改造方案

首先我们对各厂联合站、脱水站做了深入详细的调研，包括建站概况、平面及流程现状、已建设备及参数统计、劳动定员配置等。

从各厂联合站、脱水站岗位定员情况可以看出，人员设置较多的几个岗位依次为计量岗、注水岗、监控岗、消防岗、管理岗、巡检岗及锅炉岗。

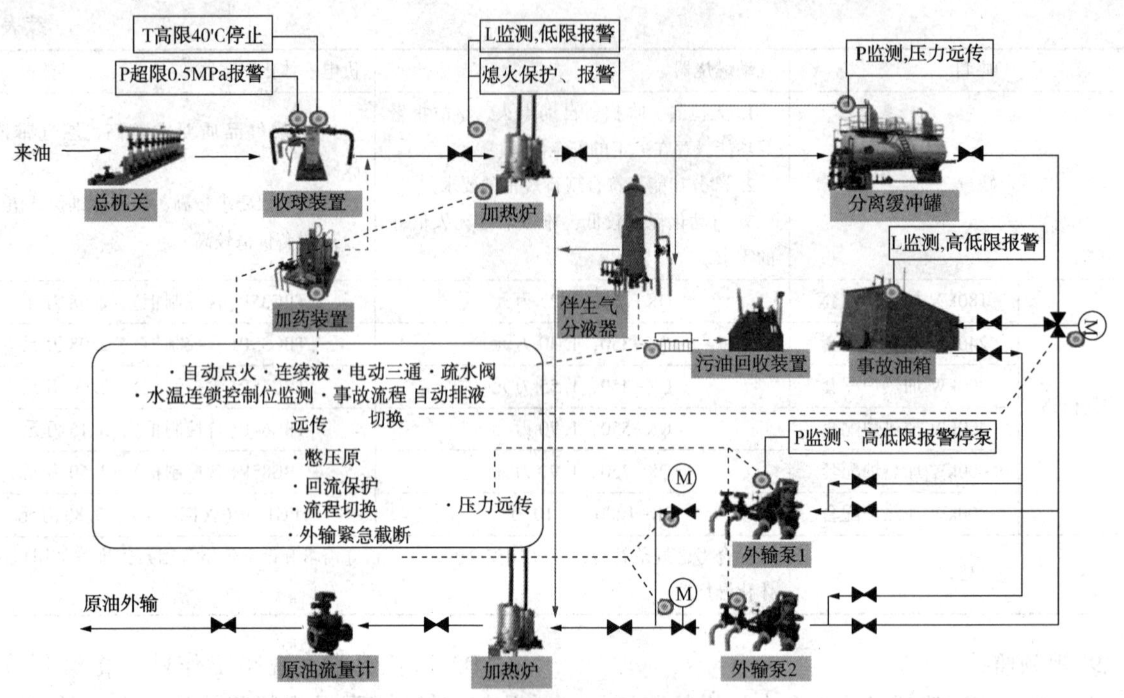

图 11 改造后工艺自控流程示意图

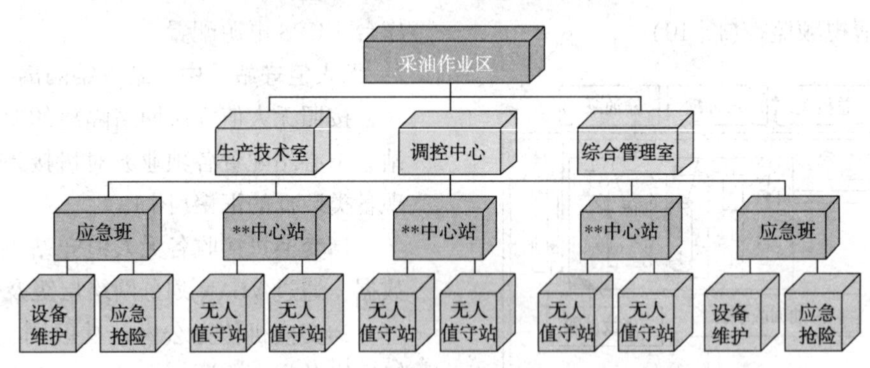

图 12 数字化管理模式示意图

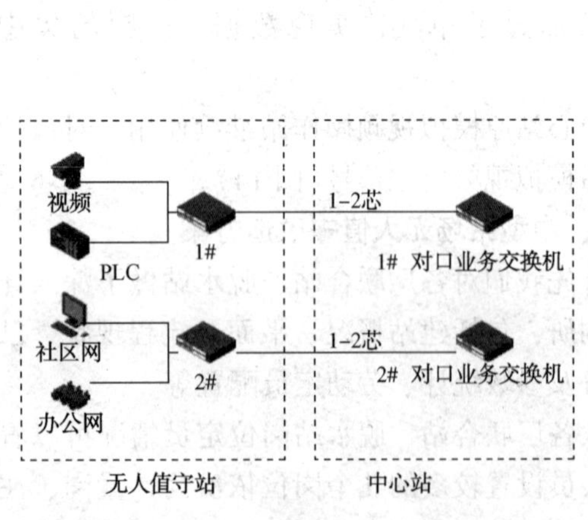

图 13 网络隔离示意图

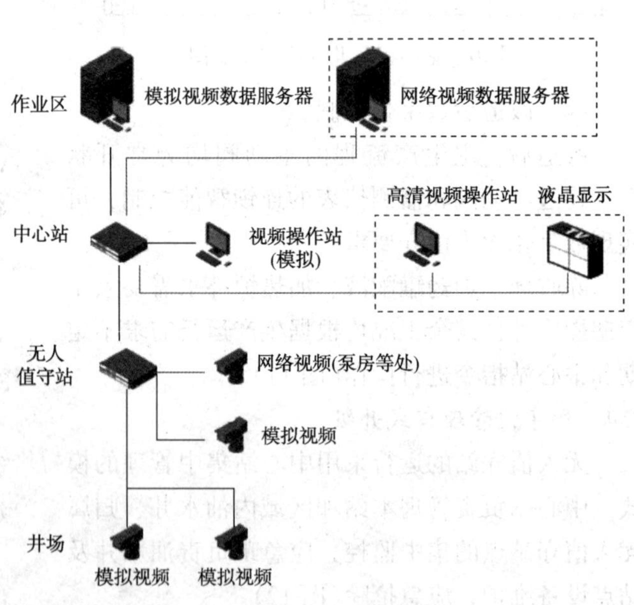

图 14 中心站视频监控改造示意图

本方案即针对用工量较多的计量岗、注水岗(水处理)、监控岗、锅炉岗及消防岗，对站场工艺流程实施改造。

3.1 技术路线及建设标准

根据各采油厂调研反馈情况，对站场中缓冲罐、三相分离器、沉降罐、净化罐的配置情况进行了梳理，分类统计。

联合站、脱水站按脱水工艺可分为三相脱水和大罐脱水，按输油工艺可分为密闭输油和开式输油。综合工艺类型考虑，可分四类站场：A 型站场三相脱水+沉降罐脱水，开式 or 密闭输油、B 型站场三相脱水，密闭输油、C 型站场三相脱水，开式输油及 D 型站场大罐脱水，开式输油。

根据十二个采油厂反馈信息梳理统计，联合站共有 79 座，脱水站共有 80 座，其中 A 型站场(三相脱水+沉降罐脱水，开式 or 密闭输油)共有 53 座，B 型站场(三相脱水，密闭输油)共有 35 座，C 型站场(三相脱水，开式输油)共有 55 座，D 型站场(大罐脱水，开式输油)共有 15 座。

3.1.1 各类站场流程分析及改造内容

(1) A 型站场：三相+沉降罐脱水，开式 or 密闭输油

此类型流程为目前联合站、脱水站常用流程，这种流程的联合站共有 30 座，脱水站共有 23 座，全油田共有 53 座，共占比约为 33.3%。

改造内容：

缓冲罐出口安装电动三通阀，实现事故状态下流程切换；

加药装置液位监测、远传；

污油回收装置实现液位高限报警；

沉降罐、净化罐液位监测，高低限报警；

外输泵出口安装电动阀，实现紧急截断；

加热炉、循环泵及热网改进；

伴生气分液器排污管线配套智能排液疏水装置；

三相分离器进口安装流量计和电动调节阀，以流量来控制三相分离器进口开度；实现三相分离器进液均衡。

三相分离器出口安装含水分析仪，在两路出口分别安装 1 个电动球阀(合格油直接去缓冲罐外输，不合格油切换至沉降罐进行二级脱水，净化罐外输)。

(2)B 型站场：三相脱水，密闭输油

此类型流程为目前大部分脱水站常用流程，这种流程的脱水站全油田共有 35 座，占比约为 22%。

改造内容：

缓冲罐出口安装电动三通阀，实现事故状态下流程切换；

加药装置液位监测、远传；

污油回收装置实现液位高限报警；

事故罐(净化罐)液位监测，高低限报警；

外输泵出口安装电动阀，实现紧急截断；

加热炉、循环泵及热网改进；

伴生气分液器排污管线配套智能排液疏水装置；

三相分离器进口安装流量计和电动调节阀，以流量来控制三相分离器进口开度；实现三相分离器进液均衡 。

三相分离器出口安装含水分析仪，在两路出口分别安装 1 个电动球阀(含水分析不合格切换至事故罐)，外输泵将事故罐不合格油输至加热炉重复流程，安装 1 个电动球阀，进行远程控制。

(3) C 型站场：三相脱水，开式输油

此类型流程为目前联合站、脱水站常用流程，这种流程的联合站共有 39 座，脱水站共有 16 座，全油田共有 55 座，共占比约为 34.6%。

改造内容：

加药装置液位监测、远传；

污油回收装置实现液位高限报警；

沉降罐、净化罐液位监测，高低限报警；

外输泵出口安装电动阀，实现紧急截断；

加热炉、循环泵及热网改进；

伴生气分液器排污管线配套智能排液疏水装置；

三相分离器进口安装流量计和电动调节阀，以流量来控制三相分离器进口开度；实现三相分离器进液均衡。

(4) D 型站场：大罐脱水，开式输油

此类型流程均为联合站早期建站流程，这种流程的联合站共有 10 座，脱水站共有 5 座，全油田共有 15 座，共占比约为 9.4%。

改造内容：

加药装置液位监测、远传；

污油回收装置实现液位高限报警；

沉降罐、净化罐液位监测，高低限报警；

外输泵出口安装电动阀，实现紧急截断；

加热炉、循环泵及热网改进；

伴生气分液器排污管线配套智能排液疏水装置。

3.1.2 集输部分相关技术问题讨论

(1) 加药装置改进措施

现场工人反应加药装置加药口都在顶部，每次加药时需要把重达几十斤的药桶举过肩才能将药注入装置，十分费力，女工操作更加不便，注入过程中工人与药品容易直接接触，可能带来职业病危害。

与多个加药装置厂家咨询比较，推荐选择这种即插即用，轻巧灵活，移动方便的输转泵，软管长度长短均可配(根据距离要求设定)，一站配一个即可。

(2) 伴生气分液器设置远传液位计

目前伴生气分液器液位监测采用机械式测量，不具备数据远传，不便于远程数据监测。

随着油田数字化建设的推进以及安全生产建设的要求，对机械式液位计进行液位远传升级。使其具备数据传输功能，便于数据远传检测。

解决方案：将原机械液位计改成可远传液位计，该装置采用磁敏原理，将机械运动转换为电子信号，通过液位远传装置实现就地显示当前数值与数据远传。数据远传采取 RS485 数字信号传输。也可实现无线传输。

(3) 伴生气分液器排污管线上加装智能排液疏水装置

凝析液经 Y 型过滤器过滤进液杂质，疏水阀防止气体回流。凝析液进入储液装置，液位控制器探测储液装置内的液位信号，根据液位信号控制泵的启停，液体经过单向阀进入管线，排污阀进行检修前的泄压及排污。加热装置对储液装置内的液体进行温度控制。电器箱对装置进行供电及控制，并可通过站控平台对其进行远程控制。

(4) 加热炉、循环泵及热网改进措施

根据现场反馈热工岗在实现点火操作存在一定风险性，另外在给加热炉补水希望实现更高的自动化。

本次改造后加热炉及循环水系统均实现远程监控及操作，加热炉实现启炉后全自动运行，循环水系统远程监控、远程操作。

本次改造新增全自动燃烧器的控制系统，全自动燃烧器具有检漏功能，燃气阀组由操作阀、安全阀、最小压力开关、过滤器、调压器组及双电磁阀成。可实现自动点火、熄火保护、水温自动控制、运行参数上传、报警和远程紧急停炉等功能。

目前燃烧器及加热炉参数上传至站控系统，控制室可实现远程监控及远程停炉。增加一路硬接线后，所有配置全自动燃烧器的加热炉均可实现远程启停。根据《锅炉安全技术监察规程》(TSG G0001-2012)在加热炉运行前，操作人员应做好设备检查，按照规定的程序启动和运行。

(5) 三相分离器 PID 智能控制技术

根据现场生产运行单位反映，三相分离器三台并联运行会出现进液不均。距离总汇管入口最近的三相分离器进液量最小，距离总汇管入口最远的三相分离器进液量最多，中间三相分离器的进液量介于两者之间。进液量：$Q_{分支1} < Q_{分支2} < Q_{分支3}$。第三台三相分离器满负荷或超负荷工作，而第一台三相分离器低负荷工作，导致并联三相分离器效率低下、脱水指标不合格，影响整个集输系统的运行。

改进措施：针对三相分离器进液不平稳导致一次脱水不合格的现状，攻关研究 PID 智能控制技术，实现三相分离器流量自动调节。

工艺原理：设定三相分离器流量范围，流量计自控模块传输实时流量，PID 控制器接收并根据流量信号发出指令，自控阀接收并调节阀门开度，保持三相分离器流量始终在设定范围内。

4　预期效果

小型站场改为无人值守站后，站内 24 小时常驻人员由 5 人减为 1 人，大中型站场站内 24 小时常驻人员由 20 人减为 5 人，目前油田共有 1500 余座小型站场，200 余座大中型站场，预计可盘后劳动用工 9000 人，年节约运行费用近 9 亿元，有效缓解了劳动用工压力，同时通过提质增效和精细化管理，助力油田公司二次发展。

5　总结及展望

目前井场、增压点、注水站、供水站及小型接转站等小型场站技术上已经实现无人值守条件，下一步将进一步加强技术储备和科研攻关力度，总结、归纳、优化、提升，尽快实现脱水站、联合站等大中型场站的无人值守改造，实现全公司无人值守场站全覆盖，进一步提升提质增效、减员降本和精细化管理的技术水平。

参考文献

[1] 凌新强，朱天寿．超低渗透油藏地面工艺技术[M]．北京：石油工业出版社 2013。

[2] 赵雷亮，申芙蓉，陈晓峰．长庆油田小型输油站场无人值守方式研究[J]．石油和化工设备，2013，16(5)：39。

油田区中低温地热发电技术经济研究与探讨

陈 宇 刘亮德 陈情来

(中国石油工程建设有限公司)

摘 要 油区内地热资源丰富，开发潜力大。近年来，地热供暖在国内发展迅速，地热发电特别是中低温地热发电目前进展缓慢。本文选取了中低温地热水的发电利用问题作为研究对象，比较了单级闪蒸、双工质、两相流3种不同的发电工艺的技术路线，对比不同工艺路线的热力性能、设备、投资等，得出了各种发电方案经济评价。从发电成本看，当地热水免资源税时，双工质工艺成本最高，闪蒸汽轮机工艺成本最低；当需要缴纳地热水资源税时，两相流螺杆机工艺成本最高，闪蒸汽轮机工艺仍然成本最低。当缴纳1元/m^{3}地热水资源税时，保证8%收益率的上网电价过高，中低温地热发电项目经济评价基本不可行。

关键词 中低温地热发电；技术路线 经济评价；单级闪蒸；双工质；两相流

1 引言

地热能开发利用“十三五”规划指出：2020年我国地热年利用量达到7000万吨标准煤，减排二氧化碳1.7亿吨；地热能供暖年利用量4000万吨标准煤。新增地热能供暖(制冷)面积11亿平方米，重点在京津冀鲁豫陕晋等地区开展地热供暖，在长江流域等地区开展浅层地热能供暖(制冷)；新增地热发电装机容量500MW(中低温100MW)。

油区内地热资源丰富，沉积盆地不仅富集油气资源，也蕴藏丰富的中低温地热资源。在含油气盆地中，地下水与油气、地热能三者相互依存，往往含油层就是热储层，油气田就是地热田，油田开发采出的热水也是地热资源一部分。初步测算，中石油探区主要盆地地热资源量约占全国地热资源总量的70%-80%。

目前我国地热发电主要以中高温发电为主，随着地热供暖技术的不断发展、成熟，中低温地热发电及增强型地热发电系统关键技术的突破，地热能开发利用将由地热供暖逐步向地热发电高端业务延伸。在未来，我国地热发电产业将实施“三步走”发展战略，即：近期以中高温地热发电为主，以中低温地热发电为辅；逐步发展到中高温、中低温地热发电并重；远期以干热岩发电为主，在全国范围内推广地热能发电。

油田区地热资源以中低温为主，本文通过对中低温地热发电技术路线的发电效率、经济性等方面进行比较，同时测算地热电站投资，完成经济性评价。

2 技术路线

2.1 地热发电边界条件

本文研究的地热发电边界条件如下：

(1) 对油区地热水发电工程方案进行了对比优选。按照利用部分非采暖季闲置地热井的思路，各方案发电装机1MW；

(2) 地热水温度105℃；

(3) 不凝气体含量<0.01%(占地热流体质量比)；

(4) 气象参数按照表1所示条件：

表1

季节	采暖期	春秋季	夏季
设计干球温度℃	10	17	25
设计湿球温度℃	7	14	22
相对湿度%	55	65	75

(5) 运行方式

冬季与供暖系统错峰运行，当供暖负荷率低于60%时启动发电机组。

其他季节除地热井维护和发电机组故障时间外连续运行。

(6)运行小时数

采暖期120天中，统计河北中部地区供暖负荷率低于60%的时间约为600h；夏季92天中，扣除地热井采水设施检修时间10天，可运行时间1968h；春秋季153天，可运行时间3672h；按发电机组本身可用率97%计算，全年运行小时数如表2所示

表 2

季节	采暖期	春秋季	夏季	合计
运行小时数/h	582	3562	1909	6053

2.2　地热发电工艺

(1) 单级闪蒸地热发电工艺

闪蒸地热发电系统就是：从地热井输出的具有一定压力的汽水混合物进入闪蒸器，压力下降，一部分地热水变为蒸汽，然后将其入汽轮机驱动汽轮机，推动发电机进行发电(图 1)。

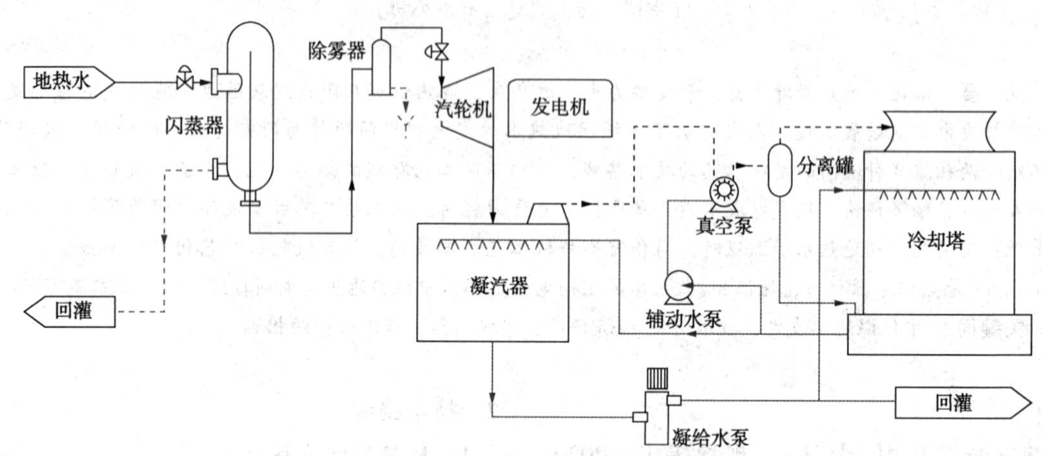

图 1　单级闪蒸发电原理流程图

(2) 双工质地热发电工艺

利用有机工质的低沸点特性，在低温热源条件下获得较高的蒸气压力，推动膨胀机做功发电。主要设备包括预热器、蒸发器、膨胀机、冷凝器、工质泵(图 2)。

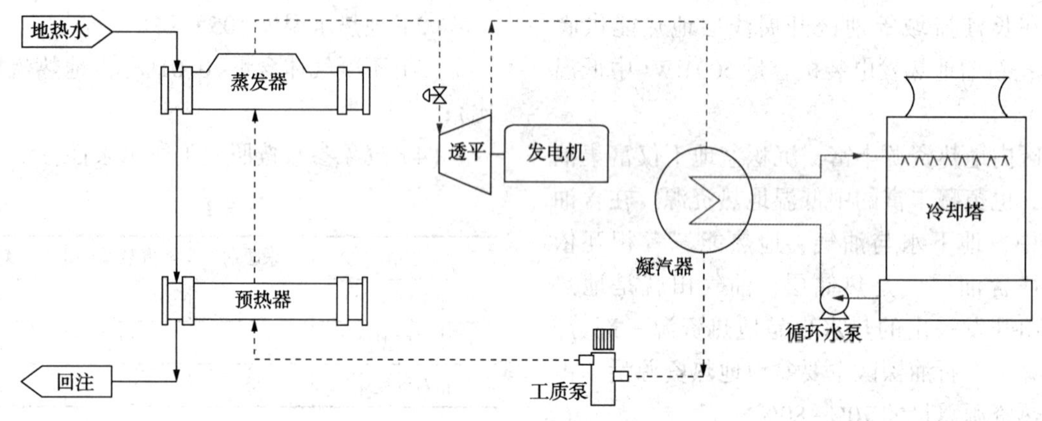

图 2　ORC 发电原理流程图

(3) 两相流地热发电工艺

地热水通过两相流发生器后直接进入螺杆膨胀机，闪蒸膨胀推动膨胀机做功发电。主要设备包括全流螺杆膨胀机、凝汽器、凝结水泵(图 3)。

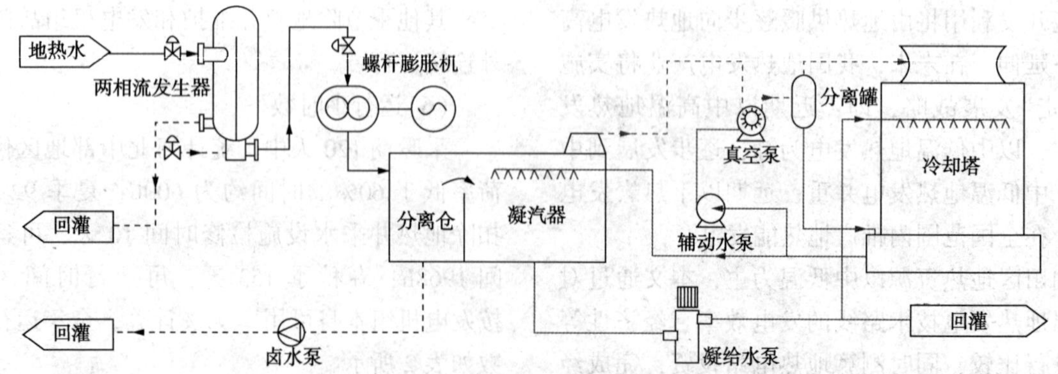

图 3　两相流地热发电流程图

3 方案比选

3.1 热力性能对比

吨水净发电量(夏季)、自耗电率(夏季)随地热水温度升高的变化情况分别如图4、图5所示。双工质工艺的吨水净发电量在三种工艺中最高，三种工艺的自耗电率都随地热水温度升高而降低，闪蒸工艺降低最为明显。全流螺杆机冷端冷却负荷大，凝结水泵、冷却塔、真空泵等辅机耗电量大，自耗电率最高。采用汽轮机的单级闪蒸工艺和采用螺杆机的单级闪蒸工艺自耗电率基本相当。

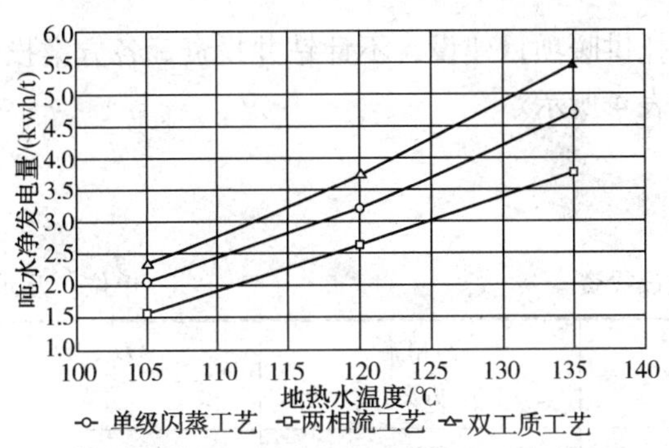

图4　净发电量与地热水温曲线

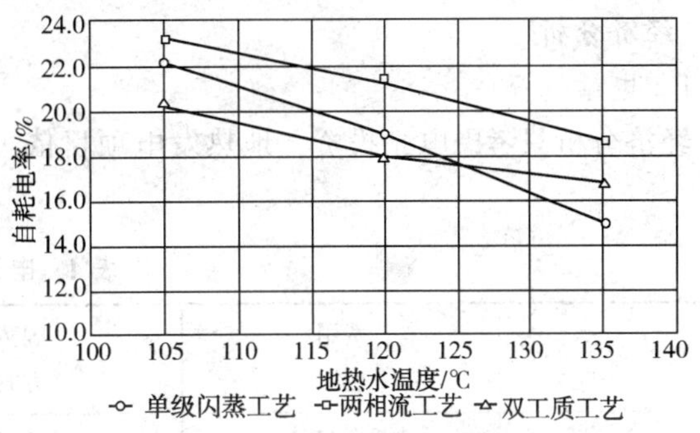

图5　自耗电率与地热水温曲线

在地热水105℃情况下，两相流工艺发电尾水温度为80℃左右，最高。发电尾水温度最低的是双工质工艺，在70℃左右。

由于单级闪蒸工艺和两相流工艺从地热水中获得冷却塔补水，未100%回灌。两相流工艺冷端冷却负荷最大，冷却塔蒸发损失水量最大，回灌率89.5%。采用螺杆机的单级闪蒸工艺由于闪蒸压力高，回灌率达到96.8%。

单级闪蒸工艺、两相流工艺不需要外部补水。双工质工艺水耗(单位净发电量需外部补水量)夏季为24kg/kWh，春秋季为19kg/kWh，冬季为15kg/kWh。

3.2 设备及平面布置对比

三种方案的平面布置图如6所示，对应的设备清单如表3所示。

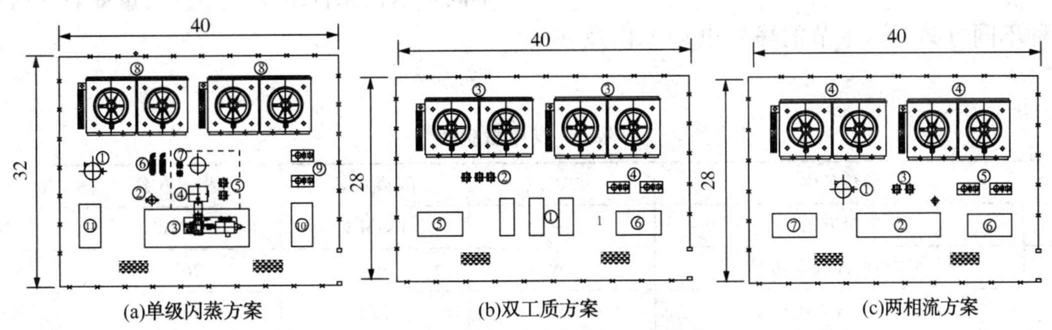

图6　平面布置

表3　设备清单

序号	名称	数量	名称	数量	名称	数量
单级闪蒸方案			双工质方案		两相流方案	
1	闪蒸器	1	ORC发电机组	3	两相流发生器	1
2	除雾器	1	循环水泵	3	螺杆发电机组	1
3	汽轮发电机组	1	冷却塔	2	螺杆发电机组	1
4	混合式凝汽器	1	循环水加药装置	2	混合式凝汽器	1
5	凝结水泵	2	箱式变电站	1	水环真空泵	2
6	水环真空泵	2	中控橇	1	辅助冷却水泵	2
7	辅助冷却水泵	2			凝结水泵	2

续表

序号	名称	数量	名称	数量	名称	数量
8	冷却塔	2			冷却塔	2
9					循环水加药装置	2
10					箱式变电站	1
11					中控橇	1

3.3　经济分析

3.3.1　电站投资

经济分析只考虑电站投资，地热发电项目依托供暖项目建设，不计钻井投资。各方案投资如表4所示。

表4　电站建设投资　　单位：万元

序号	费用名称	闪蒸方案	两相流方案	双工质方案
一	总投资(I+II)	1000	820	1400
I	工程费	950	780	1350
II	其他费	50	40	50
1	发电机组	560	430	1010
2	循环水系统	90	90	90
3	电气系统	100	100	112
4	控制系统	80	80	60
5	建构筑物	100	62	60
6	总图	20	18	18

3.3.2　发电量

3种不同方案不同季节的净发电功率以及在不同动水位条件下全年净发电量如表5所示。

表5　发电量统计

序号	参数名称	单位	闪蒸方案	两相流方案	双工质方案
1	装机方案	—	1×1MW	1×1MW	3×0.34MW
2	冬季机组净发电功率	kW	798	767	858
3	夏季机组净发电功率	kW	779	767	802
4	春秋季机组净发电功率	kW	798	767	829
5	动水位60m时年净发电量	10^4kWh	408	358	435
6	动水位120m时年净发电量	10^4kWh	361	288	394
7	动水位180m时年净发电量	10^4kWh	313	215	351

3.3.4　成本

3种不同方案成本费用情况如表6所示。

表6　成本费用

序号	参数名称	单位	闪蒸方案	两相流方案	双工质方案
1	年耗清水量	10^4t	0	0	9.0
2	定员	人	2	2	2

续表

序号	参数名称	单位	闪蒸方案	两相流方案	双工质方案
3	年修理费	万元	20	16	14
4	折旧	万元/年	68.5	56.8	94.4
5	年均总成本费用（不含地热水资源税）	万元	104	89	163

3.3.5 效益

按照不同方案的电站建设的总投资，在保证8%的收益率条件下，测算在免水资源税和1元/m^3地热水资源税时，反推不同动水位时的上网电价，测算结果如表7所示。

当缴纳1元/m^3地热水资源税时，保证8%收益率的上网电价过高，中低温地热发电项目经济评价基本不可行。

表7 经济评价参数

序号	参数名称	单位	闪蒸方案	两相流方案	双工质方案
1	装机方案	—	1×1MW	1×1MW	3×0.34MW
2	总投资	万元	1000	820	1400
3	年均税后利润	万元	52	42	69
4	投资回收期	年	9.5	9.5	9.5
免地热水资源税	年均营业收入	万元	176	148	259
	动水位60m时上网电价	元/kWh	0.50	0.48	0.69
	动水位120m时上网电价	元/kWh	0.56	0.60	0.77
	动水位180m时上网电价	元/kWh	0.65	0.80	0.86
1元/m^3地热水资源税	年均营业收入	万元	367	435	431
	动水位60m时上网电价	元/kWh	1.04	1.41	1.15
	动水位120m时上网电价	元/kWh	1.18	1.75	1.26
	动水位180m时上网电价	元/kWh	1.36	2.34	1.42

4 结论

（1）从发电成本看，当地热水免资源税时，双工质工艺成本最高，闪蒸汽轮机工艺成本最低；当需要缴纳地热水资源税时，两相流螺杆机工艺成本最高，闪蒸汽轮机工艺仍然成本最低。

（2）当缴纳1元/m^3地热水资源税时，保证8%收益率的上网电价过高，中低温地热发电项目经济评价基本不可行。

（3）目前技术条件下，建议中低温地热发电项目依托地热供暖项目建设，以供热能力定发电装机，转移钻井成本，变地热为“余热”，则发电项目在一定电价下是可行的。

（4）地热水的开采能耗对项目收益影响较大，开展地热发电项目建议优先选择动水位较高或可自喷的地热井。

（5）地质评价工作应先行，地质工作是地热利用工作的基础，至关重要。中低温地热发电项目建议在地热井采灌试验完成后实施，尽可能查清资源条件。

参考文献

[1]《地热能开发利用“十三五”规划》，国家发展和改革委员会 国家能源局 国土资源部，2017

申恒明 我国地热能开发利用现状及发展趋势 科学技术创新 2019(14) 20-21

[2] 吴方之．全流地热螺杆膨胀机发电技术在地热电站的应用研究．地热能 2015(5).

[3] 王心悦．全流-双循环地热发电系统分析．上海交通大学学报 2013(47)-4.

[4] 刘凤钢．西藏羊易地热电站超大型螺杆膨胀发电机组应用研究．能源研究与管理 2016(1).

浅谈现阶段油田地面工程设计阶段的造价控制与管理

赵会萍

（吐哈油田工程技术研究院）

摘　要　现阶段，油价低位震荡、国内大部分油田开发逐步进入中后期，油气开发成本及地面工程投资成本居高不下。转变设计理念、设计管理及激励方式，优化设计方案，加大限额设计、标准化设计，建立动态的造价数据库和价格信息库，采用技术和经济相结合，加强设计阶段的造价控制和管理，从项目管理的源头上控制投资，以提高油田地面工程投资效益。

关键词　油田地面工程；设计阶段；造价控制；管理

1　引言

现阶段，国内油田大多承受着油价低位震荡下油气操作成本、完全成本、员工总量等控制的压力，大多数油田开发进入中后期，面临建产区块品位低、原油百万吨产能建设投资控制指标难以降低，投资收益率难以提高的压力。不断降低产能建设投资成本和老油田改造成本成为目前大多数油田特别是老油田开发投资管理的重中之重。

从油田工程项目建设的全周期来看，油田地面建设投资包括项目方案策划、论证决策、可行性研究、设计、招标、施工以及竣工验收等阶段，不同阶段缺一不可，但各阶段对投资的影响程度却有很大的差异。从目前国内油田地面建设项目造价数据统计和实践证明来看，各阶段的费用及对项目投资的影响如表1所示：

表1

油田地面建设投资阶段	各阶段费用占油田地面建设投资比例	各阶段对项目投资的影响程度
方案决策前期阶段（项目建议书和可行性研究报告）	0.5%	75%～95%
设计阶段	3%	35%～75%
施工阶段	85%	10%～35%

其影响程度（见下图1）。

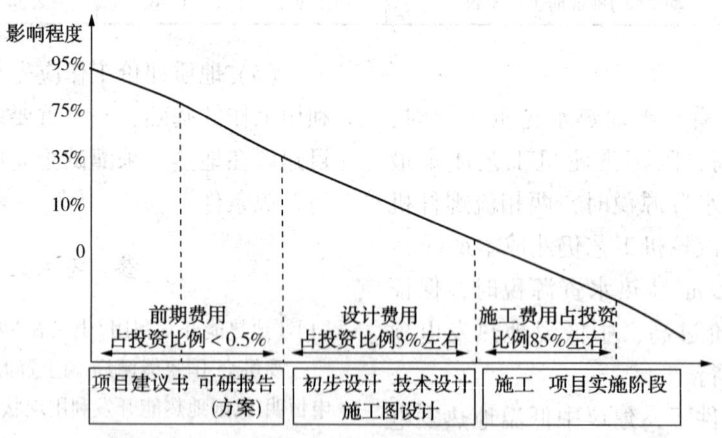

图1　建设项目各阶段对投资的影响示意图

由此可见，工程建设的前期策划决策阶段和设计阶段对投资的影响程度最大，是工程建设的灵魂，是决定工程造价的关键阶段，也是全过程造价控制的重点。项目的可行性、规模、工艺、流程、方案一经确定，工程项目的造价基本上就确定了。

2　油田地面工程设计阶段的造价控制与管理概述

2.1　油田地面工程设计阶段的造价范畴

根据现阶段油田地面工程设计所承担的设计内容，将前期可研阶段也纳入设计阶段，一般分为四个阶段，相对应的，设计阶段的工程造价一

般也分为四个阶段。(其对应关系见下图 2:)

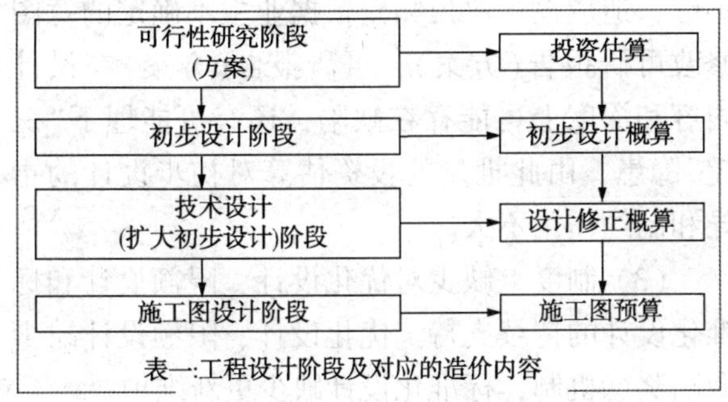

图 2　工程设计阶段及对应的造价内容

设计阶段的造价控制是一个有机联系的整体，各阶段的造价(估算、概算、修正概算、预算)相互制约、相互补充，前者制约后者(决算不能超预算，预算不能超概算，概算不能超估算)，后者补充前者，共同组成设计阶段造价控制系统。

现阶段油田地面工程设计阶段的造价大多是投资估算和设计概算，下文主要围绕设计阶段的投资估算和设计概算的控制和管理进行论述。

2.2　油田地面工程设计阶段的造价控制与管理概述

(1) 投资估算

设计阶段的投资估算主要是在项目前期的投资策划和决策过程中编制的，主要包括项目建议书(预可行性研究)阶段和可行性研究(方案)阶段的投资估算。

项目建议书阶段的投资估算一般根据建设规模、生产能力等，参考估算指标和同类项目数据进行匡算，匡算的造价误差幅度一般控制在 10%~30%。

可行性研究(方案)阶段的投资估算一般是在项目立项后，设计单位根据设计任务委托书，对项目的建设规模、工艺流程、技术和设备方案进行调查研究、对比分析，确定优化方案及项目进度计划，据此估算项目投入总金额。其投资估算根据提供的资料和可研报告的深度，采取工作量法、指标法、系数法等进行详细测算。造价误差幅度控制在 5%~15%。

投资估算是项目决策和项目投资控制的的重要依据，经批准的投资估算是初步设计的控制上限，也是项目总投资的控制上限。投资估算的编制一般包含静态投资、动态投资与流动资金三个部分，其编制流程见下图 3。

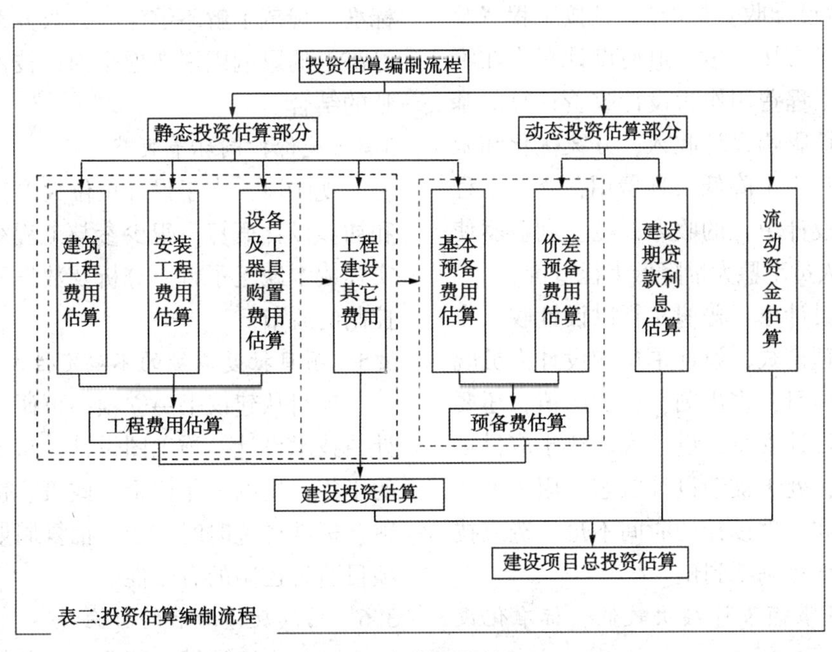

图 3　投资估算编制流程

(2) 设计概算

设计概算是在初步设计和技术设计阶段，由设计单位根据投资估算、设计要求及初步设计图纸，依据概算定额或概算指标及配套的费用定额和取费标准、建设地的自然技术经济条件、设备材料价格等资料，或参照类似工程预(决)算文件，编制和确定的建设项目由筹建至竣工交付使用的全部建设费用的经济文件。

设计概算是初步设计文件的重要组成部分。根据设计深度、资料完备程度和对概算精确程度的要求，设计概算的编制方法一般有概算(预算)定额法，概算指标法、类似工程预算法、扩大单价法、设备价值百分比法、综合吨位指标法等。设计概算造价误差幅度在3%~10%。

设计概算包括：单位工程概算、单项工程综合概算、其他工程费用概算，建设项目总概算以及编制说明等。是由单个到综合，局部到总体，逐个编制，层层汇总而成。(其编制结构见下图4：)

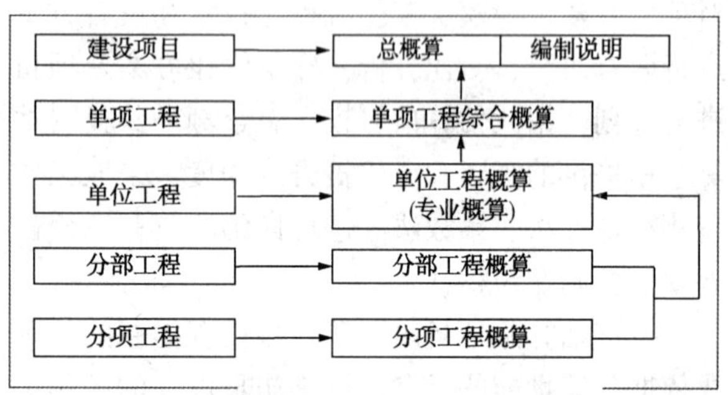

图4　工程初步设计阶段造价编制结构

3　现阶段油田地面工程设计阶段的造价控制与管理存在的问题和原因分析

3.1　设计阶段的造价控制与管理处于被动地位

(1) 现阶段油田地面工程实行的还是2002年修订的《工程勘察设计收费标准》，是按工程费及相应费率计算的。市场竞争，迫使设计费率在不断打折降低；而工程费用作为设计收费计算的基础，其高低将直接影响设计收入，方案优化和限额设计的目的都是为了降低工程费用，降低工程费用势必会减少设计单位的收入，经济利益驱使设计单位和设计人员不愿大幅降低工程造价。

(2) 现阶段设计单位普遍实行以设计收入作为考核基础的管理模式，设计单位和设计人员既要想方设法多揽项目，多出图，增加产值，还要考虑设计质量和设计安全，设计人员疲于应付重复性的设计工作，处于被动设计状态，用于创新设计、优化设计和合理设计的时间不足，造成技术设计优化和经济控制不到位。

3.2　设计优化及限额设计层次较低、标准化设计持续创新不够

(1) 设计人员出于安全考虑，大多选择采用上限的安全系数，“肥梁”、“胖柱”，厚壁大管径、大吨位、大功率现象普遍存在。为了安全提高设计标准，增大设计参数，势必造成经济上的浪费和造价控制的难度。

(2) 受建设单位工程技术人员专业水准和管理水平的限制，项目的方案建议书深度和准确度不够，造成设计单位频繁根据业主不确定的意图修改可研报告(方案)，可研报告(方案)在设计内容和深度上可能存在缺陷，还有可能埋下“三超”隐患，由此批复的投资估算对初步设计的指导和制约作用不大。

(3) 制度上缺少对优化设计、限额设计和标准化设计的持续支持。优化设计、限额设计缺少激励奖惩机制，标准化设计缺少更新维护。

(4) 违反基本建设程序，“三超”现象仍然存在，致使设计阶段的技术经济优化和造价控制流于形式。

3.3　技术和经济的结合不够

(1) 长期以来普遍注重技术设计和技术创新，而控制工程造价和控制工程造价的创新技术却很少得到肯定和奖励，反而由于设计优化和控制造价要承担更多的风险，这样势必挫伤设计和造价人员主动控制工程造价的积极性。

(2) 在工程建设领域，习惯上认为设计就是设计人员的责任，造价控制当然是造价人员的职责。设计人员对相关的造价知识、信息、价格等缺乏认知，而造价人员对工程状况、现场、技术标准、规范了解不够深入，双方都无法将技术和经济上的影响因素考虑全面，技术和经济很难完整的结合。

3.4　造价控制环节脱节

现阶段，由于设计单位大多只负责方案估算和初步设计概算，很少参与工程结算，对工程的实际成本缺乏了解、分析及数据积累，造成投资控制的脱节。

3.5　项目批复周期的不确定性影响

项目从建议书→立项→可研→批复→初步设计→技术设计→施工图设计，从上报到批复，快的半年，慢的一年以上，政策、价格、技术、材料、标准规范时时在变。批复周期的长短决定了项目造价控制的有效性。

3.6　信息反馈滞后的影响

(1) 由于地域、行业、专业等信息来源的限制，新技术、新设备、新材料的信息收集和引入应用普遍滞后，其滞后直接影响技术经济创新、方案优化和造价的控制效果。

(2) 政策的出台、下发、执行和价格信息的收集、整理、发布普遍存在延时，其滞后造成造价误差加大，对后期造价的控制有效性降低。

4 油田地面工程设计阶段造价控制与管理的重点及措施

4.1 引入和实施设计激励机制，提高优化设计控制造价的主动性和创新性

（1）逐步改变设计费计费方式和管理模式。

在现有收费办法的基础上，逐步引入设计各阶段或限额设计节约投资提成比例或超投资惩罚比例：

设计费=概算设计造价 x 基本设计费率+(投资估算造价-设计概算造价)x 奖惩费率+(设计概算造价-施工图设计造价)x 奖惩费率。

或：设计费=设计造价 x 基本设计费率+限额设计节约额 x 奖励费率；

同理，超过设计最高限额的也可实行累进处罚制。

这样，可激发设计单位和设计人员优化设计控制造价的主动性和创造性，从根本上解决设计阶段造价控制的被动局面。

（2）设计院应加强内部管理，提高设计质量、设计效率和设计水平，适应市场竞争。

4.2 从源头上控制和合理确定工程投资限额

（1）设计单位应认真研究项目建议书，充分与项目管理部门沟通，详细了解项目的基本情况、要求细节，明确设计意图。

（2）设计单位应会同建设单位做好现场踏勘和交底，详细测量，收集和分析与项目相关的基础资料，掌握详尽的现场、技术和经济基础资料。

（3）设计单位应做好市场研究和技术论证，应用价值工程进行多方案比选。

（4）项目管理部门应重视可研报告(方案)和初步设计的审核，科学、合理、经济的确定优选方案和投资控制限额。

4.3 重视经济在设计中的作用，实现技术先进与经济合理统一

（1）应重视经济在设计中的作用，设计人员应加强与造价人员的沟通，及时反馈项目技术资料，重视方案的经济测算和价值分析，使设计在满足生产要求的前提下，达到方案最优，投资最省。

造价人员应全过程参与设计，进行全过程造价控制。要配合设计人员，分析项目方案优化资料的准确可靠性，提供全过程的经济测算和经济效果分析，及时反馈造价信息，能动地指导设计，保证投资预测和经济分析的准确。

4.4 切实推行限额设计，持续推进应用标准设计

（1）实践证明，限额设计可有效促进设计单位改善管理、优化结构、提高设计水平，可实现技术和经济的结合统一，可有效的控制整个项目的工程投资。

（2）限额设计是按照批准的投资限额进行满足技术要求的设计。它包含两个层面：一是按照设计过程从前往后纵向进行控制，使项目的下一阶段按照上一阶段的投资限额达到设计技术要求；二是在项目内分专业、分部分项横向进行控制，使项目局部按投资限额达到设计技术要求。

（3）经济合理的确定投资估算是推行限额设计的前提。

（4）按照批准的设计任务书和投资估算控制初步设计，再按照批准的初步设计总投资控制施工图设计，将造价控制贯穿项目设计的各个阶段，分阶段、分专业层层控制总投资。各专业在保证使用功能的前提下，根据限定的额度进行方案筛选和设计，严格控制不合理变更，以保证总投资不超。

（5）在油田地面建设中，大力推进实施油田地面标准化设计，推行单井标准化(标准井口、标准井场、标准管线)、阀组标准化、撬装产品标准化(撬装计量装置、卸油撬、油箱撬、掺稀泵桥、分离器撬、掺稀泵桥、汇管撬、掺稀阀组撬、装车栈桥)等。应用标准设计可加快设计和施工进度，保证设计质量，撬装可方便二次拆装利用，持续有效的降低工程投资。

（6）持续推进油田地面标准设计的优化、更新和新标准设计的扩展，及时对标准设计的定价及价格更新维护。让标准设计真正成为油田地面快速高效设计和施工的一架马车。

4.5 培养技术经济复合型人才

（1）有针对性的对设计和造价人员进行专业深度及专业面扩展的培训，达到一专多能。

（2）加强技术与经济的交叉培训，养成一批懂技术又懂经济的技经专家，发挥优化设计和综合能动控制造价的作用。

4.6 建立动态的造价数据库

（1）引入并加大 BIM 技术和云平台在设计及造价管理上的应用。

（2）利用造价管理平台和计价软件分析历史

项目造价数据，积累估算及概算的数据动态模块，建立动态造价数据库；

（3）适时收集造价相关文件和造价信息，建立造价信息库；

（4）利用造价管理平台、物资采购平台查询收集设备、材料价格，形成动态的设备、材料价格信息库；对专用设备、非标设备或新设备、新材料按照询价机制形成动态的询价价格库。

5 结论

总之，加强项目的方案和可研报告以及设计各阶段的技术优化和造价控制是现阶段油田地面工程控制投资的源头，是决定整个项目投资控制效果的关键。

参 考 文 献

[1] 尹贻林．工程造价计价与控制[M]．北京：中国计划出版社，2009

[2] 中国石油天然气集团公司建设项目可行性研究投资估算编制规定．2013

[3] 中国石油天然气集团公司建设项目概算编制办法．2010

油井智能分析决策系统的研究与应用

李俊朋　李建雄　户贵华　彭红波　姬院娜　王　超

（中原油田分公司文卫采油厂）

摘　要　随着油田进入高含水开发后期，油井生产不断出现新问题，对其日常管理提出了新的要求。油井管理具有分析数据量大、涉及面广、耗费时间长、对比分析频繁等特点，而传统人工处理方式时效性差。近几年，中原油田文卫采油厂机采系统通过研究应用油井智能分析决策系统，在数据分析处理、应用功能拓展及流程化管理等方面取得了进步，持续推动改进管理模式，为实现机采精细化管理提供了有力支撑，达到了提高机采管理与分析决策水平的目的。

关键词　油井管理；智能分析决策；流程化管理；精细化管理

1　概况

文卫采油厂目前油井开井593口，油井日常管理工作涉及到五小措施效果跟踪、工程设计优化、作业质量把控及完井跟踪等。在油田深化改革、精简人员背景下，技术人员面临分析数据量大、耗费时间长、对比分析频繁的难题。这就需要对大量数据信息进行统计分析，动态掌握油井动态变化，为油井管理和工艺配套提供科学的决策依据。

2　油井信息化应用管理平台的研究与开发

2.1　油井信息化应用管理平台的建立

根据我厂油井生产数据管理现状，基于Oracle数据库利用ODBC链接，采用Microsoft Access数据库建立油井日数据库、单井静态油藏基本数据库、作业动态数据库、单井静态井斜数据库、油井示功图数据库等油井常用数据库。在此基础上，搭建油井数据信息化应用管理平台，实现数据集成应用。

2.2　油井信息化应用管理平台的开发

2.2.1　油井基础数据系统的开发建设

采用Microsoft Access数据管理软件，建立油井基础数据系统。该系统主要包括三大模块信息，第一组模块数据是单井作业简况，包括本次及上次作业时间、作业原因、施工单位，本次生产层位数据、工作制度、生产情况、免修期、作业占产、作业发现问题、问题定性分析及采取措施等情况；第二组模块数据是单井本次完井管柱数据，包括了管柱组合、管杆更换情况、泵信息数据、完井配套工具信息数据，第三组模块数据为系统效率。

2.2.2　油井躺井与分析决策系统的开发建设

基于油井日数据库、油水井作业动态数据库等厂级数据库，采用ODBC技术，将标准井号作为唯一索引，实现油井躺井基础数据库与厂数据库进行链接应用。一是利用油井数据信息化应用管理平台，调取油井日数据、油井示功图等资料数据，分析判断本周期内工作制度是否合理，并评价上次设计工作制度是否合理，结合目前油井注采情况及本次作业施工目的，优选出的最佳工作制度；二是利用油井数据信息化应用管理平台，调取该井历次作业井下技术状况，如井斜数据、偏磨井段、出砂速度、结垢情况等情况，并对历次采取配套工艺的适应性及使用效果进行评价，结合现场发现问题，为本次完井工艺配套提供技术决策。

2.2.3　油井日观察分析决策系统的开发建设

基于油井日数据库、油水井单井静态信息库等厂级数据库，建立油井日观察分析系统。提取油井日数据库两个目标时间段的生产数据进行自动提取，并进行对比，若差值超过设定的阈限值，则按照优先级别分别实现冲次异常预警、日产液量异常预警、日产油量异常预警、含水异常预警及动液面异常预警。不同区块设置可设置不同预警阈限值，以提高预警模型的适应性和精准度。

2.2.4　油井防腐加药预警决策系统的开发建设

基于油井日数据库、油井月度加药计划链接表等，建立油井防腐加药异常分析决策系统。根据油井生产情况，结合加药计划加药浓度，计算出理论加药制度，若与目前加药制度超过设定的阈限值，则会提示异常，并提供理论加药制度。

2.3　油井信息化应用管理平台的扩展

2.3.1　PEOffice 软件的研究

PEOffice 是面向油气藏管理和油气生产分析设计一体化的软件系统，经过多年推广应用，功能日趋完善。它包含了油藏井筒可视化、生产动态分析、油井生产评价、故障诊断与优化设计等油气开采的各相关环节。PEOffice 软件与机采管理相关联的有六大模块，即 WellMap(井位图)、ProdAna(生产数据分析)、FieldAssis(宏观生产状态评价)、ProdDiag(生产故障诊断)、WellString(管柱图制作)，WellInfo 模块(静态信息管理和分析)。通过研究应用 PEOffice 软件，可拓展油井信息化应用管理平台日常管理分析对比设计功能。

2.3.2　机采能耗最低设计软件的研究

能耗最低机采系统设计系统是集机采系统设计、数据管理、测试后评估于一体的有杆泵抽油机井系统设计软件，可以实现进行能耗最低或成本最低机采系统设计、对原机采系统测试数据进行计算处理、对设计的新系统进行后评估。通过研究应用能耗最低设计软件，可拓展油井信息化应用管理平台能耗分析设计功能。

3　油井智能分析决策系统的研究与应用

基于油井信息化应用管理平台的功能模块，通过软件应用与目前机采系统业务管理紧密结合，对业务流程进行梳理优化，对关键节点进行重点把控，从而建立信息化、标准化的机采系统管理与分析决策流程(见图1)。

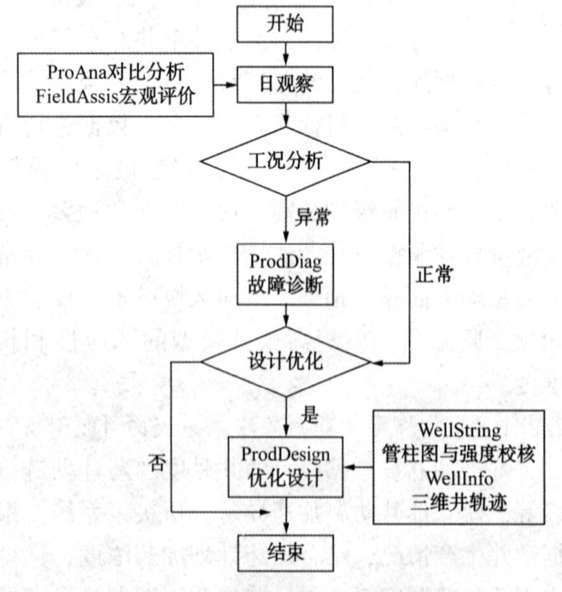

图1　机采系统管理与分析决策流程

机采系统管理流程规范化，有利于形成有条理性的工作流程，有利于提高各职能部门的执行力，即使零基础的机采管理人员也可高效率、高质量的完成过程管理。

3.1　建立智能分析决策系统，规范基础管理

在机采系统管理与分析决策流程基础上，以油井信息化应用管理平台功能模块为骨干支撑，以专业应用系统为辅助的思路，建成一个高度集成的机采智能分析决策系统。该系统有五大基本功能：油井故障诊断功能、宏观工况评价功能、工作制度优化功能、阶段产量对比功能和管柱组合设计功能(图2)。

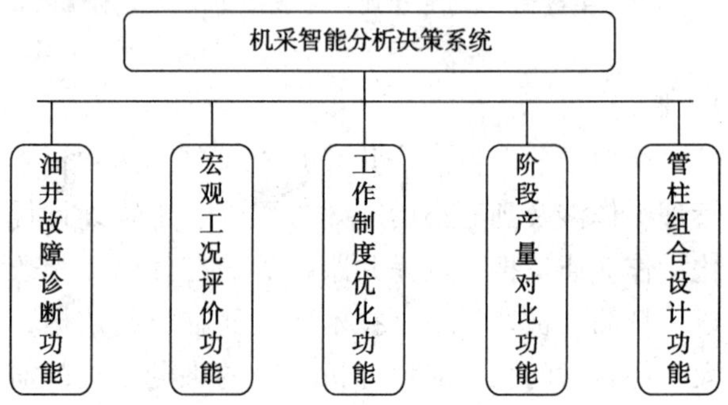

图2　机采智能分析决策系统功能构架图

3.1.1　油井故障快速诊断

应用 ProdDiag 泵工况诊断功能，实现油井工况故障快速诊断；在 PCS 实时功图录取异常后，通过人工复测功图校正实时功图。

3.1.2　宏观工况快速掌控

应用 FieldAssis 模块通过油井宏观控制图，对区块的整体工况运行情况进行宏观评价，对单井进行动态工况跟踪。结合单井在宏观控制图中的变化轨迹，若有工况变差趋势，及时采取针对措施，避免工况恶化。

3.1.3　工作制度合理优化

结合油藏特性，利用 ProdDesign 模块，从流入动态、流体物性、多相管流三个方面进行模型构建，确保油井生产分析的准确性和全面性，并在此基础上，完成井筒流动模拟、节点分析、生产优化设计和生产潜力分析，提供了更加适合油藏的油井生产参数评价与调整手段。

3.1.4　阶段产量快速对比

应用 ProdAna 模块的统计分析功能，实现不同阶段单井、区块或管理区产量分级对比，节约分析时间，提高分析质量和准确度，快速发现生产情况变化井。

3.1.5 管杆组合科学设计

(1) 应用 WellString 及 ProdDiag 模块对抽油杆柱受力分析，通过各级抽油杆轴向应力百分比评价抽油杆组合是否合理；

(2) 应用 WellString 模块对油管强度校核：油管丝扣是探伤检测盲区，目前，检测油管无法根据年限和工作环境实行分级管理，且工作环境无法改变。

我们对 2016 至 2017 年上部(井口 500m 以内)油管断或丝扣裂缝的 50 口井利用 WellString 进行强度校核，按工作制度分布来统计自断脱点位置及以下管柱组合的油管安全系数，见表 1 所示。

表 1 油管断(丝扣裂缝)工作制度分布油管安全系数情况统计表

序号	工作制度			丝扣裂缝/油管断裂情况			生产情况			平均功图充满程度%	油管安全系数
	泵径	平均泵深	平均冲次	井数	平均断裂深度	使用周期	平均液量	平均含水%	平均液面		
1	70	1251	2.8	2	50m	751	24.8	94.5	560	100.0	2.23
2	57	1723	3.93	21	260m	775	44.5	94.4	1530	98.3	2.03
3	50	1752	3.45	15	160m	1484	25.7	89.5	1569	90.0	1.89
4	44	1982	3.80	9	420m	778	26.0	87.3	1873	65.0	1.63
5	38	2120	2.43	3	340m	550	9.1	75.4	1841	83.3	1.51
平均				50							1.86

为了方便的现场应用，指导油管组合，通过 WellString 将油管安全系数折算成油管长度，超过该长度的油管，在井口以下配套使用新油管，以延长大泵径、深泵挂及高冲次井配套油管的使用周期。制定措施如下：

ϕ57mm 泵深超过 1500m、ϕ50mm 泵深超过 1800m、ϕ44mm 泵深超过 2000m，井口及以下 600m 使用新油管。为合理使用新管及检测管，腐蚀严重井或偏磨严重井除外。

制定治理措施后，2017 年以来，油管断裂累计 82 井次，同比减少 18 井次。

3.2 联动信息化应用软件，拓展支持功能

为了进一步深化软件应用，对机采智能分析决策系统功能进行拓展(图 3)。

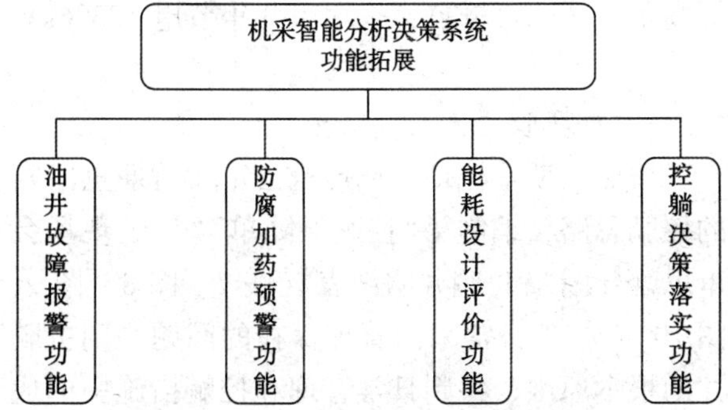

图 3 机采智能分析决策系统功能拓展

3.2.1 实时动态监控，故障及时报警

随着 PCS 全面建设和推广应用，油田已实现了油水井生产实时监控、数据实时采集和分析预警等功能。通过对该系统的功能联动，可弥补机采智能分析决策系统数据时效性差的短板。

(1) 及时发现躺井：异常油井工况对故障井诊断结果进行实时报警，减少问题油井因发现不及时导致故障恶化。

如明 371 井凌晨 3 点通过实时报警，值班技术人员分析该井管漏停井(图 4)。检泵作业时发现该井第 38 根油管公扣横向裂缝(图 5)。如果没有及时发现工况异常采取停井措施，一旦油管丝扣断落井，增加了修井作业难度和作业费用。

(2) 及时发现生产故障：针对功图形状及载荷发生异常变化、异常停井、异常回压、异常电流及其他意外故障进行警报提示，及时发现工况变差趋势，及时采取针对措施，避免工况恶化。

2017 年以来，通过功图载荷及形状变化报警提示，及时发现油井异常回压、结蜡、出砂等故障 114 井次。截止到目前，出砂躺井 2 口，同比减少 4 井次，免修期 655 天，同比延长 181 天；目前尚未有结蜡躺井，同比减少 3 井次，平均免修期 1211 天，同比延长 877 天。

3.2.2 液量变化跟踪，变点防腐预警

我厂目前油井防腐加药井数占开井数的 97% 左右。油井防腐加药的核心是保持缓蚀剂浓度的稳定，需要根据液量变化动态调整加药制度。我厂技术人员依据单井功图液量数据核算加药量并

与现有加药制度进行比对，编制了油井加药预警系统(图6)，降低人工比对强度，提高加药变点管理效率，拓展机采智能分析决策系统防腐加药预警功能。

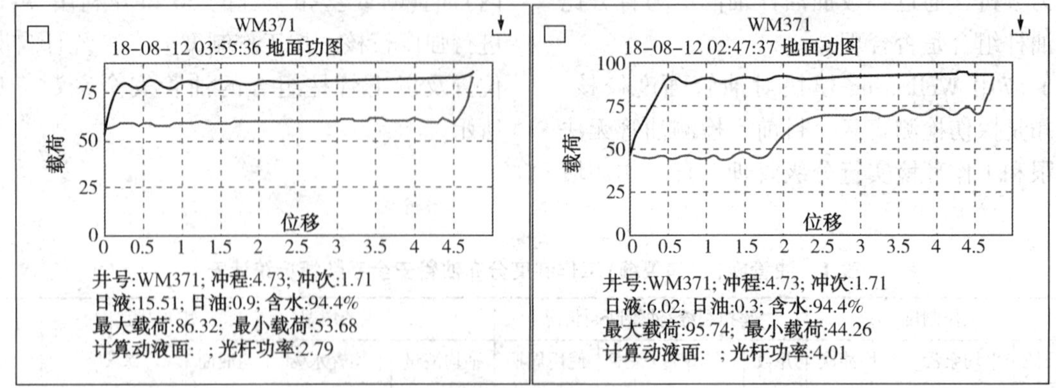

图4　明371油管漏失功图变化

图5　明371第38根油管公扣横向裂缝

油井防腐加药预警与分析决策系统

井号	日期	生产时间	日产液	含水	日报液量加药量	功图核产加药量	计划加药	目前实际加药量	标记	备注
WM1-34	2018-8-11	24	34.4	92.6	13.8	13.0	13	10	药量偏低	加缓蚀剂10kg(连续)
WM419	2018-8-10	24	35.7	94.8	14.3	14.0	14	12	药量偏低	补加缓蚀剂12kg
WM112	2018-8-10	24	25	94.2	10.0	9.0	9	14.0	药量偏高	缓蚀剂14.0kg
WM1-37	2018-8-11	24	19.1	97.4	7.6	9.0	9	13	药量偏高	加缓蚀剂13kg

图6　防腐加药预警与分析决策系统

如卫34-2井为合走井，油井日报显示日产液16.4m^3，缓蚀剂5kg/3d，工作制度φ57mm×1399m×3.0m×3.5n。按照功图计算液量约为28m^{3}左右，缓蚀剂应为9kg/3d。通过本系统及时发现加药制度不合理，从而及时采取了优化措施。

自2018年初应用该拓展功能以来，截止到目前，及时优化加药制度135井次，全厂腐蚀躺井数同比减少22口，腐蚀躺井免修期同比延长了109天，使我厂防腐控躺形势有所好转，腐蚀已不是我厂主要的躺井因素。

3.2.3　系统效率提升，实现节能降耗

通过能耗最低机采系统设计系统推广应用，拓展机采智能分析决策系统节能降耗功能。2017年至今调整优化生产参数、工艺设计配套，机采系统效率由30.4%提升至目前的34.7%，位居油田第二；机采参数更加合理，平均泵效56.8%，提高了4.4个百分点；平均单井年节电18396kW·h。

3.2.4　梳理管理节点，完善控躺流程

按照前期重梳理、现场重会审、后期重落实的控躺思路，编制了“控躺保障单”“控躺现场会审思维导图”和“躺井明细表”(图7、图8、图9、图10)。梳理日常采油管理存在的问题、剖析躺井的根本原因、评判日常管理和控躺措施中的成败点，建立躺井分析明细数据库，为下次躺井分析提供参考依据，全面提高控躺措施的准确性和针对性。

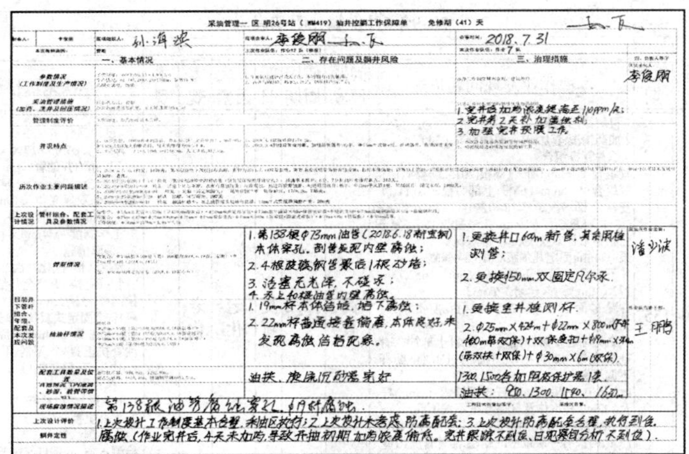

图 7 控躺保障单

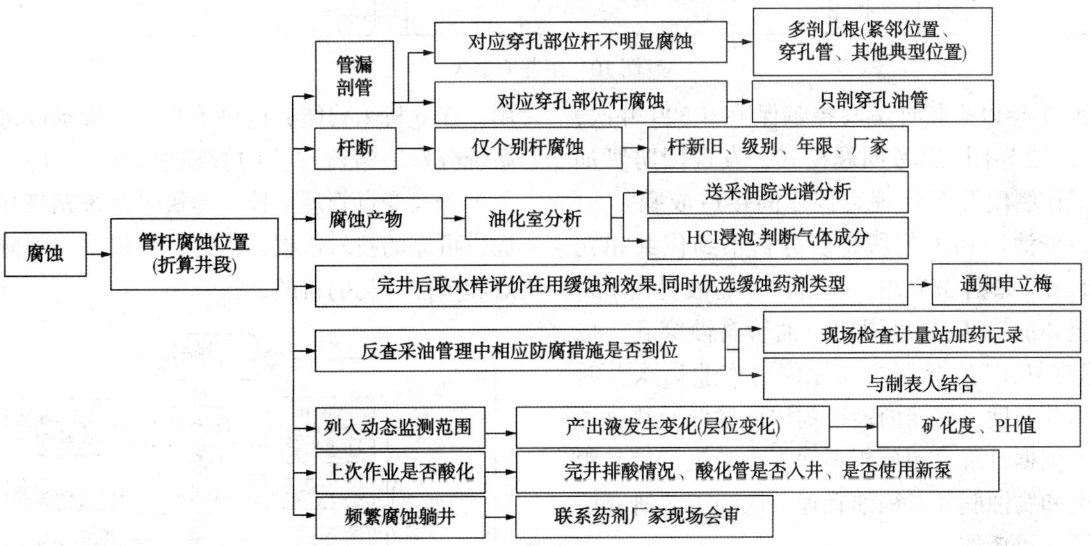

图 8 控躺现场会审思维导向(腐蚀)

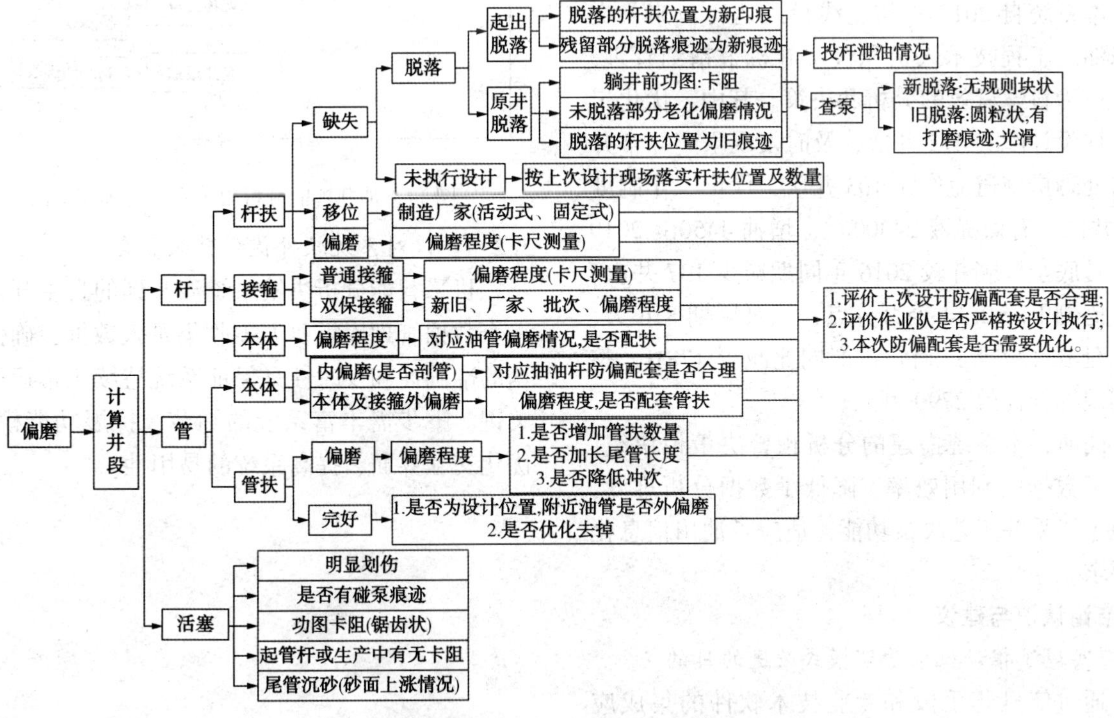

图 9 控躺现场会审思维导向(偏磨)

2019年6月份躺井明细表												
制表单位:文卫采油厂工艺研究所												
单位	井号	起出作业内容	上次完成日期	躺井日期	免修期	本次作业发现问题描述	问题厂家	使用周期	新旧	九大因素	客观	主观	本次采取措施及跟踪落实情况
采油管理区	WM 502	检泵	15-3-6	19-6-10	1557	1.报躺原因:杆断 2.加药情况:套加,宏大缓蚀剂7kg/3d。 3.原井管杆组合: 管组合:φ73mm加×185根(2015.3.6检测), 杆组合:φ25mm×66根(上部47根2010.11.11复新,下部19根2015.3.6检测)+φ22mm×88根(2015.3.6复新)+φ19mm×56根(2015.3.6复新.55根带双保双扶,第56根带双保), 泵:φ44mm固定凡尔泵(2015.3.6修复), 井下工具:油管扶正器:1491.63m、1652.73m、1726.50m,筛管+丝堵:1765.33m。 井况:砂面:1922.1m (2015.3.6射孔前软探),人工井底:2006.0m。 4.发现问题:1.第181根φ19mm杆上部约1.5米处断(断杆为2011年1月中原总机HL杆),断杆不偏不腐; 2、第40–66根φ25mm杆表面结蜡,φ25mm杆及φ22mm杆本体及普通接箍不偏不腐; 3、第47根油管见内液面,全井油管内壁结蜡严重,内壁有一层致密的蜡层,油管管头内壁未发现腐蚀偏磨现象; 4、油管外接箍及油管扶正器无外偏磨现象,筛管完好,被油渣堵死,丝堵腐蚀; 5、活塞完好,表面无光洁度,不碰泵。	高登	1557	复新	老化	老化		1、设计组合: 1)管组合:φ73mm加大×1700m+φ44mm双固定凡尔泵+φ73mm油井油管*70m +不锈钢筛管+丝堵; 2)杆组合:φ25mm×544+φ22mm×700m+φ22mm×φ19mm双保变扣+φ19mm×450m(带固定式双扶+双保)+φ30mm×6m(带双保)+φ44mm活塞 3)工作制度:φ44mm×1700m×4.8m×1.1n 2、采取措施: 1)参数调整:优化冲次2.4/1.1 2)管杆更换:更换全井油管为检测管,更换25mm杆544m为检测杆,更换22mm杆700m为检测杆,φ19mm杆450m为检测杆(带固定式双扶+双保),30×6m拉杆为新杆(带双保)。 3)配套工具:φ44mm双固定凡尔泵(带泄油器)1台,φ73mm油管扶正器3个,不锈钢筛管+不锈钢锥丝堵各1个,φ22mm*φ19mm双保变扣1只,φ19mm双保接箍58只 3、执行跟踪: 1)参数调整:己执行 2)管杆更换:己执行 更换检测油管中φ73mm加大×185根(下在1–185根),检测φ25mm钢杆×65根;检测中φ22mm钢杆×88根;检测φ19mm钢杆×56根(双扶双保)新φ30mm钢杆×1根(厂家:元亨利通) 3)配套工具:己执行

图10　躺井明细表

2017年以来累计编写控躺保障单329井次，依据“思维导图”思考问题模式，发现因防腐加药、工作制度等不合理直接或间接造成躺井61井次，采油区和工艺所旬度分析不到位共扣罚28000元。如明387井，措施作业后液量由8m^{3}上升至40m^3，该井短周期内油管腐蚀穿孔，按照“思维导图”，分析主要原因是作业后未及时调整加药制度，周期内缓蚀剂浓度偏低导致腐蚀躺井。依据日观察旬分析不深入、未执行完井跟踪制度和腐蚀躺井对采油管理一区和工艺研究所进行了双重考核。

4　现场应用效果

本系统自2017年初全线投入运行以来，文卫采油厂工程技术人员积极实施机采精细管理，实行更为科学有效的分析和决策。其中，优化工艺管柱设计配套472井次，及时发现生产异常井采取处理措施避免作业103井次，优化工作制度366井次，有效提液24300m^3，增油4450t。2019年8月底全厂躺井较2016年同期减少137井次，躺井比例下降2.14个百分点；检泵周期816天，同比延长129天；躺井占产同比减少1781t，整体实现综合提效2790万元。

同时，本系统搭建的分析预警决策模块组，提升了数据的利用效率，降低了数据分析难度，实现了机采井工艺决策功能，适应了油田信息化的要求。

5　结论认识与建议

5.1　实现了推动机采管理模式改进的目的

通过信息化手段和专业技术软件的集成应用，建立机采智能分析决策系统，推动改进机采系统分析决策流程化的管理模式(图11)，增强了过程及变点管理把控，为机采系统精细化管理提供可靠的技术依据，最终达到机采系统降本增效和节能降耗的目的。

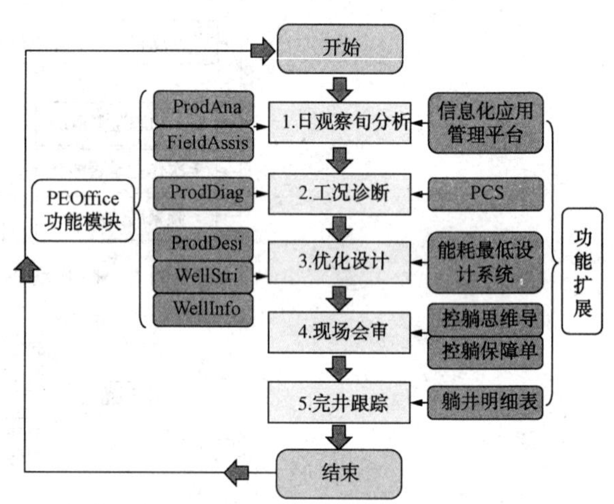

图11　油井智能分析决策系统管理流程图

5.2　建议对系统软件优化升级整合

机采智能分析决策系统涉及到的自主开发的三个数据管理库需要人工收集录入数据，确保数据的准确性和及时性是保证系统持续正常运行的关键。下步需丰富系统的细节、扩展功能模块、优化交互界面、提高系统的易用性。

数字化气田报警管理与应用分析

胡佑东　李丽红　王　旭　古有聪　张凤霞　陈忠平　王洪彬

（中国石油西南油气田公司）

摘　要　油田生产作业属于高危行业，其生产过程中危险化学品固有的易燃、易爆、有毒、腐蚀等特性以及化学事故的突发性和巨大破坏性，给整个企业的生产带来了很高的风险性和不确定性，因此实施严密的生产监控，避免事故，使生产过程能够安全、平稳、高效地进行是企业追求的目标。随着信息技术的发展，通过电话、短信、语音等方式可将监控系统获得的现场信息发送给相应的责任人，便于决策者及时掌握系统相关信息，从而能够采取相应措施，避免或减少重大损失。本文结合蜀南气矿信息化建设的基本情况，分析参数的基本设置，建设信息化报警系统，设置故障、异常情况上报办法及处置程序，重点介绍了针对各种情况的处置流程，详细制定报警参数分级管理程序。（方法）信息化报警确保报警参数纵向监控到底、横向覆盖到边，实现精细化层层管控管理，报警参数分级管理程序细化分级管理，三级风险管控模式明确报警界线，专项审核机制效果明显，蜀南气矿在生产过程中应用信息化报警技术之后，报警数量由最初每个站每天150余条降低至目前每个站每天14条，误报率由原来的6%降低为0.5%，切实发挥报警在开发生产管理中的安全预警作用。生产报警参数检查，确保管控报警参数设置正确，报警参数设置符合率由原来的86%上升至99%以上，风险预防及受控水平不断提升。这种手段，气矿生产过程中信息化报警的应用，非常适合无人值班、少人职守的站场，为安全生产提供保障，极具使用和推广价值。

关键词　高危行业；安全；报警；应用

1　蜀南气矿信息化建设基本情况

1.1 以油气生产物联网系统（A11）示范工程建设为引领，基本建成气矿“云网端”基础设施系统，全面支撑“中心站+单井无人值守”的管理模式，需要加快开发生产与信息融合步伐。

1.2 依托信息化，逐步实现由传统、粗放的“以单井管理为单元”，向集约、高效的“以中心站管理为单元”转型，初步形成了“让数字说话、依数字决策、听数字指挥”信息化生产管控模式。

2　信息化条件下中心站报警参数管理

中心站员工在电子巡检过程中最根本的一环是对所辖井站生产数据的监控，报警是信息化站控系统对异常数据的自动识别，提示值班员工生产向异常情况发展的趋势的一种关键手段，因此报警参数的确定和设置是管控生产的重要措施。但在信息化系统投运初期，员工对信息化认识的局限性和对设备的不熟悉，不能充分运用好信息化平台与生产的有机结合，没有发挥出信息化的优势功能，在信息化监督检查过程中发现信息化系统产生大量无效报警，报警信息不处置，对报警参数的含义理解不深等现象，严重影响信息化系统的应用及员工对信息化的接受度。

为切实有效的保障生产安全受控，充分发挥信息化平台为生产的服务，制定报警参数设置依据，组织相关领导、工艺技术干部、井站属地人员、信息化管理员对报警参数进行定期清理评审设置。为对报警参数有效管控，形成《生产信息化报警参数设置台账》。如表1所示

2.1　报警参数设置的原则

1）影响生产安全的数据必须设置报警：异常入侵状态、气体浓度、进阀室压力、出阀室压力、流程切断阀阀位、气液联动球阀阀位、井安阀位、爆破片状态、套压、油压、输压、瞬时流量、水套炉液位、水套炉温度、污水罐液位、常明火焰状态、进站压力、计量温度、分离器液位（参与联锁控制）、发动机动力缸水温、压缩机压缩缸水温、压缩机进排气压力、压缩机排气温度、压缩机运行状态、仪表风压力、环空压力，其他参数根据生产需要进行设置。

2）为减少偏移造成误报警，根据生产需求报警门限低报设为负数（10%量程）或“禁止”，高报设置为仪表量程上限90%。

站场生产报警参数设置依据及台账

单位:蜀南气矿　　日期:2018年08月10日

序号	场站名称	监控点	压力等级(MPa)	压力容器(管线)检验最高运行工作压力(MPa)	气体截断阀截断压力(MPa)	安全阀整定压力(MPa)	用户供气合同压力(MPa)	仪表量程	运行工况	低低报警参数	低报警参数	高报警参数	高高报警参数	是否纳入SCS监控	报警参数设置人	报警参数设置时间	备注
1		空压罐去井口流程	3.3	3	/	1.8(空压罐安全阀)	/	0–2.5MPa	0.8–1.5MPa	/	/	1.6MPa	1.7MPa	是			井口油压变送器监测
2		空压罐去气液联动执行机构	3.3	3	/	1.8(空压罐安全阀)	/	0–2.5MPa	1.0–1.5MPa	0.85MPa	0.95MPa	1.6MPa	1.7MPa	是			气液联动执行机构压力监测
3		空压罐去气动执行机构	3.3	3	0.6	1.8(空压罐安全阀)	/	0–2.5MPa	0.5–0.6MPa	0.4MPa	0.45MPa	0.55MPa	/	否			
4		井安系统	70MPa	/	高压1.7MPa/低压0.2MPa	/	/	/	0.8–1.5MPa	/	/	/	/	是			
5		一级节流后压力	2.5(管线设计压力)	/	/	/	/	0–2.5MPa	0.6–1.0MPa	/	/	1.2MPa	1.3MPa	是			

2.2　报警参数设置界面

允许和禁止报警选择和各级报警开关按钮进行。可直接点击低限报警开关关闭，现场恢复正常后打开报警开关即可，方便快捷。若遇该报警点在一定时间内停止使用，只需点击报警开关控制“禁止”开关，该点即失去报警功能，点击“允许”，报警功能即可恢复，无需重新设定报警值。同时修改单位可在此界面进行(图1)。

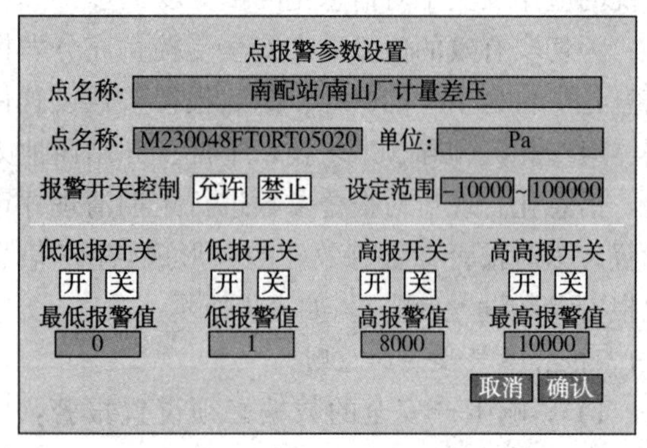

图1　报警参数设置界面

2.3　报警参数设置的依据

报警参数设置的依据是生产技术参数，主要包括压力等级、压力容器(管线)检测压力值、气体切断阀切断压力、安全阀整定压力、用户合同压力、仪表量程、工况、调度指令等。

报警参数是根据上述生产(技术)指标的一项或多项决定的。低报警参数由合同、标准、规范等决定和约束，高报警参数不得高于上述生产(技术)指标，但可高于工况上限值。

2.3　系统报警处置原则介绍

1) 作业区应每月在地面集输动态分析上结合现场生产情况，从报警值合理性、一致性、投用情况、变更管理等方面分析和修正相关参数值，信息管理员应及时设置相关数据的报警阈值。

2) 凡因仪表、设备、通讯、供配电等故障造成数据异常产生报警时，各单位应15日内处理和恢复，整改期间应根据制度调整报警参数，防止一直误报警，整改期间应加密现场巡检，防止异常事件发生。超期未完成整改纳入通报考核。

3) RCC监控中心及中心站值班员应及时做好系统报警信息记录，并进行原因分析和处置，严禁不分析、不处置、不汇报擅自消除报警信息。

4) 网络通讯中断报警：中心站通讯中断时，值班人员应及时上报作业区监控中心，信息管理员无法处理时应报告信息自控中心处理；作业区调控中心通讯中断时，信息管理员应立即上报信息自控中心处理。

5) 入侵闯入报警：中心站值班人员立即查看抓拍图片和启动摄像机上传实时图像进行确认，若仍未离开，值班人员应启用远程喊话功能进行驱逐，否则中心站站长应组织人员现场处置并上报作业区调控中心。

6) 生产数据报警：中心站报警时，值班人员首先确定网络通讯正常及报警阈值设置合理，结合历史数据及生产实际分析报警原因，并进行现场报警源核实，通过工艺措施尽快消除报警事件，无法消除时应及时上报作业区调控中心；作业区调控中心报警或收到中心站报警信息时，值班人员应立即通知信息管理员处理，无法消除报警时应及时上报分管领导处理。

3 信息化报警在生产中的故障、异常情况上报及处置程序

为提高信息化运行整体水平，提高运维效率，泸州作业区试点运维强化一线采气员工在信息化自主运维中的作用，采取“中心站→作业区信息化维护组→信息自控中心”的三级运维模式，通过规范员工属地巡检、电子巡检、报警故障的处置、故障上报等行为，初步实现作业区自行排查故障原因及简单故障处理，信息自控中心提供技术支撑的运维方式。

3.1 报警上报程序

中心站值班员工应及时对生产数据报警信息进行原因分析和处置，做好报警信息记录。对于不能处置的报警信息，应及时报告站长，站长无法处置的，上报作业区调度室。禁止值班员工不分析、不处置、不汇报就消除报警信息，禁止关闭监控系统报警声音。

3.2 报警处置程序

1）入侵报警处置流程

一是中心站值班人员立即查看抓拍图片和启动摄像机上传实时图像进行确认。

二是若入侵者在录音播报 5 分钟内仍未离开，值班人员启用远程喊话功能进行驱逐。

三是若入侵者在远程喊话告知后仍不离开，值班人员应报告站长，并上报作业区调度室。

四是必要时中心站站长组织人员到现场处置。

2）对气体检测报警信息的处理

现场设置的气体检测仪一般有可燃和硫化氢气体，或其它气体的一种或多种类型气体检测，只要有一种气体检测仪报警，现场就有可能存在气体泄漏，值班员工应立即进行处置。

一是检查通讯：进入报警井站页面，确认通讯正常，上传数据真实有效。

二是检查报警值：观察气体显示值，判断是否达到报警限值，若未达到规定限值，应重新设定报警值。

三是启用“看、听”功能：启动摄像机和打开喊话功能，观察现场情况和听气流声音。

四是分析数据：查阅历史数据，对比报警前后压力、流量变化情况，特别是压力降低、流量增加较大时，泄漏的可能性最大。

五是现场查看：通知看守井老乡或立即派车辆到现场确认是否有泄漏。

六是对泄漏的处理：若存在泄漏，优先选择关井或停止供气，不能自行处理的，上报作业区，并做好警示和人员留守工作。

七是若无泄漏，到现场的员工确认气体检测仪是否存在故障（一般仪表有故障代码显示），仪表故障应由仪表工处理。

3）对差压（流量）上限报警信息的处理

对于阀式孔板流量计，差压上限是仪表计量极限值，超过上限值，意味着超出部分未计量，会给企业造成经济损失，应立即处理。

一是检查通讯：进入报警井站页面，确认通讯正常，上传数据真实有效。

二是检查报警值：查阅计量档案，检查设置是否接近差压仪表量程，重新设定报警值即可。

三是检查计量压力是否降低：查阅历史数据，确定供气点上游压力是否降低，若是计量点压力太低，调高调压阀出口压力，管网压力调节由作业区调度室完成。

四是检查井口产量或用户用气量是否增量：查阅历史数据，确认气井产量或联系用户是否增量。汇报作业区，由仪表工更换孔板或增大仪表量程。

五是检查天然气泄漏：查阅工艺流程图和安全阀整定压力值，调取输压上传数据，若输压增高，超过安全阀整定压力，安全阀起跳造成气量损失；若输压降低，应怀疑输气管线泄漏。

六是现场确认：一是检查工艺流程和设备是否运行正常，尤其确认是否有泄漏问题；二是检查流量计零位是否在误差范围内，吹扫压力信号引压管。若未发现问题，通知作业区仪表工检查计量仪表。

七是超过差压仪表上限值运行时间段，应根据蜀南气矿管理规定，对气量进行人工估算。

4）对差压（流量）下限报警信息的处理

对于阀式孔板流量计，差压（流量）下限报警，意味着上游（井口）来气，或供气量的减小，存在停（断）气风险，会给用户造成经济损失和安全隐患，应立即处理。

一是检查通讯：进入报警井站页面，确认通讯正常，上传数据真实有效。

二是检查报警值：查阅历史生产数据，检查设置是否合理，重新设定报警值即可。

三是检查上游来气压力或输压是否直线降低：调取进站和输气压力，若进站压力降低，说

明井口或上游气源欠量，通知调度室或上游井站调节气量；进站压力不变，而输压降低，说明供气系统存在问题，应首先怀疑调压阀故障，需派人到现场处理。

四是现场确认：一是检查工艺流程和设备是否运行正常，尤其确认调压阀是否有问题；二是检查流量计零位是否在误差范围内，吹扫压力信号引压管。若未发现问题，通知作业区仪表工检查计量仪表。

5）对压力上限报警信息的处理

压力高限报警，意味着输压有可能超出合同压力、设备超压运行等风险，应立即处理。

一是检查通讯：进入报警井站页面，确认通讯正常，上传数据真实有效。

二是检查报警值：查阅计量档案和工艺技术档案，检查报警设置是否接近压力仪表量程和工艺技术要求，重新设定报警值即可。

三是检查管网压力是否增高：调取场站及相关井站压力，确认管网或设备压力升高，超出工艺技术要求。告知上游井站调低输送压力，或关闭(小)井口，管网压力调节问题应告知作业区调度室处理。

四是关井压力升高，接近井口油套压仪表上限值。优选开井生产进行泄压，不能立即组织生产的，应到现场关闭仪表控制阀，保护仪表，且尽快组织气井生产。

五是调压阀坏，导致输压升高。若供气点有阀门执行器，应远程关闭阀门，或设法降低场站压力，并立即组织人员到现场检修调压阀。

六是计量压力升高，超过仪表量程。利用降低管网压力、远程关井(阀)等方式调低计量仪表压力，必要时通知仪表工更改仪表量程。超过压力仪表上限值运行时间段，应根据蜀南气矿管理规定，对气量进行人工估算。

七是比对压力，确定仪表故障：将报警压力与同一压力系统的其它上传压力值、或历史压力值进行比较，判断仪表故障。确定仪表故障时，首先到现场检查仪表零位是否在误差范围内，并吹扫压力信号引压管，问题还不能解决时，告知仪表工处理。

6）对压力下限报警信息的处理

压力低限报警，说明气源不足，有可能低于供气合同压力，给用户造成经济损失，应立即处理。

一是检查通讯：进入报警井站页面，确认通讯正常，上传数据真实有效。

二是检查报警值：查阅计量档案和工艺技术档案，检查报警设置是否接近合同供气压力低限值，重新设定报警值即可。

三是检查管网压力是否降低：调取场站及相关井站压力，确认管网或设备压力降低，超出合同供气压力低限值。告知上游井站调高输送压力，管网压力调节问题应告知作业区调度室处理。

四是调压阀坏，导致输压降低。立即组织人员到现场检修调压阀。

五是比对压力，确定仪表故障：将报警压力与同一压力系统的其它上传压力值、或历史压力值进行比较，判断仪表故障。确定仪表故障时，首先到现场检查仪表零位是否在误差范围内，并吹扫压力信号引压管，问题还不能解决时，告知仪表工处理。

7）对温度高限报警信息的处理

温度高限报警，说明计量温度异常，存在计量误差；受控场所温度有较大变化，存在安全风险等情况，应立即处理。

一是检查通讯：进入报警井站页面，确认通讯正常，上传数据真实有效。

二是检查报警值：查阅计量档案，检查设置是否在仪表量程范围内，重新设定报警值即可。

三是压缩机降噪房室温高限报警时，检查散热风机是否自动开启，否则应手动开启风机，且立即到现场检查情况，作出相应处理。

四是容器温度超高应立即停运，或采取控制措施。

五是比对温度，确定仪表故障。将报警温度与其它上传温度值、或历史温度值进行比较，判定报警温度仪表显示是否有误。确定是仪表故障时，告知仪表工到现场处理。计量温度偏差较大时，故障时间段应根据蜀南气矿管理规定，对气量进行人工估算。

8）对温度低限报警信息的处理

温度低限报警，说明计量温度异常，存在计量误差；出现产品质量不达标状况；受控场所温度有较大变化，存在安全风险等情况，应立即处理。

一是检查通讯：进入报警井站页面，确认通讯正常，上传数据真实有效。

二是检查报警值：查阅计量档案，检查设置是否在仪表量程范围内，重新设定报警值即可。

三是检查水套炉/加热炉是否正常运行，燃气管路是否正常，大小火转换是否存在异常。

四是比对温度，确定仪表故障。将报警温度与其它上传温度值、或历史温度值进行比较，判定报警温度仪表显示是否有误。确定是仪表故障时，告知仪表工到现场处理。计量温度偏差较大时，故障时间段应根据蜀南气矿管理规定，对气量进行人工估算。

9）对液位高限报警信息的处理

液位高限报警，说明污水池、液体罐等容器液位升高，存在溢出风险，应立即排液。

一是检查通讯：进入报警井站页面，确认通讯正常，上传数据真实有效；

二是检查报警值：查阅污水池或液体罐容积档案，判定报警值设置是否合理，若设置上存在问题，重新设定即可；

三是立即启泵或开启自动（手动）装置排液，同时密切观察液位显示值，直到报警信息解除；

四是现场检查：液位显示是否与实际相符，确定是仪表故障时，告知仪表工到现场处理。

10）对液位低限报警信息的处理

液位低限报警，说明液体罐等容器液位降低，存在串压风险，应停止排液。

一是检查通讯：进入报警井站页面，确认通讯正常，上传数据真实有效。

二是检查报警值：查阅液体罐容积档案，判定报警值设置是否合理，若设置上存在问题，重新设定即可。

三是现场检查：液位显示是否与实际相符，确定是仪表故障时，告知仪表工到现场处理。

四是立即关闭排污阀，检查液位状况是否上升直至报警解除，若发现关闭排污阀后液位还有下降趋势，则说明排污阀泄漏，上报作业区处理。

4 结论

蜀南气矿结合站厂工作实际，充分运用信息化建设成果，抓实现场生产数据报警预警及设备设施连锁控制，为生产现场风险受控提供积极支撑，稳步推进“两化”融合在中心站管理中落地生根。

1）细化分级管理：建立报警参数分级管理程序，明确分级管理要求，将高石梯区块生产站场、页岩气区块重点中心站、气矿“三厂”等生产报警参数设置为气矿级，由气矿审查审批后实施；一般生产站场生产报警、参数设置为作业区级，由作业区审查审批后实施，结合实际分级管控报警参数，确保报警参数纵向监控到底、横向覆盖到边，实现精细化层层管控管理。

2）明确报警界线：按照单井站、中心站、调度控制中心三级风险管控模式，根据场站压力容器、管道运维以及气体检测、液位监测等安全生产运行要求设定站厂报警参数，细化高高报、高报、低报、低低报参数设置范围，明确参数管控具体环节，确保报警参数设置合理。

3）建立专项审核机制：组织相关业务科室对生产报警参数进行专项审核，以突出现场安全风险管控为原则，结合各基层单位中心站、有人值守站及无人值守站审核生产报警参数设置情况，“私人订制”各类站场设置标准，减少不必要报警参数设置。2017 年站场报警数量由最初每个站每天 150 余条降低至目前每个站每天 14 条，误报率由原来的 6%降低为 0.5%，切实发挥报警在开发生产管理中的安全预警作用。

4）形成监督检查制度：将生产报警参数检查作为开发生产现场检查的重要内容，采取“月通报、季考核”形式，确保管控报警参数设置正确，报警参数设置符合率由原来的 86%上升至 99%以上，风险预防及受控水平不断提升。

参 考 文 献

[1] 周振安，陆小华等．数据采集系统的设计与实践．北京：地震出版社，2005.

[2] 王振民等．SCADA（监控与数据采集）软件系统的设计与开发．机械工业出版社，2008

[3] 海峰．管理集成论［M］．北京：经济管理出版社，2003

[4] 王晶，王彬．基于信息化的精细生产管理．机械工业出版社，2016.

[5] 王莹，刘宝莹．无线网络规划与优化．人民邮电出版社，2007.

基于大数据思维的管道外部风险智能监控思考

毛学彬 胡 剑 李 明 刘力升

（中国石油西南油气田公司）

摘 要 随着天然气工业的高速发展和生产规模的扩大，天然气输送管道的规格和种类繁多，其长度也成倍增加。与此同时，油气管道的破管泄漏事故也在增加，因此提高油气输送管道的管理水平，降低能源损耗，保证管道安全运行十分重要。同时大数据思维是当前的热门话题，为了提升天然气管道外部风险安全管控水平，创新管理方法，将大数据思维运用到管道外部风险性管理中去势在必行。本文探讨了大数据思维分析的特点，利用通信运营商的外部数据和资源，根据基于AI人工智能和大数据分析成功试点运用的案例谈了几点思考，对大数据思维在天然气管道管理推广有一定启发和参考意义。

关键词 大数据；人工智能；管道外部风险

1 前言

近年来，随着天然气工业的高速发展和生产规模的扩大，天然气输送管道的规格和种类繁多，其长度也成倍增加。与此同时，油气管道的破管泄漏事故也在增加，因此提高油气输送管道的管理水平，降低能源损耗，保证管道安全运行十分重要。以往管道企业数据分析侧重于因果关系，伴随大数据时代的到来，技术手段不断革新，管道运行监管系统，已经满足大数据分析的基本数据要求，其中包括：信息系统集成、管理程序、监测记录以及日常运维记录等数据，部分系统都可以通过物联网、云计算等数据网路串联起来，其数据分析方向逐渐由因果关系向非因果关系转变。

随着无线通信技术的不断成熟，通过引入通信运营商提供管道周边人员位置和大型机械设备信息等相关数据，建立符合管道外部隐患的大数据分析模型，适合于未来发展的管道系统大数据管理架构模型，基于通信运营商提供人员位置信息，建立大数据的数学模型，动态反映人员聚集位置、管线周边人员分布位置、自动匹配是否符合破坏油气的管道行为特征、进一步完善了管理周边隐患分析模型，实现第三方施工、管线周边人员密集的监管分析，便于在灾害管理、高后果区管理和风险控制等综合性、全局性的预警分析，完善管道大数据领域在管道行业的发展和应用具有重要意义。

2 大数据思维的概念

究竟什么是大数据思维？大数据是个热门话题，不同行业有不同的理解。大数据可以正向运用，就是通过逻辑分析到规律后，利用大数据查找有用的信息。大数据更神奇的特点是逆向运用，这就是不需要完全掌握事物的因果原因，只需要分析出甲乙两者的强相关性，也就是说甲事件发生后，乙事件一定或是极大概率会发生，找到规律后，就可以把这个“规律”为我所用，之后再慢慢探索原因。

管道行业以往没有非常多的数据，依靠人工手动采集的参数数据体量不足、准确度不高、时效性不强，开展数据挖掘和分析的价值不明显。但是时至今日，管道发展也进入了大数据的时代，管道的内检测数据、施工资料、SCADA数据、阴极保护数据、应力应变检测数据等大部分都已经实现自动采集和数字化。一旦数据有了可观的、足够的数量支撑，就能从数据中分析出有价值的信息和规律，可以把这些信息和规律运用在一些特别的场景中，同时随着信息化水平的不断提高，如今越来越多社会公共信息的共享，管道行业可以利用的数据也越来越多，如何运用大数据的思维来用好这些看似无序的数字就需要我们各行各业的从业者进行积极的探索。

3 管道外部风险管理现状

近年来，随着城市化进展的快速发展，油气能源需求的广泛增长，油气管道穿越人口密集区、环境敏感区的情况日益突出，管道外部风险日益增多的形势，这对油气管道企业的安全生产提出了严峻的挑战。但是目前我们采用“人工巡检+传统视频监控动态施工”的方式已经无法完全满足当前的安全生产需求。

其中，人工巡检作为油气管道企业主要的防控监督管道外部风险的手段，劳动强度大、工作效率不高，且巡检质量需依靠主观人员素质而定，人工成本较高，且巡检周期长，存在监控盲区，无法满足 7×24h 全天候的监控需求，同时针对潜在风险无法准确进行预判，缺乏实时发现、告警、响应的高效监控体系。传统视频监控模式存在“人盯视频模式”效率低下，监控半径太小，存在监控死角，且产生的大量冗余视频信息造成存储成本的巨大浪费，本文对 22 个传统点位视频监控数据进行统计分析，得出以下结论，传统的人工巡检和视频监控易造成管道外部风险遗漏和工作效率较低，进而影响管道安全防控的成效（图 1）。

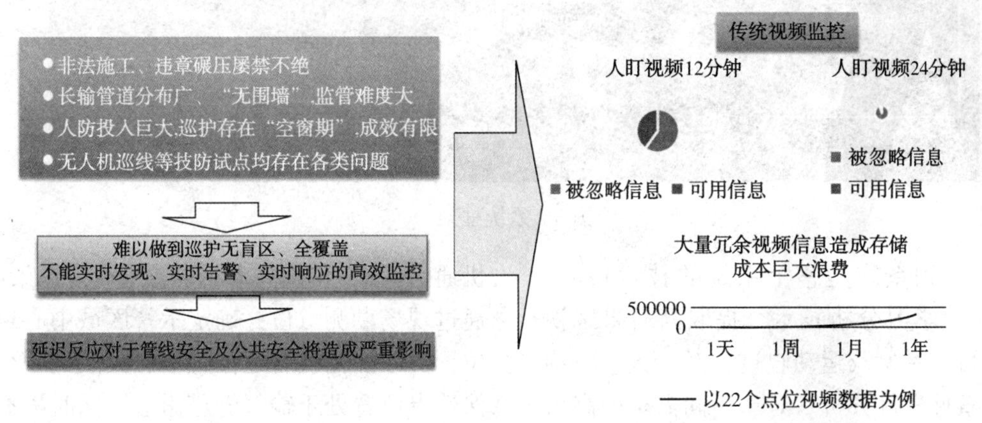

图 1　管道外部风险管理现状

就上述存在问题，并结合 2017 年 12 月底由国家安全监管总局联合 7 部委，下发的《国家安全监管总局等八部门关于加强油气输送管道途径人员密集场所高后果区安全管理工作的通知》，要求针对各省辖区内油气输送管道实现技防，来保障“高后果区、高风险区”的安全保障的背景，针对管道本体安全、周边是否有第三方施工、占压、人群分布情况和地质灾害等管道外部风险获取和感知，需要建设一套以预测预警为核心，以数据为驱动，智能协同、全面感知的油气管道智能监控体系，向管道周边环境赋予数据智能分析的能力（图 2）。

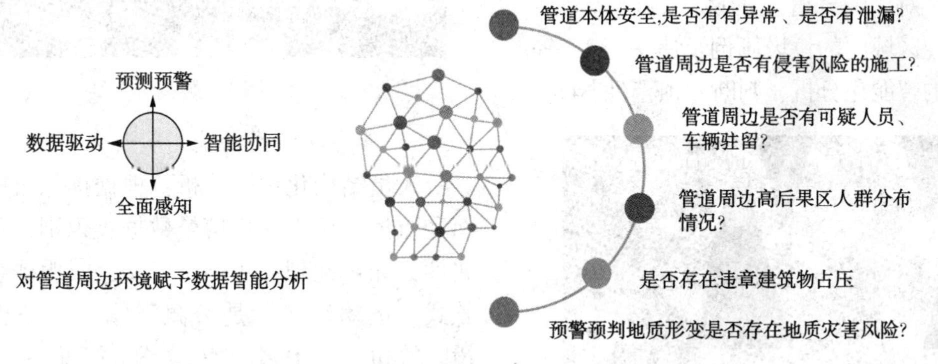

图 2　管道外部风险智能分析的要素

4　主要做法

4.1　搭建 AI 人工智能+大数据分析的系统平台

通过获取和共享管道周边基站通信数据和视频监控对地表空间用户群的行为特征进行全景还原，从而挖掘用户的时空行为，得到用户工作、居住、职业、出行路线等相关信息，从而实现对输气管道周边附近的人口情况进行全面的分析，通过 AI 人工智能+大数据分析等技术，建立一整套完整的输气管道外部风险智能监控系统平台，为监控中心相关人员在险情的分析、预警、决策等方面提供辅助支撑，实现对高后果、高风险、高价值区域的安全监管(图3)。

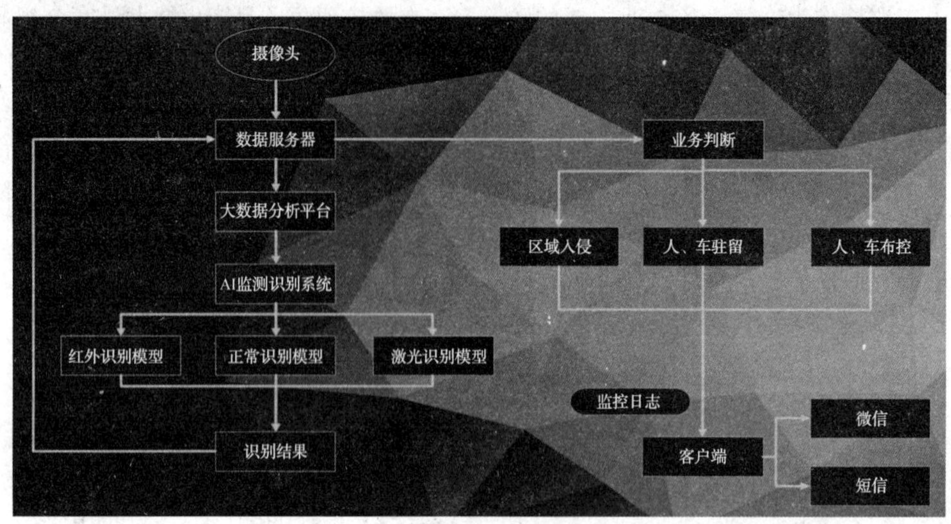

图3　系统框架

AI 监测识别系统是整个系统的技术核心，基于 AI 的深度学习分析技术，提取高后果区视频图像中的目标对象及运动轨迹，对行人、车辆等的行为、事件进行分析。对于不同需求的高后果区场景，建立匹配的识别分析模型，实现系统的可扩展性、可配置性，保证满足各种不同区域的个性化需求。

大数据分析平台采用国际领先的大数据技术、前沿算法、储存方案，将前端摄像头回传的图像、视频和通信运营商的通信手机信号数据等非结构化数据转化为结构化数据，实现这部分结构化数据的实时智能分析、科学调度。基于以上技术，可实现针对“油气管线的隐患预防及高后果区险情、管控区域内的垃圾倾倒及违法施工”等多场景多行为的智能化分析、判断、预警(图4)。

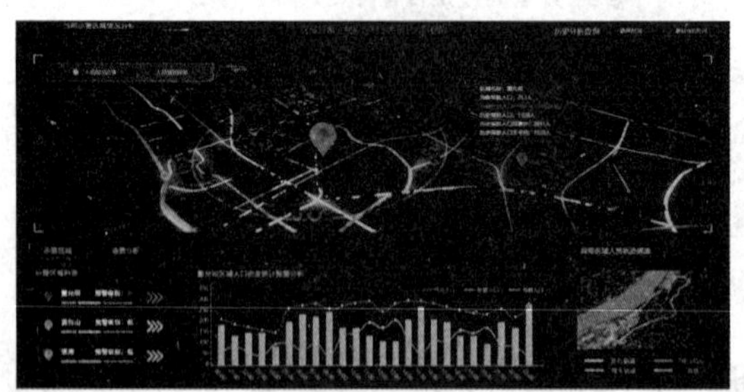

图4　基于大数据分析的管道监控平台

4.2　建立全面的数据库

通过大数据平台将信令基础数据与图片区块数据相结合对管道监控区域的人员的居中、工作、有效驻留、职住同址、其他的标签进行深度挖掘，然后在结合时间+位置的变化得到异常的分析，同时确立了数据源为“企业内部数据+手机通信数据+基站视频监控数据”为框架的模式，通过现场勘测点位，确定示警区域中心点坐标及位置，添加输气管道位置信息集成到平台中，确保选点位置处于输气管道附近，同时根据上述三方数据建立管道监控区域中于人员、车辆以及地质灾害等相关信息数据库，全方位对管道外部风险进行分析和预判(图5)。

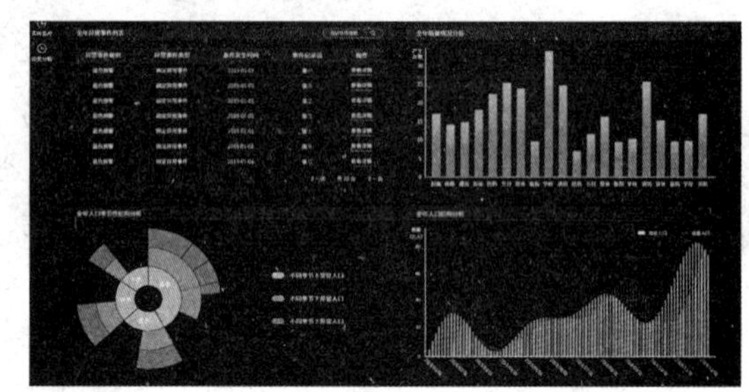

图5　数据分析

4.3　设置分析预警功能

人员结构化识别分析：根据摄像机的视频画面和监控区域中手机信号数据，识别人员的基本属性，如：性别、年龄、发型、衣服颜色、衣服款式、运动轨迹、是否佩戴帽子、是否佩戴眼镜、拎包、等十多种特征(图6)。

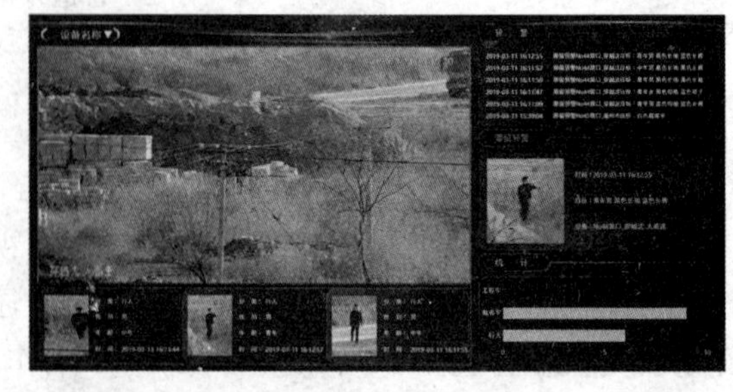

图6　人员结构化识别分析

车辆结构化识别分析：对视频监控视频中的车辆信息进行结构化分析。主要包括识别号牌号码，区分有无车牌号码、车身颜色、车辆类型等(图7)。

图7　车辆结构化识别分析

三色区域入侵预警：根据管道外部防控范围设置红色、黄色、蓝色禁入区域，自动检测区域内是否有车或者人员通行，当区域内有车辆/人员通行或出现符合规则的滞留行为时，系统自动锁定目标，并连续红框闪烁+声音预警提示(图8)。

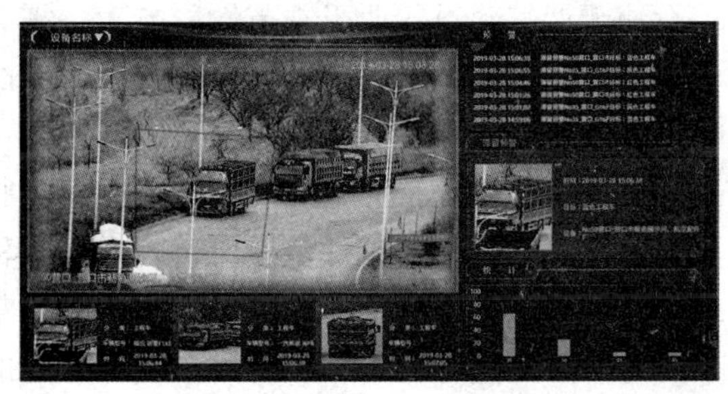

图8　三色区域入侵预警

异常行为结构化识别预警：通过构建行为运动模型，智能分析判断出行人是否有越界、区域、徘徊、滞留、聚集、破坏、违建等个体或者群体行为，结合行为预警规则及时向后台发出预警信息(图9)。

图9　异常行为结构化识别预警

智能巡检：根据管线与基站视频的距离、角度，开发预置位轮训功能，实现自动拉近监控、分析，实现7＊24小时不间断、油气管线全覆盖，自动轮训巡检功能(图10)。

图10　智能巡检

5　结论

(1) 利用通信基站预制摄像机的扫描路径，对输气管道及高后果区进行7＊24小时全天候监控，减少巡线人员配置、降低现场巡线成本(包括车耗、油耗、巡线人员安全等不确定因素)，提高管线巡检效率和安全防控效果，解决传统人工巡检的问题。

(2) 依托高后果区周边的通信基站手机信号数据分析和视频监控，通过实时采集现场数据，逐帧进行AI智能分析，对涉及“工程车辆入侵、机械工具施工、重型车辆通过、人员驻留”等情况，监控系统平台将启动影像留痕、触发报警机制，及时提醒监管人员关注现场动态，调配人员进行现场排险，切实提高后果区域的全方位管控水平。

(3) 采用“一张图”的建设方式，实现一个系统平台对各区域的统一管理。采用AI视频结构化分析技术，在传统视频监控系统中，叠加“AI智能大脑”，智能分析出回传数据的涉危信息。

(4) 通过建立全面的数据库，通过AI人工智能、大数据分析等技术，为监控中心相关人员在险情的分析、预警、决策等方面提供辅助支撑，实现对高后果、高风险区域的安全监管。

参考文献

[1] 袁鹏斌，刘凤艳，舒江，刘乃勇，姜文宽．大数据时代油气管道的安全与防护[J]．无损检测．2015(04)

[2] 冯庆善．油气储运．基于大数据条件下的管道风险评估方法思考[J]. 2014(05)

基于人工智能的油气作业现场视频监控系统研究与实现

王　政　魏　东　张　珣　周　劲　李秋池　王　珏　杨　帆

（中国石油西南油气田公司）

摘　要　本文通过对施工现场安全管理特点的分析，将远程监控系统应用于施工现场安全管理，可以实现对施工现场关键装置、要害部位进行实时、全过程、全方位、不间断的安全监控，对有效预防和控制施工现场安全事故的发生产生巨大作用。

关键词　远程监控；施工现场；实时；全过程；全方位；安全监控

近年来，随着信息技术、网络技术的不断发展，以及国家对 HSE 管理工作的高度重视，越来越多的企业个人关注 HSE 管理工作，为此众多 HSE 管理信息系统迅速问世，石油化工等国内工程建设行业为了提升行业 HSE 管理水平，都在积极推行 HSE 管理的信息化建设；远程安全监控系统作为 HSE 管理信息化建设的重要组成部分，在交通、公安系统以及炼化企业生产装置等领域已经得到了广泛的应用，但在建设工程的施工现场，却很少尝试应用。五建公司自 2009 年 10 月开始尝试应用远程安全监控系统，至今已将其运用于公司多个施工现场，收到了良好的效果。

1　施工现场实施远程视频监控的必要性

1.1　石油天然气行业特点

石油天然气建设是一个高风险、安全事故多发的行业，施工区域分布在国内外不同地方，项目分散、变动大、临时性强，这种性质决定施工过程中人力资源需求量大，专职安全管理人员短缺等问题，致使公司安全监控能力的层层衰减。

为了确保建设工程施工现场安全可控，依靠传统的投入相当数量的安全管理人员深入现场地毯式检查是可以做到的，但在监管人员有限的情况下，不可能时时方方面面深入到现场每个角落，这样就容易导致现场关键装置、要害部位的安全监管不到位；此外，石油化工建设现场作业面大，交叉超高作业普遍存在，传统的深入现场进行安全监管，效率低下，已经越来越不能满足新形势下对安全管理的要求。

石油天然气行业是与劳动力秘籍、设备材料件多个大体重、工种工序多、高空立体交叉作业频繁、施工协调量大、管理过程复杂且施工周期长，存在很高的危险性。

1.2　施工作业现场特点

施工作业现场点多、焊接、打磨量大，临时用电分散、受限空间作业多，临时用电的电缆、配电箱及电气设备多而杂；施工用火点分散量大，极易发生火灾、物体打击等事故。

石油天然气建设行业受季节性影响大，露天作业，直接受强风、暴雨、雷电等自然环境的影响。

公司层面，传统掌握施工现场的安全管理状况主要依靠电话沟通、邮件传递、亲临现场三种方式，前两种方式容易存在信息虚假、失真、掌握不及时、不完整等现象，后者需要足够数量的人力、物力和财力，且投入更多的时间、精力亲临现场检查。在施工现场遍布全国各地乃至国外的情况下，传统掌握信息的方式已经不能完全满足现状需求，为了解决存在问题，低成本、准确、全面掌握现场关键装置、要害部位的安全管理信息，远程安全监控系统的使用势在必行。

搞好施工现场的安全监控和管理，控制事故的发生频率，减少事故造成的人员和财产损失，是各施工单位关注的焦点。在关键装置、要害部位实现实时、全过程、全方位、不间断的安全管理是施工企业安全管理的重点。远程安全监控系统能够实现对施工现场实时、准确、全方位安全监控。

2　需求分析

2.1　业务需求

实现施工全过程视频监控，并接入监控中心。事后可作为完工验收素材，作为施工评价依据。（现行的情况是，全过程录像，然后进行存档，没有做到事中管控）。实现对违章作业行为、不正确穿戴安全帽制服等行为及时发现并制止。实现对安全监护人员工作职责的监督；实现施工作业管控的要求。实现监控中心管理人员对所辖范围的施工作业的时间、地点、作业内容等信息了然于胸。

2.2 系统需求

目前石油企业急需一套信息化系统来实现石油作业现场安全管控，配合各部门的工作职能，解决安全管理中遇到的问题。通过与部分石油用户的沟通，我们对该系统的需求汇总如下：

建立一套用于石油作业现场安全管控的统一远程视频监控系统，能够供生产单位监控中心及其他部门共同使用；系统具备施工穿戴规范检测功能，中心智能结构化分析服务器可对前端采集的视频做结构化分析，判断工作人员是否佩戴安全帽、是否穿戴制服(后续规划)等，同时可通过视频检测现场是否有监管工作人员。

除了通过公司有线网络登陆系统，为了确保管理人员能够随时随地实现监督，还需支持移动终端(手机/平板/笔记本)通过运营商网络登陆系统；

作业现场点多、面广，作业周期短导致地点变动频繁，现场视频监控设备要便于安装、拆卸，而且具备定位功能；

很多作业现场没有电，现场视频监控设备需自带电源或满足车载充电；

在安全监督管理过程中，为对违章作业及时制止，现场视频监控设备还需支持语音对讲功能；

很多作业现场都无法接入公司内网，现场视频监控设备需支持无线模块，采用运营商提供的无线网络；

为确保信息安全，现场视频监控设备需独立组建无线专网接入公司外网。

3 系统总体设计

3.1 总体目标

为了实现作业现场安全风险管控，石油化工企业将部署石油作业现场移动视频安全管控系统，通过远程信息化手段，主要实现以下目标：

提供一个实现石油化工企业现场作业全员、全过程、全专业、多维的风险管控智能化平台，实现全员的现场作业风险管控，及时发现生产性单位的薄弱环节，并进行改进，实现对生产风险的事前监测、事中监控和事后监察，使生产管控更加规范和精细化，有效防范安全生产风险，真正将风险管控融合到实际的安全生产中。

3.2 设计思路

石油天然气作业现场移动视频安全管控系统是集硬件、软件、网络于一体的大型联网监控系统，以iVMS-9810平台软件为核心，实现远程联网及跨区域监控，在安全生产监控中心对全公司作业现场视频终端集中监控、统一管理、实时抽查，各生产单位中心设专人对本企业作业现场进行远程视频监控，安监部采用客户端进行定期视频抽查，共同为安全生产保驾护航。

在系统设计过程中，除符合相关技术规范，还将适当技术创新。石油天然气作业现场移动视频安全管控系统，将采用以下技术路线：移动设备接入、可视安全管理、违章智能检测，基于深度学习算法，主动对现场违规行为，诸如工作人员未佩戴安全帽做检测；双向语音对讲：对作业现场进行实时视频监控时，一旦发现违章行为，能够通过喊话、对讲及时予以制止；作业现场定位：根据移动设备提供的位置信息，及时定位作业现场，违章情节严重的立即去现场处罚，还可查询车辆行驶轨迹，掌握工作进度；

3.3 系统组成

石油作业现场移动视频安全管控系统由前端系统、传输网络、监控中心这三个相互衔接、缺一不可的部分组成(图1)。

3.3.1 前端系统

前端系统包括单兵、布控球、车载管控系统等移动视频监控设备，主要负责对作业现场的视频进行采集、编码、存储及上传。

3.3.2 传输网络

系统承载于基于运营商公网(4G网络)组建的石油专网，用于前端与中心之间的通信。前端系统的视频信息可上传至中心平台，供管理人员调用查看，并实现远程遥控。

通过运营监测(控)中心的网络安全隔离装置并经过身份认证后，在运营商的4G网络，管理人员也可随时随地在手持终端调取现场视频。

3.3.3 监控中心

监控中心是指的是生产单位监控中心组成，根据使用者不同，功能各不相同。

生产单位监控中心部署有监控平台的客户端，满足监控中心管理人员对作业现场对远程视频监控的需求，及时发现和制止作业现场违章行为，对工作亮点和安全问题截屏等操作，对关键环节进行录像留存，供分析点评使用。

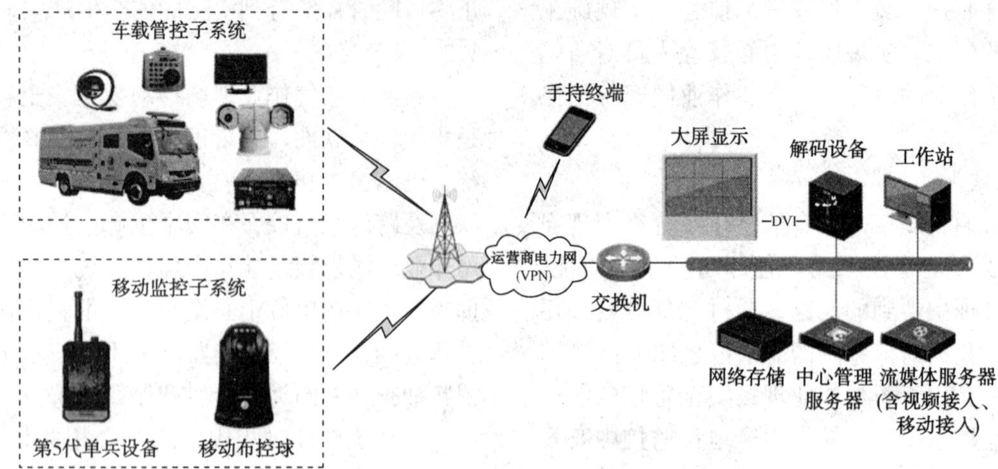

图 1　石油作业现场移动视频安全管控系统拓扑图

3.4　系统功能

3.4.1　实时监控

采用施工作业的视频监控系统，能够实时获得动态移动视频，而且能够对带云台设备进行云台操作，对视角、方位、焦距的调整，实现全方位、多视角、无盲区、全天候的监控(图 2)。

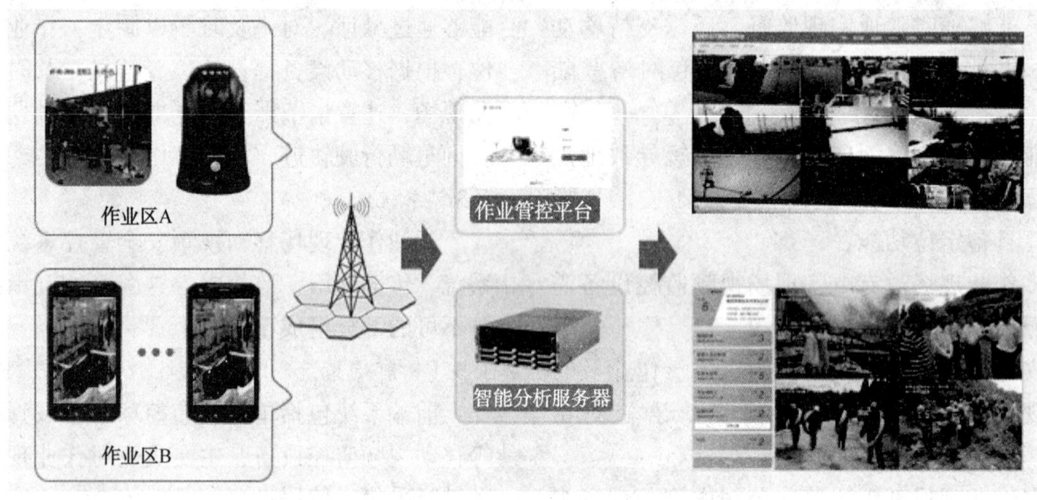

图 2　作业现场移动视频分级管控系统拓扑图

3.4.2　违规穿戴智能检测

通过前端移动设备采集的视频，中心视频结构化服务器可基于视频做施工人员是否佩戴安全帽检测，服务器具备超高视频结构化处理性能，支持实时视频流智能结构化处理，一旦检测到施工人员未佩戴安全帽等违规行为，立即将告警弹窗给中心管理人员(图 3)。

3.4.3　语音对讲

通过对讲功能，监控中心管理人员能够对现场工作进行指导，对违章行为及时予以禁止。

3.4.4　录像存储

本系统支持前端存储和中心存储两种模式。前端设备支持存储卡或硬盘，实现本地存储；也可部署中心存储设备，实时重点作业现场视频的实时备份存储。

3.4.5　数据下载

运营监测(控)中心对于前端便携式设备如单兵、布控球，可通过存储卡下载高清晰的照片及视频存储资料；对于前端车载管控系统，可通过 USB 接口下载数据。

3.4.6　资料留存

平台客户端用户在实时监控过程中，能够实现紧急抓图或录像，为处罚、学习、分析评价提供依据及素材。

任务监控

图 3　移动布控球视频监控效果图

3.4.7　地图应用

系统配备了 GPS 模块的移动设备，具备 GPS 定位功能，平台结合第三方 GIS 地图服务器，实现精确定位，可实时掌握作业现场的具体位置、监督工程车行驶的位置和历史轨迹。

3.4.8　移动保障

通过手持终端（手机、平板等）能够随时随地远程监控，实现预览、云台控制，为安全管控提供便捷的技术保障。

4　结论

对施工过程进行全程安全监控，既弥补了专职安全人员不足的缺陷又节省了一定的开支，还使得施工现场的安全生产得以保证。目前，这一技术公司已经推广应用到不同地区多个施工现场的不同装置，其对公司 HSE 监控业务支持主要体现在以下几个方面：①建立起公司与项目之间相互交流的平台，加强了公司内部之间及管理者和施工人员之间的信息沟通。公司总部可以随时掌握施工现场的全方位安全动态情况，观察到施工现场直接作业环节情况及 HSE 管理动态。②远程安全监控系统的使用，不但减轻了监管人员的工作强度，而且监管人员能够第一时间准确掌握现场关键装置、要害部位的安全状况，大大提高了安全监管人员的工作效率，弥补了传统人力监管带来的监管不到位的缺点。③该系统具有操作简便、使用灵活的特点，只要安全监督或其他管理人员知道中心服务器的 IP 地址，在任何场所任何地点即可通过 IE 浏览器、使用被授权的用户名和密码登陆中心服务器实时访问授权范围内的任意一个项目监控设备的图像资料，并且可以调用前端的录像资料。④实现了对施工现场进行全方位、全天候、全过程的安全监控。⑤实现了公司对工程施工过程中安全、质量等工作进行实时改进与完善，为制定措施和对策提供依据。项目利用施工过程中影像资料，可及时有效地监督、解决和控制项目施工中存在的安全问题，发现违章行为和安全设施缺陷及时纠正，有利于约束、规范施工人员的不安全行为，使施工现场安全隐患和风险降至到最低，有效地预防和控制安全事故的发生，进一步推动了项目 HSE 管理，提升了公司 HSE 管理水平。

远程监控系统在发挥其优势的同时，也显现出一定的缺点，比如：在接收、传输信息过程中有大量的图片数据，因此对监控系统远端服务器的硬件配置要求高，对公司监控中心和 3G 无线网络的网络信息传输速率要求高；系统对设备硬件要求高，设备采购成本高；数据流量大，上网费用高。在施工现场实施远程监控系统，具有功能多、效率高、安全可靠性好，同时又具有实用性、适应性和灵活性强等。

参　考　文　献

[1] 杨继民主编．创新 HSE 管理模式有效提升大型锅炉施工安全管理水平，2011.

[2] 杨旭升，任伟理．一种智能感知互动综合服务系统[P]．中国专利：CN102316151A，2012-01-11.

[3] 杨旭升，任伟理．一种互动综合服务系统[P]．中国专利，CN202103706U，2012-01-04.

龙岗气田信息化系统在安全环保中的应用

王　佳

（中国石油西南油气田分公司）

摘　要　龙岗气田属于高压、高含硫气田，在气田开发生产过程中可能发生天然气或气田水泄漏、人员中毒、高压伤人、火灾和爆炸等安全风险，安全环保形式严峻，提高安全意识有效利用各种工具是安全事故的防控手段，本文以龙岗气田为例介绍信息化系统的应用从生产安全、施工安全、突发事件应急处置等方面探索含硫气田开发生产过程安全受控的方法，分析应用效果，同时为系统的优化做进一步的探讨。

关键词　信息化；生产安全；施工安全；应急处置；龙岗气田

西南油气田公司龙岗气田属于高含硫气田，位于四川省南充市、达州市、巴中市境内，区域呈狭长型线状分布，地貌以山区丘陵为主。龙岗气田井站多数分布于山区，点多、线长、面广，含硫天然气一旦发生泄漏将会给周边居住的人员带来严重的生命威胁，事故发生后易发生次生或衍生事故，环境保护和环境安全面临严峻的挑战。为确保气田生产平稳运行，在发生突发事件时能够快速采取有效应对措施，龙岗气田在建立组织机构、编制应急预案、周期性开展应急演练和完善应急物资库的同时，着重建设信息化系统辅助进行气田生产安全的过程监控与指挥决策。

1　系统构成

龙岗气田主要建设有 SCADA 系统、站控系统、工业视频系统、三维地理信息系统和应急报警系统，按照应用的功能可以分为三类：一类应用于气田生产运行安全管理；二类应用于生产现场安全管控；三类应用于突发事件的应急处置（图 1），各系统在安全环保的应用中发挥不同的作用。

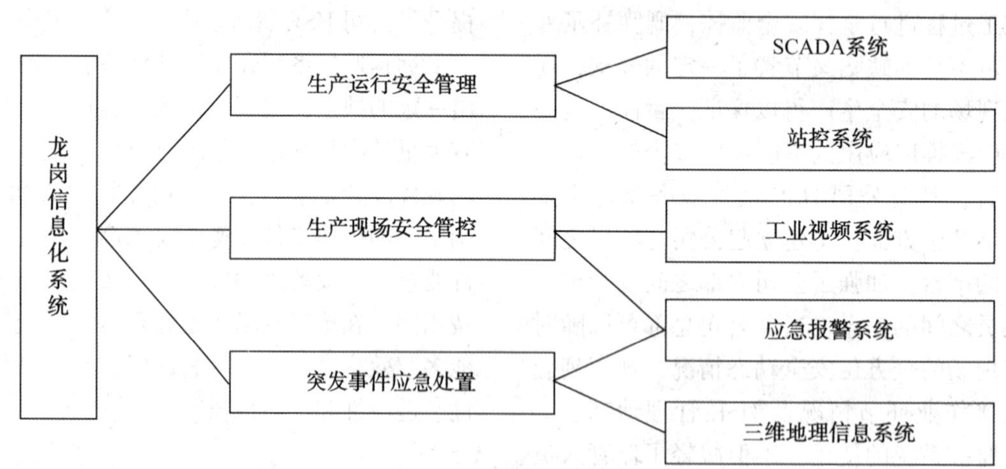

图 1　龙岗气田信息化系统构成

2　现场应用

2.1　生产运行安全管理

2.1.1　生产数据实时监控，风险预警及时

龙岗气田在生产运行过程中存在天然气管道和设备压力超高、天然气泄漏或者气田水管线泄漏、硫化氢溢出的风险，在关键运行节点对压力、温度、液位、流量等数据进行采集并进行远程实时监控（表 1），根据现场生产工况设定各类仪表采集数据的报警限值，SCADA 系统对生产现场的异常情况进行报警，提醒生产管理人员及时检查异常情况并进行处置，避免事故事件发生。

表1　龙岗气田关键生产运行参数监控点

序号	介质	数据类型	监控位置
1	含硫天然气	压力	井口、一二级节流后、进出站管线
2		温度	井口、一二级节流后管线、计量设备
3	含硫气田水	压力	污水罐、转水泵、转水管线
4		液位	污水罐
5		流量	计量设备

2.1.2　关键阀门自动控制，联锁处置安全

含硫气田井口装置是天然气由地下采集到地面最重要的控制环节，在地面输气过程发生异常情况时能够截断气源，是天然气采集过程安全保障的最后一道防线。利用井安系统保护井口装置是最常见的保护措施，龙岗气田除此之外还利用SCADA系统联锁控制井口阀门，对采输流程实施两级保护(表2)，在采输气工艺流程井口压力超高、输气管线压力超高或超低时，SCADA系统能够自动进行应急处理，及时快速地关闭井口安全截断阀和天然气进出站阀门，也可人为通过值班室ESD按钮进行紧急关断安全截断阀，有效保障地面采输工艺生产的安全。

表2　井口阀门动作条件表

序号	类型	级别	采集数据位置	阀门动作条件
1	系统联锁	一级保护	井口压力	>22MPa,
			管道输气压力	<5.2MPa或>8.8MPa
2	井安系统	二级保护	井口压力	>23MPa,
			管道输气压力	<6MPa或>9MPa

2.2　生产现场安全管控

2.2.1　生产和施工现场，有效安全监督

生产作业现场和施工作业现场是气田属地管理的重点，在属地现场监督的同时，调度远程通过工业视频系统对现场操作(图2)和施工作业(图3)进行跟踪，对作业现场实行两级监护，及时制止和纠正操作过程和施工过程存在的问题，保障施工作业行为规范、风险受控，确保操作人员的人身安全。

2.2.2　气水管道周边，周期安全宣传

龙岗气田建设有一套无线通讯的应急广播系统，用于紧急情况下的广播通知疏散群众，为使井站周边的居民了解天然气相关知识，龙岗气田将《天然气管道保护法》、硫化氢防护的基本知识等内容利用广播系统每周定时发送，使更多的居民懂得法律保护天然气管道、懂得硫化氢知识保护自身安全、知晓气田应急联系方式在发现异常情况时及时向龙岗调度反馈信息。

图2　操作现场远程监护

图3　施工作业现场远程监护

2.3　突发事件应急处置

2.3.1　SCADA紧急截断，控制风险

龙岗气田天然气H_2S含量是50g/m^3，气田水的H_2S含量是2000g/m^3，是天然气中H_2S含量的40倍，气田水中H_2S的危害更加引起安全管理的警觉和关注。龙岗气田的气田水采用管道输送至注水站进行回注，一旦发生泄漏，带压的含硫气田水会扩散到空气中，造成不可估量的后果，所以保障气田水管道的安全，在发生管道泄漏时能够第一时间发现并及时处置是应急处置的关键。龙岗气田SCADA系统设置气田水自控停泵联锁，在转水流量和压力骤然下降时，会自动停止转水泵，截断水源，避免事故的进一步扩大。

2.3.2　三维地理，辅助决策

三维地理信息系统集成火灾、爆炸与气体泄漏快速计算模型，针对当地复杂地形进行数据匹配，录入实时气象信息，第一时间推演有毒气体

的扩散范围(图4)，快速形成疏散人员分析报告，为应急指挥和疏散赢得了宝贵时间。基于事故影响范围计算，系统可快速检索地方公安、消防、医疗救护等应急救援力量信息，应对必要的警戒、疏散、救护等周边社会范围应急处置需要，实现企业与地方应急协同联动。

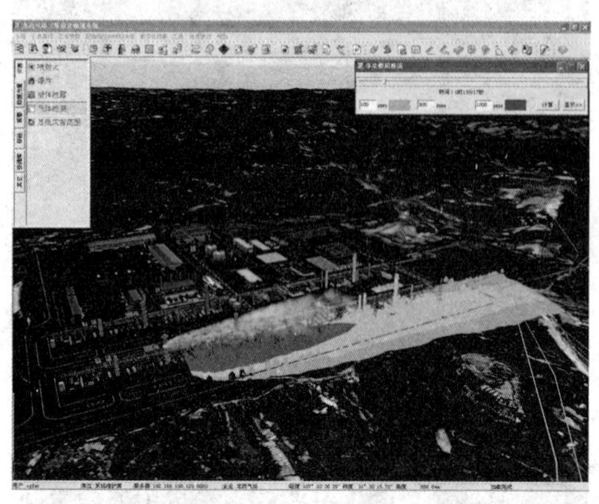

图4　气体泄漏扩散示意图

2.3.3　应急报警，紧急疏散

应急报警系统利用调频无线的方式，将广播信息内容进行发送，高音扩音器安装在人口密集区域及管道高后果区，在三维地理信息系统规划出疏散人员报告后，利用高音扩音器对疏散区域人员进行紧急疏散广播(图5)，使疏散人员能够第一时间收到预警信息紧急撤离，保障居民生命安全。

3　结束语

① 在气田开发生产中SCADA系统自动化预警与自动化应急处置为生产安全提供可靠保障。

② 在生产作业现场和施工作业现场，利用工业视频系统能够远程及时掌握现场实时动态，及时纠正现场不合理的操作步骤、不规范的施工行为，避免各种管理原因造成的事故事件。

③ 依托可靠的应急系统保障，能够在事故发生的第一时间，及时将预警信息利用信息化手段传递给周边居民，迅速达到疏散群众的目的。

④ 扩展新型信息化应急措施，利用移动互联的“大数据”系统，将应急信息利用短信的方式通过信息化平台发送到群众手中，信息扩展范围更广，涉及人员更全，待进一步创新的新方式。

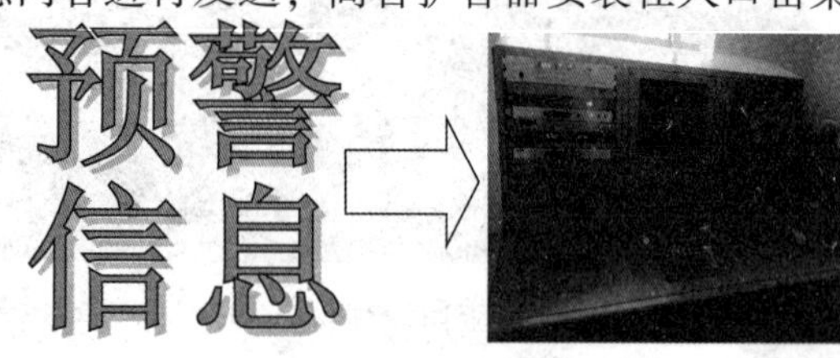

图5　应急报警信息发送流程图

探索老气田数字化管理之路

任玉清　侯飞燕　何俊峰　龙双双　李　宏

（中国石油西南油气田分公司）

摘　要　随着开发，大部分老气田进入中后期，高成本、高能耗、高腐蚀的地面生产系统给气田的生产经营、安全和可持续发展带来严峻的挑战。此外，国际油价持续走低，新能源多方位冲击，给石油石化行业转型破冰产生不利影响。为探索老气田提质增效之路，本文以卧龙河区气田为实例，通过工艺设备轻型化、管理运营数字化、企业理念人本化，气田管理精细化等措施，论证只有坚定走优简化先于数字化之路、数字化强企之路，以人为本之路，两化融合之路才能实现老气田安全、高效、可持续发展。

关键词　轻型化；数字化；人本化；精细化；两化融合；气田；管理；转型；探索

1　卧龙河气田运行情况

1.1　气田开发情况

卧龙河气田从 1970 年开始建设，1973 年投入生产，1987 年 5 月，卧龙河气田地面系统进入全面建成阶段，形成以卧龙河集气总站为中心的集输管网。1988 年 9 月开始对嘉陵江气藏增压生产，1994 年开始实施规模化泡沫排水采气，2001 年开始实施管道智能检测，2005 年 4 月卧龙河气田进入全面增压阶段。

截止到 2019 年 7 月，卧龙河气田已生产天然气 $352.83 \times 10^8 m^3$，生产运行压力在 0.5～1.5MPa，产量约为 $50 \times 10^4 m^3/d$，气田全面进入生产后期。

1.2　运营分析

卧龙河气田气田勘探开发已进入中后期，产量持续下降。一方面高成本、高能耗、高腐蚀的地面生产系统给气田的生产经营、安全和可持续发展带来严峻的挑战。另一方面传统的生产组织方式给生产管理成本及人员成本增加较大的负荷。

（1）运营成本高。在 2012 年，卧龙河气田共有生产气井 60 余口，有人值守井站 29 座。集输气管线 306.48km，集输水管线 43.39km，高压线路 93.8km，变压器 34 台，分离器及汇管等压力容器 99 台，水套炉 35 台，缓蚀剂及化排剂加注装置 89 套等。卧龙河气田设备多，每年展设备设施维护费用高达 400 多万，运营成本高。

（2）地面设施腐蚀严重。卧龙河气田从上世纪 70 年代开始投入生产，90 年代初已全面开发，站场设备、管线等运行时间基本接近 30 年，部分装置运行在 40 年以上，且卧龙河气田属于含硫气田，地面设施腐蚀严重，如图 1、图 2 所示。

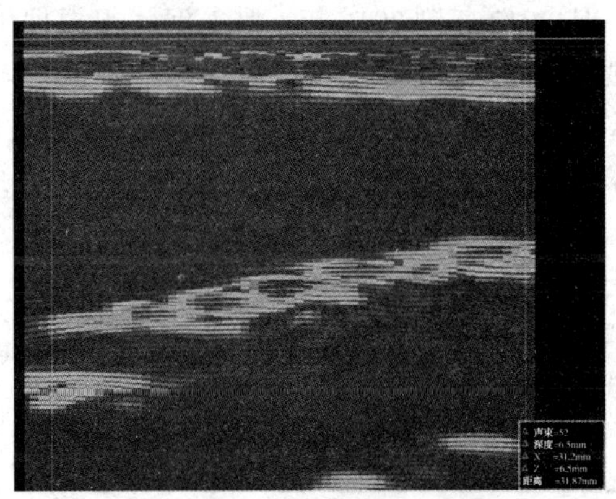

图 1　设备本体台阶状氢致开裂

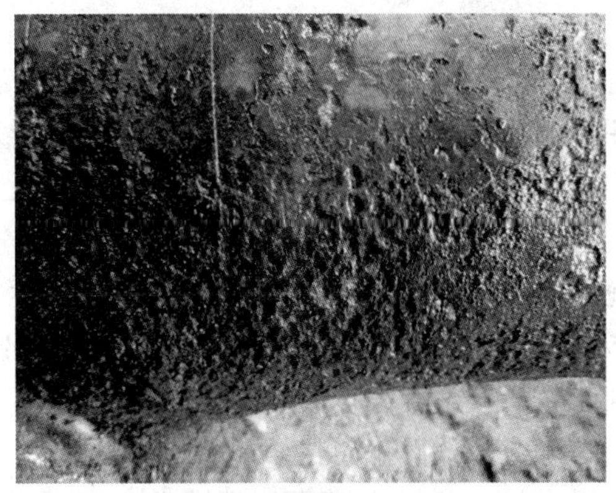

图 2　管线坑蚀严重

卧龙河人清晰地意识到，企业要想有效益、有质量、可持续发展，必须以四化愿景为主线，实现工艺设备轻型化、管理运营数字化、企业理念人本化，气田管理精细化。优先开展地面系统优简化工程，强化数字气田建设与运维，推进两化融合，转变生产经营管理模式，解放人的劳动力，激发人的潜能，实现卧龙河老气田安全、高效、可持续发展。

2 运营管理措施分析

卧龙河人以四化愿景为指导思想，理清四者的关系，轻型化是前提，信息化是保障，人本化是动力，精细化是目标。不怕试错，大刀阔步搞改革，强力推进优简化、数字化工程，减轻员工劳动强度，提高精细化管理水平，推进两化融合，助力老气田提质增效。

2.1 践行轻型化，以降本增效促进高效开发。

卧龙河人坚持"开源节流，降本增效"的管理思路，按照十年内无多余设备设施的理念，推行站场设备、管线设施、高压线路、增压机组的优简化工作，大幅减少设备维护人力、物力费用，为数字化、人本化、精细化提供了先决条件。

(1) 场站设备优简化。

从2012年到2016年，卧龙河气田根据生产需要，对57个站场进行优简化改造，拆除冗余设备，如表1所示，完成站场设备优简化后，全年节约除锈刷漆、检维修费用40万元。

表1　卧龙河气田拆除的冗余设备

汇管	水套炉	收发球筒	高压安全放空阀	计量旁通	出站阀及站外放空阀	各类型阀门
11套	35套	10套	28井次	28井次	34井次	800余(只)

(2) 管线设施优简化。

卧龙河气田在2012年共管辖管线306.48km，每年需要投入大量的人力物力保障管网平稳运行。为优化管网运行方式，降低管线运行成本，卧龙河气田自2012年起，陆续对已停运的净化气管线和无开采价值的原料气管线全部实施封堵停运，对同沟敷设管线进行合并运行，在5年时间内停运管线91km，报废管线9km，全年节约管线运行维护成本约21万元。

(3) 高压线路优简化。

卧龙河气田原有高压架空线路93.8km，变压器34台，长期空载运行的冗余线路和闲置变压器造成"大车拉小车"的不经济运行模式，从2012年起，卧龙河人先后拆除长期空载运行的冗余线路和变压器，并将供电网络优化调整为地方电源，减少了供电线路、配电设施损耗，全年节约运行维护费共计34.26万元，节约电费29.76万元，节约基本容量费41.5万元，节约防雷整改费用23.67万元。

(4) 优化机组运行。

2013年卧龙河共计运行机组19台，后期运行中，卧龙河人通过将卧南阳新与嘉陵江实现混采、卧龙河南区、北区气井全进卧南增压站增压等系列举措，在安全范围内提升机组的负荷率，调整气田增压站机组运行情况，目前卧龙河运行11台机组，共计减少8台机组的运行，全年节约机组维护运行成本700万元。

2.2 践行数字化，有效助推企业快速转型。

信息化技术给卧龙河气田带来新的生产力，同时也对传统管理模式、思维方式带来冲击和挑战。在企业蜕变转型的转折点，信息化系统稳定与完整性是增强企业变革信心，实现信息化与工业化的深度融合，推动企业高效、可持续发展的关键之所在。

(1) 技术改造，提升系统的可靠性。

受川渝地区阴雨天气、高山地形等影响，气田太阳能供电、无线传输、安防应用稳定性不足，严重制约信息化应用，阻碍企业变革的步伐。卧龙河气田不遗余力开展技术改造：一是通过开源节流、配置优化等多项措施提高了太阳能供电的能力，从而解决了冬季供电不足的问题，保障了系统最外围生态圈——供电系统的稳定；二是完善光纤建设，将气田的光纤接入率从40%提升至90%，从而提升通讯的稳定，保障数据、视频的正常传输；三是优化语音对讲系统，通过改变视频服务器启动的控制方式，不断优化对讲的操作界面，保障对讲系统的稳定性。总之，卧龙河人从系统薄弱环节着力(通讯、供电、安防)，以用户思维为指导，不断优化技术，集全员之力，强化举措，保障信息化系统的稳定性与可靠性，为实现企业管理转型扫清"硬件"障碍，如图3所示。

(2) 功能拓展，提升系统的完整性。

2014年生产信息化工程建成后，气田的数据生产接入率不到60%，重点管网的运行压力，污水池液位、外销计量等重点数据无法实现远程监控。俗话说，量变引起质变，我们认识到只有在数据接入率大幅提升的前提下才能实现生产组织管理效率台阶式的飞跃。为此，在数字化气田建设过程中，气田不遗余力地投入各类资源，自主开展各项信息化建设。一是将污水池液位、硫化氢含量、井安系统氮气瓶压力、重点管网运行压力、化排池液位、化排泵、UPS状态、分离器差压等运行参数接入上位机，实现远程传输。二是优化泡排加注工艺，通过油套压差、产量、产水量智能调节化排加注。通过功能完整评估，气田数据接入率已到达96%，完全满足生产组织管理变革的需求，但距智慧油气田精细化管理还有距离(图4)。

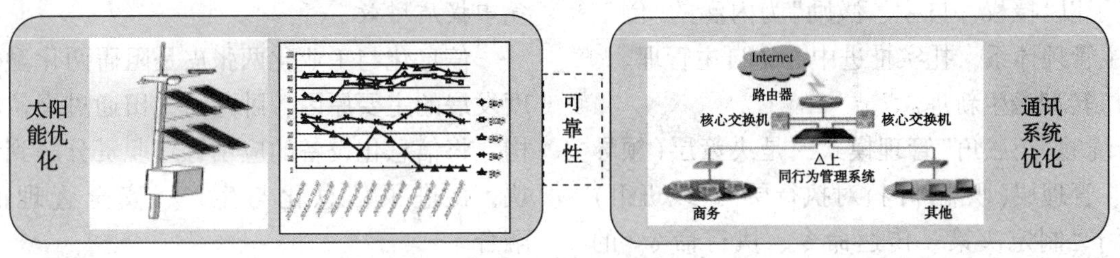

图3　太阳能、通讯改造示意图

图4　生产数据接入

(3) 强化运维管理，保障系统的可靠性与完整性。

信息化是一种集成性专业，它不同于工程专业设备相对独立、功能简单、类型单一，信息化设备类型、数量多，面广，系统设备之间存在千丝万缕，错综复杂的联系。因此，要保障系统的平稳运行，不仅需要精湛的技术，更需要完善的信息化运维管理体系。气田根据自身条件，融合自主维护与外委维护的优势资源，建立了以自控技术员、一线操作工、电仪表工为主体，以信通中心与控制系统专业维护为补充的信息化“3+2”运维管理体系。

明确标准，落实自主运维自责。分别从干的内容、干的方式、干的效果界定自控技术员、一线操作工、电仪表工的运维工作质量标准，并与基层站队建设QHSE管理标准融合，将负责的事情简单化、简单的事情标准化、标准的事情信息化，借助作业区数字化平台实现信息化运维管理的现场标准化、操作标准化、管理标准化。

跟踪运维效果，严格绩效评价。对自主维护人员的工作情况进行评价，并将考评结果作为办站和属地主管业绩薪酬分配的依据，强化薪酬的导向和激励作用，用绩效考核评估干的效果，增强绩效对工作的反馈效应，确保岗位职责实处落地。

卓越过程管理，保障运维结果。以受控系统为载体，通过问题上报——问题发布——问题处置——问题销项的闭环管理流程落实各项信息化故障的处置，高效完成问题的闭环，避免问题雪球越滚越大，从而保障信息化系统的稳定与可靠性。

强化结果管控，保障维护质量。对外委单位的管理不同于内部员工管理，我们只需严把首(需求)和尾(效果)，无需关注怎么达到效果。因此，卧龙河从管理制度着力，明确外委维护标准，严格服务考核评价，通过不断的反馈，提升外委的维护质量与品质。

搭建沟通平台，构建合作命运共同体。最佳的甲乙双方关系应该是合作共赢，双方应强化沟通反馈，了解彼此的需求与目标，达成全方位的合作共识。因此，卧龙河气田以数字化思维为导向，互联网平台为依托，建立运维qq群、故障维护信息库等全方位的沟通反馈机制，通过透明化、协同化的工作方式，解决管理的最大鸿沟——沟通与信任，从而提高运维效率，实现双方的合作共赢。

2.3　践行人本化，构建“倒三角”自主管理体系，实现管理转型

数字化运行后，中心站生产方式由点站式的

劳动密集向集约化的技术密集转型，传统以命令、控制为核心的"正三角"层级管理方式，已不能适应数字化条件下中心站的管理，必须探索新的管理方式以适应生产力发展需要。为此，我们构建了以"授权、自主、激励"为内涵的"倒三角"自主管理体系，扎实推进中心站自主管理。

(1)转型滋生新理念。

传统的"正三角"管理模式，是决策层(领导班子)、管理层(职能部门)对执行层(一线班组)自上而下"制定决策、传达命令、执行命令"的控制性、粗放式的层级管理模式。整个系统运行只有规定动作，没有自选动作，缺乏活力。老气田的后期开发和数字化后中心站的集约化管理，必须依靠中心站及全体员工的能动性。我们将自主管理理念引入管理体系，让每个层级都具备公转和自传的能力，既要遵循上级的规定运行，还要按照自定的轨迹运转，使管理组织和整体系统充满活力。

(2) 转型催生新动力。

为充分激发和调动员工的积极性和创造力，气田以中心站为主体，构建了"倒三角"自主管理体系。一是把中心站置于管理顶层，在明确职责、任务指标和工作质量标准的前提下，全面推行自主管理；职能部门置于管理中层，为中心站自主管理提供业务服务和支撑；领导班子置于管理底层，为中心站和职能部门自主管理提供决策和资源服务。二是定位以属地管理为核心的组织架构，明确各级管理主体的职责，赋予管理主体"责权利"对等的自主管理范畴和权限。三是通过绩效合同、履职考核标准、工作质量标准，分别下达各级管理主体的工作任务和考核指标，使其成为相对独立核算的管理"单元"。四是各级管理主体，制订工作计划，分解目标任务，将全体员工凝聚成目标、利益的共同体，通过自主管理，以员工潜力发挥和价值实现，推动 KPI 指标的优质完成。

2.4　践行精细化，推进两化融合，实现老气田提质增效

信息化与工业化两张皮是阻碍两化融合向深度发展的主要原因，卧龙河气田通过岗位职责重构，将信息化设备的应用管理职责分解到专业版块，促进了信息化与生产、安全管理的深度融合。

(1) 信息化与生产管理融合，提升气田精细化管理

调整岗位履职标准，将电子巡检、手持终端巡检、维保、闭环管理的应用作为中心站、属地主管主要工作方式和内容，员工通过上位机巡检与手持终端巡检全面掌控生产状态，开展动态分析，实行动态干预，优化"一井一策、一机一制，一管一法"，实现气田与设备的精细化管理水平。

调整气井动态管理机制，如图 5 所示，将每日产量下达各中心站，由中心站决定气井的开关与泡排加注制度，确保每日产量符合率在 95%～105%之间。

优化设备管理方式，以手持终端系统为载体，QHSE"三化"为标准，建立完善"一站一案一操作卡"与图文并茂的巡检工作质量标准，从而强化设备的现场标准、操作标准、管理标准。

改变仪器仪表传统校检模式。信息化后，气田生产组织发生变化，为使计量管理适应气田新的管理方式，针对内部计量仪表、非安全类仪表采用按质校检的方式，通过电子巡检+周期维护+闭环管理保障按质校检的效果，降低设备的维护成本。

垫江作业区动态管理标准

动态管理职责 (干什么)	标准 (要达到的结果)
熟悉气井基本参数	接班属地人员熟悉气井基础数据(投产时间、生产层位、井身结构、生产数据、生产制度、化排制度等),轮班交接后1周内对所有属地进行卡片考试或访谈。
对每日生产数据负责	每天早八点生产数据出来后,出现以下情况之一,由属地分析判断处理并做好记录: ①产量超过配产95%~105%的; ②产量与昨日数据变化大于20%的; ③套压、油压与昨日数据变化大于20%的; ④油套压差与昨日数据变化大于20%的; ⑤产水量与昨日数据变化大于20%的; ⑥油套压差连续2天飘红的

图 5　气井动态管理标准

(2) 信息化与安全管理融合，提高安全管控水平

语音对讲、图片抓拍和传输、适时视频、井口应急截断，为无人值守站场的安全管理提供了有效管控手段，气田通过三方面措施，实现生产过程的风险管控。一是根据生产情况、风险等级设置每口气井、每台机组、每条管网的生产报警和安全报警，如图 6 所示，规范报警参数管理；二是按照报警级别明确报警处置流程，制定安全报警、闯入报警的应急处置卡，如图 7 所示，实现操作、管理的标准化，保障无人值守井的安全管理；三是视频图片监控，强化施工审核。受控中心、中心站通过视频，实时开展施工作业现场的视频审核，及时发现和叫停不安全行为；四是调整岗位履职标准，将报警管理、视频施工审核、作为专业岗位人员与受控中心的工作方式，专业人员充分掌握信息化资源后，打破管理思维局限，促进管理效益，提升。

	卧南站报警参数设置模板						
站场	参数	报警低低限(开井\关井)	报警低限(开井\关井)	报警高限(开井\关井)	报警高高限(开井\关井)	报警屏蔽	岗位职责
卧33	套压	0.25	0.5	1	1.6		地质
	硫化氢浓度	0	0	10	20		工程
	电池电压	23.5	24	28	28		自控
	电池容量	20	40	100	100		自控

图 6　报警参数标准

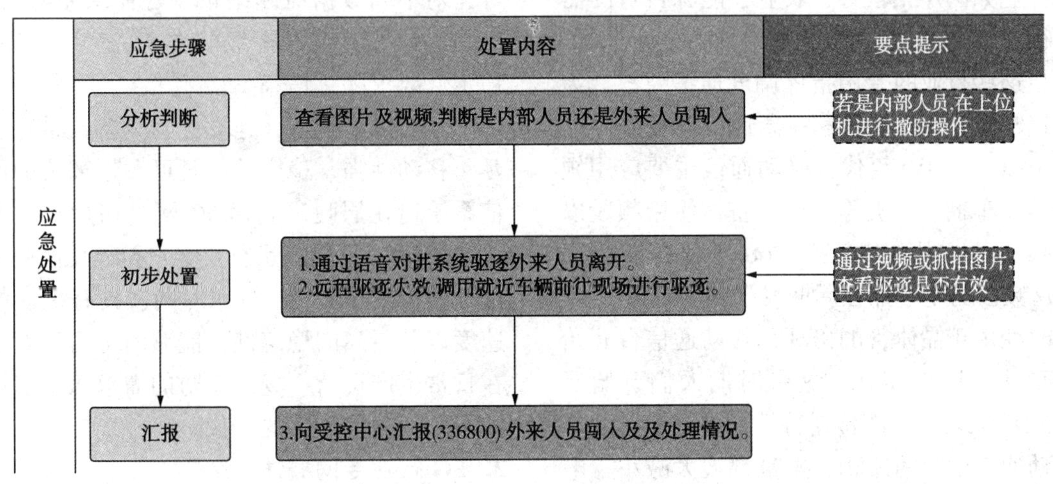

图 7　应急处置流程

3　结论及建议

(1) 针对老气田数字化建设，只有在完成冗余工艺设备优简化的前提下，才能大规模开展信息化建设，否则信息化带来的低成效将会和巨额的成本投入形成强烈反差，从而动摇数字化强企的信心，导致企业管理转型的失败。

(2) 信息化功能的稳定与完整性是老气田转方式、调结构、体质增效的源动力，如果动力不足，将难以撬动老气田转型，因此，企业应尽全员之力，集全员之智，保障系统的可靠性，提升功能的完整性，从而实现信息化效益阶跃性的飞跃。

(3) 互联网+管理体现了企业的人本化，互联网的本质其实就是人性的回归。企业管理需要关注平等，开放，人性的内在精神，通过互联网+管理促使员工平等、高效、协同实现人的价值，创造企业的效益。

(4) 拥抱信息化带来的机遇与条件，发挥信息化在生产要素配置中的优化集成作用，突破思维局限，转变管理理念，激活业务动力，促进了信息化与生产、安全管理的深度融合，提高企业的管理效益，实现老气田安全、高效、可持续发展。

页岩气数字化气田建设的网络支撑

汪浩海　杨琪敏　龚　诚

（中国石油西南油气田分公司）

摘　要　针对油气田行业客户当前的网络通信和生产需求，结合5G网络切片和边缘计算技术打造一套满足气矿行业客户的定制化专属无线网络；5G无线专网的建设能够满足客户日常生产工作中差异化的网络需求，同时可以有效保障气矿数据安全，能有效解决当前石油行业的通信问题。

关键词　5G行业专网；石油通信；网络切片；边缘计算

1　引言

随着各个行业的信息化程度提高，行业应用对通信技术的需求也越来越多。传统的公用移动网络提供服务的地点、容量、时限等方面不能适应一些行业如医疗、教育、农业、能源行业的需要，而行业专用移动无线电网络即“行业专网”则能满足这些行业的专用指挥调度通信要求，为其提供日常调度指挥通信和应急通信等服务[1]。

从1920到1950年代，移动通信主要应用领域是船舶、车辆、飞机等交通设备，使用频段以短波波段为主。从1950到1960年代，以使用150 MHz频段为主，并在后期发展到400 MHz频段。该时期由于晶体管的出现，移动通信台开始变得小型化。1970年代，这一时期人们开始研究800 MHz频段的电波传播特性并进行设备的研制，移动通信电台的体积、重量都大大减小，电力消耗也有了明显改进。同一时期，国际移动通信开始制定专网通信标准[2]。通信技术的不断发展，带来了社会各个行业应用的改变，特别是第五代移动通信技术（5th generation mobile networks，5G）的诞生，让网络朝向多元化、宽带化、综合化、智能化的方向发展[3]。5G行业专网作为通信技术和行业应用深度融合的有力抓手，在促进各行业应用发展上将具有至关重要的作用与广阔的发展前景。

在多个领域中，石油石化行业作为国民经济的支柱产业，为了适应日趋严峻的国际市场竞争，应用5G行业专网进行油气田信息化建设，推进油气田从数字油气田发展为智能油气田、智慧油气田的进程，已成为石油石化行业发展的重大战略步骤[4]。

但是目前石油石化行业应用的气田通信系统存在一些问题与需求：一是井站站点分散、跨地域分布呈常态，且需检测井站数量多，需要广覆盖且稳定的网络以满足日常数据的传输需求；二是井站回传数据多样，涉及生产数据、安防数据等，对不同数据对网络带宽等需求差异化较大；三是对数据安全性等级非常高，对网络安全性、稳定性要求随之增高。

针对以上问题，建立一套具备高带宽、低时延、移动性强、稳定可靠且可柔性部署的网络通信系统迫在眉睫。利用5G网络切片和边缘计算技术（MEC）打造满足行业客户差异化网络需求及保证数据安全的5G行业专网，具有更快的传输速度以及更高的稳定性，能够满足石油石化行业在日常生产运营、场站安防的需求，也加快了石油石化行业信息化的步伐。

2　5G行业专网概述

5G行业专网是融合5G切片技术和边缘计算技术，满足行业客户业务、连接、计算、安全等需求的专用网络，是运营商在5G时代为行业客户设计的新型ICT基础设施[5]。

2.1　网络切片

根据5G白皮书，5G网络需要支持三个新应用场景，不同应用场景中的用户对5G网络有不同的功能需求，例如优先级、计费、策略控制、安全、移动性等；在性能上，如时延、可靠性、速率、吞吐量、连接密度等方面也有更高的要求。某些特殊应用场景甚至希望有专用网络为其提供服务。从功能的角度看，最合乎逻辑的方法是构建一组专用网络，每个专用网络适用于一种类型的业务用户，并且这些专用网络能够实现针对每个企业客户定制需求。传统的移动网络仅使用物理节点构建，网络是静态配置的，这种网络构建方法只能满足单个用户的应用环境需求，无法满足 5G 网络建设的目标。随着云计算、软件定义网络(Software Defined Network，SDN)、网络功能虚拟化(Network Functions Virtualization，NFV)等新技术以及网络构建新思路的出现，一种在一张物理网络上构建不同逻辑网络的思想应运而生，构建的逻辑网络即被称为网络切片[6]。5G 网络切片是网络服务模式的一种全新尝试，也是 NFV 技术应用于 5G 网络的关键特征。利用 NFV 技术可将一张 5G 网络物理组网根据场景需求虚拟化为多个相互独立的虚拟网络切片，每个网络切片都按照业务场景需求和话务模型进行网络功能的定制裁剪和相应的网络资源编排管理，都可以视为一个实例化的 5G 端到端网络。在一个网络切片内，运营商可以对虚拟资源进行进一步的灵活分割，根据客户需求定制创建虚拟子网络。同时网络切片的构建理念表明，网络切片并不仅限于为增强移动宽带(Enhanced Mobile Broadband，eMBB)，超高可靠超低时延通信(Ultra Reliable& Low Latency Communication，uRLLC)，大规模物联网(Massive Machine Type of Communication，mMTC)三类应用场景服务，还可以满足运营商更加灵活的定制服务需求，具体包括：(1)能够满足不同用户或者业务的网络服务质量需求的服务质量切片；(2)能够满足不同种类业务场景对网络功能需求的功能定制切片；(3)能够满足虚拟网络运营者或服务提供者需求，将网络资源划分为不同资源子集的虚拟运营切片[7]。

2.2 边缘计算(MEC)

边缘计算相对于传统的云计算而言，其本质上是一种本地分流技术；它将传统的云计算能力下沉到离用户终端最近的技术[8]。传统的网络构架中，计算机存储能力由核心网罗提供，但是 MEC 可以在无线接入端(基站侧)提供存储及计算能力，即分布式计算/存储；相较于云计算而言具备两点核心优势：一是数据传输链路更短、从而缩短数据传输时间；二是本地化处理的数据可以实现“数据不离场”，有效保障客户数据安全。

边缘计算技术(MEC)使得运营商和第三方业务可以部署在靠近用户无线接入点的位置，通过业务负载和数据传输时延来实现安全高效的业务分发。图 1 是边缘计算技术(MEC)在 5G 网络架构中的位置示意图。

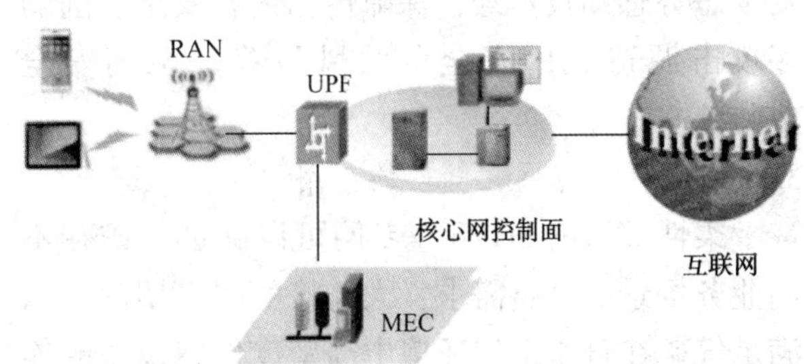

图 1 MEC 系统在 5G 网络中的位置示意图

2.3 5G 行业专网建设

行业专网是面向行业客户的专属网络，通过网络切片和边缘计算技术实现网络定制化和数据本地化。典型的 5G 行业专网架构如图 2 所示。

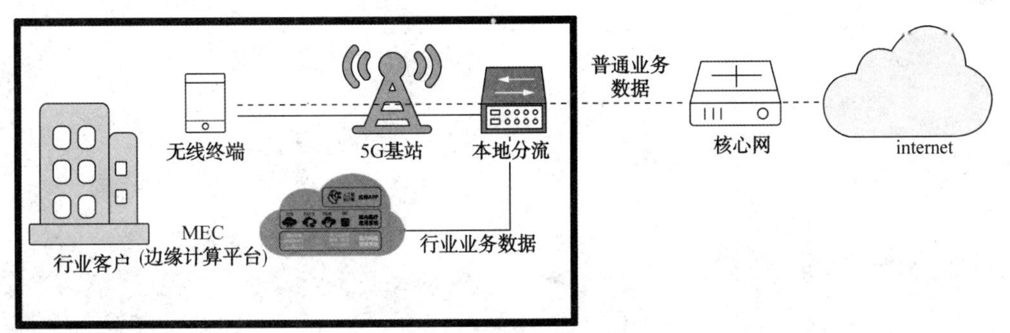

图 2 5G 行业专网网络架构图

行业客户从 5G 基站无线侧接入网络，网络切片技术能够实现从无线网-传输网-核心网的端-端网络虚拟化，从而保障气矿行业用户在网络性能的特定需求。气矿区域数据通过行业网关进行核心数据的分流、卸载，敏感数据直接在本地 MEC 进行处理，普通数据则通过行业网关分流至公网，实现矿区数据“不离场”，有效保障矿区数据安全的需求。

3 5G专网在气矿行业的应用

3.1 5G行业专网的优势

高质量无线接入能力：5G作为最新一代通信标准，其带宽更大，时延更低，频谱效率更高，可以满足气矿高质量无线接入需求；

兼容个人业务与企业业务：使用5G切片技术，通过划分不同的切片，使其具有不同的能力等级，各司其职；从而满足不同业务、不同场景的SLA等级需求；

专网边缘云：提供高可靠性、即开即用的边缘云服务，免除企业自建IDC的烦恼，具备更低的成本以及更可靠的服务；同时为用户提供具备人工智能、大数据、物联网等基础能力；

网络安全保障：借助5G本地分流技术，保障企业数据不出企业，保障用户的数据传输安全；同时借助在MEC上打造的流量感知技术、安全态势感知技术等，保障传输内容安全、削弱多攻击源造成的安全漏洞风险等一系列安全威胁。

3.2 5G行业专网在气矿的应用

柔性部署的5G行业专网可以满足气矿在不同业务场景的网路需求：大连接的网络切片可以满足气矿在日常工作环境中高密度传感设备的连接需求；大带宽的切片则可以保障气矿视频监控等大颗粒数据传播的需求；低时延的网络切片则可以满足诸如无人机巡检、安防机器人等对传输时延有较高需求的业务场景。

行业专网的建设不仅对气矿在日常生产作业过程中的数据传输提供网络保障，同时也为智慧气矿的建设提供无限可能。

4 结束语

随着5G时代的来临，无线通信技术在传输速率、安全性、稳定性等方面有了显性的进步，为油气田的信息化建设提供强有力的通信保障，同时也了智慧油气田的建设步伐。

参 考 文 献

[1] 张龙，杨博涵．5G+企业专网如何助力垂直行业发展[J]．5G无线，2019：39.

[2] 孙韶辉，高秋彬，苏昕，李辉．5G大规模波束赋形技术[M]．无线电通信技术，2019：1-10.

[3] 王鹤．无线通信技术在油田信息化建设中的应用[J]．电力自控，2019，38(7)：76-79.

[4] 刘武，任淑芳．无线通信系统在油气生产管理中的应用[J]．管理实务，2017，7：89-90.

[5] 张忠皓，李福昌，延凯悦，高帅．5G毫米波移动通信系统部署场景分析和建议[J]．邮电设计技术，2019，8：1-6.

[6] 陆锦华．无线专网通信技术体制与标准的发展[J]．移动通信，2019，43(3)：6-11.

[7] 任驰，马瑞涛．网络切片：构建可定制化的5G网络[M]．中兴通讯技术，2018，24(1)：26-30.

[8] 程淑荣，刘洁，林奕琳．边缘计算技术在企业专网中的应用[J]．移动通信，2018，42(11)：25-29.

“四合一”设备运行状态优化研究

冯继飞

（大庆油田有限责任公司）

摘　要　四合一组合装置具有“缓冲、沉降、加热、分离”四种功能，转油站采用四合一气液分离处理工艺可以达到简化站内工艺、降低投资、某油田共有14台四合一组合装置，近年来四合一频频出现烟、火管鼓包、穿孔的问题，影响生产平稳运行，单台加热炉最短损坏周期仅4个月，维修时间最高可长达3个月，严重影响油田正常生产，且每次维修更换烟火管费用超过50万元，维修成本高。针对这一问题本文对四合一设备运行状态进行研究，找出四合一组合装置损坏原因，并提出优化改造方案，保证设备稳定运行。

关键词　四合一；状态；火管损坏；分析

四合一组合装置功能优越，应用广泛，但受到烟火管烧损问题的制约，影响生产安全平稳运行。为解决此问题，进行四合一加热炉运行状态研究。

1　现状

某油田共有四合一流程转油站5座，四合一组合装置14台，投产时间超过10年8台，小于10年的6台，投产至今共发生20次烟火管烧损问题（表1）。

表1　四合一加热炉建设现状统计表

转油站	序号	加热炉类型	加热炉型号/mm	功率/MW	投产时间/年	投产年限/年	烟火管损坏次数
SY联转油站	1#	火筒炉	ϕ19528×4000	2.5	2003	15	
	2#	火筒炉	ϕ19528×4000	2.5	2003	15	
SE联转油站	1#	火筒炉	ϕ4000×20028	2.5	2005	13	3
	2#	火筒炉	ϕ4000×20028	2.5	2005	13	3
	3#	火筒炉	ϕ4000×20028	2.5	2008	10	2
CY转油站	1#	火筒炉	ϕ4000×16478	2.0	2003	15	1
	2#	火筒炉	ϕ4000×16478	2.0	2003	15	
CEY转油站	1#	火筒炉	ϕ4000×16478	2.0	1998	20	
	2#	火筒炉	ϕ4000×16478	2.0	1998	20	
	3#	火筒炉	ϕ4000×16478	2.0	2009	9	
CEQ转油站	1#	火筒炉	ϕ4000×22028	3.0	2010	8	4
	2#	火筒炉	ϕ4000×22028	3.0	2010	8	5
	3#	火筒炉	ϕ4000×22028	3.0	2013	5	1
	4#	火筒炉	ϕ4000×22028	3.0	2017	1	

2　四合一加热炉烟火管腐蚀损坏机理分析

2.1　柱塞泵常见故障及原因分析

对四合一烟火管鼓包、穿孔后，四合一烟火管烧损情况的现场勘查，掌握了以下基本情况：

2.1.1　烧损位置

四合一烟火管烧损部位在径向上多数位于火管顶部，轴向均位于耐火砖铺设末端向内0~1.5m之间无耐火砖位置。耐火砖铺装长度为火管口向内2.4m，即烟火管轴向烧损部位多位于火管前段2.4~5.2m之间，高温区集中在耐火砖后3m区间内，说明处在高温区的火管更易出现烧损现象（表2，图1，图2）。

表 2 四合一火管烧损位置记录表

站名	装置	时间	问题	径向位置	距离封头轴向位置(m)
CEY 转油站	1#四合一	201608	火管鼓包	火管顶部	4.5
		201610	火管鼓包	火管底部	4.0
	2#四合一	201606	火管鼓包	火管顶部	3.7
		201701	烟管穿孔		6.7
	3#四合一	201708	火管鼓包	火管顶部	5.2
SY 联转油站	1#四合一	201608	火管鼓包	火管顶部	4.1
	2#四合一	201612	火管鼓包	火管顶部	4.3

图 1 SY 联转油站 2#四合一火管鼓包现场图

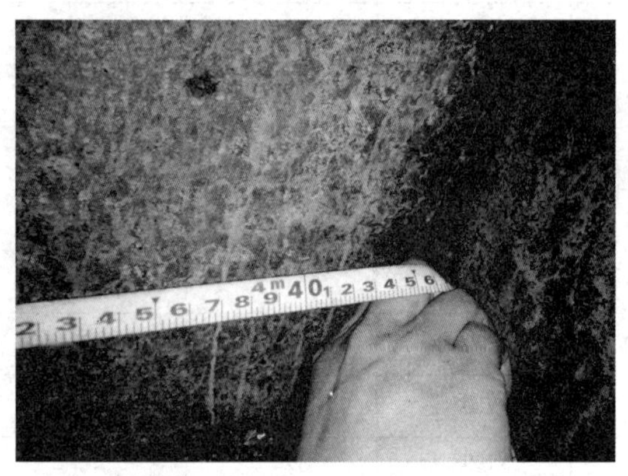

图 2 朝 2＊转油站 1#四合一火管鼓包现场图

2.1.2 结垢情况

火管外表面均有不同程度的结垢情况，其中火管侧面和底部结垢程度较轻，仅有约 2mm 厚的“硬垢”；而火管顶部结垢厚度达 40mm 左右，其中内层“硬垢”厚约 10mm，垢层非常致密，强度较大；外层“软垢”厚约 30mm，垢层比较疏松，强度较小(表 3)。

现场勘察显示，这 2 座转油站四合一火管烧损结垢情况基本相同。即四合一烟管和火管在顶面结垢严重，侧面和底面结垢较轻；火管表面结垢分布不均匀，距离燃烧器较近的前段结垢情况比后段严重，而且火管表面结垢远比烟管表面结垢严重；烟管顶面结垢整体比较均匀。此外，烟管和火管顶面的垢层中，表层垢样比较松软，很容易取下，而底层垢样结构致密，且与烟管和火管表面结合紧密，需要使用铁锹等工具才能将其铲下。

2.2 四合一加热炉烟管和火管表面垢样检测化验

为进一步研究垢的组成和成分，对 2 座站站火管顶部垢样 2 个，烟管内部垢样 2 个进行组成分析，结构分析。

2.2.1 四合一火管垢样

图 3 CEY 转油站垢样横截面宏观形貌图

图 4 双＊联转油站垢样横截面宏观形貌图

图 3　四合一垢层测量数据表

序号	站名	四合一	日期	火管前部(mm)	火管中部(mm)	火管尾部(mm)	烟管(mm)
1	CEY 转油站	1#四合一	201608	45	45	35	5
2		2#四合一	201606	50	50	45	5
3			201701	40	40	30	3
4		3#四合一	201708	30	30	20	3
5	SY 联转油站	1#四合一	201608	40	40	30	3
6		2#四合一	201612	40	40	30	3
7	平均			41	41	31	4

表 4　朝 2＊转油站垢样成分表

Ca/%	Sr/%	Si/%	Ba/%	Mg/%	Fe/%	S/%
34.7	3	2.55	2.03	1.3	1.18	0.51

表 5　双＊联转油站垢样成分表

Ca/%	Sr/%	Ba/%	Si/%	Mg/%	Fe/%	S/%
33.4	7.11	3.69	1.64	1.42	0.79	0.41

观察火管垢样横截面宏观表层和底层可以看出，火管表面垢样呈现分层结构，底层垢样含泥沙较多，颜色较浅，硬度较硬；表层垢样含油污较多，颜色较深，硬度较软。垢样结果分析表明，朝2＊转四合一炉火管表面为垢样，主要以 Ca 垢为主，并含有少量 Sr，Si，Ba，Mg 垢，此外测得一定含量的 Fe、S，说明存在一定程度的硫化氢腐蚀现象，SE 联掺水炉火管表面为垢样，成分和 CEY 转掺水炉火管垢样类似，仍以 Ca 垢为主，并含有少量 Sr，Si，Ba，Mg 垢，此外测得一定含量的 Fe、S，说明存在一定程度的硫化氢腐蚀现象。

四合一加热介质为油井采出液，采出液中含原油、地层水、杂质等。地层水的矿化度较高，在烟火管的高温作用下，Ca^{2+} 等易在火管表面析出结垢。同时从上文 CEY、SY 联四合一维修清淤记录表可以看出 2 座站油井来液携杂质较多，清淤量 23~42m^3 之间，调查朝 27 转油站清淤量基本在 10m^3 以下，说明采出液中的泥质物、悬浮物、介质中析出矿物质等杂质，沉积、粘附在火管顶面，经过火管长时间的高温加热后，内层杂质在火管顶面转化成"硬垢"，外层杂质滞留在火管顶面形成疏松的"软垢"。

由于物质高温侧壁面与低温侧壁面间的温度差，随导热系数增大而减小，钢的导热系数高，钢管的内外壁温差不大，但当火管出现结垢时，结垢的导热系数比钢材的导热系数低，结垢后的火管导热性能急剧降低，热量不能及时传导给介质，使得火管局部温度升高，局部过热，产生的二次应力使炉管鼓包变形。

表 6　钢材和各种水垢的平均导热系数表

名称	导热系数[W/(m·K)]
钢材	46.40-69.60
氧化铁垢	0.116-0.232
硅酸钙垢	0.058-0.232
硫酸钙垢	0.58-2.90
碳酸钙垢	0.58-6.96

2.2.2　四合一烟管垢样

图 5　朝 2＊转油站垢样横截面宏观形貌图

图 6　双＊转油站垢样横截面宏观形貌图

表7　朝2＊转油站垢样成分表

Ca/%	Fe/%	Si/%	S/%	Sr/%	Ba/%	Mg/%
32.76	7.23	1.79	1.47	1.01	0.89	0.4

表8　双＊转油站垢样成分表

Fe/%	S/%	Na/%	Ca/%	Mn/%	Si/%	Sr/%
68.29	2.17	0.91	0.45	0.44	0.26	0.11

某油田四合一唯一一次烟管穿孔发生在朝2＊转油站。从燃料构成分析，CEY转油站燃料气全部为自产伴生湿气，SY联转油站燃料气40%为自产伴生湿气，60%为气田产干气。

从加热炉内部现场勘查，同样运行1年的CEY转油站1#四合一对比双＊联转油站2#四合一，烟火管连接处有明显黄色硫化物腐蚀现象。从烟管垢样结果分析，朝21转油站垢样中有大量Ca垢，说明气中含水较多。同时从气样化验结果可以看出，朝21转油站自产气含硫258 mg/m^3和硫化氢246 mg/m^3浓度比规范要求二类燃气含硫量200 mg/m^3的标准稍高，腐蚀性较强，说明气中含水较多，硫含量大，加剧烟管的腐蚀是该站烟管穿孔主要原因。

3　四合一加热炉介质检测化验

3.1　水质组成分析

对2座站四合一加热炉进出口水样进行分析，完成水质组成分析。

表9　CEY转油站四合一加热炉进、出口水质对比数据表

序号	检验项目	进口		出口		差值	
		c，mmol/L	ρ，mg/L	c，mmol/L	ρ，mg/L	c，mmol/L	ρ，mg/L
1	pH	7.98		8.77		-0.79	
2	Cl-	30.278	1073.37	29.306	1038.88	0.972	34.49
3	CO32-	0	0	4.091	245.47	-4.091	-245.47
4	HCO3-	11.363	693.34	9.454	576.86	1.909	116.48
5	OH-	0	0	0	0	0	0
6	Ca2+	0.383	15.36	0.364	14.57	0.019	0.79
7	Mg2+	0.555	13.5	0.305	7.41	0.25	6.09
8	SO42-	1.868	179.3976	0.773	74.219	1.095	105.1786
9	Na++K+	43.499	1000.48	47.149	1084.43	-3.65	-83.95
10	总矿化度	—	2975.44	—	3041.837125	—	-66.397125

表10　SY联转油站四合一加热炉进、出口水质对比数据表

序号	检验项目	进口		出口		差值	
		c/(mmol/L)	ρ/(mg/L)	c/(mmol/L)	ρ/(mg/L)	c/(mmol/L)	ρ/(mg/L)
1	pH	9.03		8.95		0.08	
2	Cl-	64.448	2284.68	62.624	2220.02	1.824	64.66
3	CO32-	9.499	570.04	4.181	250.93	5.318	319.11
4	HCO3-	10.272	626.78	9.226	562.99	1.046	63.79
5	OH-	0	0	0	0	0	0
6	Ca2+	1.567	62.82	1.322	52.97	0.245	9.85
7	Mg2+	0.953	23.17	0.712	17.32	0.241	5.85
8	SO42-	0.382	36.6663	0.363	34.8863	0.019	1.78
9	Na++K+	89.44	2057.12	76.871	1768.04	12.569	289.08
10	总矿化度	——	5661.28	——	4907.16	——	754.12

表 11 CEY、SY 联转油站四合一加热炉进口水质对比数据表

序号	检验项目	朝 21 进口		双二联进口		差值	
		c/(mmol/L)	ρ/(mg/L)	c/(mmol/L)	ρ/(mg/L)	c/(mmol/L)	ρ/(mg/L)
1	pH	7.98		9.03		-1.05	
2	Cl-	30.278	1073.37	64.448	2284.68	-34.17	-1211.31
3	CO32-	0	0	9.499	570.04	-9.499	-570.04
4	HCO3-	11.363	693.34	10.272	626.78	1.091	66.56
5	OH-	0	0	0	0	0	0
6	Ca2+	0.383	15.36	1.567	62.82	-1.184	-47.46
7	Mg2+	0.555	13.5	0.953	23.17	-0.398	-9.67
8	SO42-	1.868	179.3976	0.382	36.6663	1.486	142.7313
9	Na++K+	43.499	1000.48	89.44	2057.12	-45.941	-1056.64
10	总矿化度	—	2975.44	—	5661.28	—	-2685.84

从水质分析结果可以看出，CEY 转及 SY 联的水质均有结垢倾向，经过加热炉加热后，Ca2+、Mg2+下降，间接说明有两站均有结垢现象产生。

3.2 水质过饱和度分析

加热炉进出口水样，2h 沉降分离后抽取底水，经单层中速定量滤纸过滤后，放入恒温烘箱加热 12h，测定其在不同温度下新生矿物颗粒生成的规律。

表 12 温度对新生矿物颗粒生成的规律，mg/L

介质	加热前	45℃	50℃	55℃	60℃	65℃	70℃
CEY 转炉进口介质	6	8	8	8	12	16	16
CEQ 转炉出口介质	4	6	6	6	6	8	8
SY 联炉进口介质	28	46	58	60	58	56	58
SE 联炉出口介质	6	16	22	22	20	22	22

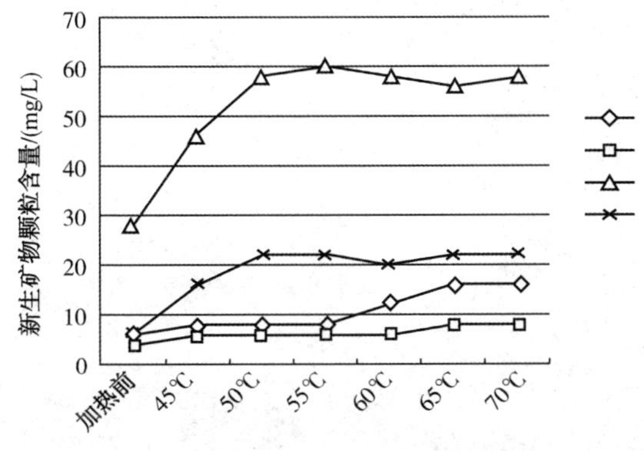

图 7 介质新生矿物颗粒升温过程中析出曲线

新生矿物颗粒试验结果表明，CEY 转在较高温度 60℃左右有新生矿物颗粒析出，即发生结垢现象，结合水质数据，该站矿化度较低，但是该站处理液量是 SY 联合站的 2.5 倍，并且存在经过加热炉后，水质变化明显，结垢倾向显著的特点。SY 联在较低温度(30~45℃)区间有新生矿物颗粒析出，发生结垢现象，且该站矿化度较高，结垢量大于 CEY 转油站，可见 SY 联介质存在成垢温度低，结垢量大的特点。

3.3 腐蚀速率评价

以现场采出水为介质，静态评价了 2 座站介质的腐蚀速率，四合一火管壁厚 14mm，烟管壁厚 8mm，腐蚀裕量为 1.5mm，计算介质腐蚀至设备无法安全运行年限超过 60 年，说明这两个站四合一烟火管受介质腐蚀影响可忽略不计(表 13)。

表 13　采出水腐蚀性评价

介质	测试方法	腐蚀速率/(mm/a)	介质外腐蚀下运行年限	
			烟管寿命	火管寿命
朝 2＊转油站四合一进口介质	在线监测	0.097	67	129
	腐蚀挂片	0.086	76	145
双＊联转油站四合一进口介质	在线监测	0.0115	565	1087
	腐蚀挂片	0.0124	524	1008

4　四合一加热炉烟火管损坏原因

通过以上分析可以得出结论，四合一加热炉烟火管损坏的主要原因为：

(1) 来液携杂质多，介质受热后结垢倾向明显，导致四合一加热炉火管表面结垢，传热效率下降、局部过热；

(2) 转油站存在正常运行时特别是四合一损坏维修期间，热负荷过高的情况，会导致火管高温变形，造成四合一不断损坏的恶性循环；

(3) 伴生气含水量大，含硫较多致使烟管腐蚀加剧造成内部穿孔。

4.1　四合一加热炉运行状态优化技术方案

(1) 针对来液携可沉积杂质较多的问题，有改造条件的站可在四合一组合装置前端，新建"三合一"或旋流除砂等沉降、分离设备，将来液泥砂沉积段前移，减少加热炉烧损，无改造条件的站建议加密清淤除垢周期至 1 年 1~2 次。

(2) 针对介质受热后结垢倾向明显的问题，安装除垢设备，减缓结垢速度。

(3) 及时维修超温报警装置将监测器安装在鼓包区间，保证超温报警系统效果。

(4) 安装炉况优化系统实时监测加热炉炉效，炉效降低明显时及时安排清淤，或开罐检查。

(5) 针对伴生气含水量大，含硫较多致使烟管腐蚀加剧造成内部穿孔的问题，建议增加天然气干燥装置提高燃烧器燃料质量，减轻烟管腐蚀。

5　结论

5.1 四合一组合装置工艺在来液携沙较多情况下运行，要及时检测炉效，确定结垢情况及时清淤。

5.2 四合一加热炉高负荷运行及火管顶面严重结垢、烟管内腐蚀是其烧损的主要原因。

大庆油田网络与信息安全体系架构设计及关键技术研究

王 琪 祝 贺

（大庆油田信息技术公司）

摘 要 近年来，国内外网络安全事件频发，网络与信息安全已成为国家与企业的重点战略。本文分析了中国石油集团公司与大庆油田的网络信息安全工作现状，并将重点放在大庆油田网络与信息安全体系架构设计，以及应用系统、网络设备、办公计算机安全防护的关键技术研究上，同时阐述了信息安全管理工作的重要性，并对大庆油田下一步信息安全工作的重点进行展望。

关键词 网络安全；信息安全；安全管控 ；边界防护 ；入侵检测

1 现状分析

1.1 信息安全工作的重要性

近年来，网络安全技术快速发展，国内外网络安全企业不断跟进最新安全技术，不断推出新的安全产品。与此同时，国内外网络安全事件频发，网络攻击、数据暴露、入侵控制、非法调查等行为时刻威胁着信息系统的安全。以往人们主要关注系统与网络基础层面的防护问题，而现在人们更加关注应用层面的安全防护问题，安全防护已经从底层或简单数据层面上升到了应用层面，越来越多的安全技术已经与应用相结合。应用性的网络安全技术包括互联网行为管理技术、Web 防护技术、负载均衡技术、流控技术、检测技术等。

1.2 中国石油集团公司信息安全工作

中国石油集团公司总体安全架构，主要包括信息安全管理类、信息安全控制类、信息安全技术类系统，保障集团公司网络和业务系统的安全管控，近几年，集团公司充分利用计算机网络信息安全监测平台对互联网出口外发文档进行内容监测，建立定期通报机制；围绕提高防攻击、防篡改、防病毒、防瘫痪、防窃密能力，完成网络安全域和桌面安全管理系统 2.0 建设，在数据传输渠道、信息系统应用两个层面实现加密保护，进一步提升信息安全防护水平；同时，不断提升各单位信息安全意识，违规外发信息同比下降 88%。多次组织开展信息系统安全检查，重点排除私建互联网出口、信息系统高危漏洞、工业控制系统漏洞等隐患，持续提升信息安全防护能力。

1.3 大庆油田信息安全现状

大庆油田作为大庆区域中心的核心，为保证油田各业务系统免受病毒侵害和不法网络攻击“十二五”到“十三五”期间，大庆油田在信息安全管理方面做了大量的基础工作。一是部署了网络防火墙和防病毒等系统，提高了网络安全防范能力；二是完成了 SAV 防病毒系统向桌面安全防护系统的升级和推广工作，系统推广覆盖率达到 98%以上；三是结合实际制定了安全突发事件专项应急预案；四是加强网络安全体系认证，统一为各类应用系统用户进行认证和授权，纳入 PTR、CNPC 域环境管理。

1.4 大庆油田信息安全存在的不足

但是随着信息技术的发展，越来越多的终端被接入油田企业网环境，上网方式也由有线发展到有线无线相结合，企业网办公环境越来越复杂。目前，大庆油田的网络安全、应用系统安全、桌面终端安全系统尚不完善，无法对大庆油田 IT 系统进行全面风险评估，以及对信息系统进行等级保护和安全基线保护；缺乏网络攻击行为、网络敏感信息的有效监测手段；针对网络设备和操作系统目前没有实时监测的手段；目前油田在信息系统运维与安全管理方面采用分散式建设、分布式运维的方式，未形成全油田合力。因此，亟需建设统一的网络与信息安全管理体系。

2 大庆油田安全体系架构设计

为加强大庆油田企业网安全性、可靠性和保密性，完善网络安全、信息系统安全、桌面终端系统安全，实现对大庆油田 IT 系统进行风险评估，对网络攻击行为、网络敏感信息实现监测。在中国石油集团公司总体安全架构下，建设并完善大庆油田安全体系，全面支持大庆油田信息化建设。

根据目前大庆油田信息安全现状与问题，大庆油田网络与信息安全总体架构以安全评估系统为主体，为大庆油田网络与信息安全提供完整的网络安全体系，并在网络安全、信息安全、网络与信息系统监控管理等三方面重点布控，为体系建设提供有力支撑。总体架构图如图1所示。

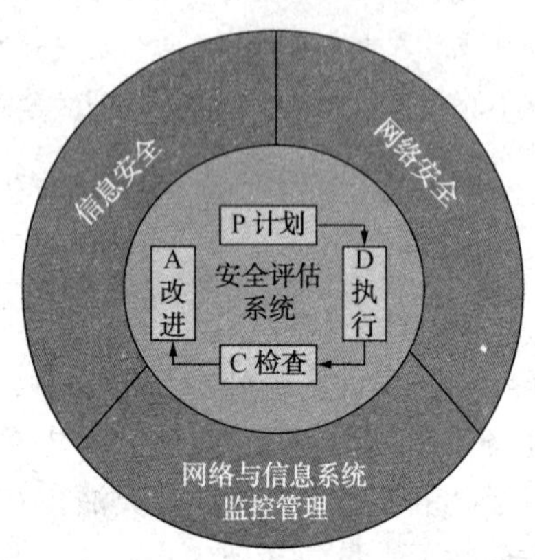

图1　大庆油田网络与信息安全管理体系总体架构图

2.1　信息安全评估系统建设

按照中国石油风险评估企标为大庆油田提供整体风险评估，包括评估准备、资产识别、威胁识别、脆弱性识别、已有安全措施确认、风险分析、风险评估文件，并为大庆油田建立自评估队伍。建设网络设备、服务器、计算机终端等各个层面的安全扫描、检查、渗透工具。

工具包括辅助等级保护、风险评估和安全基线检查工作，包括等保测评管理工具、安全基线管理工具、网络脆弱性扫描工具、木马检查工具等，安全工具可自动扫描系统漏洞、检查设备配置，同时形成报表，大幅降低咨询人员的工作量，减少因大范围问卷调查、人员访谈、设备安全配置检查带来的误差，同时可进行渗透测试、攻防演练，为今后安全实验室的建立提供技术支持。

2.2　网络安全建设

在重要网络节点建设边界防护与入侵检测设备，提高网络安全防范能力。

（1）边界防护系统建设

大庆油田的二级单位面临来自办公网内部的未授权的访问和攻击，通过防护墙的部署，合理划分安全域可以有效抵御来自外部的威胁和攻击。在大庆油田企业网各汇聚点部署防火墙设备，实现各汇聚点的边界防护，抵御来自外部的威胁和攻击。

（2）入侵检测系统建设

大庆油田企业网的核心节点面临着一定的外部入侵攻击威胁，入侵检测系统能够利用报警和防护系统驱逐入侵攻击，减少入侵攻击所造成的损失，也可收集入侵攻击的相关信息，作为防范能力储备。在大庆油田企业骨干网红区、龙南和信息中心部署入侵检测系统，帮助定位各种网络威胁，以及违反安全策略的流量，并提供详实、有效的指导措施。需3台分流设备提供流量。

2.3　信息安全建设

在应用层面提高信息安全行为审计和内容审计能力。

（1）安全行为审计系统建设

为防止大庆油田企业网内部业务数据、重要敏感文件被篡改、泄露和窃取，以及访问非法网站、发布非法言论等违规上网行为泛滥破坏大庆油田企业的信息系统安全。行为审计系统有效监控业务系统访问行为和敏感信息传播，准确掌握网络系统的安全状态，及时发现违反安全策略的事件并实时告警、记录，同时进行安全事件定位分析，事后追查取证，满足合规性审计要求。在大庆油田企业网上联集团公司网络的重要节点部署行为审计系统，根据设定行为审计策略，对网站访问、邮件收发、数据库访问、远程终端访问、数据传输、文件共享、网络资源滥用（即时通讯、论坛、在线视频、P2P下载、网络游戏等）等网络应用行为进行监测，对符合行为策略的事件实时告警并记录。需1台分流设备提供流量。

（2）安全内容审计系统建设

中石油近年来发生了众多的信息泄露违规事件，对油田绩效考核和企业形象造成巨大的影响。当企业网上联出口发生敏感信息泄露时，内容审计系统能够有效地阻断敏感数据的外发，并上报阻断事件，保证敏感数据不泄漏。在大庆油田企业网上联节点路由部署内容审计系统（包含管理设备2台、数据库存储2台，万兆内容审计设备2台），实时监测敏感数据，并对安全事件分析与展示。

2.4　网络与信息系统监控管理

大庆油田企业网网络层级多、设备数量大、应用系统数量多且运行环境复杂，需要建设一套能够进行统一登陆、统一认证、分权分域管理的综合网络与信息系统监控管理系统，实现全油田网络与信息系统的统一监控管理、故障快速定位、运行状态集中展示，提高网络整体运维管理水平，保证油田各业务的实效性、连续性、安全性。

将全油田的核心业务系统、信息机房、网络、链路、主机、数据库、中间件、存储纳入到油田公司统一监管，实现自动化的信息资源统一监控和智能管理。平台具备即时的故障告警自动触发，定期自动巡检，故障自动定位等功能，实现油田信息化统一运维，实现信息化设备的“监、管、控”。包括性能采集、流量分析、配置管理、统一展示、日志管理等功能，通过统一登陆、统一认证、分权分域，实现网络设备的分级管理。建设网络与信息系统的监控管理系统1套，及配套的服务器、存储设备、以太网交换机等硬件设备。

3 信息系统安全防护关键技术

大庆油田信息系统庞杂，数据规模快速增长，数据访问与交互频率愈加频繁，重点提高服务器操作系统、数据库的防护。

3.1 服务器操作系统安全防护

服务器操作系统安全防护做好以下内容：

（1）服务器应采用最小化系统安装原则，只安装与自身业务相关的操作系统组件及应用软件。清理操作系统账号，清除非必要的管理员账号，清理人事调动、人员离职、测试等原因产生的闲置账号，删除系统安装、部署、维护等原因产生或遗留的一切非石油内部人员拥有的账号。

（2）服务器更新操作系统补丁，保证版本最新；同时更新各类服务、应用的补丁，梳理服务器安装的所有组件的版本（如WebLogic、OpenSSLstruts、JBoss等），密切关注相应的漏洞情况。

（3）采取白名单原则，严格限制可以远程管理服务器的IP地址。禁止使用QQ、TeamViewer等软件对服务器进行远程管理。检查远程管理卡等服务器自带的远程管理功能的安全权限和口令强度。服务器只开放自身提供服务相关端口，关闭不必要的端口和对外服务，减少暴露面，建立白名单。

（4）对互联网映射的服务器，禁止对互联网开放具备远程登录、远程控制能力的管理端口和数据库端口，内网需要访问、管理时，需要严格限制访问的IP地址。服务器应通过防火墙策略，默认禁止所有主动对外访问行为，如有业务需要，需严格制定访问控制策略，实行服务器对外访问白名单制，只允许服务器访问有限且明确的IP地址。

（5）开启服务器日志功能和应用日志功能，日志应在本地记录同时转发至独立的日志服务器，日志应包括源IP、目的IP、发生时间、登陆成功、登录失败、操作行为。Linux服务器应将操作命令的history信息也保存成日志，并发送至日志服务器，所有日志必须保存至少六个月。

3.2 数据库安全防护

完善数据库服务器操作系统层面的安全防护；对数据库进行备份，确认备份有效可以恢复；修补数据库版本的漏洞，更新数据库补丁；应用程序只拥有指定数据库和指定表的读写权限；通过操作系统防火墙和数据库配置限制数据库管理员账号可登陆的IP地址；在数据库中禁用可以执行系统命令的函数，（如MySql数据库的system函数、SQL Server数据库的xp_cmdshell函数等）。

4 网络设备安全防护关键技术

网络设备安全防护重点做好以下内容：

（1）网络设备全部要严格按照安全基线进行安全配置，禁用Telnet进行远程管理；SNMP只允许网管系统、公司网管、安全检查项目组的设备只读配置；检查管理员账号和权限，关闭不必要的账号和不合理的账号权限，保证密码强度符合安全基线要求；限制可以远程管理的IP地址。

（2）路由器交换机必须禁用web管理页面，cisco设备必须禁用智能管理安装功能（smart install）。所有网络设备将补丁更新至最新。

（3）开启服务器日志功能，日志应在本地记录同时转发至独立的日志服务器，日志必须包括如下内容：源IP，目的IP，时间，行为，失败、成功。

（4）检查所有网络设备及安全设备的策略，删除无用策略，保证安全防护策略有效且处于使用状态。所有网络设备及安全设备全部要做好配置备份，确认备份有效可以恢复。

5 办公计算机终端安全防护关键技术

办公计算机终端安全防护重点做好以下内容：

（1）办公计算机终端及时安装已发布的系统

安全补丁。安装集团公司统一的桌面安全终端管理客户端，按照安全基线进行安全配置。禁止账号的弱口令、空口令情况。下班离开办公室前关闭终端计算机。

（2）将办公计算机终端操作系统防火墙启用，默认阻止任何入站访问请求。禁止使用远程协助类工具，禁止从互联网通过远程访问到内网终端。包括但不限于 Windows 远程桌面功能、QQ 远程协助工具、TeamViewer、VNC 等。

（3）终端用户如收到可疑邮件，及时向本单位网络安全管理员报告情况，慎重点击邮件中的链接网址或下载、打开邮件中的附件；终端用户不应访问可疑网站。

（4）系统运维人员使用的终端计算机应开启终端日志功能，日志应在本地记录并转发至独立的日志服务器，日志应包括源 IP、目的 IP、发生时间、登陆成功、登录失败、操作行为，所有日志必须保存至少六个月。

6 信息安全管理

网络与信息安全工作是一个循序渐进的，不是一蹴而就的工作，需要不断发现问题、解决问题，不断改进。在管理中寻求创新，在创新中寻求发展。可以说，“三分技术、七分管理”，网络与信息安全工作管理是关键。

（1）做好顶层设计。权衡安全、成本、效率三者的关系，根据油田企业系统的实际安全需求，在进行油田企业安全设计的时候，权衡安全、成本、效率三者的关系，做到恰到好处。同时分期分批进行网络安全基础设施的建设。

（2）加强网络安全管理。大庆油田及各二级单位遵循“谁主管谁负责、谁运营谁负责、谁使用谁负责”的原则，继续强化网络安全责任层层落实到位。

（3）加强信息安全队伍建设。通过技术培训与实践演练，培养高素质、高水平的攻防专家队伍。油田各级信息技术人员形成联动、加强协同，及时处理事件，提高油田总体信息安全技术能力。

7 总结

大庆油田作为中国石油集团公司下属最大的企业之一，企业网络节点庞杂、核心业务复杂多样、重要数据海量存储，随着近年来国家及集团公司对信息安全工作的逐步重视，为加强大庆油田企业网安全性、可靠性和保密性，大庆油田亟需建立并完善信息安全架构。实现对信息安全风险评估，信息系统的等级保护和安全基线保护。网络攻击行为和敏感信息的传播进行统一监管，对安全事件定位分析和事后追查取证，预防信息安全事故的发生，减少因网络安全问题造成的损失，为应用系统运行和企业用户办公提供安全的网络及应用环境。

建议下一步大庆油田将在完善信息安全架构的基础上，探索研究云数据中心、移动应用和工业控制系统的安全防护措施，推进信息安全技术和产品的国产化研发与推广应用。

参 考 文 献

[1] 丁禹哲，敬铅，孙伟．面向企业信息化规划的安全架构开发模型设计[J]．信息安全研究，2018.09

[1] 彭发喜 大中型企业信息安全体系架构研究[J]．信息与电脑，2018.17

联合站震动光缆周界安防系统研究分析

闫书城　胡殿启

（大庆油田有限责任公司）

摘　要　油田站场拥有生产运行装置、数字监控设备等重要财产，外部人员的非法入侵将会对站场的正常生产运行造成较大威胁，因此一套快速、准确的周界报警系统，成为了油田站场安全管控稳定运行的核心。震动光缆周界安防系统由于使用寿命长，维护成本低廉，用电能耗低等优势，更为广泛的应用于油田联合站场的安防系统中，但相比智能视频分析周界报警系统，震动光缆周界安防系统运行时仍有诸多缺点和不足。鉴于此，本论文针对联合站震动光缆周界安防系统的优化改造进行研究分析。

关键词　震动光缆　周界安防系统　报警　优化改造　研究分析

1　震动光缆周界安防系统简介

震动光缆周界安防系统以光纤振动传感技术为核心，采用光纤(缆)作为传感传输二合一的远传器件，实时、持续采集各类扰动数据，经过后端设备分析处理和智能识别，判断出不同的外部干扰类型，并可搭配多类传感监测设备协同工作，构建立体防护网络体系，从而达到对侵入设防区域周界的威胁行为进行预警监测的目的。

1.1　震动光缆周界安防系统技术原理

震动光缆周界安防系统的感应部件是震动感应光缆，运动、震动或压力会导致形态干扰而产生光信号相位的改变，通过其对干扰的快速感应可以对攀爬、剪切、行走等行为进行实时监测。系统软件接收器对相位改变进行探测，可探测出该干扰的强度和类型，并对探测到的信号进行处理，判别干扰是否符合触发“事件”的条件(图1~图3)。

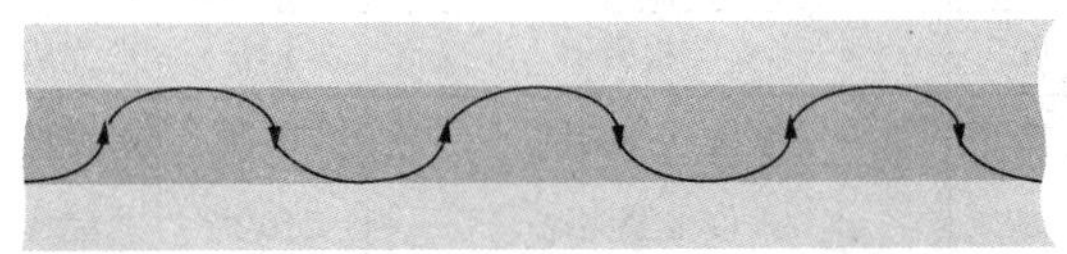

图1　正常状态下的光波

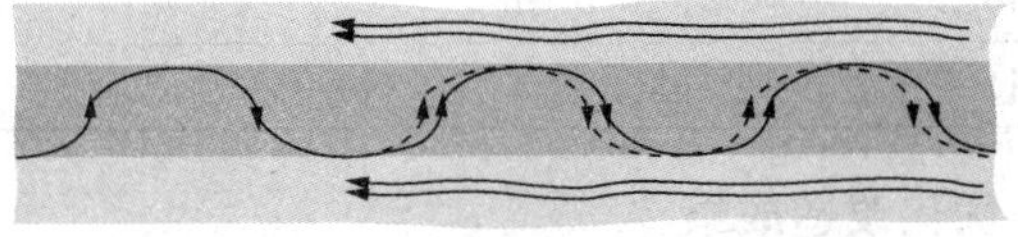

图2　受到运动或振动干扰时的光波

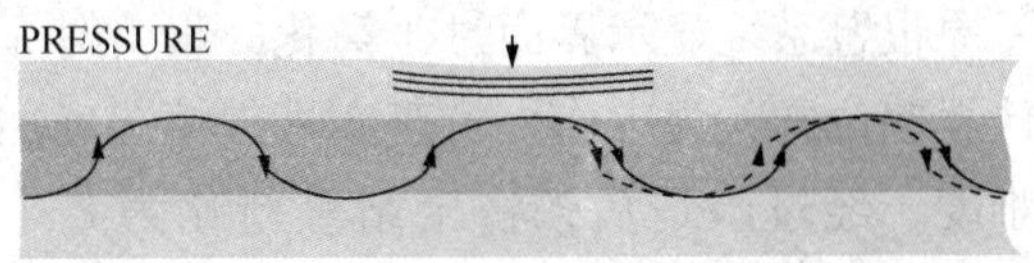

图3　受到压力干扰时的光波

1.2　震动光缆周界安防系统组成架构

震动光缆周界安防系统由报警主机、防区处理单元、振动感应光缆、通讯光缆(含引导光缆部分)、报警控制服务器、管理软件等组成。震动光缆周界安防系统管理软件在时域和频域对信号进行处理，同时该系统有一套自适应算法程序，由于采用这样的自适应算法，使得系统可以补偿环境影响，消除由于环境造成的误报(图4)。

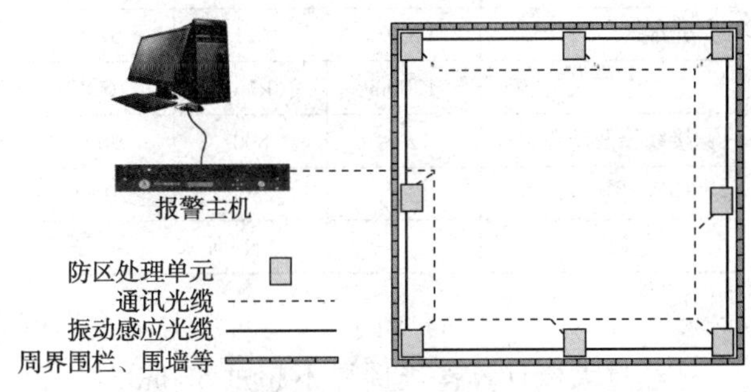

图4　震动光缆周界安防系统结构图

2　对比智能视频分析周界报警系统

智能视频分析周界报警系统为沿站场周界，每80~100m设置一个室外红外枪型摄像机，依靠后端智能行为分析仪，对周界区域内的异常行为进行实时识别和侦测，报警时可联动附近红外球型摄像机对异常行为做进一步判断及跟踪。其优点在于实时监控，准确率高，报警速度快，值班人员可在值班室实时看到周界区域的情况，第一时间确认入侵是否属实，监控与报警两用，实用性强，属于“主动型”报警系统，被很多联合站场使用。但是，智能视频分析周界报警系统由于实时的视频传输需占用大量网络通道和存储资源，并且需要不间断电源供电，投资成本和后期维护成本较高。

下面以我厂两个周界长度相似，均在 900 米左右，但采用不同周界报警系统的联合站为例(图 5，图 6)。

名称	数量	单价	总价
防区式振动光纤报警主机(8 防区)	1 台	34724	34724
防区式振动光纤综合管理平台	1 台	10646	10646
防区单元模块	8 台	1698	13586
振动感应光缆	1000m	6.1	6100
金属扎带(304 钢 200mm)	6000	1.7	10200
通讯光缆	1000m	6.8	6800
总计	82056 元		

图 5

名称	数量	单价	总价
室外红外枪式网络摄像机	12 台	3100	37200
监控杆	12 根	2800	33600
24 路行为只能分析服务器	1 台	15000	15000
光缆	1100m	6.1	6710
电力电缆	1200m	13.4	16080
接线箱及防雷器	12 台	800	9600
环网光纤收发器	13 台	2300	29900
总计	148090 元		

图 6

经过大概计算，当周界不超过 500m 时，智能视频分析周界报警系统投资占优；周界超过 500m 时，震动光缆周界安防系统投资占优。但是除了投资因素，报警准确率和综合实用性也是需要考虑的重要因素，因此一些周界长度较长的生产站场还是倾向于选择成本较高的智能视频分析周界报警系统。

震动光缆周界安防系统属于“被动型”报警系统，依靠震动触发报警，报警需要响应时间，受震动环境影响较大，报警准确率以及落实入侵情况的便捷性上不如智能视频分析周界报警系统。

我厂某联合站于 2015 年进行集中监控改造，其中周界报警系统采用的是震动光缆报警模式。经过将近 3 年的使用与现场调研，发现原震动光缆系统误报率高，无法在中控室及时确认现场情况，使得站内巡检工作量依然很大，特别是夜间更难以保证员工和设备的安全。但是由于震动光缆周界安防系统使用寿命长，维护成本低廉，且前端感应设备采用无源设备，无需供电，节省电能，无触电等安全隐患，也被一些生产站场所应用。

既然震动光缆周界安防系统也有诸多优点，那么如何降低震动光缆系统误报率，拓展震动光缆报警系统与监控系统的联动性，提高综合实用性，成为了震动光缆周界安防系统亟需解决的问题。

3　震动光缆周界安防系统优化改造工程量

为解决上述震动光缆周界安防系统运行时的问题，拓展动光缆周界安防系统的功能性和实用性，在少量增加投资成本的同时大幅提高报警准确率，我厂针对联合站已建震动光缆周界安防系统进行了优化改造：细化防区分布，增加至 8 个防区；更新报警主机，更够更加详细的调整报警阈值；新建综合管理平台，可接入已建视频监控系统；进行更加细致的测试流程。具体工作量如表 1 所示。

表 1

序号	世纪完成实物工作量	数量	评价
1	安装防区式振动光纤报警主机(8 防区)	1 台	完成
2	安装防区式振动光纤综合管理平台	1 套	完成
3	安装防区单元模块	7 个	完成
4	铺设振动感应光缆(直线型)	700m	完成
5	铺设通讯光缆	700m	完成
6	安装报警器	1 个	完成
7	系统软件调试	35 次	完成
8	入侵报警测试	210 次	完成
9	视频联动测试	210 次	完成
10	灵敏度调节测试	21 次完成	
11	断线报警测试	7 次	完成

4　优化改造成果

4.1　解决了无法准确判断入侵位置的问题

原报警系统显示界面过于简化，报警时无法确认报警位置，为工作人员落实入侵情况增加很大难度。经过改造后，将全站重新化为 8 个防区，能够更加具体监测出入侵区域，并将显示界面更新为卫星地形图，使得报警位置能够精准显示，值班人员能对报警入侵区域能够更快地定位落实(图7，图8)。

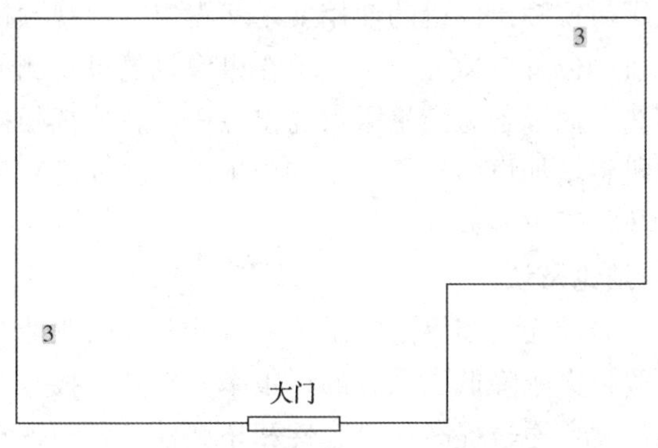

图7　已建系统报警界面

图8　改造后报警系统界面

4.2　解决了无法看到入侵现场的问题

已建报警系统在入侵报警时，仅在中控室进行蜂鸣报警，对于现场的入侵情况或者是否属于误报无法断定，需值班人员去现场落实，为现场工作人员增加很大工作量，也同时增添了安全风险。经过新建综合管理平台，拓展了应用接口，实现了报警信号与已建监控摄像机联动，及时抓拍入侵图像，并且经过调试将联动时间优化至2S以内。在触发报警时，球型摄像机自动转向入侵区域抓拍现场图片并录像3S，记录后摄像机可自动转回原位置。岗位员工接到报警信号后可以操作摄像机进行转向跟踪及变焦拉近，进一步判断入侵位置和入侵情况(图9)。

4.3　解决了误报率高的问题

已建报警系统灵敏度调试界面功能单一，欠缺很多关键性调试功能，使得系统误报率高，对于落叶、阵风、动物停落无法精准识别，使得报警频繁，徒增工作人员现场核实工作量。报警系统改造后，根据长期现场测试，包括入侵报警测试、视频联动测试、灵敏度调节测试、断线报警

图9　改造后入侵时报警界面

测试，使系统记录各种常见的触发环境，建立起了一个庞大的数据库。以数据库作为支撑，报警系统可以智能识别常见入侵和非入侵行为，将无意触碰、动物停落触碰、风吹等行为屏蔽，还可以自动学习不同行为的振幅值。

各个防区还可根据围栏牢固程度单独设置灵敏度，也可根据四季环境的不同及时调整灵敏度。最终经过试验，报警正确率高达97.5%。如果发生误报，值班人员还可在系统界面进行标记，系统数据库将自动分析学习，将此类触发状态存储下来，进一步降低误报率(图10，图11)。

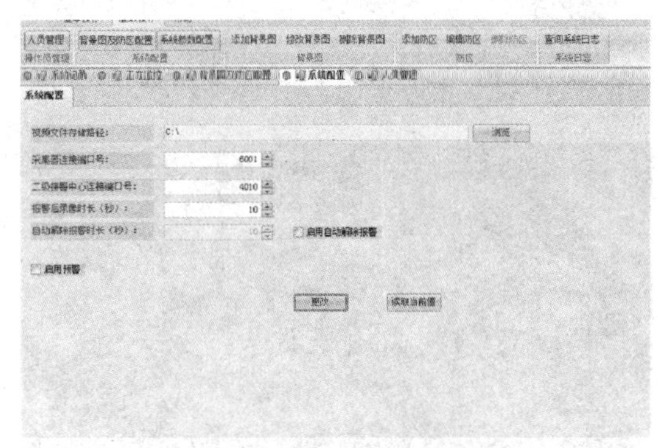

图10　已建系统灵敏度调试界面

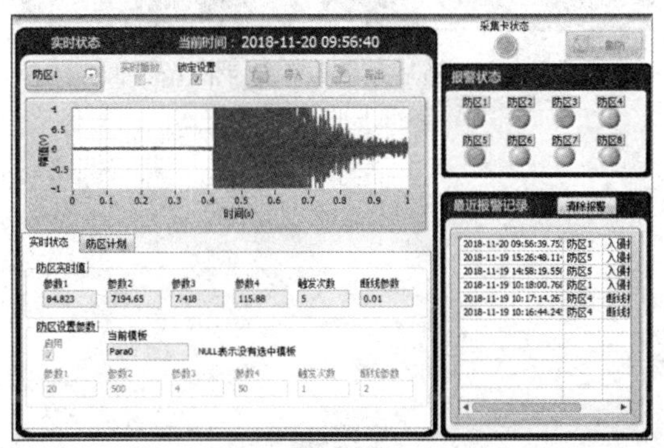

图11　改造后系统灵敏度调试界面

4.4　解决了报警记录不够详尽的问题

已建报警系统报警记录仅有防区号、报警类

型和报警时间，在查询以往报警记录时不能真实反映当时的报警情况，在后期取证时不能提供有力的证据支撑。新建报警主机拥有详细的记录查阅功能，可随时调取报警当时的照片及录像，还原当时的入侵现场(图 12~图 14)。

防区号	记录类型	操作员登录名	操作员姓名	设备IP	记录时间
2	报警	admin	赵正		2015-09-30 10:44:04
3	报警	admin	赵正		2015-09-30 10:45:05
3	报警	admin	赵正		2015-09-30 10:46:03
3	报警	admin	赵正		2015-09-30 10:46:41
3	报警	admin	赵正		2015-09-30 10:48:56
3	报警	admin	赵正		2015-09-30 10:51:28
2	报警	admin	赵正		2015-09-30 10:51:44
2	报警	admin	赵正		2015-09-30 10:54:54
3	报警	admin	赵正		2015-09-30 10:55:00
3	报警	admin	赵正		2015-09-30 10:55:16
3	报警	admin	赵正		2015-09-30 10:55:19
2	报警	admin	赵正		2015-09-30 10:55:53
3	报警	admin	赵正		2015-09-30 10:56:37
2	报警	admin	赵正		2015-09-30 11:02:00

图 12　已建系统报警记录界面

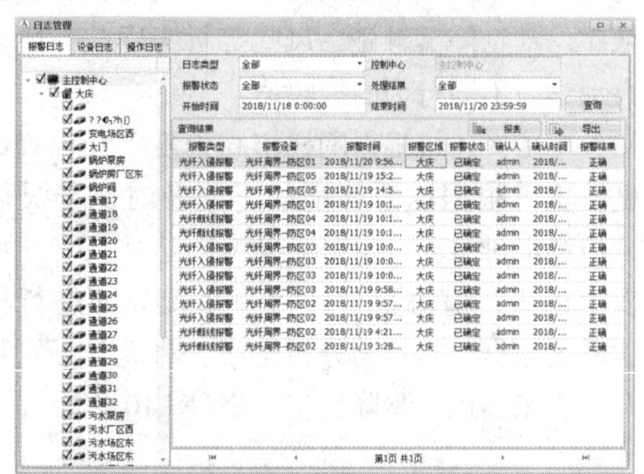

图 13　改造后系统报警记录界面

图 14　改造后系统报警记录图像界面

5　仍然存在的问题

试验改造后，既然震动光缆周界安防系统依靠联动视频摄像机提高了使用性，那么也因此产生了对视频摄像机的使用要求。需要已建视频摄像机的位置合适，入侵区域在摄像机的可观测的距离之内。若无满足需求的摄像机，新建视频摄像机将增加更多投资成本和维护成本，其已有的优势将不再明显。

6　结论及认识

震动光缆周界安防系统经过针对性的改造与试验，大幅降低了系统的误报率，提高了报警的准确度；通过提高其兼容性和拓展性，联动视频监控系统，岗位人员可以第一时间确认报警的真实性；系统对每一次报警进行拍照录像，为后期取证提供强有力的影像支持；生成了一个全景防区监控界面，使岗位人员可以更加直观方便判断入侵位置。降低了联合站设备丢失或者被非法入侵损坏的风险，实现了减轻工作人员的巡防力度，节约人力成本，保障岗位人身安全的目标。改造试验使震动光缆周界安防系统不仅成本投入较低，而且准确率也直追智能视频分析周界报警系统。既保持了原有的优势，又将劣势进一步减少，变得更加可靠、高效，更加适应并满足联合站场对于安防系统的需求，能够为油田安全生产做出更强有力的保障。

参 考 文 献

[1] 陶连永．光纤通信传输技术的综合应用[J]．中国新通信，2013(15)．

[2] 吴琼，吴善波，刘勇，袁长迎．新型光纤传感器的设计及其特性研究[J]．仪表技术与传感器，2007(11)．

[3] 腾召胜，罗隆福，童调生．智能监测系统与数据融合[M]．北京：机械工业出版社，2001：201-240．

[4] 郭晓金，殷宗敏，刘惊惊．光纤共振测微振动的研究[J]．中国激光，2003(30)．

油田地面系统数字化建设的几点思考

田 旭 李兴国 阚宝春 顾行崛

（大庆油田有限责任公司第六采油厂）

摘 要 结合喇嘛甸油田数字化建设难度大、投资大、建设周期长，难以满足油田进行数字化管理的迫切需求等问题，提出以数字化虚拟场景进行数字化管理，为实现地上、地下一体化及建立地面系统间的关联，提出以油井矢量化为中心，以系统主体网络为骨干，通过精确的地形测绘及站库三维建模技术，实现地面系统虚拟场景的建立，以此为基础，建立地面系统数字化管理平台，。通过建立地面系统矢量图，地面设施的精准图文信息，将动静态生产数据、二维线划图、三维场景相结合，实现了油田实体在虚拟世界的展现，并应用数字数字化管理平台，开展我厂大中型站库“集中监控、无人值守”、地面系统的区域优化简化，生产设施运行管理等，取得了较好的社会和经济效益。

关键词 数字化建设 虚拟场景 数字化管理平台 三维建模

1 引言

目前喇嘛甸油田正积极推近油田数字化建设，为数字油田发展为智能油田最终建成智慧油田奠定基础。喇嘛甸油田位于大庆长垣最北端，目前已进入“双特高”开发阶段，是典型老区整装油田。油田自1973年开发，近40年的开发建设，先后经历了层系调整、全面转抽、稳油控水、注聚开采及二次采油等开发阶段，油田经过多期开发建设，油井加密，地面设施扩大，建成了包括集输、污水、注水、配制、注入、供配电、排水及道路等庞大的地面设施，井站管网密度加大(其中站库密度达6.58座/km^2、井网密度为103口/km^2、管网密度为93.2km/km^2)，地面设施交错纵横，各系统生产场景交互联系，生产管理点多，信息数据庞大，数字化建设难度较大。目前地面系统实施分层、分系统的数字化建设，投资大、建设周期长，难以满足油田进行数字化管理的迫切需求，同时分散的系统改造难以建立起地上、地下及地面系统间的纵横向有效关联，实现油田数字化的全方位管理，因此在数字化建设整体规划阶段，需首先建立起与生产场景完全相符合，能够真实反映地面系统全部工艺环节、立起地面地下设施之间的关联，对油田进行全面管理的数字化虚拟场景，通过对各生产工艺环节、设施的矢量化，图形化，虚拟数字化建设场景，对地面系统进行数字化管理，实现数字化建设的顶层设计，为开展数字化建设奠定坚实基础。

2 数字化虚拟场景建立

数字化虚拟场景要真实反映油田数字化管理状态，必须以图型、数据矢量化为基础，通过油田地形地貌、井网、站库、管网等全系统的准确测绘及建摸，应首先建立起集图形、数据于一体的地面系统数字化管理体系。地面系统生产场景较多，设施错综复杂，要真实模拟生产状态极为困难，因此虚拟场景需要结合如下思路开展建设：

2.1 以油井的矢量化为中心，建立起地上、地下一体化的管理体系

油井是地面、采油及油藏的三大系统中心环节，其中油井分布图形、坐标及相关参数为采油工艺、油藏工艺确定采油方式、进行井网布局及调整开发的重要依据。因此要实现地上、地下一体化管理，必须首先建立起油井的虚拟场景。为满足地面、采油及油藏三位一体的管理需求，油井的虚拟化，需要油井地形、井位及生产数据的真实描述。

为建立油井的地形、地貌的虚拟场景。通过应用无人机航拍技术和Skyline Terra Builder影像处理技术，构建了喇嘛甸油田全区域三维地形地貌矢量图，实现全厂范围定位测量。一是通过优化建立喇嘛甸油田GPS测绘控制网，为航拍测量、勘察测绘提供控制坐标，形成了以C级控制点为中心，全区域大环均匀分布，局部区域小环均匀分布的合理布局，为航拍测量、勘察测量提供了准确依据。二是通过航拍建立全区域地形地

貌矢量图。三维地形地貌图形建设包括无人机航拍提取数字地面模型 DTM(Digital Terrain Model)和影像处理两方面内容。通过提取带有空间位置特征和地形属性特征的数字地面模型 DTM，生成带有公里格网、图廓整饰和注记的数字正射影像 DOM(Digital Orthophoto Map)单元，最终建立了 MPT 格式的喇嘛甸油田三维地形地貌矢量图背景(图 1)。

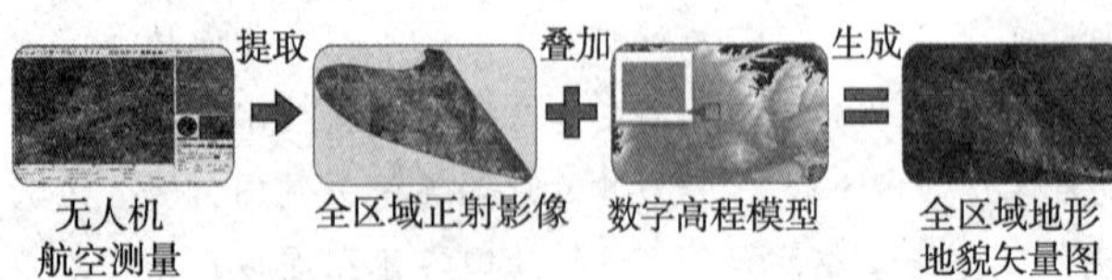

图 1　全区域地形地貌矢量图的建立

油井生产数据关联中石油油气水井生产数据管理系统(A2)、地理信息系统(A4)、采油与地面工程运行管理系统(A5)等生产数据，地面系统动静态数据全覆盖，汇集多家权属单位数据，打破信息孤岛，实现信息共享，使各单位之间的业务配合紧密无缝，实现地面工程生产、管理数据的统一，为管理决策提供了数据支持。

1.2　以系统主体网络为骨干，实现地面系统全区域

生产过程从油井采出经集输管网进入站库进行处理，再辅以供配电、道路设施等设施构成了地面系统的主体网络，要模拟复杂的地面系统，建立起地面系统的关联，首先应建立起站库、管道、供配电及道路等主体网络的虚拟场景，再辅助其他设施，才能实现地面系统全区域管理。主体网络的虚拟化场景，采用图型与数据的交互模式，

2.2.1　建立全比例三维站库工艺模型。

采用激光扫描三维建模和 3D MAX 建模相结合的方式，以现场工艺和设计图纸为依据，建设全比例三维站间工艺模型和设备内部结构，实现生产运行可视化管理。

一是采集三维点云数据。利用激光相位扫描仪，通过合理设置扫描站点、扫描路径、扫描参数，获取原始点云数据。利用激光相位扫描仪内置集成同步相机获取物体表面高清纹理信息。

二是数据处理及三维模型制作。通过点云拼接、去噪、赋色、纹理处理完成原始点云优化拼接，利用 Kubit Point Cloud 和 3D Max 模型编辑软件完成三维仿真模型建设。

三维激光扫描点云拼接：应用 Faro SCENE 点云数据处理软件，根据已设置的扫描参数，将原始三维点云数据进行自动拼接，将集成相机拍摄的场景纹理信息与黑白点云匹配，生成具有真实色彩信息的点云数据。将拼接优化后的三维激光点云数据导出，应用 Kubit Point Cloud 和 3D Max 三维模型编辑软件进行修整，完成站间三维模型建设(图 2)。

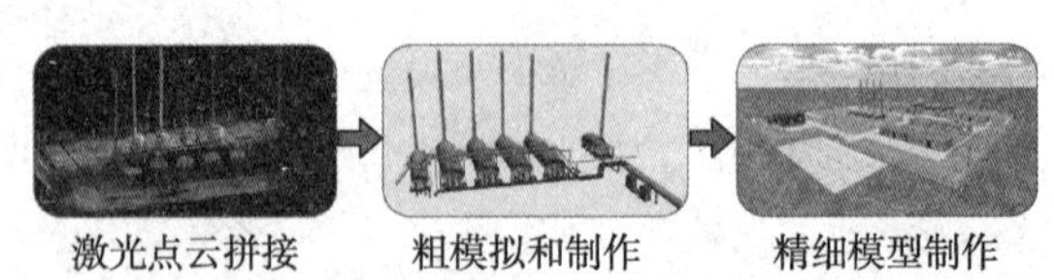

图 2　站库三维图形建模过程

通过建设站库全比例三维工艺，实现了站库可视化管理，使地面三维工艺和生产动静态信息同步展示，为油田生产在三维可视化基础上实现集中监控提供了技术平台。

2.2.2　建立地上、地下设施信息矢量图。

对地面设备、设施进行探测、测绘，建立地面集输、天然气、污水、注水、配注、供配电、给排水及道路全部八个专业系统矢量图，在平面和空间上实现精确定位管理。

一是埋地管线探测。在喇嘛甸油田地面系统技术管理平台建设中，采用了准确性较高的电磁探测法，开展 2GPS-RTK 测绘，通过建模软件绘制二维、三维系统矢量图。

二是测绘建模。根据管道探测点及电网、排水渠、道路的特征点，应用 GPS 测绘技术，采集地面设备空间位置信息，应用 Arc Map 建模技术，建设了管道、电网、水渠及道路共 8 个专业的二维、三维系统矢量图。通过二维、三维系统矢量图建设，实现了站、间、井、管网及电网等地面设施精确定位，改变了“示意图”的管理模式。

3　数字化管理平台开发

数字管理平台以建立虚拟场景为基础、通过一张油田三维系统图、一个树状网页运行视窗、一个统一数据处理平台，实现了地面系统生产管理信息化。平台采用数据、服务、逻辑及应用四层设计，包括数据信息提取、服务逻辑统计梳理，通过二维、三维系统实现功能展示。其中二维地图、三维地图、数据综合应用及三维模型共享服务是功能实现的核心。

一是充分利用测绘成果数据的空间拓扑关系。以地图数据为载体，深挖地面系统的应用功

能，建立了空间目标实体点、线、面之间的邻接、关联和包含关系，即空间拓扑关系，使之成为数据处理和空间分析的基本原则和法则。根据拓扑关系，不需要利用坐标或距离，可以确定一种空间实体相对于另一种空间实体的位置关系，有利于空间要素的查询。

二是应用空间拓扑关系开发专项功能。以空间拓扑关系为索引，开发管网查询统计、产量查询统计、埋地管道穿孔分析及供配电网断电分析等应用功能。

三是建立规范的数据流程体系。通过研究地面系统实体对象与生产运行环节之间的关系，进行数据信息关联，建立了数据预处理、数据规约、数据清理、数据转换、数据存储的一整套地面数据管理流程体系。

通过平台设计，实现如下功能：

一是以油井数据为中心，多系统数据相结合，实现数据的统一。生产管理过程中，综合应用各平台数据，当信息节点数据发生变化，都可以及时发现产生的影响，从而做出及时有效的调整。如供电系统中线路发生故障后，可对下游供电设备影响范围，产量影响作出统计；管道发生穿孔后，对下游油水井影响，上游站库影响都可作出快速统计。采油及工艺系统可利用油井数据进行相应采油及油藏工艺分析

二是二维三维相结合，改变了传统管理模式。通过建立地面系统集输、天然气、污水、注水、配注、供配电、道路及给排水八个专业二维、三维系统矢量图，建立站、间、井、管网及电网等地面设施的精准图文信息，将动静态生产数据、二维线划图、三维场景相结合，实现了油田实体在虚拟世界的展现，为实现油田智能化管理奠定了基础。全比例的三维站库模型为油田生产管理提供了虚拟场景，拓展传统二维平面的管理方式，以真实的状态来模拟现场及生产运行状况，通过平台进行真实模拟规划、改造、管理等相关过程，为油田未来实现自动控制打下基础。

4 数字化管理平台应用

4.1 全比例三维站库工艺，为集中监控、无人值守提供了技术平台

喇嘛甸油田数字化建设，实施分层级、分系统的数字化改造。其中联合站、污水站及配制站等大型站场按照“多岗合并、集中监控”的建设思路，进行站场集中监控改造设计，通过设置中心控制室，整个站场的生产过程在中心控制室进行集中监控，值班人员采用定期巡检的方式对分岗生产岗位的生产设施进行例行检查。实现大型站场内所有工艺生产过程参数的自动采集及相应的控制功能，实现大型站场“集中监控、少人值守”建设模式。转油站、注入站等中型站场实按照“区域巡检、无人或少人值守”模式进行改造，除增设必要的数据采集及参数控制外，为保证站库运行安全，需增加重要节点的远程控制，确保在中心控制室进行紧急突发处理。单井及小型站场按照“区域巡检，无人值守”模式进行改造。

目前，喇北东块两岗以上大中型站库5座，已实施4座站库的“合岗设计、集中监控”，区域内喇十七污水、注水站、喇4#配制站及周边4座注入站实现无人值守，节省改造投资7191万元，节约生产运行成本1175万元，核减岗位定员95人。

4.2 利用三维地形地貌矢量图，升级改造油田道路

利用喇嘛甸油田地面系统技术管理平台道路查询统计功能，对全厂油田专用公路、井排路、进站路等破损情况分类统计，现场调查核实，2016年-2018年共安排改造道路73.8km。其中砂石路升级改造39.9km，沥青路大修33.9km，改善了喇嘛甸油田的道路环境，为雨季油田井下作业及原油生产提供了便利的交通条件。

图3 二维道路线划图及二维地形地貌矢量图

4.3 利用地面设施精确定位功能，检测更换失效管线

对管线穿孔情况进行定位查询统计，利用单条管线穿孔达到10次以上，系统预警提示功能，对全厂埋地管道失效情况进行分类、对失效严重的管道，通过检测及现场核实后，进行修复更换。2016-2018年统计分析穿孔37787次，检测管道防腐层742km，更换失效管道658km，有效降低了管道失效风险。

根据穿孔失效分析统计功能，对管道穿孔失效重点腐蚀区域，实施区域阴极保护，应用自动

调控技术，实现了自动采集数据、自动调控功能，建设了喇 700 站、喇 800 站 2 座区域阴极保护站，保护 2 座转油站、15 座计量间共计 371km 管线，控制了埋地管道的腐蚀速率，保证了埋地管道安全平稳运行。

4.4　利用断电分析、产量分析功能，优化调整电力线路

应用断电分析功能，可快速查询线路优化施工中，受影响站、间、井信息，查询线路负荷，为规划、设计提供依据；应用区域产量分析功能，计算出在改造过程中因线路优化调整影响的产量，从而合理安排施工进度，保障产量影响最小。综合利用两种功能，优化调整供配电线路 5 条 11.6km；优化配电线路导线线径共 2km；线路优化运行加装联络开关 19 座；安装高、低压计量监测装置 210 套。总投资 554.06 万元，实现年节电 262×10^4kWh。2016 年-2018 年累计节电 786×10^4kWh，节约成本 500.7 万元（图 4，图 5）。

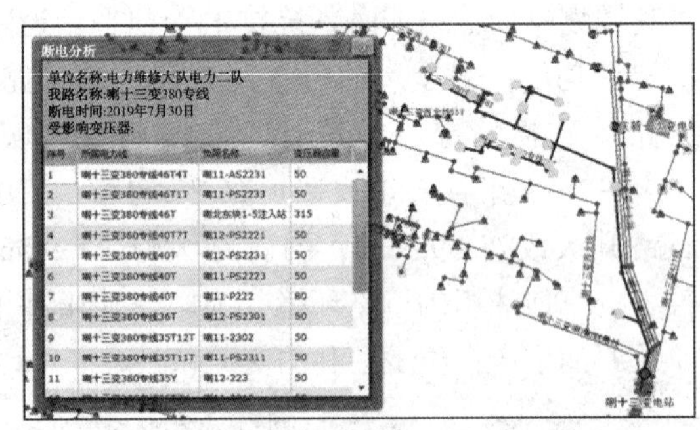

图 4　断电分析功能快速查询产量影响

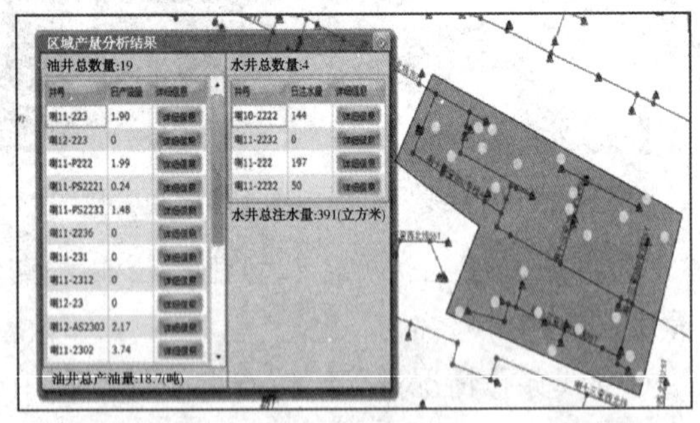

图 5　区域产量分析功能快速查询站库影响区域

5　结论

一是为加快油田数字化管理进程，地面系统的数字化建设应结合虚拟场景技术，模拟真实的数字化管理状态，为油田数字化建设进行顶层设计，为后续逐步实施数字化建设奠定基础。

二是为解决地面系统设施庞大、系统管理复杂的问题，数字化虚拟场景的建立，应以油井矢量化为中心，建立地上、地上系统纵横向联系，以系统主体网络为骨干，建立起地面系统全区域三维可视化管理模式。

三是结合虚拟场景的建立，开发数字化管理平台，以真实的状态来模拟现场及生产运行状况，通过平台进行真实模拟规划、改造、管理等相关过程，为油田未来实现自动控制打下基础。

四是应用数字化管理平台开展我厂大中型站库“集中监控、无人值守”、地面系统的区域优化简化，生产设施运行管理等，取得了较好的社会和经济效益。

参　考　文　献

[1] 王海国．数字化油田建设效果与应用前景分析．信息系统工程［J］，2018，（8）：163-165.

[2] 程有为．物联网在数字化油田建设中得应用，数码世界［J］，2017，（3）：59.

[3] 周屹东．张青山．梁东兴等．油田数字化建设中存在的问题及对策分析．化工管理［J］，2016，（12）：77.

[4] 毛志高．崔建军．刘彪等，数字化油田地面工艺优化简化的思考与建议．化学工程与装备［J］，2016，（12）：125-128.

[5] 陈建，数字化油田的网络技术探讨．科技创新与应用［J］，2016，（25）：38-39.

应用数字数据技术评价停用修井机安全工作状态

苏荣斌[1] 苏 禹[2]

（1. 长城钻探工程有限公司井下作业分公司；2. 东北石油大学石油工程系）

摘 要 本文通过运用数字数据技术对停用修井机重新启用前的试运行和各系统故障分析，建立修井机综合评价模型，运用层次综合分析法构建修井机安全工作状态的模糊综合评价集，得出各评价指标的权重值。借助启用前试运行时修井作业现场操作专家对各评价指标数据，得出修井机安全工作状态的综合评价数据集合，最终确定修井机重新启用能否保证安全施工。应用数字数据技术将层次分析综合评价法与模糊数学综合评价法相结合的3标度层次分析，客服了主观认识的片面性、差异性，省去了复杂的一致性检验过程，评价方法具有简洁性、可行性，评价结果体现了客观性、吻合性。

关键词 数字技术 停用修井机 安全评价

1 引言

修井机是钻修井作业现场使用的主要设备，由其完成起下管柱、旋转等施工作业，以实现油水井正常生产的目的。修井机承受负荷重、运转时间长，需要符合在各种复杂工作变化下安全运行的要求。近年来由于修井作业工作量的不均衡，部分修井机处于停用状态，少则三五个月，多则一两年，由于磨损、老化、故障等原因，其面临着可靠性降低、故障率增高以及存在潜在重大事故的隐患等问题，修井机各系统的工作状态决定了修井机的工作能力。因此为保证停用修井机在启用后能够达到安全的工作状态，对其开展安全工作状态评价显得尤为重要。

2 层次综合分析法

层次分析法[1]（AHP）是建立在系统理论基础上的一种解决实际问题的方法。根据问题层次、性质和所达到的总目标，并按照因素间的相互关联、影响及隶属关系将因素按不同层次聚集组合，形成一个多层次的分析结构模型，并最终把系统归结为最低层相对于最高层的相对重要性权值，得出定量评价指标。

模糊数学综合评价[2]就是应用模糊变换原理和最大隶属度原则，考虑与被评价事物相关的各个因素，对其所做的综合评价，评价的着眼点是所要考虑的各个相关因素。

3标度层次分析法步骤与传统层次分析法类似，只是将原有的9标度改为3标度，在建立比较矩阵后需要构造判断矩阵与优化矩阵，然后通过计算得到各评价因素的相应权重定量指标。

2.1 层次结构模型的建立[3]

将问题层次化、条理化，构造分层结构模型。在这个模型下，复杂问题被分解为一个个独立的元素。这些元素又根据其所属与相互关系形成若干层次。上一层次的元素作为准则对下一层元素起支配作用。最上层为目标层，一般为分析问题的预定目标或理想结果；最下层为方案层；中间层的1个或几个层次为指标层。

2.2 比较矩阵和判断矩阵的建立

2.2.1 比较矩阵和判断矩阵

对准则层与指标层中各评价因素的重要性进行比较。采用3标度法，由公式(1) 得到各元素之间的比较矩阵K：

$$K=\begin{bmatrix} k_{11}, & k_{12}, & \cdots, & k_{1m} \\ k_{21}, & k_{22}, & \cdots, & k_{2m} \\ \cdots, & \cdots, & \cdots, & \cdots \\ k_{m1}, & k_{m2}, & \cdots, & k_{mm} \end{bmatrix} \tag{1}$$

式中，k_{ij}——比较矩阵中因素 i 与 j 比较值，具体判断标度值(如表1所示)：

表1 判断矩阵标度及其含义

标度	含义	标度	含义
1	两元素相比，具有同样重要性	9	两元素相比，前者比后者极端重要
3	两元素相比，前者比后者稍重要	2，4，6，8	上述相邻判断中的中间值
5	两元素相比，前者比后者明显重要	倒数	因素i和j比较得判断 b_{ij}，因素j和i比较得判断 $b_{ji}=1/b_{ij}$

构造比较矩阵后，由式(3)得到比较矩阵 K 对应的判断矩阵 A：

$$A=\begin{bmatrix} a_{11}, & a_{12}, & \cdots, & a_{1m} \\ a_{21}, & a_{22}, & \cdots, & a_{2m} \\ \cdots, & \cdots, & \cdots, & \cdots \\ a_{m1}, & a\ m2, & \cdots, & a_{mm} \end{bmatrix} \tag{3}$$

$$a_{ij}=\begin{bmatrix} r_i-r_j & r_i>r_j \\ 1 & r_i-r_j \\ (r_i-r_j)^{-1} & r_i<r_j \end{bmatrix} \tag{4}$$

式中 r_i、r_j 为重要程度排序指数，m 为矩阵阶数；a_{ij} 为判断矩阵中相应的元素。

2.2　优化矩阵计算

$$B_{ij}=\sqrt[m]{\prod_{i=1}^{m}ail}/\sqrt[m]{\prod_{i=1}^{m}ajl} \tag{5}$$

则优化矩阵 B 为：

$$B=\begin{bmatrix} b_{11}, & b_{12}, & \cdots, & b_{1m} \\ b_{21}, & b_{22}, & \cdots, & b_{2m} \\ \cdots, & \cdots, & \cdots, & \cdots \\ b_{m1}, & b_{m2}, & \cdots, & b_{mm} \end{bmatrix} \tag{6}$$

2.4　评价指标权重值计算

计算各评价指标的单一权重值，并作归一化处理。

$$w_i=\sqrt[m]{\prod_{j=1}^{m}bil} \quad i=1,\ 2,\ \cdots,\ m \tag{7}$$

$$W_i^-=w_i/\sum_{i=1}^{m}wi \quad i=1,\ 2,\ \cdots,\ m \tag{8}$$

式中　w_i——第 i 个因素对应的权重值；

W_i^-——第 i 个因素对应的归一化权重值；

m——评价指标总数。

通过式(1)-(8)可以看出，判断矩阵完成了自协调优化，获得了具有完全一致的权值结果，因而省去了一致性调整过程。

2.5　模糊综合评价集确定[4]

将修井机各系统安全状态分为5个等级，相应的评价集 $U=\{u_1$(很好)，u_2(较好)，u_3(一般)，u_4(较差)$\}$(如表2所示)。

表2　安全管理成绩区间

评价等级	Ⅰ	Ⅱ	Ⅲ	Ⅳ
分值范围	100，90	90，80	80，70	70，60

2.6　模糊综合评价

通过组织专家评分可以得到 i 类中 j 元素的隶属度 r_{ijk}。一级模糊评价的单因素评价矩阵为：

$$R_i=\begin{bmatrix} r_{i11}, & r_{i12}, & r_{i13}, & r_{i14} \\ r_{i21}, & r_{i22}, & r_{i23}, & r_{i24} \\ \cdots, & \cdots, & \cdots, & \cdots \\ r_{im1}, & r_{im2}, & r_{im3}, & r_{im4} \end{bmatrix} \tag{9}$$

式中　r_{ijk}=评分为 uk 的专家人数/参加评价的专家总数。

结合因素权重集，可得到第 i 类各因素评价集合

$$M_i=W_i^-\ R_i \tag{10}$$

目标评价矩阵 $R=(M1\ M2\ M3\ M4\ M5)$。则总体模糊评价矩阵 $M=W^-$R，计算评价系统的总得分，确定其安全状态等级。

3　修井机各系统评价

公司准备启用停用的一部XJ250型修井机，该设备2010年6月出厂，已累计运转27000h。其额定提升载荷分别为300KN[5]，滚筒卷绕提升最大速度为1.4m/s。该设备于2016年8月在某项目部停用，2018年11月份准备重新启用。在启用前，项目部对该设备进行了维护保养并试运行，公司设备管理科、安全环保科组织10名基层操作专家，对该设备的动力系统、行走系统、工作系统、游动系统、制动系统等系统进行评分，采用3标度层次分析对其性能进行定量评价。

3.1　建立评价指标体系

建立合理的评价指标体系是对XJ250型修井机安全工作状态评价的关键，是安全评价的前提且直接影响评价的精度与结果。因此，选定的指标必须科学，能全面反映修井机各机构的组成，且具有可操作性。结合修井机各机构和工作特点，将准则层分为动力系统、行走系统、工作系统和游动系统，再对各部分组成进行分层，得到修井机层次评价指标体系(如表3所示)。

表 3 修井机层次结构图

目标层(A)	准则层(B)		方案层(C)	
	符号	含义	符号	含义
停用修井机启用前评价	B1	动力系统	C1	柴油发动机
			C2	变速箱
			C3	分动箱
			C4	角传动箱
			C5	传动轴
	B2	行走系统	C6	车架
			C7	悬挂装置
			C8	制动装置
			C9	转向系统
	B3	工作系统	C10	井架
			C11	钻台
			C12	二层台
			C13	绷绳及地锚
			C14	安全附件
	B4	游动系统	C15	天车装置
			C16	钢丝绳
			C17	游动滑车
			C18	大钩
			C19	活绳固定装置
			C20	死绳固定装置
	B5	制动系统	C21	滚筒刹车带
			C22	刹车连杆
			C23	机械刹车机构
			C24	气动刹车装置
			C25	水刹车装置

3.2 比较和判断矩阵建立

3.2.1 比较矩阵 K 和判断矩阵 A

采用 3 标度法度量尺度，考虑在该层次下动力系统 B1、行走系统 B2、工作系统 B3、游动系统 B4、制动系统 B5 各指标之间的重要程度，结合式(1) 得到目标层 A 下个准则的比较矩阵，并通过式(2) 进行比较得出数值：

$$K=\begin{bmatrix} k_{11}, & k_{12}, & k_{13}, & k_{14}, & k_{15} \\ k_{21}, & k_{22}, & k_{23}, & k_{24}, & k_{25} \\ k_{31}, & k_{32}, & k_{33}, & k_{34}, & k_{35} \\ k_{41}, & k_{42}, & k_{43}, & k_{44}, & k_{45} \\ k_{51}, & k_{52}, & k_{53}, & k_{54}, & k_{55} \end{bmatrix}=\begin{bmatrix} 1 & 2 & 2 & 2 & 2 \\ 0 & 1 & 2 & 2 & 1 \\ 0 & 0 & 1 & 1 & 0 \\ 0 & 0 & 1 & 1 & 0 \\ 0 & 1 & 2 & 2 & 1 \end{bmatrix}$$

对照式(2) 得出各因素比较值 K_{ij}，按照重要度排序计算得出 $r_1=9$，$r_2=6$，$r_3=2$，$r_4=2$，$r_5=6$，由式(3) 得到比较矩阵 K 相对应的判断矩阵 A：

$$A=\begin{bmatrix} a_{11}, & a_{12}, & a_{13}, & a_{14}, & a_{15} \\ a_{21}, & a_{22}, & a_{23}, & a_{24}, & a_{25} \\ a_{31}, & a_{32}, & a_{33}, & a_{34}, & a_{35} \\ a_{41}, & a_{42}, & a_{43}, & a_{44}, & a_{45} \\ a_{51}, & a_{52}, & a_{53}, & a_{54}, & a_{55} \end{bmatrix}=\begin{bmatrix} 1 & 3 & 7 & 7 & 3 \\ 1/3 & 1 & 4 & 4 & 1 \\ 1/7 & 1/4 & 1 & 1 & 0 \\ 1/7 & 1/4 & 1 & 1 & 0 \\ 1/3 & 1 & 4 & 4 & 1 \end{bmatrix}$$

3.3.2 优化矩阵

根据式(5) 对判断矩阵 A 进行优化，得到优化矩阵：

$$B=\begin{bmatrix} b_{11}, & b_{12}, & b_{13}, & b_{14}, & b_{15} \\ b_{21}, & b_{22}, & b_{23}, & b_{24}, & b_{25} \\ b_{31}, & b_{32}, & b_{33}, & b_{34}, & b_{35} \\ b_{41}, & b_{42}, & b_{43}, & b_{44}, & b_{45} \\ b_{51}, & b_{52}, & b_{53}, & b_{54}, & b_{55} \end{bmatrix}$$

$$=\begin{bmatrix} 1 & 2.42 & 8.68 & 8.68 & 2.42 \\ 1/2 & 1 & 3.59 & 3.59 & 1 \\ 1/8.69 & 1/3.59 & 1 & 1 & 0.28 \\ 1/8.69 & 1/3.59 & 1 & 1 & 0.28 \\ 1/2.42 & 1 & 1/0.28 & 1/0.28 & 1 \end{bmatrix}$$

同理可得 $B1$–$B5$ 为：

$$B1=\begin{bmatrix} 1 & 2.60 & 8.37 & 1 & 4.83 \\ 1/2.60 & 1 & 3.22 & 0.39 & 1.86 \\ 1/8.37 & 1/3.22 & 1 & 0.12 & 0.58 \\ 1 & 1/0.39 & 1/0.12 & 1 & 4.83 \\ 1/4.83 & 1/1.86 & 1/0.28 & 1/0.28 & 1 \end{bmatrix}$$

$$B2=\begin{bmatrix} 1 & 0.55 & 2.87 & 2.87 \\ 1/0.55 & 1 & 5.23 & 5.23 \\ 1/2.87 & 1/5.23 & 1 & 1 \\ 1/2.87 & 1/5.23 & 1 & 1 \end{bmatrix}$$

$$B3=\begin{bmatrix} 1 & 2.60 & 0.31 & 1.02 & 2.60 \\ 1/2.60 & 1 & 0.12 & 0.39 & 1 \\ 1/0.31 & 1/0.12 & 1 & 3.30 & 8.37 \\ 1/2.60 & 1/8.3 & 1/2.54 & 1/2.54 & 1 \end{bmatrix}$$

$$B4=\begin{bmatrix} 1 & 0.31 & 0.07 & 0.31 & 0.31 & 0.07 \\ 1/0.31 & 1 & 0.24 & 1 & 1 & 0.24 \\ 1/0.07 & 1/0.24 & 1 & 4.22 & 4.22 & 1 \\ 1/0.31 & 1 & 1/4.22 & 1 & 1 & 0.24 \\ 1/0.31 & 1 & 1/4.22 & 1 & 1 & 0.24 \\ 1/0.07 & 1/0.24 & 1 & 1/0.24 & 1/0.24 & 1 \end{bmatrix}$$

$$B5=\begin{bmatrix}1 & 0.37 & 1.71 & 0.37 & 0.15\\ 1/0.37 & 1 & 4.57 & 1 & 0.41\\ 1/1.71 & 1/4.57 & 1 & 0.22 & 0.09\\ 1/0.37 & 1 & 1/0.22 & 1 & 0.41\\ 1/0.15 & 1/0.41 & 1/0.09 & 1/0.41 & 1\end{bmatrix}$$

3.3　评价指标归一权重值确定

由得到的各系统优化矩阵通过式(7)得到权重值，并通过式(8)得到归一化权重值 W^{-} 和相对权重

$W^{-}=W_1^{-}\sim W_5^{-}$。

(0.49　0.20　0.06　0.06　0.20)；

$W_1^{-}=(0.37\quad 0.14\quad 0.04\quad 0.37\quad 0.08)$；

$W_2^{-}=(0.28\quad 0.51\quad 0.11\quad 0.10)$；

$W_3^{-}=(0.17\quad 0.06\quad 0.54\quad 0.16\quad 0.06)$；

$W_4^{-}=(0.02\quad 0.09\quad 0.36\quad 0.09\quad 0.09)$；

$W_5^{-}=(0.07\quad 0.20\quad 0.04\quad 0.20\quad 0.49)$。

3.4　安全工作等级确定

本次评价由基层单位10名操作专家对XJ250型修井机各系统评价因素安全工作状态进行打分，得到评价矩阵 R_i，为表达清晰，将上述评价分值归入修井机综合评价表中(如表4所示)。

表4　修井机综合评价表

准则层	归一权重	符号	指标层	总权重	相对权重	很好	较好	一般	较差
动力系统 B1	0.49	C1	柴油发动机	0.180	0.37	0.3	0.3	0.4	0
		C2	变速箱	0.070	0.14	0.2	0.5	0.3	0
		C3	分动箱	0.019	0.04	0.1	0.4	0.5	0
		C4	角传动箱	0.181	0.37	0.2	0.6	0.2	0
		C5	传动轴	0.039	0.08	0	0.4	0.5	0.1
行走系统 B2	0.20	C6	车架	0.056	0.28	0.3	0.5	0.2	0
		C7	悬挂装置	0.102	0.51	0.1	0.3	0.5	0.1
		C8	制动装置	0.022	0.11	0.2	0.2	0.6	0
		C9	转向系统	0.020	0.1	0.5	0.4	0	0.1
工作系统 B3	0.06	C10	井架	0.100	0.17	0.4	0.3	0.3	0
		C11	钻台	0.030	0.06	0.3	0.2	0.4	0.1
		C12	二层台	0.032	0.54	0.2	0.5	0.3	0
		C13	绷绳及地锚	0.009	0.16	0.5	0.2	0.3	0
		C14	安全附件	0.003	0.06	0.6	0.2	0.2	0
游动系统 B4	0.06	C15	天车装置	0.010	0.02	0.2	0.5	0.2	0.1
		C16	钢丝绳	0.050	0.09	0.6	0.3	0.1	0
		C17	游动滑车	0.021	0.36	0.5	0.3	0.1	0.1
		C18	钩	0.005	0.09	0.1	0.5	0.4	0
		C19	活绳固定装置	0.005	0.09	0.3	0.2	0.5	0
		C20	死绳固定装置	0.021	0.36	0.3	0.3	0.4	0
制动系统 B5	0.20	C21	滚筒刹车带	0.014	0.07	0.2	0.6	0.2	0
		C22	刹车连杆	0.040	0.20	0.1	0.7	0.1	0.1
		C23	机械刹车机构	0.008	0.04	0.3	0.3	0.4	0
		C24	气动刹车装置	0.040	0.20	0.5	0.5	0	0
		C25	水刹车装置	0.098	0.49	0.6	0.2	0.2	0

根据 $M_i = W_i^- R_i$，求出 $M1$、$M2$、$M3$、$M4$、$M5$，从而得到目标评价矩阵 R：

$$R=\begin{bmatrix} 0.217 & 0.451 & 0.324 & 0.080 \\ 0.207 & 0.355 & 0.377 & 0.061 \\ 0.310 & 0.383 & 0.291 & 0.006 \\ 0.382 & 0.316 & 0.274 & 0.038 \\ 0.440 & 0.392 & 0.148 & 0.020 \end{bmatrix}$$

于是有 $M = W^- R = (0.277 \quad 0.412 \quad 0.298 \quad 0.022)$。

分别给予优良中差分数 90、80、70、60，可得到修井机总体得分：

$f = MS^T = 0.277\times90+0.412\times80+0.298\times70+0.022\times60=80.07$，系统总得分属于较好(Ⅱ)，基本符合使用要求。

4 结论

通过运用数字数据技术针对停用重新启用的XJ250型修井机25个主要系统安全工作状态进行评价，得出安全状态较好，可以启用。

参 考 文 献

[1] 赵耀江. 安全评价理论与方法(第二版)[M]. 煤炭工业出版社，2015。

[5] 吴奇. 井下作业工程师手册(第二版). 石油工业出版社，2017。

EAM 系统在油田设备完整性管理中要点分析

王炳波　刘赓传

中国石油工程建设有限公司北京设计分公司

摘　要　EAM 系统设计过程中需要从以下要点满足油田设备完整性管理需要的数据支撑。所以在 EAM 系统设计的过程中需要满足以下要点：在 EAM 系统中，制定检测计划，针对具体设备产生检测工单，将检测工作落实到具体负责人。在 EAM 系统中需要管理设备全生命周期内全部历史，包括设备维修/设备运行/故障历史等。在油田设备完整性管理系统中，EAM 系统需要覆盖以下所有功能点：

关键词　RBI　RCM　EAM 系统　油田设备完整性管理

油田设备完整性管理与传统设备管理的最大区别在于，完整性管理以强大的历史数据、检测数据做支撑，重在分析和评价基础上进行预防性维护。完整性管理是使用先进技术、重视深层次的安全分析基础上的主动管理模式。油田设备完整性管理对于设备检测/风险评估等提出很高的要求，同时对于设备管理要求更加专业化。EAM 系统是设备管理的重要组成部分，在系统建设过程中要结合设备完整性管理要求，共同构建油田设备完整性管理解决方案。

1　实现油田设备完整性管理的基础与手段

目前的油田设备完整性管理技术主要包括生产对储罐、站内工艺管道等静设备的基于风险的检验(RBI) 技术，对压缩机、泵等转动设备和电器仪表的以可靠性为中心的维护(RCM) 技术，以及对于安全仪表系统的安全完整性等级(SIL) 技术。同时以及涉及油田设备工艺危害分析的技术如危险与可操作性分析(HAZOP) 技术以及区域定量风险评价(QRA) 技术等。上述技术的应用需要多个软件和管理制度共同实现。

• 检测手段与技术

基于风险的检测技术 RBI 要求对于油田设备关键设备进行分析，确定影响安全的关键风险点，并进行检测，并根据检测数据进行分析并采取相应得措施。要实现 RBI，要在设备上定义相关的风险点，定期进行检测，将检测数据提交风险评估系统进行分析。

• 风险评估模型

油田设备完整性管理要求根据设备特点，建立相应得风险评估模型，对可能影响设备可靠性和安全的风险进行分析排序，分别采取相应的措施。风险模型的建立与设备类型相关，以相应得理论为基础，同时基于大量检测数据进行分析。

• 改进措施

检测数据和分析结果具体落实到设备管理的改进方面，包括相关的变更，对应设备有针对性的维修，制定设备管理相关规范等。

2　EAM 系统在油田设备完整性管理中要点分析

实现油田设备完整性管理需要检测技术和油田设备量化风险评价技术的支持。油田设备量化风险评估包括确定不同的风险，确定失效频率和管理系数等要素。其中失效频率与设备系数相关。管理系数的考虑因素包括领导和管理；工艺安全信息；工艺危害性分析；变更的管理；运行规程；安全工作时间规程；培训；机械完整性；预启动安全审查；紧急响应；事故调查；承包商；安全生产管理系统评估等。

因此，油田设备完整性管理涉及一系列的技术手段/管理要求和规章制度，需要跟踪管理设备的方方面面内容，都需要在 EAM 系统中完成。所以 EAM 系统设计过程中需要从以下要点满足油田设备完整性管理需要的数据支撑。

所以在 EAM 系统设计的过程中需要满足以下要点：

2.1　提供管理制度的保障

油田设备完整性管理需要针对设备危险点进行一系列检测，而上述检测工作可以通过 EAM 系统来管理与跟踪。在 EAM 系统中，制定检测计划，针对具体设备产生检测工单，将检测工作落实到具体负责人。

2.2 提供分析支持

在 EAM 系统中需要管理设备全生命周期内全部历史，包括设备维修/设备运行/故障历史等。各个设备的所有检测结果/风险评估信息等都可以从相关专业系统传递到 EAM 系统中，供设备管理人员分析设备状况。

2.3 针对性安排维护维修工作

根据检测和风险评估结果，在 EAM 系统中设计工单，从而实现 RCM 所要求的维修计划与工作跟踪。通过对设备维修过程的管理及对设备运行的改进，真正提升设备的管理水平。

2.4 准确跟踪设备状态变化

EAM 系统需要对设备资产进行全面管理，准确跟踪设备状态变化，及时发现存在的问题，并合理安排维修计划，确保设备高可靠性。在油田设备完整性管理系统中，EAM 系统需要覆盖以下所有功能点：

- 根据设备的重要程度分类进行管理

在 EAM 系统中可以根据设备重要程度进行分类，确定维修工作优先级别矩阵，对不同设备分别安排维护维修计划，对重点设备/关键部件的维修历史等进行跟踪。

- 设定危险点

在 EAM 系统中可以建立设备树与位置树体系，定义设备危险点，根据不同风险对设备可靠性的影响建立风险矩阵，进行风险评估。同时跟踪危险点相关数据的变化情况。

- 与检测系统集成

在 EAM 系统的设备程序中可以对设备设定仪表，通过集成模块获取检测系统测定的设备关键风险点记录检测到的监测点数据，根据监测结果安排维修，从而实现预测维修。

- 跟踪设备参数变化

在 EAM 系统中可针对设备设定技术规范，记录设备参数变化情况，并进行跟踪，从而了解设备全生命周期内设备参数变化。

- 设定关键绩效指标

在 EAM 系统中还可以建立关键绩效指标 KPI 体系，及时发现设备管理中存在的问题。

2.5 建立设备知识管理体系

在油田设备完整性管理中，需要提高设备管理工作的规范化/流程化，需要建立一系列的文件体系，建立标准作业流程 SOP，以满足设备管理的要求。EAM 系统建立一系列的设备工作规范和标准，将作业指导书与实际业务执行紧密关联，建立设备知识库。

2.6 实现全面的安全管理

油田设备的完整性管理涉及到工艺安全、区域安全以及设备安全三个方面，工艺安全主要考虑生产运行风险，区域安全主要考虑泄漏对人和环境的影响，设备安全则主要考虑设备的失效风险，从这三个方面构成油田设备基于风险管理的基本架构。EAM 系统要提供设备危险点体系，安全计划，风险评估程序，现场操作的管理等管理模块。

2.7 持续改进设备管理工作

油田设备完整性管理不仅检测油田设备存在的风险，也不仅要对事故的原因、过程、后果等进行定性分析，而且要对事故的发生的频率和后果进行定量计算，并将计算的结果与风险可接受标准进行比较，判别风险的可接受性，提出降低风险的建议措施。EAM 系统要记录事故处理过程，改进措施，变更过程。

3 总结

目前油田设备管理体系还处于传统的管理模式，已不能完全适应现有生产发展的需要。新形势下，必须通过技术改进和加强管理相结合的措施来进行设备管理，二者相辅相成，缺一不可，这是人们对设备管理的共识。面对经济全球化的竞争，通过实施设备完整性管理，同时改进 EAM 系统、完善工作流程，保证设备管理全过程的质量，使整套装置中所有设备都处于良好的运行状态，从而达到装置长周期运行，取得高的成本效益，夯实根基的主攻方向之一。

参 考 文 献

[1] 秦金，郝点，宋军舰．油气管道完整性管理体系分析与应用[J]. 管道技术与设备，2011(3)：7-8.

[2] 杨旻．企业资产管理(EAM)系统综述[J]. 科技视界，2013，(16)：123

[3] 杨美荣．企业资产管理系统设计与实现[D]. 大连理工大学，2015

[4] 张永军．浅析企业 ERP、EAM 与信息化建设[J]. 现代情报，2005，25(9)：35-40.

[5] 潘静．企业信息化和企业资产管理(EAM)[J]. 科技情报开发与经济，2004，14(9)：13-19.

数字可视化技术在油田中的研究与展望

景海增　姜学华　王子毓

（中国石油大港油田公司对外合作项目部）

摘　要　可视分析是大数据分析的重要方法，大数据可视化是指利用云计算、大数据、人工智能等分析技术的同时，充分挖掘人对于可视化信息的认知能力，将人、机的各自强项进行有机融合，借助人机交互式分析方法和交互技术，辅助人们更为直观和高效地洞悉大数据背后的信息、知识与智慧。数字可视化技术是油田企业未来的发展趋势，是推动油田开发转型升级、体质增效的有效手段。

关键词　大数据　可视化　数字可视化分析　数字油田　提质增效

面对国内外油气行业竞争加剧、油田质量效益与规模不同步，要进一步提升企业竞争能力、创新能力和盈利能力，推动油田开发转型升级、体质增效，加快油田信息化建设就成为当前形势下的迫切需求。数字可视化技术是油田企业未来的发展趋势，是推动油田开发转型升级、体质增效的有效手段。通过可视化技术，将油田地上、地下各类生产过程海量数据抽析、分类、处理，通过云计算、大数据、人工智能等分析技术，替代现场技术人员快速发现判识剩余油气储量、注采平衡度、井筒工况，精确指导油气藏开发和油气井措施作业，提高采收率。

1　数据可视化的概念及发展历程

数据可视化领域的起源，可以追溯到20世纪50年代计算机图形学的早期。数据可视化技术的基本思想，是将数据库中每一个数据项作为单个图元元素表示，大量的数据集构成数据图像，同时将数据的各个属性值以多维数据的形式表示，可以从不同的维度观察数据，从而对数据进行更深入的观察和分析。通俗的理解就是用视觉形式向人们展示数据重要性的一种方法。

狭义上来说是利用计算机图形学和图像处理技术，将数据转换为图形或图像在屏幕上显示出来，并进行各种交互处理的理论、方法和技术。广义指一切能够把抽象、枯燥或难以理解的内容，包括看似毫无意义的数据、信息、知识等等以一种容易理解的视觉方式展示出来的技术。技术涉及到计算机图形学、图像处理、计算机视觉、计算机辅助设计等多个领域，成为研究数据表示、数据处理、决策分析等一系列问题的综合技术。

石油行业生产过程中，随着自动化程度越来越高，每天都在制造和分享数据，数据的积累量呈指数增大。基层目前普遍大量运用传统的office办公软件，产生了大量的数据堆积，数据不能直接反应油气生产现场情况。相对于传统图表，如今的数据可视化致力于用更生动、友好的形式，即时呈现隐藏在瞬息万变且庞杂数据背后的生产数据。利用数字可视化可以准确而高效、精简而全面地传递信息和知识。可视化能将不可见的数据现象转化为可见的图形符号，能将错综复杂、看起来没法解释和关联的数据，建立起联系和关联，发现规律和特征，进一步挖掘数据的价值，并为油气生产直接服务，利用合适的图表直截了当且清晰而直观地表达出来，实现数据自我解释、让数据说话的目的。实验表明人类右脑记忆图像的速度比左脑记忆抽象的文字快100万倍。因此，数据可视化能够加深和强化受众对于数据的理解和记忆，为油气生产的科学决策提供有力的支撑。实际上，数字油田并不是遥不可及，也是一步步发展与完善的，如下图1所示。

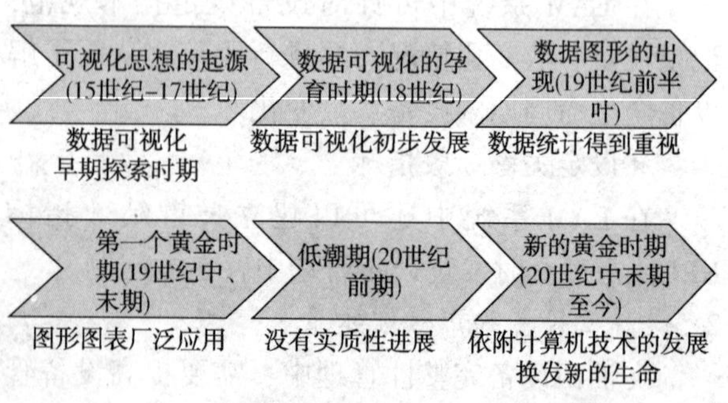

图1　数据可视化的发展历程

图形表现数据，实际上比传统的统计分析法

更加精确和有启发性。我们可以借助可视化的图表寻找数据规律、分析推理、预测未来趋势。另外，利用可视化技术可以实时监控业务运行状况，更加阳光透明，及时发现问题第一时间做出应对。将数据库中每一个数据项作为单个图元元素表示，大量的数据集构成数据图像，同时将数据的各个属性值以多维数据的形式表示，可以从不同的维度观察数据，从而对数据进行更深入的观察和分析。可从数据的空间，开发和分析上对其研究。数据空间：由 n 维属性和 m 个元素组成的数据集所构成的多维信息空间。数据开发：利用一定的算法和工具对数据进行定量的推演和计算。数据分析：指对多维数据进行切片、块、旋转等动作剖析数据，从而能多角度多侧面观察数据。

2 大数据可视化分析方法

大数据可视化技术运用计算机图形学和图像处理技术，将数据转换为图形或图像在屏幕上显示出来，并利用数据分析和开发工具发现其中未知信息的交互处理的理论、方法和技术，使其具有交互性；多维性；可视性。

原位交互分析技术在进行可视化分析时，将在内存中的数据尽可能多地进行分析称之为原位交互分析。数据存储技术大数据是云计算的延伸，云服务及其应用的出现深刻地影响了超大规模数据库与存储社区。并行计算并行处理可以有效地减少可视计算所占用的时间，从而实现数据分析的实时交互。可视化分析算法，大数据的可视化算法不仅要考虑数据规模，而且要考虑视觉感知的高效法，需要引人创新的视觉表现方法和用户交互手段。用户界面与交互设计，用户驱动的数据简化、可扩展性与多级层次、异构数据融合、交互查询中的数据概要与分流、表示证据和不确定性、时变特征分析、设计与工程开发等。

3 数字可视化在设备完整性的探索

我国的石油天然气开发工业进入了二次快速发展时期，但很多油田已经进入高含水期，再加上地下情况越来越复杂，油藏的储量分布越来越不清晰，提高油田采收率、精细挖潜、降本增效可谓难度加大。“通过大数据可视化和人工智能技术找到油田的靶心，也就是油田的密集区和富集区，然后采取智能注采的优化方案，植入人工智能和大数据技术来重新定义油藏，对油藏的多种数据进行深度学习和认知分析，重新发现新的储油油层，进一步提高油田采收率(图 2)。

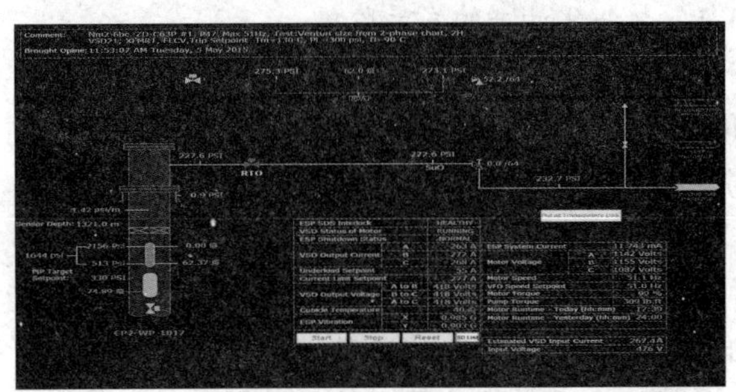

图 2 油井可视化监控界面

对于生产现场而言，加深对油井的认识，减少躺井率，提高经济价值尤其重要。上图 2，通过运用数字可视化实时监控井下电机温度、泵入口压力、温度等数据，中控操作人员通过对井下数据分析并结合电流、电压及井口压力、温度的变化能够判断电泵的运转状态，根据实际情况进行开关井、调整工作参数，增强电泵排量与地层供液协调性，从而提高生产时率和井的寿命。

智能诊断和决策是油井的最终发展方向，但是由于智能诊断和决策系统需要大量的实际油井生产经验来获得知识，并且其可靠性的验证风险大、花费多、历时长，这样以来油井智能决策和诊断也一直处于停滞不前的状态。然而，随着科学技术的进步，国外的一些大型石油企业已经着手开发并应用数字化技术开采石油。本人认为数字化油田的开发要有全局意识，在现有条件下，研究技术难度小、切实可行，又对油田生产起到关键性作用的技术，加强对数字油井技术研究，推动采油系统全面升级与再造。“走进”油井，观测油井内部工作情况，计算机模拟油井开发生产，进而用人工智能方法对油井系统进行合理的设计是未来的发展趋势[1]。

如果将设备的“生老病死”作为研究对象，从油井设计开始，进行钻井、试井、采油、措施直至油井报废。可以按时间顺序勾画出油井的全生命周期，通盘考虑油井整个生命周期的信息化，应用信息化技术指导整个油井的设计，钻探，采油，维护工作，最大限度的降低成本，提高产量。

数字化油井是石油工程理论和计算机科学技术相结合的产物，包括了采油工程理论、数学仿真、虚拟现实、人工智能等多科学的综合性技术。其核心是建模与仿真，目的是实现油井生产过程中指标预测、实施诊断和决策等功能。进一步建立可视化、功能化、智能化的虚拟采油井。

3.1 数字化油井的发展阶段

第一阶段：建立数字化油井设计平台—数字化可视油井，利用油井数字化工程数据库系统的资料，以三维可视的形态显示静态油井原型。

第二阶段：把数字模型与数字化可视油井进行集合。在计算机上形成一个具有油井实际功能的、可以进行分析试验的数字化功能油井。

第三阶段在数字化功能油井的基础上结合人工智能科学技术，形成能够进行智能决策和诊断的数字化智能油井。运用人工智能方法建立能够从数字化功能油井的输出数据中获取知识，并且能够对油井进行实施故障诊断和决策的智能系统。

3.2 建立油井数字化工程数据库系统

该数据库管理系统主要为油井可视化服务。另外由于它的系统性、方便性，同样可以应用油田数据管理的其他方面，它使得数据分类更系统，录入、删除、查询更方便。根据钻井、测井、完井、套管、油管、电潜泵、地层压力、流体参数、计算成果等数据可视化数据库，为描述展示油井的静动态的工作状况做好数据准备。

建立数字化可视油井，基于油井数字化工程数据库系统进行三维井眼轨迹的设计，并设计三维完井段、套管、水泥环、油管、电潜泵和泵阀的三维静态模型。实现任意位置及方位角度下全井段三维展示。

数字化功能油井是油井数字化工程的核心。结合计算机动画及仿真技术，实现数学模型与可视化油井的集成，使数字化油井设计由“形似”提高到“神似”，具有油井的实际功能，能够反映油井内部各部件的实际工作特性，并在此基础上重新认识数学模型。数字化功能油井的功能：(1)真实动态三维地显示油井各部件的流动特性(井筒多相流体)、动力学特性(抽油杆柱、泵阀)、静力学特性(油管、套管、水泥环)和相互间的作用(如杆管偏磨)；(2)具有正确反映油井实际工作状况，可以输出相关指标的图形和表格的功能；(3)能够进行虚拟现场试验，三维显示各种工作制度和各种工况下油井的运行特征。

3.3 数字化油井的探索及趋势

在数字化功能井的基础上，以石油工程理论和智能决策科学为方法建立油井智能诊断和决策系统。该系统能够不断地从数字化功能井输出的数据中获得经验知识，具有自学习能力，能够不断调整自己的知识结构和知识内容。在此基础上该系统能够对油井故障进行实时诊断，对油井系统的工作制度进行实时的决策。运用人工智能科学，结合石油工程理论建立油井决策和诊断系统。该平台由诊断决策模型和人工智能系统两大部分组成，两部分通过接口相联。数字化功能油井输出的报告通过接口转化为智能系统能利用的知识信息，而智能系统给出的建议则通过接口转化为数字化功能油井能接受的参数集。数字化功能油井数字化智能油井具有：人工智能系统、诊断决策模型、提供知识信息、实时诊断和决策。

当实施一个完备的数字化智能油井后，从数据采集到智能控制，整个数据流的流动和传递不是只经过一轮就停止了的，而是在完成第一轮智能控制之后，系统会继续采集工况数据，然后经过分析和优化，再进行智能控制，然后又要进行数据采集……周而复始，反复循环。数据采集优化决策其螺旋式上升发展的中心轴是数据流，其最基本的上升动力是应用神经网络模拟算法和综合分析相关程序软件推动油井的智能学习。各个子系统之间流动和传递着数据流，数据流主线是贯通整个系统的最关键因素。

3.4 未来数字化油井的展望

未来的数字可视化油井建成生产数据实时采集、数据管理、生产动态预测、实时工程分析、故障诊断、远程计量、系统效率及损耗分析、生产参数实时优化设计、措施方案发布、智能控制等硬软一体化的工程数据平台及采油工程专家系统。实现数字化油井为生产的服务，提高生产效率及工艺水平：在将来，数字化油井技术对采油、注水、集输等系统进行整体优化，通过工艺流程自动监控、设备运行预警保护、生产参数动态优化的配套应用，使得系统效率提高[2]。

应用数字化油井技术，提高采油工程设计研究水平：通过数字化油井技术与生产动态的结合，实现生产过程的实时监测；数字化油井技术与生产环节自动控制的结合，提高安全生产水平；数字化油井技术与生产过程优化的结合，提高系统效率和施工、工艺设计水平。

4 结论

数字化油井的开发与应用，将提升油田采油工程设计研究水平，并为各项采油工艺技术实施提供可靠的依据，数字油田建设发展到现在，我们在逐渐加深对它规律性的认识和把握，从数字油井到数字油田，再到智能油田，这是数字油田发展的必然和基本阶段。数字打基础，智能助提升，提高油气田管理科学化水平，降低劳动强度和生产成本；及时准确采集生产数据，为技术研究和生产决策提供科学依据；不同类型专业软件成果数据相互调用，实现技术分析决策快速化智能化。数字、智能油田建设是有规律可循的，就是必须遵循“采、传、存、管、用、智”规律，它以数据为主线，利用“大物云移智”技术来完成，在不久的将来让油气田成为“智慧的工厂”和“无人油气田”。

参 考 文 献

[1] 李丽芳. 石油天然气井筒数据可视化系统研究[J]. 内蒙古石油化工，2009(07)：29-30.

[2] 王权. 大庆油田有限责任公司数字油田模式与发展战略研究[D]. 天津大学，2003.

智能化在松南气田的探索与应用

张巧堂

中石化东北油气分公司

摘　要　通过探索智能化在松南气田的应用实践，利用物联网技术、数据库技术、地理信息技术、移动开发、4G专网技术，实现采气生产的实时监控与动态集中展示与跟踪、预警报警、智能调控等功能，逐步构建“分级监控、事前预警、应急处置、闭环运行、智能调控、统筹管理”的一体化智能生产调控体系，建设“四化一体”的新模式。

关键词　智能化　移动开发　数据库技术　预警报警

1　项目背景

2016年以来，中石化东北油气分公司在全系统率先开展承包经营改革，全面探索“自主经营，自负盈亏，自我约束，自谋发展”的经营模式。在高寒地区，外部作业环境艰苦，劳动强度大，员工流失逐年增多，利用信息化、智能化的手段保障安全生产、高效合理开发、降低运营成本、提升员工职业幸福感迫在眉睫。

松南气田目前面临安全管控及经营压力：随着设备年限增加、人员短缺、野外工作风险系数大等，安全管控风险难度增大；工作安排、信息流转缺乏信息化管控手段，工作效率相对较低，自动化管理人才稀缺，需要加大自动化人才培养；逐年的可采储量下降，地层压力不断下降，如何通过科技力量，对开发过程中的生产管理进行优化；厂区周边环境复杂，网络传输非常不稳定，使用年限增长等因素，造成目前井场自控设备无法正常使用；生产运行情况分析主要是人工分析，劳动强度大；还是单点监控为主，未实现全面监控及关联分析，对实际生产指导性不强；缺少监控后生产优化处理。

2　建设目标

通过项目的建设，以“精细管理”为导向，以“提质增效”为目标，实现采气生产的实时监控与动态集中展示与跟踪、预警报警、智能调控等功能，逐步构建“分级监控、事前预警、应急处置、闭环运行、智能调控、统筹管理”的一体化智能生产调控体系，建设松南气田“四化一体”的新模式。

具体目标如下：

（1）预警智能化：建立全生产节点的分类、分级预警机制，可以及早发现并处理问题，有利于生产的安全、平稳、高效运行。

（2）监控可视化：建立采气厂全节点的三维GIS模型，利用可视化手段集成单井、站库、管线、车辆等实时监控、报警信息；

（3）运行闭环化：基于工作流驱动，建立生产调度的工作流模型，实现重点工作、会议、生产监控报警、上报问题等工作调度令生成、工作进度跟踪及提醒，达到生产调度工作的智能闭环管理。

（4）决策精准化：全方位资料分析，多视角多维度观察业务开展情况、对全厂安全、生产、经营进行全面决策和指挥。

（5）一体化协作：规范生产调控中心的岗位职责，实现生产运行的集成化协同管理，便于多部门间的协同与工作对接，使生产和管理效率大大提高。

3　建设内容

基于松原采气厂“四化一体”建设目标，形成事前预警、事中指挥、事后分析的智能气田愿景，需要从生产区4G建设、GIS地理信息建设、三维仿真模拟、生产运行协同指挥、安全生产监控、设备全生命周期管控、开发生产智能优化和移动监控与指挥等八个方面开展建设。

1. 生产区4G网络建设

松南气田油区东西和南北均长约5km，包含生产区和办公区。采用华为4G专网技术，覆盖至集输处理站、集气站、松南采气管理区，实现视频、语音、数据、图像的传输。

优选华为制造商，提供4G解决方案。无线网络按照逻辑主要分为三层(图1)。

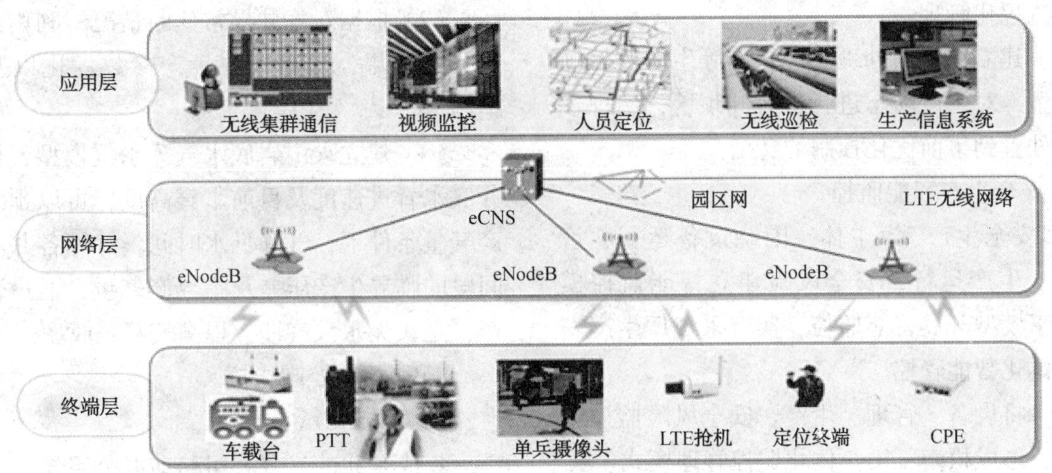

图1 4G专网网络架构

2. GIS地理信息建设

以二三维一体化GIS为引擎，对生产运行提供全方位的地理信息和导航支撑，为各类用户提供管理和生产上的辅助决策(图2)。

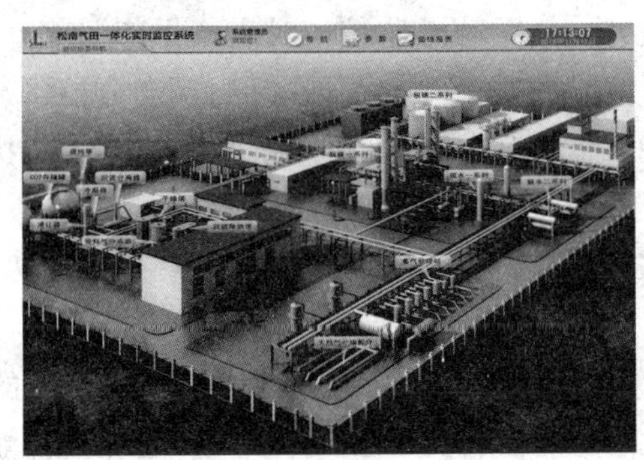

图2 采气厂三维仿真图

3. 三维仿真模拟

对采气井场、集气站、处理站等生产区域进行全方位实景三维仿真，以大范围、高精度、高清晰的方式全面感知复杂场景，通过高效的数据采集设备及专业的数据处理流程生成的数据成果直观反映地物的外观、位置、高度等属性，为真实效果和测绘级精度提供保证(图3，图4)。

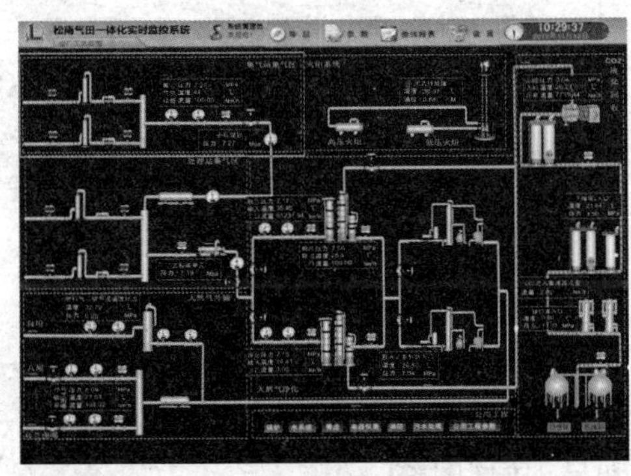

图3 全厂工艺图

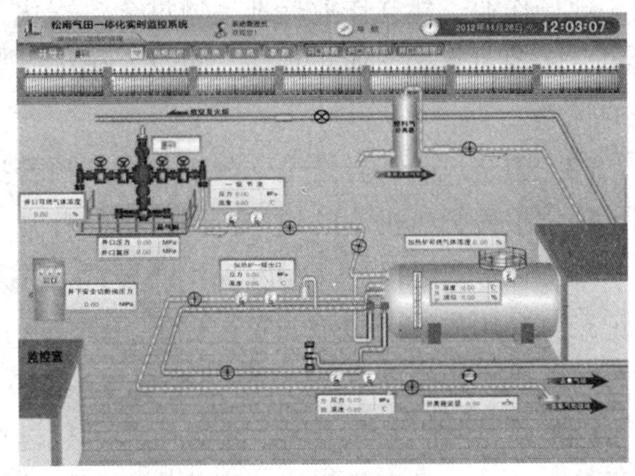

图4 井口加热炉

4. 生产运行协同指挥

基于松原采气厂现有物联网手段实现全厂生产业务的可视化管理，建立实时监控与动态集中展示与跟踪、预警报警、智能调控等功能，打造气田生产业务一体化生产调度管理模式。

(1) 实现包括集气站、处理站、井场、集输干线、设备等关键区域二维、三维地理信息图，通过三维可视化模型，集成展示设备运行动态、实时生产信息、预报警信息等，并集成到统一GIS平台；

(2) 建立一体化生产运行协同指挥环境，实现调控中心监控信息大屏集成展示，实现油气田生产过程的集中统一监控；

(3) 通过报表与曲线等方式，实现生产动态的实时展示，主要包括：钻井工程动态、地面施工动态、措施作业动态、巡检动态、设备检维修动态、单井生产动态、集气站生产动态、处理站生产动态、用电动态、车辆动态等；

(4) 建立现场运行调度立闭环管理体系，完成调度指令的发布、反馈、回收、执行，实现工作运行流程化管理。

(5) 建立井场、处理站、管网等生产监控预报警模型，对生产动态进行报警和预警，实现事后组织处置到事前优化控制的转变。

5. 安全生产智能监控

以“安全生产”为主体，围绕设备运行、管网运行、生产运行、安全风险建立智能监控模型，基于模型开展智能监控，实现采气厂生产安全的一体化智能管控。

(1) 将设备、管理、生产、安全风险监控进行集成，形成松南气田一体化监控管理模式。

(2) 实现对直接作业管理监控，梳理采气厂相关现场作业，建立作业标准，通过全流程化作业单，实现对直接作业单提交、审批、施工、监督的管理。

(3) 围绕风险、异常建立分析查询和预警提醒。确定报警分析机制的响应范围，借助日常巡检、维护任务等手段，及时发现生产异常，并及时记录，分用户级别提示，实行提示、警告和严重警告三级预警管理。

(4) 借助数据采集分析，掌握生产运行过程中设备相关的异常变化规律，明确触发预警的数据变化趋势，预测分析目标的可能变化形式，并及时发现诱发原因，做到事故提前预警。

6. 设备全生命周期管控

搭建统一的设备管理应用，实现油气田井场设备、集气站(分离器、加热炉等)、脱水站(吸收塔、闪蒸罐等)、净化厂(处理装置等)设备全生命周期管理。加强设备运行和状态分析诊断管理，强化感知能力，监测异常并对缺陷故障进行智能诊断与预测，保障装置的安稳长满优运行。

7. 开发生产智能优化

基于气藏、井等的运行管理及计划，建立生产模型、结合实际生产数据，运用线性规划方法，进行生产运行的仿真和评估，为调整生产计划安排提出最优化的建议方案。制定整合的生产计划，优化生产运行，实现生产各个环节的有效协同与高效合作。

(1) 基于单井分析、预测及评价等模型对气井动态异常进行分析，对气井异常进行预警及诊断，实时对相关技术人员推送气井异常诊断结论。

(2) 根据对气井异常诊断情况，利用前期动态分析成果，提出气井生产参数优化以及治理措施。

(3) 建立火山岩底水气藏水侵模型，计算各井底水脊进速度及目前水脊高度，可以预测不同产气量条件下，气井见水时间。计算各井不同时间段的临界生产压差及临界产气量，通过合理配产，延长无水采气期，提高气藏采收率。

8. 移动监控与指挥

(1) 移动OA

集成东北油气分公司移动办公系统，帮助生产一线员工、领导层随时随地掌握生产动态、施工信息、重点工作，满足领导随时生产工作安排、及时文件签批、重点工作掌控的需求。

(2) 移动生产指挥

建立移动生产指挥，实现井场、集气站、处理站、采气厂动态监控，对生产重点设备(井)进行实时数据、视频、设备运行动态监控，基于智能工单，对直接作业现场，关键点、岗位执行情况进行监控。

4　总体架构与技术路线

1. 总体架构

系统基于SOA架构进行研发，使产品的易用性、稳定性、安全性、扩展性、功能性都能得到保障(图5)。

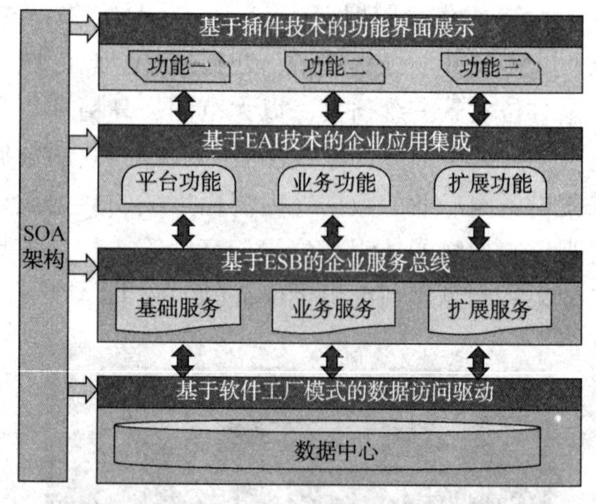

图5　平台技术路线图

2. 技术架构

系统建设采用统一的用户认证体系和统一信息标准体系，配套数据层、服务层、管理层、应用层和呈现层(图6)。

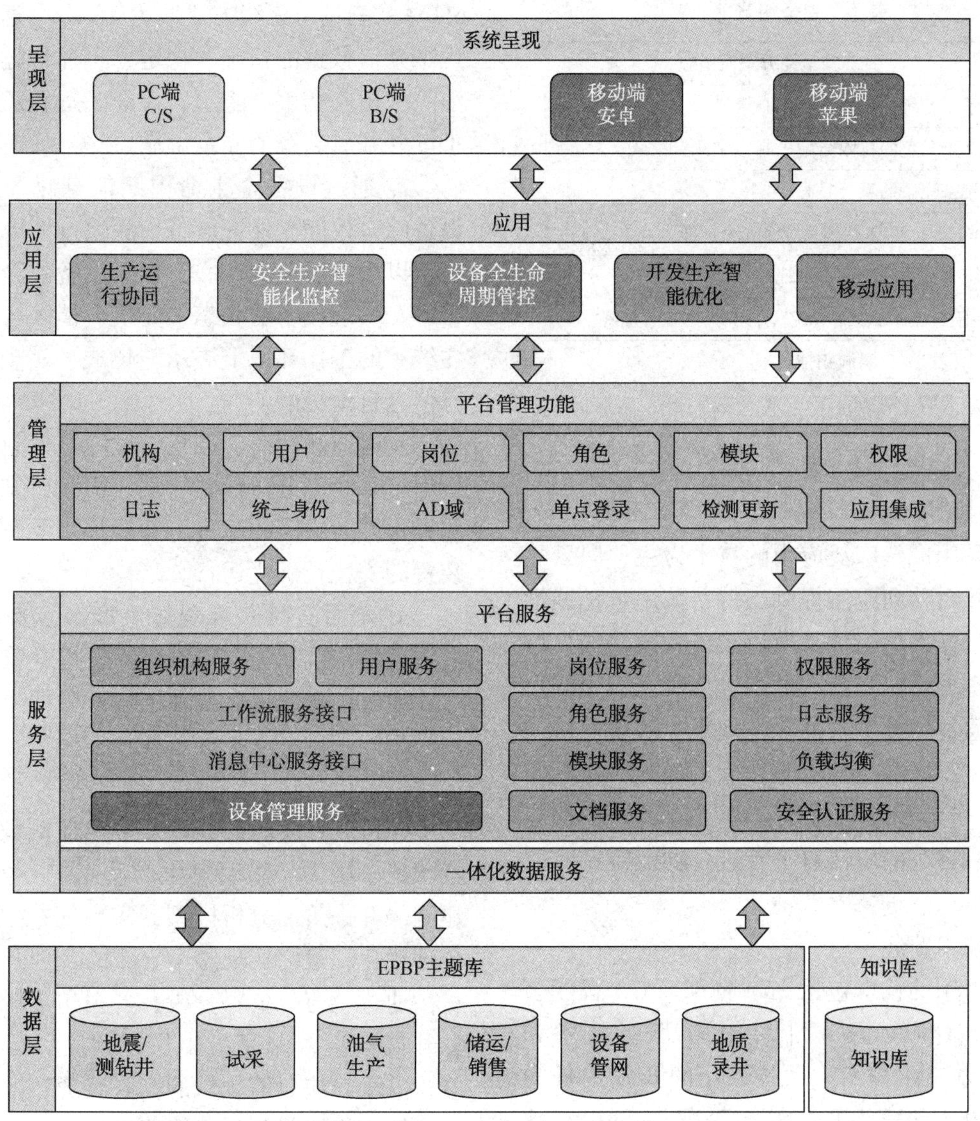

图6　系统架构

(1) 数据层

主要是实现对数据的访问及管理控制，包括数据投影工具、数据模型管理、数据服务定制等相关功能模块。

(2) 服务层

服务层是平台的核心，通过服务层标准化相关接口，通过服务层实现跨平台的支持、通过服务层实现相关功能的封装。

(3) 管理层

管理层是整个平台体系的管理核心，包括用户及权限管理体系、平台功能及配置体系及相关的应用计量监督体系。

(4) 应用层

业务层包括松原智能化的各类业务应用系统，平台的最终目标是实现所有业务应用的集中管理、集中授权、集成呈现。

(5) 呈现层

呈现层体系主要解决怎么将用户所用到的业务模块更好的呈现给用户，方便用户调用，符合用户的习惯，满足用户的业务。

3. 系统安全设计

本软件系统的安全性设计，采取以技术实现为主，与管理相结合的方式，充分保障业务应用的安全。在安全性设计和管理方面考虑有如下几个方面。

从系统级、应用级和数据级三个层面，统一部署安全策略；实现统一的用户管理和授权管理；实现包括流量监控在内的6种用户行为监控，建立日志备份管理，实现行为管理可追溯。

结合采气厂自身信息化建设特点设计有效的、合理安全规范，全面保证系统的安全运行，包括软件安全、数据安全、安全审计。

表1 安全设计

层次	安全性方案及措施
系统服务端	系统与统一用户认证中心接口
	基于角色的权限分配机制
	具备完整的系统日志
OS	Windows2012 达到系统级安全标准
	服务器防采用病毒系统
DB	基于 Oracle 数据库系统软件的访问控制、加密、审计
网络	入侵检测、漏洞扫描
	防火墙、网络隔离

4. 技术特点与技术路线

(1) 技术特点

系统采用成熟广泛应用的技术为主，向云平台靠拢，并对移动应用提供支持；采用可扩展性设计，通过标准化组件及模块接口和模块的良好封装性，实现模块之前的低耦合，实现应用的可扩展性；通过遵循平台的研发规范，实现模块流程的标准化；并能兼容各类微软的操作系统(XP以后)，及32或64位系统；并支持用户根据自己的业务、自身的习惯对平台进行功能定制，以符合自身需求。

(2) 技术路线

系统采用的技术包括 .net 框架 4.0、智能客户端技术、ClickOnce 机制、REST 服务技术和 SOA、ESB、EAI 技术。系统采用的开发工具为 VS2012，开发语言为 C#。后台采用 Oracle18C 数据库和亚控 KingHistroy 实时数据库。

5 取得的成效

1. 全程风险管控，提升了现场管控水平，降低了安全风险

通过远程生产数据采集、远程实时视频监控、运行参数异常报警等功能，提高重点部位、重要生产环节的安全隐患及时发现，有效提升安全生产防控能力，降低安全风险。一是提高了气井生产安全。具备远程紧急切断和生产异常预报警，当下游站场装置停车，能通过远程关井快速截断井口气源，降低生产事故发生率，减少生产安全风险。二是降低气井设备被破坏风险。通过参数监测、视频监控、音频预警等功能，对生产现场实现全方位、全天候视频监控，第一时间发现井口异常，有效告警为21469次，无效告警为1364次，有效报警率为94.0%，无效报警率为6.0%。三是由无线方式改为4G专网通信后，实现了井口数据的精确、稳定、迅速传输，有效地消除了田安全生产隐患，保证了远程关井，确保了气井井口装置的安全可靠。

2. 通过设备全生命周期信息化管理，提升设备综合效能，保证设备长满运行

以设备对象为核心，建立设备的全生命周期管理，实现设备的状态、介质、档案等相关信息在统一的工作环境上展示与集成，实现设备检维修信息自动提醒。

实时监测润滑、能耗、故障等信息，加强设备运行和状态分析诊断管理，强化感知能力，监测异常并对缺陷故障进行智能诊断与预测，保障装置的安稳长满优运行。

3. 全面实时获取现场生产节点数据，拓展数据采集范围，为气田管理水平提升奠定基础

通过信息化提升，在 EPBP 单井生产动态数据采集的基础上，扩展了井场实时数据、视频监控数据、设备运行等数据。

利用气井实时数据以及生产监测数据，对产能状况、压力、温度等生产动态进行实时分析，建立一井一策的分析模型，实现气井生产参数的合理优化，最终实现整个气藏的合理开发。

通过全方位资料分析，多视角多维度观察业务开展情况，保证了生产、调度、运行、检维修、安全、应急等领域的互联互通，实现了监控与指挥一体协作与闭环管理。

4. 提升了生产运行效率，降低了劳动强度。

通过建立生产指挥调度平台，推行以远程监控、自动预警、在线巡检为主的“井站一体化”管理新模式，做到组织指令统一下达，生产指令同步执行，提高生产效率，减少管理环节，优化用工结构，降低劳动强度。一是提升了人力资源效率。传统巡井模式，大部分一线工人的人力资源耗费在车辆巡检线路上，只有小部分时间用于动态数据记录和油气井维护。现在通过自动采集和监控，将巡检人员和资料录入人员从低效工作中解放，可以从事其他工作。二是提升了生产运行组织效率。以指挥中心为核心，实现“现场+指挥”管理模式，在调度中心及时发现、外操在现场解决问题。大大提升现场管理水平和生产效率，打破了专业界限，实现了以"普通巡检工向故障维护技师转变"的模式。三是降低了劳动强度，由原来的定时定点巡检(每天4趟，每趟巡

检时间为 2h）变成了故障巡检，大大减少了简单重复劳动。

5. 提高指挥效率，降低了生产成本

一是通过自动化手段对生产过程的实时监控，逐渐实现自动发现问题，提交至调度岗，自动生产电子工单，工单运行动态自动跟踪及提醒，工单关闭，形成在线闭环管理，可以对运行过程及时掌控，对岗位工作有依可查，提高调度过程运行效率及精细化水平。二是降低人工成本。信息化提升建设之后，巡检模式由常规巡检转变为故障巡检和重点区域巡检，大大减少人员用工及车辆使用情况，原巡检班的常规巡检工作由中控岗通过视频监控完成，在生产单元不断增加的情况下实现了用工量的负增长。

参 考 文 献

[1] 李仕轮. 天然气工程[M]. 北京：石油工程出版社，2008. 8

[2] 谢军 . “互联网+”时代智慧油气田建设的思考与实践 . 天然气工业，2016. 1

[3] 周小林 李喜平. 气井生产系统节点分析研究及应用. 东北油气勘探与开发，2012. 2

数字化移交系统在地面建设工程中的应用与研究

张　锋　王传平　江　飞　雷江辉　王佳佳　孟　亮　崔新强　乌　嵘

中国石油新疆油田公司采气一厂

摘　要　随着信息技术的发展，石油行业各单位在生产实践中采用越来越多的数字化手段来辅助生产。但是随着信息化的深入，信息孤岛效应和数据重复建设的情况也越来越明显。[1]如何打破传统交付模式，向生产运维管理部门提供直观的移交平台和提供可靠的决策依据，是目前油气田地面工程建设的重点与难点。基于先进的互联网、物联网、大数据以及云计算等技术的数字化移交系统，可对大量项目基础数据进行收集，同时能够对数据进行分类整理、整合，依据制定的流程、规范，对数据关系模型进行完善，将各类数据与三维模型进行关联，有效解决信息孤岛问题，并避免数据重复建设。通过整合油田地面建设资源、优化油田地面建设业务流程和信息，可为工程建设管理人员提供及时、有效的数据，使油田地面建设工程更加有效、规范、迅速、系统，同时通过数字化移交为生产单位的各种生产系统(例如生产运维系统、管道完整性管理系统）提供基础数据，提高运维效率及生产安全，真正实现数据的全生命周期流转和使用。

关键词　数字化移交　全生命周期　信息孤岛　三维模型基础数据　地面建设工程

1　引言

近年来，我国油气田行业建设快速发展，传统的建设管理理念、手段、方法越来越难以适应日益变化的环境对油气田建设和安全管理的要求。目前，数字化、信息化建设已成为众多石油上游企业信息化建设的核心内容和战略目标。但是随着信息化的深入，信息孤岛效应和数据重复建设的情况也越来越明显。[1]基于先进的互联网、物联网、大数据以及云计算等技术的数字化移交系统，可对大量项目基础数据进行收集，同时能够对数据进行分类整理、整合，依据制定的流程、规范，对数据关系模型进行完善，将各类数据与三维模型进行关联，有效解决信息孤岛问题，并避免数据重复建设。同时三维数字化移交还可以使设计信息与建设期、后期运营管理相关联，可追溯性强，[1]可通过数字化移交为生产单位的各种生产系统(例如管道完整性管理系统）提供基础数据，真正实现数据的全生命周期流转和使用。

2　油田地面建设工程数字化管理面临的挑战和解决方法

油气田地面建设工程参与方多、工程量大、涉及面广、工艺流程复杂等难点，会出现各专业孤立、协同效率低等问题，原始的资料移交只是将纸质或电子移交，但纸质移交不易保存和查看，电子档案移交虽然较纸质先进，但仅移交了文件，但所有的信息仍是从设计图纸上获取，图纸背后的信息全部丢失。同时油气田的数字化建设目前还主要针对油田在生产过程中的数字化管理(例如实时数据、物联网等），油田地面建设工程数字化管理正面临如下挑战：

(1）多单位参与造成数据采集不一致问题，同一个数据可由多部门通过多种渠道采集，获得的数据不一致造成对外信息发布难、信息决策难的问题。

(2）数据共享难的问题[2]，不同组织和部门由于机制体制问题，数据共享难；缺少统一的环境给各参建单位提供数据共享服务。

(3）业务全生命周期管理与协同处于起步阶段，挖掘大数据用于辅助专业和企业总体决策能力不足，支撑油田公司管理体制机制建立的支撑还需加强。需要充分研究和利用物联网、云计算、大数据、互联网+等新技术、新理念，提升信息化应用和服务水平。

因此如何打破传统交付模式，为油田的生产运维管理部门提供直观的移交平台，为油田科学建设与发展提供可靠的决策依据[2]，是目前油田地面工程建设的重点与难点。

根据油田地面建设工程数字化管理存在的问题，新疆油田开发了基于先进的互联网、物联网、大数据以及云计算等技术的数字化移交系统，在地面工程建设过程中，管理对象深化到图纸每一个设备、管线，可实现将工程建设阶段的数据进行统一打包并建立相互关联关系，数据移交后统一存储，对外提供接口。同时系统可集成到运维系统、资产管理系统，形成工厂全生命周期管理门户。数字化移交系统可通过整合油田地面建设资源、优化油田地面建设业务流程和信息，为工程建设管理人员提供及时、有效的数据，使油田地面建设工程更加有效、规范、迅速、系统[2]。同时数字化移交为生产单位的各种生产系统(例如生产运维系统、管道完整性管理系统）提供基础数据，提高运维效率及生产安全，真正实现数据的全生命周期流转和使用。

3　数字化移交系统的实现

3.1　系统架构

数字化移交系统采用轻量级 WEB 服务架构 RESTFUL，同步向客户端、WEB 浏览器以及移动端提供服务，达到同时兼容从大屏到小屏的各种客户终端的目的。系统架构如图 1。

该系统以 JavaEE 为核心技术，具有稳定性、灵活性、可伸缩性及跨平台等特点。从系统架构上来看，主要有如下特点：

(1) 采用面向对象的思想进行分析设计。

(2) 通过工作流系统实现业务功能的流转。通过流程的定制将各个具体的业务功能点串联在一起，实现具体的业务操作场景。

(3) 领域设计贯穿于整个软件研发的生命周期。我们将用户需求中的每一个不可分割的业务功能点定义为一个领域模型，围绕该模型采用动态代理模式实现具体业务功能。

(4) 以组件化的方式实现业务功能的集成。

(5) 客户端的无关性，系统采用 RESTFUL 架构，提供相比于 SOAP 更轻量级的 WEB 服务，使得系统响应效率更高。

(6) 混合型数据库系统，本产品采用 SQL+NOSQL 数据库相结合的混合型数据库系统，其中 SQL 数据库用于存储系统的元数据，包括属性定义和字典等；NOSQL 数据库用于存储工厂中的每一个对象，对象的属性以及对象之间的关系，这是因为 NOSQL 更加能够满足不同对象的多样性要求，更加适应面向对象存储的特点。

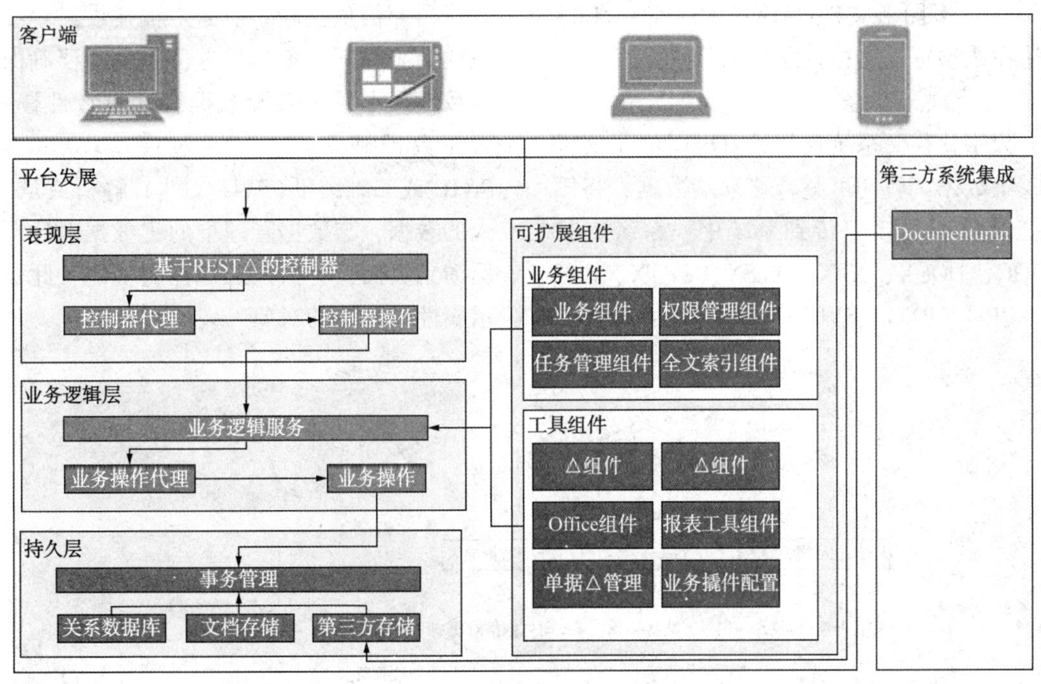

图 1　数字化移交系统架构图

3.2　数字化移交系统的主要功能

数字化移交系统可将油气田地面工程从规划设计、施工建造到运行维护各个阶段的信息汇总起来，一方面实现历史回溯，为油田生产、运维管理提供决策依据；另一方面，数字化移交工作能够为建设、验收、运维过程提供推演、分析、实践数据保障。数字化移交系统的主要功能如下：

3.2.1　工程信息集成功能

数字化移交系统以数据流和信息流为主线，以统一的标准和规范为保障，为油田地面工程建设和管理的全过程提供唯一、权威的数据源。以数字化的方式贯穿地面工程规划、设计、建设、生产、运维的全生命周期，根据工程进度，对规划、设计、施工和竣工交付等各个阶段的工程信息和相关地理信息进行采集，包括规划成果、设计图纸、技术说明书、采购合同及相关文档、施工图纸、地理空间数据、三维模型等。数据采集伴随油田地面工程建设过程同步进行，实时形成阶段性数字化成果：

（1）平台具备集成多种三维设计软件生成的数据、三维模型的能力、如 Intergraph SmartPlant 3D、CADWorx、AVEVA PDMS、AutoCAD Plant 3D、Revit 等，支持多版本兼容，同时可对三维软件输出的模型进行轻量化处理，便于在线浏览。

（2）二维图形转换工具支持 AutoCAD P&ID，SmartPlant P&ID 及 Aveva Diagrams 等 P&ID 图纸，转换成便于在线浏览的 SVG 格式，并保留智能 P&ID 的对象数据，支持多版本兼容。

（3）平台支持多种格式文档转换，平台在线浏览功能支持 Word、Excel、PPT 等 Office 文档；dot、pot、xlt 等 WPS 文档；PDF 文档；jpg、bmp、jif、png 等图形文档；DWG、SVG、WLKX 等，支持在线预览，文档打印、下载。

3.2.2　信息上载与整合

（1）数字化移交系统在初始阶段以电子文件的形式收集数据，后期可整合移动端数据，将第三方系统文件通过接口传到系统中。系统支持 PDF、DOC、DOCX、XLX、XLSX、PPTX、dot、pot、xlt、JPG、PNG、SVG、WLKX 等格式文件在线预览，文件可以单个上传、批量上传、编辑属性、在线预览、升版、查看历史版本等操作。若上传同名文件，系统会自动提示是否升版，可以查看文件的历史版本并提供全文检索功能，可以文件任意属性进行检索。

（2）三维模型、二维图纸进入到系统之后，后台异步解析模型中的属性数据，并可将不同设计格式的模型属性自动转换成数字化交付系统中定义好的属性表达方式。扫描件，图片等格式数据进入到系统后，会自动进行 OCR 识别，解析文件内容，为全文检索和文档对象自动关联建立基础；Wlkx 模型上传后，平台会自动匹配配置文件进行解析，待解析状态变成“已解析 wlkx”后，此模型解析完毕，模型中的属性会被自动解析出来，并和工厂对象建立关联关系；Svg 图纸上传后，平台会自动解析，不需要任何配置，待解析状态变成“已解析”后，图纸解析完毕。图纸中的属性会被自动解析出来，和工厂对象建立关联关系。

3.2.3　信息校验及浏览

（1）信息校验。地面工程建设过程中，数据往往会来源于很多参与方，因此需要确保数据的一致性。本系统多源数据属性一致性校验功能，可在数据确认页面，通过模型（wlkx 文件），P&ID 或二维图纸（SVG 文件）解析或从 excel 导入的数据，与数据管理中的主数据对比，将结果反馈到页面，提供人工选择的功能，此页面只展示属性不一致的对象。

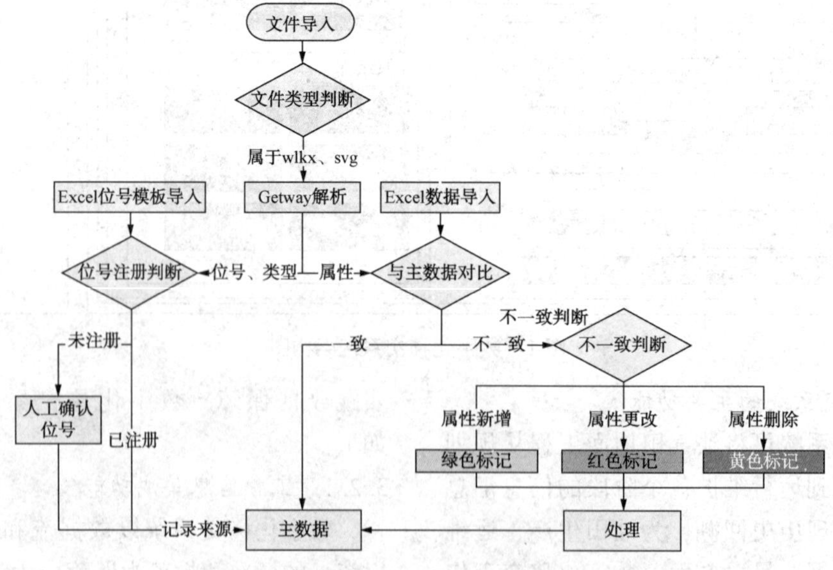

图 2　数字化移交系统数据一致性校验流程图

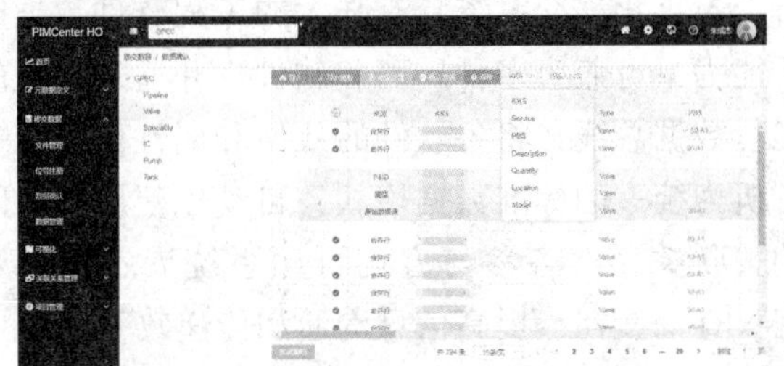
图 3 数字化移交系统数据确认界面

(2) 信息浏览

系统使用 B/S 架构模式浏览。使用 web 浏览器，可持 Google Chrome、IE 等主流浏览器，无需安装客户端。可以随时随地进行查询、浏览等业务，业务扩展、维护简单方便，升级维护只需要操作服务器即可。点击模型对象，可查看其属性信息以及所关联的文档，模型和结构树可实现双向定位。

支持二维图纸的热点化浏览。点击图纸中的对象可查看其属性以及所关联的文档，并可通过元件名称在图纸中搜索对象。

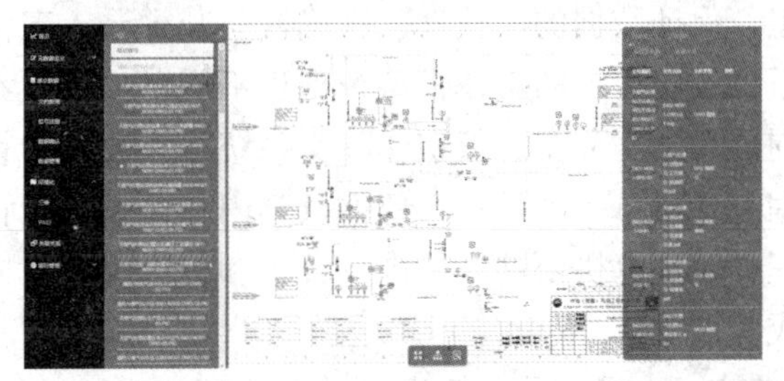
图 4 二维图纸热点化浏览

二维图纸三维模型跳转浏览。在三维模型区，选中某个对象后，点击“2D”图标，三维右上角浮动显示二维窗口，可同时打开该对象所在的工艺流程图，并在图纸中定位、高亮、聚焦显示，实现二维图纸三维模型同时联动。在浏览三维模型的同时，二维跟随跳转定位，支持反向操作，在二维图纸中浏览对象的同时，三维自动跟随定位跳转，并且在结构树中搜索对象，可同时在三维和二维中并定位。查看对象时，系统支持二维窗口全屏，二三维双屏幕操作，可进行热点属性的查看。

3.2.4 信息管理功能

(1) 三维模型管理

系统提供标准的目录结构，操作人员可以根据自己的需求在目录结构中通过勾选进行模型组合查看并对模型进行基本的平移、旋转、缩放、

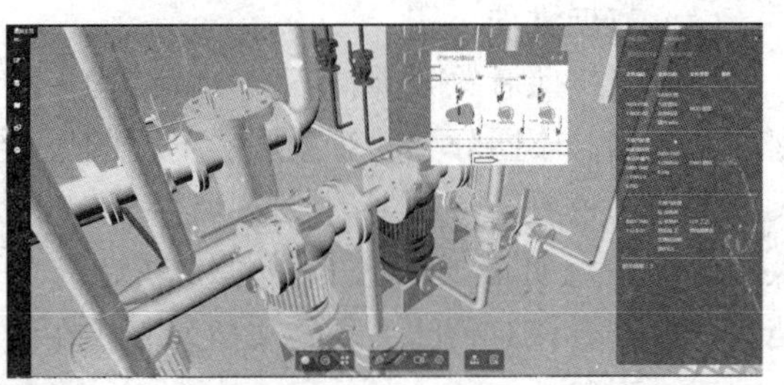
图 5 二三维跳转浏览

定位、属性查看、高亮、对象隐藏、对象抽取、对象剖切、模型变色、对象透明等功能。三维模型与目录树进行联动，双向定位，点击模型对象后，点击属性图标，可查看该对象的属性信息。在关联信息的窗口，提供了智能关联功能，通过全文检索，可将该对象有关的文件将推荐出来，在线预览、打印、下载。

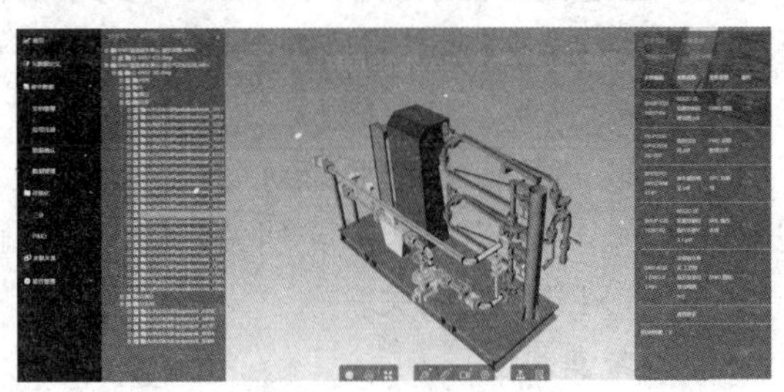
图 6 三维模型操作及关联内容

(2) 文档管理

系统上传文档的同时可读取文档的版本信息，保存在数据库中，并提供文件版本控制功能，可随时查看旧版本模型和文件，以确定是否发生设计变更。在原有版本的基础上进行文档的升版，平台自动维护对象与当前版本文档的关联关系。在线预览文档自动读取最新版本的文档，也可对历史版本的文档在线预览。

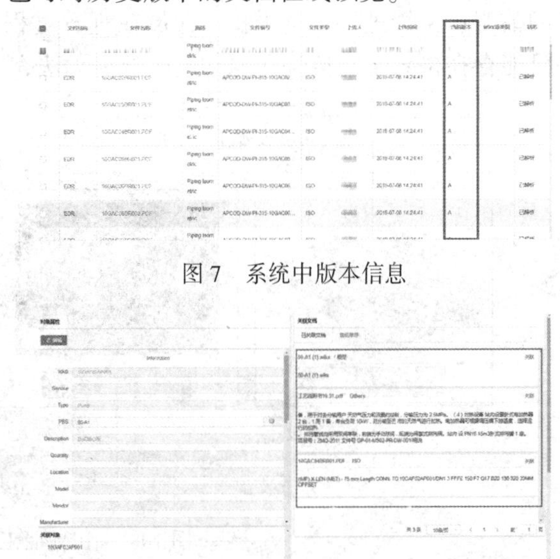
图 7 系统中版本信息

图 8 系统高级检索功能

(3) 数据管理

系统可按照对象分类、工厂分解结构多种维度查看数据。不同分类的对象展示不同的属性字段，可勾选查看某条或多条数据的详细信息，进入到详细信息页面后对该条数据关联相应的文档，并可查看该对象已关联的文档列表，在线预览查看、下载、打印。

具备高级检索、智能推荐功能。系统支持任意属性作为检索项进行检索，另提供高级检索功能，查看每一条数据的来源，通过不同颜色的图标区分模型、P&ID 还是外部导入数据。同时系统能够自动建立模型、P&ID 对关联关系，也提供手动关联功能，方便人员查询。

除自动建立关联关系外，系统还具备智能推荐功能。通过全文检索技术对于已上传到平台的所有文档进行全文检索，推荐相关文档，供人员选择是否需要关联，使对象和文档之间的关联关系更加全面和完整。同时系统对关联与否进行不同颜色区分，可查看对象或文档关联情况，帮助完善文档和对象的之间关联。

3.2.5 系统集成

系统在架构的时候采用了开放的设计思路。一方面，提供了标准的数据访问 API，可以让第三方系统使用这些 API 访问到系统内数据，满足类似于企业门户系统这样的集成工作。另一方面，支持二次开发，将其他系统的数据展现到本系统中。

3.3 系统功能应用的关键技术

3.3.1 工程数据解析

地面工程全生命周期进程中，来自不同参与方、各个专业的及工具的设计、施工和运维等阶段的数据、文档进行大量累积，人员在查看过程中可能存在格式不支持等问题，造成数据无法查看。数字化移交系统具有强大的工程软件数据解析能力，可兼容多种厂商和软件，并通过内置的工程数据总线，将各软件的几何和属性信息统一解析为统一的标准数据格式，自动创建原件之间的关联关系。各参与方均可用系统展示图形数据、查询文档，提高信息沟通和传递效率。

3.3.2 大数据技术实现海量元件级管理

数字化移交系统，每一个实体、设备、管线、结构等都有对应的“对象”，对象存储了与其相关的所有属性及与各对象之间的关联关系。

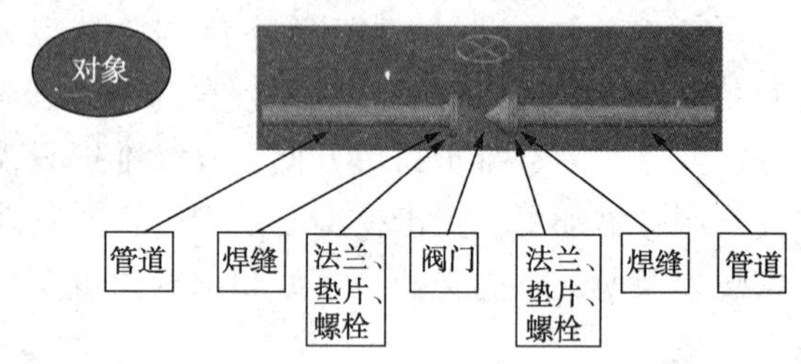

图 9　对象示意图

随着地面建设工程项目不同阶段的推移，系统可将不同阶段的数据再次追加及补充，不断完善，保证数据的一致性、准确性，减少录入工作量。按照传统的工作模型，工程不同对象按照不同形态独立分布，数字化移交系统以大数据的管理方式对每一个设备、部件及其内在关系进行管理，使计算机协助人们进行分析和提供决策依据成为可能。

3.3.3 内置轻量化三维可视化引擎 eZWalker

系统内置轻量化三维可视化引擎 eZWalker，通过核心分层传输技术、流式加载方式对模型进行轻量化处理。保障系统在浏览器上流畅展示三维场景，并支持多格式、超大模型浏览、多人共享同一个三维场景，较好满足可视化移交功能要求。

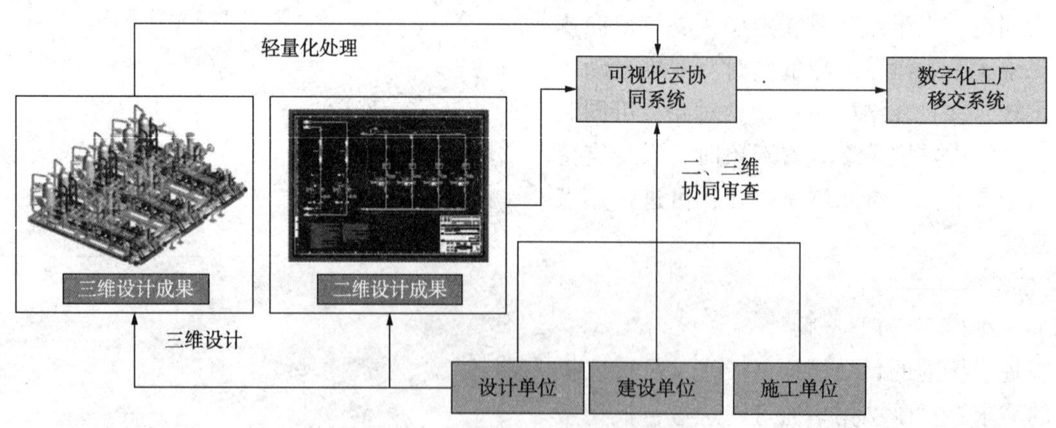

图 10　油田地面工程建设数字化交付流程

3.3.4 基于BIM模型的数据存储技术

BIM(Building Information Modeling，建筑信息模型)是由美国Autodesk公司在2002年正式提出[2]，其利用开放的行业标准，对建筑工程全生命周期信息进行数字化形式的表现。BIM技术可将所有相关信息集成在一个连贯有序的数据组织中，是对工程项目设施实体与功能特性的数字化表达[3]，其能够连接建筑项目生命期不同阶段的数据、过程和资源，被建设项目各参与方普遍使用[4]。结合关系数据库易于功能处理逻辑处理的优点及XML文件快速存取的特点，根据油田地面工程全生命周期的具体管理过程的需要，本系统采用一种关系数据库、XML技术、文件管理技术结合的BIM信息模型数据存储模式，如图11所示。

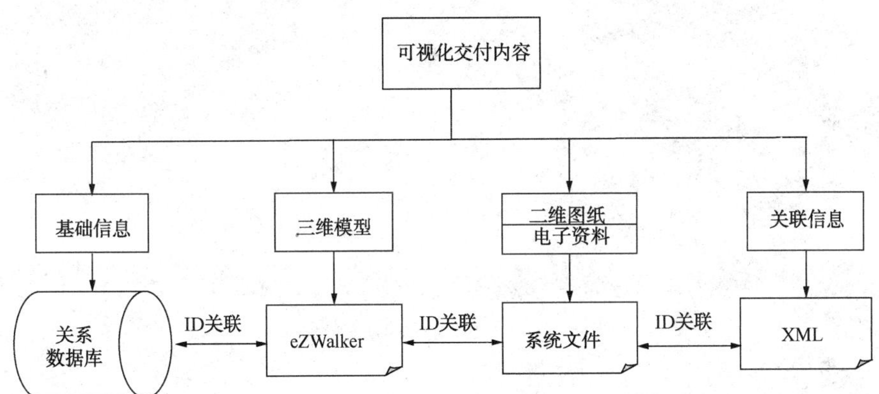

图11 基于BIM模型的数据存储

4 数字化移交系统的应用

目前新疆油田分公司采气一厂基于业务需求的全厂三维数字化移交系统已开发完成。系统实现了信息采集、数据整理及存储、三维模型数字化交付、图纸文档可视化移交等多项功能。

4.1 系统应用效果

系统投入运行以来，新疆油田通过数字化移交系统将某深冷项目建设各环节流畅衔接、平稳过渡，实现地面建设工程的全生命周期管理。同时通过数字化移交系统建立工程数据中心，目前移交文档近7千余份，数据近3万余条。系统实现将项目二维图纸、数据、文档等与三维模型建立关联关系，为后期站场的运行维护管理提供数据支撑，为下一步构建工程全生命周期管理打好基础。

4.2 效益分析

4.2.1 提高了地面工程建设项目建造精度

通过数字化移交系统，以三维模型指导工程建造，在项目建设过程中有效降低了错、漏、碰、缺等一系列问题，大幅提高项目建造精度以及交付符合率。同时系统以三维设计为核心，结合模块化建造、信息管理、标准化施工等技术，实现对项目设计、采购、质量等有效管控，提高工程质量，缩短工期。

4.2.2 交付数字资产

以三维模型为核心的数字化移交系统，向油田移交的工厂建设管理数字资产，给后期运维管理提供了基础数据，提高运维效率及生产安全，真正实现数据的全生命周期流转和使用。同时也为油气田智能化、智慧化发展奠定基础，是油气田勘探开发数字化和物联网的进一步深化，促进了油气田地面建设的高效管理，为油气田取得更大的经济和社会效益发挥重要的作用。[5]

5 总结

应用数字化移交系统，对油田地面建设工程基础数据进行采集和整合，以统一的标准和规范为保障，进行数据、三维模型、二维图纸文档的交付。为油田地面工程建设和管理的全过程提供唯一、权威的数据源，进而实现全流程各环节各专业在建设期、运维进行无损、无误的数字化交付及信息共享，提高了数据的利用价值，减少由于数据无法利用导致的成本。并且通过系统的应用，促进了项目各参见方对信息资源的共享，同时提高数据的及时性、完整性和准确性，为领导决策提供有力的数据支持。因此信息化建设已成为现代各类企业的共识，实施数字化建设不仅加快了信息化建设的步伐，同时也为油田的进一步发展指明了方向。推广三维数字化移交技术，也将是大势所趋。[6]

参考文献

[1] 刘军．三维数字化移交提高项目管理水平[J]．中国建设信息化．2015，(20)．

[2] 朱文利．油田地面建设信息化系统的设计与实现[D]．电子科技大学，2013.

[3] 丁烈云．BIM 应用．施工[M]．上海：同济大学出版社，2015.

[4] 智慧建设信息模型与信息交换标准研究综述[J]．黄莺，瑚珊．建设科技．2018(22)

[5] 基于 BIM 技术的项目交付成果研究[J]．何冠锋，肖飞．住宅与房地产．2016(Z2)

新疆油田长输管道数字化建设现状及发展方向

马　　沈晓燕　高根英

(中国石油新疆油田分公司工程技术研究院)

摘　要　油田生产自动化、数字化是对油田生产动态参数进行实时采集和精准调控，进而科学开发油田，大幅度提高生产效率的技术方法。本文在对新疆油田长输管道数字化建设现状的总结和分析的基础上，浅析了数字化管道建设发展方向，总结出：长输管道数字化系统的建设，不仅可保证管道施工的安全、质量和效率，而且在管道建设和使用过程中，减少对环境的影响及对作业人员造成的危害。

关键词　长输管道　数字化 SCADA　站控系统

数字化管道的概念由美国在 20 世纪 90 年代首次提出，它是以管道信息管理系统为载体，采用空间基础设施数据，通过卫星遥感影像技术和航空摄影测量技术获得最新的水文、地质、地形等环境数据，实现管道以及周边地区资料的智能化、数字化、网络化和可视化，为管道管理部门和运营管理人员提供各类与管道属性相关的图形和信息，进而构建数字化管道。

与传统的管道管理技术相比，数字化管道技术具有管理内容丰富、数据表达直观、数据描述完整和更新速度及时等优点。2005 年数字化管道技术在国内西气东输冀宁联络线管道项目中初次应用，取得了良好的应用效果。随后在西气东输二线等大型天然气管道项目中得以进一步的推广和应用[1]。

新疆油田是一个已开发建设 60 年的老油田，勘探开发领域遍布整个准噶尔盆地(如图 1 所示)，油藏类型复杂、地面设施点多面广，气候环境恶劣。已建原油输送管道 40 多条，总长 2000 多公里，天然气输送管道 30 多条，总长 1000 多公里，具有“管线长、站点多、分布广、工艺复杂”等特点。2002 年，新疆油田以“SCADA、MIS、GIS”三大系统为起点，先后开发了储运生产、档案管理、物资管理、设备管理、地理信息、自动化数据采集、远程视频监控、管道泄露检测等应用系统，解决了生产、科研和经营管理中的大量问题，并获得了良好的经济效益和社会效益，在新疆油田地面长输管道生产经营中发挥着重要的作用(如图 2 所示)。

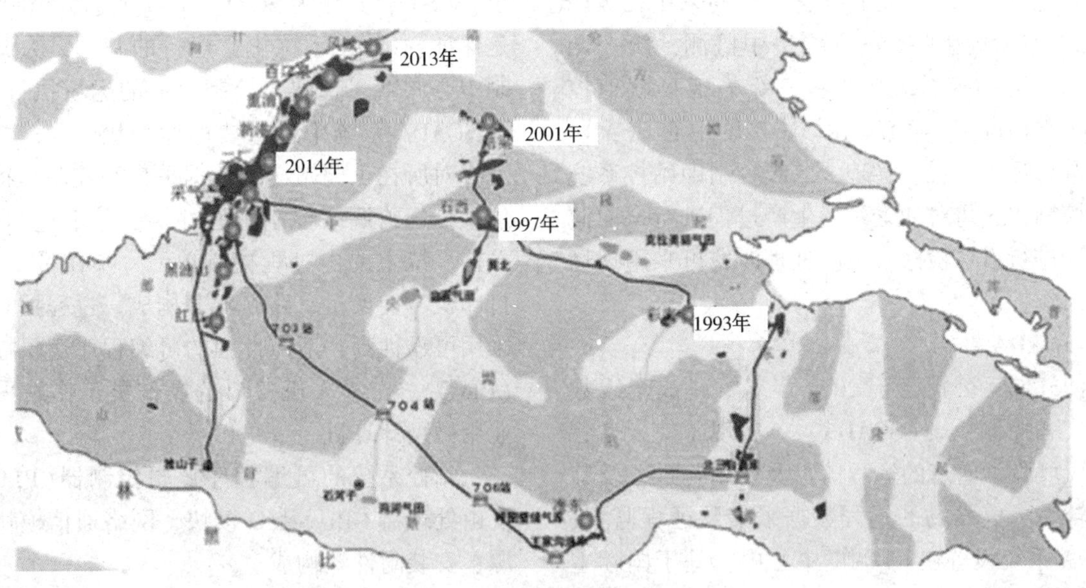

图 1　新疆油田勘探开发示意

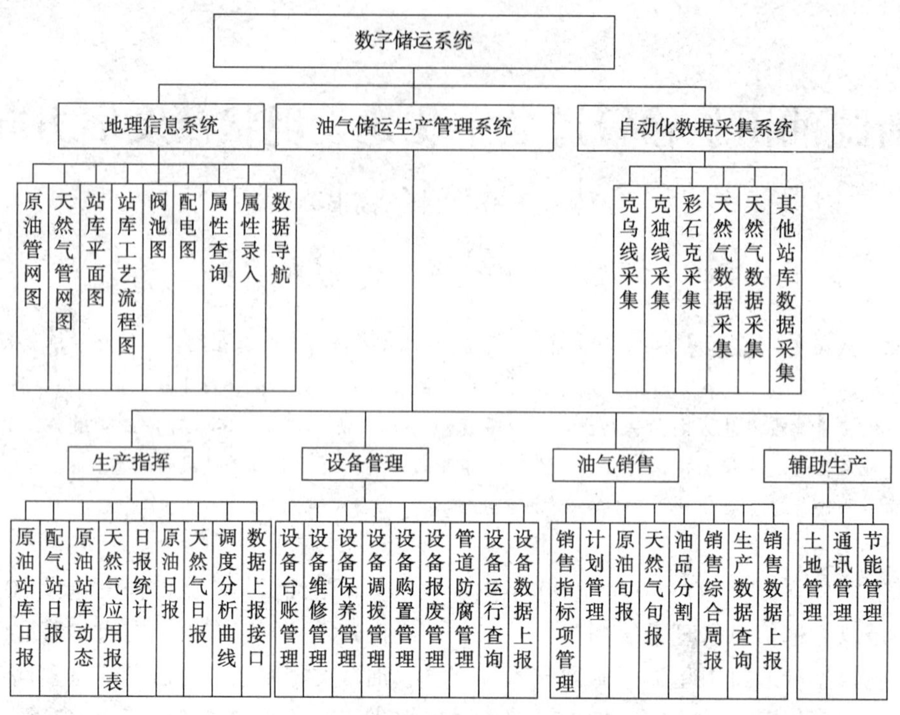

图2 新疆油田数字储运系统示意图

1 数字化长输管道建设现状

为保证油气储运公司所辖输油、气管道安全、可靠、平稳、高效、经济地运行，储运公司采用以工业计算机为核心的全线数据采集和控制系统(SCADA)。由CJ调控中心对输油、输气管道全线进行远程监视，各站场站控系统就地控制。SCADA系统由调度控制中心计算机和各站控系统SCS组成，通信媒介采用光缆，实现各站控系统与昌吉调度室中心主计算机系统的实时通讯。

储运公司油气管道自动化系统均采用三级调控模式：一级为调度室全线集中监测，统一调度；二级为站控系统监控；三级为现场就地控制。正常情况下，各站场由CJ调度中心SCADA系统进行远程监视、管理；二级控制即站控系统具有控制权，可对油气站场生产过程进行全面监控；当进行设备检修或事故处理时，可采用现场就地操作控制[2]。

1.1 SCADA系统

油气储运公司已于2009年基本建成全线数据采集和控制系统(SCADA)，实现了克~乌管道及风城稠油管道的远程监控及密闭输送，及其它所辖油、气站场的远程数据采集及远程监视；SCADA系统设置在CJ调度中心内，基于国际主流技术，采用通用的软、硬件平台，具备开放性、模块化的结构，具有与广泛第三方控制系统或智能仪表通讯的标准接口，既可满足当前应用需求，还可扩容、改造以适应未来储运业务发展的需要。

SCADA系统由输油管道、输气管道两大典型监控区域组成，主要完成输油、输气管道生产过程的数据采集、远程监控、流程切换、设备联锁保护、逻辑控制、紧急关断及生产调度管理等任务。

1.2 站控系统

目前，储运公司所辖油气站场均已建站控系统(SCS)，其作为SCADA系统的远方控制单元，是保证SCADA系统正常运行的基础，为调度控制中心调度、管理与控制命令的远方执行单元，是SCADA系统中最重要的监控级。SCS能独立完成对所在工艺站场的数据采集和控制，将有关信息传送给调度控制中心并接受其下达的命令。站控系统主要由过程控制单元、操作员工作站、打印机、交换机、路由器等构成。过程控制单元采用可靠性高，适应性强的可编程序逻辑控制器(PLC)，作为人机接口的操作员工作站采用工业用微型计算机。

站控系统的可编程序逻辑控制器(PLC)主要由处理器CPU、I/O模块、网络通信模块、电源、安装附件等构成。

1.3 ESD系统

紧急停车系统(ESD)是保证管道及沿线站

场安全的逻辑控制系统。全线设置独立的 ESD 系统，实现全线的事故停车和保护，以处理紧急情况、确保人身及设备的安全。

ESD 系统由 CJ 调控中心 SCADA 系统的操作站、站场 ESD 系统、具有 ESD 功能的阀门和设备(泵) 以及相关的软、硬件组成。ESD 系统动作可手动触发，也可自动触发。目前，FC 稠油管道建设实现了 ESD 系统的控制。

1.4 水击保护系统

水击保护系统通常设置在管道首站。与沿线各站场站控系统实时通讯，采集沿线各站场水击信号的数据，若符合触发条件，则指挥和协调各泵站进行水击控制，按预定程序执行相应保护动作(如停运泵机组等)，避免管道系统产生超安全压力，以保证管道干线和站内重要设施的安全。目前，FC 稠油管道及克-乌管道实现了水击保护系统。

2 数字化长输管道建设存在问题及需求分析

目前，油气储运公司基本建成全线数据采集和控制系统(SCADA)，实现了 CJ 调控中心对输油、输气管道全线进行远程监视，各站场站控系统就地控制。但站库和油气站场建设时间久远，各油气站场自动化建设水平参差不齐，部分油气站场自动化水平落后，控制系统配备不完善；主要存在以下问题：

①输送过程中油品蒸发损耗大，无法实现全线集中监控和统一调配；输油泵、阀门、变频器、加热炉等设备未实现远程控制功能；

②使用常规手段(巡检、目视、检察等)无法对管道安全的各类风险要素做出量化的判断，不能准确的发现和提前预控；

③无法消除现有管道管理、操作人员在数据采集过程中的人为误差；

④无法确保数据管理的实时性、精确性，实时获取并分析海量数据进行风险评价。

随着油气管道的高速建设，对建成安全、环保、经济的油气管网，数字华管道建设的需求越来越强烈。主要有以下几个方面：

① 安全方面：当因设备故障或第三方破坏引发管道输量降低甚至停输时，及时警告并提供应急预案供调度人员选择；采用隔离网栅、防火墙、入侵检测等安全域边界防护措施将管道系统中的办公网与生产网进行隔离，保证信息数据的安全。

② 环保方面：实现对自然地质灾害(如滑坡、地震、泥石流)、管道老化(防腐蚀层破损、管材腐蚀)、人为破坏(非法打眼、盗油)的预防、预警，动态分析其对管道生产的影响范围，防止自然地质灾害、管道老化或人为破坏等行为造成管道的破裂，引起介质泄露、引发火灾甚至爆炸，减少对事故发生地周边的自然环境和生态环境的影响，强化对管道运行状况的监测、控制，保证管道沿线的环保质量。

③ 经济方面：准确计量油气管道的运行成本，按照供求平衡的基本规律，研究提出最优化的压缩机、泵、炉等主要能耗设备的运行方案，减少油气输送和分配的损耗，科学实现多种油气资源的合理配置，使管道的生产和资产利用更加高效；

为解决上述问题及建设需求，必须提高数字化技术手段，将数字华技术应用于油气管道设计、建设、运营、维护和管理的全过程，同时不断理清、继承、发展、创新现有的管道业务管理流程，推进管道业务管理的常态化与精细化。这将有利于促进管道的完整性管理和失效控制，提高管道运行的安全性和经济效益。

3 数字化管道建设发展方向

智能管网与智慧管网是未来油气管道建设发展的重要方向，在推进的过程中，要不断加强数字化管道建设，实现全数字化移交和智能化油气管道运营、全生命周期管理目标。

3.1 基于全生命周期管理的数字化移交

数字化移交是基于油气长输管道全生命周期管理的需要。按照统一的数据标准，通过构建管道数字化模型，利用信息系统采集管道工程设计、采办、施工等各阶段数据，通过数据仓库进行数据关联、存储与共享，最终实现实体管道与数字化管道的同时交付，满足后续管道完整性、可视化管理需要。这是实现管道智能化运营和全生命周期管理的重要基础，也是提升管道安全运行水平和建设智慧管道的重要保障。

(1) 以标准设计搭建数字化管道建设模型

在以往工程设计和建设经验的基础上，建立油气管道设计标准体系，规范管道工程设计工作；应用最新数字设计技术，基于数字设计体系建设，统一数字设计流程，建立设计数据库，统一数据标准、成果形式及质量标准，完善适用于油气管道行业的三维图形、设备、单元模块库，将标准设计与数字设计相结合，实现三维、多数据源、多专业协作、全过程数字化的管道设计[3]。

在标准化设计体系基础上，对已有的设计系统和工具软件进行了有效集成和功能整合，形成具有油气储运行业特色的数字设计系统(如线路、站场、经济造价等系统)。通过数字设计系统实现多专业协同设计，提高了设计质量和效率，提供丰富的数字设计成果，实现数字化设计和成果的移交。

(2) 以系统集成贯通 EPC 业务数据通道

从数据标准建设出发，以 WBS(工作分解结构)为主线，建立一系列的数据和编码标准；建设统一的数据仓库，作为各系统之间联系的桥梁和纽带，各系统与数据仓库建立接口，数据交换均通过数据仓库完成，减少了系统间接口数量；通过数据仓库统一存储建设期的所有数据，并按照要求移交相关数据[3]。

以数据标准引领系统集成，统一设计与采办物料编码，在建设期内实现设计、采办、施工等各环节之间数据的有效递延和共享，贯通 EPC 各业务信息系统之间的数据通道。

(3) 以数据仓库实现全数字化成果移交

通过数字化管道建设管理平台对信息系统进行功能整合，明确各自的定位和分工，通过数据仓库进行数据整合，最终形成集中统一的数据资源池，在满足自身数据共享、分析的基础上，可以提供全数字化的成果移交服务[3]。

3.2　基于物联网的管道完整性管理

(1) 油气管道物联网的基本架构

管道物联网架构由感知层、传输层和应用层 3 个层次组成。感知层采集现场各类仪器仪表的数据，传输层通过各类传输介质和通信技术实现数据的可靠传输，应用层进行数据的集成与分析应用。

目前，管道运行参数在不同的信息系统中存储和管理，为实现管道物联网应用，需将这些系统进行有机集成。管道物联网采用集中式架构，配置独立的存储、服务器设备(图 3)，在数据中心集中部署，通过广域网实现管道物联网与已建信息系统的数据交换，通过统一的信息平台实现数据的集中管理，提供丰富的智能化应用[5]。

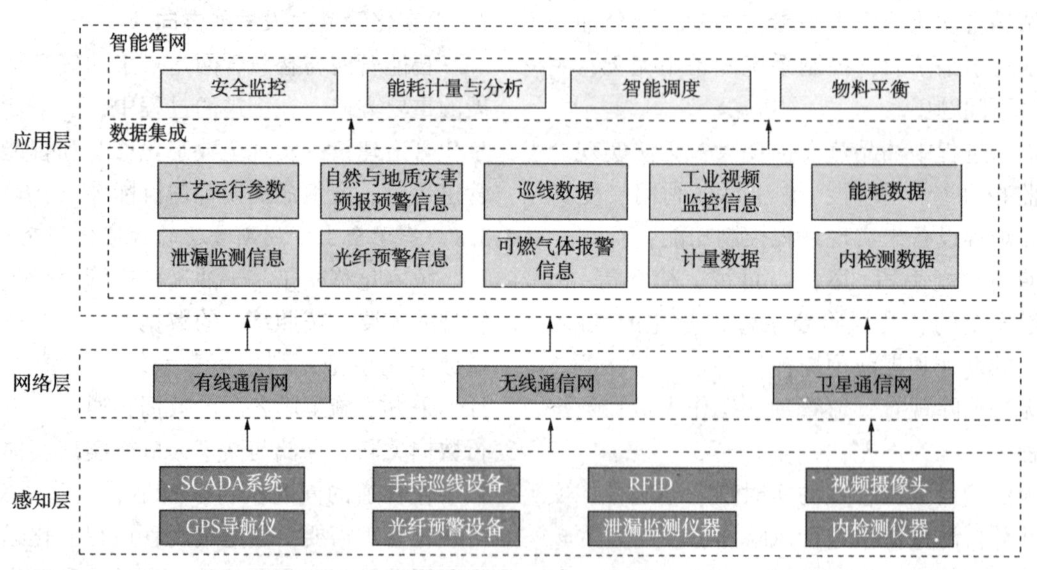

图 3　油气管道物联网的基本架构

(2) 基于物联网的管道完整性管理

管道物联网通过传感器连接管道与附属设施，建立数据的整合体系，进行数据的综合分析与利用，基于业务需求开发数据的智能化应用平台，实现对管道运营各个环节的优化管理。

物联网通过传感器能更准确地感知现场信息，并以最快的速度传递信息。通过海量属性数据的积累，结合管道沿途的空间数据，利用经各种实际工况验证的统计分析算法和专业风险评价模型，不断进行管道及其附属设施的风险分析，再基于分析结果，按照管道现场实际情况、运行需求与风险评价软件模型的综合指标确定管道风险等级，得出安全评价结果并提出解决措施和建议，持续保证管道的完整性(图 5)。由此可见，借助物联网技术，完整性管理可得到有效实施，避免事故发生，最大限度地降低时间和空间危险因素，保证管道安全、资产安全和数据安全[6]。

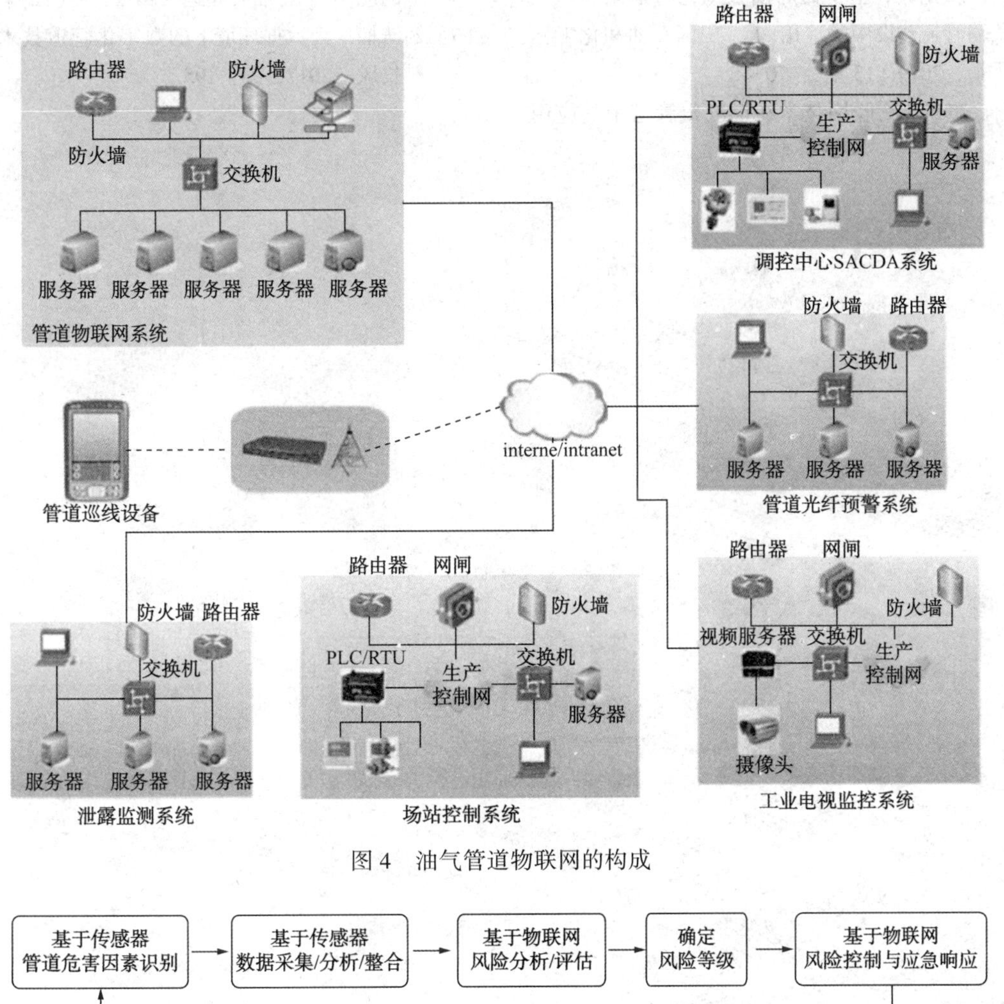

图4　油气管道物联网的构成

图5　基于物联网管道完整性流程

3.3　大数据环境下的数字化管道技术

大数据主要是对专业化、规模化以及高效化的数据信息进行有效的集合，形成统一的数据系统，是在信息科技高速发展的前提卜形成的，具备多样性、真实性、快速性、规模及容量较大等特性。

通过应用遥感（RS）、地理信息系统（GIS）以及全球定位系统（GPS）等先进的技术，将数字化管道建设代替传统管道建设，对山区地形、地质进行有效勘测，提前对地质、自然灾害起到预防作用。此外，数字化管道可通过模型模拟系统对管道进行三维仿真模拟，并且通过 GPS、GIS 等先进的远程技术来对这一类型的管道进行远程监测、巡检以及辅助抢修等[7]。

4　结束语

石油行业是跨学科、多专业相互配合、技术高度密集型行业，要以信息化为支撑，走科技创新的发展战略。随着我国油气长输管网不断完善和信息技术迅猛发展，智慧管道将成为未来发展的必然趋势，全数字化移交的地位和作用也将日益凸显，因此，需积极将数字化、智能化等信息技术建设应用到实际的油气生产、管道设计、建设、运营和管理的全过程中，保证管道施工的安全、质量和效率；管道建设和使用过程中，减少对环境的影响及对作业人员的危害。

参考文献

[1] 马光．油气储运管道建设现状及改善研究[J]．居舍，2018，09，224.

[2] 郭润双，张宁．油气储运过程中自动化技术的应用[J]．化工管理，2016，05：93.

[3] 张朝辉，王辛夷．油气长输管道建设项目全数字化

移交方法研究[J]. 石油工程建设，2018，09，第44卷：173-176.
[4] 李东，段腾龙等. 全生命周期数字化管道系统在天然气长输管道建设中的应用[J]. 中国石油和化工标准与质量，2019，13期，: 70-73.
[5] 崔红升，魏政. 物联网技术在油气田管道中的应用展望[J]. 油气储运，2011，30(8)：603-607.
[6] 董绍华，韩忠晨等. 物联网技术在管道完整性管理中的应用[J]. 油气储运，2012，31(12)：906-908.
[7] 刘浩楠. 大数据环境下的数字化管道技术探讨[J]. 科技风，2017，03，195.

从海上无人平台到智能油气田

何骁勇 徐正海

（中海油研究总院有限责任公司）

摘 要 油气行业的无人化、数字化、智能化是时代大潮、是未来发展的必然趋势，大力推进海上无人平台与智能油气田建设，是油田企业提高核心竞争力和加快自身发展的必然要求。本文主要通过分析研究海上无人平台的现状与发展趋势，对比国内外海上无人平台差异，探讨国内海上无人平台设计目标与设计思路、关键技术等。在无人平台的基础上，借助工业物联网、大数据、云计算、移动应用和人工智能等新技术，结合海上油气田实际生产与管理需求，探索海上智能油气田建设方案设计与智能化应用，实现海上油气田从无人化到数字化，再到智能化的发展，助推企业数字化转型。

关键词 无人平台；数字油田；智能油田

1 引言

奇点临近，未来已来。网络化、数字化、智能化是时代大潮。党的十九大报告提出：加快发展先进制造业，推动互联网、大数据、人工智能和实体经济深度融合。我们正处在新一轮科技革命和产业革命蓄势待发的关键时期，加快推进企业数字化转型是我们当前面临的主要任务。

在海上油气田开发过程中，尤其是边际油田开发中，要主动转变研究设计理念和观念，以技术创新为引领，通过自动化和数字技术使我们诸多生产环节无人化，出现海上无人油/气生产平台和少人油/气生产平台（后简称海上无人平台和少人平台）。在海上无人平台的基础上，开展数字油田和智能油田建设是未来的发展趋势。海上无人平台的主要目标是降本，智能油田的主要目标是增效。海上数字与智能油气田建设，不但是海洋石油工业促进管理提升和高质量发展、实现企业数字化转型的有力抓手，也是全球信息化进入智能化阶段对海洋油气田开发的客观要求。

我国海洋油气储量丰富，增长潜力巨大，大力开发海洋油气资源有利于缓解国内能源短缺状况，满足经济和社会发展需要，进一步完善国家能源战略和经济结构调整都具有重要意义。通过开展海上无人平台、数字与智能油气田建设，可以提高油气田采收率、实现油藏精细化管理；提高平台的安全可靠性和智能化水平，实现海上油气田开发生产全生命周期降本增效，降低海上油气田开发门槛。

2 定义与功能

2.1 定义

无人平台：海上“无人驻守平台”系指无人居住的平台。在日常生产条件下，平台上无人进行生产操作；特殊条件下，如检修期间、应急故障处理期间、经批准的访问、以及定期巡检时，允许登平台的人数应尽可能少；一般情况下登台人员不得在平台上过夜。如遇紧急情况或其它不可抗力因素导致当天无法撤离平台时，可在平台临时过夜。

智能油田：在数字油田的基础上，借助业务模型和专家系统，全面感知油田动态，自动操控油田活动，预测油田变化趋势，持续优化油田管理，虚拟专家辅助油田决策，用计算机系统智能地管理油田，从而推动油田企业提高新增储量、产量和采收率，实现科学决策、卓越运营与安全生产，最终达到可持续的业务成长。智能油田是在数字油田基础上发展起来的油田信息化管理新模式，是油田信息化建设的新阶段和新形态。

2.2 功能

（1）无人平台

海上无人平台主要是通过采用自动化技术、视频监控技术、通信技术和智能控制技术，搭建海上油气田无人驻守平台远程智能监控系统，实现海上油气田无人驻守平台的远程智能监控与操作运维，提高海上油气田生产和管理效率，降低海上油气田开发投资和全生命周期操作成本，减少生产操作人员在现场的暴露频率，有效降低事故对人员的伤害，方便现场生产操作。无人平台主要实现如下两个功能：

智能监测 全面感知：通过在现场设置智能仪表、增加检测点，实现生产过程、生产设施、环境安全、能源数据的全面感知，为后期智能油气田建设打好基础。

自动控制 远程操作：通过先进自动化和通信技术实现生产过程自动控制、精准控制、优化控制和远程操作，实现无人。

(2) 智能油田

海上智能油气田主要是借助先进的自动化技术、信息安全技术、物联网、大数据、云计算和人工智能技术，结合企业实际情况，以业务驱动为导向，实现"生产过程高度自动化、设备管理高度智能化、经营管理高度信息化"。通过建设海上智能油田全面感知油气田动态，自动操控油气田生产，预测油气田变化趋势，持续优化生产管理，为经营决策提供强大的数据支持，为企业数字化转型做好准备，为国家能源战略提供信息化支撑。主要功能在无人平台的基础上要实现如下两个功能：

智能预测 减少维保：通过进行设备智能健康管理、能源安全环保管理，实现预测维护，提高设备可靠性、减少平台停产时间，降低现场操作维护工作量，提高生产时率．

优化决策 提高效率：通过数据应用，资源共享、实时分析、决策优化和专家辅助支持，改进过程性能、提高生产运营效率，实现卓越运营，提升企业核心竞争力。

3 海上无人平台

3.1 现状与发展趋势

(1) 现状

海上无人平台几乎分布于世界上所有油气活跃海域，目前在全球范围内统计的约 7000 个海上固定平台中，有超过 23%(约 1600 多座)的是无人驻守平台。国外，海上无人平台通常采用钢结构型式，挪威北海海域也有少数混凝土重力式结构平台。海上无人平台大部分为简易井口平台为主，平台井数相对较少，上部设施比较简单，无人平台的正常生产操作一般通过周边有人平台或陆地控制中心远程遥控实现。目前国外无人平台自动化和数字化程度普遍较高，总体布置较优、设备选型和可靠性要求高，平台上所有工艺参数、设备状态、视频图像都可实现远程监控，大部分现场工作都可实现远程操作，部分平台还在陆地建有模拟仿真系统，用于人员培训和操作演练。

国内从 1993 年开始建造第一座无人平台，随后又有多座无人平台建造与投产，在无人平台方面中海油积累了一定的简易无人平台的开发设计经验以及生产操作经验。中石化胜利油田埕岛东区油田建有多座无人卫星平台。但国内无人平台没有像国外在整个区块形成网络，控制系统及各项技术也不够先进。目前，中国海油在生产海上无人平台数量占比约为 10.4%。国内，海上无人平台也大多为简易井口平台，平台上设备设施较少，处理流程简单。无人平台大都通过周边中心平台远程遥控实现。无人平台多为井口平台，平台上长期无人驻守，采用周边依托的平台进行远程控制+定期巡检的模式。另外，在台风期间或军事演习期间，一些有人平台也会短时间内采用远程遥控的方式生产，正常情况下平台上有人驻守，仅在台风或军队演习期间切换到远程控制模式，实现陆地控制中心或海上控制中心对海上平台设施进行远程控制。

对比国内外海上无人平台，发现主要在无人平台数量、平台自动化与数字化水平、设备可靠性、远程遥控水平、决策点位置和登平台方式等几方面的差异。通过对标差距，找到未来的改进方向主要以下几方面：①工艺流程和总体布置优化；②提高平台自动化水平和远程监控水平；③提高设备可靠性加强设备状态监测与故障诊断；④研究新的登平台方式；⑤探索平台生产大数据应用。

(1) 发展趋势

近年来，随着自动化和通信技术的发展，为了进一步降低生产运营成本，提高平台自动化水平和生产管理效率。国内外知名的自动化、咨询与工程公司都在积极与全球各大油公司合作，开展海上无人平台的方案研究与设计工作，在原有简易无人平台设计理念的基础上，开展新型无人平台的方案研究与概念设计工作。海上无人平台的应用范围已经由简易井口平台逐渐扩展到常规井口平台、中心平台、甚至 FPSO 和半潜式生产平台。

随着科技的发展，海上无人平台的自动化、数字化和智能水平将不断提高，无人平台规模和适用范围在不断扩大，平台设计越来越先进，无人平台上大部分生产数据、设备运行状态和视频监控信息都可以传输到远端的控制中心进行集中监控和操作，并且平台的控制操作与决策点逐步从海上往陆地控制中心转移。未来，无人机、机器人、无人艇、预测性维护、大数据、云计算、人工智能等新技术也会应用在无人平台的设计与操作运维中。

未来海上油气田开发生产模式总的趋势是不断扩大无人平台范围，从简易井口平台推广到常规井口平台，由易到难，以点带面，逐步实现井口平台无人化，中心平台/FPSO/半潜生产平台少人化。未来海上油气田开发模式将发生转变，采用少人中心平台/FPSO/陆地终端+无人井口平台、水下井口的开发模式。

3.2 设计理念与思路

（1）设计理念

无人平台的设计理念主要包括：HSE 设计、总体设计、设备和设施选择、操作维护策略等四方面。

HSE 设计包括：安全系统冗余设计、火灾与爆炸风险、降低溢油风险，减少环境影响、防外部人员非法登临风险。

总体设计包括：环境条件参数选取、简化生产流程、减少动设备、被动防火设计、自动化与远程操作水平高、优化平台补给策略，减少人员登平台频率

设备和设施选择包括：选择高可靠性、维保周期长的设备和设施、设备具备远程测试、监控和诊断功能、设施具备远程监测功能

操作维护策略包括：配备便捷的无人平台登临设施、基于状态监测的设备设施“预测性维护”、制定合理的巡检和维修保养计划、标准化、模块化设计，方便快速更换。

（2）设计思路

在现有无人平台技术基础上，进一步提升平台自动化增加现场检测点和远程遥控功能、信息化、数字化和智能化水平，创新平台设计理念，优化平台工艺流程和总体设计，集成平台各系统数据资源，增强平台远程操作功能，提高设备设施可靠性性，减少运维巡检工作量，充分利用现场生产数据，在保证平台安全可靠的前提下实现平台的无人驻守、智能控制与远程操作。无人平台在方案设计与操作策略制定过程中要重点考虑生产性能目标、监测和控制水平、人员配置、支持策略等因素。另外，在方案设计过程要进行必要的专家审查、安全评估、环保评估、第三方审查、确保技术方案合理可行，所有工作依法合规。

在平台无人化设计过程中，对于不同规模和特点的海上生产设施，要理清脉络，分清类别，对于已建平台无人化改造和新建平台的无人化设计要区别对待。无人平台的主要目的是降本，智能油田主要目的是增效。对于已建井口平台无人化改造，应尽量减少改造工作量和改造费用，主要考虑通过改造降低操作成本。新建平台设计时要考虑未来数字化和智能化的需求，在考虑远程操作的同时，降低投资和操作费，并兼顾数字油田和智能油田需求，满足无人化、数字化、智能化总体规划，为智能油田打好基础。

4 海上智能油气田

4.1 现状与发展趋势

近些年来，国外一些大型石油公司都在着力于“智能（智慧）油田”实施规划的编制及解决方案的制定，并从不同角度推进“智能（智慧）油气田”的建设和实施。经过对国外多个智能油田典型案例进行研究和对比，发现国内外能源公司尚未建设覆盖完整业务链条的智能化应用，但是在不同环节均实施了相关的重要战略举措，并取得了一些成功的实践，但大都是局部的智能化，尚未建设覆盖完整业务链条的智能化应用，且各公司对“智能油田”这一概念的理解和实践情况有诸多不同。例如壳牌（Shell）将智能油田定义为 Smart Fields，智能化建设主要集中在开发和生产环节，在开发环节实现了实现了井下复杂油气藏的实时监控和优化；在生产环节开发了智能井系统，实现了单井状态监控，重点关注系统集成和流程化管理。英国石油公司（BP）的智能油田定义为 Field of the Future，智能化建设主要集中在生产环节，实现了海陆协同工作环境，实现了跨地域、跨组织的团队协作。挪威国家石油公司（equinor）的智能油田建设侧重于生产和集输环节，重点针对深海油气田开发，实现了远程监控和可视化远程协同作业，建有设备状态监测平台，可实现关键设备实时状态监测和分析。

国内油公司对数字油田和智能油田的研究与探索始于上世纪 90 年代，1999 年大庆油田在国内首次提出了数字油田的概念。2000 年后，国内各大油田纷纷开展了数字油田总体规划和顶层设计工作，为数字油田的全面建设奠定了良好的基础。中石油新疆油田 2008 年在全国率先建成“数字油田”，之后于 2010 年与 IBM 联手，并完

成了以“智能油田”为主线的信息产业发展规划编制。中石化 2012 年明确提出了在集团公司层面建设“智能化中石化”，在不同业务板块建设“智能化油田”和“智能化工厂”的要求。中石化西北油田采油三厂从 2013 年开始进行数字化和智能油田建设，2017 年完成了智能油田 1.0 版的建设，成为了中石化首座智能油田示范区。中海油于 2012 年提出了促进公司信息化工作的加快发展，推动海上“智能油田”建设的目标。2014 年联合埃森哲开展了有限公司智能油田规划及架构设计工作。2018 年中海油重启海上无人平台和智能油气田研究工作，在海上无人平台的基础上加快推进智能油气田技术研究和智能油田 1.0 试点工作。

虽然国内外油公司在智能(智慧) 油田建设方面进行了一些探索和实践，但大多还停留在理论阶段和数字化阶段，离实现从油气勘探、评价、开发、生产、管理到决策环节各类数据的实时获取、充分共享和深度挖掘，达到优化生产、精细化管理与量化决策的一体化运作的智能油田目标还有一定的距离。

目前，IBM、埃森哲、麦肯锡、中油瑞飞、石化盈科、斯伦贝谢、贝克休斯、ABB、kongsberg、Honeywell、Emerson、SIEMENS、Rockwell、GE、华为、大唐电信、和利时、浙大中控、红友、胜软等一批咨询、油田服务、自动化、通信与软件公司正在积极开展智能油田相关研究工作，推行“油田的自动化、数字化、信息化和整合一体化运行和操作”建设，并与全球多个石油公司合作研究，实践“智能油田”解决方案。

未来智能油田的发展趋势肯定将是实现从油气勘探、评价、开发、生产、管理到决策环节的全过程数字化和多个系统集成。专业间的壁垒将会被打破，生产操作将在一体化生产运营中心完成，各专业将实现协同作业。5G、工业物联网、移动应用、机器人、大数据、云计算、人工智能等新技术将广泛用于智能油田建设的各个环节。更多的油公司将寻求与互联网公司加强合作，加快推进油公司数字化转型。网络化、数字化、智能化将改变我们现有的油气田开发、生产与运营模式。未来会需要更多既懂业务，也懂 IT 的复合型人才，需要更多数据专家、算法专家，系统架构师。

4.2　海上智能油气田建设构想

海上智能油气田总体目标是以油气物流关系为主线，在自动化数据采集和控制的基础上，通过管理转变和流程优化，实现油藏管理、采油工艺、生产运营的持续优化，建立全面感知、自动控制、智能预测、优化决策的智能油田体系，实现多专业协同作业和生产运营精细化管理、为生产经营决策和应急指挥提供支持。

智能油田建设的原则是要以业务需求和提升效率为导向，充分借鉴其它油公司成功实践的基础上，结合海上油气田实际特点，采用先进技术手段、实现油藏管理、采油工艺、生产运营的持续优化。智能油田建设技术路线是以油气物流关系为主线，通过工作方式、管理机制的变革和流程的优化，利用自动化、数字化和智能化等技术手段，建立全面感知、自动控制、智能预测、优化决策的智能油田系统。海上智能油田总体目标是提高油田采收率、提高生产运营效率，实现多专业协同作业，实现油田生产最优化和管理精细化，为生产经营决策提供数据支持，助推公司数字化转型。

智能油田有广义和狭义之分，狭义智能油田主要针对的油气生产环节，其核心组成包括：智能油气藏、智能钻完井、智能地面工程(包括生产、设备设施) 、生产运营一体化等 4 大部分。未来的海上智能油气田构想图如图 1 所示。

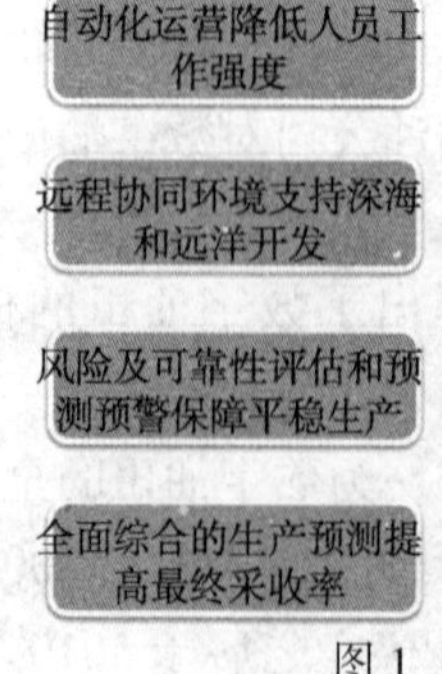

图 1　未来的海上智能油气田构想图

4.3 主要研究内容与关键技术

(1) 主要研究内容

海上智能油气田的主要研究内容包括智能油气藏系统开发、智能钻完井及采油系统开发、智能生产管理系统开发、智能设备设施管理系统开发、生产运营一体化中心方案设计。海上智能油气田配套的基础设施包括：数据中心建设、海陆通信网络建设、集中监控中心建设、专家知识库与远程专家支持系统建设。海上智能油气田研究内容结构如图2所示。

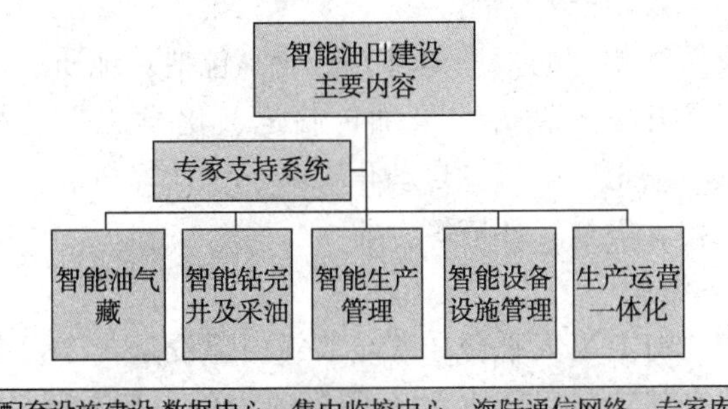

图2 海上智能油气田研究内容结构图

(2) 关键技术及智能化应用

海上智能油气田涉及的关键技术包括：智能油气藏、智能钻完井与采油、生产监控与优化、智能控制、电气系统智能监测与管理、设备、设施健康管理、生产调度与资产管理、专家系统、多专业协同作业策略、通信与信息安全、数据标准与接口、数据集成与处理、系统集成与综合管理平台搭建。

在智能油田建设中要因地制宜，结合海上油气田的具体特点、痛点、痒点和盲点，以示范项目为引领，总体规划，分步实施，逐步推进智能油田建设。另外，在建设过程中要根据油田建设目标和进展，适时调整研究内容和建设方案，以解决生产实际问题和提高生产效率为目标，针对关键环节，重点应用领域和关键技术开展研究。对于未来的智能油田建设，自动化和数字化提升可以全面铺开，但是智能化提升必须找对点进行智能应用场景设计。

海上智能油气田涉及的新技术包括：工业物联网、移动应用、数字双胞胎、大数据、云计算、人工智能。采用工业物联网和移动应用，可以实现油田生产管理信息化和数字化，完成底层的数据采集和全面感知；采用移动应用可是使生产管理不受时空的限制，极大的方便生产与管理；采用数字双胞胎技术，可是实现生产完全可视化、方便人员培训、异常工况预警，设备维保、协同作业；采用大数据和云计算，可预测趋势、优化生产、为生产指挥和快速决策提供数据支持；采用深度学习、机器学习等人工智能算法可以实现关键设备的预测性维护，人机对话、设备设施智能管理。

5 海上无人平台与智能油气田

5.1 两者关系

海上无人平台和智能油气田建设是未来发展的必然趋势，两者既有关系，又有所不同。海上无人平台的主要目标是降本，智能油田的主要目标是增效。海上智能油气田建设是一个长期的过程，大体要经过无人化、数字化和智能化三个阶段。目前的海上无人平台方案是未来数字油田和智能油气田的基础，随着智能仪表的不断增加，设备自诊断技术的进步、远程专家支持系统的成熟、大数据、云计算、人工智能技术的发展、无人平台自然会过渡到数字和智能油气田。海上无人平台是数字化与智能化的主要目标之一，数字化和智能化为无人平台安全可靠平稳生产提供保障，未来海上数字油田与智能油田包括无人平台或少人平台。智能油田是数字油田的升级版本，是数字油田的延伸和拓展，是油田经营管理理念的提升。海上智能油气田建设远期规划如图3所示。

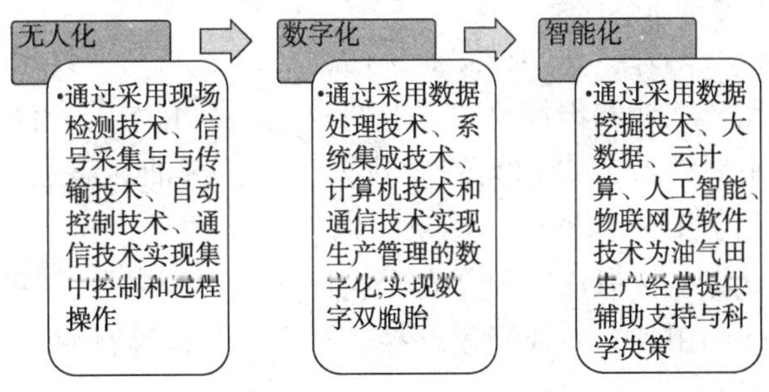

图3 海上智能油气田建设远期规划

另外，从前面的功能架构可以看出，海上无人平台是智能油气田建设的基础，无人平台的全面感知、远程操作两项功能作为智能油气田的底层架构，要为今后的海上智能油气田功能实现（智能预测、优化决策）打好基础。可以说海上无人平台是智能油气田的基础，是智能油气田建设中的一部分，智能油气田是对无人平台功能的进一步扩展与提升。海上无人平台与智能油气田功能架构图如图4所示。

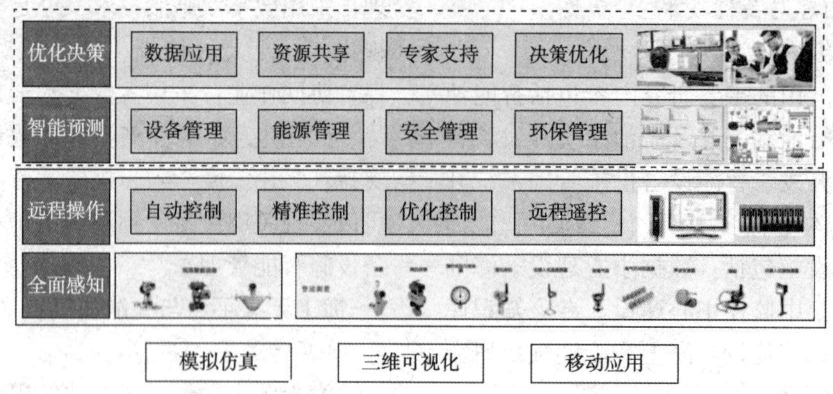

图4　海上无人平台与智能油气田功能架构图

同时，不管是无人平台还是智能油气田，为了保证无人平台远程操作的可靠性和便利性，在方案设计过程中还要综合考虑可视化、模拟仿真、移动应用等这些功能。

5.3　主要区别

海上无人平台与智能油气田的主要不同之处在于两者涉及的关键技术、涵盖的业务与专业面不同。

海上无人平台涉及的关键技术．主要是信号采集、自动控制、远程监控、通信系统与设备可靠性、登平台方式、安全措施等海洋工程相关的技术。智能油气田涉及的关键技术包括地质油藏、钻完井、采油/气、注水、生产管理、资产优化、能耗管理、计划调度、决策指挥等油田勘探、开发、生产、运营多项关键技术与业务领域。

另外，在学科专业方面，与海上无人平台相比，智能油田涉及的专业面更广。海上无人平台主要涉及的是相关的专业，包括：采油、储运、化学工艺、机械、热工、电气、自动化，电子，计算机、海洋工程、安全、环境工程等专业。智能油田涉及专业涵盖勘探、开发、工程等石油天然气相关的多个学科与专业，包括：地质、油藏、开发、钻井、采油、储运、化学工艺、机械、热工、电气、自动化，电子，计算机、海洋工程、安全、环境等专业。

6　结论

海上无人平台和智能油气田建设是未来发展的必然趋势。海上无人平台的主要目标是降本，智能油田的主要目标是增效。大力推进海上无人平台与智能油气田建设，是油田企业提高核心竞争力和加快自身发展的必然要求。本文通过分析海上无人平台的现状与发展趋势，对比国内外海上无人平台差异，给出了海上无人平台设计目标、筛选原则、设计理念与思路。在无人平台的基础上，通过梳理研究国内外智能油田现状与发展趋势，并结合海上油气田实际生产与管理需求，提出了海上智能油气田初步构想、主要研究内容与关键技术，并探索新技术在海上智能油气田建设中的智能化应用。最后，根据海上无人平台的功能架构、设计理念与思路，智能油气田的功能架构、主要研究内容与关键技术，说明了海上无人平台与智能油气田的关系。

海上无人平台现状与发展趋势研究

何骁勇　徐海波

（中海油研究总院有限责任公司）

摘　要　本文通过研究国内外海上无人平台现状与发展趋势，全面梳理了海上无人平台的分布、分类、自动化与数字化水平、登平台方式、标准规范等技术现状；并结合国内外现状与技术发展方向对海上无人平台未来发展趋势进行了预测。通过对标分析国内外海上无人平台的技术差距，提出了国内海上无人平台的主要技术攻关方向。

关键词　无人平台　自动化　数字化　智能化

1　引言

正如高铁、网购、移动支付和共享单车等科技改变了我们的生活方式一样，海上平台自动化、数字化、智能化将会改变海上油气田开发、生产与管理方式。海上油气生产平台（简称海上平台）的无人化、数字化和智能化是未来的发展趋势。

随着海上油气田开发传统提质增效手段与降本增效空间的不断压缩，为了进一步降低桶油成本，石油公司必须另辟蹊径寻找新的降本增效手段。在海上油气田开发过程中，尤其是边际油田开发中，要主动转变研究设计理念和观念，以技术创新为引领，通过自动化和数字技术使我们诸多生产环节无人化，出现海上无人平台和少人平台。

在推进海上无人平台的建设和数字化应用过程中，首先必须对国内外海上无人平台现状与发展趋势进行梳理与研究，通过对标分析国内外海上无人平台技术差距与设计理念差异，并结合国内海上油气田开发实际情况制定无人化目标和无人平台设计方案。

2　意义

推进海上平台无人化，可以降低海上油气田开发投资和操作运营成本、提高企业核心竞争力，助推企业数字化转型。海上无人平台的意义与优势主要有以下5方面：

（1）降本增效：通过推进海上平台无人化建设和改造，可以降低海上油气田的开发工程投资和海上油气田的全生命周期操作运营成本，延长海上油气经济年限。

（2）安全环保：现场人工危险作业由机器代替，减少人员安全事故；由于无人值守，没有生活垃圾和污水排放，减少环境污染。

（3）操作便利：通过提高平台自动化与远程遥控水平，大幅减少生产操作人员现场操作工作量，生产人员不用长期驻守海上，改善生产人员工作环境，提升生产人员幸福感。

（4）公司效益：推进海上井口平台无人化建设可提高公司的生产运营效率和效益，也是提高公司核心竞争力和自身发展的必然要求，企业数字化转型的重要手段。

（5）国家发展战略：海上无人平台建设符合《中国制造2025》，中国智造、互联网+、高质量发展、高技术船舶科研发展规划等国家的一系列政策方针。

3　国内外现状

3.1　无人平台分布

海上无人平台几乎分布于世界上所有油气活跃海域，目前在全球范围内统计的约7000个海上固定平台中，有超过23%（约1600多座）的是无人驻守平台。海上无人平台通常采用钢结构型式，挪威北海海域也有少数混凝土重力式结构平台。全球海上无人平台分布情况详见表1。

表1　全球海上无人平台分布情况

国家/地区	平台总数	无人平台数	百分比	无人平台水深范围/m
挪威	99	5	5%	70~125
英国	590	148	25%	20~150
丹麦	54	14	26%	35~70
荷兰	156	47	30%	20~55
阿布扎比/ME	375	200	53%	20~70

续表

国家/地区	平台总数	无人平台数	百分比	无人平台水深范围/m
远东	400 *	50 *	12 * %	20~110
GoM，美国	>4000	>1000	25 * %	20~180
GoM，墨西哥	1000 *	100 *	10 * %	30~160
非洲	200 *	20 *	10 * %	20~60
合计	>6874	>1584	23%	20~180

国内从 1993 年开始建造第一座无人平台，随后又有多座无人平台建造与投产，近年来中海油采用不同模式的简易无人井口平台成功开发了一些边际油田项目，积累了一定的简易无人平台的开发设计经验以及生产操作经验。中石化胜利油田埕岛东区油田建有 20 座无人卫星平台。但国内无人平台没有像国外在整个区块形成网络，控制系统及各项技术也不够先进。目前，中国海油在生产海上无人平台数量占比约为 10.4%。

3.2 无人平台分类

根据海上无人平台油气井数、工艺流程复杂程度、设备设施数量、平台结构、功能和特点，可将无人平台分成了 5 种类型，详见表 2。根据海上无人平台结构，可将无人平台分为固定式和浮动式两种类型，固定式无人平台又可分为单塔、独立柱、三桩腿、扭曲三桩腿和四桩腿导管架 5 类，固定式无人平台一般多为导管架型，水深通常在 150m 以内。

表 2 海上无人平台分类–按平台功能

0 型平台	1 型平台	2 型平台	3 型平台	4 型平台
综合性平台：配备有直升机甲板和消防水系统，设有各种工艺设备。配备有吊机。具备自动化功能。典型的远程无人操作期为 1~5 周。	简单平台：配备有直升机甲板。典型为 2~12 口井。设有测试分离器或多相计量系统。配备有吊机。无消防水。设计的无人操作期 2~3 周。	简单平台：无直升机甲板。典型为 2~10 口井，但也有 30 口井的情况，配备有吊机。无工艺处理设施和消防水。设计的无人操作期为 3~5 周。	简约平台：典型为 2~12 口井。无吊机、无工艺处理设施和消防水，设计的无人操作期为 6 个月到 2 年。	超级简约平台：通常只有一个小型甲板，上面仅以到二口井。井与管道直接连接。

3.3 自动化与数字化水平

国外，海上无人平台大部分为简易井口平台为主，平台井数较少，上部设施比较简单，一般只设 1-2 层甲板。无人平台的正常生产操作一般通过周边有人平台或陆地控制中心远程遥控实现。对于海上无人平台的自动化和数字化水平，目前国外无人平台自动化和数字化程度普遍较高，总体布置较优、设备选型和可靠性要求高，平台上所有工艺参数、设备状态、视频图像都可实现远程监控，大部分现场工作都可实现远程操作，部分平台还在陆地建有模拟仿真系统，用于人员培训和操作演练。无人平台基本上都可以实现井口采油树上油嘴远程调节，油嘴开度实时监测、单井自动计量、大部分阀门具备远程调节和开关功能、关键设备实现状态监测和故障诊断、重点区域与房间视频监控全覆盖。

国内，海上无人平台也大多为简易井口平台，平台上设备设施较少，处理流程简单。无人平台大都通过周边中心平台远程遥控实现。无人平台多为井口平台，平台上长期无人驻守，采用周边依托的平台进行远程控制+定期巡检的模式。另外，在台风期间或军事演习期间，一些有人平台也会短时间内采用远程遥控的方式生产，正常情况下平台上有人驻守，仅在台风或军队演习期间切换到远程控制模式，实现陆地控制中心或海上控制中心对海上平台设施进行远程控制。

国内海上无人平台自动化和数字化程度与国外相比有一定差距，虽然平台上也都设有中控系统(包括 PCS、ESD 和 FGS 系统) 和 CCTV 系统，但是远程监控和操作功能有限，部分操作无法远程遥控实现，几乎都没有陆地模拟仿真系统。有很多无人平台采油树油嘴无法远程调节，油嘴开度无法实时监测、单井不能自动计量、仅有一小部分阀门具备远程调节和开关功能、无关键设备状态监测和故障诊断系统、重点区域与房间视频监控没有全覆盖。海上平台控制系统框图和

CCTV 系统框图如图 1～图 3 所示。

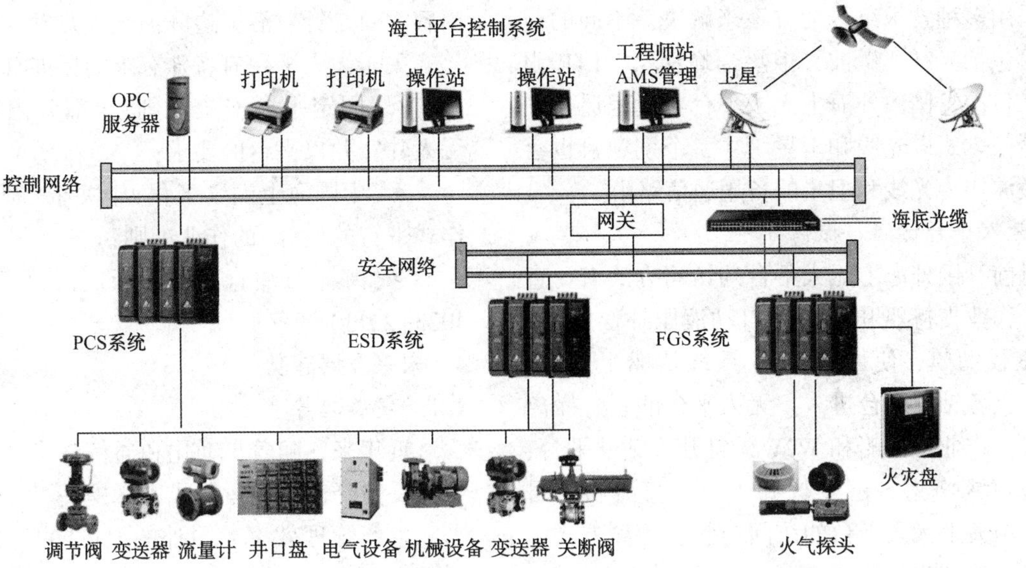

图 1　海上平台控制系统框图

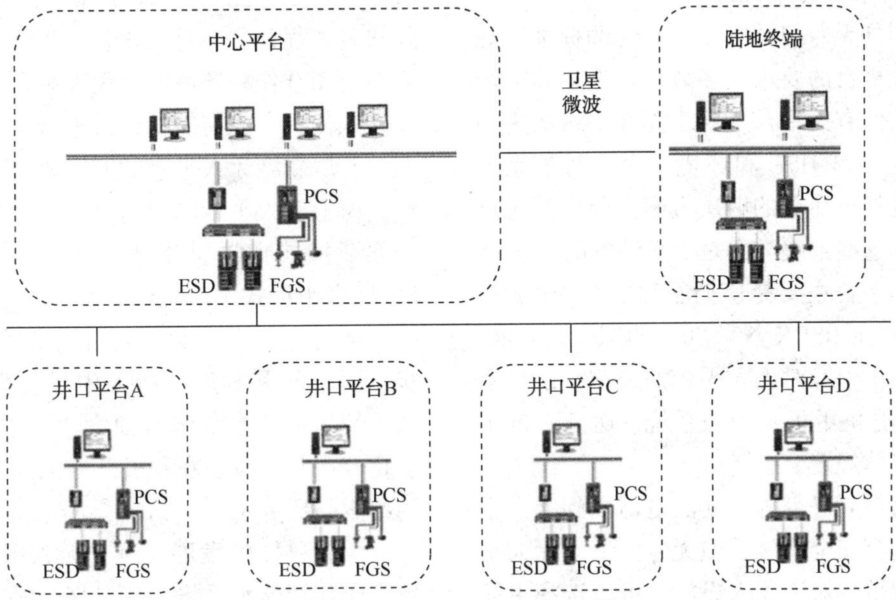

图 2　海上无人平台控制系统架构图

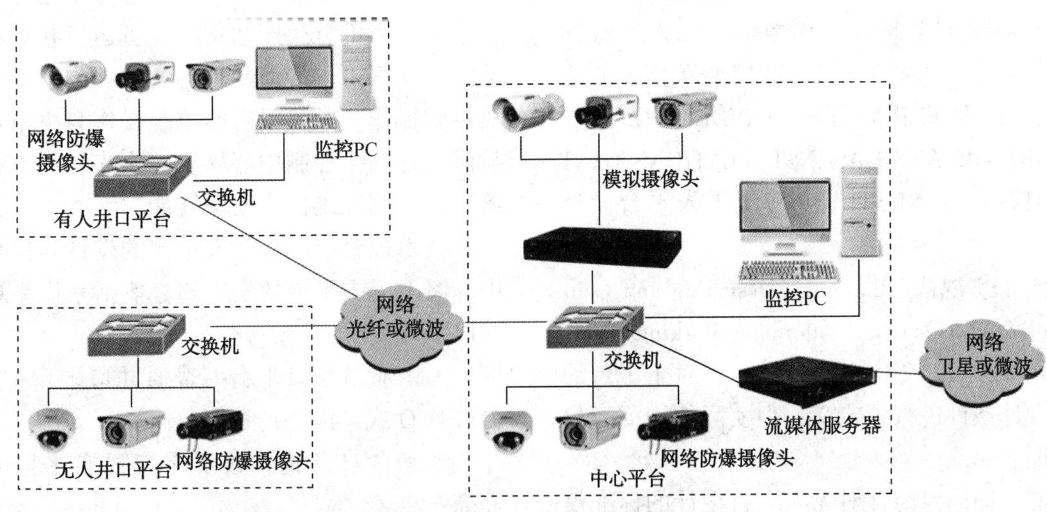

图 3　海上无人平台 CCTV 系统架构图

关于通信方式，大部分无人平台的海上通信服务采用多种技术组合的方案来解决。不同的通信技术包括光纤，微波，卫星，蜂窝/4G LTE 服务等。目前，国内外海上无人平台与远程遥控中心的通信方式以光线和卫星为主，个别项目也会采用微波作为光线和卫星的备用通信路由。

3.4 无人平台访问与撤离方式

目前，国外海上无人平台的访问方式有：直升机、作业支持船和 W2W(自动液压补偿舷梯)、快速救助艇、使用 Z-step 系统从船上进入、从海上服务钻井平台进入。无人平台的紧急撤离方式有：作业支持船和 W2W、自升式钻井平台、逃离滑道到海上、逃生梯到大海、直升机。目前，国内海上无人平台的访问与紧急撤离方式主要是直升机和守护船。

3.5 无人平台相关标准规范

目前，国外无专门针对无人平台的标准、规范，对于无人平台的要求大多数现行法规和标准都是基于传统的有人平台。对于无人平台法规和标准重点关注的是 HSE 和环境安全。对于无人设施，可以选择更简单的解决方案，前提是通过特殊评估证明这些解决方案是令人满意的。

挪威无人平台主要是遵循石油安全局(PSA)的法规和 NORSOK S-001 的技术要求，NORSOK S-001 中针对无人平台的住宿、ESD 系统、UPS、直升机甲板、消防系统、医疗、逃生系统有一些具体规定。

英国、荷兰、丹麦等国立法也都提到无人平台，并要求提交安全案例，但无专门针对无人平台的标准、规范。对于无人设施，可以选择更简单且最大可行的解决方案，前提是通过特殊评估证明这些解决方案是令人满意的。无人平台标准、法规情况详见表 7.1-1。2017 年英国能源研究所委托 DNV 重新修订了《GUIDELINES FOR OFFSHORE OIL AND GAS INSTALLATIONS THAT ARE NOT PERMANENTLY》(海上无人平台设计指南)。

美国 API 规范《Planning, Designing and Constructing Fixed Offshore Platforms—Working Stress Design》(API RP 2A WSD-2014)，对于平台的分级和设计条件进行了定义，但实际使用需经过专家论证。

目前，国内专门针对无人平台设计的标准仅有 1 个：《无人驻守井口平台设计规定》(Q/HS 3024-2012)，该标准属于中海油企业标准，其内容主要是针对海上边际油气田开发。

关于无人平台有特殊有求的标准有 3 个：

• 《固定平台安全规则》：部分内容有关于无人驻守井口平台的要求；

• 《中国海上油气工程》中关于“海上无人操作式平台的设计”的作业准则；

• 《海洋石油直升机甲板起降规范》(Q/HS 4023-2011)。

4 未来发展趋势

4.1 发展趋势

近年来，随着自动化和通信技术的发展，为了进一步降低生产运营成本，提高平台自动化水平和生产管理效率。国外的 Rambøll、Aker solutions、Kvaerner、WorleyParsons、Technip、ABB、Emerson、Kongsberg、Honeywell、SIEMENS 等国际知名工程公司和自动化公司正在积极与全球各大油公司合作，开展海上无人平台的方案研究与设计工作，在原有简易无人平台设计理念的基础上，开展新型无人平台的方案研究与概念设计工作。海上无人平台的应用范围已经由简易井口平台逐渐扩展到常规井口平台、中心平台、甚至 FPSO 和半潜式生产平台。

随着中国自动化公司和通信公司技术的进步，国内的和利时、浙大中控、华为、东土科技、清华大学、中国石油大学(北京)等知名自动化公司和高校也在积极开展无人平台解决方案的探索与研究工作。

随着科技的发展，海上无人平台的自动化、数字化和智能水平将不断提高，无人平台规模和适用范围在不断扩大，平台设计越来越先进，无人平台上大部分生产数据、设备运行状态和视频监控信息都可以传输到远端的控制中心进行集中监控和操作，并且平台的控制操作与决策点逐步从海上往陆地控制中心转移。未来，无人机、机器人、预测性维护、人工智能、大数据、云计算等新技术也会应用在无人平台的设计与操作运维中。海上无人平台的发展趋势概括来说主要体现在以下几方面：

• 由简易井口平台—普通井口平台-中心平台(FPSO 或半潜生产平台)；

• 平台自动化、数字化与智能化程度不断提高；

• 通过油气物联网，无线仪表技术、云平台实现多系统集成；

•关键设备具备远程状态监测、故障诊断和预测性维护功能；

•生产可视化、多专业协同作业、远程专家支持、模拟仿真；

•采用移动应用、无人机、机器人、大数据、云计算和人工智能等新技术；

•巡检周期长，安全可靠的登临方式和有效的防非法侵入设施；

•控制中心由海上逐步转移到陆地，海上平台大部分生产计划和维修准备工作在陆地完成。

4.2 设计理念

无人平台的设计理念主要包括：HSE设计、总体设计、设备和设施选择、操作维护策略等。

HSE设计包括安全系统冗余设计、火灾与爆炸风险、降低溢油风险，减少环境影响、防外部人员非法登临风险。

总体设计包括环境条件参数选取、简化生产流程、减少动设备、被动防火设计、自动化与远程操作水平高、优化平台补给策略，减少人员登平台频率。

设备和设施选择包括选择高可靠性、维保周期长的设备和设施、设备具备远程测试、监控和诊断功能、设施具备远程监测功能。

操作维护策略包括配备便捷的无人平台登临设施、基于状态监测的设备设施“预测性维护”、制定合理的巡检和维修保养计划、标准化、模块化设计，方便快速更换。

在海上无人平台类型选择与设计时，通常考虑如下因素：

•平台所处海域环境条件，周边依托情况、平台结构与设计寿命；

•平台远程操作方式与功能需求、电力供应与通信方式；

•油气田物流情况、海底管道清管要求和清管频率；

•日常消耗品种类与补给情况；

•平台访问频率与巡检周期；

•登平台方式(直升机，船，高空绳索、W2W等)；

•巡检与维保人员配置。

5 机遇与挑战

5.1 机遇

随着时代的快速发展，今天的无人平台面临着前所未有的机遇。主要体现在以下4个方面。

(1) 企业自身发展与需求发生了很大的变化。中国的人力成本再不断增加，企业要提高国际竞争力与高质量发展需要通过科技创新降低生产成本，并保证安全保护。

(2) 无人化、数字化的时机已经成熟。网络化、数字化、智能化是时代大潮，我们正处在新一轮科技革命和产业革命蓄势待发的关键时期，国家政策上大力支持中国智造，鼓励传统企业通过技术创新降本增效，另外无人化、数字化、智能化也是油气行业未来的发展趋势。

(3) 科技发展与技术基础已经具备条件。自动化、通信、计算机、设备与材料等技术的发展，无人工厂，无人驾驶等其它行业的成功实践，对于海上无人平台很多借鉴价值。

(4) 长期的设计与操作经验积累打下了基础。国内油公司在海上无人平台设计、生产操作与管理方面长期的探索与经验积累，为今天的无人平台设计打下了坚实的基础。

5.2 挑战

在面临机遇的同时，海上无人平台在设计与运行过程中也面临着诸多挑战。挑战主要包括技术、标准管理和理念4方面。

(1) 技术方面。如何实现无人平台完全的远程操作功能，包括远程复产、远程海管置换、远程压井等，设备状态监测与预测维护技术、如何提高设备设施的可靠性，安全、便捷的登平台方式等。

(2) 标准方面。主要是目前海上无人平台相关标准，规范不成体系，原有标准、规范不满足无人平台技术发展和范围扩大后的需求。

(3) 管理方面。主要是现在关于无人平台生产、安全，环保和应急等相关的管理制度还不健全，无人化后需要对生产方式转变重新进行规划。

(4) 理念方面。采用无人平台后，现有的设计、生产操作与管理运营理念都需要转变，观念的转变需要一个过程。

主要的技术挑战与难点如下：

•全面监测：如何获得全面精准的现场数据，设备的健康状态监测，电气房间与暖通设备的远程监控；

•自动消防：可视化的火灾与可燃气泄露报警确认，消防灭火系统(包括直升机甲板)的远程操作；

• 远程启动：井口盘、电潜泵、置换泵、风机、关断阀等设备的远程复位与启动，远程置换；

• 预测维护：电站、热站、压缩机、应急机、电潜泵、注水泵、外输泵、消防泵等设备的远程状态监测、故障诊断与预测性维护；

• 通信与信息安全：平台间通信链路安全可靠性和通信带宽是否满足远程遥控的要求；

• 数据标准与接口：建立各系统间统一的数据标准与接口技术，消除数字孤岛壁垒，实现所有数据的远程集中监控；

• 安全可靠性措施：恶劣天气登平台方式与安全措施，防外部人员登临平台安全措施，如何提高设备设施的安全可靠性。

6 结论

通过对标分析国内外海上无人平台现状，研究技术发展趋势，发现与国外相比，国内海上无人平台无论在数量上，还是在自动化与数字化水平上都存在一定差距。从数量上看，国外无人平台总体占比大概在23%，目前中海油海上无人平台占比仅有10%。从技术上看，国内外差异主要在于平台自动化与数字化水平、设备可靠性、生产管理决策点位置和登平台方式等几方面。总体来说，国外海上无人平台的自动化与数字化水平普遍较高，大部分海上无人平台生产数据都远传到了陆地控制中心，维保计划与生产决策工作后移至陆地；为了提高设备可靠性，关键设备均实现了远程状态监测和故障诊断。未来，国内海上无人平台的主要技术攻关方向是：不断提高无人平台自动化和数字化水平；提高设备可靠性，加强关键设备状态监测与故障预测；研究安全、便捷的登平台方式和有效的防非法登临设施；探索移动应用、机器人、无人机、大数据、人工智能等新技术在海上无人平台上的应用。

基于油气生产物联网(A11)标准的二连油田数字化建设

吴　强　王天宇

(中国石油华北油田公司)

摘　要　随着数字化、智慧化、信息化油田的建设，各大油田各个采油厂生产数据的采集、传输和管理的子系统“各自为政”，没有规范统一标准，导致数据未能实现统一的可溯化、共享化。对此，中石油集团公司将油气田生产物联网系统(简称A11)作为“十二五”信息技术重点建设的标志性工程之一，以华北油田二连采油厂作为试点示范单位，以点带面，由深及广的推动A11项目建设。本文针对数字化建设“物+网+云+终”四个方面，从数据采集与监控、数据传输和生产管理的建设以及已建数字化系统的改造接入进行阐述，实现生产组织扁平化、信息传输网络化、技术管理数字化、人力资源最优化。为传统油气田参数采集行业的转型升级、统一提供了借鉴。

关键词　物联网　统一标准　转型升级；数字化　人力资源

华北油田二连采油厂作为集团公司A11建设的试点示范单位，按照“时效+规范+共享”的建设理念，“物+网+云+终”的物联网建设构想，对哈南、阿南和锡林作业区进行A11建设，包含5个联合站、60多座计配站、1000度口注采井。

由下及上，统一规范标准，数据多级访问，严格按照A11标准对数字化未覆盖的三个作业区进行数字化建设，对已建数字化示范区进行A11标准改造与数据接入。实现闭环式持续往复优化，提高物联网技术的战略地位，加强数字化信息技术在油气田数据采集的应用与创新，更高效地服务于各级机构和各环节的生产组织(表1)。

表1　A11建设涉及范围

作业区	联合站数量	计配间数量	单井数量
哈南作业区	2	23	425
阿南作业区	2	25	445
锡林作业区	1	15	289

1　油气生产物联网建设

二连油田油气生产物联网(A11)系统包括四个分端“物+网+云+终”的构建，三个方面建设，分别为数据采集、数据传输和生产管理，数据采集主要实现运行参数自动采集、生产环境自动监测、物联网设备状态自动监测、生产过程监测及远程控制功能，上位机采用力控eForceCon 2.1组态软件对数据采集并展示；数据传输主要依靠不同带宽和传输速率的有线、无线网络方式，对场、站的生产数据与视频数据进行安全稳定的传输；生产管理主要实现生产数据的管理，以报表与曲线的形式展示。

整个A11系统的数据流向为“井/站—作业区—采油厂—油田公司”模式，如图1所示。井场功图与工况数据由符合A11标准的RTU进行采集，阀组间、接转站、联合站等站内数据由PLC进行采集；在作业区层级生产管理中心，上位机由力控eForceCon V2.1组态软件对井场RTU和站内PLC进行数据采集与展示，并将采集数据存库(图1)。

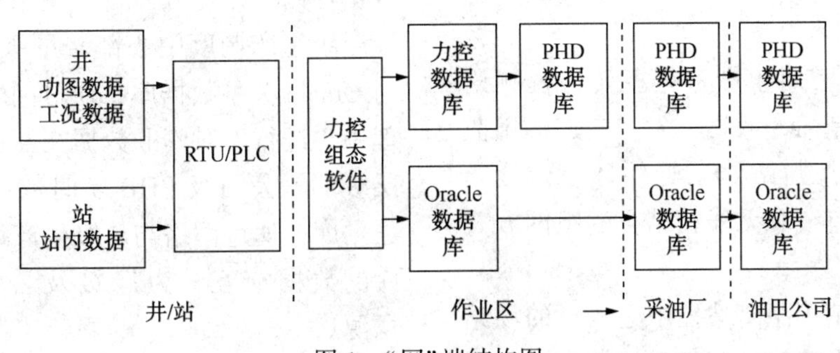

图1　“网”端结构图

1.1 “物”—终端采集

物(感知物) 指通过各种信息传感设备采集单井生产参数、计配站监控参数和联合站运行参数。

抽油机井数据采集与监控系统以 RTU(远程终端采集单元) 为核心，配套示功仪、无线压力变送器、电参量采集模块等设备，对单井实时工况数据和功图数据进行采集并上传；油压、电参量等抽油机井工况数据实时采集实时上传并存库，功图数据 30 分钟采集一次。

联合站采集监控按工艺流程中输油系统、加热系统、注水系统等岗位划分，各岗位部署一套 PLC 采集系统，对生产环节中温度、压力、液位等重要参数进行实时采集。实现机泵远程启停控制，电动阀远程调节，三相分离器 PID 控制，并且为保证远程操作的安全性，在组态软件中对重要设备的远程操作设置了权限，允许管理员级别的用户进行远程操作(表 2)。

表 2　参数采集汇总

监控区块	主要功能	
	监测功能	控制功能
单井	抽油机井：油压、冲程、冲次、电参量、功图等注水井：瞬时、累计流量	抽油机井：远程启停注水井：远程配注
计配站	集油支线温度、掺水支线流量、注水支线压力和流量，集油、掺水、注水干线温度和压力	掺水、注水瞬时流量远程调控
联合站	输油、加热炉、注水等岗位的压力、温度、流量、液位、油水界面、可燃气体浓度、等生产参数，以及主要设备运行状态等信号的自动检测	机泵远程启停，电动阀远程调节，三相分离器 PID 控制

1.2 “网”—传输技术与方式

“网”端承载了实时生产数据上传，视频语音数据上传以及控制命令数据下发。二连油田监控点多，监控面广，井站处于野外环境，分布广，无遮挡，采用有线和无线相结合的组网方式对数据进行传输。

联合站、接转站等距离站控中心较近的场站采用有线光缆传输方式，在场站与站控中心之间铺设光缆，供生产数据和视频数据传输。光缆传输方式通信容量大，传输距离远，抗干扰能力强，能够保证数据稳定传输。

井场、边远场站等距离站控中心较远的场站位置分散，采用 TD-LTE(Time Division Long Term Evolution，分时长期演进) 无线传输方式。TD-LTE 是由阿尔卡特-朗讯、诺基亚西门子通信、大唐电信、华为技术、中兴通讯、中国移动等业者所共同开发的第四代(4G) 移动通信技术与标准，TD-LTE 系统灵活支持多种带宽，满足高速传输要求。为保障高密级网络信息安全，在数据传输子系统中，办公网与生产网之间部署单向网闸，只允许低密级网络中的数据流向高密级网络，从物理链路层和传输层保证数据的绝对单向流动。数据传输子系统构架如图 2 所示。

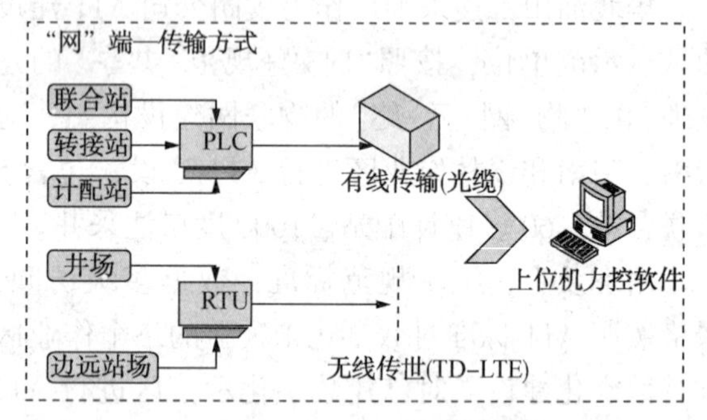

图 2 “云”端结构图

1.3 “云”—数据存储与共享

“云”基于云计算模式应用的数据集成、数据分析、数据整合、数据分配、数据预警的技术与平台的总称。单井、计配间和联合站数据采集汇集至作业区层级生产管理中心，上位机由力控 eForceCon V2.1 组态软件对井场 RTU 和站内 PLC 进行数据采集与展示，并将采集数据存库；井场工况数据与站内实时数据存储在

图 3 “网”端结构图力控实时数据库中，通过 OPC 连接方式转存至作业区 PHD 数据库，功图数据存储在作业区 Oracle 关系数据库中；在采油厂层级生产调度中心部署厂级 PHD 实时数据库与 Oracle 关系数据库，通过网络与作业区生产管理中心进行库对库的数据交互；在华北油田公司层级部署公司级 PHD 实时数据库与 Oracle 关系数据库，通过网络与厂级生产调度中心进行库对库的数据交互，为厂级及公司级终端提供数据源。

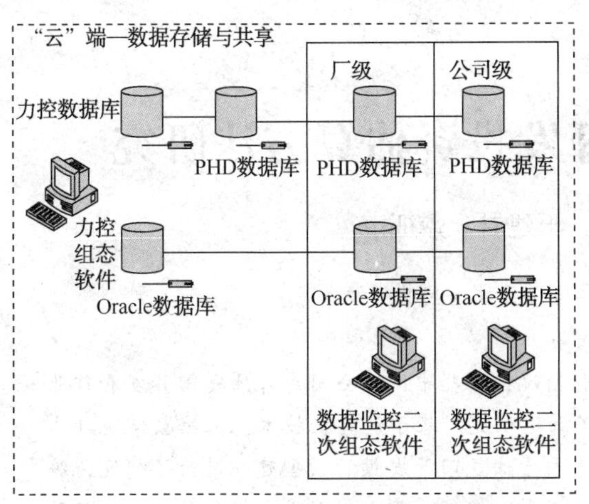

图3　计配站、联合站数据可视化界面

1.4　"终"—数据可视化

"终"，数据基本实现由现场作业区—厂级—公司级每级可视化，系统把数据采集与监控子系统采集存库的数据作为基础，提供生产过程监测、生产分析与工况诊断、物联网设备管理、视频监测、报表管理、数据管理、辅助分析与决策支持、系统管理、运维管理功能。

系统对油、气、水井和站内数据集中管控，提供生产数据报表、物联设备故障报表、系统运行报表和定制化报表，实现对生产运行各参数的报表统计与历史查询；对站内流程进行二次组态界面展示，二次组态根据作业区层级组态流程设计，采用力控 eForceCon 3.0 组态软件，按照组态界面统一标准制作，网页发布，嵌入生产管理子系统。基于采集的生产数据，系统对油水井工况进行实时诊断，显示油井示功图、泵功图、诊断结果、产量趋势、参数分析等，并将诊断结果与报警信息发送至相关岗位，起到实时生产决策作用。

最终实现每个作业区监控作业区数据，每个采油厂监控所有作业区数据，公司监控所有采油厂数据，集团公司监控所有局级公司数据，由下至上，规范统一，层层监控。

2　现场应用效果

油气生产物联网(A11)系统应用于二连油田三个采油作业区 1000 余口油水井、60 余座计配站与数座联合站，建设了数据采集与监控子系统、数据传输子系统和生产管理子系统，实现了油、气、水井以及站内数据的采集、传输、应用(图4)。

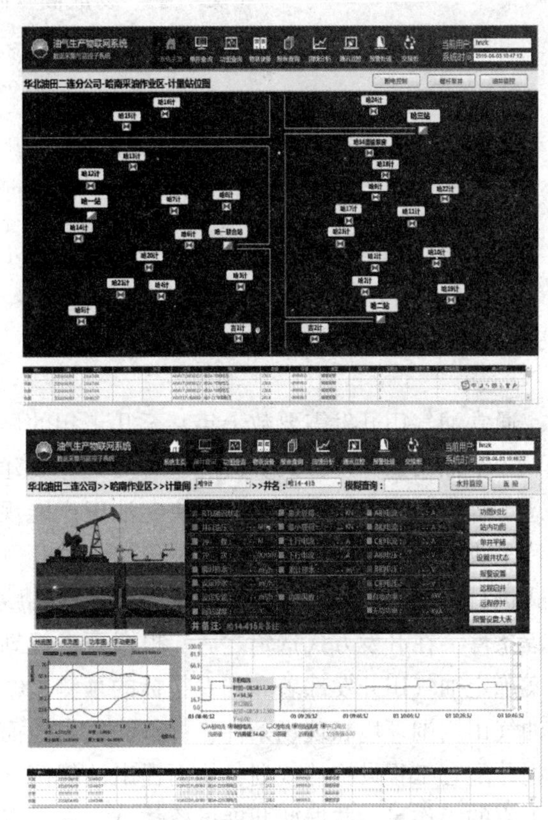

图4　单井数据可视化界面

3　结论

(1) 油气生产物联网系统的建成，实现了油、气、水井的远程生产监控与管理，取消了井场与中小型站场的值班人员，数据的自动采集缩短了井口资料录取、功图测试和工况分析周期，优化了人力资源配置，节约了人工成本。

(2) 油气生产物联网系统实现了生产过程中关键生产参数的超限报警与重要设备运行状态的异常报警，形成实时决策，动态管理，提高了故障处理效率，保证生产稳定。

基于预测分析法的油气田开发投资估算方法研究

史　宇　易成高　陈　荣　王建君　戴征宇

(1. 中国石油勘探开发研究院；2. 中国石油集团公司物资装备部)

摘　要　本文结合油气田开发和地面工程专业实际运行情况，借鉴中国油公司海外油气田开发和作业经验，对油气田开发投资的影响因素和投资关键指标进行了筛选研究。基于计算机技术，根据数学统计方法原理，对油气田开发投资估算的估算方法、投资指标、单因素油气田开发投资模型建立进行了研究，编制了油气田开发投资数据管理软件，并将预测方法研究的成果置入软件，基于单因素分析和预测油气田开发投资指标的变化趋势。

关键词　油气田开发　投资估算　预测方法　数据管理　灰色模型

通常油气田开发需要数十年甚至几十年的历程。一个油田的开发方式直接决定着油田开发建设总工程量和总投资的大小，也决定油田产能规模和采收率的高低。通常，一个油田用何种开发方式进行开发，主要取决于油田地质条件和油藏工程条件，在开发方式选定之后，根据开发规划方案确定油气田开发部署和开发指标的预测，结合油气田周围环境和现场条件，进行油气田地面工程及配套工程设施的规划，从而提出油气田开发工程的工作量，并据此开展投资估算。在投资估算过程中，涉及对油气田开发成本的估计和投资指标的取值。如何在未来数十年的开发投资估算当中考虑各方面的影响因素，对投资指标进行取值，以期对油气田开发投资进行科学合理的优化，成为了各油公司在油气开发新项目角逐的热点。

1　油气田开发投资估算方法概述

油气田开发的成本是油气开发阶段开发成本指标的重要组成部分。油气田开发成本的高低通常决定着油气田在合同期内经济效益的高低，从而影响着石油企业在海外的竞争能力。油气田开发投资通常包括勘探投资和开发投资。其中，勘探投资主要是指以探明石油、天然气储量为目的而开展的地质调查、地球物理勘探、探井钻井、评价井钻井以及意在维持或证实未开发及未证实储量而发生的费用。开发勘探投资可以分为两大类，一类是非钻井勘探成本，主要是指在油气田勘探开发初期，通过地质详查，对待开发区块进行进一步资源勘查过程中所产生的人工费以及设备购置费用等，在尚未开发区域，非钻井勘探成本还包括矿区租赁费用等。开发投资是指针对探明储量进行规划开采，将这部分储量开发出来的过程中所产生的费用。

2　基于预测分析法的油气田开发投资预测方法研究

2.1　油气田开发成本构成

通常油气田开发需要数十年甚至几十年的历程。一个油田的开发方式直接决定着油田开发建设总工程量和总投资的大小，也决定油田产能规模和采收率的高低。通常，一个油田用何种开发方式进行开发，主要取决于油田地质条件和油藏工程条件，在开发方式选定之后，根据开发规划方案确定油气田开发部署和开发指标的预测，结合油气田周围环境和现场条件，进行油气田地面工程及配套工程设施的规划，从而提出油气田开发工程的工作量，并据此开展投资估算。在投资估算过程中，涉及对油气田开发成本的估计和投资指标的取值。

油气田开发的成本是油气开发阶段开发成本指标的重要组成部分。油气田开发成本的高低通常决定着油气田在合同期内经济效益的高低，从而影响着石油企业在海外的竞争能力。油气田开发投资通常包括勘探投资和开发投资。其中，勘探投资主要是指以探明石油、天然气储量为目的而开展的地质调查、地球物理勘探、探井钻井、评价井钻井以及意在维持或证实未开发及未证实储量而发生的费用。开发勘探投资可以分为两大类，一类是非钻井勘探成本，主要是指在油气田勘探开发初期，通过地质详查，对待开发区块进行进一步资源勘查过程中所产生的人工费以及设备购置费用等，在尚未开发区域，非钻井勘探成本还包括矿区租赁费用等。开发投资是指针对探明储量进行规划开采，将这部分储量开发出来的过程中所产生的费用。

开发投资的构成有多种形式。

(1) 从开发作业的角度可划分为钻井工程投资、完井工程投资、采油工程投资、地面工程投资等。

(2) 从油气田开发的工艺的角度分可包括：钻井井场准备及道路建设成本；装备开发井、参数井、注入井所建设配套设备成本，如油管、套管、抽油设施和井口采油装置；生产设施和提高采收率系统所需成本支出，包括油气田地面集、采油管线、油气分离器、油气水储罐、外输增压设施、污水处理系统等。

(3) 从油气田开发成本支出的性质来分，大致可以分为：勘探费用、保障运营费用、管理费用、财务费用。这种区分方式的勘探投资通常包括综合物化勘探费用和已钻不成功的探井费用；保障运营费用则主要针对意在位置油气田开发正常运营所发生的材料费、安装费、动力费、人工劳务费、运输等费用；管理费用主要包括折旧费、损耗费、设备维护及修理费等；财务费用主要是指企业为油气田开发筹集资金而发生的各项费用，如借款利息支出等。

关于油气田开发成本的计算，国内给出了明确的计算公式：

油气田开发成本=油气田开发总支出/新增油气探明储量

以上公式往往针对理想状态，在实际开发过程中，由于油气探明储量的不断变化，使得通过该公式计算出来的油气田开发成本指标具有较大的误差。为了减少这种误差的影响，在实际工作中往往选取三年或五年滑动平均成本指标进行分析和统计。

三年或五年滑动平均成本=前三年或五年油气田开发总支出之和/前三年或五年新增证实已开发储量

(4) 根据国际油气开发投资估算软件QUESTOR对于开发投资的划分。QUESTOR是的专业性上游项目成本估算软件，具有32年的开发历史，被590多家公司和政府机构在60多个国家应用。其主要特点在于，有全球28个分区的投资数据，能够对开发全周期的资本支出、作业费用和弃置费进行估算，采用国际通用的成本构成和计算方法。该投资估算的分项和估算模式是参照美国ACCE的精细程度进行估算的。QUESTOR开发投资的构成包括钻完井投资、井场设施投资、管线投资、油气处理厂投资、配套设施(营地等) 投资。开发成本构成则包括：设备费、材料费、制造费、建设费、设计费、项目管理费、进入及保险费、不可预见费。该软件由国际知名服务商研发，符合美国石油工程师协会和美国造价工程师协会的投资估算审核标准。QUESTOR对于开发投资和成本的划分相比国内的划分界限更加清晰。狭义理解，开发投资和成本是呈“垂直”关系的。类似坐标轴的横轴和纵轴。由成本构成组建了每一投资细项，然后投资细项相加又构成油气田开发总投资(图1，图2)。

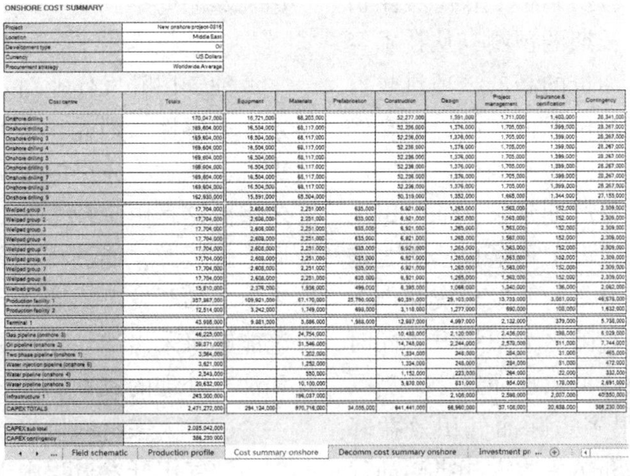

ONSHORE COST SUMMARY

Project	New onshore project-0816
Location	Middle East
Development type	Oil
Currency	US Dollars
Procurement strategy	Worldwide Average

Cost centre	Totals	Equipment	Materials	Prefabrication	Construction	Design	Project management	Insurance & certification	Contingency
Onshore drilling 1	170,047,000	16,721,000	68,203,000		52,277,000	1,391,000	1,711,000	1,403,000	28,341,000
Onshore drilling 2	169,604,000	16,504,000	68,117,000		52,236,000	1,376,000	1,705,000	1,399,000	28,267,000
Onshore drilling 3	169,604,000	16,504,000	68,117,000		52,236,000	1,376,000	1,705,000	1,399,000	28,267,000
Onshore drilling 4	169,604,000	16,504,000	68,117,000		52,236,000	1,376,000	1,705,000	1,399,000	28,267,000
Onshore drilling 5	169,604,000	16,504,000	68,117,000		52,236,000	1,376,000	1,705,000	1,399,000	28,267,000
Onshore drilling 6	169,604,000	16,504,000	68,117,000		52,236,000	1,376,000	1,705,000	1,399,000	28,267,000
Onshore drilling 7	169,604,000	16,504,000	68,117,000		52,236,000	1,376,000	1,705,000	1,399,000	28,267,000
Onshore drilling 8	169,604,000	16,504,000	68,117,000		52,236,000	1,376,000	1,705,000	1,399,000	28,267,000
Onshore drilling 9	162,930,000	15,891,000	65,504,000		50,319,000	1,352,000	1,665,000	1,344,000	27,155,000
Wellpad group 1	17,704,000	2,608,000	2,251,000	635,000	6,921,000	1,265,000	1,563,000	152,000	2,309,000
Wellpad group 2	17,704,000	2,608,000	2,251,000	635,000	6,921,000	1,265,000	1,563,000	152,000	2,309,000
Wellpad group 3	17,704,000	2,608,000	2,251,000	635,000	6,921,000	1,265,000	1,563,000	152,000	2,309,000
Wellpad group 4	17,704,000	2,608,000	2,251,000	635,000	6,921,000	1,265,000	1,563,000	152,000	2,309,000
Wellpad group 5	17,704,000	2,608,000	2,251,000	635,000	6,921,000	1,265,000	1,563,000	152,000	2,309,000
Wellpad group 6	17,704,000	2,608,000	2,251,000	635,000	6,921,000	1,265,000	1,563,000	152,000	2,309,000
Wellpad group 7	17,704,000	2,608,000	2,251,000	635,000	6,921,000	1,265,000	1,563,000	152,000	2,309,000
Wellpad group 8	17,704,000	2,608,000	2,251,000	635,000	6,921,000	1,265,000	1,563,000	152,000	2,309,000
Wellpad group 9	15,810,000	2,376,000	1,936,000	499,000	6,395,000	1,066,000	1,340,000	136,000	2,062,000
Production facility 1	357,867,000	109,921,000	67,170,000	25,760,000	60,391,000	29,103,000	13,733,000	3,061,000	48,678,000
Production facility 2	12,514,000	3,242,000	1,749,000	498,000	3,118,000	1,277,000	690,000	108,000	1,632,000
Terminal 1	43,998,000	9,881,000	5,886,000	1,988,000	12,997,000	4,997,000	2,132,000	379,000	5,738,000
Gas pipeline (onshore 3)	46,225,000		24,754,000		10,488,000	2,120,000	2,436,000	398,000	6,029,000
Oil pipeline (onshore 2)	59,371,000		31,546,000		14,748,000	2,244,000	2,578,000	511,000	7,744,000
Two phase pipeline (onshore 1)	3,364,000		1,202,000		1,334,000	348,000	284,000	31,000	465,000
Water injection pipeline (onshore 6)	3,621,000		1,252,000		1,334,000	248,000	284,000	31,000	472,000
Water pipeline (onshore 4)	2,543,000		550,000		1,152,000	223,000	264,000	22,000	332,000
Water pipeline (onshore 5)	20,632,000		10,100,000		5,878,000	831,000	954,000	178,000	2,691,000
Infrastructure 1	243,300,000		196,037,000			2,108,000	2,598,000	2,007,000	40,550,000
CAPEX TOTALS	2,471,272,000	294,124,000	970,716,000	34,056,000	641,441,000	66,960,000	37,108,000	20,638,000	386,230,000

CAPEX sub total	2,085,042,000
CAPEX contingency	386,230,000

Field schematic | Production profile | Cost summary onshore | Decomm cost summary onshore | Investment pr ...

图1 Questor软件投资估算细项界面

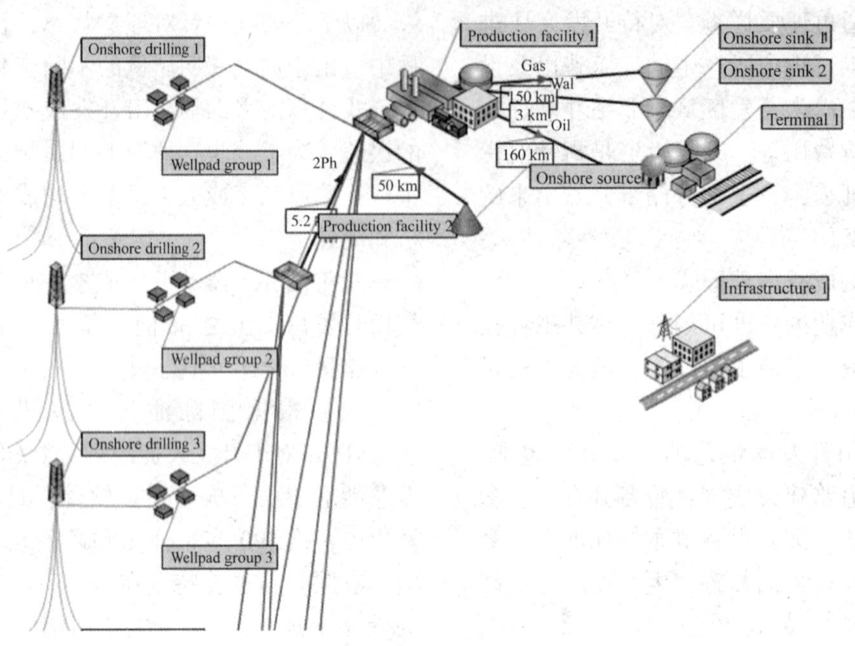

图 2 QUESTOR 软件地面工程规划界面

2.2 油气田开发成本影响因素筛选

根据油气田开发成本的计算公式可知，影响油气田开发成本的因素有 2 个，即“油气田开发总支出”和“新增油气探明储量”。然而，从宏观意义来看，油气田开发所发生的的相关费用和地下油气储量、油价、地面油气田周围作业环境、人员技术水平、企业管理水平、大总材料价格、钻机市场、油气资源国地缘政治等因素密不可分。通过对历年油气田收并购项目分析，可知油气田开发投资通常受到以下主要因素的影响。

（1）油价

国内外大型油气项目的获取、投资和运营是石油企业增长自身收益的主要方式，收并购油气项目的可行性与经济性则是国际石油公司关注的重点。因此，国际油价的涨跌幅对于油气田开发收益有最直接的关系。在进行油气田开发评估时，要对油价进行短期和长期的预测，从技术经济可行性而言，通过控制油价的高低，项目收益也会大幅度变化。因为当油价取值较高，原来经济性较差的一部分储量也能够得到动用，油气田开发产量也将有所提升，稳产期延长，油气田地面工程设施和配套工程的建设工程量也会随之增加，开发阶段就可以规划更多的开发投资和产能规模，新增部分的储量收益随之大幅提升，同时导致油气田开发成本有效降低；反而言之，当国际油价低迷，则会导致很多边际油气田效益降低，油气的开采成本无法和销售收入相抵，油气作业公司即会减少投资和规模的规划，油气田开发成本上涨。

（2）地层条件

油气田的开发依赖于地下资源的基本情况。国际油公司在对油气田进行快速评价时，将地下资源的基本参数作为重点考察和研究对象。已国内油气田为例，国内很多区块的地层条件较差，甚至很多低孔、低渗油气田，开采难度较大。我国低空、低渗油田储量约占国内探明储量的三分之一。由于储层物性较差、地质条件不佳，导致中国油公司在国内油气田的勘探开发中加大了难度。因此，在开采国内油田时，要对地层条件进行改造，例如酸化、压裂、调剖堵水等，有些甚至需要上二次压裂等增产措施。在开发中期需要上一些措施，如热采、化学驱油等，以期提高油田采收率。这些措施都在不同程度上增加了油气田开发的成本。

（3）技术水平

油气田开发作业对于技术水平和创新具有一定的敏感性。因此，石油公司对于技术革新十分重视，鼓励将先进的技术运用于油气田开发作业之中。这是由于技术的革新能够发现更多的高品质油气资源，能够将更多难以动用的储量开采出来，增加开发可采储量，提高采收率；优化的工艺能够将采出油气处理更加完全，或可降低开发和油气处理的成本。

（4）大宗材料价格

油气田开发过程中需要购置各种材料，如钻井液、压裂液、化学药剂、支撑剂、钻头、燃料、设备、车辆或船只，劳动力等等，这些成本的上涨，通常会对油气田开发投资造成重要的影响，从而导致油气田开发投资上升。例如，莫桑比克地区地处非洲东部，含油气区大多分布于荒漠地带，由于运输不便，距离原材料较远等种种原因导致此处大总材料价格较高，油气田开发投资中，地面设施购置投资居高不下。

（5）管理水平

美国等西方石油公司在油气田的管理具有一定先进性，主要体现在油气田开发成本的管理控制方面。先进的管理模式提高油田开发过程中人力和物力的使用效率，减少浪费，合理优化和降低各项投资，以更少的投资在相同的合同期内获取到更多利益，促进石油公司优质高效发展。例如，美国非常规资源在2015年之前很多被认为不具有经济效益，然而在2015年，美国非常规钻井有了突破式变化，主要是集中于钻井管理方面，将陆地撬装钻机的安装和迁移效率大大提高，在20km以内的钻井动迁，从提出钻头到开始下一个定点开钻总共仅用1.6天时间，降低了油气田开发成本，提高了效率。正是因此，从2015年管理革新以后，许多美国非常规油气资源自此被认为是“经济可行”的。

（6）政治环境

上述所有的因素几乎都来源于油气田开发技术或油公司的运营水平，作用的主要方式是通过降低油气田开发成本，提高油气田经济效益。如果将其归结为影响开发投资的内因，外因则主要包括了来自地面的财税条款、地缘政治等因素。政府的运作情况，地区地缘政治的稳定程度，财税条款的优惠性等等，这些因素的变化都会对油气田开发成本造成巨大的影响。根据中国油公司海外作业经历，资源国政府对于油气公司或油气区块的政策对油气田开发投资影响深远。例如，资源国政策对于油气田开发如果有一定支持或优惠，这将会大大降低在当地作业的油公司的作业难度，增加油公司的效益。在部分国家或地区，社区居民与政府关系较为紧张，社区居民与油公司的社会关系也同等重要。

第3章　基于单因素的成本预测方法研究

根据油气田开发工程规划投资研究思路，在找到油气田开发投资的主要影响因素之后，应当通过建立成本预测模型，通过已有的数据分析和估计模型中各项参数，以期达到关联影响因素和成本构成、预测油气田开发成本的成效。

目前已有的预测方法多集中于经济预测，按照不同方式可以对经济预测方法进行系统分类。油气田开发项目具有其独特性，因此了解经济预测方法分类对于油气田开发投资预测方法的研究设计至关重要。

按照时间长短划分，通常分为以下几类：

（1）长期经济预测：主要针对5年以上的发展情况进行预测，作为制定国民经济长期规划和战略目标的重要依据，油气田开发通常要延续数十年，因此对成本及投资各项指标的预测应当满足长期经济预测方法，能够对合同期或油田开发生命周期内的投资指标变化趋势进行模拟预测；

（2）中期经济预测：主要针对2-5年以上的发展情况进行预测，作为制定经济发展5年计划、规定5年发展任务的重要依据。对于油气田全生命周期的勘探开发，通常超过40%的开发建设投资都要在油田开发期前5年支出，尤其地面工程建设相关投资费用，这是因为进行油田开发作业时，要尽快油田进行规模开发，尽快收回投资，以期良好的经济效益。因此，对5年以内投资指标的预测相对油气田开发投资预测也具有独特意义。

（3）短期经济预测及近期经济预测：主要是指对1-2年经济发展情况进行预测，用于指定年度计划。该种预测与本研究所述油气田开发投资期限不符，因此不需考虑。

按照预测的属性和方法分，通常分为以下几类：

3.1　定性预测方法

定性经济预测是相对于定量预测法更加直观的预测方法，在投行中通常采用尽职调查的方式开展，对公司或企业的运作情况和财务运行状况进行调查，以经验、逻辑推理为基础。定型经济预测的目的并不是准确预测经济发展的具体参数或指标，而是对未来的发展趋势或方向进行判断。如德尔菲法会议调查法、市场调查法、对比分析法等等。例如，在开展油气公司并购项目的评价时，出了对油气公司所属资产开展系统的定量评价之外，需要对油气公司的运营现状、负债情况、社会关系情况等进行调查、综述，从而判断公司并购的风险是否能够在接受范围之内。油气公司和资源国政府一般不会轻易披露这些信息，需要借鉴以往项目或具有丰富经验的专家对公司或项目的历史数据进行分析得出。

3.2 定量预测方法

定量预测方法是对油气田开发投资的数量、指数及指标进行预测。以一定的历史数据为研究基础，结合统计学、数学、运筹学、计算机科学等多学科交互结合，利用建立数学模型、分析图表和计算机处理和计算得到的预测。现有的经济预测方法如回归分析预测法、投入产出预测法、模糊预测法、灰色预测法、马尔科夫预测法等。

定量预测法进行预测可以避免预测带来的主观性和盲目性。本章节的定量测试使用传统的数学统计学方法进行统计预测，即通过大量已有的成本数据和投资历史来记录和推导未来油气田开发成本趋势的方法。这种方法具有一定的数学基础，符合本研究对于油气田开发投资预测建立数学模型的要求，预测方法可理解性及预测的准确性十分重要。预测的结果越符合实际，则可说明所选取的定量预测的模型越优。以下以回归模型法和时间序列预测法为例。

（1）回归预测法

回归预测方法建立于自变量和因变量的基础上回归方程。回归预测法通过研究油气田开发成本影响因素对于开发成本的影响，并尝试通过成熟的数学方法或方程来描述成本影响因素和成本之间的关系，建立成本预测模型。

（2）时间序列预测法

通过历史数据和借鉴中石油海外油气作业区经验，油价和油气田开发成本之间的关联关系并非是简单的线性相关，油价和油气田开发成本之间的关系非常复杂，油价本身也是由多因素耦合影响的，因此可以尝试采用时间序列预测方法进行预测。以单因素预测方法为例进行探究，油价和投资在根源上实际并无关系，油价通常是由国际政治局势、世界经济格局等宏观经济“外因”控制的，投资通常是由油气田技术参数、资源国物价市场等“内因”控制的，若要将时间作为自变量的坐标横轴，则是以时间序列、通过时间的变化找寻油价和成本的变化趋势的相关性为研究对象，找寻其中的规律，据此建立对应的时间序列和油价、成本之间的数学模型，再利用统计学的预测方法进行预测。在进行建模或预测的时候，为了避免数据生产机制差异性不足的情况，在特定的时候，时间序列的预测方法与回归分析法可适当结合。在运用时间序列预测之前，要先对成本数据开展分析，选用相应合适的预测方法，主要包括时间序列平均预测法、趋势外推预测法、指数平滑预测法、自回归滑动平均预测法、灰色模型预测法、向量自回归预测法等等。

①时间序列平均预测法：首先对油气田开发投资历史数据进行整合、处理，通过预处理得到历史投资数据的算数平均数，直接将处理之后的数据用作未来油气田开发成本预测的数值。这种方法最为直观、简洁，能够从统计学的角度直接得到结果，但结果没有考虑适用性和排异性。

②移动平均预测法：与时间序列预测法相似，首先对油气田开发投资历史数据进行整合、处理，通过预处理得到的历史投资数据进行移动平均，这种方式可以消除历史投资数据中油价趋势没有影响的因素所造成的误差，然后用这些数据对油气田未来的开发成本进行预测。

③指数平滑预测法：与移动平均预测法相近，这种方法是加权移动平均法改进得出，相对于移动平均法，该方法不仅能够对油气田开发成本进行笼统预处理，在预测过程中增加了加权，将开发投资历史数据的权数纳入考虑范围，结果相对于移动平均预测发更加贴合实际。

④趋势外推预测法：趋势外推预测法是在一定的假设基础上进行，即假设油气田开发成本的变化规律不变，然后找出历史成本数据在某一段特定阶段的变化趋势特征，得出开发成本随时间推移的变化规律，据此预测未来相同时间阶段的成本或成本指标变化数值。这种方法预测得出的成本有效参考了历史投资数据，趋势外推预测的结果很大可能呈现线性变化规律，也可能是非线性。

⑤季节趋势预测法：该方法是以一年内固定的时间间距为预测周期，如月度、季度或者周，按预测周期编制时间序列，对历史投资数据统计其呈现有规律变动时的形态趋势，对未来开发投资或成本指标进行预测。

⑥灰色模型预测法：灰色系统是将整个油气田开发系统作为一个整体，系统内部的技术指标相互没有直接的关联，但是实际这些数据之间相互影响，指标之间也包涵一些特殊的关联性。系统是若干不同质的相互制约的子系统构成，而子系统之间的关联性就是灰色系统的研究主要对象。通过研究这些系统之间的关联性和系统内部的变化规律，对未来的目标函数进行预测。以油

气田开发为例，油气田内部的技术参数如储量规模、油气产物的物性、离岸距离(即油田到销售点的距离）、含酸程度等，此外包括油气田外部的技术参数有油价、物料价格、钢材价格、运输价格等，这些数据看似独立，实际是相互影响和制约的。因此如要将灰色模型预测发运用到油气田开发投资的预测之中，需要指标参数之间的关联度进行逐一分析，建立灰色模型，再进行预测。

⑦模糊分析预测法：模糊数学是研究处理具有模糊性现象的数学理论方法。这种方法在农业、经济、社会预测及资产评估中使用广泛，多目标局势预测可以在时间、对策、效果三者统一的前提下，得出油气田开发投资的高低。但是这种方法主要运用于油气田开发新项目的决策和优选。

3.3 预测方法对比分析

在进行预测方法对比分析之前，首先要根据油气田开发生产实际情况对预测的模式进行分析。根据现有的定性、定量预测方法，结合油气田开发投资估算的实际情况来总结，开发投资预测的模式大致有三种层次，不同层次对应的预测目标和精度不同，即定性投资预测模式、趋势预测模式、定量预测模式。

（1）定性投资预测模式：

定性投资预测模式的主要目的在于为油气田开发项目的收并购或重大投资决策提供决策依据。在对油气田开发方案的研究与编制过程中，需要对开发方案的进行技术经济性进行评价，以对油气田开发指标的取值合理性开展论证。油气田开发投资估算在技术经济评价中设计钻井、采油、地面工程的概念规划和投资估算。因此，需要结合资源国政治环境、油价现状和趋势、资源国设备和劳动力市场等因素对未来在资源国进行油气勘探开发的投资趋势进行大体判断。例如，2015年，因油价断崖式下跌、全球石油产品需求下降以及全球经济增速放缓，依靠石油产业发展经济的俄罗斯货币大幅度贬值，短短数年的时间，俄罗斯卢布汇率大幅下跌超过3倍，这一现象相对影响到俄罗斯的劳动力和当地供给大宗商品的价格指数下降，导致油气田开发成本下降，投资指标降低，在投资方面体现例如钻完井投资下降了约1/3。基于货币与石油价格对冲的历史行为，俄罗斯央行在宏观经济预测中，将油价2020年跌至每桶25美元作为一种可能性，并据此提前调整税率，以帮助俄罗斯承受更低油价的冲击。因此，通过定性投资预测，结合资源国的财政特征，对开发投资进行超前判断，对经济条款以及商务谈判提供帮助，为决策提供参考依据。

（2）趋势投资预测模式：

趋势投资预测模式的主要目的是为油气田开发项目在合同期初始阶段的效益进行评估，尽可能、尽快地收回投资、扩大油公司在资源国的收益。在海外油气项目或油气公司收并购过程中，需要对其资产进行技术经济可行性论证，最终进行价值评估。投资指标及投资指标各项影响因素在未来3-5年内的走势对油气田开发投资估算和项目的经济价值影响很大。这通常受到国际经济发展趋势、地缘政治因素等影响。在进行趋势投资预测时，不需要对项目未来10-20年进行长期考虑，但需要对项目近3-5年的发展有一个整体判断。国际石油公司在趋势预测方面经验丰富，对油价、资源国政治环境、风险能够进行未来3-5年的发展趋势整体预测，来评估资源国或资产是否适宜进入。

（3）定量投资预测模式：

定量投资预测模式的主要目的在于，根据历史投资数据，充分考虑资源国及全球油气田开发投资指标的也影响，对油气田开发投资的变化进行定量预测。需要说明的是，油气田开发投资的影响因素本身也是受到多种因素影响，而油气田开发是一项长达数十年、甚至数百年的任务，开发方案也会根据经济效益不断调整。因此，不存在一种绝对准确的油气田开发投资指标预测结果，也无法保证多年以后与起初预测值完全吻合。然而，根据历史数据总结，任何事物并不是无规律可循的，油气田开发也一样，因此，应当通过对历史数据和在产项目的合理分析，在计算科学的指导下，结合已有的数学分析方法，探究和得到考虑各项开发投资影响因素下的投资或投资指标预测，并应用与生产实际。

针对油气田开发所发生的的投资来说，要想做到定量分析就需要以定性分析作为前提，即对开发投资的趋势进行判断，而后再进行定量分析。可以说，世上没有任何一种方法能够“准确”对油气田开发投资或者经济进行定量预测，但通过定性与定量结合，对大量数据采用不同的方式分析，能够得到在当下经济形势相对令人信服的数据。因此，要进行定量预测，不论使用灰色模型还是神经网络方法，在开始建立数学模型之前，都要对油气田开发投资的历史特征和技术指标进行定性分析，例如，是否受到国际政治环境影响，是否受到时间影响等。这些都会成为预测变量的一部分，且都属于定性预测的范畴。然而，仅仅对这些变量进行定性分析还不足以准确、深刻地反应经济参数和指标的水平。所以，任何定性分析都优先于定量分析，而定量分析的结果历经时间的检验后，经过修正后反作用于定性分析。如此往复，用实践来检验真理，再用真理再一次指导实践，才能使我们的认识不断深化，达到“预测”的最终目的。

本章节研究的方法和原则有两个，第一，尽量使用定性和定量分析方法相结合，借鉴使用数学方法和统计学方法；第二，在定性分析的指导下开展油气田开发投资定量分析。

4　单因素成本预测模型建立

随着科技的进步和计算机科学的普及，现如今很多计算机统计学方法被相继提出，数据的处理等问题也借助计算机技术完成。在求解问题的过程中，首先找出制约和影响待解问题的各项关键因素，分析因素之间存在的内在联系，建立合理的数学模型。最后将模型通过计算机语言编辑至计算机上，运行计算，并求取计算结果。再根据计算结果反过来检验数学模型的适应性和可行性。

本研究基于多项回归法、灰色预测方法、蒙特卡洛方法，通过“PIEP”系统软件实现了系统管理、数据编辑、数据计算、投资指标导出、项目数据输出和成本预测等功能的实现。多项回归法、灰色预测方法和蒙特卡洛方法是成熟的数学分析方法，具体预测机理和理论不做赘述，基于上述方法实现了单因素成本预测功能，即以原油价格(Brent)为基准进行未来3-5年的油气田开发投资指标预测。

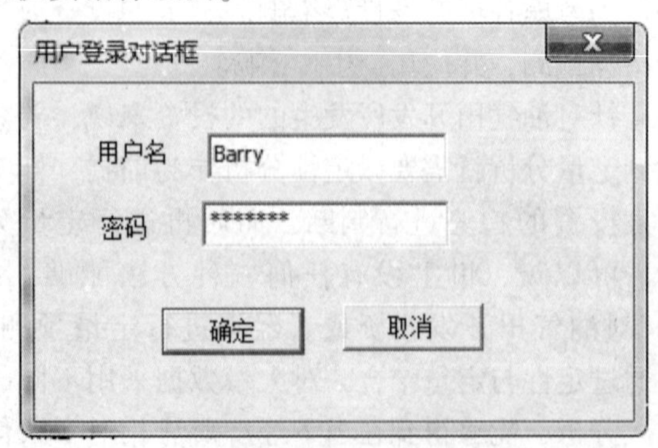

图3　PIEP用户登录界面

上图3为所制作软件PIEP的登陆对话框，由于所使用部分数据涉密，对该对话框进行了密码登陆界面设置(图4)。

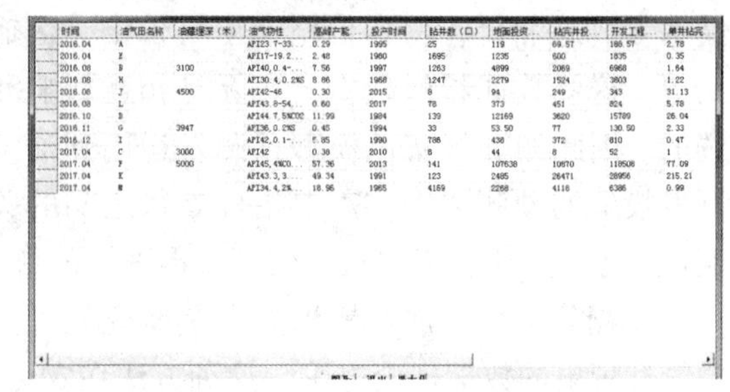

图4　PIEPX国投资指标界面图

在数据管理模块输入的12个成本指标和油价在成本预测部分导出。用户可通过选择不同的预测方法，进行各个成本指数的预测，线性回归预测结果界面图如下面图5-图7所示。通过该方法和工具软件实现了国际油价单因素预测功能，对开发投资指标的预测误差在近三年以内可以达到25%之内。

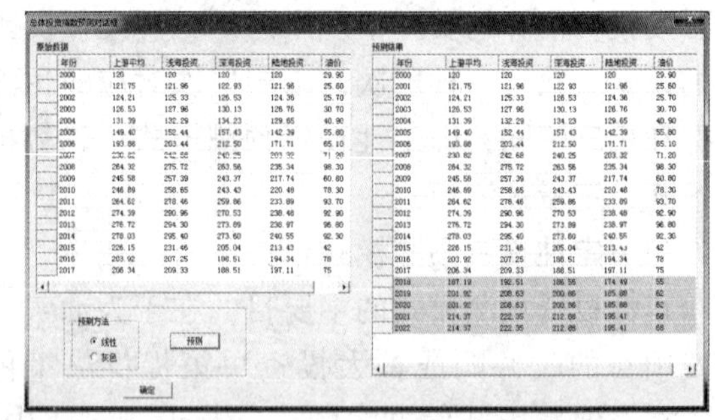

图5　多项式回归预测界面图

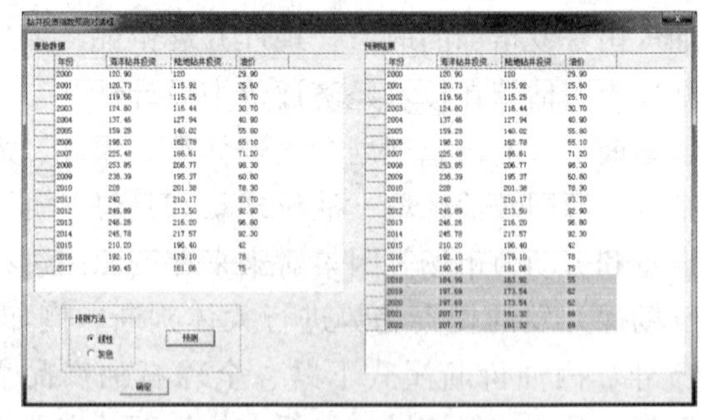

图6　多项式回归预测界面图

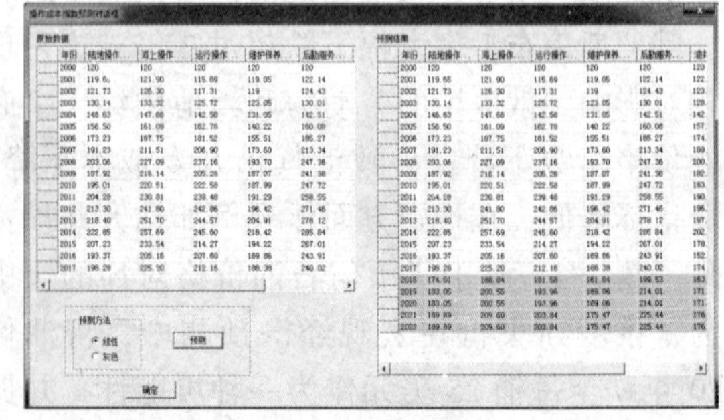

图7　多项式回归预测界面图

灰色系统预测的结果界面如图8-图10所示。

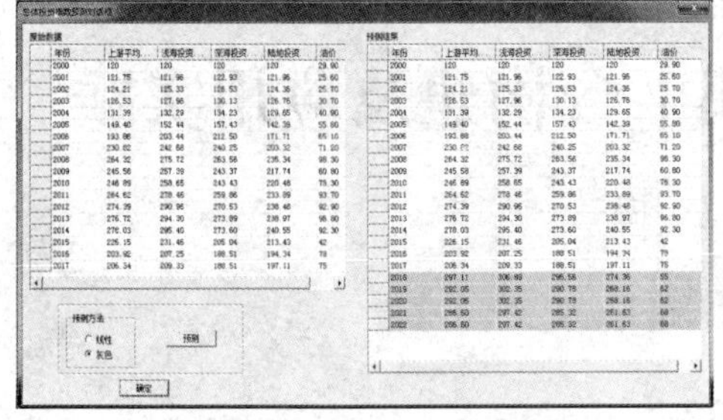

图8 灰色系统预测界面图

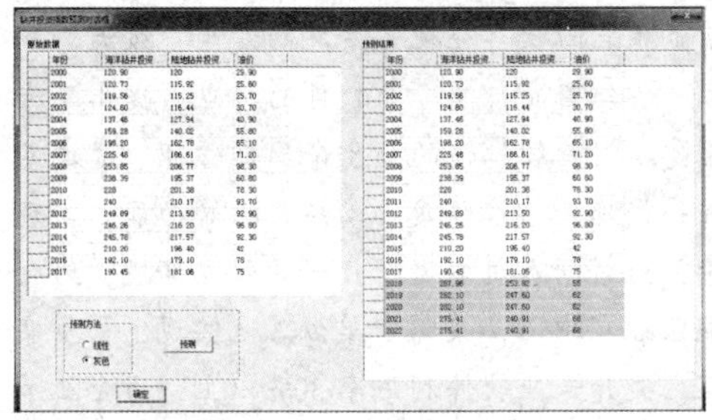

图9 灰色系统预测界面图

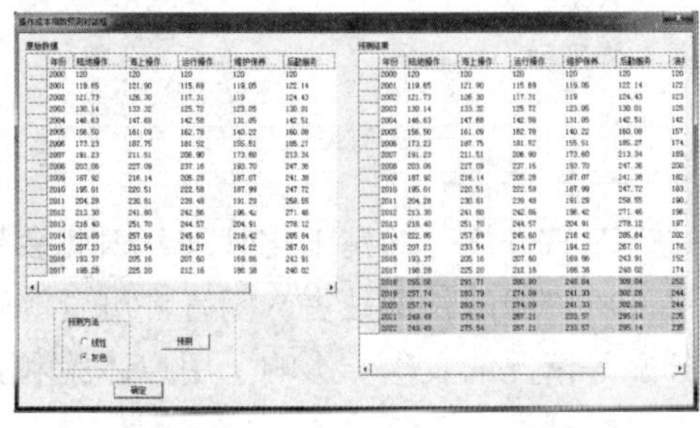

图10 灰色系统预测界面图

5 结论及建议

（1）本文针对数学分析方法，结合油气田开发投资估算的实际要求和估算经验，对油气田开发投资的预测方法提出了以定性、趋势和定量三种预测模式。

（2）本文通过对油气田开发投资的剖析和数据管理系统的需求分析，完成了总体性功能模块的设计与划分。建设了相应的数据库，运用数学预测方法建立符合成本指标变化规律的相应数学模型。

（3）通过编辑软件实现了基于多项式回归、灰色系统方法的油气田开发投资预测，并输出预测结果。

（4）应当加大油气勘探开发技术创新投入，在投资预测中，当开发技术的革新有较小改动时，油气田开发投资会有较大幅度的下降

（5）侧重加大低产低效油气田的开发，获取全球天然气和深海资源，例如卡塔尔天然气液化项目、巴西深海项目等，重视对风险的评估与识别，充分利用和发挥风险的“双刃剑”作用。

参 考 文 献

[1] Philip Andrews. Speed China’s Oil Import Strategies. Centre for Energy, Petroleum and Mineral Law and Policy, University of Dundee. 2004.

[2] 孙倩．中国石油企业海外勘探开发投资项目风险的研究[D]．哈尔滨工业大学，2008.

[3] 张瑞智．基于Web的石油基础数据管理系统研究[D]．西安石油大学，2016.

[4] 万智民，付伟．建立油气勘探开发数据标准体系的探讨[J]．当代石油石化，2011，19(9)：22-24.

[5] 卜繁志．研究企业信息集成实现企业信息资源共享[J]．油气田地面工程，2004，23(2)：46-47.

[6] 田江．浅析能源经济与信息技术的研究及发展[C]．信息系统协会中国分会2006年学术研讨会．2006.

[7] 任翔．定制化生产的作业成本及管理模式研究[D]．河北工业大学，2006.

[8] 吴江，刘先涛．灰色方法在原油单位生产成本预测中的应用[J]．西南石油大学学报（自然科学版），2001，23(4)：71-73.

[9] 李丰，张晓辉，曲德斌，等．基于主成分回归模型的水驱油田操作成本预测[J]．石油天然气学报，2012，34(9)：136-139.

[10] 邱成．大庆油田井下作业分公司数字井下发展策略研究[D]．哈尔滨工业大学，2006.

[11] 陶穆．浅谈电脑软件安全问题与防御对策[J]．计算机光盘软件与应用，2014(5)：295-295.

[12] 王敏．基于Web的体育院校科研工作量化系统的设计与实现[D]．东北大学，2007.

[13] 苑雅文．石油和天然气行业会计问题研究[D]．天津财经学院，2000.

[14] 孙翠娟．海外石油勘探开发项目成本管理控制系统研究[D]．中国石油大学，2007.

[15] 赵慧萍．孤岛采油厂油气开采成本管理研究[D]．大连理工大学，2002.

[16] 王永兰．油气勘探项目投资组合优化研究[D]．西南石油学院，2005.

[17] 陈锦烽．实务咨询2320-4：“持续性确认”简介[J]．中国内部审计，2014(3)：51-52.

[18] Lorents Lorentsen，Kjell Roland，Asbjorn Aaheim. Cost Structure and Profitability of North-Sea Oil and Gas Fields[J]. International Studies in Economics and Econometrics. 1985(11)：143-176.

[19] 张广明．水平井水力压裂数值模拟研究[D]．中国科学技术大学，2010.

[20] 罗建华，谭海彦，刘建英．工程施工成本预测与控制方法研究[J]．人民长江，2006，37(11)：36-37.

石油专业软件许可智能化管理平台构建及应用实践

宋梦馨　申　鹏　冯　梅

（中国石油勘探开发研究院）

摘　要　近年来，随着云计算技术的不断成熟，石油企业开始通过云平台的建设实现专业软件云化的共享使用，相比传统单机部署的模式，提升了专业软件的使用效率。但由于现有专业软件云化平台缺少对软件许可的精细化管理，导致许可资源被长期独占，闲置许可资源未回收再分配等情况的发生，极大影响了科研人员日常工作的开展。本文利用云计算与人工智能技术，结合石油行业专业软件的特点，提出了专业软件许可智能化管理平台构建方案，实现了对专业软件许可精细化、智能化的全生命周期管理。通过基于人工神经网络的算法，实现了专业软件许可的集中管理、统一发布、智能调度、动态回收等功能，实现了软件资源共享、资源授权使用，提升了专业软件的利用效率，为科研人员创造了良好的研究环境，为企业专业软件的购置提供了参考依据。本文提出的平台构建方案已经在中石油某科研单位落地实现，初步实现了 Landmark、双狐等十余款主流专业软件的许可智能化管理，提升专业软件利用率 30%以上，为企业节约软件购置成本 10%以上，并取得了良好的应用效果。为石油企业信息化质量的提升和数字化转型提供了平台支撑。

关键词　云计算　人工智能　人工神经网络　许可调度管理　许可动态回收

1　引言

石油行业科研工作的开展极度依赖专业软件，以地质工程一体化研究为例，涉及测井、地震资料解释、储层预测、地质建模、工程生产应用和现场工程等六大场景，每个专业研究都需要基于多种专业软件开展研究工作，如 Landmark，Jason，Petrel，Eclipse 等。传统专业软件单机部署模式已很难满足科研工作的需求。随着云计算技术的不断成熟落地，越来越多的国内外石油企业开始整合专业软件资源，建立企业级云平台实现石油专业软件的云化共享，支撑了油田的业务研究和生产，解决了单机部署模式存在的资源利用率低、成果数据分散、管理成本高等问题。如哈里伯顿公司基于“一个共享的地学模型、一个企业级平台、一个集成的云”，实现油田全生命周期多领域解决方案[1]。斯伦贝谢地质工程一体化研究平台，通过云计算技术将计算资源进行云化部署，利用云计算技术支持勘探开发业务的地震处理、数据集中管理、多相瞬态流模拟、大型复杂油藏精细数值模拟等业务，实现地质工程一体化协同研究[2]。国内石油企业也逐步开始了企业专业软件云化的探索和尝试[3]。但现有软件云平台功能仅限于专业软件资源的云化共享，缺乏对软件许可的精细化管理，因此会导致用户对许可资源的长期独占，闲置许可资源未回收再分配等情况的发生。影响了用户体验和正常科研工作的开展。

针对现有软件云平台存在的问题，结合石油专业软件的特点，本文提出了专业软件许可智能化管理平台的构建方案，实现了对专业软件许可的集中管理、统一发布、智能化调度、动态回收、使用情况分析等功能。实现了软件资源共享、资源授权使用，提升了专业软件的利用效率，为科研人员创造了良好的研究环境，为企业专业软件的购置提供了参考依据。

2　许可智能化管理平台架构

2.1　平台功能架构

石油专业软件许可智能化管理平台共分为四个层次，分别是基础资源层：实现对计算、网络和存储资源的云化整合；专业软件层：实现对专业软件的云化部署及共享使用；许可管理层：实现智能化的许可资源管理、动态释放、许可调度和使用分析等功能；平台门户层：包括管理员门户和用户门户两部分组成，为许可管理策略的配置、用户获取应用许可信息提供可视化展示。平台架构如图 1 所示。

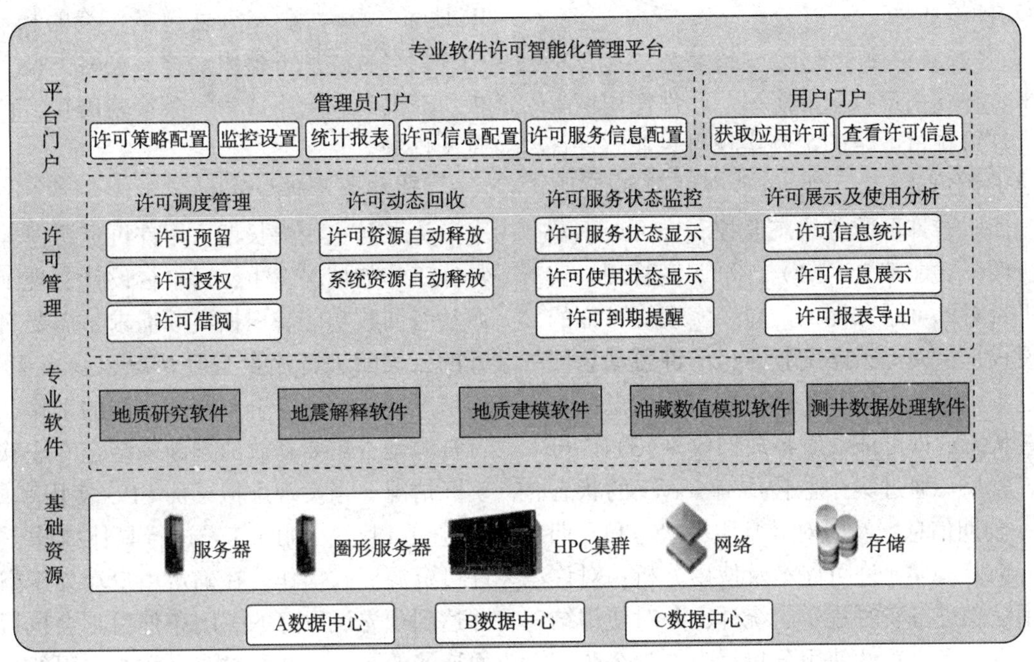

图1　石油专业软件许可智能化管理平台功能架构

2.2　许可信息关系架构

根据许可文件和配置文件的对应关系，将使用许可模块的系统用户与平台用户进行有效映射，实现用户仅通过平台，即可实现对许可文件的策略设置操作和许可资源的动态回收。通过对许可使用信息的分析，对许可配置文件的信息统计，可以实现对许可使用信息的统计以及分析。

软件许可管理，需要考虑到软件名称、版本、许可模式、许可服务器信息，在这些信息中，同时包含了许可程序、配置文件、许可文件等信息，这些信息中所包含的子因素，彼此之间一定要保持一致，因此平台会提供一致性的验证功能，以保证许可服务的正常运行。许可信息关联关系如图2所示。

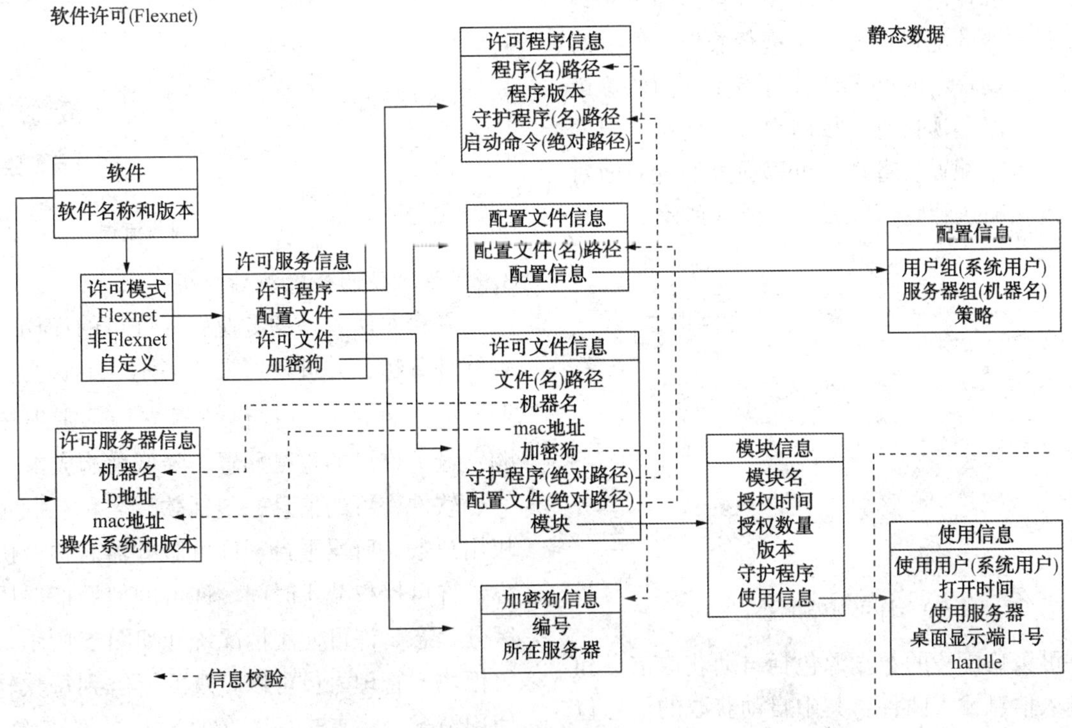

图2　许可信息关联关系图

3 主要功能模块

3.1 智能化许可调度管理

云平台根据用户权限的定义、软件使用情况的分析、许可预留策略的定制实现对专业软件许可智能化的调度管理。主要包括许可调度管理、许可动态回收、许可服务状态监控和许可展示及使用分析四个功能部分。(1) 许可调度管理：实现通过平台对许可服务器的配置，实现许可证的预留、授权、借阅等策略配置。(2) 许可动态回收：通过集中监控可以判断用户的工作状态，将处于闲置状态的许可证及时释放回收。(3) 许可服务状态监控：通过集中监控所有 server 的状态和 license 到期信息，及时对异常服务状态和到期许可进行预警。(4) 许可展示及使用分析：对许可的使用信息进行实时展示、统计，并对使用结果进行分析，形成软件使用分析报表，为企业决策进行文字记录。

云平台可以对用户使用专业软件的优先级进行定义，如专家使用软件的优先级高于新入职员工，以保障高级别用户对软件使用的优先权。由于用户使用习惯的不同，平台会根据专业软件使用情况，采用基于人工神经网络的预测算法，对平台中较抢手的软件进行空闲时段的优先推荐。通过许可预留策略可以保障高级别用户对热门软件的使用权限。

平台能够让用户通过模块化设置，即可实现对许可服务器的配置文件直接进行操作，能够对指定用户、用户组的许可证进行借阅、预留等策略配置，可以实现只有授权用户方可使用特定的许可证的策略配置。管理员可以通过配置界面对许可调度策略进行管理配置，如图 3 所示。

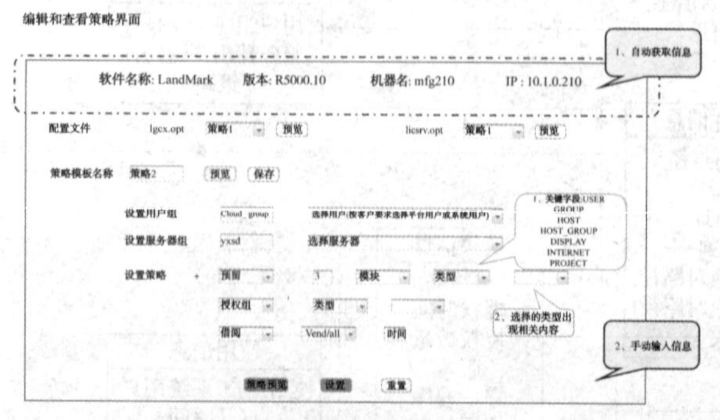

图 3　许可策略配置

许可策略配置的数据源包括自动获取信息和手动输入信息输入两种：其中自动获取的信息包括：软件名称、软件版本、软件服务器主机名、IP 地址；手动输入信息包括：策略模板名称、用户组名称、服务器组名称、策略类型。策略模板所有的选项会组成为一条策略语句，存储到配置文件中。

3.2 许可资源动态回收

为了防止用户长期占用许可资源但并未进行具体工作的情况发生，云平台设计实现了许可资源动态回收功能。根据实际需求，需要对用户打开的云桌面进行流量交互情况以及桌面 CPU 使用情况的监控，综合判断用户端的工作状态，进行资源是否需要释放的判断。结合专业软件使用实际情况，当发现虚拟桌面 CPU 使用率低于 5% 超过 3h 以上，判断其未进行具体操作，将触发许可资源回收操作。在确定用户端处于空闲状态并达到预先设置好的关闭条件后，会执行关闭桌面连接的脚本，并释放该桌面所占用的系统资源和软件许可资源。平台对许可资源动态回收的流程如图 4 所示。

同时，为了防止误回收情况的发生，保障重要用户使用许可资源不被抢夺，平台提供不进行资源回收的配置。最大程度保护了重要研究工作的开展。

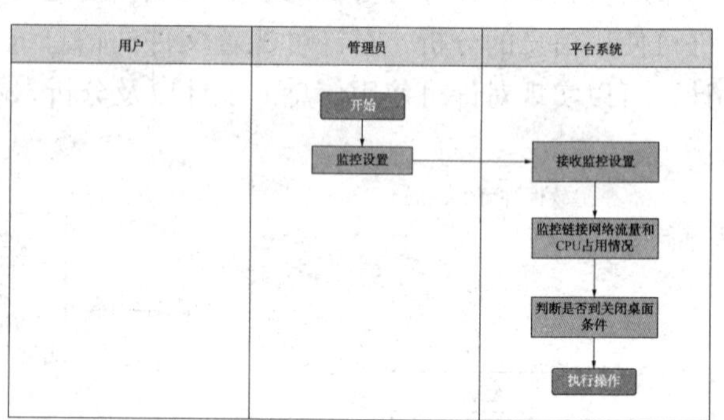

图 4　许可动态回收流程

3.2 许可使用情况统计分析

平台对所管理的专业软件许可的使用情况进行统计分析，并进行可视化展示。能够为石油企业专业软件的购置提供数据支持，实现按需采购，避免许可的重复购置，降低采购成本。

软件许可的信息，包括软件名称、版本、授权用户数、所属平台、许可服务器名称、机器名称、许可授权截止时间，许可的使用情况用颜色区分状态。许可使用情况统计如图 5 所示。通过该模块，管理人员可以直观的了解到每款软件的使用情况。当点击每款软件对应的“查看详情”按钮时，可以进一步查看到该软件具体使用的用户，显示内容包括：模块的使用状态、使用模块的对应平台用户真实姓名、所属单位、打开模块的时间、对应的 handle 号、进行的操作、打开桌面的端口号等信息，如图 6 所示，该功能可以作为对员工业绩考核的依据。

软件许可

许可使用情况界面

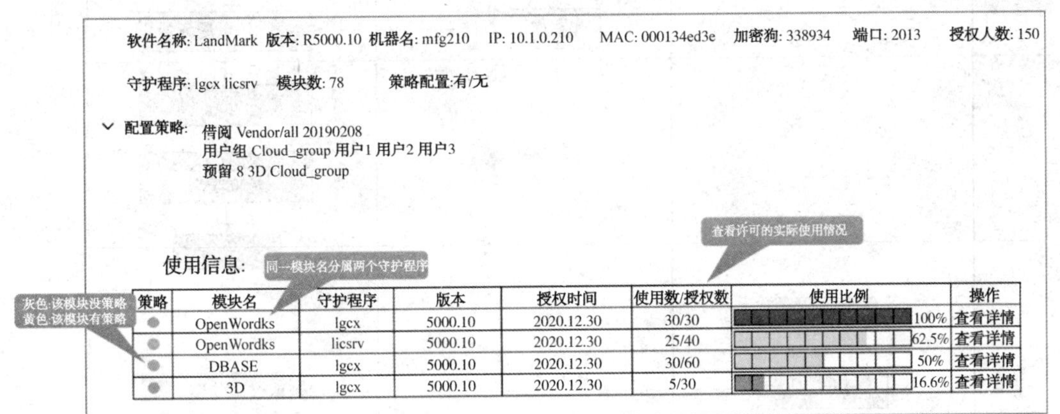

图 5　软件许可使用情况统计

软件许可

模块使用情况界面

图 6　软件使用用户信息

许可信息统计分析流程主要包括三个步骤，如图 7 所示：(1) 管理员配置许可信息，包括策略配置信息；(2) 平台通过许可服务器，以及许可配置文件目录，找到许可文件，读取许可文件信息以及策略配置；(3) 用户打开软件应用，平台获取许可使用状态，刷新许可状态。

4　许可智能化管理平台应用实践

本文提出的石油专业软件智能化管理平台构建方案已在中石油某科研单位部署实施，一期实施范围承载了 100 名用户对 Landmark、Petrel、双狐等 16 款专业软件云化应用的需求。平台部署物理架构如图 8 所示。

平台资源层实现了对计算、存储、网络资源的池化整合，在此之上实现了 16 款专业软件的云化部署，对于在 Linux 系统下运行的软件采用 DCV[4]实现远程三维可视化，对于 Windows 系统下运行的软件采用 VMware Horizon[5]实现远程三维可视化。通过对专业软件许可的智能化管理，实现了许可资源的智能化分配、许可动态回收、许可使用信息统计等功能。该平台的构建实现地震解释、建模、数模等业务阶段的软件 2D/3D 远程可视化研究，通过对软件许可智能化的管理调度，提升了该单位专业软件应用效率 30% 以上，并且通过对许可使用信息的使用分析，降低了许可采购成本 10% 以上。平台已平稳运行 2 年，为各领域专家异地、协同研究提供软件支撑平台，受到了用户的普遍好评。

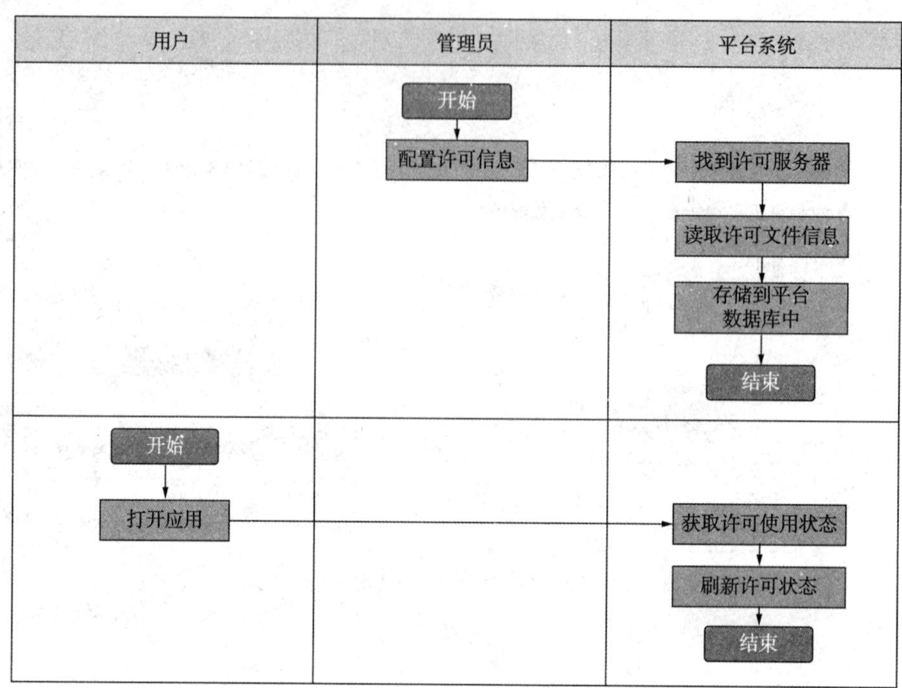

图 7　许可信息统计分析流程

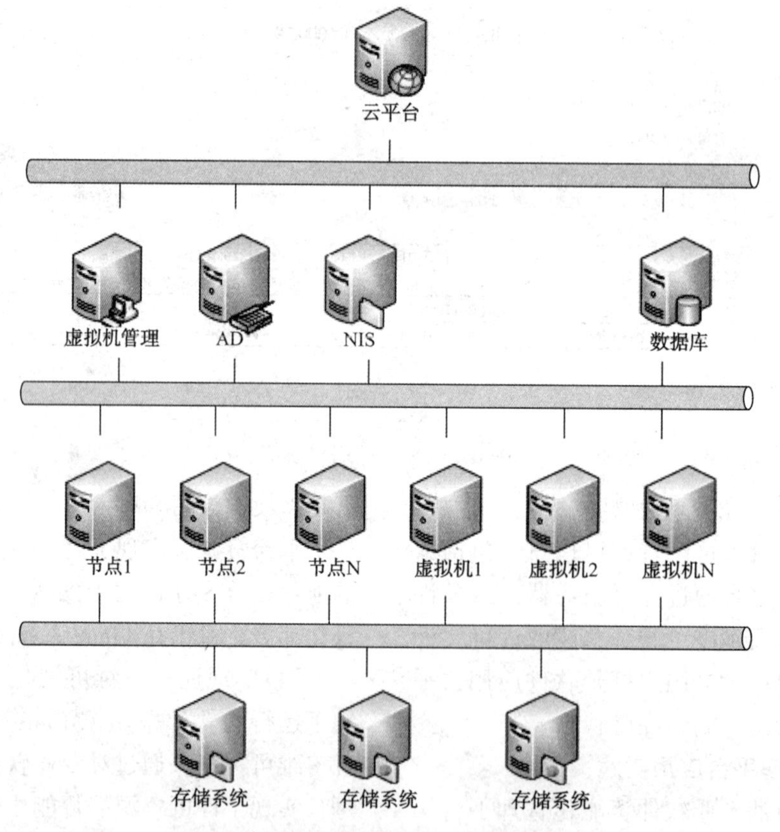

图 8　许可智能化管理平台部署物理架构

5 结论

针对现有专业软件云化平台缺少对软件许可精细化管理，无法保证用户高效使用软件的问题，本文提出了石油专业软件许可智能化管理平台的构建方案，采用基于人工神经网络的算法，实现了对软件许可集中管理、统一发布、智能化使用推荐、许可资源的动态回收、许可使用情况统计分析等功能。通过在中石油某研究单位的落地实施，充分验证了所提出方案的可行性，所部署的平台现运行稳定，提升了专业软件应用效率30%以上，并且结合对许可使用情况的分析，为企业购置专业软件许可提供了数据支持，降低软件采购成本10%以上。应用实践表明，专业软件许可智能化管理平台的建立能够帮助石油企业实现对专业软件的统一管理，并极大提升软件使用效率，为科研人员提供共享的协同工作环境，为企业的数字化转型提供参考依据。

参考文献

[1] https：//www. landmark. solutions/DecisionSpace-365
[2] https：//www. software. slb. com/products/petrel
[3] 单延明，吴钧，张双艳等．勘探开发专业软件云部署与应用．信息系统工程，2016(1)
[4] DCV Installation and User Guide [R]. NICE s. r. l, 2013.
[5] https：//www. vmware. com/products/horizon. html

煤层气田生产数字化研究与初步实践

李建伟　赵凤坤　高书光

（中石油煤层气有限责任公司）

摘　要　针对煤层气田多井低产的开发特点和低成本开发理念，从实现煤层气井自动化排采控制、远程监控启停机、模块化设计减少投入、钻录过程动态监控等多个方向，开展了煤层气田生产数字化建设研究与现场试验。根据煤层气井生产动态特征和自动化控制、信息与通信理论，研究形成了煤层气井排采各阶段自动控制逻辑和方法并进行了现场试验，取得了良好效果。通过远程监控功能应用，提高了施工现场安全管控水平和抽油机运行时率。煤层气井生产数字化标准化、模块化设计与现场试验，提供了满足高标准与低成本的解决方案，为后期行业标准的制定提供了实践依据。对有效降低生产运行成本和提高煤层气井的精细化排采水平具有重要意义。

关键词　煤层气　数字化　远程控制　动态监控　模块化

中国的煤层气资源十分丰富，埋深2000m以浅的资源总量为36.8×1012m^3，资源潜力巨大。煤层气井采用排水降压采气的生产方式，单井产气量较低，目前生产管理方式主要还是通过人工巡检方式进行。存在人工成本高、精细控制难度大、安全生产风险高等问题。

近年来针对煤层气田多井低产、高效开发难度大等特点，围绕如何利用生产数字化建设实现煤层气田高效开发，许多研究人员进行了大量的研究与实践探索。通过煤层气井自动化排采替代人工现场调整排采制度、利用自动化程序精细控制提高单井产量、优化简化煤层气井生产数字化建设标准等方式，都是利用生产数字化建设手段降低生产成本、提高煤层气井开发效益的有效途径，都具有非常重要的现实意义。

1　煤层气田生产数字化建设的必要性

1.1　顺应行业发展趋势的客观要求

应用数字化物联网技术，加强“互联网+能源”深度融合，推动企业转型升级，实现有质量、有效益、可持续发展，已成为国内外油气田企业的共识。国家正在各大央企大力推进两化深度融合战略，把信息化摆在了更加突出的位置，也提出了新的要求。煤层气田生产数字化建设是实施工业化与信息化融合的重要载体与有效手段，对转变现场生产管理模式、提高企业管理能力具有重要作用，是顺应行业发展趋势的客观要求。

1.2　煤层气田低成本运行管理的有效手段

煤层气井工区地形复杂、单井产量低、规模建产井数多等特点，决定了利用传统的人工驻井或巡检的管理模式，必然造成大量的现场生产工作量与较高的安全风险，伴随高成本的人工投入成本与管理成本。通过生产数字化建设，可实现煤层气井主要生产参数的采集监测与排采制度的远程调控，将传统的人工巡检管理模式转变为“远程监、控，故障巡检”管理模式，大大降低现场一线劳动强度与安全风险、减少用工数量与管理成本，因此生产数字化建设是煤层气田低成本运行管理最有效的手段。

1.3　实现煤层气井精细化管理的迫切要求

煤层气井多阶段排采特征对煤层气井生产管理的精细化程度提出了更好的要求。通过生产数字化建设，可以实现对煤层气井关键生产参数/井下工况的动态监测，能够实现对排采制度的及时调控，从而实现煤层气井连续、稳定排采，大大提高煤层气井精细化管理的水平 。

2　煤层气井生产数字化建设需求

2.1　采集参数需求

不同于常规气井，煤层气井开发生产过程分为多个排采阶段，各阶段采集的生产参数与排采制度不同。排采阶段多、采集参数多、排采制度调整要求精细、复杂是煤层气排采的典型特点，且不同生产阶段重点监测与调控参数有所区别。根据煤层气井多阶段排采特点，考虑煤层气井低成本开发理念，对各阶段关键采集参数及配套设备仪表需求进行了分析，形成了煤层气井不同生产阶段下关键参数采集需求与仪表配置标准(表1，表2)。

表1　煤层气井分阶段生产参数采集表

排采阶段	关键采集参数	排采调控方式	控制原则
1. 见套压前	井底压力 电参数 载荷冲次 产水量	频率	新井启抽前，关闭节流阀，以最小冲次启抽。①若降液面速度为1-3m//d，保持冲次不变；②若降液面速度<1m/d，逐步提高冲次；③若降液面速度>3m/d，逐步降低冲次；
2. 憋套压	井底压力 电参数 载荷冲次 套压产水量	频率	憋套压排采一段时间，抑制产气量过快上涨①若套压值为1-4MPa，则憋套压排采3个月，此阶段结束，开始放产；②若套压低于1MPa但动液面已降至煤层底部，此阶段提前结束，开始放产；③若套压值高于4MPa且憋套压时间已超过1个月，此阶段提前结束，开始放产；若套压值高于4MPa但憋套压时间未超过1个月，则适当放产降低套压至不低于2MPa，继续憋套压排采。
3. 初始产气	井底压力 电参数 载荷冲次 套压产气量 产水量	频率 阀开度	该阶段套压下降幅度不能超过放产前的30%，产气增速不能超过40方/天，日产气量不超过200方/天①若该阶段套压增幅未超过50%，则稳定排采3个月，此阶段结束；②若该阶段套压增幅超过50%，则此阶段提前结束。
4. 产气上升	井底压力 电参数 载荷冲次 套压产气量 产水量	频率 阀开度	控制产气量逐步稳定，缓慢上升，体现为两种产气状态相互交替控制：①产气增加状态、②产气调整状态产气增速不能超过40方/天。若套压下降幅度超过20%，则停止提产，进入短期稳产阶段；待套压增幅超过20%时再次进入阶梯状提产阶段。若井底流压下降至放产时的50%，此阶段结束
5. 稳定产气	井底压力 电参数 载荷冲次 套压产气量（产水量）	频率 阀开度	此阶段的特点是稳定产气量，使压降范围稳步扩大，延长高产稳产时间。后期产气量开始自然递减，需更换小排量抽采设备或间抽，保持井底流压和套压相对稳定，稳定产气量。稳定产气量排采，套压不低于0.3MPa，井底流压年降幅不超过上一年的20%。
6. 产气递减			

表2　煤层气井采集控制参数与仪表设备关系表

项目	参数	仪器仪表设备
采集	产气量	气体流量计
	产水量	水计量装置
	套压	数字压力变送器
	井底压力/动液面	井下压力计/动液面测试仪
	冲次、示功图	功图测试仪
	电参数(电流、电压、频率)	变频器
项目	排采控制参数	仪器仪表设备
控制	气体流量	气体调节阀
	井底流压(动液面)	变频器

根据煤层气井实际生产情况，可适当减少某生产阶段下参数采集要求(如进入稳定产气阶段后，产水量逐渐减少至不出水、液面降至煤层后用套压代替流压等）。

2.2　功能应用需求

煤层气井多分布于山区，由于单井产量较低，规模建产分布范围广，精细化管理要求高等特点，多数煤层气田开发存在以下问题：一是人工管理成本高，工作效率低，劳动强度大；二是监控频率低，精细控制难度大；三是井区地形复杂，道路崎岖，安全风险高。煤层气井生产数字化建设与应用的目标，主要就是解决以上问题，实现生产管理模式优化和提高煤层气井精细管控水平的目标：

(1) 优化生产运行管理模式。利用煤层气井生产数字化建设成果，实现对煤层气井生产关键参数及井场运行状态的实时监控、异常工况及时报警、抽油机远程启停等功能。转变现有的人工巡检调控管理模式，优化为“远程监、控+故障巡检”管理模式，将显著减少现场人员巡检频次、提高工作效率、降低劳动强度和安全风险。

(2) 提高煤层气井精细化排采水平。应用煤层气井生产数字化建设成果，有效结合煤层气井排采理论与自动化控制理论，通过对变频器、调节阀等仪器设备的调控，实现煤层气井的远程人工控制排采或自动化排采，将大大提高煤层气井生产制度优化调整及时性与准确性，实现煤层气井“长期、稳定、连续”的排采要求，有效提升煤层气井单井产量。

(3) 掌握生产过程动态。特别是钻井实时动态监测是当今随钻测量、测井所具备的重要能力，可以把勘探开发的成果数据与钻完井、储层改造紧密结合起来，进而实现“地质工程一体化”，可有效帮助前线与后方之间的及时沟通，确保及时掌握一线情况，并对现场问题及时分析处理。

3　煤层气井生产数字化现场应用实践

3.1　煤层气井自动化排采远程控制

结合煤层气井多阶段排采动态特征及自动化控制理论，将煤层气井自动化排采划分为见套压前、憋套压、初始产气、产气四个控制阶段(图1)。

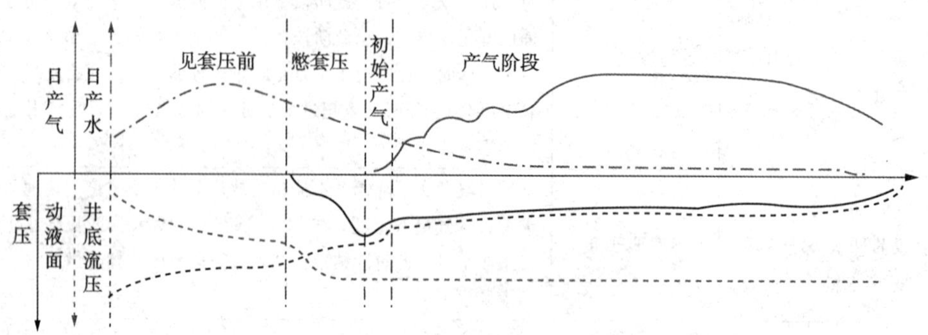

图1　煤层气井自动化排采控制阶段划分示意图

根据煤层气井排采理论，确定排采各阶段自动化控制的主控变量和约束变量，制定了各阶段自动控制逻辑与方法，并将其嵌入现场控制终端，通过远程下达控制指令，初步实现了对煤层气井自动化排采的目标。以产气阶段为例：以产气量为主控变量，井底流压、套压、动液面等为主要约束变量，本阶段采用“无限逼近”方法(图2)，远程控制产气量和产水量，并优化了控制幅度。通过对产气量和产水量的联动控制，在稳定井底流压和套压前提下，实现产气量持续、稳定增长。

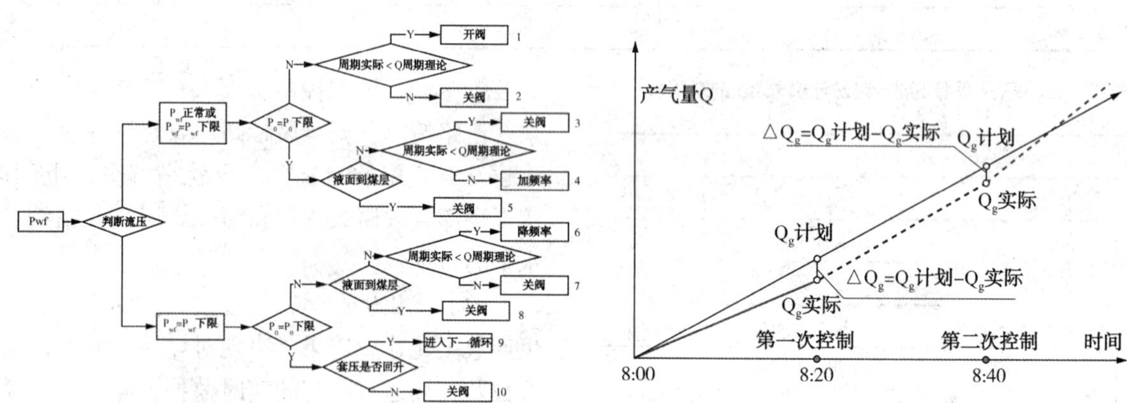

图2　产气阶段控制逻辑与方法图

在鄂尔多斯东缘韩城地区开展了现场试验，分别通过远程控制平台下发长期排采计划(7天)和短期实时控制目标(1天)，效果良好，其中见套压前阶段可将误差控制在0.5m，产气阶段可将误差控制在10mm^{3}以内。以产气阶段为例，下达指令为一周内保证流压稳定变化的前提下稳定产气排采。现场试验为：该井流压周降幅平稳，自控程序通过产水量和产气量联动控制，一周内日产气量有效控制在目标值±10m^3/d范围内。其中，该井4月2日13：32开始为保证产气量稳定，程序自动调节阀门开度，控制效果良好(图3)。

3.2　煤层气井视频监控与远程启停

油气田产能建设施工现场具有安全隐患多、风险高，管理要求高、难度大等特点，在国内加快勘探开发力度背景下，各油气田企业加大了产建工作量，现场安全生产难度增大，视频监控可及时发现人的不安全行为、物的不安全状态，是实时直观掌握生产现场施工及运行状态最有效的手段。

为加强安全生产管控力度，大宁吉县区块优化了工程监督管理模式，在重点工序旁站监督与巡检监督的基础上，增加了远程视频监督方式，通过视频实现对作业现场实时监控，半年来发现现场安全违规事件10余起。对于视频监控发现的问题，同样采用“问题追溯、原因分析、签字背书、监督追责”的管理考核方式，让现场施工人员时刻紧绷安全操作这根弦，帮助作业人员逐步实现“不敢违、不能违、不想违”的转变，显著提升了现场作业人员的安全意识，提高了煤层气田安全生产管理水平。

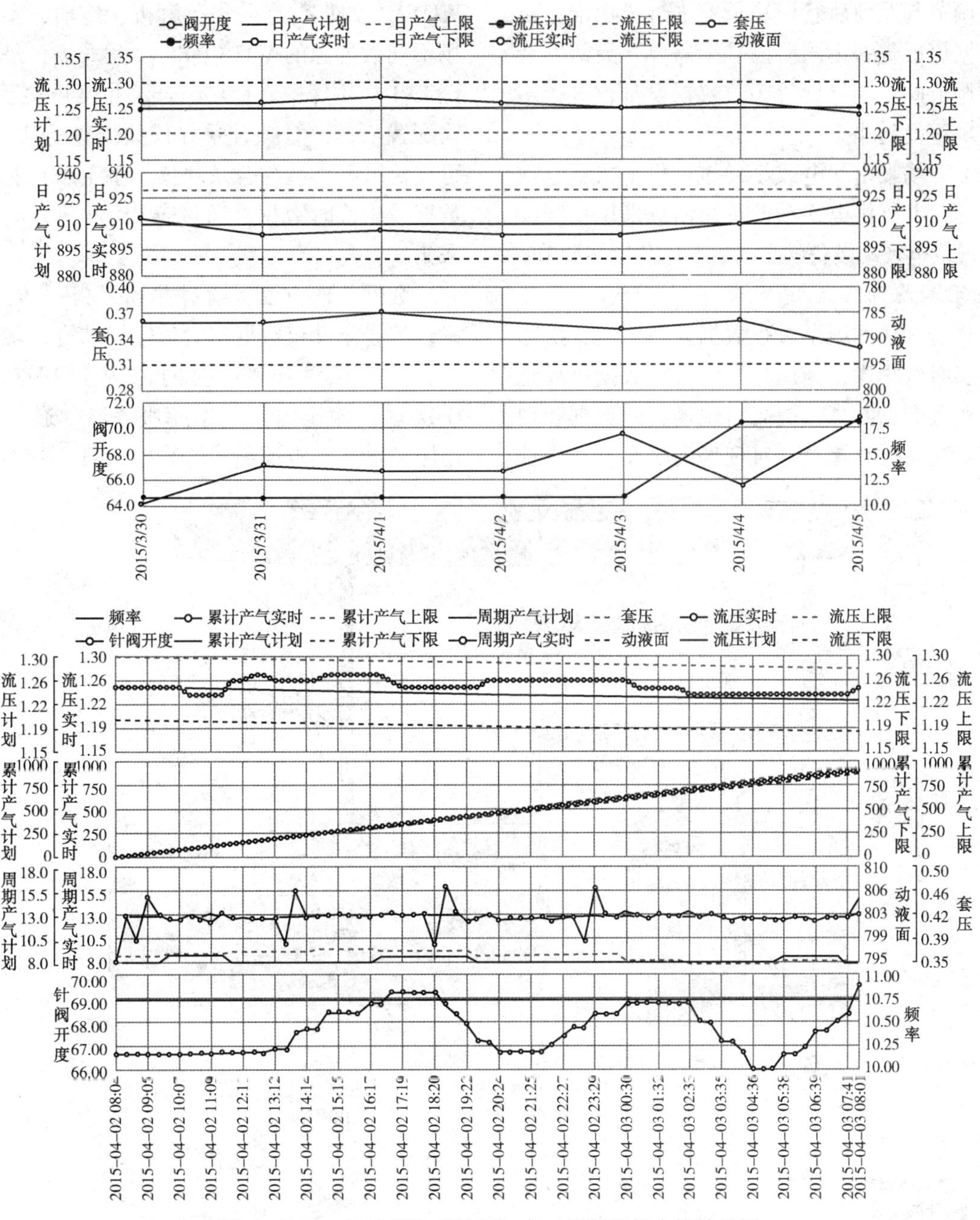

图3　韩城1井长期排采计划与实时控制目标自控效果图

在煤层气田日常生产运行管理过程中，电力故障、高温等原因导致抽油机停机问题较多，如保德地区部分井场电力来源于附近农用网电，雷雨季节因打雷闪停影响12-31个井台/次。因前期不具备抽油机远程启停功能，启机耗时2-4小时/次，影响产量2-3万方/次；2019年以来利用视频监控等已建数字化成果，采用了抽油机井远程启停方式，大大缩短了停机时间，现场实践表明，30井台启机用时控制在半小时内，影响产量小于0.5万方/次，仅2019年雨季通过该方式及时启机运行超200井次，减少产量损失20万方以上，为煤层气井连续、稳定排采提供了更有力保障。

3.3　煤层气井数字化建设优化简化

结合煤层气井生产数字化需求，统一井场工艺流程，优化简化仪器仪表及供配电配置，采取标准化、模块化建设建设方式。

(1) 将气体流量计、水流量计、自动调节阀、自动液面测试仪等统一形成计量控制模块(可灵活安装与拆卸)，设置在井口，同时对流量计、调节阀及前后管段总长度进行了标准化设计，根据煤层气井不同阶段排采需要，灵活安装或拆除调节阀、流量计等相关仪器设备，进行多井多轮次重复利用。

(2) 井场采用网电或小局域网供电方式，或智能燃气发电机供电，动设备抽油机采用变频控制，实现供电及动设备的自动启、停及运转调节。

3.4 过程数据动态监测

在临汾区块开展了过程数据动态监测，搭建了动态实时数据库，为用户提供实时数据可视化应用，实现数据共享，提高对现场实时数据和现场施工情况及时掌握，并对现场问题及时分析处理，实现远程监管。

采集方式上通过仪表自动采集与手工相结合，建立了煤层气实时数据统一标准，通过 WITSML 国际标准，提供基于井场传输标准 WITSML 的集数据采集、解析、传输，实现对井场不同数据源的 WITS 标准数据采集，最终上传至 EPDM 主库中。针对综合录井仪开发了实时传输配置工具，对综合录井仪数据进行实时传输，可支持多种类型综合录井仪。手工采集相应日报数据、半实时数据，通过 WEB 页面或离线工具采集。

数据传输方面，通过井场采集一体机应用，实现综合录井仪数据实时传输。结合井场网络实际，数据通过加密、公网传输至 DMZ 区，由 DMZ 区传输至内网数据库服务器，通过内网应用服务器实现本地用户的数据访问(图 5)。

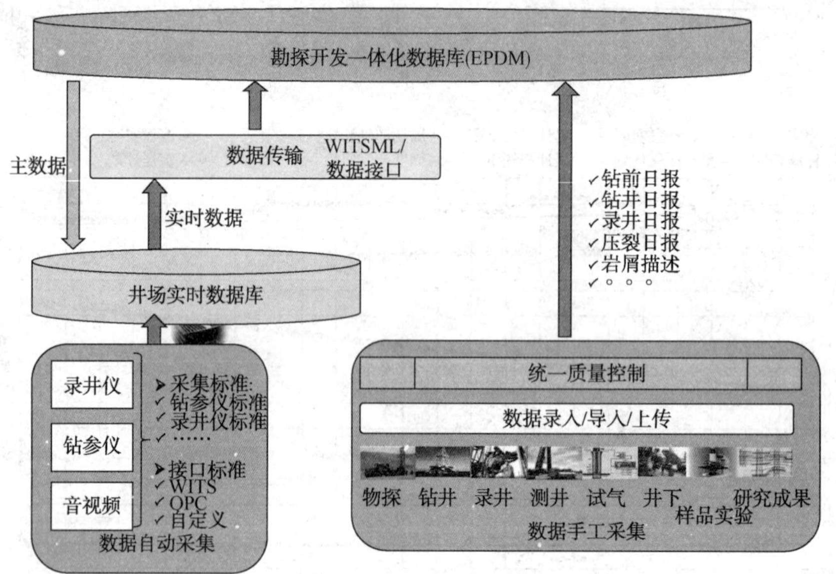

图 4　数据采集示意图

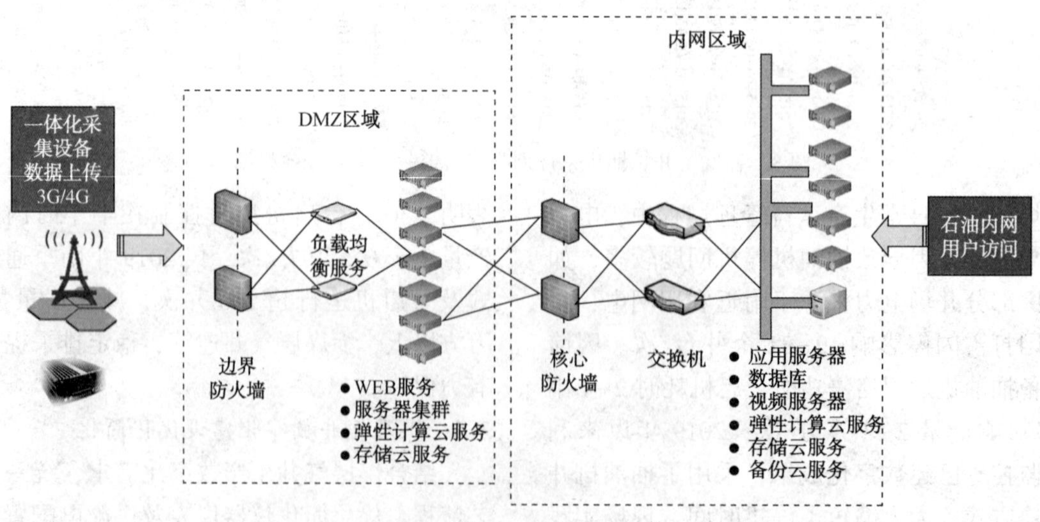

图 5　数据传输示意图

基于中国石油勘探开发梦想云平台，建立了生产信息应用平台，实现了钻井实时监测查询展示、录井实时曲线查询展示、录井实时深度域曲线查询展示、GIS导航查询展示、钻前日报、钻井日报、录井日报、试气日报、压裂日报查询展示功能开发，为业务人员提供高质量的数据服务（图6）。

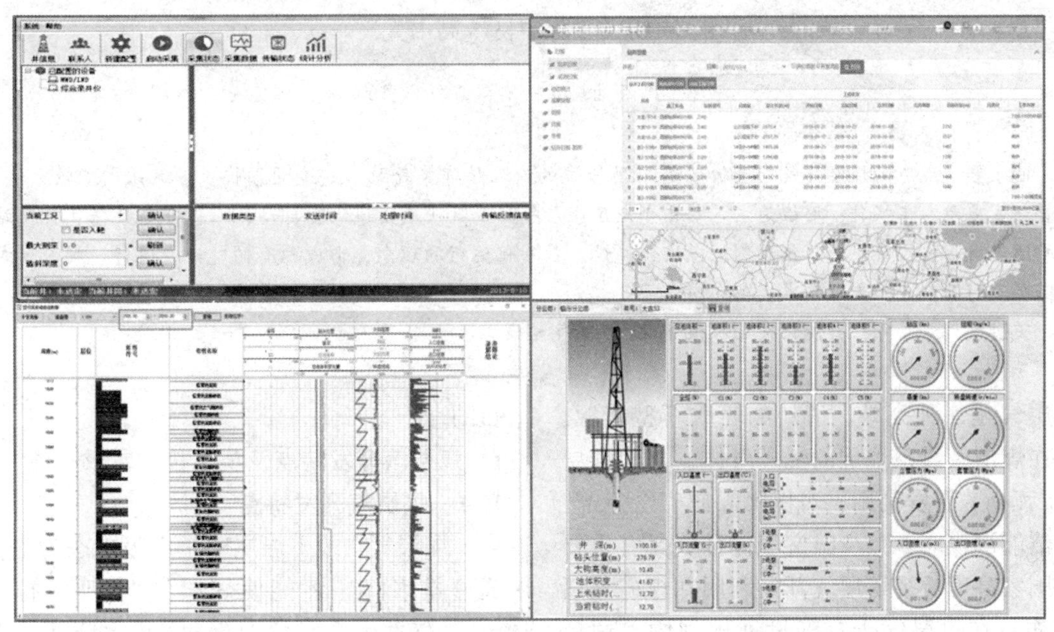

图6 平台应用示意图

4 结论

（1）生产数字化建设与应用是煤层气田规模高效开发的重要手段，对降低运行管理成本、提升开发效益具有重要意义。

（2）自动化排采远程控制技术在部分地区煤层气井场的现场试验应用，大大提高了煤层气井排采的精细化程度，为煤层气井智能化生产管控提供了实践经验。

（3）“远程监、控与故障巡检”将成为保障煤层气田安全生产、效益开发的主要生产管理模式，视频、调节阀等远程监/控设备对实现煤层气井高效管控具有重要作用。

（4）标准化、模块化设计为煤层气井生产数字化建设，提供了满足高标准与低成本的解决方案，具有大力推广和完善价值。

（5）做好生产数字化建设中长期规划、智能提升、运行维护等后半篇文章，对保障生产建设取得预期成果、长期稳定具有深远意义。

参 考 文 献

[1] 邹宇清，赵凤坤，黄勇等. 煤层气排采远程自动控制平台的建立与应用[J]. 天然气工业，2015，35（12）：42-47.

[2] 李景明，巢海燕，李小军，刘洪林. 中国煤层气资源特点及开发对策[J]. 天然气工业. 2009，29(4)：9-13.

[3] 臧振胜. 数据采集与监控系统在煤层气田地面集输工艺中的应用[J]. 中国仪器仪表. 2011(9)：53-55.

[4] 邹宇清，赵凤坤，黄勇等. 煤层气井排采自动化监测与控制关键仪器设计[J]. 煤田地质与勘探. 2015，43(6)：49-53.

[5] 丁闫，温欣，葛藤，赵连祐，张敬波，孙仕胜. 煤层气井监控系统建设方案及其应用[J]. 煤田地质与勘探. 2010，38(5)：19-22.

[6] 高瑞祺，赵政璋. 中国油气新区勘探[M]. 北京：石油工业出版社，2001：263-271.

[7] 赵立宁，李鑫，李洪涛，杨超，孟晓强，赵达. 规模自动化技术在煤层气田开发中的应用[J]. 天然气工业. 2011，31(11)：34-36.

[8] 温声明. 煤层气勘探开发技术. 北京：石油工业出版社，2019.5

煤层气智能化橇装集气站生产技术介绍

周杨飞 陈中良 高书光

（中国石油煤层气有限责任公司）

摘 要 现有的煤层气气田集输普遍采用传统的有人值守集气站，建造周期较长、运维成本较大、运行管理主要以人工操作、巡检为主。本文介绍了煤层气行业第一座数字化全自动无人值守橇装保4集气站，该站通过标准化设计、工厂化预制、模块化建设、数字化运行的理念，形成独有的建造、运行、成本模式，是煤层气行业的一项重大技术突破。

关键词 煤层气 智能化 无人值守 橇装 集气站模式

煤层气是一种高效、清洁的优质新型能源，是赋存在煤层及煤系地层的烃类气体，加快煤层气（煤矿瓦斯）开发利用，对保障煤矿安全生产、增加清洁能源供应、减少温室气体排放具有重要意义。国家高度重视煤层气开发利用和煤矿瓦斯防治工作，在煤层气十三五发展规划中，预计2020年煤层气（煤矿瓦斯）抽采量达到240亿mm^3，其中地面钻采煤层气产量100亿mm^3，利用率90%以上（90亿m）。本技术能够较好地在煤层气集输系统中应用，从而达到提质增效的目的。

1 煤层气开发特点及集输技术需求

1.1 煤层气开发特点

煤层气在地下煤层中是以吸附态为主，必须通过排水降压才能使煤层气“解吸、扩散、渗流”，气井生产一般要经过“排水降压、产气上升、稳定产气、产气递减”四阶段，前期的排采对气井培育至关重要，因此气田适宜“滚动开发、分期建设”。（图1，图2）

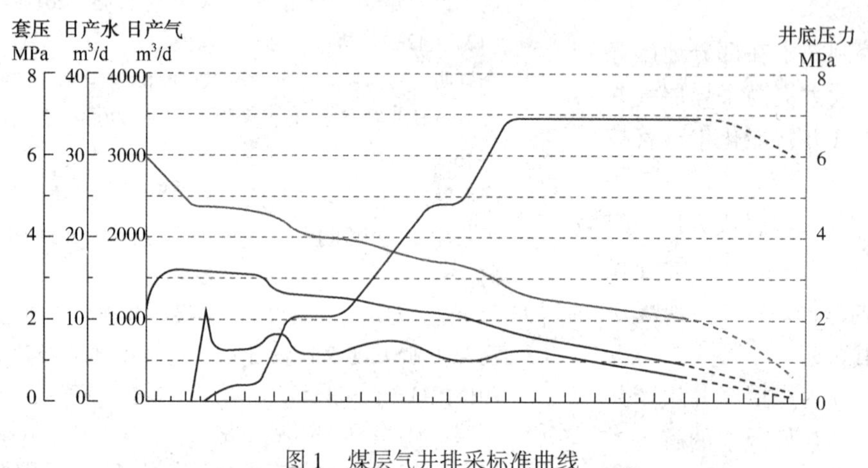

图1 煤层气井排采标准曲线

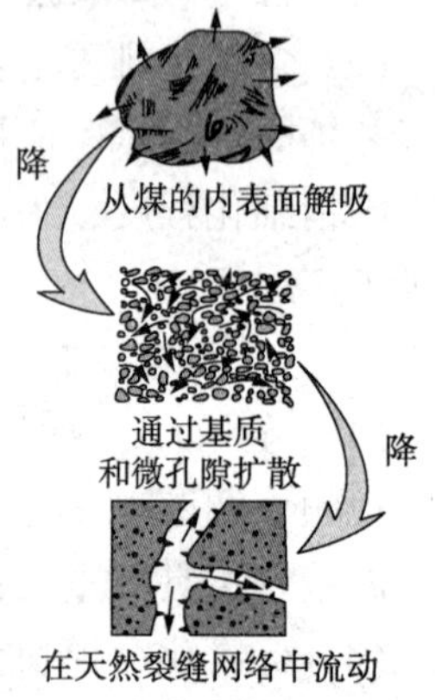

降
从煤的内表面解吸
通过基质和微孔隙扩散
降
在天然裂缝网络中流动

图2 煤层气解析示意图

1.2 煤层气集输技术需求

煤层气单井产气量低（以保德区块为例，平均单井产气2200m^3/d），井数多、管线长，平均每5亿方产能建设就需敷设250km气、水管线，因此，集气站规模不宜过大、管径系列不宜过多；煤层气气质组分以甲烷为主（90%以上），含饱和水汽、含煤粉（粒径10~50μm），不含硫化物及重烃，这就需要低成本的脱水、除尘技术；经过实践，煤层气集输压力低（管网压力小于0.4MPa）、集输半径较小，需多点分布式建站，才能满足大规模集输要求；煤层气井初始产气量仅为最高产量的5%，要求采用负荷波动大的集输装置；开发区域位于山区，条件受限，要求模块化拼装技术，从而降低现场施工难度（图3）。

图3 开采区块地形地貌

2、智能化橇装集气站生产技术与常规有人值守站特点与比较主要有以下特点：

2.1 标准化设计、工厂化预制、模块化组装的建造模式

2.1.1 优化设计

集气站设计划分为6个功能模块，实现“分离、增压、脱水、计量外输”功能和辅助“配电、仪控”功能。工艺区总图“一”字型排列，生产辅助模块与工艺区对列，满足安全距离的同时，整齐美观且最大限度节约了占地面积(图4，图5)。

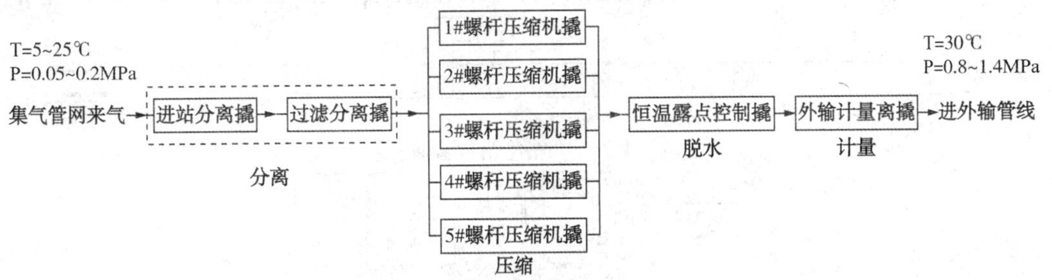

图4 保4集气站工艺设计示意图

2.1.2 橇装化工艺设备

站内14座装置均采用橇装化结构，进站分离橇1座、过滤分离橇1座、螺杆压缩机橇5座、恒温露点控制橇1座、外输计量橇2座、管廊撬1座、仪控撬1座、高低变配电橇2座，并对各装置内部工艺管线及主体橇装结构进行了详细三维设计(图6)。保4集气站采用“工厂化预制、模块化施工”的建设模式，整站从设计、施工到投产试运行共历时7个月。各工艺橇块均在工厂进行预制，现场安装施工和仪表、电气系统建设工期仅用时40天。现场施工工作量小，也降低了现场施工带来的安全隐患。相比常规集气站场，缩短整体建站周期25%，减少占地面积40%，站场占地仅为5亩。

2.2 智能化自检、数字化运行、信息化物联的运行模式

保4集气站为“无人值守、有人巡检”运行站场，设置有PLC站控系统，工业电视监控系统，周界防范系统、门禁系统。

图5 保4集气站俯瞰图(一字型排列)

图6 恒温橇三维模型图

PLC站控系统主要负责集气站内生产过程的操作和监控。在常规有人值守集气站基础上，充分考虑整站无人值守，对可能出现的各种工况进行分析，按优先等级，确定报警、延时报警、停机、延时停机、自动切换、延时切换及启、停机顺序，满足智能化运行的安全性和稳定性。为实现上述功能，专门设计了单体设备、橇装装置、整体集气站三级为一体的智能逻辑控制设计图，

从而实现所有设备的远程控制。工业电视监控系统、周界防范系统和门禁系统主要考虑集气站无人值守时，能够及时发现闲杂人员（或可疑人员）闯入集气站并报警，避免其对站内的安全生产构成威胁。

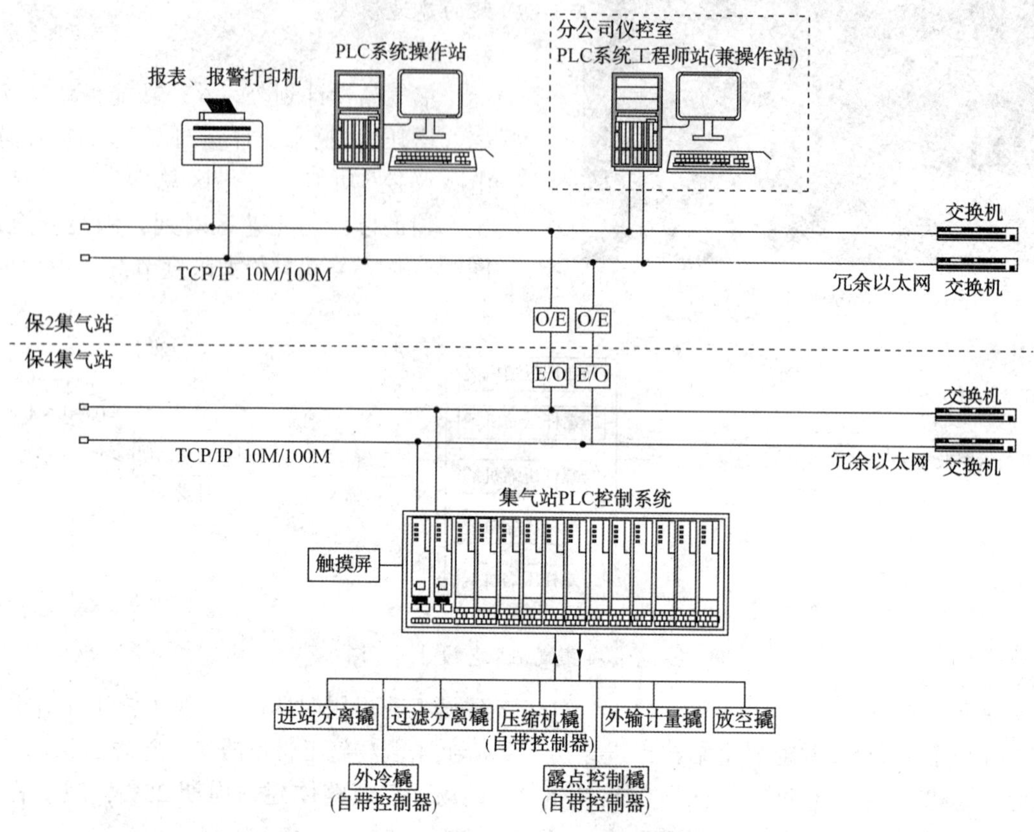

图 7　保 4 集气站站控系统结构图

2.2.1　站场启动前远程自检

自检后由站控系统程序判断是否具备开机条件(具备打印输出结果功能)，具备条件后，可远程点击按钮对逐个设备进行启停机。实现了远程对压缩机、恒温露点控制橇等关键设备的自检流程，保障设备安全启动和运行(图 8)。

2.2.2　压缩机启动前自检流程

压缩机的进气阀、排气阀、旁路阀、排污阀、放空阀、压力平衡阀配置阀门定位器或位置反馈开关，阀门的开闭状态以及仪表检测显示、电源信号返回至站控系统；站控系统根据软件预先设定判断压缩机橇是否具备安全启机条件(图 9)。

2.2.3　恒温露点控制橇启动前自检流程：

绕管式换热器排污阀、气提天然气调节阀、脱水气提分离器排污阀均配置位置反馈开关，阀门的开闭状态返回至站控系统；恒温露点控制橇将空冷器、管道循环泵、注甲醇泵的供电状态以及所有仪表检测显示返回站控系统；站控系统根据软件预先设定判断恒温露点控制橇是否具备安全启机条件(图 10)。

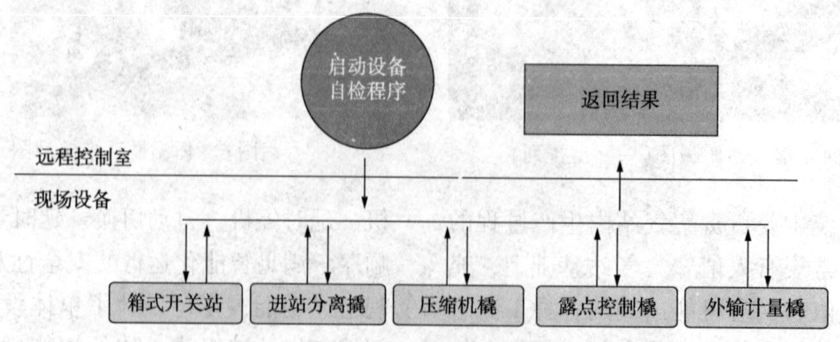

图 8　站场启动前远程自检流程图

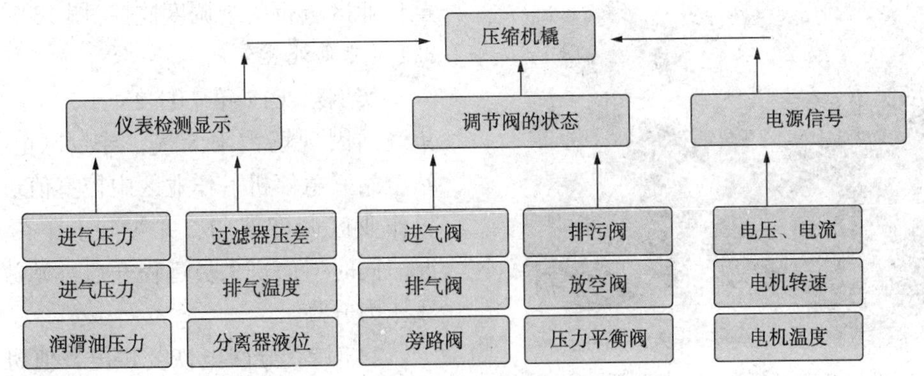

图 9　压缩机启动前自检流程图

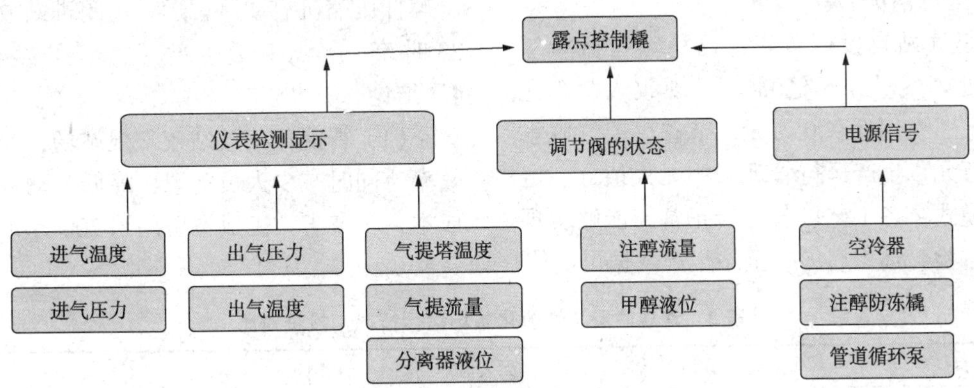

图 10　恒温露点控制橇启动前自检流程图

为了实现上述逻辑控制关系，我们在自动化系统设计中均采用远传仪表；同时为确保关键节点数据采集的保险性，还在关键工艺装置、关键工艺参数上配备了防爆摄像机和就地显示的机械仪表，可远程观察就地仪表显示状态，确保远传仪表数据在发生雷电、磁效应干扰后，能够通过摄像机和就地仪表的显示判断现场的具体工艺数字(表 1)。

表 1

设置点	防爆摄像机数量
进站压力、温度	1
过滤分离器压差	2
压缩机控制柜	5
甲醇储罐液位	1
外输流量	2

2.2.4　超长化维护、超低化脱水、无人化值守成

保 4 集气站已稳定运行 54 月，日均处理量 43.7 万 m^3，投产至今，除正常保养和小维修外，未曾出现较大问题，维护保养成本较低。站内过滤分离橇已获得国家实用新型专利，实现 5mm 以上煤粉的高效去除；恒温露点控制橇获国家发明专利，实现脱水运行成本 0.007 元/Nm^3。

2.2.4.1　过滤分离橇

主要功能为过滤进站煤层气携带的煤粉(过滤粒径≥5μm)，以防止煤粉影响后续工艺。橇内设置两台过虑器(一用一备)，可自动切换。装置具备设备自检、在线监测、故障反馈等功能(图 11)。

图 11　保 4 集气站过滤分离橇

2.2.4.2　恒温露点控制橇

通过低温制冷的方式对煤层气进行脱水处理，采用注入甲醇进行防冻，甲醇通过汽提过程实现循环利用。与常规脱水法不同，恒温露点控制橇运行中不产生污染物、无明火加热、无甲烷排放，满足目前日益严格的安全、环保要求(图 12)。

图 12　保 4 集气站恒温露点控制橇

3　集气站运行情况

保 4 集气站自投产以来，已稳定运行 4 年多，累计处理气量 4.5 亿 m^3，实现收入 7.3 亿元，节省人工费用近 900 万元、节省煤层气脱水成本 990 万元。生产运行管理采用无人值守、定期巡检的模式。各工艺设备运转正常，能够实现整站远程自检、远程启停，全站生产数据可上传至作业区进行集中调度监控(图 13)。

3.1　应急处置实例

实例：2017 年 7 月 25 日 23 时 19 分，保-4 集气站因现场雷雨天气，导致网电停电，保-4 站全站紧急停机。作业区中控室值班人员迅速上报作业区调度部门，并告知上下游单位相关情况。同时，值班人员远程开启进站放空，避免管线压力升高。

23 时 50 分网电恢复供电，值班人员远程该操作各设备启动，经过各设备自检完成无问题，待螺杆压缩机启动后，远程关闭进站放空阀，于 23 时 55 分全站恢复生产。

4　结论

(1) 智能化集气站较常规站场，提高了工作效率，同时减少人员配置，降低劳动强度和运行成本，年节省人工成本费用约 200 万元(表 2)。

表 2　常规站场与智能化站场运行情况、投资对比

对比项目		常规站场	无人值守站场	对比分析
工作效率	启动操作	人员现场检查准备及操作单台机组约需 15 分钟	远程启动单台机组约 5 分钟，可同时启动 3 台机组	启动台单机组可节省 10 分钟时间
				启动三台机组可节省 40 分钟
				极大提高了工作效率及场站应急处置能力
	滑阀复位	夏季：现场滑阀复位需用时 15 分钟	夏季：远程滑阀复位用时 2-3 分钟	单台机组单人节省夏季操作时间 12 分钟，节省冬季现场操作时间 37 分钟
		冬季：现场滑阀复位需用时 40 分钟	冬季：远程滑阀复位用时 2-3 分钟	保 4 站螺杆机可实现远程值班人员同时降五台机组滑阀
人员配置		18 人(专岗人员)	7 人(2 人兼岗)	节省人员 10-14 人
润滑油消耗		7.6L/d	2L/d	通过技术改进润滑油消耗少，降低运行成本
投资对比		相对常规站场仅需多投资 150 万左右(PLC 控制系统、逻辑控制、摄像头、周界防范等)		

(2) 本站采用的恒温露点控制橇装置单台采购费较常规天然气脱水装置低 168 万元；经过实际运行测算，综合电耗为 0.005 元/Nm^3，综合物耗(甲醇) 费用为 0.002 元/Nm^3，总脱水运行成本为 0.007 元/Nm^3，较常规天然气脱水运行成本(0.029 元/Nm^3) 节省运行费用 0.022 元/Nm^3；按日处理量 50 万计算，年节约运行成本 363 万元。

(3) 目前该技术还成功推广应用到煤层气公司煤系地层开发中，并建成无人值守集气站 1 座。

参 考 文 献

[1] 温声明，朱庆忠，傅国有. 煤层气勘探开发技术[M]. 北京：石油工业出版社，2019.5(中国石油科技进展丛书。2006-2015 年)

[2] 陈光益，周杨飞. 基于 PLC 的煤层气无人值守集气站控制系统[J]. 自动化博览，2016.12.

[3] 王予新. 煤层气专用的基于甲醇气态回收的恒温露点控制橇装装置：中国，ZL201310158624.1[P]. 2016-03-09

[4] 苟建升. 一种煤层气粉尘过滤装置：中国，ZL201720401700.0[P]. 2018-01-05

利用物联网技术实现油气处理场站集中巡检制管理

刘兴平　乔国辉

（中国石油吉林油田公司）

摘　要　本文根据油气处理场站的生产工艺和传统管理模式，对油气处理场站工艺流程和物联网需求进行了分析，利用物联网技术并结合相关系统自动化现状，提出了一种低成本油气场站物联网技术模式，充分保护已有投资，降低物联网工程实施难度，保证了岗位集中巡检制管理实施，实现了利用物联网技术改变生产管理模式，提高生产效率，优化生产组织形式，提高安全管理水平的目的。

关键词　物联网　PLC　RTU 集中巡检制　低成本

1　引言

在油气田生产过程中，油气处理场站是油气生产继油藏勘探、油田开发、采油工程之后最重要的生产环节，承担着油田产品的集中、处理、输送等工作，同时在保证产品质量合格、保证产销平衡等方面均有重要作用。

油气处理站场由于其功能作用定位，致使其工艺流程相对油田其他生产环节而言较为复杂，一般包括集输、计量、加热、脱水、分离、水处理、成品储存外输等多个环节，生产设备涵盖管线、储罐、锅炉、机泵等各类动、静设备，生产管理过程控制指标较多且分散。

由于工艺流程多的限制，油气处理站占地面积普遍较大，为了保证生产安全受控，传统管理普遍方式是按照工艺流程单元设置多个岗位，分别设置专人值守，加之 24 小时连续生产，采取倒班制，如此就造成人员编制庞大，劳动生产效率不高的问题。

油气处理站在油田生产中属于流程化较强的场所，上世纪 90 年代起，在站内较为重要的场所，陆续采用了小型 DCS（Distributed Control System）、PLC（Programmable Logic Controller）等工业控制系统作为过程管控手段，提高了自动化管理和安全受控水平，发挥了明显作用。但是这些工业控制系统的应用依然是局部的，未能形成场站整体应用和管理，另外在信息共享，协同调优等深化应用等方面存在不足，同时构建完全的系统造价偏高，不适应当前上游生产经营形势的需要。

近年来，随着物联网（IoT）技术的发展和应用，以及信息化技术和生产的紧密结合，越来越多的油气生产场合在物联网应用促进生产方式转变，提升油气生产管理水平，并且取得了成功。中国石油把“油气生产物联网系统（A11）”作为“十二五”信息技术总体规划重点建设的标志性工程之一，该系统利用物联网技术，建立覆盖油气生产各环节的数据采集与监控、数据传输、生产管理三个子系统，实现生产数据采集监控、生产状态分析预警、生产流程全面控制。

本文针对油气处理场站岗位分散、劳动效率低的实际，试图利用物联网技术，构建一个场站物联网系统，能够满足各岗位生产参数实时集中管控的需求，为优化场站生产组织形式，实现集中巡检制管理创造条件。

2　现状分析

某油气处理站始建于上世纪 90 年代，随着使用年限增加，部分工艺设备进行了改造整体功能正常运行，在自动化方面，随着燃气锅炉改造整体进行了改造，锅炉实现了自动监控，其他单元自动化程度较低。因地处偏远，交通不便，实行两班每周轮换制，每班每天实行三班倒制，整体用工偏多，为此计划实行集中监控、定时巡检制度改革，对依靠物联网进行生产过程集中监控提出了需求。

2.1　生产过程分析

油气处理工艺分为分离岗、供热岗、外输岗、注水岗、污水岗、卸油岗等；不同岗位对应各自业务流程，业务流程中涉及罐、分离器、锅炉、泵等各类设备。

业务流程核心工艺在油气水分离、沉降，污水处理方面，对应有原油处理流程、天然气处理流程、污水处理流程等。

原油处理：计量间来液进入分离器进行初步油气水分离，分离出原油进入沉积罐进一步依靠时间、重力分离水；再进入缓冲罐、脱水泵和脱水炉进行二次脱水，使原油达到商品油含水率标准；最后进入净化储油罐，进过外输泵外输。其中需要监控的点包括：分离器、沉积罐、缓冲罐、脱水泵、脱水炉、净化罐、外输泵、外输炉以及外输干线。

天然气处理：从分离器分离出天然气，进入干燥器、除油器去除天然气中含的水分和长链烃，然后进入锅炉燃烧。如果分离出的天然气不够用，还要使用外来天然气。其中需要监控的点包括：分离器、干燥器、除油器、调压器、站外来气阀、锅炉本体参数。

污水处理：从分离器分离出污水，进入掺输泵，在掺输炉中加热，最后进入掺输管线循环。或从分离器分离出污水，进入净化罐，通过加药除垢，再增压进入核桃壳加双滤料的净化器中除菌、除油，达到注入水标准后，进注水罐，最终经注水泵增压，进入注水干线去注水间。净化污水不够用时，还需要从水源井中抽取清水补充。其中需要监控的点包括：分离器、污水缓冲罐、掺输泵、掺输炉、净化污水罐、加药装置、加压泵、核桃壳、双滤料、反冲洗装置、注水罐、注水泵、抽水泵、清水罐、注水干线。

2.2　过程控制系统现状

分离岗：含各队来液计量，为油气处理站关键岗位和流程，原来依靠巡检制、人工操作。自动化方面有流量计、压力表、温度计、液面计等就地显示仪表。

供热岗：每台锅炉建有燃气控制柜，实现炉体参数采集，可实现大、中、小3级火焰调节，锅炉外系统有燃气流量计、压力表等外围仪表，就地显示。

外输岗：外输设流量计，有盘装2次仪表。

注水岗：注水泵自带轴温、定子温度、润滑油油压等电接点表构成的继电保护，参数2次盘装仪表显示，流量计就地显示。

污水岗：有污水反冲洗流程控制柜，一般参数就地显示。

3　物联网系统设计

3.1　基本设计思路

以RTU（Remote Terminal Unit）为基础，采用分散数据采集控制的基本方式，构建一个统一的数据展示、分析、控制系统，实现站内生产过程集中管控。

站内安全报警控制系统，设备自保护系统确保独立运行，实现参数和状态采集，远程监测。

以通用组态系统构建系统监控平台，提供更广泛的适应性，可以兼容多种通信协议，适应多种采集信号。

集成已建各类采集控制系统，充分保护已有投资，降低建设成本。

3.2　系统总体架构

系统总体架构如下图1所示。体分为三层结构，分别是：现场仪表层，分散采集控制层，应用管理层。

其中现场仪表层完成生产参数的测量感知，包括常规温度、压力、流量、液位等过程参数的测量，以及计量、分析等专用仪表等。信号形式可以是4~20mA，RS485等。

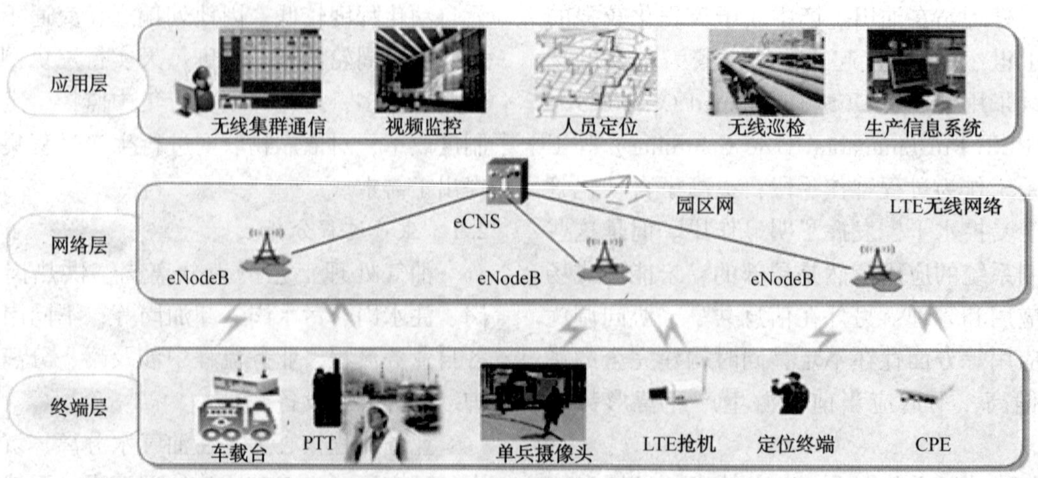

图1　油气处理站物联网系统架构图

分散采集控制层完成生产数据的采集，信号转换、智能设备或系统的数据整合、数据传输，控制信号传输、简单就地控制等工作。采用 RTU 加就地工业触摸屏显示，方便巡检和本地操作；重要岗位采用 PLC 系统完成数据采集和参数控制。

应用管理层完成全站数据的集中监看、重要岗位参数控制、重要系统的监控操作等。

系统整体构建在统一的生产数据网络中，站内系统间、与站外数据通信通过 TCP/IP 网络实现，站外网络边界采用网闸进行隔离，保证数据安全。

3.3 系统设计

油气处理场站设计除了遵循油气田地面设计相关规范要求，一个重要的有针对性的规范要求是《中国石油油气田数字化建设管理规定》。本次在遵守上述规范的前提下，尽可能采用结构简单的系统架构，适应性强的现场仪表，同时注重已建设施的再利用，尽量实现低成本建设和实施。

3.3.1 现场仪表

现场仪表坚持新建与利旧相结合的方式部署。在前期工业自动化实践中，部分岗位已部署了部分测量仪表，需要充分加以利用，以节约投资。同时，结合集中巡检制需求，新增部署部分采集点。

（1）压力仪表：一般采用 4~20mA 两线制，精度等级 0.5 级，按岗位集中至 RTU 输入端。

（2）温度仪表：除加热炉之外，过程温度较低，采用 Pt100 热电阻保证准确性、可靠性的，同时降低成本；上端 RTU 不支持热电阻信号时采用 Pt100 温度变送器。

（3）流量仪表：一般原油、天然气介质已安装测量流量计，形式不一，原油为转子流量计为主，可远传表头，脉冲输出；天然气旋进漩涡流量计，带温压补偿，数字化表头，RS485 通讯。水介质为电磁水表，就地显示（瞬时了、累积流量），通过表头数字化改造为 RS485 通讯。

（4）液位仪表：主要有分离器、储罐等液位测量。分离器液位测量根据安装条件采用内浮球或雷达液位计，以适应工作介质成分复杂的情况，提高可靠性；各类储罐根据测量介质、罐体体积等情况分类，储油罐采用雷达液位计，污水罐采用超声波液位计，清水罐采用微压力变送器，通讯方式尽量选择 RS485 通讯方式。

3.3.2 分散采集系统构建

（1）对于原系统没有涉及到的采用传统盘装仪表的岗位，统一采用带有本地触摸屏显示操作功能的 RTU 控制箱，实现本岗位信号采集、传输、就地控制。采用多功能 RTU，适应信号种类复杂、数量少的情况，配置的 RTU 可适应 4~20mA、热电阻、脉冲、RS485、RS232 等多种通讯方式，用 MODBUS TCP/IP 统一实现联网，涉及的岗位有注水、外输岗等。

这样布置的优势有：

①可以最大程度减少工程施工量，降低建设难度。一般来讲，站内道路、地面硬化程度普遍较高，全站集中部署施工量大，同时影响生产，实际操作难度大。

②可以最大程度节约电缆量。就近接入采集点可使电缆使用量大幅度降低，有助于降低投资费用。

③可以降低运行安全风险。采用分散采集控制可避免全局性的系统运行事故发生，同时岗位就地显示控制为集中巡检制提高现场效率和质量提供有利条件。

（2）对于原岗位已有采集控制系统的岗位，采用 RTU 实现数据接口对接，同时利用 RTU 自带采集端口对原系统未采集、根据集中巡检制要求需要采集的数据进行采集，从而完善岗位数据采集系统。如加热岗的锅炉燃气自动控制柜，污水岗的污水自动反冲洗控制柜等。

（3）关键岗位采用 PLC 系统进行数据采集和控制。本次对于分离岗采用 PLC 进行全面的数字化改造，参数采集方面涵盖了运行和集中巡检所有参数，控制方面利用电动执行机构、抽出泵变频器联动实现了分离器液位的自动控制。

（4）所有参数设置了高低限报警。

3.3.3 安全防护相关系统构建

（1）站内已有注水泵自保系统，站内火灾报警系统等生产运行安全防护系统，具备数字化接口的实现状态及参数集中监控，不具备数字化接口的采集状态参数，实现远程报警。

（2）组建站内视频监控系统，实现站内关键部位和参数远程视频监控。采用 IP 高清网络摄像头，利用站内光纤网络进行视频传输。

（3）根据当地情况可设置周界、关键出入口管理系统，与视频监控系统联动管理。

3.3.4　通信网络构建

站内以光纤敷设至各岗位数据采集点，星形拓扑汇聚至上级光纤接入点，组成千兆光纤局域网络，其中生产数据与视频周界数据采用不同光芯分离传输，在上级光纤接入点采用边界隔离网闸进行安全防护，保证站内信息安全。

3.3.5　集中监控系统构建

在集中巡检值班点，采用工业控制终端，力控通用过程组态软件实现各单元参数的集中展示、监控、报警，同时可以很方便实现数据与上级系统的集成；设置视频、周界监控终端，实现视频、周界集中管理；设置大屏幕显示系统，实现各系统墙面显示，提高监控效率和监看效果。

4　系统特点

（1）分散采集控制降低建设难度，降低安全运行风险。

采用分散采集控制设计，节约了电缆用量、减少了土建施工量，降低了建设难度，可有效避免系统性运行事故的发生，架构合理。

（2）多用途 RTU 选择实现了简约数据集成。

（3）现场仪表的数字化改造充分保护了已有投资。

（4）统一光纤网络实现的数据高效、可靠、安全传输。

（5）通用监控平台实现了数据接口统一上传。

5　应用效果

5.1　建设效果

（1）计量分离系统：实现分离器压力、温度、液位，出口流量监测与远传；各种储罐液位的实时监测与远传。

（2）天然气系统：实现来气量、用气流量、压力、温度的实时监测与远传。

（3）污水系统：实现泵压、流量、罐压、罐液位的实时监测与远传。

（4）注水系统：实现泵压、流量、注水泵前后轴瓦温度的实时监测与远传。

（5）外输系统：实现外输流量、温度、压力，油储罐液位的实时监测与远传。

（6）中控室：24h 实时监测各岗数据，自动生成生产数据报表，通过高清摄像头随时关注重点岗位情况。

5.2　应用效果

（1）提高系统管控能力，促进高效运行。系统各节点关键数据的实时采集与集中显示，可及时发现超指标运行或异常波动等情况。为技术及管理人员及时发现各种问题，优化系统运行参数提供支持

（2）提升应急处理能力，避免发生事故。通过对主要机泵出口，集输支干线温度、压力、流量，重点容器与储罐压力、液位等数据的实时监控，可掌握各种设备运行状况，及时发现管线凝堵、节流、漏失等各类问题，实现安全环保生产的有效监管

（3）减低员工工作强度，提高用工效率。由现场读数、巡检变为远程监控，大大减少岗位巡检工作量，使站区无人值守成为可能。

（4）采用集中巡检制，优化用工效果明显，全站优化用工 35 人。

6　结束语

该油气处理站物联网建设和应用实践表明，利用物联网技术进行油气处理站生产监控，可大大提高劳动生产效率，优化劳动用工，同时可以提高安全环保受控水平，是实现油气处理现代化的可靠、有效手段。

在油气处理站物联网建设实践中，应当注意的是要遵循中油物联网建设规范，达到统一规范应用；要采用通用技术平台，有利于系统统一集成应用；应当因地制宜，充分结合场站实际情况，以保护已有投资、方便施工改造等方面，从而能够在油气生产物联网建设中做到规范、统一、低成本，为企业实现油气生产数字化管理做好保障。

关于老区整装油田大区域综合优化关键问题的探讨

田 旭 李兴国 阚宝春 周世德 印 重

（大庆油田有限责任公司）

摘 要 大庆油田第六采油厂1973年开始投入开发，开发建设46年来，经历了自喷采油、机械采油、注水开发、层系调整、注采调整、聚驱开发(一类油层）、二类油层上下返聚驱开发等阶段。目前，已经进入油田开发的中后期，站库老化、成本增加，原有设计参数已经不能适应高含水、高产液的开发需求，原有的“关、停、并、转、减”的优化思路，已经不能解决现有大区域集中问题的出现，如何有效合理的进行大区域优化，确定站库规模，安排改造时机。通过对开发和地面的关系研究，确定极限产液能力，明确了优化后设计能力；通过对技术界限、管理界限、能耗界限的研究，确定了集输半径，明确了优化后的站库处理能力；通多对现有建设现状的分析研究，确定了优化改造的方式。

关键词 老区整装油田 大区域 优化 集输半径 站库能力

大庆油田第六采油厂1973年开始投入开发，开发面积100km^2，开发建设46年来，经历了自喷采油、机械采油、注水开发、层系调整、注采调整、聚驱开发(一类油层）、二类油层上下返聚驱开发等阶段。地面系统为了适应不同时期的开发需求，不断配套建设和完善，截止2018年底，全厂建有油水井10252口(采油井5677口，注水（入）井4575口），各类大中型站库196座，小型站间489座。虽然“十一五”以来，按照“关、停、并、转、减”的优化思路，实施了布局优化、工艺优化、参数调整，满足了新增规模的需求，以及高浓度聚驱的处理指标需求。实现了站库数量不增，水、聚驱负荷趋于合理，满足了油田开发的需求，但依然存在站库数量多、系统老化、单站规模偏小的问题，不能从根本解决油田开发的中后期含水上升、水驱见聚、能耗成本上升以及数字化油田改造的需求。

1 优化前提的探讨

地面系统优化的前提是以满足油田开发为目标，以服务产量为核心。产量来自于产液量，产液量决定了地面处理的规模和能力。所以如何准确预测产液量是整个地面系统优化成功与否的前提。产液量的影响因素非常多，产量结构、开发方式、开发时间和开发区块均有很大的影响。结合大庆油田60年的开发经历，研究认为有四方面影响因素：政策产液、技术产液、经济产液和管理产液。

产量紧张时，以满足持续稳产的政策因素为主，技术因素和管理因素为辅，兼顾经济因素；产量不紧张时，以满足可持续开发的技术因素为主，管理因素和经济因素为辅，兼顾政策因素。通过上述的影响因素分析，油田产液量具有不确定性，常规的产液预测只能满足短期建设的需求，不能作为长远优化的依据。影响关系图见图1。

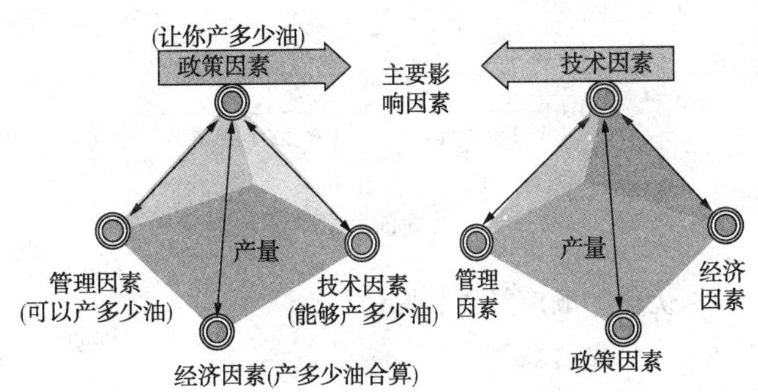

图1 产量影响因素及相互影响关系

既然产量难以确定，就需要提出两个概念：一是油层产液能力，即：不考虑开发政策等因素，只考虑油层性质的极限产液量。在孔隙度、渗透率、饱和度等参数中，认为渗透率是直接影响油层产液能力的主要因素。对1973年到2009年的175口取芯井四类油层的渗透率变化情况进行分析：一类油层空气渗透率由2.771μm^{2}逐渐增大到2.934μm^2，每五年增大0.08μm^2；二类A油层空气渗透率由0.98μm^{2}逐渐增大到1.36μm^2，平均增大幅度为0.2μm^2/a；二类B油层的空气渗透率由0.89μm^{2}逐渐增大到

1.09μm²，平均增大幅度为 0.1μm²/a；三类油层空气渗透率由 0.32μm² 逐渐增大到 0.5μm²，平均增大幅度为 0.02μm²/a。通过对近 40 年的取芯数据分析，各类油层的渗透率变化不大，对产液的影响不大。

二是极限井网井距，即：在当前技术条件下的最终井网，也就是油层控制层度。以北北块一区为例，当前井网 10 套：其中水驱井网 8 套，三次采油井网 2 套。规划井网 1 套：二类油层三元；最终将形成井网 12 套，其中水驱井网 8 套，三次采油井网 4 套。按照现有的水、聚驱井网及产液，地面系统建设规模合理，水驱负荷率为 83%，聚驱负荷率 77.6%。区域优化时，不仅要参考新增产液，还要考虑到以后的潜在液量，使地面系统能够适应长远开发的需求。

由于站库使用年限长，新建合并都要很谨慎，不仅要考虑滚动开发新增液量，还要考虑油层的能力液量，这样区域优化时才能符合长远发展趋势。

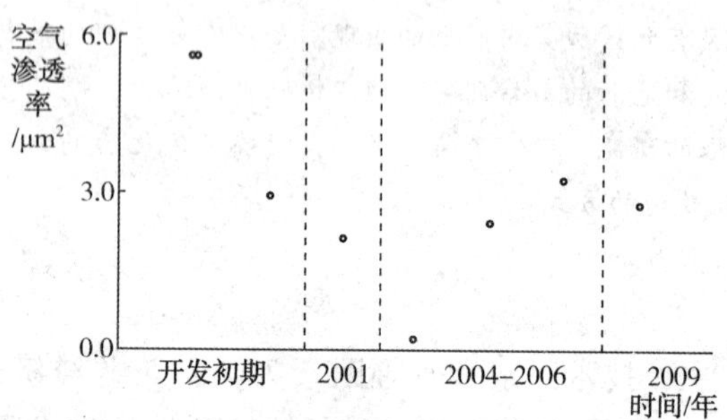

图 2　一类油层空气渗透率分布图

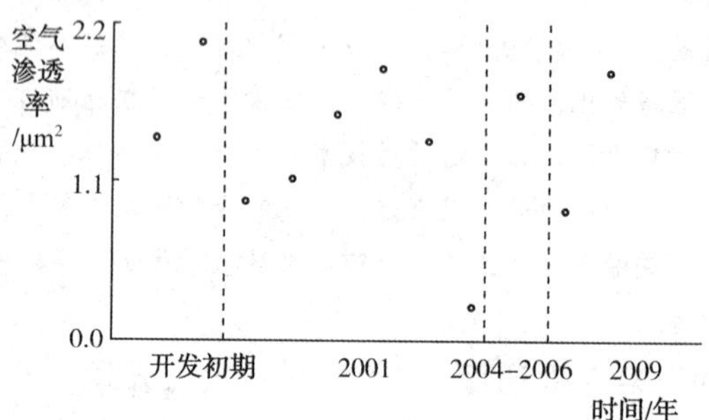

图 3　二类 A 油层空气渗透率分布图

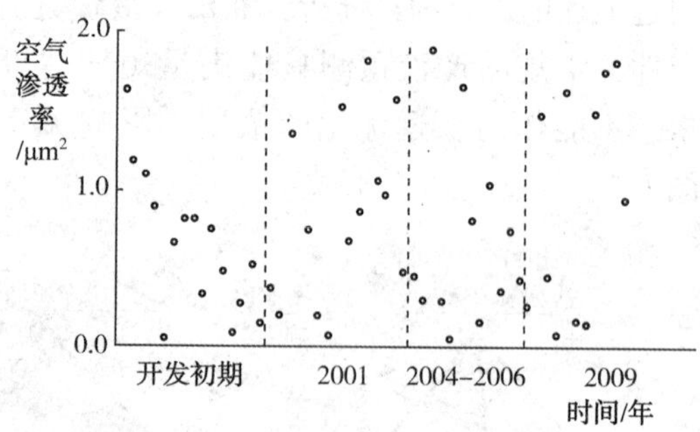

图 4　二类 B 油层空气渗透率分布图

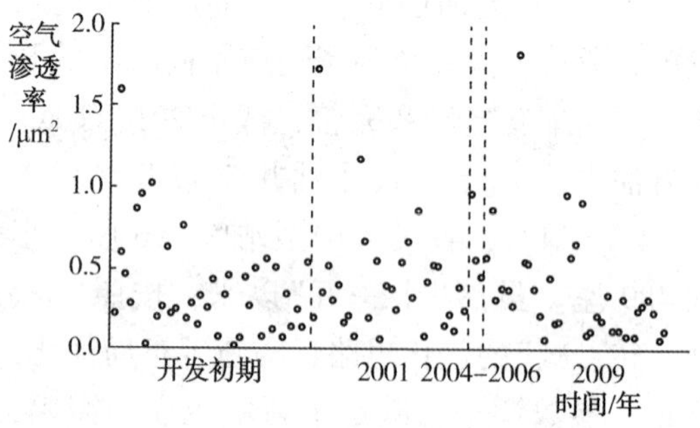

图 5　三类油层空气渗透率分布图

2　优化的顺序及界限探讨

2.1　优化的顺序

地面系统是一个庞大且极端复杂的系统。包含油气集输处理、污水处理、注水注入、供配电、供暖伴热、配制、腐蚀防护、道路排水、污泥处理……等多个系统，相互联系、错综复杂，且各个系统影响因素众多。由于地面多个系统即相互联系又相互影响，要实施整体优化，必须要找到各系统内在的联系，经过多次反复研究讨论，确定两种方式：

一是按开发顺序“以注定产”。其优点是按开发顺序确定注入量，由注采关系确定产液量，提前确定复杂关联关系。缺点是注入量很难确定产液量，后续布局规模优化不能确定，辅助系统交织重复多次优化。

二是按处理顺序“以产定注”。其优点是集输系统布局规模确定，系统产出污水规模确定，注水注入需求关系确定，其他辅助系统相应确定。缺点是一旦产液量预测不准确，将影响后续布局规模优化。

通过两种方式的对比，选择相对合理的“以产定注”的方式进行优化。

2.2　优化的界限

大庆油田第六采油厂原油集输系统采用的是三级布站工艺流程，是一个复杂的系统，由油井、计量间、转油(放水) 站、脱水站多级节点结构组成。在系统优化中需要考虑站库规模、管网布局、设备选择和工艺参数确定等一系列问题。其中，转油站规模是关键，而影响转油站规模最直接的因素是集输的技术界限、管理界限和

能耗(成本)界限。

一是集输技术界限。集输系统规模的确定主要受开发布井和集输半径的影响，由于开发布井已经确定，这里主要考虑集输半径的影响。集输半径主要受井口回压和回油温度两个指标控制，这两个指标的影响因素有粘度、油气比、含水率、出油温度、环境温度、传热系数、产液量等。根据公司规定井口回压不高于1.0MPa，回油温度高于凝固点3℃(29.5℃)进站。而合理的井口回压既不影响油井正常生产产量，又能充分利用油井流体剩余压增加输送距离。根据采油井的日常管理确定合理的井口回压0.6-0.8MPa。

根据井口回压等于进站压力加压力损失，进站温度等于出油温度加温度损失，通过计算机模拟计算可知，水驱极限集输半径3.8km，聚驱集输半径2.4km；水驱合理集输半径2.3-3.0km，聚驱集输半径1.5-1.9km。

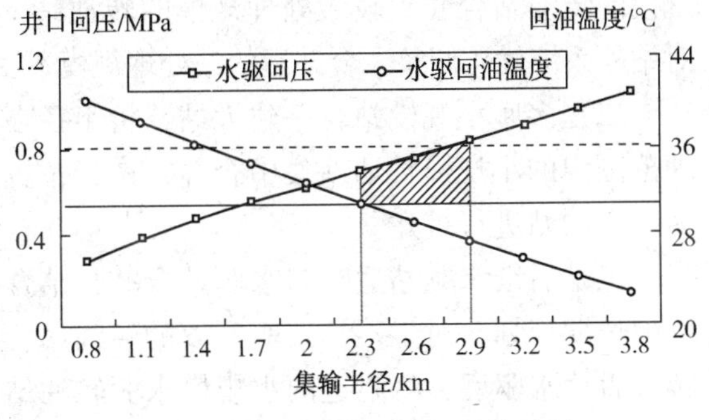

图6 水驱集输半径优化计算结果

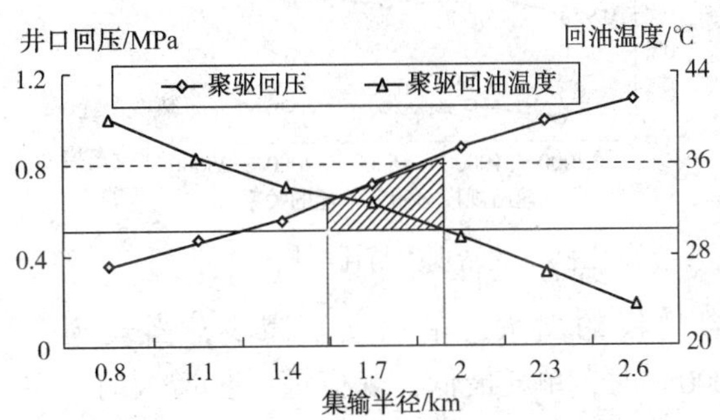

图7 聚驱集输半径优化计算结果

根据计算的集输半径及水聚驱井网密度，确定单座站库的设计规模。在极限集输半径条件下，水驱单站辖井1133口，单站设计能力8.0×$10^4m^3/d$，聚驱单站辖井470口，单站设计能力4.1×$10^4m^3/d$；在合理集输半径条件下，水驱单站辖井415-706口，单站设计能力3.0-5.0×$10^4m^3/d$，聚驱单站辖井184-295口，单站设计能力1.6-2.6×$10^4m^3/d$。

二是管理界限。在站库合理建设规模的选择上，既要能保证生产，又要能方便管理。生产管理因素主要受设备配置、管理制度、管理模式、人员配置等方面影响。

在设备配置方面，站库规模扩大，将发生几方面的变化：单站设备数量增加，备用设备比例减少，设备总量减少。由于站库处理能力加大，各类设备数量会有较大幅度增加，但备用设备比例会由原来的“运一备一”、“运二备一”调整为“运三备一”、“运四备一”甚至更多，按单位处理能力核算，设备数量将大幅减少；由于单站辖井数量增多，日洗井次数将大幅增加。将存在由原来的日洗1~3口井增加到4~6口井的情况；单站维护、保养类工作量增加，但整体维护、保养工作量减少。

在生产管理制度方面。目前生产操作、安全保障、岗位职责和人员管理等方面的生产管理制度已经比较健全和规范，对生产的安全平稳运行和生产管理水平的不断提升起到了重要的保障作用。站库规模的扩大，不会影响到生产管理制度所涵盖范围和内容的实质性改变，只会因站库的重要性和复杂程度的提高，使管理制度的要求更加严细和规范。

在生产管理模式方面。由小站员工值守改变为大站集中监控、岗位无人值守，提升自动化水平，甚至实现数字化无人值守、远程操控。随着精细化和专业化生产管理的逐步推进，生产管理模式也将由点多面广的分散式管理模式向规范集中的集约化管理模式转变。

管理模式、管理制度、人员设置、管理维护，均可以通过管理方式的调整实现，真正的制约因素是工艺设备配置，主要体现在热洗工艺上，通过热洗工艺分组，单炉、单泵对单井方式即可实现。

三是能耗(成本)界限。站外系统能量变化均与站内能耗参数相关联，以站内能耗指标作为能耗界限。通过建站规模与站内能耗指标的分析：系统能耗界限与工艺参数匹配相关，建设规模增大，若工艺参数匹配合理，单耗仍能满足指标要求，建设规模不是影响系统能耗的主要因素。

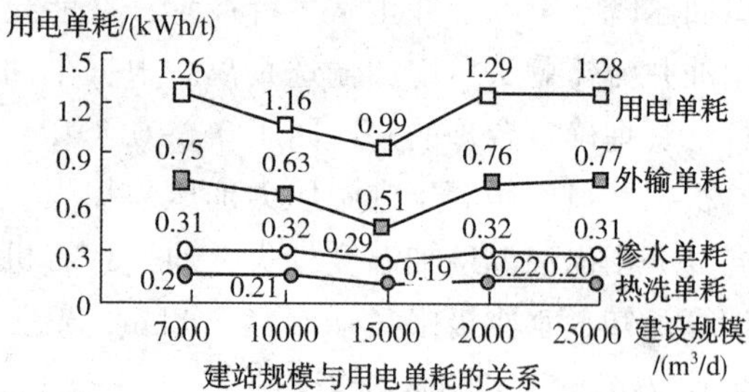

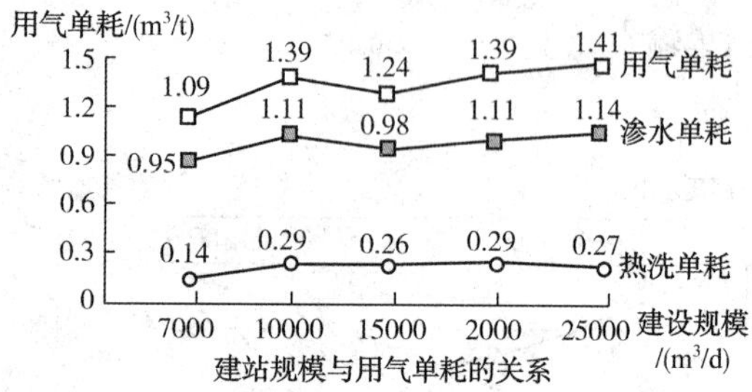

图 8 建站规模与耗电耗气关系

随着规模的增大，单耗逐渐减少，当规模为15000m^{3}时，单耗最低，规模进一步增大时，单耗上升并趋于稳定，综合用电单耗仍能满足公司考核指标。随着规模的增大，受负荷及效率的影响，用气单耗波动变化，总体趋于稳定，综合用气单耗满足公司考核指标。

站外系统能耗界限。主要从掺水系统压力损失、温度损失两方面考虑，通过模拟计算，由压力损失确定的掺水极限半径大于集油极限半径，以集油半径界限为主；由温度损失确定的掺水极限半径介于集油合理半径与极限半径之间，系统优化应结合热能损失确定集输半径。

站库合理规模主要受集输半径的影响，综合分析技术界限、管理界限、能耗界限三方面的影响因素。根据集输界限：水驱集输半径为2.3-3.0km，辖井数为415-706口，单站负荷为3-5×10^{4}m^3/d，聚驱集输半径为1.5-1.9km，辖井数为184-295口，单站负荷为1.6-2.6×10^{4}m^3/d；根据能耗界限：掺水压能损失最小半径6.5km，热能损失最小半径2.3km，当规模为1.5×10^{4}m^3/d时，单耗最低；根据管理界限：站库规模的增大，其他因素可通过加强管理克服，洗井难度成为主要因素，可以通过增加热洗分组解决，但分组越多，能耗越大，管理难度也随之增大，所以应结合能耗界限和技术界限确定规模。

综合分析，区域优化的集输半径应控制在2.3km以内，转油站规模为1.5×10^{4}m^3/d为宜，大于1.5×10^{4}m^3/d应考虑建设放水站。

3 优化的方式探讨

老区整装油田经过多年的重复建设，虽然存在一定的不合理性，但也不能推到从来，因此，应结合中长期规划及极限井网部署，综合分析建设现状，从大区域综合优化角度出发，因站制宜，个性化分析。

一是利用大站剩余能力兼并小站，将小处理规模的转油站合并到较大处理规模的转油站，并对站外系统优化调整，合并后的站处理规模不变。

二是多座小规模站合一建大站，将半径在合理范围内的小规模转油站集中合并，选择位置较为中心的站进行扩建。

三是后续水驱站适时与水驱站合并，结合开发中长期规划，对于不再聚驱开发的转油站，在转入后续水驱后，将附近的小规模水驱转油站与之合并，并统一转为水驱站。

四是水、聚驱转油站合建双流程站，将小处理规模的水驱转油站合并到较大处理规模的聚驱转油站，采用水、聚双流程。

五是转油站所辖计量间分解调整，将不能完全合并的转油站的所辖计量间根据区域布局关系，拆分到相邻转油站，扩建相应能力。

4 结论

（1）老区整装油田进入开发中后期，地面系统急需优化调整，原有的设计参数已经不能适应高含水、高产液的处理需求。井数不断增加、站库不断老化、能耗不断上升，投资和成本不断加大。

（2）油层产液能力基本保持不变，现有开发技术条件下的极限井网的确定，为优化后规模的确定提供了科学的依据。

（3）通过集输界限、管理界限、能耗界限的研究，可以确定集输半径，进而得到最优化的站库规模。

（4）站库规模的确定，再结合老区整装油田的建设现状，因站制宜，大区域统筹分析，确定老区整装油田的优化改造方式，为油田省投资、降成本更新改造提供依据。